DÉCLIC

1re ES

Enseignement obligatoire et option

Mathématiques

Lydia Misset
Professeur au lycée René Descartes d'Antony

Michèle Le Bras
Professeur au lycée Villaroy de Guyancourt

Christine Dhers
Professeur au lycée Isaac Newton de Clichy

HACHETTE
Éducation

Les auteurs remercient chaleureusement M. Gaël GUILLAUMÉ pour sa relecture pertinente et dynamique du présent ouvrage, ainsi que Mme Marie-Andrée BELARBI pour son aide finale.
Une pensée particulière pour Jacques et sa bonne humeur.

Crédits photographiques :
p. 9 : © Louise Gubb/CORBIS–SABA
p. 31 : © Martin Rugner/AGE/Hoa–Qui
p. 227 : © Javier Larrea/AGE/Hoa–Qui

Maquette de couverture :	Médiamax
Maquette intérieure :	Arnaud JOSSE
Dessins :	Patrick HANEQUAND
Composition et mise en page :	NORD COMPO
Suivi éditorial :	Lysiane GHÉRON

www.hachette-education.com

© HACHETTE LIVRE 2005, 43, quai de Grenelle, 75905 Paris Cedex 15.
ISBN 2.01.1.35387.4

Présentation de ce manuel

Vous trouverez dans cet ouvrage le nécessaire pour reprendre les bases, comprendre et apprendre votre cours, appliquer et pratiquer les techniques mises en place en Première, et commencer à entrevoir la finalité de l'enseignement de mathématiques en classe de ES comme « mathématiques appliquées à l'économie ».

Une très grande place est donnée à l'apprentissage et aux exercices d'applications, sans oublier le travail en autonomie.

Nous avons voulu rendre l'utilisation de cet ouvrage la plus facile possible.

Tous les chapitres sont structurés de la façon suivante :

La **page d'entrée** et son problème illustratif : son énoncé détaillé est proposé à la fin du chapitre.

Une page de **tests** préliminaires pour vérifier vos acquis.

Une page d'**activités** pour introduire les nouvelles notions.

Le **cours**, en page de gauche, présente les définitions et les théorèmes accompagnés de leurs démonstrations ; il se prolonge dans la partie **exercices** par des questions rapides en Q.C.M. ou Vrai-Faux.

Les **applications**, en page de droite, indiquent tous les savoir-faire accompagnés d'un exercice résolu ; pour s'entraîner à ces méthodes, des applications directes sont proposées en exercices.

La page **Faire le point**, véritable fiche-mémo, va vous aider à mémoriser l'essentiel du cours et des savoir-faire.

La page **Logiciel** vous familiarise à l'utilisation des TICE (voir sommaire, page 5).

La **page de calcul** est en étroite relation avec les tests préliminaires et les techniques de base (pages I à XXII).

Les **exercices** sont classés suivant la progression du cours : ils commencent toujours par des questions rapides pour vérifier les savoirs (Q.C.M ou Vrai-Faux), suivies par des applications directes et prolongées par des exercices pour approfondir les connaissances.

Les **exercices de synthèse** préparent au contrôle et au baccalauréat.

Les **Travaux** réinvestissent les notions vues dans le chapitre, en économie ou dans d'autres situations, à l'aide d'une calculatrice ou d'un logiciel.

Pour conclure l'ouvrage, des **Techniques de base** (ch14) remémorisent les acquis de Seconde, et proposent des bases indispensables de méthodologie.

Enfin une aide complémentaire vous est donnée : un **index** détaillé et des fiches d'utilisation de votre calculatrice sur les **rabats de couverture** (T.I. 82-Stats , 83 Plus ou 84 et Casio 35+).

Pour optimiser votre **travail en autonomie**, vous sont proposés :

- de nombreux exercices corrigés (leur numéro d'appel est en **bleu**)
- des **tests préliminaires** qui renvoient aux techniques ou aux acquis
- une **page de calcul**, entièrement corrigée, pour garder toujours en mémoire ces techniques
- des **questions rapides**, sous forme de Q.C.M. ou de Vrai-Faux, pour vérifier que vous avez assimilé les nouvelles notions du chapitre ; elles vous permettront ainsi de mieux comprendre vos erreurs en dialoguant avec votre professeur.

SOMMAIRE

Enseignement obligatoire

1. Pourcentages et évolutions

2. Généralités sur les fonctions numériques

3. Droites et systèmes linéaires

4. Second degré et parabole

5. Statistique et traitement des données

6. Nombre dérivé Fonction dérivée

7. Simulations et probabilités

8. Suites arithmétiques et géométriques

9. Limites et comportement asymptotique

Enseignement d'option

10. Géométrie dans l'espace : coordonnées

11. Calcul matriciel

12. Équations cartésiennes dans l'espace

13. Fonctions affines par morceaux

14. Techniques de base

Activités à l'aide de logiciels

1. Programme de l'enseignement obligatoire

■ Traitement des données et probabilités

La manipulation avisée des pourcentages est un objectif minimum que tout enseignement de mathématiques se doit d'atteindre.
En statistique descriptive, on introduit :
• les diagrammes en boîte qui permettent d'appréhender aisément certaines caractéristiques des répartitions des caractères étudiés et qui complètent la panoplie des outils graphiques les plus classiquement utilisés
• deux mesures de dispersion : l'écart type et l'intervalle interquartile.

La partie du programme consacrée aux probabilités est centrée sur quelques concepts de base : ceux-ci seront introduits pour expliquer certains faits simples observés expérimentalement ou par simulation.
La simulation joue un rôle important : en permettant d'observer des phénomènes variés, elle amène les élèves à enrichir considérablement leur expérience de l'aléatoire et favorise l'émergence d'un mode de pensée propre à la statistique ; elle rend de plus nécessaire la mise en place de fondements théoriques.

L'outil naturel pour traiter les problèmes de ce chapitre est l'**ordinateur**. Les élèves devront par ailleurs savoir utiliser leur calculatrice en mode statistique pour de petites séries.

Contenus	Modalités de mise en œuvre
Pourcentages Expression en pourcentage d'une augmentation ou d'une baisse.	On s'appuiera essentiellement sur des données socio-économiques, historiques et géographiques pour réinvestir toutes les connaissances antérieures relatives aux pourcentages ; on étudiera des exemples présentés sous diverses formes (tableaux à double entrée, graphiques,...).
Augmentations et baisses successives. Variations d'un pourcentage. Pourcentages de pourcentages. Addition et comparaison de pourcentages.	L'élève doit savoir passer de la formulation additive (« augmenter de 5% ») à la formulation multiplicative (« multiplier par 1,05 »). On formulera aussi ces variations en termes d'indices (comparaison à la valeur prise une année donnée choisie comme base 100). On distinguera les pourcentages décrivant le rapport d'une partie au tout des pourcentages d'évolution (augmentation ou baisse).
Statistique *Étude de séries de données :* – nature des données (effectifs, données moyennes, indices, pourcentages,...) ; – lissage par moyennes mobiles ; – histogrammes à pas non constants. – diagrammes en boîte. Effet de structure lors du calcul de moyennes. *Mesures de dispersion :* intervalle interquartile, écart type.	On s'intéressera en particulier aux séries chronologiques. On effectuera à l'aide d'un tableur le lissage par moyennes mobiles et on observera directement son effet sur la courbe représentant la série. Les histogrammes à pas non constants ne seront pas développés pour eux mêmes mais le regroupement en classes inégales s'imposera lors de l'étude d'exemples comme des pyramides des âges ou de salaires. On apprendra à interpréter diverses formes de diagrammes en boîtes à partir d'exemples. En liaison avec le paragraphe « probabilité », on étudiera plusieurs séries obtenues par simulation d'un modèle ; on comparera les diagrammes en boîte. L'utilisation d'un logiciel informatique est indispensable pour accéder à une simulation sur un nombre important d'expériences. On observera dynamiquement et en temps réel, les effets des modifications des données. L'objectif est de résumer une série par un couple (mesure de tendance centrale ; mesure de dispersion). On notera s l'écart type d'une série, plutôt que μ, réservé à l'écart type d'une loi de probabilité.
Tableau à double entrée : étude fréquentielle ; lien entre arbre et tableau à double entrée ; notion de fréquence de A sachant B.	La fréquence de A sachant B sera notée $f_B(A)$; elle prépare à la notion de probabilité conditionnelle qui sera traitée en terminale.
Probabilité Définition d'une loi de probabilité sur un ensemble fini. Modélisation d'expériences de référence menant à l'équiprobabilité ; utilisation de modèles définis à partir de fréquences observées.	Le lien entre loi de probabilité et distribution de fréquences sera éclairé par un énoncé vulgarisé de la loi des grands nombres. Un énoncé vulgarisé de la loi des grands nombres peut être par exemple : *Pour une expérience donnée, dans le modèle défini par une loi de probabilité P, les distributions des fréquences obtenues sur des séries de taille n se rapprochent de P quand n devient grand.* On mènera de pair simulation et étude théorique de la somme de deux dés (en liaison avec le paragraphe précédent).

Algèbre et analyse

On gardera dans tout ce chapitre l'état d'esprit recommandé en classe de Seconde : utiliser et développer conjointement les traitements graphique, numérique et algébrique.
La partie algèbre vise à entretenir et prolonger les connaissances acquises antérieurement sur les résolutions d'équations ou de systèmes. On veillera à traiter ce sujet suffisamment tôt dans l'année (il pourra servir de support à l'introduction d'éléments de calcul matriciel prévus dans le programme de l'option).
Pour les suites, l'objectif principal est de familiariser les élèves avec la modélisation de phénomènes itératifs simples.
Le programme d'analyse élargit l'ensemble des fonctions que l'on peut manipuler et ouvre la voie à l'étude de certaines de leurs propriétés. Les opérations entre fonctions seront introduites à travers des exemples et il n'y a pas lieu d'effectuer d'exposé général ; il en sera de même de l'étude des variations d'une fonction à partir de fonctions plus élémentaires : l'important est de ne pas passer à côté d'évidences et d'éviter les complications artificielles.
Le concept de dérivée est un élément fondamental du programme de première ; lors de son introduction, on se contentera d'une approche intuitive de la limite finie en un point. On abordera les autres types de limites (limite infinie, limite à l'infini) sous un angle graphique et on gardera là aussi une vision intuitive.

Algèbre Exemples de systèmes d'équations linéaires à deux ou trois inconnues ; d'inéquations linéaires à deux inconnues. Résolution d'équations et d'inéquations du 2nd degré.	On étudiera quelques exemples simples de problèmes de programmation linéaire. On fera le lien avec la représentation graphique de la fonction $x \longmapsto ax^2 + bx + c$. On évitera l'application systématique de formules générales utilisant le discriminant, lorsque une solution plus simple est immédiate.
Suites Modes de génération de suites numériques. Suites croissantes, suites décroissantes. Suites arithmétiques ; suites géométriques de raison positive ; somme des n premiers termes.	Exemples de l'utilisation de suites numériques pour décrire des situations simples. Sur tableur ou calculatrice, calcul des termes d'une suite suivant différents modes de génération et observation comparée des croissances de suites arithmétiques ou géométriques. De nombreux phénomènes économiques, notamment chronologiques peuvent être décrits avec une suite : on se limitera à l'étude durant un temps fini.
Généralités sur les fonctions Représentation graphique de la fonction $x \longmapsto u(x+k)$ et des fonctions $u+k$, $u+v$, $u-v$, ku, $\lvert u \rvert$, où u et v sont des fonctions connues et k une constante. Sens de variation dans des cas simples. Mise en évidence de la composée de fonctions dans des expressions simples.	On partira des fonctions étudiées en classe de Seconde. On privilégiera les représentations graphiques faites à l'aide d'un grapheur (calculatrice graphique ou ordinateur). On montrera en particulier que si u et v sont monotones de même sens, alors $u + v$ l'est aussi. On reviendra à cette occasion sur le sens des écritures algébriques. Dans des cas simples où n'interviennent que des fonctions monotones, on déduira le sens de variation. La « composée » de fonctions sera ici introduite naturellement, sans qu'il soit indispensable d'utiliser la notation $u \circ v$.
Dérivation Approche cinématique ou graphique du concept de nombre dérivé d'une fonction en un point. Nombre dérivé d'une fonction en un point : définition de $f'(a)$ comme limite de $\frac{f(a+h)-f(a)}{h}$ quand h tend vers 0. Tangente à la courbe représentative d'une fonction f dérivable. Fonction dérivée d'une somme, d'un produit, d'un quotient, de $x \longmapsto x^n$, de $x \longmapsto \sqrt{x}$. Lien entre dérivée et sens de variation. Application à l'approximation de pourcentages.	Plusieurs démarches sont possibles : passage de la vitesse moyenne à la vitesse instantanée pour des mouvements rectilignes suivant des lois horaires élémentaires (trinôme du second degré dans un premier temps) ; zooms successifs sur une représentation graphique obtenue à l'écran de la calculatrice. On ne donnera pas de définition formelle de la notion de limite. Le vocabulaire et la notation relatifs aux limites seront introduits à l'occasion de ce travail sur la notion de dérivée ; on s'en tiendra à une approche sur des exemples et à une utilisation intuitive. On étudiera, sur quelques exemples, les variations de fonctions polynômes de degré 2 ou 3, de fonctions homographiques ou de fonctions rationnelles très simples. On justifiera que la dérivée d'une fonction monotone sur un intervalle est de signe constant et on admettra la réciproque. On montrera que, pour un taux x faible, n hausses successives de x% équivalent pratiquement à une hausse de nx%. On illustrera ceci à l'aide de la représentation graphique de la fonction $x \longmapsto (1+x)^n$ (pour $n = 2$ ou $n = 3$) et de sa tangente pour $x = 0$.

Comportements asymptotiques	
Comportement des fonctions de référence à l'infini : ($x \longmapsto x^2$, $x \longmapsto x^3$, $x \longmapsto 1/x$, $x \longmapsto 1/x^2$) ; en zéro ($x \longmapsto 1/x$, $x \longmapsto 1/x^2$) Asymptote horizontale, verticale ou oblique.	Ce travail sera illustré à l'aide des outils graphiques. On s'appuiera sur l'intuition ; les résultats usuels sur les sommes et produits de limites apparaîtront à travers des exemples et seront ensuite énoncés clairement. On s'intéressera à des fonctions mises sous la forme $f(x) = ax + b + \varepsilon(x)$, la fonction ε tendant vers 0 en $+\infty$ ou en $-\infty$.

2. Programme de l'option de première ES

L'idée directrice du programme de l'option de Première (et de spécialité de Terminale) est de compléter, toujours dans l'esprit de la section Sciences économiques et sociales, les connaissances mathématiques des élèves en vue d'une poursuite d'études. Quelques prolongements du programme obligatoire sont proposés en analyse.

Un chapitre de géométrie vise à étendre à l'espace les acquis antérieurs dans le plan : calculs et illustrations graphiques seront menés simultanément et prépareront le terrain à des modélisations ultérieures.

Une introduction du calcul matriciel apparaît ici : les multiples applications ultérieures la justifie amplement ; le calcul matriciel offre par ailleurs un terrain favorable à une manipulation motivée, ordonnée et rigoureuse de calculs numériques simples.
Aucune difficulté théorique ne sera soulevée.
Vecteurs et matrices seront présentés comme des tableaux de nombres décrivant des situations simples et sur lesquels on peut définir des opérations dont l'interprétation s'avère aisée et convaincante.

Complément sur les fonctions	
Fonctions affines par morceaux	Exemples simples d'interpolation linéaire
Géométrie dans l'espace	
Calcul vectoriel. Vecteurs colinéaires, vecteurs coplanaires. Repérage: coordonnées d'un point, d'un vecteur. Distance entre deux points ; condition analytique d'orthogonalité entre deux vecteurs.	On étendra à l'espace les opérations sur les vecteurs du plan. On pourra n'utiliser que des repères orthogonaux. Les élèves devront savoir lire et représenter un nuage de points en trois dimensions à l'aide d'un logiciel adapté. Une exploration intuitive de l'espace a déjà été menée les années antérieures. L'objectif prioritaire est ici le travail sur les coordonnées : par le simple ajout d'une coordonnée, on étend le calcul vectoriel de la dimension deux à la dimension trois. *A contrario*, on pourra revenir à la géométrie plane en annulant la troisième coordonnée.
Équation cartésienne d'un plan. Équations cartésiennes d'une droite.	On pourra d'abord établir l'équation d'un plan parallèle à un plan de coordonnées, celle d'un plan parallèle à un axe du repère, puis passer au cas général. On pourra admettre que, pour $(a,b,c) \neq (0,0,0)$, $ax + by + cz + d = 0$ est l'équation d'un plan.
Sur des exemples simples de fonctions de deux variables, représentation et lectures de courbes de niveau.	On visualisera les situations dans l'espace à l'aide de logiciels ; ceux-ci mettront en évidence les surfaces représentant ces fonctions et les courbes de niveau apparaîtront comme des sections de ces surfaces par des plans horizontaux.
Calcul matriciel	
Vecteurs-lignes ou colonnes, matrices : définition, dimension, opérations. Multiplication d'une matrice par un vecteur. Multiplication de deux matrices.	Vecteurs et matrices seront présentés comme des tableaux de nombres décrivant des situations simples ; les opérations seront introduites à la suite d'exemples leur donnant du sens et les justifiant. Les opérations seront d'abord réalisées à la main ; on évitera les complications artificielles et on en restera à des dimensions modestes (2, 3, 4 au plus). On posera la question de la recherche de l'inverse d'une matrice ; on cherchera à résoudre ce problème à la main, sur un ou deux exemples en dimension 2.
Application à la résolution des systèmes linéaires d'équations.	On exploitera les possibilités offertes par les tableurs et **calculatrices**. On interprétera géométriquement les systèmes à 3 inconnues.

1

Pourcentages et évolutions

1. Rapport d'une partie au tout
2. Pourcentage d'évolution et coefficient multiplicateur
3. Évolutions successives

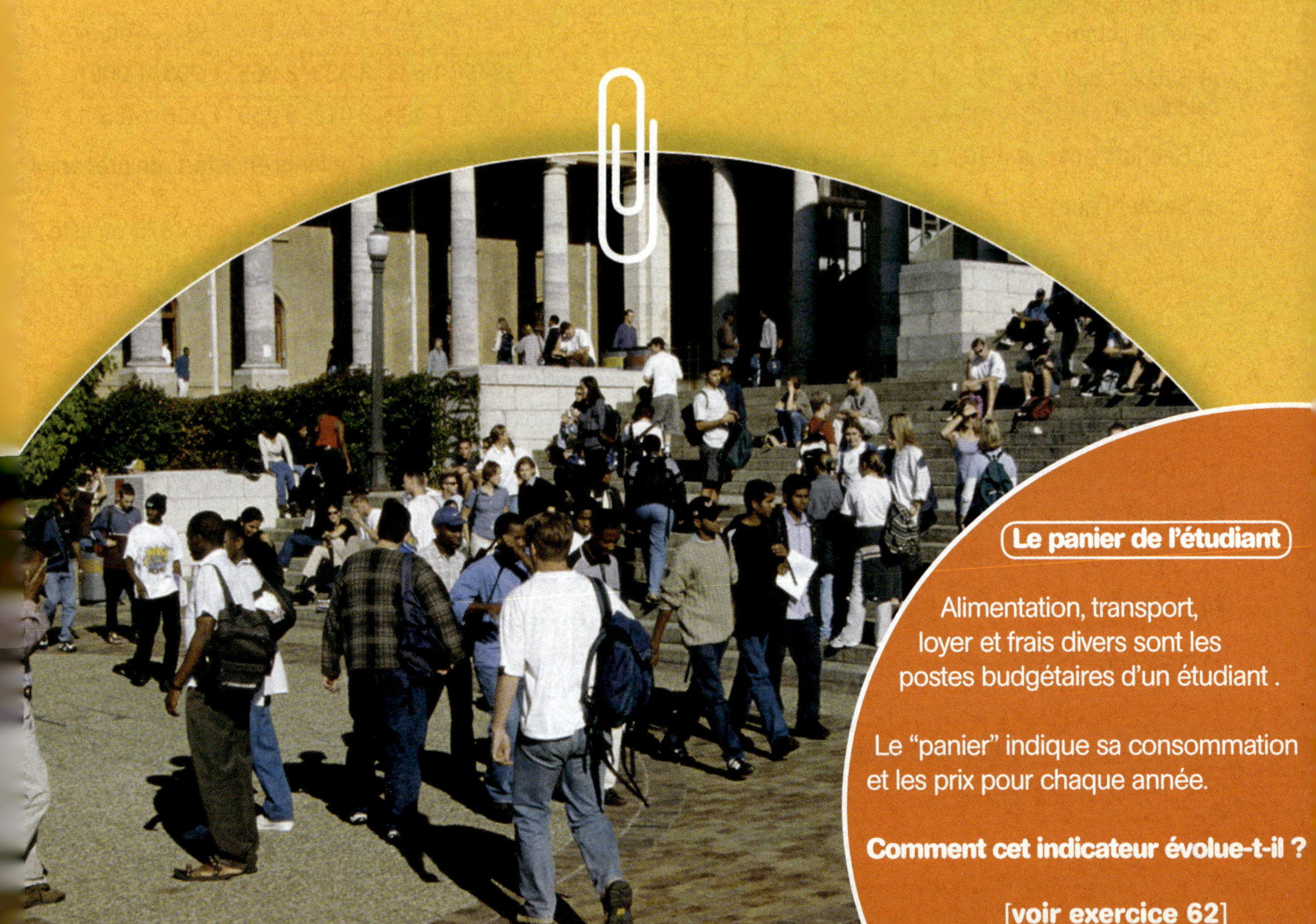

Le panier de l'étudiant

Alimentation, transport, loyer et frais divers sont les postes budgétaires d'un étudiant .

Le "panier" indique sa consommation et les prix pour chaque année.

Comment cet indicateur évolue-t-il ?

[voir exercice 62]

MISE EN ROUTE

Tests préliminaires

A. Calculs sur les pourcentages

Dans une classe de 36 élèves, 25 % suivent l'option maths dont 6 filles. Les 15 élèves de la classe en option sport représentent 30 % des élèves de première qui suivent cette option.

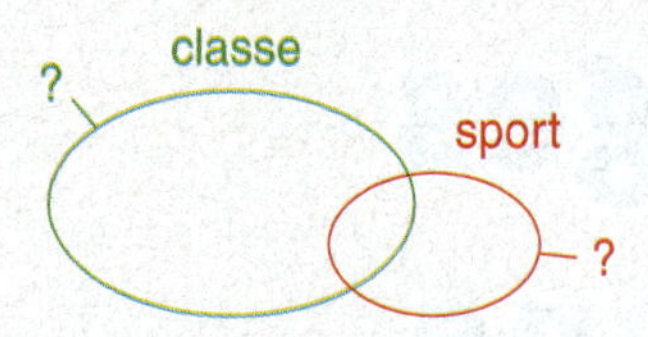

a) Compléter le diagramme par les effectifs.

Quelle est la part des élèves en option sport de cette classe en option Maths ?

b) Calculer le nombre d'élèves en option maths et la part des filles de la classe en option Maths.

c) Ayant le choix d'une seule option parmi maths, sport et SES, calculer le nombre d'élèves de la classe en option SES.

[Voir techniques de base, p. XXI]

B. Proportionnalité

On donne un tableau de proportionnalité ci-contre :

a	c
b	20

a) Sachant que $b = 12$ et $c = 5$, calculer a.

b) Sachant que $a = 10$ et $c = 9$, calculer b.

c) Sachant que $a = 5$ et $b = 100$, calculer c.

[Voir techniques de base, p. XXI]

C. Équations et inéquations

Soit $A(x) = 1 + x$, $B(x) = 1 - x$

et $C(x) = 1 - 2x$, où x est un réel.

a) Résoudre :

$$A(x) \times 80 = 100 \quad \text{et} \quad 105 \times C(x) \leqslant 96{,}6 .$$

b) Résoudre $A(x) \times B(x) = 0{,}99$.

c) Résoudre $\dfrac{A(x)}{B(x)} = \dfrac{3}{2}$.

[Voir techniques de base, p. X]

D. Indices base 100

On connaît la fréquentation du cinéma, en millions de spectateurs :

	1989	1995	2001	2002
France	121	130	187	185
USA	1 133	1 220	1 487	1 639

L'indice l'année n, base 100 en 1989, est :

$$\frac{\text{valeur l'année } n}{\text{valeur l'année 1989}} \times 100 .$$

a) Calculer l'indice, base 100 en 1989, en 2001 de la fréquentation du cinéma en France, puis aux USA. Comparer.

b) Faire de même pour les indices en 2002, base 100 en 1995. Donner les pourcentage d'augmentation entre 1995 et 2002.

[Voir techniques de base, p. XXI]

E. Calculs sur les listes

On connaît le nombre de familles, en milliers, selon le nombre d'enfants (célibataires de moins de 25 ans).

	0	1	2	3	4 ou +
1975	4 876	3 333	2 665	1 293	1 009
1999	7 492	3 617	3 255	1 268	465

On entre le nombre d'enfants en liste 1, en prenant 4 pour la dernière valeur.
On entre le nombre de familles pour 1975 en liste 2 et pour 1999 en liste 3.

a) Calculer en liste 4, le produit **L1** ∗ **L3** :

L1 ∗ **L3** ➔ **L4** .

Calculer alors sum (**L4**). Que représente ce nombre ?

b) Calculer sum (**L2**) et stocker en mémoire A :

sum (**L2**) ➔ A .

c) Calculer en liste 5, la liste **L2** divisée par A :

L2 / A ➔ **L5** .

Interpréter les nombres de la liste obtenue.

d) Calculer en liste 6 :

(**L3** – **L2**) / **L2** ∗ 100 ➔ **L6** .

Interpréter les nombres de la liste 6 obtenue.

[Voir rabats de couverture]

MISE EN ROUTE

Activités préparatoires

1. Tableau

Dans un lycée, on connaît la répartition des élèves selon le niveau et la qualité d'externe (les autres sont demi-pensionnaires).

Il y a 289 externes en Terminale.

	2nd	1e	Term.
répartition (en %)	38 %	28 %	34 %
part des externes	45 %	75 %	85 %

1° a) Dans le tableau ci-contre, peut-on ajouter les pourcentages de la 1e ligne ? de la 2e ligne ? Justifier.

b) Donner le tableau des effectifs.

2° a) En utilisant les nombres du tableau donné, quelle signification donner au nombre $0{,}45 \times 0{,}38$?

b) Calculer la part des externes de chaque niveau par rapport à l'effectif total du lycée.

2. Des variations

1° De 1990 à 2000, la population d'une ville est passée de 20 à 25 milliers d'habitants.

On note $V_0 = 20$ sa **valeur initiale**

et $V_1 = 25$ sa **valeur finale**.

a) Quel est son accroissement, ΔV, en nombre d'habitants ? On parle de **variation absolue**.

b) Par quel coefficient **CM** la population a-t-elle été multipliée ? On parle de **coefficient multiplicateur**.

c) Quel est le pourcentage de variation t ?

On parle de **variation relative**.

2° Dans le même temps, un village passe de 1 340 à 1 005 habitants. Reprendre les mêmes questions.

3° Établir une relation donnant le pourcentage de variation t en fonction du coefficient multiplicateur **CM** ; puis une relation entre **CM** et t.

3. Calculs sur la TVA

Le montant de la TVA se calcule sur le prix Hors Taxes. Le prix Toutes Taxes Comprises est le prix HT augmenté de la TVA :

$$\text{P. HT} + \text{TVA} = \text{P. TTC}$$

P. HT $\times \frac{t}{100}$ → TVA

P. HT $\times \left(1 + \frac{t}{100}\right)$ → P. TTC

Le prix TTC d'un article est de 199,5 €. Le taux de TVA est à 19,6 %.

Calculer le prix hors taxes.

Calculer le montant de la TVA à 0,1 € près.

4. Augmenter et diminuer

1° Un indice passe de $I_0 = 100$ à $I_1 = 105$.

a) Donner son coefficient multiplicateur et indiquer la variation relative correspondante.

b) Cet indice diminue ensuite de 5 %.

Donner le nouvel indice I_2.

2° Traduire par un coefficient multiplicateur :

a) augmenter de 5 % ; **b)** augmenter de 30 % ; **c)** augmenter de 0,7 % ; **d)** augmenter de 120 % ; **e)** diminuer de 10 % ; **f)** diminuer de 1,5 % ; **g)** diminuer de 90 % ; **h)** diminuer de 50 %.

3° Un indice base 100 en 2 000 augmente chaque année de 4 %.

Calculer cet indice en 2005.

A-t-il augmenté de 20 % ?

1. Rapport d'une partie au tout

Part en pourcentage

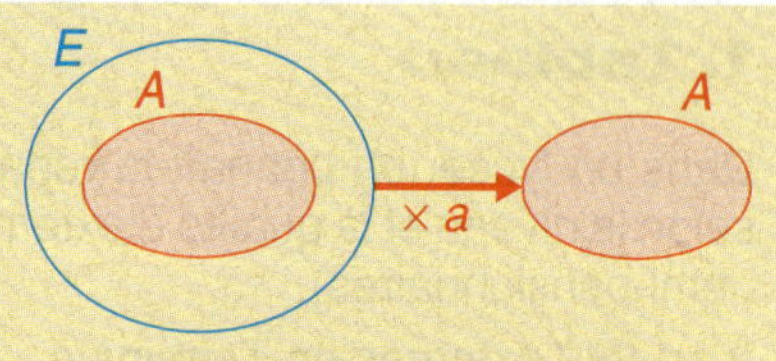

La part d'une partie A dans le tout E est :

$$\frac{\text{nombre d'éléments de } A}{\text{nombre d'éléments de } E} = \frac{\text{partie}}{\text{tout}}.$$

Pour obtenir la part en pourcentage, on multiplie ce quotient par 100.

Exemple : Dans une classe de 30 élèves, il y a 18 filles.

La part des filles dans la classe est $a = \frac{18}{30} = \frac{3}{5} = 0{,}6 = \frac{60}{100}$, c'est-à-dire 60 %.

Remarque : On exprime une part de trois façons :

- **en fraction** : les trois cinquièmes de la classe sont des filles ;
- **en pourcentage** (langage parlé) : 60 % des élèves sont des filles ;
- en **écriture décimale** lorsque l'on a des calculs à effectuer : si la part des filles est la même parmi les 145 élèves de 1e ES, alors il y a $0{,}6 \times 145 = 87$ filles en 1e ES.

Pourcentage de pourcentage

Lorsque trois ensembles A, B et E sont inclus les uns dans les autres, la part de A dans E est égale au produit de la part de A dans B par la part de B dans E.

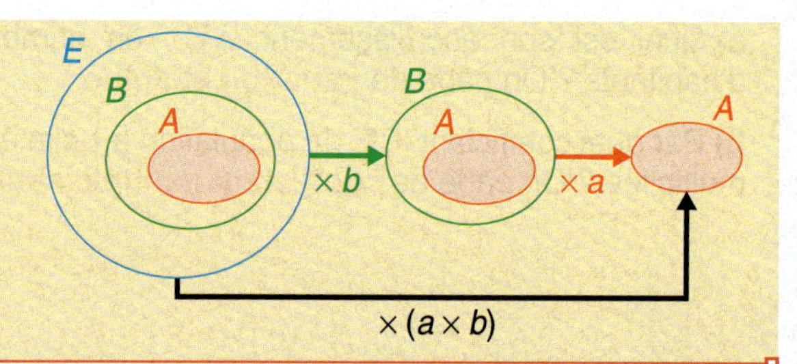

Exemple : Dans la classe précédente, 22 % des filles portent des jupes. Alors, la part des filles en jupe dans la classe est $0{,}22 \times 0{,}6 = 0{,}132$; soit 13,2 % de la classe, c'est-à-dire $30 \times 0{,}132 \approx 4$ élèves dans la classe.

Addition et comparaison de pourcentages

- On peut additionner des pourcentages quand les parties portent sur le même ensemble de référence et n'ont pas d'éléments en commun.

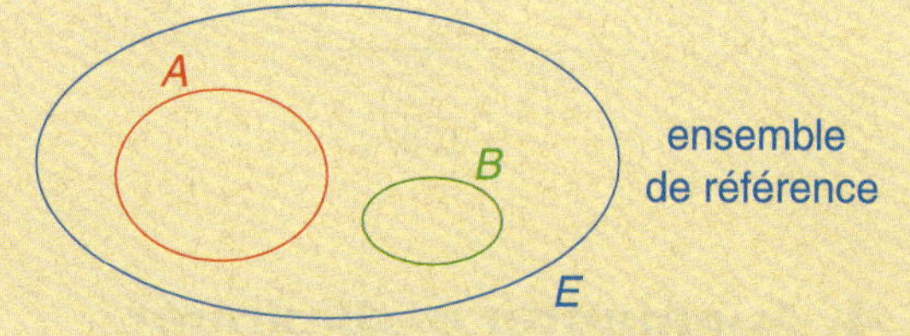

- Deux pourcentages portant sur le même ensemble de référence sont dans le même ordre que les effectifs correspondants ; sinon on ne peut rien dire des effectifs.

Exemple : Dans un groupe, il y a 40 garçons, dont 70 % ont 18 ans, et 90 filles, dont 40 % ont 18 ans.

On ne peut pas ajouter des pourcentages pour obtenir la part des jeunes de 18 ans du groupe : il faut calculer les effectifs. Or il y a 28 garçons et 36 filles de 18 ans.

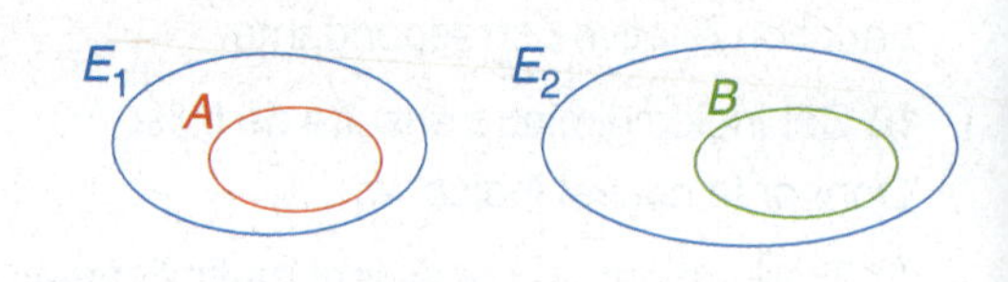

La part de A dans E_1 peut être plus grande que la part de B dans E_2, avec l'effectif de A plus petit que l'effectif de B.

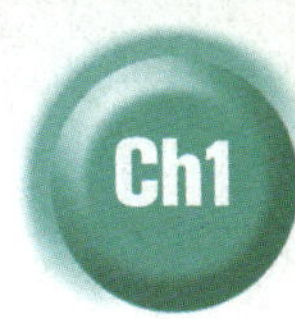

Utiliser ou déterminer une part en pourcentage

Méthode

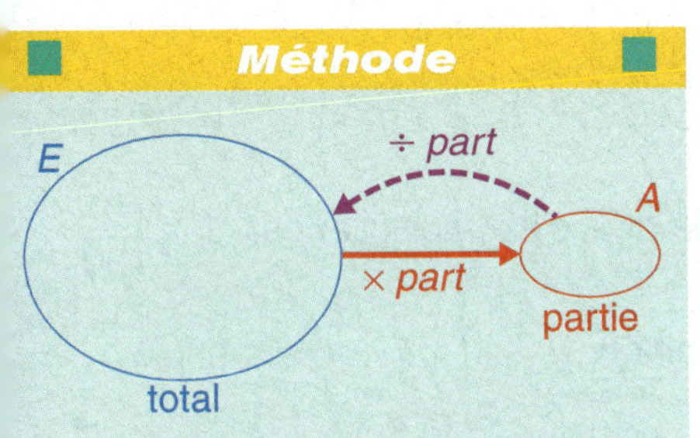

Pour connaître la valeur arrondie d'un pourcentage à 0,1 près, on calcule la part avec 4 chiffres après la virgule et on arrondit le 3e chiffre.

[Voir exercices 14 et 15]

Dans une assemblée, 25 % des personnes sont des Belges ; il y a 37 Suisses et un tiers d'Anglais, soit 60 Anglais. Les autres sont des Français.

Calculer l'effectif total de l'assemblée, le nombre de Belges, la part des Suisses, en % à 0,1 près, et la part des Français.

Soit N l'effectif total. La part des Anglais sur le total est $\frac{1}{3}$, donc :

$$\frac{1}{3} = \frac{60}{N} \iff N = 60 \div \frac{1}{3} = \mathbf{180}\ .$$

Nombre de Belges : 25 % du total, soit $0{,}25 \times 180 = \mathbf{45}$.

Part des Suisses : $\frac{37}{180} \approx 0{,}2056$; soit **20,6 %**.

Part des Français : $100 - 33{,}3 - 25 - 20{,}6 = 21{,}1$; soit **21,1 %**.

Organiser les parties d'ensemble

Méthode

• Pour présenter des parties d'un ensemble, on utilise souvent un diagramme de Venn :

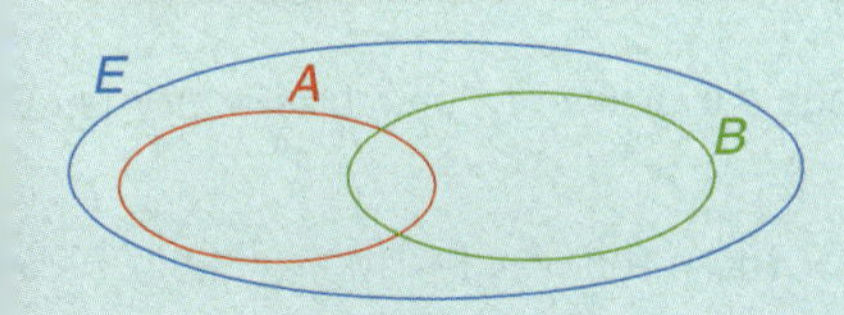

Ici, A et B ont des éléments communs.

• Pour présenter une répartition, on utilise un tableau à double entrée :

	①	②	③	total
S				
P				
total				

chaque élément du tout se place dans une unique case du tableau.

Dans la case à l'intersection de la ligne P et de la colonne ③, se placent les éléments à la fois dans P et dans ③.

[Voir exercices 16 à 19]

Dans un centre de formation pour adultes, un cours d'informatique est proposé à tous.

35 % des étudiants ont moins de 25 ans et 60 % d'entre eux suivent le cours d'informatique, soit 63 étudiants, contre 40 % seulement des étudiants de 25 ans et plus.

Comparer les effectifs en cours d'informatique selon l'âge des étudiants en s'appuyant sur un diagramme.

Puis donner la répartition des étudiants en effectif.

Comme 63 étudiants représentent 60 % de 35 % de l'effectif total N d'étudiants :

$$0{,}6 \times 0{,}35 \times N = 63 \iff N = \frac{63}{0{,}21} = 300\ .$$

Il y a donc 300 étudiants en formation !

Les moins de 25 ans représentent 35 % des 300 étudiants, soit :

$$0{,}35 \times 300 = 105\ .$$

Donc $105 - 63 = 42$ jeunes de moins de 25 ans ne suivent pas le cours d'informatique.

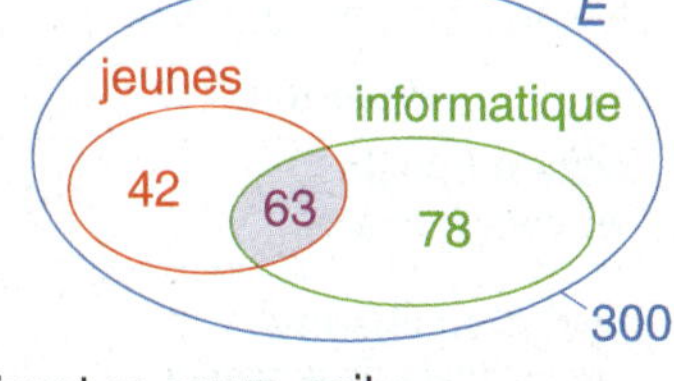

40 % des étudiants de 25 ans et plus suivent ce cours, soit :

$$0{,}4 \times (300 - 105) = 78 \quad \text{étudiants.}$$

Bien que la part de ceux qui suivent le cours d'informatique est plus grande chez les jeunes, les étudiants de 25 ans et plus sont les plus nombreux.

Répartition des étudiants en effectif :

	informatique	non informatique	total
moins de 25 ans	63	$105 - 63 = 42$	$0{,}35 \times 300 = 105$
25 ans et plus	$0{,}4 \times 195 = 78$	$195 - 78 = 117$	$300 - 105 = 195$
total	$78 + 63 = 141$	$300 - 141 = 159$	300

2. Pourcentage d'évolution et coefficient multiplicateur

Évolution connue en pourcentage

• Augmenter de a %, c'est multiplier par $1 + \frac{a}{100}$.

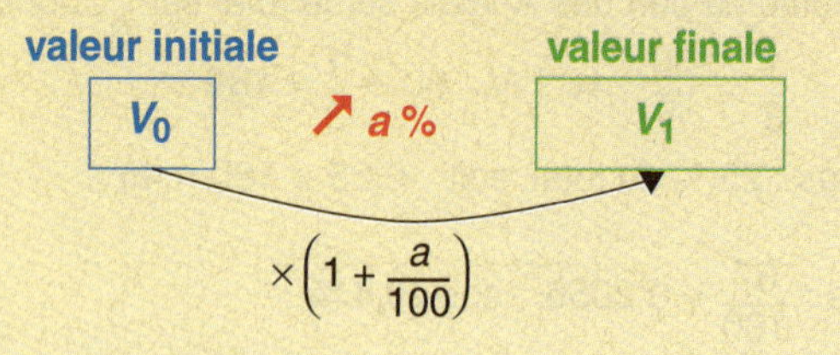

• Diminuer de b %, c'est multiplier par $1 - \frac{b}{100}$.

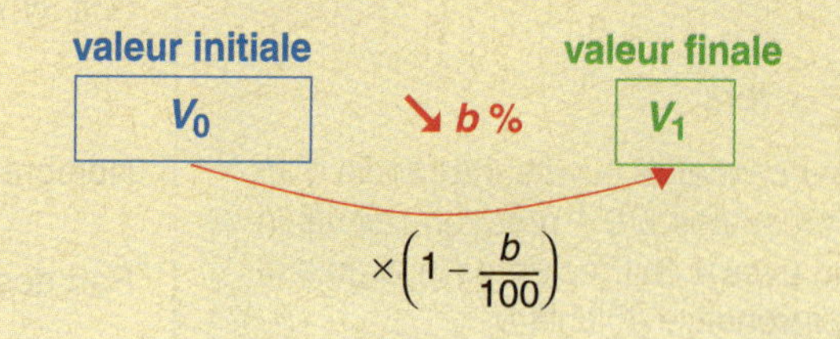

Exemples : Un volume de 32 L augmente de 5 % : $32 + \frac{5}{100} \times 32 = 32\left(1 + \frac{5}{100}\right) = 32 \times \mathbf{1{,}05} = 33{,}6$.

Un jeu valant 120 € diminue de 10 % : $120 - \frac{10}{100} \times 120 = 120\left(1 - \frac{10}{100}\right) = 120 \times \mathbf{0{,}9} = 108$.

Coefficient multiplicateur

définition : Lorsque l'on connaît une valeur initiale V_0, qui subit une évolution, et sa valeur finale V_1, le coefficient multiplicateur, noté **CM**, est le quotient $\frac{V_1}{V_0} = \mathbf{CM}$.

Remarque : À partir du coefficient multiplicateur, pour obtenir le pourcentage d'évolution t, on multiplie **CM** par 100, puis on soustrait 100, et on obtient $\mathbf{CM} \times 100 - 100 = t$.

Exemple : $V_0 = 1\,200$ $V_1 = 1\,134$ (× CM) $\mathbf{CM} = \frac{1\,134}{1\,200} = 0{,}945$ et $0{,}945 \times 100 - 100 = 94{,}5 - 100 = -5{,}5$.
La valeur a donc diminué de 5,5 %.

Différentes façons d'exprimer une évolution

évolution	expression	hausse	baisse
valeur initiale et valeur finale	V_0 et V_1	$V_0 = 120$ et $V_1 = 138$	$V_0 = 1\,000$ et $V_1 = 864$
variation absolue dans l'unité de la valeur	$\Delta V = V_1 - V_0$	$138 - 120 = 18$ hausse de 18 €	$864 - 1\,000 = -136$ baisse de 136 €
coefficient multiplicateur sans unité, écriture décimale	$\mathbf{CM} = \frac{V_1}{V_0}$	$\frac{138}{120} = 1{,}15$	$\frac{864}{1\,000} = 0{,}864$
variation relative sans unité, écriture décimale	$\frac{\Delta V}{V_0} = \frac{V_1 - V_0}{V_0}$	$\frac{138-120}{120} = \frac{18}{120} = 0{,}15$	$\frac{864 - 1\,000}{1\,000} = \frac{-136}{1\,000} = -0{,}136$
pourcentage d'évolution sans unité, en %	$t = \mathbf{CM} \times 100 - 100$	$1{,}15 \times 100 - 100 = 15$ augmentation de 15 %	$0{,}864 \times 100 - 100 = -13{,}6$ diminution de 13,6 %
indice base 100 au départ sans unité, écriture décimale	$I_1 = \frac{V_1}{V_0} \times 100$	$\frac{138}{120} \times 100 = 115$	$\frac{864}{1\,000} \times 100 = 86{,}4$

Relier variation relative et coefficient multiplicateur

Méthode

Comme :

$$\frac{V_1 - V_0}{V_0} = \frac{V_1}{V_0} - 1 = \text{CM} - 1 ,$$

une variation relative de t % correspond à :

$$\text{CM} = 1 + \frac{t}{100} .$$

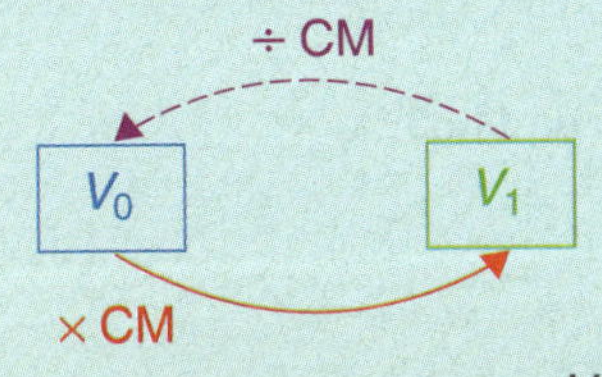

$$V_1 = V_0 \times \text{CM} \quad \text{et} \quad V_0 = \frac{V_1}{\text{CM}} .$$

[Voir exercices 26 à 28]

De 2003 à 2004, le nombre de jeux « Hydre Omel » vendus a augmenté de 15,4 %, mais a diminué de 8,2 % de 2004 à 2005.

Sachant qu'il y avait 12 340 jeux vendus en 2004, calculer le nombre de jeux vendus en 2005, puis en 2003.

Une variation relative de $+15{,}4$ % correspond à $\text{CM}_1 = 1{,}154$.

Une variation relative de $-8{,}2$ % correspond à $\text{CM}_2 = 0{,}918$.

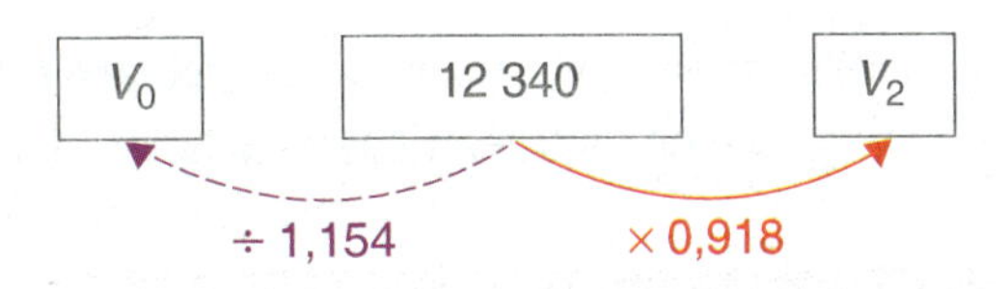

- En 2005, $V_2 = 12\,340 \times 0{,}918 \approx 11\,328$ jeux vendus.
- En 2003, $V_0 = \frac{12\,340}{1{,}154} \approx 10\,693$ jeux vendus.

Calculer et interpréter un coefficient multiplicateur

Méthode

$$\text{CM} = \frac{V_1}{V_0} = \frac{\text{Valeur finale}}{\text{Valeur initiale}} .$$

À la calculatrice : `L2/L1→L3`

- Si $\text{CM} > 1$, on a une augmentation.
- Si $0 < \text{CM} < 1$, on a une diminution.

Pour obtenir le pourcentage d'évolution, on effectue :

CM → (× 100) → CM × 100 → (− 100) → CM × 100 − 100

`L2/L1*100-100→L4`

[Voir exercices 29 à 31]

On étudie l'état d'un stock de cinq produits en début et fin d'un mois.

	M_1	M_2	M_3	M_4	M_5	
début	350	23	547	12	57	en liste 1
fin	448	138	539	13	2	en liste 2

Calculer les coefficients multiplicateurs et les interpréter.

À l'aide de la calculatrice, on calcule les CM en liste 3, et les variations relatives en pourcentage en liste 4.

L1	L2	L3
350	448	1.28
23	138	6
547	539	.98537
12	13	1.0833
57	2	.03509
------	------	------

L3 ="L2/L1"

L2	L3	L4
448	1.28	28
138	6	500
539	.98537	-1.463
13	1.0833	8.3333
2	.03509	-96.49
------	------	------

L4 ="L3*100-100"

- Le stock de M_1 a augmenté de 28 % et celui de M_4 de 8,3 %.
- Le stock de M_2 est multiplié par 6, soit 500 % d'augmentation.
- Le stock de M_3 diminue de 1,46 % et celui de M_5 de 96,5 %.

Remarques :

- Le **pourcentage d'évolution** est lié au langage parlé et s'emploie souvent lorsque l'évolution est peu importante (inférieure à 100 %).
- Le **coefficient multiplicateur** est toujours utilisé pour effectuer les calculs, mais aussi pour exprimer une forte hausse : pour une augmentation de 300 %, on parle plutôt de « multiplié par 4 ».

3. Évolutions successives

Exemple : Une population urbaine de 20 000 habitants en fin 1999 augmente de 8 % sur l'année 2000, de 4,5 % sur l'année 2001, de 0,6 % sur l'année 2002 et diminue de 1,5 % sur l'année 2003. On désire connaître la population en fin 2003.

En fin 1999 : 20 000

En fin 2000 : $20\,000 \times 1{,}08 = 21\,600$) × 1,08

En fin 2001 : $21\,600 \times 1{,}045 = 22\,572$) × 1,045

En fin 2002 : $22\,572 \times 1{,}006 \approx 22\,707$) × 1,006

En fin 2003 : $22\,707 \times 0{,}985 \approx 22\,366$) × 0,985

```
20000*1.08
           21600
Ans*1.045
           22572
Ans*1.006
       22707.432
Ans*.985
```

Ainsi, la population de fin 1999 a été multipliée **globalement** par :

$$1{,}08 \times 1{,}045 \times 1{,}006 \times 0{,}985 \approx 1{,}1183$$, soit une augmentation de 11,83 %.

Coefficient multiplicateur global

Une valeur subit des évolutions successives (hausses ou baisses) ; le **coefficient multiplicateur global** est le produit des coefficients multiplicateurs de chaque évolution.

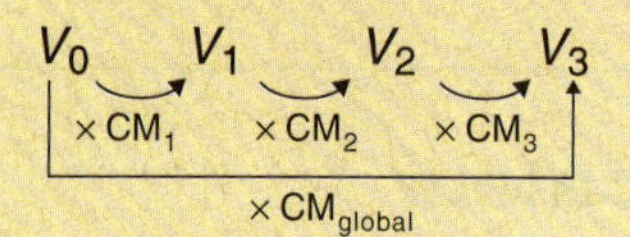

Les coefficients multiplicateurs se multiplient :

$$CM_{global} = CM_1 \times CM_2 \times CM_3 .$$

⚠ • Des pourcentages d'évolutions successives ne s'additionnent jamais.

Pour obtenir une évolution globale, il faut **toujours** utiliser les coefficients multiplicateurs.

• Une hausse de 10 %, suivie d'une hausse de 20 % donne la même valeur qu'une hausse de 20 % suivie d'une hausse de 10 %, car :

$$V_0 \times 1{,}10 \times 1{,}20 = V_0 \times 1{,}20 \times 1{,}10$$: c'est une propriété de la multiplication.

Mais cela ne donne pas la même valeur que deux hausses successives de 15 % :

$$1{,}10 \times 1{,}20 = 1{,}32 \quad \text{et} \quad 1{,}15 \times 1{,}15 = 1{,}32\mathbf{25} .$$

• n évolutions de t %, successives et identiques, correspondent à un coefficient multiplicateur global $\left(1 + \frac{t}{100}\right)^n$.

Hausse et baisse compensatoires

• Une hausse de t % suivie d'une baisse de même ordre t % ne redonne pas la valeur initiale, mais une valeur plus petite.

• Si $CM = 1 + \frac{t}{100}$ est le coefficient multiplicateur de hausse, le coefficient multiplicateur de la baisse permettant de revenir à la valeur initiale est $CM' = \frac{1}{CM}$.

Exemples : • Un article valant 100 € augmente de 25 %, puis diminue de 25 % ; sa valeur est :

$$100 \times 1{,}25 \times (1 - 0{,}25) = 100 \times 1{,}25 \times 0{,}75 = 93{,}75$$, soit une diminution de 6,25.

• Pour revenir à la valeur initiale après une hausse de 25 % :

$$CM' = \frac{1}{CM} = \frac{1}{1{,}25} = 0{,}8$$, soit une baisse de 20 %.

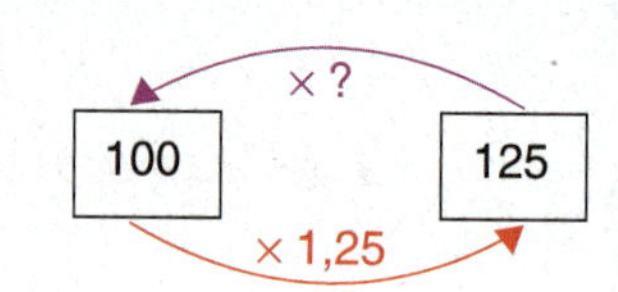

Donc une hausse de 25 % est compensée par une baisse de 20 %.

Déterminer un CM global à la calculatrice

Méthode

On entre les évolutions successives en pourcentage en liste 1 et on calcule les coefficients multiplicateurs correspondants en liste 2 :

L2 =1+L1/100

Revenir à l'écran de calcul par QUIT sur T.I., ou MENU RUN sur Casio, puis calculer le produit de la liste 2.

- **Sur T.I.,** prod(s'obtient par : LIST MATH 6 : prod(.
- **Sur Casio :** OPTN LIST ▶ ▶ Prod .

[Voir exercices 46 et 47]

De 1975 à 1984 en France, la variation annuelle des prix en %, ou taux d'inflation, a été très importante :

année	75	76	77	78	79	80	81	82	83	84
variation	11,8	9,6	9,4	9,1	10,8	13,6	13,4	11,8	9,6	7,4

Calculer le taux global d'inflation de 1975 à 1984.

En 1975, la variation des prix est de 11,8 %, soit $CM_1 = 1,118$.

De même, pour les autres années.

Le coefficient multiplicateur global est :
$1,118 \times 1,096 \times 1,094 \times ... \times 1,074 \approx 2,747$.

Or $2,747 \times 100 - 100 = 274,7 - 100 = 174,7$.

Le taux global d'inflation est donc de 174,7 %.

L1	L2	L3
11.8	1.118	------
9.6	1.096	
9.4	1.094	
9.1	1.091	
10.8	1.108	
13.6	1.136	
13.4	1.134	

L2 =1+L1/100

prod(L2)
2.747149002

Utiliser les indices

Méthode

- Les indices permettent de lire rapidement un pourcentage d'évolution par rapport à la base 100.

Passer de l'indice base 100 à l'indice 110,2 indique une augmentation de 10,2 %.

- De plus, on peut comparer deux évolutions sur des données qui n'ont pas le même ordre de grandeur, c'est-à-dire des données en centaines avec des données en milliers ou en millions...

Pour le calcul sur tableur, voir page 19.

[Voir exercices 48 et 49]

Consommation de pétrole en millions de tonnes :

	A	B	C	D	E
1	année	1988	1992	1998	2002
2	États-Unis	775	792	854	891
3	Chine	110	123	190	246
4	France	87	94	92	94

Calculer les indices, base 100 en 1988, arrondis à 0,1 près.

Comparer alors l'évolution de la consommation dans ces trois pays.

Exemple de calcul : en 1998, pour les États-Unis :

$$\frac{854}{775} \times 100 \approx 110,2 \quad \text{ou} \quad = D2/\$B\$2 \times 100 .$$

On obtient sur tableur :

indice	base 100 en 1988			
États-Unis	100	102,2	110,2	115,0
Chine	100	111,8	172,7	223,6
France	100	108,0	105,7	108,0

La consommation des États-Unis a continué à augmenter avec une variation globale de 15 % entre 1988 et 2002, alors que la France évolue peu sur les dix dernières années.

La Chine voit sa consommation de pétrole exploser à 123,6 %.

FAIRE LE POINT

RAPPORT D'UNE PARTIE AU TOUT

La part de la partie A dans le tout E est le quotient :

$$a = \frac{\text{partie}}{\text{tout}}.$$

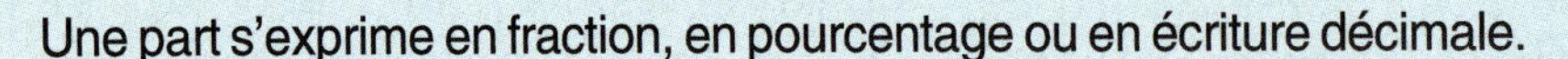

Une part s'exprime en fraction, en pourcentage ou en écriture décimale.

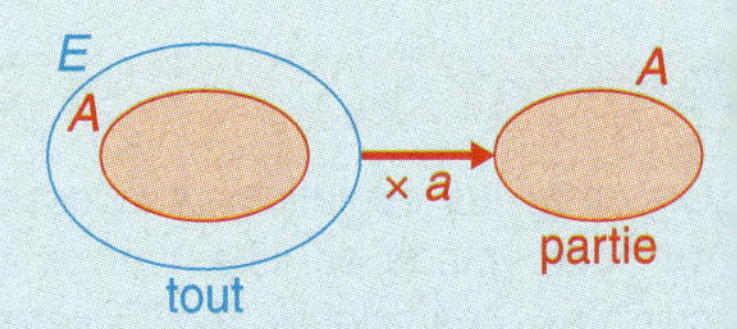

a est la part de A dans E

POURCENTAGE D'ÉVOLUTION

C'est une façon d'exprimer une évolution en langage parlé, mais, dans les calculs on utilise le coefficient multiplicateur :

hausse de a %

$V_0 \to V_1$: $\times\left(1 + \frac{a}{100}\right)$

baisse de b %

$V_0 \to V_1$: $\times\left(1 - \frac{b}{100}\right)$

- Variation absolue : $\Delta V = V_1 - V_0$.
- Variation relative : $\frac{\Delta V}{V_0} = \frac{V_1 - V_0}{V_0} = \text{CM} - 1$.

Savoir	Comment faire ?
exprimer la part d'une partie d'un ensemble de référence	L'ensemble de référence étant considéré comme le « tout », la part s'exprime : • en fraction quand on regarde les ordres de grandeur ; • en pourcentage ou taux quand la partie est petite par rapport au tout, ou dans le langage parlé pour une conclusion, par exemple ; • en écriture décimale dès que l'on a des calculs à effectuer.
calculer un pourcentage de pourcentage	Si A représente 75 % de B et B représente 20 % de E, alors $0{,}75 \times 0{,}2 = 0{,}15$. Ainsi A représente 15 % de E. E → (× b %) → B → (× a %) → A ; E → A : × (a % × b %)
passer de la formulation additive à la formulation multiplicative	• Si on connaît le pourcentage d'évolution t, pour obtenir le coefficient multiplicateur, on écrit le pourcentage en écriture décimale et on ajoute 1 : $\frac{t}{100} + 1 = \text{CM}$. Pour une diminution de t %, on écrit $1 - \frac{t}{100}$. • Si on connaît le coefficient multiplicateur, on le multiplie par 100 puis on soustrait 100 au résultat pour connaître le pourcentage d'évolution : $\text{CM} \times 100 - 100 = t$.
calculer un indice base 100	On choisit une année de référence. L'indice de l'année n base 100 en l'année de référence 0 est le quotient : $I_n = \frac{\text{valeur l'année } n}{\text{valeur l'année } 0} \times 100$. En soustrayant 100 à un indice, on lit directement le pourcentage d'évolution de l'année de référence à l'année n.
calculer un coefficient multiplicateur global	Pour calculer le coefficient multiplicateur global d'évolutions successives, on multiplie les coefficients multiplicateurs de chaque évolution : $\text{CM}_{\text{global}} = \text{CM}_1 \times \text{CM}_2 \times \ldots \times \text{CM}_n$.

■ *ÉTUDE DE VARIATIONS À L'AIDE D'UN TABLEUR*

On se propose de chiffrer l'évolution du marché du travail en France de diverses façons : variation absolue, variation relative, comparaison …

Le tableau suivant donne le nombre d'emploi total de la population active occupée en France en mars de chaque année, en milliers.

	A	B	C	D	E	F	G	H	I	J	K	L	M
1	**année**	**1992**	**1993**	**1994**	**1995**	**1996**	**1997**	**1998**	**1999**	**2000**	**2001**	**2002**	**2003**
2	**hommes**	12731	12493	12296	12441	12484	12409	12496	12550	12844	13105	13103	13318
3	**femmes**	9518	9613	9579	9746	9828	9814	9982	10122	10418	10653	10839	11069

A : Entrée des données et calculs de variations

1° Entrer les années en ligne 1, le nombre d'hommes et le nombre de femmes ayant un emploi en lignes 2 et 3.

2° a) Calculer la variation absolue de l'emploi des hommes en ligne 4. Pour cela, en cellule C4 écrire la formule = **C2 – B2** , et à l'aide de la poignée de recopie ✚ (en bas à droite de la cellule), tirer jusqu'en cellule M4 .

Entre quelles années la variation absolue de l'emploi a-t-elle baissée ? Quand a-t-elle été la plus importante ?

b) Mêmes questions pour la variation absolue de l'emploi des femmes en ligne 5.

3° a) Calculer la variation relative en pourcentage de l'emploi des hommes en ligne 6.

SOMME ▾ ✕ ✓ fx =C4/B2*100

	A	B	C	D
1	**année**	**1992**	**1993**	**1994**
2	**hommes**	12731	12493	12296
3	**femmes**	9518	9613	9579
4	D V hommes		-238	-197
5	D V femmes		95	-34
6	% hommes		=C4/B2	-1,6
7	% femmes		1,0	-0,4

On n'affichera qu'un chiffre après la virgule à l'aide de la touche ,00 +,0 de la barre d'outil.

Donner une signification aux nombres négatifs.

Entre quelles années la variation relative est-elle supérieure à 2 % ?

b) Mêmes questions pour l'emploi des femmes.

B : Évolution de la part de l'emploi féminin dans l'emploi total occupé (hors chômage)

1° En ligne 8, on veut calculer la part de l'emploi féminin dans l'emploi total.

Quelle formule écrire en cellule B8 utilisant les cellules B2 et B3 ? Tirer cette formule jusqu'en M8 et afficher l'arrondi à 10^{-1} près.

On a représenté cette évolution à l'aide d'Excel .

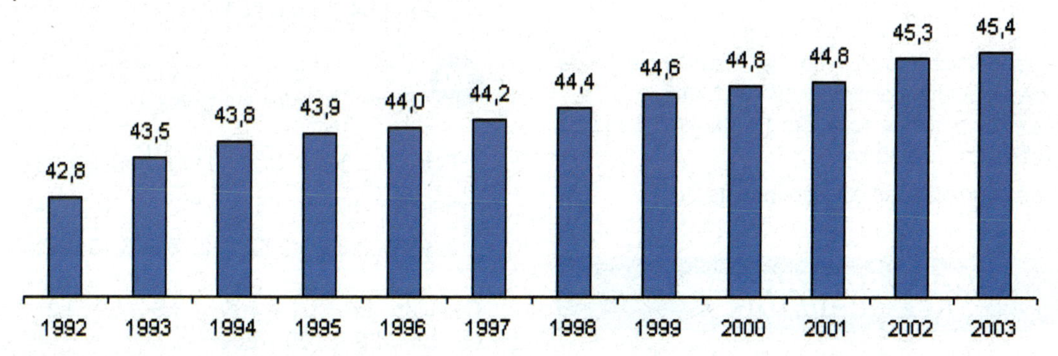

2° Que dire de la variation de cette part durant ces années ?

Donner la variation entre 1992 et 2003 en points de pourcentage, puis en pourcentage d'évolution.

D'après ce graphique, peut-on dire que le nombre de femmes ayant un emploi augmente toujours ?

LA PAGE DE CALCUL

1. Proportionnalité

1 Dans les tableaux de proportionnalité, déterminer la quatrième proportionnelle manquante, arrondie à 0,1 si nécessaire.

a)

23	3,5
b	100

b)

– 2,5	c
450	645

c)

100	58,5
12	d

2 Au Portugal, il y a 3 fois plus d'employés dans l'industrie que dans l'agriculture, et 4 fois plus dans les services que dans l'agriculture.

Donner la répartition de l'emploi par secteur d'activités en pourcentage .

3 Même exercice pour Chypre où il y a 5 fois plus d'employés dans l'industrie que dans l'agriculture, et 3 fois plus dans les services que dans l'industrie.

2. Pourcentage

4 La répartition des 14,250 millions d'emplois en Pologne est de 19 % pour l'agriculture, 31 % pour l'industrie et le reste pour le secteur des services.

Calculer le nombre d'emplois de chaque secteur, arrondi à 0,1 million près.

5 En 1999, il y avait 48,068 millions de Français de 15 ans et plus, dont 52 % de femmes.
Chez les hommes, on trouvait 37,8 % de célibataires, 53,8 % de mariés, 2,7 % de veufs et 5,7 % de divorcés.

Calculer le nombre de célibataires et celui de divorcés, arrondis à 0,01 million près .

6 La superficie totale de la France est de 547 936 km^2. Les forêts occupent 151 311 km^2.
Les routes et les parkings occupent 17 092 km^2. Les sols bâtis représentent 10 930 km^2.

Calculer les pourcentages correspondants .

3. Ordre de grandeur, sans calculatrice

7 Recopier et compléter les phrases ci-après par un ordre de grandeur, c'est-à-dire une fraction simple (moitié, tiers, ...) ou un entier.

a) En Colombie, 33 % de la population ont moins de 15 ans, soit ... de la population, contre 25 % en Océanie soit ... et 51 % en Ouganda, soit ...

b) En 1968, 2 967 milliers de familles ont un seul enfant sur les 12,063 millions de familles, soit presque ...

c) En 1995, sur 515 000 décès maternels dans le monde 273 000 arrivent en Afrique, soit plus de ... , contre 49 en Amérique du nord, soit moins de ...

d) Entre 1990 et 2001, le coût du nettoyage des rues es passé de 693 millions d'euros à 1 029 millions d'euros soit une augmentation de presque ...

8 Compléter les phrases par un ordre de grandeur.

a) Au Brésil, 30 % de la population ont moins de 15 ans contre 6 % pour les 65 ans et plus. Il y a donc un personne de 65 ans et plus pour ... jeunes de moin de 15 ans. En Égypte les proportions sont de 36 % contre 4 % ; donc ...

b) La population de la France de 59 983 milliers en 200 est prévue à 64 000 milliers en 2050, soit une augmentation d'environ ... milliers ou ... %.

c) Entre 1966 et 2000, le temps de travail domestique moyen des femmes est passé de 7,3 h par jour à 4,7 h pa jour, soit plus de ... h de moins ou une baisse de ... %.

4. Calculs sur les listes

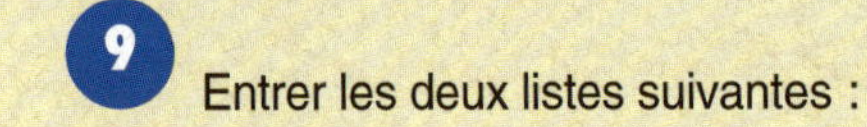

9 Entrer les deux listes suivantes :

liste 1	12	14	16	18	20
liste 2	0,5	0,6	0,75	1	1,5

Calculer **L3** = **L1** + **L2** ; **L4** = **L1** × **L2** ; sum (**L3**) et sum (**L4**) / sum (**L1**) .

10 Entrer les listes suivantes :

liste 1	100	112	117,5	121	132,9	145
liste 2	57	55	53	50	48	45
liste 3	2,35	2,52	2,78	3,10	2,65	2,48

Calculer **L4** = **L1** + 100 ; **L5** = **L2** / **L2** (1) × 100 et **L6** = **L3** × 100 – 200 .

L2 (1) donne le contenu de la cellule n°1 de la liste 2.

Voir **rabats de couverture** pour trouver les instructior sur une calculatrice.

1. Rapport d'une partie au tout

1. Questions rapides

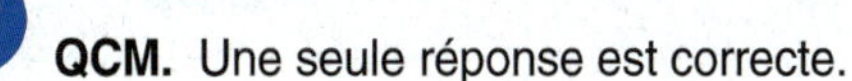

11 **QCM.** Une seule réponse est correcte.

° Dans une entreprise, il y a 2 300 hommes contre 200 femmes. La part des femmes est de :

a) 52 % ⓑ 34 % ⓒ 19 %

° Dans un groupe de 540 personnes, 25 % ont moins de 5 ans, dont 20 % ont moins de 15 ans.

a part des moins de 15 ans est de :

a) 20 % ⓑ 45 % ⓒ 5 %

° Dans le même groupe qu'en 2°, le nombre de person-es de 15 à moins de 25 ans est :

a) 108 ⓑ 270 ⓒ 27

12 **QCM.** Une seule réponse est correcte.

° Par rapport au tout, les 15 % de 56 % d'un ensemble e référence représentent :

a) 8,4 % ⓑ 41 % ⓒ 71 %

° Les deux tiers des premières ES sont des filles, dont 5 % suivent l'option SES.

a part des filles d'option SES dans les premières ES est :

a) un tiers ⓑ 30 % ⓒ 20 %

13 **Vrai ou faux** ? Justifier la réponse.

° Dans un groupe d'hommes, 10 % sont Anglais et 20 % nt blonds. La part des hommes Anglais ou blonds est nc de 30 %.

° Dans la population de la France métropolitaine, 18,7 % abitent l'Ile de France et 3,63 % dans Paris. Les parisiens présentent donc 19,4 % des habitants d'Ile de France.

° 29,1 % des hommes de 25 à 29 ans habitent chez urs parents contre 7,6 % de 30 ans à 44 ans.

5,7 % des hommes de 25 à 44 ans habitent donc chez urs parents.

2. Applications directes

[Utiliser ou déterminer une part en pourcentage, p. 13]

14 Une compagnie aérienne dessert trois villes : Prague, Madrid et Barcelone. 20 % des vols sont à destination de Madrid, le quart pour Barcelone, et les 33 vols restants pour Prague.

Calculer le nombre total de vols assurés par cette compagnie.

15 Dans un lycée professionnel, 42 % des élèves sont externes, il y a 18 internes, soit 4 %, et les autres élèves sont demi pensionnaires.

Calculer le nombre d'élèves demi pensionnaires dans ce lycée.

[Organiser les parties d'ensemble, p. 13]

16 On interroge 120 personnes sur leurs vacances.

20 % sont allées à l'étranger, 65 % dans leur famille et 7,5 % dans leur famille à l'étranger.

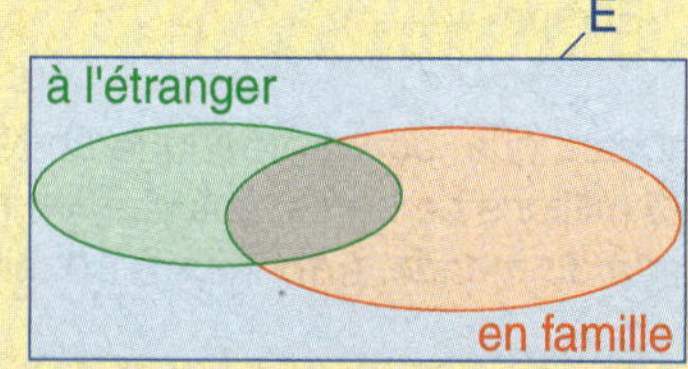

Recopier et compléter le diagramme de Venn par les effectifs.

17 On connaît en partie le tableau de répartition des élèves dans un lycée.

sexe \ niveau	2nde	1re	Tale	total
fille	21 %		19 %	55 %
garçon		13 %		
total			34 %	100 %

Quelle est la part en pourcentage des garçons parmi les élèves de Seconde ?

Quelle est la part en pourcentage des élèves de Seconde parmi les garçons ?

18 65 % des élèves d'une classe sont des filles, dont 20 % sont blondes. La classe comporte 17,2 % de blonds.

Déterminer la part des blonds parmi les garçons de cette classe. Présenter les résultats dans un tableau.

19 Dans un club, on propose à chaque adhérent le choix d'une seule activité parmi : judo, escrime ou lutte. 12 sont inscrits en lutte dont 5 ont moins de 20 ans, soit 2 % des adhérents ; 42 % de ceux qui ont choisi judo ont moins de 20 ans ; 35,2 % ont choisi l'escrime dont les trois quarts ont moins de 20 ans.

Donner la répartition des adhérents de ce club, sous forme d'un tableau d'effectifs à double entrée : l'activité choisie d'une part, l'âge d'autre part.

3. Répartition en pourcentage

20 Le graphique ci-dessous présente la répartition des réserves mondiales de pétrole en 2003.

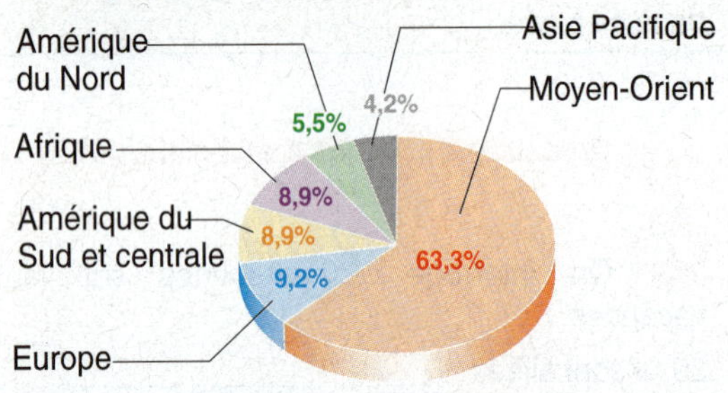

Sachant que, pour l'Amérique du Nord, la réserve est de 660 millions de barils, calculer les réserves pour chaque partie du monde, arrondies à 10 millions de barils.

21 On réalise une enquête sur 800 femmes actives de 30 à 35 ans en 1995.

15 % sont cadres, artisans ou chefs d'entreprise (C),

65 % sont employées ou ouvrières (E),

le reste a une profession intermédiaire (I). (Voir la définition des PCS : professions et catégories socioprofessionnelles.)

En 2000, on obtient la répartition suivante :

PCS en 1995	PCS en 2000				total
	C	E	I	inactive	
C	80	0	12	8	100 %
E	4	75	11	10	100 %
I	6	5	82	7	100 %

Exemple de lecture : 4 % des femmes employées e[n] 1995 sont devenues cadres en 2000.

Reprendre ce tableau en calculant les effectifs en 200[0] pour chaque PCS, suivant la PCS en 1995 (arrondis [à] l'unité).

Compléter par une dernière ligne donnant la répartitio[n] en 2000 des 800 femmes interrogées.

22 À l'issue du conseil de classe, un tiers des élèves d[e] Seconde redoublent et deux élèves sont réorientés.

Pour les autres, 25 % vont en Première L, 30 % en Pr[e]mière S, 35 % en Première ES et 10 % en Première ST[...]

Donner le nombre d'élèves allant dans chaque série [si] l'effectif de la classe est de 33.

En déduire le taux réel de passage en Première ES.

2. Pourcentage d'évolution et coefficient multiplicateur

1. Questions rapides

23 Traduire chaque évolution en formulation multiplicative :

a) augmenter de 18 % ; b) diminuer de 5 % ;
c) diminuer de 6,5 % ; d) augmenter de 40 % ;
e) augmenter de 150 % ; f) diminuer de 23,8 % ;
g) diminuer de 95 % ; h) augmenter de 400 %.

24 **QCM**. Indiquer toutes les bonnes réponses.

1° Un prix passe de 120 € à 144 €.

ⓐ Il augmente de 24 % ⓑ il augmente de 20 %
ⓒ sa variation relative est 1,2 ⓓ il est multiplié par 0,2

2° Un stock baisse de 250 kg à 200 kg.

ⓐ Le stock baisse de 25 %
ⓑ le stock est divisé par 1,25
ⓒ Le stock est multiplié par 0,8

3° Un village de 300 habitants voit partir 60 habitants.

ⓐ La population baisse de 20 %
ⓑ elle est multipliée par 0,8
ⓒ elle passe de l'indice 120 à l'indice 100

25 Par lecture directe du coefficient multiplicate[ur] donner le pourcentage d'évolution :

a) CM = 1,04 ; b) CM = 1,4 ; c) CM = 1,004
d) CM = 0,95 ; e) CM = 0,59 ; f) CM = 0,09 ;
g) CM = 1,057 ; h) CM = 2,15 ; i) CM = 5 .

2. Applications directes

[Relier variation relative et coefficient multiplicateur, p. 15]

26 Après une diminution de 13 % entre Noël et les soldes, le chiffre de ventes d'un magasin augmente de 22 % pendant la durée des soldes.

Sachant qu'il était de 25 400 € avant les soldes, calculer le chiffre des ventes pendant les soldes et celui avant Noël.

27 En Iran, les véhicules étrangers sont très fortement taxés.

En 2004, la taxation minimale est de 130 % pour les modèles de base ; mais les modèles de luxe sont taxés à 300 %, comme les BMW.

Calculer le prix en Iran d'une C3 valant 11 000 € avant importation et celui d'une BMW de 43 000 €. Quel est le prix avant importation d'un véhicule de 31 000 € en Iran, taxé à 170 % ?

28 Le groupe Swatch est numéro Un mondial de l'horlogerie.

De août 2003 à août 2004, le bénéfice net a progressé de 16,7 % pour atteindre 217 millions de francs suisses et le chiffre d'affaires est passé à 1,97 milliards de francs suisses, après une augmentation de 8,6 %.

Calculer le bénéfice et le chiffre d'affaires en août 2003.

Calculer la part du bénéfice net par rapport au chiffre d'affaires en 2004, puis en 2003.

On donnera les résultats avec 3 chiffres significatifs (voir techniques de base, p. V)

[Calculer et interpréter un coefficient multiplicateur, p. 15]

29 Le tableau ci-dessous donne la masse de déchets municipaux, en kg par habitant, dans différents pays.

	1995	1999
Belgique	495	535
Espagne	381	621
France	598	539
Danemark	567	627
Grèce	306	372

Pour chaque pays, calculer le coefficient multiplicateur entre 1995 et 1999 et donner la variation relative en pourcentage.

Si l'évolution se maintient, quelle serait la masse de déchets dans chacun de ces pays en 2003 ?

30 Entre 1970 et 2000, les habitudes alimentaires ont évolué.

Les consommations annuelles par habitant en France sont données en kg ou en L.

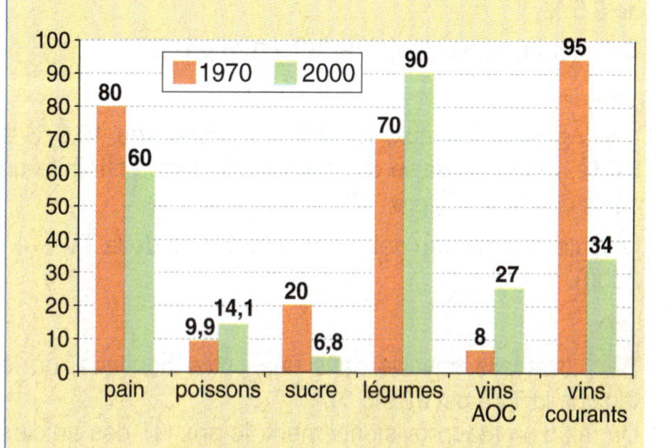

a) Pour chaque consommation, calculer les coefficients multiplicateurs entre ces deux années. Exprimer l'évolution soit en pourcentage, soit en terme multiplicatif, suivant le cas.

b) Calculer la consommation totale de vin pour ces deux années. Peut-on dire que la consommation de vin a diminué ?

31 On connaît la valeur d'un indice boursier le premier jour de six mois consécutifs :

janvier	février	mars	avril	mai	juin
112	122	154	137	126	112

Calculer le coefficient multiplicateur d'un mois sur l'autre et l'interpréter en variation relative.

Quelle est la variation relative totale durant ces cinq mois ?

On peut utiliser les listes de la calculatrice comme ci-dessous.

L1	L2	L3
112	122	------
122	154	
154	137	
137	126	
126	112	
------	------	

L3 =L2/L1

3. Calculs sur la TVA

▶ *Voir Activité 3, p. 11.*

32 Calculer la TVA sur un prix TTC de 45,50 € au taux de 19,6 %.
Si le taux de TVA était de 5,5 %, quel aurait été le prix TTC ?

33 Calculer le montant de la TVA d'une facture de fournitures de 2 045 € prix HT au taux de 19,6 % auquel s'ajoute 1 400 € de main d'œuvre prix TTC au taux de 5,5 %.

Calculer le montant total de la facture prix TTC.

34 Sur les travaux, la TVA est passée de 19,6 % à 5,5 %. Avant la baisse en 1999, M. Dupont a fait faire un devis de 13 500 F, prix TTC.

Calculer le nouveau devis après la baisse de la TVA (en 2000).

35 Nathalie travaille dans une petite boutique, où le taux de la TVA est à 19,6 %.
Du fait d'un réapprovisionnement, le prix HT des articles baisse de 7,5 %.

1° Calculer la nouvelle étiquette :

a) pour un article de 10 € HT ;

b) pour un article de 25 € TTC.

2° a) Avant le réapprovisionnement, un article vaut 160 € prix TTC. Calculer le prix TTC après la baisse en indiquant les opérations.

b) Faire de même pour un article valant x €, prix TTC.
En déduire une manière de calculer plus rapide.

36 Le taux de TVA « normal » n'est pas le même dans les pays européens :
Luxembourg : 15 % ; Allemagne et Espagne : 16 % ;
Grèce : 18 % ; Autriche et Italie : 20 % ;
Belgique et Irlande : 21 % ; Danemark et Suède : 25 %.
Mme Toroni achète un appareil photo numérique pour 250 € en Italie.

a) Quel est le montant de la TVA payé sur l'appareil ?

b) Cet article est proposé au même prix HT au Luxembourg. Quel est le prix TTC ?

c) Même question en Suède et en Belgique.

37 Dans une facture hors taxes, les deux tiers sont facturés avec un taux de TVA à 20 % et le reste à un taux de TVA à 5 %.
Le montant total de la facture toutes taxes comprises est de 207 €.

Calculer le montant total de la TVA.

4. Évolutions diverses

38 Des valeurs boursières subissent des augmentations ou des diminutions sur un an.

On connaît la valeur initiale et le taux d'évolution en % (négatif lorsque l'on a une diminution).

valeur initiale (en €)	évolution (en %)
520	20
40	– 15
34,2	36
26	– 5,5
81,3	19,5
1 075	0,8
103	– 54

Donner le coefficient multiplicateur correspondant e l'appliquer pour obtenir la valeur finale, arrondie à 0,01 €

39 **Évolution d'une recette**

recette = quantité × prix unitaire

1° Un article de grande consommation est au prix d 2,5 € le kg.
Il s'en vend 430 kg durant le premier mois.
Le mois suivant, le prix diminue de 10 % et les quantité vendues augmentent de 15 %.

Calculer la recette pour chaque mois, ainsi que le pour centage d'évolution de la recette.

2° Même question pour un autre article au prix unitaire d 4 € l'objet pour une quantité de 1 200 objets vendus l premier mois, et une augmentation du prix de 5 % ave une augmentation de 6 % des quantités vendues.

40 1° Sachant que le prix augmente de 16 % et que l quantité diminue de 20 %, calculer le pourcentage d'évolu tion de la recette.

2° Sachant que la recette a augmenté de 2 % lorsque le prix ont diminué de 15 %, déterminer le pourcentag d'évolution des quantités vendues.

3° Montrer que, si le prix du marché diminue de t %, un augmentation de t % des quantités vendues ne perme pas d'obtenir la même recette.
Exprimer la variation relative de la recette en fonction de

Déterminer t pour que la recette diminue de 9 %.

41 La recette sur un article augmente de 21 %.

Sachant que le prix et les quantités ont subit la mêm variation relative t , déterminer t .

42 Le **pouvoir d'achat** du salaire d'un consommateur est le quotient de son salaire par le prix d'un « panier » fictif, ensemble d'articles et de services de référence, souvent l'indice des prix :

$$\text{pouvoir d'achat} = \frac{\text{salaire}}{\text{prix}}$$

1° Le tableau suivant donne l'indice des prix et le salaire d'un employé sur deux années consécutives.

	indice des prix	salaire, en €
année 0	112,4	1 300
année 1	120,5	1 350

Calculer le pouvoir d'achat l'année 0, puis l'année 1.

Calculer la variation relative du prix, la variation relative du salaire et comparer à la variation du pouvoir d'achat.

2° L'indice des prix augmente de 10 % et les salaires de 8 %.

Calculer le pourcentage d'évolution du pouvoir d'achat.

43 Étude de l'évolution du pouvoir d'achat du SMIC de juillet 1999 à juillet 2003

juillet	1999	2000	2001	2002	2003	2004
SMIC, en €/h	6,21	6,41	6,67	6,83	7,19	7,61
indice des prix	100,3	101,9	103,9	105,5	107,5	109,3

1° Compléter ce tableau par le pouvoir d'achat du SMIC pour 1 000 heures.
Par exemple, en 1999 :

$$6{,}21 \times 1000 / 100{,}3 \approx 61{,}9.$$

2° Calculer l'évolution du pouvoir d'achat, en pourcentage, d'une année sur l'autre.

3° On prévoit une augmentation du SMIC de 5 % en 2005 et une augmentation des prix de 2 %.

Calculer le pourcentage d'évolution du pouvoir d'achat du SMIC que l'on peut prévoir entre 2004 et 2005.

3. Évolutions successives

1. Questions rapides

44 **Q.C.M. sans calculatrice**. Une seule réponse est correcte.

1° Après une augmentation de 10 % suivie d'une diminution de 10 %, la valeur :

a) retrouve sa valeur initiale
b) est plus grande qu'au départ
c) est plus petite qu'au départ

2° Deux augmentations successives de 10 % correspondent à une augmentation globale de :

a) 10 % b) 20 % c) plus de 20 %

3° On applique au revenu un abattement de 10 %, puis un abattement de 20 %, le revenu est multiplié par :

a) 0,30 b) 0,72 c) 0,70

4° Après des hausses successives de 10 %, 8 % et 6 %, la valeur a subi une hausse de :

a) moins de 24 % b) 24 % c) plus de 24 %

45 **Vrai ou Faux ?** Justifier la réponse par un calcul.

a) Après une hausse de 2 % suivie d'une baisse de 3 %, la valeur a diminué de 1 %.

b) Une diminution de 8 % suivie d'une diminution de 7 % donne une valeur plus petite qu'une diminution de 15 %.

c) Une augmentation de 50 % est compensée par une diminution de 50 %.

d) Une diminution de 50 % est compensée par une augmentation de 100 %.

2. Applications directes

[Déterminer un coefficient multiplicateur à la calculatrice, p. 17]

46 Étude de la variation, en pourcentage, de l'indice des prix de 1997 à 2003

année	1997	1998	1999	2000	2001	2002	2003
France	1,3	0,7	0,6	1,8	1,8	1,9	1,9
États-Unis	2,3	1,5	2,2	3,4	2,8	1,6	2,1
Japon	1,7	0,6	−0,3	−0,9	−0,7	−0,9	−0,3

1° De 1997 à 1999, l'indice des prix a-t-il baissé en France ? Interpréter les chiffres négatifs du Japon.

2° Pour chaque pays, à l'aide des coefficients multiplicateurs, calculer le taux global d'inflation sur les années de 1997 à 2003.

47 Au cours du 1er trimestre 1994, les prix ont augmenté de 186 % au Brésil, puis de 73 % au 2e trimestre et de 12,5 % au 3e et au 4e trimestres.

1° Calculer le taux d'inflation global en 1994 au Brésil (à 1 % près).

2° Justifier que l'inflation était de 42 % par mois au cours du 1er trimestre, puis de 20 % au 2e trimestre.

EXERCICES

[Utiliser les indices, p. 17]

48 De 1980 à 2000, le nombre d'élèves ou étudiants en France a peu évolué, mais la structure est différente. Tableau des effectifs en milliers :

année	1960	1980	1990	2000
premier degré	6 370	7 124	6 705	6 281
second degré	3 530	5 590	5 961	5 992
supérieur	310	1 175	1 702	2 129
total	10 210	13 889	14 368	14 402

1° Calculer les indices base 100 en 1980, arrondis à 0,1. Comparer alors l'évolution des effectifs dans chaque niveau de l'éducation.

2° Calculer les indices base 100 en 1960.

Pour quel niveau d'éducation ces indices présentent-ils une très forte évolution ?

3° En 1980, 1990 et 2000, calculer la part des étudiants dans la totalité des scolarisés.

Comparer l'évolution de cette part pour chaque décennie.

49 Le nombre de clients en téléphonie mobile a fait un bon. Le tableau suivant donne le nombre d'abonnés en milliers au début de l'année.

	A	B	C	D	E	F	G
1	année	1997	1998	1999	2000	2001	2002
2	clients	3 560	7 760	14 218	24 295	33 122	37 807
3	indice						

1° Pour toutes ces années, calculer l'indice du nombre de clients, base 100 en 1997. On donnera les valeurs arrondies à 0,1 près.

Sur tableur, indiquer la formule à écrire en cellule B3 et à copier jusqu'en G3.

2° Donner un ordre de grandeur de l'évolution entre 1997 et 1999, puis entre 1997 et 2002.

3. Évolutions successives

50 Dans un pays, la population d'une ville augmente de 2 % la première année, puis la croissance de la population augmente de 2 points de pourcentage chaque année, pour atteindre 10 % au bout de la cinquième année.

1° Exprimer par un calcul le coefficient multiplicateur global et en déduire la croissance globale, en %, sur les cinq années.

2° Si la croissance avait été de 5 % chaque année, quelle serait la croissance globale ?

Comparer au résultat de la question 1°.

3° Mêmes questions qu'en 2° avec une croissance de 6 % par an.

51 Le graphique ci-dessous présente l'évolution, en pourcentage, du salaire de M. Smith de 1995 à 2005.

Ainsi, durant l'année 1995, le salaire de M. Smith a augmenté de 6 %.

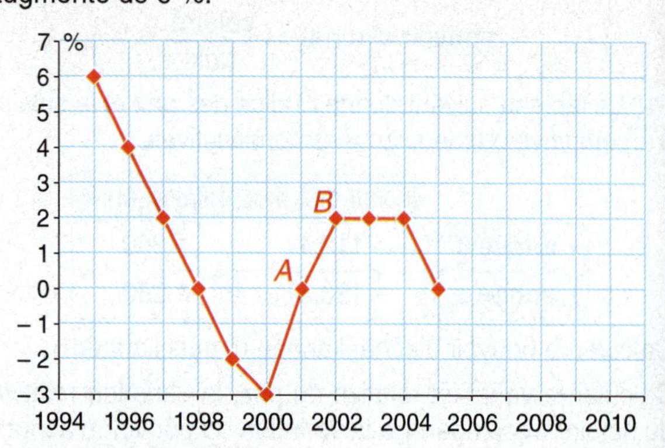

1° Interpréter, de même, les points A et B du graphique.

2° Indiquer si chacune des propositions est vraie ou fausse.

a) Le salaire de M. Smith a baissé de 1994 à 1999.

b) Le salaire de M. Smith a diminué l'année 2000.

c) De 2002 à 2004, le salaire est resté le même.

d) En 1998, M. Smith n'a pas eu d'augmentation de salaire.

e) En 1997 et en 2004, M. Smith a eu le même salaire.

3° Le salaire de M. Smith était de 1 200 € en début 1995. Calculer son salaire en fin 2005.

52 **Indice des prix pour quelques produits en France**

année	1990	1991	1992	1993	1994	1995
poisson frais	91,1	96,9	95,2	91,9	90,7	89,4
distribution eau	55,1	59,3	66,7	72,7	81,5	87,5
audiovisuel	152,2	145,9	139,5	133,5	126,7	121,5
resto cafés	79,1	83,2	86,9	90,1	92,2	94,4
année	**1996**	**1997**	**1998**	**1999**	**2000**	**2001**
poisson frais	91,3	95,1	100	101,6	107,1	111,3
distribution eau	93	96,8	100	101,9	103,5	104,6
audiovisuel	115,2	107,1	100	91,6	85,3	82,3
resto cafés	96,5	98,2	100	101,6	103,6	106,2

1° a) Quelle est l'année de la base ?

b) Interpréter les trois valeurs entourées.

2° a) Calculer la variation des prix du poisson frais entre 1990 et 2001.

b) Calculer le coefficient multiplicateur des prix de la distribution d'eau entre 1990 et 2001.

L'interpréter en variation relative.

c) Calculer la variation relative des prix de l'audiovisuel entre 1990 et 2001, exprimée en pourcentage.

53 **Variation de l'emploi en Italie (en %)**

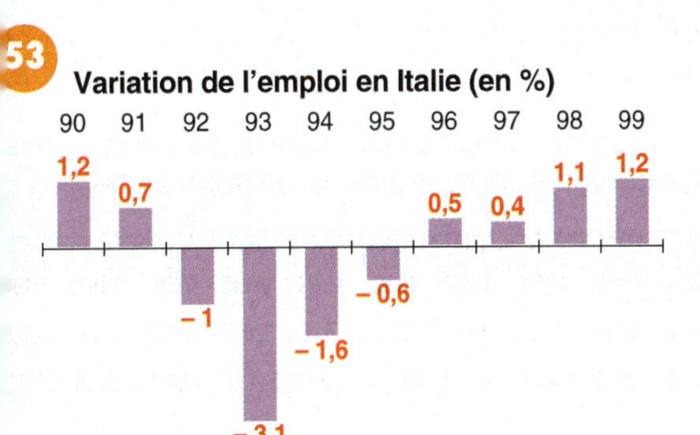

1° a) Interpréter les nombres 1,2 et – 3,1 .

b) Sur 1990, la variation est de 1,2 %, puis, sur 1991, elle n'est que de 0,7 %.

Est-ce que cela signifie que le nombre d'emplois a diminué en 1991 ?

c) Sur quelles années l'emploi a-t-il diminué en Italie ?

2° Calculer l'évolution globale de l'emploi sur ces dix années.

4. Exercices de synthèse

54 « Devenus en 2000 les premiers fournisseurs de pétrole brut de la France, les pays de la Mer du Nord représentent 32,3 % de ses importations en 2002, sur un total de 72,4 millions de tonnes.

Les pays du Proche-Orient ne fournissent plus que 28,3 %, contre 78,9 % en 1978, où la France importait 115,6 millions de tonnes de pétrole.

Les pays africains fournissent 20,8 % des importations en 2002, contre 14,7 % en 1978. »

° Les importations de pétrole du Proche-Orient ont-elles iminué de près de la moitié ? Argumenter la réponse.

° Peut-on affirmer que les pays africains fournissent ıoins de pétrole ?

° Justifier que les importations en 1978 de pétrole des ays du Proche-Orient étaient presque quatre fois les nportations des pays de la Mer du Nord en 2002.
n mettra en valeur les calculs faits.

55 Le taux d'emploi des 55-64 ans est la part, en %, es personnes ayant un emploi parmi les 55-64 ans.

situation en 2000	population des 55-64 (en milliers)	taux d'emploi des 55-64 ans (en %)	population active occupée (en millions)
llemagne	10 954,8	38,4	36,3
utriche	911,6	28,1	3,7
elgique	1 040,4	25,8	4,1
anemark	595,2	57,3	2,7
rance	5 476,1	33,8	23,9
uède	986,8	68,3	4,3
oyaume Uni	6 071	53,3	28,3
alie	6 820,6	28,6	21,8
urope des 15	**41 570**	**39,8**	**163**

1° Pour chaque pays, calculer le nombre de personnes de 55-64 ans ayant un emploi.

Calculer la part, en % arrondi à 0,1 près, des seniors dans la population active occupée.

Utiliser les listes de la calculatrice.

2° a) Comparer les chiffres pour l'Autriche et la Suède.
b) Quels sont les pays dont la part des seniors, dans la population active occupée, dépasse les 10 % ?
c) La part des seniors dans la population active est plus importante en Italie qu'en France. Expliquer ?

56 Le tableau ci-dessous donne le nombre de ménages pauvres en France, le taux de pauvreté, c'est-à-dire la part des ménages pauvres dans l'ensemble des ménages, et le seuil de pauvreté, en euros par mois, en euros 1976. On rappelle que le **seuil de pauvreté** est la moitié du revenu médian.

année	1970	1975	1979	1984	1990	1997
ménages pauvres en milliers	2 538	2 221	1 736	1 435	1 544	1 629
taux de pauvreté en %	15,7	12,6	9,1	7,1	7,1	7
seuil de pauvreté en € par mois	321	409	473	489	522	528

Donner la bonne réponse parmi celles proposées.

1° De 1975 à 1979, les ménages pauvres ont diminué de :
ⓐ 3,5 points de pourcentage ⓑ 78,2 % ⓒ 21,8 %

2° Entre 1979 et 1997, le nombre de ménages a :
ⓐ augmenté de 4,2 millions ⓑ augmenté de 2 millions
ⓒ diminué de 4,4 millions

3° De 1970 à 1997, le revenu médian a augmenté de :
ⓐ 207 euros ⓑ 64,5 % ⓒ de 129 %

57 Calcul d'indices à l'aide d'un tableur

On se propose de comparer l'évolution de l'épargne logement en France par rapport à l'ensemble de l'épargne, correspondant à la différence des agrégats monétaires M2 et M1. Le tableau suivant donne le montant en milliards d'euros.

	A	B	C	D	E	F	G	H	I	J	K	L	M	N	O	P	Q	R	S
1	**année**	**1981**	**1982**	**1983**	**1984**	**1985**	**1986**	**1987**	**1988**	**1989**	**1990**	**1991**	**1992**	**1993**	**1994**	**1995**	**1996**	**1997**	**199**
2	**épargne logement**	8,1	9,2	10	10,7	12,3	13,8	15,2	16,9	18,1	17,8	18,4	18,8	20,3	20,9	21,6	23,3	24,6	25,
3	**M2-M1**	119,6	137,5	157,4	170,5	179,4	182,8	190,6	196,7	197,6	191,9	188,9	183,5	187,3	203	220,4	236,1	257,8	272,

Pour comparer l'évolution de deux valeurs n'ayant pas le même ordre de grandeur, on peut utiliser les indices ; on prendr 1981 comme année de base et on donnera les indices arrondis à 0,1 près.

1° a) Donner un ordre de grandeur du rapport entre l'épargne logement et l'ensemble de l'épargne.

b) Calculer l'indice en 1990, base 100 en 1981, pour l'épargne logement. Comment écrire ce calcul en utilisant les cellules du tableur ?

Quelle formule écrire en B4 pour obtenir tous les indices de 1981 à 1998 lors de la recopie de cellule en ligne 4 ? Vérifier si le tableur donne la valeur calculée pour 1990.

c) Mêmes questions pour l'ensemble de l'épargne et calculer les indices en ligne 5.

2° a) Interpréter les indices en 1990 pour l'épargne logement et l'ensemble de l'épargne.

Interpréter les indices en 1998.

b) À partir de quelle année l'indice, pour l'ensemble d l'épargne, a-t-il augmenté de moitié ? De même pou l'épargne logement.

c) Pour chaque indice, donner l'année où il a doublé.

Dans une formule utilisant la cellule B2 :

- *la référence* **B2** *est* **relative**, *c'est-à-dire que, si o recopie en tirant la formule vers la droite, elle devien* C2, D2 … , *si on tire vers le bas, elle devient* B3, B4 ..
- *la référence* **$B$2** *est* **absolue**, *c'est-à-dire que, si o recopie la formule, elle reste fixe.*

58 Utilisation d'Excel pour représenter une série statistique : évolution du travail à temps partiel en France

Le tableau suivant donne le nombre de salariés en milliers, ainsi que le taux de temps partiel, c'est-à-dire la part des salariés à temps partiel en % de la population active (chômeurs compris).

	A	B	C	D	E	F	G	H	I	J	K	L	M
1	**année**	**1992**	**1993**	**1994**	**1995**	**1996**	**1997**	**1998**	**1999**	**2000**	**2001**	**2002**	**200**
2	temps partiel	2786	3033	3216	3430	3533	3692	3842	3895	3923	3895	3880	403
3	taux	12,5	13,9	14,8	15,6	16	16,8	17,2	17,3	16,9	16,4	16,2	16,

1° **Représentation en courbe du temps partiel**

a) Sélectionner les cellules de A1 à M2 et ouvrir l'assistant graphique : clic sur  .

Sélectionner 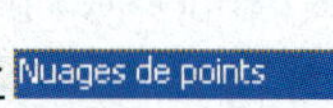

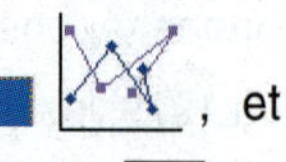 , et Terminer . Cliquer sur la légende et Del .

On peut améliorer la présentation par clic droit sur différentes parties du graphique.

temps partiel

Les segments qui relient les points n'ont pas de signification : ils permettent de faire des comparaisons .

b) Calculer l'évolution, en variation absolue puis en pourcentage, entre 1992 et 1998. En donner une interprétation. En arrondissant les chiffres à la centaine de mille près, que peut-on dire de l'évolution du temps partiel entre 1999 et 2002.

c) Comparer la variation absolue pour 1997-1998 et 2003-2004. Quelle propriété géométrique ont les segments correspondants sur le graphique ?

2° Représentation en bâtons du taux de travail à temps partiel

a) Sélectionner les cellules de A3 à M3, ouvrir l'assistant graphique.

Sélectionner 

, puis Suivant > . Cliquer sur l'onglet **Série**, puis

Étiquettes des abscisses (X) :

='E1 exo 57'!$B$1:$M$1

sélectionner les cellules de B1 à M1 et les entrer par le bouton. Puis Terminer .

On peut améliorer par clic droit :

clic sur un des bâtons, **Format de série de données**, clic sur l'onglet **Etiquettes de données** et cocher **Valeurs**.

taux

1992	1993	1994	1995	1996	1997	1998	1999	2000	2001	2002	2003
12,5	13,9	14,8	15,6	16	16,8	17,2	17,3	16,9	16,4	16,2	16,5

b) En quelle(s) années(s) a-t-on une diminution de la part et une augmentation du nombre de salariés ?

59 **Les deux chocs pétroliers : analyse et représentation sur calculatrice**

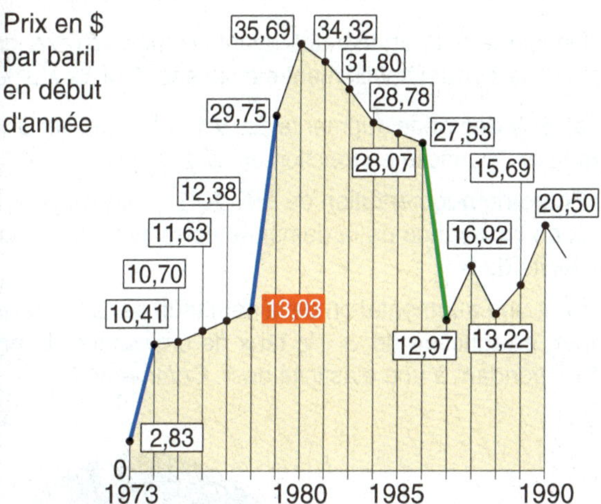

Source : BP Statistical Review, juin 1995

1° Il y a eu des chocs pétroliers en 1973 et en 1978.

a) Donner les deux variations absolues, puis les deux variations relatives.

b) Comparer ces évolutions. Laquelle fut la plus importante en relatif ?

2° En 1985, il y a eu un effondrement des prix.

a) Calculer la variation relative (pourcentage d'évolution).

b) Ce taux « d'effondrement » est-il de même ampleur que celui de 1978 ou de 1973 ?

3° Pour chaque année, calculer l'indice du prix du pétrole base 100 en 1978. On pourra entrer les années en liste 1 et les prix du pétrole en liste 2, puis calculer les indices en liste 3 : **L3** = **L2** / **L2** (6) .

Représenter la série chronologique.

- **T.I. 82 Stats, 83 ou 84**

STATPLOT **1 : Plot...** valider l'écran ci-dessous :

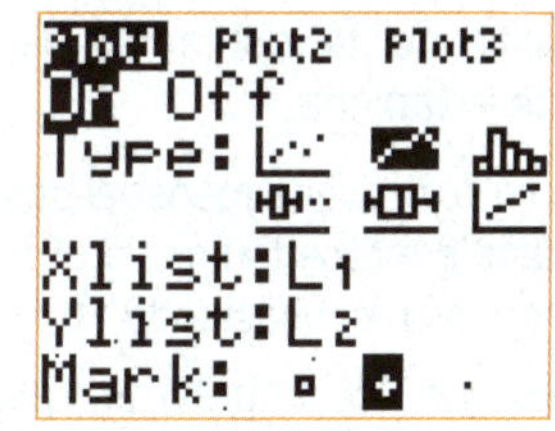

Pour sélectionner le type, taper ENTER quand le curseur est sur le type choisi et les touches L1 L2 pour les listes,
puis ZOOM **9 : ZoomStat** ENTER pour la courbe.

- **Casio 35 +**

valider l'écran ci-dessous :

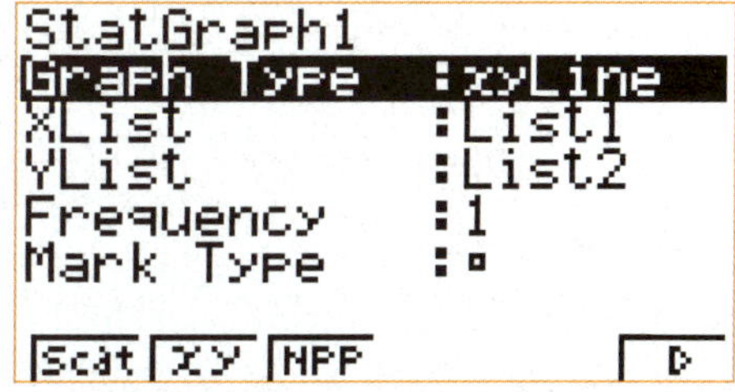

Pour sélectionner le type, descendre sur la ligne et choisir dans le menu proposé en bas d'écran,
EXE pour valider, puis GPH1 par F1 .

60 Évolution d'une masse salariale

Une très petite entreprise familiale est composée d'une secrétaire (gagnant un salaire S) et d'un directeur (gagnant un salaire D).
La masse salariale est donc $M = S + D$.
Au cours d'une année, le salaire de la secrétaire augmente de 20 %, et celui du directeur de 10 %.

1° En début d'année, le salaire de la secrétaire est de 2 000 € et celui du directeur de 4 500 €.

Calculer la nouvelle masse salariale en fin d'année et son taux de croissance.

2° *Généralisation*

a) Exprimer la nouvelle masse salariale (en fin d'année en fonction de S et D, ainsi que le taux de croissance t % de la masse salariale.

b) En comparant $(S + D) \times 1{,}1$ et $(S + D) \times 1{,}2$ à la nouvelle masse salariale, en déduire un encadrement de t.

61 Élasticité

Par définition, l'élasticité de la demande D d'un bien, passant de D_0 à D_1, par rapport au prix p de ce bien, est le quotient de la variation relative de la demande sur la variation relative du prix. C'est aussi le quotient du pourcentage d'évolution de la demande sur le pourcentage d'évolution du prix.
On parle d'élasticité-prix de la demande du bien.

$$E_{D/P} = \frac{\text{variation relative de la demande}}{\text{variation relative du prix}} = \frac{\dfrac{D_1 - D_0}{D_0}}{\dfrac{p_1 - p_0}{p_0}}$$

Ainsi, une élasticité de – 3 signifie que, pour une augmentation de 1 % du prix, alors la demande diminue de 3 %.

1° Entre deux dates, la demande de chocolat augmente et passe de 3,5 kg à 4,1 kg, alors que le prix de la tablette passe de 2 € à 2,5 €.

Calculer l'élasticité de la demande de chocolat par rapport au prix de la tablette.

2° Un ménage a vu son revenu mensuel passer de 2 400 € à 2 700 €. Pendant le même temps, la part de son revenu consacré à l'alimentation est passé de 16 % à 17,2 %.

a) Calculer l'élasticité de la part de l'alimentation par rapport au revenu.

b) De même pour un ménage ayant les mêmes revenus dont la part pour l'habillement est passée de 4 % à 3 %.

3° a) Si la demande augmente de a % et le prix de b %, exprimer l'élasticité en fonction de a et de b.

b) Pour une augmentation du prix de 5 %, déterminer le taux de croissance de la demande correspondant à une élasticité de 3.

c) Pour une augmentation de la demande de a %, déterminer, en fonction de a, le taux de croissance du prix correspondant à une élasticité de 1. Commenter.

Le panier de l'étudiant

62

On donne un modèle simplifié du budget d'un étudiant sur deux années.

année	alimentation	transport	loyer	divers
2000	20 repas à 10 €	36 trajets à 2 €	280 €	20 €
2005	30 repas à 12 €	10 trajets à 3 €	320 €	40 €

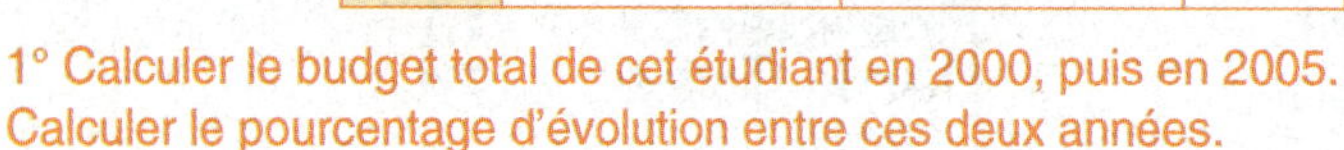

1° Calculer le budget total de cet étudiant en 2000, puis en 2005.
Calculer le pourcentage d'évolution entre ces deux années.

2° On suppose qu'en 2005, cet étudiant a gardé le même nombre de repas et le même nombre de trajets qu'en 2000, mais au prix de 2005.
Calculer alors son budget 2005 « au volume 2000 ».
Quel est le pourcentage d'évolution du budget à volume constant ?

2

Généralités sur les fonctions numériques

L'enclos du lapin

On dispose de 12 m de grillage. L'enclos du lapin s'appuie sur un mur et doit être rectangulaire.

Quelles sont ses dimensions pour que sa surface soit maximale ?

[voir exercice 95]

Tests préliminaires

A. Droites

1° Lire le coefficient directeur de chacune des droites ci-dessous. On parle aussi de pente.

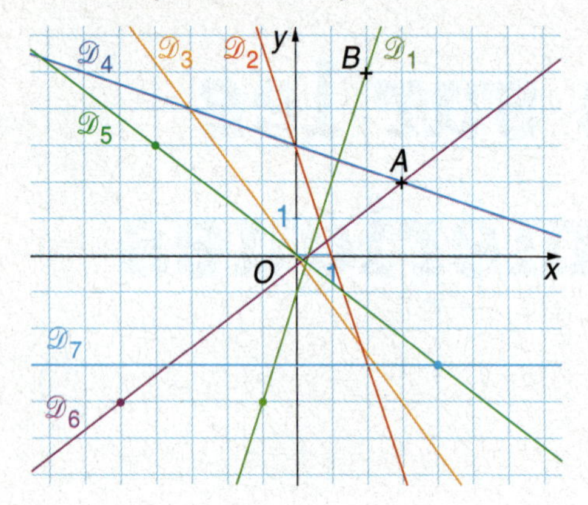

2° Pour chaque équation réduite donnée, retrouver la droite correspondante :

a) $y = -\dfrac{x}{3} + 3$; **b)** $y = \dfrac{3x-1}{4}$;

c) $y = -\dfrac{3}{4}x$; **d)** $y = -3x + 3$.

3° Déterminer l'équation réduite de la droite $\$_1$.

4° Déterminer une équation de la droite passant par $A\,(3\,;2)$ et $B\,(2\,;5)$.

[Voir techniques de base, p. XVII]

B. Fonctions affines

Une fonction affine est définie sur $\mathbb{R}$ par :

$$f(x) = ax + b\ ,$$

où a et b sont deux réels.

a) Déterminer la fonction affine f telle que :

$$f(2) = -4 \quad \text{et} \quad f(5) = 8\ .$$

b) Calculer alors l'image de 0 et l'antécédent de 0.

[Voir techniques de base, p. XVI]

C. Lectures graphiques

On considère la fonction f définie sur $]-\infty\,;5]$ et connue par sa courbe représentative $\mathscr{C}$.

1° a) Lire les images de 0 et de 5 par la fonction f .

b) Lire les antécédents de 3 par f .

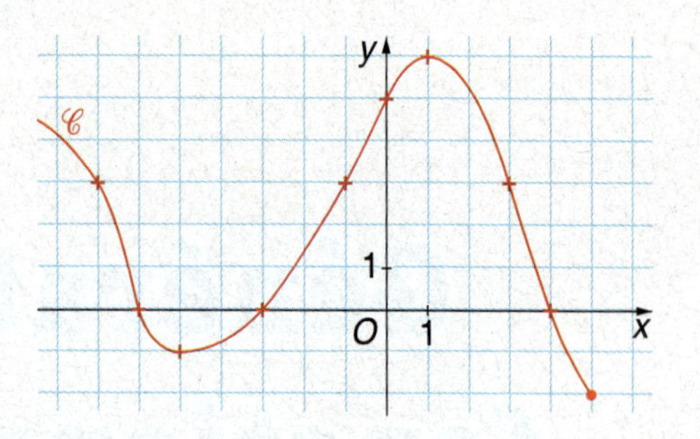

c) Donner l'image de l'intervalle $[0\,;5]$ par la fonction f .

2° Dresser le tableau des variations de la fonction f .

Utiliser les conventions graphiques, p. XII .

3° Résoudre graphiquement :

a) l'équation $f(x) = 3$;

b) l'équation $f(x) = -2$;

c) l'inéquation $f(x) \geqslant 0$;

d) l'inéquation $f(x) \leqslant 3$.

4° Résoudre graphiquement l'équation $f(x) = x$.

[Voir techniques de base, p. XII à p. XV]

D. Expression d'une fonction à la calculatrice

On donne quatre expressions tapées à la calculatrice :

```
Plot1 Plot2 Plot3
\Y1■-X²-3/2-X
\Y2■-(X²-3)/(2-X
)
\Y3■(-X²-3)/(2-X
)
\Y4■(-X)^2-3/(2-
X)
```

1° Écrire chacune des expressions sous forme littérale, en rétablissant le trait de fraction sans parenthèse inutile.

Existe-t-il deux expressions égales ?

2° Calculer chacune des expressions pour $x = -2$, puis pour $x = 1$.

3° Écrire les expressions suivantes sur une ligne, comme sur une calculatrice :

$A(x) = \dfrac{x^3-8}{x+2}$, $B(x) = -3x + 2 - \dfrac{1}{-x+2}$

et $C(x) = 2x\sqrt{x^2+4}$.

MISE EN ROUTE

Activités préparatoires

1. Parabole et translation

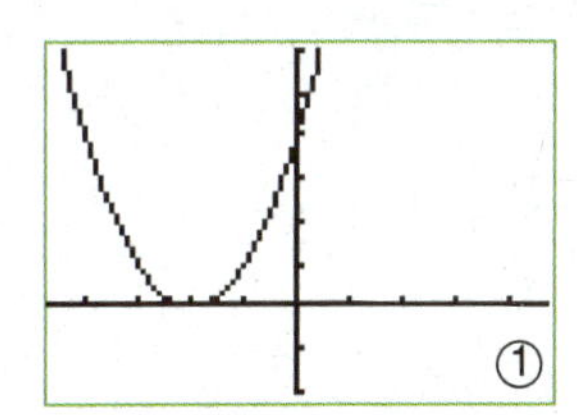

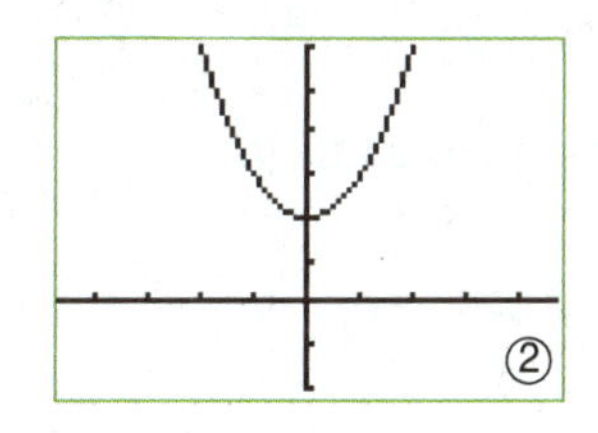

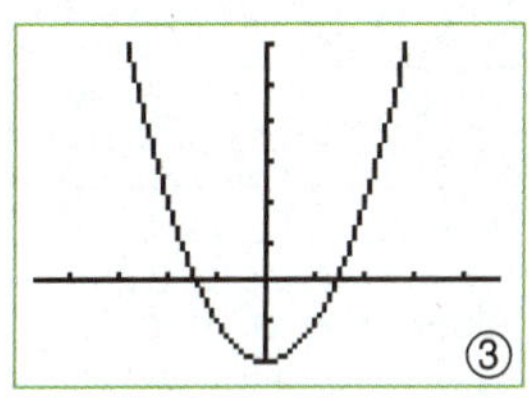

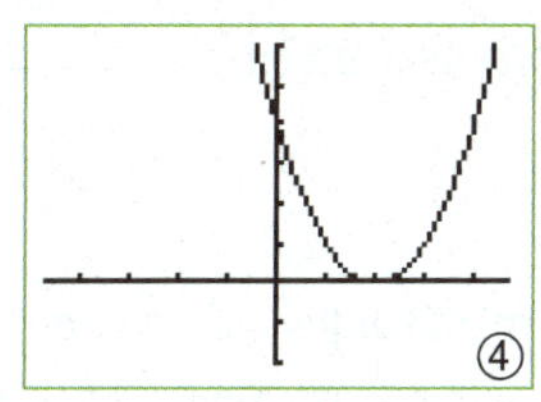

1° Pour chaque courbe, retrouver la fonction qu'elle représente parmi ces fonctions définies sur $\mathbb{R}$:

$f(x) = x^2 + 2$; $g(x) = (x-2)^2$; $h(x) = 2x^2$;
$k(x) = x^2 - 2$; $m(x) = (x+2)^2$.

2° La courbe représentative de la fonction carré est la parabole $\mathscr{P}$ d'équation $y = x^2$.

Indiquer de quelle façon chacune des courbes est la translatée de la parabole $\mathscr{P}$:

a) vers le bas de 2 ; **b)** vers la droite de 2 ;

c) vers le haut de 2 ; **d)** vers la gauche de 2.

3° Indiquer la translation qui permet de passer de la parabole $\mathscr{P}$ à la courbe d'équation :

a) $y = x^2 - 4$; **b)** $y = (x-4)^2$; **c)** $y = x^2 + 1$.

4° Quelle transformation géométrique permet de passer de la parabole $\mathscr{P}$ à la courbe d'équation $y = -x^2$?

2. Somme de fonctions

Les fonctions f et h présentent les revenus mensuels d'une femme et de son mari sur 10 ans.

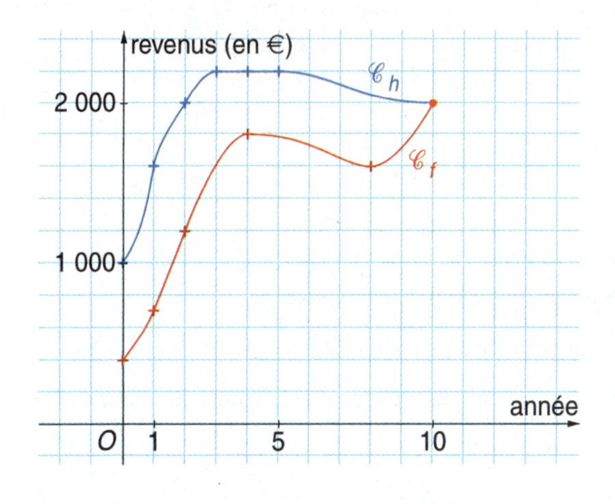

1° Recopier ces deux courbes $\mathscr{C}_f$ et $\mathscr{C}_h$ et construire la courbe $\mathscr{C}_g$ représentant le revenu global du couple.

2° a) Dresser le tableau des variations des fonctions f et h .

b) Sur quel intervalle les deux revenus sont-ils croissants ?
Qu'en déduire pour le revenu global ?

c) Mêmes questions lorsque les deux revenus sont décroissants.

d) Depuis l'année 8, le revenu du mari diminue et celui de la femme augmente. Peut-on conclure sur le sens de variation du revenu global ?

3° Construire la courbe $\mathscr{C}_d$ représentant la différence de revenu $h - f$ sur $[0 ; 10]$.
Quel est le sens de variation de la fonction d sur $[8 ; 10]$? Expliquer.

3. Montage de fonctions

1° On peut lire $-(x+2)^2 + 9$ comme un montage :

« prendre un réel x , lui ajouter 2, élever au carré , prendre l'opposé et ajouter 9 ».
De la même façon, lire chaque expression:

a) $-(x+1)^2 - 2$; **b)** $2(x-3)^2$;

c) $\dfrac{4}{x-2} + 1$; **d)** $-\left(\dfrac{1}{x} + 2\right)^2$; **e)** $-\sqrt{x} + 4$.

2° a) On propose le montage de fonctions :

$x \xmapsto{\text{au carré}} \dots \xmapsto{\text{ajouter 3}} \dots \xmapsto{\text{inverse}} \dots$

Donner l'expression obtenue en finale.

b) De même pour le montage :

$x \xmapsto{\text{soustraire 2}} \dots \xmapsto{\text{inverse}} \dots \xmapsto{\text{ajouter 1}} \dots$

1. Fonctions usuelles

Fonction carré $x \longmapsto x^2$

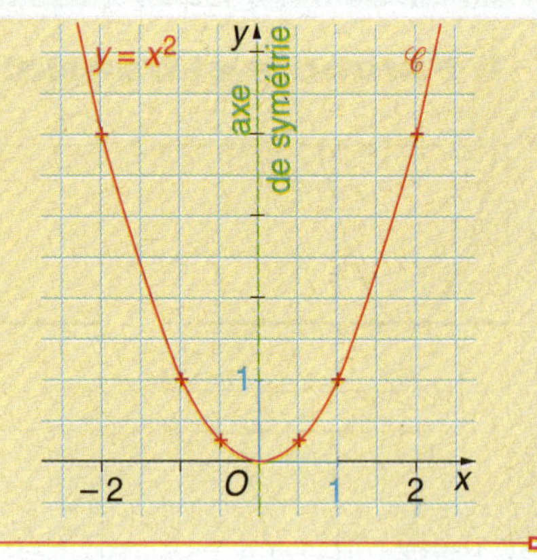

• ***définition :*** La fonction carré est définie sur $\mathbb{R}$ par $f(x) = x^2$.

• ***représentation :*** Sa courbe représentative est la **parabole** de sommet l'origine du repère.
Comme $(-x)^2 = x^2$, l'axe des ordonnées est axe de symétrie de la parabole.

• ***sens de variation :*** La fonction carré est décroissante sur $]-\infty ; 0]$ et croissante sur $[0 ; +\infty[$.

Conséquences :

• Deux nombres positifs et leurs carrés sont rangés dans le même ordre si $0 \leqslant a < b$, alors $0 \leqslant a^2 < b^2$.
Élever au carré deux nombres négatifs change l'ordre si $a < b \leqslant 0$, alors $a^2 > b^2 \geqslant 0$.

• L'équation $x^2 = a$, avec $a > 0$, possède deux solutions : $x_1 = -\sqrt{a}$ et $x_2 = \sqrt{a}$.

Fonction inverse $x \longmapsto \frac{1}{x}$

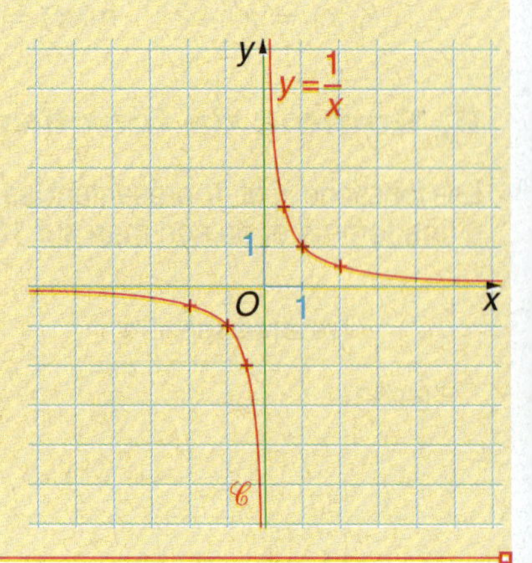

• ***définition :*** La fonction inverse est définie sur $\mathbb{R} \setminus \{0\}$ par :

$$f(x) = \frac{1}{x} .$$

• ***représentation :*** Sa courbe représentative est **l'hyperbole** d'asymptotes les axes du repère.

Comme $\frac{1}{-x} = -\frac{1}{x}$, l'origine du repère est centre de symétrie de l'hyperbole.

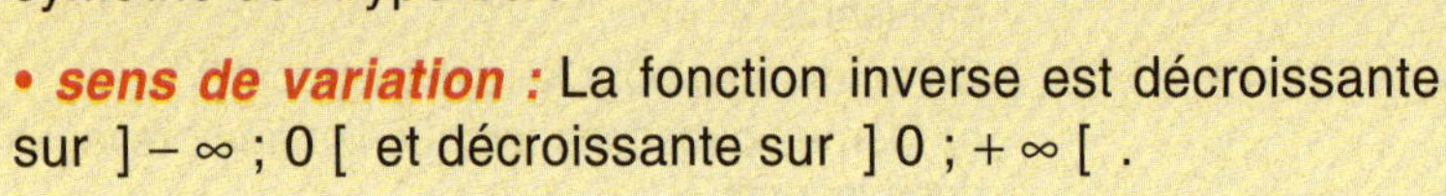

• ***sens de variation :*** La fonction inverse est décroissante sur $]-\infty ; 0[$ et décroissante sur $]0 ; +\infty[$.

Remarques : On note $\mathbb{R} \setminus \{0\}$ sous forme $\mathbb{R}^*$: c'est la réunion de deux intervalles $]-\infty ; 0[\cup]0 ; +\infty[$.
Comme la division par 0 n'existe pas, **0 est valeur interdite**. D'où le tableau des variations :

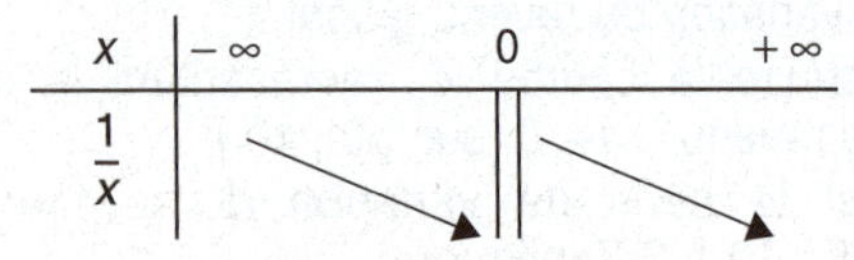

x	$-\infty$	0	$+\infty$
$\frac{1}{x}$	↘	‖	↘

⚠ La fonction inverse n'est pas décroissante sur $\mathbb{R}^*$, car $-3 < 2$ et on a encore $-\frac{1}{3} < \frac{1}{2}$: les inverses restent dans le même ordre.

Fonction racine carrée $x \longmapsto \sqrt{x}$

• ***définition :*** La fonction racine carrée est définie sur $[0 ; +\infty[$ par $f(x) = \sqrt{x}$.

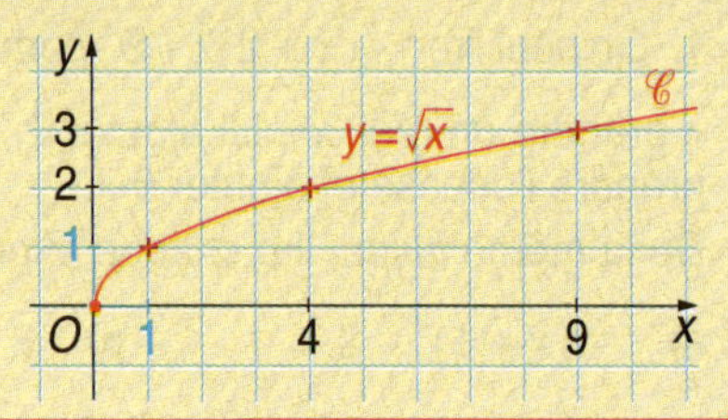

• ***représentation :*** Sa courbe représentative est une **demi-parabole** de sommet O .

• ***sens de variation :*** La fonction racine carrée est croissante sur $[0 ; +\infty[$.

⚠ Ne pas confondre ! $\sqrt{x}$ existe pour x positif ou nul : $x \geqslant 0$; et la racine carrée est positive ou nulle : $\sqrt{x} \geqslant 0$.

Résoudre des équations et inéquations avec carré

Méthode

Pour résoudre une équation ou une inéquation avec carré :

- on isole le carré :
$(x)^2 = a$; $(x)^2 < a$; $(x)^2 > a$;
- on dessine l'allure de la parabole ;
- on place a sur l'axe des ordonnées et on utilise une lecture graphique.

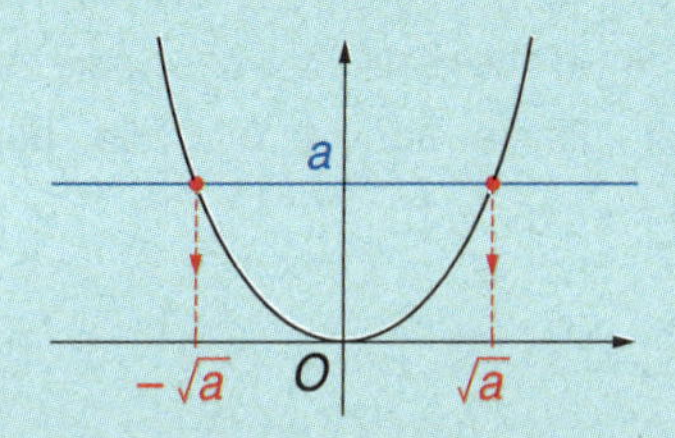

On peut imaginer la parabole « dans sa tête ».

[voir exercices 16 à 18]

Résoudre : a) $x^2 = 5$; b) $x^2 + 4 = 0$; c) $-4x^2 + 1 > 0$; d) $(x-3)^2 \geqslant 1$.

a) $x^2 = 5$

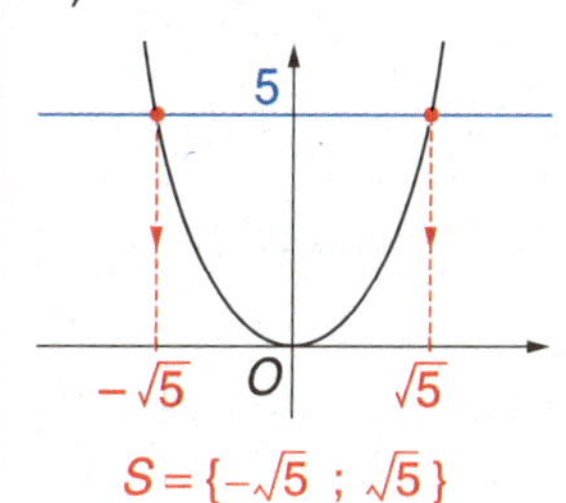

$S = \{-\sqrt{5}\ ;\ \sqrt{5}\}$

b) $x^2 + 4 = 0 \Leftrightarrow x^2 = -4$

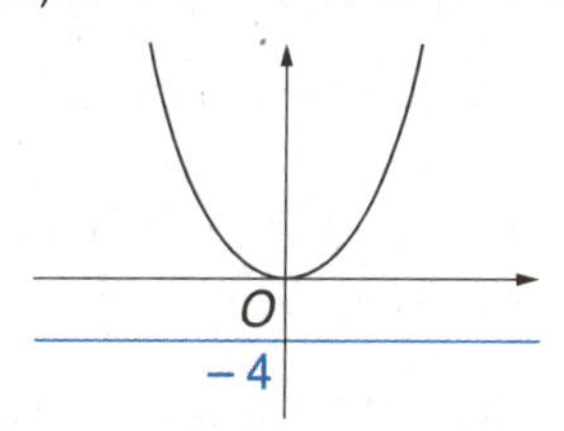

$S = \varnothing$

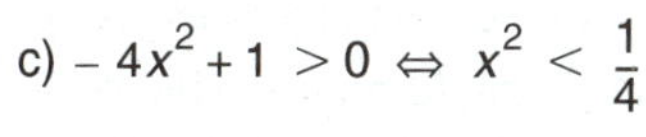

c) $-4x^2 + 1 > 0 \Leftrightarrow x^2 < \frac{1}{4}$

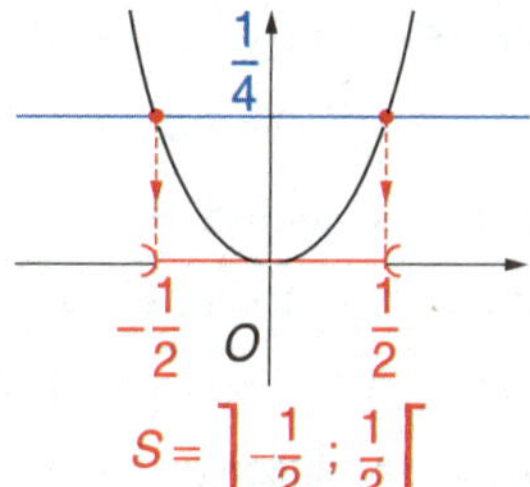

$S = \left]-\frac{1}{2}\ ;\ \frac{1}{2}\right[$

d) $(x-3)^2 \geqslant 1$

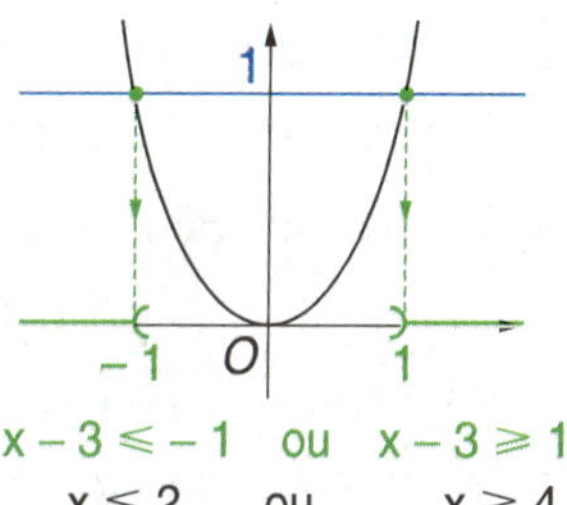

$x - 3 \leqslant -1$ ou $x - 3 \geqslant 1$

$x \leqslant 2$ ou $x \geqslant 4$

$S =]-\infty\ ;\ 2] \cup [4\ ;\ +\infty[$

Utiliser le sens de variation des fonctions usuelles

Méthode

- Pour les réels **positifs** :
  - la **fonction carré** est croissante sur $[0\ ;+\infty[$;
  - la **fonction inverse** est décroissante sur $]0\ ;+\infty[$;
  - la **fonction racine carrée** est croissante sur $[0\ ;+\infty[$.
- Pour les réels **négatifs** :
  - la **fonction carré** est décroissante sur $]-\infty\ ;0]$;
  - la **fonction inverse** est décroissante sur $]-\infty\ ;0[$.

Une fonction croissante conserve l'ordre.
Une fonction décroissante change l'ordre.

[voir exercices 19 à 22]

1° Donner un encadrement de $(x-1)^2$ lorsque $x \in [-3\ ;2]$.

2° Étudier le sens de variation de la fonction f définie sur $]2\ ;+\infty[$ par :

$$f(x) = \frac{1}{2-x}.$$

1° $x \in [-3\ ;2] \Leftrightarrow -3 \leqslant x \leqslant 2 \Leftrightarrow -4 \leqslant x-1 \leqslant 1$.

D'après le tableau des variations de la fonction carré :

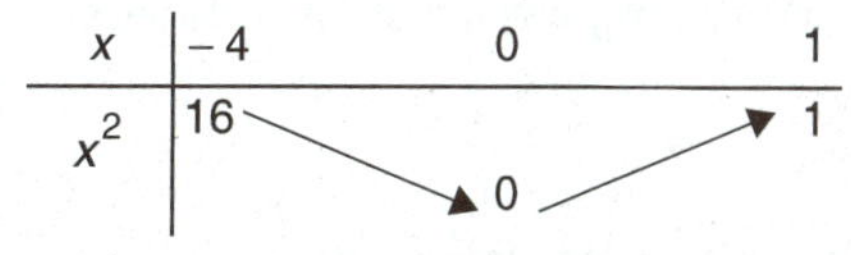

x	-4	0	1
x^2	16 ↘	0	↗ 1

le minimum est 0,
le maximum est 16 ;
d'où $(x-1)^2 \in [0\ ;16]$. .

2° Soit a et b deux réels de $]2\ ;+\infty[$, tels que :

$2 < a \leqslant b$

$-2 > -a \geqslant -b$ — on prend les opposés, l'ordre change ;

$0 > 2 - a \geqslant 2 - b$ — on ajoute 2, l'ordre est conservé ;

$\frac{1}{2-a} \leqslant \frac{1}{2-b}$ — $2-a$ et $2-b$ sont strictement négatifs : on prend les inverses, l'ordre change.

Ainsi $f(a) \leqslant f(b)$.

Cela signifie que la fonction f est croissante sur $]2\ ;+\infty[$.

2. Fonctions associées

Soit u une fonction, $\mathscr{C}_u$ sa représentation graphique dans un repère orthogonal $(O\,;\vec{i},\vec{j})$ α et β deux réels donnés.

Fonction $x \longmapsto u(x+\alpha)$

La courbe $\mathscr{C}_f$ de la fonction f définie par :

$$f(x) = u(x+\alpha)$$

est la translatée de la courbe $\mathscr{C}_u$ par la translation de vecteur $-\alpha\vec{i}$.

La courbe $\mathscr{C}_u$ est déplacée à l'horizontale de $-\alpha$ unités.

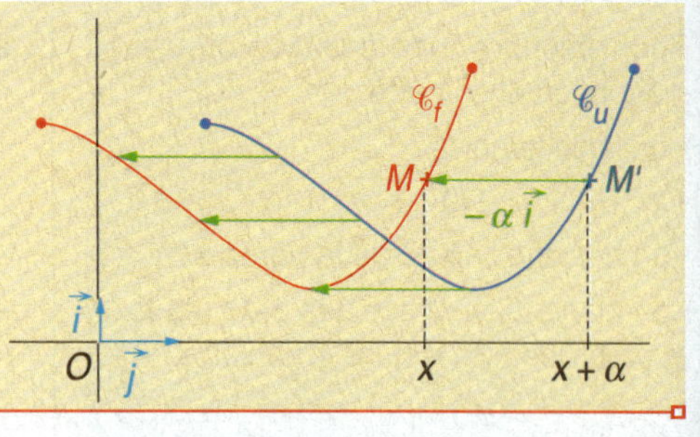

Remarques : Pour une valeur de x, on va chercher le point M' de $\mathscr{C}_u$ d'abscisse $x+\alpha$, puis on translate M' de $-\alpha\vec{i}$ pour obtenir le point M de $\mathscr{C}_f$. Si la fonction u est définie sur $[a\,;b]$, on peut calculer $u(x+\alpha)$ seulement lorsque $x+\alpha \in [a\,;b]$, c'est-à-dire $x \in [a-\alpha\,;b-\alpha]$.

Ainsi la fonction f définie par $f(x) = u(x+\alpha)$ est définie sur $[a-\alpha\,;b-\alpha]$.

Démonstration : Soit M un point quelconque de la courbe $\mathscr{C}_f$:

$$M(x\,;y) \in \mathscr{C}_f \iff y = f(x) \iff y = u(x+\alpha) \iff M'(x+\alpha\,;y) \in \mathscr{C}_u$$

et le vecteur $\overrightarrow{M'M}$ a pour coordonnées $(x-(x+\alpha)\,;\,y-y) = (-\alpha\,;0)$. D'où $\overrightarrow{M'M} = -\alpha\vec{i}$.

M est donc le translaté de M' point de $\mathscr{C}_u$ par la translation de vecteur $-\alpha\vec{i}$.

Fonction $x \longmapsto u(x)+\beta$

La courbe $\mathscr{C}_g$ de la fonction g définie par :

$$g(x) = u(x)+\beta$$

est la translatée de la courbe $\mathscr{C}_u$ par la translation de vecteur $\beta\vec{j}$.

La courbe $\mathscr{C}_u$ est déplacée à la verticale de β unités.

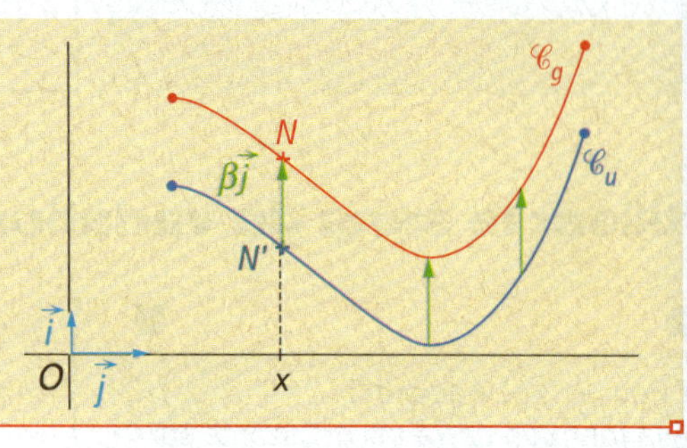

Démonstration : Soit N un point quelconque de la courbe $\mathscr{C}_g$:

$$N(x\,;y) \in \mathscr{C}_g \iff y = g(x) \iff y = u(x)+\beta \iff y-\beta = u(x) \iff N'(x\,;y-\beta) \in \mathscr{C}_u$$

et le vecteur $\overrightarrow{N'N}$ a pour coordonnées $\big((x-x\,;y-(y-\beta)\big) = (0\,;\beta)$. D'où $\overrightarrow{N'N} = \beta\vec{j}$.

N est donc le translaté de N' point de $\mathscr{C}_u$ par la translation de vecteur $\beta\vec{j}$.

Sens de variation

Soit u une fonction définie sur un intervalle $[a\,;b]$:

- sur l'intervalle $[a-\alpha\,;b-\alpha]$, la fonction définie par $f(x) = u(x+\alpha)$ a le même sens de variation que u sur $[a\,;b]$;
- sur l'intervalle $[a\,;b]$, la fonction définie par $g(x) = u(x)+\beta$ a le même sens de variation que u sur $[a\,;b]$.

Exemple :

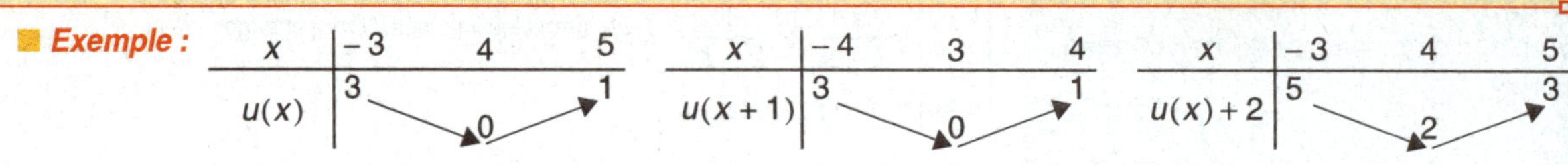

x	-3	4	5
$u(x)$	3 ↘	0 ↗	1

x	-4	3	4
$u(x+1)$	3 ↘	0 ↗	1

x	-3	4	5
$u(x)+2$	5 ↘	2 ↗	3

Représenter des fonctions associées

Méthode

Si l'expression $f(x)$ est de la forme $u(x+\alpha)$ ou $u(x)+\beta$, avec u une fonction usuelle, on pense à une fonction associée.

Souvent la fonction usuelle est :

la fonction carré $(\blacksquare)^2$;

la fonction inverse $\frac{1}{\blacksquare}$;

la fonction racine carrée $\sqrt{\blacksquare}$.

Pour $f(x) = u(x+\alpha)$, on translate la courbe $\mathscr{C}_u$ à **l'horizontale** de $-\alpha\vec{i}$.

Pour $g(x) = u(x)+\beta$, on translate la courbe $\mathscr{C}_u$ à **la verticale** de $\beta\vec{j}$.

Dans le tableau des variations :

- pour $f(x) = u(x+\alpha)$, on décale les abscisses de $-\alpha$ et on garde les ordonnées ;
- pour $g(x) = u(x)+\beta$, on garde les abscisses et on ajoute β aux ordonnées ;

[voir exercices 30 à 34]

Soit f et g les deux fonctions telles que $f(x) = \frac{1}{x-2}$ et $g(x) = x^2-4$.

Construire leurs représentations graphiques $\mathscr{C}_f$ et $\mathscr{C}_g$ et leurs tableaux des variations.

- $\frac{1}{x-2}$ est de la forme $u(x-2)$ où u est la fonction inverse.

Donc on obtient la courbe $\mathscr{C}_f$ en translatant l'hyperbole d'équation $y = \frac{1}{x}$ vers **la droite de 2 unités : $\alpha = -2$** .

- x^2-4 est de la forme $u(x)-4$ où u est la fonction carré.

Donc on obtient la courbe $\mathscr{C}_g$ en translatant la parabole d'équation $y = x^2$ vers **le bas de 4 unités : $\beta = -4$** .

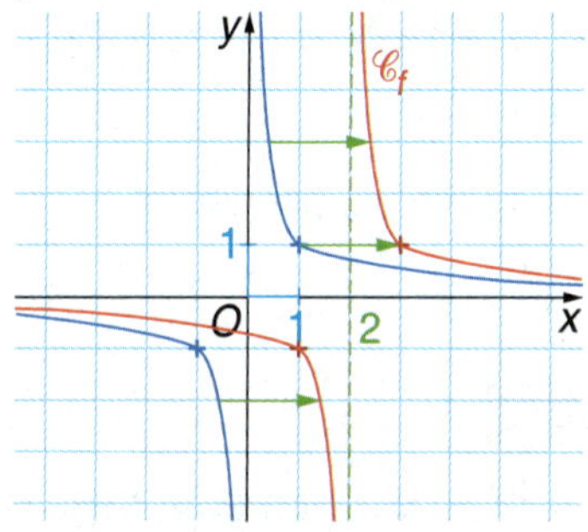

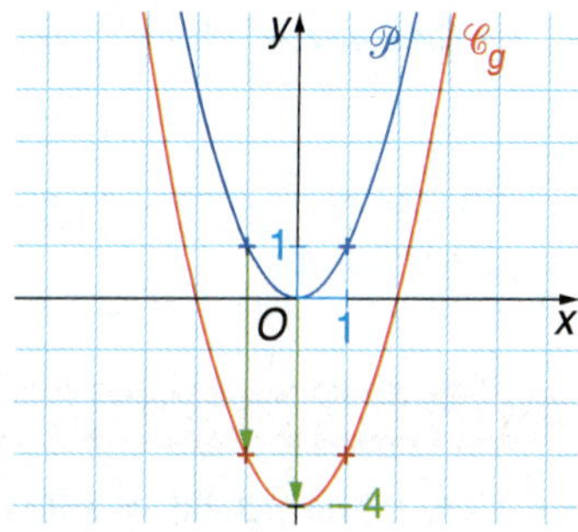

d'où les variations :

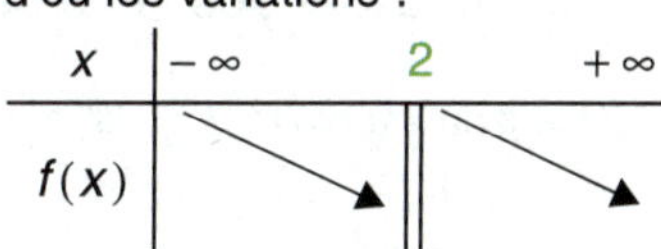

x	$-\infty$		2		$+\infty$
$f(x)$	↘		‖	↘	

d'où les variations :

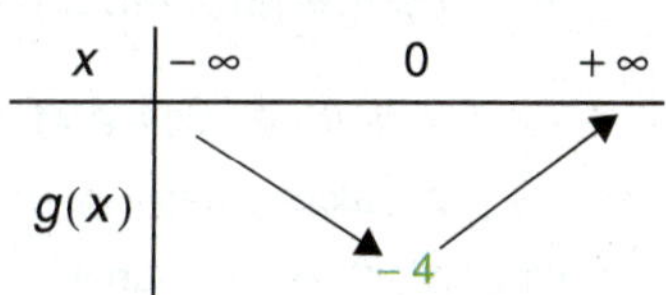

x	$-\infty$		0		$+\infty$
$g(x)$		↘	-4	↗	

Étudier une fonction de la forme $u(x+\alpha)+\beta$

Méthode

La courbe de la fonction f définie par :

$$f(x) = u(x+\alpha)+\beta ,$$

est la translatée de la courbe $\mathscr{C}_u$ par la translation de vecteur $-\alpha\vec{i}+\beta\vec{j}$.

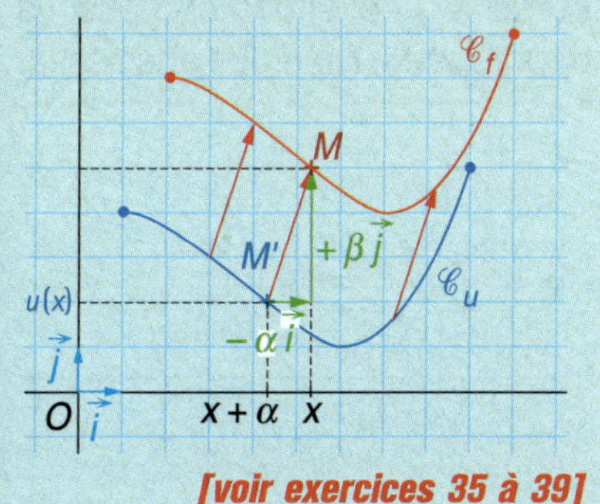

[voir exercices 35 à 39]

Étudier et représenter la fonction f définie sur $\mathbb{R}$ par :

$$f(x) = (x-4)^2+1 .$$

- $f(x)$ est de la forme $u(x+\alpha)+\beta$, avec $\alpha = -4$, $\beta = 1$, et la fonction associée est la fonction carré.

Donc on obtient la courbe $\mathscr{C}_g$ en translatant la parabole $\mathscr{P}$ d'équation $y = x^2$ de **4 unités à droite et 1 unité vers le haut**.

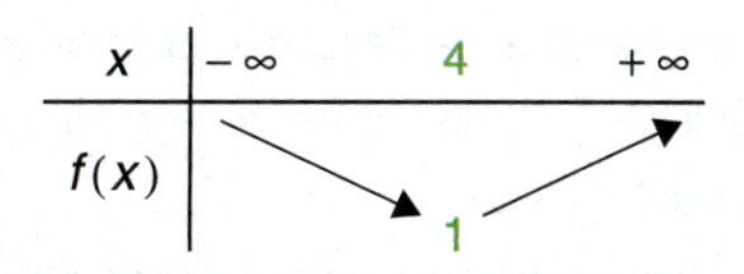

x	$-\infty$		4		$+\infty$
$f(x)$		↘	1	↗	

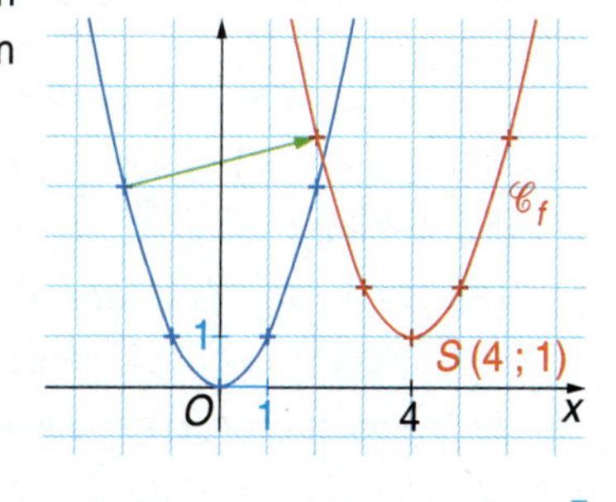

3. Produit d'une fonction par un nombre

Soit u une fonction définie sur un intervalle I, $\mathscr{C}_u$ sa courbe représentative et k un nombre réel non nul.

Fonction $x \longmapsto k \times u(x)$

La fonction f, donnée par $f(x) = k \times u(x)$, a le même ensemble de définition que la fonction u.

Pour obtenir sa courbe $\mathscr{C}_f$: à chaque abscisse, on multipie par k l'ordonnée du point de $\mathscr{C}_u$.

Exemple : Pour la courbe $\mathscr{C}_f$ de la fonction $f = \frac{3}{2}u$, on multiplie par $\frac{3}{2}$ l'ordonnée de M', soit $\overrightarrow{HM} = \frac{3}{2}\overrightarrow{HM'}$.

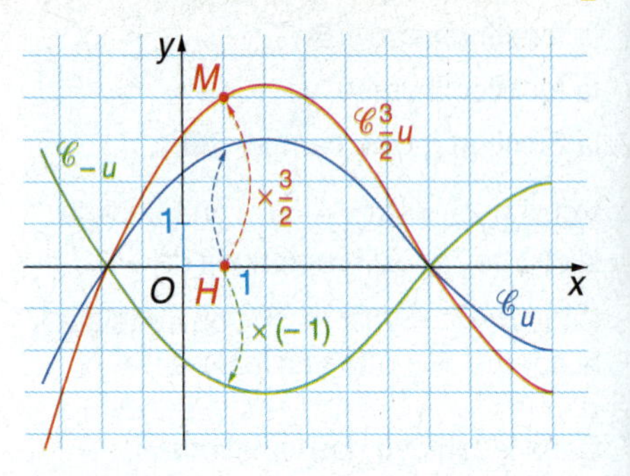

Cas particulier : La fonction $-u$, opposée de u, est telle que :

$$-u(x) = (-1) \times u(x).$$

Sa courbe $\mathscr{C}_{-u}$ est la symétrique de la courbe $\mathscr{C}_u$ par rapport à l'axe des abscisses.

Sens de variation de $k \cdot u$

- Si k est positif, les fonctions u et $k \cdot u$ ont même sens de variation sur l'intervalle I.
- Si k est négatif, les fonctions u et $k \cdot u$ ont des sens de variation contraires sur I.

Démonstration : Soit a et b deux réels d'un intervalle I où la fonction u est décroissante :

si $a \leqslant b$, alors $u(a) \geqslant u(b)$.

En multipliant par k, négatif, on obtient $k \times u(a) \leqslant k \times u(b)$, ce qui signifie que la fonction $k \times u$ est croissante sur I.

Ainsi u et $k \times u$ ont des sens de variation contraires.

On aurait des raisonnements analogues pour les autres cas.

Cas particulier : fonction opposée

Comme $-u = (-1) \times u$, la fonction opposée de u a un sens de variation contraire de celui de la fonction u.

Fonction valeur absolue $x \longmapsto |u(x)|$

- Sur tout intervalle où $u(x) \geqslant 0$, alors $|u(x)| = u(x)$: la courbe $\mathscr{C}_u$ est située au-dessus de l'axe des abscisses et la courbe $\mathscr{C}_{|u|}$ est confondue avec la courbe $\mathscr{C}_u$.
- Sur tout intervalle où $u(x) \leqslant 0$, alors $|u(x)| = -u(x)$: la courbe $\mathscr{C}_u$ est située en dessous de l'axe des abscisses et la courbe $\mathscr{C}_{|u|}$ est la symétrique de $\mathscr{C}_u$ par rapport à l'axe des abscisses.

Exemple : Soit u la fonction connue par sa courbe $\mathscr{C}_u$ en bleu.

- Sur $]-\infty\,;-4]$ et sur $[1\,;+\infty[$, la courbe $\mathscr{C}_u$ est au-dessus de l'axe des abscisses ; donc $|u(x)| = u(x)$ et $\mathscr{C}_{|u|}$ est confondue avec $\mathscr{C}_u$.
- Sur $[-4\,;1]$, la courbe $\mathscr{C}_u$ est en dessous de l'axe des abscisses ; donc $|u(x)| = -u(x)$. Pour obtenir $\mathscr{C}_{|u|}$, on trace la symétrique de $\mathscr{C}_u$ par rapport à l'axe des abscisses.

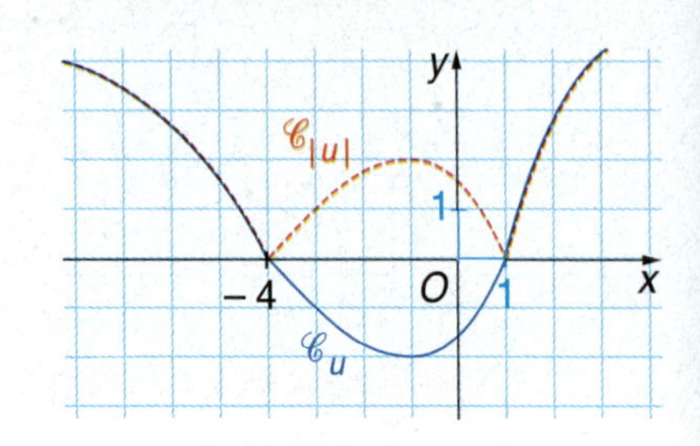

[Voir techniques de base page XVII.]

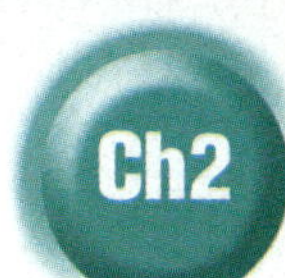

Étudier le produit d'une fonction par un nombre

Méthode

a est un nombre non nul.

• Fonction carrée

La fonction f telle que $f(x) = ax^2$ est définie sur $\mathbb{R}$.

Sa courbe est une parabole de sommet l'origine O.

– Si **a est positif**, la parabole est **tournée vers le haut**.

– Si **a est négatif**, la parabole est **tournée vers le bas**.

• Fonction inverse

La fonction f telle que $f(x) = \dfrac{k}{x}$ est définie sur $\mathbb{R} \setminus \{0\}$.

Sa courbe est une hyperbole de centre O comme la fonction inverse.

– Si **k est positif**, f est **décroissante** sur $]-\infty\,;0[$ et sur $]0\,;+\infty[$.

– Si **k est négatif**, f est **croissante** sur $]-\infty\,;0[$ et sur $]0\,;+\infty[$.

[voir exercices 48 à 52]

1° Étudier les fonctions f et g définies sur $\mathbb{R}$ par $f(x) = 2x^2$ et $g(x) = -\dfrac{x^2}{4}$.

2° Étudier les fonctions f et g définies sur $\mathbb{R} \setminus \{0\}$ par $f(x) = \dfrac{4}{x}$ et $g(x) = -\dfrac{3}{2x}$.

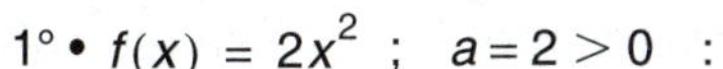

1° • $f(x) = 2x^2$; $a = 2 > 0$:

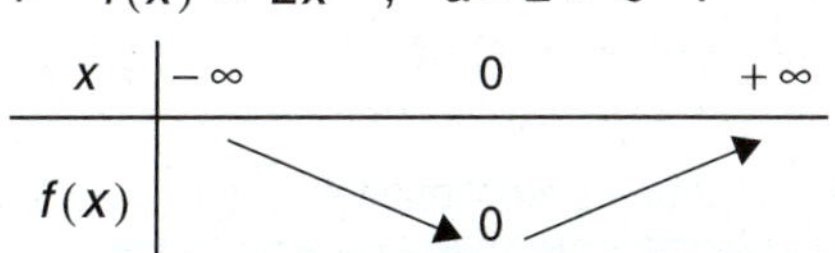

x	$-\infty$	0	$+\infty$
$f(x)$	↘	0	↗

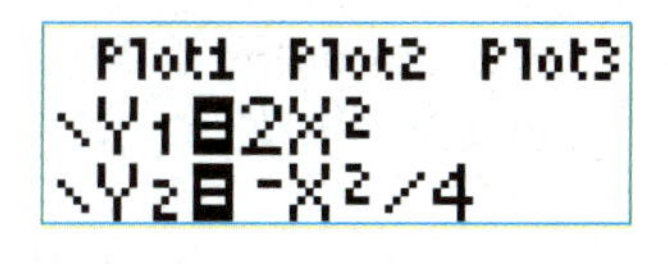

• $g(x) = \dfrac{-x^2}{4}$; $a = -\dfrac{1}{4} < 0$:

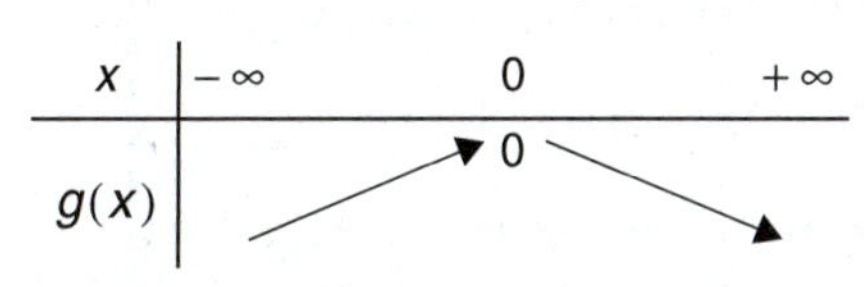

x	$-\infty$	0	$+\infty$
$g(x)$	↗	0	↘

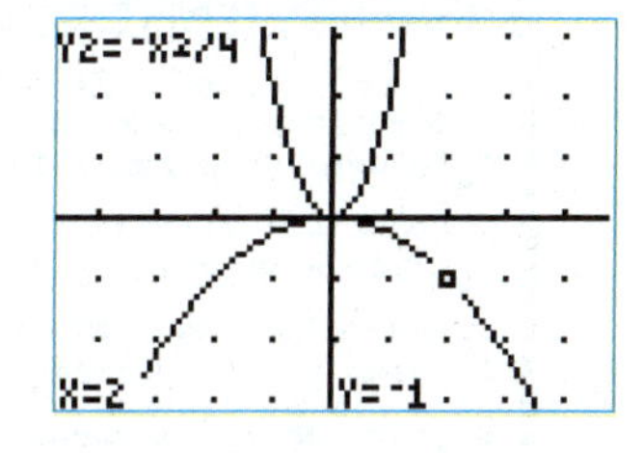

2° • $f(x) = \dfrac{4}{x}$; $k = 4 > 0$.

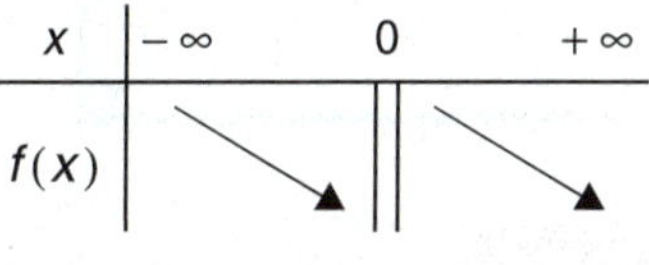

x	$-\infty$	0	$+\infty$
$f(x)$	↘	‖	↘

• $g(x) = -\dfrac{3}{2x}$; $k = -\dfrac{3}{2} < 0$.

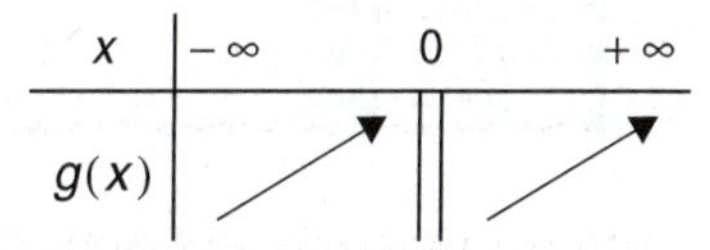

x	$-\infty$	0	$+\infty$
$g(x)$	↗	‖	↗

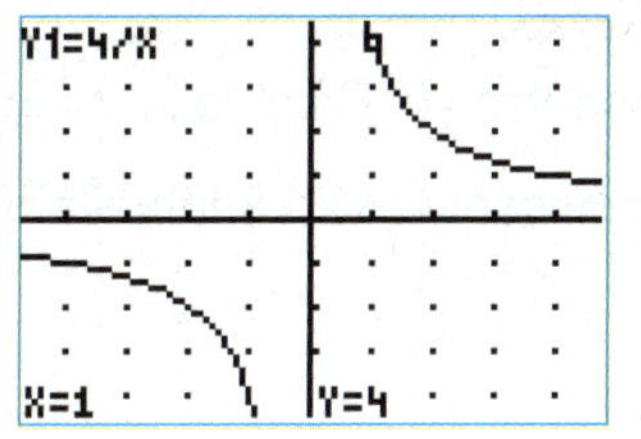

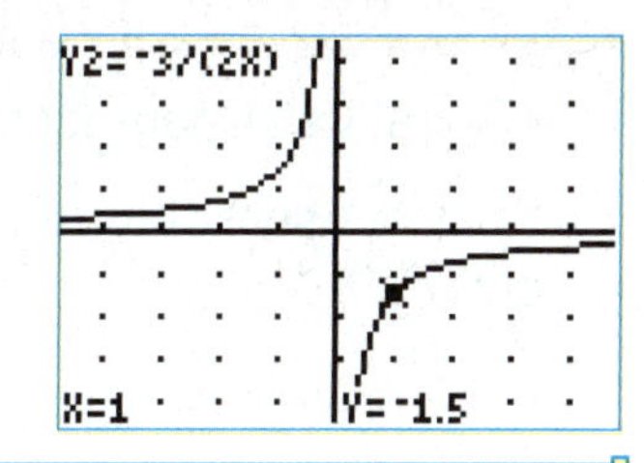

Étudier une fonction homographique

Méthode

L'écriture d'une fonction homographique peut se mettre sous la forme :

$$f(x) = \frac{k}{x+\alpha} + \beta .$$

Sa courbe $\mathscr{C}_f$ est la translatée de la courbe $\mathscr{C}_u$ d'équation $y = \dfrac{k}{x}$ par la translation de vecteur $-\alpha\vec{i} + \beta\vec{j}$.

[voir exercices 53 à 57]

Étudier et représenter la fonction f définie sur $\mathbb{R} \setminus \{-2\}$ par $f(x) = \dfrac{-3}{x+2} + 1$.

La valeur interdite est -2.
Comme $k = -3$, négatif, la fonction f est croissante sur $]-\infty\,;-2[$ et sur $]-2\,;+\infty[$.
On translate la courbe d'équation $y = -\dfrac{3}{x}$ **de 2 unités vers la gauche**

et de une unité vers le haut.
On obtient une hyperbole de centre $\Omega\,(-2\,;1)$.

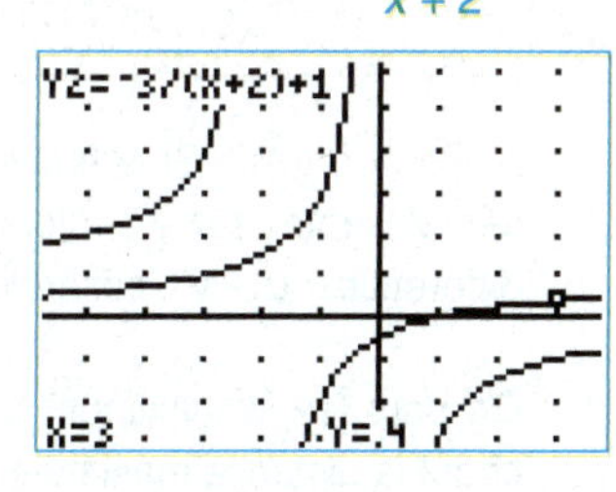

4. Somme et différence de fonctions

Soit u et v deux fonctions définies sur le même intervalle I, et $\mathscr{C}_u$ et $\mathscr{C}_v$ leurs courbes représentatives.

Somme de fonctions u + v

définition : La somme $\boldsymbol{u + v}$ est la fonction définie sur l'intervalle I par :

$$(u+v)(x) = u(x) + v(x)\ .$$

représentation : Pour obtenir la courbe $\mathscr{C}_{u+v}$ à chaque abscisse x de I, on ajoute les ordonnées des points de $\mathscr{C}_u$ et $\mathscr{C}_v$ de même abscisse : $y_M = y_A + y_B$.

Exemple : À l'aide de GEOPLAN, pour les fonctions telles que $u(x) = -x^2 + 4$ et $v(x) = x - 1$.

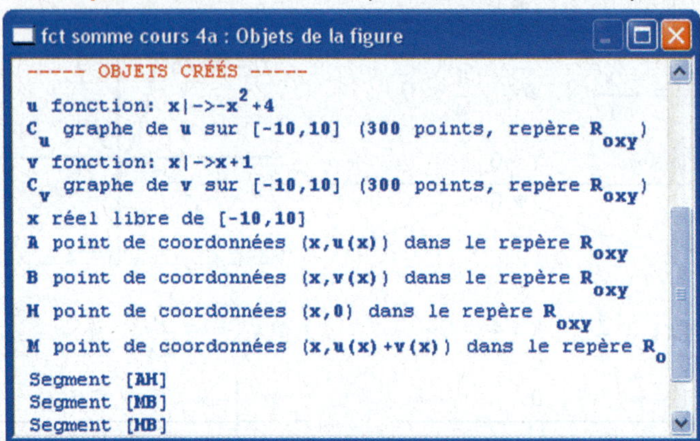

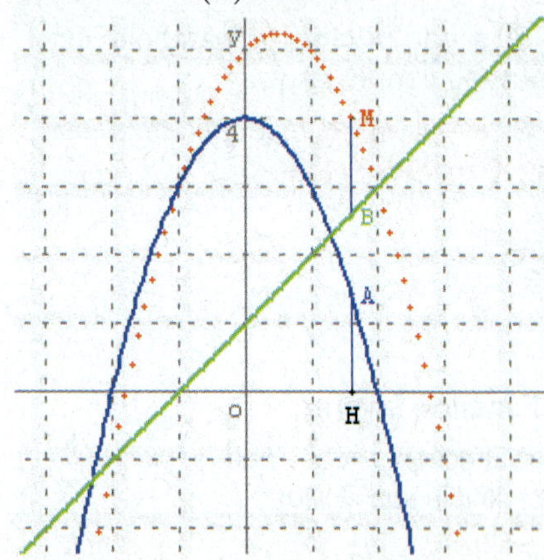

Sens de variation de u + v

- Si u et v sont deux fonctions croissantes sur l'intervalle I, la somme $\boldsymbol{u + v}$ est croissante sur I.
- Si u et v sont deux fonctions décroissantes sur l'intervalle I, la somme $\boldsymbol{u + v}$ est décroissante sur I.

Démonstrations :

- Si u et v sont croissantes sur I, pour $a \leqslant b$ dans I, alors $u(a) \leqslant u(b)$ et $v(a) \leqslant v(b)$.
Par somme, $u(a) + v(a) \leqslant u(b) + v(b)$, ce qui signifie que la somme $u + v$ est croissante sur I.
- Si u et v sont décroissantes sur I, pour $a \leqslant b$ dans I, alors $u(a) \geqslant u(b)$ et $v(a) \geqslant v(b)$.
Par somme, $u(a) + v(a) \geqslant u(b) + v(b)$, ce qui signifie que la somme $u + v$ est décroissante sur I.

Différence u – v

définition : La différence $\boldsymbol{u - v}$ est la fonction définie sur l'intervalle I par :

$$(u-v)(x) = u(x) - v(x)\ .$$

Remarques : Si la fonction u est croissante sur I et la fonction v est décroissante sur I, alors la fonction $-v$ est croissante sur I et la différence $u - v$ est croissante sur I.

On peut lire le maximum d'une différence de fonctions $u - v$ en cherchant la distance maximale en verticale entre les courbes $\mathscr{C}_u$ et $\mathscr{C}_v$.
Ci-contre, en $x = 6$, la distance AB est maximale entre $\mathscr{C}_u$ et $\mathscr{C}_v$.

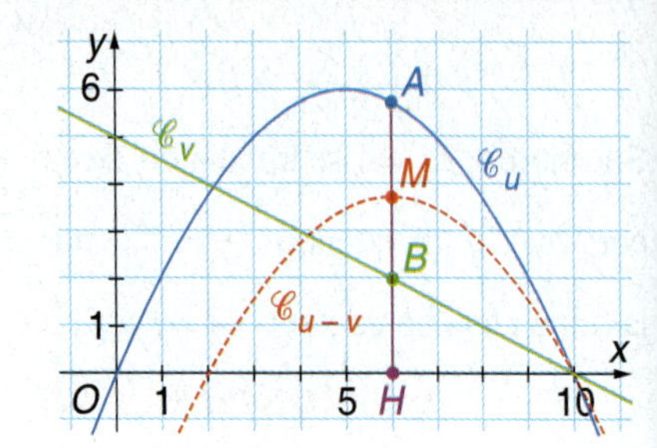

Étudier le sens de variation d'une somme

Méthode

Lorsqu'une fonction f se présente comme somme de fonctions de même sens de variation sur un intervalle I, on obtient facilement le sens de variation de f :

- si elles sont croissantes, la somme est croissante ;
- si elles sont décroissantes, la somme est décroissante.

⚠ Si l'une est croissante et l'autre décroissante, on ne peut pas conclure.

[voir exercices 62 à 64]

Étudier le sens de variation de la fonctions f définie sur $]0 ; +\infty[$ par :

$$f(x) = \frac{x}{2} - 1 - \frac{4}{x} .$$

$u : x \longmapsto \frac{x}{2} - 1$ est une fonction affine croissante sur $\mathbb{R}$, et donc *a fortiori* croissante sur l'intervalle $]0 ; +\infty[$.

$v : x \longmapsto -\frac{4}{x}$ est le produit de la fonction inverse par -4, donc v est croissante sur $]0 ; +\infty[$.

Donc, par somme, la fonction f est croissante sur $]0 ; +\infty[$.

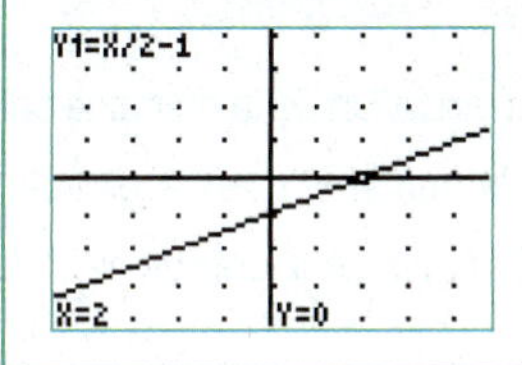

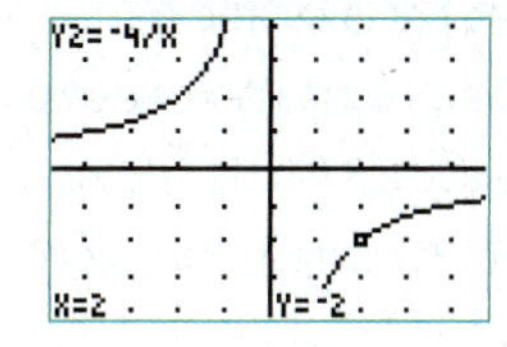

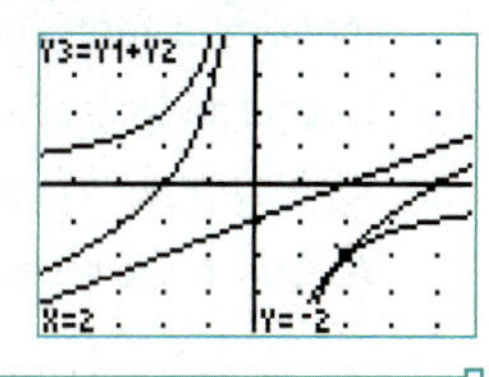

Lire sur une courbe de coût total

Méthode

Le coût total $CT(q)$ est la somme des coûts fixes et des coûts variables, dépendant d'une quantité q produite.

Les coûts fixes correspondent donc à la valeur du coût total pour une production nulle : $CT(0)$.

La recette, ou chiffre d'affaires, est le produit de la quantité vendue par le prix unitaire :

Recette = quantité × prix .

Le bénéfice est la différence entre la recette et le coût total :

Bénéfice = Recette – Coût .

Une production est rentable lorsque **la recette est supérieure au coût total**, c'est-à-dire lorsque la courbe de recette est **au-dessus** de la courbe de coût total.

Les points d'intersection de ces deux courbes sont les **points morts** de la production.

[voir exercices 65 et 66]

Les courbes ci-contre représentent deux coûts variables, en k€, en fonction d'une quantité q en tonnes, $q \in [0 ; 8]$.
Les coûts fixes se montent à 1 000 €.
On admet que chaque quantité produite est vendue au prix de 0,75 € par kg.
Construire point par point la courbe de coût total.
Représenter la recette.
Pour quelles quantités cette production est-elle rentable ?

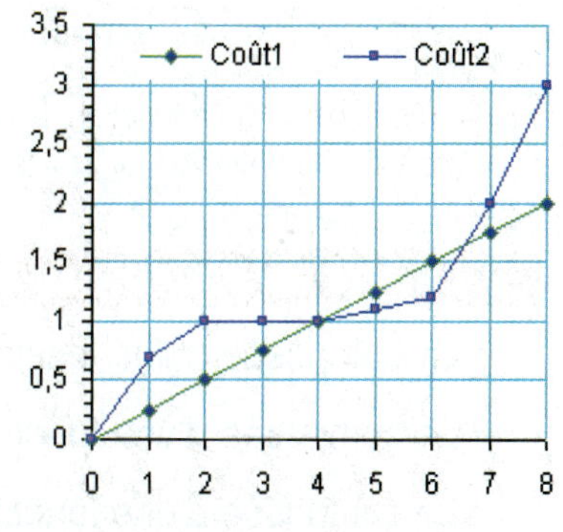

La courbe de coût total est construite ci-dessous . Par exemple :

$$CT(5) = 1 + C_1(5) + C_2(5) = 1 + 1,1 + 1,25 = 3,35 .$$

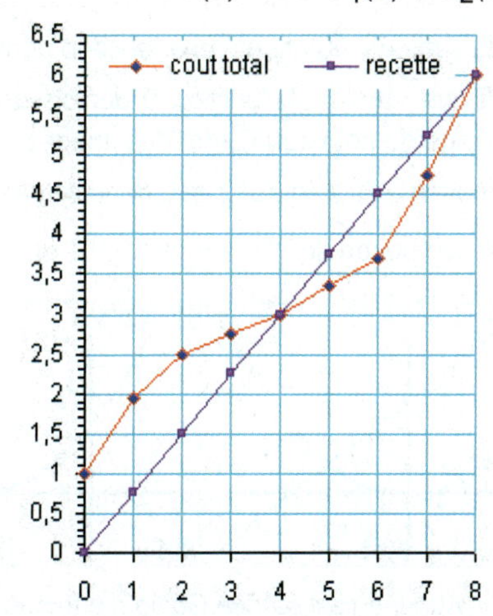

0,75 € par kg revient à 0,75 k€ par tonne. Donc la recette est définie par $R(q) = 0,75 \times q$.

C'est une fonction linéaire dont la représentation est un segment : $q \in [0 ; 8]$.

Les deux courbes se coupent en $q_1 = 4$ et $q_2 = 8$ et la recette est supérieure au coût total entre 4 et 8 .

Ainsi, pour des quantités comprises entre 4 et 8 tonnes, cette production est rentable .

5. Décomposition d'une fonction

Fonction « u suivie de g »

définition : Soit u et g deux fonctions.
La fonction composée « u suivie de g » est donnée par le montage suivant :
au réel x, on associe son image $u(x)$ par la fonction u, on obtient un réel t ;
puis au réel t obtenu, on associe son image $g(t)$ par la fonction g.
Comme $t = u(x)$, finalement on obtient $f(x) = g(u(x))$.

$$x \xmapsto{u} u(x) = t \xmapsto{g} g(t) = g(u(x)) = f(x) .$$

Exemple : Le temps d'utilisation d'une machine (en h) est fonction du stock de matières premières (en kg) selon la fonction u représentée par la courbe $\mathscr{C}_u$.

Le coût de production (en €) est fonction du temps d'utilisation de la machine selon la fonction g représentée par la courbe $\mathscr{C}_g$.

Alors le coût de production est fonction du stock de matières premières selon la fonction f représentée par la courbe $\mathscr{C}_f$.

À $A(x\,;t)$ de la courbe $\mathscr{C}_u$ correspond le point $B(t\,;y)$ de la courbe $\mathscr{C}_g$. On obtient alors $M(x\,;y)$ de la courbe $\mathscr{C}_f$.

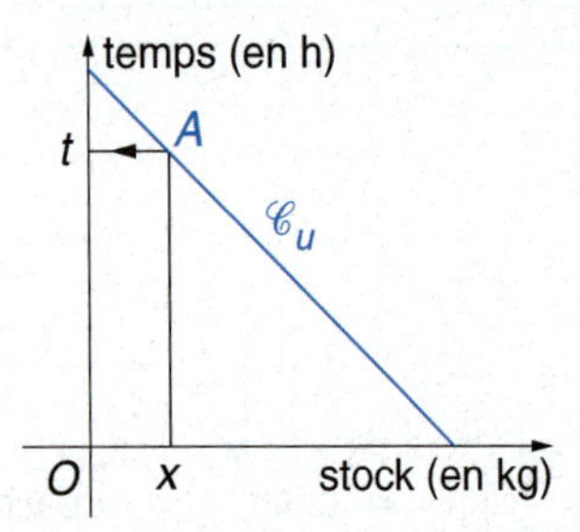

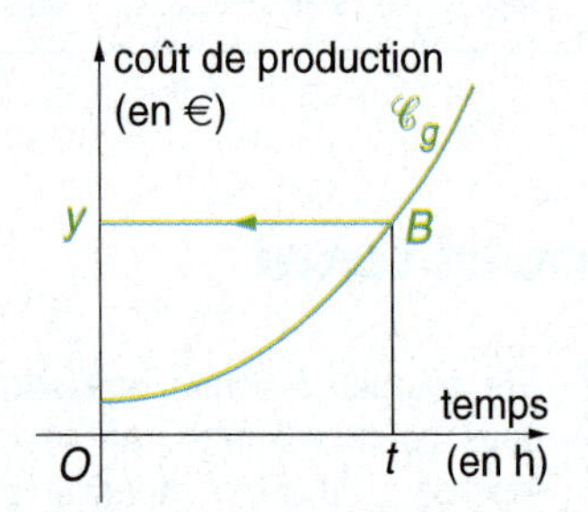

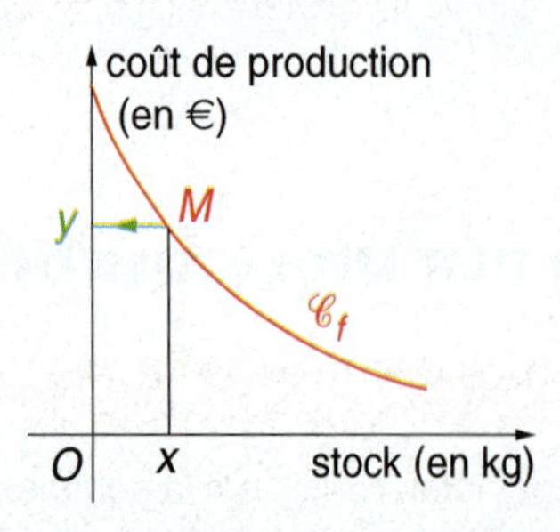

Remarque : Si la fonction u est définie sur l'intervalle $[a\,;b]$, alors l'image par u de cet intervalle doit être dans l'intervalle de définition $\mathscr{D}_g$ de la fonction g, c'est-à-dire : **pour tout x de $[a\,;b]$, $u(x) \in \mathscr{D}_g$.**

Sens de variation de fonction composée

- La composée d'une fonction croissante suivie d'une fonction croissante est croissante.
- La composée d'une fonction croissante suivie d'une fonction décroissante est décroissante.
- La composée d'une fonction décroissante suivie d'une fonction croissante est décroissante.
- La composée d'une fonction décroissante suivie d'une fonction décroissante est croissante.

Démonstration : La définition du sens de variation d'une fonction permet de conclure. Par exemple :
pour tous les réels a et b de I, tels que $a \leqslant b$, la fonction u décroissante change l'ordre des images $u(a) \geqslant u(b)$;
puis la fonction g décroissante change de nouveau l'ordre des images $g(u(a)) \leqslant g(u(b))$.
Ce qui signifie que la fonction composée u suivie de g est, dans ce cas, croissante.

Les fonctions en (Y=) : Y3 est la composée de Y1 suivie de Y2 et Y4 est la composée de Y2 suivie de Y1.

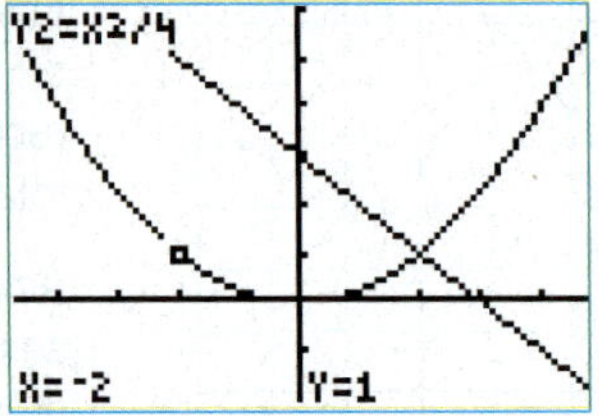

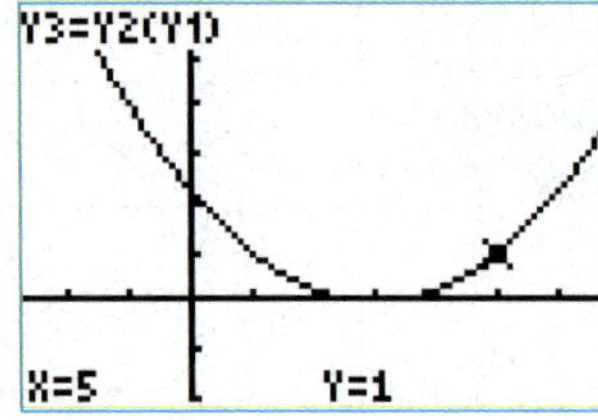

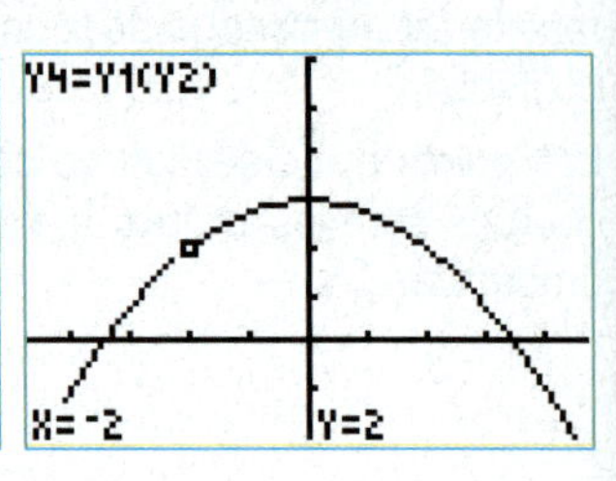

Utilisation de la Calculatrice T.I. Aucune calculatrice Casio n'effectue de tels calculs.

Décomposer une fonction

Méthode

Suivant la forme de $f(x)$, on peut souvent décomposer à l'aide des fonctions usuelles : affine, carré, racine carrée, inverse…

$$x \overset{u}{\longmapsto} u(x) \overset{g}{\longmapsto} g(u(x))$$

⚠ Bien vérifier que :

si $x \in \mathcal{D}_f$, alors $\boldsymbol{u(x) \in \mathcal{D}_g}$ pour que l'on puisse appliquer la fonction g au nombre $u(x)$.

[voir exercices 75 à 77]

Décomposer chaque fonction en deux fonctions simples :

$f(x) = \sqrt{9 - x^2}$ sur $[-3\,;3]$; $h(x) = \dfrac{1}{5 - x}$ sur $]5\,;+\infty]$

$$k(x) = \frac{1}{x^2 + 1} \text{ sur } \mathbb{R}.$$

• Pour $f(x) = \sqrt{9 - x^2}$, $x \in [-3\,;3]$, alors $\boldsymbol{9 - x^2 \geqslant 0}$:

$$x \overset{u}{\longmapsto} 9 - x^2 \overset{\sqrt{\ }}{\longmapsto} \sqrt{9 - x^2}.$$

f est la composée d'une fonction associée au carré, suivie de la fonction racine carrée.

• Pour $h(x) = \dfrac{1}{5 - x}$, avec $x \in\,]5\,;+\infty[$, alors $\boldsymbol{5 - x \neq 0}$:

$$x \overset{\text{affine}}{\longmapsto} 5 - x \overset{\text{inverse}}{\longmapsto} \frac{1}{5 - x}.$$

• Pour $k(x) = \dfrac{1}{x^2 + 1}$, avec $x \in \mathbb{R}$, alors $\boldsymbol{x^2 + 1 \neq 0}$:

$$x \overset{u}{\longmapsto} x^2 + 1 \overset{\text{inverse}}{\longmapsto} \frac{1}{x^2 + 1}.$$

Étudier le sens de variation par composée

Méthode

Lorsqu'une fonction f, définie sur un intervalle I, est la composée de u suivie de g :

• on vérifie que, pour tout x de I, l'image $u(x)$ est dans l'ensemble de définition de la fonction g ;

• on établit le sens de variation de la fonction u sur I, puis :

– si g est croissante, alors la fonction f a le même sens de variation que u sur l'intervalle I ;

– si g est décroissante, alors la fonction f a le sens de variation contraire de celui de u sur l'intervalle I.

[voir exercices 78 à 80]

Soit u la fonction définie sur $\mathbb{R}$ par $u(x) = x^2 - 4$.
Déterminer le sens de variation de la fonction f, définie sur $\mathbb{R} \setminus \{-2\,;2\}$ par :

$$f(x) = \frac{1}{x^2 - 4}.$$

La fonction u est associée à la fonction carré :
$\mathscr{C}_u$ est la translatée de la parabole d'équation $y = x^2$ de 4 unités vers le bas.

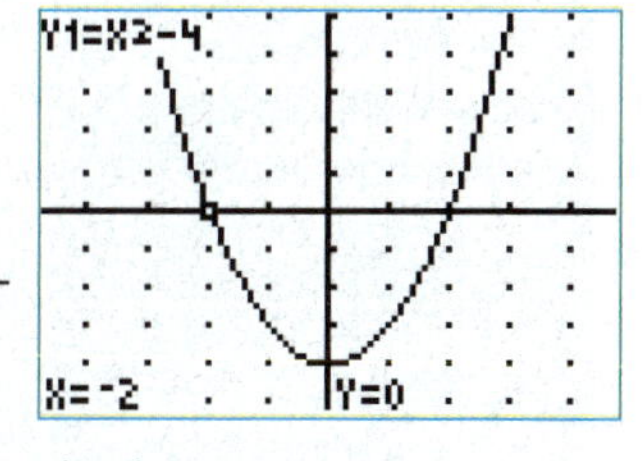

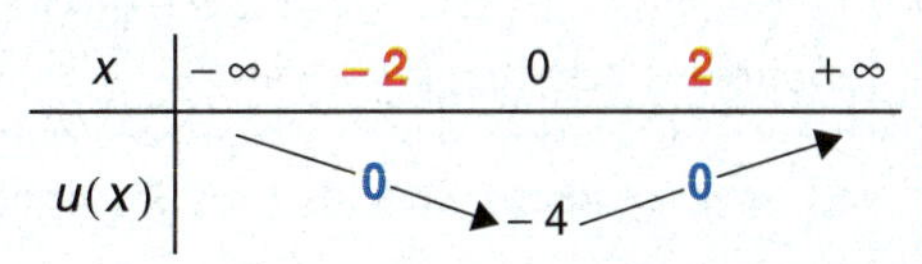

x	$-\infty$	-2	0	2	$+\infty$
$u(x)$	↘	0	-4	0	↗

En -2 et 2, la parabole $\mathscr{C}_u$ coupe l'axe des abscisses.

Sur chaque intervalle $]-\infty\,;-2[$, $]-2\,;2[$ et $]2\,;+\infty[$, $x^2 - 4 \neq \mathbf{0}$.
La fonction f est la composée de u suivie de la fonction **inverse**.

Comme la fonction inverse est **décroissante** sur tout intervalle ne contenant pas **0**, la fonction f a le sens de variation contraire de celui de u sur chaque intervalle $]-\infty\,;-2[$, $]-2\,;2[$ et $]2\,;+\infty[$.

D'où le tableau des variations de f :

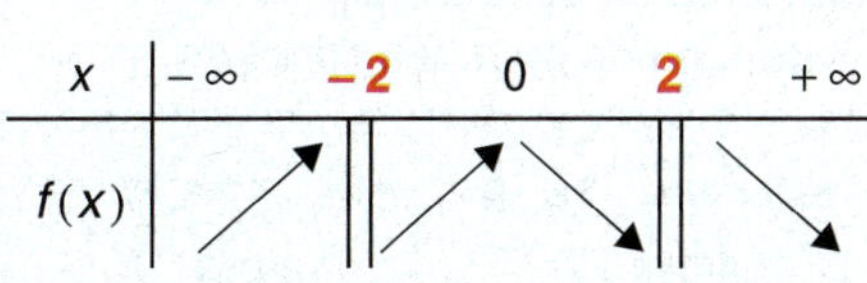

x	$-\infty$	-2	0	2	$+\infty$
$f(x)$	↗	‖	↗ ↘	‖	↘

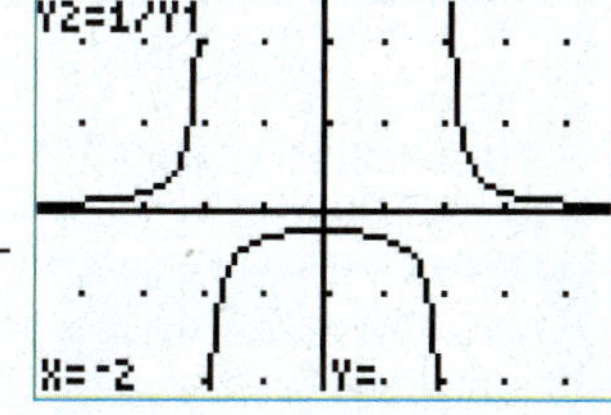

FAIRE LE POINT

FONCTIONS ASSOCIÉES

$x \longmapsto u(x+\alpha)$ | $u \longmapsto u(x)+\beta$ | $x \longmapsto k \times u(x)$

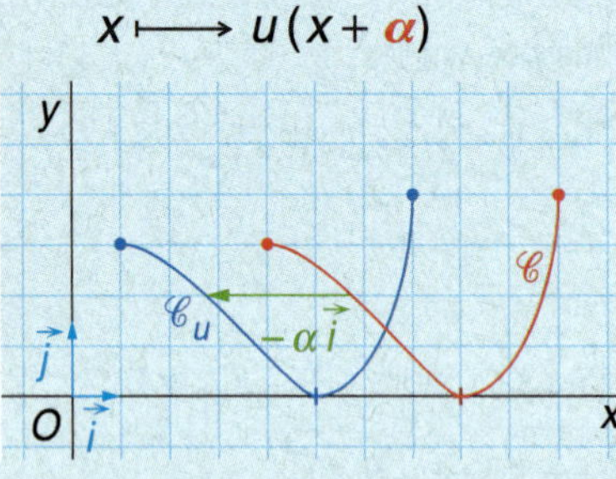

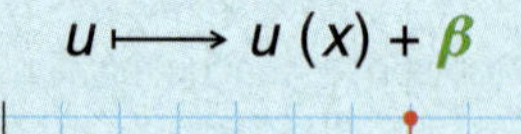

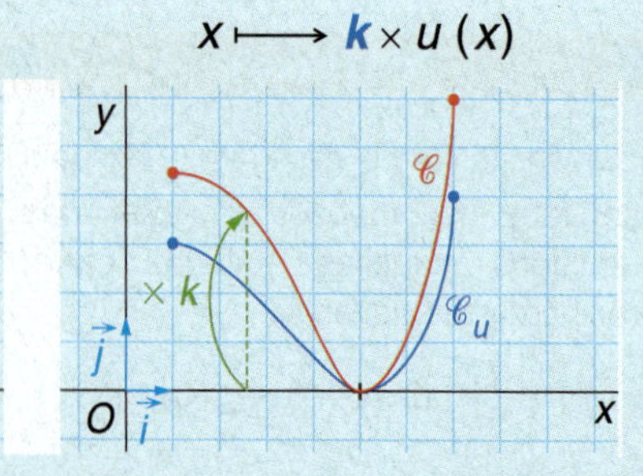

translation de vecteur $-\alpha\vec{i}$ | translation de vecteur $\beta\vec{j}$ | multiplication **par k** de l'ordonnée

SOMME DE FONCTIONS

La somme $u+v$ est donnée par $x \longmapsto u(x)+v(x)$.
La courbe $\mathscr{C}_{u+v}$ s'obtient en additionnant les ordonnées des points $A(x\,;u(x))$ et $B(x\,;v(x))$ et $S(x\,;y_A+y_B)$ est le point de $\mathscr{C}_{u+v}$.

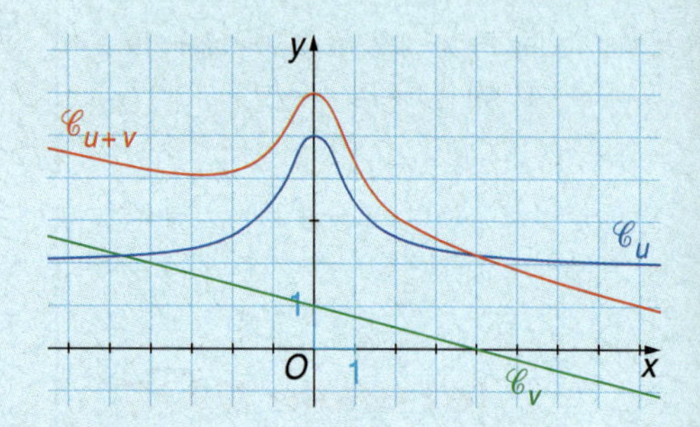

COMPOSÉE DE FONCTIONS

La fonction **u suivie de g** est la fonction f donnée par le montage :

$$f : x \overset{u}{\longmapsto} u(x) \overset{g}{\longmapsto} g(u(x)) = f(x).$$

avec $u(x) \in \mathscr{D}_g$

Savoir	Comment faire ?
déterminer le sens de variation de fonctions associées	• La fonction $x \longmapsto u(x+\alpha)$ sur $[a-\alpha\,;b-\alpha]$ a même sens de variation que la fonction u sur $[a\,;b]$. • La fonction $x \longmapsto u(x)+\beta$ sur $[a\,;b]$ a même sens de variation que la fonction u sur $[a\,;b]$.
déterminer le sens de variation du produit $k.u$	• Si $k>0$, les fonctions u et ku ont même sens de variation. • Si $k<0$, les fonctions u et ku ont des sens de variation contraires.
représenter la fonction $\lvert u \rvert$	• Sur tout intervalle où $u(x) \geqslant 0$, alors $\lvert u(x)\rvert = u(x)$; donc la partie de la courbe $\mathscr{C}_u$ située au-dessus de l'axe des abscisses est conservée. • Sur tout intervalle où $u(x) \leqslant 0$, alors $\lvert u(x)\rvert = -u(x)$; donc on trace la symétrique par rapport à l'axe des abscisses de la partie de la courbe située en dessous de l'axe des abscisses.
déterminer le sens de variation d'une somme $u+v$	Si u et v ont même sens de variation sur $[a\,;b]$, alors leur somme a ce sens de variation sur $[a\,;b]$. Sinon, on ne peut pas conclure.
déterminer le sens de variation de u suivie de g	• Si $u\nearrow$ et $g\nearrow$ alors $f\nearrow$ | • Si $u\searrow$ et $g\searrow$ alors $f\nearrow$ | • Si $u\nearrow$ et $g\searrow$ alors $f\searrow$ | • Si $u\searrow$ et $g\nearrow$ alors $f\searrow$

FONCTIONS ASSOCIÉES À L'AIDE DE GEOPLAN

Soit u une fonction et $\mathscr{C}_u$ sa courbe représentative dans un repère d'origine O ; A un point libre du plan. On se propose de vérifier que, par la translation de vecteur $\overrightarrow{OA}$, la courbe $\mathscr{C}_u$ se transforme en la courbe $\mathscr{C}_f$ d'une fonction f telle que $f(x) = u(x - x_A) + y_A$.

A : Calculs théoriques

1° On considère la fonction u définie sur $\mathbb{R}$ par $u(x) = x^3 - 3x$, $\mathscr{C}_u$ sa courbe représentative dans un repère $(O ; \vec{i}, \vec{j})$ du plan et le point $A(3 ; 2)$.

À tout point M' de la courbe $\mathscr{C}_u$, on associe le point M tel que $\overrightarrow{M'M} = \overrightarrow{OA}$.

a) Démontrer que pour $M'(x' ; y')$ point de $\mathscr{C}_u$, alors $M(x ; y)$ est tel que $y = u(x-3)+2$.

b) On pose $f(x) = y$, où y est l'ordonnée de M. Déterminer l'expression $f(x)$ en fonction de x.

2° Faire de même pour la fonction u telle que $u(x) = \sqrt{x}$ définie sur $[0 ; +\infty[$ et le point $A(-4 ; 1)$.
Pour quel intervalle la fonction f est-elle définie ?

3° Faire de même pour la fonction u telle que $u(x) = x + \frac{1}{x}$ définie sur $]0 ; +\infty[$ et le point $A(2 ; 1)$.

B : Réalisation d'une figure sous GEOPLAN

On crée les objets ci-dessous et on déplace le point A en (3 ; 2) à l'aide du clic gauche de la souris.

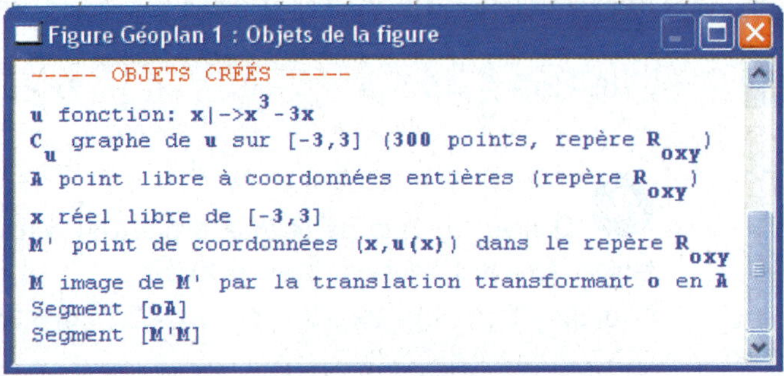

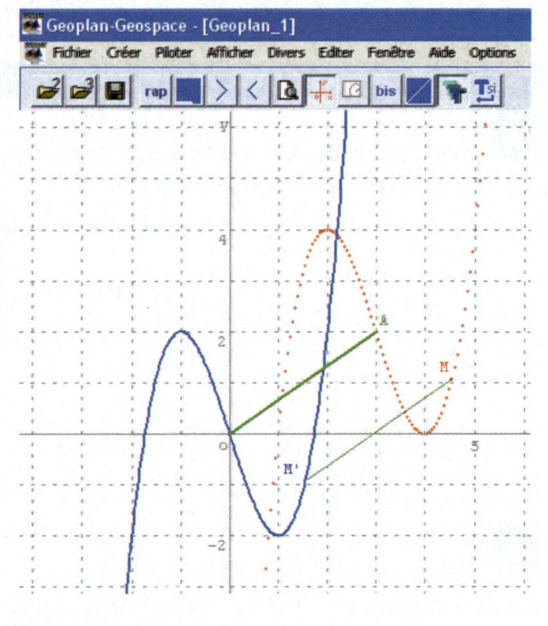

On pilote le réel x : **Piloter** / **Piloter au clavier**

et sélectionner le réel x, puis **Ok**.
On visualise le déplacement de M suivant x :

Afficher / **Sélection Trace** et sélectionner M, puis **Ok**.

Puis appuyer sur l'icône et déplacer M au clavier : on obtient la trace du point M, en rouge ci-contre.

Appuyer sur pour supprimer la trace.

C : Vérification des résultats obtenus dans la partie A

1° Créer la courbe $\mathscr{C}_f$:

Créer / **Ligne** / **Courbe** / **Graphe d'une fonction**

et valider la fenêtre ci-dessus par **Ok**.
Déplacer le point M au clavier, vérifier que M se déplace sur la courbe $\mathscr{C}_f$.

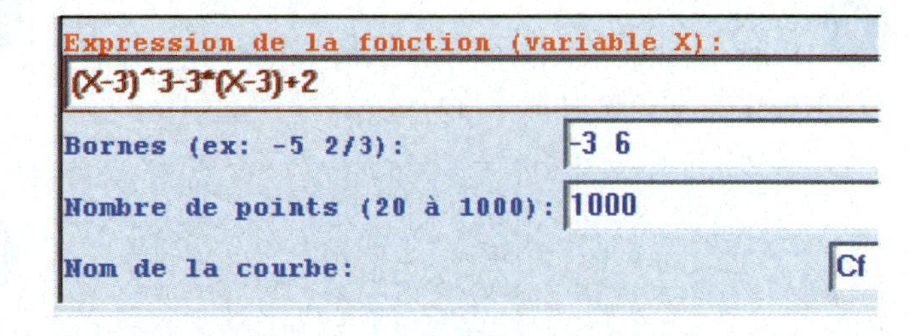

2° Faire de même pour la seconde fonction $u(x) = \sqrt{x}$ et le point $A(-4 ; 1)$.

Par modifier la fonction u : rac(x) la courbe $\mathscr{C}_u$ et le réel x dans $[0 ; 9]$. Modifier la courbe $\mathscr{C}_f$.

3° Faire de même pour $u(x) = x + \frac{1}{x}$ sur l'intervalle $]0 ; 10]$ et $A(2 ; 1)$.

LA PAGE DE CALCUL

1. Calcul d'images sans calculatrice

1 Soit la fonction f définie sur $\mathbb{R}$ par $f(x) = x - x^2$.

Calculer $f(0)$, $f(-2)$, $f(3)$, $f\left(\frac{1}{2}\right)$ et $f(-1)$.

2 Soit $f(x) = 2(x-1)^2 + 1$ défini sur $\mathbb{R}$.

Calculer $f(-1)$, $f(0)$, $f(1)$ et $f\left(\frac{1}{2}\right)$.

3 Soit $f(x) = \dfrac{x-1}{x^2+1}$ défini sur $\mathbb{R}$.

Calculer $f(1)$, $f(0)$, $f(-1)$, $f(-2)$ et $f(2)$.

4 Soit $f(x) = \dfrac{1-x^2}{x+4}$ défini sur $]-4\,;+\infty[$.

Calculer $f(0)$, $f(1)$, $f(-1)$, $f(-2)$, $f(-3)$.

2. Droites et fonctions affines

5 Pour chaque droite ci-dessous, donner par une lecture rapide la fonction affine qu'elle représente :

$f(x) = ax + b$, où $a = \dfrac{\Delta y}{\Delta x}$ et b l'ordonnée à l'origine.

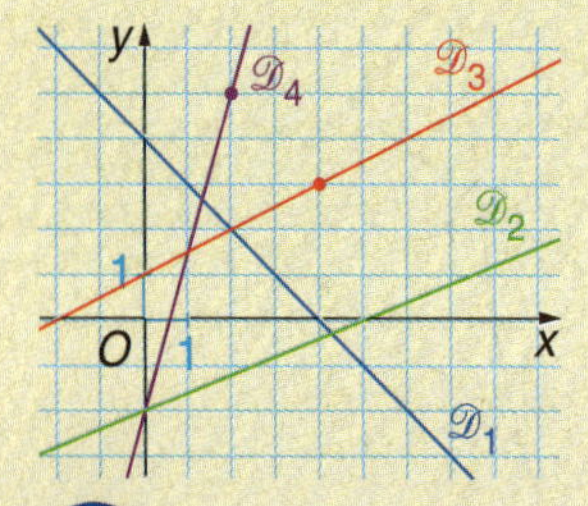

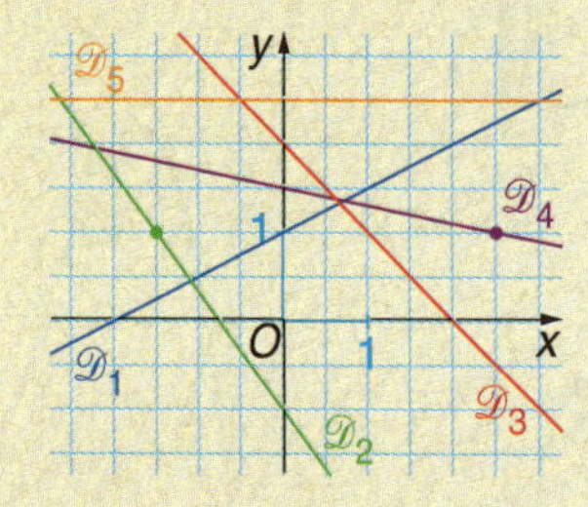

6 Déterminer la fonction affine f telle que :

a) $f(2) = 1$ et $f(-2) = 5$; b) $f(-4) = 1$ et $f(-2) = -4$;

c) $f(4) = 1$ et $f(2) = 4$; d) $f(-2) = 5$ et $f(-4) = 1$.

7 Pour chaque droite ci-dessous, déterminer la fonction affine qu'elle représente.

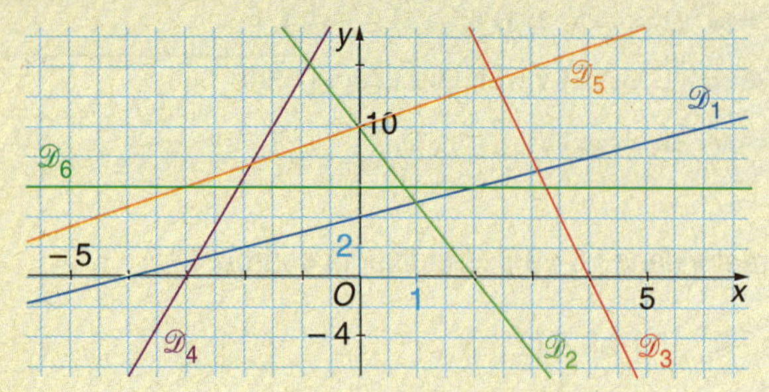

3. Équation ax + b = 0 signe de ax + b

8 Le but est de résoudre chaque équatio $ax + b = 0$ en deux étapes :

« on soustrait b » et « on divise par a »

et de donner le résultat sous forme de fraction irréduct ble, sans utiliser la calculatrice (voir p III).

1° a) $2x + 3 = 0$; b) $\frac{2}{3}x = 0$; c) $\frac{x}{2} - 1 = 0$;

d) $21x + 3 = 0$; e) $\frac{x}{3} + \frac{1}{3} = 0$; f) $2 - \frac{x}{4} = 0$.

2° a) $2 - 2x = 0$; b) $-3x = 0$; c) $5x + 10 = 0$;

d) $-6x + 3 = 0$; e) $\frac{6}{5}x + 10 = 0$.

3° a) $-4x - 1 = 0$; b) $9x + \frac{3}{2} = 0$; c) $-4x + 2 = 0$

d) $-3x + \frac{2}{3} = 0$; e) $-\frac{x}{6} = 0$; f) $\frac{1}{2} - 7x = 0$.

9 Donner le signe de chaque expression dans u tableau (voir techniques de base, p. XVIX)

1° a) $5x - 1$; b) $-2x + 3$; c) $-6x - 2$; d) $-3x$

2° a) $x + 1$; b) $-\frac{x}{3} - 1$; c) $\frac{4x}{3}$; d) $\frac{2}{5}x - \frac{3}{5}$

3° a) $-x - \frac{2}{3}$; b) $-\frac{5}{6}x$; c) $\frac{2}{7}x - \frac{4}{21}$.

4. Calculatrice

10 Entrer la fonction f telle que $f(x) = -3(x-1)^2 +$ et visualiser le tableau de valeurs sur $[-2\,;4]$ par pas de

11 Même exercice pour :

a) $f(x) = \dfrac{-3}{x-1} + 1$; b) $f(x) = -3\sqrt{x+2} + 1$

12 Même exercice pour :

a) $f(x) = \dfrac{4}{3x} - \dfrac{1}{2}$; b) $f(x) = \dfrac{-x+1}{3-x}$;

c) $f(x) = \dfrac{-2x+7}{x+4}$; d) $f(x) = -\dfrac{2}{5x} + \dfrac{4}{x^2+x}$

1. Fonction usuelles

1. Questions rapides

13 **Vrai ou Faux ?** Justifier la réponse.

a) Deux nombres et leurs carrés sont rangés dans le même ordre.

b) x^2 est toujours plus grand que x.

c) Un nombre et son opposé ont le même carré.

d) $x^2 = 4 \quad \Leftrightarrow \quad x = 2$.

e) $x^2 + 1 = 0$ pour $x = -1$.

f) a étant un réel non nul, il y a toujours deux nombres réels dont le carré est a.

g) Il n'y a qu'un réel dont le carré est 0.

14 **Vrai ou Faux ?** Justifier la réponse.

a) Deux nombres non nuls et leurs inverses sont rangés dans l'ordre contraire.

b) La fonction inverse est décroissante.

c) Un nombre et son opposé ont leurs inverses opposés.

d) a étant un réel non nul, l'équation $\frac{1}{x} = a$ a toujours une solution.

e) Il n'y a aucun réel dont l'inverse est 0.

15 **Q.C.M.** Indiquer **toutes** les bonnes réponses.

1° L'équation $x^2 = 3$:

(a) n'a pas de solution (b) a une solution

(c) a deux solutions

2° Si $x \in [-2 ; 3]$, alors :

(a) $x^2 \in [4 ; 9]$ (b) $x^2 \in [0 ; 9]$

(c) $x^2 \in [0 ; 4]$

3° L'inéquation $\frac{1}{x} \leqslant \frac{1}{3}$ a pour ensemble solution :

(a) $]0 ; 3]$ (b) $]-\infty ; 3]$ (c) $[3 ; +\infty[$

(d) $]-\infty ; 0[\cup [3 ; +\infty[$

4° $\sqrt{x}$ racine carrée du réel x :

(a) est toujours positive ou nulle

(b) n'est jamais nulle

(c) n'existe pas pour $x < 0$

5° $\sqrt{-x}$:

(a) n'existe pas

(b) est toujours positive ou nulle si elle existe

2. Applications directes

[Résoudre des équations et inéquations avec carré, p. 35]

16 Résoudre les équations ou inéquations :

a) $x^2 + 9 = 0$; b) $x^2 = 3$; c) $-x^2 + 1 < 0$;
d) $-5x^2 = 0$; e) $3x^2 = 2$; f) $(x+2)^2 \leqslant 9$.

17 Résoudre les équations suivantes :

a) $4(x-3)^2 + 1 = 0$; b) $(2x-7)^2 - 9 = 0$;

c) $-9x^2 - 1 = 0$; d) $2(x+3)^2 = 8$.

18 Résoudre les inéquations suivantes :

a) $(x+5)^2 < 4$; b) $4(x-2)^2 \geqslant 1$;

c) $3x^2 + 1 \leqslant 0$; d) $(25 - x - 2)^2 \geqslant 0$;

e) $49 - x^2 \leqslant 0$; f) $4x^2 > 0$.

[Utiliser le sens de variation des fonctions usuelles, p. 35]

19 Donner un encadrement de $(x+3)^2$ lorsque $x \in [-5 ; 5]$.

20 On a $x \in [-3 ; 2]$. Donner un encadrement de x^2, de $(x+3)^2$ et de $(x-1)^2$.

21 Étudier le sens de variation des fonctions f et g :

- f définie sur $]-3 ; +\infty[$ par $f(x) = \frac{1}{x+3}$;
- g définie sur $[-10 ; +\infty[$ par $g(x) = \sqrt{x+10}$.

22 Étudier le sens de variation des fonctions f et g :

- f définie sur $]-\infty ; 2[$ par $f(x) = \frac{-4}{x-2}$;
- g définie sur $]-\infty ; 4]$ par $g(x) = -(x-4)^2$.

3. Fonctions usuelles et lectures graphiques

23 Dans un repère orthonormal, soit :

$\mathscr{P}$ la parabole représentant la fonction carré,

$\mathscr{D}_1$ la droite d'équation $y = x$

et $\mathscr{D}_2$ la droite d'équation $y = -2x$.

1° Tracer $\mathscr{P}$, $\mathscr{D}_1$ et $\mathscr{D}_2$ sur le même graphique.

2° Résoudre graphiquement :

a) l'équation $x^2 = x$; b) l'équation $x^2 = -2x$;

c) l'inéquation $x^2 > x$; d) l'inéquation $x^2 \leqslant -2x$.

24 À l'écran d'une calculatrice, sont représentées la fonction affine $x \longmapsto x$, la fonction carré, la fonction racine carrée et la fonction inverse.

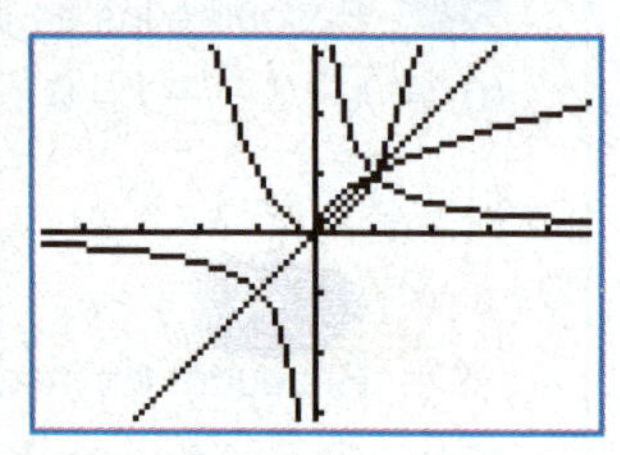

1° Comparer x, x^2, $\sqrt{x}$ et $\frac{1}{x}$, lorsque :

a) $x \in]0 ; 1]$; b) $x \in [1 ; +\infty[$.

2° Si $x \in]-\infty ; 0[$, comparer x, x^2 et $\frac{1}{x}$.

25 Soit $\mathscr{C}$ la courbe de la fonction racine carrée et $\mathscr{D}$ la droite d'équation $y = \frac{x+2}{3}$.

Tracer $\mathscr{C}$ et $\mathscr{D}$ dans le même repère.

Résoudre graphiquement l'équation $\sqrt{x} = \frac{x+2}{3}$ et l'inéquation $\frac{x+2}{3} < \sqrt{x}$.

26 Soit $\mathscr{C}$ la courbe de la fonction inverse d'équation $y = \frac{1}{x}$ et les droites $\mathscr{D}_1$ et $\mathscr{D}_2$ d'équations respectives $y = x$ et $y = \frac{x}{2} - \frac{1}{2}$.

On tracera la courbe $\mathscr{C}$ et les droites $\mathscr{D}_1$ et $\mathscr{D}_2$ dans un repère orthonormal d'unité 2 cm ou deux carreaux.

Résoudre graphiquement les inéquations :

a) $\frac{1}{x} \leqslant x$; b) $\frac{x}{2} - \frac{1}{2} > \frac{1}{x}$; c) $x < \frac{1}{x} < \frac{x}{2} - \frac{1}{2}$.

27 Résoudre graphiquement les inéquations :

a) $\frac{1}{x} < 2$; b) $\frac{1}{x} \geqslant 1$;

c) $\frac{1}{x} \leqslant -\frac{1}{2}$.

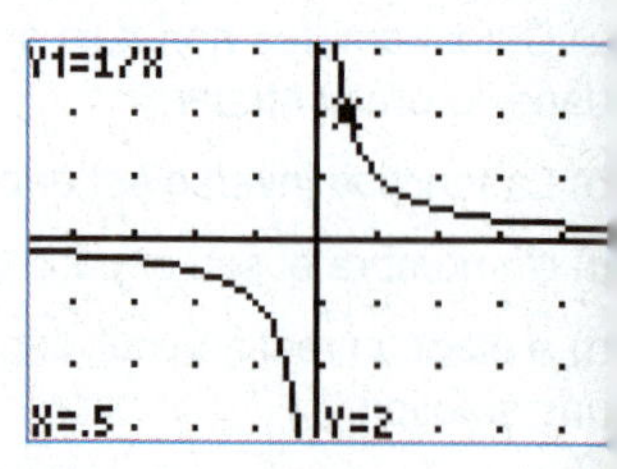

2. Fonctions associées

1. Questions rapides

28 **Q.C.M.** Une seule réponse correcte par question.

$\mathscr{P}$ est la courbe représentant la fonction carré dans un repère $(O ; \vec{i}, \vec{j})$.

1° Soit f la fonction définie sur $\mathbb{R}$ par : $f(x) = (x+4)^2$. Sa courbe $\mathscr{C}_f$ est :

(a) la translatée de $\mathscr{P}$ par la translation de vecteur $4\vec{i}$

(b) une parabole de sommet S (4 ; 0)

(c) une parabole de sommet S (– 4 ; 0)

2° Si u est une fonction définie sur $[-3 ; 2]$, alors la fonction f telle que $f(x) = u(x-3)$ est définie sur :

(a) $[0 ; 5]$ (b) $[-3 ; 2]$ (c) $[-6 ; -1]$

3° En translatant la courbe $\mathscr{P}$ par la translation de vecteur $-2\vec{i}$, on obtient la représentation de la fonction f telle que :

(a) $f(x) = (x-2)^2$ (b) $f(x) = (x+2)^2$ (c) $f(x) = x^2 - 2$

29 **Q.C.M.** Une seule réponse correcte par question.

$\mathscr{P}$ est la courbe représentant la fonction carré dans un repère $(O ; \vec{i}, \vec{j})$.

1° La parabole d'équation $y = (x-3)^2 + 1$ est la translatée de $\mathscr{P}$ par la translation de vecteur :

(a) $3\vec{i} + \vec{j}$ (b) $-3\vec{i} + \vec{j}$ (c) $\vec{i} - 3\vec{j}$

2° La fonction f définie sur $\mathbb{R}$ par $f(x) = x^2 - 2$ est

(a) croissante sur $\mathbb{R}$ (b) croissante sur $[0 ; +\infty[$

(c) croissante sur $[-2 ; +\infty[$

3° La fonction u a pour tableau des variations :

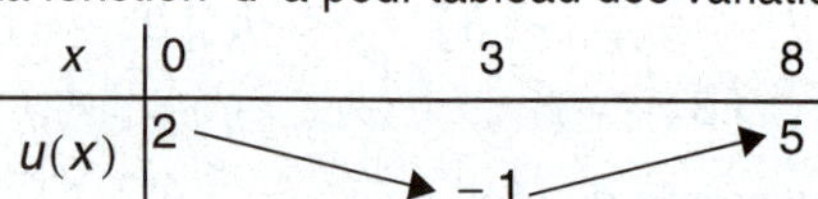

x	0	3	8
$u(x)$	2 ↘	– 1	↗ 5

Le tableau des variations de $f(x) = u(x-2) - 4$ est :

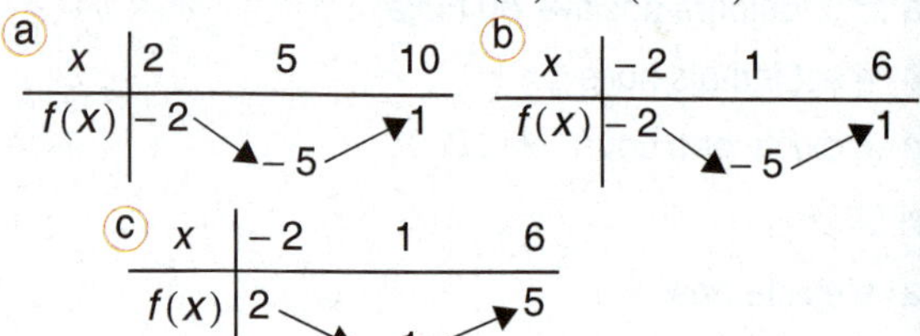

(a)

x	2	5	10
$f(x)$	– 2 ↘	– 5	↗ 1

(b)

x	– 2	1	6
$f(x)$	– 2 ↘	– 5	↗ 1

(c)

x	– 2	1	6
$f(x)$	2 ↘	– 1	↗ 5

2. Applications directes

[Représenter des fonctions associées, p. 37]

30 Construire la courbe représentant la fonction f définie sur $\mathbb{R} \setminus \{-1\}$ par $f(x) = \dfrac{1}{x+1}$.
On précisera la construction géométrique.

31 Soit f la fonction définie sur $\mathbb{R}$ par :

$$f(x) = x^2 + 1$$

et $\mathscr{P}$ la parabole d'équation $y = x^2$.

Indiquer comment s'obtient sa courbe $\mathscr{C}_f$ à partir de $\mathscr{P}$. Construire $\mathscr{P}$ et $\mathscr{C}_f$.

Par lecture graphique, quel est le signe de $f(x)$?

32 Dans un même repère, construire les courbes $\mathscr{C}_f$ et $\mathscr{C}_g$ des fonctions définies sur $\mathbb{R}$ par :

$$f(x) = x^2 - 3 \quad \text{et} \quad g(x) = (x-3)^2 .$$

Préciser la construction géométrique à partir de $\mathscr{P}$.

Par lecture graphique, résoudre $f(x) = g(x)$.

33 En précisant la fonction associée, comme dans la méthode, déterminer le sens de variation des fonctions f et g telles que :

$$f(x) = x^2 + 2 \quad \text{et} \quad g(x) = (x+3)^2 .$$

34 Même exercice pour :

$h(x) = \dfrac{1}{x+4}$, $k(x) = \dfrac{1}{x} - 4$ et $m(x) = \sqrt{x} - 2$.

37 Même exercice pour $f(x) = 5 + \dfrac{1}{x+10}$,

$g(x) = (x-10)^2 - 20$ et $h(x) = \sqrt{x-15} - 10$.

On pourra visualiser les courbes à l'écran d'une calculatrice.

38 Soit $\mathscr{P}$ la courbe représentant la fonction carré et $\mathscr{C}$ la courbe représentant la fonction inverse.

On considère les fonctions :

$$f(x) = (x+2)^2 - 2 \quad \text{et} \quad g(x) = \frac{1}{x-1} + 3 .$$

1° a) Déterminer le sens de variation de f et g .

b) Sur un même graphique, tracer $\mathscr{P}$ et $\mathscr{C}$ et construire les courbes $\mathscr{C}_f$ et $\mathscr{C}_g$ en précisant la construction géométrique.

2° Par lecture graphique, donner le nombre de solutions pour :

a) l'équation $f(x) = \dfrac{1}{x}$; b) l'équation $g(x) = x^2$.

On ne demande pas de donner les solutions.

39 u est une fonction ayant le tableau des variations ci-dessous.

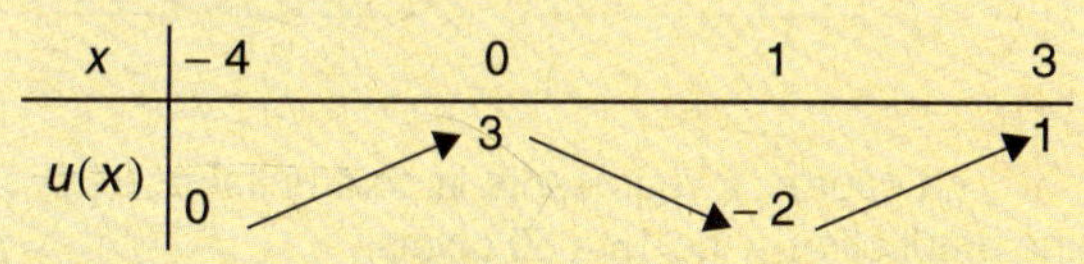

x	-4		0		1		3
$u(x)$	0	↗	3	↘	-2	↗	1

En déduire le tableau des variations de f dans chacun des cas suivants :

a) $f(x) = u(x) + 3$; b) $f(x) = u(x+3) - 1$;
c) $f(x) = u(x-1)$; d) $f(x) = u(x-2) + 1$.

[Étudier une fonction de la forme $u(x+\alpha)+\beta$, p. 37]

35 Étudier et représenter les fonctions f et g telles que :

$f(x) = (x+1)^2 - 4$ et $g(x) = (x-2)^2 - 1$.

Préciser α et β .

36 Pour chaque fonction, préciser la construction géométrique de sa représentation graphique à partir d'une courbe de fonction usuelle (carré, racine carrée, inverse), et dresser son tableau des variations :

$$f(x) = \sqrt{x-4} - 2 , \quad g(x) = (x+3)^2 + 2$$

$$\text{et} \quad h(x) = \frac{1}{x-2} + 1 .$$

3. Études de fonctions associées

40 Déterminer les équations des courbes suivantes, sachant que ce sont des translatées de courbes de référence (préciser la fonction et la translation).

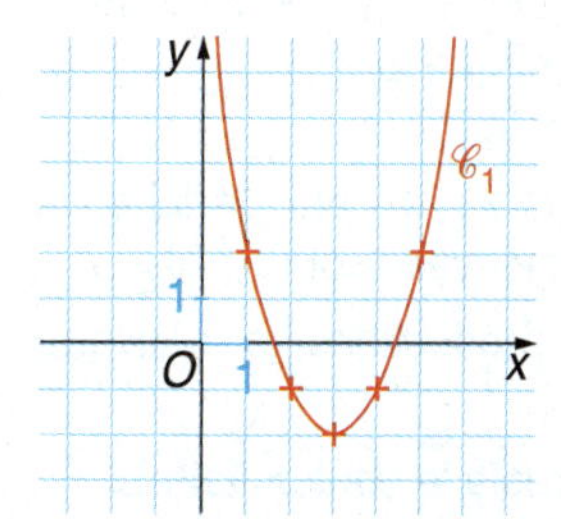

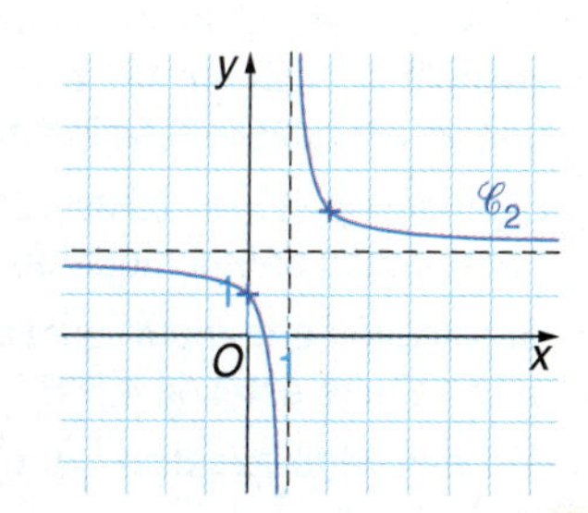

41 La courbe $\mathscr{C}$, ci-contre, est celle d'une fonction f définie sur $\mathbb{R}$. Chaque courbe ci-dessous obtenue à la calculatrice représente une fonction associée à f.

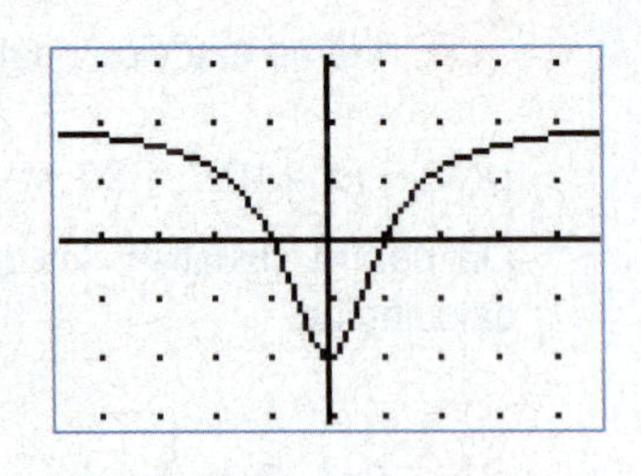

La retrouver parmi les fonctions suivantes :

$g(x) = f(x) - 1$; $h(x) = f(x-2)$;

$k(x) = f(x+2)$; $l(x) = f(x-1) + 2$;

$m(x) = f(x+1) + 2$; $n(x) = f(x) - 3$.

a)

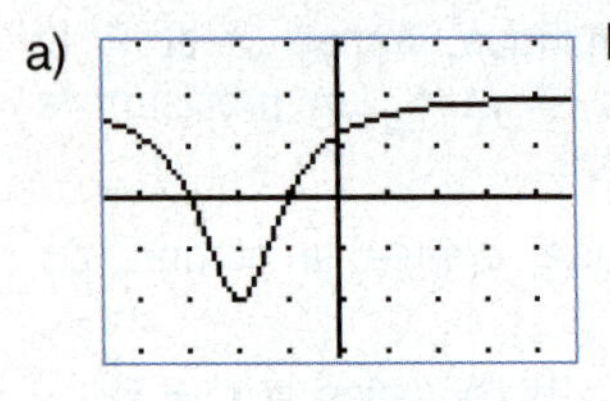

b)

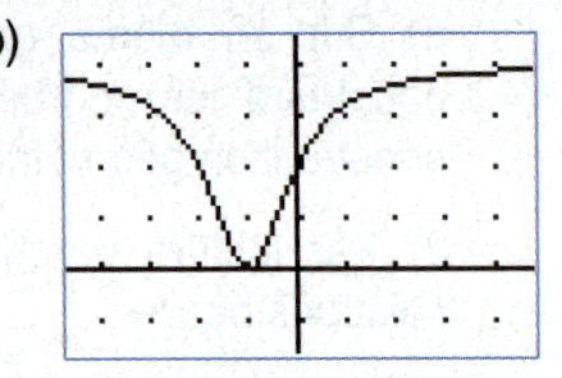

c)

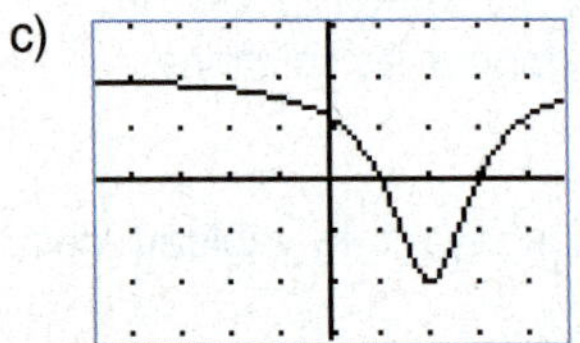

d)

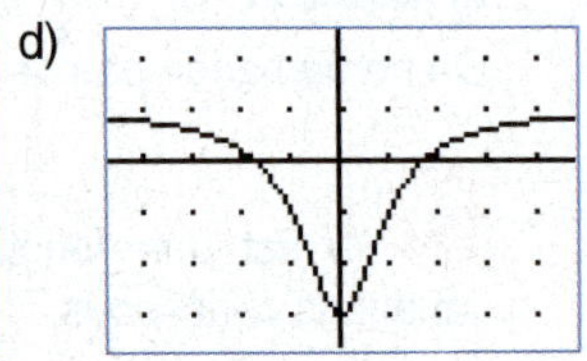

42 La courbe $\mathscr{C}$ représente le coût unitaire $u(x)$ pour une production x de 15 à 50 objets.

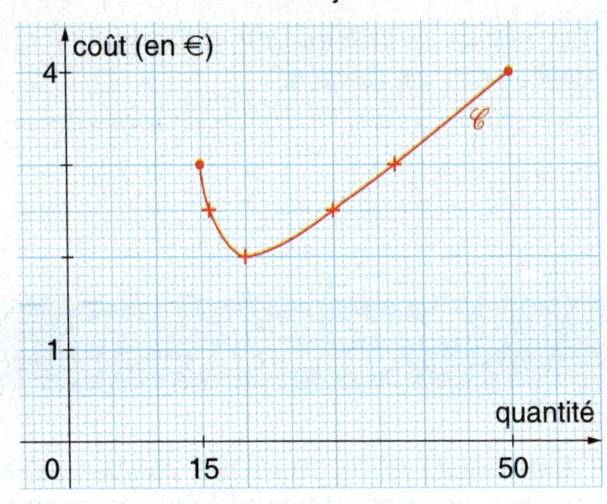

1° Dresser la tableau des variations de u .

2° À la suite d'un problème technique, pour chaque quantité, le coût unitaire augmente de 2 €.
Soit g la nouvelle fonction du coût.

Exprimer $g(x)$ à l'aide de $u(x)$ et en déduire la construction géométrique de la nouvelle courbe $\mathscr{C}_g$.

Graphiquement, pour quelles productions le nouveau coût unitaire est-il de 4,5 € ?

3° Dans cette question, $u(x)$ reste le coût unitaire.

Mais une amélioration technique permet de produire 5 objets de plus pour le même coût. Quand on fabriquai 30 objets pour un coût de 2,5 € par objet, combien peut on alors en fabriquer pour le même coût unitaire ?
Sur quel intervalle est définie la nouvelle fonction de coût f

Exprimer $f(x)$ à l'aide de $u(x)$ et en déduire la construction géométrique de la courbe $\mathscr{C}_f$.

Graphiquement, pour quelles productions le coût unitaire est-il inférieur ou égal à 3 € ?

43 Les deux courbes $\mathscr{C}_f$ et $\mathscr{D}$ ci-dessous représentent la fonction d'offre f et la fonction de demande d d'u produit naturel, mis sur le marché en quantité x en tonnes avec $x \in [1 ; 6]$, le prix au kg étant en ordonnée.

On reproduira la figure sur un papier calque.

Par la suite, on reprend toujours cette situation au débu de chaque question.

L'équilibre du marché se fait lorsque l'offre est égale à l demande.

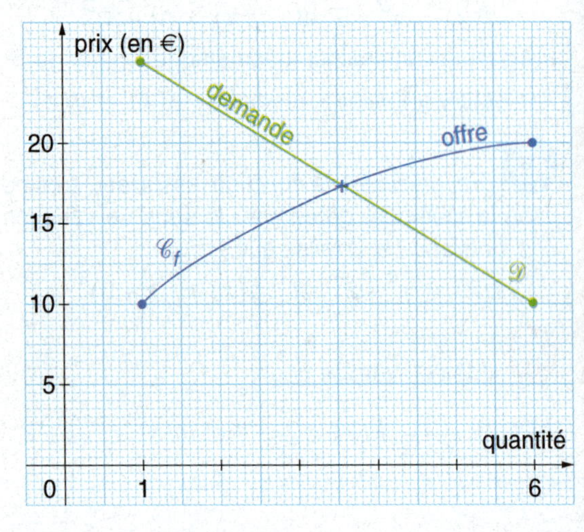

1° D'après les courbes ci-dessus, lire la quantité d'équilibre et le prix d'équilibre.

2° Du fait d'une importation, la quantité offerte augmente de une tonne, quel que soit le prix.

Par quelle transformation géométrique obtient-on nouvelle courbe d'offre $\mathscr{C}_2$?

Quelle est la nouvelle quantité d'équilibre et le prix ?

La quantité d'équilibre a-t-elle augmenté de une tonne

3° Un effet de sécheresse fait augmenter le prix chez producteur de 5 € , pour toute quantité offerte.

Tracer la nouvelle courbe d'offre $\mathscr{C}_3$.

Lire le nouvel équilibre du marché.

4° À l'approche des fêtes, la demande augmente d 1,5 tonne, quel que soit le prix.

Tracer la nouvelle courbe de demande $\mathscr{D}_2$ et lire nouvel équilibre du marché.

44 La fonction de demande d'un bien est donnée par :

$$Q_1(p) = 6 - 0{,}5\,p\ ,$$

où p est le prix unitaire en € et $Q_1(p)$ est la quantité demandée par jour en kg.

1° Comme une quantité ou un prix sont des valeurs positives ou nulles, donner l'ensemble de définition de la fonction Q_1.
Représenter cette fonction dans un repère orthonormal.
Quelle est la quantité demandée pour un prix de 4 € ? de 5 € ?

2° On suppose que le prix unitaire augmente de 1 €.

a) Quelle sera alors la nouvelle fonction de demande Q_2 ?

Par quelle transformation géométrique passe-t-on de la représentation de Q_1 à celle de Q_2 ?

Représenter Q_2.

b) Comparer les quantités demandées Q_1 et Q_2 pour un prix de 5 €.

Si le prix augmente de 1 €, comment varie la quantité demandée ?

3. Produit d'une fonction par un nombre

1. Questions rapides

45 **Q.C.M.** Donner **toutes** les bonnes réponses.

On considère la fonction u dont la courbe ci-contre est une ligne brisée.

1° Son ensemble de définition est :

(a) $[-3\,;4]$ (b) $\mathbb{R}$ (c) $[-2\,;5]$

2° Sur $[1\,;3]$, la fonction $-2u$:

(a) est croissante

(b) a pour coefficient 4 (c) a pour coefficient -1

3° Sur $[3\,;5]$, la fonction $\frac{1}{3}u$: (a) est décroissante

(b) a pour coefficient 1 (c) n'a pas de coefficient

46 **VRAI ou FAUX ?** Justifier la réponse.

a) La fonction opposée est décroissante sur $\mathbb{R}$.

b) L'opposé de la fonction inverse est croissante sur $]0\,;+\infty[$.

c) L'opposé de la fonction carré est croissante sur $]-\infty\,;0]$.

d) La valeur absolue d'une fonction est toujours croissante.

47 **Q.C.M.** Donner **toutes** les bonnes réponses.

Soit u la fonction connue par son tableau des variations :

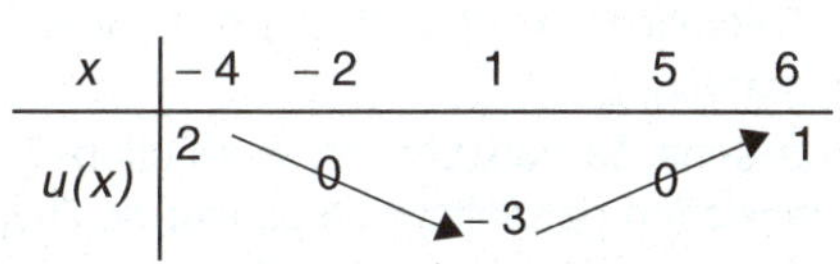

x	-4	-2	1	5	6
$u(x)$	2 ↘	0 ↘	-3 ↗	0 ↗	1

La fonction $|u|$ est : (a) de maximum 2

(b) décroissante sur $[-4\,;1]$ (c) de minimum 0

(d) croissante sur $[-2\,;1]$ (e) de maximum 3

2. Applications directes

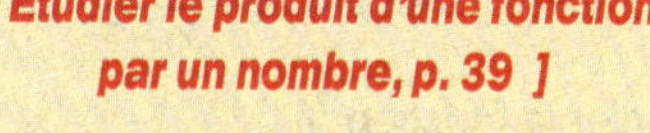

[Étudier le produit d'une fonction par un nombre, p. 39]

48 Étudier et représenter les fonctions f et g définies sur $\mathbb{R}$ par :

$$f(x) = -\frac{3x^2}{2} \quad \text{et} \quad g(x) = x^2 - 0{,}4x^2\ .$$

49 La surface d'un carré de côté x est :

$$g(x) = x^2\ , \quad \text{pour } \boldsymbol{x \geqslant 0}\ .$$

a) On augmente le côté de 20 %.
Préciser la nouvelle surface $f(x)$ et l'étudier.
Résoudre alors l'équation $f(x) = 36$.
b) On diminue la surface de 10 %.
Étudier la nouvelle surface $h(x)$.
Résoudre l'inéquation $h(x) \leqslant 81$.

50 Soit u la fonction carré.

Préciser l'expression développée de chaque fonction et dresser leurs tableaux des variations :

a) $f(x) = -2u(x) + 1$; b) $g(x) = \frac{1}{2}\,u(x-2)$;

c) $h(x) = -\frac{2}{3}\,u(x+3) + 6$.

51 Étudier et représenter la fonction f définie sur $\mathbb{R} \setminus \{0\}$ par $f(x) = -\frac{6}{x}$. On indiquera les points à coordonnées entières de la courbe $\mathscr{C}_f$.
Résoudre les inéquations $f(x) \geqslant 0$ et $f(x) < 1$.

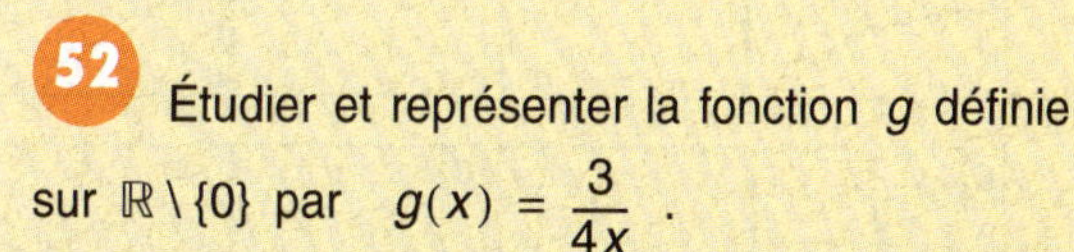

52 Étudier et représenter la fonction g définie sur $\mathbb{R} \setminus \{0\}$ par $g(x) = \frac{3}{4x}$.

La courbe $\mathscr{C}_g$ a-t-elle des points à coordonnées entières ?
Résoudre les inéquations $g(x) \leqslant -3$ et $g(x) \geqslant 1$.

[Étudier le sens de variation d'une fonction homographique, p. 39]

53 Étudier et représenter la fonction f définie sur $\mathbb{R} \setminus \{-3\}$ par $f(x) = \frac{2}{x+3} - 4$.

On précisera la transformation utilisée et la nature de la courbe obtenue.

54 On considère la fonction homographique f telle que $f(x) = \frac{2x-3}{x-1}$.

a) Préciser l'ensemble de définition $\mathscr{D}$ de la fonction f .
Vérifier que, pour tout réel x de $\mathscr{D}$, on a :

$$f(x) = 2 - \frac{1}{x-1} .$$

b) Étudier la fonction f .
Préciser la transformation utilisée et la nature de la courbe $\mathscr{C}_f$.

55 Soit la fonction f telle que $f(x) = \frac{x+5}{x+2}$.

a) Préciser l'ensemble de définition $\mathscr{D}$ de f .
Calculer les images de 0 et de -1 par f .
b) Trouver les réels a et b tels que :

$$f(x) = a + \frac{b}{x+2} .$$

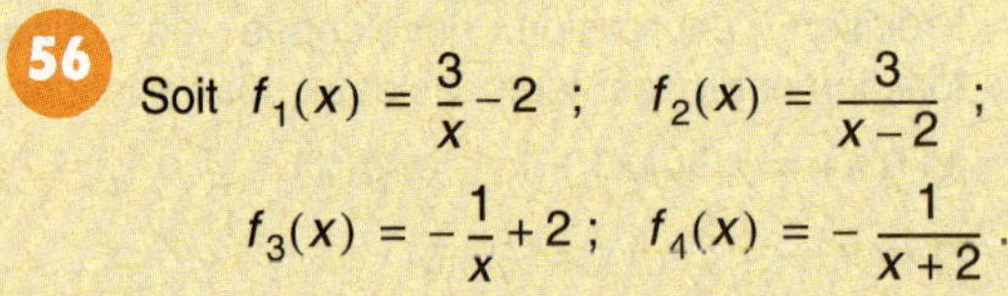

b) Étudier la fonction f . Vérifier que la courbe $\mathscr{C}_f$ est la translatée de la courbe d'équation $y = \frac{3}{x}$ par la translation de vecteur $-2\vec{i} + \vec{j}$.

56 Soit $f_1(x) = \frac{3}{x} - 2$; $f_2(x) = \frac{3}{x-2}$;

$f_3(x) = -\frac{1}{x} + 2$; $f_4(x) = -\frac{1}{x+2}$.

À chaque écran, associer la fonction de f_1 à f_4 qui est représentée.

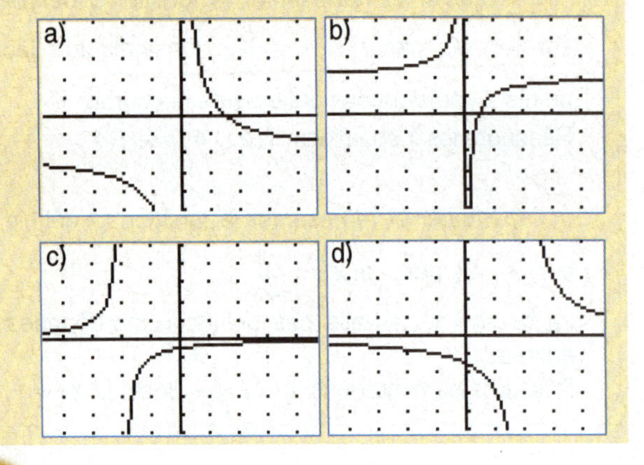

57 Soit u la fonction inverse.

Préciser l'expression de chaque fonction sous la forme d'un quotient et dresser le tableau des variations.

a) $f(x) = -3\,u(x-2) + 1$;

b) $g(x) = \frac{1}{2}\,u(x) - \frac{3}{2}$;

c) $h(x) = 6u(x-3) + 2$.

3. Étude de fonctions

58 On connaît le tableau des variations d'une fonction u , avec $u(0) = 1$ et $u(2) = 0$.

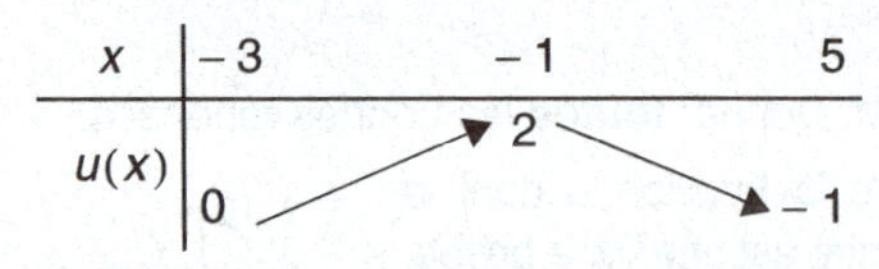

x	-3		-1		5
$u(x)$	0	↗	2	↘	-1

1° Tracer la courbe possible d'une telle fonction.

2° Dresser le tableau des variations de chacune des fonctions données par :

a) $f(x) = -2\,u(x) + 1$; b) $g(x) = -u(x-3) - 2$;

c) $h(x) = |u(x)| - 2$.

On précisera les valeurs aux bornes et les extrêmes.

59 On considère la fonction f donnée par :

$$f(x) = -2x^2 - 4x + 6 .$$

a) Exprimer $f(x) - 8$ en fonction de x .
En déduire que l'on peut écrire :

$$f(x) = a\,(x+\alpha)^2 + \beta .$$

b) Étudier le sens de variation de f, en précisant les transformations qui permettent de passer de la parabole $\mathscr{P}$ d'équation $y = x^2$ à la courbe $\mathscr{C}$ de la fonction f.

c) Résoudre l'équation $f(x) = 6$, l'inéquation $f(x) <$ et l'inéquation $f(x) \geqslant 9$.

60 Soit f la fonction définie sur $]-1\,;+\infty[$ pa $f(x) = 3 - \frac{2}{x+1}$ et $\mathscr{C}_f$ sa courbe représentative.

1° a) Calculer $f(0)$ et $f(-1)$.

b) Résoudre l'équation $f(x) = 0$. En donner un interprétation graphique.

2° a) Étudier le sens de variation de la fonction f , e précisant la translation permettant de passer de l'hyperbole de la fonction inverse à la courbe $\mathscr{C}_f$.

b) Tracer la courbe $\mathscr{C}_f$ dans un repère orthonorma d'unité 1 cm en notant les points obtenus en 1°.

c) Tracer la droite d'équation $y = x$. En déduire nombre de solutions de l'équation $f(x) = x$.

4. Somme et différence de fonctions

1. Questions rapides

61 **Q.C.M.** Donner **toutes** les bonnes réponses.

1° Soit u et v deux fonctions croissantes sur leurs intervalles de définition :

a) la somme $u + v$ est toujours croissante

b) la différence $u - v$ peut ne pas exister

2° Soit la fonction inverse u et la fonction carré v :

a) la somme $u + v$ est décroissante sur $]-\infty\,;0[$

b) la somme $u + v$ est croissante sur $]0\,;+\infty[$

c) la différence $u - v$ est décroissante sur $]0\,;+\infty[$

2. Applications directes

[Étudier le sens de variation d'une somme, p. 41]

62 Étudier le sens de variations des fonctions suivantes à l'aide des fonctions usuelles :

a) $f(x) = x^2 + 2x - 10$ sur $[0\,;+\infty[$;

b) $g(x) = \dfrac{1}{x} - \dfrac{x}{4} + 1$ sur $]0\,;+\infty[$;

c) $h(x) = \sqrt{x} + 4x - 25$ sur $[0\,;+\infty[$.

63 En utilisant les fonctions associées, étudier le sens de variations des fonctions suivantes :

a) $f(x) = \dfrac{4}{x-2} - \dfrac{5}{2}x + 1$ sur $]2\,;+\infty[$;

b) $g(x) = -\dfrac{3}{x-1} + x^2$ sur $]1\,;+\infty[$;

c) $h(x) = (x+1)^2 + \dfrac{4}{x+1}$ sur $]-\infty\,;-1[$.

64 À l'aide des variations des fonctions usuelles et des opérations sur les fonctions, préciser le sens de variation de chacune des fonctions suivantes :

a) $f : x \longmapsto 4x + 5 - \dfrac{3}{x}$ sur $]0\,;+\infty[$;

b) $g : x \longmapsto x^2 + 1 + \dfrac{4}{x-1}$ sur $]-\infty\,;0]$;

c) $h : x \longmapsto 1 - 3x^2 - \dfrac{1}{x+1}$ sur $]-\infty\,;-1[$;

d) $k : x \longmapsto 2x + 3 - \dfrac{2}{x+3}$ sur $]-3\,;+\infty[$.

[Lire sur une courbe de coût total, p. 41]

65 Pour fabriquer une quantité x de produit, x variant de 0 à 7 tonnes, les coûts fixes se montent à 15 000 € et la fabrication nécessite deux étapes aux coûts variables donnés dans les listes ci-dessous, exprimés en milliers d'euros. Chaque kilogramme produit est vendu au prix de 10 €.

L1	L2	L3
1	4	6
2	8	6
3	12	3
4	16	4
5	20	8
6	24	15
7	28	27

L3(7) =27

1° Construire point par point la courbe du coût total CT.

Préciser le sens de variation de la fonction CT. On pourra utiliser les listes.

2° Exprimer la recette, en fonction de la quantité x, et la représenter sur le même graphique que CT.

3° Lire les points morts de la production et les quantités pour lesquelles la production est rentable.

66 La fabrication de x objets, en milliers, nécessite 100 000 € de coûts fixes,
un premier coût variable de 10 € par objet
et un second coût variable $C_2(x) = 5x^2$,
où $x \in [0\,;12]$, et $C_2(x)$ en k€.

Chaque objet produit est vendu 70 €.

1° Montrer que le coût total est donné en k€ par :

$$CT(x) = 100 + 10x + 5x^2 .$$

Étudier le sens de variation de la fonction CT.

Représenter cette fonction dans un repère orthogonal d'unités 1cm pour un millier d'objets et 1cm pour 100 k€ en ordonnée. Soit $\mathscr{C}$ la courbe.

2° Exprimer la recette $R(x)$ en fonction du nombre d'objets x en milliers.

Quelle est la nature de cette fonction ?

Représenter cette fonction par la courbe $\mathscr{D}$ sur le même graphique que $\mathscr{C}$.

3° a) Par lecture graphique, déterminer les quantités pour lesquelles la recette est égale au coût total. Vérifier par le calcul.

b) Par lecture graphique, indiquer les quantités à produire pour que le bénéfice soit positif ou nul.

3. Étude de fonctions somme

67 Les fonctions f et g sont connues par les courbes $\mathscr{C}_f$ et $\mathscr{C}_g$ ci-dessous.

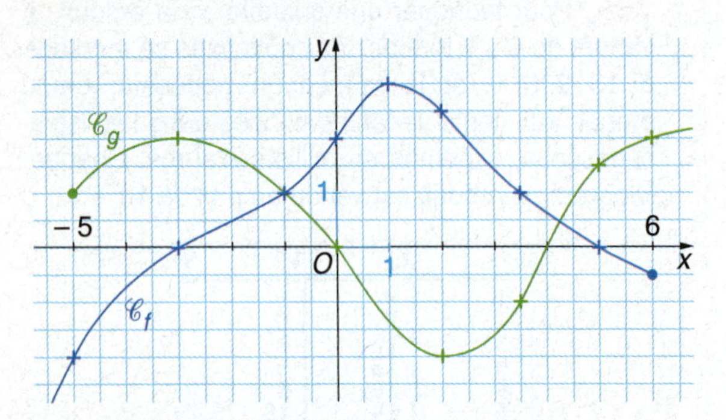

1° Dresser le tableau des variations de ces deux fonctions.

À la lecture de ces tableaux, indiquer les intervalles où on peut connaître le sens de variations de la somme.

2° Construire, point par point, la courbe $\mathscr{C}$ de la fonction somme $f + g$, définie sur $[-5\,;6]$.

3° Résoudre graphiquement :

a) $f(x) > 1$; b) $f(x) = -x$;

c) $g(x) \geqslant 1$; d) $g(x) < x - 4$.

4° a) Donner le signe de $f(x)$ et dresser le tableau des variations de la fonction $|f|$.

b) Donner le signe de $g(x)$.
Dresser le tableau des variations de la fonction $-g$.
Sur quels intervalles peut-on donner le sens de variation de la fonction $f - g$?

68 Dans une entreprise, deux catégories A et B de personnel reçoivent un salaire mensuel en fonction du nombre x de produits fabriqués par mois :
salaire de A : fixe de 900 € et 0,02 € par produit fabriqué ;
salaire de B : fixe de 800 € et 0,04 € par produit fabriqué.

1° a) Déterminer les fonctions f et g correspondant à ces salaires mensuels.
b) Représenter ces fonctions dans un même repère orthogonal 1 cm en abscisse pour 1 000 et 1 cm en ordonnée pour 20 € ; on ne représentera que les salaires supérieurs à 800 €.
c) D'après le graphique, pour quelle quantité de produit le salaire de B devient-il supérieur ou égal à celui de A ?

2° Le fixe du salaire de B augmente de 50 €.
D'après le graphique précédent, lire la production pour laquelle le salaire de B est alors égal au salaire de A.
Vérifier par le calcul et déterminer le salaire commun.

3° Reprendre la question 2°, dans le cas où la partie variable du salaire A passe à 0,03 € par produit fabriqué.

69 Le graphique ci-dessous représente le coût total et la recette correspondant à la production et à la vente d'articles de confection.

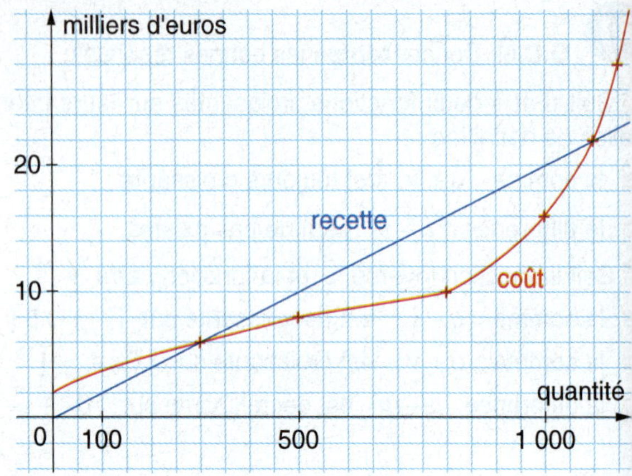

1° Lectures graphiques (à justifier)

a) Montrer que le prix de vente unitaire est de 20 €.
b) Quelles quantités faut-il produire pour que le profit soit positif ou nul ?
c) Pour quelle quantité le coût moyen est-il minimal ?
Calculer la valeur de ce coût moyen (unitaire).

2° Étude de marché

a) Du fait du marché, chaque article est vendu avec une remise de 20 %.
Déterminer et représenter la nouvelle fonction de recette.
En déduire les quantités à produire permettant un bénéfice.
b) Le marché oblige encore à une baisse du prix de vente.
Quel est le prix de vente unitaire minimal, si cette PME ne veut pas travailler à perte ?
À quel taux de remise correspond ce prix ?

70 Par jour, le coût total de fabrication de x bibelots identiques en bois est composé de coûts fixes, pour 200 €, de coût dû à la matière première $C_1(x)$ et du coût de fabrication $C_2(x)$ exprimés en €, pour une quantité x variant de 0 à 12 bibelots.
La fonction C_1 est une fonction affine telle que :

$$C_1(5) = 25 \quad \text{et} \quad C_1(8) = 40\ .$$

La fonction C_2 est donnée par $C_2(x) = x^2 + 4x$.

1° a) Déterminer la fonction affine C_1.
b) Exprimer le coût total CT en fonction de x.

2° a) Représenter les fonctions C_1 et C_2 dans un même repère orthogonal, d'unités un cm pour 1 en abscisse et 1 cm pour 10 en ordonnée.
b) Expliquer comment construire géométriquement la courbe de la fonction de coût total. On ne demande pas de construire cette courbe.

3° Étudier le sens de variation des fonctions C_1 et C_2.
En déduire le sens de variation de la fonction CT.

5. Décomposition d'une fonction

1. Questions rapides

71 **Q.C.M.** Donner **toutes** les bonnes réponses

On donne deux fonctions u et g connues par leurs courbes ci-dessous.

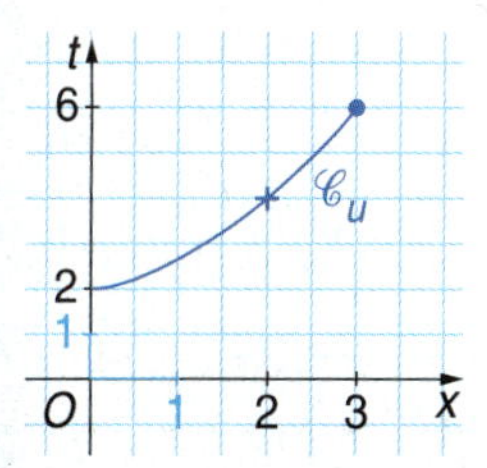

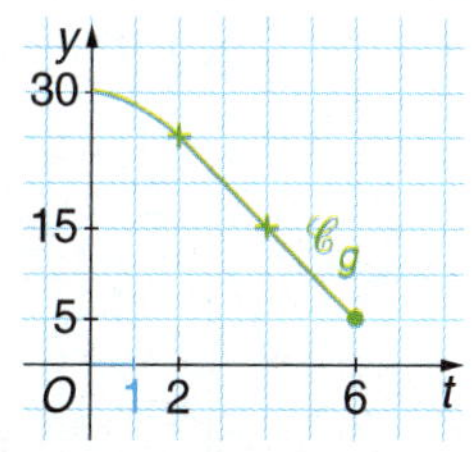

Soit f la fonction composée « u suivie de g ».

a) Comme $u(2) = 4$ et $g(4) = 15$, alors $f(2) = 15$

b) $u(3) = 6$ et $g(3) = 20$, donc $f(3) = 20$

c) Par f, l'image de 4 n'existe pas

d) $f(0) = 25$ e) $f(3) = 5$

72 **Vrai ou Faux ?** Justifier.

1° Soit $u(x) = x^2$ et $v(x) = 2x - 1$ définies sur $\mathbb{R}$.

$f(x) = 2x^2 - 1$ est le résultat de :

a) la fonction u suivie de v, définie sur $\mathbb{R}$;

b) la fonction v suivie de u, définie sur $\mathbb{R}$.

2° $f(x) = (x-1)^2$ est le résultat de :

a) $u : x \longmapsto x^2$ suivie de $v : x \longmapsto x - 1$

b) $v : x \longmapsto x - 1$ suivie de $u : x \longmapsto x^2$.

73 **Vrai ou Faux ?** Justifier.

$f(x) = 4x^2 - 4x + 1$ est le résultat de :

a) $u : x \longmapsto 4x^2$ suivie de $g : x \longmapsto -4x + 1$;

b) $v : x \longmapsto 2x - 1$ suivie de $w : x \longmapsto x^2$;

c) $w : x \longmapsto x^2$ suivie de $h : x \longmapsto 4x - 1$.

74 Donner l'expression $f(x)$, image d'un réel x par u suivie de g, dans chacun des cas suivants :

a) $x \in \mathbb{R}$ avec $u : x \longmapsto x^2 + 4$ et $g : x \longmapsto -x + 3$;

b) $x \in [0\,;+\infty[$ avec $u : x \longmapsto -\sqrt{x}$ et $g : x \longmapsto 2x - 1$;

c) $x \in]-\infty\,;1]$ avec $u : x \longmapsto 1 - x$ et $g : x \longmapsto \sqrt{x} - 3$;

d) $x \in]2\,;+\infty[$ avec $u : x \longmapsto x - 2$ et $g : x \longmapsto \dfrac{2}{x} - 1$.

2. Applications directes

[Decomposer une fonction, p. 43]

75 Décomposer chaque fonction en deux fonctions simples :

$f(x) = \sqrt{2x - 8}$ sur $[4\,;+\infty[$; $g(x) = (\sqrt{x} - 1)^2$ sur $[0\,;+\infty[$; $h(x) = \dfrac{1}{5x - 1}$ sur $]-\infty\,;\dfrac{1}{5}[$.

76 On considère les fonctions usuelles :

$u : x \longmapsto x^2$; $v : x \longmapsto \dfrac{1}{x}$ et $w : x \longmapsto \sqrt{x}$.

Décomposer chaque fonction f à l'aide de ces fonctions usuelles et de fonctions affines :

a) $f(x) = 2x^2 - 3$; b) $f(x) = -\sqrt{x} + 1$;

c) $f(x) = -3(x + 4)^2 + 1$.

77 Décomposer chaque fonction en deux ou trois fonctions simples :

$$f(x) = \frac{2}{x - 2} + 4 \text{ et } g(x) = \frac{-2}{x^2 + 4} + 3 .$$

[Étudier le sens de variation par composée, p. 43]

78 Soit u définie sur $\mathbb{R}$ par $u(x) = 9 - x^2$.

Donner l'allure de la représentation de cette fonction et dresser le tableau des variations de u en indiquant le signe de $u(x)$.

Déterminer alors le sens de variation de la fonction f définie sur $\mathbb{R} \setminus \{-3\,;3\}$ par :

$$f(x) = \frac{1}{9 - x^2} .$$

79 Étudier le signe de $3 - x$.

Déterminer le sens de variation de la fonction f définie sur $]-\infty\,;3]$ par $f(x) = \sqrt{3 - x}$.

80 a) Vérifier que, pour tout réel x :

$u(x) = x^2 - 4x + 5$ s'écrit $u(x) = (x - 2)^2 + 1$.

Dresser le tableau des variations de la fonction u définie sur $\mathbb{R}$. Quel est le signe de $u(x)$?

b) Déterminer le sens de variations de la fonction :

$$f : x \longmapsto \frac{1}{x^2 - 4x + 5} .$$

3. Étude du sens de variation de fonction composée

81 On considère les fonctions telles que :

$$u(x) = (x-3)^2 - 9 \quad ; \quad f(x) = \frac{1}{x^2 - 6x}$$

$$\text{et} \quad g(x) = \sqrt{6x - x^2} .$$

a) Dresser le tableau des variations de la fonction u en indiquant son signe suivant les valeurs de x. Développer $u(x)$.

b) Justifier que f est définie sur $\mathbb{R} \setminus \{0 ; 6\}$.

Dresser le tableau des variations de f.

c) Justifier que g est définie sur $[0 ; 6]$.

Déterminer le sens de variation de la fonction g.

82 **Étude de l'inverse d'une fonction**

Soit f une fonction croissante sur $[-3 ; 5]$ nulle seulement en 2.

a) Expliquer pourquoi la fonction $\frac{1}{f}$, inverse de la fonction f, est définie sur $[-3 ; 2[\cup]2 ; 5]$.

b) Compléter le raisonnement suivant : sur $[-3 ; 2[$, la fonction f est … et $f(x) <$ …, car $f(x) < f(2)$.

Or sur $]-\infty ; 0[$ la fonction inverse est… .

Donc par composée la fonction $\frac{1}{f}$ est … sur $[-3 ; 2[$.

c) Écrire un raisonnement analogue sur $]2 ; 5]$.

83 Soit g une fonction connue par son tableau des variations.

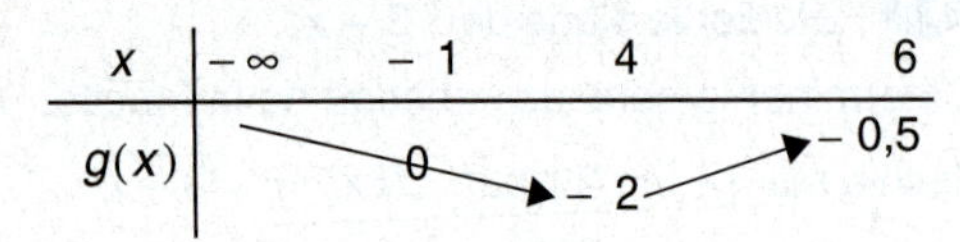

x	$-\infty$	-1	4	6
$g(x)$	↘	0 ↘	-2 ↗	$-0,5$

a) Dresser le tableau du signe de $g(x)$.

En déduire l'ensemble de définition de la fonction $\frac{1}{g}$.

b) Compléter le raisonnement suivant : sur $]-1 ; 4]$, la fonction g est … et $g(x) \in$ … .

Or sur $]-\infty ; 0[$ la fonction inverse est… .

Donc par composée la fonction $\frac{1}{g}$ est … sur $]-1 ; 4]$.

c) Établir de même le sens de variation de $\frac{1}{g}$ sur $]-\infty ; -1[$ et sur $[4 ; 6]$.

d) Conclure par le tableau des variations de $\frac{1}{g}$ en donnant les images connues.

84 Sur le graphique ci-dessous sont représentées les courbes $\mathscr{C}_f$ et $\mathscr{C}_g$ de deux fonctions f et g définies sur $\mathbb{R}$.

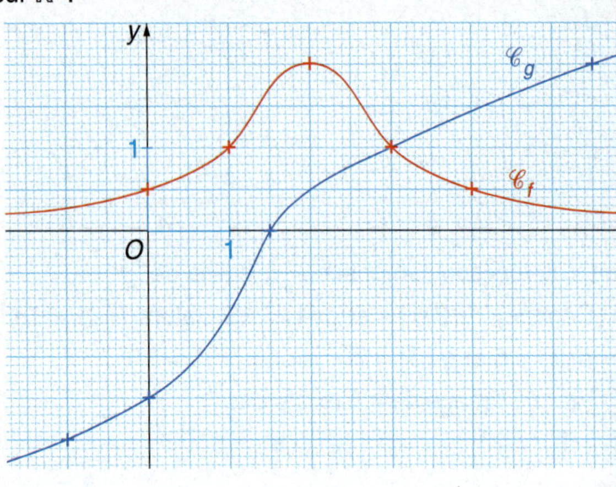

Déterminer le tableau des variations de $\frac{1}{f}$ et de $\frac{1}{g}$.

85 La courbe $\mathscr{C}$ ci-dessous est celle d'une fonction définie sur $\mathbb{R} \setminus \{2\}$.

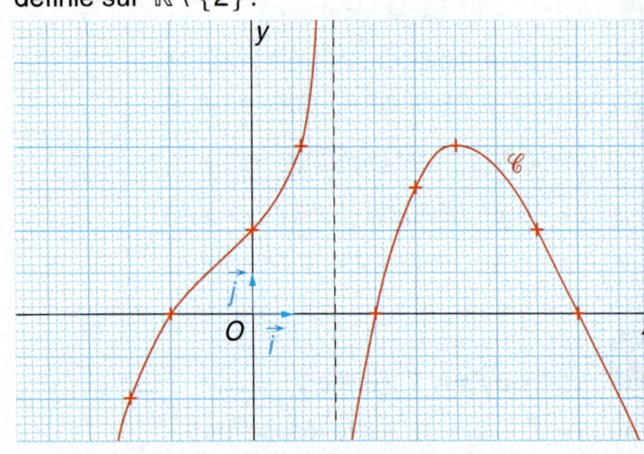

1° a) Reproduire cette courbe sur une feuille millimétrée dans un repère orthonormal d'unité 1 cm.

b) Donner le signe de $f(x)$ suivant les valeurs de x.

2° a) Tracer la courbe Γ de la fonction g telle que :

$$g(x) = |f(x)|.$$

Préciser l'ensemble de définition de g et le lien entre $\mathscr{C}$ et Γ.

b) Quel est le nombre de solutions de l'équation :

$$g(x) = 1 ?$$

(On ne demande pas les valeurs de ces solutions.)

3° a) Donner le tableau des variations de f.

b) En déduire celui de $\frac{1}{f}$, sans justification.

6. Exercices de synthèse

86 **Q.C.M.** Une seule réponse correcte par question.

1° La fonction $f : x \longmapsto (x-3)^2 + 1$.

La courbe $\mathscr{C}_f$ est la translatée de $\mathscr{P}$ d'équation $y = x^2$ par la translation de vecteur :

ⓐ $-3\vec{i}+\vec{j}$ ⓑ $3\vec{i}+\vec{j}$ ⓒ $3\vec{i}-\vec{j}$

2° La fonction f dont la courbe représentative est la translatée de $\mathscr{C}$ d'équation $y = \dfrac{1}{x}$ par la translation de vecteur $\vec{i}-2\vec{j}$ est donnée par :

ⓐ $f(x) = \dfrac{2}{x-1}$ ⓑ $f(x) = -2 + \dfrac{1}{x-1}$

ⓒ $f(x) = 1 + \dfrac{1}{x+2}$ ⓓ $f(x) = -2 + \dfrac{1}{x+1}$

3° La fonction f, représentée en rouge ci-contre, est la translatée de la parabole verte.

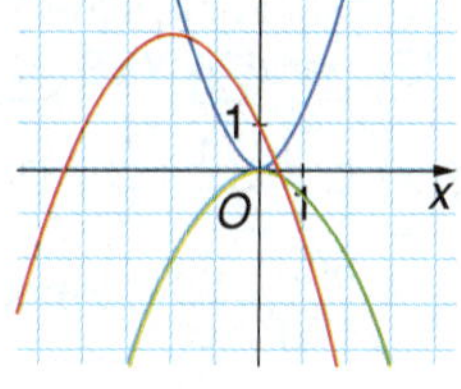

f est donnée par :

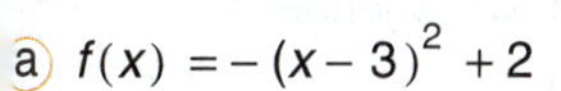
ⓐ $f(x) = -(x-3)^2 + 2$

ⓑ $f(x) = -\dfrac{(x+2)^2+3}{2}$

ⓒ $f(x) = -0{,}5\,(x+2)^2 + 3$

4° Soit f définie sur $\mathbb{R} \setminus \{3\}$ par $f(x) = \dfrac{2}{x-3} - 1$.

ⓐ f est décroissante sur $\mathbb{R} \setminus \{3\}$ ⓑ $f(x) = \dfrac{-x-1}{x-3}$

ⓒ $\mathscr{C}_f$ est la translatée de la courbe d'équation $y = \dfrac{2}{x}$ par la translation de vecteur $3\vec{i}-\vec{j}$.

Pour les ***exercices 83 à 85****, pour chaque affirmation, indiquer si elle est vraie ou fausse, corriger si elle est fausse.*

87 La somme des fonctions :

$u : x \longmapsto x^2 - 4$ et $v : x \longmapsto \dfrac{1}{x}$

ⓐ est définie sur $\mathbb{R}$; ⓑ est croissante sur $\mathbb{R}$;

ⓒ est décroissante sur $]-\infty\,;0[$.

88 Soit u définie sur $\mathbb{R}$ par $u(x) = x^2 - 4x$:

ⓐ $u(x) = (x-2)^2 - 4$ ⓑ la courbe $\mathscr{C}_u$ est une parabole de sommet S (2 ; 4)

ⓒ la fonction $\dfrac{1}{u}$ n'existe pas en 0 et en 4

ⓓ le tableau des variations de $\dfrac{1}{u}$ est :

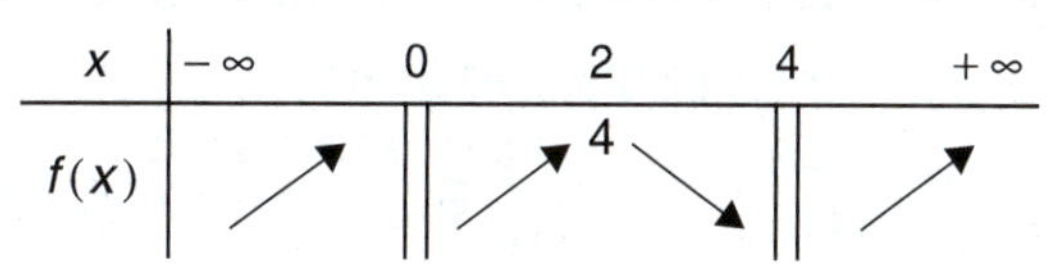

x	$-\infty$		0		2		4		$+\infty$
$f(x)$		↗	‖	↗	4	↘	‖	↗	

89 On considère les deux fonctions u et g données par leur courbe ci-dessous et f la fonction composée u suivie de g .

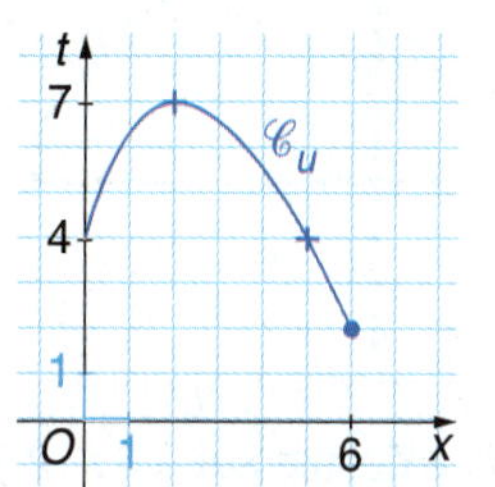

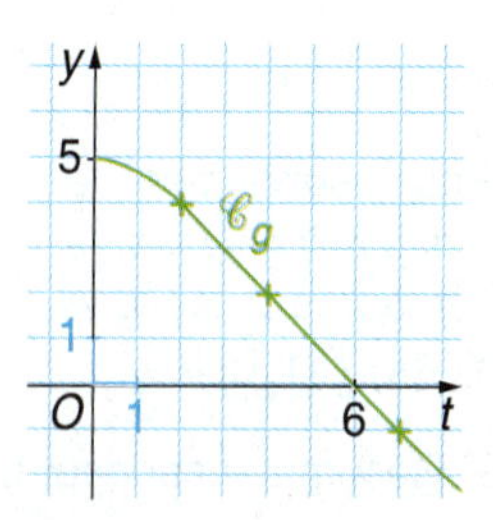

1° Établir le tableau des variations de u et celui de g .

2° a) Sur $[0\,;\,2]$, donner le sens de variation de u .

À quel intervalle J appartient $u(x)$?

Sur cet intervalle J , quel est le sens de variation de la fonction g ?

En déduire le sens de variation de f sur $[0\,;2]$.

b) Procéder de même sur $[2\,;6]$.

c) Dresser alors le tableau des variations de f .

3° Après avoir déterminé les images $f(0)$, $f(2)$, $f(4)$, $f(5)$ et $f(6)$, construire la courbe possible de la fonction f.

90 Soit f la fonction connue par son tableau des variations et g connue par la courbe ci-dessous.

On considère la fonction h composée de f suivie de g .

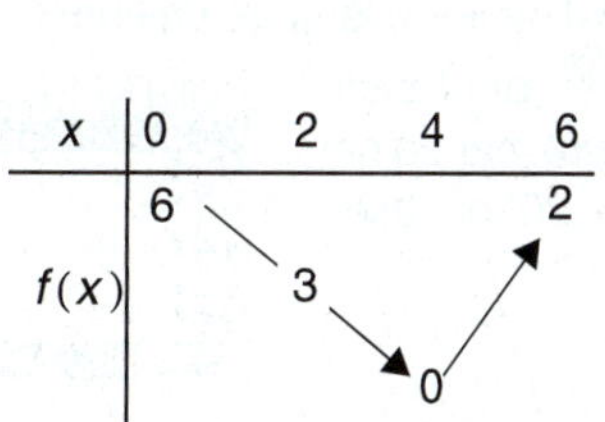

x	0		2		4		6
$f(x)$	6	↘	3	↘	0	↗	2

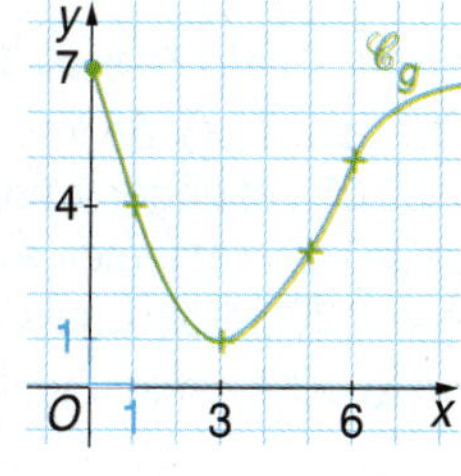

a) Dresser le tableau des variations de g.

b) Déterminer le sens de variation de h sur chaque intervalle $[0\,;2]$, $[2\,;4]$ et $[4\,;6]$.

c) Dresser le tableau des variations de h , en indiquant les images de 0, 2, 4 et 6.

91 Visualisation à la calculatrice

On désire obtenir à l'écran d'une calculatrice la courbe représentative d'une fonction. Le problème est le bon choix de la fenêtre. Le cas est simple lorsque l'ensemble de définition est borné : $[a ; b]$ ou $]a ; b[$.

1° Soit f la fonction définie sur $[-4 ; 6]$ par $f(x) = -\frac{1}{2}(x-2)^2 + 10$. Suivre la démarche ci-dessous.

• T.I. 82 Stats, 83 ou 84

Touche (Y=), puis écrire $f(x)$ en **Y1=**

```
Plot1 Plot2 Plot3
\Y1=-1/2*(X-2)²+
10
```

(WINDOW)

Xmin= – 4 (▼) **Xmax=** 6

(ZOOM) choisir **0:ZoomFit** (ENTER)

La courbe complète apparaît dans la fenêtre :

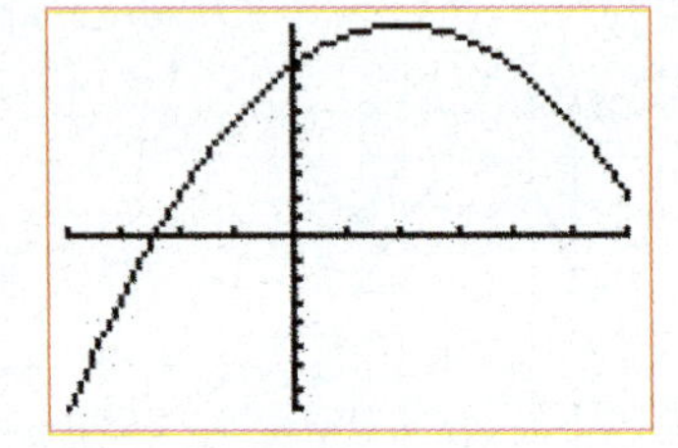

Pour supprimer la fonction Y1 : poser le curseur sur la ligne Y1 et (CLEAR)

• Casio 35 + ou 65

(MENU) GRAPH (EXE) , puis écrire $f(x)$ en Y_1= (EXE)

```
Graph Func   :Y=
Y1=-1÷2×(X-2)²+10
```

(V. Window) **Xmin:** – 4 (EXE) **max:** 6 (EXE) (EXE)

DRAW : une courbe apparaît

(ZOOM) AUTO La courbe complète se redessine :

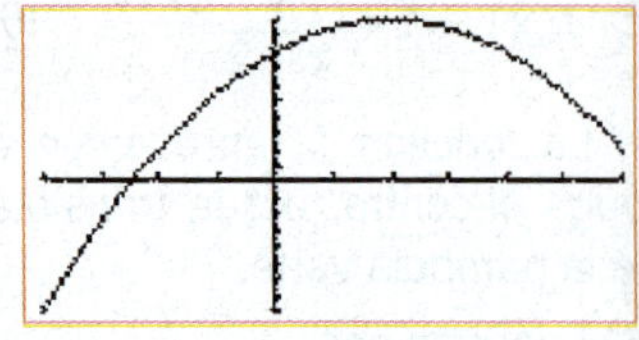

Pour supprimer la fonction en Y1 : se poser sur la ligne Y1 **DEL** par (F2) **YES** (▶)

2° Recommencer pour la fonction g définie sur $]0 ; 12]$ par $g(x) = \frac{x-1}{2} - \frac{1}{x}$. Donner l'allure obtenue .

3° De même pour la fonction h définie sur $[0 ; 100[$ par $h(x) = \frac{600-3x}{100-x}$. Prendre ensuite $Y \in [0 ; 70]$.

92 Un cas moins direct : l'ensemble de définition est non borné

1° Soit f définie sur $\mathbb{R}$ par $f(x) = -\frac{10}{3}x + \frac{52}{3}$. ⚠ Ne pas écrire $-10/3x$ qui peut signifier $-\frac{10}{3x}$.

On veut avoir les points d'intersection de la courbe avec les axes du repère. Il est nécessaire de consulter le **tableau de valeurs** pour définir la fenêtre. Pour cela, suivre la démarche ci-dessous.

• Pour **T.I. 82, 82 Stats, 83, 84** : On écrit $f(x)$ en Y1 et on définit le tableau de valeurs, puis on décrit le tableau en descendant ou en remontant si besoin est :

(TBLSET)

```
TABLE SETUP
 TblStart=0
 ΔTbl=1
Indpnt: Auto Ask
Depend: Auto Ask
```

(TABLE)

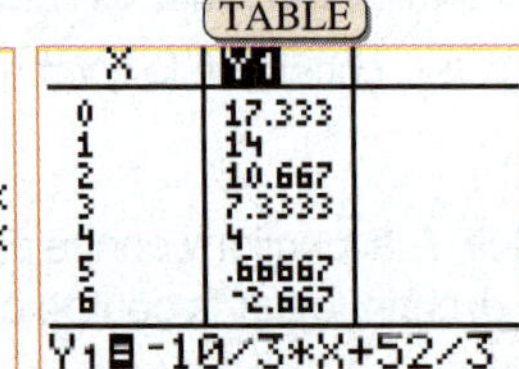

(WINDOW)

```
WINDOW
 Xmin=-1
 Xmax=6
 Xscl=1
 Ymin=-5
 Ymax=20
 Yscl=5
 Xres=1
```

(GRAPH) (TRACE)

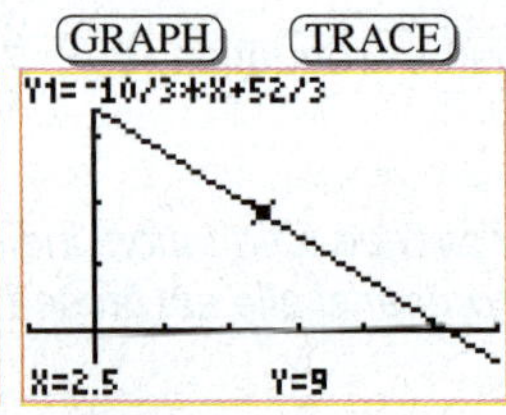

Dans la fenêtre on lit : $f(0) \approx 17{,}33$ et on a : $f(x) = 0$ entre 5 et 6. Résoudre algébriquement $f(x) = 0$ pour confirmer.

• Pour **Casio 35 + ou 65** : Définir le tableau de valeurs : (MENU) TABLE (EXE) .

On écrit $f(x)$ en Y1, RANG et choisir – 20 20 ; changer si nécessaire, car on ne peut pas remonter avant – 20 ou aller après 20 ; (EXE) puis TABL : on décrit le tableau par (▼) .

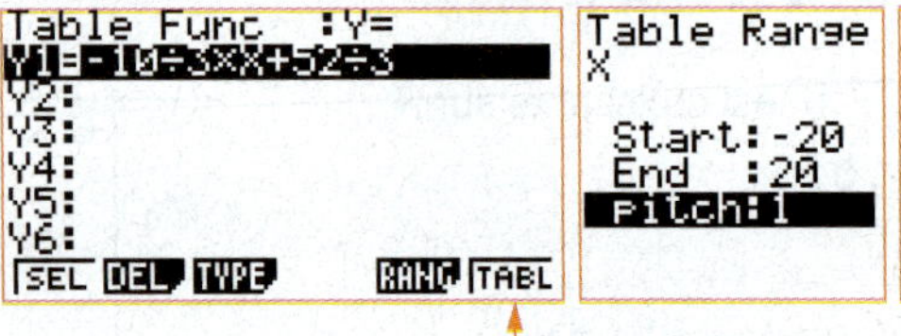

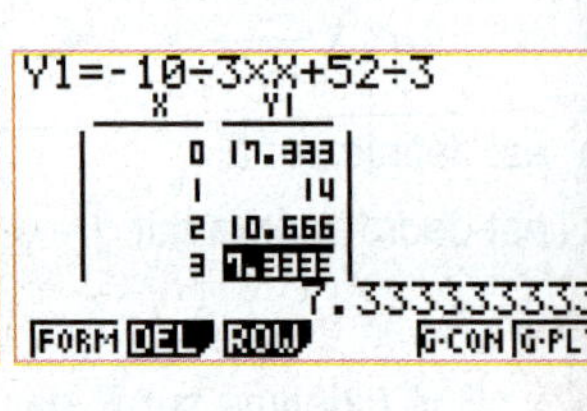

Définir la fenêtre et (EXE) à chaque ligne puis **TABL** et **G-CON** puis (TRACE)

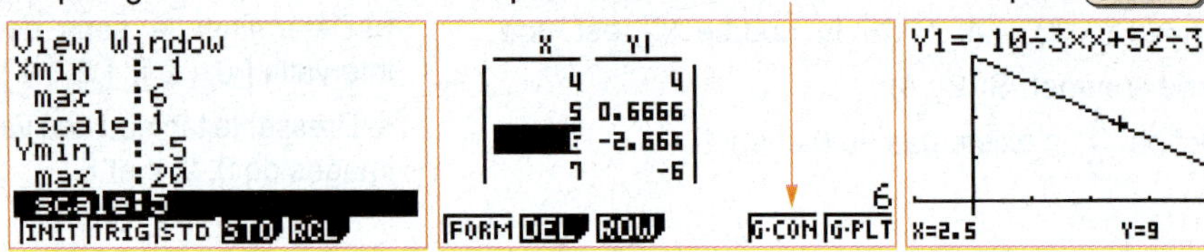

° Recommencer avec les fonctions $g(x) = -x^2 + 38x - 300$ et $h(x) = -20x + 400 - \dfrac{500}{x}$ sur $[\,0\,;+\infty\,[$; et on
eut faire apparaître la partie de la courbe située au-dessus de l'axe des abscisses .

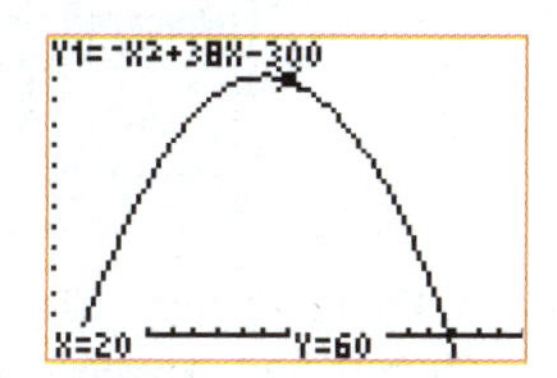

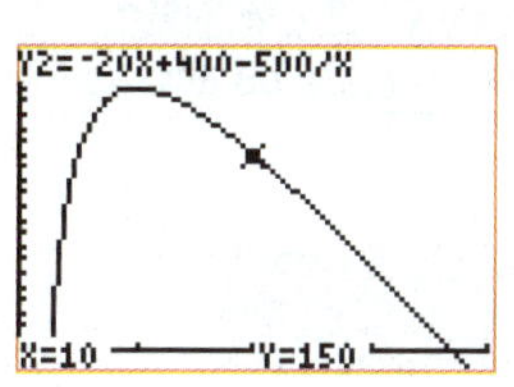

93 **Fonctions offre et demande : intersection à l'aide calculatrice**

n se propose d'utiliser les fonctionnalités d'une calculatrice pour la recherche d'un équilibre.

our un bien, l'offre et la demande sont données par $Q(x) = \dfrac{x^2}{6}$ et $D(x) = \dfrac{10}{x}$ pour un prix unitaire x, en €,
ans [1 ; 5,7] et des quantités $Q(x)$ et $D(x)$ en milliers.

)n rappelle que l'équilibre est atteint **lorsque la quantité d'offre est égale à la quantité de demande**.

a solution de l'équation $Q(x) = D(x)$ est le **prix d'équilibre**.

Justifier le sens de variation des fonctions Q et D .

a) **Entrer les fonctions**

(x) en Y1 et $D(x)$ en Y2 .

Visualisation des courbes

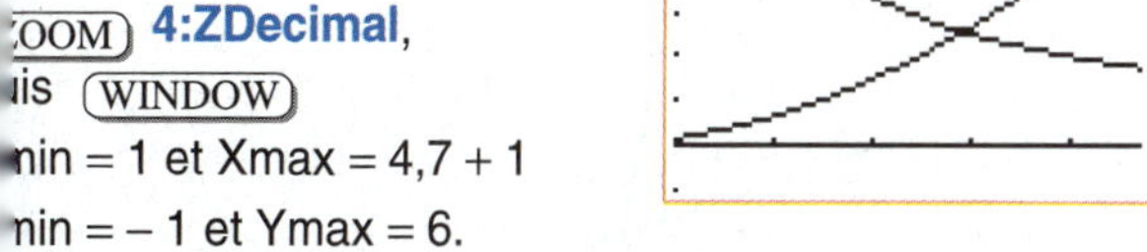

'our T.I. :

OOM **4:ZDecimal**,

iis WINDOW

nin = 1 et Xmax = 4,7 + 1

nin = – 1 et Ymax = 6.

'our Casio :

iliser V. Window **INIT**, Xmin = 1 et Xmax = 7,3.

Lecture graphique de l'équilibre

ır la touche TRACE et les flèches ► ◄ , on déplace curseur sur la courbe de Y1 : dans cette fenêtre, de mbien en combien se déplace le curseur ?

ır ▼ , on se déplace sur l'autre courbe.

'e graphiquement une valeur approchée à 0,1 près du x d'équilibre.

Détermination d'une valeur approchée plus précise

'our T.I. : CALC et sélectionner **5:intersect** ENTER suivre les instructions.

'our Casio : G-Solv ISCT et laisser la calculatrice faire.

Lire la valeur arrondie du prix d'équilibre, à 0,01 €, près et la valeur arrondie de la quantité d'équilibre à l'unité près.

3° a) On suppose que, pour tout prix x , la quantité demandée augmente de un millier.

Entrer la nouvelle fonction de demande :

$$D_1(x) = D(x) + 1 \; .$$

Lire le nouvel équilibre.

• **Pour T.I. :** entrer $D_1(x)$ en Y3 = . On obtient Y2 par :

VARS **Y-VARS** **1:Function...** ENTER **2:Y2** ENTER .

Plot1 Plot2 Plot3
\Y1■X²/6
\Y2=10/X
\Y3■Y2+1

Pour désactiver une fonction, on place le curseur sur = , puis ENTER .

• **Pour Casio :** entrer $D_1(x)$ en Y3 . On obtient Y2 par :

VARS **GRPH Y** 2 EXE .

Pour désactiver une fonction, se placer sur la ligne, puis SEL .

b) On suppose que la quantité offerte augmente de 2 000, quel que soit le prix.

Lire le nouvel équilibre pour les fonctions :

$$Q_2(x) = Q(x) + 2 \quad \text{et} \quad D(x) \; .$$

4 **Fonction composée à l'aide de GEOPLAN**

it $u : x \longmapsto -x^2 + 9$ définie sur [0 ; 3] et $g : x \longmapsto -x/3 + 2$ définie sur $\mathbb{R}$.

ı désire visualiser la courbe de la fonction f , composée u suivie de g .

Approche à la calculatrice T.I.

itrer u en Y1 , g en Y2 et $f(x) = g(u(x))$ en Y3 .

sualiser les courbes dans la fenêtre X ∈ [0 ; 9,4]
Y ∈ [– 3 ; 9,5] .

Plot1 Plot2 Plot3
\Y1■-X²+9
\Y2■-X/3+2
\Y3■Y2(Y1)

Quel est le sens de variation de la fonction composée ?
Le démontrer.

2° **Création de la figure sous GEOPLAN**

a) Créer les fonctions u et g et leur courbes $\mathscr{C}_u$ et $\mathscr{C}_g$

Créer / **Numérique** / **Fonction numérique** / **A 1 variable**

Créer / **Ligne** / **Courbe** et valider par **Ok** les écrans ci-dessous pour la fonction u .

Fonction (expression à 1 variable)

Nom de la variable muette: x

Expression de la fonction:

-x^2+9

Nom de la fonction: u

Graphe d'une fonction d'une variable déjà créée

Nom de la fonction: u

Bornes (ex: -5 2/3): 0 3

Nombre de points** : 300

Nom de la courbe: Cu

Faire de même pour la fonction g .

b) Créer les points A de $\mathscr{C}_u$, B de $\mathscr{C}_g$ et M

On crée le réel x , abscisse de A dans $[0 ; 3]$:

Créer / **Numérique** /

Variable réelle libre dans un intervalle ,

puis **Bornes :** 30 **Nom de la variable :** x .

On crée les points :

$A(x ; u(x))$, $B(u(x) ; g(u(x)))$ et pour M :

Créer / **Point** / **Point repéré** / **Dans le plan**

et on valide l'écran ci-dessous pour le point M .

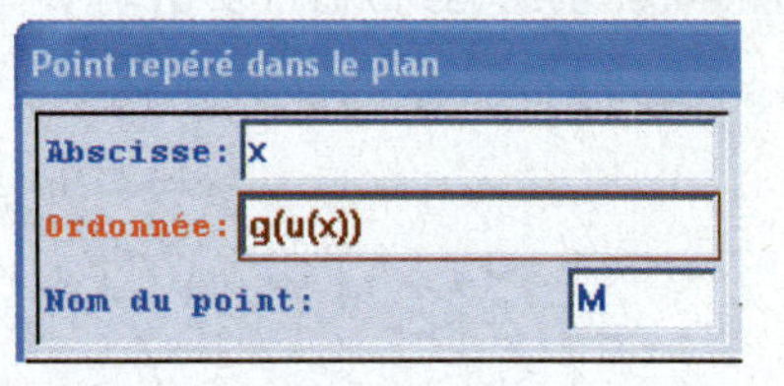

c) Piloter le point M pour décrire la courbe de la fonctio composée : **Piloter** / **Piloter au clavier** .

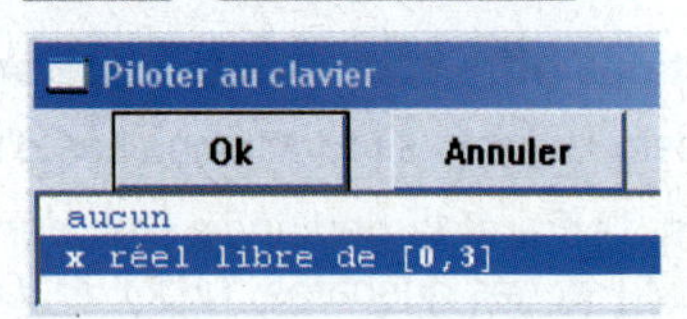

Appuyer l'icône de la barre d'outils.

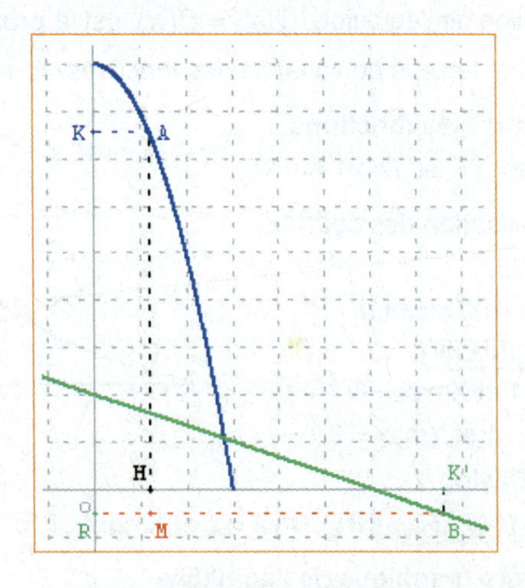

À l'aide des flèches du clavier, faire bouger le point pour décrire la courbe : on voit alors comment le mouvement de A engendre celui de B , puis celui de M .

l'enclos du lapin

95 Soit x la longueur du côté de l'enclos perpendiculaire au mur et y celle du côté parallèle au mur, longueurs exprimées en mètres .

1° Établir que la surface s'exprime, pour $x \in [0 ; 6]$, par :

$$f(x) = -2x^2 + 12x .$$

mur

enclos x

y

2° a) Visualiser la courbe $\mathscr{C}_f$ à l'écran de la calculatrice.

Trouver graphiquement β maximum de f sur $[0 ; 6]$; en quelle valeur α est-il atteint ?

b) En deduire l'écriture $f(x) = -2(x-\alpha)^2 + \beta$.

3° a) Par quelle transformation, la courbe d'équation $y = -2x^2$ se transforme en la courbe $\mathscr{C}_f$?

En déduire le sens de variation de la fonction f .

b) Conclure pour les dimensions de l'enclos du lapin.

3

Droites et système linéaire

1. Système d'équations linéaires
2. Inéquations linéaires

Programme d'achat optimisé

Le chocolatier propose plusieurs assortiments de chocolats : noirs, au lait ou divers.

Comment passer sa commande pour optimiser son achat sans dépasser son budget ?

[voir exercice 74]

MISE EN ROUTE

Tests préliminaires

A. Équation réduite d'une droite

1° On considère les droites tracées dans le repère orthogonal ci-dessous.

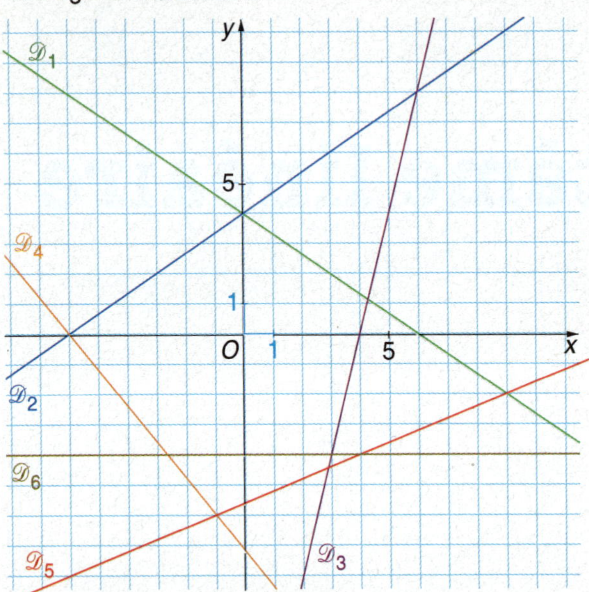

Lire l'équation réduite de chaque droite :

on donnera le coefficient directeur et un point à coordonnées entières.

2° Dans un repère orthonormal d'unité un carreau sur chaque axe, tracer les droites d'équation :

$\mathscr{D}_1$: $y = \frac{3}{4}x - 5$; $\mathscr{D}_2$: $y = -\frac{2}{7}x + 6$;

$\mathscr{D}_3$: $y = -x + 6$; $\mathscr{D}_4$: $y = x - 5$.

3° Dans un repère orthogonal d'unités graphiques un carreau pour 1 en abscisse et un carreau pour 10 en ordonnée, tracer les droites d'équation :

$\mathscr{D}_1$: $y = 10x + 10$; $\mathscr{D}_2$: $y = -10(x-7)$;

$\mathscr{D}_3$: $y = 40$; $\mathscr{D}_4$: $y = -20x + 100$.

Lire les coordonnées des points d'intersection de ces trois droites, deux à deux.

[voir page de calcul, p. 70]

B. Équations et inéquations

1° Résoudre rapidement chaque équation.

a) $3x - 6 = 0$; **b)** $-x - 4 = 0$; **c)** $2x = 0$;

d) $\frac{x+4}{2} = 0$; **e)** $-\frac{3}{4}x + \frac{5}{6} = 0$; **f)** $\frac{-3x}{4} = 0$;

g) $\frac{5}{2}x + 1 = 0$; **h)** $\frac{2}{7}x + \frac{3}{14} = 0$; **i)** $3 - \frac{x}{3} = 0$.

2° Résoudre chaque inéquation. Donner le résultat sous forme d'intervalle.

a) $5x - 1 > 0$; **b)** $-4x < 0$;

c) $-x + 1 \geqslant 0$; **d)** $-\frac{3}{2}x + \frac{1}{4} \leqslant 0$;

e) $5x + 10 < 0$; **f)** $6x - \frac{3}{2} > 0$;

g) $-3x - \frac{6}{5} \leqslant 0$; **h)** $-\frac{x}{5} \geqslant 0$.

[voir techniques de base, p. X]

C. Changement d'écriture

1° Écrire sous la forme $y = mx + p$.

a) $3x + 4y = 12$; **b)** $-2x + 5y + 20 = 0$;

c) $10x + 0{,}3y - 15 = 0$; **d)** $6x - 24y - 30 = 0$;

e) $-4(x+3) + 6(y-1) = 0$;

f) $\frac{3}{5}x + 120y = 45$. **g)** $0{,}3x - 4{,}5y = 105$.

2° Dans chaque inégalité, isoler y .

a) $x + 3y \leqslant 30$; **b)** $-2x + 4y > 100$;

c) $-3x + 4y \geqslant 12$; **d)** $0{,}1x + 4{,}5y \leqslant 15$;

e) $\frac{5}{4}(x-4) - \frac{3}{2}(y+1) > 0$.

[voir page de calcul, p. 70]

D. Moins de..., au moins..., au maximum

Traduire par des inégalités.

a) La vente de x objets valant 0,6 € l'unité est au moins égale à 135 €.

b) Dans un groupe d'au moins 12 jeunes, composé de x filles de 15 ans et de y garçons de 17 ans, l'âge moyen est au maximum de 16,5 ans.

c) Les coûts moyens d'une tonne de produit A et d'une tonne de produit B sont respectivement de 450 € et de 360 €.

Le coût total de x tonnes de A et de y tonnes de B vaut moins de 10^6 €.

On produit moins de 58 tonnes au total.

Activités préparatoires

1. Système et droites

1° Soit les deux droites : $\mathscr{D}$ d'équation $x + 2y = 4$ et Δ d'équation $3x - 2y + 8 = 0$.

a) Retrouver ces deux droites sur le graphique ci-dessous.

Lire les coordonnées $(x_I ; y_I)$ du point d'intersection I.

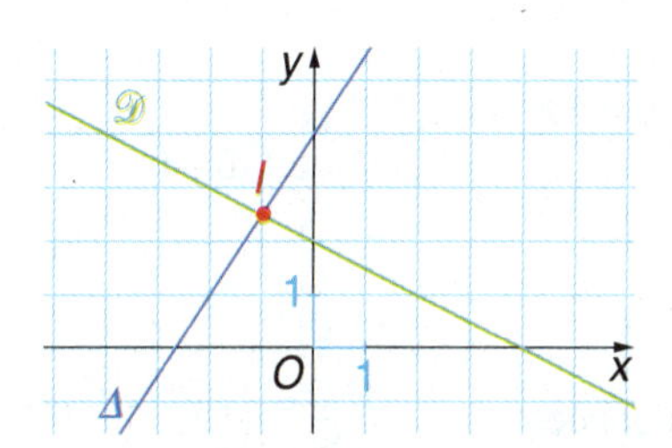

b) Le système $\begin{cases} x + 2y = 4 \\ 3x - 2y + 8 = 0 \end{cases}$ admet-il d'autre solution que le couple $(x_I ; y_I)$?

Résoudre algébriquement ce système.

2° Soit Δ' la droite d'équation :

$$0{,}1x + 0{,}2y = 1 .$$

Tracer les droites Δ' et $\mathscr{D}$ dans le même repère. Donner leur position relative.

Le système $\begin{cases} x + 2y = 4 \\ 0{,}1x + 0{,}2y = 1 \end{cases}$ a-t-il des solutions ?

3° Faire de même avec les droites $\mathscr{D}$ et $\mathscr{D}'$ d'équation : $3(x - 2) + 6(y - 1) = 0$.

2. Inéquations et droites

1° Dans chaque graphique, trouver l'équation réduite de la droite tracée.

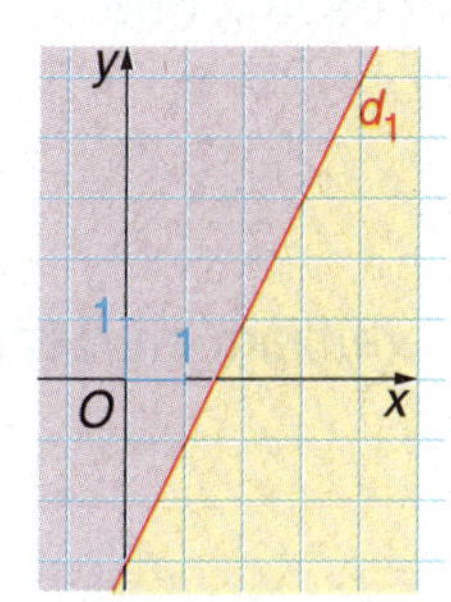

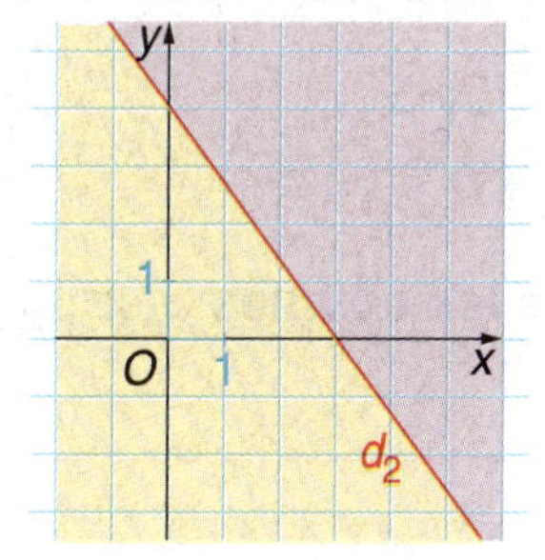

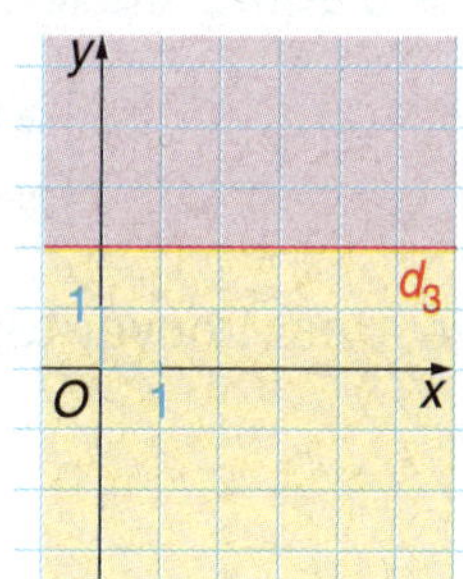

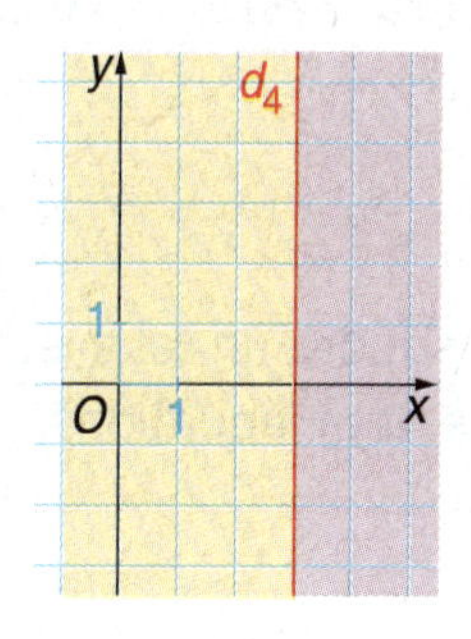

2° On rappelle que $M(x ; y)$ est un point d'une droite si, et seulement si, les coordonnées du point M vérifient l'équation de la droite $y = mx + p$.

a) Où se situent les points $M(x ; y)$ vérifiant $y = 2x - 3$? puis $y > 2x - 3$? puis $y < 2x - 3$?

b) Dans chaque figure ci-dessus, préciser où se situent les points $M(x ; y)$ de la zone en violet par rapport aux droites d_2, d_3 et d_4 tracées.

L'énoncer à l'aide d'une inéquation.

3. Régionnement du plan

Les droites $\mathscr{D}_1$ et $\mathscr{D}_2$ ci-contre partagent le plan en quatre régions.

a) Trouver la région correspondant aux points $M(x ; y)$,

dont les coordonnées vérifient $\begin{cases} y > x \\ y < -\dfrac{3}{4}x + 3 \end{cases}$.

b) Pour chacune des autres régions, trouver un système d'inéquations la caractérisant.

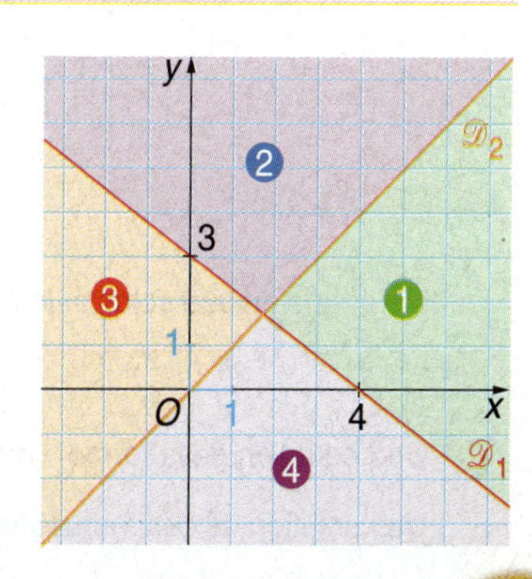

1. Système d'équations linéaires

Équation linéaire

• **définition :** Une équation linéaire à deux inconnues x et y est une équation de la forme $ax + by = c$, où a , b et c sont des nombres.

Remarque : Lorsque a et b ne sont pas nuls en même temps, les couples $(x ; y)$ solutions de cette équation sont les coordonnées des points de la droite d'équation $ax + by = c$.

Exemple :

Les couples solutions de l'équation $2x + 3y = 12$ sont les coordonnées des points de la droite $\mathcal{D}$ d'équation réduite $y = -\frac{2}{3}x + 4$.

Si $x = 0$, alors $y = 4$; et si $y = 0$, alors $x = 6$.

On obtient deux solutions particulières $(0 ; 4)$ et $(6 ; 0)$, coordonnées des points d'intersection de la droite avec les axes du repère.

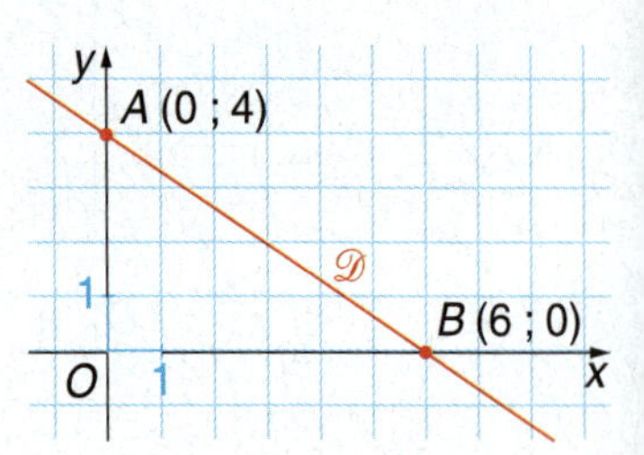

Système

• **définition :** Un système d'équations linéaires à deux inconnues est de la forme :

$$\begin{cases} ax + by = c \\ a'x + b'y = c' \end{cases}$$

Résoudre un tel système, c'est trouver **tous les couples** $(x ; y)$ vérifiant en même temps ces deux équations.

Interprétation graphique

Lorsque a et b ne sont pas simultanément nuls, et a' et b' non plus, chaque équation est l'équation d'une droite. Résoudre ce système revient à déterminer l'intersection des deux droites $\mathcal{D}$ et $\mathcal{D}'$ dans un repère $(O ; \vec{i}, \vec{j})$ du plan.

Lorsque les coefficients a , b , et a' , b' sont proportionnels, les droites sont **parallèles**.

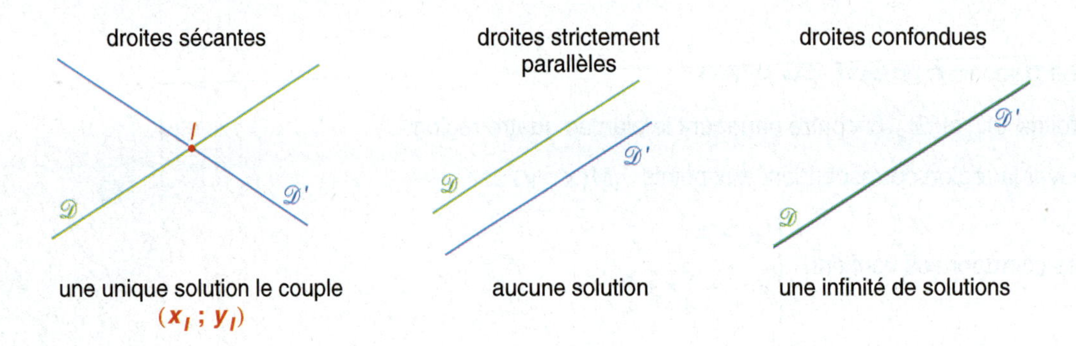

Une équation de la forme $ax + by + cz = d$ est une équation linéaire à trois inconnues x , y et z .

Une solution de cette équation est un triplet. L'interprétation d'une telle équation est faite en **option**, ch. 12.

Résoudre un système par substitution

Méthode

• On observe les équations données :

si l'une des inconnues est « simple » (par exemple, on voit x, $-x$, y ou $-y$), on isole l'inconnue remarquée et on la remplace dans l'autre équation.

• On peut toujours multiplier ou diviser l'une des équations par un nombre non nul, on obtient une équation équivalente, c'est-à-dire ayant les mêmes solutions.

• Dans un système, on peut intervertir l'ordre des équations, on obtient un système équivalent.

[voir exercices 19 à 25]

Résoudre les systèmes :

a) $\begin{cases} 5x+6y = -3 \\ -3x-y = 7 \end{cases}$; b) $\begin{cases} \dfrac{x}{3}+\dfrac{y}{2} = 1 \\ x+y = 4 \end{cases}$.

a) On isole y dans la 2e équation et on le remplace dans la 1re :

$\begin{cases} y = -3x-7 \\ 5x+6(-3x-7) = -3 \end{cases}$ on garde cette équation et on réduit la nouvelle

$\Leftrightarrow \begin{cases} y = -3x-7 \\ -13x-42 = -3 \end{cases}$ on garde cette équation et on résout l'équation en x

$\Leftrightarrow \begin{cases} y = -3x-7 \\ -13x = 39 \end{cases}$ on résout et on remplace x par sa valeur pour calculer y.

$\Leftrightarrow \begin{cases} x = -3 \\ y = -3(-3)-7 = 2 \end{cases}$ La solution est le **couple $(-3\ ;\ 2)$**.

b) On multiplie la 1re équation par 6, et on isole x dans la 2e équation :

$\begin{cases} 2x+3y = 6 \\ x = 4-y \end{cases} \Leftrightarrow \begin{cases} x = 4-y \\ 2(4-y)+3y = 6 \end{cases} \Leftrightarrow \begin{cases} x = 4-y \\ 8-2y+3y = 6 \end{cases}$

$\Leftrightarrow \begin{cases} y = -2 \\ x = 4-(-2) = 6 \end{cases}$ La solution est le couple $(6\ ;\ -2)$.

Déterminer une expression algébrique

Méthode

• Si on cherche l'écriture en somme d'une expression rationnelle :

– on part de la forme cherchée contenant les inconnues a, b et c et on la réduit au même dénominateur ;

– on identifie son numérateur à celui de l'expression $f(x)$ donnée ;

– on résout alors un système d'inconnues a, b et c ;

– on conclut en donnant $f(x)$.

• Si on connaît des points de la courbe $\mathscr{C}_f$ d'une fonction f, on utilise :

$A(x_A\ ;\ y_A) \in \mathscr{C}_f \Leftrightarrow f(x_A) = y_A$;

un point appartient à la courbe d'une fonction f si, et seulement si, ses coordonnées vérifient l'équation $f(x) = y$ de la courbe.

[voir exercices 26 à 31]

1° Soit f la fonction définie sur $\mathbb{R}\setminus\{2\}$ par $f(x) = \dfrac{3x^2-7x}{x-2}$.

Déterminer les réels a, b et c tels que $f(x) = ax+b+\dfrac{c}{x-2}$.

$$ax+b+\frac{c}{x-2} = \frac{ax(x-2)+b(x-2)+c}{x-2} = \frac{ax^2-2ax+bx-2b+c}{x-2}$$

On identifie à $f(x) = \dfrac{3x^2-7x+0}{x-2}$, pour tout x de $\mathbb{R}\setminus\{2\}$.

D'où le système :

$\begin{cases} a = 3 & \text{termes en } x^2 \\ -2a+b = -7 & \text{termes en } x \\ -2b+c = 0 & \text{termes constants} \end{cases} \Leftrightarrow \begin{cases} a = 3 \\ b = 2a-7 = 2\times3-7 = -1 \\ c = 2b = 2\times(-1) = -2 \end{cases}$.

D'où, pour tout x de $\mathbb{R}\setminus\{2\}$, $f(x) = 3x-1-\dfrac{2}{x-2}$.

2° Déterminer a, b et c afin que la courbe $\mathscr{C}_f$ de la fonction f, donnée par $f(x) = ax^2+bx+c$, passe par les points $A(0\ ;\ 4)$, $B(1\ ;\ 6)$ et $C(-1\ ;\ 0)$.

$$\left.\begin{array}{lllll} A(0\ ;\ 4) \in \mathscr{C}_f & \Leftrightarrow & f(0) = 4 & \Leftrightarrow & c = 4 \\ B(1\ ;\ 6) \in \mathscr{C}_f & \Leftrightarrow & f(1) = 6 & \Leftrightarrow & a+b+c = 6 \\ C(-1\ ;\ 0) \in \mathscr{C}_f & \Leftrightarrow & f(-1) = 0 & \Leftrightarrow & a-b+c = 0 \end{array}\right\}$$

On obtient $c = 4$, $a = -1$ et $b = 3$. D'où $\boldsymbol{f(x) = -x^2+3x+4}$.

2. Inéquations linéaires

Régionnement du plan

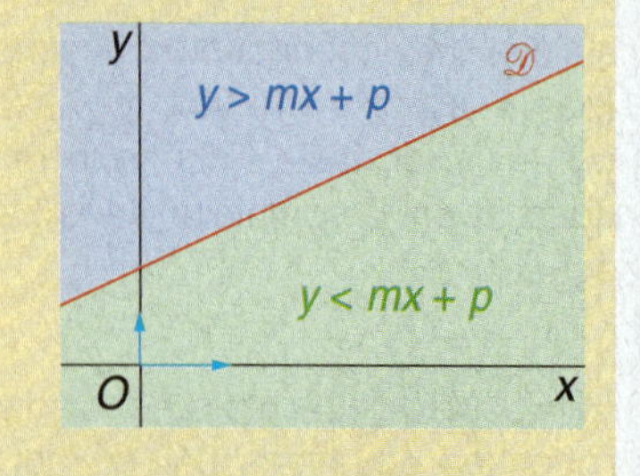

propriété admise : On admet que toute droite du plan **partage** le plan en deux demi-plans.

La droite est la **frontière** des deux demi-plans.

- Droite $\mathscr{D}$ d'équation $\mathbf{y = mx + p}$

$M(x\ ;\ y)$ *est **sur** la droite* $\mathscr{D}$, *si* $y = mx + p$.

$M(x\ ;\ y)$ *est situé **au-dessus** de la droite* $\mathscr{D}$, *si* $y > mx + p$.

$M(x\ ;\ y)$ *est situé en-dessous de la droite* $\mathscr{D}$, *si* $y < mx + p$.

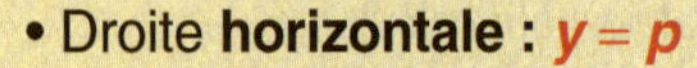

- Droite **horizontale :** $\mathbf{y = p}$

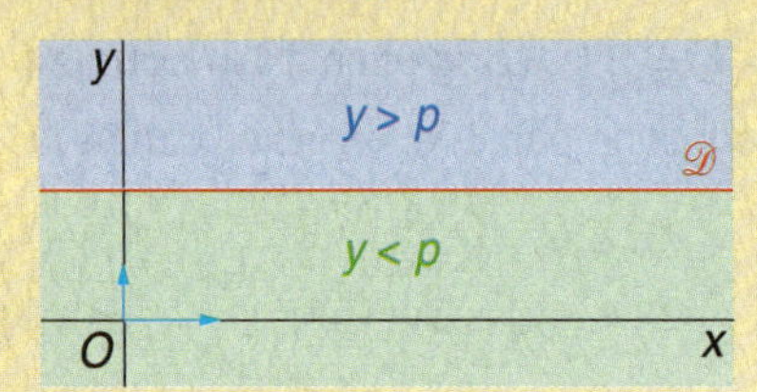

- Droite **verticale :** $x = c$

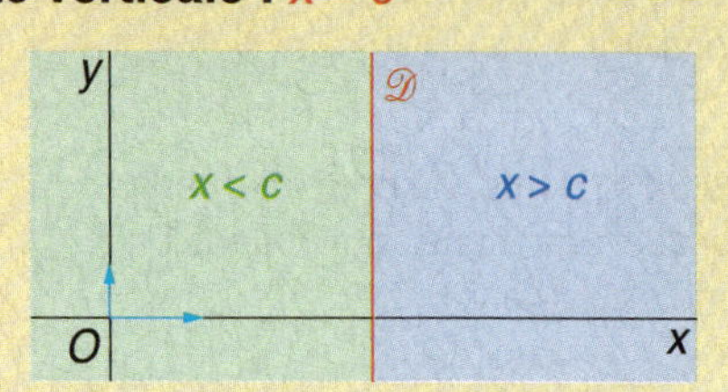

Inéquation linéaire à deux inconnues

a et *b* étant deux nombres non simultanément nuls, dans un repère $(O\ ;\vec{i},\vec{j})$ du plan, la droite d'équation $ax + by = c$ partage le plan en **deux demi-plans** :

- l'un est l'ensemble des points $M(x\ ;\ y)$ vérifiant $\mathbf{ax + by > c}$;
- l'autre est l'ensemble des points $M(x\ ;\ y)$ vérifiant $\mathbf{ax + by < c}$.

Ainsi, on résout une inéquation linéaire uniquement par une **représentation graphique** de l'ensemble des solutions.

Pour la résoudre, on se ramène à une inéquation réduite en isolant y dans l'inéquation, ou x si y n'apparaît pas, et on utilise la propriété de régionnement.

Exemple : Pour représenter les couples solutions d'une inéquation :

soit $3x - 2y + 2 \leqslant 0$, on se ramène à l'inéquation réduite en isolant y

$-2y \leqslant -3x - 2$ **on prend les opposés**

$2y \geqslant 3x + 2$ on divise par 2

$y \geqslant \frac{3}{2}x + 1$

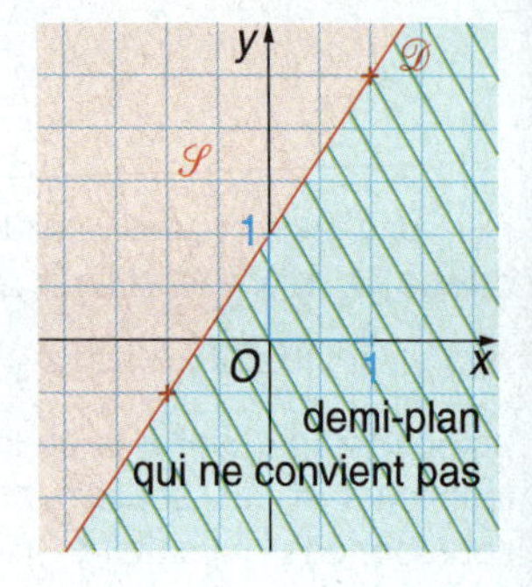

Les solutions sont les coordonnées des points du demi-plan (frontière comprise) situés au-dessus de (ou sur) la droite $\mathscr{D}$ d'équation $y = \frac{3}{2}x + 1$.

Remarques et conventions

- On prend l'habitude de barrer ce qui ne convient pas.
- Lorsque l'inégalité est stricte, la frontière n'est pas comprise : on la trace en pointillés.
- On peut tester si un point appartient ou non à un demi-plan : ici $O(0\ ;\ 0)$ est tel que l'inéquation $2 \leqslant 0$ n'est pas vérifiée, donc l'origine O n'appartient pas à l'ensemble solution.

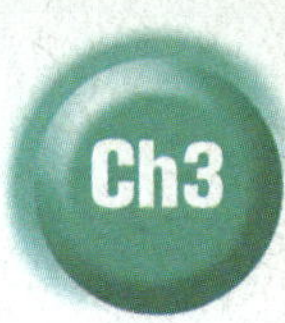

Résoudre un système d'inéquations linéaires

Méthode

Soit un système d'inéquations linéaires d'inconnues x et y.

- On réduit chaque inéquation du système :
  - si y apparaît, on isole y ;
  - si x apparaît seul, on isole x.
- Dans un repère, on trace les droites frontières, en pointillés si l'inégalité est stricte.
- D'après le sens de l'inégalité réduite, on détermine le demi-plan qui convient, et on barre celui qui ne convient pas.
- L'ensemble solution est représenté graphiquement par l'**intersection** des demi-plans qui conviennent.

Remarques :

- Si $x \geqslant 0$ et $y \geqslant 0$, l'ensemble des solutions est dans le premier quadrant 1 :

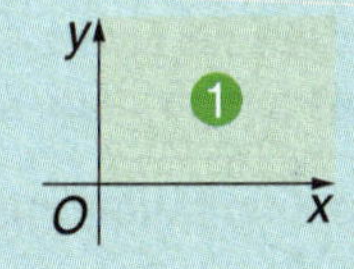

- Si $x \in \mathbb{N}$ et $y \in \mathbb{N}$, l'ensemble des solutions est représenté par les points à coordonnées entières de la zone qui convient.

[voir exercices 56 à 58]

Résoudre le système $\begin{cases} x-3>0 \\ 2x+3y \leqslant 27 \\ x-4y \leqslant 0 \end{cases}$.

- On réduit le système donné :

$$\begin{cases} x-3>0 \\ 2x+3y \leqslant 27 \\ x-4y \leqslant 0 \end{cases} \Leftrightarrow \begin{cases} x>3 \\ y \leqslant -\dfrac{2}{3}x+9 \\ y \geqslant \dfrac{1}{4}x \end{cases}$$

- On trace les droites frontières :

$\mathcal{D}_1$, d'équation $x=3$, verticale, en pointillés ;

$\mathcal{D}_2$, d'équation $y = -\dfrac{2}{3}x+9$, passe par $A(0\,;9)$ et $B(12\,;1)$;

$\mathcal{D}_3$, d'équation $y = \dfrac{1}{4}x$, passe par O et par $C(12\,;3)$.

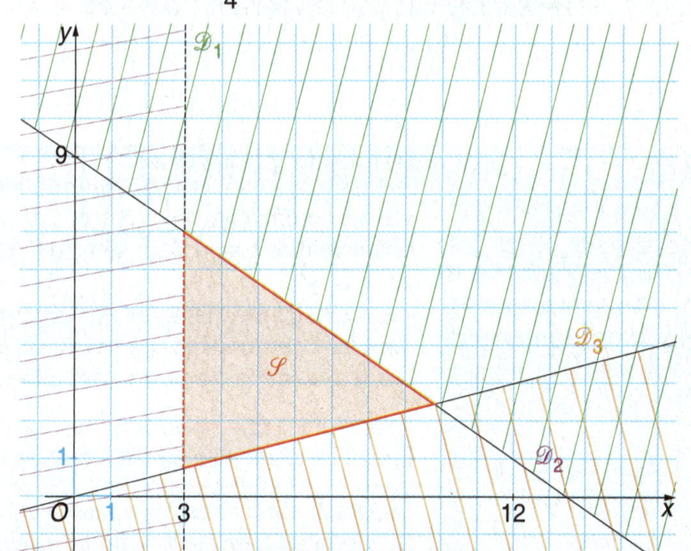

- L'ensemble solution est l'ensemble des coordonnées des points $M(x\,;y)$ situés :

$$\begin{cases} \text{à droite de } \mathcal{D}_1 \\ \text{en dessous ou sur } \mathcal{D}_2 \\ \text{au-dessus ou sur } \mathcal{D}_3 \end{cases}.$$

Ces points sont ceux de la zone $\mathcal{S}$ non hachurée du plan, frontières $\mathcal{D}_2$ et $\mathcal{D}_3$ comprises.

Remarque : Si cette résolution correspond à la résolution d'un problème concret où les inconnues x et y sont des **entiers**, les solutions sont représentées par les points **nœuds de quadrillage** à l'intérieur de la zone $\mathcal{S}$, ainsi que les points $(4\,;1)$, $(8\,;2)$, $(9\,;3)$ et $(6\,;5)$ des frontières.

FAIRE LE POINT

ÉQUATION LINÉAIRE

a , b et c étant des réels, une équation de la forme $ax + by = c$ est une équation linéaire à deux inconnues x et y .

Lorsque $a \neq 0$ ou $b \neq 0$, $ax + by = c$ est l'équation d'une droite, son équation réduite est :

$y = mx + p$ lorsque $b \neq 0$ ou $x = d$ lorsque $b = 0$.

SYSTÈME DE 2 ÉQUATIONS LINÉAIRES À 2 INCONNUES

On peut l'écrire sous la forme $\begin{cases} ax + by = c \\ a'x + b'y = c' \end{cases}$ avec $(a\,;\,b) \neq (0\,;\,0)$ $(a'\,;\,b') \neq (0\,;\,0)$

INÉQUATION LINÉAIRE

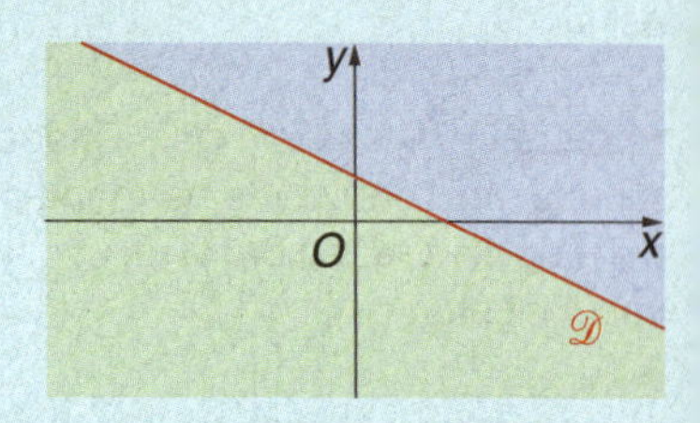

Lorsque $a \neq 0$ ou $b \neq 0$, la droite $\mathscr{D}$ d'équation $ax + by = c$ partage le plan en deux demi-plans :

- l'un est l'ensemble des points vérifiant $ax + by > c$
- l'autre est l'ensemble des points vérifiant $ax + by < c$.

Savoir	Comment faire ?
résoudre un système de deux équations linéaires à deux inconnues	• Si les coefficients $(a\,;\,b)$ et $(a'\,;\,b')$ sont proportionnels, on multiplie par le coefficient de proportionnalité pour obtenir deux équations de mêmes coefficients en x et y ; – si les seconds membres sont égaux, le système a une infinité de solutions qui sont les coordonnées des points de la droite d'équation $ax + by = c$; – si les seconds membres sont différents, le système n'a pas de solution. • Sinon il y a une seule solution ; on procède par substitution : on isole une inconnue d'une des équations et on la remplace dans l'autre (voir page 65).
résoudre une inéquation linéaire à deux inconnues	Une inéquation linéaire se résout uniquement par une représentation graphique. Si y apparaît, on isole y pour trouver par exemple $y < mx + p$: les solutions sont alors représentées par les points situés en dessous de la droite d'équation $y = mx + p$ (voir page 66).
résoudre un système d'inéquations linéaires	La résolution est graphique : l'ensemble solution est représenté par l'intersection des demi-plans solutions de chaque inéquation (voir page 66).
résoudre un problème de programmation linéaire	On traduit chaque contrainte du problème en inéquation ; on obtient alors un système d'inéquations que l'on résout graphiquement : la solution de ce système est la zone d'acceptabilité du problème. On traduit la condition à optimiser en équation, cette équation est celle d'une droite Δ . On translate la droite Δ , jusqu'à obtenir un seul point d'intersection avec la zone d'acceptabilité : les coordonnées de ce point correspondent au programme d'optimisation (voir page logiciel ci-contre).

PROGRAMMATION LINÉAIRE À L'AIDE DE GEOPLAN

Anne-Lise organise une soirée.

Elle doit se procurer des CD de musiques diverses pour danser. Une grande surface propose des lots de cinq CD à prix réduits.

Composition des lots :

	Techno	Rock	Disco
lots « Années 80 »	0	1	4
lots « Années 2000 »	3	1	1

Anne-Lise veut avoir au moins 12 CD de musique Techno, au moins 18 CD de musique Disco et au moins 9 CD de Rock.

Elle achète x lots « Années 80 » et y lots « Années 2000 ». Un lot « Années 80 » coûte 25 € et un lot « Années 2000 » coûte 50 €. Anne-Lise possède un budget maximal de 350 €.

Le but de ce TD est d'aider Anne-Lise à programmer son achat dans la limite de son budget, tout en satisfaisant ses contraintes en type de musique.

A : Travail préliminaire sur papier

1° Traduire les contraintes sur les différents types de musique en un système d'inéquations, d'inconnues x et y. Dans un repère orthonormal, représenter l'ensemble solution de ce système.

2° Exprimer la dépense totale d'Anne-Lise en fonction de x et de y.

B : Travail avec le logiciel GEOPLAN

1° Représentation du domaine des contraintes

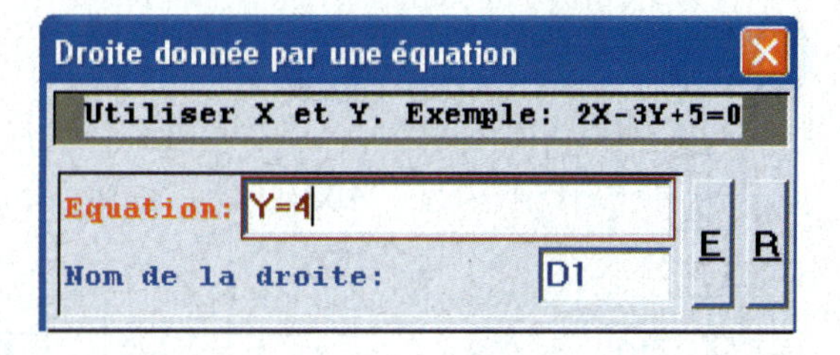

a) Créer les trois droites D1, D2 et D3 délimitant le domaine de contraintes :

Créer / Ligne / Droite(s) / Définie par une équation

pour D1 valider l'écran ci-contre par Ok.

Attention, les variables X et Y sont en majuscules.

b) Pour chaque inéquation, créer le demi-plan qui n'est pas solution : la partie du plan non hachurée est la **zone d'acceptabilité** :

Créer / Demi-plan / Défini par une inéquation Inéquation: 3Y<12 pour le demi-plan P1.

2° Construction de la droite de budget 350 €

Créer / Ligne / Droite(s) / Définie par une équation D_{350} droite d'équation 25X+50Y=350

Lire tous les couples $(x\ ;\ y)$, nombres de lots qu'Anne-Lise peut acheter avec 350 €.

3° Recherche de l'achat qui optimise la dépense

a) La dépense s'écrit $25x + 50y = b$; on cherche à minimiser b, c'est-à-dire minimiser l'ordonnée à l'origine de la droite de dépense.

Créer la variable b à minimiser par : Créer / Numérique / Variable entière libre dans un intervalle ; puis :

et la droite de dépense d Equation: 25X+50Y=b.

b) Faire apparaître une famille de droites de dépense en faisant varier b au clavier :

Piloter / Piloter au clavier et sélectionner b ; puis Afficher / Sélection Trace et choisir la droite d.

Cliquer sur l'icône et appuyer sur les flèches du clavier pour **translater la droite *d*** jusqu'à ce que cette droite de dépense n'ait plus qu'**un point d'intersection avec la zone**.

Lire alors les coordonnées du point optimal et conclure.

c) Si Anne-Lise obtient une réduction de 50 % sur les lots « Années 2000 », combien de lots de chaque sorte peut-elle acheter pour une dépense minimale ?

LA PAGE DE CALCUL

1. Équation réduite d'une droite

*Pour chaque **exercice de 1 à 5**, donner l'équation réduite des droites représentées.*

1

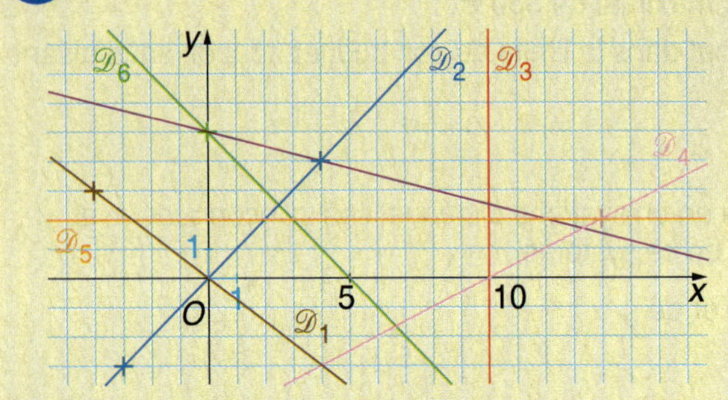

2

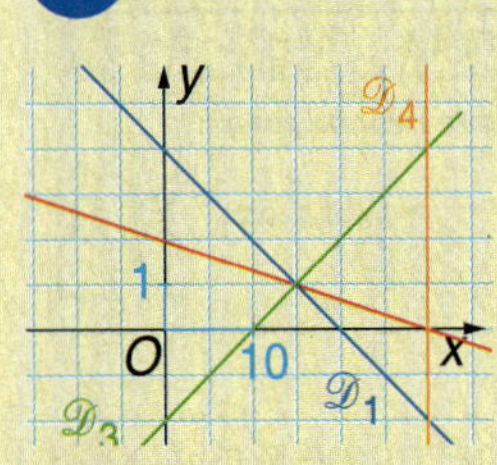

3

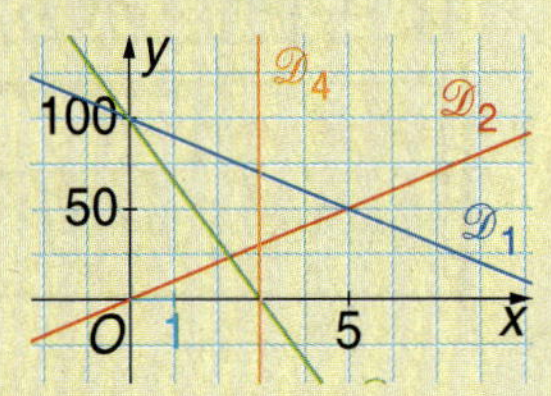

4

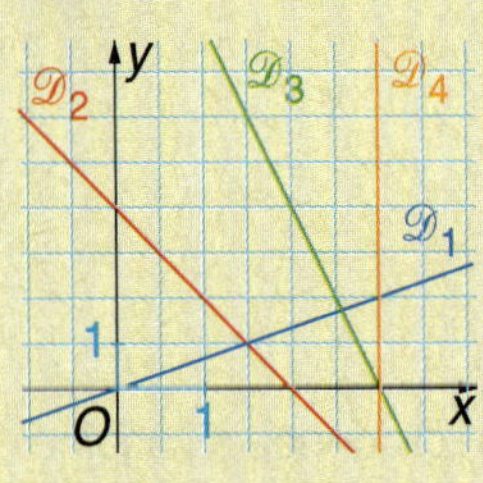

5

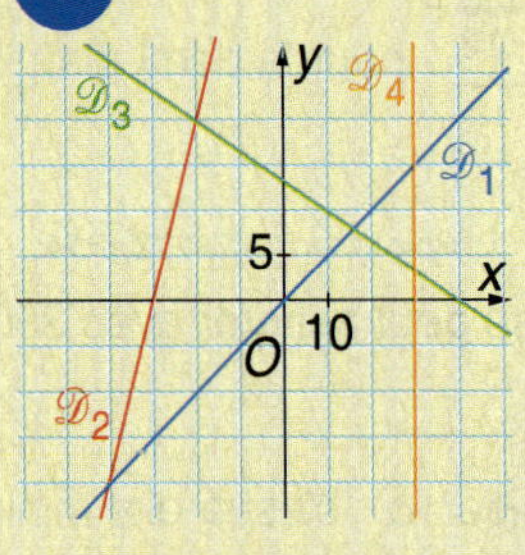

2. Équations et inéquations simples

*Pour les **exercices 6 et 7**, résoudre rapidement.*

6

a) $5x - \frac{3}{4} = 0$; b) $-x - 3 = 0$;

c) $\frac{4}{3}x + \frac{3}{5} = 0$; d) $-x + \frac{7}{2} = 0$;

e) $\frac{x}{4} + \frac{1}{2} = 0$; f) $\frac{3}{4}x = 0$.

7

a) $-\frac{2x}{3} - \frac{1}{6} = 0$; b) $\frac{4}{5}x + \frac{1}{10} = 0$;

c) $\frac{-x}{3} + 4 = 0$; d) $-3x + 4 = 0$;

e) $-2x = 0$; f) $-x - 2 = 0$.

*Pour les **exercices 8 et 9**, résoudre les inéquations.*

8

a) $3x + 5 \leqslant 0$; b) $-3x + 4 \geqslant 0$; c) $4x - 7 \leqslant 0$;
d) $-x - 6 \geqslant 0$; e) $5x \leqslant 0$; f) $-2x \geqslant 0$.

9

a) $-3x - \frac{2}{3} < 0$; b) $\frac{x-3}{5} > 0$;

c) $-4x + \frac{1}{3} > 0$; d) $-8x + \frac{3}{2} > 0$;

e) $-\frac{5}{4}x > 0$; f) $3x - 6 < 0$.

3. Changement d'écriture

10 Dans chaque égalité, isoler y.

a) $4 - 3y = 10$; b) $4x - 3y = 10$;
c) $4x - y = 10$; d) $4x - 3y = 0$.

11

a) $4x + 2y = 1$; b) $3x - \frac{2}{3}y = -7$;

c) $-5x - \frac{y}{3} = 2$; d) $\frac{2}{3}x - \frac{5}{6}y = -4$.

12

a) $75x - 125y = 1\,025$; b) $-350x + 400y = 25$;

c) $12x - 3y + 18 = 0$; d) $-\frac{5}{2}x - \frac{7}{4}y - 2 = \frac{5}{4}$.

13

a) $0{,}1x + 2{,}5y = 12$; b) $-x + 0{,}01y = 2$;
c) $x - 0{,}6y + 4 = 0$; d) $0{,}03x + 0{,}25y = 1$.

14 Dans chaque inégalité, isoler y.

a) $x - 2y + 2 \leqslant 0$; b) $-2x + y \geqslant 4$;
c) $4x - 3y < 6$; d) $-x - 5y < 3$;

e) $\frac{x}{4} - \frac{y}{6} \geqslant 1$; f) $-\frac{3x}{5} + \frac{7}{10}y \leqslant 21$.

15 Même exercice.

a) $4x - 0{,}6y > 3$; b) $0{,}1x + 3y \geqslant 1$;
c) $0{,}3x + 1{,}5y > 4{,}5$; d) $100x - 350y \geqslant 28$

e) $\frac{3}{2}(x-2) - \frac{5}{4}(y+1) \geqslant 0$; f) $\frac{x}{0{,}3} - \frac{y}{0{,}5} \leqslant 1$.

1. Système d'équations linéaires

1. Questions rapides

16 **Q.C.M.** Trouver **toutes** les bonnes réponses.

° L'équation $3x + 4y = 6$ a pour solutions particulières :

a) $(2 ; 0)$ b) $\{-2 ; 3\}$ c) $(0 ; 1{,}5)$

° Le système $\begin{cases} 2x - 3y = 4 \\ -x + 1{,}5y = 2 \end{cases}$

a) a une unique solution b) n'a aucune solution

c) a une infinité de solutions

° L'équation $4x = 12$:

a) n'est pas une équation linéaire, car il manque y

b) est celle d'une droite parallèle à l'axe des abscisses

c) est celle d'une droite parallèle à l'axe des ordonnées

17 Par lecture des coefficients, sans les résoudre, indiuer si les systèmes ont une solution, pas de solution ou ne infinité des solutions.

) $\begin{cases} 2x + 3y = 60 \\ \dfrac{x}{3} + \dfrac{y}{2} = 10 \end{cases}$ b) $\begin{cases} -x + y = 12 \\ \dfrac{x}{4} - \dfrac{y}{4} = 3 \end{cases}$

) $\begin{cases} 0{,}1x - 12y = 90 \\ -x + 1{,}2y = 9 \end{cases}$ d) $\begin{cases} 35x + 56y = 105 \\ 2x + 3{,}2y = 3 \end{cases}$

18 À l'aide des droites représentées ci-dessous, trouer la solution de chacun des systèmes suivants :

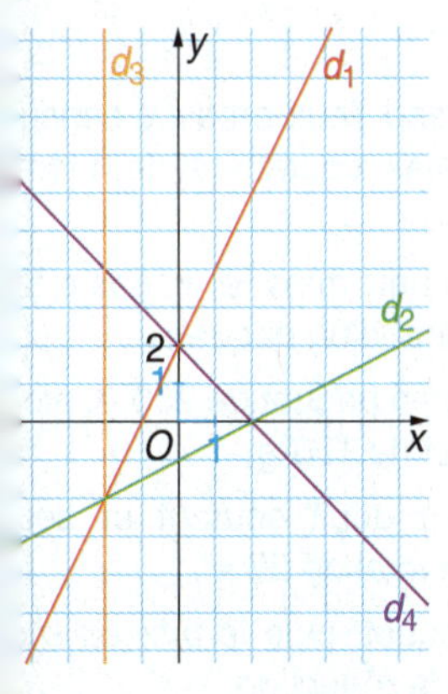

a) $\begin{cases} y = -x + 2 \\ x = -2 \end{cases}$

b) $\begin{cases} y = \dfrac{1}{2}x - 1 \\ x + y = 2 \end{cases}$

c) $\begin{cases} -x + 2y + 2 = 0 \\ y = 2x + 2 \end{cases}$

d) $\begin{cases} x + y = 2 \\ 2x - y = -2 \end{cases}$

2. Applications directes

[Résoudre un système par substitution, p. 65]

Pour les exercices 19 *à* 22, *résoudre les systèmes* **sans utiliser la calculatrice**, *pour aucun calcul.*

19 a) $\begin{cases} x + y = 2 \\ 2x - y = 7 \end{cases}$ b) $\begin{cases} x + 2y = 1 \\ 3x + 5y = 4 \end{cases}$

c) $\begin{cases} 3x - y = 5 \\ x + 2y = -3 \end{cases}$ d) $\begin{cases} 3x + 2y + 1 = 0 \\ 4x + y = 2 \end{cases}$

20 1° $\begin{cases} 0{,}1x + 0{,}3y = 1 \\ x - 3y = 3 \end{cases}$ (multiplier par 10)

2° Penser à réduire les équations avant !

a) $\begin{cases} 6x + 3y = 12 \\ -0{,}2x + 0{,}4y = 0{,}1 \end{cases}$ b) $\begin{cases} 10x + 20y = 40 \\ \dfrac{x}{3} + \dfrac{y}{6} = \dfrac{5}{6} \end{cases}$

21 Bien regarder avant d'agir :

a) $\begin{cases} 0{,}3x + 1{,}5y = 0{,}9 \\ x + 5y = 4 \end{cases}$ b) $\begin{cases} 12x - 6y = 18 \\ -8x + 4y = 10 \end{cases}$

22 Résoudre les systèmes.

a) $\begin{cases} 6x - y + 22 = 0 \\ -x + 5y - 23 = 0 \end{cases}$ b) $\begin{cases} -4x + 5y = 5 \\ 3x - 2y = -9 \end{cases}$

23 Résoudre les systèmes.

a) $\begin{cases} 3x\sqrt{2} + 2y = 3\sqrt{2} \\ x - 2y\sqrt{3} = 1 \end{cases}$ b) $\begin{cases} 5x + 3y = -2 \\ 7x + 4y = 1 \end{cases}$

24 Résoudre les systèmes.

a) $\begin{cases} x + 4y + 29 = 0 \\ -5x + y + 44 = 0 \end{cases}$ b) $\begin{cases} x + y = 0 \\ 2x - y + 18 = 0 \end{cases}$

25 Résoudre les systèmes.

a) $\begin{cases} 24x + 10y = 1\,500 \\ 0{,}6x + y = 60 \end{cases}$ b) $\begin{cases} 0{,}12x + 14y = 31 \\ 0{,}01x + 30y = 17 \end{cases}$

[Déterminer une expression algébrique, p. 65]

26 On considère la fonction f définie sur $\mathbb{R} \setminus \{-1\}$ par :

$$f(x) = \frac{2x^2 + 5x - 1}{x + 1}.$$

Trouver les réels a, b et c tels que :

$$f(x) = ax + b + \frac{c}{x + 1}.$$

27 La fonction f est donnée par :

$$f(x) = \frac{-x^2 + 5x}{x + 2}.$$

Préciser pour quelles valeurs cette fonction existe.

Trouver les réels a, b et c tels que :

$$f(x) = ax + b + \frac{c}{x + 2}.$$

28 La fonction f est la somme :

d'une fonction affine $x \longmapsto ax + b$

et de $x \longmapsto \frac{c}{x - 3}$ de valeur interdite 3.

Déterminer les réels a, b et c sachant que :

$$f(x) = \frac{x^2 - 4}{x - 3}.$$

29 Déterminer la fonction f définie sur $\mathbb{R}$ par :

$$f(x) = ax^2 + bx + c,$$

sachant que :

$$f(1) = 3, \quad f(-1) = -3 \quad \text{et} \quad f(2) = 9.$$

30 Déterminer la fonction f définie sur $\mathbb{R} \setminus \{2\}$ par :

$$f(x) = ax + b + \frac{c}{x - 2},$$

sachant que :

$$f(0) = 3, \quad f(1) = 7 \quad \text{et} \quad f(4) = 7.$$

31 Une parabole $\mathscr{P}$ passe par les points :

$A(1 ; 6)$, $B(2 ; 6)$ et $C(-1 ; 0)$.

Déterminer l'équation $y = ax^2 + bx + c$ de cette parabole dans un repère $(O ; \vec{i}, \vec{j})$.

3. Petits problèmes à deux inconnues

Rappel

Pour résoudre un problème concret, respecter quatre étapes :

1. *Choix des inconnues* et *ensemble de référence* : $\mathbb{N}$, $[0 ; +\infty[$, $\mathbb{R}$ etc.
2. *Mise en équation* : souvent une paraphrase du texte
3. *Résolution technique* du système
4. *Conclusion* : vérifier que les solutions sont dans l'ensemble de référence et conclure par une phrase

32 Vente par lots

Une usine, fabriquant des torchons et des serviettes décide de les vendre par lots :

– lot A : 9 torchons et 6 serviettes ;

– lot B : 2 torchons et 12 serviettes.

Elle a en stock 3 200 torchons et 4 800 serviettes.

a) Combien de lots de chaque sorte doivent être vendus pour épuiser le stock ?

b) Si le lot A est vendu 20 € et le lot B 15 €, calculer le chiffre d'affaires total.

33 À la sortie d'une machine fabriquant des pièces de fonderie, on a comptabilisé le nombre de défauts trouvés sur chaque pièce.

La répartition des pièces selon le nombre de défauts est donnée dans le tableau ci-dessous :

nombre de défauts	0	1	2	3
répartition (en %)	65	a	b	3

Déterminer les pourcentages des pièces ayant un seul défaut, ou exactement deux défauts, sachant que le nombre moyen de défauts par pièce est 0,5.

34 Dans un magasin, on vend deux produits concurrents : un mélange de céréales courant et le même mélange en produit bio.

Le produit bio est 40 % plus cher, mais le magasin fait une réduction de 1 € pour l'achat d'un paquet.

Le produit courant est proposé en paquet de 200 g, alors que le produit bio est en paquet de 150 g.

On achète trois paquets de produit courant et deux paquets de produit bio pour un total de 27 €.

Calculer le prix de chaque paquet, puis le prix au kilogramme, en tenant compte de la réduction.

35 Une petite entreprise artisanale s'est spécialisée ans la fabrication de deux jeux en bois : des toupies et es bilboquets.

a fabrication, à l'aide d'un tour à bois, demande 2 min our une toupie et 7 min pour un bilboquet.

a vente d'une toupie rapporte un bénéfice de 0,5 € et elle d'un bilboquet 2 €.

Cette entreprise désire obtenir un bénéfice de 80 € en tilisant le tour à bois durant 5 h.

Déterminer le nombre x de toupies et y de bilboquets à abriquer.

36 On reprend l'exercice précédent.

) Déterminer le nombre de toupies et de bilboquets à abriquer si le tour est utilisé durant 7 h et que l'entreprise ésire un bénéfice de 100 €.

) Les temps de fabrication vus dans l'exercice 35 ne hangent pas, mais le bénéfice est de 0,6 € sur une oupie et de 2,1 € sur un bilboquet.

Combien doit-on fabriquer de toupies et de bilboquets si e tour est utilisé durant 5 h et que le bénéfice total est de 00 € ?

37 Une personne a placé, à intérêt simple, deux ommes : la première à 6 % et la seconde à 4,5 %.

a première somme est le triple de la seconde et la différence de leurs intérêts annuels est de 270 €.

Calculer ces deux sommes.

4. Système à trois inconnues

Méthode

Pour résoudre un système 3×3 (trois équations à trois inconnues) par **équivalence** :

① On isole l'une des inconnues (simple) d'une des équations que l'on recopie en équation 1 et on la remplace dans les deux équations restantes.

② On garde l'équation 1 à laquelle on ne touche plus, on réduit les deux autres équations qui deviennent les équations 2 et 3.

③ On recopie l'équation 1 ; on isole l'une des inconnues d'une des équations 2 ou 3 que l'on recopie en équation 2 et on la remplace dans l'équation restante que l'on réduit et on l'écrit en équation 3.

④ On résout l'équation 3 qui n'a plus qu'une inconnue, on la remplace dans l'équation 2 pour trouver une deuxième inconnue ; puis on les remplace dans l'équation 1 pour trouver la dernière inconnue.

Exemples :

Soit le système $\begin{cases} 2x + y + z = 12 \\ x + 3y + 4z = 23 \\ 3x + 2y + z = 19 \end{cases}$

① $\begin{cases} y = 12 - 2x - z \\ x + 3\ (12 - 2x - z) + 4z = 23 \\ 3x + 2\ (12 - 2x - z) + z = 19 \end{cases}$

② $\begin{cases} y = 12 - 2x - z \\ -5x + z = -13 \\ -x - z = -5 \end{cases}$

③ $\begin{cases} y = 12 - 2x - z \\ x = 5 - z \\ -5\ (5 - z) + z = -13 \end{cases}$

④ $\begin{cases} z = \dfrac{12}{6} = 2 \\ x = 5 - 2 = 3 \\ y = 12 - 2 \times 3 - 2 = 4 \end{cases}$

La solution est **le triplet $(3\ ;\ 4\ ;\ 2)$**.

*Les **exercices 38 à 41** sont purement techniques, les résoudre à la main sans effectuer aucun calcul à la calculatrice, pas même une multiplication !*

38 Isoler en premier l'inconnue mise en rouge.

a) $\begin{cases} x + y + z = 1 \\ 2x + y - z = 6 \\ x - 2y - 2z = 1 \end{cases}$ b) $\begin{cases} 3x - y + 2z = 2 \\ 4x + 3y - 2z = 2 \\ 2x + y - z = 1 \end{cases}$

39

a) $\begin{cases} 2x + y + z = 3 \\ x - y + 2z = 3 \\ 5x + 3y - z = 1 \end{cases}$ b) $\begin{cases} 3x + 2y - 3z = 5 \\ 4x + 3y + 2z = -5 \\ 2x + 2y + z = -2 \end{cases}$

40

a) $\begin{cases} 3x - 2y + z = -26 \\ -2x + 3y + 2z = 22 \\ -5x + 4y - 3z = 50 \end{cases}$ b) $\begin{cases} x + y + z = 0 \\ x + 4y + 2z = -3 \\ 3x + 2y + 4z = 1 \end{cases}$

41

a) $\begin{cases} x + y + z = 45 \\ 3x + 2y + z = 80 \\ 2x + y + 3z = 95 \end{cases}$ b) $\begin{cases} a + 2b + c = 0 \\ 10a + 40b + 50c = 20 \\ 5a + 4b + 5c = 6 \end{cases}$

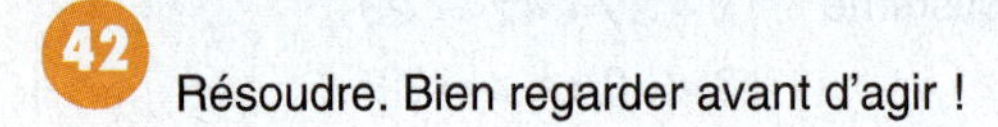

5. Petits problèmes à trois inconnues et plus

42 Résoudre. Bien regarder avant d'agir !

a) $\begin{cases} 2+a = 4 \\ b-2a = 1 \\ c+2b+a = 3 \end{cases}$ b) $\begin{cases} a = 1 \\ b+2a = 1 \\ c+b+2a = 3 \end{cases}$

c) $\begin{cases} b+c+d = 2 \\ a-2b = 1 \\ 3c+2a = 7 \\ a-3 = 2 \end{cases}$ d) $\begin{cases} a+b-c+d = 0 \\ 3a+b = 4 \\ b+c = 3 \\ c-2 = 0 \end{cases}$

43 Soit f définie sur $\mathbb{R}$ par $f(x) = 2x^2+12x-3$.
Déterminer les réels a , α et β tels que :

$$f(x) = a\,(x-\alpha)^2+\beta\ .$$

44 Déterminer l'équation $y = ax^2+bx+c$ d'une parabole passant par les points :

$M(4\,;2)$, $N(2\,;-2)$ et $P(-2\,;2)$.

45 Déterminer les nombres a , b , c et d à l'aide des quatre points précisés, sachant que la courbe $\mathscr{C}$ a pour équation :
$y = ax^3+bx^2+cx+d$.

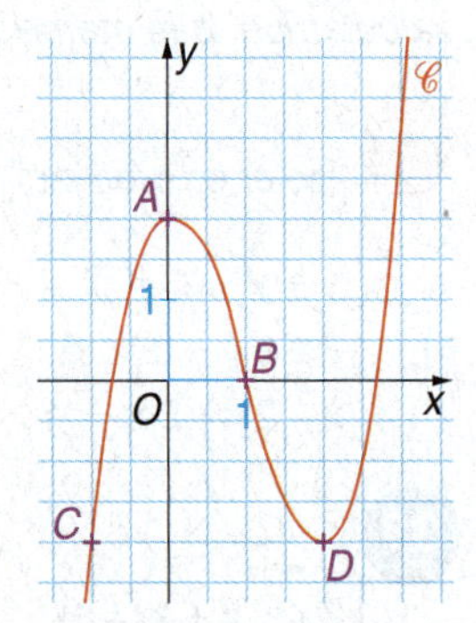

46 Une firme internationale utilise trois sous-traitants A , B et C pour la fabrication de calculettes qui lui fournissent par jour :

– pour A : 100 boîtiers, 40 claviers et 20 affichages ;

– pour B : 100 boîtiers et 400 affichages ;

– pour C : 30 boîtiers, 80 claviers et 10 affichages.

Cette firme veut réaliser en toute urgence 1 000 calculettes. Elle a donc besoin de 1 000 boîtiers, 1 000 claviers et 1 000 affichages.

On note x , y et z le nombre de jours nécessaires à la fabrication pour chaque sous-traitant.

Déterminer le nombre de jours de fabrication de chaque sous-traitant.

47 En janvier 2005, Anne achète des actions de troi sociétés : Xala (5 € l'action), Yvar (4 € l'action) et Zirc (10 € l'action).

Au total, elle achète 10 actions pour un montant de 63 €

En juillet 2005, par rapport à janvier 2005, l'action Xala doublé, l'action Yvar a augmenté de 25 % et l'action Zirc a chuté de 40 %.

Le portefeuille d'Anne vaut alors 78 €.

Déterminer le nombre d'actions de chaque société ache tées par Anne.

48 Le service informatique de gestion d'une entrepris occupe un grand bureau au troisième étage.

Sa masse salariale est de 13 800 € par mois et c service utilise 9 ordinateurs pour la gestion totale.

On restructure ce service en trois bureaux 301, 302 e 303 de x , y et z personnes respectivement.

Chaque personne du bureau 301 reçoit, en moyenne 1 700 € par mois, travaille avec un ordinateur et s'occup de 10 % de la gestion totale.

Chaque personne du bureau 302 reçoit, en moyenne 1 400 €, travaille avec un ordinateur et s'occupe de 5 de la gestion totale.

Chaque personne du bureau 303 reçoit, en moyenne 1 600 €, travaille avec un ordinateur et s'occupe de 20 de la gestion totale.

Déterminer le nombre de personnes dans chaque bureau

49 Un groupe de discussion sur internet est compos d'étudiants en SES, en Sciences ou en Langues vivante Deux questions étaient proposées auxquelles il falla répondre OUI ou NON.

Les filles représentent 60 % des étudiants de SES, 20 des étudiants de Sciences et 70 % des étudiants e Langues vivantes, et il y a 250 filles au total.

À la première question, 40 % des étudiants de SES, 60 des étudiants de Sciences et 20 % des étudiants e Langues vivantes ont répondu OUI, soit un total de 280 OU

À la seconde question, 50 % des étudiants de SE 80 % des étudiants de Sciences et 40 % des étudian en Langues vivantes ont répondu OUI, soit un total c 380 OUI.

Déterminer le nombre d'étudiants en SES, en Science et en Langues vivantes qui ont participé à ce groupe d discussion.

En déduire le nombre de filles dans chaque groupe.

2. Inéquations linéaires

1. Questions rapides

50 **Q.C.M.** Trouver **toutes** les bonnes réponses.

1° La représentation de 'inéquation $3x+4y<24$:

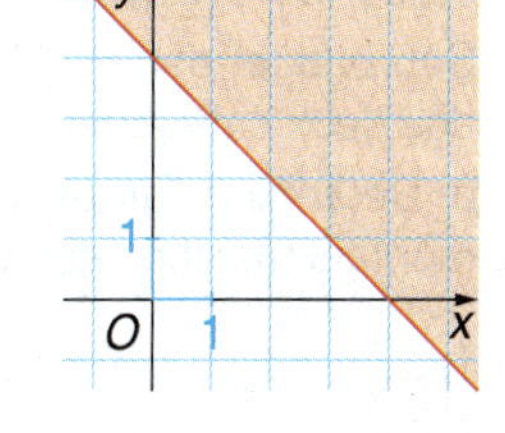

a) est un demi-plan contenant l'origine

b) a pour frontière la droite d'équation $y=-\frac{3}{4}x+6$

2° Le demi-plan non coloré ci-dessus est défini par 'inéquation :

a) $-x+4>0$ b) $x+y\leqslant 4$ c) $x<4-y$

51 Définir la région non colorée du plan par des néquations dans chacune des figures :

a)

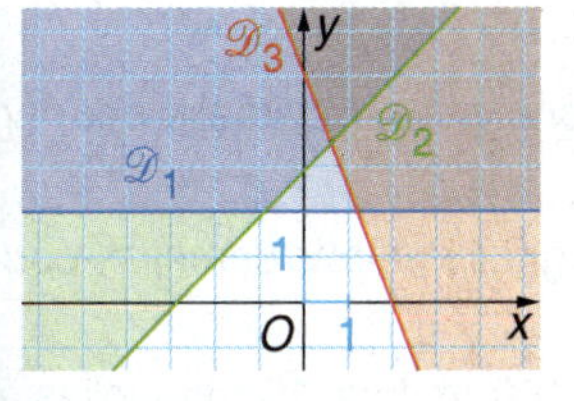

b)

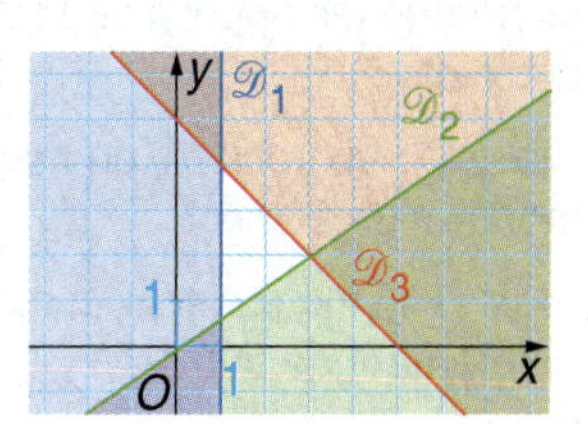

52 Dans le repère orthonormal ci-dessous, on considère les droites $\mathscr{D}_1$, $\mathscr{D}_2$ et $\mathscr{D}_3$, ainsi que les points A, B, C et D et l'origine O.

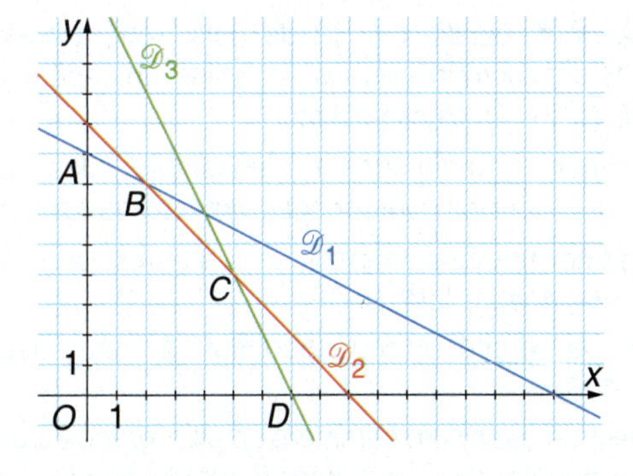

1° De quel système les coordonnées de B sont-elles solutions ?

a) $\begin{cases} x+y=9 \\ 2x+y=14 \end{cases}$ b) $\begin{cases} x+2y=16 \\ 2x+y=14 \end{cases}$ c) $\begin{cases} x+2y=16 \\ x+y=9 \end{cases}$

2° Définir le polygône OABCD par un système d'inéquations.

53 Résoudre graphiquement chaque inéquation (réaliser un graphique par inéquation) :

a) $y\geqslant -\frac{2}{5}x+\frac{1}{5}$; b) $y<\frac{3}{2}x-2$; c) $y>x$.

54 Résoudre graphiquement chaque inéquation :

a) $1{,}5x-0{,}5y<2{,}5$; b) $30x+50y-100\leqslant 0$;

c) $2x+3y\geqslant 15$; d) $3x-5y+3>0$.

55 x et y sont deux nombres positifs ou nuls. Résoudre graphiquement chaque inéquation :

a) $2x+y\geqslant 1$; b) $y\leqslant -x+10$;

c) $y\geqslant \frac{4}{3}x-2$; d) $y\geqslant -\frac{5}{4}x+\frac{3}{4}$.

2. Applications directes

[Résoudre un système d'inéquations linéaires, p. 67]

56 Résoudre graphiquement :

a) $\begin{cases} x+4\geqslant 0 \\ x+3y>0 \\ 2x-y>0 \end{cases}$ b) $\begin{cases} x\leqslant 3 \\ y-1<2 \\ 3x+5y-2\geqslant 0 \end{cases}$

57 Résoudre graphiquement et indiquer le nombre de solutions $(x\,;y)$, où x et y sont des entiers :

a) $\begin{cases} 2x+2\geqslant 0 \\ 2x+3y\leqslant 15 \\ x-3y+6\leqslant 0 \end{cases}$ b) $\begin{cases} y\geqslant 2x-5 \\ 4x+3y+6\geqslant 0 \\ 3x-4y\geqslant 0 \end{cases}$

58 Dans un repère orthonormal, où 1 cm représente 10 unités, résoudre graphiquement les systèmes d'inéquations suivants :

a) $\begin{cases} x+y\leqslant 50 \\ 2x-y+30\geqslant 0 \\ 3x-4y\leqslant 40 \end{cases}$ b) $\begin{cases} x\geqslant 0 \quad \text{et} \quad y\geqslant 0 \\ x+3y\geqslant 90 \\ 2x+y\geqslant 80 \end{cases}$

3. Petits problèmes en inéquations

59 Pour son anniversaire, Laura sait qu'elle va recevoir x euros de la part de sa grand-mère et y euros de la part de sa grande sœur.

Laura sait aussi que sa grand-mère lui offre 100 € de plus que sa grande sœur et sa grande sœur au maximum la moitié de la somme de sa grand-mère.

Enfin, optimiste, Laura pense que sa grand-mère peut lui offrir jusqu'à 500 €.

Représenter sur un graphique les couples $(x ; y)$ possibles.

60 Une collectivité veut acheter trois sortes de biscuits : des croquants, des navettes et des madeleines. Ces biscuits sont vendus en deux conditionnements différents : des boîtes carrées et des boîtes rondes.

- Une boîte carrée contient 12 kg de croquants, 4 kg de navettes et 3 kg de madeleines.
- Une boîte ronde contient 3 kg de croquants, 2 kg de navettes et 4 kg de madeleines.

Cette collectivité veut au moins 60 kg de croquants, au moins 32 kg de navettes et au moins 36 kg de madeleines.

Soit x le nombre de boîtes carrées et y le nombre de boîtes rondes achetées.

1° Déterminer un système d'inéquations portant sur x et y traduisant les contraintes du problème.

2° Représenter dans un repère orthogonal l'ensemble des points $M(x ; y)$ qui vérifient le système d'inéquations.

61 Une usine fabrique x moteurs de catégorie A et y moteurs de catégorie B.

La figure ci-dessous représente le domaine des contraintes horaires de fabrication, de frontières $\mathcal{D}_1$, $\mathcal{D}_2$ et $\mathcal{D}_3$.

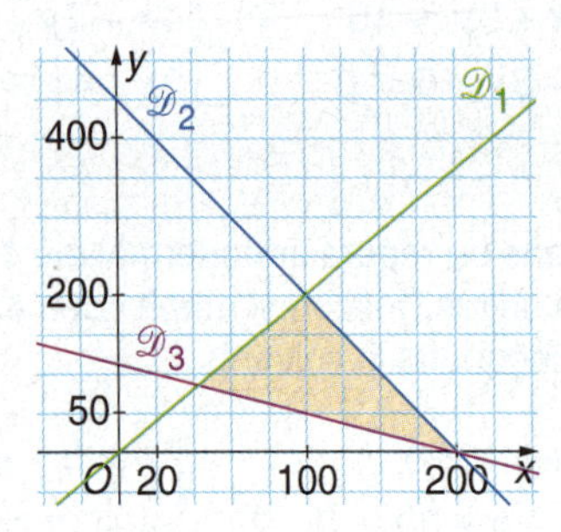

1° a) Définir la région en couleur à l'aide d'un système d'inéquations.

b) Rédiger un énoncé décrivant les trois contraintes de fabrication, sachant que chaque droite représente une contrainte saturée :

- $\mathcal{D}_1$ une contrainte horaire de stockage ;
- $\mathcal{D}_2$ une contrainte horaire de montage ;
- $\mathcal{D}_3$ une contrainte d'usinage.

2° a) Le coût horaire de fabrication d'un moteur de catégorie A est de 200 € et celui d'un moteur de catégorie B est de 100 €. L'usine peut dépenser jusqu'à 30 000 €.

Son budget est-il suffisant pour envisager la fabrication des deux catégories de moteurs ?

b) Déterminer graphiquement le montant minimal et le montant maximal des dépenses de l'usine.

62 Pour ses chevaux et ses poneys, un club hippique est équipé au total de 80 boxes qui ne sont pas forcément tous utilisés. Le nombre de chevaux dépasse le nombre de poneys de 20.

Déterminer tous les nombres possibles de chevaux et de poneys, sachant que ces deux nombres sont des multiples de 10.

63 Pour aménager son nouvel espace vert, une commune fait appel à une société de vente qui lui propose deux lots :

- **lot A :** dix rosiers, un magnolia et un camélia pour un montant de 200 € ;
- **lot B :** cinq rosiers, un magnolia et trois camélias pour un montant de 300 €.

Les besoins sont d'au moins 100 rosiers, 16 magnolias et 30 camélias.

On cherche à déterminer le nombre x de lots A et le nombre y de lots B à acheter pour minimiser la dépense totale.

1° Établir avec soin un système d'inéquations portant sur x et y et traduisant les contraintes.

2° a) À tout couple $(x ; y)$ de lots, on associe un point M de coordonnées $(x ; y)$ dans un repère orthonormal $(O ; \vec{i}, \vec{j})$ d'unité 0,5 cm.

Déterminer graphiquement l'ensemble des points $M(x ; y)$ dont les coordonnées vérifient les contraintes.

b) Exprimer la dépense totale d, en euros, pour l'achat de x lots A et y lots B.

Tracer la droite $\mathcal{D}$ correspondant à une dépense $d = 5\,400$ €.

c) Expliquer avec soin comment obtenir, grâce au graphique, le couple $(x_0 ; y_0)$ pour lequel la dépense totale est minimale. Quel est ce couple ?

Calculer alors la dépense minimale possible.

3. Exercices de synthèse

64 **Q.C.M.** Trouver **toutes** les bonnes réponses.

° La droite d'équation $x + 5y = 3$ passe par le point :

a) $A(3\,;\frac{1}{5})$ b) $B(12\,;-3)$ c) $C(\frac{3}{5}\,;\frac{12}{25})$

° La droite d'équation $5x + 7y - 2 = 0$ a pour coeffi-
ient directeur :

a) $\frac{5}{7}$ b) $\frac{7}{5}$ c) $\frac{-5}{7}$ d) $\frac{-7}{5}$

° La droite tracée ci-contre
pour équation :

a) $y = -\frac{3}{2}x + 5$

b) $2x + 3y = 15$

c) $y = -\frac{2}{3}x + 5$

d) $3x + 2y - 5 = 0$

° Les solutions dans $\mathbb{N}$ de l'équation $2x + 3y = 15$
ont :

a) une infinité b) au nombre de trois

c) $(0\,;5)$, $(1{,}5\,;4)$, $(3\,;3)$, $(4{,}5\,;2)$ et $(6\,;1)$

° Le système suivant :

$$\begin{cases} 1{,}25x - 0{,}75y = -1 \\ 5x - 3y = -4 \end{cases}$$

a) a pour solution $(1\,;3)$ b) a une infinité de solutions

c) n'a pas de solution

° Le domaine non coloré
i-contre représente le système :

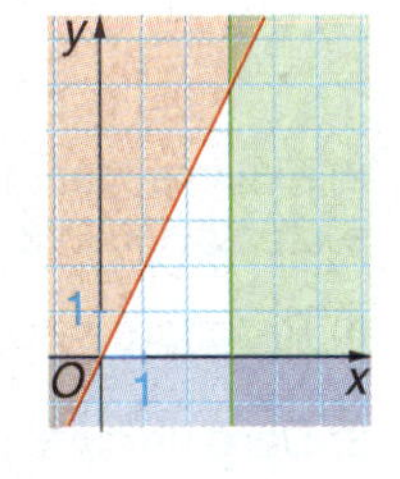

a) $\begin{cases} 0 \leqslant x \leqslant 3 \\ y \leqslant 2x \end{cases}$

b) $\begin{cases} 0 \leqslant x \leqslant 3 \\ y \geqslant 2x \end{cases}$

° Le domaine non coloré ci-dessus contient :

a) le point $A(2\,;2)$

b) tous les points d'abscisse 3

c) une infinité de points à coordonnées entières

d) 16 points à coordonnées entières

° La droite d'équation $y = -2x + 6$ rencontre le
omaine non coloré ci-dessus en :

a) deux points de coordonnées $(3\,;0)$ et $(2\,;2)$

b) une infinité de points c) en aucun point

65 Soit f la fonction définie sur $\mathbb{R} \setminus \{3\}$ par :

$$f(x) = \frac{-x^2 + 6x - 7}{x - 3}$$

a) Déterminer les réels a , α et β tels que :

$$-x^2 + 6x - 7 = a\,(x - \alpha)^2 + \beta\ .$$

b) En déduire une écriture de $f(x)$ comme somme d'une fonction affine $x \longmapsto mx + p$ et d'une fonction inverse $x \longmapsto \frac{k}{x - 3}$.

c) Déterminer le sens de variation de la fonction f sur $]-\infty\,;3[$ et sur $]3\,;+\infty[$, en utilisant le sens de variation de deux fonctions.

66 Le coût total de production d'une quantité q est donné par $C(q) = aq^2 + bq + c$, où a , b et c sont trois réels à déterminer.

Le coût est exprimé en milliers d'euros et la quantité q en kilogrammes.

On sait que les coûts fixes sont de cinq mille euros, c'est-à-dire $C(0) = 5$. Le coût total de 1 kg est de 6 000 € et le coût total de 2 kg est de 9 000 €.

a) Traduire ces informations en un système de trois équations à trois inconnues a , b et c .

b) Déterminer la fonction de coût total.

67 Un artisan fabrique des peluches : x oursons et y lions.

Il a établi le polygône d'acceptabilité ci-dessous en orange :

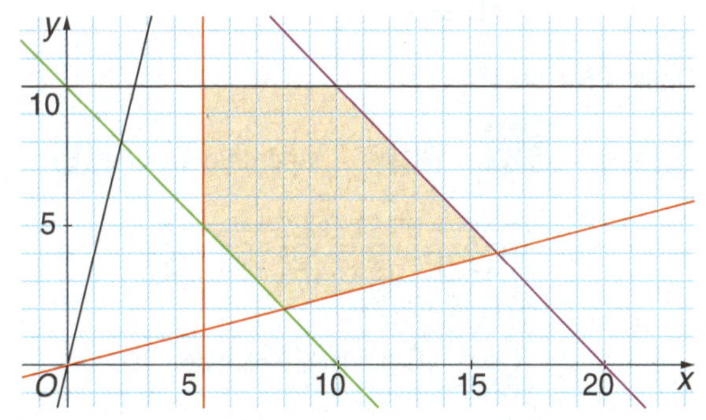

1° Quelle est la droite correspondant à la contrainte : « la production d'oursons doit être au plus le quadruple de celle de lions » ?

2° a) Si le bénéfice sur un ourson est de 16 € et sur un lion de 12 €, déterminer la production qui rend le bénéfice maximal.

b) Si le prix de vente est de 36 € par ourson et 48 € par lion, déterminer la production qui rend le chiffre d'affaires maximal.

c) Si la fabrication d'un ourson nécessite 24 min et celle d'un lion 12 min, déterminer les productions possibles pour 4 heures exactement.

Résolution de système 2 × 2 à la calculatrice

1° Approche théorique

On considère le système de deux équations à deux inconnues :

$$\begin{cases} AX + BY = C \\ DX + EY = F \end{cases}$$

a) Multiplier la première équation par E et la seconde par $-B$. Par addition, montrer que :

$$(AE - BD) \times X = CE - BF \; .$$

b) En procédant de même, trouver une relation sur Y.

c) Si $AE - BD$ est non nul, en déduire l'écriture de X et celle de Y à l'aide des coefficients A, B, C, D, E et F.

2° Programme à la calculatrice

a) Pour cela on écrit le système à résoudre sous la forme :

$$Ax + By = C \quad \text{et} \quad Dx + Ey = F \; .$$

b) On entre le programme SYSTEME 2

• **T. I. 82 Stats, 83 ou 84**

PRGM **NEW** ENTER taper le nom ENTER

```
PROGRAM:SYSTEME2
:Prompt A,B,C,D,
E,F
:A*E-B*D→K
:If K≠0:Then
:(E*C-B*F)/K→U
:(A*F-D*C)/K→V
:Disp U▸Frac,V▸F
rac
:Else
:Disp "PAS 1 SOL
"
:End
```

• **Casio 35 + ou 65**

   taper le nom 

```
======SYSTEME2======
"A"?→A:"B"?→B:"C"?→C↵
"D"?→D:"E"?→E:"F"?→F↵
A×E-B×D→K↵
If K≠0↵
Then (E×C-B×F)÷K→U↵
(A×F-D×C)÷K→V↵
U◢
V◢
Else "PAS 1 SOL"↵
IfEnd↵
```

3° Applications

a) Résoudre à la calculatrice les systèmes suivants :

$$(1) \quad \begin{cases} 230x + 4{,}5y = 1000 \\ 435x + 4y = 1350 \end{cases}$$

$$(2) \quad \begin{cases} -0{,}58x + 30y = 130 \\ 0{,}044x - 1{,}8y = 6 \end{cases}$$

On lance le programme.

• **Sur T.I.** : PRGM **SYSTEME2** ENTER

• **Sur Casio** : MENU  **SYSTEME2** EXE

On entre les coefficients demandés A B C D E F du système par ENTER et on lit le couple solution.

```
Prgm SYSTEME2
A=?230
B=?4.5
C=?1000
D=?435
E=?4
F=?1350
```

b) À la rentrée scolaire, Florent a vendu 52 calculatrices de marque T et 45 calculatrices de la marques C pour un chiffre d'affaires de 4 590 €.

Son bénéfice est de 20 % sur une calculatrice T et de 18 % sur une calculatrice C.

Son bénéfice total est de 873 €.

Calculer le prix de vente de chacune des calculatrices. Utiliser la calculatrice pour résoudre.

69 Système économique à plusieurs inconnues

1° Dans un système économique, Y représente le revenu disponible des entreprises, C la dépense de consommation, R l'épargne brute des entreprises et x les investissements bruts, l'unité monétaire est un milliard d'euros.

Le modèle économique simple suivant représente l'équilibre général d'un pays pour une période donnée :

$$\begin{cases} C = 0{,}8Y + 90 \\ R = 0{,}2\,(C + 0{,}5x) - 57 \\ Y = C + x - R \\ x = 120 \end{cases}$$

a) Exprimer par une phrase chacune des équations de ce système. On interprétera « 0,8 » par 80 %.

b) Résoudre ce système et interpréter la solution.

2° Dans un autre pays, pour une période donnée, on a pu établir que :

• la dépense de consommation C est égale 75 % du revenu Y auxquels on ajoute 120 unités monétaires ;

• le revenu augmenté de 15 % des investissements bruts x correspond à 30 % de la dépense de consommation augmentés de 326 unités monétaires ;

• le revenu Y représente la dépense de consommation augmentée des investissements bruts x, et diminuée de l'épargne des entreprises R.

Sachant que les investissements bruts sont de 640 unités monétaires, établir le système d'inconnues Y, C et R et le résoudre.

70 Équilibre général du marché

Certains biens de consommation sont fortement liés à d'autres biens complémentaires ou de substitution. Ainsi, la quantité demandée d'un bien sur le marché dépend du prix de ce bien, mais aussi du prix des autres biens. Il en est de même pour la quantité offerte.

Exemple : La quantité de porc sur le marché de gros dépend du prix du porc, mais aussi de celui des aliments pour la nourriture des animaux et de celui de la volaille (produit de substitution).

Le marché est en équilibre général lorsque, pour chaque bien donné, la quantité demandée Q_D est égale à la quantité offerte Q_O ; ainsi $Q_D = Q_O$.

Dans un pays, si p_A est le prix au kilogramme d'aliments pour animaux (A) , p_C celui du porc (C) et p_V celui de la volaille (V) , on a pu établir les quantités suivantes (en millions de tonnes) :

- la quantité de porc demandée est :
$$Q_D^C = 3{,}7 - 2p_C + 3p_V \ ;$$
- la quantité de porc offerte est $Q_O^C = 2 + 2p_C - 36p_A$;
- la quantité de volaille demandée est :
$$Q_D^V = 6{,}9 - 4p_V + p_C + 6p_A \ ;$$
- la quantité de volaille offerte est :
$$Q_O^V = 4{,}7 + p_V - 20p_A \ ;$$
- la quantité d'aliments demandée, de 1,4 million de tonnes, est telle que $Q_D^A = 4p_A$;

1° a) Écrire le système correspondant à l'équilibre du marché.

b) Réduire ce système à trois équations dont les inconnues sont les prix p_A , p_C et p_V .

2° a) Déterminer le prix d'équilibre de chaque bien A , C et V .

b) En déduire la quantité de viande de porc et celle de volaille échangées sur le marché.

71 Approche par une fonction rationnelle

En France, depuis 1970, la surface cultivée en pommes de terre est donnée par le tableau statistique suivant (d'après *QUID* 1992) :

année	1970	1975	1980	1985	1988
rang de l'année x_i	0	5	10	15	18
surface cultivée y_i (en milliers d'hectares)	410	293	247,6	211,4	183,4

On veut déterminer une fonction rationnelle simple donnant une bonne approche de cette évolution.

Soit x le nombre d'années écoulées depuis 1970 et f une fonction de la forme :

$f(x) = a + \dfrac{b}{x + c}$, où a , b et c sont des réels.

$f(x)$ représente la surface cultivée, exprimée en milliers d'hectares.

1° a) Utiliser les points $(0 \ ; 410)$, $(10 \ ; 250)$ et $(15 \ ; 210)$ du nuage de points et former un système d'équations d'inconnues a , b et c .

b) Exprimer b en fonction de c et du produit ac . En déduire la résolution du système de la question **a)** et la forme de $f(x)$.

2° Étudier les variations de f sur $[0 \ ; 25]$ à l'aide des fonctions associées.

Représenter cette fonction dans un repère orthogonal d'unités 2 cm en abscisse pour 5 ans et 2 cm en ordonnée pour 100 milliers d'hectares. Placer dans ce repère les points correspondant aux données statistiques.

3° Pour chaque valeur x_i du tableau statistique, calculer l'erreur absolue $e_i = |y_i - f(x_i)|$, puis l'erreur relative $h_i = \dfrac{|y_i - f(x_i)|}{y_i}$.

Pour toute valeur x_i , vérifier que l'erreur relative h_i est inférieure à 6 % (ce qui prouve un bon ajustement).

72 Problème d'optimisation économique

Dans une usine de boissons, on fabrique du Xoca (x bouteilles), du Yanta (y bouteilles) et du Zprite (z bouteilles).

La production de Xoca représente plus de la moitié de la demande, le Zprite le tiers de la demande de Yanta au plus.

Quotidiennement, l'usine produit 30 000 bouteilles, dont au moins 3 000 de Zprite.

Quel bénéfice maximal peut-on faire chaque jour si l'on gagne 20 centimes par bouteille de Xoca, 25 centimes pour le Yanta et 35 centimes pour le Zprite ?

73 Programmation linéaire à la calculatrice

On désire représenter le domaine des contraintes :

$$\begin{cases} y \leqslant 7 - x \\ y \leqslant -0{,}5x + 5 \\ y \leqslant 4 \end{cases}$$

et maximiser la contrainte $3x + 4y = b$.

1° Sur papier, représenter l'ensemble des points $M(x\ ;\ y)$ du plan vérifiant les inéquations données.

Tracer la droite de contrainte pour $b = 20$.

2° Entrer les équations des droites frontières en Y1 , Y2 et Y3 , puis choisir d'hachurer les demi-plans qui ne conviennent pas. Pour cela :

• **Sur T.I.** : placer le curseur au début de chaque équation, avant Y , et appuyer plusieurs fois sur

```
Plot1 Plot2 Plot3
◥Y1■7-X
◥Y2■-.5X+5
◥Y3■4
```

(ENTER) pour faire apparaître le triangle noirci ◥ .

Choisir une fenêtre par (WINDOW) , puis (GRAPH) .

• **Sur Casio** : choisir le demi-plan à hachurer par TYPE Y .

Choisir une fenêtre par (V. Window) , puis (G↔T)

Vérifier que l'on retrouve la figure faite sur papier.

3° On veut balayer le domaine par la droite de contrainte $3x + 4y = b$.

a) Créer une liste de nombres par :

Seq(T , T , 0 , 7 , 0.5) (STO▶) (L1) .

Entrer en Y4 l'équation de la droite variable

Y1■-0.75X+L1 , puis (GRAPH) .

Visualiser le faisceau de droites.

En quelle valeur de la liste 1 la droite n'a-t-elle qu'un seul point commun avec le domaine des contraintes ?

b) Expliquer pourquoi ces droites sont parallèles.

Quel est le lien entre la valeur b à optimiser et la liste 1 ?

c) Déterminer le couple (x_0 ; y_0), solution du problème.

Utiliser l'intersection sur la calculatrice :

(CALC) **5 : intersect** (voir page 59 du chapitre 2).

Programme d'achat optimisé

74

Le chocolatier propose des assortiments de chocolats par ballotins de 500 g :

• « succès » : 60 % de chocolats au lait, 20 % de chocolats noirs et le reste en chocolats divers, à 25 €

• « passion », 80 % de chocolats noirs et le reste de chocolats divers, à 50 €.

Pour sa réception de fin d'année, Dominique veut présenter à ses invités au moins 1,8 kg de chocolats noirs, 1,2 kg de chocolats au lait et 900 g de chocolats divers.

Elle passe commande de x ballotins « succès » et y ballotins « passion ».

a) Traduire les contraintes en inéquations.

Dans un repère orthonormal, représenter le polygône des contraintes.

b) Exprimer le coût total en fonction de x et de y .

Tracer la droite correspondant à un coût total de 350 €.

Existe-t-il des points solutions du système qui sont situés en dessous de cette droite ?

c) Déterminer graphiquement le nombre de ballotins de chaque sorte que Dominique peut acheter pour satisfaire les contraintes en minimisant le coût total.

Quel est alors le budget qu'elle pourra consacrer aux chocolats pour sa réception ?

4

Second degré et parabole

1. Polynôme du second degré
2. Équation $ax^2 + bx + c = 0$
   Factorisation et signe du trinôme

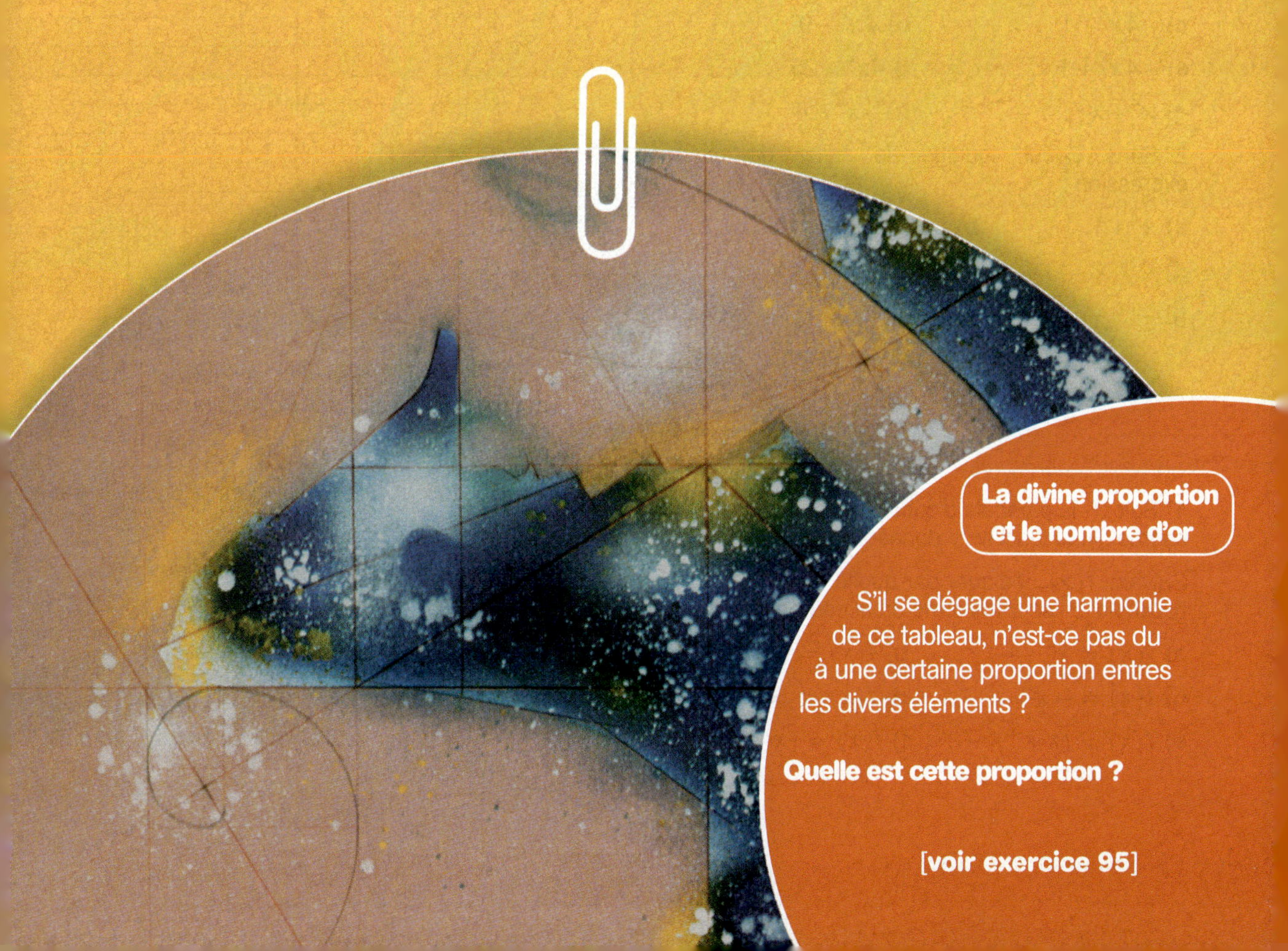

La divine proportion et le nombre d'or

S'il se dégage une harmonie de ce tableau, n'est-ce pas du à une certaine proportion entres les divers éléments ?

Quelle est cette proportion ?

[voir exercice 95]

MISE EN ROUTE

Tests préliminaires

A. Calcul algébrique

1° Développer les expressions et écrire sous forme réduite et ordonnée :

a) $(2t-1)^2-(2t+1)(t-3)-2t^2$;

b) $5x(3x-5)-(4x-3)^2$;

c) $(-x+1)(2x-3)+2(x-3)^2$.

2° Factoriser les différences de deux carrés :

a) $(x-2)^2-(2x-1)^2$;

b) $(2-5x)^2-(4x-3)^2$;

c) $4(x-1)^2-9$; d) $(x-2)^2-5$;

e) $\frac{1}{2}(x+3)^2-\frac{25}{2}$; f) $-2(x-5)^2+1$.

[voir techniques de base, p. II]

B. Polynômes particuliers ax^2+bx , ax^2+c et $a(x+\alpha)^2$

1° Factoriser les expressions suivantes si cela est possible :

a) $4x^2+x$; b) x^2-4x ;

c) $-4x^2-1$; d) $4x^2-9$;

e) $-4x^2+1$; f) $4x^2+25$;

g) x^2+x ; h) $-x^2+4$.

2° Sans calcul, indiquer le signe de chaque expression :

a) x^2+1 ; b) $-3x^2$; c) $9(x-2)^2$;

d) $-3(x-1)^2$; e) $-x^2-4$; f) x^2+3 ;

g) $-(x+3)^2-4$; h) $2(x+5)^2$; i) $4x^2+1$.

[voir techniques de base, p. XVIX]

C. Fonctions associées

1° Soit $\mathscr{P}$ la parabole d'équation $y = x^2$ et $\mathscr{C}_f$ la courbe d'une fonction f donnée.

Suivant $f(x)$, indiquer par quelle transformation la parabole $\mathscr{P}$ se transforme en la courbe $\mathscr{C}_f$:

a) $f(x) = x^2-4$; b) $f(x) = (x-3)^2$;

c) $f(x) = -x^2$; d) $f(x) = x^2+9$;

e) $f(x) = (x+1)^2-2$; f) $f(x) = (x-3)^2+4$.

2° Sachant que les paraboles ci-dessous sont les translatées de la parabole $\mathscr{P}$, retrouver leurs équations :

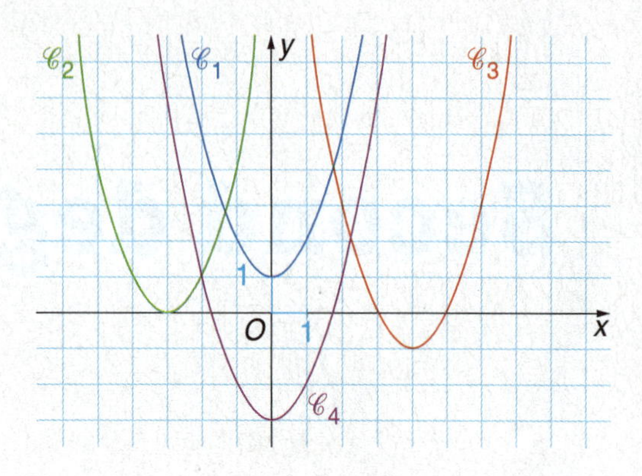

[voir chapitre 2, p. 36]

D. Lectures graphiques

On considère la fonction f représentée ci-dessous par la courbe $\mathscr{C}$.

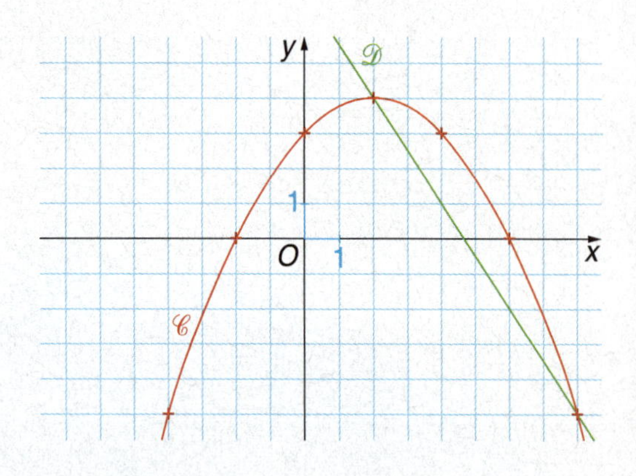

1° Dresser son tableau des variations.
Énoncer les variations par une phrase.

2° Dresser le tableau de signe de $f(x)$.

3° a) Déterminer une équation de la droite $\mathscr{D}$ tracée sous la forme $y = g(x)$.

b) Résoudre graphiquement l'équation :

$$f(x) = g(x) .$$

c) Résoudre graphiquement l'inéquation :

$$f(x) \geqslant g(x) .$$

[voir techniques de base, p. XII à XV]

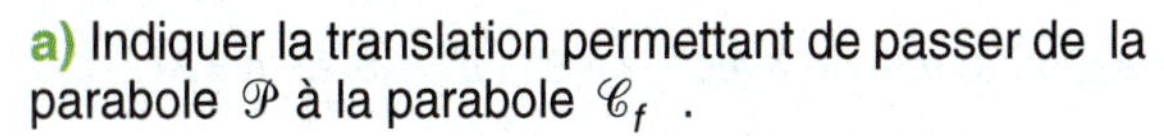

1. De la parabole au trinôme $ax^2 + bx + c$

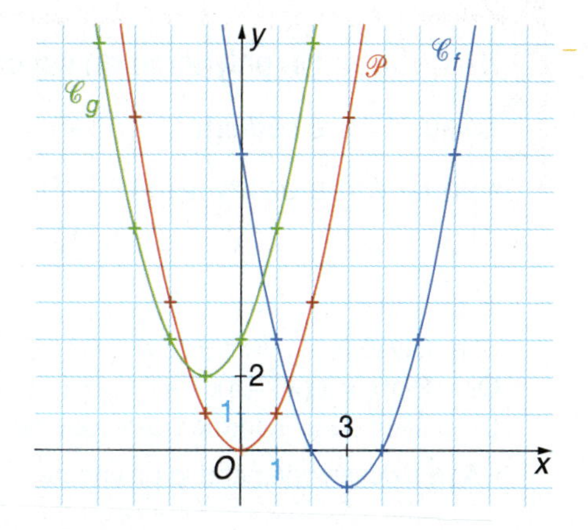

Dans le repère ci-contre, on considère la parabole $\mathscr{P}$ d'équation $y = x^2$ et deux paraboles translatées de $\mathscr{P}$, $\mathscr{C}_f$ et $\mathscr{C}_g$, qui sont respectivement les représentations graphiques de deux fonctions polynômes du second degré f et g.

a) Indiquer la translation permettant de passer de la parabole $\mathscr{P}$ à la parabole $\mathscr{C}_f$.

b) À l'aide des fonctions associées, en déduire la fonction f et l'écrire sous la forme :

$$f(x) = ax^2 + bx + c .$$

Indiquer le sens de variation de f.

c) Répondre aux questions a) et b) précédentes en remplaçant $\mathscr{C}_f$ et f respectivement par $\mathscr{C}_g$ et g.

2. Formes d'un polynôme du second degré

Soit le polynôme $P(x)$ écrit sous forme réduite :

$$P(x) = -x^2 + 6x - 5 \text{ , pour tout réel } x .$$

1° a) Vérifier que $P(x) = -(x-3)^2 + 4$.

Cette forme, où x n'intervient qu'une seule fois, est la **forme canonique**.

b) En déduire la translation permettant de passer de la parabole $\mathscr{P}'$ d'équation $y = -x^2$ à la parabole $\mathscr{C}$ ci-contre d'équation :

$$y = -x^2 + 6x - 5 .$$

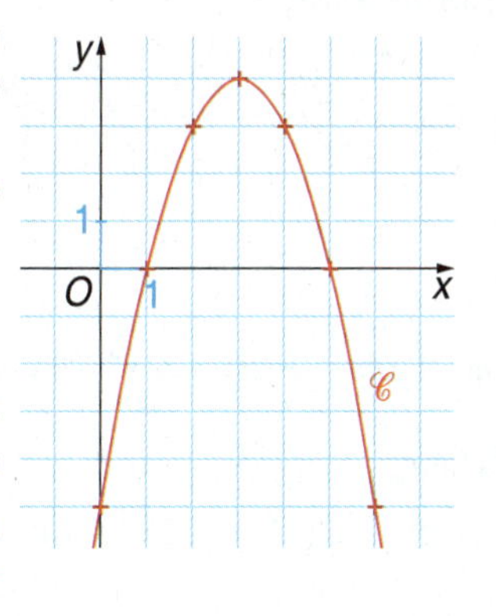

2° a) Lire les abscisses x_1 et x_2 des points d'intersection de la parabole $\mathscr{C}$ avec l'axe des abscisses.

b) Vérifier que $P(x) = -(x - x_1)(x - x_2)$.

Retrouver (par le calcul) cette factorisation à partir de la forme canonique du **1° a)**.

3° Soit le polynôme $g(x) = 2x^2 + 12x + 19$, pour tout réel x.

Les nombres $a = 2$, $b = 12$ et $c = 19$ sont les coefficients du polynôme.

a) Calculer $\alpha = \dfrac{-b}{2a}$ et $\beta = g(\alpha)$.

Vérifier que $\boldsymbol{g(x) = a\,(x - \alpha)^2 + \beta}$.

b) En déduire la transformation permettant de passer de la parabole $\mathscr{P}$ d'équation $y = 2x^2$ à la parabole Γ représentant la fonction polynôme g.

c) Tracer Γ dans un repère orthonormal.

d) Par lecture graphique, justifier que, pour tout réel x, $g(x)$ est strictement positif.

3. Vers une forme générale du trinôme

Soit le trinôme $\boldsymbol{P(x) = ax^2 + bx + c}$, avec $a \neq 0$.

On pose $\Delta = b^2 - 4ac$.

a) Développer $a\left[\left(x + \dfrac{b}{2a}\right)^2 - \dfrac{\Delta}{4a^2}\right]$.

Quelle expression retrouve-t-on ?

Dans quel cas l'expression entre les crochets peut-elle se factoriser ? Factoriser si cela est possible.

b) On pose $\alpha = -\dfrac{b}{2a}$, en déduire que :

$$P(x) = a\,(x - \alpha)^2 - \frac{\Delta}{4a} .$$

c) Développer $a\left(-\dfrac{b}{2a}\right)^2 + b\left(-\dfrac{b}{2a}\right) + c$, image de α par le polynôme P. Que retrouve t-on ?

1. Polynôme du second degré

Formes d'un polynôme du second degré

définition : Un polynôme du second degré (ou trinôme) peut s'écrire, pour tout réel x :

- sous forme **réduite** : $P(x) = ax^2 + bx + c$, avec $a \neq 0$;
- sous forme **canonique** : $P(x) = a(x - \alpha)^2 + \beta$, avec $\alpha = \dfrac{-b}{2a}$ et $\beta = P(\alpha)$.

Exemples :

- Le polynôme $P(x) = 2x^2 - 8x + 8$ est donné sous sa forme réduite avec $a = 2$, $b = -8$ et $c = 8$.
Or $P(x) = 2(x^2 - 4x + 4) = 2(x-2)^2$.
On obtient donc la forme canonique de $P(x)$ avec $a = 2$, $\alpha = 2$ et $\beta = 0$.
- Après développement, le polynôme $Q(x) = -2x(x-2) + 3$ peut s'écrire sous forme réduite :
$$Q(x) = -2x^2 + 4x + 3 \text{ , avec } a = -2 \text{ , } b = 4 \text{ et } c = 3 \text{ .}$$
En calculant $\alpha = \dfrac{-b}{2a} = \dfrac{-4}{2 \times (-2)} = 1$ et son image par Q : $\beta = Q(1) = -2 \times 1^2 + 4 \times 1 + 3 = 5$,
on obtient la forme canonique $Q(x) = -2(x-1)^2 + 5$.

Représentation graphique

théorème : La courbe représentative d'une fonction polynôme $P : x \longmapsto ax^2 + bx + c$, avec $a \neq 0$, est une **parabole.**

Son sommet $S(\alpha ; \beta)$ a pour abscisse $\alpha = \dfrac{-b}{2a}$ et pour ordonnée $\beta = P(\alpha)$.

Le signe de a permet de connaître l'allure de la parabole :

- si $a > 0$ la parabole est tournée vers le haut
- si $a < 0$ la parabole est tournée vers le bas

Exemples :

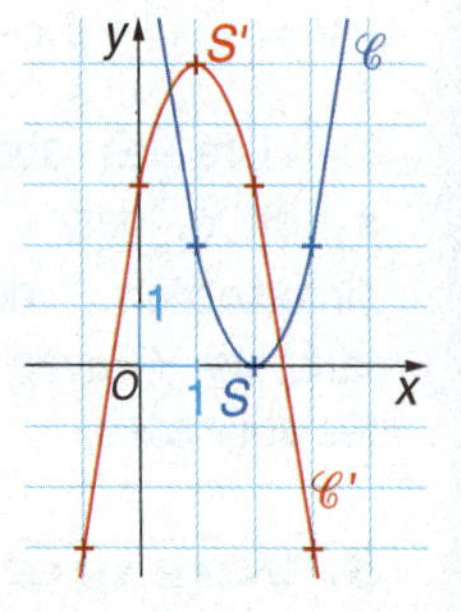

- La courbe représentative de la fonction P définie sur $\mathbb{R}$ par $P(x) = 2x^2 - 8x + 8$ est une parabole $\mathscr{C}$ de sommet $S(2 ; 0)$.
Comme $a = 2$, positif, la parabole $\mathscr{C}$ est tournée vers le haut.
- La courbe représentative de la fonction Q définie sur $\mathbb{R}$ par $Q(x) = -2x^2 + 4x + 3$ est une parabole $\mathscr{C}'$ de sommet $S'(1 ; 5)$.
Comme $a = -2$, négatif, la parabole $\mathscr{C}'$ est tournée vers le bas.

Sens de variation

théorème : Suivant le signe de a , on obtient le sens de variation de la fonction polynôme du second degré :

$$f : x \longmapsto ax^2 + bx + c \quad \text{avec} \quad a \neq 0 \text{ , } \quad \alpha = \frac{-b}{2a} \quad \text{et} \quad \beta = f(\alpha) \text{ .}$$

- $a > 0$ (positif)

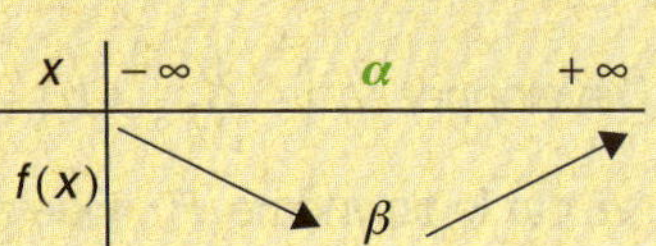

- $a < 0$ (négatif)

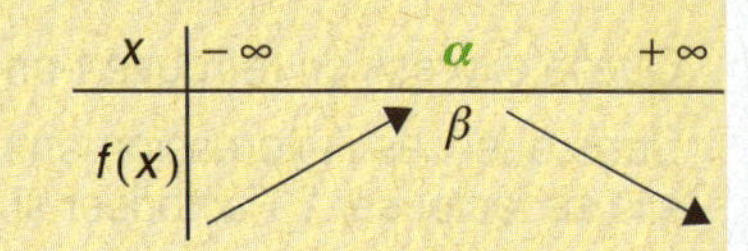

Écrire un polynôme sous forme canonique

Méthode

Pour écrire un polynôme du second degré sous forme canonique :

- on calcule $\alpha = -\frac{b}{2a}$;

– dans le polynôme, on remplace x par la valeur trouvée pour obtenir $\beta = P(\alpha)$;

- on conclut :

$$\boldsymbol{P(x) = a(x-\alpha)^2 + \beta} .$$

⚠ Ne pas oublier le carré.

[voir exercices 16 et 17]

Écrire les polynômes suivants sous forme canonique :

$$P(x) = -x^2 + 4x + 5 \quad \text{et} \quad Q(x) = 2x^2 + 3x + 1 .$$

- Pour $P(x)$, on a $a = -1$, $b = 4$ et $c = 5$:

$\frac{-b}{2a} = \frac{-4}{2(-1)} = 2$ et $P(2) = -2^2 + 4(2) + 5 = -4 + 8 + 5 = 9$.

D'où la forme canonique $\boldsymbol{P(x) = -(x-2)^2 + 9}$.

- Pour $Q(x)$, on a $a = 2$, $b = 3$ et $c = 1$:

$\frac{-b}{2a} = \frac{-3}{2\times 2} = -\frac{3}{4}$ et $Q\left(-\frac{3}{4}\right) = 2\left(-\frac{3}{4}\right)^2 + 3\left(-\frac{3}{4}\right) + 1 = -\frac{1}{8}$.

D'où la forme canonique $Q(x) = 2\left(x + \frac{3}{4}\right)^2 - \frac{1}{8}$.

Étudier une fonction polynôme du second degré

Méthode

Pour étudier une fonction polynôme $f(x) = ax^2 + bx + c$:

- on regarde le coefficient a qui multiplie x^2 :

il donne l'allure de la parabole :

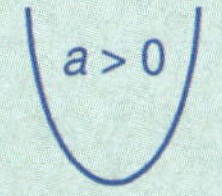

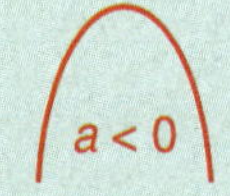

et le sens de variation ;

- on calcule $\alpha = -\frac{b}{2a}$, abscisse du sommet de la parabole et valeur de x où la fonction change de variation ;

- on calcule l'image de α qui donne l'ordonnée du sommet $S(\alpha ; f(\alpha))$

et le minimum si $a > 0$,

ou le maximum si $a < 0$.

[voir exercices 19 à 21]

Étudier et représenter les fonctions f et g définies sur $\mathbb{R}$ par :

$$f(x) = \frac{x^2}{2} - 3x + \frac{11}{2} \quad \text{et} \quad g(x) = -0{,}1x^2 + x + 1{,}5 .$$

- Pour $f(x)$, $a = \frac{1}{2} > 0$; d'où l'allure de la parabole

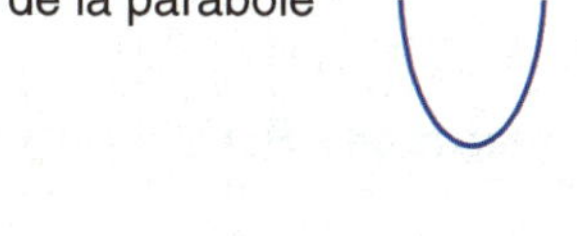

et $-\frac{b}{2a} = \frac{3}{2\times\frac{1}{2}} = 3$.

D'où le tableau des variations avec :

$f(3) = \frac{3^2}{2} - 3\times 3 + \frac{11}{2} = 1$.

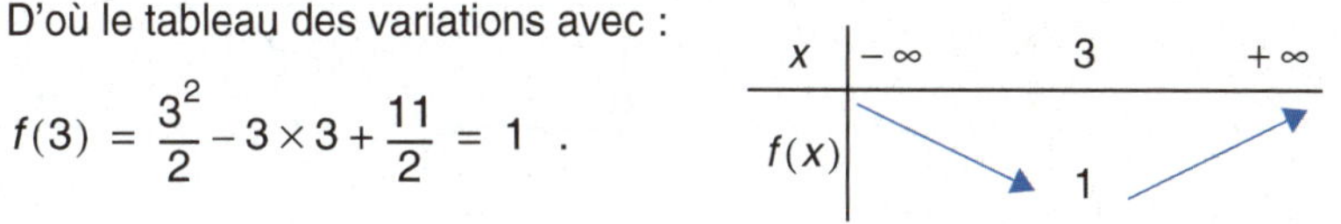

x	$-\infty$	3	$+\infty$
$f(x)$	↘	1	↗

- Pour $g(x)$, $a = -0{,}1 < 0$; d'où l'allure de la parabole

et $\frac{-b}{2a} = \frac{-1}{2\times(-0{,}1)} = \frac{10}{2} = 5$.

D'où le tableau des variations avec $g(5) = 4$.

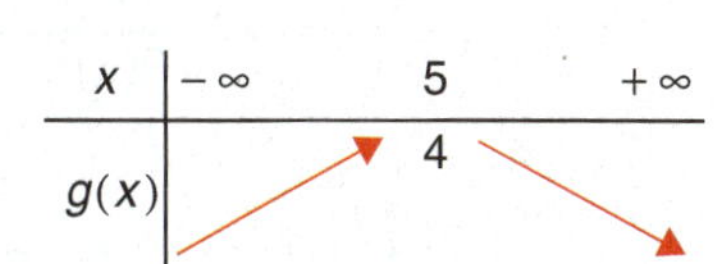

x	$-\infty$	5	$+\infty$
$g(x)$	↗	4	↘

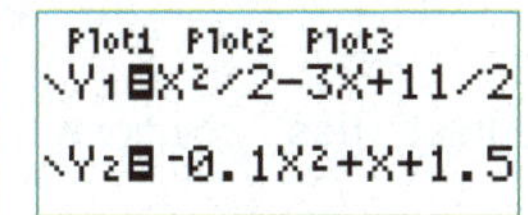

X	Y1	Y2
0	5.5	1.5
1	3	2.4
2	1.5	3.1
3	1	3.6
4	1.5	3.9
5	3	4
6	5.5	3.9

Y1■X²/2-3X+11/2

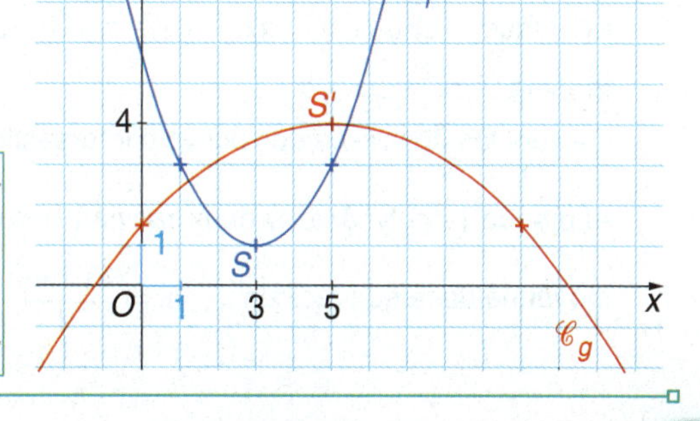

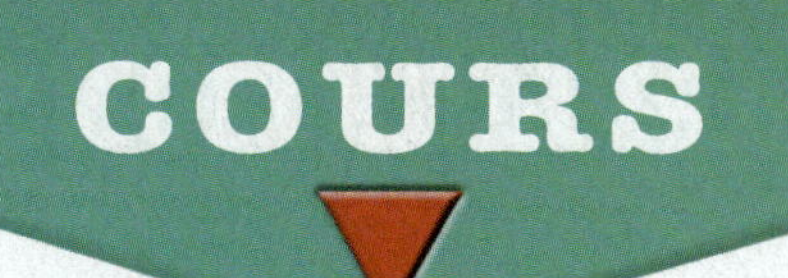

2. Équation $ax^2 + bx + c = 0$ Factorisation et signe du trinôme

L'existence des solutions de l'équation $ax^2 + bx + c = 0$ dépend du signe du **discriminant** $\Delta = b^2 - 4ac$ du polynôme $P(x) = ax^2 + bx + c$, avec $a \neq 0$.

On admet les résultats ci-dessous :

discriminant $\Delta = b^2 - 4ac$	$\Delta < 0$	$\Delta = 0$	$\Delta > 0$
solutions de l'équation $ax^2 + bx + c = 0$	pas de solution	une seule solution : $\alpha = \frac{-b}{2a}$ (solution double)	deux solutions distinctes : $x_1 = \frac{-b-\sqrt{\Delta}}{2a}$ $x_2 = \frac{-b+\sqrt{\Delta}}{2a}$
factorisation de $P(x)$	pas de factorisation	$P(x) = a(x-\alpha)^2$	$P(x) = a(x-x_1)(x-x_2)$
$a > 0$ • position de la **parabole** par rapport à l'axe des abscisses	α	α	α, x_1, x_2
• **signe** de $P(x)$	x : $-\infty$ … $+\infty$; $P(x)$: $+$	x : α ; $P(x)$: $+$ 0 $+$	x : x_1 x_2 ; $P(x)$: $+$ 0 $-$ 0 $+$
$a < 0$	α	α	x_1, x_2, α
	x : $-\infty$ … $+\infty$; $P(x)$: $-$	x : α ; $P(x)$: $-$ 0 $-$	x : x_1 x_2 ; $P(x)$: $-$ 0 $+$ 0 $-$

Remarques :

- Lorsque l'équation $ax^2 + bx + c = 0$ admet des solutions, ces solutions sont les **racines** du trinôme $ax^2 + bx + c$.
Ce sont les abscisses des points d'intersection de la parabole avec l'axe des abscisses.

- Lorsque le polynôme a deux racines distinctes x_1 et x_2, l'abscisse α du sommet de la parabole est la moyenne des deux racines : $\alpha = \frac{x_1 + x_2}{2}$.

Étudier le signe d'un trinôme du second degré

Méthode

Pour étudier le signe d'un trinôme $ax^2 + bx + c$, avec a, b et c non nuls :

• on regarde le signe de a, coefficient de x^2, qui indique l'allure de la parabole :

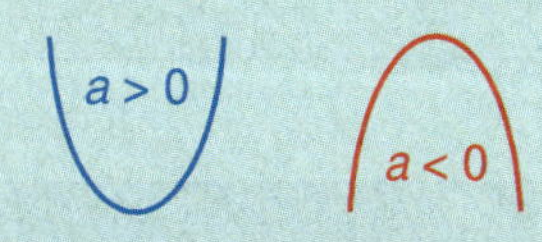

• on calcule le discriminant :

$$\Delta = b^2 - 4ac ,$$

le signe de Δ donne la position de la parabole par rapport à l'axe des abscisses ;

• par lecture graphique, on obtient le signe du trinôme.

$\Delta > 0$: la parabole coupe l'axe des abscisses en deux points.

⚠ Pour les polynômes $ax^2 + bx$ ou $ax^2 + c$, voir exercice 40.

[voir exercices 42 à 46]

Étudier le signe des trinômes :

$$A(x) = -x^2 + 4x + 5 \quad \text{et} \quad B(x) = 4x^2 - 5x + 2 .$$

• $A(x) = -x^2 + 4x + 5$, $a = -1$ et $-1 < 0$; d'où l'allure de la parabole.

$\Delta = b^2 - 4ac = 4^2 - 4(-1)(5) = 36$.

$\Delta > 0$, donc il y a deux racines :

$$x_1 = \frac{-b - \sqrt{\Delta}}{2a} = \frac{-4 - 6}{-2} = 5 \quad \text{et} \quad x_2 = \frac{-b + \sqrt{\Delta}}{2a} = \frac{-4 + 6}{-2} = -1 .$$

La parabole coupe l'axe des abscisses en -1 et en 5 :

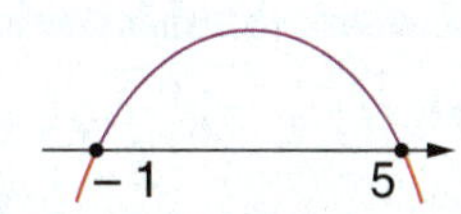

D'où le signe de $A(x)$:

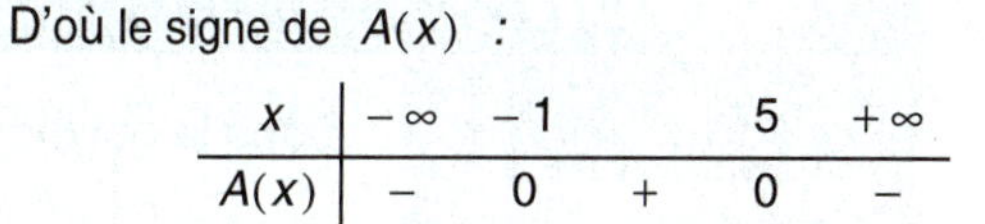

x	$-\infty$		-1		5		$+\infty$
$A(x)$		$-$	0	$+$	0	$-$	

• $B(x) = 4x^2 - 5x + 2$, $a = 4$ et $4 > 0$; d'où l'allure de la parabole.

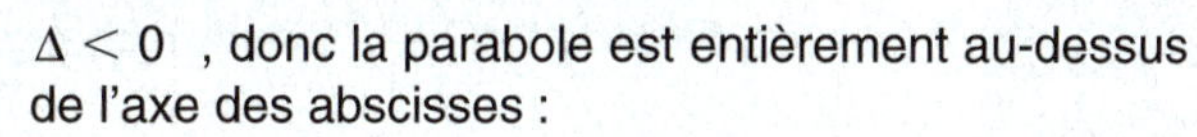

$\Delta = b^2 - 4ac = 5^2 - 4 \times 4 \times 2 = -7$.

$\Delta < 0$, donc la parabole est entièrement au-dessus de l'axe des abscisses :

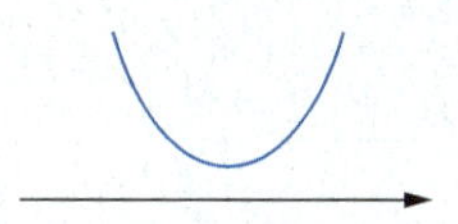

D'où le signe de $B(x)$:

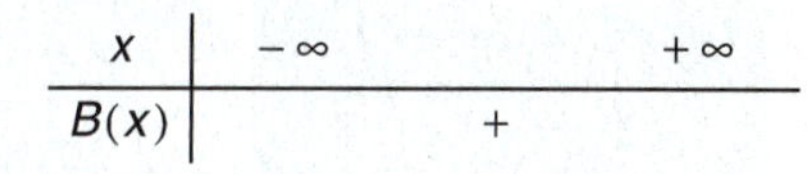

x	$-\infty$		$+\infty$
$B(x)$		$+$	

Résoudre une équation du second degré à l'aide d'un programme

Le programme est structuré comme la recherche à la main. De plus, il donne l'abscisse du sommet.

• T. I. • CASIO

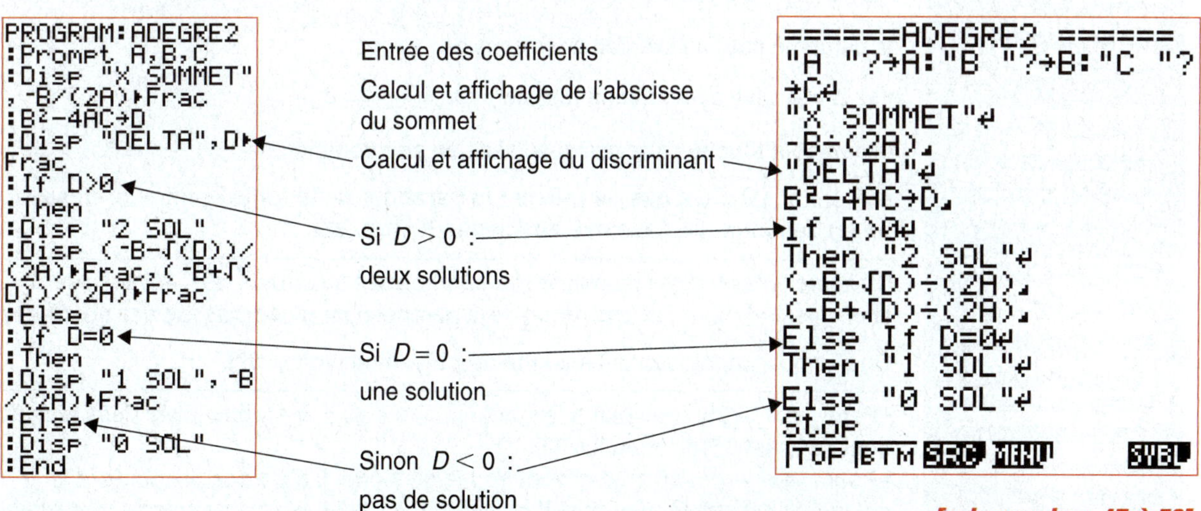

[voir exercices 47 à 52]

FAIRE LE POINT

POLYNÔME DU SECOND DEGRÉ OU TRINÔME

Un trinôme peut prendre trois formes, avec $a \neq 0$. Les deux premières formes existent toujours :

- forme **réduite** $ax^2 + bx + c$
- forme **canonique** $a(x-\alpha)^2 + \beta$
- forme **factorisée** $a(x - x_1)(x - x_2)$

PARABOLE

La représentation d'une fonction $f : x \longmapsto ax^2 + bx + c$, $a \neq 0$, est une parabole :

de sommet $S(\alpha ; \beta)$, où $\alpha = -\dfrac{b}{2a}$ et $\beta = f(\alpha)$.

On retrouve la forme canonique $f(x) = a(x-\alpha)^2 + \beta$.

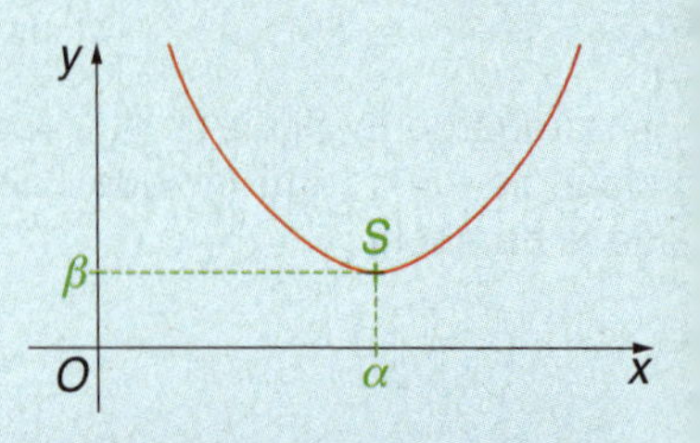

Savoir	Comment faire ?
trouver le sommet d'une parabole et obtenir la forme canonique	Dans le polynôme $P(x) = ax^2 + bx + c$, avec $a \neq 0$: on calcule $\alpha = -\dfrac{b}{2a}$, abscisse du sommet ; on remplace x par α dans $P(x)$ et on calcule pour obtenir $\beta = P(\alpha)$. D'où la forme canonique $P(x) = a(x-\alpha)^2 + \beta$ (voir p. 85).
déterminer le sens de variation de $f : x \mapsto ax^2 + bx + c$ 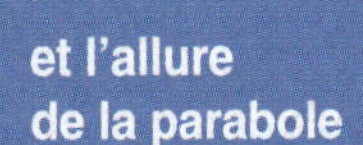 et l'allure de la parabole	Le sens de variation de la fonction change en $\alpha = -\dfrac{b}{2a}$: (voir p. 84) $a > 0$: x : $-\infty$, α, $+\infty$; $f(x)$ décroissante jusqu'à β puis croissante parabole tournée vers le haut $a < 0$: x : $-\infty$, α, $+\infty$; $f(x)$ croissante jusqu'à β puis décroissante 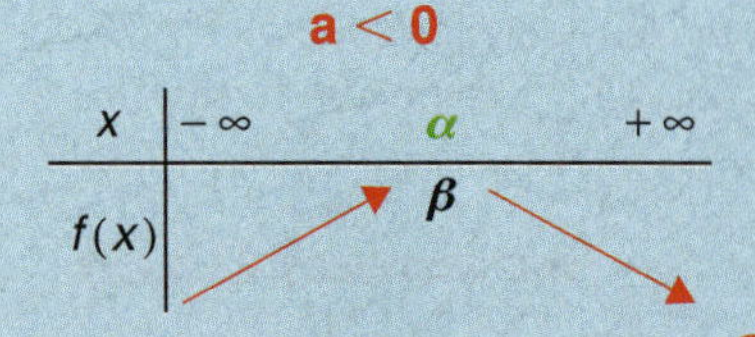 parabole tournée vers le bas
trouver les racines, solutions de l'équation $ax^2 + bx + c = 0$, connaître les points d'intersection de la parabole avec l'axe des abscisses	On calcule le discriminant $\Delta = b^2 - 4ac$: • si $\Delta > 0$, il y a deux racines $x_1 = \dfrac{-b-\sqrt{\Delta}}{2a}$ et $x_2 = \dfrac{-b+\sqrt{\Delta}}{2a}$; la parabole coupe l'axe des abscisses en x_1 et x_2 ; • si $\Delta = 0$, il y a une racine (double) $x = -\dfrac{b}{2a}$; la parabole touche l'axe des abscisses en son sommet. • si $\Delta < 0$, il n'y a pas de racine ; la parabole reste toute entière au-dessus, ou en dessous, de l'axe des abscisses (voir p. 86).
étudier le signe d'un polynôme du second degré	On cherche les racines du polynôme, solution de l'équation $ax^2 + bx + c = 0$, et on dessine l'allure et la position de la parabole par rapport à l'axe des abscisses. On lit alors graphiquement le signe du polynôme (voir p. 87).
trouver les racines des polynômes particuliers : $ax^2 + bx$ et $ax^2 + c$	• Pour $ax^2 + bx$, on met x en facteur : $x(ax+b)$, on obtient deux racines dont l'une est 0 (voir exercice 40). • Pour $ax^2 + c$, si a et c sont de même signe, il n'y a pas de racine et le polynôme est strictement positif ou négatif ; si a et c sont de signes contraires, on obtient deux racines opposées (voir exercice 41).

ÉTUDE D'UN BÉNÉFICE À L'AIDE DU LOGICIEL DERIVE

Une entreprise fabrique des figurines d'un personnage de jeux de rôle.
Le coût de production d'une quantité q de figurines est donné, en €, par $C(q) = 0{,}002q^2 + 2q + 4\,000$.
L'entreprise ne peut fabriquer plus de 6 000 figurines de ce personnage. On suppose que chaque figurine est vendue au prix de 11 € la figurine.

A : Travail sur papier

a) Construire la courbe représentative de la fonction coût C dans un repère orthogonal : unités $1 \text{ cm} = 500$ en abscisse et $1 \text{ cm} = 5\,000$ en ordonnée.
b) Exprimer la recette $R(q)$ en fonction de la quantité vendue.
Tracer le droite représentant la fonction R dans le repère précédent.
c) On définit la fonction de bénéfice B par $B(q) = R(q) - C(q)$.
Déterminer graphiquement la quantité de figurines que l'entreprise doit fabriquer pour obtenir un bénéfice maximal.

B : Étude à l'aide du logiciel DERIVE

1° Construction des courbes de coût et de recette

a) Dans la fenêtre Algèbre, taper l'expression de la fonction coût et valider, vérifier qu'elle est en surbrillance. `c(q) := 0.002·q^2 + 2·q + 4000`

Ouvrir la fenêtre Graphique par [icône] et dans la barre d'outils de la fenêtre graphique, cliquer sur [icône].
On peut ouvrir les deux fenêtres par : **Fenêtre** / **Mosaïque Verticale** .

b) Ajuster le repère pour faire apparaître la courbe en utilisant les boutons de la barre d'outils :

Pour obtenir des graduations en y tous les 10 000, cliquer sur [icône] puis cliquer sur [icône] jusqu'à obtenir des graduations en x tous les 1 000. Cliquer [icône] pour recentrer le graphique.

c) Construire de même la courbe de la fonction recette R .

2° Étude du bénéfice et recherche de la plage de bénéfice

a) Définir le bénéfice : `b(q) := r(q) - c(q)` .

Développer son expression par **Simplifier** / **Développement** , choisir q et cocher **Rationnel** .

b) Tracer la courbe de la fonction bénéfice B .

Cliquer sur [icône] et déplacer le curseur avec les flèches du clavier pour lire une valeur approchée de la quantité à produire pour obtenir un bénéfice maximal (regarder la position de la croix).

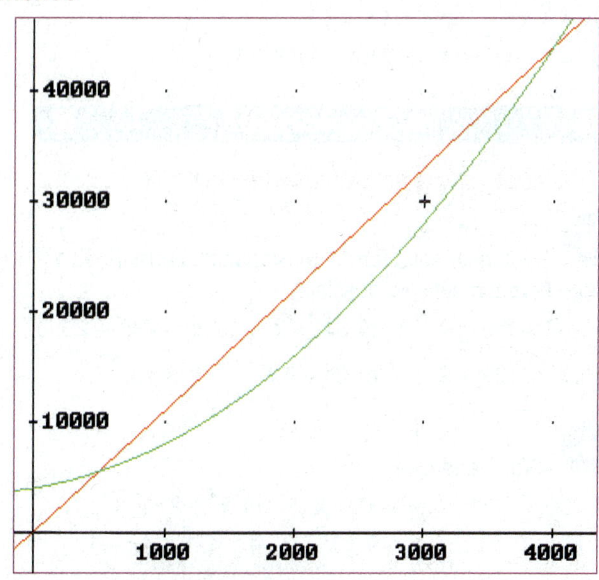

c) Vérifier : $B(q) = -\,0{,}002\,(q + 2\,250)^2 + 6125$.
taper `b(q) = - 0.002·(q - 2250)^2 + 6125`
et développer. Conclure.

d) **Sur papier,** étudier les variations de la fonction B et déterminer la quantité de figurines à produire pour obtenir un bénéfice maximal.

e) Pour chercher la plage de bénéfice, revenir à la fenêtre Algèbre, taper `b(q) >=0` et valider.
Résoudre l'inéquation par **Résoudre** / **Expression** cocher **Algébrique Réel** , puis **Résoudre** .
En déduire la plage de profit de l'entreprise.

EXERCICES

LA PAGE DE CALCUL

1. Développer

Méthode : voir techniques de base, p. II

1 Développer, réduire et ordonner :

$A(x) = x - 3(x+4) + 2x(x-1)$;

$B(x) = x(5x \times 2) - (x^2 + x - 1)$;

$C(x) = -2(x-1) - (x+1)(2x-3)$;

$D(x) = (8x-3)(-7x+9)(x-1)$.

2 Développer, réduire et ordonner :

a) $(t-2)(t+2) - (2t-1)^2$;

b) $(4t+1)^2 - 2(3t+2)(2t-1)$;

c) $2t(1-3t) - 3(2-t)(2+t)$.

3 Développer, réduire et ordonner :

a) $-2(3-2q)(1+3q) + q(5-q)^2$;

b) $(2q-3)^3 - 4(1-q)^3$;

c) $(q-1)^3 + 2(q-1)(q+1)^2 - (2q)^2$.

4 Développer, réduire et ordonner :

a) $3(x+4)^2 - 5(x-1)^2$;

b) $(x-1)(x-3)^2 - 3x(x+5)^2$;

c) $(x+1)^3 - 3x(x+1)$;

d) $(2x-1)^3 - (8x+3)(x-1)(x+1)$.

2. Factoriser

Méthode : voir techniques de base, p. II

5 Factoriser sous forme de produit de facteurs du 1er degré (lorsque cela est possible) :

a) $-x^2 + 7x$; b) $3x^2 - 1$; c) $-4x^2 + 25$;

d) $4x^2 - 12x + 9$; e) $3x - 4x^2$; f) $3 + x^2$.

6 Même exercice.

a) $100x^2 - 1$; b) $-x^2 + x$; c) $x^2 + 2x + 1$;

d) $x^2 + 1$; e) $-9 + x^2$; f) $-4x^2 + 4x - 1$.

7 Factoriser les polynômes suivants (si cela est possible) :

$D(x) = 4x^2 - x$; $E(x) = x^2 + 4$; $F(x) = 1 - 4x^2$;

$G(x) = -3x^2 + 1$; $H(x) = -x^2 + 1$;

$K(x) = x^2 - 9 + (2x-1)(x+3)$;

$L(x) = 5x - x^2 - (4x-1)(5-x)$.

8 Factoriser au maximum :

a) $2x(x-3)^2 - x^2(x-3)$; b) $9 - (x+1)^2$;

c) $(x+4)^2 + 4x(x+4)^2$; d) $-(2-x)^2 + 1$;

e) $-4(x-3)^2 + (2-5x)^2$; f) $x^3 - 10x^2 + 25x$.

3. Expressions rationnelles

Méthode : voir techniques de base, p. III

9 Réduire au même dénominateur (en précisant les valeurs interdites), puis factoriser si possible le numérateur obtenu.

1° a) $\dfrac{x^2}{4} + \dfrac{x}{3} + \dfrac{1}{9}$; b) $\dfrac{3}{x} - \dfrac{x+1}{4x} - 1$;

c) $\dfrac{2}{x-1} + \dfrac{1}{x+1} + 1$; d) $x - 1 - \dfrac{x+4}{x+2}$.

2° a) $\dfrac{1}{x} - \dfrac{5x+2}{x+1} + 1$; b) $4 - \dfrac{9}{(x+2)^2}$;

c) $\dfrac{1}{4} - \dfrac{1}{(x-1)^2}$; d) $\dfrac{9}{x+5} - (x+5)$.

10 Même exercice.

a) $\dfrac{5}{q} - \dfrac{2}{q+2}$; b) $1 - \dfrac{4}{(q+1)^2}$;

c) $q + 1 - \dfrac{3}{q-1}$; d) $\dfrac{t+1}{t-3} - \dfrac{1}{t}$.

11 Même exercice.

a) $\dfrac{2t}{1-t} + t$; b) $\dfrac{3}{(t-1)^2} - \dfrac{1}{t-1}$;

c) $5t - 1 + \dfrac{2}{2-t}$; d) $\dfrac{1}{(5t-1)^2} - 1$;

e) $\dfrac{x-2}{x} - \dfrac{3x+2}{x^2+x} - \dfrac{x-1}{x+1}$; f) $\dfrac{2}{x-2} - \dfrac{1}{x+3} - 1$.

1. Polynôme du second degré

1. Questions rapides

12 Vérifier que les deux expressions données sont gales :

) $P(x) = (x+1)^2 - 4$ et $Q(x) = (x+3)(x-1)$;

) $P(x) = 2(x-3)(x+2)$ et $Q(x) = 2\left(x-\frac{1}{2}\right)^2 - \frac{25}{2}$;

$P(x) = -\frac{1}{2}(x+1)^2 + \frac{9}{2}$ et $Q(x) = -\frac{1}{2}(x+4)(x-2)$.

13 **Vrai ou Faux ?**

c'est vrai, justifier ; si c'est faux, corriger.

La forme réduite de $\frac{1}{3}(x-3)^2 + 1$ est $\frac{1}{3}x^2 + 4$.

La forme canonique de $3x^2 - x + 1$ est :

$$3\left(x - \frac{1}{6}\right)^2 + \frac{11}{12} .$$

La factorisation de $4(x-2)^2 + 9$ est $(2x-1)(2x-7)$.

La factorisation de $-(x+3)^2 + 4$ est $(-x-1)(x+5)$.

14 **QCM.** Trouver **toutes** les bonnes réponses :

oit $P(x) = 2x^2 - x + 3$

et $Q(x) = -3(x+1)^2 + 4$.

) La parabole représentant P est tournée vers le haut

) La fonction Q est croissante sur $[-1 ; +\infty[$

) La fonction P change de variation en $\frac{1}{4}$

) La parabole représentant Q a pour sommet (1 ; 4)

15 On considère la courbe $\mathscr{C}$ ci-dessous, représen-nt la fonction $f : x \longmapsto ax^2 + bx + c$.

après la courbe, les propositions sont-elles vraies ou usses ?

$f(x) = -x^2 + 4x + 2$;

a est négatif ;

$f(x)$ se factorise ;

$-\frac{b}{2a} = 2$.

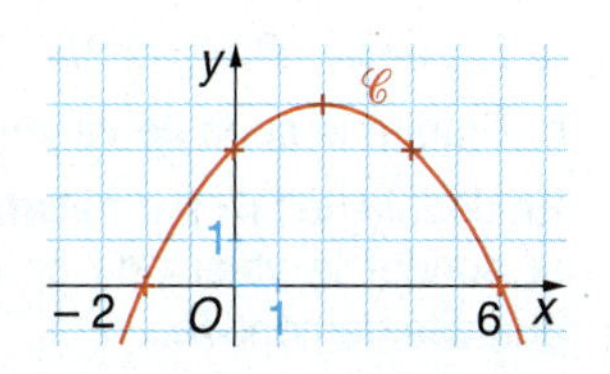

2. Applications directes

[Écrire un polynôme sous forme canonique, p. 85]

Pour les **exercices 16 et 17**, écrire chaque polynôme sous forme canonique.

16 1° $P(x) = x^2 - 4x + 3$.

2° $P(x) = -x^2 + 3x - 1$.

3° $P(x) = 3x^2 + 5x - 10$.

17 1° $P(x) = -2x^2 + 4x - 1$.

2° $P(x) = \frac{1}{4}x^2 - \frac{x}{2} - 2$.

3° $P(x) = 0{,}2x^2 - 4x + 20$.

[Étudier une fonction polynôme du second degré, p. 85]

18 Étudier la fonction f donnée et dresser son tableau des variations ; on indiquera seulement l'allure de la parabole.

1° $f(x) = -2x^2 + 4x - 1$. 2° $f(x) = \frac{x^2}{3}$.

19 Même exercice pour :

1° $f(x) = 0{,}02x^2 - 0{,}4x + 5$.

2° $f(x) = \frac{-2x^2}{3} + \frac{1}{4}x - 1$.

20 Étudier la fonction f donnée par :

$$f(x) = -\frac{x^2}{4} + x + 3 .$$

Construire sa courbe représentative $\mathscr{C}$ dans un repère orthonormal.

21 Étudier les fonctions f et g et les représenter sur le même graphique :

$$f(x) = -x^2 + 3x + 7$$

$$\text{et} \quad g(x) = \frac{1}{2}x^2 - 3x - \frac{1}{2} .$$

Lire les coordonnées des points d'intersection des deux courbes.

3. Utilisation des formes d'un polynôme

22 Soit $P(x) = -x^2 + 2x + 15$.

1° Vérifier que $P(x) = -(x-1)^2 + 16$.

En déduire une factorisation de $P(x)$.

2° Utiliser l'une des formes du polynôme la plus adaptée pour répondre aux questions posées.

a) Calculer $P(1)$.

b) Calculer $P(0)$.

c) Montrer que $P(x)$ admet un maximum dont on précisera la valeur.

d) Résoudre l'équation $P(x) = 0$.

e) Résoudre l'équation $P(x) = 15$.

f) Résoudre l'inéquation $P(x) \geqslant 16$.

23 Soit $P(x) = -x^2 + 5x + 14$, la forme réduite.

1° a) Déterminer la forme canonique de $P(x)$ en calculant $\alpha = -\frac{b}{2a}$.

b) Factoriser $P(x)$ à partir de la forme canonique.

2° Utiliser l'une des formes pour répondre aux questions posées.

a) Calculer $P(0)$. b) Calculer $P\left(\frac{5}{2}\right)$.

c) Résoudre l'équation $P(x) = 14$.

d) Résoudre l'inéquation $P(x) \leqslant \frac{81}{4}$.

e) Montrer que $P(x)$ admet un maximum dont on précisera la valeur.

24 Soit $P(x) = 2\left(x - \frac{5}{4}\right)^2 - \frac{49}{8}$.

1° Développer. Trouver la forme réduite de $P(x)$.

2° Déterminer la factorisation de $P(x)$: pour cela, mettre 2 en facteur et reconnaître une différence de deux carrés.

3° a) Résoudre $P(x) + 3 = 0$.

b) Montrer que P admet un minimum dont on précisera la valeur.

c) Justifier que, pour tout réel x , on a :

$$P(x) + 6{,}5 > 0 \text{ .}$$

d) Montrer que la fonction P est croissante sur l'intervalle $[\,1{,}5 \,;\, +\infty\,[$.

4. Étude de sens de variation

25 On considère la fonction f définie sur $[\,0 \,;\, +\infty$ par :

$$f(x) = 2x^2 + 0{,}5x + 8 \text{ .}$$

a) Dresser le tableau des variations de f sur $\mathbb{R}$.

b) En déduire le sens de variation de f sur $[\,0 \,;\, +\infty\,[$

c) Vérifier que l'on obtient le même sens de variation su $[\,0 \,;\, +\infty\,[$ par somme de fonctions.

26 Soit la fonction f donnée par :

$$f(t) = -0{,}5t^2 + 40t + 100 \text{ .}$$

a) Étudier les variations de f sur $\mathbb{R}$.

Dresser le tableau des variations.

b) En déduire le sens de variation de f , sur l'intervalle $[\,30 \,;\, 80\,]$.

c) Justifier que, pour tout réel t de $[\,30 \,;\, 100\,]$, on a

$$f(t) \in [\,100 \,;\, 900\,] \text{ .}$$

27 Une usine fabrique et vend des boîtes de jeu po enfants. Après la fabrication et la vente de x centaines d boîtes de jeu, le bénéfice net réalisé en un mois s'exprim en euros, par :

$$B(x) = -10x^2 + 900x - 2\,610 \text{ ,}$$

pour x compris entre 3 et 60 .

1° Étudier les variations de la fonction :

$$B : x \longmapsto B(x) \quad \text{sur } [\,3 \,;\, 60\,] \text{ .}$$

2° Pour quel nombre de boîtes de jeu fabriquées et ve dues, le bénéfice réalisé par cette usine est-il maximal Préciser la valeur, en euros, du bénéfice mensuel maxima

28 La quantité demandée pour un produit, sur un ma ché, est fonction du prix x suivant la fonction d telle qu

$$d(x) = 24 - 3x \text{ .}$$

Le prix est exprimé en euros par kg et la quantité tonnes.

1° Par une raison concrète, justifier que $x \in [\,0 \,;\, 8\,]$

2° On considère le chiffre d'affaires $R(x)$, en millie d'euros.

a) Exprimer $R(x)$ en fonction de x .

b) Étudier le sens de variation de la fonction R .

En déduire le prix permettant un chiffre d'affaires maxim et donner la valeur de ce chiffre d'affaires, ainsi que quantité demandée.

29 Le coût total de production de q, en hectolitres d'un produit est donné par :

$$C(q) = q^2 + 7q + 81 \ ,$$

pour $q \in [0\ ;30]$. Le coût est en euros.

1° Étudier sur $\mathbb{R}$ les variations de la fonction :

$$q \longmapsto q^2 + 7q + 81 \ ,$$

et en déduire le tableau des variations du coût total sur $[0\ ;30]$.

Préciser les coûts fixes et le coût maximal.

2° Chaque hectolitre est vendu 100 €.

a) Exprimer la recette $R(q)$ pour q hectolitres vendus.

b) En déduire le bénéfice $B(q)$ pour q hectolitres produits et vendus.

On parlera de **bénéfice négatif** pour une perte.

c) Étudier le sens de variation sur $\mathbb{R}$ de la fonction :

$$q \longmapsto B(q)$$

et en déduire le tableau des variations du bénéfice sur $[0\ ;30]$.

Préciser les extremums.

30 Les coûts variables d'une production sont de 1,5 k€ par kg et les coûts fixes sont de 5 000 €.

On produit une quantité x variant de 0 à 20t.

La recette n'est pas linéaire ; $R(x)$ est en k€ et s'exprime, pour $x \in [0\ ;20]$, par :

$$R(x) = -0{,}2x^2 + 4x \ .$$

1° Étudier le sens de variation de R.

2° Exprimer le coût total en fonction de x.

3° a) Établir l'expression du bénéfice :

$$B(x) = -\ 0{,}2x^2 + 2{,}5x - 5 \ .$$

b) Étudier le sens de variation de B sur $\mathbb{R}$, puis sur $[0\ ;20]$.

En déduire la quantité à produire pour un bénéfice maximal et calculer ce bénéfice.

31 Le coût variable de fabrication de q milliers d'objets est donné, en k€, par :

$CT(q) = q^3 - 6q^2 + 28q$, pour $q \in [0\ ;7]$.

1° Exprimer le coût moyen par objet :

$$\text{coût moyen} = \frac{\text{coût total}}{\text{quantité}} \ .$$

2° Déterminer la quantité qui minimise le coût moyen.

2. Équation $ax^2 + bx + c = 0$ Factorisation et signe du trinôme

1. Questions rapides

32 En regardant la forme du polynôme qui apparaît au premier membre, indiquer les équations dont la résolution est immédiate. On ne demande pas de résoudre (voir Techniques de base, p. X).

a) $4x^2 - x = 0$; b) $(-x-1)(1+3x) = 0$;

c) $x^2 - 4x + 4 = 0$; d) $-x^2 + x = 2$;

e) $-3x\,(x+2) = 0$; f) $2\,(x-3)(x^2+4) = 0$;

g) $x^2 - 9 = 0$; h) $x^2 - 3x = 5$; i) $(x-4)^2 = 1$.

33 Parmi les polynômes suivants, indiquer ceux qui sont factorisables. On ne demande pas la factorisation (voir Techniques de base, p. II).

⚠ Il n'est pas toujours nécessaire de développer ou de calculer le discriminant.

$A(x) = -x^2 + 1$; $B(x) = x^2 - 5x + 4$;

$C(x) = -9x^2 + x$; $D(x) = -x^2 + 2x - 1$;

$E(x) = 4x^2 + 25$; $F(x) = -x^2 + 5x - 1$.

34 Même exercice.

$A(x) = -(x+1)^2 + 4$; $B(x) = 4(x-3)^2$;

$C(x) = \frac{3}{4}(x-2)^2 - \frac{1}{2}$; $D(x) = -\frac{x^2}{4} + 1$;

$E(x) = 2\,(x+3)^2 + 4$; $F(x) = -x + 3x^2$.

35 Pour chaque polynôme, calculer de tête son discriminant et indiquer s'il a des racines.

On ne demande pas de les déterminer.

$A(x) = x^2 - 2x + 3$; $B(x) = x^2 + 2x - 3$;

$C(x) = -\ x^2 + 2x + 3$; $D(x) = 2x^2 - 3x + 1$;

$E(x) = -\ 2x^2 + x - 3$; $F(x) = -\ x^2 + x + 3$.

36 Même exercice (sans calculatrice).

a) $0{,}1x^2 - x + 20$; b) $0{,}25x^2 - 3x + 5$;

c) $\frac{-x^2}{2} + 3x - \frac{1}{2}$; d) $-x^2 - \frac{x}{2} + \frac{1}{4}$.

37 **Vrai ou Faux ?** Justifier à l'aide d'un graphique.

Soit $P(x) = ax^2 + bx + c$, avec $a \neq 0$, $\Delta = b^2 - 4ac$ et $\mathscr{C}$ la parabole d'équation $y = P(x)$, de sommet $S(x_s ; y_s)$.

a) Si $\Delta > 0$ et $a < 0$, alors $\mathscr{C}$ traverse l'axe des abscisses, et son sommet a une ordonnée positive.

b) Si $\Delta = 0$, alors $P(x)$ se factorise et est toujours positif ou nul.

c) Si $\mathscr{C}$ ne coupe pas l'axe des abscisses, alors $\Delta < 0$.

d) Si $P(x)$ a deux racines distinctes x_1 et x_2, alors $P(x) = (x - x_1)(x - x_2)$.

38 **Vrai ou Faux ?** Même exercice.

a) Si $\Delta < 0$ et $a > 0$, alors $P(x) > 0$.

b) Si $\Delta > 0$ et $x_s < 0$, alors l'équation $P(x) = 0$ possède deux solutions négatives.

c) Si $\Delta < 0$ et $P(2) = -4$, alors $P(x) < 0$.

d) Si $a < 0$ et $y_s < 0$, alors $\Delta < 0$.

39 Les courbes $\mathscr{C}_1$ $\mathscr{C}_2$ $\mathscr{C}_3$ et $\mathscr{C}_4$ sont les courbes représentatives de fonctions trinômes.

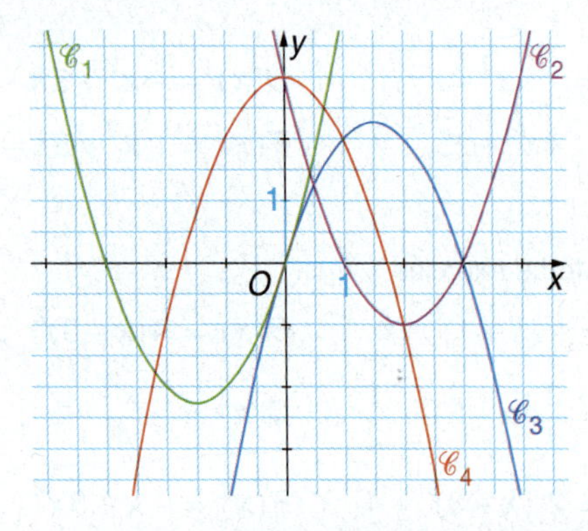

Associer à chaque courbe l'un des polynômes suivants :

$A(x) = -x^2 + 3$; $B(x) = -x^2 + 3x$;

$C(x) = (x - 3)^2 - 1$; $D(x) = x^2 + 3x$;

$E(x) = (x + 3)^2 - 3$; $F(x) = x^2 - 4x + 3$.

40 On rappelle que $ax^2 + bx = x\,(ax + b)$.

1° Résoudre l'équation $ax^2 + bx = 0$.

2° a) Résoudre l'équation $-3x^2 + 2x = 0$.

b) Donner l'allure de la parabole d'équation $y = -3x^2 + 2x$, et préciser les points d'intersection avec l'axe des abscisses.

c) Dresser le tableau de signe de $A(x) = -3x^2 + 2x$

3° Étudier de même le signe de $B(x) = 5x^2 + 10x$

41 1° a) Associer à chaque polynôme l'allure de la parabole correspondante.

On pourra faire appel aux fonctions associées, vues au chapitre 2.

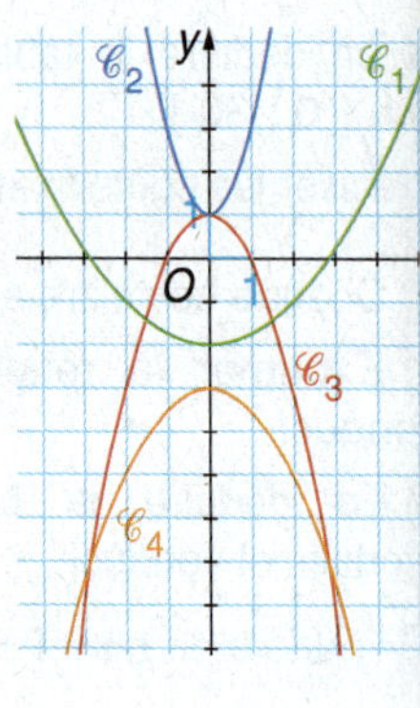

$A(x) = 2x^2 + 1$;

$B(x) = -x^2 + 1$;

$C(x) = -\frac{x^2}{2} - 3$;

$D(x) = \frac{x^2}{4} - 2$.

b) En déduire le signe de chaque polynôme.

2° On cherche à généraliser le signe de $ax^2 + c$ avec $a \neq 0$ et $c \neq 0$.

a) Si a et c sont tous les deux positifs, quel est le signe de $ax^2 + c$?

b) Si a et c sont tous les deux négatifs, quel est le signe de $ax^2 + c$?

c) Si a et c sont de signes contraires, quelle est la position de la parabole par rapport à l'axe des abscisses ?

2. Applications directes

[Étudier le signe d'un trinôme du second degré, p. 87]

Pour chacun des **exercices 42 et 43**, étudier le signe du trinôme en utilisant le discriminant et l'allure de la parabole.

42 1° $A(x) = -x^2 + 4x - 3$.

2° $B(x) = 2x^2 - 12x + 19$.

3° $C(x) = \frac{x^2}{2} + \frac{5}{2}x + 2$.

43 1° $D(x) = -2x^2 + 9x - 4$.

2° $E(x) = -3x^2 + x + 4$.

3° $F(x) = -x^2 + 5x - 1$.

44 Étudier le signe des polynômes suivants :

$A(x) = 9x^2 + 4x + 5$;
$B(x) = 2x^2 - 15x + 28$;
$C(x) = -2x^2 + 7x + 30$;
$D(x) = x^2 - 1{,}4x + 0{,}49$.

45 Étudier le signe des polynômes suivants.

⚠ Utiliser le discriminant quand les polynômes sont particuliers est une maladresse qu'il faut savoir éviter. On pourra préciser l'allure de la parabole.

$A(x) = 5x^2 - 4x$; $B(x) = 4x^2 - 1$;
$C(x) = -x^2 - 4$; $D(x) = -x^2 + 3x + 10$;
$E(x) = 4x^2 - x - 5$; $F(x) = -9x^2 + 4x$.

46 Même exercice (sans calculatrice).

a) $-4x^2 + 9$; b) $2x^2 - 3x + 2$;
c) $5x^2 + 4x$; d) $-x^2 + 4x - 5$;
e) $-x^2 - 1$; f) $x^2 - 3x + 2$.

[Résoudre une équation du second degré à l'aide d'un programme p. 87]

Pour chacun des **exercices 47 à 51**, résoudre l'équation donnée à l'aide de la calculatrice.

47 1° $0{,}1x^2 - 1{,}1x + 3 = 0$.
2° $8x^2 - 323x + 1\,734 = 0$.

48 1° $\frac{4}{3}x^2 - 8x + 5 = 0$.
2° $\frac{x^2}{200} + 30 = 0{,}85x$.

49 1° $2x^2 + 18{,}7x - 3 = 0$.
2° $5x^2 - 7{,}05x + 1{,}89 = 0$.

50 $\frac{x^2}{100} - 20x + 9\,600 = 0$.

51 $\frac{x}{12}(10x + 11) = 7$.

52 Résoudre chaque équation.

a) $(x-3)(7-x) = 5$; b) $x(6x + 11) = 35$;
c) $\frac{2x}{7}(5x + 1) + 1 = 0$;
d) $(2x-3)(4-x) = x^2 - 4$.

3. Étude de signe d'expression

53 Donner le signe des expressions suivantes, en précisant les valeurs où elles s'annulent :

$A(x) = (4x^2 - 1)^2$; $B(x) = 3(-x-1)^2$;
$C(x) = (1+x)^2 + 5$; $D(x) = 4(x-1)^2 + 9$;
$E(x) = -3x^2(2-x)^2$; $F(x) = -(x+1)^2 - 4$.

54 Même exercice.

$A(x) = \frac{4x^2}{3}(x-1)^2$; $B(x) = -25(x-2)^2 - \frac{9}{4}$;
$C(x) = -x^2(2x-3)^2$; $D(x) = (9x^2 - 4)^2$.

Rappels

Pour étudier le signe d'une expression, on se ramène souvent à des facteurs du 1er degré ou de carrés.

On étudie le signe de chaque facteur dans un tableau et on utilise la règle des signes.

Dans le cas où l'expression est un polynôme du second degré, $ax^2 + bx + c$, on cherche les racines et on s'appuie sur l'allure de la parabole d'équation $y = ax^2 + bx + c$ pour étudier le signe.

Exemple : $E(x) = \frac{-5(x^3 + 9x)}{x^2 + 2x + 1}$.

On factorise le numérateur et le dénominateur :

$$E(x) = \frac{-5x(x^2 + 9)}{(x+1)^2} .$$

On place 0 et -1 (racines ou valeurs interdites) sur la 1re ligne.

x	$-\infty$		-1		0		$+\infty$
$-5x$		+		+	0	−	
$x^2 + 9$		+		+		+	
$(x+1)^2$		+	0	+		+	
$E(x)$		+	‖	+	0	−	

55 Sans factorisation supplémentaire, étudier le signe des expressions suivantes dans un tableau.

$A(x) = (-x+1)(x^2-4x+4)$;

$B(x) = (4x^2+1)(2x-1)$;

$C(x) = \frac{-x^2}{5}(2x^2-4x-9)$;

$D(x) = (x-3)^2(-x^2+3x+4)$.

56 Étudier le signe des expressions dans un tableau.

$A(x) = \frac{x^2-4x}{x+2}$; $B(x) = \frac{(3x-1)^2}{x^2-3x+2}$;

$C(x) = \frac{1}{x}+\frac{3x-5}{x+1}$; $D(x) = \frac{1}{2}+\frac{x-3}{x}-\frac{x^2-1}{2x}$.

57 Étudier le signe des expressions suivantes :

$A(x) = \frac{4x-5}{x^2-1}$; $B(x) = \frac{3x^2-2x-1}{-x+9}$;

$C(x) = \frac{2x+3}{x}+\frac{4}{x-6}$; $D(x) = \frac{2}{x+1}-\frac{x}{x-1}$.

58 Même exercice.

$A(x) = \frac{3x}{2x^2+4}$; $B(x) = \frac{2(x-1)(x+7)}{(x-3)^2}$;

$C(x) = \frac{-5x^2+3x-1}{-x+2}$; $D(x) = \frac{x-3}{2x}-\frac{x}{x-1}$.

4. Équations - Inéquations

59 Résoudre les équations.

a) $2x(x-1)^2 = 0$; b) $(-x+3)(2x-5) = 0$;

c) $\frac{x+3}{2}(-x-2) = 0$; d) $\frac{5}{3}x^2\left(\frac{2}{3}x+\frac{1}{2}\right) = 0$.

60 Résoudre les équations.

a) $4x^2 = 2x$; b) $x^2 = 1$;

c) $x^2+4 = 0$; d) $-3x^2 = 0$;

e) $x^2 = 9x$; f) $-x^2 = 3$.

61 a) Résoudre $2x^2+8x-4{,}5 = 0$.

b) En déduire la résolution de $2x(x+4) \leqslant \frac{9}{2}$.

62 a) Simplifier $\frac{6-\sqrt{24}}{2}$.

En déduire les solutions exactes de l'équation :

$$x^2-6x+6 = 0 .$$

b) Résoudre $x^2 \geqslant 6(x-1)$.

63 a) Simplifier $\frac{2-\sqrt{20}}{8}$.

b) Résoudre $4x^2-2x-1 = 0$.

c) En déduire les solutions de $2x(2x-1) \geqslant 1$.

64 Résoudre les inéquations.

a) $4x^2+4x-15 > 0$; b) $3+x^2 \geqslant 2x$;

c) $\frac{2}{x} \geqslant 2x-3$; d) $\frac{4}{x+1} \leqslant x-3$.

65 Résoudre les inéquations suivantes en utilisant tableau de signes d'un quotient :

a) $\frac{3}{x} \leqslant x-2$; b) $\frac{4}{x-2} \geqslant 3-x$;

c) $\frac{x-2}{x+1} \geqslant x-1$; d) $\frac{3}{x} \leqslant \frac{5}{x+1}-1$.

66 a) Écrire sous la forme d'un quotient :

$$A(x) = \frac{4x}{x-3}-\frac{2}{x}-\frac{2x+5}{x^2-3x} .$$

b) En déduire les solutions de $A(x) = 0$.

c) Résoudre $A(x) < 0$.

67 a) Écrire sous la forme d'un quotient :

$$B(x) = \frac{2x-1}{x+2}-\frac{3x-5}{x^2+2x}+\frac{x-2}{x} .$$

b) En déduire les solutions de

$$\frac{2x-1}{x+2}+\frac{x-2}{x} \leqslant \frac{3x-5}{x^2+2x} .$$

68 Donner la forme quotient des expressions suivant[es] et en déduire pour quelles valeurs de x, elles so[nt] positives ou nulles :

$A(x) = x-\frac{(3x-1)^2}{x}$; $B(x) = \frac{2x-3}{4x-x^2}+\frac{3}{x}$.

69 On considère la fonction f définie sur $\mathbb{R}$ par :

$$f(x) = 2x^2 + 3x - 10 \ .$$

) Préciser les abscisses des points où la courbe $\mathscr{C}_f$ traverse l'axe des abscisses.

) Résoudre $f(x) \geqslant 0$, puis $f(x) \leqslant 4$.

70 Soit $f(x) = -0{,}1x^2 - 10x - 1\,500 + 87x$ et $\mathscr{C}_f$ sa courbe représentative.

) En quelles valeurs a-t-on $f(x) = 0$?

n donner une interprétation graphique.

) Résoudre $f(x) \leqslant 2\,100$.

71 On considère la fonction f définie sur $\mathbb{R}$ par :

$$f(x) = 0{,}4x^2 - 24x + 200 \ .$$

ésoudre : a) $f(x) \geqslant 0$;

b) $f(x) \leqslant 840$.

72 Soit la fonction g définie sur $]-1\ ;+\infty[$ par :

$$g(x) = 2x - 1 + \frac{8}{x+1} \ .$$

ésoudre : a) $g(x) > 0$; b) $g(x) \leqslant 7$.

73 On considère la fonction f définie sur $\mathbb{R}\setminus\{1\}$ par $(x) = \dfrac{2x+1}{x-1}$ et $\mathscr{C}_f$ sa courbe représentative.

oit $\mathscr{D}$ la droite d'équation $y = \dfrac{3}{4}x + \dfrac{7}{2}$.

tudier la position relative de $\mathscr{C}$ et $\mathscr{D}$.

Rappel : Étudier la position relative de deux courbes d'équations respectives $y = f(x)$ et $y = g(x)$, c'est étudier le signe de la différence :

$$h(x) = f(x) - g(x) \ .$$

Si $h(x) > 0$, $\mathscr{C}_f$ est au dessus de $\mathscr{C}_g$;
si $h(x) < 0$, $\mathscr{C}_f$ est au dessous de $\mathscr{C}_g$
quand $h(x) = 0$, les deux courbes sont sécantes.

74 Étudier la position relative de la parabole équation $y = 0{,}01x^2 + x + 39$:

avec la droite $\mathscr{D}$ d'équation $y = 2{,}4x + 6$.

avec la droite Δ d'équation $y = 2{,}2x + 3$.

5. Applications concrètes

75 Dans une entreprise, les coûts de fabrication de q objets sont donnés, en euros, par :

$$C(q) = 0{,}1q^2 + 10q + 1\,500 \ .$$

L'entreprise vend chaque objet 87 €.

1° Déterminer q pour que les coûts de fabrication soient égaux à 1 610 €.

2° Pour quelles valeurs de q , le bénéfice est-il nul ?

On parle de **points morts** de la production.

76 Une entreprise fabrique un type de bibelots à l'aide d'un moule. Le coût de production d'une quantité q de bibelots est donné, en euros, par :

$$C(q) = 0{,}002q^2 + 2q + 4\,000 \ .$$

On suppose que toute la production, quelle que soit la quantité, est vendue au prix de 11 € le bibelot.

1° Exprimer la recette $R(q)$ en fonction de la quantité q .

2° a) Étudier les variations de la fonction B définie sur $[\,0\ ;+\infty\,[$ par :

$$B(q) = -0{,}002q^2 + 9q - 4\,000 \ .$$

b) En déduire la quantité de bibelots à fabriquer (et à vendre) afin que le bénéfice réalisé par cette entreprise soit maximal.

c) Quelles quantités doit produire cette entreprise pour que la fonction de bénéfice soit positive ou nulle ?

77 En deux ans, une production a augmenté de 68 % :

- la première année, elle a augmenté de $a\,\%$;
- la seconde année, l'augmentation en pourcentage a doublé.

Déterminer l'augmentation, en pourcentage, au cours de la première année.

78 Julien place 1 500 € pendant deux ans à un taux de $t\,\%$, et 2 000 € pendant un an au même taux. Il obtient un capital de 3 805,40 €.

Déterminer le taux de placement t .

On posera $x = 1 + \dfrac{t}{100}$.

79 Sur un compte, rémunéré à intérêts composés à un taux de $t\,\%$ par an, Laura place 2 000 euros la première année, puis 2 000 euros la seconde année.

Au bout de deux ans, elle obtient 305 euros d'intérêts.

Déterminer le taux de placement.

3. Exercices de synthèse

1. Q.C.M.

80 Dans chacune des situations, choisir la seule bonne réponse parmi celles proposées.

Soit $P(x) = ax^2 + bx + c$, avec $a \neq 0$, Δ son discriminant et $\mathscr{C}$ la parabole d'équation $y = P(x)$.

1° Si $\Delta > 0$ et $a < 0$, alors :

(a) la parabole $\mathscr{C}$ traverse l'axe des abscisses

(b) on ne peut pas factoriser le polynôme

(c) $P(x)$ a un minimum

2° Si le polynôme P a deux racines distinctes et $a > 0$, alors :

(a) $P(x)$ se factorise et $P(x) = (x - \alpha)^2$

(b) la parabole $\mathscr{C}$ a un sommet d'ordonnée négative

(c) on ne peut pas factoriser le polynôme

3° Si $\Delta < 0$ et $S(2 ; 3)$ est le sommet de la parabole $\mathscr{C}$, alors :

(a) $a < 0$

(b) on ne peut pas factoriser le polynôme

(c) le polynôme est toujours positif

4° Si le polynôme se factorise, alors :

(a) $\Delta < 0$

(b) on ne peut pas savoir si $a > 0$ ou $a < 0$

(c) la parabole $\mathscr{C}$ ne coupe pas l'axe des abscisses

81 Donner **toutes** les bonnes réponses en justifiant (il peut y avoir plusieurs bonnes réponses pour la même situation).

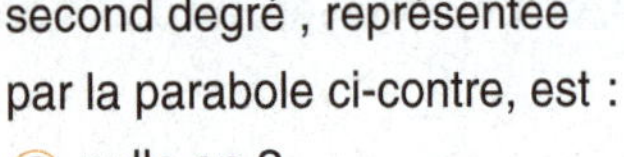

1° La fonction polynôme P du second degré , représentée par la parabole ci-contre, est :

(a) nulle en 2

(b) positive sur $]-1 ; 2[$

(c) négative en $-1{,}2$

(d) inférieure à 2,5 pour toute valeur de x

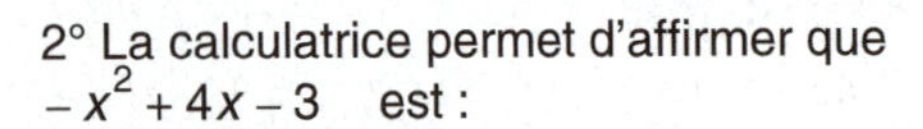

2° La calculatrice permet d'affirmer que $-x^2 + 4x - 3$ est :

(a) toujours positif

(b) toujours négatif

(c) négatif pour x négatif

(d) positif pour $x = 2$

3° Soit P un polynôme du second degré tel qu $a > 0$ et $\Delta < 0$.

Sa parabole représentative est l'une de ces courbes.

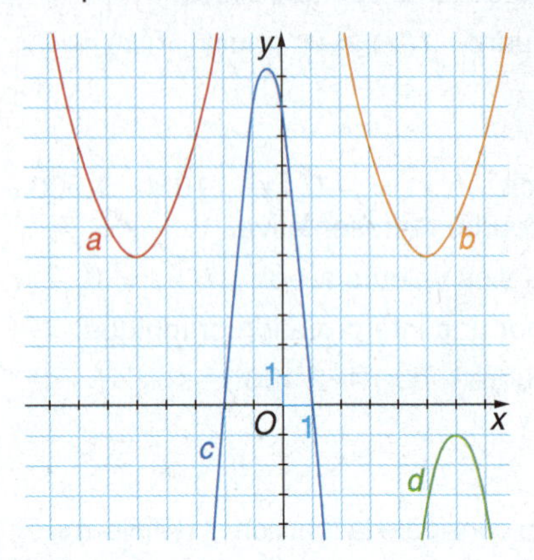

2. Lien avec les fonctions

82 On considère la fonction f définie sur $[-3 ; 7]$ connue par sa courbe $\mathscr{C}_f$ ci-dessous (à reproduire).

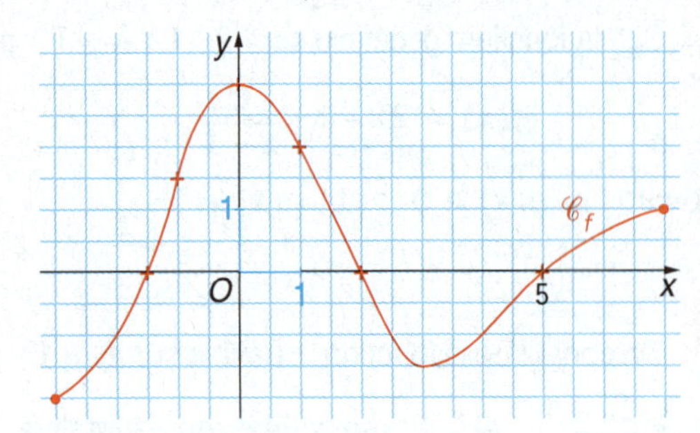

1° a) Préciser le sens de variation de f .

b) Justifier que, pour tout réel x de $[-3 ; 7]$, on a :

$$f(x) - 3 \leqslant 0 .$$

c) Donner le signe de $f(x)$ suivant les valeurs de x (pourra dresser un tableau).

2° Résoudre graphiquement :

a) $f(x) \geqslant 0$; b) $f(x) = \dfrac{4x - 8}{3}$; c) $f(x) \leqslant \dfrac{-x + 2}{2}$

On sera amené à construire des droites.

3° Soit g la fonction définie sur $\mathbb{R}$ par :

$$g(x) = -x^2 + 4x - 1 .$$

a) Déterminer le sens de variation de la fonction g .

b) Construire la courbe $\mathscr{C}_g$ dans le même repè que $\mathscr{C}_f$.

En déduire la résolution graphique de l'inéquation :

$$f(x) \geqslant g(x) \quad \text{sur } [-3 ; 7] .$$

83 Soit f définie sur $\mathbb{R}$ par $f(x) = \frac{-x^2}{2} - 2x + \frac{5}{2}$.

1° Montrer que $f(-2) - f(x)$ est toujours positif ou nul. Que peut-on en déduire pour la valeur $f(-2)$?

2° Résoudre algébriquement :

a) $f(x) = 0$; b) $f(x) \geqslant -8$; c) $f(x) < 4$.

3° Représenter la fonction f dans un repère orthonormal du plan.

Retrouver graphiquement les solutions précédentes.

4° a) Résoudre graphiquement $f(x) < \frac{1}{2}x - \frac{1}{2}$.

b) Résoudre algébriquement l'inéquation précédente.

84 Soit f et g deux fonctions polynômes du 2nd degré définies sur $\mathbb{R}$ par :

$$f(x) = x^2 + 3x - 1 \quad \text{et} \quad g(x) = 4 - x^2 .$$

1° Étudier leurs variations et tracer leurs courbes représentatives respectives $\mathscr{C}_f$ et $\mathscr{C}_g$ dans un repère orthonormal.

2° Résoudre algébriquement $f(x) = g(x)$.

En donner une interprétation graphique.

3° Résoudre alors $f(x) \leqslant g(x)$ à l'aide du graphique. Vérifier algébriquement.

85 Dans un repère orthonormal d'unités 1 cm, tracer la parabole $\mathscr{P}$ d'équation $y = -\frac{1}{2}x^2 + x + \frac{5}{2}$

et la droite $\mathscr{D}$ d'équation $y = \frac{5}{3}x + 3$.

Démontrer algébriquement que $\mathscr{D}$ ne coupe pas $\mathscr{P}$.

86 On cherche trois réels a , b et c tels que, dans un repère orthonormal du plan, la parabole $\mathscr{P}$ d'équation $y = ax^2 + bx + c$ passe par les points $A(0\,;\,-3)$ et $B(2\,;\,3)$, et la droite $\mathscr{D}$ d'équation $y = ax + b$ passe par $C(4\,;\,2)$.

1° À l'aide d'un système, déterminer les réels a , b et c .

En déduire les équations de la parabole et de la droite.

2° a) Tracer la parabole $\mathscr{P}$ et la droite $\mathscr{D}$ dans le même repère orthonormal.

b) Résoudre $-\frac{1}{2}x^2 + 4x - 3 \geqslant -\frac{1}{2}x + 4$.

En donner une interprétation graphique.

87 **Étude théorique**

1° Soit $P(x) = x^2 + mx + p$, où $a = 1$, m et p sont deux réels et $\mathscr{C}$ sa courbe représentative.

a) Montrer que $P(x)$ s'écrit $\left(x + \frac{m}{2}\right)^2 + \beta$ et déterminer β à l'aide des lettres m et p .

b) Indiquer par quelle transformation la parabole $\mathscr{P}$ d'équation $y = x^2$ a pour image la courbe $\mathscr{C}$.

En déduire le tableau des variations de $\mathscr{P}$.

c) À quelle condition sur β , la courbe $\mathscr{C}$ traverse-t-elle l'axe des abscisses ? Dans ce cas, donner une factorisation de $P(x)$.

2° Soit $P(x) = ax^2 + bx + c$, avec $a \neq 0$.

On écrit $P(x) = a\left(x^2 + \frac{b}{a}x + \frac{c}{a}\right)$.

a) Soit $m = \frac{b}{a}$ et $p = \frac{c}{a}$, écrire $P(x)$ sous la forme :

$$a\left(x + \frac{m}{2}\right)^2 + \beta .$$

b) En déduire la forme canonique de $P(x)$ écrite à l'aide de a , b et c .

Simplifier l'écriture en posant $\Delta = b^2 - 4ac$.

c) À quelle condition sur Δ , le polynôme $P(x)$ est-il factorisable ?

3. Applications économiques

88 Un producteur de pommes de terre peut récolter à ce jour 1 200 kg et les vendre 1 € le kg.

S'il attend, sa récolte augmentera de 60 kg par jour, mais le prix baissera de 0,02 € par kg et par jour.

1° Calculer son chiffre d'affaires dans chaque cas :

a) s'il vend toute sa récolte tout de suite ;

b) s'il attend un mois (30 jours) avant de vendre.

2° On suppose que ce producteur attend n jours, n entier de 0 à 50.

a) Exprimer la quantité $Q(n)$ de pommes de terre en fonction du nombre de jours n .

b) Exprimer le prix de vente $P(n)$ d'un kilogramme de pommes de terre en fonction de n .

c) En déduire le chiffre d'affaires $R(n)$ de ce producteur.

3° Déterminer le jour n où ce producteur aura un chiffre d'affaires maximal.

89 Offre et demande

• En général, pour une **fonction d'offre** du producteur, le prix et la quantité varient dans le même sens : plus le prix du marché augmente, plus il est intéressant pour l'entreprise de produire et dans ce cas les quantités offertes sur le marché augmentent.

Pour une **fonction de demande** des consommateurs le prix et la quantité varient en sens contraire : plus le prix du marché augmente, moins le consommateur achète, et les quantités demandées sur le marché diminuent.

• Le marché offre-demande est à **l'équilibre** lorsque, pour un même prix, la quantité offerte par les producteurs est égale à la quantité demandée par les consommateurs.

Lors du lancement d'un gadget sur le marché, une étude a montré que la **fonction de demande** des consommateurs pour cet objet est donnée par :

$$p = -0{,}01q^2 + 4 \quad ,$$

et la **fonction d'offre** du fabricant est donnée par :

$$p = 0{,}3q + 1 \quad ,$$

où q est la quantité demandée et offerte (en milliers d'objets) et p le prix unitaire du marché (en euros).

a) Déterminer, par le calcul, la quantité telle que l'offre soit égale à la demande (quantité d'équilibre du marché).

Donner cette quantité à 100 objets près.

En déduire le prix d'équilibre de ce gadget (à 0,1 € près).

b) Calculer l'aire du rectangle rouge dans le graphique ci-dessous, et en donner une interprétation économique.

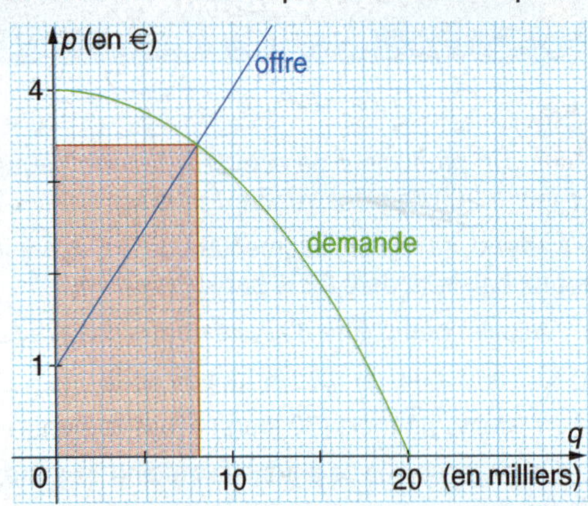

90

Les fonctions d'offre f et de demande g d'un bien sont données par :

$$f(q) = q^2 + 2q + 19 \quad \text{et} \quad g(q) = q^2 - 18q + 113 \quad ,$$

pour une quantité q variant de 1 à 8 tonnes.

$f(q)$ et $g(q)$ sont des prix par kg, en €.

1° a) Pour quelle quantité l'offre est-elle de 54 € ?

b) Pour quelle quantité la demande est-elle de 68 € ?

2° a) Déterminer le sens de variation des fonctions f et g sur $\mathbb{R}$, puis celui de leurs restrictions sur l'intervalle $[1 ; 8]$.

b) Représenter ces deux fonctions dans le même repère orthogonal bien choisi.

3° a) Résoudre algébriquement l'équation $f(q) = g(q)$

b) En déduire la quantité d'équilibre du marché offre demande, puis le prix d'équilibre.

91 Coût et chiffre d'affaires

Une unité de production est sous-traitant pour une grande marque de jouets.

Elle fabrique des poupées et vend toute sa production.

Le coût total de fabrication de q milliers de poupées est donné par :

$$C(q) = 0{,}05q^2 + q + 80 \quad \text{pour} \quad q \in [0 ; 100] \quad ,$$

et $C(q)$ est donné en milliers d'euros (k€).

1° a) Étudier le sens de variation du coût total.

b) Résoudre l'équation $C(q) = 480$.

En donner une interprétation concrète.

2° Le chiffre d'affaires R obtenu par la vente de q milliers de poupées produites est tel que :

$$R(50) = 300 \quad \text{et} \quad R(60) = 360 \quad ,$$

c'est-à-dire que 60 milliers de poupées apportent 360 k€ de recette.

Sachant que le chiffre d'affaires est une fonction affine de la quantité, déterminer cette fonction affine R.

3° On considère la fonction B définie sur $[0 ; 100]$ par $B(q) = -0{,}05q^2 + 5q - 80$.

a) Établir que la fonction B est la fonction bénéfice de cette usine pour la production (et vente) de q milliers de poupées.

b) Déterminer le sens de variation de la fonction B.

En déduire le nombre de poupées à produire pour que le bénéfice soit maximal.

Donner la valeur de ce bénéfice maximal.

c) Déterminer la plage de production qui permet de réaliser un bénéfice (c'est-à-dire $B(q)$ positif ou nul).

4° Dans le même repère orthogonal, bien choisi, représenter les fonctions C et R et placer tous les points mis en valeur au cours des questions précédentes.

Mettre en couleur la plage de production qui permet de réaliser un bénéfice.

L'offre et la demande

)'après une étude de marché, l'offre $f(x)$ et la lemande $d(x)$ d'un nouveau produit liquide sont léfinies sur l'intervalle $[0 ; 15]$ par :

$$f(x) = \frac{1}{18}x^2 + 3 \quad \text{et} \quad d(x) = \frac{40}{x+2},$$

ù x est le prix de vente au litre, en €, $f(x)$ la uantité, en L, proposée sur le marché et $d(x)$ la uantité, en L, que les consommateurs sont disposés acheter en fonction du prix x.

° a) Préciser le sens de variation de la fonction d'offre ur l'intervalle $[0 ; 15]$.

:alculer ses valeurs extrêmes.

) Démontrer que la fonction de demande est décroisante sur l'intervalle $[0 ; 15]$. On pourra utiliser les utils vus au chapitre 2.

:alculer ses valeurs extrêmes.

) Représenter ces deux fonctions dans un repère rthonormal d'unités 1 cm pour 2 € en abscisse et cm pour 2L en ordonnée.

° a) En déduire graphiquement le prix d'équilibre x_0 el que l'offre est égal à la demande.

b) Vérifier le développement :

$$(x-6)(x^2+x+102) = x^3+2x+54x-612$$

et en déduire algébriquement le prix d'équilibre x_0.

c) Calculer alors la quantité de produit qui assure cet équilibre.

3° À l'aide du logiciel DERIVE

a) Entrer les expressions ci-dessous :

```
#1:   f(x) := 1/18 x^2 + 3
#2:   d(x) := 40/(x + 2)
```

b) Taper l'équation **f(x)=d(x)** et la résoudre par : **Résoudre** / **Expression** et cocher **Algébrique Réel**, puis cliquer **Résoudre**.

c) Demander la factorisation de $f(x) - d(x)$: **Simplifier** / **Factorisation** et cocher **Radical**, puis cliquer le bouton **Factoriser**.

d) En déduire la quantité d'équilibre.

93 Utilisation d'une calculatrice formelle

es calculatrices formelles T.I. donnent une réponse xacte pour les équations du second degré :

utrement dit, si une équation du second degré a des olutions qui s'expriment avec des racines carrées, elles-ci apparaissent sur l'écran.

oit les équations : (E1) $2x^2-4x-3 = 0$; E2) $x^2+2x+3 = 0$ et (E3) $4x^2+4x+1 = 0$.

° Résoudre ces équations « à la main » à l'aide du scriminant.

° **Résolution à l'aide du solveur**

Sélectionner l'écran de calcul et valider par (ENTER), uis par la touche (F2) : **Alg 1:résol(** (ENTER)

aper le calcul ci-contre, puis valider : *n'oublier pas 'indiquer l'inconnue x*.

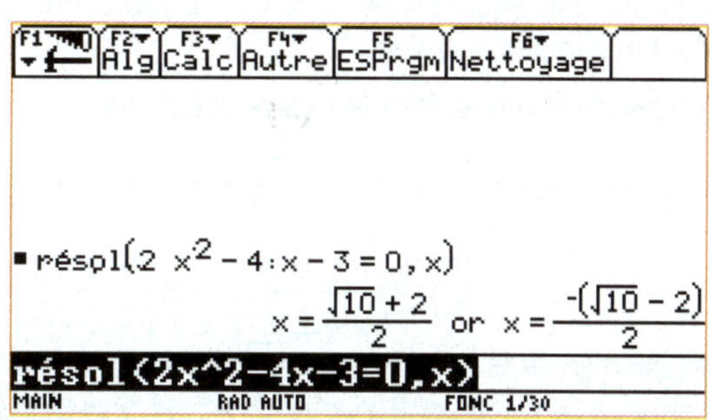

b) De même pour les deux autres équations.
Que répond la calculatrice quand l'équation n'a pas de solutions ?

3° Résoudre les équations suivantes :

a) $-25x^2+14x+7 = 0$; b) $9x(x-4) = 135$;
c) $(2x-1)(x+10) = 9$.

Les courbes d'indifférence

urélien achète régulièrement des livres et des DVD. e couple $(x ; y)$ représente le panier d'Aurélien et pécifie la quantité x de livres et y de DVD qu'il ouhaite acheter.

chaque couple $(x ; y)$, on associe un nombre $U(x ; y) = xy$ représentant la satisfaction d'Aurélien.

La courbe d'indifférence de niveau k est l'ensemble des points du plan de coordonnées $(x ; y)$ tels que $U(x ; y) = k$.

TRAVAUX

Le graphique ci-dessous présente une famille de courbes d'indifférence effectuée à l'aide de 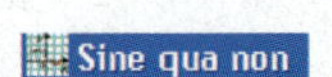 .

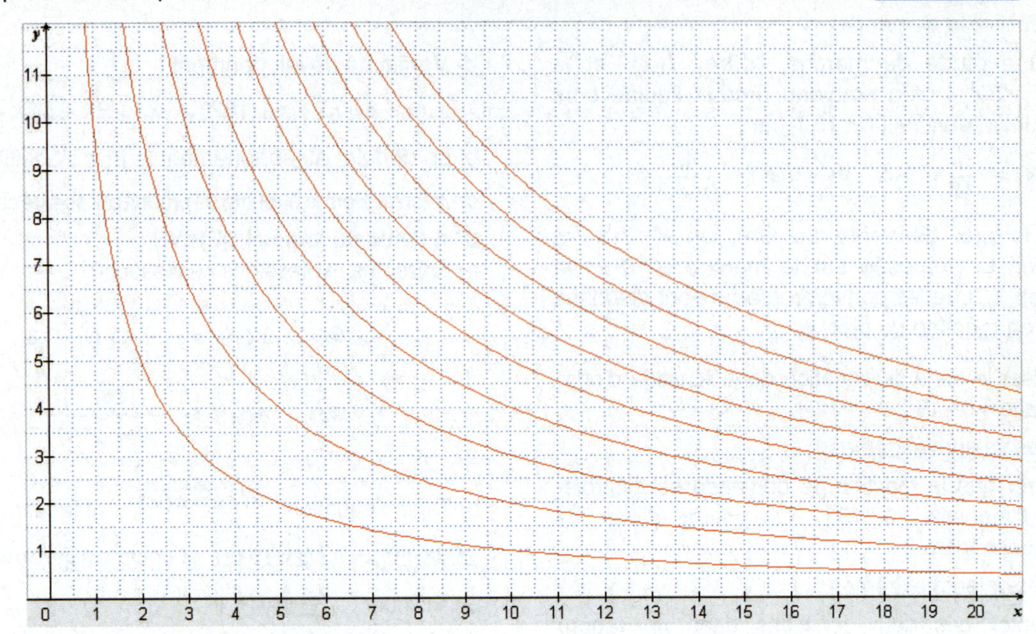

1° Retrouver sur ce graphique la courbe d'indifférence de niveau 50 et celle de niveau 10.

Reproduire ces deux courbes sur papier dans un repère orthonormal, en précisant leurs équations.

2° Un livre acheté par Aurélien coûte environ 9 € et un DVD coûte 18 €. Aurélien ne peut dépenser plus de 108 €.

a) Donner une équation de la droite $\mathscr{D}$ représentant le budget maximal d'Aurélien.

b) Tracer cette droite dans le repère précédent.

Avec ce budget, Aurélien peut-il avoir un niveau de satisfaction de 10 ? de 50 ?

c) Déterminer algébriquement les nombres de livres et de DVD qu'Aurélien peut acheter avec ce budget pour un niveau de satisfaction égal à 10.

d) Si le budget d'Aurélien augmente, par quelle transformation passe-t-on de la droite $\mathscr{D}$ à la nouvelle droite de budget.

Déterminer graphiquement le budget qu'Aurélien doit prévoir pour obtenir une satisfaction de niveau 50.

La divine proportion et le nombre d'or

95 On cherche le rapport de la longueur par la largeur du tableau(*)

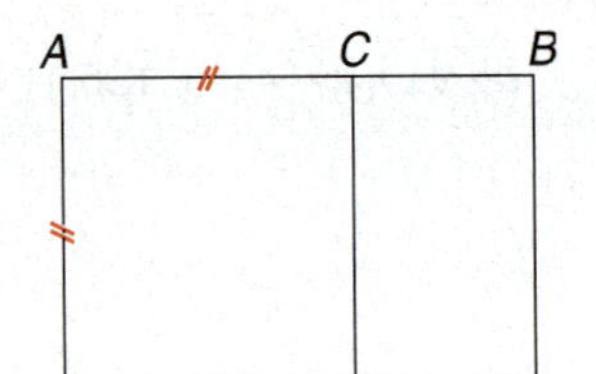

On pose $AC = 1$ et $AB = x$.

La proportion est « divine » d'après Léonard de Vinci lorsque $\dfrac{AB}{AC} = \dfrac{AC}{BC}$.

1° Exprimer cette égalité à l'aide du réel x .

En déduire une équation du second degré en x .

2° Résoudre cette équation. On trouve deux solutions : on note Φ(**) la solution positive, appelé nombre d'or.
Vérifier que l'autre solution est $1 - \Phi$.

* Tableau réalisé par un élève d'Arts Plastiques, qui connaissait le nombre d'or !

** La lettre Φ , phi, a été donnée en hommage au sculpteur grec Phidias dont l'œuvre maîtresse est l'une des merveilles du monde : La statue de Zeus à Olympe.

5

Statistique et traitement des données

1. Mesures de tendance centrale
2. Quartiles et diagramme en boîte
3. Variance . Écart type
4. Histogramme d'une série classée
5. Effet de structure
6. Séries chronologiques
7. Tableaux à double entrée

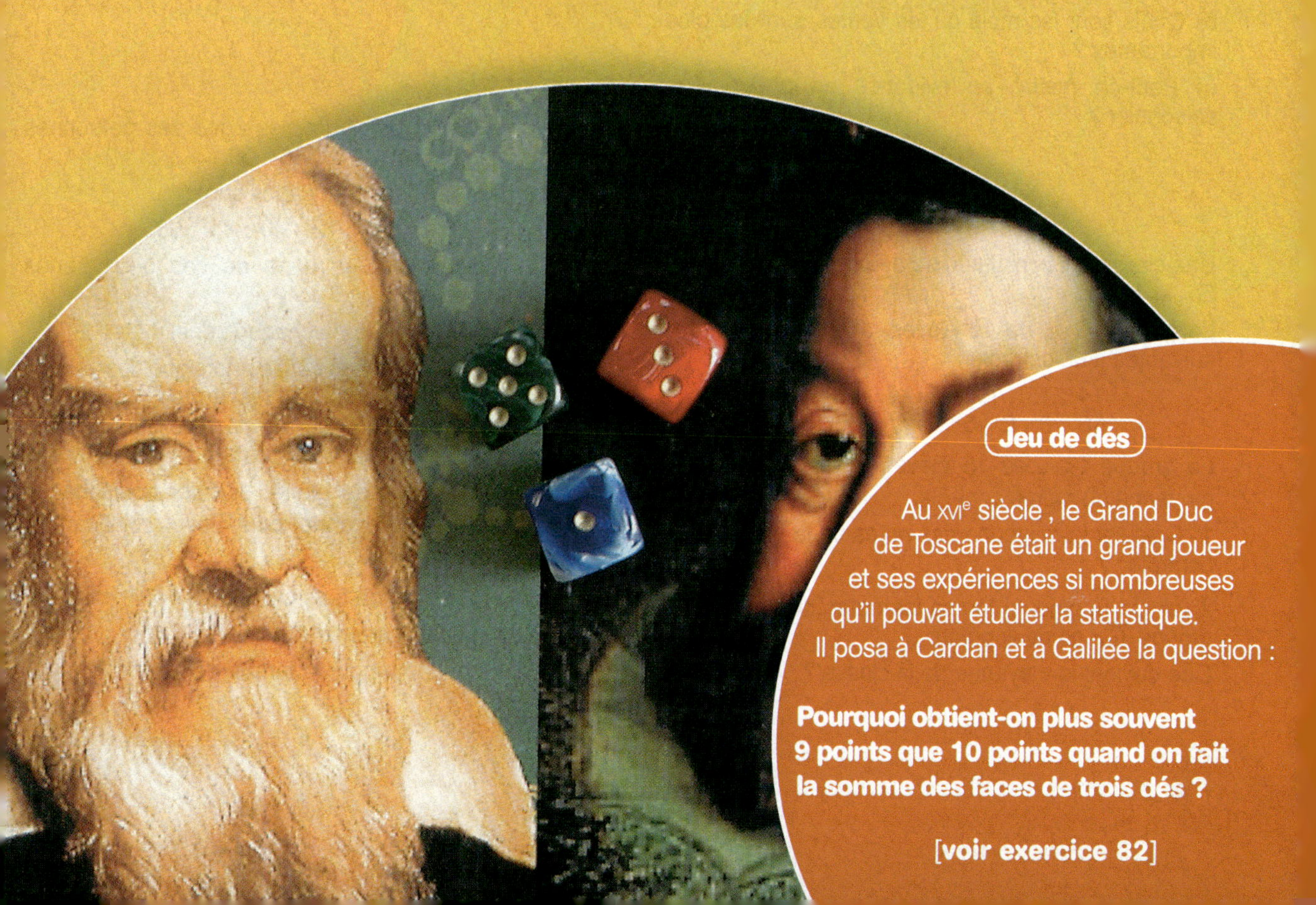

Jeu de dés

Au XVIe siècle , le Grand Duc de Toscane était un grand joueur et ses expériences si nombreuses qu'il pouvait étudier la statistique. Il posa à Cardan et à Galilée la question :

Pourquoi obtient-on plus souvent 9 points que 10 points quand on fait la somme des faces de trois dés ?

[voir exercice 82]

MISE EN ROUTE

Tests préliminaires

A. Nature d'un caractère

On observe les habitants d'une ville.

Préciser dans chacun des cas suivants si le caractère étudié est qualitatif, quantitatif discret ou quantitatif continu.

a) nationalité du père ; b) âge, en années ;

c) nombre de frères ou de sœurs ; d) taille ;

e) catégorie socio-professionnelle.

B. Choix d'un graphique

On observe les ventes d'une console de jeu dans un magasin pendant deux ans.

On présente l'étude à l'aide de trois graphiques :

❶ graphique polaire

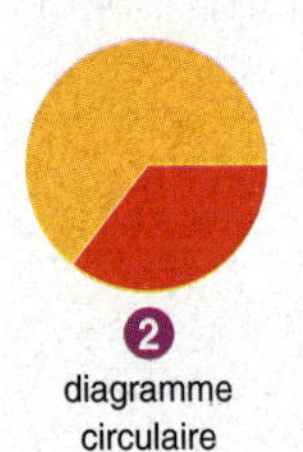

❷ diagramme circulaire

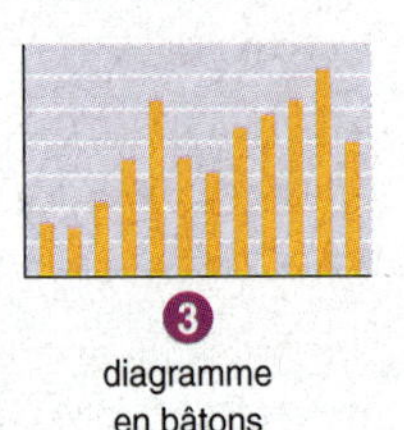

❸ diagramme en bâtons

Indiquer le graphique le plus approprié pour répondre aux questions suivantes :

a) Les ventes de consoles sont-elles plus importantes au cours du premier ou du second semestre ?

b) Quels sont les mois où les ventes sont les plus importantes ?

c) Peut-on mettre en évidence un phénomène saisonnier ?

C. Moyenne

Une classe est constituée de deux groupes d'élèves G_1 et G_2.

Le groupe G_1 , de 15 élèves, a obtenu les notes suivantes à un contrôle :

14 ; 15 ; 11 ; 18 ; 7 ; 18 ; 9 ;
16 ; 8 ; 2 ; 5 ; 17 ; 4 ; 8 ; 13.

Le groupe G_2 , de 15 élèves aussi, a eu 12 de moyenne au même contrôle.

1° Calculer la moyenne des notes de la classe à ce contrôle.

2° a) On augmente toutes les notes des élèves du groupe G_1 de deux points.

Que devient la moyenne de la classe ?

b) Dans cette question, le groupe G_2 est constitué de 17 élèves, et a toujours 12 de moyenne au contrôle.

Calculer la moyenne de la classe.

[voir techniques de base, p. XXII]

D. Propriétés de la moyenne et de la médiane

On considère la série statistique pondérée suivante :

valeur x_i	100	300	400	500	1000
effectif n_i	3	3	1	3	1

a) Calculer la moyenne de cette série statistique.

b) Déterminer sa médiane.

c) La valeur 1000 est remplacée par 1800.

Que deviennent la moyenne et la médiane ?

d) Même question lorsque dans la série donnée l'une des valeurs 300 devient 400.

e) On supprime l'une des valeurs 100 dans la série donnée.

La médiane peut-elle être égale à 350 ?

[voir techniques de base, p. XXII]

E. Étendue et écarts

Dans la famille de Laura, les âges des personnes sont : 16 ; 16 ; 18 ; 36 ; 39.

Dans celle de Carine, les âges sont :

2 ; 6 ; 8 ; 12 ; 40 ; 41 ; 66.

1° a) Calculer la moyenne de ces deux séries statistiques.

b) Calculer l'étendue de chaque série.

2° Comme l'étendue ne tient compte que des valeurs extrêmes et ignore toutes les autres, on préfère mesurer la dispersion par un nombre qui prend en compte l'ensemble des valeurs.

a) Dans la famille de Laura, calculer pour chaque âge l'écart à la moyenne, puis élever cet écart au carré : $(16 - 25)^2$.

Faire la moyenne de tous ces carrés.

Vérifier que l'on obtient 105,6.

b) Faire de même pour la famille de Carine.

Activités préparatoires

1. Étude de la répartition des notes à un examen

Le diagramme ci-contre montre la répartition des notes de 68 candidats, obtenues lors de l'épreuve de mathématiques d'un examen.

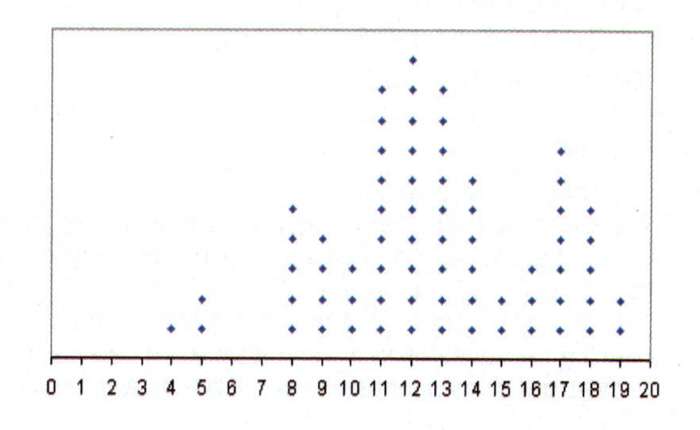

1° Déterminer le mode et la médiane de la série obtenue. Interpréter.

2° Calculer la moyenne de la série.

3° Q_1 est la 17e note de la série et Q_3 la 51e note. Quel est le pourcentage des candidats dont les notes sont comprises dans $[Q_1 ; Q_3]$

2. Histogramme

Jonathan, débutant au bowling, rêve de réussir un « strike », c'est-à-dire renverser les 10 quilles placées devant lui.

Il s'entraîne intensivement et note ses scores au cours de 36 parties.

Le graphique ci-dessous montre l'évolution de ces performances, suivant le numéro de la partie.

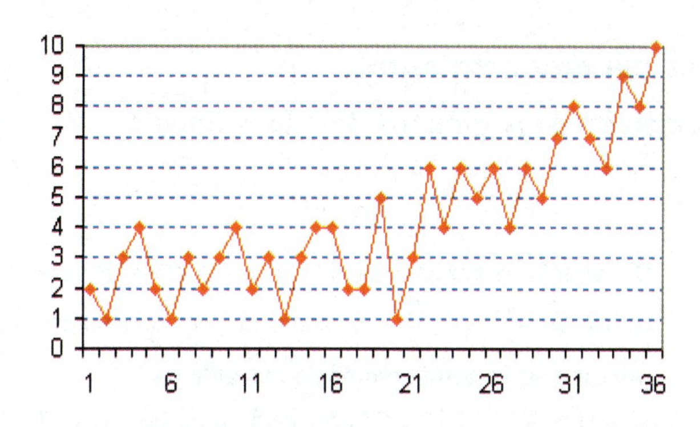

1° On a rangé les données, en les regroupant en classes d'amplitude 2. Chaque carreau représente un score.

Toutes les données sont encore représentées, mais une information a été perdue, laquelle ?

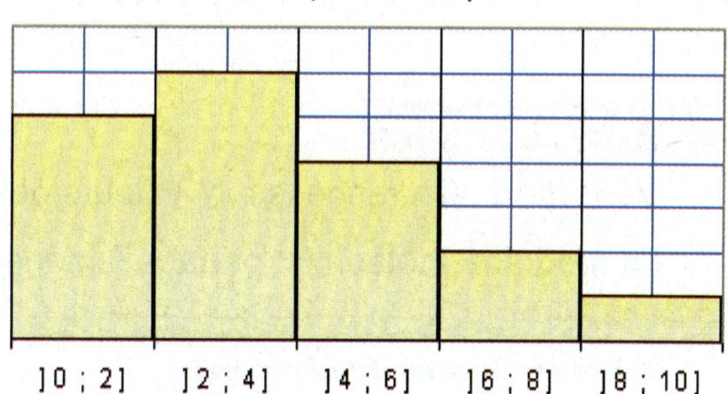

2° En utilisant le quadrillage, répartir les données suivant les classes :

$]0 ; 2]$; $]2 ; 4]$; $]4 ; 8]$ et $]8 ; 10]$.

Que constate-t-on ?

3. Série chronologique

On a étudié pendant quatre semaines l'audience d'une émission de télévision réalité (en milliers de spectateurs).

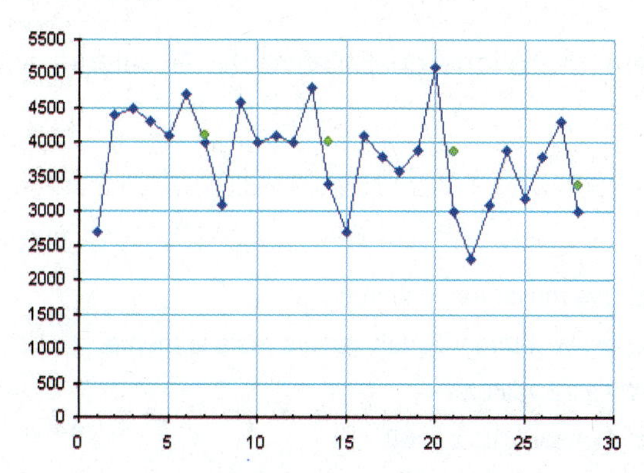

1° Le premier jour étant un samedi, pour chaque semaine, quel est le jour où l'audience est la plus faible ? La plus forte ?

2° Si on ne prend en compte que les audiences mesurées le jeudi de chaque semaine, quelle est alors la tendance de l'audience ?

3° Même question, en ne prenant que les audiences des vendredis.

4° Afin de tenir compte de toutes les valeurs de la série, on a placé sur le graphique, pour chaque vendredi, les moyennes de l'audience du vendredi et des six jours précédents, appelées moyennes échelonnées.

Comment se comportent ces moyennes ?

Que peut-on en déduire ?

1. Mesures de tendance centrale

Rappels sur la nature des données

• Données brutes discrètes : lorsque les valeurs prises sont isolées.	Notes à un examen, nombre d'enfants par famille, vente de voitures, etc.
• Données brutes continues : souvent, on peut seulement affirmer l'appartenance de la valeur à un certain intervalle.	Problèmes d'incertitude de la mesure : la taille, la masse, le temps, etc.
• Données « construites » : obtenues à partir d'un calcul utilisant les données recueillies dans la population : cumuls, fréquences, pourcentages d'évolution, moyennes, indices…	Moyenne des notes par matière obtenues par un élève, indice des prix, etc.

Lorsqu'une série statistique quantitative comporte un grand nombre de données, on cherche à dégager des caractéristiques essentielles qui se dissimulent dans la masse des données. On la résume à l'aide de **mesures de tendance centrale** si les données se concentrent autour d'une valeur, et de **mesures de dispersion** étudiées dans ce chapitre.

Le mode

définition : Dans le cas d'une série **quantitative discrète**, le **mode** est la valeur du caractère ayant le plus grand effectif.

Exemple : 1 ; 1 ; 1 ; 2 ; 2 ; 2 ; 2 ; 2 ; 2 ; 5 ; 5 ; 7 ; 7 ; 7 ; 8 ; 9. Ici, le mode est 2.

Le médiane

définition : On range les N valeurs de la série **par ordre croissant.**

La **médiane**, notée Me, partage la série ordonnée en deux groupes de même effectif.

Détermination de la médiane

Si l'effectif *N* est impair, alors la médiane est la valeur de la série de **rang** $\dfrac{N+1}{2}$.

Exemple : 1 ; 1 ; 3 ; 5 ; 5 ; **8** ; 9 ; 9 ; 9 ; 10 ; 11 .

Il y a 11 valeurs, donc la médiane est la 6e valeur : $Me = 8$.

Si l'effectif *N* est pair, alors toute valeur entre les valeurs de **rangs** $\dfrac{N}{2}$ et $\dfrac{N}{2}+1$ convient ; par convention, la médiane est **la demi-somme de ces valeurs**.

Exemple : 1 ; 1 ; 1 ; 3 ; 5 ; **5 ; 8** ; 8 ; 8 ; 8 ; 11 ; 11 .

Il y a 12 valeurs, donc la médiane est $Me = \dfrac{5+8}{2} = 6{,}5$.

Le moyenne

définition : **La moyenne arithmétique** d'une série statistique quantitative de N valeurs est le nombre $\bar{x}$, tel que $\bar{x} = \dfrac{x_1 + x_2 + \ldots + x_N}{N}$.

Remarques :

- On peut regrouper n_i valeurs égales à x_i , on calcule alors une moyenne pondérée.
- Si on remplace chaque valeur x_i de la série par la moyenne $\bar{x}$, la somme S des valeurs reste la même.

Ainsi, pour la série : 1 ; 1 ; 1 ; 1 ; 3 ; 5 ; 5 ; 8 ; 8 ; 8 ; 8 ; 11 il y a 12 valeurs.

$S = 4 \times 1 + 3 + 2 \times 5 + 4 \times 8 + 11 = 60$; d'où $\bar{x} = 5$. On a aussi $\mathbf{12\,\bar{x} = 60}$.

Choisir une mesure de tendance centrale selon le but

Méthode

On choisit :

- **le mode**, si le but est de toucher le plus grand nombre de personnes pour une valeur particulière du caractère ;
- **la médiane**, si le but est d'utiliser la répartition de la population.

[voir exercice 11]

Le directeur d'un stade propose pendant 10 mois une rencontre sportive par mois à prix unique. La répartition du nombre n_i de billets vendus par rencontre, en milliers, est donnée dans le tableau.

1° Quelle rencontre choisira un publiciste pour le lancement d'un produit ?

i	1	2	3	4	5	6	7	8	9	10
n_i	5	5	9	6	17	7	12	13	14	12

2° Le directeur fait un profit lorsque 50 % des billets sont vendus.
À partir de quelle rencontre fait-il un bénéfice ?

1° Le publiciste choisit le mode, donc la rencontre n° 5.

2° La médiane est 7, donc le directeur fait un bénéfice à partir de la 7e rencontre.

Choisir une mesure de tendance centrale selon la série

Méthode

• Choix d'une mesure de tendance centrale

Lorsque le diagramme en bâtons d'une série est symétrique, la moyenne et la médiane sont confondues.

La moyenne revient à remplacer toutes les valeurs de la série par une seule valeur ; elle est sensible aux valeurs extrêmes, contrairement à la médiane. On dit que la médiane est « robuste ».

Dans le cas d'un diagramme non symétrique, le choix de la médiane est souvent plus pertinent.

Calcul à la calculatrice

• T.I. : STAT **EDIT 1:Edit...** ENTER.

On entre les x_i dans la liste L1 et les effectifs dans la liste L2 ; on obtient les résultats par :

STAT **CALC 1 : 1-Var Stats**

.

• Casio : MENU STAT EXE ,

puis on entre les données en List1 et les effectifs en List2.

CALC SET pour choisir les listes et 1 VAR pour les résultats.

[voir exercices 12 et 13]

Trois personnes X , Y , Z , étudient les consommations horaires pendant plusieurs mois de leur téléphone portable. Quel forfait choisir ?
Quel sera le choix de Mme X, Mlle Y et de Mr Z pour un forfait couvrant au moins la moitié de leurs communications ?

Mme X	heure	1	2	3	4	5	6	7
	mois	1	2	3	3	3	2	1

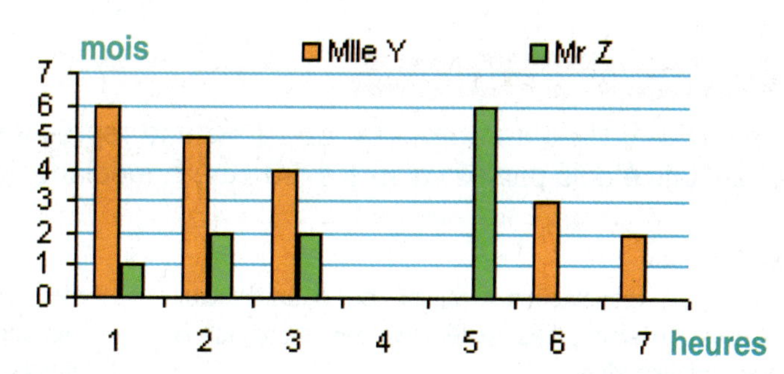

La série de Mme X contient trois modes 3h, 4h et 5h. Le mode ne permet pas de faire un choix.

Les séries de Mlle Y et de Mr Z montrent un seul mode.

S'ils veulent un forfait maximal, ils peuvent chacun choisir le forfait correspondant au mode. Mais le calcul de la moyenne et de la médiane donne d'autres informations.

Sur calculatrice, entrer les heures de 1 à 7 en liste L1 ;

entrer les nombres de mois en L 2 pour Mme X, en L 3 pour Mlle Y, en L4 pour Mr Z et mettre 0 s'il y a lieu.

Mme X : 1-Var Stats L1 , L2 donne $\bar{x} = Me = 4$.

Ainsi Mme X choisira un forfait de 4 heures.

Mlle Y : 1-Var Stats L1 , L3 : $\bar{x} = 3$ et $Me = 2$.

Ici $Me < \bar{x}$, le choix de la médiane est plus pertinent.

Mr Z : 1-Var Stats L1 , L4 : $\bar{x} \approx 3{,}7$ et $Me = 5$.

Ici $\bar{x} < Me$, le choix de la médiane est plus pertinent.

2. Quartiles et diagramme en boîte

Les quartiles

définition : Les valeurs de la série sont rangées dans l'ordre croissant.

Les **quartiles** partagent la série ordonnée en quatre groupes de même effectif.

- Le **premier quartile**, noté Q1, est la plus petite **valeur de la série** telle qu'au moins 25 % des valeurs lui soient inférieures ou égales.
- Le **troisième quartile**, noté Q3, est la plus petite **valeur de la série** telle qu'au moins 75 % des valeurs lui soient inférieures ou égales.

Exemple : 1 ; 1 ; **3** ; 5 ; 5 ; **6** ; 8 ; 8 ; **8** ; 10 ; 11. On a $Me = 6$, $Q1 = 3$ et $Q3 = 8$.

Les déciles

On définit, de même, les **déciles** : D1 est la plus petite valeur de la série telle qu'au moins 10 % des valeurs lui soient inférieures ou égales...

Intervalle interquartile : c'est l'intervalle [Q1 ; Q3], il contient au moins 50 % des observations.

L'écart interquartile $I = Q3 - Q1$ est une mesure de dispersion lié à la médiane.

Diagramme en boîte

définition : Un **diagramme en boîte** est une représentation graphique qui résume le caractère quantitatif étudié par les valeurs extrêmes, la médiane, les quartiles et parfois les déciles.

Exemples

- Ici, les « moustaches » relient les quartiles aux valeurs extrêmes. Les extrémités des moustaches donnent l'étendue.

Dans la boîte, se trouvent 50 % des valeurs de la série.

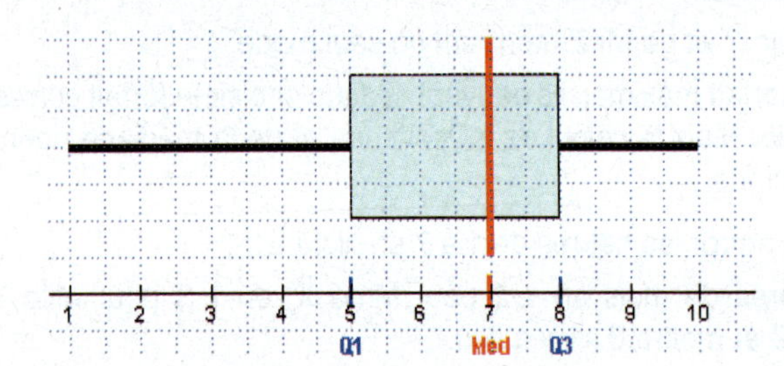

- Ici, les moustaches relient les quartiles aux déciles. Les valeurs peu nombreuses hors de [D1 ; D9] sont parfois représentées par des points.

Entre D1 et D9, se trouvent 80 % des valeurs de la série.

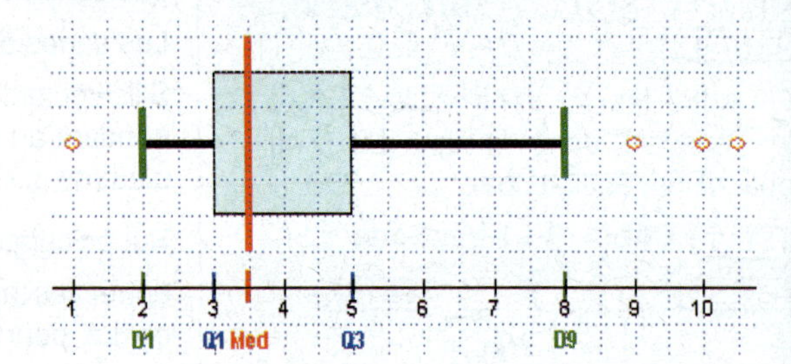

Remarque :

Le diagramme en boîte est aussi appelé diagramme de Tuckey, nom de son inventeur, « boîte à moustaches », ou « diagramme à pattes ». Les représentations ci-dessus ont été réalisées à l'aide du logiciel libre Sine qua non.

L'intérêt des diagrammes en boîte est de pouvoir **comparer** rapidement la dispersion par rapport à la médiane de plusieurs populations pour un même caractère.

Déterminer les quartiles Q1 et Q3

Méthode

On ordonne les n valeurs de la série par **ordre croissant** et on calcule $\frac{n}{4}$:

① **si** $\frac{n}{4}$ **est un nombre entier,** alors Q1 est le terme de la série ordonnée, de **rang** $\frac{n}{4}$;

② **si** $\frac{n}{4}$ **n'est pas un nombre entier,** alors Q1 est le terme de la série **de rang l'entier qui suit** $\frac{n}{4}$;

Q3 est le terme de la série de **rang l'entier** $3 \times \frac{n}{4}$ **ou qui le suit.**

⚠ Les valeurs de Q1 et Q3 fournies par les calculatrices ou les tableurs ne correspondent pas toujours à celles obtenues par la définition.

[voir exercices 23 à 28]

Voici les tailles, en cm, de 23 enfants de 8 à 11 ans. :

123	116	113	133	129	142	119	137	146	139	112	121
130	150	128	126	127	147	126	119	150	133	117	

Déterminer la médiane et les premier et troisième quartiles.

Sur une calculatrice T.I. : entrer les données en liste L1 .

• **Première méthode par lecture de la liste triée**

Trier les données par ordre croissant par :

STAT **2:SortA(** L1 **)** ENTER .

Comme $N = 23$:

$\frac{N}{4} = 5{,}75$, donc le premier quartile Q1 est la 6e valeur de la liste ordonnée : **L1** (6) ENTER . On lit $Q1 = 119$.

$3\frac{N}{4} = 17{,}25$, donc le troisième quartile Q3 est la 18e valeur de la série ordonnée : **L1** (18) ENTER . On lit $Q3 = 139$.

• **Seconde méthode en utilisant les fonctionnalités**

STAT **CALC 1:1-Var Stats** ENTER

1-Var-Stats L1 ENTER

et descendre dans la liste des résultats fournis.

```
1-Var Stats
↑n=23
 minX=112
 Q1=119
 Med=128
 Q3=139
 maxX=150
```

Comparer deux séries avec des diagrammes en boîte

Méthode

Dans un même repère, on dessine les diagrammes en boîte des deux séries.

Les longueurs des boîtes et des moustaches permettent de comparer la dispersion de chacune des séries.

Diagrammes en boîte sur la calculatrice :

T.I. : STAT PLOT **1:Plot 1...** ENTER

On et choix de la boîte et de la liste

ZOOM **9:ZoomStat** ENTER

TRACE pour lire les valeurs.

Casio : MENU  EXE

GRPH SET **StatGraph1 Graph type**  **MedBox** EXIT GPH1 .

[voir exercices 29 à 31]

Pour une enquête sociologique, on a demandé à une population de 12 hommes et de 12 femmes leur âge au moment de leur mariage.

homme	24	25	25	26	26	28	30	35	36	38	40	42
femme	15	19	19	20	21	22	23	25	26	26	26	27

Comparer la dispersion des deux séries à l'aide d'un diagramme en boîte.

Entrer les valeurs de la série des âges des hommes en L1 et celles de la série pour les femmes en L2 .

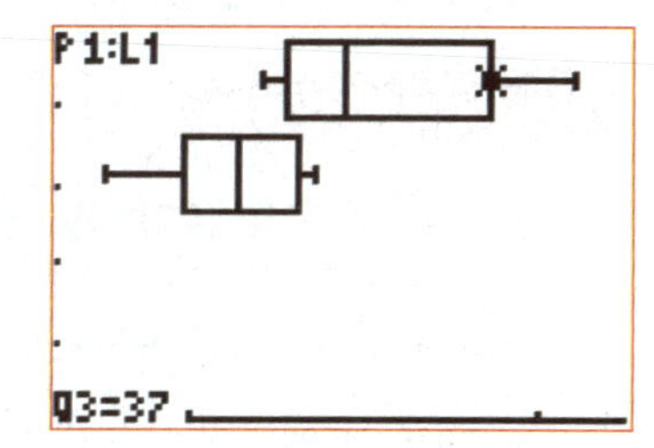

La « boîte » des âges des hommes est plus longue que celles des femmes, donc la série pour l'âge des hommes est plus dispersée que celle des âges des femmes.

On lit aussi que plus de 50 % des femmes, à leur mariage, ont un âge inférieur à l'âge minimal des hommes à leur mariage.

3. Variance – Écart type

L'écart interquartile $I = Q3 - Q1$ ne prend pas en compte les valeurs extérieures à l'intervalle interquartile.
Si on veut leur donner du poids, il est nécessaire d'avoir une autre mesure de la dispersion de la série statistique.

Variance

définition : Soit x_1 , x_2 , ... , x_n les n valeurs d'une série.

La dispersion moyenne des carrés des écarts autour d'un nombre x est la fonction E définie, pour tout réel x , par :

$$E(x) = \frac{1}{n}\left[(x_1 - x)^2 + (x_2 - x)^2 + \ldots + (x_n - x)^2\right] .$$

Cette fonction E est minimale en la moyenne, c'est-à-dire lorsque $x = \bar{x}$.

La valeur de ce minimum est **la variance** de la série statistique :

$$V = \frac{1}{n}\left[(x_1 - \bar{x})^2 + (x_2 - \bar{x})^2 + \ldots + (x_n - \bar{x})^2\right] .$$

Démonstration

$$E(x) = \frac{1}{n}[(x_1 - x)^2 + (x_2 - x)^2 + \ldots + (x_n - x)^2] \quad \text{(on développe les carrés et on regroupe)}$$

$$= \frac{1}{n}[(x_1^{\,2} + x_2^{\,2} + \ldots + x_n^{\,2})^2 - 2\,(x_1 + x_2 + \ldots + x_n)x + nx^2] \quad \text{(on utilise la définition de la moyenne)}$$

$$= \frac{1}{n}(nx^2) - 2\,\bar{x}.\,x + \frac{1}{n}(x_1^{\,2} + x_2^{\,2} + \ldots + x_n^{\,2}) = x^2 - 2\,\bar{x}.\,x + \frac{1}{n}(x_1^{\,2} + x_2^{\,2} + \ldots + x_n^{\,2}) .$$

$E(x)$ est un polynôme du second degré, de variable x , avec $a = 1$, positif, et $b = -2\bar{x}$.

Donc E admet un minimum en $x = -\dfrac{b}{2a} = \bar{x}$.

Ainsi la dispersion moyenne des carrés des écarts est minimale en $x = \bar{x}$.

Cas particulier

Comme la variance est une somme de carrés, elle est nulle si, et seulement si, tous les carrés sont nuls, c'est-à-dire lorsque toutes les valeurs de la série sont égales à la moyenne.

Remarque : la variance caractérise la dispersion des valeurs de la série par rapport à la moyenne, mais elle ne s'exprime pas dans les mêmes unités que la série considérée. Donc pour revenir aux unités, on prend la racine carrée.

Écart type

définition : **L'écart type** est la racine carrée de la variance : $\boldsymbol{s = \sqrt{V}}$.

Exemple : Soit la série : 1 ; 1 ; 1 ; 6 ; 7 ; 7 ; 7 ; 8 ; 8 ; 10 ; 14 ; 26 .

La moyenne est $\bar{x} = \frac{1}{12}(3 \times 1 + 6 + 3 \times 7 + 2 \times 8 + 10 + 14 + 26) = 8$.

D'où la variance :

$$V = \frac{1}{12}\left[3 \times (1-8)^2 + (6-8)^2 + 3 \times (7-8)^2 + 2 \times (8-8)^2 + (10-8)^2 + (14-8)^2 + (26-8)^2\right]$$

$$= \frac{1}{12} \times 518 \approx 43{,}167 .$$

Donc l'écart type est $s = \sqrt{V} \approx 6{,}6$.

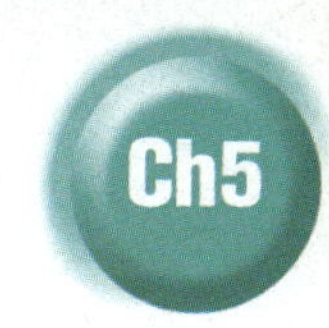

Choisir une mesure de dispersion

Méthode

Pour résumer une série statistique, les mesures de tendance centrale ne suffisent pas.

Deux séries peuvent avoir le même mode, la même médiane et la même moyenne et avoir des aspects différents.

• **L'étendue** ne dépend que de la première et la dernière valeur de la série.

Elle ne tient donc pas compte de la répartition entre les valeurs extrêmes.

• **L'écart interquartile**

Q3 – Q1 mesure la dispersion par rapport à la médiane, mais il ne tient pas compte des valeurs extérieures à l'intervalle [Q1 ; Q3] .

• **L'écart type** mesure la dispersion par rapport à la moyenne : il donne de l'importance aux valeurs éloignées de la moyenne.

On obtient directement l'écart type à la calculatrice :

. **T.I. :** notes en L1 et effectifs en L2 , puis (STAT)
CALC 1:1-Var Stats (ENTER)
(L1) (,) (L2) (ENTER)
l'écart type est en $\sigma x=$.

. **Casio :** (MENU) 

notes en liste 1 et effectifs en liste 2.
CALC SET pour le choix des listes et 1 VAR pour les résultats,
l'écart type est en $x\sigma n$ = .

[voir exercices 41 à 43]

On compare les notes obtenues à l'épreuve de EPS par deux classes *A* et *B* de 34 élèves chacune.

TPE *A*	2	6	8	9	10	11	12	14	16
effectif	1	1	2	1	5	5	8	4	7
TPE *B*	6	9	10	11	12	15	16	20	
effectif	1	5	5	5	10	6	1	1	

1° Comparer le mode, la médiane et la moyenne des deux séries.

2° Calculer les mesures de dispersion : étendue, écart interquartile et écart type.

1° Mesures centrales

Entrer la liste des notes de la classe *A* dans L1 et celle de *B* dans L 3 , les effectifs des notes pour *A* dans L 2 et ceux pour *B* dans L 4 .

Classe *A*

Mode 12 et Médiane 12 .

Moyenne $\bar{x} \approx 11{,}82$.

Classe *B*

Mode 12 et Médiane 12 .

Moyenne $\bar{x} \approx 11{,}82$.

Les mesures de tendance centrale sont identiques dans les deux classes.
On va donc comparer les mesures de dispersion.

2° Mesures de dispersion

• **L'étendue** de 14 est la même dans *A* et *B* : l'étendue ne permet donc pas de différencier les deux classes.

• **L'écart interquartile**

Classe *A* sur **T.I.** :

1-Var Stats (L1) (,) (L2)

```
1-Var Stats
↑n=34
 minX=2
 Q1=10
 Med=12
 Q3=14
 maxX=16
```

On obtient Q3 – Q1 = 4 .
50 % au moins des notes sont comprises entre 10 et 14.

Classe *B* sur **Casio** :

CALC SET **1VarXlist: list3**
1VarFreq: list4 1 VAR

```
1-Variable
n    =34
minX =6
Q1   =10
Med  =12
Q3   =12
x̄-xσn=9.17255192
1VAR 2VAR REG        SET
```

On obtient Q3 – Q1 = 2 .
50 % au moins des notes sont comprises entre 10 et 12.

En considérant l'écart interquartile, la série des notes de la classe *A* est plus dispersée que celle de la classe *B* , mais les écarts interquartiles ne tiennent pas compte des valeurs extérieures à l'intervalle [Q3 ; Q1] .

• **L'écart type** est donné par la calculatrice :

```
1-Var Stats
 x̄=11.82352941
 Σx=402
 Σx²=5082
 Sx=3.157200412
 σx=3.110424486
↓n=34
```

```
1-Variable
x̄     =11.8235294
Σx    =402
Σx²   =4992
xσn   =2.65097749
xσn-1 =2.69084405
n     =34
1VAR 2VAR REG        SET
```

La dispersion des notes de la classe *A* , par rapport à la moyenne, est plus forte que celle de la classe *B* .

4. Histogramme d'une série classée

Rappel

Une série classée peut être discrète ou continue.

Une classe est un intervalle souvent de la forme $[\,a\,;\,b\,[$. Son amplitude est $b-a$.

Histogramme

définition : Une série statistique classée, discrète ou continue, se représente par un histogramme, suite de rectangles accolés, d'aire proportionnelle à l'effectif de la classe représentée.

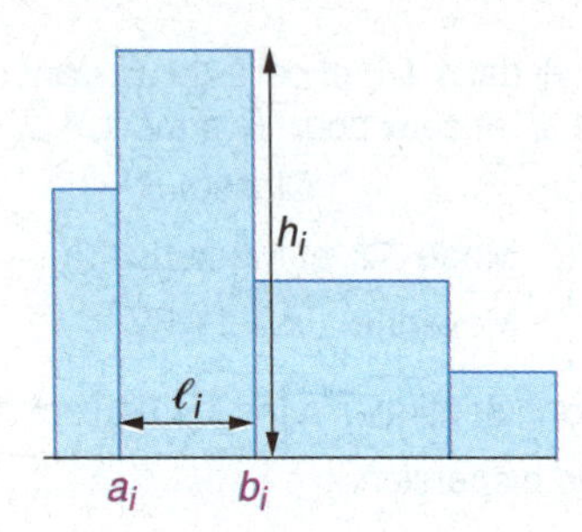

Pour chaque classe $[\,a_i\,;\,b_i\,[$:

n_i est l'effectif de la classe numéro i ;

$\ell_i = b_i - a_i$ est son amplitude ;

h_i est la hauteur du rectangle qui la représente.

L'aire est $A_i = h_i \times \ell_i$.

La proportionnalité de l'aire avec l'effectif est assurée en prenant pour aire $A_i = n_i$.

On a alors $A_i = h_i \times \ell_i = n_i$, d'où $h_i = \dfrac{n_i}{\ell_i}$. Ainsi la hauteur h_i est l'effectif par unité d'amplitude.

Densité d'une classe

définition : On appelle densité d'effectif d'une classe le quotient $\dfrac{\textbf{effectif de la classe}}{\textbf{amplitude de la classe}}$.

Remarques :

- Le calcul des densités permet de comparer des effectifs pour des classes d'amplitudes différentes.

Cette notion est à rapprocher de la notion de densité en géographie qui permet de comparer des populations en passant par le nombre moyen d'habitants par unité de superficie.

- Puisque l'aire de chaque rectangle est proportionnelle à l'effectif de la classe correspondante, l'unité d'aire de l'histogramme est donné par un « petit » rectangle situé à côté de l'histogramme (voir la méthode page ci-contre).

Classe modale

La classe modale est la classe ayant la plus grande densité.

Ainsi, sur l'histogramme, la classe modale est la classe représentée par le rectangle le plus « haut ». Il peut y avoir plusieurs classes modales.

Quelques formes possibles d'histogramme :

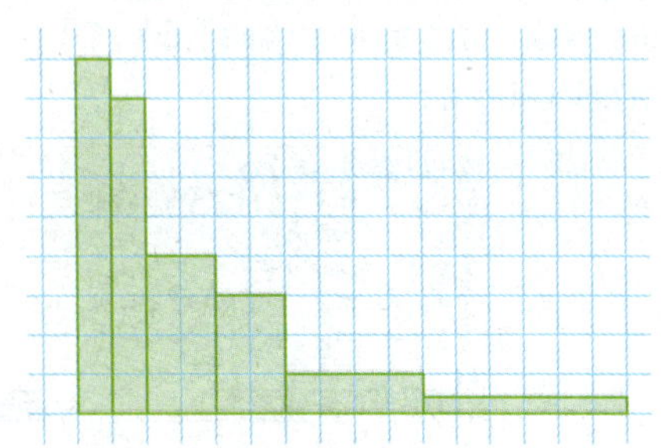

En *hyperbole* ou *J renversé :* les premières classes sont de fortes densités.

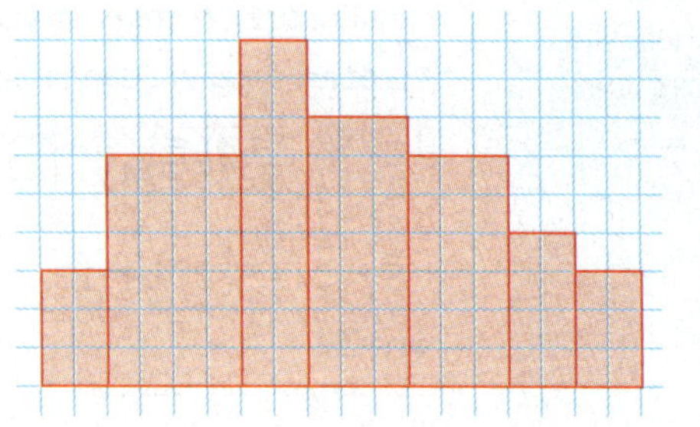

Symétrique : moyenne, classe modale et médiane sont proches.

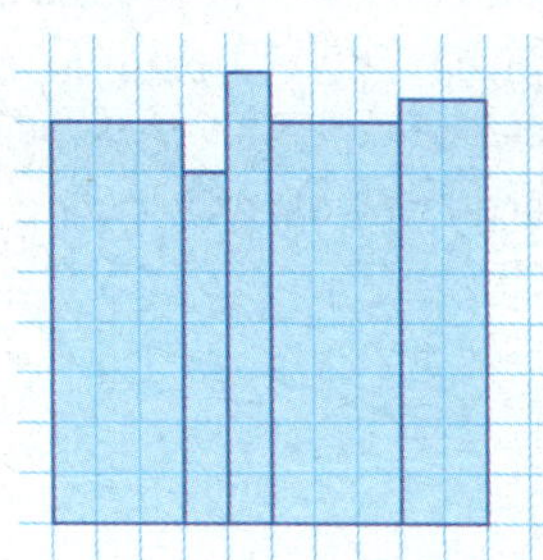

Homogène : les densités sont très proches.

Représenter une série statistique par un histogramme

Méthode

- Si les classes ont la même amplitude, la hauteur des rectangles est l'effectif de la classe.

- Si les classes n'ont pas même amplitude, on calcule les densités de chaque classe :

$$\frac{\text{effectif de la classe}}{\text{amplitude de la classe}}$$

et la hauteur des rectangles est proportionnelle à la densité.

Remarque : on peut interpréter concrètement la densité.

Ici, pour chaque classe, la densité est le nombre moyen de fleurs qui s'ouvrent par minute.

[voir exercices 53 et 54]

Le tableau ci-dessous indique le temps mis par 200 fleurs pour s'ouvrir.

temps (en min)	[0 ; 6 [	[6 ; 10 [	[10 ; 12 [	[12 ; 16 [	[16 ; 20 [	[20 ; 24]
effectif n_i	15	40	45	60	30	10

Représenter cette série statistique par un histogramme.

Calcul des densités :

temps (en min)	[0 ; 6 [	[6 ; 10 [	[10 ; 12 [	[12 ; 16 [	[16 ; 20 [	[20 ; 24]
amplitude l_i	6	4	2	4	4	4
densité h_i	2,5	10	22,5	15	7,5	2,5

Figure réalisée à l'aide de Sine qua non :

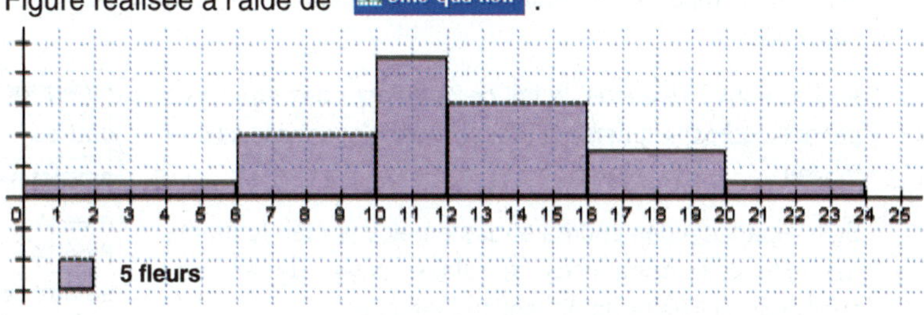

La classe [10 ; 12 [ayant la plus grande densité est bien la classe modale.

Utiliser la calculatrice pour construire un histogramme

Méthode

On ne représente que des classes d'égale amplitude.

T. I. : (STAT) **EDIT 1:Edit...** (ENTER) et entrer les bornes inférieures des classes en L1 et les effectifs en L2 .

Définir le type de graphique par : (STAT PLOT) **1:Plot1... On** (ENTER)

Et valider l'écran ci-dessous :

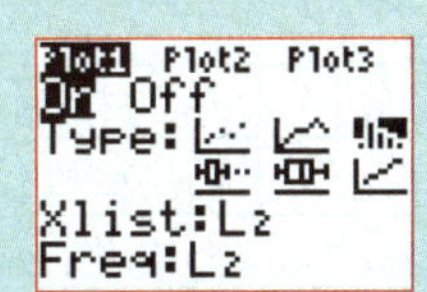

Pour la fenêtre : choisir pour Xmin la borne minimale et pour l'unité graphique Xscl l'amplitude des classes.

CASIO : voir l'exercice 55.

[Voir exercices 55 et 56]

Représenter la série statistique suivante par un histogramme en utilisant la calculatrice :

classe	[0 ; 5 [	[5 ; 10 [	[10 ; 15 [	[15 ; 20 [	[20 ; 25 [
effectif	10	45	85	60	10

En liste 1, on entre les bornes 0 , 5 , 10 , 15 , 20 , 25 et en liste 2 les effectifs.

On choisit la fenêtre en tenant compte de l'amplitude :

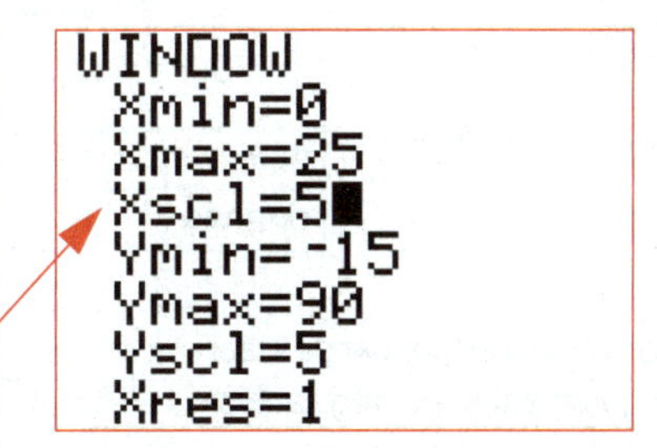

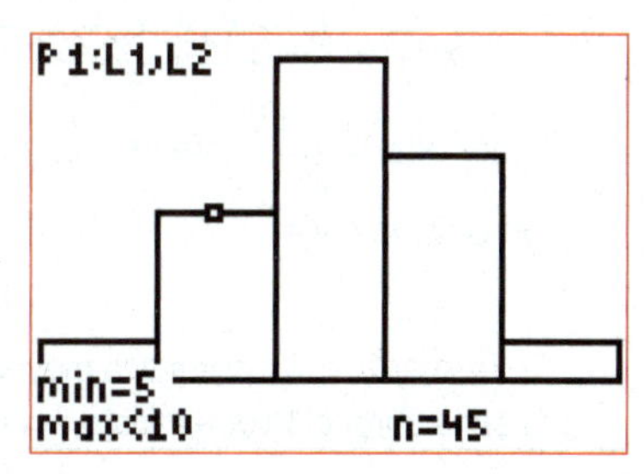

Pour faire disparaître l'axe des ordonnées :

(FORMAT) et sélectionner **AxesOff** (ENTER) .

Par (TRACE), on peut décrire l'histogramme.

5. Effet de structure

Comparer deux séries statistiques

Pour comparer deux séries statistiques, on compare souvent leurs moyennes ; or les pondérations peuvent être la cause d'erreurs de jugements.

Exemple : On étudie les salaires moyens par catégories de deux entreprises A et B (premier tableau).

L'entreprise A paie mieux ses cadres et ses employés que l'entreprise B ; pourtant le salaire moyen de l'entreprise B est supérieur à celui de l'entreprise A.

Cet apparent paradoxe est du à la structure des entreprises avec des répartitions différentes des cadres et des employés.

À effectif total identique, le fait de remplacer des employés par des cadres augmente la masse salariale, donc le salaire moyen.

Si la répartition des cadres et des employés était la même dans les deux entreprises, le salaire moyen de A serait supérieur au salaire de B (second tableau).

	entreprise *A*		**entreprise *B***	
catégories	salaire	effectif	salaire	effectif
cadres	4 000	300	3 000	500
employés	1 100	400	1 000	200
masse salariale	1 640 000		1 700 000	
salaire moyen	**2 342,86**		**2 428,57**	

	entreprise *A*		**entreprise *B***	
catégories	salaire	effectif	salaire	effectif
cadres	4 000	**300**	3 000	**300**
employés	1 100	**400**	1 000	**400**
masse salariale	1 640 000		1 300 000	
salaire moyen	**2 342,86**		**1 857,14**	

6. Séries chronologiques

Définitions

• On appelle **série chronologique** une série statistique telle que les valeurs de la série sont observées à des intervalles de temps égaux (heures, mois, trimestres, années....).

• **Lissage par moyennes mobiles** : On appelle **moyenne mobile centrée d'ordre k**, pour k **impair**, à la date i, la moyenne arithmétique de l'observation x_i et des $k-1$ observations qui l'encadrent.

Exemple : Calcul des moyennes mobiles d'ordre 5.
Soit une série chronologique :
à la date t_i, on a la donnée x_i.
On obtient une nouvelle série, par exemple :

$$x'_3 = \frac{x_1 + x_2 + x_3 + x_4 + x_5}{5}.$$

Il manque $\frac{k-1}{2}$ valeurs à chaque extrémité de la nouvelle série.

date	t_1	t_2	t_3	t_4	t_5	..	t_{n-2}	t_{n-1}	t_n
donnée	x_1	x_2	x_3	x_4	x_5	...	x_{n-2}	x_{n-1}	x_n

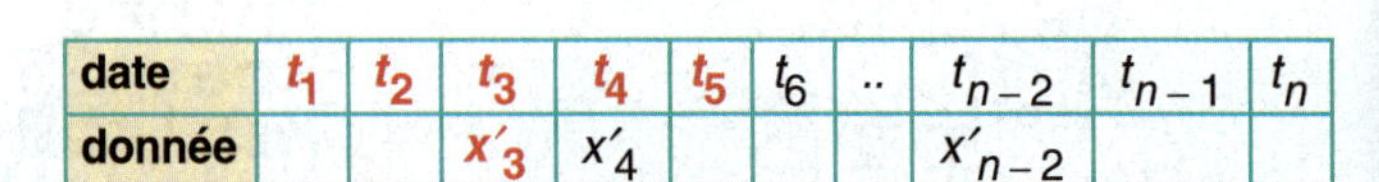

date	t_1	t_2	t_3	t_4	t_5	t_6	..	t_{n-2}	t_{n-1}	t_n
donnée			x'_3	x'_4				x'_{n-2}		

Remarque : La série des moyennes mobiles permet de lisser la série chronologique initiale, en « gommant » les irrégularités.

Elle permet de dégager une tendance, croissance ou décroissance, ce qui conduit à formuler des prévisions.

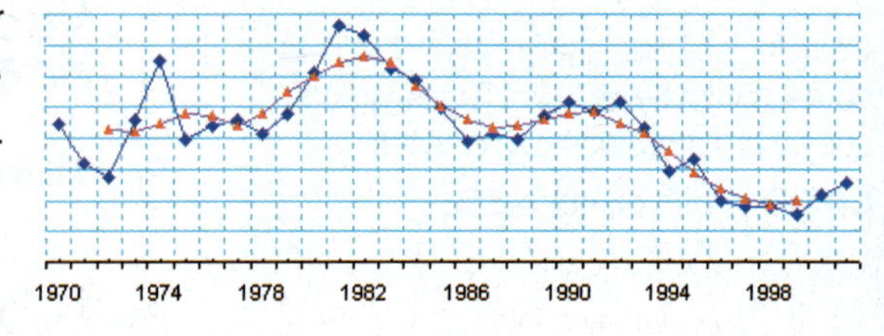

Représenter graphiquement une série chronologique

Méthode

Le temps est placé sur l'axe des abscisses et les observations sur l'axe des ordonnées.

Les fluctuations étant nombreuses et très irrégulières, on relie deux points consécutifs par un segment pour permettre de mieux voir l'évolution.

[voir exercices 64 et 65]

Une agence commerciale de télécommunication étudie la consommation, en heures, de Mme Bell sur son téléphone portable. Représenter cette série.

	J	F	M	A	M	J	J	A	S	O	N	D
2003					2,10	3,08	3,40	4,30	2	2,76	2	1,5
2004	2,27	1,38	1	2	1,67	2,5	3	4	2	2,25	1,8	1,31
2005	2,25	1,17	0,98	2,08	1,48	2,52	3	4,3				

Comme on a une série de mars 2003 à août 2005, soit de 28 mois, on numérote les mois de 1 à 28. On peut alors créer une séquence de 28 nombres, pour T variant de 1 à 28, en liste **L1** :

LIST **OPS 5:seq(T , T , 1 , 28 , 1)** STO▶ L1

En **L2** , on entre les valeurs de la série, puis on la représente :

STAT PLOT **1:Plot 1...** ENTER **On**

et on sélectionne un écran comme ci-dessous.

Puis ZOOM **9:ZoomStat** ENTER .

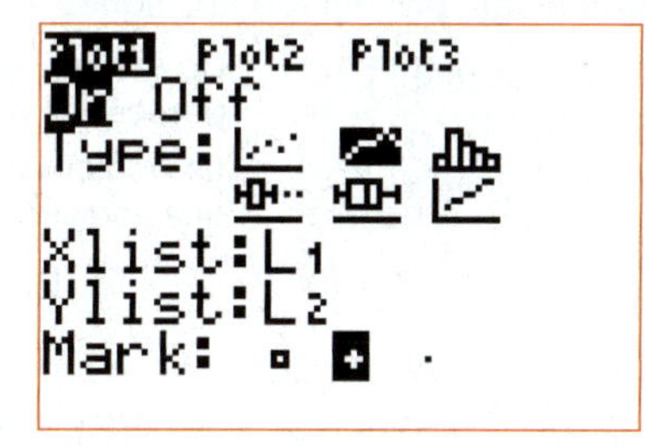

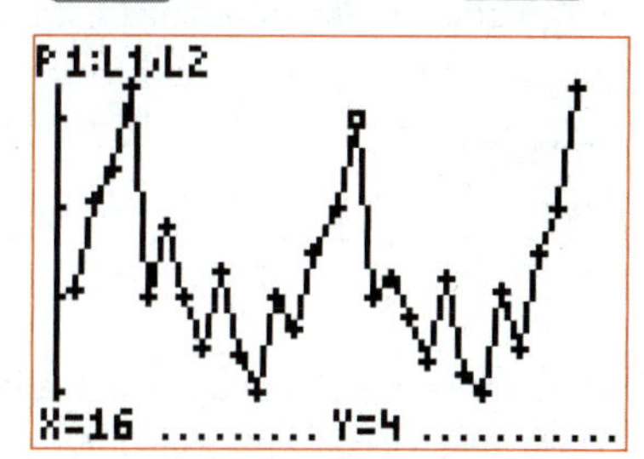

Dégager une tendance à l'aide des moyennes mobiles

Méthode

On détermine différentes moyennes mobiles de la série en augmentant l'ordre, pour lisser les irrégularités et faire apparaître une tendance.

Moyennes mobiles d'ordre 3 :

On calcule la moyenne arithmétique des trois premiers termes que l'on place dans la deuxième case,

puis la moyenne arithmétique des trois termes suivants que l'on place à la quatrième case ...

la dernière moyenne est placée dans l'avant dernière case.

⚠ EXCEL n'utilise pas les mêmes définitions des moyennes mobiles.

[voir exercices 66 et 67]

Déterminer les moyennes mobiles d'ordre 3 et 11, de la série ci-dessus.
Quelle tendance fait-on ainsi apparaître ?

Moyennes mobiles d'ordre 3 et d'ordre 11, quelques calculs :

mois	1	2	3	4	5	6	7	8	9
x_i	2,10	3,08	3,40	4,30	2	2,76	2	1,5	2,27
mm_3		2,86	3,59	3,23	3,02	2,25	2,08	1,92	1,72
mm_{11}						2,34	2,34	2,21	2,13

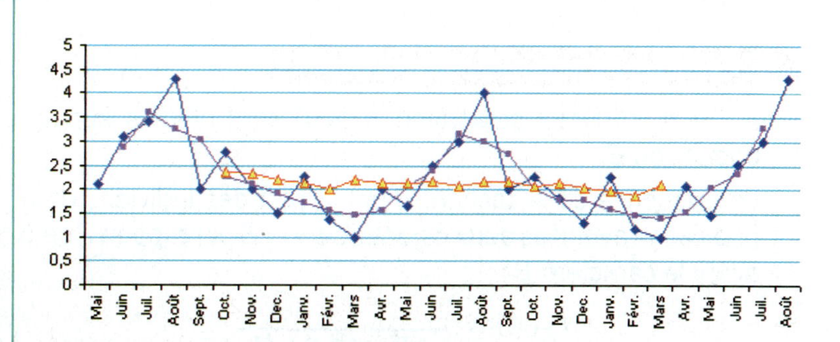

La série des moyennes mobiles d'ordre 11, en rouge, montre que la consommation de Mme Bell a tendance à baisser.

7. Tableaux à double entrée

Étude d'un exemple

Dans un groupe de 40 élèves de première ES, L et S, la moitié a une adresse internet personnelle.

Le tableau ①, ci-contre, donne les effectifs suivant la section.

Ainsi, 12 élèves de ES ont une adresse internet, 8 élèves de S n'en ont pas.

	ES	L	S	total
Internet	12	2	6	20
non	4	8	8	20
total	16	10	14	40

Ce tableau central a 2 lignes et 3 colonnes : $12 = n_{1,1}$; $2 = n_{1,2}$; $6 = n_{1,3}$; ... ; $8 = n_{2,3}$.

• Tableau ② des fréquences par rapport à l'effectif total

	ES	L	S	**ensemble**
Internet	0,30	0,05	0,15	0,50
non	0,10	0,20	0,20	0,50
ensemble	0,40	0,25	0,35	1

$$f_{2,3} = \frac{n_{2,3}}{N} = \frac{\text{effectif partiel}}{\text{effectif total}} = \frac{8}{40} = 0{,}2 .$$

Ainsi 20 % des élèves du groupe sont des élèves de S n'ayant pas d'adresse internet.

On peut vérifier que la somme des fréquences du rectangle central est égale à 1.

• Tableau ③ des fréquences, en pourcentage, par rapport aux lignes

(en %)	ES	L	S	**total**
Internet	60	10	30	100
non	20	40	40	100
ensemble	40	25	35	100

Ce tableau donne la fréquence de la section selon la possession ou non d'une adresse internet.

La fréquence de la section ES parmi les élèves ayant une adresse internet est :

$$f_I(\text{ES}) = \frac{12}{20} = \frac{0{,}30}{0{,}50} = 0{,}60 \text{ , soit } 60\ \% .$$

Ainsi 60 % des élèves ayant une adresse internet sont en ES.

De la même façon, on obtient : $f_I(\text{L}) = 0{,}10$; $f_I(\text{S}) = 0{,}30$; $f_N(\text{ES}) = 0{,}20$; $f_N(\text{L}) = 0{,}40$; $f_N(\text{S}) = 0{,}40$.

On peut vérifier que la somme des fréquences d'une ligne est 1 ou 100 %.

• Tableau ④ des fréquences, en pourcentage, par rapport aux colonnes

(en %)	ES	L	S	ensemble
Internet	75	20	42,85	50
non	25	80	57,15	50
total	100	100	100	100

Ce tableau donne la fréquence d'une adresse internet selon la section.

La fréquence de la possession d'une adresse internet parmi les élèves de section ES est :

$$f_{\text{ES}}(\text{I}) = \frac{12}{16} = \frac{0{,}30}{0{,}40} = 0{,}75 .$$

Ainsi 75 % des élèves de ES ont une adresse internet. De la même façon, on obtient :

$$f_{\text{L}}(\text{I}) = 0{,}20 \ ; \ f_{\text{S}}(\text{I}) = \frac{3}{7} = 42{,}85 \ ; \ f_{\text{ES}}(\text{N}) = 0{,}25 \ ; \ f_{\text{L}}(\text{N}) = 0{,}80 \text{ et } f_{\text{S}}(\text{N}) = \frac{4}{7} .$$

On peut vérifier que la somme des fréquences d'une colonne est 1 ou 100 %.

Fréquence de A sachant B

définition : Deux caractères A et B sont étudiés sur une population E.

La fréquence de A sachant B est la part des individus de la population ayant les deux caractères A et B par rapport à ceux ayant le caractère B :

$$f_B(A) = \frac{\text{effectif de } A \text{ et } B}{\text{effectif de } B} .$$

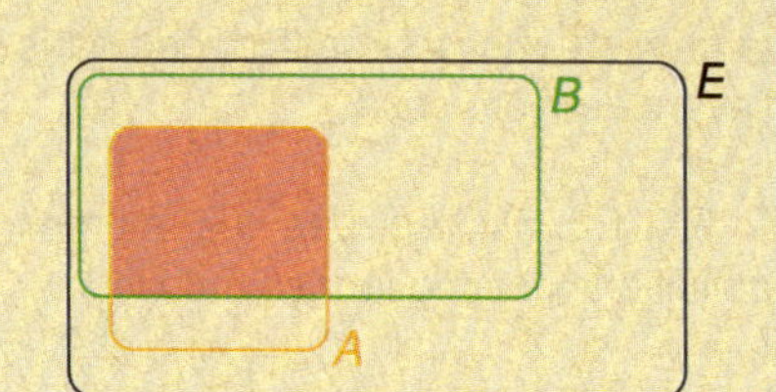

Lire un tableau à double entrée

Méthode

On reconnaît le type de tableau des fréquences lorsque la somme des termes de chaque ligne (ou de chaque colonne) est égale à 100 % ou 1.

Pour la lecture d'une fréquence, bien repérer l'ensemble de référence : ici, ce sont les origines sociales du père qui sont les références.

Le tableau ci-dessous indique la position sociale des hommes salariés de 45 ans à 59 ans selon leur origine sociale (hors agriculture), en 1995.

origine sociale des pères \ position sociale des fils	cadres	professions intermédiaires	employés	ouvriers
cadres	66,7	17,6	6,8	8,8
professions libérales	44,3	29,5	9,1	17,0
employés	25,4	22,0	18,2	34,4
ouvriers	12,0	15,6	12,0	60,3

Est-ce un tableau en ligne ou en colonne ?
Interpréter les deux nombres entourés.

Comme la somme des termes d'une ligne est 100, on a un tableau des fréquences, en pourcentage, en ligne.

- 17 signifie que 17 % des salariés, dont le père est de profession libérale, sont ouvriers.
- 25,4 signifie que 25,4 % des salariés dont le père est employé, sont cadres.

Faire le lien avec les arbres pondérés

Méthode

Dans un arbre pondéré :

- Sur le premier niveau se trouvent toutes les parties qui composent l'ensemble de référence E.

La branche de E vers A est pondérée par la fréquence de la partie A dans E.

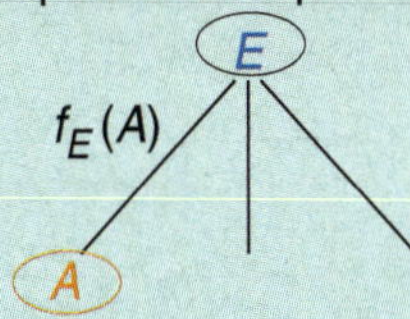

Pour un même niveau, la somme des fréquences est toujours égale à 100 % ou à 1.

- Lorsque l'on suit une branche du tronc (le départ) vers les extrémités, on retrouve le calcul des pourcentages de pourcentages.

[voir exercices 73 et 74]

Pour le groupe de 40 élèves étudié page ci-contre, deux caractères sont croisés.
Construire un arbre pondéré dont le premier niveau est la possession ou non d'une adresse internet.
Renverser l'arbre pour représenter en premier la section ES, L ou S.

Dans l'arbre ci-dessous, on utilise le tableau 3 des fréquences en ligne :

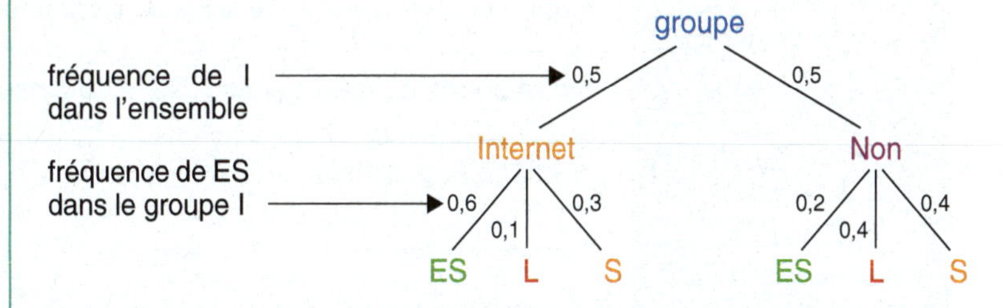

Dans l'arbre renversé, on utilise le tableau 4 des fréquences en colonnes :

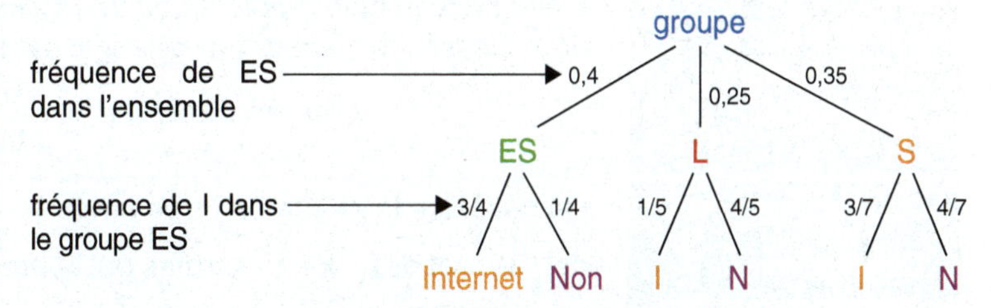

On retrouve la part des internautes dans le groupe par la somme :

$$\frac{3}{4} \times 0{,}4 + \frac{1}{5} \times 0{,}25 + \frac{3}{7} \times 0{,}35 = 0{,}3 + 0{,}05 + 0{,}15 = 0{,}5 = f(\text{I}) .$$

Une série statistique quantitative peut se résumer par un couple de nombres :

mesure de la tendance centrale	mesure de la dispersion	propriétés
médiane	écart interquartile : Q3 – Q1	peu sensible aux valeurs extrêmes, dite robuste
moyenne	écart type	sensible aux valeurs extrêmes

Savoir	Comment faire ?
calculer la moyenne, la variance et l'écart type d'une série quantitative	Soit k valeurs x_i distinctes, chacune des valeurs apparaissant n_i fois. • moyenne pondérée : $\bar{x} = \frac{n_1x_1 + n_2x_2 + \ldots + n_kx_k}{N}$, avec $N = n_1 + n_2 + \ldots + n_k$; • variance V = Moyenne des carrés des écarts des valeurs à la moyenne $V = \frac{n_1(x_1 - \bar{x})^2 + n_2(x_2 - \bar{x})^2 + \ldots + n_k(x_k - \bar{x})^2}{N}$; • écart type $s = \sqrt{V}$.
déterminer la médiane d'une série quantitative d'effectif total N	On range les N valeurs de la série par ordre croissant : • si N est impair, alors la médiane est la valeur de la série de rang $\frac{N+1}{2}$; • si N est pair, par convention, la médiane est la demi somme des valeurs de la série de rang $\frac{N}{2}$ et $\frac{N}{2} + 1$.
Déterminer les quartiles d'une série quantitative d'effectif total N	On range les N valeurs de la série par ordre croissant : • si $\frac{N}{4}$ est un nombre entier, alors Q1 est la valeur de la série de rang $\frac{N}{4}$; • sinon Q1 est la valeur de la série ayant pour rang le nombre entier qui suit $\frac{N}{4}$. On raisonne de même pour Q3, en calculant $3\frac{N}{4}$.
Construire un diagramme en boîte	Médiane et quartiles 1 2 3 4 Q1 6 Me Q3 9 10 Médiane, quartiles et déciles D1 Q1 Me Q3 D9
Construire un histogramme des effectifs	L'aire du rectangle représentant une classe est proportionnelle à l'effectif de la classe. La hauteur du rectangle est la densité d'effectif de la classe. densité d'effectif $= \frac{\text{effectif de la classe}}{\text{amplitude de la classe}}$.
Calculer les moyennes mobiles centrées d'ordre k, impair	On remplace la valeur x_i de rang i de la série par la moyenne arithmétique de x_i et des $k - 1$ termes qui l'entourent : ordre 3 : $x'_i = \frac{x_{i-1} + x_i + x_{i-1}}{3}$ ordre 5 : $x'_i = \frac{x_{i-2} + x_{i-1} + x_i + x_{i+1} + x_{i+2}}{5}$.

MOYENNE MOBILE À L'AIDE D'UN TABLEUR

On se propose d'utiliser un tableur pour une aide à la décision d'achat ou de vente d'une action.

Le tableau suivant donne le relevé des cours d'une action sur 36 jours consécutifs de bourse.

jour	1	2	3	4	5	6	7	8	9	10	11	12	13	14	15	16	17	18
cours	18,8	18,91	18,9	19,4	19,22	19,06	19,33	19,03	19,41	19,67	19,69	19,57	19,2	19,49	19,7	19,8	20,37	20,33

jour	19	20	21	22	23	24	25	26	27	28	29	30	31	32	33	34	35	36
cours	20,32	20,46	20,33	20,34	20,4	20,0	20,4	20,4	20,5	20,2	20,21	20,61	20,61	21,25	21,63	21,42	21	20,9

Règle de décision d'achat ou de vente :

- acheter en phase de hausse, c'est-à-dire lorsque le cours passe au-dessus de la moyenne mobile des cours ;
- vendre en phase de baisse, c'est-à-dire lorsque le cours passe en dessous de la moyenne mobile.

A : Représentation de la série chronologique et des moyennes mobiles MM7.

a) Recopier le numéro des jours en colonne A et la série des cours en colonne B.

b) Écrire la formule de la moyenne en cellule C5 = MOYENNE (B2 ; B8) et tirer la poignée de recopie jusqu'en C 34.

On obtient les moyennes mobiles MM7 : ne conserver que deux décimales à l'aide du bouton ,00 →,0 .

c) Sélectionner le tableau de **A1 à C37**. Cliquer sur le bouton assistant graphique ;

choisir Nuages de points , puis points reliés et Terminer .

	A	B	C
1	jour	cours	MM7
2	1	18,8	
3	2	18,91	
4	3	18,9	
5	4	19,4	19,09
6	5	19,22	19,12
7	6	19,06	19,19
8	7	19,33	19,30
9	8	19,03	19,34
10	9	19,41	19,39
11	10	19,67	19,41
12	11	19,69	19,44

d) Quel est le sens de variation des moyennes mobiles MM7 ?

B : Ajouter une courbe de tendance et comparer

a) Cliquer sur un des points du nuage de points ;

par clic droit, choisir Ajouter une courbe de tendance... et sélectionner

Cours, puis la moyenne mobile d'ordre 7 .

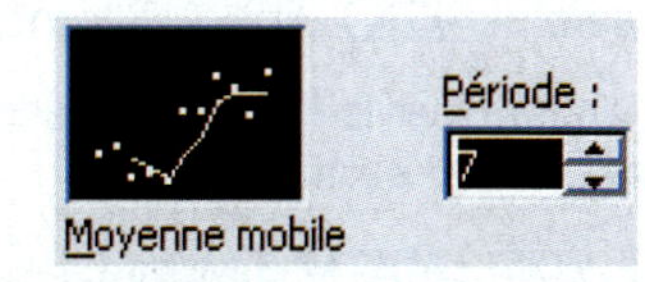

b) Comparer la courbe obtenue avec celle des moyennes MM7 calculées en colonne C.

Donner la règle d'EXCEL pour calculer une moyenne mobile d'ordre 7.

c) D'après le graphique obtenu, élaborer une stratégie d'achat pour cette action et une stratégie de vente.

Si on passe des moyennes mobiles d'ordre 7 à des moyennes d'ordre supérieur, la stratégie change-t-elle ?

EXERCICES

LA PAGE DE CALCUL

1. Pourcentages

1 Évolution du nombre de chômeurs, en milliers, en France (source : INSEE).

nombre de chômeurs	Janvier 1990	Mars 1995	Mars 2002	Mars 2003
hommes	969	1 339	1 188	1 289
ensemble	2 254	2 899	2 447	2 685

Déterminer la part des hommes chômeurs en France en 1990, 1995, 2002 et 2003 sur le total des chômeurs.

Quel est le pourcentage d'évolution du nombre total de chômeurs entre 1990 et 2003 ?

2. Moyennes

2 Le tableau ci-dessous donne la répartition, en pourcentage, des notes d'un contrôle d'une classe.

notes	4	6	7	8	10	11	12	13	15	18
fréquences	1	5	11	16	25	28	5	6	2	1

Calculer la moyenne de la classe.

À la calculatrice, entrer les notes en L1 et les fréquences en L2 .

Sur TI : STAT **CALC 1:1–Var Stats** L1 , L2 ;

lire $\bar{x}$ ou LIST **MATH 3:mean(** L1 , L2 **)** .

3 a) À l'aide de la calculatrice, calculer la moyenne arrondie au centième de la série :

4 8 4 9 19 14 14 19 8 10
15 16 4 9 4 14 15 15 16 8
11 10 16 7 4 10 10 10 7 9

TI : LIST **MATH 3:mean (L1)** .
Casio : OPTN LIST ▷ **mean** ▷ ▷ List 1 .

b) Déterminer la fréquence d'apparition de chacune des valeurs. Par exemple pour 4 :

TI : LIST **MATH 5:sum(** L1 TEST **1:=** 4 **)** / **30** .
Casio : OPTN LIST SUM **(** List 1 = 4 **)** ÷ **30** .

c) Quelle est la part des valeurs inférieures à 6 ? supérieures à 15 ?

LIST **MATH 5:sum(** L1 TEST **6:<** 6 **)** / **30** .

4 Répartition des salaires mensuels, en centaines d'euros, dans une entreprise :

salaire	[12 ; 15 [	[15 ; 22 [	[22 ; 35 [	[35 ; 100]
fréquence	0,50	0,35	0,10	0,05

Lire l'étendue de la série des salaires.

Calculer le salaire moyen dans l'entreprise en supposant une répartition homogène dans chaque classe.

3. Calculs sur les listes

5 Déterminer la médiane de la série :

4 18 4 8 12 14 14 19 8 6 8 10
11 16 7 9 4 14 15 13 16 8 10 10

TI : LIST **MATH 4:median(** L1 **)** .
Casio : OPTN LIST Med List 1 .

Quelle est la part, en %, des valeurs comprises dans l'intervalle [8 ; 14] ?

6 Comparer les étendues, les moyennes et les médianes des deux séries suivantes :

L1	6	99	102	103	113	115	127	130	222
L2	101	102	107	108	113	118	119	124	125

Enlever à la série L1 ses deux valeurs extrêmes 6 et 222. Que devient la moyenne ? La médiane ?

7 Soit :

2,1 3,0 1,7 3,4 2,3 2,8 3,1 4,0 3,8 4,3

Entrer cette liste en L1 et créer L 2 = L1 / 100 + 1 .

Calculer le produit de la liste 2 par **prod (** L 2) et stocker en mémoire P . Calculer alors $(P-1)\times 100$.

8 Entrer les trois listes :

L1	0	1	2	3	4	5	6	7	8
L2	4	12	18	25	32	37	43	49	55
L3	150	146	140	131	119	104	86	65	41

Créer la liste 4, telle que L4 = (L1 × L 2) + L3 .
Calculer la somme de la liste 4 et mettre en mémoire S.
Calculer le quotient S / (sum(L 2)) .

1. Mesures de tendance centrale

1. Questions rapides

9 **Vrai ou faux ?** Justifier la réponse.

) Les prix moyens des téléviseurs dans les différentes randes surfaces d'une ville sont des données brutes.

) Les tailles, arrondies au dixième, des bébés à la aissance sont des données brutes continues.

) Les nombres de voitures vendues par jour chez un oncessionnaire sont des données brutes discrètes.

) Le taux d'évolution annuel moyen de la population une ville est une donnée brute.

10 **Flux et stocks**

i les données représentent des **stocks**, le dénombrement est effectué à une date précise.

i les données représentent des **flux**, on étudie un cumul ur une période de temps donnée.

ndiquer si les données suivantes représentent des tocks ou des flux.

) Le nombre de mariages au cours du premier trimestre 004.

) La population de la France le 1er janvier 2004.

) La production d'une entreprise pour l'année 2005.

) Le capital d'une entreprise le 31 décembre 2005.

) L'indice mensuel des prix à la consommation.

2. Applications directes

[Choisir une mesure de tendance centrale suivant le but, p. 107]

11 **Vrai ou Faux ?** Justifier la réponse.

Pour l'ouverture d'un magasin de vêtements, le propriétaire étudie la répartition des adolescents du quartier suivant leur âge.

âge	12	13	14	15	16
nombre de jeunes	92	59	112	64	23

a) Le propriétaire décide de cibler sa campagne publicitaire sur une seule tranche d'âge. Il choisit la médiane de la série.

b) Le propriétaire veut distribuer des bons d'achat à la moitié des adolescents les plus jeunes. Il choisit l'âge moyen de cette population.

c) Le propriétaire donne à chaque adolescent un bon d'achat égal à son âge. Pour connaître le coût par adolescent, il calcule la moyenne des montants des bons d'achat.

[Choisir une mesure de tendance centrale selon les valeurs de la série, p. 107]

12 Comparer la moyenne et la médiane des séries suivantes.

Quelle mesure de tendance centrale choisir pour chaque série ?

a)

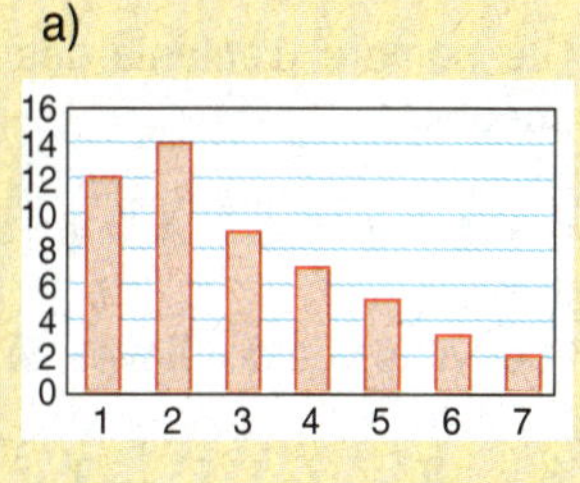

b)

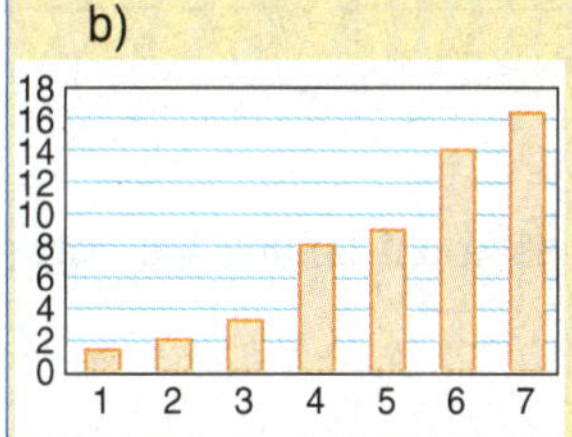

c)

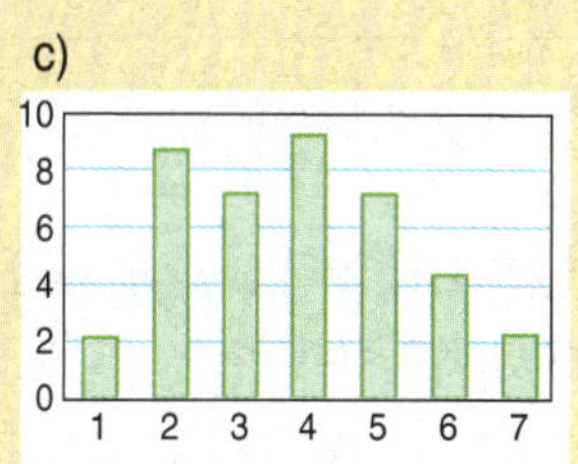

13 On a recueilli le poids de 45 enfants, en kg :

18	23	25	17	20	17	15	34	24	18	20	17	21	24	18
19	18	24	20	21	19	21	21	21	17	15	20	20	23	19
20	22	20	19	22	19	18	23	22	18	19	23	19	23	19

1° À l'aide de la calculatrice, entrer cette série dans une liste.
Donner la médiane, calculer la moyenne et comparer ces deux nombres.

2° Il y a eu une erreur de transcription des données et l'enfant le plus lourd ne pèse que 25 kg.
Donner la médiane et la moyenne de cette nouvelle série.

3. Calculs de mesures centrales

14 Pour chaque série, on a ordonné les valeurs. Indiquer par lecture directe la médiane.

1° Les onze tailles des chaussures d'une famille :

37	37	39	39	39	39	40	41	43	43	44

2° Le salaire mensuel, en euros, de sept salariés d'une PME :

930	1 023	1 147	1 250	1 403	1 810	2 365

3° Le nombre d'enfants des neuf familles d'un immeuble :

0	0	1	1	2	2	3	4	5

4° Le nombre d'enfants des douze familles d'un autre immeuble :

0	0	0	0	0	1	1	1	1	2	2	4

5° Les notes de dix élèves du groupe espagnol :

8	8	9	9	9	14	15	15	16	18

15 Les 35 élèves d'une classe ont obtenu les notes suivantes à un test.

9	11	8	5	15	9	14
7	11	5	6	8	6	10
4	11	8	8	7	13	4
13	5	5	6	4	10	5
7	11	4	6	9	7	4

1° Donner la médiane.

2° a) Si la plus haute note passe à 18, la médiane change-t-elle ?

b) On a oublié de noter une question aux 5 élèves qui ont 4.
Si leur note passe à 6, la médiane change-t-elle ?

c) On relève toutes les notes de 3 points.
Quelle est la médiane ?

d) L'un des élèves qui a obtenu 7 est exclu de la série.
Que devient la médiane ?

16 Déterminer l'étendue et la médiane de la séri ci-dessous. Calculer la moyenne.

12	18	14	8	9	10	7	20
15	16	4	9	4	14	15	15
1	7	4	6	11	10	8	1
15	7	19	10	10	16	8	

17 Lors d'un examen, quatre matières sont prises e compte. Un candidat réussit si sa moyenne est supé rieure ou égale à 10.

matières	SES	LV1	français	maths
coefficients	5	2	4	1
Céline	12	10	5	13
Nath	13	8	11	7
Romain	9	12	6	12

a) Céline calcule sa moyenne par :

$$\frac{(12+10+5+13)}{4} = 10 .$$

Pourtant, on lui annonce qu'elle n'a pas l'examer pourquoi ? Calculer la moyenne de Céline.

b) Nath effectue les petits calculs ci-contre.
Expliquer sa méthode. Rappeler une propriété de la moyenne.

13 8 11 7
+ 3 − 2 + 1 − 3
+ 15 − 4 + 4 − 3 = 1
$\frac{12}{12} = 1$
10 + 1 = 11

c) En appliquant la méthode de Nath, Romain a-t-il l'examen ?

d) Amélie a une moyenne de 10,5 et elle sait que s moyenne est de 13 pour les matières autres que SES. Calculer sa moyenne en SES.

18 1° Sans calculatrice mais en utilisant les écarts 10, calculer la moyenne de chaque série donnée.

a) 12 15 8 7 11 11 13 12 10 8 ;

b) 5 7 12 18 20 13 11 8 7 14 ;

c) 10,3 12,1 8,9 7,2 9,7 11,2 10,5 10,1 9,3 8,1 .

2° Déterminer la médiane de chaque série.
(On pourra utiliser la calculatrice.)

2. Quartiles et diagramme en boîte

1. Questions rapides

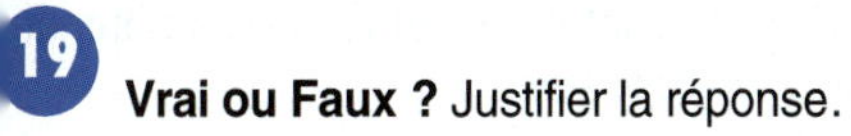

19 **Vrai ou Faux ?** Justifier la réponse.

) Le premier quartile de la série ci-dessous est 12.

14	7	6	12	7	20	18	2
12	13	1	19	6	3	5	8

) Une série contient 100 valeurs, le premier quartile est 25.

) Une série contient 76 valeurs ordonnées, le premier uartile est la 19ᵉ valeur.

) Une série contient 78 termes ordonnés, le troisième uartile est le 58ᵉ terme.

) Si le premier quartile est le 5ᵉ terme d'une série ordon-ée, alors la série contient 20 valeurs.

20 **Vrai ou Faux ?** Donner un contre exemple lorsque 'est faux.

) Les déciles partagent les données d'une série en 0 groupes de même effectif.

) Si on multiplie par 2 toutes les données d'une série, le remier quartile ne change pas.

) Si on multiplie par 2 les effectifs correspondant à chaque aleur de la série, le premier quartile ne change pas.

d) Le troisième quartile est égal au triple du premier quartile.

21 **Vrai ou Faux ?** Justifier la réponse.

) La médiane se trouve toujours au centre de la boîte.

) On peut lire la moyenne sur un diagramme en boîte.

) Un diagramme en boîte peut ne pas avoir de moustache.

) La moustache reliant D1 à Q1 représente 15 % des onnées.

) L'intervalle inter-décile [D1 ; D9] contient 90 % des onnées.

Si on ajoute 10 à toutes les valeurs de la série, la ongueur de la boîte augmente.

) Si on ajoute 10 à la plus grande valeur de la série, la ongueur de la boîte augmente.

22 Lire les intervalles interquartiles, la médiane, étendue et l'écart interquartile.

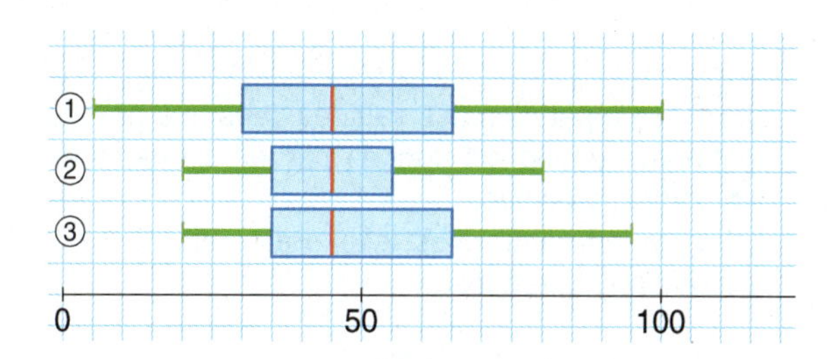

2. Applications directes

[Déterminer les quartiles Q1 et Q3, p. 109]

Pour chacun des **exercices 23 à 28**, déterminer par lecture la médiane, les premier et troisième quartiles de chaque série.

23

8	12	15	22	28	28	28	35
37	41	41	45	57	63	65	70

24

1	2	4	4	4	5	5	5	7	10	11	11	12
13	13	14	14	14	9	9	9	10	14	15	16	17

25

28	6	17	27	30	23	7	28
25	12	17	22	24	10	17	18

26

4	9	9	8	3	12	3	14	3	19	16	3	19	19
17	13	18	14	9	6	18	13	16	20	8	18	17	

27

13	8	14	6	7	11	20	5	16
20	16	11	15	16	14	5	2	17

28 **Quartiles et calculatrice**

Déterminer, par lecture, la médiane et les quartiles de la série suivante :

10	11	11	12	12	13	14	14	15	15	15
15	16	16	17	17	17	17	18	19	19	

Comparer avec les valeurs obtenues en utilisant la calculatrice.

EXERCICES

[Comparer deux séries avec des diagrammes en boîte, p. 109]

29 La répartition des salaires dans une grande entreprise privée est donnée par les diagrammes en boîte ci-dessous.
Chaque affirmation est-elle vraie ou fausse ? Argumenter la réponse.

a) 25 % des femmes ont un salaire inférieur à 900 euros.

b) Les salaires des hommes sont supérieurs, ou égaux à 900 euros.

c) La moitié des hommes gagnent plus que les trois quarts des femmes.

d) L'intervalle interquartile pour les salaires des hommes est le double de celui des salaires des femmes.

e) Le pourcentage des salariés dont le salaire est compris entre 900 et 1 450 euros, est 75 %.

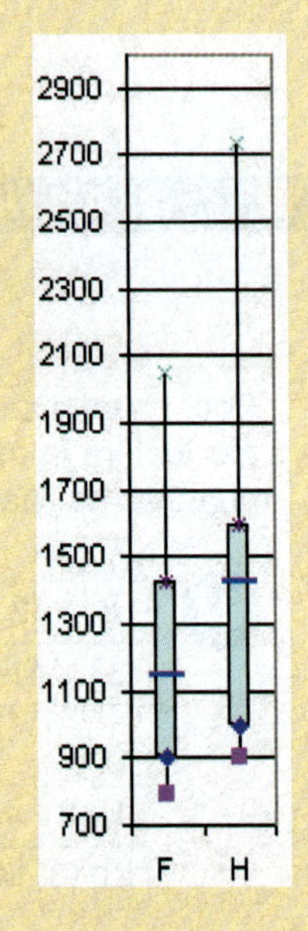

30 Construire le diagramme en boîte de chaque série suivante. On choisira avec soin les unités.

	S1	S2	S3
minimum	101	25	350
D1	110	25	370
Q1	113	30	410
médiane	116	40	460
Q3	119	45	520
D9	122	45	650
maximum	139	55	850

31 À l'aide de la calculatrice, construire le diagramme en boîte des deux séries suivantes et les comparer.

L1	1	4	6	7	1	1	1	6	6	7	6	5
	10	5	10	9	9	1	7	7	7	8	9	10

L2	1	2	1	2	1	2	3	4	5	1	2	3	4	1	2
	3	1	2	3	4	5	6	7	8	9	1	2	3	4	

3. Lectures sur des graphiques

32 Le graphique suivant présente les notes obtenues par 70 candidats à un concours.
Lire la médiane et les quartiles Q1 et Q3 .
Construire le diagramme en boîte.

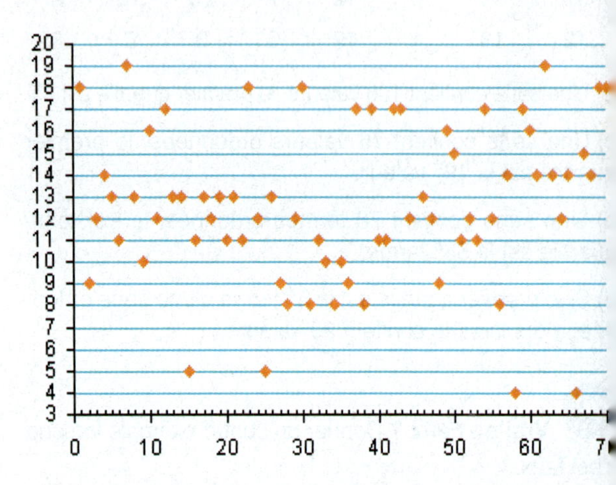

33 L'histogramme à classe d'amplitudes égale représente la répartition du nombre de spectateurs lors de différents concerts donnés dans une même salle.

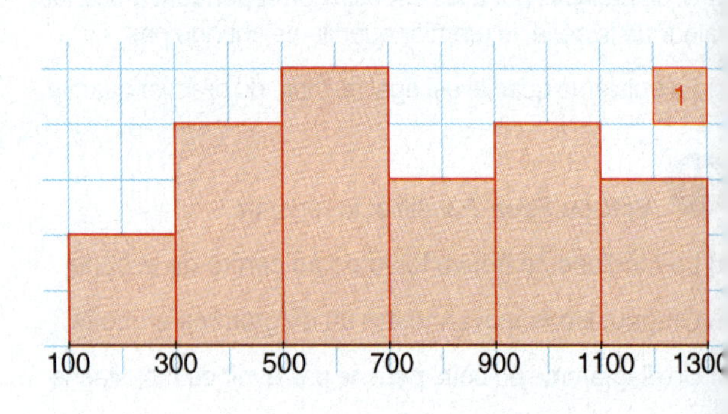

a) La médiane partage l'histogramme en deux parties de même aire. Indiquer graphiquement la médiane.

b) Avant le quartile 1, on trouve le quart de l'aire de l'histogramme. Donner une valeur approchée de Q1 .
Faire de même pour Q3 .

c) Construire le diagramme en boîte.

4. Dispersion et diagramme en boîte

34 Une étude sur le chiffre 'affaires, en k€, d'une PME four-it les résultats ci-contre.

alculer le troisième quartile et neuvième décile.

minimum	500
Q3 – Q1	200
médiane	700
Q1	600
D1	520
D9 – D1	400
étendue	700

35 On désire comparer la répartition des salaires nnuels, en euros, d'un pays au cours de deux années.

	année 1	année 2
)1	3 560	5 780
)1	4 370	7 600
nédiane	5 660	9 190
)3	7 245	12 870
)9	10 820	17 550

) Construire les diagrammes en boîte correspondant à es deux séries.

Calculer les écarts interdéciles pour ces deux années.

) Calculer les rapports arrondis au centième :

$$\frac{\text{écart interdécile}}{\text{médiane}}.$$

ue peut-on en déduire pour la dispersion des salaires es deux années ?

36 Le diagramme en boîte des ges des chefs d'exploitation de 50 ha 100 ha et celui des chefs d'exploita-on de moins de 10 ha sont représen-s ci-contre.

n journaliste a écrit :

Dans leur ensemble, les chefs exploitation de 50 ha à 100 ha sont lus jeunes que les chefs d'exploita-on de 10 ha ».

ommenter cette affirmation en ilisant ces diagrammes en boîte.

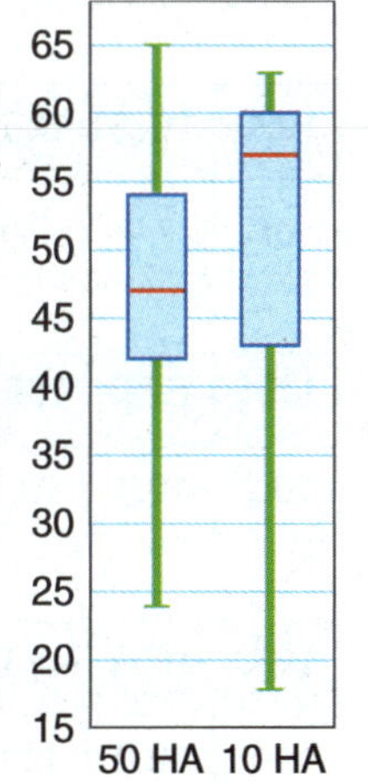

37 À la fin des délibérations d'un examen comportant ois épreuves, un professeur relève les résultats de ses) élèves aux épreuves n° 1, n° 2 et n° 3.

es notes sont regroupées dans le tableau suivant :

note	effectifs		
	épreuve n° 1	épreuve n° 2	épreuve n° 3
5	0	3	0
6	6	0	0
7	5	5	2
8	8	0	1
9	1	8	6
10	3	0	3
11	0	3	5
12	2	4	0
13	0	0	2
14	1	1	6
15	2	4	3
16	2	2	2

a) Déterminer la médiane et les premier et troisième quartiles de chacune de ces trois séries.

Construire le diagramme en boîte de chacune de ces séries.

b) Comparer les résultats des trois épreuves.

Quelle épreuve a obtenue les résultats les meilleurs et les plus homogènes ?

38 1° On a demandé à 35 élèves d'une classe de première le temps, en h, consacré à la lecture pendant une semaine. Les résultats sont consignés dans le diagramme en boîte ci- dessous.

a) Donner la valeur du premier et du troisième quartile.

b) Pour cette classe, le temps moyen de lecture est de 4 h et le temps médian de 3 h.

Reproduire et compléter le diagramme en boîte en marquant le temps moyen par une croix, et le temps médian par une barre horizontale.

c) Pourquoi peut-on affirmer qu'au moins 27 élèves de ce groupe lisent 5 h par semaine ou moins ?

2° On pose la même question à une autre classe de première de 25 élèves.

Les résultats sont donnés ci-dessous.

3	6	3	5	3	3	4	6	4	2	4	5	8
2	5	7	2	7	4	5	5	4	6	3	9	

a) Construire le diagramme en boîte correspondant à cette deuxième classe.

b) Quel est le temps moyen de lecture de l'ensemble des 60 élèves, formé par les deux classes ?

EXERCICES

3. Variance – Écart type

1. Questions rapides

39 **Vrai ou Faux ?** Justifier la réponse.

a) La variance est toujours un nombre positif.

b) L'écart type peut être un nombre négatif.

c) Si on divise par 2 toutes les données, alors l'écart type est divisé par 2.

d) Si l'écart type est nul, alors toutes les données sont égales à la moyenne.

40 **Q.C.M.** Une seule bonne réponse.

Pour une série de 5 données, la variance est égale à 6 et pour une autre série de 15 données, la variance est 8 ; les moyennes des deux séries sont égales.

Alors la variance des 20 observations est :

ⓐ 12 ⓑ 6 ⓒ 7,5 ⓓ 7

2. Applications directes

[Choisir une mesure de dispersion, p. 111]

41 Pour chaque série, entrer les données à la calculatrice et lire la moyenne, la médiane et les comparer.

Calculer l'étendue, l'écart interquartile et l'écart type.

Observer les trois diagrammes en boîte et les reproduire.

L1 :	9	9	12	9	5	10	11	10	13	10	12	11
L2 :	3	19	18	5	15	10	10	16	4	1	18	3
L3 :	19	19	18	6	7	8	10	7	6	9	9	8

42 Entrer les valeurs de cette série dans une liste de la calculatrice.

1	12	4	2	13	5	13	18	2	19	2	6
6	9	5	2	3	15	13	5	20	19	6	1
16	19	15	11	6	12	13	11	13	13	3	16
5	20	1	18	12	7	16	11	8	16	12	11
14	2	2	8	3	14	18	6	12	7	13	18

a) Donner l'étendue de la série, la médiane et les quartiles.

En triant la liste, vérifier si les valeurs données par la calculatrice sont les valeurs théoriques.

b) Calculer la moyenne et l'écart type.

43 Évolution du nombre de chambres d'hôtes en France de 1987 à 1998.

1987	1988	1989	1990	1991	1992
7 174	8 490	8 490	11 168	12 146	14 004

1993	1994	1995	1996	1997	1998
15 698	17 920	17 659	18 898	21 466	22 053

a) Calculer le nombre moyen de chambres d'hôtes disponibles pendant cette période ainsi que l'écart type.

b) Calculer le rapport $\dfrac{\text{écart type}}{\text{moyenne}}$ et l'exprimer en pourcentage.

3. Étude de séries à l'aide des mesures de dispersion

44 Taux de chômage en France entre 1970 et 199[illegible] (source : INSEE)

1970	1971	1972	1973	1974	1975	1976	1977
2,5	2,7	2,8	2,7	2,8	4,1	4,5	5,1

1978	1979	1980	1981	1982	1983	1984
5,3	5,9	6,4	7,4	8,1	8,4	9,8

1985	1986	1987	1988	1989	1990	1991	1992
10,2	10,4	10,5	10	9,4	8,9	9,4	10,3

1993	1994	1995	1996	1997	1998	1999
11,6	12,3	11,6	12,3	12,5	11,9	11,3

a) Calculer l'étendue, le taux moyen $\bar{x}$ et l'écart type s.

Calculer les bornes de l'intervalle $[\bar{x} - s\,;\,\bar{x} + s]$.

b) Comparer avec l'intervalle interquartile [Q1 ; Q3]

45 On lance un dé cubique. Le gain est égal au ombre apparu sur la face supérieure, sauf si ce nombre st 6, auquel cas le gain est nul.

e tableau suivant donne les gains obtenus au cours de 20 parties.

2	2	2	1	3	1	2	4	0	3	0	0
0	1	0	4	1	0	1	4	4	1	1	3
2	3	2	3	4	0	0	2	1	4	4	5
1	3	1	4	2	2	3	1	5	3	5	2
4	1	2	3	3	1	2	2	4	2	1	4
2	4	4	3	0	2	0	3	4	2	2	4
3	3	0	4	2	5	2	1	4	1	2	3
2	4	3	3	1	3	4	1	3	3	1	1
1	1	3	1	3	0	0	1	0	1	0	2
4	0	3	4	2	2	1	4	5	3	4	3

) Calculer le gain médian, ainsi que les premier et oisième quartiles. Construire le diagramme en boîte.

) Calculer le gain moyen, puis l'écart type.

) Comparer l'intervalle $[\bar{x}-s\,;\bar{x}+s]$ et l'intervalle nterquartile.

46 **Une autre formule de la variance**

° Soit a, b et c trois valeurs de moyenne $\bar{x}$.

) Montrer que la variance est :

$$V = \frac{(a-\bar{x})^2+(b-\bar{x})^2+(c-\bar{x})^2}{3}$$

$$= \frac{a^2+b^2+c^2}{3} - (\bar{x})^2 .$$

) On admet que cette formule reste valable pour un ombre n fini de valeurs : x_1, x_2, x_3 ..., x_n.

crire à l'aide du symbole Σ :

variance » = « moyenne des carrés des valeurs x_i » – « carré de la moyenne ».

° **Application**

ans un groupe de 10 personnes, on mesure les tailles $_i$, en cm :

150	153	157	158	158	162	165	165	168	174

) Donner la nouvelle série $x_i = t_i - 160$ et la noyenne $\bar{x}$.

) Calculer la somme des carrés des x_i, puis leur noyenne.

) En déduire la variance V de cette série x_i.

alculer l'écart type s.

47 On donne la série des températures relevées à 8h du matin pendant 40 jours.

x_i	– 3	– 1	2	4	9
n_i	5	9	13	8	5

1° Calculer la moyenne et l'écart type.

2° Soit $S(x) = 5(x+3)^2+9(x+1)^2+13(x-2)^2 + 8(x-4)^2+5(x-9)^2$.

a) Développer, réduire et ordonner $S(x)$ et montrer que $S(x) = 40x^2-158x+639$.

b) Étudier les variations de S et en déduire sa valeur minimale.

c) Retrouver à l'aide de ces résultats, la moyenne et la variance.

48 On donne la série statistique ci-dessous.

x_i	– 1	2	3
n_i	2	3	5

1° Calculer la moyenne $\bar{x}$ et l'écart type s, en écrivant le calcul de la variance.

2° Soit $S(x) = 2(x+1)^2+3(x-2)^2+5(x-3)^2$.

a) Démontrer que $S(x) = 10x^2-38x+59$.

b) Déterminer le sens de variation de la fonction S et en déduire sa valeur minimale.

c) Retrouver le calcul de la variance à partir de la somme S .

49 On donne le relevé du chiffre d'affaires CA (hors taxes) mensuel d'une entreprise de menuiserie aluminium et PVC sur 6 mois, en millions d'euros.

mois	janvier	février	mars	avril	mai	juin
CA	1,1	0,9	1,3	1,5	1,9	2

1° Calculer le CA mensuel moyen ainsi que l'écart type de cette distribution de CA.

Remarque : pour chaque valeur x_i du CA, l'effectif n_i est de 1.

2° Sachant que les coûts variables représentent 60 % du CA et que les coûts fixes mensuels sont de 80 milliers d'euros, calculer le bénéfice (avant impôts !) de chaque mois, puis le bénéfice mensuel moyen ainsi que l'écart type de cette distribution de bénéfice.

EXERCICES

4. Histogramme d'une série classée

1. Questions rapides

50 **Q.C.M.** Donner toutes les bonnes réponses.

On connaît l'histogramme d'une série statistique.

1° La classe modale est :

(a) [12 ; 16 [

(b) [10 ; 12 [

(c) on ne peut le savoir

2° La médiane est :

(a) dans la classe [10 ; 12 [

(b) égale à 20

(c) égale à 12

3° L'effectif total est :

(a) 40 (b) 200 (c) 180

4° Si la répartition est homogène dans les classes, la moyenne est :

(a) 10,5 (b) 12,3 (c) 12,5

Vrai ou Faux ? Justifier la réponse.

Une série statistique, dont on ne connaît pas les valeurs, est représentée par l'histogramme ci-contre :

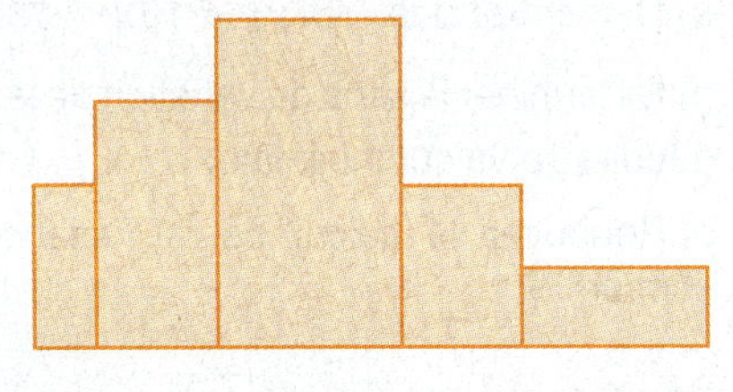

a) Les première et quatrième classes ont le même effectif.

b) La classe modale est la troisième classe parce que son aire est la plus grande.

c) La classe modale est la troisième classe parce que sa hauteur est la plus grande.

d) La médiane se situe dans la troisième classe.

Vrai ou Faux ? Justifier la réponse.

a) On peut toujours représenter une série statistique par un histogramme.

b) La « hauteur » des rectangles d'un histogramme peut, dans certains cas, être égale à l'effectif de la classe représentée.

c) Les effectifs de deux classes représentées par deux rectangles de même « hauteur » sont forcément égaux.

2. Applications directes

[Représenter une série statistique par un histogramme, p. 113]

53 Dans une usine de conserves, on remplit les boîtes à l'aide d'un système automatisé.

Pour en vérifier le réglage, on prélève au hasard 80 boîtes et on pèse leur contenu (masse nette).

Le tableau ci-dessous indique la répartition des boîtes en classes.

masse (en g)	[480;500 [	[500;510 [	[510;520 [	[520;550]
nombre de boîtes	12	45	18	5

Calculer les densités des classes.

Représenter cette série par un histogramme.

Préciser la classe modale. Est-ce la classe médiane ?

54 Le tableau ci-dessous donne la répartition, en %, des auditeurs d'une radio FM suivant l'âge.

âge	[8;13 [	[13;16 [	[16;18 [	[18; 22 [	[22;27]
auditeurs	15	27	24	24	10

Construire l'histogramme de cette série.

Donner la classe modale et la classe médiane.

[Utiliser la calculatrice pour construire un histogramme, p. 113]

55

Construire l'histogramme de la série suivante où les effectifs sont en milliers :

classe	[0 ; 2 [	[2 ; 4 [	[4 ; 6 [	[6 ; 8 [	[8 ; 10 [
effectif	13,1	15,9	10,6	7,3	3,1

Pour CASIO 35 + ou 65 :

MENU  EXE .

En list1 entrer les centres de classes 1, 3, 5, 7, 9

et en list2 les effectifs, puis GRPH .

	List 1	List 2	List 3	List 4
1	1	13.1		
2	3	15.9		
3	5	10.6		
4	7	7.3		
5	9	3.1		

3.1

GPH1 GPH2 GPH3 SEL SET

SET et choisir en **Graph Type : Hist**

et les listes 1 et 2 EXE ;

puis GPH1 et choisir en **Set Interval**

Start : 0 **pitch :** 2 EXE ou DRAW .

Par TRACE on peut lire l'histogramme.

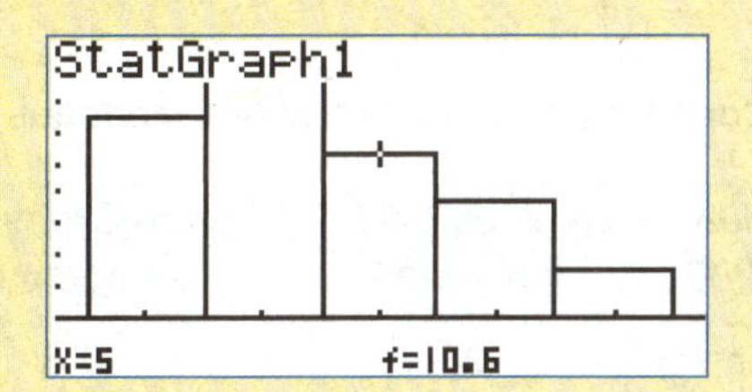

⚠ Pour pitch, entrer l'amplitude des classes.

56 On étudie le temps passé devant la télévision pour un groupe de personnes de 50 ans et plus.

temps	[0 ; 1 [	[1 ; 2 [	[2 ; 3 [	[3 ; 4 [	[4 ; 6 [	[6 ; 8]
part (en %)	9	20	29	20	16	6

1° Représenter la série par un histogramme sur papier.

Donner la classe modale et la classe médiane.

2° Les deux dernières classes ont une amplitude double des précédentes.

Comment interpréter ces deux classes et leurs fréquences afin d'obtenir l'histogramme sur la calculatrice ?

Tracer l'histogramme à la calculatrice.

3. Histogrammes et comparaison

57 Une association de consommateurs souhaite vérifier s'il est vrai qu'une nouvelle sorte de pile dure plus longtemps.

1° Elle observe la durée de vie (en minutes) d'un échantillon de 20 de ces piles.

durée de vie	[55;60 [	[60;65 [	[65;70 [	[70;75 [	[75;80 [	[80;85 [
effectif	3	1	4	3	8	1

Un membre statisticien de l'association a tracé l'histogramme de cette série avec une calculatrice.

- **Sur Casio**, entrer les centres de classe et prendre pitch = 5 .
- **Sur T.I.**, entrer les bornes et prendre Xscl = 5 .

Donner la classe modale.

2° L'association possède aussi un relevé de 20 durées de vie, en min, sur un lot d'ancienne piles :

durée de vie	[50;55 [	[55;60 [	[60;65 [	[65;70 [	[70;75 [	[75;80 [
effectif	2	2	6	7	2	1

Représenter l'histogramme de cette série.

Si on fait l'hypothèse que les échantillons sont représentatifs, les nouvelles piles ont-elles une durée de vie plus longue ?

58 L'histogramme ci-dessous donne la répartition de 450 achats selon le montant, en €, à reproduire.

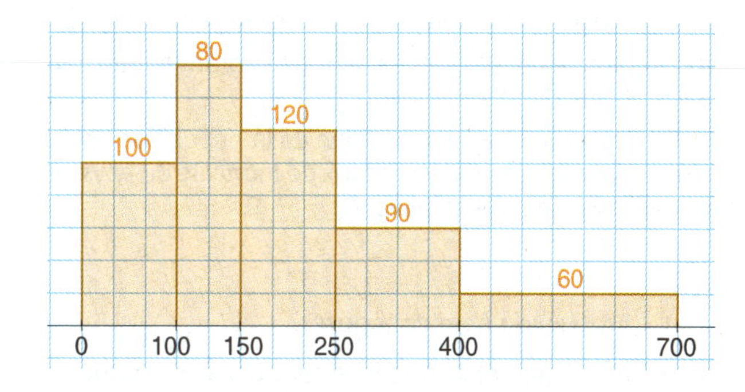

1° Donner le tableau des effectifs de cette série et compléter par les densités.

2° a) Donner la classe modale et la classe médiane.

b) En supposant la répartition homogène des achats dans chacune des classes, calculer la moyenne m et l'écart type s .

Placer l'intervalle $[\, m - s \,;\, m + s \,]$ sur l'axe des abscisses.

59 Ce tableau donne le nombre d'usines occupant plus de dix personnes d'une grande ville d'un pays européen en fonction du nombre d'ouvriers, au début du siècle.

nombre d'ouvriers	nombre d'usines
de 10 à moins de 20	18
de 20 à moins de 50	27
de 50 à moins de 100	40
de 100 à moins de 200	48
200 et plus	29

1° Quelle hypothèse fait-on sur la répartition des valeur dans chaque classe pour calculer la moyenne ? On cho sira 200 à 300 pour la dernière classe.

Calculer cette moyenne et l' écart type correspondant, le résultats seront donnés à 0,1 près.

2° a) Calculer les densités de chaque classe.

Présenter les résultats dans un tableau.

b) Représenter cette série statistique par un histogramme 1 cm pour 20 ouvriers, et 5 cm pour une densité de 1.

Faire apparaître l'unité de l'histogramme sur la représen tation précédente.

c) Quel commentaire se dégage de cette représentation ?

5. Effet de structure

60 **Vrai ou Faux ?** Justifier la réponse.

On donne la répartition de la population, en %,

âge	moins de 20 ans	plus de 20 ans
pays A (en %)	25,6	74,4
pays B (en %)	43,2	56,8

et le taux de mortalité pour 1 000 habitants :

âge	moins de 20 ans	plus de 20 ans
pays A (en ‰)	0,9	35
pays B (en ‰)	1,8	40,7

a) Le taux de mortalité du pays A est d'environ 26 pour 1 000 habitants.

b) Le taux de mortalité du pays B est supérieur à celui du pays A.

c) Les conditions sanitaires sont meilleures pour le pays B.

d) La proportion de jeunes est plus grande dans le pays B que dans le pays A.

e) En supposant que la répartition de la population est la même dans les deux pays, le taux de mortalité du pays B est supérieur à celui du pays A.

61 **Admission à un concours**

1° Voici les notes obtenues par un candidat à un concours :

coefficients	9	7	3	5	3	3	2
notes de A	11,5	8	12	12	5	10	10

Pour être admis un candidat doit atteindre 10 de moyenne. Le candidat A est-il admis ?

2° Voici les notes d'un autre candidat B :

coefficients	7	9	3	5	3	3	2
notes de B	12	8	12	12	5	10	10

a) Le candidat B est-il admis ?

b) Ce candidat B décide de changer d'option, ce qu échange les coefficients des deux premières notes.

Le candidat B est-il alors admis ?

62 **Consommation et panier des ménages**

produit en 1990	prix unitaire (en euros)	quantité moyenne consommée
bœuf (en kg)	13,1	17,6
pain (en kg)	1,8	63,4
lait (en L)	0,76	68,2

produit en 2001	prix unitaire (en euros)	quantité moyenne consommée
bœuf (en kg)	15,7	14,3
pain (en kg)	2	60,1
lait (en L)	0,98	66,2

1° a) Pour chaque produit, calculer le pourcentage d'évo lution des quantités consommées entre 1990 et 2001.

b) Calculer la dépense totale du consommateur en 199 et en 2001.

Calculer le pourcentage d'évolution de la dépense total

2° La dépense totale a augmenté bien que les consom mations des produits aient diminué.

a) Calculer le pourcentage d'évolution de la dépens totale en supposant que les prix unitaires en 2001 soie ceux de 1990.

b) Calculer le pourcentage d'évolution de la dépens totale en supposant que les quantités consommées e 2001 soient restées celles de 1990.

6. Séries chronologiques

1. Questions rapides

63 **Vrai ou Faux ?** Justifier.

° La série donnant la population de la France, en millions, ux recensements est une série chronologique.

1954	1962	1968	1975	1982	1990	1992
42,8	48,5	49,7	52,3	54,3	56,7	58,5

° La série des moyennes mobiles d'ordre 9 a 9 valeurs e moins que la série donnée.

° L'étendue de la série des moyennes mobiles est toujours plus petite que celle de la série donnée.

° Si on ajoute 10 à toutes les valeurs d'une série, les moyennes mobiles d'ordre 5 augmentent toutes de 2.

2. Applications directes

[Représentation graphique d'une série chronologique, p. 115]

64 Indice des prix des composants électroniques de 1997 à 1998.

année	1987	1988	1889	1990	1991	1992
indice	159	144	135	123	118	114

année	1993	1994	1995	1996	1997	1998
indice	110	106	100	93,8	84,7	73,1

1° Représenter cette série dans un repère orthogonal : en abscisse 1cm pour une année, en partant de $x = 0$ en 1987, et 1 cm pour 10 en ordonnée, en commençant à l'indice 60.

2° Calculer le coefficient directeur de la droite reliant le premier et le dernier point à 0,1 près. Interpréter le résultat.

65 La charge de la dette de l'État, en milliards d'euros, est donnée dans le tableau ci-dessous.

année	dette
1990	18,3
1991	20,4
1992	22,5
1993	24,7
1994	29,2
1995	30,3
1996	34,5
1997	35,8
1998	35,8
1999	35,8
2000	36,2
2001	35,8
2002	36,8
2003	38,3

1° Représenter cette série chronologique en prenant 1cm pour un an en abscisse, en commençant en 1990 pour $x = 0$, et 1 cm pour 2 milliards en ordonnée en commençant à 18 milliards.

2° a) Sur quelles années peut-on dire que la dette a augmenté « régulièrement » ?

b) Quel serait le coefficient directeur d'une droite joignant A (1990 ; 18,3) et B (1996 ; 34,5) ? En donner une interprétation.

c) Quelle serait le montant de la dette si cette tendance s'était maintenue jusqu'en 2003 ? Comparer avec la valeur réelle.

3° Calculer l'augmentation moyenne annuelle de 1996 à 2002.

Comparer à l'augmentation entre 2002 et 2003.

4° Pour aller plus loin à la calculatrice

a) Entrer en liste 1 les valeurs de 1990 à 2002, et en liste 2 les valeurs de 1991 à 2003. Calculer le pourcentage d'évolution de la dette d'une année sur l'autre en liste 3.

Rappeler la formule à écrire pour la liste 3.

b) Représenter la série chronologique du pourcentage d'évolution de la dette.

[Dégager une tendance à l'aide des moyennes mobiles, p. 115]

66 On donne une série d'informations récoltées durant 18 jours consécutifs.

Lisser cette série par la méthode des moyennes mobiles d'ordre 3, puis par les moyennes mobiles d'ordre 7.

Présenter les résultats sous forme d'un tableau et indiquer si une tendance se dégage.

jour	x_i	jour	x_i
1	10	**10**	7
2	16	**11**	9
3	10	**12**	13
4	9	**13**	15
5	8	**14**	18
6	12	**15**	15
7	17	**16**	12
8	14	**17**	8
9	8	**18**	7

67 Même exercice avec la série suivante lissée par des moyennes mobiles d'ordre 5.

jour	1	2	3	4	5	6	7	8	9	10
y_i	9	10	11	9	9	12	11	12	10	11

jour	11	12	13	14	15	16	17	18	19	20
y_i	11	13	14	13	14	12	12	13	15	15

3. Estimations ou prévisions

68 Indices des prix à la construction, base 100 en 1990, de 1988 à 2001.

année	1988	1989	1990	1991	1992	1993	1994
indice	96,3	97,8	100,0	104,3	105,9	107,1	107,2

année	1995	1996	1997	1998	1999	2000	2001
indice	107,2	109,1	111,7	111,8	113,0	114,7	119,8

a) Représenter cette série dans un repère orthogonal.

On placera en abscisse les rangs des années en prenant $x = 0$ pour 1988.

b) Calculer les moyennes mobiles d'ordre 5.

Représenter la série des moyennes mobiles dans le repère précédent.

c) On ajuste les moyennes mobiles obtenues par la fonction f définie sur $[\,0\,;\,15\,]$ par $f(x) = 1{,}34\,x + 99$.

Tracer la courbe de la fonction f sur le graphique.

En supposant que l'évolution de l'indice à la construction se poursuit suivant ce modèle, calculer l'indice à la construction attendu en 2005.

69 **Taux d'intérêt à court et long terme** en France et aux États-Unis, entre 1984 et 2001

	1984	1985	1986	1987	1988	1989	1990
F	11,7	9,9	7,7	8,3	7,9	9,4	10,3
E-U	9,5	7,5	6	5,8	6,7	8,1	7,5

	1991	1992	1993	1994	1995	1996	1997
F	9,6	10,3	8,6	5,9	6,6	3,9	3,5
E-U	5,4	3,4	3	4,2	5,5	5,4	5,6

	1998	1999	2000	2001	2002
F	3,6	3	4,3	5,1	5,26
E-U	5,5	5,4	6,8	7,3	5,32

1° a) Représenter les deux séries dans un repèr orthogonal : $x = 0$ pour 1984 et les taux en ordonnée

b) Calculer les moyennes mobiles d'ordre 9 pou chacune des deux séries et les représenter dans l repère ci-dessus.

2° On ajuste la série des moyennes mobiles MM9 des tau français par la droite $\mathscr{D}$ d'équation $y = -0{,}5x + 11{,}8$

et la série des moyennes mobiles MM9 des tau américains par la parabole $\mathscr{P}$ d'équation :

$$y = 0{,}0\,375\,x^2 - 0{,}77x + 9\,.$$

a) Tracer la droite $\mathscr{D}$. Interpréter son coefficient directeu en termes économiques.

Calculer le taux d'intérêt que l'on peut prévoir pour 200 en France si cette tendance se maintient.

b) Étudier le sens de variation de la fonction représentée par la parabole et définie sur $[\,0\,;\,20\,]$.

Si cette tendance se maintient, calculer le taux d'intéré pour 2004 aux États-Unis.

70 **Évolution du taux de natalité en France**

année	90	91	92	93	94	95	96
taux (en ‰)	13,9	13,4	13,3	13	12,4	12,3	12,

année	97	98	99	00	01	02
taux (en ‰)	12,6	12,7	12,7	13,2	13	12,8

a) Représenter cette série dans un repère orthogonal. On placera en abscisse les rangs des années en partar de $x = 0$ en 1990 et en ordonnée on commencera a taux 12 ‰.

b) Calculer les moyennes mobiles d'ordre 3.

Représenter la série des moyennes mobiles MM3 dar le repère précédent.

c) On ajuste les moyennes mobiles obtenues par l fonction f définie sur $[\,0\,;\,15\,]$ par :

$$f(x) = -\,0{,}0\,036\,x^3 + 0{,}097\,x^2 - 0{,}74\,x + 14{,}3\,.$$

Entrer cette fonction à la calculatrice.

En supposant que l'évolution du taux de natalité s poursuit suivant ce modèle, calculer le taux de natali attendu pour l'année 2004.

7. Tableaux à deux entrées

71 Une marque de chocolat propose des cadeaux dans ses tablettes de 100 g.

Elle livre 500 tablettes de chocolat noir, 300 de chocolat au lait et 200 tablettes de chocolat fourré aux noisettes.

20 % des tablettes au chocolat au lait, 10 % de celles au chocolat noir et 30 % de celles au chocolat fourré aux noisettes contiennent un cadeau.

a) Dresser le tableau donnant la fréquence des cadeaux selon le type de tablettes de chocolat.

b) Établir le tableau des effectifs.

Quel est le pourcentage de tablettes contenant un cadeau ?

72 Au cours d'une élection cantonale, trois listes se présentaient. On les désignera par la personne tête de liste : Madame Aranty (A) , Monsieur Bentro (B) et Monsieur Cameli (C) .

Il y avait 7 320 inscrits, 5 750 personnes ont voté. Les 5 400 bulletins exprimés se répartissent à 42 % pour la liste A , 24 % pour la liste B et le reste pour la liste C .

1° a) Quelle est la liste élue ?

b) Quel est le taux d'abstention ?

c) Quelle est la part des bulletins non exprimés parmi les votants ?

2° On s'intéresse au vote des femmes.

Le tableau ci-dessous donne la fréquence en colonnes du vote des femmes et des hommes pour chaque liste :

	Aranty	Bentro	Cameli
femmes	70 %	55 %	25 %
hommes	30 %	45 %	75 %
total	100 %	100 %	100 %

a) Pourquoi le tableau ne comporte-t-il pas de colonne « total », donnant en particulier la somme des pourcentages concernant les « femmes » dans le tableau ?

b) Combien de voix a obtenues Madame Aranty ?
Combien de femmes ont voté pour Madame Aranty ?

73 Dans une entreprise, 70 % des salariés sont employés et 30 % sont cadres.

80 % des employés sont mariés et 40 % des cadres sont célibataires.

1° a) Calculer le nombre de salariés mariés si l'entreprise a 300 salariés.

Recopier et compléter l'arbre pondéré ci-contre.

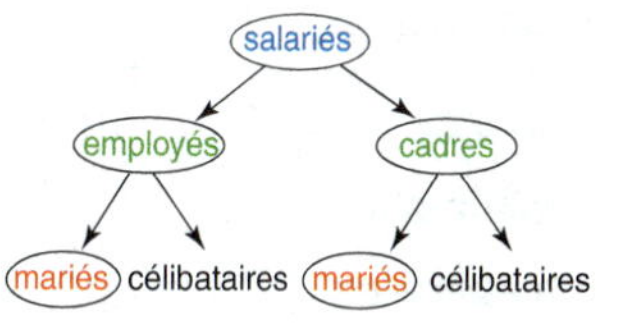

b) En déduire la part en pourcentage des salariés mariés dans cette entreprise.

2° Reprendre l'arbre en donnant au premier niveau la répartition des mariés et des célibataires.

74 150 enseignants sont professeurs au lycée : 60 % sont des femmes, 12 % sont professeurs de mathématiques et 20 % sont professeurs de langues.

Un professeur de Maths sur deux est un homme, et un tiers des professeurs de langues sont des hommes.

1° À l'aide d'un arbre, décrire cette population en complétant par les effectifs.

2° Dresser le tableau des effectifs.

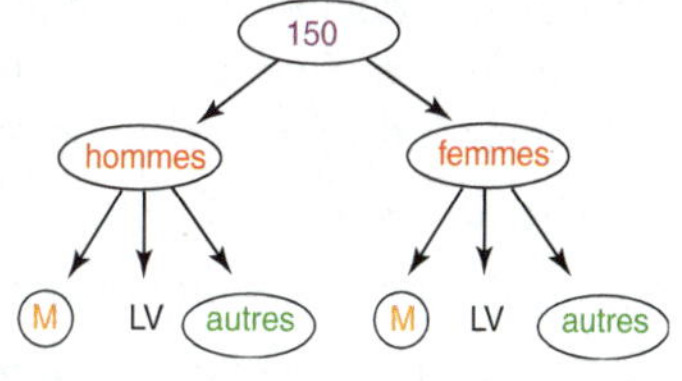

Calculer le tableau des fréquences.

Construire l'arbre « renversé » dont le premier niveau est la matière enseignée.

8. Exercices de synthèse

75 **Q.C.M.**

Une grande surface compte en fin de journée le nombre de chèques cadeaux vendus. Ces chèques cadeaux sont de cinq types :

5 €, 10 €, 20 €, 50 € et 100 €.

Pour chacune des questions, une seule des réponses proposées est exacte.

montant	10	5	20	100	50
nombre de chèques vendus	48	24	19	4	2

		A	B	C
1	Le nombre total de coupons vendus est	5	100	97
2	Soit *Me* la médiane et $\bar{x}$ la moyenne de la série	$Me = \bar{x}$	$Me < \bar{x}$	$Me > \bar{x}$
3	50 % des plus petits chèques vendus ont une valeur inférieure ou égale à	5	10	20
4	Soit Q1 le premier quartile et *Me* la médiane de la série	$Q1 = Me$	$Q1 < Me$	$Q1 > Me$
5	Soit Q3 le troisième quartile et *Me* la médiane de la série	$Q3 = Me$	$Q3 < Me$	$Q3 > Me$
6	25 % des plus petits chèques vendus ont une valeur inférieure ou égale à	10	7,5	5
7	L'écart interquartile est	12,5	10	67,5
8	La valeur moyenne des chèques vendus est	15,25	37	10
9	L'écart type, arrondi à l'unité, de la série est	63	19	20

76 Températures minimales et maximales, en °C, tous les 15 novembre de 1959 à 1999

années	1959	1960	1961	1962	1963	1964	1965	1966	1967	1968	1969	1970	1971	1972
minimales	5	5	5	0	2	10	– 5	2	7	– 2	6	5	4	0
maximales	9	11	6	2	17	13	2	10	9	3	9	8	10	9

années	1973	1974	1975	1976	1977	1978	1979	1980	1981	1982	1983	1984	1985	1986
minimales	9	11	8	5	5	2	– 1	4	– 2	2	– 6	5	– 1	10
maximales	14	13	13	9	9	11	6	12	4	6	4	7	9	12

années	1987	1988	1989	1990	1991	1992	1993	1994	1995	1996	1997	1998	1999
minimales	2	– 1	– 2	8	4	6	3	11	9	1	6	4	2
maximales	13	11	11	13	10	12	9	16	12	6	13	10	6

Données climatiques (*source :* Météo France) concernant la station météorologique de Brétigny-sur-Orge (Essonne), altitude 78 m.

1° Étude de la dispersion des deux séries

On utilisera au maximum les listes de la calculatrice.

En liste 1, les années en partant de 1 pour 1959.

En liste 2, les températures minimales et, en liste 3, les températures maximales.

a) Pour la série des températures minimales, calculer l'étendue, donner la température médiane et l'interpréter ; donner les premier et troisième quartiles et construire le diagramme en boîte.

b) Faire de même pour les températures maximales.

c) Calculer les écarts interquartiles.

Comparer la dispersion des deux séries.

d) Calculer les moyennes $\overline{x_1}$ et $\overline{x_2}$ des températures minimales et maximales, ainsi que les écarts types s_1 et s_2 correspondants.

Quel pourcentage des données contiennent les intervalles :

$[\overline{x_1} - s_1 \; ; \overline{x_1} + s_1]$ et $[\overline{x_2} - s_2 \; ; \overline{x_2} + s_2]$?

2° Étude de l'évolution : tendance

a) Sur le même graphique, construire la courbe des températures minimales et celle des températures maximales.

On portera en abscisse les rangs des années en partant de $x = 1$ en 1959.

b) Calculer les moyennes mobiles d'ordre 15 pour les deux séries.

c) Construire sur le même graphique les courbes des séries des moyennes mobiles.

Une tendance à la hausse ou à la baisse se dégage-t-elle pour chaque série ?

Une étude à l'aide d'un tableau est encore mieux (voir p. 119).

3° Prévisions

a) Tracer sur le graphique précédent les droites d'équation

$y = 0,05x + 8,4$ et $y = -\ 0,03x + 4$.

Ces droites passent-elles près des points des séries des moyennes mobiles ?

b) En supposant que les évolutions se poursuivent suivant ces modèles, déterminer les températures prévues au 15 Novembre 2004.

77 Sur un segment de longueur 1, on place au hasard deux points A et B différents des extrémités.

O A B I

On s'intéresse aux valeurs prises par la distance AB .

1° Simulation à l'aide de la calculatrice des valeurs de *AB*

Soit x et y les abscisses de A et B dans le repère $(O\,;I)$, alors $AB = |x - y|$.

x et y sont donc des nombres choisis au hasard dans $]\,0\,;1\,[$.

a) Dresser une liste de 100 valeurs de AB dans la liste L1. Pour cela sur **T.I. :**

LIST **OPS 5:seq(** abs(rand – rand , T , 1 , 100 , 1

STO▶ L1.

b) Dresser une liste de 150 valeurs de AB dans la liste L2

c) Dresser une liste de 200 valeurs de AB dans la liste L3

d) Représenter l'ensemble des trois séries des valeurs AB obtenues, par trois diagrammes en boîtes.

Calculer la part, en pourcentage, des valeurs de la série telles que $AB < 0,5$.

2° **Démonstration**

a) Montrer que $AB < 0,5$ est équivalent à :

$$x - 0,5 < y < x + 0,5 \ .$$

b) Dans un repère $(O\,;\,I,\,J)$, placer les points :

$A\ (1\,;\,0)$, $B\,(1\,;\,1)$ et $C\,(0\,;\,1)$,

puis tracer les droites D1 et D2 d'équation :

$$y = x - 0,5 \quad \text{et} \quad y = x + 0,5 \ .$$

Déterminer les coordonnées des points d'intersection P et Q, respectivement de D1 avec l'axe $(O\,;\,I)$ et de D2 avec l'axe $(O\,;\,J)$.

c) Calculer l'aire des triangles PAB et QBC.

En déduire la fréquence théorique d'obtenir une distance AB inférieure à 0,5.

78 **Courbes de Lorenz**

1° Les fonctions f et g sont définies sur $[\,0\,;\,1\,]$ par :

$f(x) = 0,2x^2 + 0,8x$ et $g(x) = 0,8x^2 + 0,2x$.

a) Calculer les images de 0 et de 1 par f et par g.

b) Montrer que, pour tout réel x de $[\,0\,;\,1\,]$:

$$f(x) \leqslant x \quad \text{et} \quad g(x) \leqslant x \ .$$

c) Étudier les variations de f et de g sur $[\,0\,;\,1\,]$.

d) Construire la droite d'équation $y = x$, puis les courbes représentatives de f et de g dans un repère orthonormal $(O\,;\,\vec{i},\,\vec{j})$ d'unité 10 cm sur chaque axe.

On utilisera les tableaux de valeurs de la calculatrice avec un pas de 0,1.

2° Les courbes représentatives de f et de g sont des **courbes de Lorenz** de deux pays F et G.

Elles illustrent la répartition du patrimoine des ménages dans chacun des pays.

En abscisse, x représente le pourcentage des personnes les plus pauvres par rapport à la population totale, et en ordonnée, y représente le pourcentage du patrimoine total qu'ils possèdent.

Exemple de lecture : $f(0,2) = 0,168$ signifie que 20 % des personnes, les plus pauvres, possèdent 16,8 % du patrimoine total.

a) Sachant que, pour chacun de ces pays, le patrimoine des ménages est d'environ 165 000 euros, déterminer pour chacun des pays la médiane, les premier et troisième quartiles, les premier et neuvième déciles.

b) Construire les diagrammes en boîte correspondant à chacun des pays, les moustaches des boîtes s'arrêtant aux premier et au neuvième déciles. Commenter.

79 **Étude du minimum de la fonction f définie sur $\mathbb{R}$ par** $f(x) = \frac{1}{n}\sum(x_i - x)^2$

Étude à l'aide d'une calculatrice T.I.

Pour une enquête sociologique dans deux groupes de 10 hommes, on a demandé l'âge de chacun d'eux au moment de leur mariage.

série 1	24	25	25	26	26	27	27	28	29	40
série 2	16	25	25	26	26	27	27	28	29	30

1° Étude de la série 1, entrée en liste 1.

a) Calculer la valeur moyenne de la série 1 à la calculatrice par **1-Var Stats** (L1)

b) Entrer la fonction f_1 en Y1 :

```
\Y1■sum((L1-X)²)
/10
```

et visualiser la courbe représentative de cette fonction dans la fenêtre graphique :

$$X \in [\,15\,;\,35\,] \quad \text{et} \quad Y \in [\,10\,;\,50\,] \ .$$

c) Lire la valeur du réel x pour lequel f_1 est minimale.

On utilisera la recherche du minimum.

Comparer cette valeur à la moyenne de la série.

2° Faire de même pour la série 2, entrée en liste 2.

3° Comparer les moyennes des deux séries, ainsi que les valeurs de x où ces fonctions atteignent leur minimum. Conclure.

• **Aide :** la fonction **sum(** s'obtient par :

(LIST) **MATH 5:sum(**

Recherche du minimum : (CALC) **3:minimum** ;

pour la borne inférieure (Left bound) : taper 20 (ENTER),

pour la borne supérieure (Right bound) : taper 30 (ENTER),

puis pour la valeur initiale (Guess) : taper 25 (ENTER).

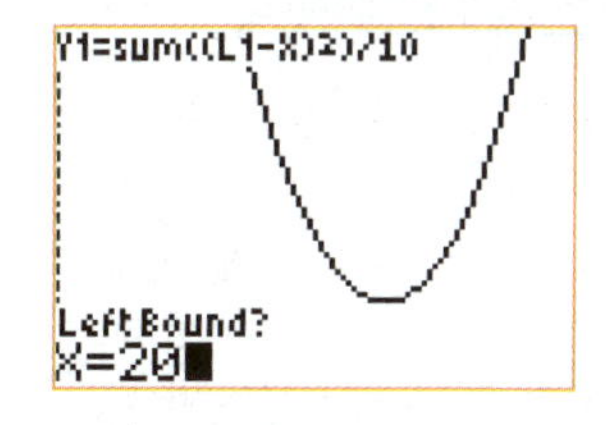

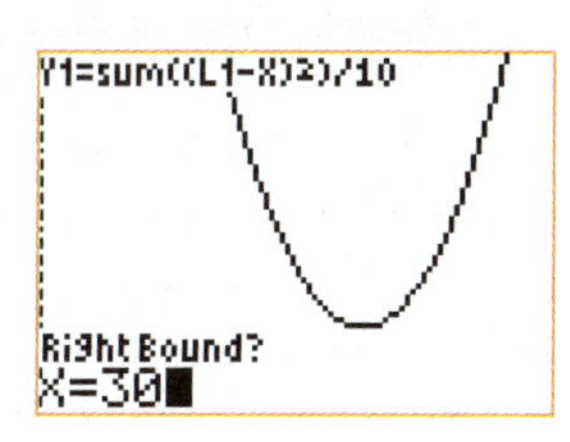

Remarque : Cette étude n'est pas possible avec une calculatrice Casio.

80 Étude du minimum de la fonction définie sur $\mathbb{R}$ par $g(x) = \sum |x_i - x|$

On reprend les deux séries de l'exercice 79.

1° Entrer les fonctions g_1 en Y1 et g_2 en Y2 :

```
\Y1■sum(abs(L1-X
))/10
\Y2■sum(abs(L2-X
))/10
```

2° Visualiser les courbes représentatives de ces deux fonctions dans la fenêtre graphique : X ∈ [20 ; 30] et Y ∈ [2 ; 8] .

3° Vérifier que chacune de ces deux fonctions atteint leur minimum sur tout un intervalle que l'on déterminera graphiquement, et comparer les intervalles trouvés.

4° a) Dans la série 1, supprimer la valeur 29. En quelle valeur la fonction g_1 atteint-elle son minimum ?

Que représente-t-elle pour la série ?

b) Faire de même pour g_2 . Comparer ces deux valeurs.

• **Aide :** la fonction valeur absolue **abs(** s'obtient par (MATH) **NUM 1:abs(** .

81 Les quartiles avec Excel

8	7	4	11	7	7	10	6	10	10	8	6	5	2	8	7
4	10	7	6	8	8	11	7	10	7	3	8	6	6	8	12

1° Recopier la série ci-dessous dans la colonne A.

Dans la colonne B, recopier la colonne A, puis trier les valeurs par ordre croissant (A↓Z) .

Lire les deux quartiles Q1 et Q3 et la médiane.

2° a) Déterminer les quartiles Q1 et Q3 par :

D1 = QUARTILE (plage ; 1)

D4 = QUARTILE (plage ; 3).

SOMME ▾ ✕ ✓ fx =QUARTILE(A1:A32;1)

	A	B	C	D	E
1	8	2	Q1	=QUARTILE(	
2	7	3	Me		
3	4	4	Q3		
4	11	4			

b) Déterminer la médiane par **D3 = MEDIANE (plage)**

Comparer avec les résultats obtenus en 1° .

Jeu de dés

82

Cardan trouvait un paradoxe dans ce problème, car il y a autant de façons d'obtenir 9 que 10. Mais Galilée, à droite sur la photo, trouva le pourquoi... (voir chapitre 7 Probabilités).

À l'aide d'un tableur, on peut simuler les expériences du Duc de Toscane.

1° Créer un tableau de 200 lancers de trois dés de six.

a) En cellule A1 =

=ENT(6*ALEA()+1)+ENT(6*ALEA()+1)+ENT(6*ALEA()+1)

ALEA() donne un nombre aléatoire de [0 ; 1 [;

6*ALEA() donne un nombre aléatoire de [0 ; 6 [;

ENT(6*ALEA() + 1) donne la partie entière d'un nombre aléatoire de [1 ; 7 [, donc donne 1 , 2 , 3 , 4 , 5 ou 6, c'est-à-dire la simulation du résultat d'un dé.

b) On prend la poignée de copie et on tire jusqu'en cellule J20 pour obtenir 200 lancers.

2° a) Compter le nombre de 9 et le nombre de 10 obtenus dans le tableau de A1 à J20 par **NB.SI** en cellules L1 et L 2 .

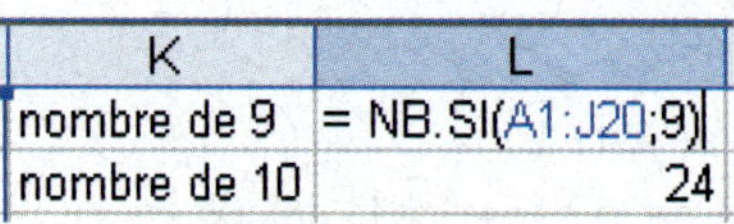

K	L
nombre de 9	= NB.SI(A1:J20;9)
nombre de 10	24

Sur la calculatrice, dans les cellules L1(1) et L 2(1) , écrire le nombre de 9 obtenu et le nombre de 10 obtenu.

b) L'appui de la touche F9 du clavier permet une autre simulation.

Recommencer au moins 50 fois la simulation, en écrivant au fur et à mesure les nombres de 9 et de 10 obtenus en listes 1 et 2 de la calculatrice.

c) Calculer la moyenne du nombre de 9 et la moyenne du nombre de 10.

Construire à la calculatrice le diagramme en boîte des deux séries obtenues en L1 et L2 .

Peut-on conclure comme le Duc de Toscane ?

6

Nombre dérivé. Fonction dérivée

Un ballotin

Chaque ballotin a une base rectangulaire de largeur 6 cm et de longueur x cm . La boite est fermée par quatre rabats formant trois rectangles isométriques.

Quelle longueur x choisir pour confectionner un ballotin de 1 200 cm³ en utilisant le minimum de carton ?

[voir exercice 103]

MISE EN ROUTE

Tests préliminaires

A. Coefficient directeur

Pour chaque droite, lire le coefficient directeur.

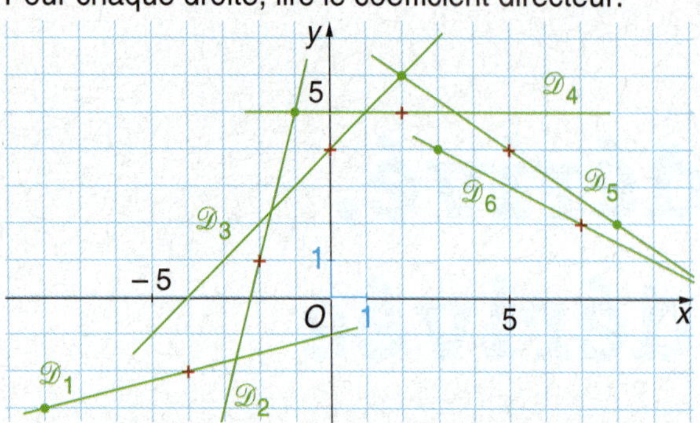

[Voir techniques de base, p. XVII]

B. Équation d'une sécante

Soit f la fonction définie sur $\mathbb{R}$ par :

$f(x) = x^2 - 2x - 2$,

et représentée par la courbe $\mathscr{C}$ ci-contre.

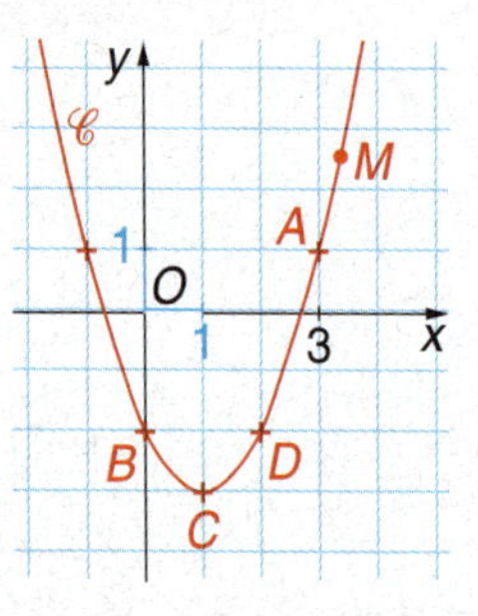

a) Déterminer l'équation réduite de chacune des sécantes à cette courbe :

(AB) , (AC) et (AD) .

b) Soit M le point de $\mathscr{C}$ d'abscisse $3 + h$, avec $h \in [-1 ; 1]$.

Déterminer le coefficient directeur m de (AM) .

c) Si $h = 0{,}0001$, donner une valeur approchée de m à 0,01 près.

Donner l'équation réduite de la droite (AM) .

C. Calcul algébrique

1° Soit $f(x) = x^2 - 3x + 4$ et h non nul.

a) Développer $f(1 + h)$ et calculer $f(1)$.

b) Montrer que $\dfrac{f(1+h) - f(1)}{h} = h - 1$.

2° Soit $f(x) = x^3 - x^2$ et h non nul.

a) Développer $f(2 + h)$ et calculer $f(2)$.

b) Montrer que $\dfrac{f(2+h) - f(2)}{h} = h^2 + 5h + 8$.

3° Soit $f(x) = \dfrac{3}{x+2}$ et h non nul.

a) Déterminer $f(h - 1)$ et calculer $f(-1)$.

b) Montrer que $\dfrac{f(h-1) - f(-1)}{h} = \dfrac{-3}{h+1}$.

[Voir page de calcul, p. 152]

D. Sens de variation

Pour chaque fonction f , indiquer si elle est croissante sur I , décroissante sur I ou si on ne peut pas conclure.

a) $f(x) = x^2 - 4 - \dfrac{1}{x}$ sur $I =]0 ; +\infty[$;

b) $f(x) = -\dfrac{x}{2} + 1 + \dfrac{2}{x}$ sur $I =]0 ; +\infty[$;

c) $f(x) = \dfrac{x}{3} + \dfrac{1}{x-3}$ sur $I =]3 ; +\infty[$;

d) $f(x) = -(x-3)^2 + 2$ sur $I = [3 ; +\infty[$.

[Voir chapitre 2, p. 40]

E. Lectures graphiques

On considère la fonction f définie sur :

$]-\infty ; 2[\cup]2 ; 5]$

et représentée par la courbe ci-dessous.

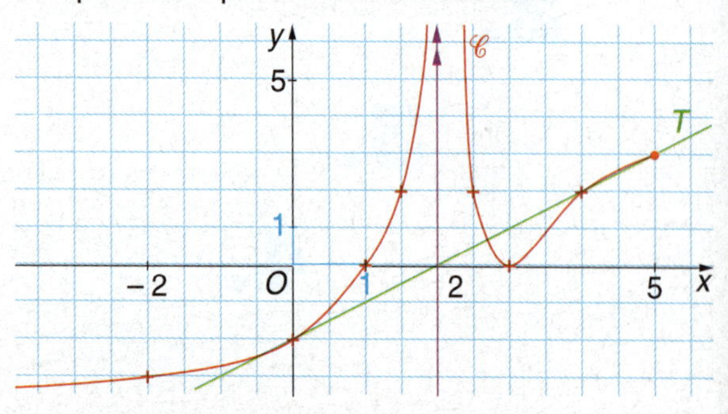

a) Dresser son tableau des variations.

b) Lire $f(4)$; $f(1)$ et $f(0)$.

c) Lire le coefficient directeur de la droite T et donner son équation réduite.

[Voir techniques de base, p. XII]

F. Signe d'une expression

1° Compléter le tableau de signes de la fonction f représentée ci-dessus :

x	$-\infty$	2	5
signe de $f(x)$		‖	

2° Sans utiliser le discriminant, donner le signe de chaque expression. (On pourra indiquer l'allure de la parabole.)

$A(x) = -x^2 + 4$; $B(x) = (x-4)^2$;

$C(x) = x^2 - 4x$; $D(x) = x^2 + 4$.

[Voir chapitre 4, p. 82]

MISE EN ROUTE

Activités préparatoires

1. Sécantes à une courbe passant par un point

On considère la fonction f définie sur $\mathbb{R}$ par $f(x) = -x^2 + 4$ et $\mathscr{P}$ sa courbe représentative dans un repère orthonormal $(O ; \vec{i}, \vec{j})$.

On se propose d'étudier le coefficient directeur des sécantes à $\mathscr{P}$ au point $A(1 ; 3)$.

1° Calculer les coefficients directeurs des droites (AC) et (AB) du graphique.

2° On considère le point M de la parabole $\mathscr{P}$ ayant pour abscisse $1 + h$, h est un petit nombre non nul.

a) Montrer que le coefficient directeur de la sécante (AM) est $m = \dfrac{f(1+h) - f(1)}{h}$.

b) Que devient m lorsque **h tend vers 0**, c'est-à-dire lorsqu'il devient pratiquement nul ?

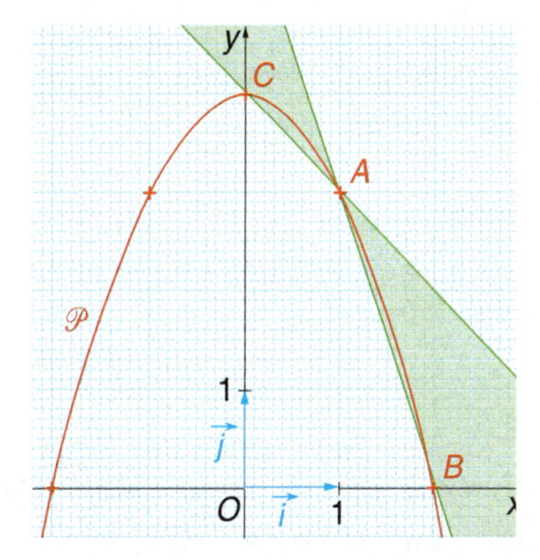

Remarque : une autre approche est vue à l'aide d'un logiciel, page 151.

2. Coût marginal

Un atelier fabrique des objets. Le coût total de fabrication de q objets est donné en ligne 3 d'un tableur.

1° Quel est le sens de variation du coût total ? Lire les coûts fixes.

2° Lorsque l'on a fabriqué 6 objets, le 6e objet coûte :

$$C(6) - C(5).$$

Ce coût est **le coût marginal du 6e objet.**

a) Comment lire le coût marginal du 6e objet sur le graphique ? Faire le lien avec les segments.

b) Calculer le coût marginal de chaque objet de 1 à 10.

Quel est le signe du coût marginal ? Faire le lien avec le sens de variation du coût total.

Représenter ce coût marginal dans un repère orthogonal.

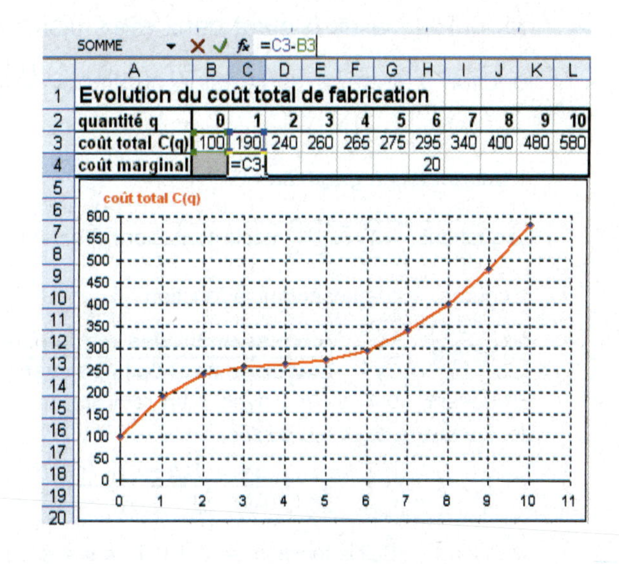

SOMME =C3-B3

	A	B	C	D	E	F	G	H	I	J	K	L
1	Evolution du coût total de fabrication											
2	quantité q	0	1	2	3	4	5	6	7	8	9	10
3	coût total C(q)	100	190	240	260	265	275	295	340	400	480	580
4	coût marginal		=C3-					20				

3. Approximation affine de $(1+x)^3$ pour x proche de 0

1° Soit f la fonction définie sur $\mathbb{R}$ par :

$$f(x) = (1+x)^3$$

et g la fonction affine telle que $g(x) = 1 + 3x$.

a) Vérifier que les courbes $\mathscr{C}_f$ et $\mathscr{C}_g$ passent par $A(0 ; 1)$.

b) Visualiser les courbes $\mathscr{C}_f$ et $\mathscr{C}_g$ au voisinage de A dans la fenêtre.

```
WINDOW
 Xmin=-.3
 Xmax=.3
 Xscl=1
 Ymin=.7
 Ymax=1+0.3
 Yscl=1
 Xres=1
```

Comment semblent être ces deux courbes ?

c) Effectuer des ZOOM OUT sur le point A. Sur $[0 ; 1]$, quelle est la position de la courbe $\mathscr{C}_g$ par rapport à $\mathscr{C}_f$?

2° Une population de 10 000 personnes augmente durant 3 ans de 2 % par an.

a) Calculer la population au bout de 3 ans.

b) Si on avait appliqué un coefficient multiplicateur de $1 + 3 \times \dfrac{2}{100}$, quelle serait l'erreur commise ?

COURS

1. Limite en 0. Accroissement moyen

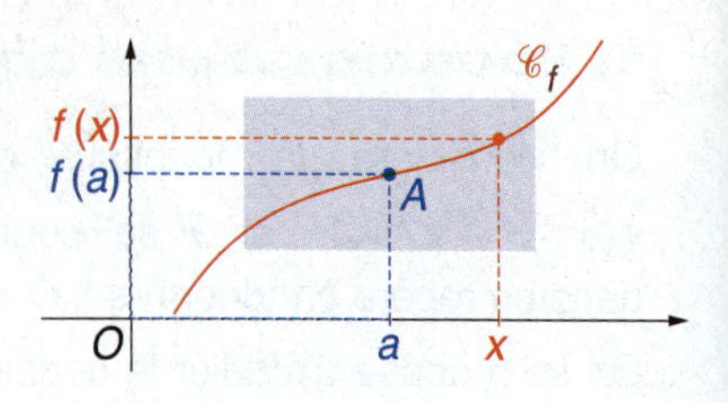

Toutes les fonctions vues en 1e ES sont telles que, en toute valeur a de leur ensemble de définition, pour tout réel x proche de a, $f(x)$ est proche de $f(a)$.

Autrement dit, si x est dans un voisinage de a, $f(x)$ sera aussi dans un voisinage de $f(a)$.

Limite en 0

Si f est une fonction définie sur un intervalle I contenant 0, on admet que chercher la limite de f en 0 revient à calculer l'image de 0 par f :

$$\lim_{x \to 0} f(x) = f(0).$$

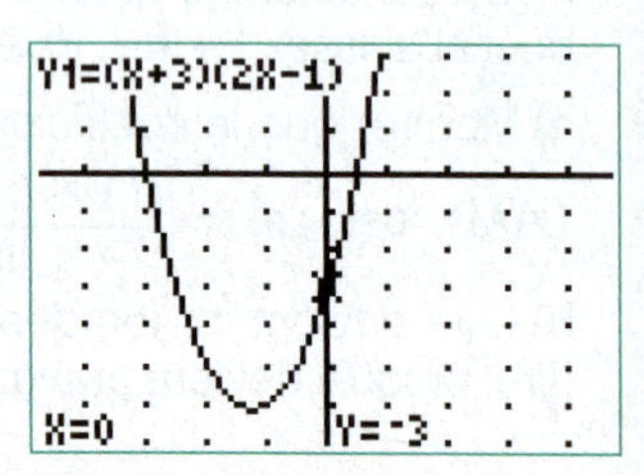

Exemple : Soit $f(x) = (x+3)(2x-1)$, fonction polynôme définie sur $\mathbb{R}$; $f(0)$ existe, donc si $x \to 0$, alors $f(x) \to f(0) = (0+3)(2 \times 0 - 1) = -3$.

Ainsi $\lim_{x \to 0} (x+3)(2x-1) = -3$.

Accroissement moyen (*)

définition : a et b étant deux réels distincts de l'intervalle I, l'**accroissement moyen** de la fonction f entre a et b est le quotient $\dfrac{f(b)-f(a)}{b-a}$.

Interprétation graphique

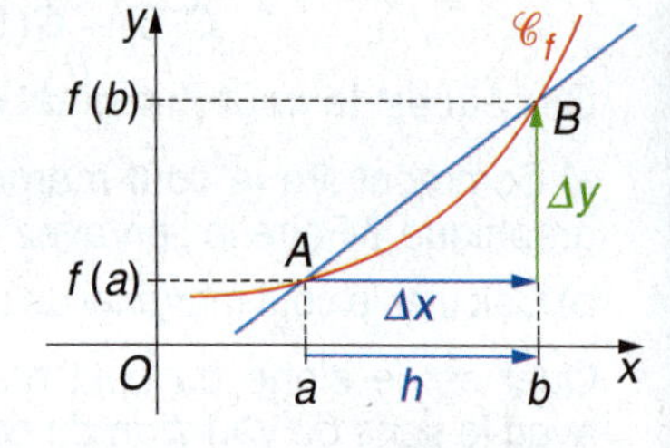

Le quotient $\dfrac{f(b)-f(a)}{b-a}$ est le coefficient directeur de la sécante (AB) à la courbe $\mathscr{C}_f$ représentant la fonction f.

On notera $\dfrac{\Delta y}{\Delta x} = \dfrac{\text{accroissement des ordonnées}}{\text{accroissement des abscisses}}$.

En posant $b = a+h$, avec h un réel non nul, l'accroissement moyen de f entre a et $a+h$ s'écrit :

$$\frac{\Delta y}{\Delta x} = \frac{f(a+h)-f(a)}{h}.$$

Exemple : Soit la fonction carré f définie sur $\mathbb{R}$. *Pour* $a=2$, l'accroissement moyen entre 2 et $2+h$ est :

$$\frac{\Delta y}{\Delta x} = \frac{f(2+h)-f(2)}{2+h-2} = \frac{(2+h)^2-2^2}{h} = \frac{4+4h+h^2-4}{h} = \frac{4h+h^2}{h} = \frac{\not{h}(4+h)}{\not{h}} = 4+h.$$

Lorsque $2+h$ est proche de 2, h devient tout petit (pratiquement nul) et $4+h$ est presque 4.

Ainsi $\lim_{h \to 0} (4+h) = 4$.

Cas particulier : coût marginal d'une unité produite

Soit $C(q)$ le coût total lorsque l'on a fabriqué q unités.

Le coût marginal de la q-ième unité produite est l'accroissement de coût dû à cette dernière unité produite, c'est-à-dire $C_m(q) = C(q) - C(q-1)$.

(*) On parle aussi de taux de variation de la fonction f entre a et b.

Calculer un accroissement moyen

Méthode

Calculer un accroissement moyen entre a et b revient à considérer une **fonction affine** P, et à chercher son coefficient directeur :

$$\frac{P(b)-P(a)}{b-a}.$$

Deux accroissements moyens égaux correspondent à deux segments parallèles sur le graphique.

[Voir exercices 15 et 16]

La production d'une machine en fonction de la durée d'utilisation est représentée ci-dessous. :

temps, en h	0	0,5	1	1,5	2	2,5	3	3,5	4	4,5	5
production $P(x)$, en t	0	1	1,8	2,2	3,6	4,3	4,8	5,5	7	7,5	8,2

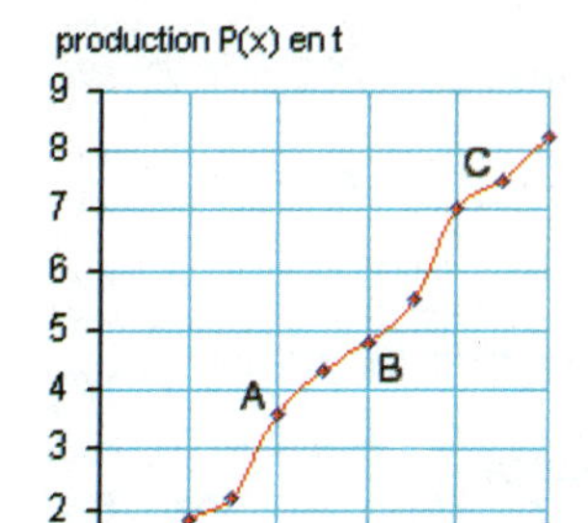

Montrer que les accroissements moyens entre 0 et 2 h et entre 3 h et 4,5 h sont égaux.

• **Entre 0 h et 2 h :**

$$\frac{P(2)-P(0)}{2-0} = \frac{3,6}{2} = 1,8 \ ;$$

soit 1,8 t par heure.

• **Entre 3 h et 4,5 h :**

$$\frac{P(4,5)-P(3)}{4,5-3} = \frac{7,5-4,8}{1,5} = 1,8 \ .$$

Calculer le coût marginal du q- ième objet

Méthode

Soit $C(q)$ le coût total pour q objets fabriqués.

Le **coût marginal** du q-ième objet est :

$$C_m(q) = C(q) - C(q-1) \ .$$

On définit, de même, le bénéfice marginal, la recette marginale, …

[Voir exercices 17 et 18]

La fonction de coût total pour la fabrication de q chaises est donnée, en €, par $C(q) = -q^2 + 20q + 200$, pour $q \in [0 ; 10]$.

Calculer le coût marginal de la 4e chaise fabriquée.

Exprimer le coût marginal de la q-ième *chaise en fonction de* q.

• Coût marginal de la 4e chaise :

$C_m(4) = C(4) - C(3) = 264 - 251 = \mathbf{13}$.

```
Y1=-X²+20X+200
Y1(4)-Y1(3)
                13
```

• Coût marginal de la q-ième chaise, pour $q \in [1 ; 10]$:

$C_m(q) = C(q) - C(q-1)$

$= -q^2 + 20q + 200 - (-(q-1)^2 + 20(q-1) + 200) = \mathbf{-2q + 21}$.

Déterminer une limite en 0

Méthode

Pour déterminer la limite en 0 d'une fonction f :

• Si $f(0)$ existe, alors on calcule $f(0)$; et :

$$\lim_{x \to 0} f(x) = f(0) \ ;$$

• Si 0 est valeur interdite, on cherche à simplifier.

Les autres cas sont traités au chap. 9, p. 228 .

[Voir exercices 19 à 21]

Soit f la fonction définie sur $[0 ; +\infty[$ par $f(x) = \frac{x-2}{x+1}$.

a) Déterminer la limite de f en 0.

b) Exprimer $Q(h) = \frac{f(2+h)-f(2)}{h}$ en fonction de h non nul.

Déterminer la limite de ce quotient quand h tend vers 0.

a) Comme $f(0)$ existe, $\lim\limits_{x \to 0} \frac{x-2}{x+1} = \frac{0-2}{0+1} = -2$.

b) $f(2+h) = \frac{2+h-2}{2+h+1} = \frac{h}{h+3}$ et $f(2) = \frac{2-2}{2+1} = 0$.

D'où $Q(h) = \frac{f(2+h)-f(2)}{h} = \left(\frac{h}{h+3} - 0\right) \times \frac{1}{h} = \frac{\cancel{h}}{h+3} \times \frac{1}{\cancel{h}} = \frac{1}{h+3}$.

Le quotient $Q(h)$ n'existe pas quand $h = 0$, mais, après simplification par h, on obtient :

$$\lim_{h \to 0} Q(h) = \lim_{h \to 0} \frac{1}{h+3} = \mathbf{\frac{1}{3}} \ .$$

2. Nombre dérivé en a et tangente en A

Nombre dérivé en a

définition : Si le quotient $\dfrac{f(a+h)-f(a)}{h}$ tend vers **un nombre** lorsque h tend vers 0, alors la fonction f est **dérivable en a**.

La limite de ce quotient est le **nombre dérivé** de f en a. On le note $f'(a)$.

Autrement dit $\lim\limits_{h \to 0} \dfrac{f(a+h)-f(a)}{h} = f'(a)$.

Remarque : Si la limite en 0 est infinie, ce n'est pas un nombre, donc la fonction ne sera pas dérivable en a.

Cas particulier : **coût marginal instantané**

Soit $C(q)$ le coût total pour des grandes quantités d'objets, ou des quantités divisibles (en t, en kg, en L ...).

On admet que le **coût marginal instantané** au niveau q est assimilable au nombre dérivé du coût total en q $C_m(q) = C'(q)$.

Interprétation graphique

Soit f une fonction dérivable en a et $\mathscr{C}_f$ sa courbe représentative ; A le point de $\mathscr{C}_f$ d'abscisse a et M un point mobile de $\mathscr{C}_f$ d'abscisse $a+h$, avec h proche de 0.

	Si le réel h	tend vers	0
alors	l'abscisse de M	tend vers	l'abscisse de A
et	le point M	se rapproche	du point A
le quotient	$\dfrac{f(a+h)-f(a)}{h}$	tend vers	**le nombre $f'(a)$**
donc	la **sécante (AM)**	se rapproche	**de la droite T**

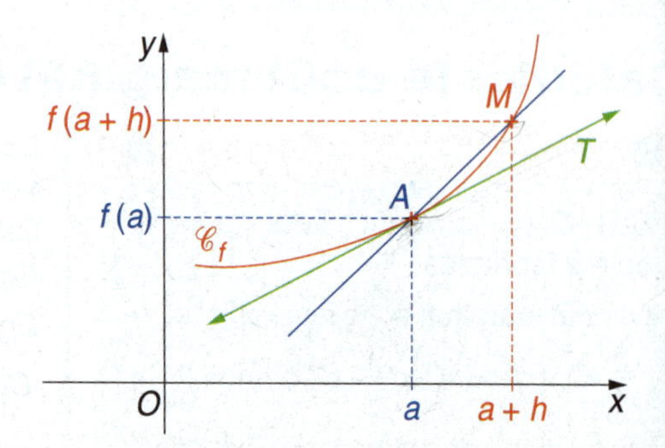

Tangente en A

définition : La tangente à la courbe $\mathscr{C}_f$ au point A d'abscisse a est la droite passant par A dont le coefficient directeur est le nombre dérivé de f en a.

Son équation réduite est $y = f'(a)\,(x-a)+f(a)$.

coefficient directeur ($f'(a)$) — coordonnées de A (a et $f(a)$)

Remarques : La tangente à une courbe en A touche la courbe en A.

Si on fait un « zoom » autour du point A, la tangente semble confondue avec la courbe.

Si $f'(a) = 0$, alors la tangente en A est horizontale.

Approximation affine

théorème admis : La tangente en A à la courbe $\mathscr{C}_f$ est la représentation d'une fonction affine g. On admet que la fonction g est la **meilleure approximation affine** de f en a.

Autrement dit, pour un réel x proche de a, l'image $f(x)$ est proche de $g(x)$:

$$f(x) \approx f'(a)\,(x-a)+f(a).$$

Calculer un nombre dérivé par la définition

Méthode

Pour calculer le nombre dérivé de f en a :

- on calcule $f(a+h)$ et $f(a)$;
- on divise $f(a+h)-f(a)$ par h ;
- on **simplifie par h** ;
- on cherche la limite de l'expression quand **h tend vers 0**

(en général, on remplace h par 0).

[Voir exercices 26 et 27]

Soit $f(x) = \dfrac{4x}{x-1}$ définie sur $]1\,;+\infty[$. Calculer $f'(3)$.

$f(3+h) = \dfrac{4(3+h)}{(3+h)-1} = \dfrac{12+4h}{2+h}$ et $f(3) = \dfrac{4\times 3}{3-1} = 6$.

$f(3+h)-f(3) = \dfrac{12+4h}{2+h} - 6 = \dfrac{12+4h-12-6h}{2+h} = \dfrac{-2h}{2+h}$.

D'où $\dfrac{f(3+h)-f(3)}{h} = \dfrac{-2h}{2+h}\times\dfrac{1}{h} = \dfrac{-2}{2+h}$.

$\lim\limits_{h\to 0}\dfrac{-2}{2+h} = \dfrac{-2}{2+0} = -1$. D'où $\mathbf{f'(3) = -1}$.

Utiliser la calculatrice pour obtenir un nombre dérivé

• Avec T.I. 82 Stats ou 83 ou 84

En (Y=)

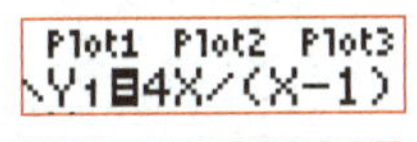

Revenir à l'écran de calcul par (QUIT)

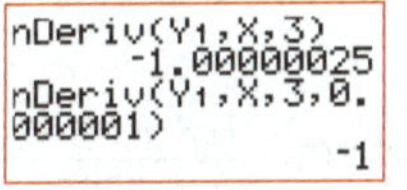

nDeriv(par (MATH) **8:nDeriv(** (ENTER)

Y1 par (VARS) **Y-VARS 1:Function 1:Y1**.

⚠ La calculatrice donne souvent une valeur approchée, qu'il est nécessaire d'arrondir.

[Voir exercices 29 et 30]

• Avec Casio 35+ ou 65

En (MENU)

Revenir à l'écran de calcul par (MENU)

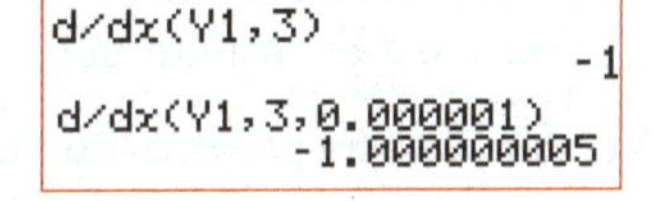

d/dx par (OPTN) CALC d/dx

Y1 par (VARS) GRPH Y , puis (1).

Déterminer l'équation réduite d'une tangente

Méthode

La tangente à une courbe $\mathscr{C}_f$ au point d'abscisse a est la droite de coefficient directeur $f'(a)$, **nombre dérivé** de f en a, et passant par $A(a\,;f(a))$.

Donc, pour obtenir l'équation réduite de la tangente :

on calcule $f'(a)$, puis $f(a)$ et on écrit :

$$y = f'(a)(x-a)+f(a).$$

[Voir exercices 31 et 32]

La fonction $f : x \mapsto \dfrac{4x}{x-1}$ sur $]1\,;+\infty[$ est représentée par la courbe $\mathscr{C}$.
Déterminer les équations réduites des tangentes T et $\mathscr{D}$ à la courbe $\mathscr{C}$, respectivement en A et B.

a) Comme $f'(3) = -1$ et $f(3) = 6$, alors la tangente T a pour équation :

$y = f'(3)(x-3)+f(3)$

$\Leftrightarrow y = -1(x-3)+6$

$\Leftrightarrow \mathbf{y = -x+9}$.

b) Par lecture graphique :

$f'(5) = -\dfrac{1}{4}$ et

$f(5) = 5$;

la tangente $\mathscr{D}$ a pour équation :

$y = -\dfrac{1}{4}(x-5)+5$

$\Leftrightarrow \mathbf{y = -\dfrac{1}{4}x+\dfrac{25}{4}}$.

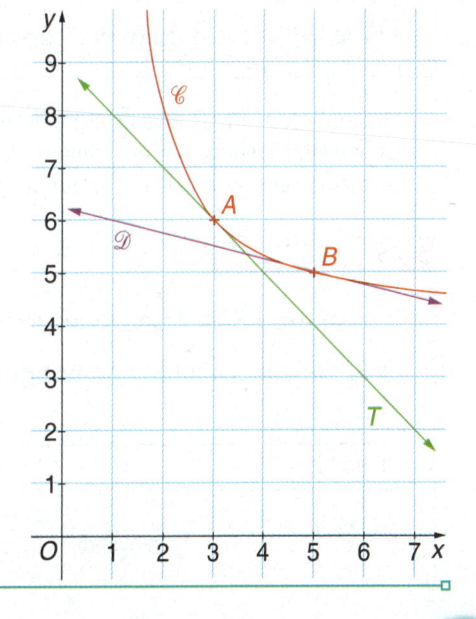

3. Fonction dérivée et sens de variation

Une fonction f est dérivable sur un intervalle I lorsque, pour tout réel x de l'intervalle, le nombre dérivé de f en x existe. Cela permet de définir une nouvelle fonction, **dérivée de f .**

Fonction dérivée f'

La fonction f' qui, à tout réel x de l'intervalle I, associe $f'(x)$, nombre dérivé de f en x, est la **fonction dérivée** de f sur I .

Interprétation graphique

Dire que f est dérivable sur I signifie que, en tout réel x de I, la courbe $\mathscr{C}$, représentant la fonction f , admet une seule tangente, de coefficient directeur :

$$f'(x) = \lim_{h \to 0} \frac{f(x+h) - f(x)}{h} .$$

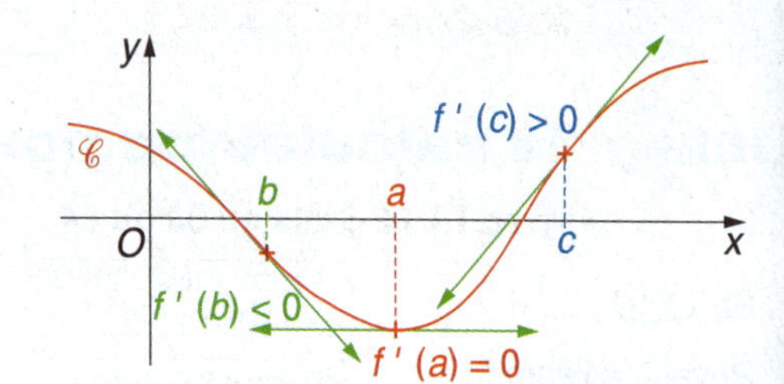

Conséquences

On considère un réel $h > 0$ et tel que $x + h \in I$.

Pour tout réel x de I, $x + h > x$:

- si f est croissante sur I, alors $f(x+h) \geqslant f(x)$; donc le quotient $\frac{f(x+h) - f(x)}{h}$ est positif ; ainsi la dérivée sera positive. De même si $h < 0$, le quotient $\frac{f(x+h) - f(x)}{h}$ reste positif.
- si f est décroissante sur I, alors $f(x+h) \leqslant f(x)$; donc le quotient est négatif ; ainsi la dérivée sera négative.

On admet la réciproque.

Théorème fondamental

théorème admis : Soit f une fonction dérivable sur un intervalle I .

- Si la **dérivée** est **positive** sur I , *alors la* **fonction** f est **croissante** sur I .
- Si la **dérivée** est **négative** sur I , *alors la* **fonction** f est **décroissante** sur I .
- Si la dérivée est **nulle** en toute valeur de I , *alors la fonction* f est **constante** sur I .

Remarque : Par l'étude du signe de la dérivée, ce théorème donne le sens de variation d'une fonction. Cependant, il faut garder en mémoire les cas particuliers : fonction polynôme du second degré et somme de fonctions de même sens de variation, vus aux chapitres 4 et 2.

Extremum

théorème : Soit f une fonction dérivable sur un intervalle $[a ; b]$.

Si la dérivée s'annule **en changeant de signe**, la fonction admet un extremum sur $[a ; b]$.

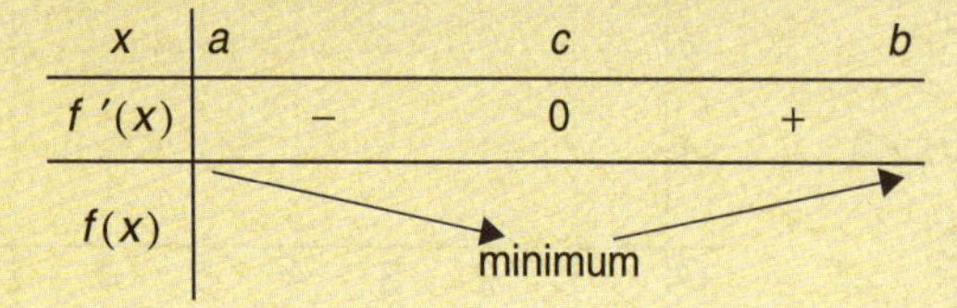

x	a		c		b
$f'(x)$		$-$	0	$+$	
$f(x)$	↘		minimum		↗

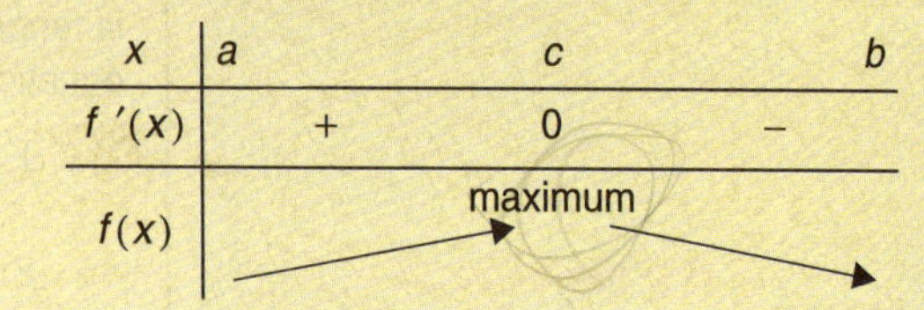

x	a		c		b
$f'(x)$		$+$	0	$-$	
$f(x)$	↗		maximum		↘

Reconnaître une fonction non dérivable

Méthode

f est dérivable sur un intervalle lorsque sa courbe $\mathscr{C}_f$ a une seule tangente, non verticale, en tous ses points.

- Si la courbe présente un saut en a, pour x proche de a, on n'a pas $f(x)$ proche de $f(a)$.
- Si la courbe présente une cassure en A d'abscisse a : il a deux tangentes à la courbe $\mathscr{C}$ en A.
- Si la tangente en A est verticale, elle n'a pas de coefficient directeur.

La courbe d'une fonction dérivable est « lissée » sans saut, ni cassure.

[Voir exercice 37]

Expliquer en quoi ces trois fonctions ne sont pas dérivables sur $[0 ; 6]$:

ⓐ coût de production, en k€, en fonction de la quantité ;

ⓑ distance parcourue par un véhicule en fonction du temps ;

ⓒ fonction racine carrée $x \mapsto \sqrt{x}$.

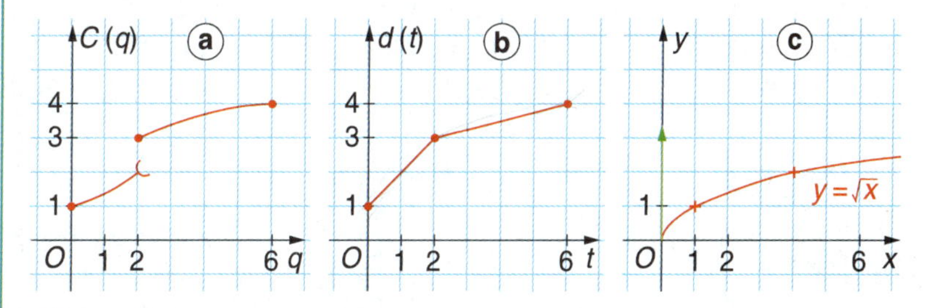

ⓐ En 2, il y a un investissement supplémentaire.

ⓑ En 2, le véhicule a changé brusquement de vitesse.

ⓒ En 0, la tangente est verticale, car :

$$\lim_{h \to 0} \frac{\sqrt{h}-\sqrt{0}}{h} = \lim_{h \to 0} \frac{\sqrt{h}}{h} = \lim_{h \to 0} \frac{1}{\sqrt{h}} = +\infty .$$

Reconnaître la courbe de la dérivée

Méthode

Pour reconnaître la courbe de la dérivée, on vérifie que :

- pour tout intervalle où la fonction f est croissante, la dérivée f' est positive, c'est-à-dire que la courbe de la dérivée est au-dessus de l'axe des abscisses, et, sur tout intervalle où f est décroissante, la dérivée f' est négative ;
- si une tangente à $\mathscr{C}_f$ est tracée, on lit son coefficient directeur $f'(a)$, et $f'(a)$ est l'ordonnée sur la courbe de la dérivée au point d'abscisse a.

Si on sait que l'une des courbes est correcte, on justifie que les autres ne conviennent pas.

[Voir exercices 38 et 39]

Soit f une fonction dérivable sur $\mathbb{R}$, connue par sa courbe $\mathscr{C}_f$ ci-contre.

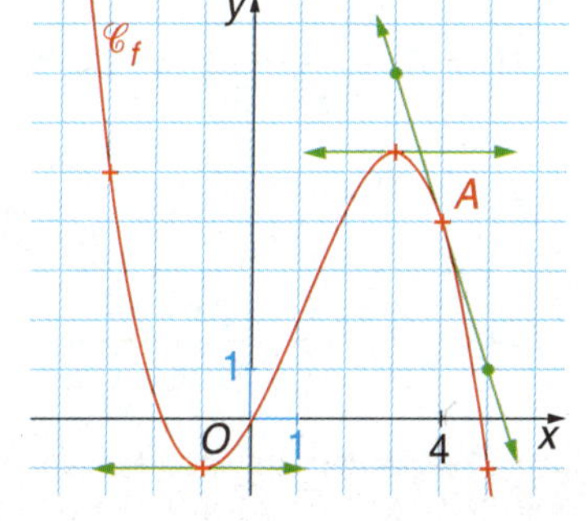

L'une des courbes $\mathscr{C}_1$, $\mathscr{C}_2$ ou $\mathscr{C}_3$ ci-dessous est celle de sa dérivée f'.

Laquelle ?

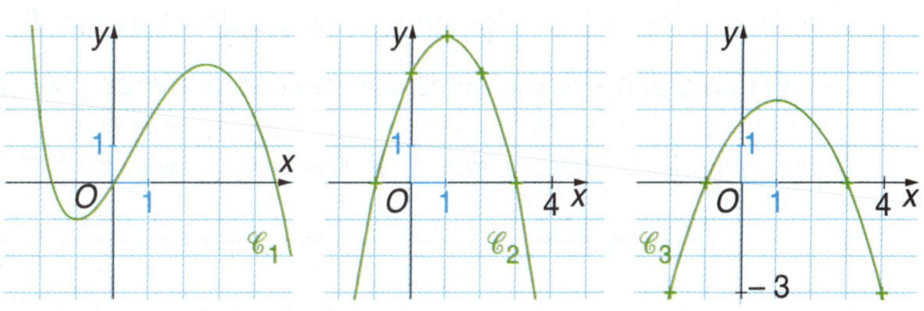

D'après le sens de variation de f, f est décroissante sur $]-\infty ; -1]$ et sur $[3 ; +\infty[$; donc la courbe de la dérivée doit être située en dessous ou sur l'axe des abscisses pour ces intervalles : ce n'est pas le cas de la courbe $\mathscr{C}_1$.

Sur $[-1 ; 3]$, la fonction f est croissante, donc la dérivée est positive : $\mathscr{C}_2$ et $\mathscr{C}_3$ peuvent convenir.

En A *d'abscisse 4*, la tangente à la courbe $\mathscr{C}_f$ a pour coefficient directeur -3 ; donc $f'(4) = -3$.

Or $\mathscr{C}_3$ passe par le point $(4 ; -3)$; ce n'est pas le cas de $\mathscr{C}_2$.

Donc $\mathscr{C}_3$ est la courbe dérivée de la fonction f.

4. Calcul de dérivées

Dérivées usuelles

fonction f	fonction dérivée f'	validité
$f(x) = k$ $f(x) = x$ $f(x) = x^2$ $f(x) = x^n$	$f'(x) = 0$ $f'(x) = 1$ $f'(x) = 2x$ $f'(x) = n \cdot x^{n-1}$	k nombre réel ; $x \in \mathbb{R}$ $x \in \mathbb{R}$ $x \in \mathbb{R}$ $x \in \mathbb{R}$; n entier tel que $n \geqslant 2$
$f(x) = \frac{1}{x}$ $f(x) = \frac{1}{x^2}$ $f(x) = \frac{1}{x^n}$	$f'(x) = -\frac{1}{x^2}$ $f'(x) = -\frac{2}{x^3}$ $f'(x) = -\frac{n}{x^{n+1}}$	$x \in]0 ; +\infty[$ ou $x \in]-\infty ; 0[$ $x \in]0 ; +\infty[$ ou $x \in]-\infty ; 0[$ n entier non nul $x \in]0 ; +\infty[$ ou $x \in]-\infty ; 0[$
$f(x) = \sqrt{x}$	$f'(x) = \frac{1}{2\sqrt{x}}$	$x \in]0 ; +\infty[$

Exemple de démonstration :

Soit $f(x) = \frac{1}{x^2}$. Pour tout réel x non nul, x et $x+h$ sont dans $]0 ; +\infty[$ ou dans $]-\infty ; 0[$:

$$f(x+h) = \frac{1}{x^2+2xh+h^2} \text{ et } f(x) = \frac{1}{x^2} \text{ ; d'où } f(x+h)-f(x) = \frac{x^2-x^2-2xh-h^2}{x^2(x^2+2xh+h^2)} = \frac{-2xh-h^2}{x^2(x^2+2xh+h^2)}.$$

Ainsi $\frac{f(x+h)-f(x)}{h} = \frac{1}{h} \times \frac{h(-2x-h)}{x^4+2x^3h+x^2h^2}$.

Or $\lim\limits_{h \to 0} \frac{-2x-h}{x^4+2x^3h+x^2h^2} = \frac{-2x}{x^4} = -\frac{2}{x^3}$. D'où $f'(x) = \frac{-2}{x^3}$.

Dérivée d'une somme

Soit u et v deux fonctions dérivables sur un intervalle I.

La dérivée d'une somme est la somme des dérivées : si $f = u+v$, alors $f' = u'+v'$.

Démonstration : Pour tout réel x de I et $h \neq 0$, avec $x+h \in I$:

$$\frac{f(x+h)-f(x)}{h} = \frac{u(x+h)+v(x+h)-u(x)-v(x)}{h} = \frac{u(x+h)-u(x)}{h} + \frac{v(x+h)-v(x)}{h}.$$

Or u et v sont dérivables en x : $\lim\limits_{h \to 0} \frac{u(x+h)-u(x)}{h} = u'(x)$ et $\lim\limits_{h \to 0} \frac{v(x+h)-v(x)}{h} = v'(x)$.

Ainsi $\lim\limits_{h \to 0} \frac{f(x+h)-f(x)}{h} = u'(x)+v'(x)$. Cela signifie que $f'(x) = u'(x)+v'(x)$.

Dérivée du produit par un nombre

Soit u une fonction dérivable sur un intervalle I et k un nombre réel.

La dérivée de ku est k fois la dérivée de u : si $f = ku$, alors $f' = ku'$.

Conséquence : Une fonction polynôme est dérivable sur son ensemble de définition.

Calculer la dérivée d'une somme

Méthode

Pour dériver une somme, on dérive chaque terme.

- Un nombre « **isolé** » a pour dérivée 0.
- Pour le produit par un nombre d'une fonction u, on « **garde** » le nombre et on dérive la fonction usuelle.

⚠ $\dfrac{u(x)}{k} = \dfrac{1}{k} \times u(x)$.

- La dérivée de x^n est nx^{n-1} : quand on dérive, on perd en puissance.

[Voir exercices 48 et 49]

Soit $f(x) = x^4 - \dfrac{5x^2}{2} - 9x + 4$ et $g(x) = \dfrac{-x^3 + 3x + 1}{6}$ définies sur $\mathbb{R}$. Calculer leur dérivée.

- Pour $f(x) = x^4 - \dfrac{5x^2}{2} - 9x + 4$, dérivable sur $\mathbb{R}$:

$$f'(x) = 4x^3 - \frac{5}{2} \times 2x - 9 = 4x^3 - 5x - 9 .$$

- Pour $g(x) = \dfrac{-x^3 + 3x + 1}{6}$, dérivable sur $\mathbb{R}$:

$$g'(x) = \frac{-3x^2 + 3}{6} = \frac{-x^2 + 1}{2} .$$

Vérification à la calculatrice non formelle :

T.I. 82 Stats, 83 ou 84 (voir p. 143 et ex. 98, p. 165) :

```
Plot1 Plot2 Plot3
\Y1=X^4-5/2*X²-9
X+4
\Y2■4X^3-5X-9
\Y3■nDeriv(Y1,X,
X)
\Y4=
\Y5=
```

X	Y2	Y3
0	-9	-9
1	-10	-10
2	13	13
3	84	84
4	227	227
5	466	466
6	825	825

Y3■nDeriv(Y1,X,…

Étudier les variations d'une fonction polynôme

Méthode

Pour étudier les variations d'une fonction polynôme à l'aide de la dérivée :

① on précise l'ensemble de dérivabilité ;

② on calcule la dérivée ;

③ on étudie le signe de la dérivée, souvent dans un tableau de signe sur $\mathbb{R}$;

④ on applique le théorème fondamental.

⚠ Si on demande d'étudier les variations, on conclut par des phrases.

Penser à dresser le tableau des variations sur l'ensemble de définition donné.

[Voir exercices 51 à 54]

Soit $f(x) = -x^3 - 15x^2 + 6\,000x - 50\,000$ définie sur $[\,0\,;+\infty\,[$.
Étudier les variations de f . Préciser son maximum.

① f est une fonction polynôme, dérivable sur son ensemble de définition $[\,0\,;+\infty\,[$.

② Dérivée : $f'(x) = -3x^2 - 30x + 6\,000$, du 2e degré.

③ Signe de $-3x^2 - 30x + 6\,000$. $\Delta = b^2 - 4ac = 72\,900$.
Deux solutions $x_1 = 40$ et $x_2 = -50$.
$a = -3$ négatif, la parabole est tournée vers le bas.

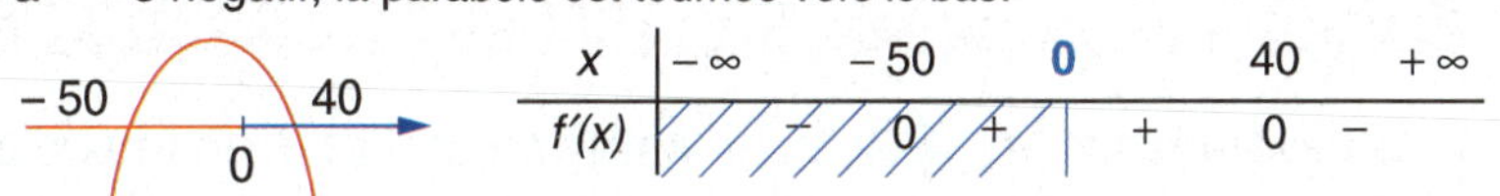

x	$-\infty$	-50	0	40	$+\infty$
$f'(x)$	$-$	0	$+$ | $+$	0	$-$

④ Sur $[\,0\,;40\,]$, la dérivée est positive, donc la fonction est croissante ; sur $[\,40\,;+\infty\,[$, la dérivée est négative, donc la fonction est décroissante.

Tableau des variations **sur $[\,0\,;+\infty\,[$** :

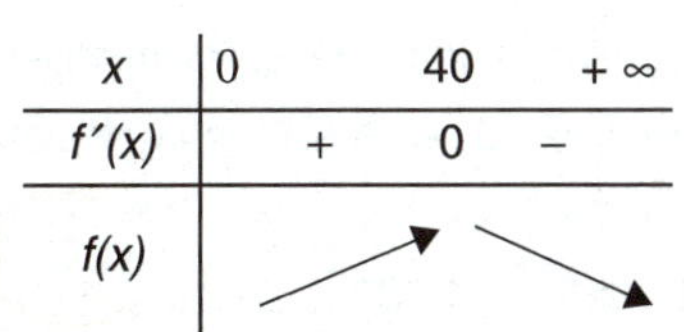

x	0		40		$+\infty$
$f'(x)$		+	0	−	
$f(x)$		↗		↘	

En 40, la dérivée s'annule en changeant de signe (positive, puis négative), donc la fonction admet un maximum :

$$f(40) = 102\,000 .$$

Remarque : si la fonction f représente un bénéfice en €, ce bénéfice est maximal pour une quantité $x = 40$; il vaut $102\,000$ €.

Dérivée d'un produit

Soit u et v deux fonctions dérivables sur un intervalle I, de dérivées u' et v'.

La dérivée du produit $u\,v$ est la somme $\mathbf{u'\,v + v'\,u}$;

(dérivée du 1er facteur) × (2e facteur) **+** (dérivée du 2e facteur) × (1er facteur) .

Cas particulier : Comme $u^2 = u \times u$, la dérivée de $\boldsymbol{u^2}$ est $u' \times u + u' \times u = \mathbf{2u'u}$.

Démonstration : Soit x un réel de I et $h \neq 0$ tel que $x + h \in I$.

$$\frac{u(x+h)\ v(x+h) - u(x)\ v(x)}{h} = \frac{u(x+h)\ v(x+h) - u(x)\ v(x+h)}{h} + \frac{v(x+h)\ u(x) - v(x)\ u(x)}{h}$$

$$= \frac{u(x+h) - u(x)}{h} \times v(x+h) + \frac{v(x+h) - v(x)}{h} \times u(x) \ .$$

Or $\lim\limits_{h \to 0} \dfrac{u(x+h) - u(x)}{h} = u'(x)$; $\lim\limits_{h \to 0} v(x+h) = v(x)$ et $\lim\limits_{h \to 0} \dfrac{v(x+h) - v(x)}{h} = v'(x)$.

D'où $\lim\limits_{h \to 0} \dfrac{u\ v(x+h) - u\ v(x)}{h} = \mathbf{u'(x)} \times v(x) + \mathbf{v'(x)} \times u(x)$.

Dérivée de l'inverse d'une fonction, d'un quotient

Soit u et v deux fonctions dérivables sur un intervalle I, de dérivées u' et v', et v ne s'annulant pas sur I.

La dérivée de l'inverse de v est $\dfrac{-\,\mathbf{v'}}{(\mathbf{v})^2}$; la dérivée de $\dfrac{u}{v}$ est $\dfrac{\mathbf{u'\,v - v'\,u}}{(\mathbf{v})^2}$.

Ces formules se démontrent comme les précédentes.

Pour mémoire, on emploie la formule du quotient $\dfrac{u}{v}$ lorsque la variable apparaît en haut et en bas du trait de fraction :

$$\frac{(\text{dérivée du haut}) \times (\text{le bas}) \ \mathbf{-}\ (\text{dérivée du bas}) \times (\text{le haut})}{(\text{le bas})^2} \ .$$

Approximation de n hausses successives

théorème admis : Soit n un entier naturel et t un taux d'augmentation faible, de l'ordre de 1 %.

Une valeur subit n hausses successives de $t\,\%$, alors approximativement cette valeur a augmenté de $n\,t\,\%$.

Exemple : On place 1 000 € au taux mensuel de 0,25 %.

On peut dire que, au bout d'un an, ce capital a augmenté approximativement de 3 %, car $12 \times 0{,}25 = 3$.

D'après les théorèmes vus au chapitre 1, p. 16, en réalité le coefficient multiplicateur mensuel est 1,0025 ; donc le coefficient multiplicateur global sur un an est :

$$CM_{\text{global}} = 1{,}0025^{12} \approx 1{,}0304\ldots$$

Pour 1 000 €, l'écart n'est que de 0,42 €.

```
1.0025^12
        1.030415957
Ans*1000
        1030.415957
```

On démontre ce théorème pour $n = 2$ ou $n = 3$ (voir exercices 33 et 101).

Calculer la dérivée de fonctions

Méthode

Reconnaître la forme donnée :

- un produit de deux facteurs contenant tout deux la variable :
$f = u\,v$, alors $f' = u'v + v'u$;
- un quotient où la variable n'apparaît qu'au dénominateur :
$f = \dfrac{k}{v}$, alors $f' = \dfrac{-k\,v'}{(v)^2}$;
- un quotient où la variable apparaît en haut et en bas du trait de fraction :
$f = \dfrac{u}{v}$ alors $f' = \dfrac{u'v - v'u}{(v)^2}$.

[Voir exercices 54 à 60]

Soit $f(x) = (1-3x)(x^2-4)$ définie sur $\mathbb{R}$,
$g(x) = \dfrac{3}{x^2-4}$ et $h(x) = \dfrac{1-3x}{x^2-4}$ définies sur $]2\,;+\infty[$.
Calculer leur dérivée.

- $f(x) = (1-3x)(x^2-4)$ $\begin{cases} u(x) = 1-3x & \text{et} \quad v(x) = x^2-4 \\ u'(x) = -3 & \text{et} \quad v'(x) = 2x \end{cases}$.

Alors $f'(x) = (-3)(x^2-4) + (2x)(1-3x) = -3x^2+12+2x-6x^2$
$= -9x^2+2x+12$.

- $g(x) = \dfrac{3}{x^2-4}$. nombre en haut

pour $x \in]2\,;+\infty[$, $x^2-4 \neq 0$.
Alors $g'(x) = \dfrac{-3\times(2x)}{(x^2-4)^2} = \dfrac{-6x}{(x^2-4)^2}$.

- $h(x) = \dfrac{1-3x}{x^2-4}$ x en haut et en bas

Alors $h'(x) = \dfrac{(-3)(x^2-4) - (2x)(1-3x)}{(x^2-4)^2} = \dfrac{3x^2-2x+12}{(x^2-4)^2}$.

Établir le lien entre coût moyen et coût marginal

Méthode

- Le **coût moyen** est le quotient du coût total par la quantité :
$$C_M(q) = \frac{C(q)}{q}.$$
Graphiquement, le coût moyen est la pente de la sécante (OM) , où M décrit la courbe de coût total.
- Le **coût marginal** est assimilé à la dérivée du coût total :
$$C_m(q) = C'(q).$$
Graphiquement, le coût marginal est la pente de la tangente à la courbe de coût total en M .

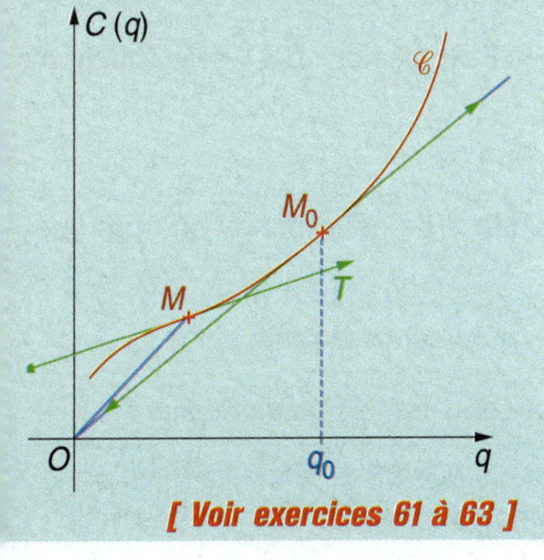

[Voir exercices 61 à 63]

Soit $C(q) = q^3 + 10q + 250$, coût total de production, en k€, pour des quantités q , en tonnes, $q \in [0\,;9]$.
Déterminer le coût moyen et le coût marginal.
Dresser le tableau des variations du coût moyen et vérifier que lorsque le coût moyen est minimal, le coût moyen est égal au coût marginal.

Le coût moyen est défini sur $]0\,;9]$ par :
$$C_M(q) = \frac{C(q)}{q} = \frac{q^3+10q+250}{q} = q^2+10+\frac{250}{q}.$$
Le coût marginal est défini sur $[0\,;9]$ par :
$$C'(q) = 3q^2+10.$$
La dérivée du coût moyen est :
$$C_M'(q) = 2q - \frac{250}{q^2} = \frac{2q^3-250}{q^2} = \frac{2\,(q^3-125)}{q^2} = \frac{2\,(q^3-5^3)}{q^2}.$$
Comme la fonction cube est croissante sur $\mathbb{R}$, si $q \geqslant 5$, alors $q^3 \geqslant 5^3$. D'où le signe de la dérivée du coût moyen.

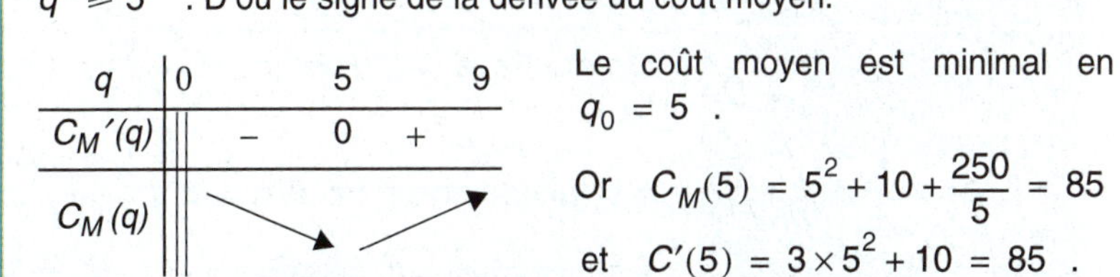

q	0		5		9
$C_M'(q)$	||	−	0	+	
$C_M(q)$	||	↘		↗	

Le coût moyen est minimal en $q_0 = 5$.

Or $C_M(5) = 5^2 + 10 + \dfrac{250}{5} = 85$
et $C'(5) = 3\times5^2+10 = 85$.

Lorsque le coût moyen est minimal, il est égal au coût marginal :
ici 85 k€ par t ou 85 € par kg.

FAIRE LE POINT

NOMBRE DÉRIVÉ DE f EN a ET TANGENTE

- $f'(a)$ est la **limite** du quotient $\dfrac{f(a+h)-f(a)}{h}$ quand **h tend vers 0**.

Ce quotient est l'accroissement moyen de f entre a et $a+h$.

- Le nombre dérivé $f'(a)$ est le **coefficient directeur de la tangente** à la courbe $\mathscr{C}_f$ au point A d'abscisse a.
- La tangente est la représentation d'une fonction affine g : cette fonction est **la meilleure approximation affine** de la fonction f en a.

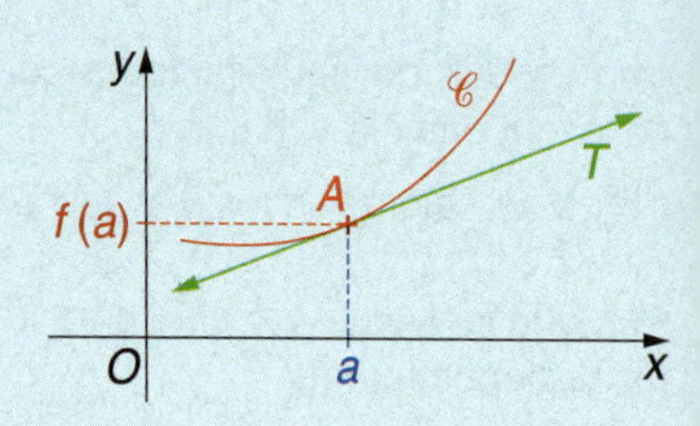

FONCTION DÉRIVÉE

La fonction qui, à tout réel x d'un intervalle, associe le nombre dérivé de f en x est la fonction dérivée f'.

On admet que toutes les fonctions polynômes et rationnelles sont dérivables sur tout intervalle où elles sont définies.

Savoir	Comment faire ?
calculer un nombre dérivé à partir de la définition	On exprime la différence $f(a+h)-f(a)$ en fonction de h, on la divise par h et on simplifie par h. Lorsque h tend vers 0, on obtient le nombre dérivé.
calculer la fonction dérivée f d'une fonction f	On regarde la forme de la fonction : • si c'est une somme : $f = u+v$, alors $f' = u'+v'$; • si c'est un produit : $f = k\,u$, alors $f' = k\,u'$; ou $f = u\,v$, alors $f' = u'v+v'u$; • si c'est un quotient : $f = \dfrac{u}{k}$, alors $f' = \dfrac{u'}{k}$; ou $f = \dfrac{k}{v}$, alors $f' = \dfrac{-kv'}{(v)^2}$; ou $f = \dfrac{u}{v}$, alors $f' = \dfrac{u'v-v'u}{(v)^2}$.
déterminer l'équation réduite de la tangente en A	On calcule le nombre dérivé $f'(a)$, avec la formule $f'(x)$; on calcule $f(a)$, ordonnée du point A, avec l'expression $f(x)$ de la fonction ; on applique l'équation réduite d'une droite : $y = f'(a)(x-a)+f(a)$.
étudier le sens de variation d'une fonction	On étudie le signe de la dérivée sur l'intervalle I de définition et on applique le théorème fondamental : • si la dérivée est positive sur I, alors la fonction est croissante sur I ; • si la dérivée est négative sur I, alors la fonction est décroissante sur I.
rechercher un extremum	Sur un intervalle, là où la dérivée s'annule en changeant de signe, la fonction change de sens de variation et elle admet donc un extremum sur cet intervalle.

VISUALISATION DE LA FONCTION DÉRIVÉE À L'AIDE DE GEOPLAN

On se propose de construire point par point la courbe de la fonction dérivée d'une fonction f , en déterminant une valeur approchée du nombre dérivé en tout réel.
Soit f la fonction définie sur $\mathbb{R}$ par $f(x) = -x^3 + 3x + 2$ et $\mathscr{C}_f$ sa courbe représentative.

A : Tracé de la courbe $\mathscr{C}_f$ et d'un point A décrivant la courbe

a) Créer une variable x :
Créer / **Numérique** / **Variable réelle libre dans un intervalle**
Bornes : $-4\ 4$ **Nom de la variable :** x

b) Créer la fonction f et sa courbe $\mathscr{C}_f$:

Créer / **Numérique** / **Fonction numérique** / **A 1 variable**

Créer / **Ligne** / **Courbe** / **Graphe d'une fonction déjà créée**

et valider l'écran ci-contre par **Ok** .

Créer / **Point** / **Point repéré** / **Dans le plan**

Abscisse : x **Ordonnée :** $f(x)$ **Nom du point :** A

Nom de la variable muette: x
Expression de la fonction:
-x^3+3x+2
Nom de la fonction: f

Nom de la fonction: f
Bornes (ex: -5 2/3): -4 4
Nombre de points** : 800
Nom de la courbe: Cf

B : Tracé d'une sécante passant par A et A' très proche de A

a) Créer le point de la courbe $\mathscr{C}_f$ d'abscisse $x + 0{,}0001$, de la même manière que A , et la droite (AA') :
Créer / **Ligne** / **Droite(s)** / **Définie par 2 points** : AA' .

b) Piloter le réel x au clavier par **Piloter** / **Piloter au clavier** et sélectionner x .

c) Questions

Que représente cette sécante (AA') pour la courbe $\mathscr{C}_f$ lorsque A' est très proche de A ?
Que représente le coefficient directeur de la sécante (AA') pour la fonction f ?
Pour quelle valeur de x , la sécante est-elle parallèle à l'axe des abscisses ?

C : Construction point par point de la courbe de la dérivée

a) Créer m , coefficient directeur de la sécante (AA') :
Créer / **Numérique** / **Calcul géométrique** / **Coefficient directeur**
et valider l'écran ci-contre.

Coefficient directeur
Nom de la droite: AA'
Nom du coefficient directeur: m

b) Créer le point $M(x\ ;\ m)$ dans le repère du plan.
Pour suivre la trace du point M : **Afficher** / **Sélection Trace** ,
et sélectionner le point M . Appuyer [icône] de la barre d'outils.
On obtient la figure ci-contre.

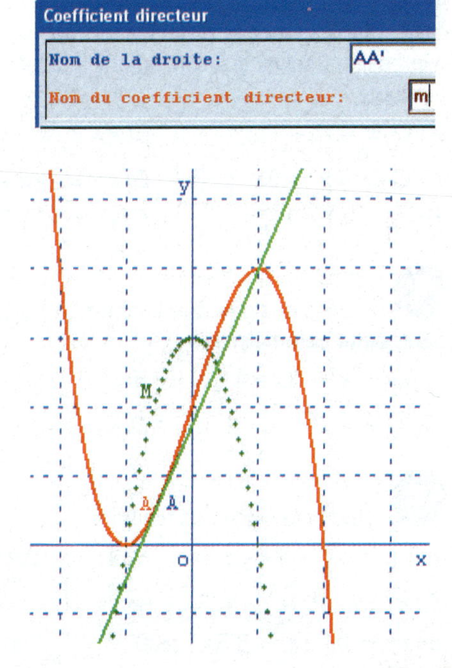

c) Questions

- Quelle semble être la nature de la courbe décrite par le point M ?
- Lorsque la droite (AA') est horizontale, où se situe le point M ?
- Faire le lien entre le sens de variation de la fonction f et le signe du coefficient directeur de la droite (AA') .
Où se situe alors le point M ?
- Modifier la fonction f par [icône M D] et reprendre les questions précédentes.

Expression de la fonction:
0.5*x^3-6x+1

EXERCICES

LA PAGE DE CALCUL

1. Calcul algébrique

1 Développer : $A(x) = (2+x)^2 - 2(2+x) - 4$;
$B(x) = -2(-3+x)^2 + 3(-3+x) + 27$;
$C(x) = (x-1)^3 - 3(x-1)^2$.

2 Réduire au même dénominateur :
$A(x) = \frac{1}{x+1} - \frac{3}{x}$; $B(x) = \frac{2x+5}{x+2} - \frac{5}{2}$;
$C(x) = \frac{x-1}{x+2} - \frac{2x-3}{x^2+2x} + \frac{3}{x}$.

3 1° Soit $f(x) = x^2 - 3x + 2$. Développer :
a) $f(2+h)$; b) $f(-3+h)$; c) $f(1-h)$.
2° Soit $f(x) = \frac{x-3}{x}$. Déterminer :
a) $f(1+h)$; b) $f(-2+h)$; c) $f(3+h)$.

4 Soit $f(x) = \frac{-3x}{x-1}$ définie sur $\mathbb{R} \setminus \{1\}$.
Mettre sous forme d'un quotient :
a) $f(2+h) - f(2)$; b) $f(-2+h) - f(-2)$;
c) $\frac{f(h) - f(0)}{h}$; d) $\frac{f(3+h) - f(3)}{h}$.

2. Étude de signe

5 Sans utiliser le discriminant, donner le signe des expressions suivantes. On pourra indiquer l'allure de la parabole.
$A(x) = -x^2 + 1$; $B(x) = (x-3)^2 + 1$;
$C(x) = -x^2 + 3x$; $D(x) = -(x+1)^2 - 2$;
$E(x) = x^2 + 9$; $F(x) = x^2 - 5$.

6 Étudier le signe des trinômes à l'aide du discriminant, **sans calculatrice.**
$A(x) = x^2 + 3x - 4$; $B(x) = 2x^2 - x - 3$;
$C(x) = -x^2 + x + 2$; $D(x) = -3x^2 + 4x + 5$.

7 Étudier le signe des trinômes :
$A(x) = 4x^2 - 3x + 5$; $B(x) = -0{,}2x^2 - 5x$;
$C(x) = -100x^2 + 403x - 12$;
$D(x) = 0{,}03x^2 + 8{,}5x - 500$.

8 Écrire sous forme d'un quotient et étudier le signe l'aide d'un tableau :
$A(x) = \frac{1}{x} - 4$; $B(x) = \frac{-4}{x+2} + 1$;
$C(x) = \frac{9}{x^2} - 1$; $D(x) = \frac{-1}{(x+1)^2} + 4$.

3. Lectures graphiques

9 Soit $\mathscr{C}$ la courbe représentative d'une fonction f .
Lire le coefficient directeur de chaque droite tracée :
(AE) , (BC) , T_A , T_B , T_C et T_D .

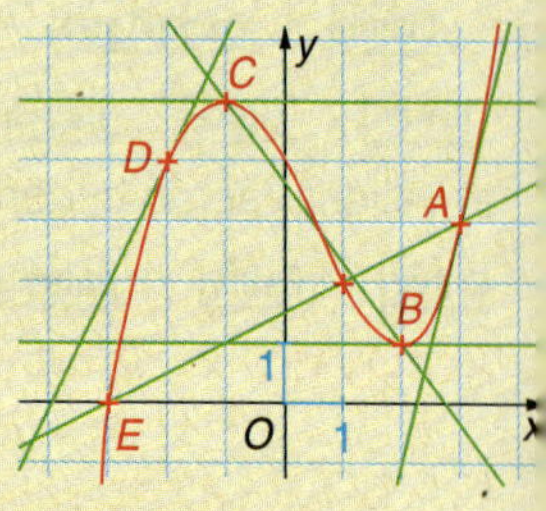

10 Dans un repère orthonormal, tracer chaque droit connaissant un point et son coefficient directeur.
$\mathscr{D}_1 : A(2 ; 3)$ et $m = -\frac{4}{3}$; $\mathscr{D}_2 : B(5 ; 1)$ et $m = \frac{1}{3}$
$\mathscr{D}_3 : C(-2 ; 4)$ et $m = -1$; $\mathscr{D}_4 : E(-1 ; -1)$ et $m = 2$

11 1° Dresser le tableau des variations de l fonction f de l'exercice 9.
2° Résoudre graphiquement, en expliquant :
a) $f(x) \leqslant -2x$; b) $f(x) = \frac{x+3}{2}$.

12 Soit f la fonction représentée par la courbe $\mathscr{C}$ ci-dessous et définie sur $\mathbb{R} \setminus \{0\}$ et g la fonction défini sur $\mathbb{R}$ et représentée par la courbe $\mathscr{C}_g$.

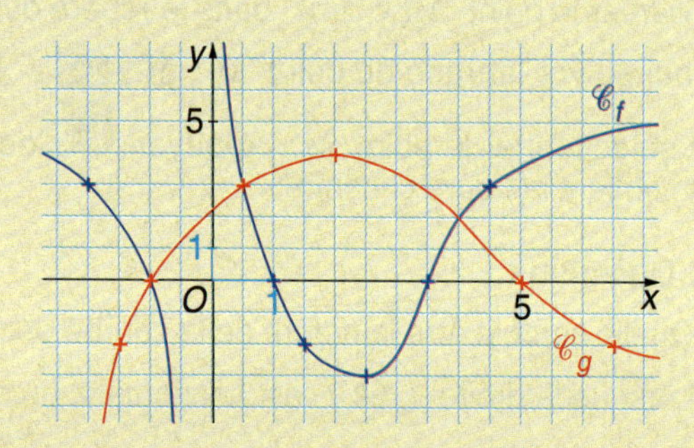

1° Dresser le tableau des variations de f et de g .
2° Résoudre graphiquement, en expliquant :
a) $f(x) = g(x)$; b) $f(x) \leqslant 3$; c) $g(x) > -2$.
3° a) Dresser le tableau de signes de $f(x)$ et celui d $g(x)$.
b) Étudier le signe de $f(x) - g(x)$.

1. Limite en 0. Accroissement moyen

1. Questions rapides

Q.C.M. Donner les bonnes réponses.

° Soit $f(x) = \dfrac{8x-3}{x+3}$ défini sur $]-3\,;+\infty[$.

a limite en 0 est :

a) -1 b) $\dfrac{5}{4}$ c) 8 d) infinie

° Soit $f(x) = \sqrt{x-4}$. Sa limite en 0 est :

a) -4 b) -2 c) n'existe pas d) infinie

° Soit $f(x) = \dfrac{-x^2+6x}{2x}$. Sa limite en 0 est :

a) 0 b) 3 c) infinie d) n'existe pas

14

Vrai ou Faux ? Justifier.

e graphique présente les captures de poissons par an, n millions de tonnes.

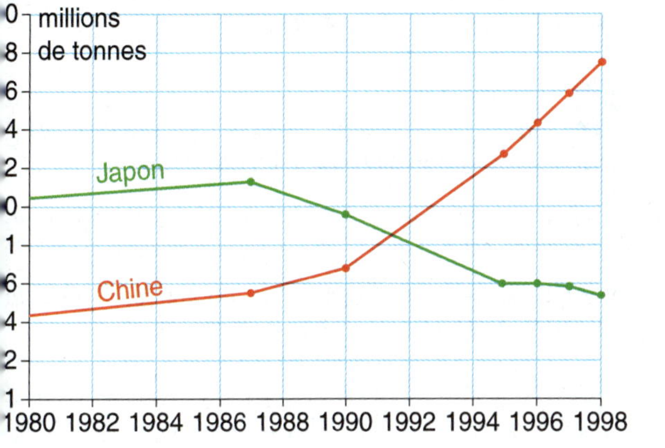

° L'accroissement moyen des captures pour la Chine entre 980 et 1998 est plus important qu'entre 1990 et 1998.

° Sur [1980 ; 1987] , l'accroissement moyen des captu-es est pratiquement le même pour la Chine et le Japon.

° L'accroissement moyen sur [1995 ; 1998] pour la hine est le plus fort.

2. Applications directes

[Calculer un accroissement moyen, p. 141]

15 Le nombre d'intermittents du spectacle indemnisés par l'Assedic était de 41 000 en 1991 et de 104 700 en 2003.

Calculer l'accroissement moyen annuel arrondi à la dizaine.

Si la tendance se maintient, calculer le nombre d'intermittents indemnisés en 2007.

16 Les loyers sont indexés sur l'indice du coût à la construction, indice base 100 en 1953.

On donne quelques valeurs de l'indice :

année	**1960**	**1973**	**1979**	**1984**	**1993**	**1999**	**2003**
indices	142	271	521	811	1 016	1 072	1 200

Comparer les accroissements moyens sur : [1960 ; 1973] , [1973 ; 1984] , [1984 ; 2003] .

[Calculer le coût marginal du q-ième objet, p. 141]

17 Soit $C(q) = q^2 + q + 80$ un coût de production, en €, pour q entier de 0 à 20.

Calculer le coût marginal du 3e objet, puis du 10e objet.

Exprimer le coût marginal du q-ième objet en fonction de q , pour q entier de 1 à 20.

18 Dans un atelier fabriquant des objets de luxe, le coût total de fabrication de q objets identiques est donné, en €, par :

$$C(q) = q^3 + 2q^2 + 1\,000 \ .$$

Calculer le coût marginal du 4e objet, puis du 7e objet.

Exprimer le coût marginal du q-ième objet.

[Déterminer une limite en 0, p. 141]

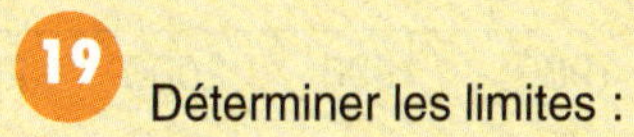

19 Déterminer les limites :

a) $\lim\limits_{x \to 0} \dfrac{(2x-1)(x+1)+1}{x}$; b) $\lim\limits_{x \to 0} \dfrac{2x^2}{x}$;

c) $\lim\limits_{x \to 0} (x^2 - 3x + 2)$; d) $\lim\limits_{x \to 2} (x^2 - 4)$;

e) $\lim\limits_{x \to 1} (x+4)(2x-3)$; f) $\lim\limits_{x \to 0} -x^2(x+1)$;

g) $\lim\limits_{x \to -2} (-x^2 + x + 1)$; h) $\lim\limits_{x \to 1} (x^2 + x)$.

20 Soit $f(x) = x^2 - 3x$ défini sur $[0 ; +\infty[$.

a) Déterminer la limite de f en 0.

b) Exprimer en fonction de h :

$$Q(h) = \frac{f(1+h) - f(1)}{h} ,$$

puis calculer $\lim_{h \to 0} Q(h)$.

21 Soit $f(x) = \frac{3-x}{x+3}$ défini sur $]-3 ; +\infty[$.

a) Déterminer la limite de $f(x)$ quand x tend vers 0.

b) Exprimer $\Delta f = f(-1+h) - f(-1)$ en fonction de h , puis calculer $\lim_{h \to 0} \frac{\Delta f}{h}$.

3. Lien avec les fonctions affines

22 L'indice du coût à la construction depuis 1960 est représenté ci-dessous.

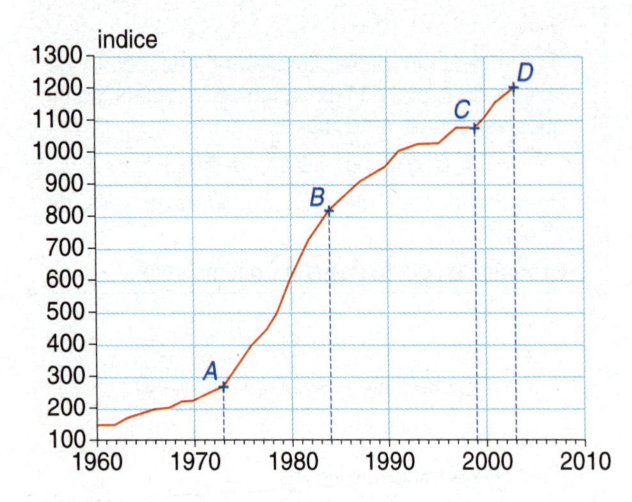

On utilise les valeurs données en exercice 16, et on prend $x = 0$ en 1980.

1° Sur $[-7 ; 4]$, calculer l'accroissement moyen de l'indice et en déduire une fonction affine f qui approche cet indice.

Si la tendance s'était maintenue, quel aurait été l'indice en 1993 ?

2° Déterminer la fonction affine g telle que : $g(4) = 811$ et $g(23) = 1\,200$, sur $[4 ; 23]$.

Cette fonction donne-t-elle une bonne approximation de l'indice ?

Comparer avec la fonction affine h représentée par la droite (CD) .

23 Soit $f(x) = x^3 + 3x^2$ défini sur $[0 ; +\infty[$.

1° Visualiser sa courbe $\mathscr{C}_f$ à l'écran d'une calculatrice dans une fenêtre :

$X \in [0 ; 5]$ et $Y \in [0 ; 20]$.

Quel est le sens de variation de f ? Le justifier à l'aide d'une somme de fonctions.

2° Calculer $f(3) - f(2)$, puis déterminer la fonction affine g telle que :

$g(3) = f(3)$ et $g(2) = f(2)$.

Visualiser sa courbe $\mathscr{C}_g$ et commenter.

3° Faire de même pour la fonction affine k ayant les mêmes images que f en 4 et en 5.

24 Soit $C(x) = 0{,}1x^2 + 4x + 10$ sur $[0 ; 20]$ coût total de production de x kg de produit.

1° a) Étudier le sens de variation du coût total et indiquer les valeurs extrêmes.

b) Exprimer le coût moyen C_M en fonction de x sur $]0 ; 20]$ et déterminer son sens de variation.

On rappelle que $C_M(x) = \frac{C(x)}{x}$.

c) Soit $D(x) = C(x) - C(x-1)$.

Exprimer $D(x)$ en fonction de x .
Quel est le sens de variation de cette fonction D ?

2° a) Calculer le coût marginal $C(10) - C(9)$ du 10e kg produit.

b) Déterminer la fonction affine f , telle que :

$f(10) = C(10)$ et $f(9) = C(9)$.

Calculer $f(10{,}1)$ et $f(9{,}9)$.

c) Exprimer $\frac{C(10+h) - C(10)}{h}$ en fonction de h

Comparer la limite de ce quotient quand h tend vers 0 à $\frac{f(10{,}1) - f(10)}{0{,}1}$ et au coût marginal du 10e kg.

2. Nombre dérivé en a et tangente en A

1. Questions rapides

25 **Q.C.M.** Trouver *toutes* les bonnes réponses.

n considère la fonction définie par :

$f(x) = -x^2 + 3x + 4$

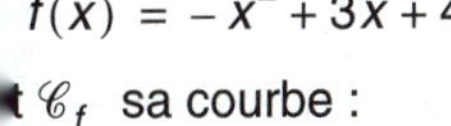

t $\mathscr{C}_f$ sa courbe :

s points sont des points coordonnées entières.

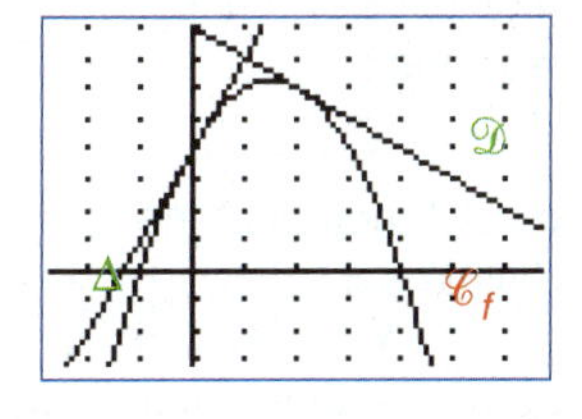

° Le nombre dérivé de f en 2 est :

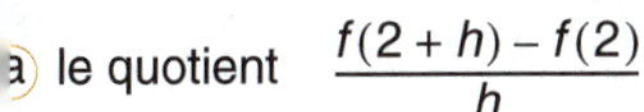

a) le quotient $\dfrac{f(2+h)-f(2)}{h}$

b) le coefficient directeur de $\mathscr{D}$

° $f'(0)$ vaut :

a) $\lim\limits_{h \to 0} \dfrac{f(h)-4}{h}$ b) $-h+3$ c) 3

° Le nombre dérivé de f en 3 est :

a) positif b) négatif c) $\dfrac{f(3+h)-f(3)}{h}$

° Le nombre dérivé de f est :

a) nul en 1 b) nul en 4 c) jamais nul

2. Applications directes

[Calculer un nombre dérivé par la définition, p. 143]

26 Calculer le nombre dérivé de f en a .

1° $f(x) = -x^2 + x + 1$ en $a = 2$, puis en $a = -1$.

2° $f(x) = (x+3)(2x-1)$ en $a = -1$.

27 Même exercice.

1° $f(x) = \dfrac{4}{x+2}$ en $a = -1$, puis en $a = 2$.

2° $f(x) = \dfrac{x-3}{x+1}$ en $a = 0$, puis en $a = 1$.

3° $f(x) = \dfrac{-6x}{x-1}$ en $a = 4$, puis en $a = 2$.

28 Calculer le nombre dérivé de f en a .

1° $f(x) = \dfrac{1}{x}$, a réel non nul.

2° $f(x) = x^3$, a réel.

3° $f(x) = \dfrac{1}{x^3}$, a réel non nul.

[Utiliser la calculatrice pour obtenir un nombre dérivé, p. 143]

29 1° **Sur T. I.**

Quels sont les nombres dérivés demandés ci-contre ?

Les calculer et interpréter les valeurs obtenues.

```
nDeriv(X²-X,X,2)
nDeriv(1/X²,X,2)
nDeriv(X^3-3X,X,
1)
nDeriv(-X/(X+2),
X,2)
nDeriv(-(X-1)/(4
X),X,1/2)
```

Comment obtenir un résultat plus explicite ?

2° **Sur Casio.** Donner les nombres dérivés demandés ci-dessous ?

```
d/dx(X²+3X-2,-2)
d/dx(-X^3+X÷3,0)
d/dx(1÷X²+X,2)
```

```
d/dx(X-3÷(X+1),1)
d/dx(-(X+1)÷(1+X²),-1
)
```

30 À la calculatrice, calculer les nombres dérivés demandés en exercices 26 et 27.

[Déterminer l'équation réduite d'une tangente, p. 143]

31 On considère la fonction f , dérivable sur $\mathbb{R}$, représentée par la courbe $\mathscr{C}$ et quelques tangentes à cette courbe $\mathscr{C}$.

1° Lire $f(2)$, $f(0)$ et $f(4)$.

Lire $f'(4)$, $f'(-2)$ et $f'(0)$.

2° Déterminer l'équation réduite de chacune des tangentes à $\mathscr{C}$, tracées.

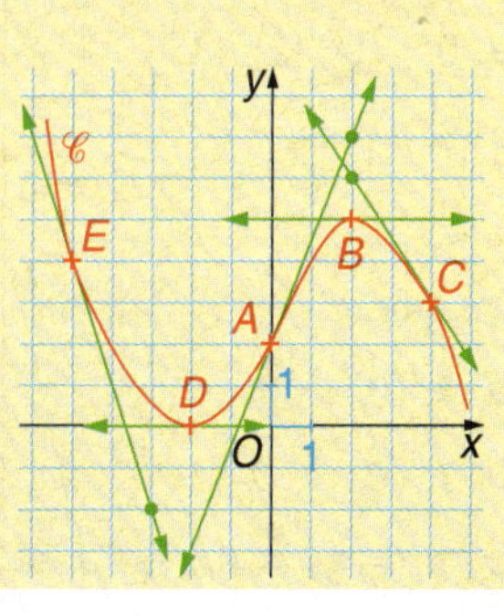

32 1° Soit $f(x) = \dfrac{3x}{x-1}$ défini sur $]1\,;+\infty[$.
À l'aide de la calculatrice, calculer $f'(a)$, avec $a = 2$.
En déduire l'équation réduite de la tangente à la courbe $\mathscr{C}_f$ au point A d'abscisse a.
2° Faire de même pour $f(x) = -x^2 + x - 3$ défini sur $\mathbb{R}$, pour $a = -1$.

3. Approximation affine

33 1° Soit $f(x) = (1+x)^2$ définie sur $\mathbb{R}$.
Calculer le nombre dérivé de f en 0.
En déduire l'approximation affine de f en 0.

2° Mêmes questions pour $f(x) = (1+x)^3$ défini sur $\mathbb{R}$.

34 Soit f une fonction représentée par la courbe $\mathscr{C}$ ci-contre.
T est la tangente à $\mathscr{C}$ en A.
a) Donner l'équation réduite de T sous la forme :
$$y = ax + b.$$
b) La fonction affine g définie par :
$$g(x) = ax + b$$
approche la fonction f pour x proche de 2.
En déduire une valeur approchée de $f(2{,}1)$ de $f(1{,}99)$ et de $f(2{,}05)$.

3. Fonction dérivée et sens de variation

1. Questions rapides

35 **Vrai ou Faux ?** Justifier la réponse.
1° Si, pour tout réel x, le nombre dérivé $f'(x)$ existe, alors la fonction f est dérivable sur $\mathbb{R}$.
2° Soit f une fonction dérivable sur I. Si la fonction est croissante sur I, alors sa dérivée est positive sur I.
3° Une fonction f, définie sur un intervalle, est dérivable sur cet intervalle.
4° Si la fonction f est négative sur I, alors sa dérivée est décroissante sur I.
5° Si la dérivée est nulle en 3, alors la fonction est constante en 3.

36 **Q.C.M.** Trouver *toutes* les bonnes réponses.
$\mathscr{C}_f$ est la courbe d'une fonction f définie sur $\mathbb{R}$ et $\mathscr{C}_{f'}$ celle de sa dérivée.
1° Le nombre dérivé de f en 2 est :
ⓐ 0 ⓑ 12
ⓒ 6

2° On peut dire que :
ⓐ $f'(3) \geqslant 0$
ⓑ $f'(0) = 0$
ⓒ $f'(-1) \leqslant 0$

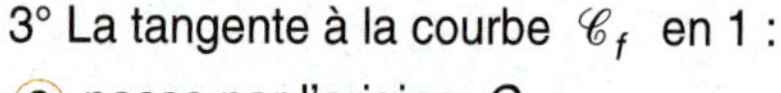

3° La tangente à la courbe $\mathscr{C}_f$ en 1 :
ⓐ passe par l'origine O
ⓑ est parallèle à celle en 3
ⓒ recoupe la courbe $\mathscr{C}_f$

2. Applications directes

[Reconnaître une fonction non dérivable, p. 145]

37 Pour chaque fonction, indiquer pourquoi elle n'est pas dérivable sur $[0\,;7]$.

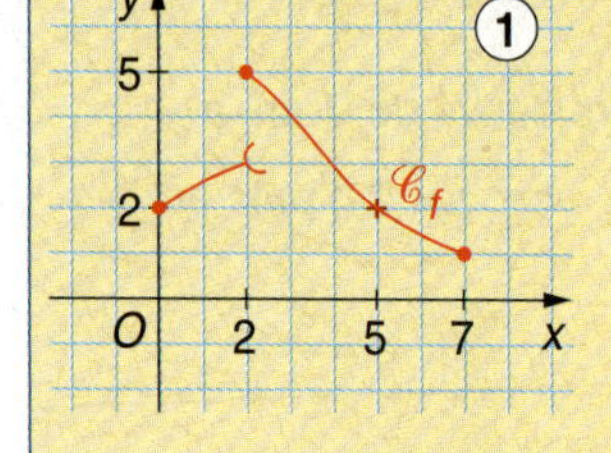

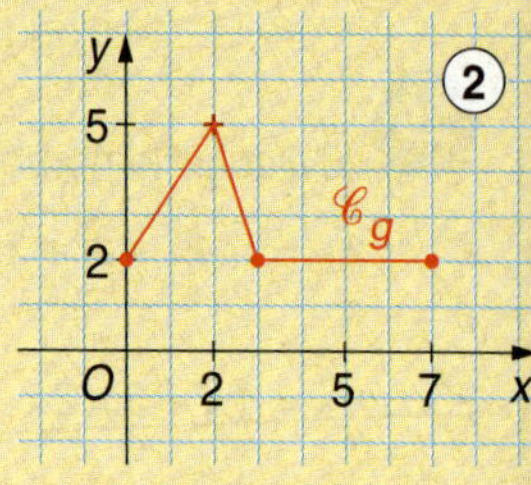

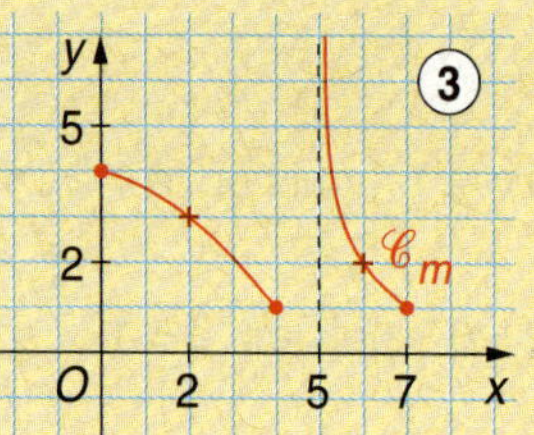

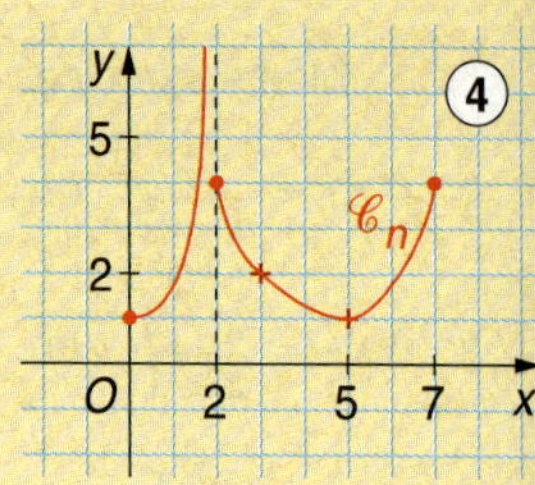

[Reconnaître la courbe de la dérivée, p. 145]

38 La courbe $\mathscr{C}$ ci-contre est celle d'une fonction f définie et dérivable sur $[-3\,;2{,}5]$.

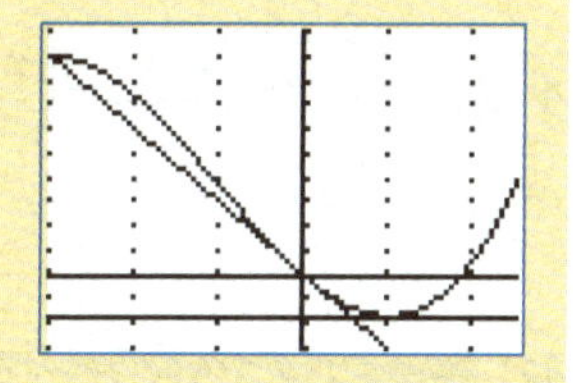

Les droites sont des tangentes à la courbe $\mathscr{C}$.

L'une des courbes $\mathscr{C}_1$, $\mathscr{C}_2$ ou $\mathscr{C}_3$ est celle de sa dérivée. Laquelle ?

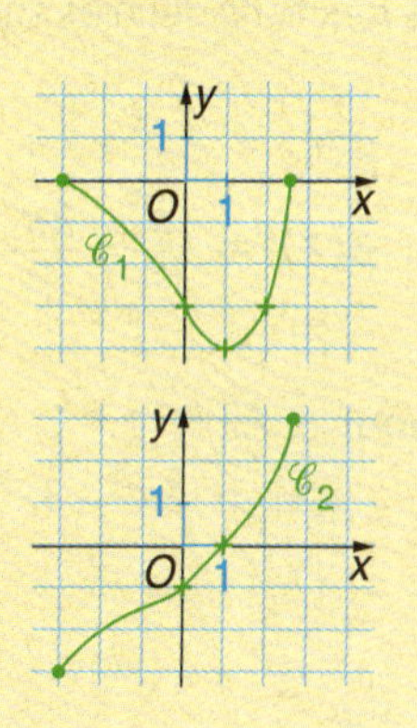

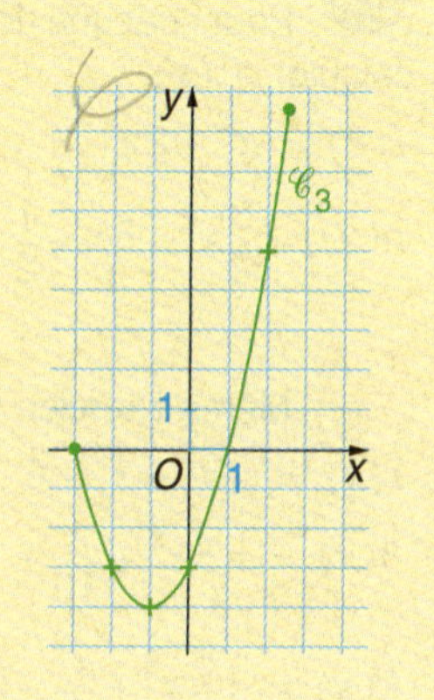

39 La courbe $\mathscr{C}$ ci-contre est celle d'une fonction définie et dérivable sur $[-2\,;3]$.

Les points marqués + sont des points à coordonnées entières.

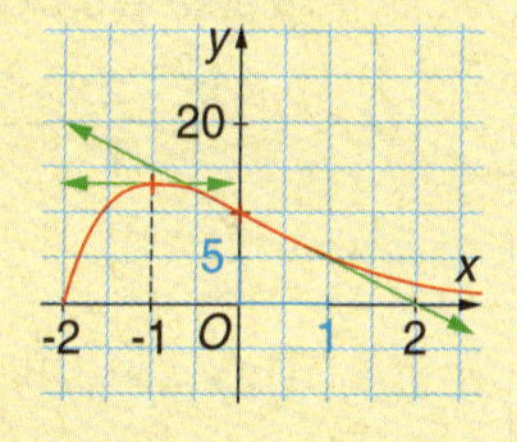

L'une des courbes $\mathscr{C}_1$, $\mathscr{C}_2$, $\mathscr{C}_3$ ou $\mathscr{C}_4$ est celle de sa dérivée. Laquelle ?

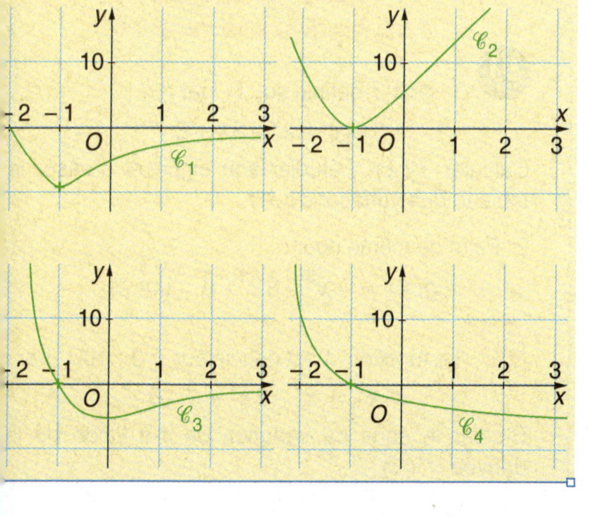

3. Sens de variation

40 La courbe $\mathscr{C}'$ est la courbe représentative de la dérivée f' d'une fonction f, définie et dérivable sur $\mathbb{R}$.

D'après ce graphique, donner le signe de $f'(x)$.

En déduire les variations de f.

Préciser le coefficient directeur de la tangente à $\mathscr{C}_f$ au point d'abscisse 1.

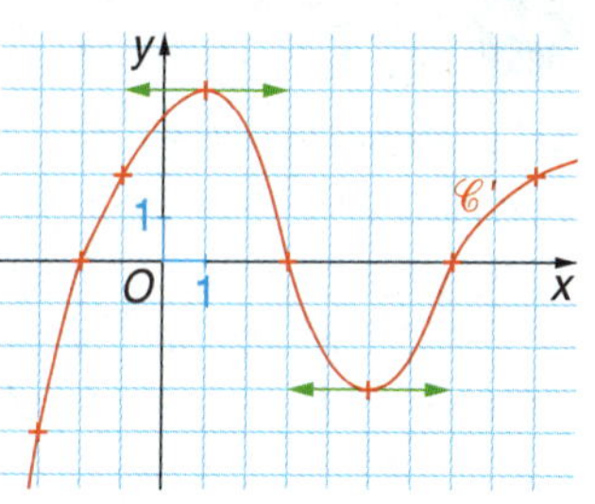

41 Une fonction f est dérivable sur $]-\infty\,;5]$.

On connaît le tableau des variations de sa fonction dérivée f'.

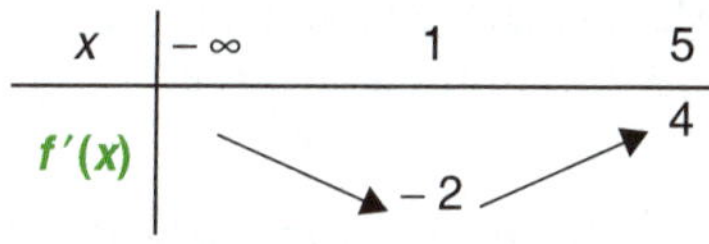

x	$-\infty$	1	5
$f'(x)$	↘	-2	↗ 4

De plus, l'équation $f'(x) = 0$ a pour ensemble solution :

$$S = \{-3\,;3\}.$$

Dresser le tableau de signe de $f'(x)$.

En déduire le sens de variation de f.

42 La dérivée f' d'une fonction f, dérivable sur $[-4\,;9]$, est connue par son tableau des variations.

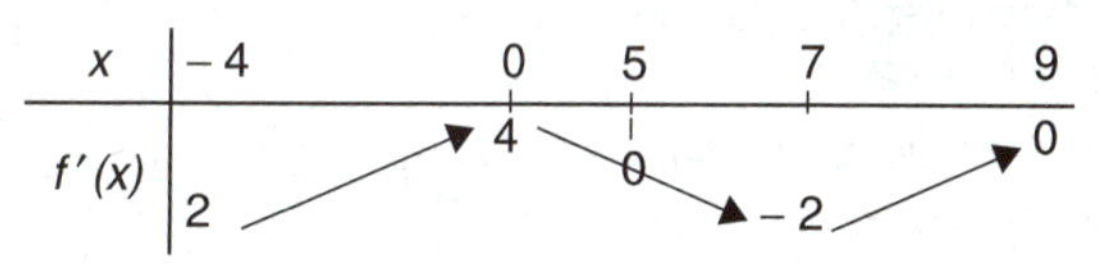

x	-4	0	5	7	9
$f'(x)$	2 ↗	4 ↘	0 ↘	-2 ↗	0

Déterminer le sens de variation de la fonction f.

43 Chaque courbe ci-dessous est celle de la dérivée d'une fonction f, dérivable sur $[0\,;+\infty[$.

Pour chacune d'elles, dresser le tableau des variations de la fonction f en indiquant le signe de la dérivée.

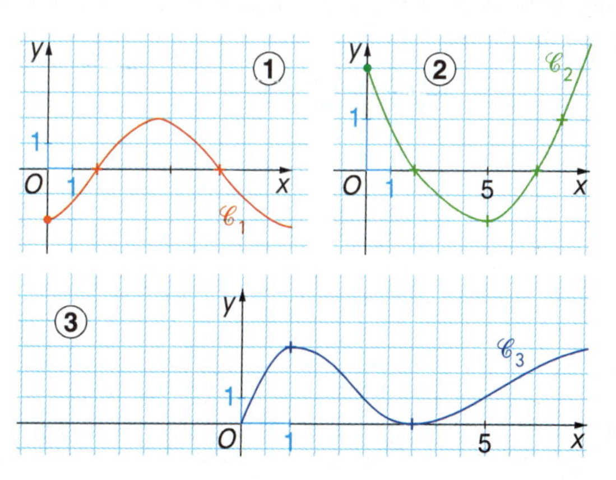

4. Calcul de dérivées

1. Questions rapides

44 Soit $f(x) = x^n$, où $n \in \mathbb{Z}$, pour tout réel x .

a) Redonner la dérivée pour n entier naturel.

Appliquer la formule pour $n = 7$.

b) Donner une autre écriture de $f(x) = x^n$, où $n = -2$. Redonner sa dérivée. Établir une formule générale pour la dérivée de $f(x) = x^n$, avec $n \in \mathbb{Z}$.

45 Soit $f(x) = \sqrt{x}$ définie sur $[0 ; +\infty[$.

Soit h un réel non nul tel que $x + h > 0$.

Montrer que, pour tout $x > 0$:

$$\frac{f(x+h) - f(x)}{h} = \frac{1}{\sqrt{x+h} + \sqrt{x}} .$$

En déduire que f est dérivable sur $]0 ; +\infty[$, mais pas en 0.

46 Deux fonctions u et v , dérivables sur $[-2 ; +\infty[$, sont représentées ci-dessous.

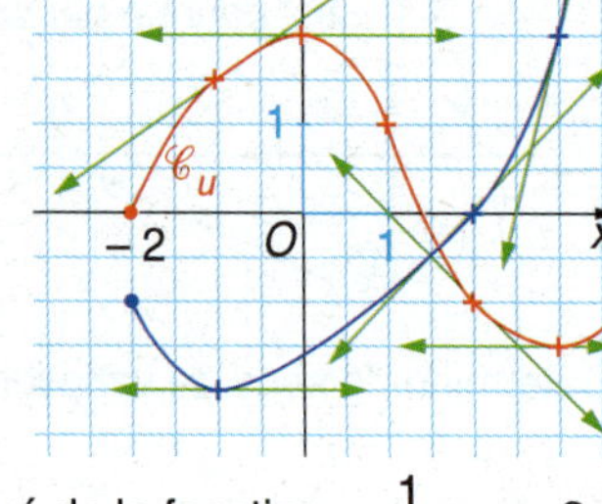

1° a) Lire $u'(2)$ et $v'(2)$.
En déduire le nombre dérivé de la somme $u + v$ en 2.

b) Faire de même en 3 et en – 1.

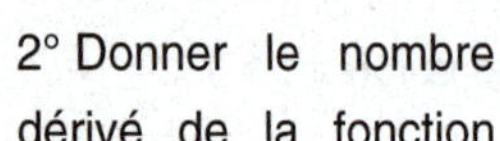

2° Donner le nombre dérivé de la fonction $3v$ en 2 et le nombre dérivé de la fonction $-\frac{1}{2}u$ en 3.

47 **Forme et dérivée. Q.C.M.**

Indiquer la formule de dérivée la plus adaptée en choisissant la forme de f proposée.

1° Pour $f(x) = \dfrac{3x^2 - 5x + 3}{2}$:

(a) $f = k\,u$ (b) $f = \dfrac{u}{v}$ (c) $f = u + v$

2° Pour $f(x) = \left(\dfrac{2x - 3}{5}\right)(x^2 - 1)$:

(a) $f = u + v$ (b) $f = u \times v$ (c) $f = \dfrac{u}{v}$

3° Pour $f(x) = \dfrac{x^2 - 3x + 1}{2x}$:

(a) $f = \dfrac{u}{v}$ (b) $f = \dfrac{u}{k}$ (c) $f = u + v$

4° Pour $f(x) = \dfrac{4(x^2 - 9)(x + 1)}{x + 1}$:

(a) $f = u \times v$ (b) $f = k\,u$ (c) $f = \dfrac{u}{v}$

2. Applications directes

[Calculer la dérivée d'une somme, p. 147]

48 Pour chacune des fonctions définies sur $\mathbb{R}$, calculer $f'(x)$.

$f(x) = x^2 + 2x - 3$; $g(x) = -x^2 + x + 1$;

$h(x) = \frac{3}{4}x^2 - 5x + \frac{1}{2}$; $k(x) = -\frac{x^4}{4} + \frac{2x^3}{3} - 6$.

49 Même exercice pour $x \in \mathbb{R}$.

$f(x) = -x^6 + x^4 - 6$; $g(x) = 4x^3 - 3x^2$;

$h(x) = -5x^2 + \frac{x}{10} + 1$;

$k(x) = -\frac{5}{3}x^3 + \frac{x^2}{6} - \frac{x}{3} + 4$.

50 Même exercice pour $x \in]0 ; +\infty[$.

$f(x) = \dfrac{4x^2 - 2x + 3}{4}$; $g(x) = \dfrac{x^2 - 3x}{6}$;

$h(x) = \dfrac{x^2}{4} - \dfrac{1}{x}$; $k(x) = 2x - 5 + \dfrac{1}{x^2}$;

$l(x) = 2x - 3 - \sqrt{x}$; $m(x) = -\dfrac{x}{4} + 2 + 2\sqrt{x}$.

[Étudier les variations d'une fonction polynôme, p. 147]

51 1° Soit f définie sur $\mathbb{R}$ par :

$$f(x) = x^3 - 3x + 2 .$$

Calculer $f'(x)$, étudier son signe et dresser le tableau des variations de f .

2° Faire de même pour :

$$g(x) = -x^3 + 6x^2 - 8 \text{ , sur } \mathbb{R} .$$

52 La fonction f est définie sur $[0 ; 10]$ par :

$$f(x) = x^3 - 2x^2 + x - 3 .$$

Étudier le sens de variation de f à l'aide de la dérivée $f'(x)$.

53 Soit $C(q) = q^3 - 6q^2 + 13q + 9$ défini sur $[0 ; +\infty[$.

Calculer $C'(q)$ et étudier son signe.

En déduire le sens de variation de la fonction C.

54 Soit $B(x) = \frac{x^3}{3} - 16x^2 + 220x$ défini sur $[0 ; 18]$.

Calculer $B'(x)$ et étudier son signe sur $\mathbb{R}$.

En déduire le sens de variation de B sur $[0 ; 18]$.

[Calculer la dérivée de fonctions, p. 147]

Dans les **exercices de 55 à 61**, bien regarder la forme de la fonction avant de calculer la dérivée.

55 Fonctions définies sur $\mathbb{R}$.

$f(x) = (1-2x)(x^2+9)$;

$g(q) = -3q^2(2q+1)$;

$h(x) = (5x-1)^2$; $k(x) = 4(2+3x)^2$.

56 Fonctions définies sur $\mathbb{R}$.

$f(x) = 3x + 1 - (x-1)^2$; $g(x) = x^3(1-x)^2$;

$h(x) = -5x + 3(2x-3)^2$; $k(t) = -3(t+2)^2$.

57 Fonctions définies sur $[0 ; +\infty[$ et dérivables sur $]0 ; +\infty[$.

$f(x) = (2x-1)\sqrt{x}$; $g(x) = 3\sqrt{x} - x + 2$;

$h(q) = -3q + 4\sqrt{q}$; $k(x) = (3-2x)\sqrt{x}$.

On donnera la dérivée sous la forme d'un quotient de dénominateur $\sqrt{x}$ ou $2\sqrt{x}$.

58 Fonctions définies sur $]0 ; +\infty[$.

$f(x) = \frac{6x^2 - 2x + 1}{x}$; $g(x) = \frac{4 - x^2}{4x}$;

$h(t) = 3t - 5 + \frac{3}{2t}$; $k(x) = (x-3)\left(\frac{1}{x} - 1\right)$.

59 Fonctions définies sur $\mathbb{R}$.

$f(x) = \frac{3}{x^2+4}$; $g(x) = \frac{-4x+1}{x^2+1}$;

$h(x) = \frac{-x+3}{x^2+x+1}$; $k(x) = \frac{3x^2 - x}{4}$.

60 $f(q) = -5q + 1 - \frac{20}{q}$ sur $]0 ; +\infty[$;

$g(x) = \frac{2x+1}{4x-3}$ sur $]\frac{3}{4} ; +\infty[$;

$h(x) = \frac{2x^2+1}{x^2-4}$ sur $]-\infty ; -2[$;

$k(x) = \frac{3x-4}{x^2-5x+6}$ sur $]3 ; +\infty[$.

61 $f(x) = \frac{x^2-4}{x^2+1}$ sur $\mathbb{R}$;

$g(x) = 4x - 3 + \frac{1}{x-2}$ sur $]2 ; +\infty[$;

$h(t) = \frac{1}{t} - 1 + 4t^2$ sur $]-\infty ; 0[$.

[Établir le lien entre coût moyen et coût marginal, p. 147]

62 Soit $C(x) = x^2 + 2x + 100$ le coût total de production, en €, pour des quantités x, avec $x \in [0 ; 15]$.

Déterminer le coût moyen et le coût marginal en fonction de x, pour $x \in]0 ; 15]$.

Dresser le tableau des variations du coût moyen et vérifier que lorsque le coût moyen est minimum, il est égal au coût marginal.

63 Même exercice pour :

$C(q) = q^3 + 12q + 54$, pour $q \in [0 ; 7]$.

On rappelle que si $q \geqslant 3$, alors $q^3 \geqslant 27$.

Visualiser les courbes de coût moyen et de coût marginal à l'écran d'une calculatrice pour $X \in [0 ; 7]$ et $Y \in [0 ; 160]$ par pas de 20.

64 Une entreprise fabrique et vend un article de luxe. Pour une quantité x comprise entre 0 et 70 articles, le coût de fabrication de x articles, en euros, est donné par :

$$f(x) = x^3 - 90x^2 + 2\,700x + 3\,000.$$

Chaque article produit est vendu au prix unitaire de 1 200 €.

1° Déterminer le coût marginal en fonction de la quantité x.

2° Montrer que le coût marginal est égal au prix unitaire lorsque l'on fabrique 50 articles.

3° Les courbes $\mathscr{C}_f$ et $\mathscr{C}_g$, obtenues sur une calculatrice graphique, représentent la fonction f du coût de fabrication et la fonction g de la recette pour $x \in [0 ; 70]$.

Donner une interprétation graphique du résultat obtenu à la question 2°.

3. Dérivée et tangente

65 On considère les fonctions f et g définies sur $\mathbb{R}$ par :

$$f(x) = x^2 + 3x \quad \text{et} \quad g(x) = -x^2 - x + 2 \ .$$

Démontrer que, en leur point d'abscisse -1, les tangentes respectives à $\mathscr{C}_f$ et à $\mathscr{C}_g$ sont parallèles.

66 On considère les courbes $\mathscr{C}_1$, $\mathscr{C}_2$ et $\mathscr{C}_3$ d'équations respectives $y = -x^2 + 3x + 6$,

$$y = x^3 - x^2 + 4 \quad \text{et} \quad y = x^2 + 7x + 8 \ .$$

Montrer que ces trois courbes passent par le point $A(-1 \ ; 2)$ et qu'elles admettent en ce point la même tangente T .

67 Soit les fonctions f et g , telles que :

$$f(x) = \frac{3x}{x+2} \quad \text{sur }]-2 \ ; +\infty[$$

$$\text{et} \quad g(x) = \frac{1}{2}x^2 + \frac{3}{2}x \quad \text{sur } \mathbb{R} \ .$$

Leurs courbes $\mathscr{C}_f$ et $\mathscr{C}_g$ semblent être tangentes à l'origine.

Le démontrer.

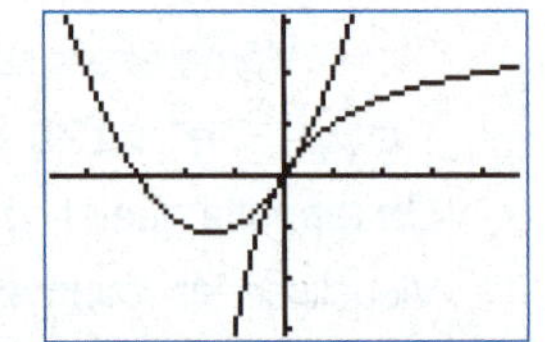

68 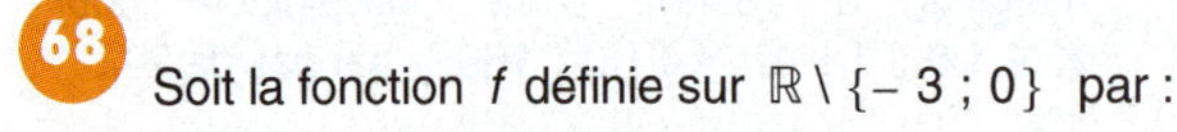

Soit la fonction f définie sur $\mathbb{R} \setminus \{-3 \ ; 0\}$ par :

$$f(x) = \frac{1}{x+3} - \frac{1}{x} \ .$$

1° Démontrer que la tangente T à la courbe $\mathscr{C}_f$ au point d'abscisse -2 passe par l'origine.

2° Déterminer les coordonnées des points d'intersection de T avec la courbe $\mathscr{C}_f$.

En déduire, suivant les valeurs de x , la position de la courbe $\mathscr{C}_f$ par rapport à la tangente T .

69 La courbe $\mathscr{C}$, ci-dessous, est celle d'une fonction définie sur $]0 \ ; +\infty[$ par :

$$f(x) = ax + b + \frac{c}{x} \ .$$

1° Exprimer $f'(x)$ à l'aide de a , b et c .

2° En utilisant deux points de la courbe et la tangente tracée, déterminer les réels a , b et c .

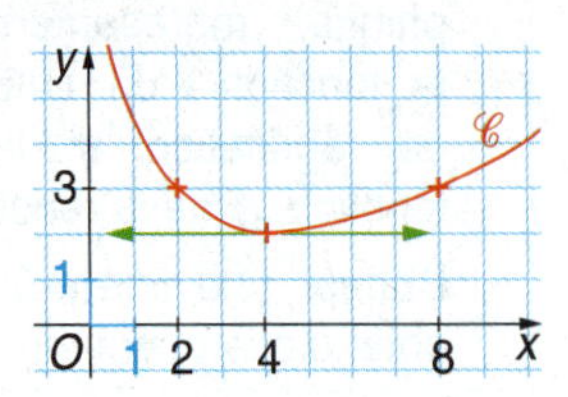

70 La courbe $\mathscr{C}$, à l'écran d'une calculatrice, est celle d'une fonction f définie sur $\mathbb{R}$ par :

$$f(x) = ax^3 + bx^2 + cx + d \ .$$

La courbe $\mathscr{C}$ traverse l'axe des ordonnées en $A(0 \ ; 1)$, passe par $C(-1 \ ; 3)$ et $B(-2 \ ; 5)$.

Les tangentes à $\mathscr{C}$ en A et B sont horizontales.

Déterminer les réels a , b , c et d .

4. Sens de variation

71 On se propose de faire le lien entre le sens d variation, par la dérivée, et l'étude des variations d'un fonction polynôme du 2e degré.

Soit $f(x) = ax^2 + bx + c$, avec $a \neq 0$.

1° Déterminer $f'(x)$. Résoudre $f'(x) = 0$ et étu dier le signe de $f'(x)$ suivant les valeurs de a .

2° Rappeler le sens de variation de la fonction f vue a chapitre 4. Faire le lien.

3° *Application* : Soit $f(x) = \frac{3}{2}x^2 - \frac{1}{5}x + 2$.

Calculer $f'(x)$ et en déduire le sens de variation de f

72 Une fonction homographique est une fonctio donnée par :

$$f(x) = \frac{ax+b}{x+c} \ ,$$

où a , b et c sont des réels, avec $\frac{b}{a} \neq c$.

1° a) Vérifier que si $\frac{b}{a} = c$, alors f est une fonctic constante.

b) Quel est l'ensemble de définition de la fonction f ?

2° Déterminer $f'(x)$.

Montrer que la dérivée dépend du signe de $ac - b$.

3° *Application* :

Soit $f(x) = \frac{3x-1}{x+2}$, définie sur $\mathbb{R} \setminus \{-2\}$.

Calculer $f'(x)$ et en déduire le sens de variation de f

Pour les exercices 73 à 79, calculer la dérivée, étudi son signe et dresser le tableau des variations de fonction f sur l'ensemble de définition donné.
On complètera par la valeur des extremums locaux.

73 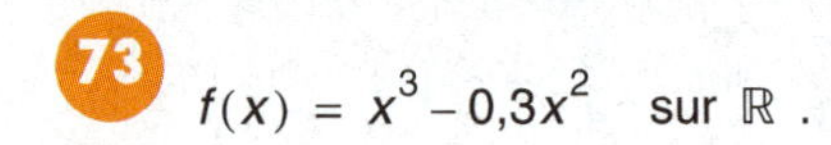

$f(x) = x^3 - 0{,}3x^2$ sur $\mathbb{R}$.

74 $f(x) = \dfrac{x^2 - 4x + 1}{x}$ sur $]0 \ ; +\infty[$.

5 $f(x) = x - 3 + \dfrac{4}{x+2}$ sur $]-2\,;+\infty[$.

6 $f(x) = \dfrac{1}{x} - \dfrac{1}{x-2}$ sur $\mathbb{R}\setminus\{0\,;2\}$.

7 $f(x) = \dfrac{4x}{x^2+1}$ sur $\mathbb{R}$.

8 $f(x) = x + 1 - \dfrac{4}{x-2}$ sur $]-\infty\,;2[$.

9 $f(x) = x^3 - 6x^2 + 17x + 4$ sur $\mathbb{R}$.

0 En regardant la forme de $f(x)$, dire si le calcul la dérivée est nécessaire pour étudier le sens de riation de la fonction f .

non indiquer si on peut utiliser une somme de fonctions, une fonction composée, pour donner le sens de varian de f . On ne demande pas de calculer la dérivée.

$f(x) = -2(x-3)^2$ sur $\mathbb{R}$;

$f(x) = (x-2)^2 - 1$ sur $\mathbb{R}$;

$f(x) = -x + 1 + \dfrac{1}{x}$ sur $]0\,;+\infty[$;

$f(x) = x^2 - \dfrac{1}{x}$ sur $]0\,;+\infty[$.

1 Même exercice :

$f(x) = 2x - 1 + \dfrac{4}{x}$ sur $]0\,;+\infty[$;

$f(x) = \dfrac{1}{(x+2)^2+1}$ sur $\mathbb{R}$;

$f(x) = x^2 + 4 + \dfrac{1}{x-2}$ sur $]2\,;+\infty[$;

$f(x) = \left(\dfrac{1}{x} - 3\right)^2$ sur $\mathbb{R}\setminus\{0\}$.

82 Même exercice :

a) $f(x) = x^3 + \sqrt{x}$ sur $[0\,;+\infty[$;

b) $f(x) = -2\sqrt{x} + 1$ sur $[0\,;+\infty[$;

c) $f(x) = \dfrac{1}{x} - \sqrt{x}$ sur $]0\,;+\infty[$;

d) $f(x) = (x-4)\sqrt{x}$ sur $[0\,;+\infty[$.

83 1° Étudier le signe de $\dfrac{3x-3}{2\sqrt{x}}$ sur $]0\,;+\infty[$.

2° Soit la fonction f définie sur $[0\,;+\infty[$ par :

$$f(x) = (x-3)\sqrt{x} .$$

a) Calculer $f'(x)$ sur $]0\,;+\infty[$.

Étudier son signe (on fera le lien avec la question 1 °).

b) En déduire le sens de variation de f sur $[0\,;+\infty[$.

Préciser les extremums, s'ils existent.

84 Étudier le sens de variation de la fonction f définie sur $[0\,;+\infty[$ par :

$$f(x) = (3-2x)\sqrt{x} .$$

85 On considère la fonction f définie sur $\mathbb{R}$ par :

$$f(x) = -x^2 + 80x + 400 .$$

Démontrer que la fonction g définie sur $\mathbb{R}\setminus\{0\}$ par $g(x) = \dfrac{f(x)}{x}$ est monotone sur $]0\,;+\infty[$.

> Une fonction est **monotone** sur I , si elle est croissante sur I ou décroissante sur I ; autrement dit, si elle ne change pas de sens de variation sur I .

5. Exercices de synthèse

1. Fonctions conjointes

6 Trois fonctions f , g et h sont dérivables sur $]0\,;+\infty[$.

es sont représentées par courbes $\mathscr{C}_1$, $\mathscr{C}_2$, $\mathscr{C}_3$ ais dans le désordre.

n sait que la fonction h est dérivée de g et que g est dérivée de f .

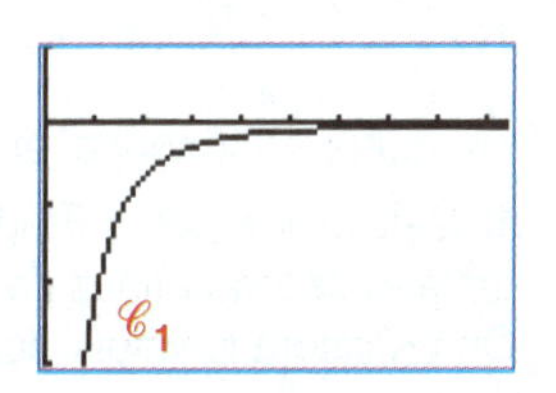

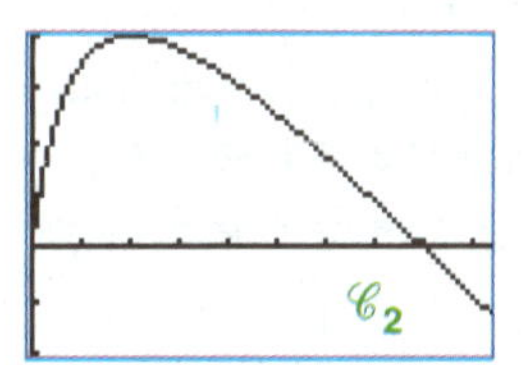

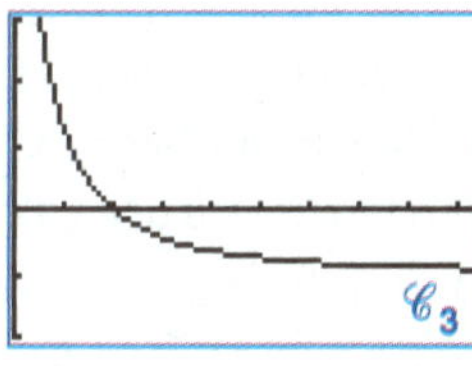

1° Retrouver leurs courbes représentatives, en expliquant.

2° La fonction f est de la forme $f(x) = ax + b + \dfrac{c}{x+1}$.

Sachant que $f(0) = 0$, $f(2) = 4$ et la fonction f admet un maximum, établir trois équations d'inconnues a , b et c .

Résoudre le système et en déduire l'expression $f(x)$.

87 La courbe $\mathscr{C}'$, ci-contre, est celle de la dérivée f' d'une fonction f définie et dérivable sur $\mathbb{R}$.

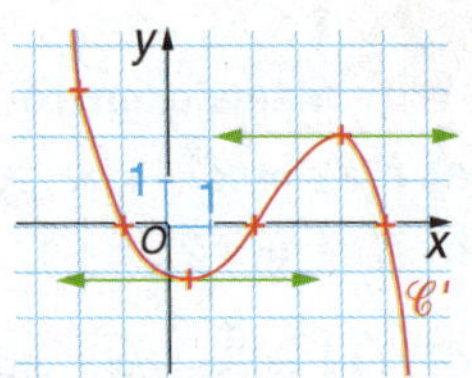

1° Déterminer, en justifiant avec soin, le sens de variation de la fonction f.

2° Soit $\mathscr{C}$ la courbe de la fonction f.

a) En quelle abscisse positive la courbe $\mathscr{C}$ admet-elle une tangente de coefficient directeur 2 ?

b) En combien de points la courbe $\mathscr{C}$ a-t-elle une tangente parallèle à la droite d'équation $y = x$?

88 La courbe $\mathscr{C}$ est celle d'une fonction f définie sur $]0\,;+\infty[$ par :

$f(x) = ax + b + \dfrac{c}{x}$, où a, b et c sont des réels.

T_A et T_B sont deux tangentes à $\mathscr{C}$.

La courbe $\mathscr{C}'$ est celle de sa dérivée f'.

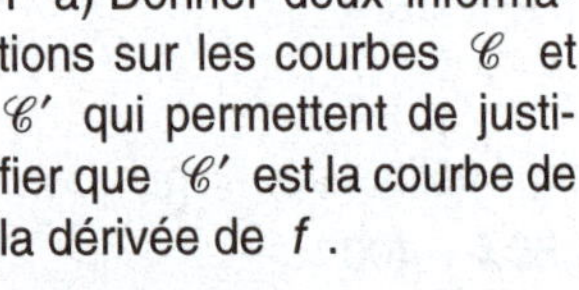

1° a) Donner deux informations sur les courbes $\mathscr{C}$ et $\mathscr{C}'$ qui permettent de justifier que $\mathscr{C}'$ est la courbe de la dérivée de f.

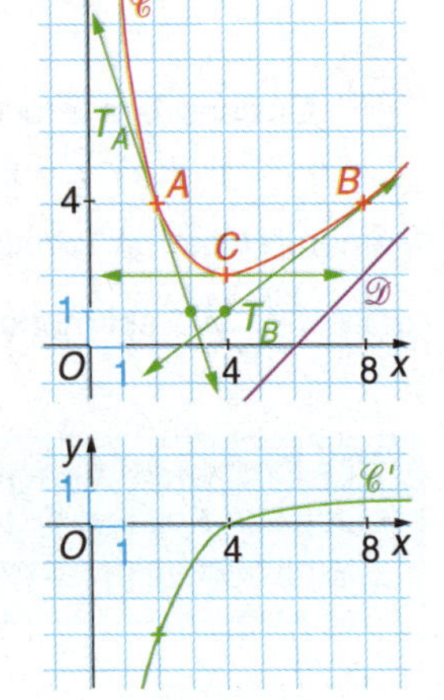

b) Comment lire $f'(2)$ sur la courbe $\mathscr{C}$?

Lire également $f'(8)$.

2° a) La courbe $\mathscr{C}$ passe par A et C : quelles équations, d'inconnues a, b et c, peut-on écrire ?

b) Déterminer $f'(x)$ en fonction de a et c.

Trouver une équation entre a et c en utilisant la tangente en C à la courbe $\mathscr{C}$.

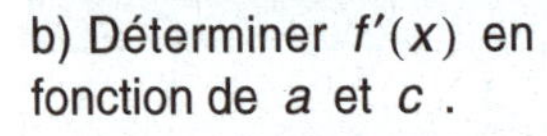

c) Par résolution d'un système, déterminer les réels a, b et c, et en déduire l'expression de $f(x)$.

3° a) Étudier le signe de $f(x) - (x - 6)$. En déduire la position de la courbe $\mathscr{C}$ par rapport à la droite $\mathscr{D}$.

b) Déterminer le point d'intersection N des deux tangentes T_A et T_B.

2. Étude de fonctions

89 Soit la fonction f définie sur $\mathbb{R}$ par

$f(x) = x^4 - \dfrac{8}{3}x^3 + \dfrac{3}{2}x^2$, et $\mathscr{C}_f$ sa courbe représentative.

1° Calculer $f'(x)$, étudier son signe et en déduire tableau des variations de la fonction f.

Préciser la valeur des extremums locaux.

Visualiser la courbe à l'écran de la calculatrice.

Quelle fenêtre choisir pour voir tous les changements d variation de la fonction f ?

2° a) Résoudre l'équation $f(x) = 0$.

En donner une interprétation pour la courbe $\mathscr{C}_f$.

On donnera la valeur approchée à 10^{-2} près de chaqu solution.

b) Déterminer l'équation réduite de la tangente T $\mathscr{C}_f$ au point d'abscisse 1.

c) Tracer la courbe $\mathscr{C}_f$ dans un repère orthogonal d'u tés 5 cm pour 1 en abscisse et 10 cm pour 1 en ordonné

On placera les tangentes horizontales et la tangente T

90 Soit la fonction f, définie sur $\mathbb{R}$ par :

$$f(x) = \frac{-x^2 + 15x - 9}{x^2 + 9},$$

et $\mathscr{C}_f$ sa courbe représentative dans un repè $(O\,;\vec{i},\vec{j})$ d'unités 1 cm sur l'axe des abscisses et 2 c sur l'axe des ordonnées.

1° a) Expliquer pourquoi f est définie sur $\mathbb{R}$.

b) Déterminer les abscisses des points où la courbe 𝒞 coupe l'axe des abscisses (on en donnera les valeu exactes).

c) Résoudre l'équation $f(x) + 1 = 0$.

En donner une interprétation graphique.

2° a) Calculer $f'(x)$. Étudier son signe et en déduire tableau des variations de f sur $\mathbb{R}$.

Préciser la valeur des extremums locaux.

b) Exprimer $f(x) + \dfrac{7}{2}$ en fonction de x. Montrer qu

$$f(x) + \frac{7}{2} = \frac{5\,(x+3)^2}{2\,(x^2+9)}.$$

En déduire que $-\dfrac{7}{2}$ est le minimum de f sur $\mathbb{R}$.

c) Déterminer l'équation réduite de la tangente à $\mathscr{C}_f$ au point d'abscisse 0.

3° Tracer les tangentes horizontales, placer les poin d'intersection de $\mathscr{C}_f$ avec l'axe des abscisses, trac la tangente T, puis la courbe $\mathscr{C}_f$ dans le repè $(O\,;\vec{i},\vec{j})$.

91 On considère la fonction f définie sur $[-7\,;7]$ p

$f(x) = \dfrac{8x+6}{x^2+1}$ et $\mathscr{C}_f$ sa courbe représentative da un repère orthonormal du plan.

1° Calculer $f'(x)$. Étudier son signe et en déduire tableau des variations de la fonction f sur $[-7\,;7]$.

On précisera la valeur des extremums.

° a) Déterminer les coordonnées des points d'intersec-on de la courbe $\mathscr{C}_f$ avec les axes.

) Soit $\mathscr{D}$ la droite d'équation $y = -x + 6$.

éterminer les coordonnées des points d'intersection de la courbe $\mathscr{C}_f$ avec la droite $\mathscr{D}$.

° a) Déterminer l'équation réduite de la tangente T $\mathscr{C}_f$ au point d'abscisse 0.

) Dans le repère $(O\,;\,\vec{\imath},\vec{\jmath})$, tracer $\mathscr{D}$, T, les tan-entes horizontales, puis la courbe $\mathscr{C}_f$.

'après le graphique, la tangente T coupe-t-elle la ourbe $\mathscr{C}_f$? Si oui en quel(s) point(s) ?

92 On considère la fonction f définie sur $[-1\,;10]$ par :

$$f(x) = \frac{x^2 - 3x + 2}{x + 2},$$

t $\mathscr{C}_f$ sa courbe représentative ci-dessous.

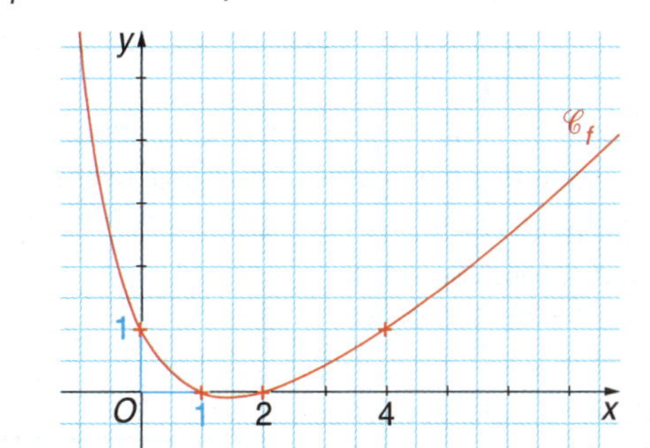

° Montrer que $f'(x)$ a le même signe que $x^2 + 4x - 8$.

n déduire le sens de variation de f sur $[-1\,;10]$.

° a) Résoudre algébriquement $f(x) = 0$.

n donner une interprétation graphique.

) D'après le graphique, donner le nombre de solutions e l'équation $f(x) = 3$.

n déterminer les valeurs exactes par le calcul.

° a) D'après le graphique, en quel point la tangente à la ourbe $\mathscr{C}_f$ semble être de coefficient directeur $\frac{2}{3}$?

) Résoudre l'équation $f'(x) = \frac{2}{3}$. Conclure.

3. Applications économiques

93 **L'offre et la demande** d'un produit sont modélisées ar deux fonctions f et g, pour un prix au kg x variant e 0 à 10 €. Les quantités offertes $f(x)$ et les quantités emandées $g(x)$ sont exprimées en tonnes.

° La fonction d'offre est une fonction affine telle que :

$$f(7) = 335 \quad \text{et} \quad f(9) = 415 .$$

éterminer $f(x)$.

2° La fonction de demande est donnée par :

$$g(x) = x^3 - 12x^2 - 60x + 1\,000 .$$

Démontrer que la fonction de demande est décroissante sur $[0\,;10]$.

3° Visualiser les deux courbes d'offre et de demande à la calculatrice.

Quel semble être le point d'intersection des deux courbes ? Le vérifier par un calcul d'images, sans chercher à résoudre l'équation $f(x) = g(x)$.

En déduire le prix d'équilibre et la quantité d'équilibre, ainsi que le chiffre d'affaires engendré par la vente de ce produit à l'équilibre.

94 **Situation de monopole pur**

> En situation de monopole pur, la quantité demandée étant une fonction décroissante du prix, pour vendre une plus grande quantité de produit, le producteur doit vendre à un prix plus bas.
> Ainsi, la recette n'est plus proportionnelle à la quantité comme dans le cas d'une concurrence pure et parfaite.

Une entreprise détient un brevet de fabrication d'un verre léger.

La fonction de demande de ce produit est donnée par :

$$q = 320 - 0{,}05p ,$$

où p est le prix de 10 kg de verre, en €, et q la quantité, en dizaines de kg.

Le coût de fabrication de q dizaines de kg de verre est donné par :

$$C(q) = q^3 - 5q^2 + 400q + 50\,000 ,$$

pour $q \in [0\,;80]$, c'est-à-dire une quantité produite variant de 0 à 0,8 tonne.

Le coût de fabrication est exprimé en euros.

1° Exprimer le prix p en fonction de la quantité q demandée. Montrer que la recette s'exprime par :

$$R(q) = -20q^2 + 6\,400q .$$

Démontrer que la recette est croissante sur $[0\,;80]$.

2° Démontrer que le coût de fabrication est croissant sur $[0\,;80]$.

On sera amené à utiliser le signe de $3x^2 - 10x + 400$.

3° a) Calculer $R'(40)$ et $C'(40)$.

En déduire que la recette marginale est égale au coût marginal lorsque l'on produit 400 kg de verre.

b) Résoudre l'équation $R'(q) = C'(q)$.

Retrouver le résultat précédent.

4° Justifier que le bénéfice réalisé par la production et

la vente de q dizaines de kg de ce verre est donné, en euros, par :

$$B(q) = -q^3 - 15q^2 + 6\,000q - 50\,000 , \quad \text{pour } q \in [\,0\,;80\,] .$$

Calculer $B'(q)$, étudier son signe et en déduire le tableau des variations du bénéfice B sur $[\,0\,;80\,]$.

Démontrer que le bénéfice admet un maximum. Pour quelle quantité ?

Calculer alors le prix à proposer sur le marché pour obtenir un bénéfice maximal.

On pourra visualiser les deux courbes de recette et de coût total à l'écran de la calculatrice dans la fenêtre :

$$X \in [\,0\,;80\,] \quad \text{et} \quad Y \in [\,0\,;400\,000\,] .$$

Rythme de croissance d'une population

La population d'une ville nouvelle est donnée par :

$$f(t) = \frac{26t+10}{t+5} ,$$

pour t le nombre d'années écoulées depuis 1975, et $f(t)$ le nombre d'habitants, en milliers.

On admet que le rythme de croissance de la population est donné par la dérivée de la fonction population, $f'(t)$.

1° Calculer la population en $t = 10$, puis en $t = 11$. En déduire la variation absolue de population Δf entre ces deux années.

2° a) Calculer $f'(t)$, étudier son signe et en déduire le sens de variation de la population.

b) Calculer $f'(10)$ et $f'(11)$, en donner une valeur approchée à 0,1 millier près.

Comparer à la variation absolue calculée en 1°.

3° a) Calculer le rythme de croissance de la population pour $t = 20$.

b) Quel rythme de croissance peut-on prévoir en 2010 ?

c) Résoudre $\dfrac{120}{(t+5)^2} \leqslant \dfrac{3}{10}$.

En déduire à partir de quel nombre d'années le rythme de croissance devient inférieur ou égal à 0,3 millier d'habitants.

Vitesse de propagation d'une maladie

Après l'apparition d'une maladie virale, les responsables de la santé publique ont estimé que le nombre de personnes frappées par la maladie au jour t à partir du jour d'apparition du premier cas est :

$$M(t) = 45t^2 - t^3 \quad \text{pour } t \in [\,0\,;25\,] .$$

La vitesse de propagation de la maladie est assimilée à la dérivée du nombre de personnes malades en fonction de t .

1° a) Calculer $M'(t)$.

En déduire la vitesse de propagation le cinquième jour.

b) Déterminer le jour où la vitesse de propagation est maximale et calculer cette vitesse.

2° a) Étudier le sens de variation de la fonction M su $[\,0\,;25\,]$. On pourra utiliser le calcul fait en 1° a).

b) Dans un repère orthogonal, d'unités 1 cm pour 2 e abscisse et 1 cm pour 1 000 en ordonnée, tracer l courbe $\mathscr{C}$ représentant le nombre total de personne frappées par la maladie en fonction du temps t .

On placera les tangentes pour $t = 15$, $t = 10$ et $t = 20$

Sur l'intervalle $[\,10\,;20\,]$, que peut-on dire du coeffi cient directeur des tangentes à la courbe $\mathscr{C}$?

97 **Rendements et point d'inflexion**

Dans une usine de produits alimentaires, une machin fabriquant de la moutarde est utilisée 12 heures par jou en continu.

La fonction f , définie sur $[\,0\,;12\,]$ par :

$$f(t) = -t^3 + 15t^2 + 72t ,$$

représente la production totale de moutarde après heures de fonctionnement.

La dérivée de f , $f'(t)$, représente la **production mar ginale** de cette machine après t heures d'utilisation.

1° a) Déterminer $f'(t)$.

Déterminer la dérivée de la production marginale, notée $g(t)$.

b) Étudier la production marginale et montrer qu'elle admet un maximum atteint en $t_0 = 5$.

En déduire le signe de la production marginale $f'(t)$.

c) À l'aide de la question précédente, justifier que l production totale est croissante sur $[\,0\,;12\,]$.

d) Visualiser la courbe de la production totale à l'écra d'une calculatrice avec $Y \in [\,0\,;1\,300\,]$.

2° Sur l'intervalle où la production marginale es croissante, on parle de « **phase de rendement croissants** ».

Sur l'intervalle où la production marginale est décroissante on parle de « **phase de rendements décroissants** ».

À l'instant t_0 , où la production marginale change d sens de variation, le point I d'abscisse t_0 de la courb $\mathscr{C}$ de la production totale est un **point d'inflexion**.

a) Indiquer les deux phases et le point d'inflexion I pou cette production.

b) Déterminer l'équation réduite de la tangente T à courbe $\mathscr{C}$ au point d'inflexion I sous la forme $y = h(t)$

c) Étudier le signe de la différence $f(t) - h(t)$ su l'intervalle $[\,0\,;12\,]$. On vérifiera que :

$$f(t) - h(t) = -(t-5)^3 .$$

Justifier la phrase : « Au point d'inflexion, la courb traverse sa tangente. »

1. UTILISATION DE LA CALCULATRICE

98 Comment vérifier le calcul d'une dérivée à la calculatrice ?

xemple : Soit $f(x) = \frac{4}{x} - \frac{1}{x-10}$ sur $]0\,;10[$.

érifier à la main que $f'(x) = \frac{x^2 - 4(x-10)^2}{x^2(x-10)^2}$.

ntrer $f(x)$ en Y1 et entrer $f'(x)$ en Y2 .

T.I. : **Casio (*) :**

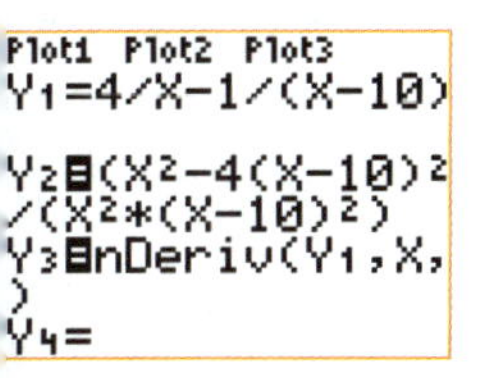

```
Plot1 Plot2 Plot3
Y1=4/X-1/(X-10)
Y2=(X²-4(X-10)²
/(X²*(X-10)²)
Y3=nDeriv(Y1,X,
)
Y4=
```

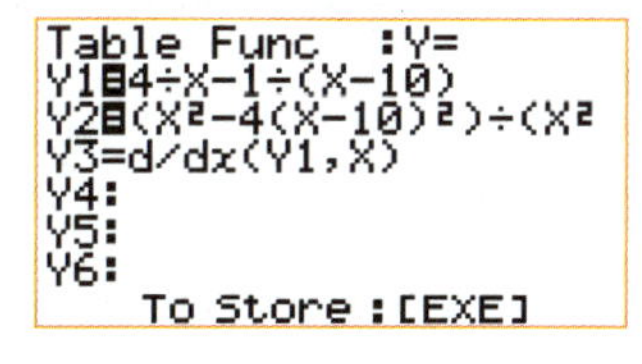

```
Table Func   :Y=
Y1=4÷X-1÷(X-10)
Y2=(X²-4(X-10)²)÷(X²
Y3=d/dx(Y1,X)
Y4:
Y5:
Y6:
    To Store :[EXE]
```

) On ne peut pas voir la formule complète pour $f'(x)$.

Vérifier dans le tableau de valeurs que Y2 et Y3 donnent les mêmes valeurs, sauf en 0 et 10 éventuellement.

Applications : Calculer à la main la dérivée de chacune des fonctions, et vérifier le calcul obtenu avec la calculatrice.

a) $f(x) = -3x^5 + 40x^3 + 135x - 6$ sur $\mathbb{R}$;

b) $f(x) = -0{,}1x + 12 - \frac{40}{x+1}$ sur $[0\,;30]$;

c) $f(x) = (x-2)\sqrt{x}$ sur $[0\,;+\infty[$;

d) $f(x) = \frac{(x+2)(x-1)}{x+3}$ sur $]-3\,;+\infty[$.

99 Comment calculer une dérivée à la calculatrice formelle ?

xemple : On reprend la fonction f de l'exercice 98.

ans l'écran de Calcul sur **Voyage 200** :

hoisir (F3) **1:d(dérivée** (ENTER) et taper l'expression (x) , puis indiquer la variable (X) .

$$\frac{d}{dx}\left(\frac{4}{x} - \frac{1}{x-10}\right) \qquad \frac{1}{(x-10)^2} - \frac{4}{x^2}$$

`d(4/x-1/(x-10),x)`

On peut donner la forme factorisée :

(CLEAR) sur la ligne de calcul, puis (F2) **2:factor(** (ENTER) ; se déplacer avec le curseur sur la dérivée calculée et (ENTER) ( )) (ENTER) .

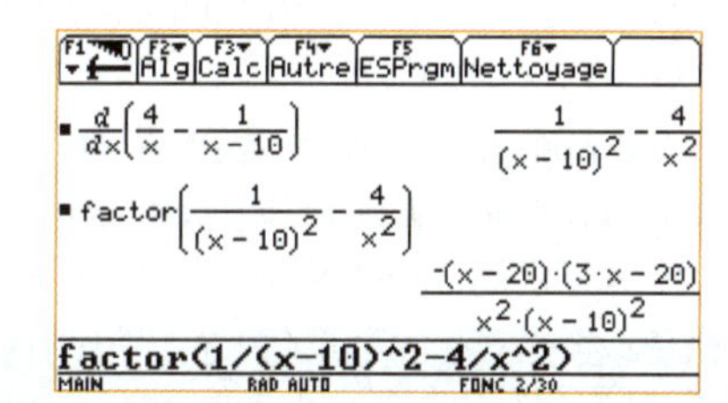

$$\frac{d}{dx}\left(\frac{4}{x} - \frac{1}{x-10}\right) \qquad \frac{1}{(x-10)^2} - \frac{4}{x^2}$$

$$\text{factor}\left(\frac{1}{(x-10)^2} - \frac{4}{x^2}\right) \qquad \frac{-(x-20)\cdot(3\cdot x-20)}{x^2\cdot(x-10)^2}$$

Applications : Reprendre les fonctions de l'exercice 98, calculer leurs dérivées et en donner une forme factorisée.

2. UTILISATION D'UN LOGICIEL

100 Études conjointes des fonctions de coûts

n désire visualiser le comportement du coût marginal et du coût moyen par lecture sur la courbe de coût total grâce au giciel Geoplan.

Travail sur papier

oit $C(q) = q^3 - 6q^2 + 10q + 100$ coût total de production pour une quantité $\in [0\,;8]$, et le coût $C(q)$ en k€.

Donner les coûts fixes.

b) Calculer le coût marginal $C_m(q)$, assimilé à la dérivée du coût total.

En quelle quantité le coût marginal est-il minimal ?

c) Préciser le signe du coût marginal.

En déduire le sens de variation du coût total.

d) Exprimer le coût moyen $C_M(q)$ en fonction de q .

2° Représentation dans deux repères différents

a) Courbe de coût total dans un repère R

Créer / **Repère** et valider l'écran ci-dessous :

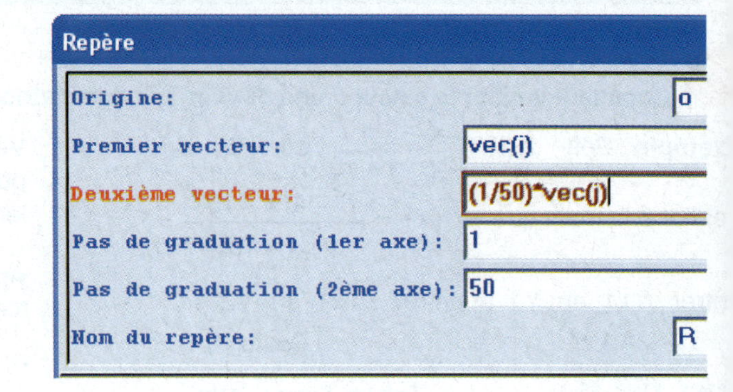

Créer / **Numérique** / **Fonction numérique** / **R 1 variable**

Nom de la variable muette: q
Expression de la fonction:
q^3-6q^2+40q+100
Nom de la fonction: C

Créer / **Ligne** / **Courbe** / **Graphe d'une fonction déjà créée**

dans Repère: R **Nom de la fonction :** C
Bornes : 0 8 **Nombre de points :** 800 **Nom de la courbe :** Ct .

b) Courbe du coût moyen dans le repère R′

Créer un point *O* (0 ; – 14) et le repère R′ d'origine *O* .

Premier vecteur: vec(i)
Deuxième vecteur: (1/10)*vec(j)
Pas de graduation (1er axe): 1
Pas de graduation (2ème axe): 10

Utiliser les fonctionnalités du logiciel pour créer la fonction de coût moyen, CM , et sa courbe Cmoy dans le repère R′ (voir les objets créés ci-dessous).

c) Courbe de coût marginal dans le repère R′

En utilisant les fonctionnalités du logiciel, créer la fonction de coût marginal Cm et sa courbe Cmar dans le repère R′ .

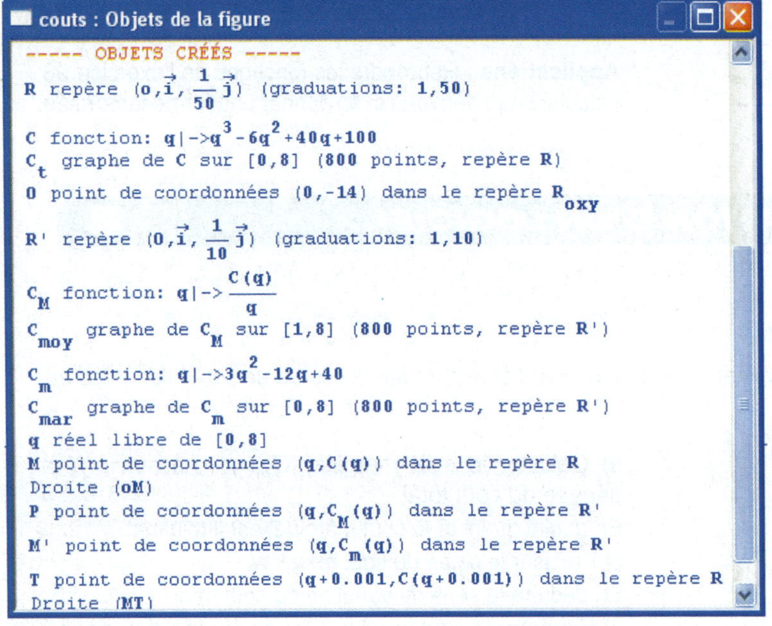
couts : Objets de la figure

----- OBJETS CRÉÉS -----

R repère $(0,\vec{i},\frac{1}{50}\vec{j})$ (graduations: 1,50)

C fonction: $q \mapsto q^3-6q^2+40q+100$

C_t graphe de C sur [0,8] (800 points, repère R)

O point de coordonnées (0,-14) dans le repère R_{oxy}

R' repère $(0,\vec{i},\frac{1}{10}\vec{j})$ (graduations: 1,10)

C_M fonction: $q \mapsto \frac{C(q)}{q}$

C_{moy} graphe de C_M sur [1,8] (800 points, repère R')

C_m fonction: $q \mapsto 3q^2-12q+40$

C_{mar} graphe de C_m sur [0,8] (800 points, repère R')

q réel libre de [0,8]

M point de coordonnées (q,C(q)) dans le repère R

Droite (oM)

P point de coordonnées $(q,C_M(q))$ dans le repère R'

M' point de coordonnées $(q,C_m(q))$ dans le repère R'

T point de coordonnées (q+0.001,C(q+0.001)) dans le repère R

Droite (MT)

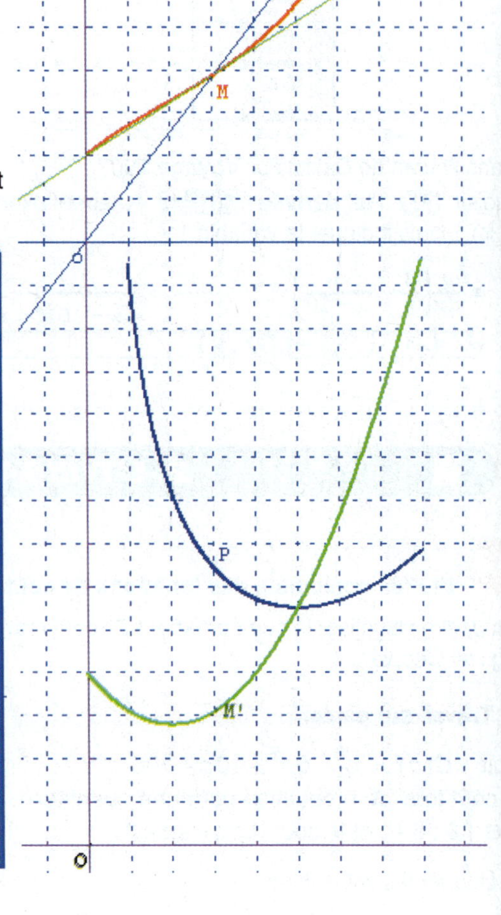

3° Visualisation des propriétés conjointes des courbes

a) Créer la variable q libre dans l'intervalle $[0 ; 8]$, puis le point M de la courbe *Ct* d'abscisse q dans le repère R ; et dans le repère R', créer le point P de la courbe *Cmoy* et le point M' de *Cmar* de même abscisse q.

b) Dans le repère R, créer la droite (OM), le point T de la courbe *Ct* d'abscisse $q + 0{,}001$, proche de M, et la sécante (MT) qui approche la tangente en M à la courbe *Ct*.

c) Piloter au clavier le réel q. Visualiser le déplacement des points sur les courbes.

En quelle valeur de q les points P et M' sont-ils confondus ? Que se passe-t-il dans le repère R sur la courbe de coût total ?

Quelle propriété peut-on énoncer concernant le coût moyen et le coût marginal pour cette quantité ?

Pourcentages d'évolution successifs : approximation affine

Une valeur V_0 subit plusieurs évolutions successives de même pourcentage d'évolution t %.

1° Travail sur papier

a) Exprimer la valeur obtenue après deux évolutions successives, à l'aide de t.

b) Quel sera le pourcentage global d'évolution après deux hausses de 0,5 % ? après deux hausses de 10 % ?

Dans ces deux cas, comparer le pourcentage d'évolution global t' et le double du taux $2t$.

2° Calcul du pourcentage d'évolution global après n évolutions successives identiques de t %

a) Préparer le tableau suivant :

	A	B	C	D	E	F
1	nombre de hausses		n	5		
2	taux t	(1 + t/100)^n	% global réel t'	1 + n*t/100	% global simple nt	erreur

b) En cellules A3 et A4, entrer les valeurs des pourcentages :

	A
1	nombre
2	taux t
3	0
4	0,5

Sélectionner les deux cellules A4 et A5, saisir la poignée de recopie **+** et « tirer » vers le bas jusqu'à $t = 10$, en cellule A23.

c) En cellules B3, C3, D3, E3 et F3, taper les formules suivantes :

	A	B	C	D	E	F
1	nombre de hausses		n	5		
2	taux t	(1 + t/100)^n	% global réel t'	1 + n*t/100	% global simple nt	erreur
3	0	=(1+A3/100)^$D$1	=(B3-1)*100	=1+$D$1*A3/100	=(D3-1)*100	=B3-D3

Remarque : La référence $B$1 est absolue, elle est « bloquée » et conserve la même valeur quand on tire la poignée de recopie vers le bas. Pour obtenir cette notation, appuyer sur la touche F4 quand le curseur est sur B1 ou juste après.

Sélectionner l'ensemble des cellules B3, C3, D3, E3, F3, puis « tirer » vers le bas.

3° Comparaison des valeurs de $(1 + t/100)^n$ et des approximations $1 + n \times t/100$

a) Sélectionner le tableau de A3 à B23 et choisir

 .

b) À partir de quel pourcentage d'évolution, l'erreur en colonne F est-elle supérieure à 0,01 ?

c) Augmenter la valeur de n en cellule D1 et pour chaque valeur de n, déterminer le pourcentage d'évolution à partir duquel l'erreur commise est supérieure à 0,01.

4° Applications

a) Dans un pays, une épidémie se propage rapidement.

Le nombre de malades augmente de 5 % par an. On peut lire dans un article : « Si des mesures sanitaires ne sont pas prises, dans 5 ans le quart de la population sera atteinte de la maladie ». Vérifier les affirmations du journaliste.

b) Jean-Louis hérite de 30 000 €. Il place cette somme sur un compte rémunéré au taux mensuel de 0,3 %. Il affirme que son argent est placé au taux annuel de 3,6 % et qu'il gagnera 1 080 € dans un an. Jean-Louis a-t-il raison ?

3. MODÉLISATION

102 **Toboggan : le bon raccordement**

Un toboggan gonflable doit être construit au bord d'un plan d'eau.
Par mesure de sécurité, ni creux ni aucune bosse ne doivent perturber la glissade des enfants qui l'utilisent.

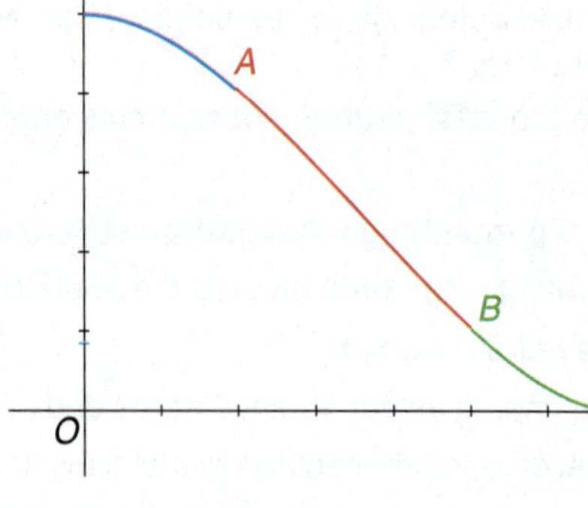

La figure ci-contre représente une vue en coupe de ce toboggan.

La hauteur est de 5 m, la longueur de 7 m.

La courbe représentant le toboggan admet une tangente horizontale au sommet ainsi qu'à l'arrivée sur le sol.

On modélise le toboggan à l'aide de deux arcs de paraboles :

sur $[0 ; 2]$, $f(x) = -0{,}25x^2 + 5$,

sur $[5 ; 7]$, $g(x) = 0{,}25\,(x-7)^2$,

et un segment de droite $[AB]$ qui raccorde les deux arcs de parabole.

Le but est de déterminer l'équation de la droite (AB) qui assurera le meilleur raccordement.

1° Travail sur papier

a) Construire les arcs de paraboles représentant les fonctions f et g.

Les fonctions f et g satisfont-elles aux conditions imposées par l'énoncé ?

b) Déterminer l'équation réduite de la droite passant par le point $A(2 ; 4)$ et de coefficient directeur a.

c) Déterminer l'équation réduite de la tangente à la courbe $\mathscr{C}_f$ de la fonction f en A.

2° Recherche sur GEOPLAN du meilleur raccordement au point A

Créer les objets ci-contre sous Geoplan.

À l'aide des flèches du clavier, modifier le coefficient directeur de la droite $\mathscr{D}$.

Pour quelles valeurs de a le raccordement en A semble-t-il convenable ?

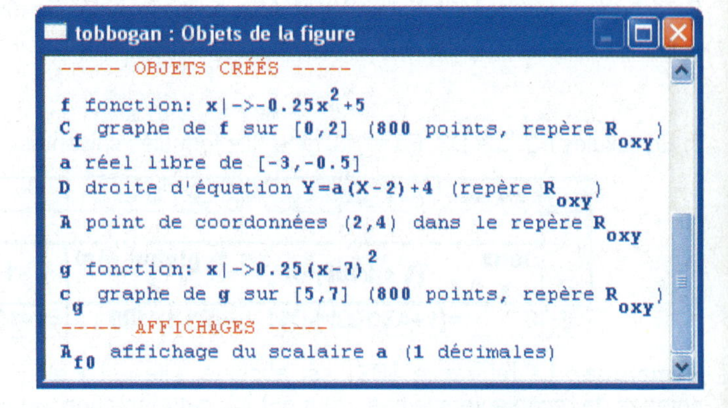

3° Raccordement avec le second arc

Utiliser les flèches du clavier pour modifier le coefficient directeur de la droite afin d'obtenir un parfait raccordement de la droite avec les deux courbes.
Quelle est alors la valeur du coefficient directeur a ?

Un ballotin

103 La boîte a une base rectangulaire de largeur 6 cm. Elle se ferme par quatre rabats formant trois rectangles isométriques.

Soit x la longueur de la boîte, $x > 0$, et h sa hauteur en cm.

a) Déterminer le volume V de la boîte en fonction de h et x. Le volume doit être de 1 200 cm^3.
En déduire l'expression de h en fonction de x.

b) Montrer que l'aire totale de la boîte s'écrit :

$$A(x) = 24x + \frac{2\,400}{x} + 400 .$$

c) Calculer la fonction dérivée A', étudier son signe sur $]0 ; +\infty[$.

d) En déduire les variations de A sur $]0 ; +\infty[$ et dresser le tableau de variations.

e) Conclure pour le problème posé en donnant les dimensions de la droite.

7

Simulations et probabilités

1. Fluctuations d'échantillonnage. Loi de probabilité

2. Vocabulaire des probabilités

3. Propriétés d'une loi de probabilité

A
B
C
D
Le coup de Vénus
Les Grecs et les Romains jouaient avec des os de mouton, des astragales ayant quatre positions.
En lançant quatre astragales, quelle est la probabilité d'obtenir les quatre positions A-B-C-D ?
Et en lançant quatre dés tétraédriques, quelle est la probabilité d'obtenir les quatre nombres : 1-2-3-4?
[voir exercice 68]

MISE EN ROUTE

Tests préliminaires

A. Le hasard à la calculatrice

La fonction RANDOM des calculatrices renvoie un nombre décimal de l'intervalle [0 ; 1 [.

- Sur **T.I.** rand s'obtient par :
  MATH PRB 1:rand ENTER
- Sur **Casio** Ran# s'obtient par :
  OPTN PROB Ran # EXE

À quel intervalle appartient le nombre :

a) rand + **0.5** ? b) **2** × rand ?

c) **6** × rand ? d) rand + rand ?

B. La partie entière à la calculatrice

- Sur **T.I.** Int s'obtient par :
  MATH NUM 5:Int(
- Sur **Casio** Int s'obtient par :
  OPTN NUM int

Quels nombres peuvent apparaître à l'écran de la calculatrice en tapant :

a) Int(rand) ? b) Int(rand + **0.5**) ?

c) Int(**2** × rand) ? d) Int(**6** × rand + **1**) ?

e) – 1 + 2 Int(rand + 0.5) ?

C. Des nombres aléatoires

On considère sept nombres obtenus par la fonction RANDOM de la calculatrice.

```
.7713967833
.5247110325
 .947846079
.0184043416
 .34947079
 .281843918
.3845201913
```

Quand le nombre affiché n'a pas 10 chiffres après la virgule, cela signifie que les chiffres manquants sont 0 :
le nombre **. 34947079** *est en réalité* **. 3494707900**.

On obtient donc une table de 70 chiffres aléatoires de 0 à 9 .

a) Expliquer comment lire (ou dépouiller) cette table pour simuler 70 lancers d'une pièce équilibrée.

La dépouiller et calculer alors la fréquence d'apparition de PILE (P comme « pair » ...).

b) Comment peut-on dépouiller cette table pour simuler le lancer d'un dé à six faces parfaitement équilibré ?

Calculer alors la fréquence d'apparition du 6.

D. Pour simuler un lancer

Pour effectuer chaque simulation proposée dans la liste de 1 à 5 , on peut utiliser zéro , une ou plusieurs instructions proposées dans la liste de a) à i) .

Indiquer les instructions qui conviennent et vérifier à la calculatrice.

1. Simuler le jet d'une pièce équilibrée.
2. Simuler le lancer d'un dé à 6 faces équilibré.
3. Simuler le jet de deux pièces équilibrées, en même temps.
4. Simuler le jet d'une pièce truquée (non équilibrée).
5. Simuler le lancer de deux dés à 6 faces équilibrés

a) Int(rand + **0.4**) ; b) Int(**2** × rand) ;

c) Int(rand + **0.5**) ; d) Int(**6** × rand + **1**) ;

e) seq(Int(**6** × rand + **1**) , K , 1 , 2 , 1) ;

f) **2** × Int(rand + **0.5**) ;

g) Int(**6** × rand + **1**) + Int(**6** × rand + **1**) ;

h) **2** × Int(**6** × rand + **1**) ;

i) Int(**6** × rand) + **1** .

seq(définit une séquence ou une liste de nombres ; il s'obtient par :

- sur **T.I.** : LIST OPS 5:seq(
- sur **Casio** : OPTN LIST Seq

E. Lire un tableau à deux entrées

Une ville nouvelle est composée de quatre communes A, B, C et D.

On a recensé les jeunes de 10 à 15 ans qui pratiquent un seul des deux sports : football ou handball.

	ville A	ville B	ville C	ville D
football	150	125	105	120
handball	50	70	35	45

a) Reproduire le tableau en ajoutant les effectifs totaux en lignes et en colonnes.

b) Dresser le tableau des fréquences par rapport à l'effectif total des jeunes de 10 à 15 ans pratiquant l'un de ces sports dans la ville nouvelle.

c) Dresser une ligne de fréquences pour chacune des communes par rapport à l'effectif de joueurs de football.

Activités préparatoires

1. PILE ou FACE : évolution de la fréquence

On s'intéresse à l'évolution de la fréquence d'apparition de FACE au cours d'un grand nombre de lancers d'une pièce de monnaie.

1° Expérience réelle

On lance 50 fois une pièce et on s'intéresse à la face supérieure apparue.

a) Recopier et compléter le tableau suivant en indiquant la fréquence d'apparition de FACE obtenue depuis le premier lancer. On donnera une valeur décimale arrondie à 0,01 près.

numéro du lancer	1	2	3	4	....	48	49	50
nombre de FACE								
fréquence de FACE								

b) Dans un repère, placer les points dont l'abscisse est le numéro du lancer et l'ordonnée, la fréquence d'apparition de FACE.

2° Simulation à la calculatrice de 100 lancers de suite

a) Une calculatrice ne donne que des nombres : on choisit donc 0 pour PILE et 1 pour FACE.

- Sur **T.I. :** **randInt(0 , 1)** est obtenu par (MATH) **PRB 5:randInt(** .
- Sur **Casio :** **Int(Ran# + 0.5)** est obtenu par (OPTN) **NUM Int** et (OPTN) **PROB Ran#** .

On génère une liste de 100 nombres aléatoires égaux à 0 ou 1 en liste 1 :

- Sur **T.I.** par **randInt(0 , 1 , 100)**
- Sur **Casio** par :
  Seq(Int(Ran# + 0.5) , K , 1 , 100 , 1)

Entrer dans la liste L1 : sur **T.I.** par (STO▶) (L1), et sur **Casio** par (→) (OPTN) **LIST LiSt** (1) .

b) Calculer la fréquence d'apparition de FACE par **sum(L1) / 100** .

c) Exécuter plusieurs fois cette simulation, par (ENTRY) (ENTER), noter les fréquences d'apparition de FACE, puis augmenter le nombre de lancers : 200, 300...

Vers quel nombre se rapproche la fréquence d'apparition de FACE, lorsque le nombre de lancers augmente ?

Pour une représentation, voir l'exercice 61, p. 191.

[Voir rabats de couverture]

2. 100 lancers de deux dés tétraédriques

On lance deux dés à quatre faces et on s'intéresse à la somme des numéros obtenus.

Pour un lancer, cette somme s'obtient sur **T.I.** par **sum(randInt(1 , 4 , 2)).**

a) Simuler 100 lancers de ces deux dés et les stocker en liste L1.

b) Créer la liste des valeurs possibles de la somme S de 2 à 8 en liste L2 et, pour chaque valeur de S , calculer sa fréquence d'apparition dans la liste L1, la stocker en L3 : voir l'instruction ci-contre.

c) Recommencer 10 fois l'expérience par (ENTRY) et noter dans un tableau les fréquences pour chaque valeur possible de la somme.

```
seq(sum(randInt(
1,4,2)),K,1,100,
1)→L1
{7 6 5 5 5 5 8 …
seq(sum(L1=S)/10
0,S,2,8,1)→L3
{.05 .14 .15 .2…
```

3. Répartition : « n chances sur 100 de »

On prend au hasard la fiche d'un jeune, pratiquant l'un des sports football ou handball, dans la ville nouvelle du test E ci-contre, page 170.

L'événement « obtenir un jeune de la ville C » a une fréquence de 0,20 : on dit que l'on a « 20 chances sur 100 » de tirer la fiche d'un jeune de la ville C, ou encore que la « probabilité » d'obtenir la fiche d'un jeune de la ville C est 0,20.

Quelle est la probabilité d'obtenir la fiche :

a) d'un joueur de football ?

b) d'un joueur de football de la ville C ?

c) d'un joueur de football ou d'un jeune de la ville C ?

1. Fluctuations d'échantillonnage. Loi de probabilité

On considère une expérience pour laquelle on observe un caractère, ce caractère prenant un nombre fini de résultats x_1 ; x_2 ; ... ; x_n , appelés aussi modalités.

Distribution de fréquences

définition : L'ensemble des fréquences observées s'appelle la **distribution de fréquences** de l'expérience.

propriété : La somme des fréquences d'une distribution est égale à 1 :

$$f_1 + f_2 + ... + f_n = 1 .$$

Exemple : On considère un dé à six faces équilibré. On jette 100 fois ce dé (échantillon A).

On obtient la distribution des fréquences de chacune des faces dans le premier tableau ci-contre.

modalité x_i	1	2	3	4	5	6
A : fréquence f_i	0,18	0,18	0,17	0,11	0,21	0,15

Un second échantillon de 100 jets du même dé fournit une autre distribution de fréquences ci-contre (échantillon B).

modalité x_i	1	2	3	4	5	6
B : fréquence f_i	0,14	0,19	0,14	0,19	0,15	0,19

Sur les deux échantillons, les fréquences observées pour chacune des six modalités sont différentes.

Fluctuations d'échantillonnage

définition : Les variations de distribution de fréquences obtenues pour deux échantillons de même taille s'appellent **fluctuations d'échantillonnage**.

Remarques importantes.

- Les échantillons considérés proviennent d'une même **expérience aléatoire**, c'est-à-dire d'une expérience uniquement due au hasard, que l'on répète. Ainsi, chaque répétition est indépendante des expériences précédentes.
- Lorsque la taille des échantillons augmente, les fluctuations d'échantillonnage s'atténuent.

La théorie des probabilités explique les fluctuations d'échantillonnage et leurs atténuations avec la taille des échantillons.

On admet que, pour une expérience aléatoire donnée, les fréquences des modalités obtenues au fur et à mesure ont tendance à se stabiliser lorsque le nombre de répétitions devient très élevé. C'est la **loi des grands nombres** : il existe donc une **distribution de fréquences « théorique »** vers laquelle se rapproche la distribution des fréquences observées, quand n devient grand.

Loi de probabilité

Soit E l'ensemble des n résultats provenant d'une expérience aléatoire :

$$E = \{x_1 ; x_2 ; ... ; x_i ; ... ; x_n\} .$$

Définir une **loi de probabilité sur E**, c'est associer à chaque résultat x_i un nombre p_i positif, tel que la somme de tous les p_i soit égale à 1.

x_1	x_2	x_3	....	x_n
p_1	p_2	p_3	....	p_n

avec $0 \leq p_i \leq 1$ et $\sum_{i=1}^{i=n} p_i = 1$.

Modéliser une expérience aléatoire, c'est choisir sur l'ensemble E une loi de probabilité.

Étudier des fluctuations d'échantillonnage

Méthode

Lorsque la taille des échantillons augmente, les fluctuations d'échantillonnage s'atténuent.

On peut mesurer cette fluctuation en calculant l'écart positif entre deux fréquences pour une même modalité.

Plus la taille des échantillons augmente, plus ces écarts sont faibles.

[Voir exercices 14 et 15]

On considère les deux échantillons *A* et *B* de la partie *cours* p. 172 :

1. Pour chaque modalité, calculer les écarts positifs entre les fréquences observées des deux tableaux.

Quelle est la modalité pour laquelle l'écart est le plus grand ? le plus petit ?

2. Reprendre ces questions pour les deux échantillons de 10 000 jets du dé.

modalité	1	2	3	4	5	6
fréquence échantillon C	0,1656	0,167	0,1654	0,1626	0,161	0,1784
fréquence échantillon D	0,1608	0,1704	0,1623	0,1731	0,1627	0,1707

1.

modalité	1	2	3	4	5	6
écart positif	0,04	0,01	0,03	0,08	0,06	0,04

L'écart le plus grand s'obtient pour la modalité 4, et est égal à 0,08.

L'écart le plus petit s'obtient pour la modalité 2, et est égal à 0,01.

2.

modalité	1	2	3	4	5	6
écart positif	0,0048	0,0034	0,0031	0,0105	0,0017	0,0077

L'écart le plus grand s'obtient pour la modalité 4, et est égal à 0,0105.

L'écart le plus petit s'obtient pour la modalité 5, et est égal à 0,0017.

On remarque que les écarts sont très faibles.

Choisir une loi de probabilité

Méthode

La loi des grands nombres précise que : si le nombre des observations est important, alors les chances de s'écarter beaucoup des fréquences « théoriques » sont faibles.

À l'aide d'une simulation sur un grand nombre d'expériences, on peut écarter des modèles de lois de probabilités, mais **on ne peut rien prouver**.

Cette simulation est effectuée en *activité* 2, p. 171.

[Voir exercices 16 et 17]

On lance deux dés équilibrés à quatre faces numérotées 1, 2, 3 et 4 et on s'intéresse à la somme obtenue.

Trois lois de probabilités sont proposées pour modéliser cette expérience.

somme x_i	2	3	4	5	6	7	8
loi 1	$\frac{1}{7}$	$\frac{1}{7}$	$\frac{1}{7}$	$\frac{1}{7}$	$\frac{1}{7}$	$\frac{1}{7}$	$\frac{1}{7}$
loi 2	$\frac{1}{16}$	$\frac{1}{8}$	$\frac{3}{16}$	$\frac{1}{4}$	$\frac{3}{16}$	$\frac{1}{8}$	$\frac{1}{16}$
loi 3	0,05	0,15	0,2	0,2	0,2	0,15	0,05

Une et une seule de ces trois lois modélise l'expérience.

En utilisant les résultats suivants, obtenus par simulation de 10 000 lancers sur une calculatrice, préciser la loi de probabilité qui convient.

L1	L2	L3
2	636	.0636
3	1271	.1271
4	1882	.1882
5	2500	.25
6	1851	.1851
7	1211	.1211
8	649	.0649

L3 =L2/sum(L2)

La loi 1 ne peut convenir, car manifestement les sommes ont des fréquences d'apparition bien différentes dans la simulation.

La loi 3 ne peut convenir, car la somme 5 de la simulation a une fréquence plus importante que celle des sommes 4 et 6.

C'est la deuxième loi ici qui convient.

2. Vocabulaire des probabilités

Une **issue** d'une expérience aléatoire est un résultat possible de cette expérience.

Exemple : On lance deux fois une pièce de monnaie : obtenir PILE, puis FACE est une issue, notée PF.

L'ensemble de toutes les issues différentes possibles est :

$$E = \{PP\ ;\ PF\ ;\ FP\ ;\ FF\}.$$

Si la pièce est équilibrée, on munit cet ensemble de la loi de probabilité définie par le tableau ci-contre.

issue x_i	PP	PF	FP	FF
probabilité p_i	$\frac{1}{4}$	$\frac{1}{4}$	$\frac{1}{4}$	$\frac{1}{4}$

Événement

définition : Une partie A de l'ensemble des résultats E est un **événement.**

On dit qu'une issue **réalise** un événement A, lorsque l'issue est un résultat appartenant à la partie A.

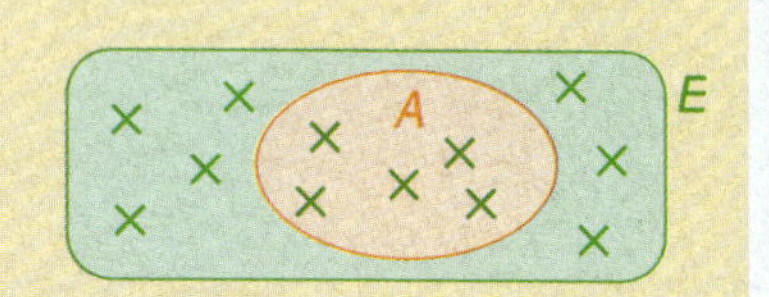

Exemple : On lance une seule fois un dé équilibré à six faces. $E = \{1\ ;\ 2\ ;\ 3\ ;\ 4\ ;\ 5\ ;\ 6\}$.

Souvent, un événement se définit par une phrase. Ainsi, si on considère l'événement A défini par « le résultat obtenu est pair », on obtient la partie de E telle que $A = \{2\ ;\ 4\ ;\ 6\}$.

L'issue 2 réalise A, car 2 appartient à la partie A. L'issue 3 ne réalise pas A, car 3 n'appartient pas à A.

Événements particuliers

$\varnothing$ est l'événement **impossible :** aucune issue ne le réalise, c'est l'événement vide.

E est l'événement **certain** : toutes les issues le réalisent.

Un événement **élémentaire** est un événement qui n'a qu'une issue.

Probabilité d'un événement

La fréquence d'un événement A est la somme des fréquences des modalités qui composent A.

définition : Lors d'une expérience aléatoire, quand la taille de l'échantillon augmente, la fréquence de l'événement A se rapproche d'une **fréquence « théorique »**, appelée **probabilité de A**, et notée $P(A)$.

propriété : La probabilité d'un événement A est la somme des probabilités des issues qui le réalisent.

Exemple : On lance un dé équilibré dont les faces portent des numéros de couleurs 6, 6, 4, 2, 1, 1.

Soit l'événement A : « le numéro est pair », ainsi $A = \{2\ ;\ 4\ ;\ 6\}$.

Pour chacun des échantillons ci-contre, la fréquence de A est la somme des fréquences des modalités 2, 4 et 6.

Les fréquences des échantillons 1 et 2 sont différentes : cette différence provient des fluctuations d'échantillonnage.

Si l'on augmente la taille des échantillons, les fluctuations d'échantillonnage s'atténuent et on peut écrire :

$$P(A) = P(2) + P(4) + P(6) = \frac{1}{6} + \frac{1}{6} + \frac{2}{6} = \frac{2}{3}.$$

modalité x_i	échantillon 1 de taille 100	échantillon 2 de taille 100	échantillon 3 de taille 200	échantillon 4 de taille 300
6	**0,18**	**0,16**	**0,17**	**0,166**
6	**0,18**	**0,15**	**0,16**	**0,167**
4	**0,17**	**0,22**	**0,18**	**0,167**
2	**0,11**	**0,15**	**0,16**	**0,167**
1	0,21	0,14	0,15	0,166
1	0,15	0,18	0,18	0,167
f_A	**0,64**	**0,68**	**0,67**	**0,667**

Préciser les issues d'une expérience aléatoire

Méthode

Il ne faut pas confondre la situation sur laquelle on effectue une expérience aléatoire et l'ensemble E des issues possibles, ensemble souvent appelé univers.

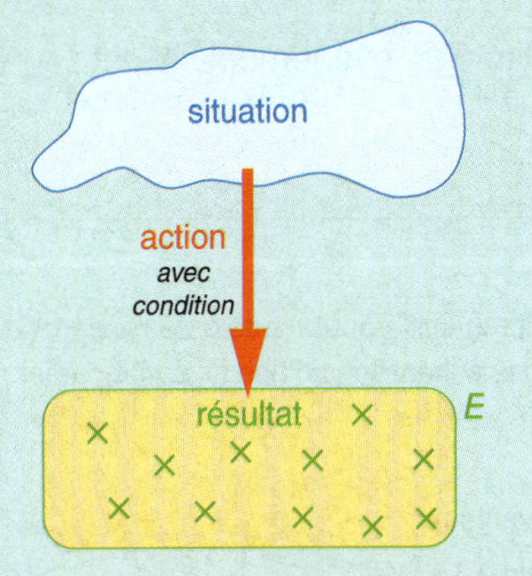

[Voir exercices 25 à 27]

Une classe de première ES est constituée de 36 élèves. Chaque élève a l'une des options Maths ou SES, et a un âge compris entre 15 et 18 ans, compris.

Il y a au moins 4 élèves de chaque âge.

1° Une première expérience aléatoire consiste à choisir au hasard un élève, et on s'intéresse à l'option et au sexe de cet élève.

Déterminer l'ensemble E des résultats possibles.

2° Une deuxième expérience aléatoire sur la même classe consiste à choisir au hasard deux élèves et à noter leur option.

Déterminer l'ensemble F des résultats possibles.

3° Une troisième expérience aléatoire consiste à choisir quatre élèves et à faire la moyenne de leur âge.

Déterminer l'ensemble G des moyennes d'âges possibles.

1° E = { SES fille ; SES garçon ; Maths fille ; Maths garçon } .

2° F = { deux options Maths ; deux options SES ; deux options différentes } .

3° G = { 15 ; 15,25 ; 15,5 ; 15,75 ; 16 ; 16,25 ; 16,5 ; 16,75 ; 17 ; 17,25 ; 17,5 ; 17,75 ; 18 } .

Déterminer des événements

Méthode

Pour déterminer toutes les issues d'une expérience aléatoire, on peut utiliser un arbre, ou un tableau.

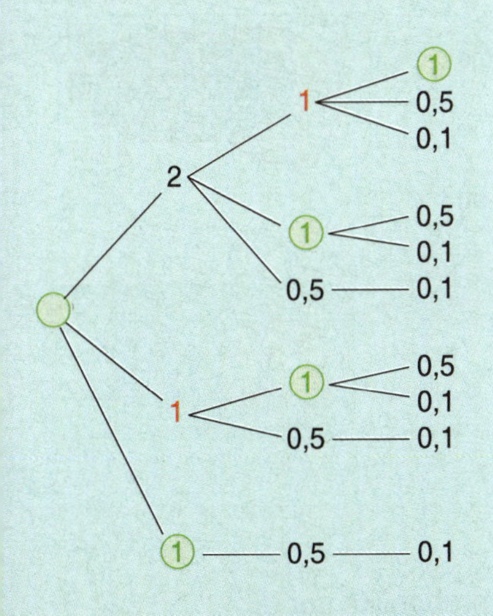

On peut alors lire toutes les issues qui réalisent l'événement à déterminer.

La liste des issues réalisant un événement s'écrit entre accolades { } .

[Voir exercices 28 à 32]

Margot a dans son porte-monnaie cinq pièces :

2 € 1 € ①€ 0,5 € et 0,1 €.

Elle prend trois pièces ensemble, parfaitement au hasard.
On note 1-1-2 ou 2-1-1 quand Margot prend les deux pièces de 1 € et celle de 2 €.

1° Déterminer les événements :

A : « Margot prend les deux pièces de moins de 1 € » ;

B : « Margot prend les deux pièces de 1 € » ;

C : « Margot prend la pièce de 2 € ».

2° Déterminer toutes les sommes possibles.

On détermine toutes les issues à l'aide d'un arbre formé en prenant trois pièces : 2-1-1, puis : 2-1-0,5...
Cet arbre se forme du haut vers le bas. On peut commencer par n'importe quelle pièce.

1° A = {2 – 0,5 – 0,1 ; **1** – 0,5 – 0,1 ; ① – 0,5 – 0,1} ;

B = {2 – **1** – ① ; 0,5 – **1** – ① ; 0,1 – **1** – ①} ;

C = {2 – **1** – 1 ; 2 – **1** – 0,5 ; 2 – **1** – 0,1 ; 2 – ① – 0,5 ; 2 – ① – 0,1 ; 2 – 0,5 – 0,1} .

2° En faisant l'addition des pièces sur chaque branche de l'arbre, on obtient :

S = {4 ; 3,5 ; 3,1 ; 2,6 ; 2,5 ; 2,1 ; 1,6} .

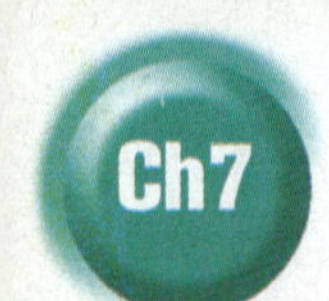

3. Propriétés d'une loi de probabilité

Loi équirépartie

• ***définition :*** La loi de probabilité sur un ensemble fini E est **équirépartie**, lorsque toutes les issues de E ont la même probabilité. Ainsi, comme la somme des probabilités p_i est égale à 1, dans le cas de n issues, chaque issue a une probabilité $p_i = \frac{1}{n}$.

• ***théorème :*** Dans le cas de l'équiprobabilité sur E, la probabilité d'un événement A est :

$$P(A) = \frac{\text{nombre d'éléments de } A}{\text{nombre d'éléments de } E}.$$

Remarque : On dit aussi qu'il y a **équiprobabilité** sur l'ensemble E.

Considérer que les éléments de E sont *choisis au hasard*, c'est prendre l'équiprobabilité pour modèle de l'expérience aléatoire. La fonction Random (**rand** ou **Ran#** ou **ALEA ( )** sur tableur) fournit des échantillons d'une loi équirépartie.

Probabilités des événements particuliers

Quelle que soit la loi de probabilité sur l'ensemble E, on a les probabilités suivantes :

• pour l'événement certain $P(E) = 1$, car la somme des probabilités est égale à 1 ;

• aucune issue ne réalise l'ensemble vide $\varnothing$, donc $P(\varnothing) = 0$;

• A est une partie de E, c'est-à-dire A est inclus dans E, donc $0 \leqslant P(A) \leqslant 1$.

« Opérations » sur les événements

• Pour tout événement A de E, on peut définir son contraire noté $\bar{A}$ constitué de toutes les issues de E qui ne réalisent pas A.

$\bar{A}$ se lit « **non** A » ou « A **barre** ».

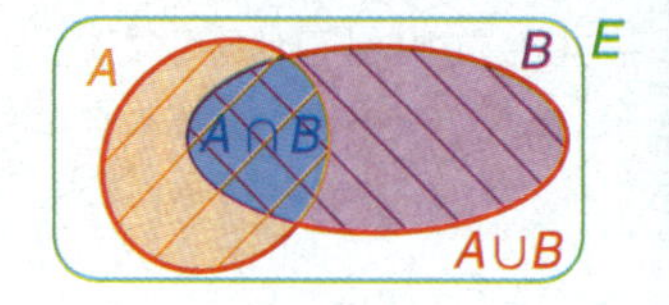

• Soit A et B deux événements de E :

– l'événement $A \cap B$ est constitué des issues qui réalisent A **et** B en même temps :

$A \cap B$ se lit « A **inter** B », mais aussi « A **et** B » ;

– l'événement $A \cup B$ est constitué des issues qui réalisent A **ou** B, **ou** au sens **inclusif** du mot :

$A \cup B$ se lit « A **union** B », mais aussi « A **ou** B » ;

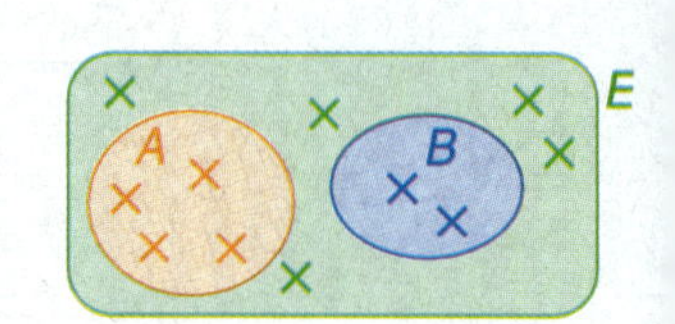

– lorsqu'aucune issue ne réalise simultanément A et B, on a $A \cap B = \varnothing$; dans ce cas, le **ou** de « A ou B » est un **ou exclusif**.

On dit que A et B sont deux événements **incompatibles** ou **disjoints**.

Propriétés des probabilités

Soit A et B deux événements de E. Quelle que soit la loi de probabilité sur E :

$$P(A \cup B) = P(A) + P(B) - P(A \cap B).$$

Si A et B sont deux événements **incompatibles**, $P(A \cup B) = P(A) + P(B)$.

Si A et $\bar{A}$ sont contraires, $P(A) + P(\bar{A}) = P(E) = 1$; donc $P(\bar{A}) = 1 - P(A)$.

Utiliser une loi équirépartie

Méthode

Une situation d'équiprobabilité de base permet d'établir une loi de probabilité sur l'ensemble E des issues possibles.

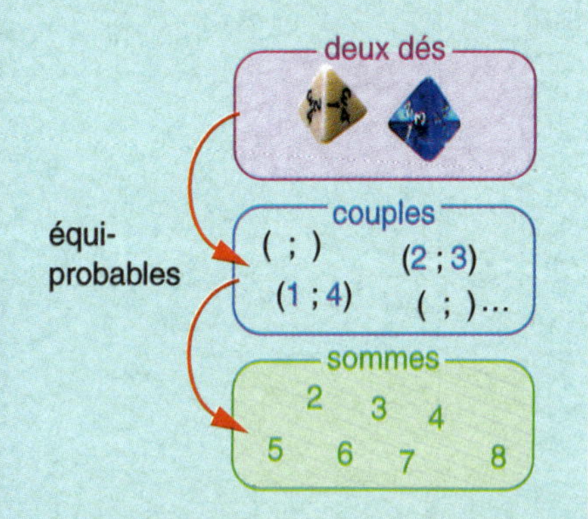

[Voir exercices 39 à 41]

On lance deux dés équilibrés à quatre faces et on s'intéresse à la somme obtenue. Établir la loi de probabilité de cette somme.

On lance deux dés à 4 faces.

Il y a 16 couples possibles.

Chaque case du tableau donne un couple obtenu par lancer et on calcule la somme des résultats des dés :

dé 2 \ dé 1	1	2	3	4
1	2	3	4	5
2	3	4	5	6
3	4	5	6	7
4	5	6	7	8

L'ensemble des sommes est :

$E = \{2 ; 3 ; 4 ; 5 ; 6 ; 7 ; 8\}$.

3 couples sur 16 donnent la somme 6, donc $P(6) = 3/16$;

4 couples donnent la somme 5, donc $P(5) = 4/16 = 1/4$.

En procédant de même pour les autres sommes, on obtient la loi de probabilité sur E :

somme x_i	2	3	4	5	6	7	8
probabilité p_i	$\frac{1}{16}$	$\frac{2}{16}$	$\frac{3}{16}$	$\frac{4}{16}$	$\frac{3}{16}$	$\frac{2}{16}$	$\frac{1}{16}$

Calculer des probabilités d'événements

Méthode

On établit la loi de probabilité sur l'ensemble fini E des issues possibles d'une expérience aléatoire.

Pour calculer la probabilité d'un événement A :

on repère les issues qui réalisent A , puis on calcule la somme des probabilités des issues qui constituent A .

Les issues qui réalisent $A \cap B$ sont celles qui réalisent A **et** B en même temps.

Les issues qui réalisent $A \cup B$ sont celles qui réalisent A **ou** B , c'est-à-dire soit A , soit B , soit les deux en même temps.

Or les issues qui réalisent A **et** B interviennent dans le calcul de $P(A)$ et dans celui de $P(B)$.

Donc quand on calcule $P(A \cup B)$ par la somme $P(A) + P(B)$, on ajoute deux fois $P(A \cap B)$, donc on doit le retrancher une fois :

$$P(A \cup B) = P(A) + P(B) - P(A \cap B) .$$

[Voir exercices 42 à 44]

On relève la fréquence d'apparition de chaque chiffre de 0 à 9 d'un gros catalogue de vente. On choisit au hasard un chiffre de ce gros catalogue.

Cette étude permet de définir une loi de probabilité sur l'ensemble $E = \{0 ; 1 ; 2 ; 3 ; 4 ; 5 ; 6 ; 7 ; 8 ; 9\}$:

issue x_i	0	1	2	3	4	5	6	7	8	9
probabilité p_i	0,2	0,1	0,05	0,05	0,05	0,15	0,05	0,05	0,1	0,2

1° Calculer la probabilité des événements suivants :

A : « le chiffre obtenu est un multiple de 3 » ;

B : « le chiffre obtenu est un carré ».

2° Définir par une phrase les événements $A \cap B$, $A \cup B$ et l'événement C , contraire de l'événement $A \cup B$. Déterminer leur probabilité.

1° A est constitué des multiples de 3 : $A = \{0 ; 3 ; 6 ; 9\}$.

Donc $P(A) = 0,2 + 0,05 + 0,05 + 0,2 = 0,5$.

B est constitué des carrés : $B = \{0 ; 1 ; 4 ; 9\}$.

Donc $P(B) = 0,2 + 0,1 + 0,05 + 0,2 = 0,55$.

2° $A \cap B$: « le chiffre est un multiple de 3 **et** un carré » :

$A \cup B$: « le chiffre est un multiple de 3 **ou** un carré » ;

C : « le chiffre n'est ni un multiple de 3, ni un carré ».

$A \cap B = \{0 ; 9\}$, donc $P(A \cap B) = 0,2 + 0,2 = 0,4$.

$A \cup B = \{0 ; 1 ; 3 ; 4 ; 6 ; 9\}$, donc :

$P(A \cup B) = 0,2 + 0,1 + 0,05 + 0,05 + 0,05 + 0,2 = 0,65$.

Comme 0 et 9 réalisent A et B , on peut aussi calculer :

$P(A \cup B) = P(A) + P(B) - P(A \cap B) = 0,5 + 0,55 - 0,4 = 0,65$.

Les issues réalisant C sont dans E , mais pas dans $A \cup B$:

$C = \{2 ; 5 ; 7 ; 8\}$, donc $P(C) = 0,05 + 0,15 + 0,05 + 0,1 = 0,35$;

autre méthode : $P(C) = 1 - P(A \cup B) = 1 - 0,65 = 0,35$.

FAIRE LE POINT

EXPÉRIENCE ALÉATOIRE ET LOI DE PROBABILITÉ

• Sur une situation connue, on applique une **action** dont on ne peut pas prévoir à l'avance le résultat avec certitude : c'est une expérience aléatoire.

On obtient un ensemble **fini** de **résultats possibles** ou issues pour cette expérience aléatoire :

$$E = \{x_1 \; ; \; x_2 \; ; \; x_3 \; ; \; \dots \; ; \; x_n\} .$$

On définit une **loi de probabilité** P sur E par la donnée d'un tableau :

x_1	x_2	x_3	......	x_n
p_1	p_2	p_3	......	p_n

avec $0 \leqslant p_i \leqslant 1$ et $\sum_{i=1}^{n} p_i = 1$.

• Si toutes les probabilités p_i sont égales, la loi est **équirépartie** et $p_i = \frac{1}{n}$.

ÉVÉNEMENTS

• Une **partie** A de l'ensemble E des résultats possibles est un **événement** : les résultats qui le constituent sont les cas favorables à cet événement A .

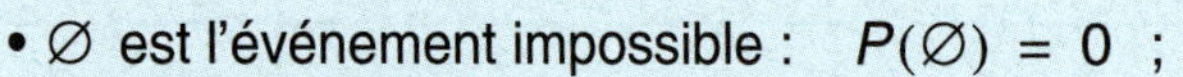

• $\varnothing$ est l'événement impossible : $P(\varnothing) = 0$;

E est l'événement certain : $P(E) = 1$.

• Pour tout événement A , $P(A) \in [0 \; ; \; 1]$.

Savoir	Comment faire ?
valider une loi de probabilité	Vérifier que la fréquence trouvée dans la répétition de l'expérience aléatoire, un grand nombre de fois, s'approche de la probabilité du résultat (ou fréquence théorique).
reconnaître une situation équiprobable	Lorsque les éléments de E sont choisis au hasard, la loi sur E est équirépartie : cas du lancer d'une pièce équilibrée, du jet d'un dé non pipé, du tirage au hasard d'une personne, ... de la fonction aléatoire Random ou ALEA ( ) .
calculer la probabilité d'un événement A	• Dans le cas d'une loi équirépartie sur un ensemble E : $P(A) = \frac{\text{nombre d'éléments de } A}{\text{nombre d'éléments de } E}$. • Quelle que soit la loi P , la probabilité de A est la somme des probabilités des issues qui le réalisent.
calculer la probabilité d'événements : $A \cap B$, $A \cup B$ et $\overline{A}$	On repère les issues qui constituent l'événement : • ... « et »... signifie que chaque issue réalise chacun des événements A et B en même temps ; • ... « ou »... signifie que chaque issue réalise l'un ou l'autre ; le « ou » est exclusif si A et B sont incompatibles, c'est-à-dire n'ont pas d'issue en commun : $P(A \cup B) = P(A) + P(B)$; sinon le « ou » est inclusif : $P(A \cup B) = P(A) + P(B) - P(A \cap B)$. • $\overline{A}$ est l'événement contraire de A , constitué de toutes les issues de E qui ne réalisent pas A : $P(\overline{A}) = 1 - P(A)$.

MARCHE ALÉATOIRE À L'AIDE D'UN TABLEUR

Un robot se déplace de façon aléatoire sur un rail. À chaque pas, il avance ou recule d'un décimètre.
On modélise le rail par un axe gradué tous les décimètres, l'origine O est la position du robot au départ.
On s'intéresse à l'abscisse des points où le robot arrive après une marche de cinq pas. À chaque marche le robot part de O.

1° Travail à faire sur papier

a) Lancer cinq fois une pièce de monnaie de 1 €. À chaque lancer, si la pièce montre la valeur 1 €, c'est PILE : le robot avance d'un décimètre ; si la pièce montre la figure FACE : le robot recule d'un décimètre.
Noter l'abscisse de l'arrivée pour cette marche.

b) Recommencer 20 fois la marche de cinq pas : noter les abscisses du point d'arrivée.
Donner l'ensemble E des différents résultats obtenus.

2° Travail sur tableur : simulation de 200 marches

a) Préparer le tableau ci-contre : en A2 entrer la formule : **= SI (ALEA ( ) < 0,5 ; -1 ; 1)** .

⚠ Il faut bien respecter la syntaxe : les virgules, les points virgules, les parenthèses…

Cette formule donne **– 1** , si le nombre aléatoire ALEA ( ) est inférieur à 0,5 ou donne **1** , sinon.

Sélectionner A2 et tirer jusqu'à E2.

Sélectionner les cellules A2 à E2 de la ligne 2, saisir la poignée de recopie et tirer vers le bas jusqu'à la ligne 201.

A2 ▾ fx =SI(ALEA()<0,5;-1;1)

	A	B	C	D	E
1	**pas 1**	**pas 2**	**pas 3**	**pas 4**	**pas 5**
2	-1	1	1	1	1

b) En F2, calculer l'abscisse de l'arrivée F2 ▾ fx =SOMME(A2:E2) .
Saisir la poignée de recopie et tirer jusqu'à la cellule F201.
Vérifier l'ensemble E trouvé en 1°.

c) On veut obtenir la distribution des fréquences sur l'ensemble E .
Préparer le tableau ci-contre :
en H2 entrer **= NB.SI (F2 : F201 ; H1)**

SOMME ▾ ✗ ✓ fx =NB.SI(F2:F201;H1)

	G	H	I	J	K	L	M	N
1	**abscisse**	-5	-3	-1	1	3	5	**total**
2	effectif	=NE						
3	fréquence							

Cette formule donne le nombre de cellules non vides, dans la plage de F2 à F201, contenant la valeur de H1, ici H1 = – 5 .
La plage F2:F201 ne doit pas changer, on la fixe à l'aide du symbole $ en appuyant sur F4 :

=NB.SI($F$2:$F$201;H1)

Sélectionner H2, saisir la poignée de recopie et tirer vers la droite jusqu'à M2.
En N2, calculer la somme des cellules de H2 à M2 donnant le nombre de marches.

En H3, calculer les fréquences d'apparition de – 5 par H3 ▾ fx =H2/$N$2

Saisir la poignée de recopie et « tirer » à droite jusqu'à N3.

d) Représenter la distribution des fréquences par un diagramme en bâtons. Pour cela :

sélectionner les cellules de H3 à M3, cliquer sur [icône], puis Histogramme et choisir [icône], puis

Suivant > Étiquettes des abscisses (X) : =marche!$H$1:$M$1 Terminer

e) Appuyer dix fois sur la touche F9 du clavier pour obtenir dix autres simulations : observer les fluctuations des fréquences. Sur papier, recopier les fréquences obtenues.

3° Détermination de la loi de probabilité sur E

Construire un arbre de choix pour déterminer toutes les abscisses d'arrivée. À l'aide de cet arbre, déterminer la loi de probabilité sur E : comparer avec les distributions des fréquences trouvées par simulation.

LA PAGE DE CALCUL

1. « ou » et « et »

1 Écrire tous les « mots » de deux lettres prises parmi les lettres *B*, *O*, *S*, les répétitions étant possibles.

Quels sont les mots contenant la lettre *B* ?

Quels sont les mots contenant la lettre *S* ?

Quels sont les mots contenant *S* ou *B* ?

Quels sont les mots contenant *S* et *B* ?

2 Dans un jeu de 32 cartes, combien a-t-on de cartes « cœur » ? de dames ?

Combien de dames ou de cœur ?

Combien de dames et de cœur ?

3 Un artisan fabrique des vases.

Il constate que 20 % des vases ont un défaut de forme, 15 % des vases ont un défaut de couleur et 5 % des vases ont les deux défauts.

Quel est le pourcentage des vases qui n'ont aucun défaut ?

4 Plusieurs amis veulent choisir une activité.

73 % d'entre eux veulent voir un film, 30 % préfèrent aller à la piscine, 3 % n'aiment aucune de ces deux activités.

Quelle est la part des amis qui veulent voir un film ou aller à la piscine ?

Quelle est la part des amis qui veulent voir un film et aller à la piscine ?

5 On interroge un groupe d'adolescents pour organiser un repas.

56 % acceptent d'aller dans une pizzeria, 55 % dans une crêperie et 50 % dans un fast food.

19 % refusent d'aller dans un fast food, mais acceptent les deux autres propositions, et 12 % acceptent les trois.

Construire un diagramme de Venn pour traduire la situation.

Quelle est la part des adolescents qui ne choisissent que le fast food ?

6 Lors de 100 lancers d'un dé pipé, on a noté les fréquences d'apparition de chacune des faces.

1	2	3	4	5	6
0,18	0,10	0,18	0,28	0,01	0,25

Quelle est la fréquence d'apparition d'un nombre pair ou d'un multiple de 3 ?

2. Calculs de pourcentages

7 Dans un pays, on connaît le taux d'activité suivar les tranches d'âge. On rappelle la population de chaqu tranche d'âge.

	population	taux d'activité
16 -24 ans	3 856 765	8,8 %
25-54 ans	12 820 527	81,3 %
plus de 55 ans	9 856 476	9,9 %

Calculer la population active par tranches d'âge.

Quelle est la part des jeunes de 16 à 24 ans parmi l population active totale ?

8 Un lycée compte 360 élèves de première dont 55 % de filles. 120 élèves de première sont en section ES. $\frac{1}{9}$ de élèves de premières sont des garçons en section ES.

Quelle est la part des filles de la section ES parmi le élèves de première ? Donner le résultat en fraction.

Quelle est la part des filles parmi les élèves de la sectio ES ?

3. Expériences simulées

9 Par la fonction random de la calculatrice, on obtenu six nombres à 10 chiffres.

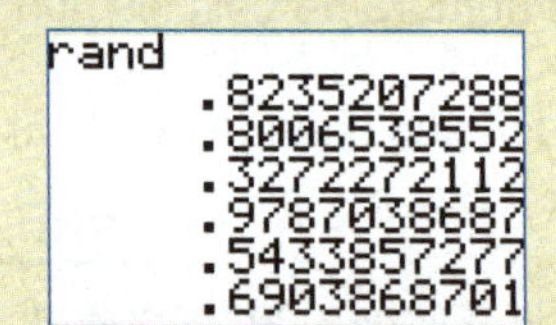

On simule le jet d'un dé à quatre faces.

Les chiffres 1 et 5 simulent la face 1, les 2 et 6 la face 2 les 3 et 7 la face 3, les 4 et 8 la face 4.

On ignore les chiffres 0 et 9 .

Dépouiller cette table et calculer la fréquence d'apparitio de la face 3 sur ce dé.

10 Dans la liste ci-dessous, 1 simule la naissance d'u garçon et 0 celle d'une fille. Calculer le nombre moyen d filles dans une famille de 4 enfants.

1 0 1 0 1 1 1 1 1 1 0 0 0 1 0 0 1

1 0 0 1 0 0 1 0 1 1 1 1 1 1 0 1 0

0 1 0 0 0 1 1 0 1 0 0 0 1 0 0 0 1

0 0 1 0 0 1 1 1 1 1 0 1 1 0 0 0 0

1 1 0 0 1 0 1 0 1 1 1 0 0 0 1 1 0

1. Fluctuations d'échantillonnage. Loi de probabilité

1. Questions rapides

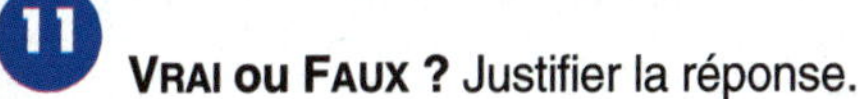

11 **VRAI ou FAUX ?** Justifier la réponse.

a) On lance 10 fois, puis 100 fois une pièce d'un euro. La fréquence d'apparition de PILE est toujours 0,5.

b) On lance 10 fois une pièce d'un euro : la fréquence d'apparition de PILE peut être 0,5.

c) On lance un dé cubique équilibré 10 fois de suite, puis 1 000 fois. Les fréquences d'apparition de chacune des faces sont plus proches de 0,16667 lorsque le dé est lancé 1 000 fois.

d) On tire un jeton d'un sac contenant 50 jetons rouges et 50 jetons verts, et on recommence 100 fois : on obtient 40 jetons rouges. Si on recommence l'expérience on obtiendra encore 40 jetons rouges.

e) La somme des fréquences d'apparition de chacune des faces d'un dé varie quand le nombre de lancers varie.

12 **VRAI ou FAUX ?** Justifier la réponse.

a) Le tableau suivant représente une loi de probabilité associée au lancer d'un dé équilibré à 4 faces.

issue	1	2	3	4
probabilité	0,25	0,25	0,25	0,25

b) Le tirage d'une carte au hasard dans un jeu de 32 cartes a pour loi de probabilité :

issue	As	Valet	Dame	Roi	10	9	8	7
probabilité	$\frac{1}{8}$	$\frac{1}{8}$	$\frac{1}{8}$	$\frac{1}{8}$	$\frac{1}{8}$	$\frac{1}{8}$	$\frac{1}{8}$	$\frac{1}{8}$

c) On lance un objet présentant quatre faces notées 0, 1, 2 et 3. Ce tableau peut-être une loi de probabilité sur cette expérience :

issue	0	1	2	3
probabilité	0,25	0,45	0,15	0,25

13 **VRAI ou FAUX** ? Justifier la réponse.

a) Quand une expérience aléatoire n'a que deux issues, la probabilité de chacune des issues est toujours 0,5.

b) La loi de probabilité d'un dé à six faces est donnée par :

issue	1	2	3	4	5	6
probabilité	0,14	0,15	0,18	0,20	0,12	0,21

Si on lance 200 fois ce dé, le nombre de faces numérotées 5 apparues est 24.

c) Au cours d'un jeu de dé, on gagne si on obtient deux fois de suite 6. Si on vient d'obtenir 20 fois une face autre que 6, on a plus de chance de gagner les deux coups suivants.

2. Applications directes

[Étudier des fluctuations, p. 173]

14 À l'aide d'un tableur, on a simulé le lancer de deux dés à 4 faces, dont on étudie la somme.

A1 f_x =ENT(ALEA()*4)+ENT(ALEA()*4) +2

	A	B	C	D	E	F	G	H	I
1	6	**somme**	**2**	**3**	**4**	**5**	**6**	**7**	**8**
2	5	**pour 100**	6	17	22	23	19	11	2
3	4	fréquence	**0,06**	**0,17**	**0,22**	**0,23**	**0,19**	**0,11**	**0,02**
4	5								
5	6	**pour 100**	6	14	18	26	18	9	10
6	3	fréquence	**0,06**	**0,14**	**0,18**	**0,26**	**0,18**	**0,09**	**0,10**
7	6								
8	4	**pour 500**	35	65	100	120	91	60	29
9	6	fréquence	**0,070**	**0,130**	**0,200**	**0,240**	**0,182**	**0,120**	**0,058**
10	2								
11	4	**pour 1000**	62	126	196	240	179	128	69
12	6	fréquence	**0,062**	**0,126**	**0,196**	**0,240**	**0,179**	**0,128**	**0,069**
13	4								
14	3	**pour 5000**	334	614	958	1229	940	622	303
15	7	fréquence	**0,067**	**0,123**	**0,192**	**0,246**	**0,188**	**0,124**	**0,061**

a) Comparer les résultats des deux simulations de 100 lancers. Pour cela, calculer les écarts positifs entre les fréquences obtenues.

À-t-on une somme pour laquelle l'écart est supérieur à 0,05 ?

b) Comparer, de même, les simulations sur 500 et 1 000 lancers.

Donner l'écart entre la plus grande et la plus petite fréquence observée.

c) Faire de même pour 1 000 et 5 000 lancers.

15 Dans une ville, on sait que 25 % des ménages possèdent deux automobiles.

Pour simuler le choix au hasard d'un ménage de cette ville, on choisit un nombre aléatoire compris entre 1 et 100. On convient que tous les nombres obtenus de 1 à 25 correspondent à un ménage possédant deux automobiles.

1° a) À la calculatrice, réaliser une simulation de 100 tirages d'un ménage par :

• sur **T.I. :** randInt(**1** , **100** , 100) [STO▶] [L1] ;

• sur **Casio :**

Seq(Int(**100** × ran#) , **K** , **1** , **100** , **1**) [→] List [1].

b) Déterminer la fréquence d'apparition du caractère étudié, en cherchant le nombre de fois où un nombre de la liste 1 est inférieur ou égal à 25.

• Sur **T.I. :** sum(L1 ⩽ **25**) / **100** [ENTER] ;

on obtient ⩽ par [TEST] 6:⩽ .

• Sur **Casio** : **Sum (List 1 ≤ 25) / 100** (EXE) ;
on obtient ≤ par (PRGM) **REL** ≤ .

2° Réaliser plusieurs autres simulations de 100 tirages.

Pour chaque simulation, comparer la fréquence obtenue à la fréquence réelle 0,25 : pour cela, calculer la variation absolue et la variation relative.

L'erreur est-elle supérieure à 1 % ?

3° Réaliser une simulation de 300 tirages ; comparer de même la fréquence obtenue à la fréquence réelle. Calculer le pourcentage d'erreur.

[Choisir une loi de probabilité, p. 173]

16 Dans une boîte, on sait qu'il n'y a que des billes rouges, vertes ou jaunes. On tire une bille de la boîte on note sa couleur et on la remet dans la boîte ; on ne connaît pas la loi de probabilité, mais on a réalisé l'expérience un grand nombre de fois.

	nombre d'expériences réalisées			
	100	2 000	5 000	10 000
rouge	38	611	1 424	3 705
vert	27	295	702	1 258
jaune	35	1 094	2 874	5 037

On propose trois lois de probabilité : on admet qu'une seule est compatible avec l'expérience aléatoire.

a) Première loi : les trois couleurs ont la même probabilité d'apparaître ;

b) Deuxième loi : la probabilité du résultat « rouge » est deux fois celle du résultat « vert », et celle du « jaune » le double de celle du résultat « vert » ;

c) Troisième loi : les probabilités des résultats « rouge », « vert », « jaune » sont dans les proportions 3 ; 1 ; 4.

Donner la loi compatible et argumenter pour la non-validité des deux autres.

17 Dans une urne opaque, on sait qu'il y a un très grand nombre de billes de trois couleurs. On admet que l'une des lois ci-dessous est valide.

couleurs : x_i	bleu	vert	rouge
loi 1 : p_i	$\frac{1}{3}$	$\frac{1}{2}$	$\frac{1}{6}$
loi 2 : p_i	0,3	0,6	0,1
loi 3 : p_i	$\frac{1}{3}$	$\frac{1}{3}$	$\frac{1}{3}$

1° On simule 10 000 tirages d'une bille et on obtient :

x_i	bleu	vert	rouge
effectifs	3 341	5 038	1 621

Quelle loi peut-on choisir avec le moins de risque d'erreur ?

2° Baptiste prend 20 billes et obtient :

x_i	bleu	vert	rouge
effectifs	7	6	9

Il choisit la loi 3. Son choix est-il risqué ? Expliquer.

3. Loi de probabilité

18 On lance un dé cubique pipé.

La loi de probabilité est donnée par le tableau ci-contre, où p est un nombre.

1	2	3	4	5	6
p	p	$2p$	$3p$	p	$4p$

Déterminer p et en déduire la loi de probabilité.

19 Reprendre les simulations de l'exercice 14.

On admet que la loi de probabilité présente une symétrie : les sommes 2 et 8 ont la même probabilité p les sommes 3 et 7 ont une probabilité de $2p$ les sommes 4 et 6 une probabilité de $3p$ et la probabilité de 5 est la double de celle de 3.

a) Déterminer le nombre p, puis la loi de probabilité.

b) Vérifier que les fréquences pour 5 000 lancers donnent des valeurs approchées de la loi.

20 Une cible est formée de quatre zones concentriques numérotées 1, 2, 3 et 4.

Les cercles limitant ces zones ont pour rayons respectifs 10 cm, 20 cm, 30 cm et 40 cm.

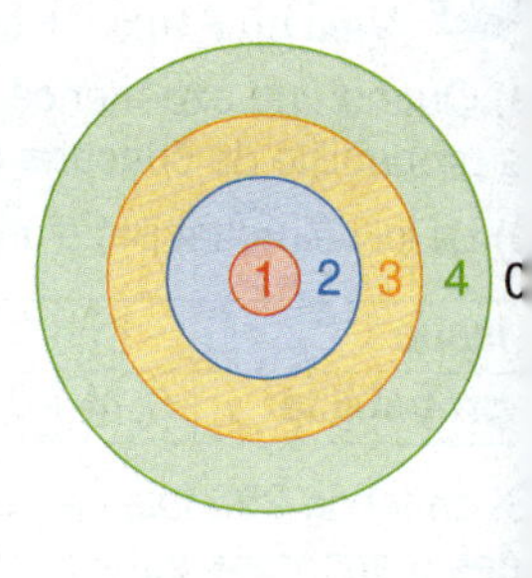

On note p_i la probabilité d'atteindre la zone numérotée i et p_0 la probabilité de ne pas atteindre la cible.

On suppose que la probabilité d'atteindre une zone (1, 2, 3 ou 4) est proportionnelle à l'aire de cette zone et que $p_4 = 0{,}35$.

° Établir la loi de probabilité sur l'ensemble :

$$E = \{0 : 1 ; 2 ; 3 ; 4\} \; .$$

° Déterminer la probabilité des événements suivants :

A : « placer la flèche à plus de 10 cm du centre de la cible » ;

B : « placer la flèche à moins de 20 cm du centre de la cible ».

21 Une photocopieuse est installée dans une entreprise de gestion.

Cinq services l'utilisent à l'aide d'un code.

Après une année, le service de maintenance relève la fréquence d'utilisation pour chaque service.

code	1	2	3	4	5
fréquence	0,25	0,20	0,1	p_4	p_5

1° La fréquence du service 5 est double de celle du service 4, et la maintenance estime qu'à l'avenir, la probabilité d'utilisation par un service correspond à la fréquence observée au cours de cette première année.

Une personne vient faire une photocopie.

Quelle est la probabilité que cette personne soit du service 4 ? soit de l'un des services 1, 2 ou 3 ?

2° Comme les services sont en pleine refonte, le service de maintenance propose un autre modèle de loi de probabilité : une augmentation de 10 % des fréquences observées des services 1, 2 et 3 et une même probabilité pour les services 4 et 5.

Établir la loi de probabilité.

2. Vocabulaire des probabilités

1. Questions rapides

22 **Vrai ou Faux ?** Justifier la réponse.

° On organise un tournoi de tennis dans un club. Il y a quatre licenciés : **A**mir, **B**enoît, **C**harles et **D**amien.

) Pour être juge de ligne lors de la finale du tournoi, on choisit deux joueurs parmi les quatre.

L'ensemble des issues est :

$$E = \{AB , AC , AD , BC , BD , CD\} \; .$$

) On choisit un arbitre de chaise et un juge de ligne parmi les quatre licenciés. L'ensemble des issues est :

$$E = \{AB , AC , AD , BC , BD , CD\} \; .$$

° Trois cartes sont retournées sur une table : le Valet, la Dame et le Roi de cœur. On prend une carte, on la repose et on prend de nouveau une carte, toujours au hasard.

) L'ensemble des issues possibles est :

$$E = \{VD , VR , DR , DV , RV , RD\} \; .$$

) Soit A l'événement « le tirage contient le Roi » ; issue RR réalise A .

) L'événement B : « on a tiré au moins une fois la Dame » est composée de cinq issues.

23 **Vrai ou Faux ?** Justifier la réponse.

On lance deux fois de suite une pièce de monnaie.

) L'ensemble de toutes les issues est :

$$E = \{PF , PP , FF\} \; .$$

) L'événement A : « obtenir deux faces différentes » est $A = \{PF\}$.

) L'événement « obtenir plus de deux PILE » est impossible.

24 **Vrai ou Faux ?** Justifier la réponse.

On lance quatre fois de suite une pièce d'un euro, on s'intéresse au nombre de PILE apparus.

a) Les événements A : « on obtient plus de un PILE » et B : « on obtient au moins deux PILE » sont différents.

b) L'événement C : « on obtient deux PILE » est réalisé par les issues $PPPF$ et $FFPP$.

c) Quatre issues réalisent l'événement D : « on obtient un seul PILE ».

d) L'événement « obtenir au moins un PILE » est un événement certain.

2. Applications directes

[Préciser les issues d'une expérience aléatoire, p. 175]

25 Dans une loterie, certains billets permettent de gagner 5 €, 10 € ou 50 €, les autres sont perdants (0 €).

Il y a plus de deux billets de chaque type.

On prend deux billets.

Quelles sont les sommes que l'on peut gagner ?

Recopier et compléter le tableau à deux entrées.

	5	**10**	**50**	**0**
5				
10				
50				
0				

26 On a un sac de vingt billes : 10 vertes, 9 rouges et une seule dorée. La bille dorée fait gagner 10 points, une bille rouge fait gagner 2 points et une bille verte fait perdre 6 points.

1° On prend trois billes **en même temps** et on regarde les couleurs obtenues. Par exemple, si on obtient deux billes vertes et une rouge, on note *VVR*, mais on aurait pu noter *VRV* !

a) Indiquer toutes les issues possibles de cette expérience.

b) Indiquer tous les gains algébriques (positifs ou négatifs) de points possibles.

27 On utilise le sac de billes de l'exercice précédent.

On prend une bille, on note sa couleur, on la remet dans le sac ; puis une autre bille, on la remet dans le sac ; puis une autre bille, on la remet dans le sac. On dit que l'on a fait un tirage de trois billes **avec remise**. Par exemple, si on obtient une bille verte, puis une rouge, puis une rouge, on note *VRR*.

a) L'issue *VRR* est-elle la même que *RVR* ?

Combien d'issues différentes donnent deux billes rouges ?

b) Peut-on obtenir deux billes dorées ? Si oui citer toutes les issues.

c) Indiquer tous les gains algébriques de points possibles.

[Déterminer des événements, p. 175]

28 On a trois cartons : on écrit chaque lettre du mot TAS sur un carton. On retourne les cartons sur une table.

a) On choisit un carton, on note la lettre, on le remet sur la table, et on choisit de nouveau au hasard un deuxième carton, on note la lettre.

On a ainsi obtenu deux lettres du mot TAS.

Construire un arbre de choix pour déterminer tous les tirages possibles de deux lettres.

A-t-on plusieurs façons d'obtenir le mot AS ?

b) On choisit un carton sans le remettre sur la table, on choisit un deuxième carton parmi les cartons restants sur la table.

Construire un arbre donnant tous les tirages possibles.

A-t-on plusieurs façons d'obtenir les deux lettres A et S ?

c) On prend deux cartons ensemble.

Reprendre les questions du b).

29 Reprendre l'exercice précédent avec les lettres du mot SOS et les façons d'obtenir le mot OS ou les lettres O et S.

30 On lance trois fois une pièce de un euro équilibrée. Pour chaque lancer, P désigne PILE et F désigne FACE.

Soit G_i l'événement : « obtenir PILE pour la première fois au i-ème lancer ».

a) Déterminer l'ensemble E de toutes les issues possibles.

b) Écrire la liste des issues qui réalisent G_2 .

Définir par une phrase l'événement constitué des issues qui ne réalisent pas G_2 .

c) Écrire la liste des issues qui réalisent G_1 et celles qui réalisent G_3 .

31 Cinq amies sont inséparables : Aurélia, Lauranne, Melissa, Ymène et Sara.

1° La professeure d'anglais choisit deux élèves pour jouer un sketch mettant en scène une anglaise et une française.

À l'aide d'un arbre, donner tous les couples d'actrices possibles.

Dans combien de cas Aurélia jouera-t-elle ?

2° Le professeur de mathématiques demande les copies de deux d'entre elles.

À l'aide d'un arbre, donner toutes les paires de copies possibles.

Dans combien de cas, Aurélia donnera-t-elle sa copie ?

3° En sport, elles présentent un enchaînement composé de deux mouvements, chaque mouvement est réalisé au hasard par l'une des cinq.

À l'aide d'un arbre, donner tous les enchaînements possibles.

Aurélia participera à combien d'enchaînements ?

32 On joue avec deux dés, l'un a 4 faces et l'autre 6 faces.

a) Établir un tableau à deux entrées donnant les sommes obtenues.

De combien de façons obtient-on la somme 6 ?

b) Dresser un tableau donnant l'écart positif entre les deux faces.

Donner tous les couples qui permettent d'obtenir un écart de 2.

3. Des fréquences aux probabilités

33 On lance 10 fois une pièce de monnaie équilibrée.
)n obtient 8 fois le côté PILE.

;i on lance 100 fois, puis 1 000 fois la pièce, vers quel ombre se rapproche la fréquence d'apparition de PILE ?

34 Arnaud et Damien jouent avec deux dés équilibrés t ils parient sur les valeurs possibles de la somme des eux dés.

Jn dé est tétraédrique et donne les numéros 1, 2, 3 ou 4. 'autre est un dé cubique dont les faces sont numérotées e 1 à 6.

ırnaud affirme qu'il a une chance sur deux d'obtenir une omme égale à 5, 6 ou 7.

) On simule l'expérience aléatoire sur tableur et on əlève la répartition des sommes.

)n obtient les diagrammes en boîte de trois échantillons e 200 lancers des deux dés : confirment-ils l'affirmation 'Arnaud ?

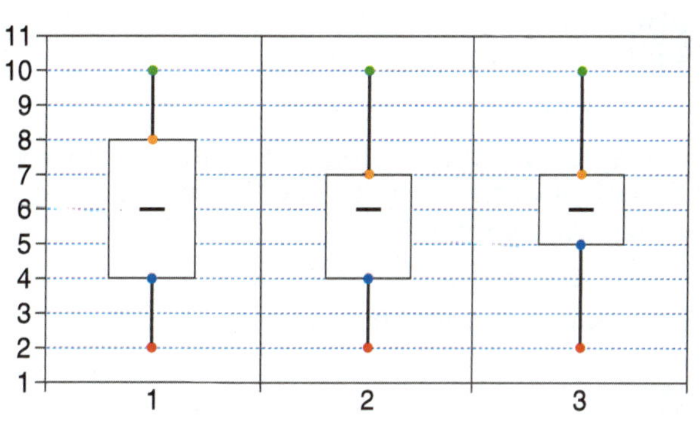

b) De même pour les diagrammes en boîte de trois échantillons de 2 000 lancers des deux dés.

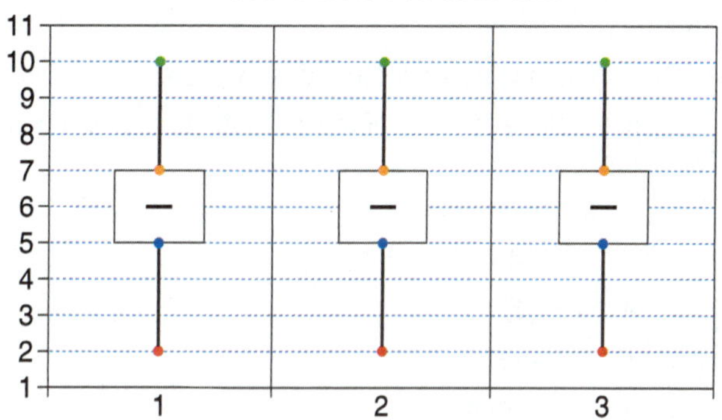

3. Propriétés d'une loi de probabilité

1. Questions rapides

35 Sur une table sont posés deux pots de peinture e même contenance, un contient de la peinture bleue, autre de la peinture jaune.

n plonge au hasard un pinceau dans l'un des pots, puis n peint une feuille de papier.

n plonge un autre pinceau au hasard dans l'un des ots et on peint une deuxième couche de couleur sur la ıême feuille, sans attendre que la première couche soit èche.

n considère les événements suivants :

J : « la couleur obtenue est jaune »,

B : « la couleur obtenue est bleue »,

V : « la couleur obtenue est verte ».

əs réponses suivantes sont-elles vraies ou fausses ? ıstifier.

$P(J) = P(B) = P(V)$;

$P(V) = 2\,P(B)$;

$P(V) = \frac{1}{2}$.

36 **Q.C.M.** Trouver *toutes* les bonnes réponses.

A et B sont des événements associés à une même expérience aléatoire.

1° Si A et B sont deux événements incompatibles, alors :

(a) $A \cap B = \varnothing$ (b) $P(A) = 1 - P(B)$

(c) $P(A \cup B) = P(A) + P(B)$

2° Si B est l'événement contraire de A , alors :

(a) $P(A) + P(B) = 1$ (b) $P(A) = 1 - P(B)$

(c) $P(A \cup B) = 1$

3° Si A et B sont deux événements tels que :
$P(A) = 0{,}7$, $P(B) = 0{,}1$ et $P(A \cap B) = 0{,}05$, alors :

(a) $P(A \cup B) = 0{,}8$ (b) $P(A \cup B) = 0{,}75$

(c) $P(\bar{A} \cap \bar{B}) = 0{,}25$

4° Si A et B sont tels que :
$P(A \cup B) = 0{,}8$ et $P(\bar{A} \cup \bar{B}) = 1$, alors :

(a) A et B sont disjoints (b) $P(\bar{A} \cap \bar{B}) = 0$

(c) $P(A) = 0{,}7$ et $P(B) = 0{,}1$

37 On considère un jeu de 32 cartes.

1° On choisit une carte au hasard.

Quelle est la probabilité d'obtenir le Roi de cœur ? d'obtenir une carte habillée (Roi, Dame ou Valet) ? d'obtenir un 9 ou un 7 ?

2° On choisit au hasard une carte de cœur.

Reprendre les questions précédentes.

38 **Vrai ou Faux ?** Justifier.

Une trousse contient deux feutres noirs et un feutre rouge.

1° On sort au hasard un feutre de la trousse.

Tous les feutres ont la même probabilité d'être tirés. On note :

A : « obtenir un feutre noir »

et B : « obtenir un feutre rouge ».

a) $P(A) = P(B)$;

b) $P(A) = 2P(B)$;

c) $P(A) = 1 - P(B)$.

2° On sort un feutre de la trousse, puis sans le remettre, on tire un deuxième feutre de la trousse .

On note A : « Obtenir un feutre noir exactement »

et B : « Obtenir un feutre rouge exactement ».

a) $P(A) = P(B)$;

b) $P(A) = 2P(B)$;

c) $P(A) = 1 - P(B)$.

2. Applications directes

[Utiliser une loi équirépartie, p. 177]

39 On lance deux dés équilibrés l'un à huit faces, numérotées de 1 à 8, et l'autre à six faces, numérotées de 1 à 6. On calcule le produit des numéros obtenus et on garde le dernier chiffre de ce produit.

À l'aide d'un tableau à deux entrées, établir l'ensemble E des résultats possibles et déterminer la loi de probabilité sur E .

40 Un dé équilibré à six faces a une face marquée 10, trois faces marquées 5 et deux faces marquées 2.

1° On lance le dé et on note le numéro obtenu.

Déterminer la loi de probabilité de cette expérience.

2° On lance deux fois le dé et on ajoute les résultats obtenus.

Construire un tableau à double entrée pour déterminer tous les résultats possibles de la somme des deux dés.

Déterminer la loi de probabilité des différents résultats obtenus.

41 Dans une classe de 30 élèves, 70 % des élèves sont des filles, 40 % suivent l'option maths et 30 % des élèves sont des filles qui suivent l'option maths.

On choisit au hasard un des élèves de la classe.

On note F pour fille, G pour garçon, O pour option maths, N pour non option maths.

L'ensemble des issues est :

$E = \{F \text{ et } O\ ;\ F \text{ et } N\ ;\ G \text{ et } O\ ;\ G \text{ et } N\}$.

Établir la loi de probabilité sur E .

[Utiliser les propriétés des probabilités, p. 177]

42 Dans un établissement scolaire, on connaît la répartition de tous les élèves.

	Seconde	Première	Terminale
fille	0,22	0,15	0,18
garçon	0,16	0,13	0,16

Si on choisit au hasard un élève de l'établissement, on admet que la distribution des fréquences ci-dessus constitue un modèle pour cette expérience aléatoire.

Déterminer la probabilité de chaque événement :

A : « l'élève est une fille » ;

B : « l'élève est en première » ;

C : « l'élève est une fille et est en première » ;

D : « l'élève est une fille ou est en première » ;

E est l'événement contraire de D .

43 On reprend l'ensemble E de l'exercice 39.

Déterminer la probabilité de chacun des événements suivants :

A : « obtenir un chiffre pair » ;

B : « obtenir un chiffre supérieur ou égal à 5 » ;

C : « obtenir un chiffre pair et supérieur ou égal à 5 » ;

D : « obtenir un chiffre pair ou supérieur ou égal à 5 » ;

F : « obtenir un chiffre impair ».

44 Une entreprise (PMI) fabrique des puces pour cartes téléphoniques.

Les puces sont défectueuses à cause de deux défauts de fabrication A et B .

Une étude statistique montre que, dans un lot de 100 000 pièces :

- 20 % présentent le défaut A (et peut-être aussi le défaut B) ;
- 24 % présentent le défaut B (et peut-être aussi le défaut A) ;
- 15 % présentent les deux défauts.

On choisit au hasard une puce parmi les 100 000 du lot. On s'intéresse aux deux défauts : A et B .

Calculer la probabilité des événements suivants :

E : « la puce a au moins l'un des deux défauts » ;

F : « la puce a un défaut et un seul » ;

G : « la puce a le défaut A seulement » ;

H : « la puce a le défaut B seulement » ;

I : « la puce n'a ni le défaut A , ni le défaut B ».

3. Calculs de probabilités

45 On lance simultanément un dé cubique parfait et une pièce de 1 € bien équilibrée.

À PILE on associe le nombre 1 et à FACE on associe le nombre 2.

Un résultat de l'expérience est la somme du numéro obtenu sur le dé et du nombre obtenu par la pièce.

1° Dresser un arbre donnant toutes les possibilités.

2° En déduire la probabilité d'obtenir une somme :

a) impaire ; b) multiple de 3 ; c) égale à 6 ;

d) ni 6, ni 5 ; e) au moins 4 ; f) au plus 3.

46 Une urne contient 5 boules indiscernables au toucher :

1 boule verte valant 1 point,

2 boules bleues valant chacune 2 points,

2 boules rouges valant chacune 3 points.

1° On tire au hasard une boule dans l'urne.

Calculer la probabilité des événements :

A : « obtenir une boule bleue »,

B : « obtenir exactement un point »,

C : « obtenir au moins deux points ».

2° On tire successivement et sans remise 2 boules dans l'urne.

a) Déterminer le nombre de tirages différents possibles à l'aide d'un tableau ou d'un arbre.

b) Calculer la probabilité des événements :

D : « obtenir deux boules de la même couleur »,

E : « obtenir exactement quatre points »,

F : « obtenir exactement quatre points avec deux boules de couleurs différentes ».

47 Une partie de loterie consiste à lâcher une bille dans un appareil qui comporte six portes de sortie, numérotées de 1 à 6. La loi de probabilité est donnée ci-dessous :

numéro de la porte i	1	2	3	4	5	6
probabilité p_i	$\frac{1}{32}$	$\frac{5}{32}$	$\frac{10}{32}$	$\frac{10}{32}$	$\frac{5}{32}$	$\frac{1}{32}$

La règle du jeu est la suivante :

Un joueur mise 2 € :

il reçoit 12 € si la bille franchit les portes 1 ou 6 ;

2 € si elle franchit les portes 3 ou 4

et les portes 2 et 5 ne rapportent rien.

Le gain est la différence entre ce que le joueur reçoit à l'issue de la partie et sa mise.

On s'intéresse au gain d'un joueur au cours d'une partie.

a) Donner toutes les valeurs possibles de ce gain.

b) Déterminer la loi de probabilité de ce gain.

48 **Le jeu des anagrammes**

Une anagramme d'un mot s'obtient en permutant les lettres de ce mot.

Par exemple, le mot MARIE a pour anagrammes

AIMER, ARIME, RMAIE....

Les « mots » obtenus ont rarement un sens !

1° a) Trouver, à l'aide d'un arbre, toutes les anagrammes du mot OSE.

En déduire toutes les anagrammes du mot ROSE commençant par R.

Déterminer alors toutes les anagrammes du mot ROSE.

b) Quel est le nombre d'anagrammes d'un mot de quatre lettres toutes distinctes ?

c) On choisit au hasard une anagramme du mot ROSE.

Déterminer la probabilité pour qu'elle se termine par SE.

2° a) Quel est le nombre d'anagrammes du mot AIMER ?

b) On choisit au hasard une anagramme du mot AIMER.

Déterminer la probabilité pour qu'elle commence par A et qu'elle finisse par R.

3° a) Quel est le nombre d'anagrammes du mot DAVID, sans faire de distinction entre les deux D ?

b) On choisit au hasard une anagramme du mot DAVID.

Quelle est la probabilité qu'elle commence par A et finisse par V ?

4. Exercices de synthèse

1. Simulations

a) Julien lance 50 fois une pièce de monnaie.

Il note 0 pour PILE et 1 pour FACE.

Calculer la fréquence d'apparition de FACE pour son expérience.

0 1 0 0 1 0 0 1 0 0 0 1 0 0 0 1 1 1 0 1 0 1 0 0 0
0 0 1 1 0 1 0 1 0 0 1 0 0 1 0 1 0 1 0 1 1 1 1 1 1

b) Yannick lance une autre pièce, 50 fois de suite.

Calculer la fréquence d'apparition de FACE pour son expérience.

0 1 0 0 0 1 0 0 1 1 1 1 1 1 0 0 1 0 0 0 0 1 1 1 1
1 0 0 0 1 1 0 0 1 1 1 0 1 1 0 0 1 0 1 1 0 0 0 0 1

c) Julien prétend que sa pièce est truquée.

Les deux joueurs jettent chacun 1 000 fois leur pièce de monnaie, Julien obtient 451 fois FACE et Yannick obtient 491 fois FACE.

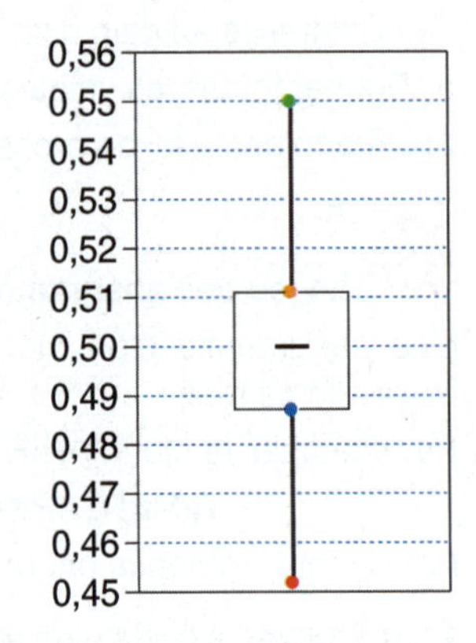

On a simulé avec un tableur 230 échantillons de 1 000 lancers d'une pièce bien équilibrée.

Les fréquences d'apparition de FACE se répartissent suivant le diagramme en boîte ci-contre.

Interpréter les résultats donnés par ce diagramme en boîte.

Julien a-t-il raison d'affirmer que sa pièce est truquée ?

50 On rappelle que **rand** ou **Ran#** de la calculatrice donne un nombre r dans $[0 ; 1[$.

1° a) À quel intervalle appartient le nombre **Int(rand + 0.5)** ?

b) Écrire cette instruction et appuyer 60 fois sur la touche ENTER ou EXE .

Noter les résultats sur papier.

2° On a obtenu une table de 60 nombres aléatoires. On considère que 1 correspond à la naissance d'un garçon dans une famille et 0 celle d'une fille.

Le gouvernement d'un pays veut limiter le nombre de naissances et décide que chaque famille ne devra pas avoir plus de trois enfants et que le nombre d'enfants devra s'arrêter à la naissance du premier garçon.

a) Dépouiller la table de nombres aléatoires en suivant la politique de ce gouvernement.

b) Quel est le nombre de familles obtenu ?

Choisir l'effet de cette politique :

– il y aura plus de garçons que de filles ;
– il y aura plus de filles que de garçons ;
– il y aura autant de filles que de garçons ;
– on ne peut pas savoir.

Simuler 80 % de réussite

Dans une kermesse, un stand propose une pêche à la ligne avec une réussite de 80 %.

120 enfants se présentent au stand durant un après-midi

1° On modélise cette pêche par 0 en cas d'échec et 1 en cas de succès.

Expliquer pourquoi l'instruction **Int(rand + 0,8)** permet de simuler une seule pêche.

2° a) Simuler les pêches des 120 enfants et noter au fur et à mesure les résultats dans la liste L1.

b) Expliquer le nombre fournit par l'instruction :

sum(L1) / 120 .

3° Recommencer dix fois l'expérience et comparer les pourcentages de réussite obtenues à celui annoncé.

Le jour de naissance

Deux amies se retrouvent et chacune interroge l'autre pour savoir si elles sont nées le même jour de la semaine. On admet que ce jour n'est du qu'au hasard.

On note 1 le lundi, 2 le mardi…

1° a) Par quelle expérience aléatoire peut-on modéliser cette situation ?

Donner l'ensemble de toutes les issues.

b) Soit A l'événement : « les deux amies sont nées le même jour ».

Déterminer les fréquences de l'événement A dans la simulation ci-dessous, obtenue avec un tableur.

200 nombres entiers aléatoires de 1 à 7																			
1	3	2	5	1	1	5	7	1	5	3	2	4	7	7	4	6	6	1	4
4	7	6	4	4	3	3	1	6	6	6	4	5	7	5	2	6	3	2	6
4	4	1	7	4	3	5	4	1	7	2	7	6	1	3	1	3	7	5	6
5	7	4	4	6	1	1	5	2	6	1	2	7	2	5	1	5	5	4	1
5	1	5	1	1	7	4	1	4	6	7	2	6	5	6	6	5	2	5	3
4	6	2	6	1	6	2	7	5	6	6	1	6	7	2	2	1	2	2	6
5	3	6	1	7	5	2	4	5	2	1	6	2	2	6	4	4	2	4	1
2	5	5	7	4	7	1	1	5	4	5	6	2	3	7	3	1	4	1	3
2	3	7	7	1	6	1	6	7	5	3	5	4	5	5	6	4	6	2	4
4	6	3	1	2	5	3	4	5	2	3	3	6	3	2	7	1	3	6	3

° Sur tableur, on a simulé 1 000 tirages de deux nombres ntiers de 1 à 7.
'our la première simulation, les deux résultats sont gaux dans 151 tirages sur les 1 000 tirages effectués.
)n a recommencé 60 fois cette expérience de 1 000 rages et noté le nombre de tirages où les deux résultats ont égaux.

51 144 138 145 140 132 146 143 147 136 155 142
43 134 128 151 145 132 133 136 135 122 153 154
62 137 162 150 162 126 151 150 150 141 139 147
37 140 134 144 152 157 153 136 140 138 150 149
40 151 147 145 129 131 132 144 127 142 159 157

:alculer la moyenne de cette série et en déduire la équence théorique de l'événement A.

53 On considère quatre lettres A, T, C et G.
n s'intéresse aux mots de trois lettres que l'on peut ›rmer avec ces quatre lettres.
insi les mots CAT, TTG et GAG conviennent.

° a) On veut simuler les tirages de mots de trois lettres. xpliquer comment on peut effectuer une telle simulation l'aide de la table de chiffres ci-dessous :

0 6 2 7 6 9 3 4 8 3 5 6 5 0 2 3 8 3 6 2 4 1 9 6 7
2 2 7 5 9 1 4 7 0 7 3 9 9 9 5 1 3 9 3 4 6 3 5 1 7
3 1 3 5 1 9 0 4 2 8 3 0 3 7 5 8 5 7 9 6 5 4 6 8 4
6 9 0 9 1 2 6 5 1 2 8 0 8 4 0 7 8 0 8 1 9 3 5 6 6
3 7 8 2 3 3 5 3 9 7 0 0 5 3 5 4 0 7 6 7 9 6 7 8 0

On dépouillant cette table, calculer la fréquence apparition des mots de trois lettres différentes.

° À l'aide d'un arbre de choix, déterminer tous les mots e trois lettres différentes que l'on peut former à l'aide de es quatre lettres.
alculer la probabilité d'obtenir un mot de trois lettres stinctes.

2. Probabilités et événements

54 Au début d'une séance de cinéma, on distribue au asard un billet de loterie à chacun des 120 spectateurs.
armi les 120 billets distribués, 3 donnent droit à 4 places 'atuites, 6 donnent droit à 3 places gratuites, 18 donnent 'oit à 2 places gratuites, 42 donnent droit à 1 place graite et les autres billets ne gagnent rien.

° Quelle est la probabilité pour un spectateur de gagner xactement 2 places gratuites ?

° Quelle est la probabilité pour un spectateur de ne rien agner ?

° On s'intéresse au nombre de places gratuites gagnées vec un billet.
Quels sont les résultats possibles ?

b) Déterminer la loi de probabilité de ces résultats.

c) Quelle est la probabilité pour un spectateur de gagner au moins 2 places gratuites ?

55 La société Machin, qui a un parc de 1 000 machines à coudre identiques, veut procéder à une étude sur la durée de vie probable de ces machines.

Elle dispose d'une étude précédente sur 100 machines mises en service en janvier 1995 donnant le nombre de machines encore en service à la date indiquée.

janvier 1995	100
janvier 1996	96
janvier 1997	44
janvier 1998	40
janvier 1999	20
janvier 2000	0

N.B. : Si la machine s'arrête de fonctionner durant l'année 1995, par exemple, on dira que sa durée de vie a été de 1 an.

On s'intéresse à la durée de vie de ces machines.

1° Quelles sont les valeurs possibles de cette durée ?
On admet que le pourcentage de machines correspondant à chacune de ces valeurs fournit un modèle satisfaisant pour la loi de probabilité de cette durée de vie.
Établir cette loi de probabilité.

2° On prend une machine au hasard dans le parc des 1 000 machines.
Quelle est la probabilité que sa durée de vie soit :
a) de 3 ans au plus ?
b) de 1 an au moins ?
c) de 3 ans au moins à 5 ans au plus ?

3° Calculer la durée de vie moyenne que l'on peut espérer.

56 Un démarcheur à domicile vend des aspirateurs.
Son bénéfice sur la vente d'un appareil est de 250 €. Ses frais journaliers sont de 280 €.
La probabilité de ses ventes journalières est donnée par le tableau suivant, selon le nombre d'appareils vendus par jour :

nombre d'appareils vendus par jour	0	1	2	3	4	5
probabilité	0,1	0,2	0,1	0,15	0,25	0,2

Déterminer les probabilités pour ce démarcheur d'obtenir :
a) un gain d'au moins 500 € à la fin de la journée ;
b) un gain d'au moins 300 € à la fin de la journée ;
c) un déficit à la fin de la journée ;
d) un gain inférieur à 800 € à la fin de la journée.

57 On a relevé les performances d'un archer, au cours d'une saison, lors de lancers sur une cible comportant trois zones.

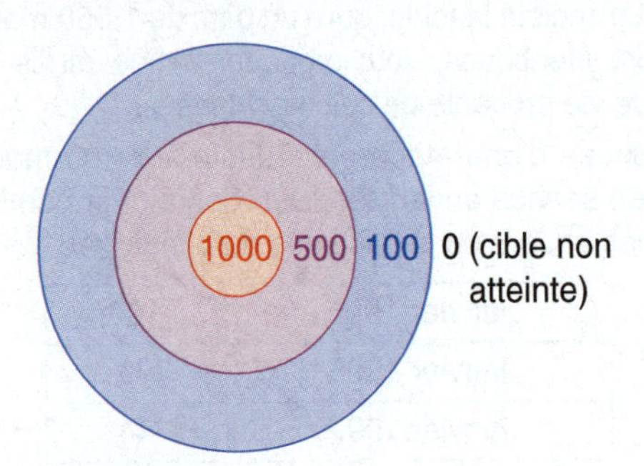

zone et points	1 000	500	100	0	total
nombre de lancers	248	751	1 249	252	N
fréquence					1
points obtenus					

1° a) Calculer le nombre N de lancers étudiés.

b) Recopier et compléter le tableau précédent par les fréquences.

c) Compléter le tableau par le total des points obtenus pour chaque zone.

En déduire le nombre moyen de points obtenus au cours de ces N lancers.

2° Cette étude est significative des possibilités de cet archer ; aussi, la probabilité d'obtenir une zone est assimilable à la fréquence obtenue lors de cette étude, arrondie à 0,1 près. Cet archer doit tirer une nouvelle flèche toujours sur cette cible.

a) Déterminer la probabilité des événements :

E : « la flèche atteint la cible » ;

F : « la flèche atteint les zones 500 ou 1 000 ».

b) On sait que la flèche tirée atteint la cible.

Quelle est la probabilité qu'elle ait atteint la zone 1 000 ?

58 Un CD diffuse x chansons de variété, dont 5 chansons sont françaises.

Émilie écoute deux chansons parmi les x chansons du CD.

Elle place le CD dans son autoradio, utilise la fonction RANDOM et écoute deux chansons.

On se propose de chercher combien de chansons doit contenir ce CD pour que la probabilité qu'Emilie écoute deux chansons étrangères soit supérieure ou égale à 0,5.

Soit A l'événement : « Obtenir deux chansons étrangères à la suite ».

1° a) Montrer que $P(A) = \dfrac{(x-5)^2}{x^2}$.

b) On pose $f(x) = \dfrac{(x-5)^2}{x^2}$ pour $x \in]5 ; +\infty[$.

c) Étudier les variations de f à l'aide de sa dérivée et dresser le tableau des variations.

d) Construire la courbe représentative de la fonction f dans un repère orthogonal.

e) Résoudre graphiquement, puis algébriquement l'équation $f(x) \geqslant 0{,}5$.

f) En déduire le nombre de chansons étrangères que doit contenir le CD.

59 **I.** Un illusionniste dispose, dans une malle de six lapins. Au hasard il tire d'abord un lapin de la malle, puis sans le remettre, en tire un second.

1° Combien y a-t-il de possibilités différentes de sortir ainsi deux lapins ?

2° Parmi ces six lapins, quatre sont blancs et deux sont noirs.

Combien y a-t-il de possibilités différentes de sortir un lapin blanc en premier avec un lapin noir en second ?

3° Pour la réussite d'une manifestation, l'illusionniste s'intéresse à l'événement suivant :

A « le premier lapin est blanc et le second est noir ».

Calculer la probabilité de l'événement A .

II. Étude d'une fonction

On considère la fonction définie sur l'intervalle $[4 ; +\infty[$ par $f(x) = \dfrac{4(x-4)}{x(x-1)}$.

1° Calculer $f'(x)$, où f' est la dérivée de f , et étudier son signe.

Étudier le sens de variation de f sur $[4 ; +\infty[$.

2° L'illusionniste dispose de x lapins.

En déduire la ou les valeurs entières de x rendant la probabilité de l'événement A maximale.

60 **Problème de nœuds**

On prend trois brins de laine et on les plie en deux. On a alors six extrémités que l'on noue au hasard deux par deux (on fait donc trois nœuds au total).

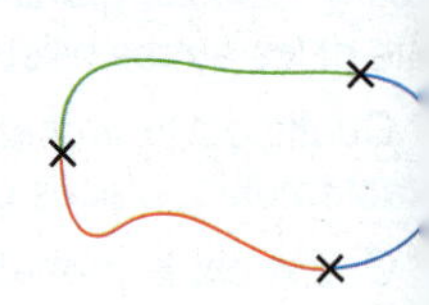

Le joueur gagne si il obtient un seul « rond ».

1° Faire une simulation à l'aide d'un programme.

2° Déterminer la probabilité de gagner à ce jeu.

1. À L'AIDE D'UNE CALCULATRICE

61 Simulation à la calculatrice de 100 lancers consécutifs d'une pièce

a) Rappel de l'activité 1, p. 171, pour obtenir 100 lancers :

- sur **T.I.** :

randInt(0 , 1 , 100) (STO▶) (L1) .

- sur **Casio** :

Seq(Int (Ran# + 0.5) , K , 1 , 100 , 1) (➔) List 1 .

b) On calcule dans la liste 2 le nombre de FACE, c'est-à-dire le nombre de 1 obtenus depuis le premier lancer.

- **Sur T.I.** :

(STAT) 1:EDIT... (ENTER) ,

créer la liste 2 en placant le curseur sur le nom de la liste L2 tout en haut (ENTER)

(LIST) OPS 6:cumSum ((L1) ( )) (ENTER) .

Pour que la liste L2 soit automatiquement mise à jour quand on effectue une nouvelle simulation, écrire cette instruction entre guillemets : L2 = " cumSum(L1) " .

Créer la représentation des fréquences : L2(n) / n , en mode séquentiel (ou suite).

Mettre la calculatrice en (MODE) Seq, puis écran 2 et (WINDOW) $X \in [0 ; 100]$ et $Y \in [0 ; 1]$ et (GRAPH) .

```
L1   L2   L3   2
0    0    ------
1    1
0    1
1    2
0    2
0    2
1    3
L2 ="cumSum(L1)"
```

```
Normal Sci Eng
Float 0123456789
Radian Degree
Func Par Pol Seq
Connected Dot
Sequential Simul
Real a+bi re^θi
Full Horiz G-T
```

```
Plot1 Plot2 Plot3
nMin=1
·u(n)=L2(n)/n
 u(nMin)={0}
·v(n)=0.5
 v(nMin)=0.5
·w(n)=
 w(nMin)=
```

Exécuter plusieurs fois cette simulation : (ENTRY) (ENTER) , puis (GRAPH) .

- **Sur Casio** : (MENU) RUN

Créer la liste 2 : (OPTN) LIST Cuml (List 1) (➔) List 2 .

Créer une liste 3 correspondant au nombre de lancers :

Seq(K , K , 1 , 100 , 1) (➔) List 3 .

Créer la liste 4 des fréquences : List 2 / List 3 (➔) List 4 .

Créer la représentation des fréquences :

```
Seq(Int (Ran#+0.5),K,
1,100,1)→List 1
                Done
Cuml (List 1)→List 2
                Done
List 2÷List 3→List 4
List L→M Dim Fill Seq ▷
```

(MENU) STAT GRPH SET , puis (EXE) , puis (V-Window) , puis (EXE) .

```
StatGraph1
Graph Type   :Scatter
XList        :List3
YList        :List4
Frequency    :1
Mark Type    :·
GPH1 GPH2 GPH3
```

```
View Window
Xmin   :0
 max   :100
 scale:10
Ymin   :0
 max   :1
 scale:1
INIT TRIG STD STO RCL
```

GRPH GPH1 et on obtient l'écran ci-contre.

Attention, la calculatrice recalcule sa fenêtre.

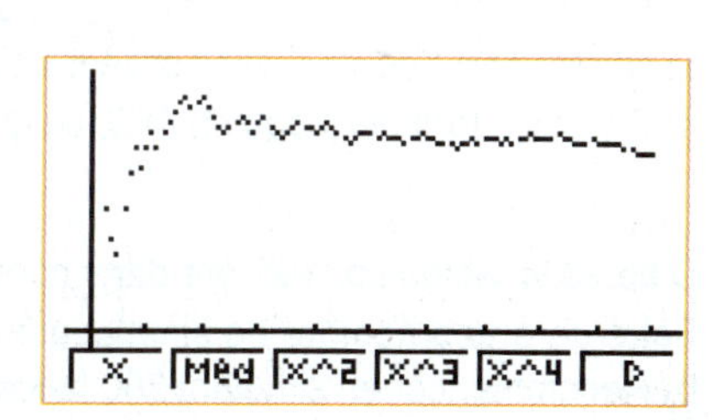

Pour recommencer une autre simulation sur Casio, il faut tout retaper, car la calculatrice ne conserve pas les instructions écrites précédemment quand il y a un changement de menu.

62 Jeux de fléchettes et simulation sur T.I.

Sur une planche carrée de côté 1 m, Jérôme dessine un triangle isocèle comme ci-contre.
Cette planche devient une cible sur laquelle Jérôme envoie des fléchettes.

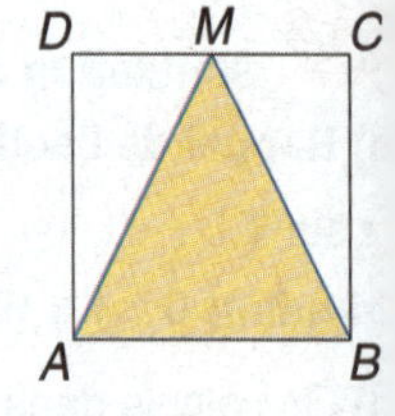

1° À la calculatrice, simuler 50 lancers de fléchettes sur un point de la planche à l'aide des deux instructions suivantes qui donnent les coordonnées d'un point de la planche :

seq(rand , K , 1 , 50) STO▶ L1

et **seq(rand , K , 1 , 50)** STO▶ L2 .

2° a) Représenter les points obtenus : STAT PLOT **1:Plot...**
Valider l'écran ci-contre,
puis WINDOW
$X \in [0;1]$ et $Y \in [0;1]$.

b) Construire le triangle représentant la cible : à l'aide des droites $Y1 = 2X$ et $Y2 = 2-2X$, puis GRAPH .

c) Compter le nombre de fléchettes ayant atteint la cible à l'aide de cette instruction.

```
sum(L2<2*L1 and L2<2-2*L1)
```

Rappels : **<** s'obtient par TEST **5:<** et **and** par TEST **LOGIC 1:and** .

d) Calculer la fréquence de succès de Jérôme.

3° a) Recommencer plusieurs expériences identiques et comparer les fréquences obtenues.

b) Simuler maintenant plusieurs expériences de 300 lancers de fléchettes sur la planche.
Calculer et comparer les fréquences de succès de Jérôme.

c) Calculer le rapport entre l'aire du triangle *MAB* et l'aire du carré.
Comparer avec les fréquences obtenues.

Remarque : Cette simulation ne peut se faire sur Casio car on ne peut pas afficher la courbe d'une fonction en même temps que des points obtenus dans des listes.

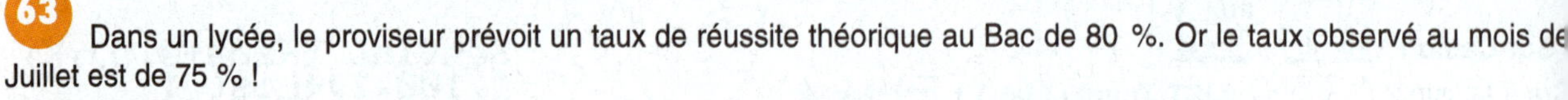

2. AVEC TABLEUR

63

Dans un lycée, le proviseur prévoit un taux de réussite théorique au Bac de 80 %. Or le taux observé au mois de Juillet est de 75 % !
Est-ce que les professeurs ont failli à leur tache ? Est-ce que les élèves ont vraiment échoué ?

Lorsque l'on travaille ainsi sur un petit nombre d'individus, on peut se poser la question de savoir si la **fréquence observée** est proche ou non de la fréquence théorique.
Pour cela, il faut avoir en tête le tableau page 193 donnant les **fourchettes** pour un intervalle de confiance de 95 %, suivant le pourcentage observé et la taille de l'échantillon.

Par exemple, s'il y a **60** élèves et que le taux de réussite observé est de **75 %**, soit **25 %** d'échec.
Or la table indique que, pour un effectif de 60 et un pourcentage observé de 25 %, alors le pourcentage théorique est dans la **fourchette 15-38**, c'est-à-dire entre 15 % et 38 % d'échec, soit un pourcentage de succès entre 85 % et 62 %, ce qui englobe largement les 80 % attendus !
On se propose de faire quelques simulations pour appréhender cette notion.

1° Simulation de lancers de pièces

La fréquence attendue est de 0,5 , soit 50 %.

Sur tableur, taper en cellule A1 **= ENT (ALEA ( ) * 2)** qui donne 0 ou 1.

Si on obtient 0 c'est PILE, si on obtient 1 c'est FACE.

a) On tire la formule jusqu'en A60, ce qui correspond à 60 lancers. La fréquence de FACE est :

C1 **= SOMME (A1 : A60) / 60** .

D'après le tableau p. 193, lire dans quelle fourchette doit se situer la fréquence. Est-ce toujours le cas ?
Faire un grand nombre de simulations, jusqu'à trouver une fréquence en dehors de la fourchette.

b) Recommencer en simulant 200 lancers de pièces.

›ffectif de ’échantillon	pourcentage observé									
	5 %	10 %	15 %	20 %	25 %	30 %	35 %	40 %	45 %	50 %
10		0-45	1-50	3-56	5-60	7-65	9-70	12-74	15-78	19-81
20	0-25	1-32	3-38	6-44	9-49	12-54	15-59	19-64	23-68	27-73
30	0-20	2-27	5-33	8-39	11-44	15-49	19-54	23-59	27-64	31-69
40	1-17	3-24	6-30	9-36	13-41	17-47	21-52	25-57	29-62	34-66
50	1-15	3-22	6-28	10-34	14-39	18-45	22-50	26-55	31-60	36-64
60	1-14	4-21	7-27	11-32	15-38	19-43	23-48	28-53	32-58	37-63
70	1-13	4-20	**8-26**	11-31	15-37	20-42	24-47	28-52	33-57	38-62
80	1-12	4-19	8-25	12-30	16-36	20-41	25-46	29-52	34-57	39-61
90	2-12	5-18	8-24	12-30	16-35	21-41	25-46	29-52	34-57	39-61
100	2-11	5-18	9-24	13-29	17-35	21-40	26-45	30-50	35-55	40-60
150	2-10	6-16	10-22	14-27	18-33	23-38	27-43	32-48	37-53	42-58
200	2-9	6-15	10-21	15-26	13-32	24-37	28-42	33-47	38-52	43-57
500	3-7	8-13	12-18	17-24	21-29	26-34	31-39	36-44	41-49	46-54
1 000	4-7	8-12	13-17	18-23	22-28	27-33	32-38	37-43	42-48	47-53
2 000	4-6	9-11	13-17	18-22	23-27	28-32	33-37	38-42	43-47	48-52

›ource : « Le jeu de la science et du hasard ». D. Schwartz, éd. Flammarion.

° Simulation des résultats au BAC

›n attend 85 % de réussite, soit 15 % d'échec.

›n simule la réussite d'un élève par :

A1 **= ENT (ALEA ( ) + 0,85)**

ui rend 0 si la fonction ALEA( ) donne un nombre léatoire entre 0 et 0,15, et rend 1 si on trouve un ombre aléatoire entre 0,15 et 1.

) On imagine qu'il y a 70 élèves. Donc la fourchette est entre 8 % et 26 % d'échecs, soit entre 92 % et 74 % de réussite.

Le taux de réussite observé est donné par :

C1 **= SOMME (A1 : A70) / 70** .

Faire un grand nombre de simulations jusqu'à trouver une fréquence en dehors de la fourchette.

b) Recommencer l'expérience si le lycée a 150 élèves qui passent le BAC.

64 Jeu radiophonique

›ors d'un jeu, l'animateur pose au candidat au maximum questions. Pour chacune de ces questions, il est ›roposé deux réponses possibles : l'une est juste, l'autre st fausse.

›e jeu s'arrête dès la première bonne réponse donnée, ›u après la réponse à la 4e question.

›e candidat gagne :

€ si le jeu s'arrête à la première question,

€ à la 2e, 2 € à la 3^{e}

› 1 € s'il répond juste à la quatrième ; s'il répond faux à cette dernière question, il ne gagne rien.

Maxime répond en se servant d'un dé de 6 :

obtenir 2, 4 ou 6 correspond à une réponse juste
et 1, 3 ou 5 à une réponse fausse.

Par exemple, la suite 6 **5 1 2** 2 **4** 3 2 se dépouille en :

- 6, donc G = 8 ;
- **5 1 2**, donc G = 2 ;
- 2, donc G = 8 ;
- **4**, donc G = 8 ;
- 3 2, donc G = 4.

Cela donne une simulation de cinq jeux.

A1 ▾ f_x =ENT(ALEA()*6+1)

	A	B	C	D	E	F	G	H	I	J	K	L	M	N	O	P	Q	R	S	T	U	V	W	X	Y	Z	AA	AB	AC	AD
1	6	5	1	2	2	4	3	2	4	2	4	4	6	4	5	1	6	3	3	2	2	4	5	4	4	1	4	3	4	2
2	1	2	5	4	2	1	2	4	5	5	1	5	4	6	2	3	2	4	2	1	5	5	1	1	3	2	1	5	4	3
3	6	1	3	4	3	1	1	2	4	1	3	4	1	3	3	4	2	5	1	3	3	1	2	1	3	6	3	5	1	1
4	3	5	3	4	6	2	2	4	4	3	4	2	6	4	5	4	1	2	3	1	1	2	4	1	1	6	3	3	6	1
5	5	2	4	2	5	5	3	3	6	4	1	2	5	3	2	6	4	6	2	2	5	5	4	4	4	5	5	2	5	4
6	1	2	5	5	1	2	5	3	3	3	6	1	1	1	1	5	2	5	6	2	4	1	5	6	5	6	3	1	3	3
7	5	4	5	6	3	3	6	1	3	3	2	6	5	2	6	6	5	5	3	6	6	5	5	3	5	3	4	5	6	4
8	1	4	6	1	1	5	5	2	4	4	6	3	1	3	4	6	6	3	2	6	5	1	1	1	5	3	4	1	5	5
9	2	2	4	3	4	6	4	1	3	2	6	4	3	3	1	3	1	4	5	5	4	5	2	3	1	6	2	6	5	6
10	5	2	1	4	4	2	4	3	4	3	2	4	1	3	1	6	3	1	2	5	4	5	4	6	5	5	6	2	2	4

On a lancé 300 fois le dé, simulé à l'aide d'un tableur, et obtenu les nombres ci-dessus.

1° a) Dépouiller en ligne, jusqu'à obtenir la simulation de 30 jeux ; continuer à la ligne suivante si nécessaire.

Écrire au fur et à mesure les gains de Maxime dans une liste de la calculatrice.

b) Calculer la moyenne $\bar{x}$ des gains.

Trier la liste des gains écrite sur la calculatrice pour voir la fréquence de chaque gain 0, 2, 4 ou 8.

2° a) Reproduire et compléter l'arbre de choix ci-après représentant les déroulements possibles d'un jeu e indiquer les gains obtenus.

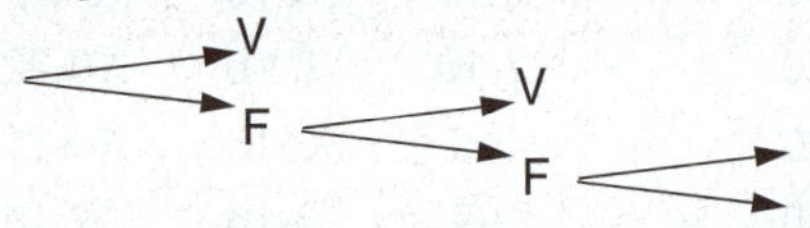

b) D'après la simulation précédente, la loi de probabili sur l'ensemble des résultats est-elle équirépartie ?

c) Chercher une situation d'équiprobabilité qui permett de déterminer la loi de probabilité des gains, et déterm ner cette loi.

Calculer alors la moyenne théorique μ de cette loi.

65 Tirage de lettres

À l'aide d'un tableur, on se propose de simuler le tirage au hasard d'une lettre du mot BARBAPAPAS.

D	E	F	G	H	I	J	K	L	M
B	A	R	B	A	P	A	P	A	S

On place chaque lettre de ce mot dans une cellule du tableur de **D1 à M1**.

1° Mise en place d'une simulation de 20 tirages

a) On tire au hasard un entier de 1 à 10, en écrivant en cellule A1 :

A1 **= ENT (ALEA ( ) * 10) + 1** .

On sélectionne la cellule A1 et on tire jusqu'en A20.

b) Les cellules de A1 à A20 contiennent un nombre n indiquant la n-ième lettre du mot BARBAPAPAS.

Ces lettres sont écrites sur la ligne **1**, dans les cellules de **D1 à M1** .

Pour prendre la lettre correspondante à la place donnée en **A1**, on utilise la fonction INDEX :

B1 **= INDEX ($D$1 : $M$1 ; 1 ; A1)** .

On sélectionne la cellule B1 et on tire jusqu'en B20.

On obtient ainsi la simulation d'un tirage de 20 lettres du mot BARBAPAPAS.

L'appuie sur la touche F9 donne d'autres simulations

c) On compte le nombre de chaque lettre.

Pour la lettre A en D4 = NB.SI ($B$1 ; $B$20 ; "A")

De même pour les autres lettres jusqu'en H4 ; puis c calcule les fréquences :

J4 **= SOMME (D4 : H4)** et D5 **= D4 / $J$4**

que l'on tire jusqu'en H5.

D4 ▾ f_x =NB.SI($B$1:$B$20;"A")

	A	B	C	D	E	F	G	H
1	6	P		B	A	R	B	A
2	3	R						
3	3	R		A	B	P	R	S
4	7	A	effectif	7	3	5	4	1
5	2	A	fréquence	0,35	0,15	0,25	0,2	0,05
6	9	A						

° **Simulation d'autres expériences et fluctuations l'échantillonnage**

) Recommencer 25 fois la simulation par appui sur la ouche F9, et noter au fur et à mesure les équences observées pour chaque lettre dans a calculatrice :

en L1, B en L2, P en L3, R en L4 et S en L5.

) Donner les valeurs extrêmes des fréquences trouvées our chaque lettre.

ourquoi parle-t-on de fluctuations d'échantillonnage ?

) Pour chaque lettre, calculer la moyenne des fréquen-es obtenues.

ustifier que cela revient à avoir effectué 500 simulations.

° **Vers la loi de probabilité**

) Sélectionner les cellules A1 et B1 et les tirer jusqu'à la gne 10 000 ; actualiser les formules nécessaires de D4 H4 : D4 = NB.SI (\$B\$1 ; \$B\$10000 ; "A") .

Agrandir les colonnes de D à H pour obtenir des fréquences avec 4 chiffres après la virgule

	A	B	P	R	S
effectif	4063	1977	1966	1011	983
fréquence	0,4063	0,1977	0,1966	0,1011	0,0983

b) Effectuer, de nouveau, 25 simulations et reprendre les questions a) et b) en 2°.

c) Pour chaque lettre, calculer la moyenne des fréquences obtenues et préciser le nombre de simulations que cela revient à faire.

d) On écrit chacune des dix lettres du mot BARBAPAPAS sur une carte que l'on retourne.

On choisit au hasard une des dix cartes.

Proposer un modèle pour cette expérience aléatoire et établir la loi de probabilité sur l'ensemble des lettres A B P R S.

Vérifier que la simulation de 10 000 tirages ci-dessus donne des fréquences proches de cette loi.

66 Étude d'un sondage

vant une élection, on a interrogé 1 000 personnes sur ur intention de vote, en leur demandant de préciser leur anche d'âge.

)n a obtenu le tableau de répartition suivant :

parti / âge	A	B	C	D	total
noins de 30 ans	100	50	30	20	200
le 30 à 50 ans	150	50	20	80	300
lus de 50 ans	50	300	50	100	500
otal	300	400	100	200	1 000

n commentateur explique que la moitié des personnes e moins de 30 ans vote pour le parti A. Est-ce si sûr ?

e but de ce TD est de regarder la validité de cette hypoièse. Pour cela, on utilise le tableau p. 193.

° Lire les fourchettes appelées aussi intervalles de onfiance à 95 %, pour :

) les intentions de vote des plus de 50 ans pour le parti D ;

) la part des 30-50 ans dans les intentions de vote pour parti C ;

) la part des moins de 30 ans dans les intentions de vote our le parti D.

2° À la suite de ce sondage, trois journaux publient les votes « probables » des moins de 30 ans pour chacun des quatre partis (en pourcentage).

Le Lutécien

parti	A	B	C	D
vote	0,48	0,30	0,18	0,04

Le Jour nouveau

parti	A	B	C	D
vote	0,52	0,16	0,18	0,14

La Carpette

parti	A	B	C	D
vote	0,55	0,15	0,15	0,15

a) Quelles sont les hypothèses que l'on peut considérer comme acceptables au niveau de confiance de 95 % ?

b) Proposer un modèle acceptable au niveau de confiance de 95 % pour le vote probable des plus de 50 ans et qui soit différent de la distribution des fréquences de l'échantillon.

67 Le problème du Duc de Toscane

(voir le problème 82, p. 136, du *chapitre* 5 de Statistique)

On lance trois dés équilibrés à 6 faces : un rouge, un vert, un bleu.

Obtenir 1 sur le rouge, 3 sur le vert et 1 sur le bleu donne le triplet (1 ; 3 ; 1).

On s'intéresse à la somme obtenue.

1° a) Donner le nombre de triplets possibles dans le lancer des trois dés.

b) À l'aide d'un arbre, déterminer le nombre de triplets ayant pour somme 10.

En déduire la probabilité d'obtenir la somme 10.

2° Procéder de même pour la somme 11, puis pour la somme 12.

3° En déduire la somme ayant la plus forte probabilité lors du lancer de trois dés.

Répondre alors au problème du Duc de Toscane résol par Galillée.

Le procès de Galillés. © akg-images/Erich Lessin

Le coup de vénus

68 1° Le coup de Vénus avec quatre dés à quatre faces

À l'aide d'un arbre décrivant une situation d'équiprobabilité, déterminer la probabilité d'obtenir les quatre numéros différents sur quatre dés tétraédriques.

2° Le coup de Vénus avec les astragales

Les Grecs et les Romains utilisaient des osselets d'agneau à la place des dés.

Ces astragales pouvaient tomber sur quatre faces A, B, C ou D.

On admet la loi de probabilité sur un astragale :

face x_i	A ou 1	B ou 2	C ou 3	D ou 4
probabilité p_i	0,4	0,1	0,4	0,1

Cette loi n'est pas équiprobable.

On va faire une simulation à l'aide de la fonction rand de la calculatrice.

a) Créer quatre listes de 100 nombres entiers aléatoires entre 1 et 10 en listes 1, 2, 3 et 4 :

seq(rand × 10 , K , 1 , 100 , 1) STO▶ L1 ;

de même pour L2 ; L3 et L4.

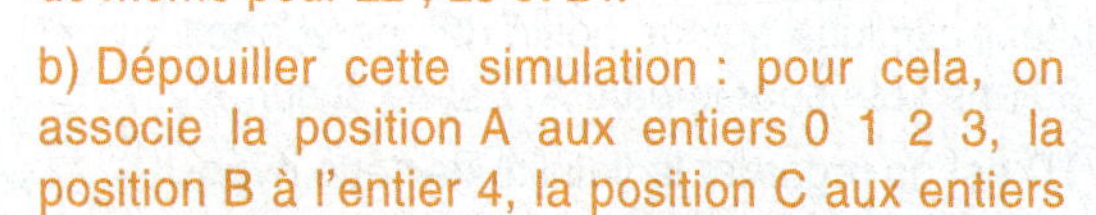

b) Dépouiller cette simulation : pour cela, on associe la position A aux entiers 0 1 2 3, la position B à l'entier 4, la position C aux entiers 5 6 7 8 et la position D à l'entier 9.

Regarder les quatre listes et chercher le nombre de lignes où les quatre listes présentent les 4 positions différentes.

c) Calculer la fréquence d'apparition de cet événement.

Regrouper les simulations faites dans la classe : donner une fréquence plus proche de la fréquence théorique.

8

Suites arithmétiques et géométriques

1. Notion de suite
2. Suite arithmétique
3. Suite géométrique
4. Applications des suites arithmétiques ou géométriques

Une légende

Un grain de blé sur la 1re case, deux sur la 2e, quatre sur la 3e, et on double à chaque case ….

Quelle est la quantité de blé sur la 64e case de l'échiquier ?

[voir exercice 121]

MISE EN ROUTE

Tests préliminaires

A. Puissances

On rappelle que $a^{n+p} = a^n \times a^p$, n et p entiers naturels et a réel non nul.

Indiquer *toutes* les bonnes réponses.

1° $2 \times 2^n =$ (a) 4^n (b) 2^{n+1} (c) 2^{n+2}

2° $3^{n+3} =$ (a) $3^n \times 3$ (b) 9^n (c) 27×3^n

3° $2^3 \times 3^2 =$ (a) 6^5 (b) 6^6 (c) 2×6^2

4° $2^{n-1} =$ (a) 2×2^n (b) $\frac{2^n}{2}$ (c) 1^n

5° $\frac{3^{n+2}}{3^3} =$ (a) 3^{n-1} (b) 3^{n+5} (c) 3^{3n+2}

(Voir techniques de base, p. IV)

B. Variation absolue et relative

On donne le chiffre d'affaires (CA), en millions d'euros, d'une entreprise sur six années :

année	0	1	2	3	4	5
CA	2,7	2,95	3,2	3,45	3,7	3,95

1° D'une année sur l'autre, calculer :

a) la variation absolue du CA ;

b) la variation relative du CA, en %.

2° La variation est-elle constante en valeur absolue ? constante en variation relative ?

(Voir chapitre 1, p. 14)

C. Évolutions successives

1° Une population augmente de 10 %, puis de 15 %, puis de 20 %.

Calculer le pourcentage global de hausse.

2° La valeur d'un bien diminue de 10 %, puis de 8 %, puis de 6 %.

Calculer le pourcentage global de baisse.

3° Un indice augmente chaque année de 5 % pendant 3 ans.

Calculer le pourcentage global d'évolution.

4° La population d'une région rurale diminue de 2 % par an durant 10 ans.

Globalement, la population a-t-elle baissé de 20 % ?

(Voir chapitre 1, p. 16)

D. Opérations successives à la calculatrice

La mémoire (ANS) de la calculatrice conserve le résultat du dernier calcul effectué.

Exemple :

4 / 3 (ENTER)

3 × (ANS) − 1 (ENTER)

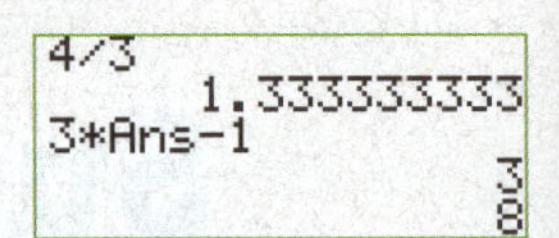

Si on appuie de nouveau sur (ENTER), la calculatrice refait le calcul 3 × (ANS) − 1, avec le résultat obtenu précédemment.

1° Appuyer encore deux fois sur (ENTER) ou (EXE). Écrire les résultats obtenus.

2° Effectuer : 0.5 (ENTER) 2 × (ANS) + 1 (ENTER) et recommencer 3 fois. Noter les résultats.

Vérifier que l'on passe d'un résultat à l'autre par la fonction $f : X \longmapsto 2X + 1$.

3° Soit $f : X \longmapsto -0{,}5X + 2$.

Calculer les images successives par f :

$$4 \xmapsto{f} \ldots \xmapsto{f} \ldots \xmapsto{f} \ldots \xmapsto{f} \ldots$$

(Voir chapitre 2, p. 42)

E. Séquences de nombres

Exemple : pour obtenir la liste des carrés des entiers pairs, de 0 à 14, on écrit :

seq(X^2 , X , 0 , 14 , 2) → L1

formule du carré, pour x variant de **0** à **14 de 2 en 2**, stocké en liste 1.

Caractériser les nombres obtenus par :

a) seq (2X+1 , X , 0 , 19 , 1) → L2 ;

b) seq (X , X , 1 , 39 , 2) → L3 ;

c) seq (1+1/X , X , 1 , 10 , 1) → L4.

(Voir chapitre 7, p. 171)

F. Sens de variation et inégalité

Soit n un entier naturel non nul.

Comparer $f(n)$ et $f(n+1)$ pour :

a) $f(x) = 2x - 3$; b) $f(x) = -x^2 + 4$;

c) $f(x) = \frac{1}{x}$; d) $f(x) = -\frac{4}{x} + 1$.

(Voir chapitre 2, p. 36)

MISE EN ROUTE

Activités préparatoires

1. Des chiffres et leurs places

La fonction **rand** de la calculatrice permet d'obtenir un nombre aléatoire formé de dix chiffres.

On a utilisé six fois cette fonction et obtenu une liste de 60 chiffres.

```
.8692251876
.9205672989
.0269214918
.4959611872
.9540529396
.4015285622
```

1° Le chiffre au départ est 8 : on lui donne le rang $n = 0$, et on note $u(0) = 8$. Ainsi on note de la même façon $u(1) = 6$, $u(2) = 9$...

a) Donner le rang du premier chiffre 1 rencontré dans la liste, du premier chiffre 0, du premier chiffre 4, du premier chiffre 3.

b) Pour quelle valeur de n a-t-on $u(n) = 2$ et $u(n+1) = 9$?

2° On lit les nombres aléatoires en regroupant les chiffres 2 par 2 pour obtenir un nombre à 2 chiffres : on note le terme initial $v_0 = 86$, le suivant $v_1 = 92$, puis $v_2 = 25$ ...

a) Existe-t-il deux nombres de la suite égaux ? Si oui, donner leurs rangs.

b) Soit $v_n = 29$, donner le rang n. Donner v_{2n+1}, v_{n-2} et $v_n + 20$.

2. Des nombres obtenus par un procédé

Calculer les cinq premiers nombres obtenus par chaque procédé.

a) À partir de 5, passer d'un nombre au suivant en ajoutant 3, puis en divisant par 2.

b) À partir de 100, passer d'un nombre au suivant en diminuant de 20 %.

c) À partir de 1, passer d'un nombre au suivant en ajoutant 1, puis en prenant l'inverse, puis en ajoutant 1.

d) À partir de $\frac{11}{4}$, passer d'un nombre au suivant en enlevant 1, puis en prenant l'inverse du résultat, puis en ajoutant 1.

e) À partir des deux nombres 1 et 1, passer au suivant en ajoutant les deux nombres précédents.

f) À partir de 200, enlever 10 % et ajouter 20, puis enlever 10 % et ajouter 21, puis...

3. Série chronologique

Depuis plusieurs années, une ville a vu sa population évoluer de la façon suivante :

rang de l'année n	0	1	2	3	4	5	6	7	8	9
population $P(n)$	3 000	3 500	4 000	4 500	5 000	5 500	6 050	6 655	7 321	8 053

Pour étudier une évolution, on calcule souvent la différence de deux termes consécutifs, ou leur quotient.

1° Pour chaque année de 1 à 9, calculer l'accroissement annuel $P(n) - P(n-1)$, c'est-à-dire la différence de la population de l'année avec celle de l'année précédente.

2° Calculer le coefficient multiplicateur $\frac{P(n)}{P(n-1)}$, c'est-à-dire le quotient de la population de l'année par celle de l'année précédente.

3° a) Sur quelles années la population a-t-elle augmenté de façon identique en nombre d'habitants ? en pourcentage ?

b) Indiquer le sens de variation de l'accroissement annuel et le sens de variation du coefficient multiplicateur.

1. Notion de suite

Suite u ou (u_n)

définition : Une suite u est une fonction qui à tout entier naturel n associe un nombre, noté $u(n)$ ou u_n .

La suite se note u ou (u_n) avec des parenthèses. u_n est le **terme général** et n est l'indice.

Le terme initial de la suite est u_0, ou u_p quand la suite est définie à partir de l'indice p .

Modes de génération d'une suite

définition : Une suite finie est une liste de nombres.

Mais une suite peut être définie à l'aide d'une formule :

- par une **formule explicite** $u_n = f(n)$ lorsque le terme est fonction de l'indice n ;
- par une **formule de récurrence** $u_{n+1} = f(u_n)$ lorsque le terme est fonction du précédent ; dans ce cas, il faut indiquer le **terme initial**.

Exemples :

- La suite u définie par $u_n = -n^2 + 3n + 10$ est une **suite explicite** : c'est la suite des images $f(n)$ des entiers naturels n par la fonction associée $f : x \mapsto -x^2 + 3x + 10$.
- La suite (v_n) telle que $v_{n+1} = 0{,}8v_n + 10$, avec $v_0 = 100$ est une **suite récurrente** de terme initial $v_0 = 100$.

Représentation d'une suite

Soit (u_n) une suite donnée par sa formule explicite $u_n = f(n)$ et $\mathscr{C}_f$ la courbe représentative de la fonction associée f .

La suite (u_n) est représentée par les points $A_n\ (n\ ;\ f(n))$ d'abscisses entières de la courbe $\mathscr{C}_f$.

Les termes de la suite sont les ordonnées.

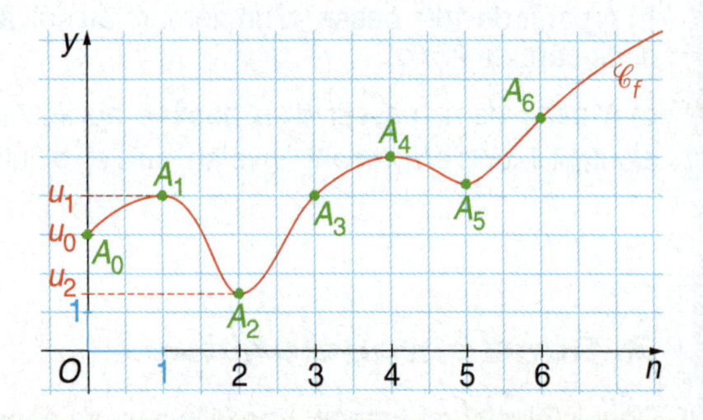

Sens de variation

définition : • Une suite (u_n) est **croissante** lorsque, pour tout entier naturel n , on a :

$$u_{n+1} \geqslant u_n \quad \text{ou} \quad u_{n+1} - u_n \geqslant 0 .$$

• Une suite (u_n) est **décroissante** lorsque, pour tout entier naturel n , on a :

$$u_{n+1} \leqslant u_n \quad \text{ou} \quad u_{n+1} - u_n \leqslant 0 .$$

Exemples :

- La suite u de terme général $u_n = -2n + 1$ est décroissante car, pour tout entier n :

$$u_{n+1} - u_n = -\ 2(n+1) + 1 - (-2n+1) = -2$$, négatif ; ainsi $u_{n+1} - u_n \leqslant 0$.

- La suite v de terme général $v_n = 3^n$ est croissante car, pour tout entier n :

$v_{n+1} - v_n = 3^{n+1} - 3^n = 3^n \times 3 - 3^n \times 1 = 3^n \times (3-1) = 3^n \times 2$, positif pour tout n ; ainsi $v_{n+1} - v_n \geqslant 0$.

Calculer les termes d'une suite

Méthode

• Si on connaît la forme **explicite** $u_n = f(n)$, on calcule en remplaçant n par l'indice.

Sur calculatrice, on entre la formule en Y1 en mettant X au lieu de n et on regarde le tableau des valeurs par pas de 1.

• Si on connaît la formule de **récurrence**, on calcule les termes au fur et à mesure :

– soit on utilise ANS : voir p. 188,

– soit on utilise les fonctionnalités.

Sur T.I. : MODE **Seq**, puis Y= .

Écrire la formule de récurrence entre $u(n)$ et $u(n-1)$.

$u(n-1)$ s'obtient par :

Sur Casio 35+ : voir l'exercice 17.

[Voir exercices 16 à 21]

Soit deux suites u et v définies pour $n \in \mathbb{N}$ par :

$u_n = -n^2 + 3n + 10$ et $v_{n+1} = 0{,}8v_n + 10$, avec $v_0 = 100$.

Calculer u_1, u_3 et u_{20}, puis v_1, v_2 et v_6.

• Pour la suite u, on lit les premiers termes dans le tableau des valeurs.

X	Y1
0	10
1	12
2	12
3	10
4	6
5	0
6	-8

Y1 = -X²+3X+10

On peut aussi effectuer pour $n = 20$:

$u_{20} = -20^2 + 3 \times 20 + 10 = -320$.

• Pour la suite v, on calcule terme à terme :

$v_1 = 0{,}8v_0 + 10 = 0{,}8 \times 100 + 10 = 90$;

$v_2 = 0{,}8v_1 + 10 = 0{,}8 \times 90 + 10 = 82$.

En utilisant la calculatrice, valider l'écran ci-dessous, puis TABLE .

```
Plot1 Plot2 Plot3
nMin=0
·u(n)=0.8*u(n-1)
+10
 u(nMin)=100
·v(n)=
 v(nMin)=
·w(n)=
```

n	u(n)
0	100
1	90
2	82
3	75.6
4	70.48
5	66.384
6	63.107

u(n)=63.1072

Déterminer le sens de variation d'une suite

Méthode

Pour étudier le sens de variation d'une suite, on peut chercher le **signe de la différence $u_{n+1} - u_n$**.

• Si la suite est définie par sa forme **explicite** $u_n = f(n)$, le sens de variation de la fonction f sur $[0 ; +\infty[$ est le sens de variation de la suite (u_n) pour $n \in \mathbb{N}$.

• Si la suite est définie par récurrence,

$u_{n+1} = g(u_n)$,

avec g fonction croissante, on peut conclure en comparant les deux premiers termes et ainsi, par itération, deux termes consécutifs.

[Voir exercices 22 à 28]

Étudier la variation des suites u et v définies sur $\mathbb{N}$ par :

$$u_n = \frac{120}{n+1} \quad \text{et} \quad \begin{cases} v_{n+1} = 0{,}95v_n - 2 \\ v_0 = 80 \end{cases}.$$

• Pour la suite u :

$$u_{n+1} - u_n = \frac{120}{n+2} - \frac{120}{n+1} = \frac{120(n+1) - 120(n+2)}{(n+2)(n+1)}$$

$$= \frac{-120}{(n+2)(n+1)}.$$

Comme $n \in \mathbb{N}$, le dénominateur est positif ; ainsi la différence $u_{n+1} - u_n$ est négative et la suite (u_n) est décroissante.

Remarque : la fonction $f : x \mapsto \dfrac{120}{x+1}$ est décroissante sur $[0 ; +\infty[$; donc la suite (u_n) est décroissante.

• Pour la suite v, on pose $g(x) = 0{,}95x - 2$.

g est une fonction affine croissante et :

$$v_1 = g(v_0),\ v_2 = g(v_1)\ \ \dots\ \ v_{n+1} = g(v_n).$$

Comme $v_0 = 80$ et $v_1 = 0{,}95 \times 80 - 2 = 74$, alors $v_1 < v_0$.

Les images par la fonction croissante g sont dans le même ordre :

$g(v_1) < g(v_0)$, c'est-à-dire $v_2 < v_1$, et par itération $v_{n+1} < v_n$.

Donc la suite (v_n) est décroissante.

2. Suite arithmétique

Définition et formules

définition : Une suite est **arithmétique** lorsque, à partir du terme initial, l'on passe d'un terme de la suite au terme suivant en ajoutant toujours le même nombre a, appelé **raison** :

pour tout entier naturel n, $u_{n+1} = u_n + a$, avec u_0 donné.

Cette formule est **la formule de récurrence** de la suite.

• ***Terme général en fonction de n :*** $u_n = u_0 + n \times a$.

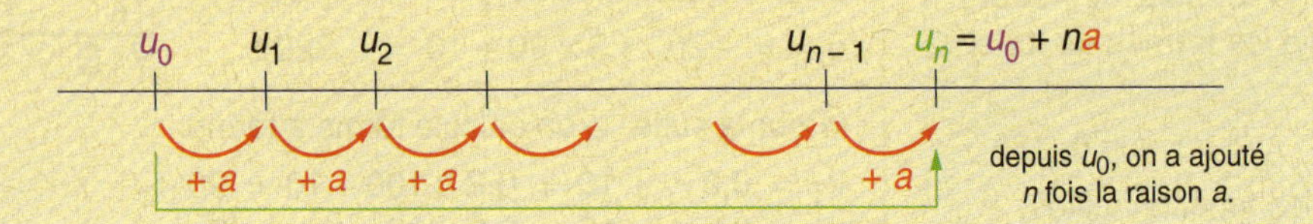

Remarque : Si on connaît le terme d'indice p, alors $u_n = u_p + (n-p) \times a$.

Ainsi $a = \dfrac{u_n - u_p}{n-p}$, la raison a est l'accroissement moyen entre deux termes.

En particulier, c'est l'accroissement entre deux termes consécutifs : $a = u_{n+1} - u_n$.

Sens de variation

• Si la raison est positive, alors la suite arithmétique est croissante.

• Si la raison est négative, alors la suite arithmétique est décroissante.

Lien avec la fonction affine

Comme $u_n = u_0 + n \times a$, on peut définir la fonction f telle que $f(x) = ax + b$, avec $b = u_0$ et $x \in [0 ; +\infty[$. Une suite **a**rithmétique de raison a est donc liée à une fonction **a**ffine de coefficient a.

Somme de termes consécutifs

théorème : La somme de termes consécutifs d'une **suite arithmétique** est :

$$S = u_0 + u_1 + u_2 + \ldots + u_n = (n+1)\left(\frac{u_0 + u_n}{2}\right)$$

somme des termes d'une suite arithmétique = **nombre de termes** × $\dfrac{\text{premier terme + dernier terme}}{2}$

Démonstration :

$u_1 = u_0 + a$ $u_2 = u_0 + 2a, \ldots,$ $u_{n-1} = u_0 + (n-1)a$ et $u_n = u_0 + na$.

$u_0 + u_n = u_0 + u_0 + na = 2u_0 + na$ et $u_1 + u_{n-1} = u_0 + a + u_0 + (n-1)a = 2u_0 + na$.

De même, $u_i + u_{n-i} = u_0 + ia + u_0 + (n-i)a = 2u_0 + na$, pour tout i de 0 à n.

Donc, en écrivant deux fois cette somme, dans un sens et dans l'autre, on obtient :

$$\left.\begin{aligned} S &= u_0 + u_1 + u_2 + \ldots + u_{n-1} + u_n \\ S &= u_n + u_{n-1} + u_{n-2} + \ldots + u_1 + u_0 \end{aligned}\right\}$$

La somme terme à terme donne $(n+1)$ nombres tous égaux à $2u_0 + na$.

D'où $2S = (n+1)(2u_0 + na) = (n+1)(u_0 + u_n)$, et ainsi $S = \dfrac{(n+1)(u_0 + u_n)}{2} = (n+1)\left(\dfrac{u_0 + u_n}{2}\right)$.

Représenter une suite arithmétique

Méthode

Le terme général d'une suite arithmétique s'écrit : $u_n = u_0 + n \times a$.

La suite est liée à la fonction affine :

$f(x) = ax + b$, où $b = u_0$.

Les points représentant une suite arithmétique sont donc alignés sur la droite $\mathscr{D}$ d'équation $y = ax + b$.

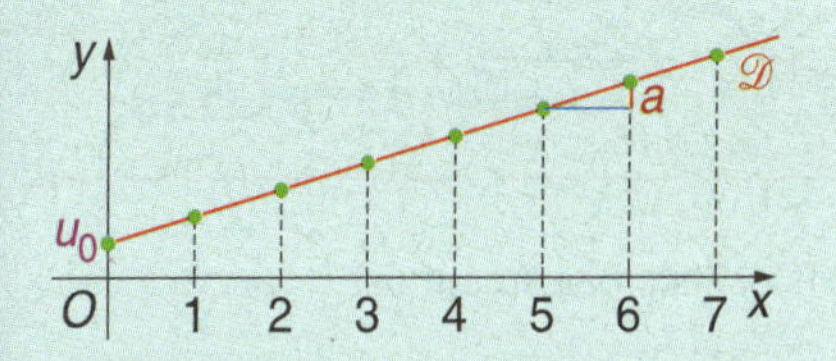

Les termes de la suite sont les ordonnées des points de $\mathscr{D}$ d'abscisses entières.

Pour une suite arithmétique, on parle de **croissance linéaire**.

[Voir exercices 48 et 49]

Une ville, de 3 000 habitants au départ, voit sa population augmenter de 300 habitants chaque année.

Au même moment, une zone rurale de 6 000 habitants au départ voit sa population diminuer de 400 habitants par an.

Modéliser par deux suites et représenter ces deux suites.

Soit u_n la population de la ville au bout de n années :

$$\begin{cases} u_0 = 3\,000 \\ u_{n+1} = u_n + 300 \end{cases}$$

La suite (u_n) est donc une suite arithmétique :

$$u_n = u_0 + n \times a = 3\,000 + 300n .$$

Soit v_n la population de la zone rurale au bout de n années :

$$\begin{cases} v_0 = 6\,000 \\ v_{n+1} = v_n - 400 \end{cases}$$

La suite (v_n) est donc une suite arithmétique :

$v_n = v_0 + n \times a = 6\,000 - 400n$.

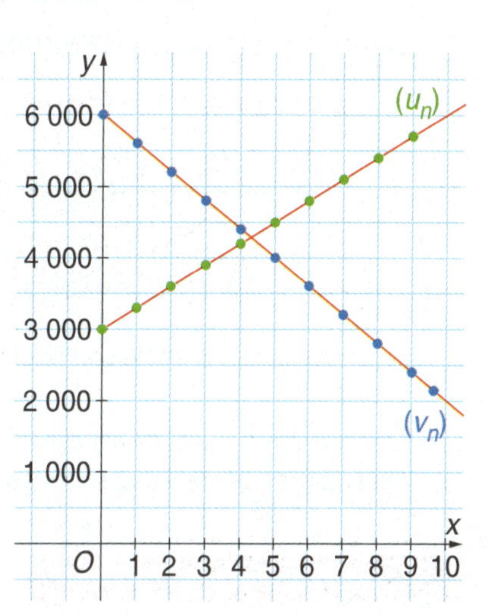

Étudier une suite arithmétique et calculer une somme

Méthode

• Pour montrer qu'une suite est arithmétique, on montre que la différence $u_{n+1} - u_n$ entre deux termes consécutifs quelconques est constante, indépendante de n .

• Le sens de variation dépend de la raison :

$a > 0$, la suite est croissante ;

$a < 0$, la suite est décroissante ;

$a = 0$, la suite est constante.

• Pour calculer la somme de termes consécutifs, on repère le nombre de termes de la somme :

de u_p à u_n il y a $n - p + 1$ termes.

$$S = \text{nombre de termes} \times \frac{1^{\text{er}} \text{ terme} + \text{dernier terme}}{2}$$

[Voir exercices 50 à 55]

Préciser si les suites u , v et w sont arithmétiques :

$u_n = -3n + 170$; $\begin{cases} v_{n+1} = 2v_n + 9 \\ v_0 = -2 \end{cases}$; $\begin{cases} w_{n+1} = w_n - \dfrac{w_n}{10} \\ w_0 = 1 \end{cases}$.

Calculer $S = u_3 + u_4 + \ldots + u_{21} + u_{22}$.

• $u_{n+1} - u_n = -3(n+1) + 170 - (-3n + 170) = -3$, constant ;

donc la suite (u_n) est arithmétique.

• $v_{n+1} - v_n = 2v_n + 9 - v_n = v_n + 9$, dépendant de n ;

donc la suite (v_n) n'est pas arithmétique.

• $w_{n+1} - w_n = w_n - \dfrac{w_n}{10} - w_n = -\dfrac{w_n}{10}$, dépendant de n ;

donc la suite (w_n) n'est pas arithmétique.

• $S = u_3 + u_4 + \ldots + u_{21} + u_{22}$, somme de termes consécutifs d'une suite arithmétique.

De u_3 à u_{22} , il y a $22 - 3 + 1 = 20$ termes.

Le 1er terme est $u_3 = -3 \times 3 + 170 = 161$.

Le dernier terme est $u_{22} = -3 \times 22 + 170 = 104$.

D'où la somme :

$$S = 20 \times \frac{u_3 + u_{22}}{2} = 20 \times \frac{161 + 104}{2} = \mathbf{2\,650} .$$

3. Suite géométrique

Définition et formules

définition : Une suite est **géométrique** lorsque, à partir du terme initial, l'on passe d'un terme au suivant en multipliant toujours par le même nombre b, appelé **raison** :

pour tout entier naturel n, $u_{n+1} = u_n \times b$, avec u_0 donné.

Cette formule est **la formule de récurrence** de la suite.

• ***Terme général en fonction de n :*** $u_n = u_0 \times b^n$.

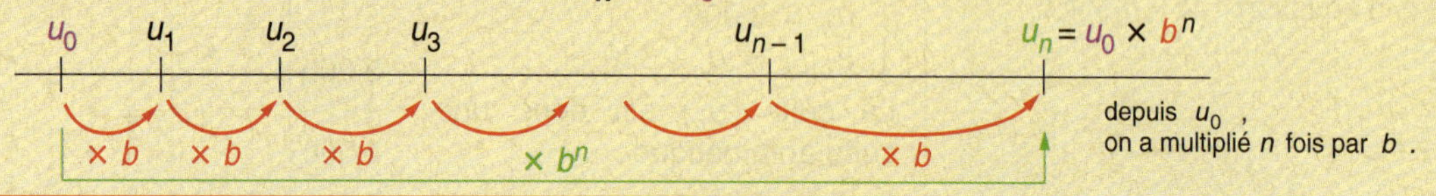

Remarques : b est le coefficient multiplicateur entre deux termes consécutifs et l'accroissement est :

$$u_{n+1} - u_n = u_n \times b - u_n = u_n \times (b-1) .$$

Lorsque $b = 1$, la suite est constante.

On étudie en général des suites géométriques à termes positifs, c'est-à-dire u_0 **positif** et b positif.

Sens de variation

• Si la raison est strictement supérieure à 1, alors la suite géométrique est croissante.

• Si la raison est comprise entre 0 et 1, alors la suite géométrique est décroissante.

Exemple : Soit $u_{n+1} = u_n + \frac{3}{100} u_n$ et $u_0 = 5$, alors $u_{n+1} = u_n \times (1 + 0{,}03) = 1{,}03 \times u_n$.
La suite (u_n) est géométrique et croissante, car $1{,}03 > 1$. On a le terme général $u_n = u_0 \times b^n = 5 \times 1{,}03^n$.

Somme de termes consécutifs

théorème : La somme de termes consécutifs d'une suite géométrique de raison $b \neq 1$ est :

$$S = u_0 + u_1 + u_2 + \ldots + u_n = u_0 \times \frac{1 - b^{n+1}}{1 - b} .$$

somme de termes d'une suite géométrique = **terme initial** × $\dfrac{1 - \text{raison}^{\text{nombre de termes}}}{1 - \text{raison}}$

Démonstration : D'après la formule de récurrence, on a : $u_1 = u_0 \times b$, $u_2 = u_1 \times b$, ..., $u_n = u_{n-1} \times b$,
et d'après l'écriture du terme général, on a : $u_{n+1} = u_n \times b = u_0 \times b^n \times b = u_0 \times b^{n+1}$.

En multipliant la somme par b, on multiplie tous les termes par b et on obtient :

$$b \times S = \underbrace{b \times u_0}_{= u_1} + b \times u_1 + b \times u_2 + \ldots + \underbrace{b \times u_n}_{= u_{n+1}} = u_1 + u_2 + u_3 + \ldots + u_{n+1} .$$

Donc, afin de regrouper les termes identiques, on écrit les sommes S et $b \times S$ comme ci-dessous :

$$\left.\begin{array}{rl} S = & u_0 + u_1 + u_2 + \ldots \quad + u_n \\ bS = & \quad u_1 + u_2 + u_3 + \ldots + u_n + u_{n+1} \end{array}\right\} \text{on soustrait terme à terme}$$

$$S - bS = u_0 + 0 + 0 + \ldots + 0 - u_{n+1} = u_0 - u_0 \times b^{n+1} = u_0 \times (1 - b^{n+1}) .$$

Ainsi, $S \times (1-b) = u_0 \times (1 - b^{n+1})$ et si $b \neq 1$, on obtient $S = u_0 \times \frac{1 - b^{n+1}}{1 - b}$.

Reconnaître une suite géométrique

Méthode

Pour montrer qu'une suite est géométrique, on cherche à écrire :

$$u_{n+1} = u_n \times \mathbf{b} \ ,$$

où b est un nombre ne dépendant pas de n .

Si l'écriture présente des puissances où n intervient en exposant, on cherche à écrire :

$$u_n = u_0 \times (\mathbf{b})^n \ .$$

[Voir exercices 67 à 69]

Démontrer que les suites u , v et w sont géométriques :

$$\begin{cases} u_{n+1} = u_n - \dfrac{u_n}{4} \ ; \\ u_0 = 200 \end{cases} \qquad v_n = 5 \cdot 2^{n+1} \ ; \qquad w_n = \frac{3^{2n+3}}{2^n} \ .$$

• $u_{n+1} = u_n \times 1 - u_n \times \dfrac{1}{4} = u_n \times \left(1 - \dfrac{1}{4}\right) = u_n \times \dfrac{3}{4}$;

donc la suite (u_n) est géométrique, de raison $b = \dfrac{3}{4}$ et $u_0 = 200$.

• $v_n = 5 \times 2^{n+1} = 5 \times (2^n \times 2) = 10 \times 2^n$;

donc la suite (v_n) est géométrique, de raison $b = 2$ et $v_0 = 10$.

• $w_n = \dfrac{3^{2n+3}}{2^n} = \dfrac{3^{2n} \times 3^3}{2^n} = \dfrac{(3^2)^n \times 27}{2^n} = 27 \times \left(\dfrac{9}{2}\right)^n$;

donc la suite (w_n) est géométrique, de raison $b = \dfrac{9}{2}$ et $w_0 = 27$.

Étudier une suite géométrique à termes positifs

Méthode

• Si on arrive à établir la relation de récurrence : $u_{n+1} = u_n \times b$,
on en déduit l'expression en fonction de n : $u_n = u_0 \times b^n$,
où u_0 est le terme initial.

• Pour calculer la somme de termes consécutifs, on repère le nombre de termes et on applique :

$$S = \text{1}^{\text{er}} \text{ terme de la somme} \times \left(\frac{1 - \text{raison}^{\text{nb de termes}}}{1 - \text{raison}} \right)$$

⚠ Le quotient ne peut JAMAIS se simplifier : on calcule à la calculatrice.

Remarque : on peut vérifier le calcul de la somme sur **T.I.**

Écrire le terme général en Y1 :

```
\Y1■100*1.15^X
```

.

Créer la liste L1 des entiers de 1 à 12,

puis L2 = Y1 (L1),

puis L3 = **cumSum(** L2).

L1	L2	L3 3
7	266	1272.7
8	305.9	1578.6
9	351.79	1930.4
10	404.56	2334.9
11	465.24	2800.2
12	535.03	[illegible]
------	------	------

L3(12) =3335.19174...

[Voir exercices 70 à 73]

L'année 2005, une chaîne TV a vu son nombre d'abonnés exploser.

Fin 2004, il y avait 1 500 milliers d'abonnés, dont 100 mille nouveaux abonnés en décembre 2004.

Durant l'année 2005, chaque mois le nombre de nouveaux abonnés augmente de 15 %.

Calculer le nombre de nouveaux abonnés en décembre 2005 et le nombre total d'abonnés fin 2005.

On note u_n le nombre de nouveaux abonnés, en milliers, au mois n de l'année 2005 : $n = 0$ en décembre 2004 et $u_0 = 100$.

Chaque mois, le nombre u_n augmente de 15 %, d'où :

$$u_{n+1} = u_n + \frac{15}{100} u_n = u_n \times 1{,}15 \ .$$

La suite (u_n) est donc une suite géométrique, de raison $b = 1{,}15$ et de terme initial $u_0 = 100$.

D'où le terme général en fonction de n : $u_n = u_0 \times b^n = 100 \times 1{,}15^n$.

Le nombre de nouveaux abonnés en décembre 2005 est donc :

$$u_{12} = 100 \times 1{,}15^{12} \approx 535 \text{ milliers} \ .$$

Nombre total de nouveaux abonnés sur 2005 :

$$S = u_1 + u_2 + \ldots + u_{12} = u_1 \times \frac{1 - b^{12}}{1 - b} = 115 \times \frac{1 - 1{,}15^{12}}{1 - 1{,}15} \ .$$

Le calcul se fait à la calculatrice :

$$S \approx 3\,335 \text{ milliers} \ .$$

```
100*1.15^12
          535.0250105
115*(1-1.15^12)/
(1-1.15)
          3335.191748
```

En fin 2005, le nombre total d'abonnés sera :

1 500 + 3 335 = 4 835, soit **4,835 millions**.

4. Applications des suites arithmétiques ou géométriques

Soit (u_n) une suite à termes positifs, la variation absolue entre deux termes consécutifs est $u_{n+1} - u_n$.

Le coefficient multiplicateur d'un terme et de son précédent est $\frac{u_{n+1}}{u_n}$.

La variation relative de deux termes consécutifs est $\frac{u_{n+1} - u_n}{u_n} = \frac{u_{n+1}}{u_n} - 1$.

Lien avec la nature de la suite

- Une suite (u_n) est **arithmétique** si, et seulement si, la **variation absolue** entre deux termes consécutifs $u_{n+1} - u_n$ est constante.
- Une suite (u_n) est **géométrique** si, et seulement si, le coefficient multiplicateur entre deux termes consécutifs $\frac{u_{n+1}}{u_n}$ ou la **variation relative** $\frac{u_{n+1}}{u_n} - 1$ est constante.

Exemples :

- Une production de 5 000 tonnes augmente de 200 tonnes par mois : la variation absolue est constante ; donc la production suit une suite arithmétique de raison $a = 200$ et de terme initial $u_0 = 5\,000$.

D'où le terme général : $u_n = u_0 + na = 5\,000 + 200n$.

- Une production de 5 000 tonnes augmente de 4 % par mois : la variation relative est constante ; donc la production suit une suite géométrique de raison $b = 1 + \frac{4}{100} = 1{,}04$ et de terme initial $v_0 = 5\,000$.

D'où le terme général : $v_n = v_0 \times b^n = 5\,000 \times 1{,}04^n$.

Capitaux

Un capital C_0 est placé au taux annuel t %, ou i en écriture décimale. Il y a deux possibilités de placement :

à intérêts simples :

Chaque année, les intérêts se calculent sur le capital placé au départ :

$$C_{n+1} = C_n + C_0 \times i .$$

La suite des capitaux est une suite arithmétique de raison $C_0 \times i$. D'où :

$$C_n = C_0 + n \times C_0 \times i = C_0 \times (1 + n \times i) .$$

à intérêts composés :

Chaque année, les intérêts se calculent sur le capital acquis l'année précédente :

$$K_{n+1} = K_n + K_n \times i = K_n \times (1 + i) .$$

La suite des capitaux est une suite géométrique de raison $1 + i$. D'où :

$$K_n = C_0 \times (1 + i)^n .$$

Placements

- À intérêts **simples** : $C_n = C_0 \times (1 + n \times i)$ **capital initial** × (1 + **nb d'années** × **taux décimal**).
- À intérêts **composés** : $K_n = C_0 \times (1 + i)^n$ **capital initial** × (1 + **taux décimal**)$^{\text{nb d'années}}$.

Exemple : Deux capitaux de 2 500 € et 2 000 € sont placés au taux annuel de 5 %, le premier à intérêts simples et le second à intérêts composés, durant 18 ans.

Le capital acquis pour le premier est : $2\,500\ (1 + 18 \times 0{,}05) = 4\,750$ €.

Le capital acquis par le second est : $2\,000\ (1 + 0{,}05)^{18} \approx 4\,813$ €.

Comparaison de suites

Méthode

Pour comparer deux suites (u_n) et (v_n) :

• si les deux suites sont arithmétiques, on résout l'inéquation :

$$u_n \geqslant v_n \ .$$

[Voir exercices 87 et 88]

• Sinon, il est nécessaire de connaître tous les termes de la suite, et on indique les **deux** rangs p et $p+1$ où les termes des suites changent d'ordre :

$$u_p > v_p \ , \text{ puis } \ u_{p+1} < v_{p+1} \ .$$

[Voir exercices 89 et 90]

On peut calculer les termes d'une suite dont on connaît la formule de récurrence à l'aide d'un tableur :

SOMME ▾ ✕ ✓ fx =D3*$D$1+$E$1

	A	B	C	D	E
1	raison	20	1,05	1,02	20
2		C	K	V	
3	0	900	500	600	
4	1	=B3+$B$1	=C3*$C$1	=D3*D	

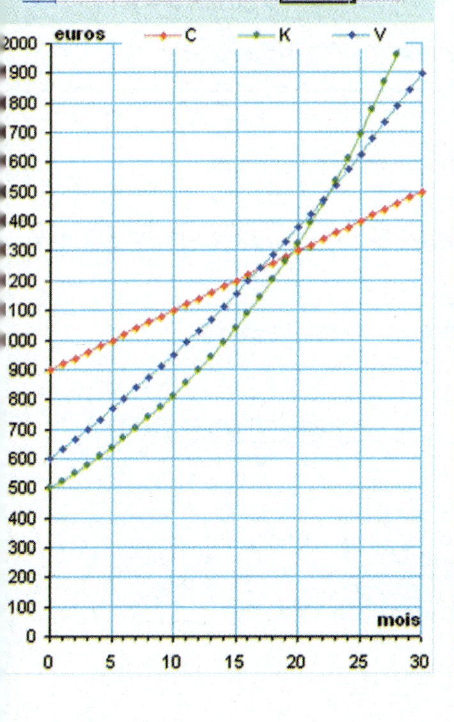

On effectue trois placements fictifs :

le 1er de 900 € au départ et une augmentation de 20 € par mois ;

le 2e de 500 € et une augmentation de 5 % par mois ;

le 3e de 600 € et une augmentation de 2 %, à laquelle on ajoute 20 € par mois.

1° Modéliser ces placements par trois suites (C_n) , (K_n) et (V_n) .

2° À l'aide de la calculatrice, comparer le 1er et le 2e placement.

3° Étude du 3e placement : on pose $u_n = V_n + 1\,000$.

Montrer que la suite (u_n) est une suite géométrique de raison 1,02.

Exprimer u_n en fonction de n .

En déduire l'expression de V_n en fonction de n .

Comparer le 3e placement aux 1er et 2e.

1° **1er placement** : $C_0 = 900$ et chaque mois une augmentation de 20 € ; d'où : $C_{n+1} = C_n + 20$.

La suite (C_n) est une suite arithmétique de raison $a = 20$; d'où :

$$C_n = C_0 + n \times a = \mathbf{900 + 20}\boldsymbol{n} \ .$$

2e placement : $K_0 = 500$ et chaque mois une augmentation de 5 % ; d'où : $K_{n+1} = K_n + 0{,}05K_n = 1{,}05 \times K_n$.

La suite (K_n) est une suite géométrique de raison $b = 1{,}05$; d'où :

$$K_n = K_0 \times b^n = \mathbf{500 \times 1{,}05}^{\boldsymbol{n}} \ .$$

3e placement : $V_0 = 600$ et chaque mois une augmentation de 2 % auquel on ajoute 20 € : $V_{n+1} = V_n + 0{,}02V_n + 20 = 1{,}02V_n + 20$.

La suite (V_n) n'est ni arithmétique, ni géométrique.

2°

```
\Y1=900+20X
\Y2=500*1.05^X
```

X	Y1	Y2
17	1240	1146
18	1260	1203.3
19	1280	1263.5
20	1300	1326.6
21	1320	1393
22	1340	1462.6
23	1360	1535.8

X=20

Les deux suites sont croissantes :

$C_{19} = 1\,280 \quad > \quad K_{19} \approx 1\,263{,}5$

$C_{20} = 1\,300 \quad < \quad K_{20} \approx 1\,326{,}6$

Au bout de 20 mois, le 2e placement est supérieur au premier.

3° On pose $u_n = V_n + 1\,000$, donc $V_n = u_n - 1\,000$ et $u_0 = 1\,600$.

$$\begin{aligned} u_{n+1} &= V_{n+1} + 1\,000 = 1{,}02V_n + 20 + 1\,000 \\ &= 1{,}02\,(u_n - 1\,000) + 1\,020 \\ &= 1{,}02u_n - 1\,020 + 1\,020 = 1{,}02u_n \ . \end{aligned}$$

Par définition, (u_n) est une suite géométrique de raison 1,02 d'où $u_n = u_0 \times 1{,}02^n = 1\,600 \times 1{,}02^n$ et $V_n = 1\,600 \times 1{,}02^n - 1\,000$.

```
Plot1 Plot2 Plot3
\Y1=900+20X
\Y2=500*1.05^X
\Y3=1600*1.02^X-
1000
```

Au bout de 17 mois, le 3e placement est supérieur au 1er et, au bout du 23e mois, le 2e est supérieur au 3e.

X	Y1	Y3
14	1180	1111.2
15	1200	1153.4
16	1220	1196.5
17	1240	1240.4
18	1260	1285.2
19	1280	1330.9
20	1300	1377.5

X=17

X	Y2	Y3
19	1263.5	1330.9
20	1326.6	1377.5
21	1393	1425.1
22	1462.6	1473.6
23	1535.8	1523
24	1612.5	1573.5
25	1693.2	1625

X=23

FAIRE LE POINT

DÉFINITION ET MODES DE GÉNÉRATION D'UNE SUITE

Une suite u est une **fonction** qui, à tout entier naturel n associe un nombre, noté $u(n)$ ou u_n .

Une suite peut être définie par :

– une formule explicite : $u_n = f(n)$;

– une formule de récurrence : $u_{n+1} = g(u_n)$ et le terme initial u_0 .

SUITES PARTICULIÈRES

	suite arithmétique	suite géométrique
formule de récurrence et terme général en fonction de n	$u_{n+1} = u_n + a$ et u_0 $u_n = u_0 + na$ (terme initial : u_0 ; indice : n ; raison : a)	$u_{n+1} = u_n \times b$ et u_0 $u_n = u_0 \times b^n$ (terme initial : u_0 ; indice : n ; raison : b)
propriété entre deux termes consécutifs	variation absolue constante : $u_{n+1} - u_n = a$	variation relative constante : $\dfrac{u_{n+1} - u_n}{u_n} = b - 1$, avec $u_n \neq 0$
sens de variation de la suite (u_n)	avec u_0 quelconque : • si $a > 0$, (u_n) est croissante • si $a < 0$, (u_n) est décroissante • si $a = 0$, la suite est constante	avec u_0 strictement positif : • si $b > 1$, (u_n) est croissante • si $0 < b < 1$, (u_n) est décroissante • si $b = 1$, la suite est constante

Savoir	Comment faire ?
représenter les termes d'une suite	• La suite (u_n) se représente par les points $A_n(n\ ;\ u_n)$ d'abscisses entières. • Si $u_n = f(n)$, ces points sont sur la courbe $\mathscr{C}_f$ de la fonction f .
déterminer le sens de variation d'une suite (u_n)	• Soit on étudie le signe de $u_{n+1} - u_n$; • Soit : si $u_n = f(n)$, alors la suite a le même sens de variation que la fonction f sur $[\,0\ ;\ +\infty\,[$; si $u_{n+1} = g(u_n)$ et la fonction g est croissante, alors la suite a le sens de variation de ses premiers termes
calculer la somme de termes consécutifs d'une suite $S = u_0 + u_1 + \ldots + u_n$	• En utilisant la fonction somme des calculatrices ou des tableurs. • Si la suite est arithmétique : $S = (n+1)\left(\dfrac{u_0 + u_n}{2}\right) = \left(\text{nombre de termes}\right) \times \left(\dfrac{1^{\text{er}} \text{ terme} + \text{dernier terme}}{2}\right)$, • Si la suite est géométrique, avec $b \neq 1$: $S = u_0 \times \dfrac{1 - b^{n+1}}{1 - b} = \left(\text{terme initial}\right) \times \left(\dfrac{1 - \text{raison}^{\text{nombre de termes}}}{1 - \text{raison}}\right)$.

LE MULTIPLICATEUR KEYNÉSIEN À L'AIDE D'UN TABLEUR

Dans un pays, on suppose que toute personne touchant un revenu supplémentaire en consacre 90 % à la consommation (achats divers après d'autres personnes) et 10 % à l'épargne.

La consommation de la première personne est un revenu supplémentaire pour la personne suivante, qui elle-même consomme 90 %... ainsi le revenu supplémentaire de départ engendre des revenus marginaux sur l'ensemble des personnes de la chaîne. Le coefficient $c = 0{,}9$ est la **propension marginale à consommer**.

C'est l'économiste KEYNES qui a étudié les effets de ce revenu supplémentaire, dit marginal.

A. Travail sur papier

On suppose que le revenu supplémentaire reçu par la première personne est $y_1 = 10\,000$ €.

1° a) Quelle est la partie de ce revenu consommée par cette première personne auprès d'une deuxième personne ?

b) Soit y_2 le revenu supplémentaire que la deuxième personne a reçu.

Déterminer la partie y_3 de ce revenu, consommée auprès d'une 3e personne.

2° On pose y_n le revenu supplémentaire reçu par la *n*-ième personne.

a) Déterminer un lien entre y_{n+1} et y_n. En déduire la nature de la suite (y_n) des revenus supplémentaires, puis exprimer y_n en fonction de n.

b) Exprimer la somme des revenus supplémentaires de la 1re à la *n*-ième personne : on note ΣY_n cette somme.

B. Travail sur tableur

	A	B	C	D
1		c=	0,9	
2	numéro n de la personne	y(n) revenu supplémentaire	partie consommée	ΣYn somme des revenus supplém
3	1	10000		
4	2			
5	3			

1° a) Préparer le tableau ci-contre et écrire 1 et 2 en cellules A3 et A4, sélectionner ces deux cellules et tirer jusqu'en A102.

b) Indiquer la formule à écrire en C3 pour obtenir la partie de revenu consommée :

= B3 * C1 ou **= B3 * $C$1** ou **= $B * C1** ?

c) Sélectionner la cellule C3 et tirer en C4 : donner la formule qui est alors en C4.

Écrire : D3 = B3 , B4 = C3 , D4 = D3 + B4 .

Sélectionner les cellules de B4 à D4 et tirer jusqu'en ligne 102 : donner les formules qui sont alors écrites en cellules B102, C102 et D102.

d) À partir de combien de personnes le revenu supplémentaire engendré par les 10 000 € de départ devient-il inférieur à 1 € ? Quelle est alors la somme des revenus supplémentaires ?

2° a) Mettre B3 **= 100 000** . Si l'État donne un investissement ΔI de 100 000 €, quelle sera la somme des revenus supplémentaires engendrés par cet investissement sur 100 personnes ?

Par combien l'investissement a-t-il été multiplié ?

b) Mêmes questions pour un investissement ΔI de 10 000 € et une propension marginale à consommer $c = 0{,}95$.

c) Donner à c une valeur très proche de 1. Que se passe-t-il pour la somme ΣY_n ?

C. Retour sur papier

a) Exprimer la somme $\Sigma Y_n = y_1 + y_2 + \ldots + y_n$ en fonction de n. Penser à une suite géométrique.

b) Si n est très grand, que penser de la valeur du dernier revenu supplémentaire y_n ?

En déduire que ΣY_n est pratiquement égal à $\Delta I \times \dfrac{1}{1-c} = \Delta Y$.

En conclusion : dans un pays, le nombre de personnes étant très grand :

si la propension marginale à consommer est c , un investissement supplémentaire ΔI est multiplié par le coefficient $\dfrac{1}{1-c}$. Ce nombre est le **multiplicateur keynésien**.

LA PAGE DE CALCUL

1. Puissances

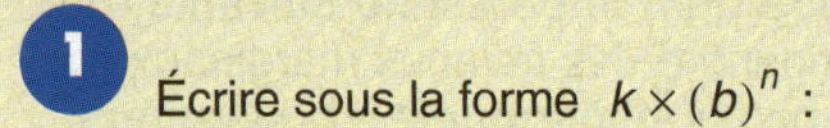

1 Écrire sous la forme $k \times (b)^n$:

a) $3 \times 2^{n+1}$; b) $(100 \times 5^n) \times (20 \times 2^n)$;

c) $\dfrac{4^n}{6^n}$; d) $\dfrac{2 \times 3^n}{2^{n+1}}$; e) $\dfrac{300 \times 10^n}{5^{n+2}}$;

f) $(2 \times 1{,}5^n) \times (5 \times 4^n)$; g) $6 \times 2^{2n-1}$.

2 Calculer à l'aide de la calculatrice et donner le résultat avec 4 chiffres significatifs :

a) $1{,}03^{10}$; b) $1{,}5^{12}$; c) $24 \times 0{,}9^5$;

d) $100 \times 1{,}025^{11}$; e) $2\,500 \times 0{,}98^9$.

3 À l'aide de la calculatrice, comparer :

a) $1 - 0{,}7^5$ et $0{,}3^5$; b) $(1 - 0{,}98)^4$ et $0{,}02^4$;

c) $4{,}2^3 - 1{,}1^3$ et $3{,}1^3$; d) $100 \times 1{,}02^5$ et 102^5 ;

e) $1{,}5^3 \times 4^3$ et 6^3 ; f) $1{,}01^5 \times 2^6$ et $2 \times 2{,}02^5$.

2. Avec n , entier naturel

4 Remplacer n par $n+1$ dans chaque expression et développer ou réduire l'écriture.

a) $n^2 - 2n + 2$; b) $(-2n+3)(n-1)$;

c) $-n^2 - n + 3$; d) $n^3 - n^2 + 2$;

e) $\dfrac{-2n+1}{n+1}$; f) $\dfrac{-n^2+1}{n-2}$.

5 Pour chaque fonction f, exprimer $f(n+1)$, $f(2n)$ et $f(2n-1)$ en fonction de n.
On donnera une forme réduite.

a) $f(x) = x^2 - 3x + 1$; b) $f(x) = (x+2)^2$;

c) $f(x) = \dfrac{1}{x+2}$; d) $f(x) = \dfrac{-x^2}{x+1}$;

e) $f(x) = 3 - \dfrac{4}{x+1}$; f) $f(x) = x - 1 + \dfrac{2}{x}$.

6 Réduire au même dénominateur :

a) $\dfrac{1}{n+2} - \dfrac{1}{n+1}$; b) $\dfrac{2n-1}{n} - \dfrac{2n+2}{n+1}$;

c) $\dfrac{n^2}{n+1} - \dfrac{n^2-1}{n}$; d) $\dfrac{1}{2n-1} - \dfrac{1}{2n+1}$.

7 Étudier le signe des expressions suivantes, sachant que n est un entier naturel non nul, c'est-à-dire $n \geqslant 1$.

a) $3n^2 + 2n + 1$; b) $-n^2 - 4n$;

c) $\dfrac{-4n+3}{(n+1)(n+2)}$; d) $\dfrac{n^2-1}{(n+2)(n+3)}$; e) $\dfrac{n-5}{n^2+n}$;

f) $\dfrac{-n^2+2n-4}{(2n+1)(2n+3)}$; g) $\dfrac{5n^2-6n+4}{4n^2+4n}$.

3. Pourcentage d'évolution

8 Pour chaque situation, donner le coefficient multiplicateur correspondant :

a) hausse de 5 % ;

b) baisse de 2 % ;

c) augmentation de 23,4 % ;

d) diminution des deux tiers ;

e) augmentation du dixième.

9 Même exercice.

a) inflation de 3,9 % ;

b) taux d'accroissement naturel de 1,25 % ;

c) taux de variation de – 4,5 % ;

d) déflation de 5,3 %.

10 Pour chaque situation, calculer le coefficient multiplicateur global, avec 4 chiffres après la virgule, puis le pourcentage global d'évolution :

a) hausse de 3 % par an pendant 4 ans ;

b) baisse de 2 % par mois pendant 5 mois ;

c) hausse de 10 % par an pendant 3 ans, puis baisse de 5 % par an pendant 6 ans ;

d) baisse de 4 % par an pendant 2 ans, puis hausse de 2 % par an pendant 5 ans ;

e) hausse de 5,95 % par mois pendant 12 mois ;

f) hausse de 1,7 % par an pendant 42 ans ;

g) hausse de 3 % par an pendant 24 ans.

1. Notion de suite

1. Questions rapides

11 **Q.C.M.** Pour chaque cas, donner la bonne réponse.

1° Dans la suite 2 5 7 3 2 1 7 4 9, de terme initial $u_0 = 2$:

ⓐ $u_4 = 3$ ⓑ $u_7 = 4$ ⓒ $u_7 = 7$

2° La suite de u_3 à u_{21} a :

ⓐ 21 termes ⓑ 19 termes ⓒ 18 termes

3° Dans la suite donnée par $u_n = \dfrac{2n+5}{n^2-2n}$:

ⓐ u_0 n'existe pas ⓑ $u_1 = 7$ ⓒ $u_{-1} = 1$

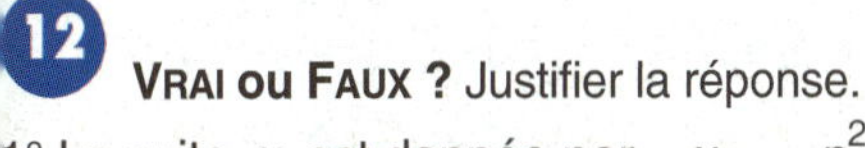

12 **Vrai ou Faux ?** Justifier la réponse.

1° La suite u est donnée par $u_n = n^2 + n - 2$:

a) son terme initial n'existe pas, car pour $n = 0$ on trouve un nombre négatif ;

b) le terme d'indice – 2 est nul ;

c) le terme d'indice 3 est 10.

2° La suite v est donnée par $v_{n+1} = 1 - 0{,}2\, v_n$:

a) $v_{n+1} = 0{,}8\, v_n$;

b) $v_0 = 1$;

c) si $v_1 = 7$, alors tous les termes sont négatifs ;

d) si $v_1 = 5$, alors $v_3 = 0$.

13 **Q.C.M.** Donner *toutes* les bonnes réponses.

1° Le procédé « on prend le terme, on élève au carré, on en prend l'opposé puis on ajoute 2 pour obtenir le terme suivant » détermine la suite (u_n) telle que :

ⓐ $u_{n+1} = -u_n^2 + 2$ ⓑ $u_{n+1} = (-u_n)^2 + 2$

ⓒ $u_{n+1} = -n^2 + 2$

2° La formule « le terme général est égal à l'inverse de l'indice, auquel on enlève 1 » détermine la suite (v_n) telle que :

ⓐ $v_n = \dfrac{1}{n-1}$ ⓑ $v_n = \dfrac{1}{n} - 1$ ⓒ $v_{n+1} = \dfrac{1}{v_n} - 1$

3° On connaît les premiers termes d'une suite :

– 4 ; 5 ; – 3 ; 6 ; – 4, avec $u_1 = -4$.

Ces termes s'obtiennent par la formule :

ⓐ $u_{n+1} = -u_n + n - 1$ ⓑ $u_{n+1} = -(u_n + 1)$

ⓒ $u_{2n+2} = u_{2n} + 1$

14 **Vrai ou Faux ?** On pourra donner un contre exemple (graphique ou calcul) si l'affirmation est fausse.

1° Si la suite définie par $u_n = f(n)$ est croissante, alors la fonction f est croissante sur $[\,0\,;+\infty\,[$.

2° La suite (v_n) telle que $v_{n+1} = -0{,}5v_n + 1$, avec $v_0 = 4$, est décroissante.

3° La suite (w_n) telle que $w_n = -n^2 + 100$ est décroissante.

15 Pour chacune des suites « logiques » de nombres, trouver les trois nombres suivants et décrire ce procédé :

a) – 7 ; – 1 ; 5 ; 11 ; ... ; b) 1 ; $\dfrac{3}{2}$; 2 ; $\dfrac{5}{2}$; ... ;

c) 1,3 ; 2,2 ; 3,1 ; 4 ; ... ; d) $\dfrac{1}{16}$; $\dfrac{1}{8}$; $\dfrac{1}{4}$; $\dfrac{1}{2}$; ... ;

e) 4,05 ; 1,35 ; 0,45 ; 0,15 ; ...

2. Applications directes

[Calculer les termes d'une suite, p. 201]

16 Soit $\begin{cases} u_{n+1} = \frac{1}{2}u_n - 1 \\ u_0 = 1 \end{cases}$

```
1
                1
Ans/2-1▸Frac
             -1/2
```

Calculer à la main u_1, u_2 et u_3.

À l'aide de la mémoire (ANS), donner les termes jusqu'à u_6.

17 On considère la suite (u_n) définie par :

$$u_{n+1} = \frac{1}{u_n + 1} \quad \text{et} \quad u_0 = 2.$$

Calculer à la main u_1, u_2 et u_3.

À l'aide de (ANS) ▸Frac, donner les termes jusqu'à u_7.

Sur **Casio 35+** : (2) (EXE) ;

puis pour obtenir le résultat en fraction :

(1) (a + b/c) (( ) (ANS) (+) (1) ( )) (EXE),

puis (d/c) pour l'écriture en fraction.

18 À l'aide de la calculatrice, calculer les cinq premiers termes de chaque suite, en fraction :

a) $u_{n+1} = \dfrac{6u_n}{u_n + 2}$, avec $u_0 = 1$;

b) $u_{n+1} = \dfrac{u_n - 1}{u_n + 1}$, avec $u_0 = 2$, puis $u_0 = 3$.

c) $u_{n+1} = 1 + \dfrac{1}{u_n}$, avec $u_0 = 1$.

19 Soit $v_n = 0{,}4n^2 - 3n - 2$, pour $n \in \mathbb{N}$. Calculer v_5 et v_{10}.

20 À l'aide de la calculatrice si nécessaire, calculer les termes u_5, u_{10} et u_{20} de chacune des suites suivantes :

1° a) $u_n = \dfrac{2n^2 - n}{n+2}$; b) $u_n = -n^2 + 100n$;

c) $u_1 = (-1)^n \times n$; d) $u_n = 100 \times 1{,}03^n$;

2° a) $u_n = 2^n - 3^n$; b) $u_n = 1{,}2^n \times 0{,}8^{n-1}$.

21 Soit la suite (u_n) telle que :

$u_0 = 100$ et $u_{n+1} = 0{,}6u_n + 10$.

a) Calculer à la main u_1, u_2 et u_3.

b) À l'aide de la calculatrice, calculer u_{20}.

c) Si on continue pour n assez grand, vers quelle valeur le terme u_n semble-t-il se rapprocher ?

Sur **Casio 35+** : (MENU) RECUR et valider l'écran ci-dessous :

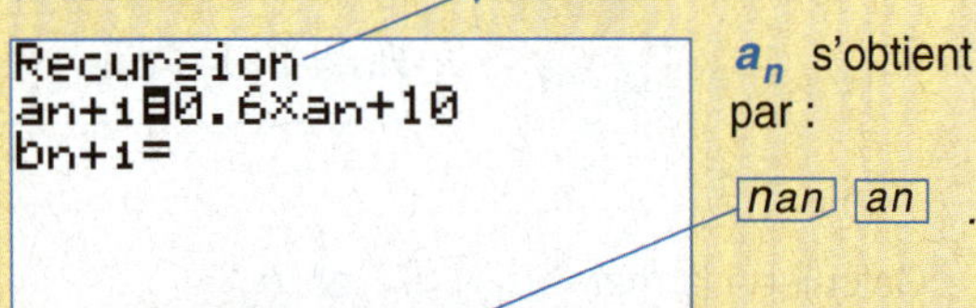

a_n s'obtient par : nan an .

RANG et valider l'écran ci-dessous, puis TABL

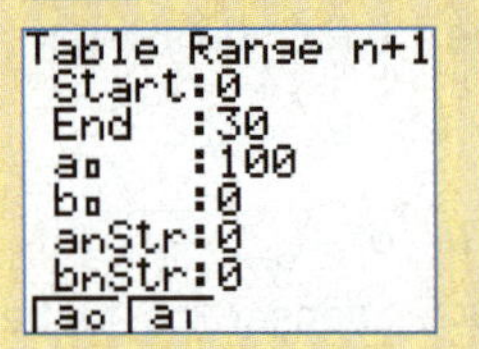

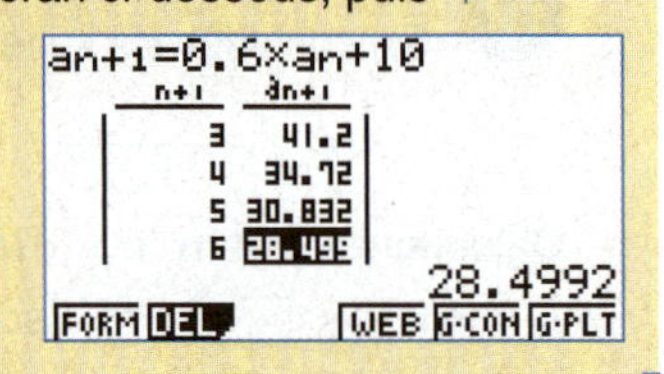

[Déterminer le sens de variation d'une suite, p. 201]

Pour les **exercices de 22 à 25**, étudier le signe de la différence $u_{n+1} - u_n$ et en déduire le sens de variation de la suite (u_n) définie pour n de $\mathbb{N}$.

22 a) $u_n = \dfrac{3}{n+2}$; b) $u_n = \dfrac{-4n}{n+1}$.

23 a) $u_n = \dfrac{2^n}{3^{n-2}}$; b) $u_n = \dfrac{10 \times 1{,}2^{n+1}}{0{,}6^n}$.

24 a) $u_n = 0{,}4^{n-2}$; b) $u_n = 100 \times 1{,}02^n$.

25 a) $u_n = \dfrac{2^n}{n+1}$; b) $u_n = \dfrac{n+2}{3^n}$.

Pour a) on montrera que :

$$u_{n+1} - u_n = 2^n \times \frac{n}{(n+2)(n+1)}.$$

26 En utilisant le sens de variation d'une fonction, déterminer le sens de variation des suites définies pour tout n de $\mathbb{N}$ par :

a) $u_n = -\dfrac{n^2}{4} + 1$; b) $u_n = -2n + 3 + \dfrac{1}{n+1}$;

c) $u_n = n^2 + 1 + \sqrt{n}$; d) $u_n = n^3 + 5n - 4$.

27 Déterminer le sens de variation des suites :

a) $\begin{cases} u_{n+1} = \dfrac{2}{3}u_n - 1 \\ u_0 = 2 \end{cases}$ b) $\begin{cases} u_{n+1} = u_n^2 + 1 \\ u_0 = 0 \end{cases}$

28 1° Étudier le sens de variation de la fonction f définie sur $[0 ; +\infty[$ par :

$$f(x) = \frac{2x+1}{x+1}.$$

2° En déduire le sens de variation de la suite (u_n) définie par $u_{n+1} = f(u_n)$ suivant la valeur du terme initial :

a) $u_0 = 2$; b) $u_0 = 1$.

3. Modes de génération d'une suite

29 Exprimer chaque suite en fonction de n :

a) suite des entiers impairs ;

b) suite des multiples de 5 ;

c) suite des multiples de 3, supérieurs à 9 ;

d) suite des puissances de 10, supérieures ou égales à 1.

30 Exprimer par une formule de récurrence la suite définie par le procédé suivant : « le terme initial est 4, un terme est égal à la somme du double du précédent et de 5. »

Calculer les cinq termes après le terme initial.

31 Une suite, de terme initial 2, est définie par le procédé suivant : « un terme est égal à l'inverse du terme précédent, augmenté de 1 ».

Exprimer cette suite par une **formule de récurrence** et calculer les cinq termes après le terme initial.

32 Même exercice pour les trois suites suivantes :

a) Le terme initial est 100 ; un terme est égal au précédent augmenté de 6 %.

b) Le terme initial est 1 000 ; un terme est égal au précédent diminué du cinquième.

c) Le terme initial est 20 ; pour obtenir un terme, on prend 60 % du précédent et on ajoute 7.

33 Dans chacune des situations ci-dessous :

- introduire une suite et décrire par une phrase la signification de son terme général ;
- calculer les trois premiers termes ;
- définir la suite soit par une formule explicite, soit par une formule de récurrence ;
- à l'aide de la calculatrice prévoir si la suite se stabilise ou non vers une valeur et vers quelle valeur.

a) Population qui diminue de 5 % par an à partir de fin 2000, où elle était de 5 000 habitants.

b) Population qui diminue de 100 habitants par an à partir de fin 2005 où elle était de 8 000 habitants.

c) Code attribué à chaque nom d'une liste de candidats à un examen fabriqué ainsi :
à 2 000 on ajoute le produit par 10 000 d'un nombre n de facteurs tous égaux à 0,98, nombre n égal au rang du nom.

d) Prix de la location d'une voiture avec un forfait de 30 € par jour le premier jour, puis une diminution de 3 € chaque jour suivant.

34 Pour chacune des situations, donner un modèle sous forme d'une suite récurrente, calculer quelques termes à la calculatrice et indiquer si la suite se stabilise vers une valeur.

1° Une population augmente de 5 % (lié à l'accroissement naturel de ses habitants de l'année précédente) et diminue de 1 000 individus (du fait de l'émigration). La population est de 30 000 habitants au départ.

2° Une population de 100 000 habitants diminue de 5 % (ses habitants décidant de partir) et augmente de 4 000 habitants (immigration et TAN).

3° Une rente est constituée par un capital de 50 000 € qui produit 8 % d'intérêts, mais on retire chaque année 6 500 €.
En combien d'années aura-t-on « mangé » le capital ?

4. Termes d'une suite

35 Soit $u_n = 2n^2 - 3n + 2$, pour tout n de $\mathbb{N}$.
Exprimer en fonction de n :

$$u_{n+1}\ ,\ u_{n+3}\ ,\ u_{2n+1} \text{ et } u_n - 1\ .$$

36 Soit $u_n = \frac{3-n}{2n}$, pour tout $n \geqslant 1$.
Exprimer en fonction de n : $u_n + 1$, u_{n+2}, $u_{2n} - 3$.

37 Soit $u_n = 3n^2 + 100$, pour tout entier n.

a) Calculer en fonction de n les différences premières :

$$v_n = u_{n+1} - u_n\ .$$

b) Calculer les différences secondes $w_n = v_{n+1} - v_n$.

38 Reprendre l'exercice précédent pour :

$$u_n = -n^2 + 3n - 2\ .$$

39 Calculer les différences premières et les différences secondes pour $u_n = an^2 + bn + c$, avec $a \neq 0$.

40 Soit $\mathscr{C}_f$ la courbe représentative d'une fonction f définie sur $[0\,;+\infty[$ et connue sur $[0\,;7]$.

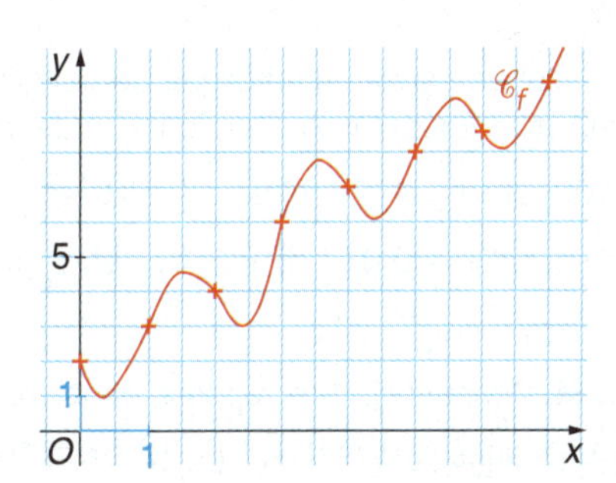

On définie la suite (u_n) par $u_n = f(n)$.

Lire les premiers termes de cette suite et son sens de variation sur les premiers termes.

41 La courbe ci-dessous représente le taux d'intérêt d'un placement bancaire sur plusieurs années : au départ le taux est de 6 %.

On note u_n le taux d'intérêt l'année n, ainsi $u_0 = 6$.

À partir de la 15e année, l'accroissement annuel du taux en point de pourcentage reste constant.

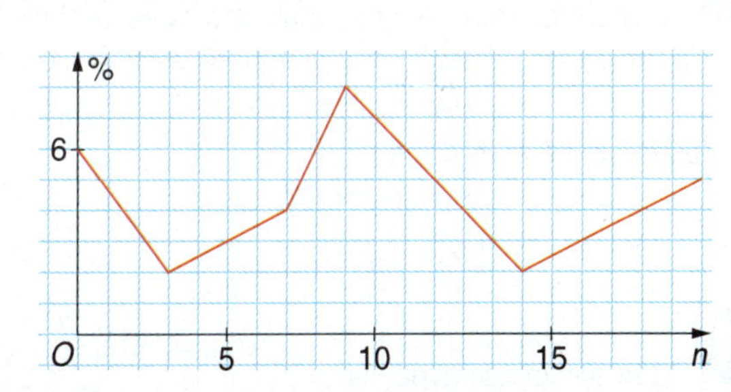

D'après la courbe, lire les premiers termes de cette suite.

2. Suite arithmétique

1. Questions rapides

42 Les suites suivantes données par une formule de récurrence sont-elles arithmétiques ?

a) $u_{n+1} = -3u_n$ et $u_0 = 1$;
b) $u_{n+1} = 2u_n - 3$ et $u_0 = 5$;
c) $u_{n+1} = -u_n + 2$ et $u_0 = 0$;
d) $u_{n+1} = u_n - 2$ et $u_0 = 0$;
e) $u_{n+1} = 3u_n - 2(u_n - 1)$ et $u_0 = 5$.

43 Parmi les suites données par leur terme général u_n, reconnaître les suites arithmétiques, on précisera la raison et le terme initial.

a) $u_n = 2n - 3$; b) $u_n = -\frac{n}{2}$; c) $u_n = \frac{n+1}{3}$;
d) $u_n = \frac{2n-1}{n}$; e) $u_n = \frac{-4n+3}{4}$; f) $u_n = \frac{n^2-1}{n+1}$.

44 (u_n) est une suite arithmétique de raison a et de terme initial u_0. Exprimer u_n en fonction de n :

a) $u_0 = 100$ et $a = -2$; b) $u_0 = -10$ et $a = 0{,}5$;
c) $u_0 = 4$ et $a = -0{,}01$; d) $u_0 = 0$ et $a = \frac{1}{3}$.

45 **Q.C.M.** Donner la bonne réponse dans chaque cas.
(u_n) est une suite arithmétique de terme initial u_0 et de raison a .

1° On a $u_0 = 500$ et $u_{15} = 350$, alors :
ⓐ $a = 5$ ⓑ $a = -10$ ⓒ $a = -\frac{70}{3}$

2° On a $u_4 = 20$ et $a = -5$, alors :
ⓐ $u_0 = 0$ ⓑ $u_8 = 40$ ⓒ $u_0 = 40$

3° On a $u_3 = 4$ et $u_7 = -4$, alors :
ⓐ $a = 2$ ⓑ $u_5 = 0$ ⓒ $u_{11} = 8$

4° On a $u_0 = 9$ et $u_n = 39$, alors :
ⓐ $a = 3$ et $n = 10$ ⓑ $a = 5$ et $n = 7$

46 a) Montrer que, si (u_n) est une suite arithmétique de raison a , alors pour tous entiers n et p , on a :

$$u_n - u_p = (n-p)\,a \ .$$

b) Trouver a et n tels que :

$$\begin{cases} u_7 - u_3 = 12 \\ u_n - u_3 = 21 \end{cases} .$$

47 Même exercice avec $\begin{cases} u_{10} - u_{14} = 20 \\ u_n - u_7 = 10 \end{cases}$.

2. Applications directes

[Représenter une suite arithmétique, p. 203]

48 Dans un jeu, chaque joueur a au départ 20 €.

À chaque partie, on peut gagner 2 € ou perdre 3 €.

Sophie gagne à chaque partie et Danièle perd à chaque partie.

Modéliser les avoirs des deux joueuses par deux suites et les représenter pour n parties, n allant de 0 à 7.

49 Au 1er janvier, Mélonee dépose 1 000 € dans une boîte pour ses transports et 500 € dans sa tirelire.

Tous les 1er du mois, elle retire 50 € pour payer les transports et met 20 € dans sa tirelire.

Modéliser par deux suites (u_n) et (v_n) , où n est le nombre de mois écoulés depuis le 1er janvier.

Représenter les deux suites pour $n \in [0 ; 15]$.

Au bout de combien de mois le montant de la tirelire devient-il supérieur au montant réservé pour les transports ?

En donner une résolution algébrique.

[Étudier une suite arithmétique et calculer une somme, p. 203]

50 a) Vérifier que la suite des entiers naturels est une suite arithmétique.

Calculer $S_{100} = 1 + 2 + 3 + \ldots + 100$.

b) Exprimer en fonction de n :

$$S_n = 1 + 2 + 3 + \ldots + n \ .$$

51 a) Montrer que la suite des entiers impairs est une suite arithmétique ; exprimer le terme général u_n en fonction de n entier naturel.

b) Calculer $S = 1 + 3 + 5 + \ldots + 21$.

On précisera le nombre de termes de cette somme.

c) Exprimer $S_n = 1 + 3 + 5 + \ldots + (2n-1)$ en fonction de n .
Comparer le résultat à n^2 .

52 Soit (u_n) définie pour tout n par :

$$u_n = 1\,300 + 50n \ .$$

Calculer la somme $S = u_0 + u_1 + ... + u_{20}$.

Calculer la somme $T = u_7 + u_8 + ... + u_{26}$.

53 La suite (u_n) est définie par :

$u_0 = 1\,000$ et $u_{n+1} = u_n - 20$.

Déterminer le rang p tel que $u_p = 0$.

Calculer alors la somme $u_0 + u_1 + ... + 0$.

54 La suite (u_n) est une suite arithmétique de raison $\frac{1}{2}$ et de terme $u_5 = -\frac{1}{2}$.

a) Calculer u_0 et u_{100} .

Exprimer u_n en fonction de n .

b) Résoudre $u_n \geqslant 50$.

c) Calculer $S_1 = u_0 + u_1 + ... + u_{100}$ et $S_2 = u_{25} + u_{26} + ... + u_{60}$.

55 Calculer la somme :

$$S = 2 + 7 + 12 + ... + 82 + 87 \ .$$

3. Applications concrètes

56 Entre fin 1990 et fin 2000, la population d'un pays est passée de 25 000 000 habitants à 34 000 000 habitants. On suppose que la population a suivi une croissance linéaire.

a) Calculer l'accroissement moyen annuel.

b) En déduire la population en fin 1997 ?

c) Si la croissance linéaire se maintient, calculer la population en 2005.

57 Dans un entrepôt, les stocks sont de 2 000 tonnes. On veut les ramener en 6 mois à 1 070 tonnes.

De combien de tonnes faut-il diminuer le stock par mois ?

58 Une chaîne de fabrication permet d'augmenter chaque semaine la production de la même quantité.

La première semaine, on fabrique 50 objets.

Cette production augmente chaque semaine de 10 objets et on stocke la production au fur et à mesure.

1° a) Calculer la production au bout de la 8e semaine.

b) À partir de quelle semaine fabrique-t-on plus de 200 objets par semaine ?

2° Calculer le nombre d'objets stockés au bout de 8 semaines.

59 Une entreprise désire cesser sa production au bout de cinq années.

Du fait de la clientèle, elle doit produire au total 2 300 unités durant ces cinq années. Elle diminue sa production tous les ans de la même quantité.

Déterminer cette quantité.

60 Tuan a 490 cartes de jeux qu'il a collectionnées durant son adolescence. Il décide de s'en séparer et de les vendre à un ami.

Il en donne 25 au départ, puis, durant 6 mois, il augmente chaque mois le nombre de cartes de la même quantité a .

Déterminer a .

Combien de cartes donne-t-il le dernier mois ?

61 Une usine d'objets en résine fabrique des boîtiers de portable.

La machine fonctionne 7 jours sur 7 durant le mois de juin. La production est de 2 500 boîtiers le 31 mai.

À partir du 1er Juin, la production augmente de 50 boîtiers par jour.

Pour un client, on stocke la production du 11 juin au 24 juin inclus.

On nomme u_n la production le jour n du mois de juin.

1° Établir la formule donnant u_n en fonction de n et calculer la production du 24 juin.

2° Calculer le nombre de boîtiers stockés pour le client.

3° On vend chaque boîtier 1,4 € pièce, prix TTC.

Calculer le montant de la facture TTC pour le client.

62 Lilas est fleuriste. Elle prépare toutes les semaines des petits bouquets pour sa clientèle de restaurateurs. La 3e semaine de janvier (semaine 3 de l'année), elle a préparé 64 bouquets.

Après une étude de marché, elle espère agrandir sa clientèle et donc augmenter le nombre de bouquets d'une même quantité b chaque semaine.

Lilas réussit son challenge et prépare 124 bouquets la semaine 15 de l'année.

1° Déterminer la valeur de b .

2° Combien de bouquets Lilas a-t-elle préparés de la semaine 3 à la semaine 15 comprises ?

63 Une usine produit en moyenne 3 400 unités par mois. Grâce à un investissement de 10 000 €, la production augmente chaque mois de 250 unités.

1° a) Modéliser la production mensuelle n mois après l'investissement par la suite (u_n), avec $u_0 = 3\,400$.

b) Calculer $S = u_1 + u_2 + ... + u_{12}$.

2° Chaque unité est vendue 1 €.

Calculer le chiffre d'affaires total pour les unités supplémentaires produites grâce à cet investissement.

Cet investissement est-il compensé par le chiffre d'affaires supplémentaire engendré ?

3. Suite géométrique

1. Questions rapides

64 On donne la raison et le terme initial d'une suite géométrique.

Exprimer le terme général en fonction de n.

a) $u_0 = 3$ et $b = 1{,}03$;
b) $u_1 = 100$ et $b = 0{,}98$;
c) $u_0 = 4$ et $b = 2$;
d) $u_1 = 1$ et $b = 10$;
e) $u_0 = 1\,000$ et $b = \frac{3}{2}$;
f) $u_1 = 27$ et $b = \frac{1}{3}$.

65 Exprimer u_n en fonction de n et calculer u_2 et u_5 avec 4 chiffres significatifs ; indiquer le sens de variation.

a) $u_{n+1} = 0{,}9u_n$ et $u_0 = 100$;
b) $u_{n+1} = 1{,}05u_n$ et $u_0 = 4\,300$;
c) $u_{n+1} = 2u_n$ et $u_0 = 0{,}25$;
d) $u_{n+1} = 2{,}25u_n$ et $u_1 = 100$.

66 Dans chaque situation, donner la raison de la suite géométrique, exprimer le terme général u_n en fonction de n (nombre d'années écoulées) et calculer u_{10}.

a) Population, de 20 000 habitants au départ, qui augmente de 10 % par an.
b) Indice base 100 qui augmente de 3 % par an.
c) Valeur d'une voiture, de 12 400 € à l'achat, qui perd 25 % de sa valeur par an.
d) Population d'un pays de 62,3 millions qui augmente de 1,5 % par an.

2. Applications directes

[Reconnaître une suite géométrique, p. 205]

67 Les suites données sont-elles géométriques ? Si oui, préciser leur terme initial u_0 et leur raison.

a) $u_n = -3 \times 2^n$; b) $u_n = 3 \times 0{,}2^n$;
c) $u_n = -4n + 3$; d) $u_n = \frac{5n}{2}$;
e) $u_n = \frac{5^n}{0{,}1^n}$; f) $u_n = 3^{n+1}$.

68 Pour chacune des suites (u_n) données par leur terme général, justifier que la suite est géométrique en déterminant la raison.

a) $u_n = 3 \times 1{,}03^n$; b) $u_n = (\sqrt{3} - 1)^n$;
c) $u_n = 2 \times 3^{n-2}$; d) $u_n = 20\,000(1 - 0{,}08)^n$;
e) $u_n = \frac{3^{n+1}}{5^n}$; f) $u_n = \frac{2^{2n}}{3^n}$.

69 Parmi les suites données, indiquer les suites arithmétiques et les suites géométriques (en préciser la raison) :

a) $u_{n+1} = u_n - \frac{1}{4}u_n$ et $u_0 = 100$;
b) $u_n = 5 \times \frac{3^n}{3^{n-2}}$; c) $u_n = \frac{2^n}{3} - 2^{n+1}$;
d) $\frac{u_{n+1} - u_n}{u_n} = 0{,}03$ et $u_0 = 400$.

[Étudier une suite géométrique à termes positifs, p. 205]

70 Le prix d'un appareil électronique diminue chaque année de 8 %. Au départ, le prix était de 200 €.

Exprimer le prix au bout de n années de diminution. Calculer le prix au bout de 5 ans, à 1 € près.

71 Un indice, base 100 en début janvier, augmente de 1,5 % par mois.

Exprimer cet indice en fonction de n, nombre de mois d'augmentation, et calculer l'indice en fin décembre (pour $n = 12$).

72 Johann a un abonnement de téléphonie à 60 € par mois. On lui propose un nouveau contrat, avec une diminution de 2 % par mois sur un an dès le mois de janvier.

Quel est le prix de son abonnement au bout de un an ?

Calculer le coût total de son abonnement pour l'année, de janvier à décembre.

73 Un atelier produit des figurines. La production est de 400 par mois. Le chef d'atelier décide d'augmenter la production de 5 % chaque mois et de les stocker en vue d'une commande à satisfaire dans 10 mois.

Soit u_n la production au bout de n mois d'augmentation ; on pose $u_0 = 400$.

1° Calculer la production du 1er mois ; exprimer la production u_n en fonction de n et calculer u_{10}.

2° Calculer le stock final de figurines au bout de 10 mois, y compris la production de départ.

3. Somme de termes

74 (u_n) est une suite géométrique telle que $u_0 = 1$ et de raison $b = 3$.

Calculer $S = u_0 + u_1 + u_2 + \ldots + u_{10}$.

75 **Des sommes « classiques »**

a) Calculer la somme des puissances de 2 :

$$S = 1 + 2 + 2^2 + \ldots + 2^{10}.$$

b) Justifier que :

$$S_n = 1 + 2 + 2^2 + \ldots + 2^n = 2^{n+1} - 1.$$

76 On considère la suite géométrique telle que :

$$u_0 = 100 \quad \text{et} \quad u_1 = 102{,}5.$$

Calculer $S = u_0 + u_1 + \ldots + u_{12}$.

77 Soit $u_1 = 100$ et $u_3 = 121$, termes d'une suite géométrique.

Calculer $S = u_1 + u_2 + \ldots + u_{12}$.

78 (u_n) est une suite géométrique, de raison $b = 0{,}95$, avec $u_5 = 2\,340$.

Calculer $S = u_5 + u_6 + \ldots + u_{20}$.

4. Applications concrètes

79 De 2000 à 2002, les importations de pétrole en France sont passées de 85,6 millions de tonnes à 72,4 millions de tonnes.

On pose u_n les importations l'année $2000 + n$, en millions de tonnes. Ainsi $u_0 = 85{,}6$.

On fait l'hypothèse que les importations diminuent de 8 % par an.

1° a) Vérifier que l'hypothèse est satisfaisante pour les importations en 2002.

b) Calculer le coefficient multiplicateur entre 85,6 et 72,4 ; en calculer la racine carrée et faire le lien avec le taux de – 8 % par an.

2° a) Exprimer u_n en fonction de n.

b) Si le taux de diminution se maintient, calculer les importations en 2008.

c) Calculer la somme $S = u_0 + u_1 + \ldots + u_8$.

En donner une interprétation.

80 La population d'une ville passe de 5,136 à 5,266 millions en 1 an.

On désire faire des prévisions sur 10 ans, en supposant que cette population augmente suivant une suite géométrique.

1° Calculer le coefficient multiplicateur CM de la population sur 1 an, avec 4 chiffres après la virgule.

2° On note p_n la population l'année n, avec $p_0 = 5{,}136$.

Calculer la population l'année $n = 10$, arrondie au millier près, en prenant pour coefficient multiplicateur CM :

a) à 2 chiffres après la virgule,

b) à 3 chiffres après la virgule,

c) à 4 chiffres après la virgule.

3° Comparer les résultats obtenus et calculer les écarts de prévision.

81 Le revenu disponible brut des ménages en France était de 951,3 milliards d'euros en 2001 et de $988{,}1 \times 10^9$ € en 2002.

1° Calculer le coefficient multiplicateur CM à 10^{-4} près, et en déduire le taux d'évolution par an.

2° On fait l'hypothèse que le revenu progresse suivant une suite géométrique de terme initial $u_1 = 951{,}3$ et de raison CM calculé en 1°.

a) Calculer le revenu que l'on peut prévoir en 2010.

b) À l'aide de la calculatrice, déterminer l'année n où le revenu devient supérieur à $1{,}150 \times 10^{12}$ €.

82 Dans un ministère de 200 000 fonctionnaires, il est prévu un taux de départ à la retraite de 5 % l'an durant 15 ans.

Soit u_n le nombre de fonctionnaires l'année n, avec $u_0 = 200\,000$, et v_n le nombre de départ à la retraite cette année n ; donc $v_0 = 10\,000$.

a) Exprimer u_n en fonction de n ; calculer u_{15} à mille personnes près.

b) Calculer v_1 et v_2.

c) Calculer le nombre total de départs à la retraite sur les 15 ans.

4. Applications des suites arithmétiques et géométriques

1. Questions rapides

83 **Vrai ou Faux** ? Justifier la réponse.

1° Une suite à variation absolue constante entre deux termes consécutifs est une suite géométrique.

2° Une suite (u_n) telle que $\frac{u_{n+1}}{u_n}$ est constant pour tout n est une suite géométrique.

3° Si une population augmente régulièrement de 5 individus, la population progresse suivant une suite géométrique.

4° Si une population augmente régulièrement de 10 %, la population progresse suivant une suite géométrique de raison 0,1.

84 **Vrai ou Faux** ? Justifier la réponse.

1° Un capital C_0 est placé au taux annuel de 5 % à intérêts simples, alors le capital acquis au bout de n années est $C_0 \times (1+0{,}05n)$.

2° Un capital C_0 est placé au taux annuel de 2,5 % à intérêts composés, alors le capital acquis au bout de n années est $C_0 \times (0{,}025)^n$.

3° 1 000 € placés à 6 % pendant 3 ans, puis à 5 % pendant 2 ans, à intérêts composés, donnent un capital de 1 313 €.

4° 2 500 € placés à 5 % à intérêts composés pendant 5 ans, puis à 6 % à intérêts simples pendant 4 ans, donnent un capital de 3 956,50 €, arrondi au dixième d'euro.

85 On place un capital à 5 % durant 4 ans à intérêts simples, puis à 5 % durant 6 ans à intérêts composés.

Obtient-on le même capital au bout de 10 ans en faisant le placement à intérêts composés en premier ?

Si besoin, calculer la différence pour un capital placé de 1 000 €.

86 On place un capital à 6 % durant 4 ans à intérêts composés, puis le capital obtenu à 4 % durant 6 ans.

Obtient-on le même capital au bout de 10 ans en commençant par le placement à 4 % pendant 6 ans ?

Si besoin, calculer la différence pour un capital placé de 1 000 €.

2. Applications directes

[Comparaison de suites, p. 207]

87 Comparer les deux placements suivants :

1e placement : 350 € et une augmentation de 60 € par mois.

2e placement : 200 € et une augmentation de 20 % par mois.

On déterminera à la calculatrice au bout de combien de mois le 2e placement dépasse le 1er.

88 Comparer les populations de deux pays :

1er pays A : 500 000 habitants et une diminution de 10 000 habitants par an ;

2e pays B : 800 000 habitants et une diminution de 8 % par an.

On déterminera à la calculatrice au bout de combien d'années la population du pays B devient inférieure à celle du pays A.

89 On propose deux contrats de location : 350 € mensuel l'année de référence, puis chaque année :

A : une augmentation de 20 € du loyer mensuel ;

B : une augmentation de 5 % du loyer annuel.

1° Calculer le loyer annuel de l'année 0 de référence.

2° a) Suivant chaque contrat, calculer le loyer mensuel de l'année 1, puis les loyers annuels a_1 et b_1 correspondant aux contrats A et B.

b) Exprimer a_n et b_n en fonction de n , a_n et b_n étant les loyers annuels l'année n .

3° À l'aide de la calculatrice, trouver le plus petit entier n tel que $a_n < b_n$.

90 Monsieur R. achète une grosse cylindrée à 30 000 €.

Madame V. achète une berline à 20 000 €.

Chaque semestre, ces véhicules perdent de la valeur : 15 % pour la cylindrée et 10 % pour la berline.

Au bout de combien de semestres la berline de Madame V. aura-t-elle plus de valeur que la cylindrée de Monsieur R. ?

3. Placements

91 Deux capitaux sont placés au 1er janvier 2005 à ntérêts simples :

e premier de 2 000 € à 4 % ; le second de 1 700 € à 6 %.

)éterminer l'année où la valeur acquise par le second lépassera celle du premier. On sera amené à résoudre ılgébriquement une inéquation.

92 Un placement au taux annuel de 6,5 %, à intérêts :omposés, a une valeur acquise de 4 137,5 € au bout de 3 ans.

)éterminer le capital placé au départ, arrondi à l'euro près.

93 Madame T. place un capital C_0 à un taux t % à ntérêts composés. Si elle retire son capital au bout de ; ans, le capital acquis est de 14 600 €. Si elle le retire au oout de 7 ans, le capital acquis est de 15 791 €.

ı) Montrer que $\left(1+\dfrac{t}{100}\right)^2 = \dfrac{15\,791}{14\,600}$.

En déduire le taux de placement arrondi à l'unité.

ı) Calculer alors le capital C_0 arrondi à 1 €.

94 Pour financer sa résidence principale, on propose à Monsieur Z. un prêt progressif dans la banque A, et un prêt à taux fixe dans la banque B.

La durée de ce prêt est de 15 ans.

Dans la banque A : durant la 1re année, les mensualités sont de 1 250 €, puis elles augmentent chaque année de 3 %.

Dans la banque B : durant la 1re année, les mensualités sont de 1 380 € et restent fixes sur les 15 ans.

1° a) Calculer le montant total des mensualités la première année dans la banque A.

On note u_1 ce montant.

b) Calculer une mensualité la 15e année dans la banque A, puis u_{15} le montant total des mensualités de la 15e année.

c) Si u_n est le montant total de la n-ième année, calculer la somme :

$$S = u_1 + u_2 + \ldots + u_{15} \ .$$

Cette somme est la valeur réelle du prêt.

2° Comparer cette somme à la valeur réelle du prêt proposée dans la banque B.

Chiffrer la différence.

5. Exercices de synthèse

95 Le forage d'un puits nécessite un coût fixe de 2 000 €. Le premier mètre creusé coûte 400 € et chaque nètre supplémentaire coûte 50 € de plus que le précédent.

)n note C_n le coût total d'un forage sur n mètre(s).

° Calculer C_1 , C_2 et C_3 .

:° a) Quelle est la nature de la suite (C_n) ?

ı) En déduire l'expression de C_n en fonction de n .

;° a) Combien coûte un forage sur 40 m ?

ı) Si l'on affecte à cette opération une somme de :3 000 €, quelle profondeur peut-on atteindre ?

96 Dans une société, chaque année, il y a 7 informaticiens de plus et 3 secrétaires de moins.

y avait au départ 15 informaticiens et 74 secrétaires.

° Au bout de combien d'années p a-t-on plus d'infornaticiens que de secrétaires ?

:° Un informaticien coûte 50 000 € à l'entreprise (salaire charges sociales) et une secrétaire coûte 30 000 €.

;alculer la différence de masse salariale entre l'année de épart et l'année p .

97 Élora vient de naître. Sa grand-mère dépose 100 € sur un compte bancaire et décide de verser à chacun de ses anniversaires 100 € auxquels elle ajoute le double de l'âge d'Elora, en euros.

1° Exprimer le versement v_n effectué par la grand-mère au n-ième anniversaire d'Élora, en fonction de l'âge n d'Élora. Calculer le versement v_{18} .

2° Calculer la somme qui se trouve ainsi sur le compte le lendemain des 18 ans d'Elora.

98 On doit goudronner un tronçon de route long de 3 km. On sait qu'un camion de bitume permet le goudronnage de 200 m de route et que la centrale à goudron est à 4 km du début de la route à revêtir.

Ainsi, à chaque voyage, le camion déverse le bitume 200 m plus loin qu'au voyage précédent.

Combien de kilomètres aura parcouru le camion lorsqu'il aura effectué son dernier changement et qu'il sera rentré à la centrale.

99 Une petite entreprise fabrique des sujets en porcelaine pour les galettes des rois.

Elle doit honorer une commande de 24 000 sujets pour le 1er janvier. Elle a déjà 2 000 sujets en stock.

Elle envisage de produire ces sujets durant les 10 mois qui précèdent, à raison de q objets le premier mois, et d'augmenter sa production régulièrement chaque mois de la même quantité q .

Déterminer le nombre q de sujets à fabriquer le premier mois.

100 La production d'une entreprise est de 250 unités l'année 0 de départ.

Elle augmente chaque année de 10 %.

Déterminer la production la 7e année d'augmentation.

Calculer la production totale de cette entreprise sur les 8 années.

101 a) La population d'une ville africaine passe de 200 000 à 223 000 habitants en 1 an. On suppose que la population suit une suite géométrique durant 15 ans.

Exprimer la population u_n après n années et calculer la population au bout de 10 ans ; on arrondira à 1 000 habitants près.

b) Dans le même temps, la population rurale de 700 000 habitants diminue chaque année de 7 %.

Exprimer la population rurale v_n après n années et la calculer au bout de 10 ans, arrondie à 1 000 près.

c) À l'aide de la calculatrice, déterminer l'entier p tel que :

$$u_{p-1} < v_{p-1} \quad \text{et} \quad u_p > v_p \ .$$

On indiquera les 4 valeurs correspondantes.

Conclure par une phrase.

102 On considère la suite (u_n) définie par :

$$u_0 = -1 \quad \text{et} \quad u_{n+1} = \frac{1}{3}(u_n - 2) \ .$$

a) Calculer u_1 et u_2 .

La suite (u_n) est-elle arithmétique ou géométrique.

b) On pose $v_n = u_n + 3$.

Exprimer v_{n+1} en fonction de v_n .

En déduire que (v_n) est une suite géométrique ?

c) Exprimer v_n en fonction de n .

En déduire u_n en fonction de n .

d) Calculer la somme $v_0 + v_1 + \ldots + v_{10}$.

En déduire $u_0 + u_1 + \ldots + u_{10}$.

103 Soit (u_n) une suite telle que :

$$u_0 = 320 \quad \text{et} \quad u_2 = 352{,}8 \ .$$

1° On suppose que la suite est arithmétique.

Déterminer la raison de cette suite, exprimer u_n e fonction de n et calculer u_{10} .

Calculer la somme $S = u_0 + u_1 + \ldots + u_{10}$.

2° On suppose que la suite est à variation relative constant au taux t %.

a) Montrer que $1 + \frac{t}{100} = \sqrt{\frac{u_2}{u_0}}$; le taux t est appel le **taux moyen d'augmentation** entre u_0 et u_2 .

b) En déduire le terme général en fonction de n calculer le terme d'indice 10, arrondi à 0,1 près.

c) Calculer la somme $S' = u_0 + u_1 + \ldots + u_{10}$, arror die à 0,1 près.

104 L'année de référence, $n = 0$, le chiffr d'affaires d'une entreprise est de 125 000 € et bénéfice de 30 000 €.

Chaque année, le chiffre d'affaires augmente de 5 % et l bénéfice augmente de 6,5 %.

Soit C_n le chiffre d'affaires l'année n et B_n le béne fice la même année.

Exprimer C_n et B_n en fonction de n .

Montrer que la part que représente le bénéfice pa rapport au chiffre d'affaires suit une suite géométriqu dont on précisera le terme initial et la raison.

Calculer cette part pour $n = 10$, arrondie à u pourcent.

105 En janvier 2005, une firme internationale offre sur marché, en concurrence monopolistique, 20 000 unités d'u nouveau produit, avec une perspective d'augmentation d 2 % chaque mois, grâce à la productivité de son usine.

La demande pour ce produit est de 40 000 unités déb 2005, avec une perspective de diminution de cett demande de 1 % chaque mois.

On suppose que ces perspectives (fictives) sont valable durant quelques années.

On appelle u_n la quantité offerte et v_n la quanti demandée de ce produit pour le n-ième mois aprè janvier 2005.

1° Quelle est la nature de ces deux suites (u_n) (v_n) ainsi définies ?

En déduire les expressions des termes généraux u et v_n en fonction de n .

2° À l'aide de la calculatrice, déterminer à partir de qu mois la quantité offerte dépassera la quantité demandé

106 Au 1er janvier 2005, Jacques possède une voiture dont la valeur est le triple de celle d'un kilogramme d'or.

On suppose que chaque année la voiture perd 10 % de sa valeur, alors que la valeur de l'or augmente de 8 %.

On désigne par u_0 la valeur du kilogramme d'or au 1er janvier 2005, puis par u_n et v_n, les valeurs respectives d'un kilogramme d'or et de la voiture au bout de n années.

a) Montrer que (u_n) et (v_n) sont des suites géométriques dont on donnera le premier terme en fonction de u_0, et la raison.

b) En déduire les expressions de u_n et v_n en fonction de n et de u_0.

c) Au cours de quelle année l'or et la voiture auront-ils la même valeur ? Utiliser la calculatrice.

107 Une enquête est faite dans un supermarché pour étudier la plus ou moins grande fidélité des clients.

Au cours du premier mois de l'enquête, 8 000 personnes sont venues faire leurs achats dans ce supermarché.

On constate que, chaque mois, 70 % des clients du mois précédent restent fidèles à ce supermarché et que 3 000 nouveaux clients apparaissent.

On note U_n le nombre de clients venus au cours du n-ième mois de l'enquête. Ainsi $U_1 = 8\,000$.

1° a) Calculer U_2 et U_3.

b) Montrer que, pour tout nombre entier naturel non nul n, on a $U_{n+1} = 0{,}7U_n + 3\,000$.

2° On considère la suite V définie, pour tout entier naturel n non nul, par $V_n = 10\,000 - U_n$.

En exprimant V_{n+1} en fonction de V_n, montrer que la suite V est une suite géométrique dont on donnera le premier terme et la raison.

3° Exprimer V_n, puis U_n en fonction de n.

4° a) Déterminer, à l'aide de la calculatrice, le plus petit entier n tel que $U_n > 9\,900$.

b) Interpréter ce résultat, en termes de nombre de clients du supermarché.

108 Deux amies, Virginie et Nadège, ont créé chacune leur société. Elles désirent comparer l'évolution de leur chiffre d'affaires et faire quelques prévisions. Pour cela, elles cherchent un modèle conforme aux chiffres des années précédentes.

1° Société de Virginie

Sur les 5 années de 2000 à 2004 compris, le chiffre d'affaires de sa société a augmenté de 200 milliers d'euros, pour arriver à 560 milliers d'euros pour l'année 2004.

À partir de l'année 2004, Virginie modélise son chiffre d'affaires par une suite arithmétique (u_n), avec $n = 0$ en 2004.

a) Calculer l'accroissement moyen annuel, correspondant à la raison de la suite.

En déduire le terme u_n en fonction de n. D'après ce modèle, calculer le chiffre d'affaires que Virginie peut prévoir pour 2010.

b) Déterminer algébriquement l'année où ce chiffre d'affaires dépassera 900 k€.

c) Représenter graphiquement cette suite (en ordonnées, prendre 1 cm pour 50 k€ et commencer la graduation à 500).

2° Société de Nadège

D'après les résultats des années précédentes, Nadège envisage une augmentation de 8 % par an.

En 2004, son chiffre d'affaires était de 510 k€.

a) Quelle est la nature de la suite qui modélise le chiffre d'affaires annuel de Nadège ?

Donner le terme général v_n en fonction de n.

On prendra 510 pour terme initial v_0.

b) Calculer le chiffre d'affaires prévu par Nadège en 2010.

c) Représenter graphiquement cette suite dans le repère précédent.

3° Comparaison

a) Trouver à partir de quelle année m le chiffre d'affaires de Nadège dépassera celui de Virginie.

b) Des deux amies, quelle est celle qui aura le plus grand chiffre d'affaires cumulé de 2004 à $2004 + m$?

TRAVAUX

1. UTILISATION DES CALCULATRICES OU TABLEURS

109 Représentation d'une suite à la calculatrice

On peut regarder l'exercice 59 du chapitre 7, ainsi que l'application, p. 207.

a) On se propose de représenter à la calculatrice une suite définie par récurrence.

Soit (u_n) la suite définie pour tout entier naturel n par $\begin{cases} u_0 = 200 \\ u_{n+1} = 1{,}1u_n + 100 \end{cases}$.

Cette suite correspond à un placement de 200 €, placé à intérêts composés de 10 %, avec des versements complémentaires de 100 € chaque année.

Définir la suite (u_n) sur la calculatrice ; on pourra consulter le tableau de valeurs pour définir la fenêtre.

• **Sur T.I.** : MODE **Seq**
Y= et valider l'écran :

```
Plot1 Plot2 Plot3
nMin=0
·u(n)=1.1*u(n-1)
+100
 u(nMin)=200
·v(n)=
 v(nMin)=
·w(n)=
```

Pour le tracé :
FORMAT **Time**

WINDOW

$X \in [0 ; 10]$ et $Y \in [0 ; 2\,000]$ GRAPH .

Par appui de la touche TRACE , on peut suivre les termes.

• **Sur Casio 35 +** :
MENU RECUR

EXE et valider l'écran :

```
Recursion
an+1=1.1×an+100
bn+1:
SEL DEL TYPE n.an RANG TAB
```

RANG a_0:200 EXE

Pour le tracé :
V. Window
$X \in [0 ; 10]$ et $Y \in [0 ; 2\,000]$ TABL G-PLT
Puis TRACE pour suivre les termes.

b) Représenter de même la suite (v_n) telle que :

$$v_0 = 1 \quad \text{et} \quad v_{n+1} = 1 + \frac{1}{v_n}$$, dans la fenêtre $X \in [0 ; 10]$ et $Y \in [1 ; 2]$.

110 Calcul de somme de termes

1° Soit f la fonction définie sur $]0 ; +\infty[$ par :

$$f(x) = \frac{2x-1}{x+1}.$$

Étudier son sens de variation. Entrer la fonction f en Y1 .

2° Soit (u_n) la suite définie par $u_n = f(n)$ pour tout entier naturel n .

a) En utilisant le tableau des valeurs de Y1 , calculer u_2 , u_9 , u_{11} et u_{19} .

b) Créer la liste L1 des entiers naturels de 0 à 50 par :

seq(X , X , 0 , 50 , 1) → L1 .

c) Créer la liste L2 des termes de la suite (u_n) par :

• **Sur T.I.** : Y1 (L1) → L2 .

• **Sur Casio 35 +** :

Seq ((2X – 1)/(X + 1) , X , 0 , 50 , 1) → **List** 2 .

d) Créer la liste L3 de la somme des termes de la liste de u_0 à u_n avec n variant de 0 à 50 de la façon suivante :

• **Sur T.I.** : **cumSum(** L2) → L3 .

• **Sur Casio 35 +** : **Cuml** (**List** 2) → **List** 3 .

3° Lire :

a) u_{11} et $\sum_{i=0}^{11} u_i$; b) u_{19} et $\sum_{i=0}^{19} u_i$; c) u_{49} et $\sum_{i=0}^{49} u_{49}$

111 Calcul de somme

On se propose d'appliquer les calculs vus dans l'exercice 110.

Soit (u_n) la suite définie pour $n \geqslant 1$ par $u_n = n - \dfrac{240}{n}$.

1° a) Étudier le sens de variation de cette suite.

b) Étudier le signe de u_n suivant les valeurs de n .

2° On veut chercher à partir de quel entier naturel n , la somme $S = u_1 + u_2 + \ldots + u_n$ devient positive.

Pour cela utiliser les listes de la calculatrice. Conclure.

112 Étude d'un prêt à l'aide d'un tableur

Noémie achète un matériel informatique de 1 000 €. On lui propose de payer cet achat à l'aide d'une carte de crédit, par prélèvement mensuel de 100 €, au taux **mensuel** de 1,2 %.

1° a) Analyser la feuille de calcul ci-dessous.

	A	B	C	D	E
1		taux mensuel en %		1,2	
2		versement mensuel		100	
3	mois	capital	intérêts	versement	restant
4	0	1000	0	0	=B4-D4-C4
5	1	=E4	=B5*$D$1/100	=$D$2	=B5+C5-D5
6	2	=E5	=B6*$D$1/100	=$D$2	=B6+C6-D6
7	3	=E6	=B7*$D$1/100	=$D$2	=B7+C7-D7

b) Réaliser cette feuille sur tableur et « tirer » la ligne 5 jusqu'à la ligne 20.

c) Au bout de combien de mois le capital restant dû est-il inférieur au versement mensuel ?

En déduire le dernier versement à effectuer, puis le coût total de ce crédit, c'est-à-dire la somme de tous les versements effectués.

2° Reprendre la feuille de calcul pour un achat de 10 000 € en cellule B4 ; puis pour un achat de 10 000 € avec un remboursement de 150 € par mois, en cellule D2.

2. PROBLÈMES HISTORIQUES

113 Doublement de population

Combien faut-il d'années pour qu'une population double, connaissant le taux de croissance annuel de la population ?

1° Pour un taux de croissance de 2 % l'an, rechercher à la calculatrice l'année x telle que :

$$(1+0{,}02)^x > 2 \ .$$

Utiliser la mémoire T par : $2/100 \rightarrow$ [T] , puis $Y1 = (1+T)$^X et consulter le tableau de valeurs pour X allant de 1 en 1.

2° a) Renouveler l'étude pour des taux de croissance T et remplir le tableau ci-dessous :

T (en %)	1	1,5	2	2,5	3	3,5	4	4,5	5	6	7	8
années X												

b) Représenter le nombre d'années nécessaires pour un doublement de population en fonction du taux : 1 cm pour 1 % en abscisse et 1 cm pour 5 ans en ordonnée.

c) Malthus, en 1798, supposait que la population doublait en 25 ans. (Voir exercice 115.)

D'après le graphique précédent, quel est le taux de croissance de la population prévu par Malthus.

114 Problème d'EULER

Le Suisse Leonhard EULER, en 1748, dirige l'Académie des Sciences de Berlin. Il publie son Introduction in Analysim infinitorum *où il traite, entre autres, des problèmes de population (il eut treize enfants, dont huit moururent en bas âge !).*

1° *Au problème suivant :* « Si le nombre des habitants d'une province croît tous les ans d'un trentième, et qu'il y a, au commencement, 100 000 habitants, on veut savoir combien il y en aura au bout de 100 ans »,

EULER répond que « le nombre d'habitants sera de vingt-six fois et demi plus considérable ».

Vérifier par le calcul l'affirmation d'Euler.

2° *Il s'intéresse aussi au problème réciproque :* « La Terre ayant été repeuplée après le déluge par six hommes, supposons qu'au bout de 200 ans le nombre des hommes se soit élevé à 1 000 000 ; on demande de *quelle partie* il a dû augmenter tous les ans. *[...]* Et si la même augmentation eût continué d'avoir lieu, le nombre d'habitants est si considérable que toute la Terre n'eût pas suffi pour les nourrir. »

a) À l'aide de la calculatrice, trouver le taux de croissance de la population envisagé par Euler sur les 200 ans qui ont suivi le déluge.

On pourra utiliser la fonction $Y1 = 6 * (1+X)$ ^ 200, pour X variant tous les 0,001.

Donner le taux à 0,001 près ou 0,1 point de pourcentage.

b) Si ce taux se maintient, quel est le nombre d'habitants de la Terre 3 500 ans après le déluge ?

Thomas Robert MALTHUS (1766-1834)

L'économiste anglais Thomas MALTHUS publie en 1798 son Essai sur le principe des populations. *Il base sa théorie su les tables de mortalité et les calculs d'EULER et énonce :*

« *[...]* vue la tendance constante qui se manifeste dans tous les êtres vivants à accroître leur espèce *[...]* cette populatior croissant rapidement en progression géométrique s'imposera des bornes d'elle-même *[...]*. Nous sommes en l'état de prononcer, en partant de l'état actuel de la terre habitable, que les moyens de subsistance dans les circonstances les plus favorables à l'industrie ne peuvent augmenter plus rapidement que selon une progression arithmétique.

La race humaine croîtrait comme les nombres 1, 2, 4, 8, 16, 32, 64, tandis que les subsistances croîtraient comme 1, 2, 3, 4, 5, 6, 7. Au bout de deux siècles, la population serait aux moyens de subsistance comme 256 à 9. »

MALTHUS préconise alors la contrainte morale : la limitation des naissances par la chasteté et le mariage tardif.

La théorie malthusienne est à la base de nombreuses études sociologiques et s'est transformée actuellement en théories sociales des conduites restrictives, en particulier dans les pays à forte surpopulation : faut-il accroître la fécondité des terres ou diminuer celle des femmes ?

Au moment où MALTHUS publie son *Essai*, en 1800, la population de l'Angleterre est de 8 millions d'habitants :

la population augmente chaque année de 2 % ;

l'agriculture anglaise permet de nourrir 10 millions d'habitants et son amélioration permet de nourrir 0,4 millions d'habitants supplémentaires par an.

a) Modéliser la population P_n et le nombre d'habitant que peut nourrir l'agriculture anglaise a_n suivant ce hypothèses, avec $P_0 = 8$ et $a_0 = 10$.

b) Calculer P_{100} et a_{100} pour l'année 1900.

c) À l'aide de la calculatrice, déterminer l'année à part de laquelle l'agriculture anglaise ne permet plus de nourrir la population anglaise suivant cette hypothèse.

3. PROBLÈMES ÉCONOMIQUES

Placement avec versement

Au 1er Janvier 2000, Souad a placé 3 000 € sur un compte épargne, rémunéré à intérêts composés au taux de 4,5 %.

Chaque année, toujours au 1er janvier, elle verse 3 000 € sur ce compte.

On note u_n la somme disponible au 1er janvier de l'année $2000 + n$, le versement du 1er janvier étant effectué ; ainsi $u_0 = 3\,000$.

1° a) Calculer u_1, puis u_2.

Exprimer u_{n+1} en fonction de u_n.

b) À l'aide des fonctionnalités de la calculatrice, calculer u_{10}. (Voir p. 201 et exercices 17 ou 21.)

2° De 2000 à 2010, le 1er versement de 3 000 € est placé 10 ans à intérêts composés au taux de 4,5 % ; le 2e versement seulement pendant 9 ans,... ainsi le versement de 2009 est placé durant 1 an et celui de 2010 ne rapporte pas d'intérêt.

On peut schématiser ce placement par :

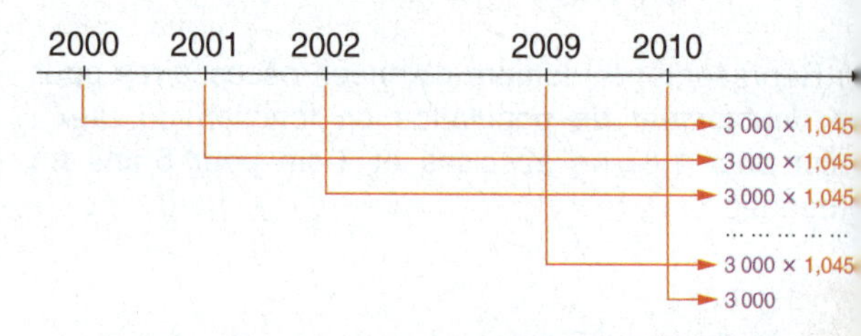

a) Montrer que la somme disponible au 1er janvier 201 pour Souad est :

$$S = 3\,000 + 3\,000 \times 1{,}045 + \dots + 3\,000 \times 1{,}045^9 + 3\,000 \times 1{,}045^{10}$$

b) Montrer que S est la somme de termes consécuti d'une suite géométrique.

Calculer S et retrouver u_{10}.

Modèle de HARROD

Dans un pays fictif, à l'année n, on note S_n l'épargne, Y_n le revenu national et I_n l'investissement.

On suppose que $Y_0 = 700$, en milliards d'euros.

On admet que $S_n = 0{,}12\,Y_n$, c'est-à-dire que l'on épargne 12 % du revenu (0,12 est la propension marginale à épargne voir p. 209).

De plus, l'investissement l'année n est proportionnel à la variation absolue du revenu national (le coefficient de proportionnalité est appelé le coefficient du capital) :

$$I_n = 2{,}12\ (Y_n - Y_{n-1})\ .$$

On dit qu'il y a équilibre lorsque l'épargne est égale à l'investissement : $I_n = S_n$ pour tout n.

a) À l'équilibre, exprimer Y_n en fonction de Y_{n-1}.

b) En déduire l'expression de Y_n en fonction de n.

18 Suite de prix d'équlibre

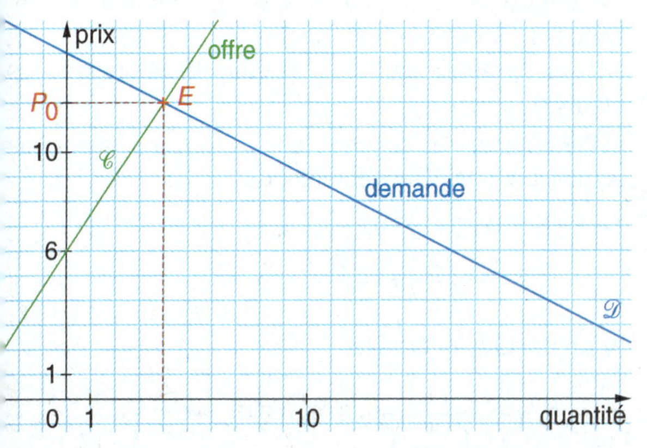

La **fonction de demande** d'un bien est définie, pour $q \in [0 ; +\infty[$, par $d(q) = -\dfrac{q}{2} + 14$,

où q est la quantité mensuelle de bien demandée par les consommateurs (en tonnes), et $d(q)$ est le prix, en € par kg, de ce bien sur le marché.

La **fonction d'offre** de ce même bien est donnée par :

$$f(q) = \frac{3}{2}q + 6\ .$$

1°) Calculer le **prix d'équilibre** p_0.

2°) On suppose que la fonction de demande reste inchangée, mais que la quantité offerte par les producteurs augmente de 2t chaque mois, quel que soit le prix de ce bien.

a) Tracer la courbe $\mathscr{C}_1$ représentant la nouvelle fonction d'offre f_1 du premier mois.
Justifier que $\mathscr{C}_1$ est la translatée de $\mathscr{C}$ par une translation horizontale.
En déduire l'expression de la fonction d'offre f_1 en fonction de q.

b) Tracer les courbes d'offre $\mathscr{C}_2$, $\mathscr{C}_3$ ... jusqu'à $\mathscr{C}_8$ représentant la fonction d'offre du huitième mois.
Lire graphiquement le prix d'équilibre p_8 du huitième mois.

3°) Déterminer la fonction d'offre f_n du n-ième mois : on exprimera $f_n(q)$ en fonction de q et de n.
Déterminer algébriquement le prix d'équilibre p_n en fonction de n.
En déduire le sens de variation de la suite (p_n) des prix d'équilibre.

19 Subvention sur le marché

Pour un bien de consommation de nécessité, les fonctions d'offre et de demande de ce bien sont données par :

$$f(q) = 0{,}028q \quad \text{et} \quad d(q) = -0{,}012q + 10\ ,$$

où q est la quantité en kg par habitant, et $f(q)$ et $d(q)$ sont des prix unitaires, exprimés en euros.

Afin de stimuler la consommation, le gouvernement décide d'accorder une subvention aux producteurs, ce qui fait baisser le prix unitaire de ce bien de n €, quelle que soit la quantité offerte.

La fonction de demande, et les autres facteurs, restent inchangés, clause *ceteris paribus* (toutes choses égales par ailleurs).

1° Représenter ces fonctions par les droites $\mathscr{C}$ et $\mathscr{D}$, dans un repère orthogonal $(O ; \vec{i}, \vec{j})$, avec 1 cm pour 100 en abscisses, 1 cm pour 1 € en ordonnées.

2° a) Calculer la quantité d'équilibre q_0 avant la subvention.

b) Calculer la quantité d'équilibre q_1 lorsque la subvention accordée conduit à une baisse du prix de 1 €.

c) D'une façon générale, déterminer la quantité d'équilibre q_n après une baisse du prix de n € (en fonction de n).

d) Par quelle transformation passe-t-on de la courbe d'offre $\mathscr{C}$ avant la subvention à la courbe d'offre $\mathscr{C}_n$ après la subvention ?

3° a) Étudier la suite (q_n) des quantités d'équilibre (nature, sens de variation).

b) À partir de quel entier n la quantité demandée par les consommateurs et offerte sur le marché est-elle supérieure à 500 kg par habitant ?

120 Actualisation

Comme l'argent placé change de valeur dans le temps, un capital de valeur A dans n années a une valeur actuelle A_n telle que :

$A_n \times (1+i)^n = A$ ou $A_n = \dfrac{A}{(1+i)^n}$, où i est le taux annuel d'actualisation (i en écriture décimale).

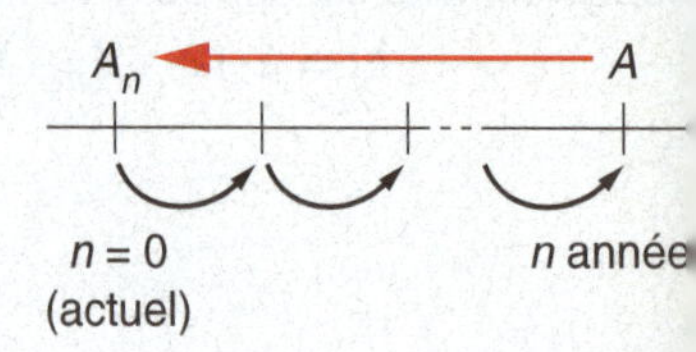

1° Étude d'un cas particulier

Un capital K de 10 000 € est emprunté durant six ans.

On le rembourse en six annuités constantes égales à A, au taux annuel d'actualisation de 8 %.

La première annuité est versée un an après l'emprunt.

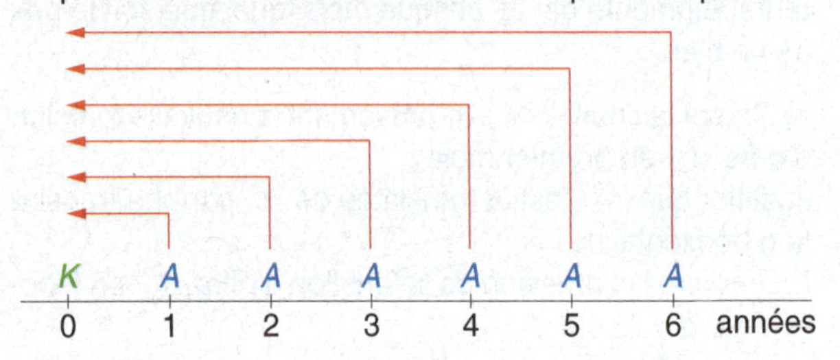

a) Justifier que la dernière annuité A a une valeur actuelle :

$$A_6 = \frac{A}{1{,}08^6}.$$

b) Calculer la somme des annuités :

$$A_1 + A_2 + A_3 + A_4 + A_5 + A_6$$

en utilisant la somme des termes d'une suite géométrique, dont on précisera la raison et le terme initial A_1.

c) En déduire le montant de l'annuité A, afin que la somme des valeurs actualisées des annuités soit égale au capital K emprunté (arrondie à 0,1 €).

2° Généralisation

On emprunte un capital K que l'on rembourse en annuités constantes et égales à A, avec un tau annuel d'actualisation de i (i étant l'écriture décimal du taux).

a) Déterminer la somme des n annuités actualisée en utilisant une suite géométrique :

$$A_1 + A_2 + A_3 + \ldots + A_n = \frac{A}{1+i} + \frac{A}{(1+i)^2} + \frac{A}{(1+i)^3} + \ldots + \frac{A}{(1+i)^n}$$

b) En déduire la formule :

$$A = K \times \frac{i}{1 - \left(\frac{1}{1+i}\right)^n}, \text{ c'est-à-dire } A = \frac{K \times i}{1 - (1+i)^{-n}}$$

c) Retrouver le montant de l'annuité du cas particuli précédent.

3° Application

Pour acheter un appartement, Monsieur X est prêt à rem bourser 1 000 € par mois, c'est-à-dire $A = 12\,000$ par an pendant 15 ans, au taux annuel de 4,5 %.

Quel est le montant K de l'emprunt que Monsieur X pe obtenir, arrondi à 1 € près.

Problème de l'échiquier

121 On raconte que l'inventeur du jeu d'échecs a demandé en récompense, un grain de blé sur la 1re case et on double le nombre de grains à chaque case, jusqu'à la 64e case.

1° a) Quel est le nombre de grains sur la 64e case ?

b) Calculer le nombre total de grain pour les 64 cases de l'échiquier.

Donner cette valeur arrondie à deux chiffres significatifs sous la forme $a \times 10^p$, a entier et p entier.

2° Un grain de blé pèse 0,05 g. En 2004, la production mondiale de blé était de 600 millions de tonnes. Cette production suffirait-elle à payer l'inventeur du jeu d'échecs ?

9

Limites et comportement asymptotique

1. Limites de fonctions usuelles
2. Opérations sur les limites
3. Droites asymptotes

Taux d'équipement en téléviseur

De plus en plus de ménages sont équipés d'un téléviseur.

Mais y-a-t-il un plafond du nombre de ménages équipés ?

[voir exercice 71]

Tests préliminaires

A. Calculs sur les grands nombres

Soit $f(x) = 2x - 3 - \dfrac{4}{x}$; $g(x) = \dfrac{-x^2+1}{x-2}$;

$h(x) = \dfrac{4x-1}{x^2+4}$ et $k(x) = \dfrac{-x^3}{4} + x^2 - 3$.

Calculer ces expressions pour :

$$x = 10^6 \quad \text{et } x = -10^6 .$$

Préciser si le résultat est un grand nombre, positif ou négatif, ou s'il est proche de zéro.

[Voir page de calcul, p. 238]

B. Fonctions associées à la fonction inverse

1° Fonction inverse $x \longmapsto \dfrac{1}{x}$.

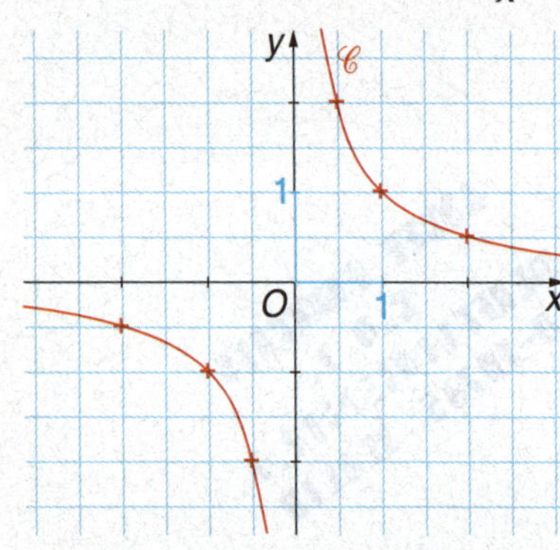

On considère un point M mobile sur la courbe $\mathscr{C}$ ci-contre.

Comment se comporte l'ordonnée de M dans chaque cas ?

a) l'abscisse de M devient très grande, positive ;
b) l'abscisse de M est très proche de 0, mais reste positive ;
c) l'abscisse de M devient très grande, négative ;
d) l'abscisse de M est très proche de 0, mais reste négative.

2° Soit f la fonction définie par $f(x) = \dfrac{2}{x+1} + 3$.
À quelle fonction h est-elle associée ?
Par quelle transformation passe-t-on de la courbe $\mathscr{C}_h$ de la fonction h à la courbe $\mathscr{C}_f$?

3° La courbe $\mathscr{C}$ est celle d'une fonction g associée à la fonction inverse.
Retrouver l'expression $g(x)$.

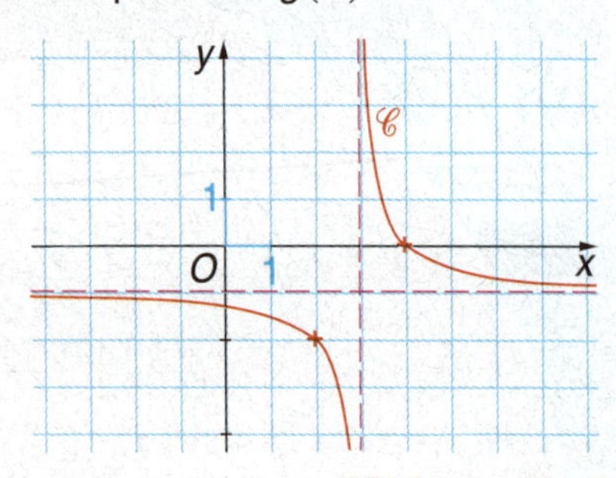

[Voir chapitre 2, p. 37]

C. Transformation d'écriture

1° a) Soit $f(x) = \dfrac{2x-3}{1-x}$ sur $\mathbb{R} \setminus \{1\}$.

Vérifier que $f(x) = -2 - \dfrac{1}{1-x}$.

b) Soit $g(x) = \dfrac{-x^2+5x-2}{x-2}$ sur $\mathbb{R} \setminus \{2\}$.

Vérifier que $g(x) = -x + 3 + \dfrac{4}{x-2}$.

c) Soit $h(x) = \dfrac{x+5}{x^2-2x-3}$ sur $\mathbb{R} \setminus \{-1 ; 3\}$.

Vérifier que $h(x) = \dfrac{2}{x-3} - \dfrac{1}{x+1}$.

2° Soit $f(x) = \dfrac{-x^2+3x+2}{x-2}$ sur $\mathbb{R} \setminus \{2\}$.

Déterminer les réels a , b et c tels que :

$$f(x) = ax + b + \frac{c}{x-2} .$$

[Voir chapitre 3, p. 65]

D. Conventions graphiques

On considère la fonction f connue par sa courbe $\mathscr{C}_f$ ci-dessous.

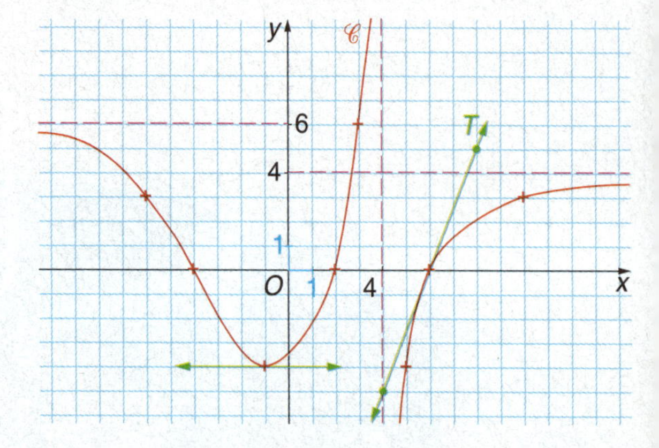

1° Dresser le tableau des variations de f .

2° a) D'après le graphique, existe-t-il des points de la courbe dont l'abscisse est 4 ?

b) L'équation $f(x) = 6$ possède-t-elle des solutions négatives ?

c) Pourquoi peut-on écrire : « pour tout x de $]4 ; +\infty[$, on a $f(x) < 4$ » ?

3° Que représente la droite T ? En donner une équation.

[Voir Techniques de base, p. XII]

MISE EN ROUTE

Activités préparatoires

1. Lorsque x prend des grandes valeurs

1° Soit $f(x) = x^2 + 4x + 20$ et $u(x) = x^2$.

a) Créer le tableau de valeurs ci-dessous pour des grandes valeurs de x .

Sur T.I. : (TBL SET) , puis (TABLE) .

```
Plot1 Plot2 Plot3
\Y1■X²+4X+20
\Y2■X²
```

```
TABLE SETUP
 TblStart=0
 ΔTbl=1
Indpnt: Auto Ask
Depend: Auto Ask
```

X	Y1	Y2
10	160	100
100	10420	10000
500	252020	250000
800	643220	640000
1000	1E6	1E6
1E6	1E12	1E12

X=10^6

Sur Casio : (MENU) TABLE , et taper les valeurs de x dans la colonne X , puis (EXE) .

b) Comparer les valeurs obtenues pour $f(x)$ et $u(x)$: on dit que $x^2 + 4x + 20$ se **comporte** comme $\boldsymbol{x^2}$ **quand *x* tend vers $+\infty$.**

2° Soit $f(x) = 9 - \frac{5}{x}$ et $u(x) = 9$.

a) Créer le tableau de valeurs comme ci-dessous.

b) Comparer $f(x)$ et $u(x)$ lorsque x prend des grandes valeurs.

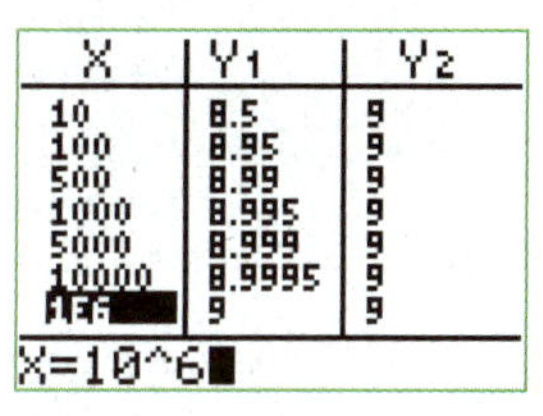

X	Y1	Y2
10	8.5	9
100	8.95	9
500	8.99	9
1000	8.995	9
5000	8.999	9
10000	8.9995	9
1E6	9	9

X=10^6

On dit que $9 - \frac{5}{x}$ **tend vers 9 quand *x* tend vers $+\infty$.**

3° Par des raisonnements « intuitifs » analogues, avec l'aide de la calculatrice, lorsque x prend des grandes valeurs positives, indiquer si $f(x)$ prend des grandes valeurs, positives ou négatives ou si $f(x)$ est très proche de 0 ou très proche d'un nombre :

a) $f(x) = -x^2 + x - 3$; **b)** $f(x) = x - \sqrt{x}$;

c) $f(x) = \frac{4x}{x^2+1}$; **d)** $f(x) = \frac{2x+3}{x-1}$;

e) $f(x) = 2x + 1 + \frac{4}{x}$; **f)** $f(x) = 4 - \frac{2x+1}{x^2+4}$.

2. Approche graphique de la notion de limite

1° Une fonction f est connue par sa courbe $\mathscr{C}_f$ ci-dessous, f est définie sur $]-\infty ; 2[\cup]2 ; +\infty[$.

a) Dresser son tableau des variations.

b) Compléter ce tableau par le comportement de $f(x)$ en $+\infty$, en $-\infty$, en 2 avec $x > 2$, et en 2 avec $x < 2$.

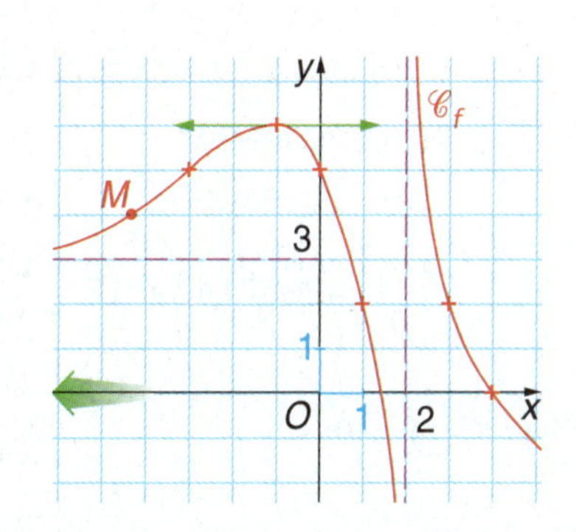

c) Le comportement de $f(x)$ en $-\infty$ se traduit par la **limite** :

quand *x* tend vers $-\infty$, alors **$f(x)$ tend vers 3.**

Traduire, de même, le comportement de f en $+\infty$, puis en 2 avec $x > 2$, et en 2 avec $x < 2$.

2° Soit f la fonction représentée ci-dessous, définie sur $[-3 ; 3[\cup]3 ; +\infty[$.

Dresser son tableau des variations en indiquant les limites aux bornes de l'ensemble de définition.

3° Faire de même pour la fonction f définie sur $\mathbb{R} \setminus \{-4 ; 4\}$.

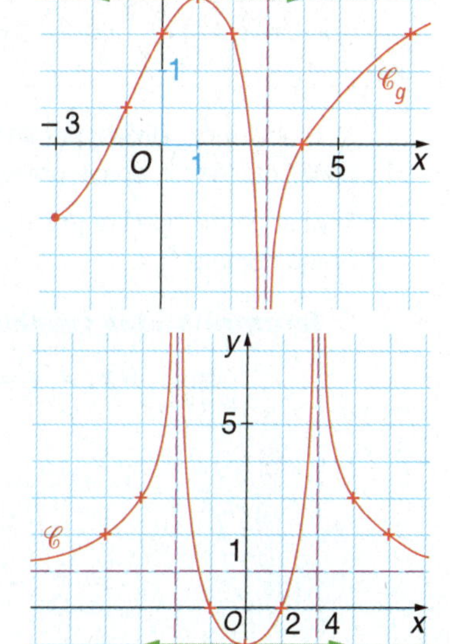

■ **Notation symbolique**

$\lim\limits_{x \to \dots} f(x) = \dots$ se lit : « la limite de $f(x)$ est égale à ... , quand x tend vers ... ».

1. Limites de fonctions usuelles

Carré, cube, racine carrée

Les fonctions carré, cube et racine carrée ont pour limites, lorsque x tend vers :

- $+\infty$: $\lim\limits_{x \to +\infty} x^2 = +\infty$, $\lim\limits_{x \to +\infty} x^3 = +\infty$ et $\lim\limits_{x \to +\infty} \sqrt{x} = +\infty$;
- $-\infty$: $\lim\limits_{x \to -\infty} x^2 = +\infty$ et $\lim\limits_{x \to -\infty} x^3 = -\infty$.

Remarque : Lorsque x tend vers un nombre, il suffit de faire le calcul :

$\lim\limits_{x \to 3} -x^2 = -3^2 = -9$; $\lim\limits_{x \to 8} \sqrt{x} = \sqrt{8} = 2\sqrt{2}$; $\lim\limits_{x \to -2} x^3 = (-2)^3 = -8$.

Inverse

- $\lim\limits_{x \to -\infty} \frac{1}{x} = 0$ et $\lim\limits_{x \to +\infty} \frac{1}{x} = 0$
- $\lim\limits_{x \to -\infty} \frac{1}{x^2} = 0$ et $\lim\limits_{x \to +\infty} \frac{1}{x^2} = 0$

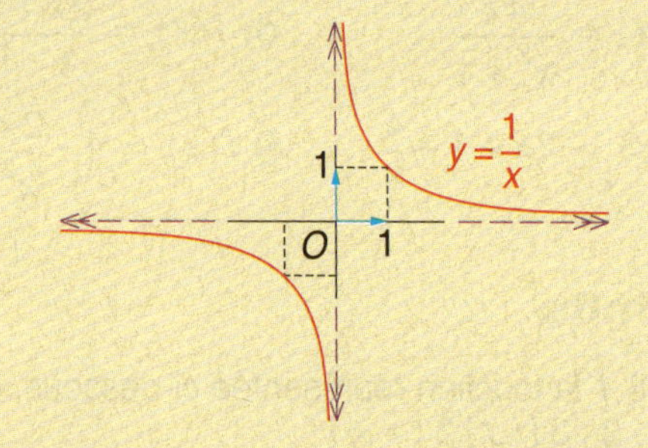

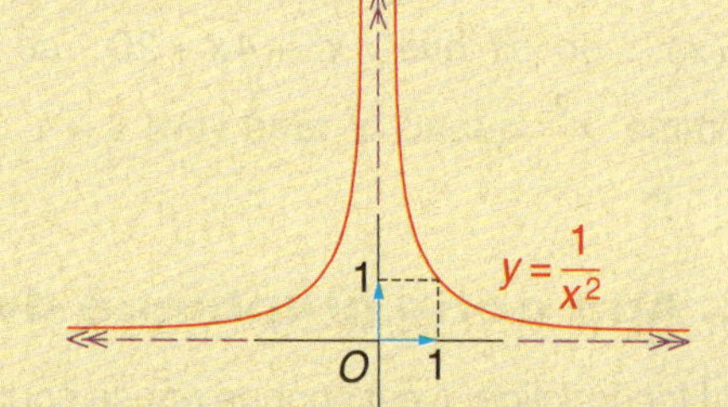

- $\lim\limits_{\substack{x \to 0 \\ x < 0}} \frac{1}{x} = -\infty$ et $\lim\limits_{\substack{x \to 0 \\ x > 0}} \frac{1}{x} = +\infty$
- $\lim\limits_{\substack{x \to 0 \\ x < 0}} \frac{1}{x^2} = +\infty$ et $\lim\limits_{\substack{x \to 0 \\ x > 0}} \frac{1}{x^2} = +\infty$.

Remarque : Diviser par un très grand nombre, qu'il soit positif ou négatif, donne presque zéro.

Diviser par un nombre presque égal à zéro donne un très grand nombre.

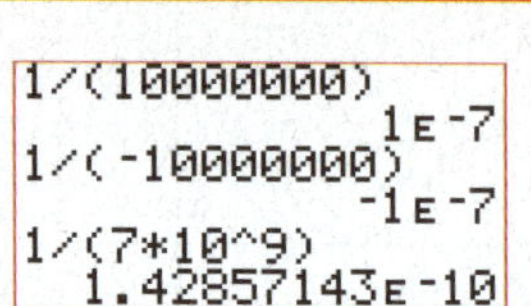


```
1/(0.000001)
                1000000
1/(-0.000001)
               -1000000
1/(13*10^-12)
          7.692307692E10
```

Interprétations graphiques

$\lim\limits_{x \to +\infty} f(x) = +\infty$

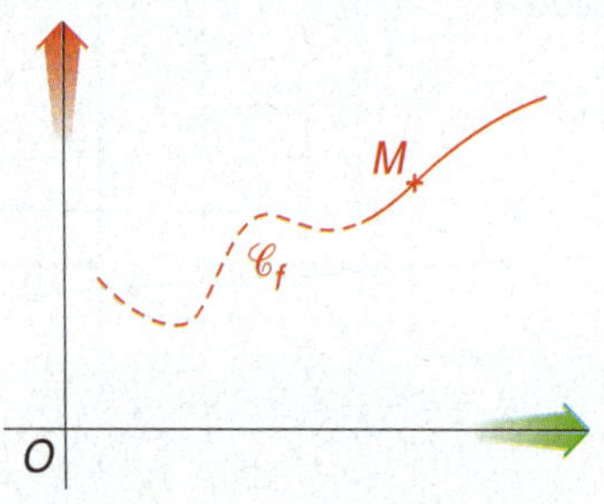

Si l'abscisse de M devient très grande, alors son ordonnée sera très grande.

$\lim\limits_{x \to +\infty} f(x) = 0$

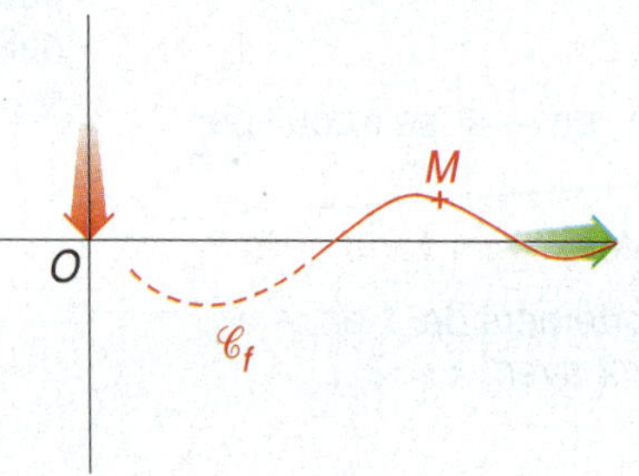

Si l'abscisse de M devient très grande, alors son ordonnée sera proche de 0.

$\lim\limits_{x \to 0} f(x) = +\infty$

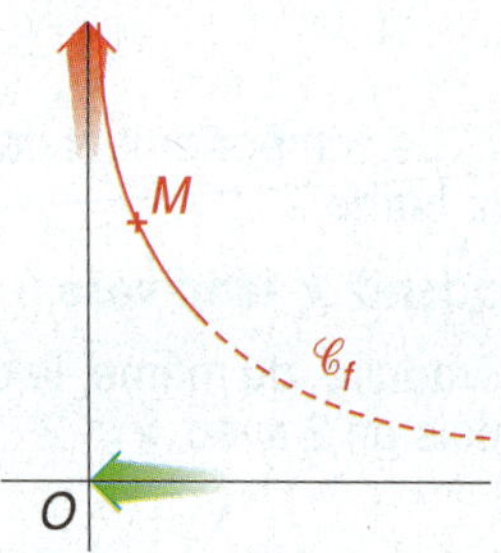

Si l'abscisse de M devient très proche de 0, alors son ordonnée sera très grande.

Lire graphiquement une limite

Méthode

• Pour lire graphiquement une limite, penser que la limite de $f(x)$ est le comportement de **l'ordonnée** du point de la courbe $\mathscr{C}_f$:

– si la courbe monte sans arrêt, la limite de $f(x)$ est $+\infty$;

– si la courbe descend sans arrêt, la limite de $f(x)$ est $-\infty$;

– si la courbe part à l'horizontale, la limite de $f(x)$ est un nombre.

• En $+\infty$, on regarde la partie de la courbe la plus à droite.

• En $-\infty$, on regarde la partie la plus à gauche.

• En une valeur interdite a, on regarde tout contre la droite verticale d'équation $x = a$.

Notation : la limite de $f(x)$ est égale à 3 en $+\infty$ et s'écrit :

si $x \to +\infty$, alors $f(x) \to 3$;

ou en notation symbolique :

$\lim\limits_{+\infty} f = 3$ ou $\lim\limits_{x \to +\infty} f(x) = 3$.

[Voir exercices 14 à 17]

Soit f et g deux fonctions connues par leurs courbes.

Dresser leur tableau complet des variations, en précisant les limites aux bornes de l'ensemble de définition.

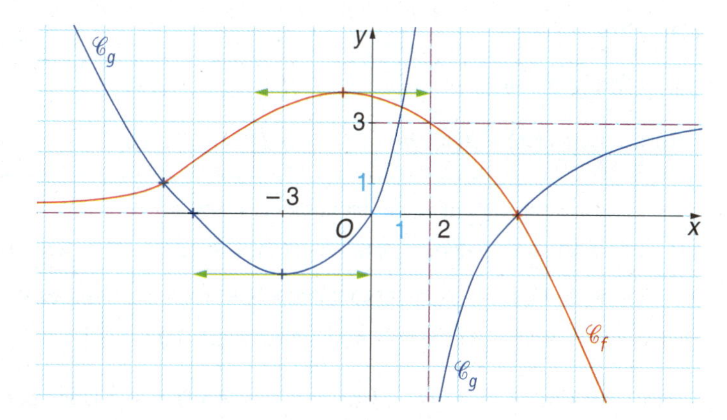

f est définie sur $\mathbb{R} =]-\infty\,;+\infty[$: il y a deux limites.

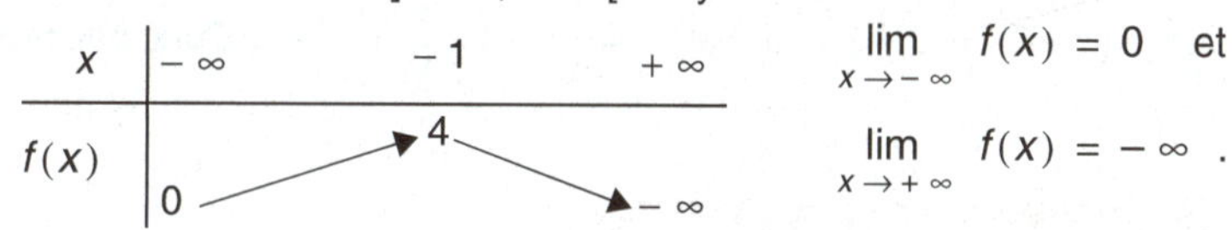

x	$-\infty$		-1		$+\infty$
$f(x)$	0	↗	4	↘	$-\infty$

$\lim\limits_{x \to -\infty} f(x) = 0$ et $\lim\limits_{x \to +\infty} f(x) = -\infty$.

g est définie sur $\mathbb{R} \setminus \{2\} =]-\infty\,;2[\cup]2\,;+\infty[$.

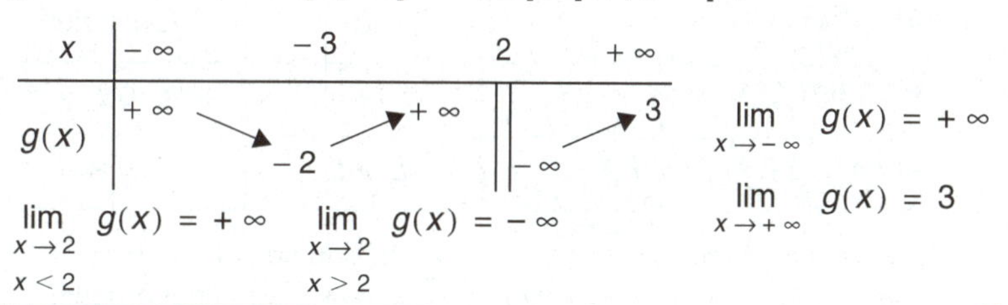

x	$-\infty$		-3		2		$+\infty$
$g(x)$	$+\infty$	↘	-2	↗ $+\infty$	‖ $-\infty$	↗	3

$\lim\limits_{x \to -\infty} g(x) = +\infty$ $\lim\limits_{x \to +\infty} g(x) = 3$

$\lim\limits_{\substack{x \to 2 \\ x < 2}} g(x) = +\infty$ $\lim\limits_{\substack{x \to 2 \\ x > 2}} g(x) = -\infty$

Conjecturer une limite à la calculatrice

Méthode

Pour chercher une limite :

• en $+\infty$, on remplace x par de grandes valeurs : 1 000 ; 10^6 ; 10^9...

• en $-\infty$, par : – 1 000 ; -10^6 ; -10^9...

• en 0, par : 0,001 ; 10^{-6} ; 10^{-9}... ou par – 0,001 ; -10^{-6} ; -10^{-9}...

• en a, avec $x > a$, par : $a + 0{,}001$; $a + 10^{-6}$...

• en a, avec $x < a$, par : $a - 0{,}001$; $a - 10^{-6}$...

⚠ Il reste à démontrer le résultat conjecturé à la calculatrice.

[Voir exercices 18 à 20]

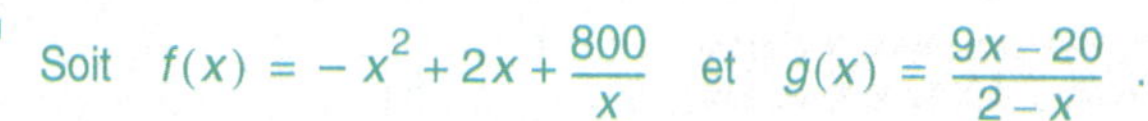

Soit $f(x) = -x^2 + 2x + \dfrac{800}{x}$ et $g(x) = \dfrac{9x-20}{2-x}$.

Conjecturer à la calculatrice les limites de f en $+\infty$, en $-\infty$ et en 0, et les limites de g en $+\infty$, en $-\infty$ et en 2.

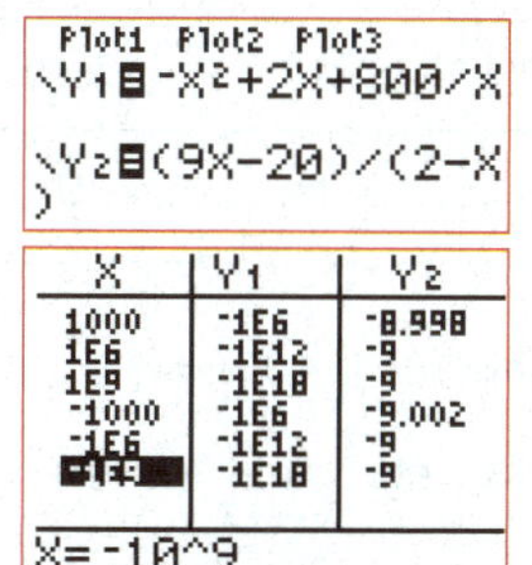

```
Plot1 Plot2 Plot3
\Y1■-X²+2X+800/X
\Y2■(9X-20)/(2-X
)
```

On entre f et g en Y_1 et Y_2.

X	Y1	Y2
1000	-1E6	-8.998
1E6	-1E12	-9
1E9	-1E18	-9
-1000	-1E6	-9.002
-1E6	-1E12	-9
-1E9	-1E18	-9

X=-10^9

$\lim\limits_{x \to +\infty} f(x) = -\infty$ $\lim\limits_{x \to +\infty} g(x) = -9$

$\lim\limits_{x \to -\infty} f(x) = -\infty$ $\lim\limits_{x \to -\infty} g(x) = -9$

X	Y1
.001	800000
1E-6	8E8
1E-9	8E11
-.001	-8E5
-1E-6	-8E8
-1E-9	-8E11

X=-10^-9

$\lim\limits_{\substack{x \to 0 \\ x > 0}} f(x) = +\infty$ $\lim\limits_{\substack{x \to 0 \\ x < 0}} f(x) = -\infty$

X	Y2
2.01	191
2.001	1991
2	199991
1.99	-209
1.999	-2009
2	-2E5
2	-2E6

X=2-10^-6

$\lim\limits_{\substack{x \to 2 \\ x > 2}} g(x) = +\infty$ $\lim\limits_{\substack{x \to 2 \\ x < 2}} g(x) = -\infty$

2. Opérations sur les limites

Dans ce paragraphe, α désigne un nombre ou $+\infty$ ou $-\infty$,et L et L' sont des nombres.

Somme de fonctions

si $\lim\limits_{x \to \alpha} f(x) =$	L	L	L	$+\infty$	$-\infty$	$+\infty$
et $\lim\limits_{x \to \alpha} g(x) =$	L'	$+\infty$	$-\infty$	$+\infty$	$-\infty$	$-\infty$
alors $\lim\limits_{x \to \alpha} f(x)+g(x) =$	$L+L'$	$+\infty$	$-\infty$	$+\infty$	$-\infty$	?

Remarque : Multiplication par un nombre k non nul :

si $\lim\limits_{x \to \alpha} f(x) = L$, alors $\lim\limits_{x \to \alpha} k \cdot f(x) = k \cdot L$; si $\lim\limits_{x \to \alpha} f(x) = \pm\infty$, alors $\lim\limits_{x \to \alpha} k \cdot f(x) = \pm\infty$.

Le « **signe de l'infini** » s'obtient simplement par **règle des signes du produit**.

Exemple : Soit $f(x) = x+3-\frac{4}{x}$ définie sur $]0\,;+\infty[$.

$\lim\limits_{x \to +\infty} (x+3) = +\infty$ et $\lim\limits_{x \to +\infty} -\frac{4}{x} = -4 \times 0 = 0$. Donc par somme, $\lim\limits_{x \to +\infty} \left(x+3-\frac{4}{x}\right) = +\infty$.

$\lim\limits_{x \to 0} (x+3) = 0+3 = 3$ et $\lim\limits_{\substack{x \to 0 \\ x > 0}} -4 \times \frac{1}{x} = -\infty$. Donc par somme, $\lim\limits_{\substack{x \to 0 \\ x > 0}} \left(x+3-\frac{4}{x}\right) = -\infty$.

Produit de fonctions

si $\lim\limits_{x \to \alpha} f(x) =$	L	L non nul	0	$+\infty$ ou $-\infty$
et $\lim\limits_{x \to \alpha} g(x) =$	L'	$+\infty$ ou $-\infty$	$+\infty$ ou $-\infty$	$+\infty$ ou $-\infty$
alors $\lim\limits_{x \to \alpha} f(x) \times g(x) =$	$L+L'$	$\pm\infty$	?	$\pm\infty$

Exemple : Soit $f(x) = \sqrt{x}\,(3-x)$ définie sur $[0\,;+\infty[$.

$\lim\limits_{x \to +\infty} (3-x) = -\infty$ et $\lim\limits_{x \to +\infty} \sqrt{x} = +\infty$. Donc par produit, $\lim\limits_{x \to +\infty} \sqrt{x}\,(3-x) = -\infty$.

⚠ En 0, la fonction existe, on calcule donc $f(0) = \sqrt{0}\,(3-0) = 0$.

Quotient de fonctions

si $\lim\limits_{x \to \alpha} f(x) =$	L	$L \neq 0$	L	$\pm\infty$	0	$\pm\infty$
et $\lim\limits_{x \to \alpha} g(x) =$	L' non nul	0	$\pm\infty$	L'	0	$\pm\infty$
alors $\lim\limits_{x \to \alpha} \frac{f(x)}{g(x)} =$	$\frac{L}{L'}$	$\pm\infty$	0	$\pm\infty$	?	?

Exemple : Soit $f(x) = \frac{-x^2+x+3}{x+2}$ définie sur $]-2\,;+\infty[$.

$\lim\limits_{\substack{x \to -2 \\ x > -2}} (-x^2+x+3) = -(-2)^2-2+3 = -3$ et $\lim\limits_{\substack{x \to -2 \\ x > -2}} (x+2) = 0$, avec $x+2 > 0$.

On divise donc un nombre – 3 par une quantité presque égale à zéro : le quotient est très grand.
Ainsi, par quotient, on sait que la limite est infinie.
Comme le numérateur tend vers – 3, négatif, et que le dénominateur tend vers 0, en étant positif, par la **règle des signes**

on conclut que $\lim\limits_{\substack{x \to -2 \\ x > -2}} \frac{-x^2+x+3}{x+2} = -\infty$.

Déterminer une limite à l'infini d'une fonction polynôme

Méthode

Pour une fonction polynôme, on cherche la limite à l'infini de chaque terme :

- on peut conclure par somme sauf si un terme tend vers $+\infty$ et un autre terme tend vers $-\infty$;
- dans le cas où on ne peut pas conclure, on transforme l'écriture du polynôme.

On peut aussi remarquer que : **à l'infini**, le terme du plus haut degré d'un polynôme l'emporte.

[Voir exercices 26 et 27]

Soit $f(x) = -x^3 + 2x^2$ définie sur $\mathbb{R} =]-\infty ; +\infty[$.

Déterminer les limites de f en $+\infty$ et en $-\infty$.

- Si $x \to -\infty$, $-x^3 \to +\infty$ et $2x^2 \to +\infty$; par somme : $-x^3 + 2x^2 \to +\infty$.

Donc $\lim\limits_{x \to -\infty} (-\boldsymbol{x^3} + \boldsymbol{2x^2}) = +\infty$.

- Si $x \to +\infty$, $-x^3 \to -\infty$ et $2x^2 \to +\infty$; par somme : on ne peut pas conclure.

Mais $-x^3 + 2x^2 = x^2(-x+2)$ et :

$x^2 \to +\infty$ et $-x+2 \to -\infty$ donc par produit $x^2(-x+2) \to -\infty$.

Donc $\lim\limits_{x \to +\infty} (-\boldsymbol{x^3} + \boldsymbol{2x^2}) = -\infty$.

Comme x est très grand, x^3 est beaucoup plus grand que $2x^2$.
Ainsi le terme de plus haut degré l'emporte et on peut écrire :

$$\lim_{x \to +\infty} (-x^3 + 2x^2) = \lim_{x \to +\infty} -x^3 = -\infty .$$

Déterminer une limite à l'infini d'une fonction rationnelle

Méthode

Lorsqu'une fonction rationnelle s'écrit sous forme d'un quotient de polynômes, au numérateur et au dénominateur le terme du plus haut degré l'emporte.

Ainsi :

à l'infini, une fonction rationnelle a la même limite que le quotient de ses termes de plus haut degré.

Il suffit de **simplifier** le quotient de ces termes et de conclure à l'aide des limites de fonctions usuelles.

On peut utiliser un changement d'écriture et $\lim\limits_{x \to \pm\infty} \frac{1}{x} = 0$.

[Voir exercices 28 et 29]

Soit f, g et h définies sur $[0 ; +\infty[$ par :

$$f(x) = \frac{2x^2 - 3x + 1}{x^2 + 1}, \quad g(x) = \frac{4x - 1}{x^2 + 1} \quad \text{et} \quad h(x) = \frac{-x^2}{x+1}.$$

Déterminer leur limite en $+\infty$.

- $\lim\limits_{x \to +\infty} \frac{2x^2 - 3x + 1}{x^2 + 1} = \lim\limits_{x \to +\infty} \frac{2x^2}{x^2} = 2$: **on simplifie par x^2.**

Donc $\lim\limits_{x \to +\infty} \boldsymbol{f(x)} = \boldsymbol{2}$.

- $\lim\limits_{x \to +\infty} \frac{4x - 1}{x^2 + 1} = \lim\limits_{x \to +\infty} \frac{4x}{x^2} = \lim\limits_{x \to +\infty} \frac{4}{x} = 0$: **on simplifie par x.**

Donc $\lim\limits_{x \to +\infty} \boldsymbol{g(x)} = \boldsymbol{0}$.

- $\lim\limits_{x \to +\infty} \frac{-x^2}{x+1} = \lim\limits_{x \to +\infty} \frac{-x^2}{x} = \lim\limits_{x \to +\infty} -x = -\infty$: **on simplifie par x.**

Donc $\lim\limits_{x \to +\infty} \boldsymbol{h(x)} = -\infty$.

Remarque : $f(x) = \dfrac{2x^2 - 3x + 1}{x^2 + 1} = \dfrac{x^2\left(2 - \frac{3}{x} + \frac{1}{x^2}\right)}{x^2\left(1 + \frac{1}{x^2}\right)} = \dfrac{2 - \frac{3}{x} + \frac{1}{x^2}}{1 + \frac{1}{x^2}}$.

3. Droites asymptotes

La recherche de limites pour une fonction f définie sur un intervalle I conduit parfois à considérer des droites asymptotes Δ à la courbe $\mathscr{C}$ représentant la fonction f.

nature de Δ	conditions	exemples graphiques
asymptote « verticale » d'équation $x = c$	$I =]c\,;\dots$ ou $\dots\,;c[$ c est une valeur interdite $\lim\limits_{x \to c} f(x) = +\infty$ (ou $-\infty$) si la limite de f **en** c est infinie	Δ asymptote à $\mathscr{C}$
asymptote « horizontale » d'équation $y = b$	$I = \dots\,;+\infty[$ ou $]-\infty\,;\dots$ $\lim\limits_{x \to +\infty} f(x) = b$ ou $\lim\limits_{x \to -\infty} f(x) = b$ si la limite de f **à l'infini** est le réel b	Δ asymptote à $\mathscr{C}$ en $+\infty$
asymptote « oblique » d'équation $y = ax + b$	$I = \dots\,;+\infty[$ ou $]-\infty\,;\dots$ $\lim\limits_{x \to +\infty} (f(x) - (ax+b)) = 0$ ou $\lim\limits_{x \to -\infty} (f(x) - (ax+b)) = 0$ si la limite **à l'infini** de la différence $f(x) - (ax+b)$ est nulle	Δ asymptote à $\mathscr{C}$ en $-\infty$

Remarque : Si la fonction f peut s'écrire $f(x) = ax + b + \varepsilon(x)$, avec $\lim\limits_{x \to +\infty} \varepsilon(x) = 0$, alors la droite Δ d'équation $y = ax + b$ est asymptote oblique à la courbe $\mathscr{C}$ en $+\infty$.

Exemple : Soit $f(x) = -x + 2 + \dfrac{3}{1-x}$ définie sur $]1\,;+\infty[$, représentée par la courbe $\mathscr{C}$.

Si $x \longrightarrow +\infty$, alors $1 - x \longrightarrow -\infty$, donc par quotient $\dfrac{3}{1-x} \longrightarrow 0$.

Ainsi $f(x) = -x + 2 + \dfrac{3}{1-x}$, avec $\lim\limits_{x \to +\infty} \dfrac{3}{1-x} = 0$.

On en déduit que la droite Δ, d'équation $y = -x + 2$, est asymptote oblique à la courbe $\mathscr{C}$ en $+\infty$.

Pour **étudier la position de la courbe** $\mathscr{C}$ par rapport à son asymptote oblique (ou horizontale), on étudie le signe de la différence $f(x) - (ax + b)$.

• Si $f(x) - (ax + b)$ est positif

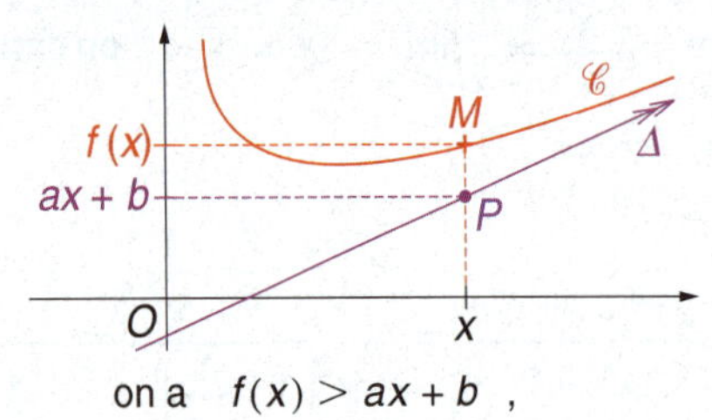

on a $f(x) > ax + b$,
la courbe $\mathscr{C}$ est au-dessus de l'asymptote Δ.

• Si $f(x) - (ax + b)$ est négatif

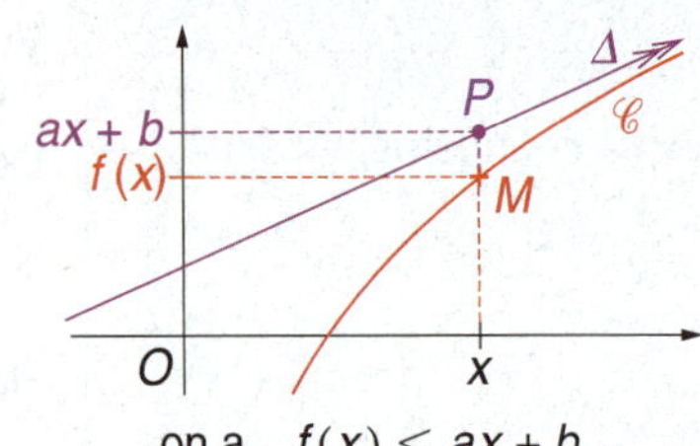

on a $f(x) < ax + b$,
la courbe $\mathscr{C}$ est en dessous de l'asymptote Δ.

Rechercher les asymptotes d'une fonction homographique

Méthode

Une fonction f de la forme :

$$f(x) = \frac{k}{x+\alpha} + \beta$$

est une fonction homographique associée à la fonction $x \mapsto \frac{k}{x}$.

Sa courbe est une hyperbole translatée de l'hyperbole d'équation $y = \frac{k}{x}$ par la translation de vecteur $-\alpha\vec{i} + \beta\vec{j}$.

Pour $\boldsymbol{k}$ **positif**, on établit :

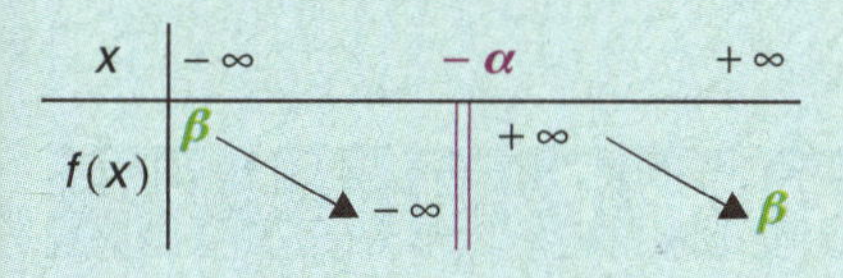

x	$-\infty$		$-\alpha$		$+\infty$
$f(x)$	β ↘	$-\infty$	‖	$+\infty$ ↘	β

Pour $\boldsymbol{k}$ **négatif**, on établit :

x	$-\infty$		$-\alpha$		$+\infty$
$f(x)$	β ↗	$+\infty$	‖	$-\infty$ ↗	β

[Voir exercices 37 à 39]

Soit f la fonction définie sur $\mathbb{R} \setminus \{3\}$ par $f(x) = \frac{2x-10}{x-3}$.

Déterminer les réels a et b tels que $f(x) = a + \frac{b}{x+3}$.

Utiliser une fonction associée pour en déduire le sens de variation de f et dresser le tableau des variations.

Construire sa courbe $\mathscr{C}_f$ en précisant les asymptotes à $\mathscr{C}_f$.

• $a + \frac{b}{x-3} = \frac{ax - 3a + b}{x-3}$. On identifie à $\frac{2x-10}{x-3}$:

$$\begin{cases} a = 2 \\ -3a + b = -10 \end{cases} \Leftrightarrow \begin{cases} a = 2 \\ b = -10 + 6 = -4 \end{cases}.$$

D'où $\boldsymbol{f(x) = 2 - \frac{4}{x-3}}$.

• La fonction f est associée à la fonction $x \mapsto \frac{-4}{x}$, de sens de variation contraire à celui de la fonction inverse.

Par la translation de vecteur $3\vec{i} + 2\vec{j}$, on obtient :

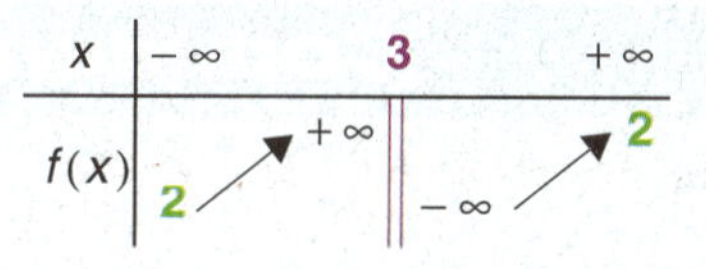

x	$-\infty$		3		$+\infty$
$f(x)$	2 ↗	$+\infty$	‖	$-\infty$ ↗	2

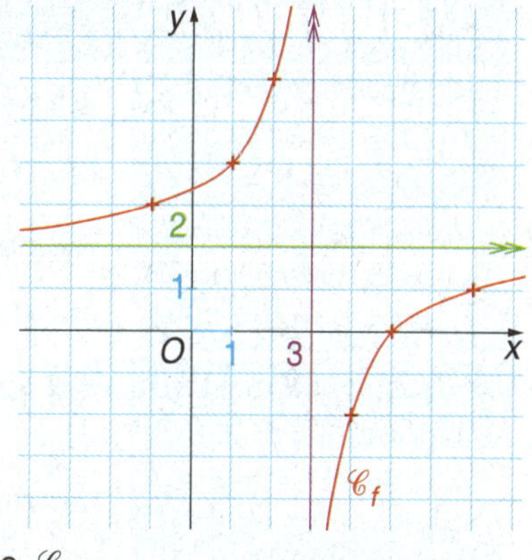

• Comme $\lim\limits_{x \to +\infty} f(x) = 2$, la droite d'équation $\boldsymbol{y = 2}$ est asymptote **horizontale**, à la courbe $\mathscr{C}_f$ en $+\infty$.

La droite d'équation $\boldsymbol{x = 3}$ est asymptote **verticale** à la courbe $\mathscr{C}_f$.

Montrer qu'une droite $\mathscr{D}$ est asymptote oblique

Méthode

Pour démontrer qu'une droite $\mathscr{D}$ d'équation $y = ax + b$ est asymptote oblique à la courbe $\mathscr{C}_f$:

• on calcule la différence :

$$d(x) = f(x) - (\boldsymbol{ax + b}),$$

• on détermine la limite de cette différence en $+\infty$ (ou en $-\infty$),

• si on trouve une limite égale à 0, on en conclut que la droite $\mathscr{D}$ est asymptote oblique à $\mathscr{C}_f$ en $+\infty$ (ou en $-\infty$).

[Voir exercices 40 à 43]

Soit $f(x) = \frac{-2x^3 + x + 1}{x^2 + 1}$ définie sur $\mathbb{R}$.

Montrer que la droite $\mathscr{D}$ d'équation $y = -2x$ est asymptote oblique à la courbe $\mathscr{C}_f$ en $+\infty$.

• $f(x) - (-2x) = \frac{-2x^3 + x + 1}{x^2 + 1} + 2x$

$$= \frac{-2x^3 + x + 1 + 2x^3 + 2x}{x^2 + 1} = \frac{3x + 1}{x^2 + 1}.$$

• **À l'infini**, ce quotient a la même limite que le quotient de ses termes de plus haut degré, donc :

$$\lim_{x \to +\infty} \frac{3x+1}{x^2+1} = \lim_{x \to +\infty} \frac{3x}{x^2} = \lim_{x \to +\infty} \frac{3}{x} = 0.$$

• Donc la droite $\mathscr{D}$ est asymptote oblique à la courbe $\mathscr{C}_f$ en $+\infty$.

FAIRE LE POINT

LIMITES DES FONCTIONS USUELLES

- Si $x \to +\infty$, alors $x^2 \to +\infty$, $x^3 \to +\infty$ et $\sqrt{x} \to +\infty$; $\frac{1}{x} \to 0$ et $\frac{1}{x^2} \to 0$.

  Si $x \to -\infty$, alors $x^2 \to +\infty$ et $x^3 \to -\infty$; $\frac{1}{x} \to 0$ et $\frac{1}{x^2} \to 0$.

- Si $x \to 0$, avec $x > 0$, alors $\frac{1}{x} \to +\infty$ et $\frac{1}{x^2} \to +\infty$.

  Si $x \to 0$, avec $x < 0$, alors $\frac{1}{x} \to -\infty$ et $\frac{1}{x^2} \to +\infty$.

LIMITE EN *a*

Si f est une fonction définie en une valeur a, alors $\lim\limits_{x \to a} f(x) = f(a)$.

Savoir	Comment faire ?
déterminer la limite d'une somme	En général, la limite d'une somme est la somme des limites, sauf dans un cas : si $f(x) \to +\infty$ et $g(x) \to -\infty$, alors par somme on ne peut conclure.
déterminer la limite d'un produit	En général, la limite d'un produit est le produit des limites, sauf dans un cas : si $f(x) \to \pm\infty$ et $g(x) \to 0$, alors par produit on ne peut conclure.
déterminer la limite d'un quotient	En général, la limite d'un quotient est le quotient des limites, sauf dans deux cas : • si $f(x) \to 0$ et $g(x) \to 0$, alors par quotient on ne peut conclure (il y a souvent une simplification à faire) ; • si $f(x) \to \pm\infty$ et $g(x) \to \pm\infty$, alors par quotient on ne peut conclure.
déterminer la limite à l'infini d'un polynôme et d'une fonction rationnelle	À l'infini, un polynôme se comporte comme son terme de plus haut degré. À l'infini, une fonction rationnelle a même limite que le quotient de ses termes de plus haut degré. On simplifie ce quotient et on conclut à l'aide des limites des fonctions usuelles.
prouver l'existence d'une asymptote à la courbe $\mathscr{C}_f$ d'une fonction f	• Horizontale d'équation $y = b$, on montre que : si $x \to \pm\infty$, alors $f(x) \to b$. • Verticale d'équation $x = c$, c étant une valeur interdite, on montre que : si $x \to c$, avec $x < c$ ou $x > c$, alors $f(x) \to +\infty$ ou $-\infty$. • Oblique d'équation $y = ax + b$, on montre que : la différence $f(x) - (ax + b)$ a pour limite 0 quand $x \to \pm\infty$.
étudier la position relative d'une courbe et de son asymptote	On étudie le signe de la différence $f(x) - (ax + b)$: si $f(x) - (ax + b) > 0$, alors la courbe est située au-dessus de son asymptote ; si $f(x) - (ax + b) < 0$, alors la courbe est située en dessous de son asymptote.

ÉTUDE DU COMPORTEMENT À L'INFINI D'UNE FONCTION À L'AIDE DE GEOPLAN

On étudie la fonction f définie sur $]\,2\,;+\infty\,[$ par $f(x) = \frac{x}{2} - 3 + \frac{1}{x-2}$.

A : Travail sur papier

On considère les fonctions u et v , définies sur $]\,2\,;+\infty\,[$, par $u(x) = \frac{x}{2} - 3$ et $v(x) = \frac{1}{x-2}$.

a) Déterminer la limite de u et la limite de v en $+\infty$.
En déduire la limite de la fonction f en $+\infty$. Dresser le tableau des variations de u et v .

b) Dans le même repère orthogonal $(O\,;\vec{i},\vec{j})$, tracer les courbes représentatives $\mathscr{D}$ et $\mathscr{C}_v$ des fonctions u et v , et construire point par point la courbe $\mathscr{C}_f$ représentative de f .
D'après le graphique, quelle est la position de la courbe $\mathscr{C}_f$ par rapport à $\mathscr{D}$?

B : Travail avec GEOPLAN

a) Définition d'une variable et des fonctions u et v

Créer / Numérique / Variable réelle libre dans un intervalle :
Bornes: 2 30 **Nom de la variable:** m .
Créer / Numérique / Fonction numérique :
Nom de la variable muette: m **Nom de la fonction:** u
Expression de la fonction: m / 2 - 3 .
Créer / Numérique / Fonction numérique :
Nom de la variable muette: m **Nom de la fonction:** v

Fonction (expression à 1 variable)
Nom de la variable muette: m
Expression de la fonction: 1/(m-2)
Nom de la fonction: v
Aide | Annuler | Ok

b) Construction des courbes $\mathscr{C}_u$ et $\mathscr{C}_v$

Créer / Ligne / Courbe / Graphe d'une fonction prédéfinie .

Graphe d'une fonction d'une variable déjà créée
Nom de la fonction: u
Bornes (ex: -5 2/3): 0 30
Nombre de points** : 800
Nom de la courbe: Cu

Graphe d'une fonction d'une variable déjà créée
Nom de la fonction: v
Bornes (ex: -5 2/3): 2 30
Nombre de points** : 800
Nom de la courbe: Cv

c) Construction point par point de la courbe de la fonction $f = u + v$

Créer / Point / Point repéré dans un plan **Nom du point:** M .

Abscisse: m
Ordonnée: u(m)+v(m)

On construit la trace du point M en pilotant m :
Piloter / Piloter au clavier et m réel libre de [2,30] .

Déplacer le point M à l'aide des flèches du clavier, cliquer le bouton pour dessiner la courbe de la fonction $f = u + v$. Décrire le comportement du point M quand m augmente.

d) Étude de la distance entre la droite $\mathscr{C}_u$ d'équation $y = \frac{x}{2} - 3$ et la courbe $\mathscr{C}_f$

On crée le point P de la droite $\mathscr{C}_u$ de même abscisse que M , et le segment $[MP]$.
Créer / Point / Repère dans le plan : **Nom du point:** P **Abscisse:** m **Ordonnée:** u(m) .
Créer / Ligne / Segment(s) / Défini par 2 points : **Nom du segment:** MP .
On crée la distance MP et on affiche ce nombre :
Créer / Numérique / Calcul géométrique / Longueur d'un segment : MP **Nom de la longueur:** e .
Créer / Affichage / Variable numérique déjà définie :
Nom de la variable: e **Nombre de décimales:** 3 **Nom de l'affichage:** Af0 .
Observer les valeurs prises par la distance MP quand m augmente.

LA PAGE DE CALCUL

1. Les grandes nombres

1 Parmi les nombres donnés ci-dessous, indiquer ceux qui sont proches de 0, ceux qui sont des grands nombres positifs et ceux qui sont des grands nombres négatifs.

$0{,}00001$; -10^{-6} ; 10^{6} ; $\dfrac{1}{10^{6}}$; -2×10^{7} ;

$2-9\times10^{8}$; $\dfrac{1}{2\times10^{7}+1}$; $(10^{4})^{2}-5$; $\dfrac{-3}{5\times10^{8}-2}$.

2 Même exercice.

$10^{7}+\dfrac{1}{10^{7}}$; $-2\times10^{8}+4\times10^{-7}$; $10^{-9}+3\times10^{-6}$;

$2\times10^{7}+5\times10^{9}$; $\dfrac{1}{10^{7}-1}+\dfrac{4}{2\times10^{8}+3\times10^{-4}}$.

3 Les résultats des calculs suivants sont-ils très grands (en valeur absolue) ou très proches de 0 ?
(Donner la valeur arrondie à 3 chiffres significatifs.
Voir techniques de base, p. IV)

a) $\dfrac{5-3\cdot10^{-5}}{2\cdot10^{-5}}$; b) $\dfrac{4{,}3\cdot10^{7}+3{,}5}{(4{,}3\cdot10^{7}-1)^{2}}$;

c) $\dfrac{1{,}8\cdot10^{6}}{(2\cdot10^{6}+5)^{3}}$; d) $\dfrac{(3\cdot10^{4}-2)^{2}+1}{3\cdot10^{4}-1}$;

e) $\dfrac{2\cdot10^{3}-5}{(2\cdot10^{3}+1)^{2}-9}$; f) $\dfrac{2\cdot10^{5}-4}{5\cdot10^{5}}$.

4 Soit $f(x)=\dfrac{2x^{2}-4x-3}{2-x}$ et $g(x)=\dfrac{4-x}{x^{2}-4}$.

Écrire les résultats obtenus à la calculatrice en rétablissant les puissances de 10.
Par exemple, sur la 2e ligne $f(2+10^{-7})\approx3\times10^{7}$.

X	Y1	Y2
2.0001	29996	4999.6
2	3E7	5E6
1.9999	-30004	-5000
	-3E7	-5E6
10000	-20000	-1E-4
1E6	-2E6	-1E-6
-1E6	2E6	1E-6

X=2-10^-7

5 Même exercice pour :

$f(x)=-2x+\dfrac{4}{x^{2}-4}$

et

$g(x)=\dfrac{40}{-x^{2}-x+6}$.

X	Y1	Y2
2.0001	-10003	-79998
	-1E7	-8E7
1.9999	9997.3	80002
2	1E7	8E7
10000	-19999	-4E-7
1E6	-2E6	-4E-11
-1E6	2E6	-4E-11

X=2+10^-7

2. Changement d'écriture. Dérivée

6 Soit f définie sur $\mathbb{R}\setminus\{-1\}$ par $f(x)=\dfrac{2x^{2}+x}{x+1}$

a) Déterminer les réels a , b et c tels que :

$$f(x)=ax+b+\frac{c}{x+1}.$$

b) Calculer la dérivée de f à l'aide de la forme quotient puis à l'aide de cette forme.

7 Soit f définie sur $\mathbb{R}\setminus\{3\}$ par :

$$f(x)=\frac{-3x^{2}+11x-7}{x-3}.$$

a) Déterminer les réels a , b et c tels que :

$$f(x)=ax+b+\frac{c}{x-3}.$$

b) Calculer la dérivée de f à l'aide de cette forme.

8 Soit $f(x)=\dfrac{5x+3}{x^{2}+2x-3}$ pour tout réel différent de 1 et de -3.

a) Justifier l'ensemble de définition et étudier le signe de $f(x)$ dans un tableau.

b) Vérifier que $f(x)=\dfrac{2}{x-1}+\dfrac{3}{x+3}$.

c) Calculer la dérivée de f à l'aide de cette forme.

En déduire que la fonction f est décroissante sur chaque intervalle de définition.

9 Soit f la fonction définie sur $]-1\,;1[$ par :

$$f(x)=\frac{-3x+5}{x^{2}-1}.$$

a) Déterminer les réels a et b tels que :

$$f(x)=\frac{a}{x-1}+\frac{b}{x+1}.$$

b) Calculer la dérivée de f à l'aide de la forme quotient.

10 Calculer la dérivée de chaque fonction f :

1° $f(x)=\dfrac{3x^{2}-6x+1}{2}$ sur $\mathbb{R}$.

2° $f(x)=\dfrac{3}{x+1}-\dfrac{4}{2-x}$ sur $]-1\,;2[$.

3° $f(x)=-x+3-\dfrac{4}{x+2}$ sur $[0\,;+\infty[$.

4° $f(x)=\dfrac{x}{3}-4+\dfrac{3}{x+3}$ sur $]-3\,;+\infty[$.

1. Limites de fonctions usuelles

1. Questions rapides

11 **Vrai ou Faux ?** Corriger le résultat si c'est faux.

a) $\lim\limits_{\substack{x \to 0 \\ x > 0}} \frac{1}{x} = -\infty$; b) $\lim\limits_{x \to +\infty} \frac{1}{x^2} = +\infty$;

c) $\lim\limits_{x \to -\infty} x^3 = +\infty$; d) $\lim\limits_{\substack{x \to 1 \\ x > 1}} \frac{1}{x} = 0$;

e) $\lim\limits_{x \to -\infty} -x^2 = +\infty$; f) $\lim\limits_{x \to -\infty} \sqrt{x} = +\infty$.

12 Soit f la fonction définie sur $\mathbb{R} \setminus \{3\}$ et représentée par la courbe $\mathscr{C}$ ci-contre. Lire :

$\lim\limits_{x \to +\infty} f(x)$, $\lim\limits_{x \to -\infty} f(x)$,

$\lim\limits_{\substack{x \to 3 \\ x > 3}} f(x)$, $\lim\limits_{\substack{x \to 3 \\ x < 3}} f(x)$.

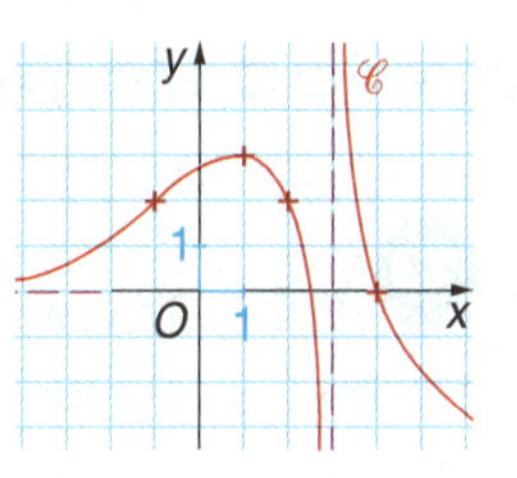

13 f désigne une fonction, $\mathscr{C}$ sa courbe représentative et M un point mobile de $\mathscr{C}$.

Traduire par une limite chaque phrase.

1° Lorsque l'abscisse de M devient très grande et positive, son ordonnée est presque nulle.

2° Lorsque l'abscisse de M est très proche de 3 en étant supérieure à 3, son ordonnée devient très grande, négative.

3° Lorsque l'abscisse de M est presque nulle, l'ordonnée de M est très grande, positive.

4° Lorsque l'abscisse de M devient très grande et négative, le point M se rapproche de la droite d'équation $y = -2$.

2. Applications directes

[Lire graphiquement une limite, p. 231]

14 Pour chacune des fonctions f et g représentées ci-dessous, dresser le tableau des variations et indiquer les limites en $+\infty$ et en $-\infty$.

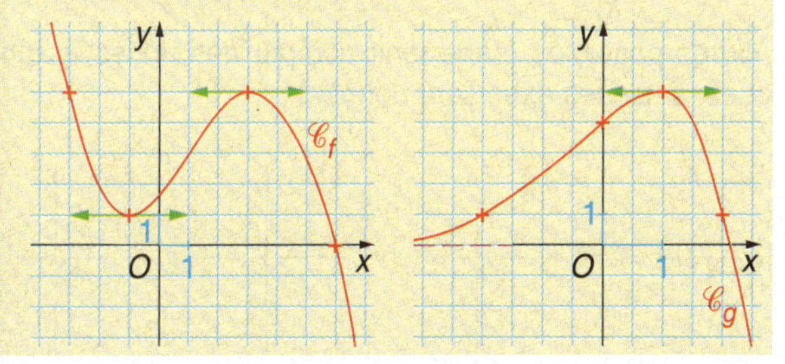

15 Même exercice.

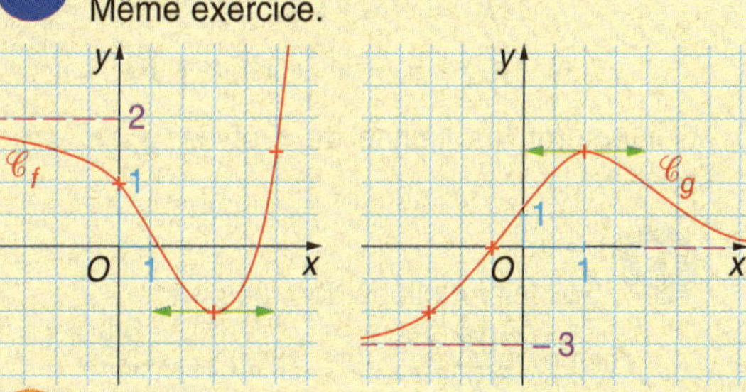

16 Une fonction f définie sur $\mathbb{R}$ est telle que :
$\lim\limits_{x \to +\infty} f(x) = 2$ et $\lim\limits_{x \to -\infty} f(x) = +\infty$.

1° Retrouver sa courbe représentative parmi les six courbes ci-après dans un repère orthonormal.

2° Donner les limites en $+\infty$ et en $-\infty$ (si elles existent) pour les cinq autres fonctions représentées.

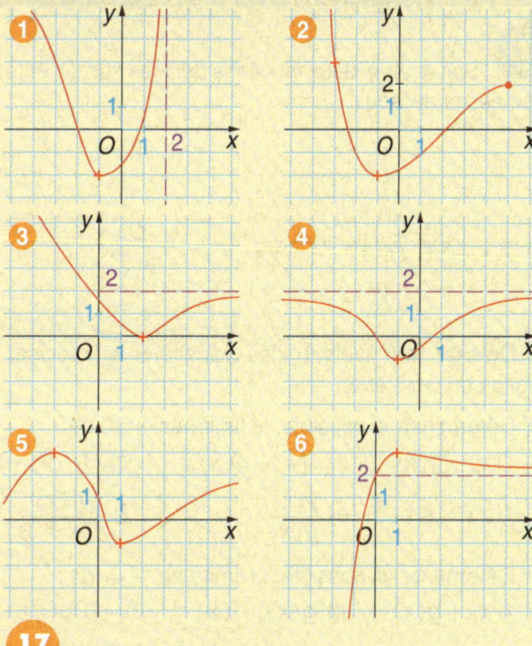

17 Soit f la fonction définie sur $\mathbb{R} \setminus \{-2 ; 6\}$ et représentée ci-dessous.

Dresser son tableau des variations et préciser toutes les limites aux bornes de l'ensemble de définition.

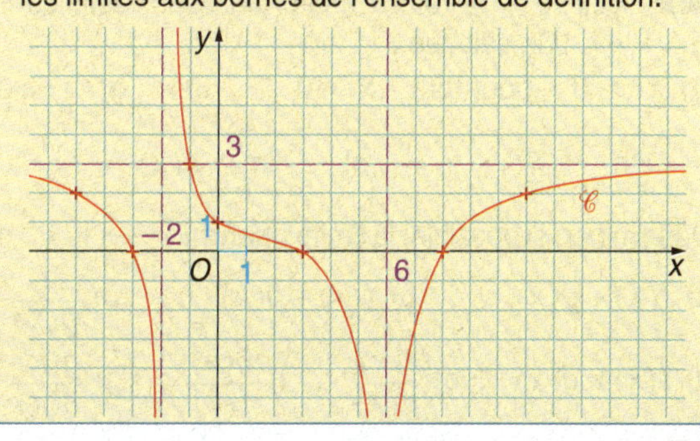

[Conjecturer une limite à la calculatrice, p. 231]

18 Soit les fonctions données par :

$$f(x) = -x^3 + 5x^2 - 10^4 x$$

et $g(x) = -x^2 + 10^4 x + 10^6$.

Conjecturer les limites de f et de g en $+\infty$ et en $-\infty$.

19 Soit les fonctions données par :

$$f(x) = \frac{10x-3}{2x+1} \quad \text{et} \quad g(x) = \frac{-3x+1}{4x^2-1}.$$

Conjecturer les limites de f et de g en $+\infty$, en $-\infty$, en $-\frac{1}{2}$ avec $x > -\frac{1}{2}$, puis $x < -\frac{1}{2}$.

20 Soit les fonctions données par :

$$f(x) = \frac{-4x+3}{x^2-2x-3} \quad \text{et} \quad g(x) = \frac{2x-1}{x^2-4}.$$

Déterminer les ensembles de définition de f et de g .

Conjecturer les limites de f et de g aux bornes de leur ensemble de définition.

2. Opérations sur les limites

1. Questions rapides

21 Soit f et g deux fonctions définies sur $\mathbb{R}$ et représentées ci-dessous.

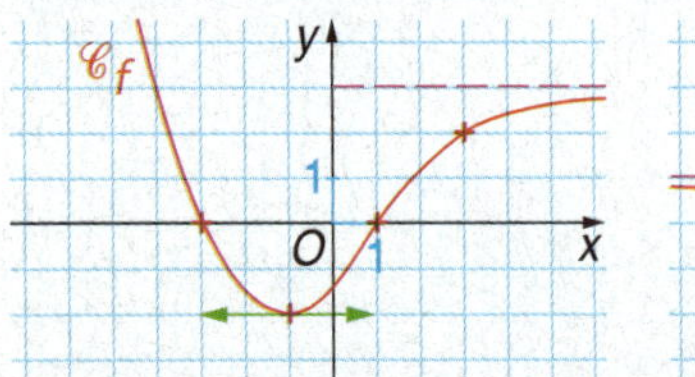

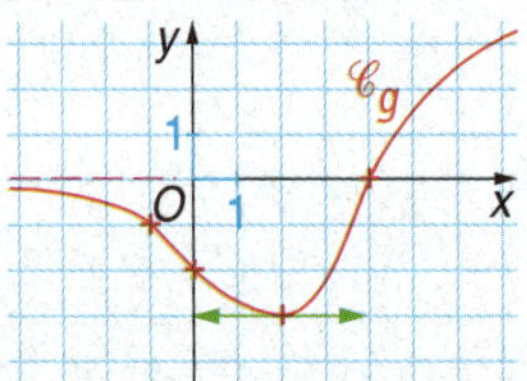

1° Dresser leur tableau des variations et préciser les limites en $+\infty$ et en $-\infty$.

2° Déterminer, si possible, la limite en $+\infty$ de :

a) $f(x)+g(x)$; b) $f(x)-g(x)$; c) $3\,f(x)-2$;

d) $f(x)\times g(x)$; e) $\frac{f(x)}{g(x)}$; f) $\frac{g(x)}{f(x)-3}$.

3° Déterminer, si possible, la limite en $-\infty$ de :

a) $f(x)+g(x)$; b) $g(x)-f(x)$; c) $-2g(x)+1$;

d) $f(x)\times g(x)$; e) $\frac{f(x)}{g(x)}$; f) $\frac{g(x)-2}{f(x)}$.

22 Soit f , g et h trois fonctions définies sur $[\,0\,;+\infty\,[$. On sait que :

$g(x) > 0$ pour tout $x \geqslant 0$, $\lim\limits_{x\to+\infty} g(x) = 0$,

$\lim\limits_{x\to+\infty} f(x) = +\infty$ et $\lim\limits_{x\to+\infty} h(x) = -\infty$.

Déterminer, si possible, la limite quand $x \longrightarrow +\infty$ de :

a) $f(x)+g(x)$; b) $f(x)+h(x)$; c) $\frac{1}{g(x)}$;

d) $f(x)\times g(x)$; e) $\frac{f(x)}{g(x)}$; f) $\frac{h(x)}{f(x)}$; g) $\frac{g(x)}{h(x)}$.

23 **Q.C.M.** Trouver *toutes* les bonnes réponses.

1° $\lim\limits_{x\to+\infty} (-x^2+2x-3)$ est :

ⓐ $+\infty$ ⓑ $-\infty$ ⓒ on ne peut savoir

2° $\lim\limits_{x\to-\infty} \left(x-3-\frac{10}{x}\right)$ est :

ⓐ $-\infty$ ⓑ $+\infty$ ⓒ 0

3° $\lim\limits_{\substack{x\to3\\x<3}} \left(x+2-\frac{3}{x-3}\right)$ est :

ⓐ $+\infty$ ⓑ 0 ⓒ $-\infty$

4° $\lim\limits_{\substack{x\to0\\x>0}} \left(\frac{x^2-1}{4x}\right)$ est :

ⓐ $+\infty$ ⓑ $-\infty$ ⓒ 0

24 Retrouver le graphique « au voisinage de zéro » correspondant à chacune des fonctions données :

$f(x) = \frac{4x-1}{x}$; $g(x) = -\frac{100}{x^2}$; $h(x) = \frac{5-x}{x}$;

$k(x) = \frac{-125}{x^3}$; $\ell(x) = \frac{2+3x}{x}$; $m(x) = \frac{2x+1}{x^2}$

Allures possibles (sans tenir compte des unités graphiques, seuls les axes sont donnés) :

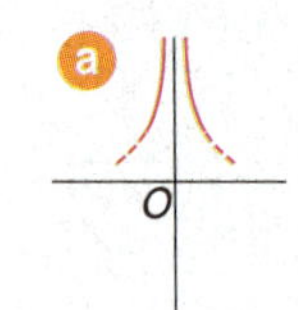

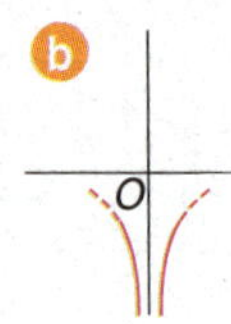

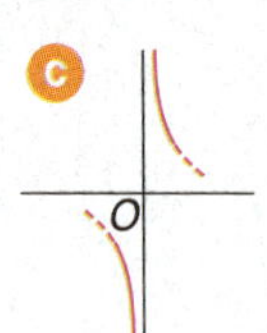

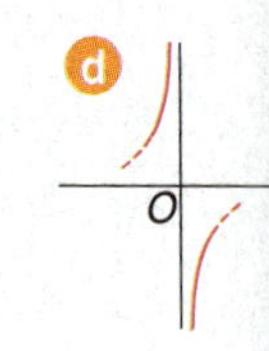

25 Déterminer les limites suivantes par application des théorèmes sur les opérations.

1° a) $\lim\limits_{x \to +\infty} (x^2 + 5x - 7)$; b) $\lim\limits_{x \to -\infty} (x^3 + 2x)$;

c) $\lim\limits_{x \to -\infty} (-x^2 + x)$; d) $\lim\limits_{x \to +\infty} (-x^2 - x + 3)$.

2° a) $\lim\limits_{x \to +\infty} \left(2x + 1 - \frac{1}{x}\right)$; b) $\lim\limits_{\substack{x \to 0 \\ x > 0}} \left(x^2 - 4 + \frac{1}{x}\right)$;

c) $\lim\limits_{x \to -\infty} (-x^2 + x - 3)$; d) $\lim\limits_{\substack{x \to 2 \\ x > 2}} \frac{x^3 - 2x + 1}{2 - x}$;

2. Applications directes

[Déterminer une limite à l'infini d'une fonction polynôme, p. 233]

26 Pour chacune des fonctions définies sur $\mathbb{R}$, déterminer la limite en $+\infty$, puis en $-\infty$.

a) $f(x) = 3x^2 - 4x + 1$; b) $f(x) = -x^4 + 2x^2$;

c) $f(x) = \frac{5 - x^2 + x}{3}$; d) $f(x) = \frac{x}{2} - x^2$.

27 Même exercice, sans développer les polynômes.

a) $f(x) = (3x - 1)(5 - x)$;

b) $f(x) = -x^2(x + 1)$;

c) $f(x) = -2(2x^2 - x + 1)$;

d) $f(x) = (4x - 3)^2$.

[Déterminer une limite à l'infini d'une fonction rationnelle, p. 233]

28 Pour chacune des fonctions, déterminer leurs limites en $+\infty$ et en $-\infty$. On précisera l'ensemble de définition.

a) $f(x) = \frac{-x^2 + x - 3}{x^2 + 4}$; b) $f(x) = \frac{x + 3}{x^2 + 1}$;

c) $f(x) = \frac{4x - x^2}{x - 2}$; d) $f(x) = \frac{5 - x}{2x - 3}$.

29 Même exercice.

a) $f(x) = \frac{2x^2 - 3x + 5}{4 - x^2}$; b) $f(x) = \frac{3 - x}{x^2 - 9x}$;

c) $f(x) = \frac{9 - x^2}{x^2 + 3x + 2}$; d) $f(x) = \frac{4x - 5}{x + 1}$.

3. Limites d'une fonction rationnelle

30 On considère la fonction f donnée par :

$$f(x) = \frac{3}{x + 2} + \frac{4}{1 - x} .$$

a) Préciser son ensemble de définition.

b) Étudier les limites de f en $+\infty$ et en $-\infty$.

c) Étudier les limites de f en -2 et en 1.

31 Soit $f(x) = \frac{-x^2 + 2x - 3}{x^2 - 4}$.

a) Étudier le signe de $x^2 - 4$ à l'aide d'une parabole.

b) Si $x \to 2$, avec $x > 2$, quelle est la limite du numérateur ?

Quelle est la limite du dénominateur ?

En déduire que la limite de $f(x)$ est infinie, et préciser le signe par la règle des signes.

c) De même, si $x \to 2$ avec $x < 2$.

d) De même, en -2 avec $x > -2$, puis avec $x < -2$.

e) Déterminer les limites de f en $+\infty$ et en $-\infty$.

32 Pour chacune des fonctions suivantes, indiquer les limites de f aux bornes de l'ensemble de définition :

a) $f(x) = \frac{x^2 + 5x + 3}{x + 4}$ sur $]-\infty ; -4[\cup]-4 ; +\infty[$;

b) $f(x) = \frac{-x^2 + x - 1}{(2 - x)^2}$ sur $]-\infty ; 2[\cup]2 ; +\infty[$.

33 Une fonction f est le quotient de deux fonctions N et D définies sur $\mathbb{R}$ et représentées ci-dessous :

Ainsi : $f(x) = \frac{N(x)}{D(x)}$

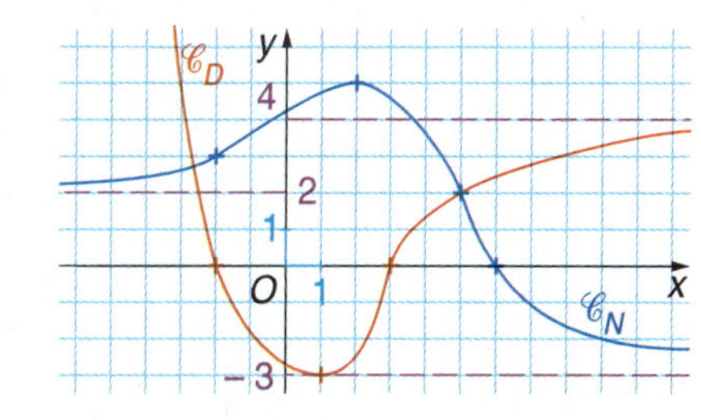

1° Donner le signe de $D(x)$ sur $\mathbb{R}$ dans un tableau. En déduire l'ensemble de définition de la fonction f .

2° Dresser les tableaux des variations de f et de g, en précisant les limites.

3° Déterminer les limites de f aux bornes de son ensemble de définition.

3. Droites asymptotes

1. Questions rapides

Convention graphique

Lorsqu'une courbe $\mathscr{C}_f$ admet une asymptote, celle-ci est représentée sur le graphique par une droite comportant une double flèche.

34 Pour chacune des fonctions suivantes, connue par sa courbe représentative, indiquer son ensemble de définition.

Lire (s'il y a lieu) les limites en $+\infty$, en $-\infty$, et aux valeurs exclues de l'ensemble de définition.

Donner les équations des asymptotes à la courbe $\mathscr{C}$.

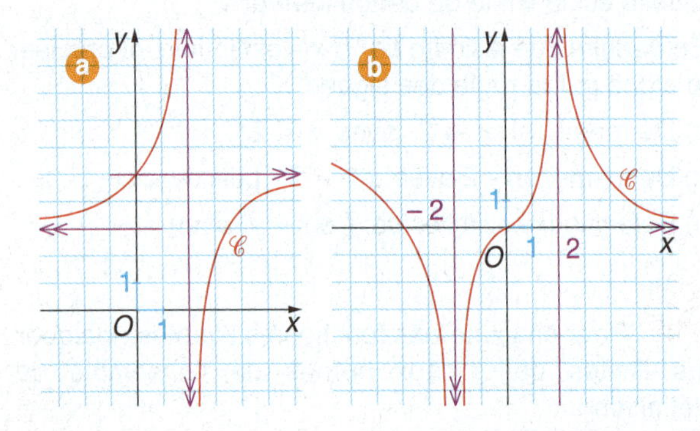

35 Même exercice.

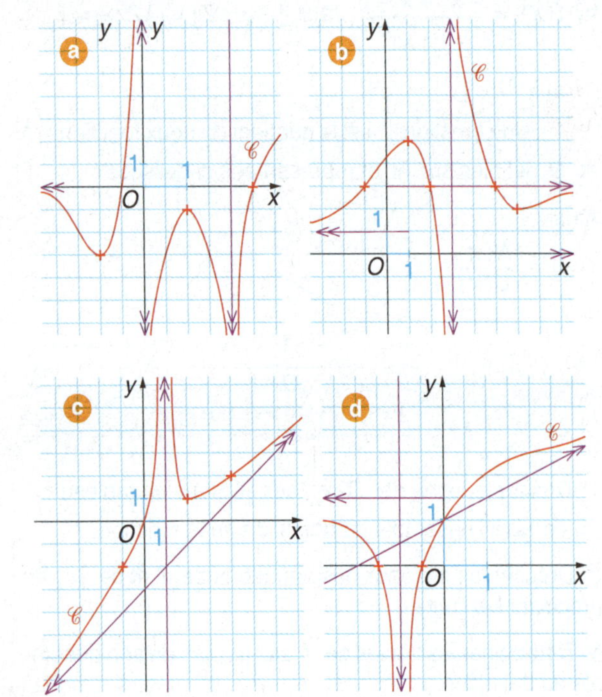

36 Tracer la courbe possible d'une fonction f ayant pour tableau des variations :

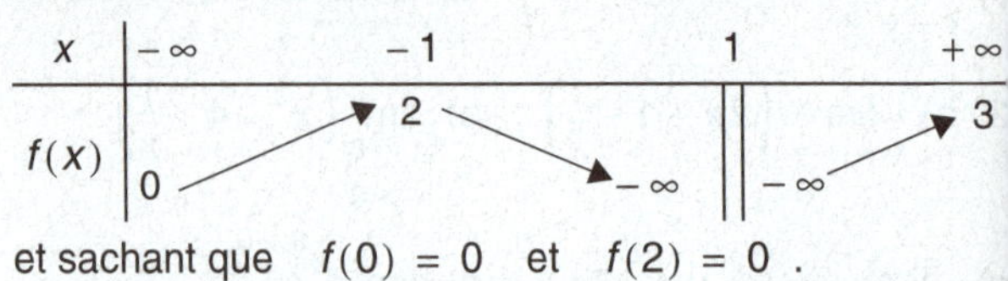

x	$-\infty$		-1		1		$+\infty$
$f(x)$	0	↗	2	↘ $-\infty$	‖	$-\infty$ ↗	3

et sachant que $f(0) = 0$ et $f(2) = 0$.

2. Applications directes

[Rechercher les asymptotes d'une fonction homographique, p. 235]

37 Soit f telle que $f(x) = \dfrac{3x-7}{x-2}$, $x \neq 2$.

a) Déterminer les réels a et b tels que :

$$f(x) = a + \frac{b}{x-2}.$$

b) À l'aide d'une translation, déduire le sens de variation de la fonction f et dresser le tableau des variations.

c) Préciser les limites de f en $+\infty$, $-\infty$ et 2.
En donner une interprétation graphique.

38 On considère la fonction f définie sur $\mathbb{R} \setminus \{-4\}$ par $f(x) = \dfrac{1-2x}{x+4}$.

a) Écrire $f(x)$ sous la forme $a + \dfrac{b}{x+4}$.

b) À l'aide d'une fonction associée, déduire le sens de variation de la fonction f et son tableau des variations.

c) Démontrer que la courbe $\mathscr{C}_f$ de la fonction f admet deux asymptotes.

39 Soit $f(x) = \dfrac{6}{x+2} - 3$, définie sur $\mathbb{R} \setminus \{-2\}$.

En précisant la translation utilisée, construire la courbe $\mathscr{C}$ représentant cette fonction f ; préciser les asymptotes et le tableau des variations de f.

[Montrer qu'une droite $\mathscr{D}$ est asymptote oblique, p. 235]

40 Soit $f(x) = \dfrac{-x^2+3x-6}{x-1}$ définie sur $\mathbb{R} \setminus \{1\}$, de courbe $\mathscr{C}$.

Montrer que la droite $\mathscr{D}$ d'équation $y = -x+2$ est asymptote oblique à $\mathscr{C}$ en $+\infty$ et en $-\infty$.

41 Soit $f(x) = \dfrac{-x^2+x-2}{2x}$ définie sur $]0\,;+\infty[$, de courbe $\mathscr{C}$.

Montrer que la droite $\mathscr{D}$ d'équation $y = -\dfrac{x}{2}+\dfrac{1}{2}$ est asymptote oblique à $\mathscr{C}$ en $+\infty$.

42 Soit $f(x) = x-2-\dfrac{6}{x^2}$ définie sur $\mathbb{R}\setminus\{0\}$ et $\mathscr{C}$ sa courbe.

a) Montrer que la droite $\mathscr{D}$ d'équation $y = x-2$ est asymptote oblique à $\mathscr{C}$ en $+\infty$ et en $-\infty$.

b) Étudier le signe de la différence $f(x)-(x-2)$.
En déduire la position de la courbe $\mathscr{C}$ par rapport à la droite $\mathscr{D}$.

43 Soit $f(x) = \dfrac{x^3}{x^2-4}$ définie sur $]2\,;+\infty[$ et $\mathscr{C}$ sa courbe.

a) Démontrer que la droite $\mathscr{D}$ d'équation $y = x$ est asymptote à $\mathscr{C}$ en $+\infty$.

b) Étudier la position de la courbe $\mathscr{C}$ par rapport à la droite $\mathscr{D}$ sur $]2\,;+\infty[$.

c) Étudier la limite de $f(x)$ quand x tend vers 2, avec $x>2$.
En donner une interprétation graphique.

3. Recherche d'asymptotes

44 Soit f définie sur $\mathbb{R}\setminus\{0\}$ par $f(x) = \dfrac{x^2-4}{2x}$.

a) Vérifier que $f(x)$ peut s'écrire $f(x) = ax+\dfrac{b}{x}$.

b) En déduire que la droite $\mathscr{D}$ d'équation $y = ax$ est asymptote à la courbe $\mathscr{C}_f$ en $+\infty$ et en $-\infty$.

c) Déterminer une autre asymptote à la courbe $\mathscr{C}_f$.

45 Soit f la fonction définie sur $\mathbb{R}\setminus\{2\}$ par :
$$f(x) = \frac{-x^2+2x+3}{x-2}.$$

1° Déterminer les réels a, b et c tels que :
$$f(x) = ax+b+\frac{c}{x-2}.$$

2° Étudier les limites de f aux bornes de son ensemble de définition.

3° a) Préciser les asymptotes à $\mathscr{C}$ courbe représentative de f.

b) Étudier la position de $\mathscr{C}$ par rapport à son asymptote oblique.

46 Même exercice que le précédent pour la fonction f définie sur $\mathbb{R}\setminus\{-1\}$ par :
$$f(x) = \frac{x^2+5x}{2\,(x+1)}.$$

47 Soit la fonction f définie sur $]3\,;+\infty[$ par :
$$f(x) = \frac{9x}{x^2-9}.$$

1° Déterminer les réels a et b tels que :
$$f(x) = \frac{a}{x-3}+\frac{b}{x+3}.$$

2° a) Étudier les limites de f aux bornes de l'ensemble de définition.

b) Préciser les asymptotes à $\mathscr{C}$, courbe représentative de f.

48 Même exercice que le précédent pour la fonction f définie sur $]-\infty\,;1[$ par :
$$f(x) = \frac{x+5}{-x^2+5x-4},\ \text{avec}\ f(x) = \frac{a}{x-1}+\frac{b}{4-x}.$$

49 On considère la fonction f définie sur $]-2\,;+\infty[$ par :
$$f(x) = x-3+\frac{4}{x+2}.$$

1° Étudier le sens de variation de la fonction f, à l'aide de la dérivée.

2° Déterminer la limite de $f(x)$ quand x tend vers -2 et vers $+\infty$.
Préciser les asymptotes à la courbe $\mathscr{C}_f$, représentant cette fonction f.

50 Soit f la fonction définie sur $]2\,;+\infty[$ par :
$$f(x) = \frac{x^2}{x-2}.$$

Soit $\mathscr{C}$ la courbe représentative de f dans un repère orthonormal (unité : 1 cm).

1° Déterminer les réels a, b et c tels que, pour tout réel x de $]2\,;+\infty[$, $f(x) = ax+b+\dfrac{c}{x-2}$.

2° Étudier la limite de f en $+\infty$.

3° Montrer que $\mathscr{C}$ admet la droite Δ d'équation $y = x+2$ pour asymptote.
Déterminer la position de $\mathscr{C}$ par rapport à Δ.

4° Étudier la limite de f en 2.
Donner une interprétation graphique du résultat.

5° Étudier les variations f et dresser son tableau des variations.

6° Représenter $\mathscr{C}$ et Δ dans le repère donné.

4. Exercices de synthèse

1. À partir d'une courbe

51 Soit la fonction f représentée ci-dessous dans un repère $(O\,;\vec{i},\vec{j})$.

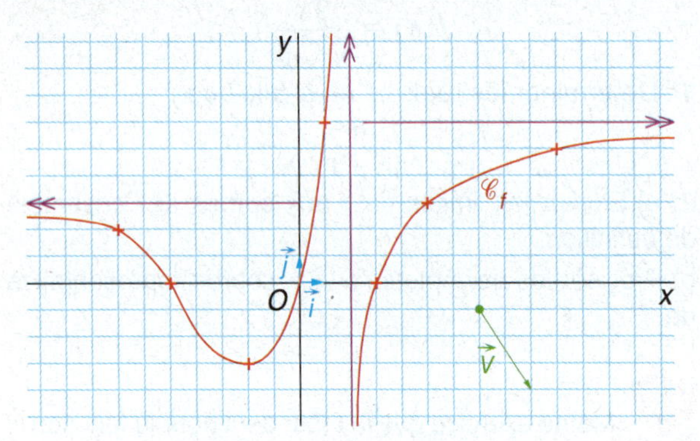

1° Donner l'ensemble de définition de f.

Dresser le tableau des variations de f, en indiquant les limites aux bornes de son ensemble de définition et ses extremums locaux.

2° On considère la fonction g, dont la représentation graphique $\mathscr{C}_g$ est la translatée de $\mathscr{C}_f$ par la translation de vecteur $\vec{v}(2\,;-3)$.

a) Tracer la courbe $\mathscr{C}_g$ à partir de la courbe $\mathscr{C}_f$.

b) En déduire la limite de g en $+\infty$ et en $-\infty$.

c) Dresser le tableau complet des variations de g, en indiquant les limites aux bornes de son ensemble de définition.

52 Tracer la courbe possible d'une fonction f ayant pour tableau des variations :

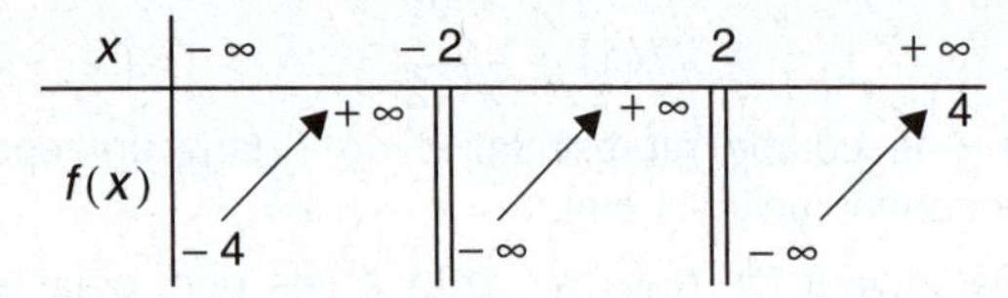

x	$-\infty$		-2		2		$+\infty$
$f(x)$	-4	↗	$+\infty$ ‖ $-\infty$	↗	$+\infty$ ‖ $-\infty$	↗	4

et sachant que l'équation $f(x) = 0$ a pour ensemble solution $S = \{-3\,;0\,;3\}$.

53 Tracer la courbe d'une fonction f définie sur $\mathbb{R}$ et croissante sur $\mathbb{R}$, ayant :

la droite $\mathscr{D}$ d'équation $y = x$ comme asymptote oblique en $-\infty$,

la droite d'équation $y = 5$ comme asymptote horizontale en $+\infty$,

et telle que $f(0) = 2$.

2. Inverse d'une fonction

54 Soit la fonction g définie sur $\mathbb{R} \setminus \{-2\,;2\}$ par :

$$g(x) = \frac{1}{x^2 - 4}.$$

On se propose d'étudier son comportement aux bornes de son ensemble de définition.

Pour cela, on considère la fonction f définie sur $\mathbb{R}$ par $f(x) = x^2 - 4$ et $\mathscr{C}_f$ sa courbe représentative ci-contre dans un repère $(O\,;\vec{i},\vec{j})$.

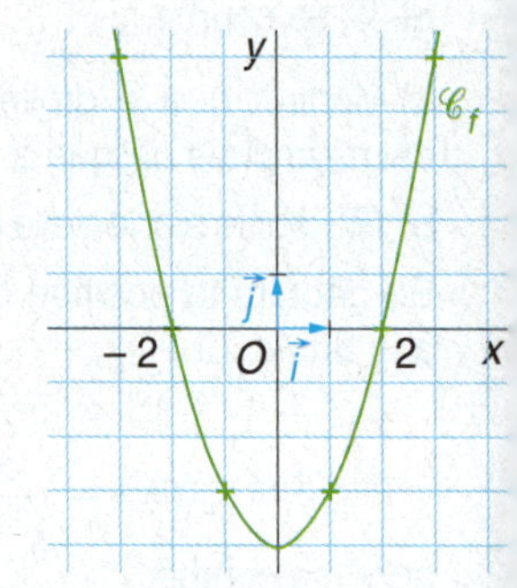

1° Donner le signe de $f(x)$ suivant les valeurs de x.

2° Étude des variations de g

a) Préciser le sens de variation de la fonction f sur chacun des intervalles :

$]-\infty\,;-2[$, $]-2\,;0]$, $[0\,;2[$ et $]2\,;+\infty[$.

b) En composant avec la fonction inverse, en déduire le sens de variation de la fonction g sur chacun de ces intervalles.

3° Étudier les limites de g aux bornes de son ensemble de définition ; en déduire les droites asymptotes.

Dresser le tableau complet des variations de la fonction g (limites, extremums).

55 On considère la fonction f définie sur $\mathbb{R}$ par :

$$f(x) = x^2 - 4x + 3.$$

1° a) Résoudre $f(x) = 0$.

b) En déduire le signe de $f(x)$ suivant les valeurs de x.

2° Soit g la fonction inverse de la fonction f : $g = \frac{1}{f}$

a) Préciser son ensemble de définition.

b) Étudier les limites de g en $+\infty$ et en $-\infty$.

c) Étudier les limites de g aux valeurs annulant $f(x)$.

3° a) Déterminer les variations de f.

b) À l'aide des variations de la fonction f, étudier les variations de la fonction g.

c) Dresser le tableau complet des variations de la fonction g (limites, extremums).

4° Dans le plan, muni d'un repère orthonormal d'unité 2 cm, tracer les courbes représentatives des fonctions f et g.

56 Sur le graphique ci-dessous est représentée une onction f définie sur $\mathbb{R}$:

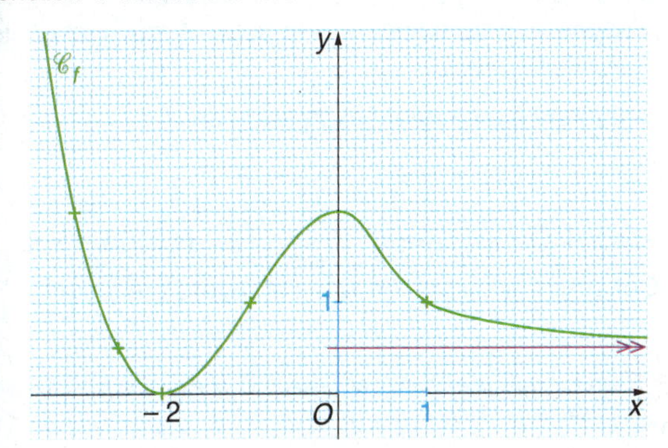

1° Dresser le tableau des variations de f, en indiquant es extremums locaux et les limites en $+\infty$ et en $-\infty$.

2° On considère la fonction g, inverse de la fonction f, et $\mathscr{C}_g$ sa courbe représentative donnée ci-dessous :

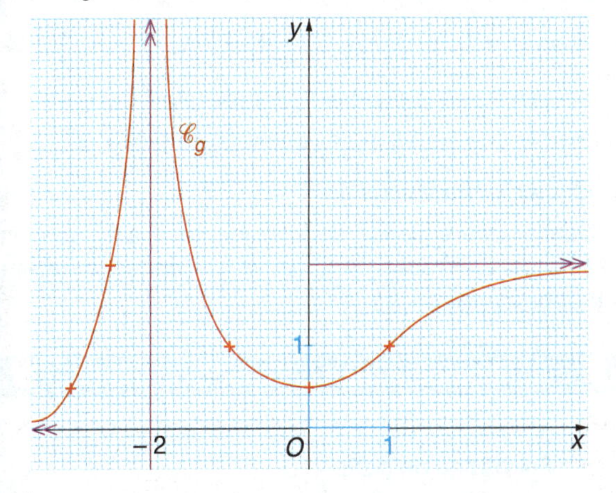

a) À partir de la courbe de la fonction f, justifier que la courbe $\mathscr{C}_g$ admet trois asymptotes d'équation :

$$y = 2 \quad , \quad x = -2 \quad \text{et} \quad y = 0 \quad .$$

b) Justifier les variations de la fonction g à partir de celles de la fonction f.

3° On considère la fonction h donnée par son tableau des variations :

x	$-\infty$		-1		3		5		$+\infty$
$h(x)$	$-\infty$	↗	$0,2$	↘	-1	↗	0	↗	$0,5$

a) Justifier que $\dfrac{1}{h}$ est définie sur $\mathbb{R} \setminus \{5\}$.

b) Montrer que la courbe $\mathscr{C}'$ de la fonction $\dfrac{1}{h}$ admet trois asymptotes d'équation :

$$y = 0 \quad , \quad y = 2 \quad \text{et} \quad x = 5 \quad .$$

c) Dresser le tableau complet des variations de la fonction $\dfrac{1}{h}$.

57 La courbe $\mathscr{C}$ ci-dessous est celle d'une fonction f définie sur $]-2\,;+\infty[$.

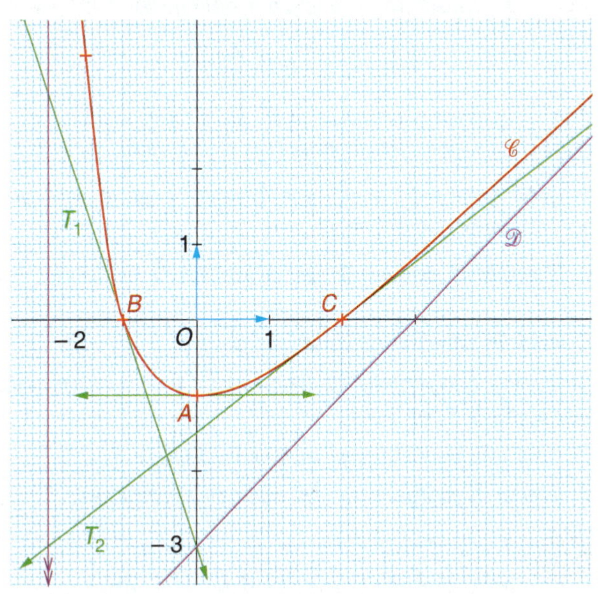

1° a) Donner le tableau des variations de la fonction f, en précisant le signe de la dérivée $f'(x)$.

b) La droite $\mathscr{D}$ est asymptote à la courbe $\mathscr{C}$.

Donner son équation.

c) Lire $f'(0)$ et $f'(2)$.

Préciser les asymptotes à la courbe $\mathscr{C}$.

d) Donner le signe de la fonction f.

2° On considère la fonction g inverse de f.

a) Préciser son ensemble de définition.

Déterminer les limites de g en -2, en $+\infty$, puis aux valeurs annulant $f(x)$.

b) À l'aide des nombres dérivés de f en 0 et en 2, indiquer les nombres dérivés de g en 0 et en 2.

c) À l'aide des variations de la fonction f, étudier les variations de la fonction g.

Dresser le tableau complet des variations de g, en notant toutes les informations obtenues.

d) Donner l'allure de la courbe représentative de g.

3° On admet que la fonction f est de la forme :

$$f(x) = \frac{ax^2 + bx + c}{x + 2} \quad .$$

a) À l'aide des points A, B et C, déterminer les réels a, b et c, et donner l'écriture de $f(x)$.

b) En déduire l'écriture de $g(x)$.

c) Démontrer que $g'(x) = \dfrac{-x\,(x+4)}{(x^2 - x - 2)^2}$.

Retrouver le sens de variation de la fonction g.

3. Étude de fonctions

58 On considère la fonction f définie sur $]\,0\,;+\infty\,[$ par :

$$f(x) = x - 20 + \frac{400}{x}.$$

Soit $\mathscr{C}$ la courbe représentative de f dans le plan rapporté à un repère orthonormal $(O\,;\vec{i},\vec{j})$ (unités : 0,1 cm).

1° Déterminer les limites de la fonction f aux bornes de son ensemble de définition.

2° Calculer la dérivée f' de la fonction f et donner le signe de $f'(x)$.
Dresser le tableau des variations de f.

3° Montrer que la droite $\mathscr{D}$ d'équation $y = x - 20$ est asymptote à $\mathscr{C}$ en $+\infty$.
Donner une équation de l'autre asymptote à $\mathscr{C}$.

4° Tracer la courbe $\mathscr{C}$, ainsi que ses asymptotes.

59 Soit la fonction f définie sur $\mathbb{R}\setminus\{0\}$ par :

$$f(x) = \frac{(x+2)^2(x-1)}{x^2},$$

et $\mathscr{C}_f$ sa courbe représentative dans le plan muni d'un repère orthonormal $(O\,;\vec{i},\vec{j})$ d'unité 2 cm.

1° Vérifier que $f(x) = x + 3 - \frac{4}{x^2}$ pour tout x non nul.

2° a) À l'aide de la forme trouvée précédemment, étudier les limites de f aux bornes de son ensemble de définition.
Préciser les asymptotes à la courbe $\mathscr{C}_f$.
b) Étudier la position de la courbe $\mathscr{C}_f$ par rapport à la droite $\mathscr{D}$ d'équation $y = x + 3$.

3° Étudier les variations de f en utilisant la forme vue à la question 1°.

4° a) Résoudre algébriquement l'équation $f(x) = 0$.
En donner une interprétation graphique.
b) Tracer la droite $\mathscr{D}$, puis la courbe $\mathscr{C}_f$.

60 On considère une fonction f de la variable réelle x, dont on donne le tableau des variations :

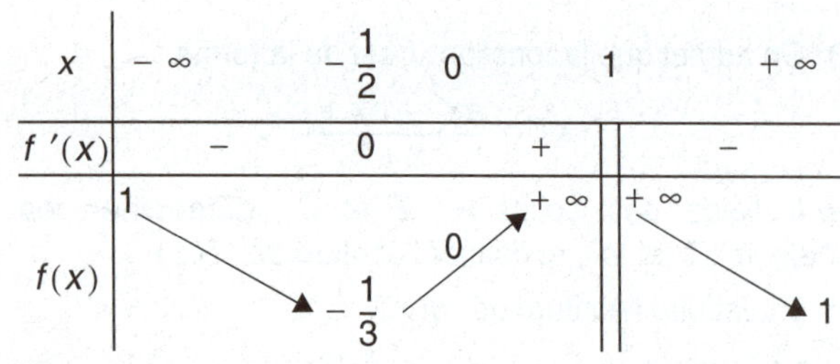

x	$-\infty$		$-\frac{1}{2}$		0		1		$+\infty$
$f'(x)$		$-$	0	$+$			‖	$-$	
$f(x)$	1	↘	$-\frac{1}{3}$	↗	0	$+\infty$	‖ $+\infty$	↘	1

On appelle $\mathscr{C}$ la courbe représentative de f dans un repère orthonormal $(O\,;\vec{i},\vec{j})$ (unités graphiques 2 cm sur chaque axe).

1° En interprétant le tableau donné :
a) préciser l'ensemble de définition de f ;
b) placer dans le repère $(O\,;\vec{i},\vec{j})$ l'asymptote horizontale $\mathscr{D}$, l'asymptote verticale $\mathscr{D}'$, le point A où la tangente à $\mathscr{C}$ est horizontale.

2° On donne maintenant l'expression de f :

$$f(x) = 1 + \frac{4}{(x-1)} + \frac{3}{(x-1)^2}.$$

a) Résoudre les équations $f(x) = 0$ et $f(x) = 1$.
b) Construire la courbe $\mathscr{C}$ dans le repère précédent.

61 On considère la fonction f définie sur $\mathbb{R}\setminus\{1\}$ par :

$$f(x) = \frac{x^2 - x + 4}{2\,(1-x)}.$$

1° Déterminer les réels a, b et c tels que :
$f(x) = ax + b + \frac{c}{1-x}$ pour tout réel de $\mathbb{R}\setminus\{1\}$.

2° a) Étudier les limites de f en 1, $+\infty$ et $-\infty$.
b) Montrer que la droite $\mathscr{D}$ d'équation $y = -\frac{x}{2}$ es[t] une asymptote à la courbe $\mathscr{C}$ représentative de f.
c) Donner une équation de l'autre asymptote à $\mathscr{C}$.

3° Étudier les variations de f.

4° Donner une équation de la tangente T à $\mathscr{C}$ au poin[t] d'abscisse 2. Tracer $\mathscr{C}$, $\mathscr{D}$ et T dans un repère orthonormal $(O\,;\vec{i},\vec{j})$.

4. Applications économiques

62 **Fonctions de coût**

Une entreprise fabrique un produit chimique.
Le coût moyen de fabrication de q hectolitres es[t] donné, en euros, par :

$$C_M(q) = q + 6 + \frac{81}{q} \quad \text{pour } q \in\,]\,0\,;+\infty\,[\,.$$

1° Étudier le sens de variation de C_M.
En déduire la quantité q_0 qui minimise le coût moyen.

2° a) Étudier le comportement du coût moyen lorsque [q] tend vers 0 et lorsque q tend vers $+\infty$.
Que peut-on en déduire pour la courbe de coût moyen ?
b) Déterminer à partir de quelle quantité le coût moye[n] est supérieur à 38,7 €.
On sera amené à résoudre une inéquation de 2e degré.

3° a) Déterminer le coût total de fabrication $CT(q)$ en fonction de q.
b) En déduire le coût marginal $C_m(q)$, que l'on assi[-]mile à la dérivée du coût total.
Justifier le sens de variation du coût total.

4° Dans un repère orthogonal d'unités 1 cm pour 2 hL en abscisse et 1 cm pour 5 € en ordonnée, tracer les courbes de coût moyen et de coût marginal, ainsi que la droite $\mathcal{D}$ d'équation $y = q + 6$.

5° Déterminer algébriquement le point A, intersection des deux courbes de coût moyen et de coût marginal.
Quelle est la particularité de ce point ?

6° Cette entreprise fabrique et vend toute sa production, au prix de 36 € l'hectolitre.
Tracer la droite d'équation $y = 36$.
Résoudre graphiquement, puis algébriquement :

$$C_M(q) \leqslant 36 .$$

En donner une interprétation économique pour cette entreprise.

63 Le coût moyen de production d'un alliage est donné par :

$$f(q) = \frac{q^2 + 2q + 10}{q} ,$$

où q est la quantité d'alliage, exprimée en kilogramme, $q \in]0 ; +\infty[$, et le coût moyen $f(q)$ est exprimé en milliers d'euros.

1° Écrire $f(q)$ sous la forme $aq + b + \frac{c}{q}$,
où a, b et c sont des nombres que l'on précisera.

2° Pour de grandes quantités produites, justifier que le coût moyen se comporte comme une fonction affine.

3° Étudier le coût moyen lorsque l'on fabrique des quantités proches de zéro.

4° Étudier le sens de variation de f.

5° Représenter f dans un repère orthonormal $(O; \vec{i}, \vec{j})$ d'unités graphiques : 1 cm pour 1 kg sur l'axe des abscisses et 0,5 cm pour 1 millier d'euros sur l'axe des ordonnées.

64 On considère la fonction f définie sur $[0 ; +\infty[$ par :

$$f(q) = q^2 + 50q + 2\,000 .$$

1° a) Calculer $f(0)$, $f(10)$, $f(50)$ et $f(100)$.
b) Étudier les variations de f ; on calculera la dérivée.

2° Cette fonction modélise le coût total de fabrication, en euros, de q objets.
a) Calculer le coût marginal C_m du soixantième objet (on admet que le coût marginal est donné par la dérivée du coût total de fabrication).
b) Montrer que l'accroissement du coût marginal est proportionnel à l'accroissement du nombre d'objets fabriqués.

3° a) Exprimer la fonction de coût moyen donnée par :

$$C_M(q) = \frac{f(q)}{q} .$$

b) Résoudre l'inéquation $C_M(q) - (q + 50) \leqslant 15$.
En déduire la quantité à partir de laquelle le coût moyen de fabrication de q objets est presque égal (à 15 € près) à la somme de 50 € plus 1 € par objet fabriqué.
c) Étudier le comportement du coût moyen lorsque l'on fabrique une très grande quantité d'objets.

4° Dans un même repère orthogonal bien choisi, représenter le coût marginal et le coût moyen de cette fabrication.

65 **Population**

La population d'un pays évolue selon une fonction f :

$$f(x) = \frac{7x + 200}{x + 20} ,$$

où x est le nombre d'années écoulées depuis la fin de l'année 1960, et $f(x)$ est exprimée en millions d'habitants.

1° Déterminer les réels k et β tels que :

$$f(x) = \frac{k}{x + 20} + \beta \quad \text{pour } x \in [0 ; +\infty[.$$

2° a) D'après la forme trouvée en 1°, établir si la population de ce pays est en expansion ou en régression.
b) Étudier la limite de f en $+\infty$. En donner une interprétation concrète pour la population de ce pays.
c) Résoudre l'équation $\frac{7x + 200}{x + 20} = 8$.
À l'aide du sens de variation de la fonction f, préciser si, après l'année 2000, la population est supérieure ou inférieure à 8 millions d'habitants.

66 On note $f(t)$ la population, en milliers, d'une ville nouvelle fondée en 1970, où t désigne la durée écoulée depuis 1970, exprimée en années.

$$f(t) = \frac{t^2 + 11t + 8}{2\,(t + 1)} \quad \text{pour } t \in [0 ; +\infty[.$$

1° Déterminer les réels a, b et c tels que :

$$f(t) = at + b + \frac{c}{t + 1} \quad \text{pour tout } t \text{ de } [0 ; +\infty[.$$

2° a) Étudier les variations de f.
b) Résoudre $f(t) \geqslant 30$. En déduire à partir de quelle année la population de la ville sera supérieure à 30 000 habitants.

3° a) Étudier la limite de f en $+\infty$.
b) Montrer que la courbe $\mathcal{C}$ représentative de f admet une asymptote oblique. Interpréter en terme de rythme de croissance de la population.

On rappelle que **le rythme de croissance** à l'instant t est assimilable à la dérivée de la fonction de population.

67 Fonction rationnelle à l'écran d'une calculatrice

La courbe obtenue à l'écran n'a pas toujours une allure lisible.

Une particularité des calculatrices graphiques est que le graphique est dessiné en joignant des points calculés par la calculatrice, lorsque l'on est en mode **Connect**.

Or sur l'écran, un point correspond à un pixel, ce qui crée des droites « verticales » qui n'ont pas de lien avec la courbe.

Exemple : $f(x) = \dfrac{-2}{x-3} - 1$ pour $X \in [-3\,;6]$ et $Y \in [-5\,;4]$.

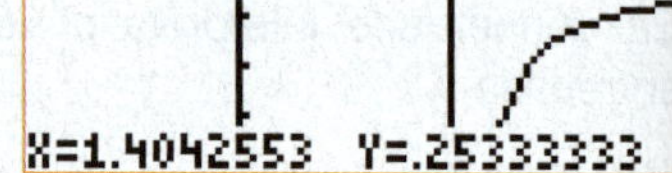

1° On considère la fonction f telle que $f(x) = \dfrac{4x^2-1}{x^2-2x-3}$ de courbe $\mathscr{C}$.

a) Visualiser la courbe à l'écran de la calculatrice dans la fenêtre de base :

• sur T.I. : (ZOOM) **4:ZDecimal** . **• sur Casio :** (MENU) GRAPH (V. Window) INIT .

Visualiser la courbe dans la fenêtre $X \in [-10\,;10]$ et $Y \in [-6\,;14]$.

b) Faire des remarques sur l'existence d'asymptotes à la courbe $\mathscr{C}$.

Quelle semble être le sens de variation de cette fonction ?

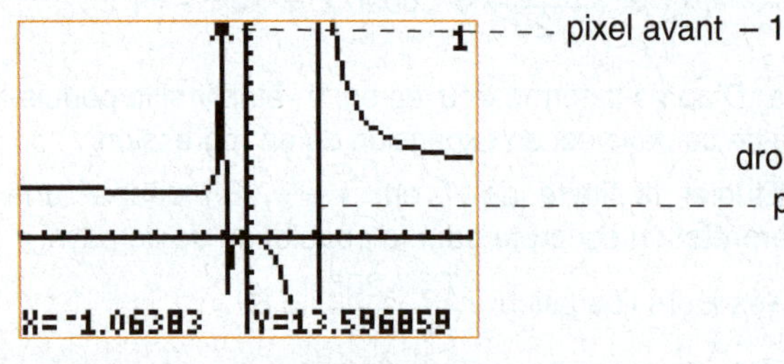

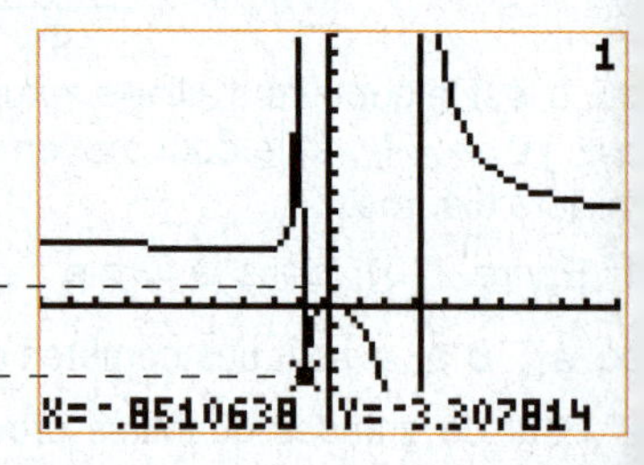

On peut se mettre en (MODE) **Dot** pour n'avoir que les points calculés.

c) Résoudre $x^2 - 2x - 3 = 0$.

En déduire les valeurs interdites de $f(x)$ et le signe de $x^2 - 2x - 3$.

d) Étudier les limites de f aux bornes de son ensemble de définition.

Retrouver les asymptotes conjecturées à l'écran.

e) Soit f' la dérivée de f. Montrer que :

$$f'(x) = \frac{-8x^2-22x-2}{(x^2-2x-3)^2}.$$

Étudier le signe de $-8x^2 - 22x - 2$.

En déduire le sens de variation de la fonction f.

2° Soit la fonction g telle que $g(x) = \dfrac{x-4}{x^2-5x-6}$.

a) Visualiser la courbe de g à la calculatrice.

b) Déterminer l'ensemble de définition de g.

Déterminer les limites de g aux bornes de l'ensemble de définition et en déduire les asymptotes à sa courbe $\mathscr{C}_g$.

68 Fonction inverse d'une fonction à l'aide de GEOPLAN

On se propose de visualiser la courbe de la fonction inverse d'une fonction trinôme.

Soit u telle que $u(x) = (3-x)(x+1)$ et f telle que $f(x) = \dfrac{1}{u(x)}$.

1° Travail sur papier

a) Étudier le signe de $u(x)$ et son sens de variation.

b) Déterminer l'ensemble de définition de la fonction f.

Étudier les limites de f en $+\infty$ et en $-\infty$.

En donner une interprétation graphique.

Étudier les limites de f en 3 et en -1.

Interpréter graphiquement ces résultats.

c) À l'aide du sens de variation de la fonction u, détermine le sens de variation de la fonction f.

Dresser le tableau des variations de f.

2° Travail à l'aide de GEOPLAN

a) Créer les objets ci-dessous.

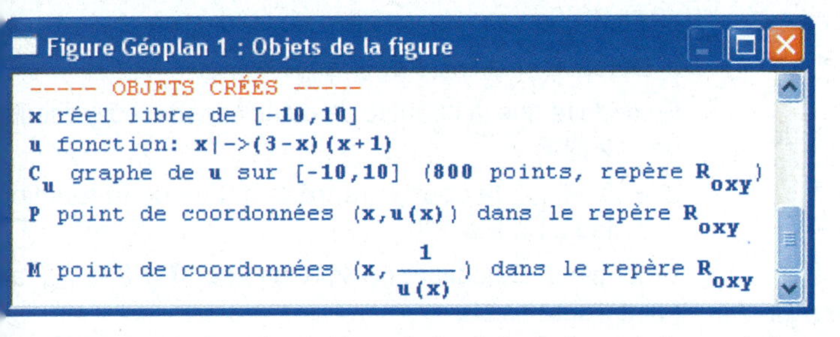

Tracer point par point la courbe de f, ensemble des points M lorsque x varie :
Piloter / **Piloter au clavier** et sélectionner x.
Afficher / **Sélection Trace** et sélectionner M.

b) Vérifier les limites de f déterminées à la main, puis les variations.

c) Modifier la fonction u par [M D] comme ci-contre.

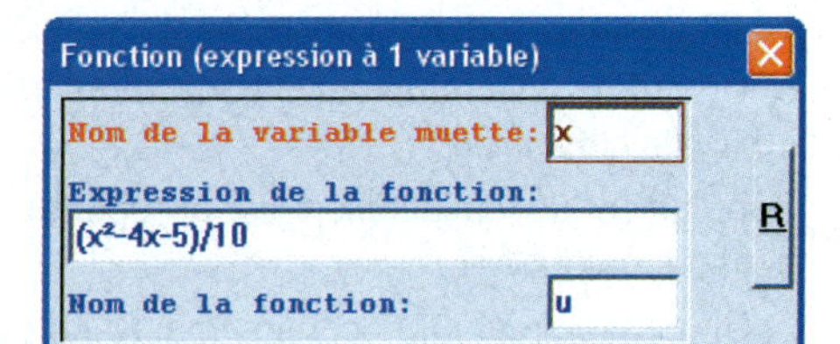

Établir les variations de cette fonction u.

En déduire les variations de la fonction f, inverse de u.

Dresser le tableau des variations de f en précisant les limites.

69 Élaboration d'une stratégie économique

Une coopération agricole fabrique des confitures artisanales et les vend par lot de 5 pots.

Le coût mensuel de fabrication de q lots, en euros, s'élève à $C(q) = 0{,}01q^2 + 1{,}5q + 169$.

Une étude de marché a montré que la coopérative pouvait s'attendre à une demande mensuelle q égale à $600 - 50p$ pour un prix unitaire p.

A. Étude du coût moyen par lot et comparaison à la demande

1° Exprimer en fonction de q le coût d'un lot :

$$f(q) = \frac{C(q)}{q}.$$

f est considérée comme une fonction définie sur $]0\,;+\infty[$.

2° Soit $\mathscr{C}$ la courbe représentative de f :

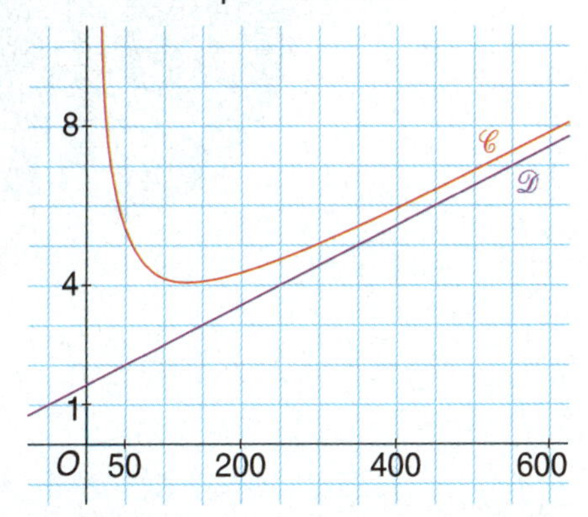

a) Étudier les variations de f sur $]0\,;+\infty[$.

b) Déterminer les limites de f en 0 et en $+\infty$.

c) Préciser les asymptotes éventuelles de $\mathscr{C}$.

3° Quel est le minimum de f ?

Expliquer pourquoi, compte tenu de la demande mensuelle, la coopérative ne peut pas proposer ce prix à sa clientèle sans la mécontenter ou subir des pertes.

B. Recherche du bénéfice maximal

La coopérative cherche à rendre maximal son bénéfice mensuel, en tenant compte du prix de la demande.

1° Au cours d'un mois, la coopérative a vendu q lots.
Calculer, en fonction de q :

a) le prix p de chaque lot, compte tenu de la demande sachant que $q = 600 - 50p$;

b) la recette réalisée $R(q)$;

c) le bénéfice réalisé $B(q)$.

2° Déterminer le nombre de lots qui rend maximal le bénéfice de la coopérative.
Quel est alors le prix de chaque lot ?

C. Impact d'une augmentation des coûts

À la suite de difficultés d'approvisionnement en fruits, la coopérative voit ses coûts augmenter de 3 euros par lot.
Les fonctions coût et bénéfice s'en trouvent modifiées.

1° Déterminer ces nouvelles fonctions, notées C_1 et B_1.

2° En reprenant le raisonnement de la partie B, évaluer le nombre de lots et le prix de chacun d'eux lorsque le bénéfice B_1 est maximal.

3° L'augmentation des coûts est-elle entièrement répercutée sur la clientèle ?

70 Seuil de satisfaction

On admet que l'on peut mesurer l'indice de satisfaction des consommateurs sur deux produits de substitution : un thé et un café.

On note x la quantité de thé consommée et y celle de café, quantités exprimées en kilogrammes.

On admet que cet indice s'écrit :

$$U(x\,;\,y) = xy + 2y - 5x\ .$$

1° a) Un consommateur A consomme 10 kg de thé et 15 kg de café, quel est son indice de satisfaction ?

b) Un autre consommateur B consomme 15 kg de thé et 10 kg de café.

Son indice de satisfaction est-il supérieur à celui du consommateur A ?

c) Un consommateur C consomme 10 kg de thé et a un indice de satisfaction de 100.

Quelle est sa consommation de café ?

2° On étudie la quantité de café en fonction de la quantité de thé pour un indice de satisfaction de 100 :

$$U(x\,;\,y) = 100\ .$$

a) Montrer que la quantité y de café est donnée par :

$$f(x) = \frac{100 + 5x}{x + 2}\ ,\quad \text{pour } x \in [\,0\,;+\infty\,[\ .$$

b) Étudier le sens de variation de la fonction f.

c) Déterminer la limite de f en $+\infty$.

En déduire que la quantité de café consommée présente un « seuil ».

d) Soit $\mathscr{C}_{100}$ la courbe représentative de la fonction f_1, liée à l'indice 100.

Déterminer l'équation de la tangente T_8 à $\mathscr{C}_{100}$ au point d'abscisse 8.

Un consommateur consommant 8 kg de thé augmente sa consommation de thé de 0,100 kg.

De combien va-t-il diminuer sa consommation de café pour garder un indice de satisfaction de 100 ?

Tracer la courbe $\mathscr{C}_{100}$ dans un repère orthonormal d'unité 1 cm pour 2 kg, ainsi que la tangente T_8.

3° Étudier de la même façon la consommation de café en fonction de la quantité x de thé, pour un indice de satisfaction de 60.

Tracer la courbe $\mathscr{C}_{60}$ dans le même repère que celui de la courbe précédente, ainsi que la tangente au point d'abscisse 8.

Comparer les coefficients directeurs des deux tangentes tracées.

Taux d'équipement en téléviseur

71 Dans un pays industrialisé, le nombre de ménages équipés de téléviseur a évolué durant ces dernières années.

année	1970	1975	1980	1985	1990	1995
x_i	0	5	10	15	20	25
y_i	1,9	4	4,6	5	5,2	5,3

On note x_i le nombre d'années écoulées depuis 1970 et y_i le nombre de ménages équipés en téléviseur, en millions.

1° Représenter le nombre de ménages dans un repère orthogonal.

2° Il semble que les points obtenus correspondent à une fonction homographique de la forme : $f(x) = a + \dfrac{b}{x+5}$ où a et b sont deux réels.

a) En utilisant les images $f(5) = 4$ et $f(15) = 5$, déterminer a et b.
Vérifier que cette fonction donne un bon modèle pour les autres valeurs connues.

b) Déterminer le nombre de ménages équipés que l'on peut prévoir à long terme, c'est-à-dire quand x tend vers $+\infty$: on parle de **valeur plafond**.

c) *A priori*, quel serait le taux d'équipement maximal des ménages pour ce bien de consommation ?
Dans cette hypothèse, quel est le nombre total de ménages de ce pays ?

Géométrie dans l'espace : coordonnées

1. Vecteurs de l'espace
2. Dans un repère de l'espace
3. Distance et orthogonalité

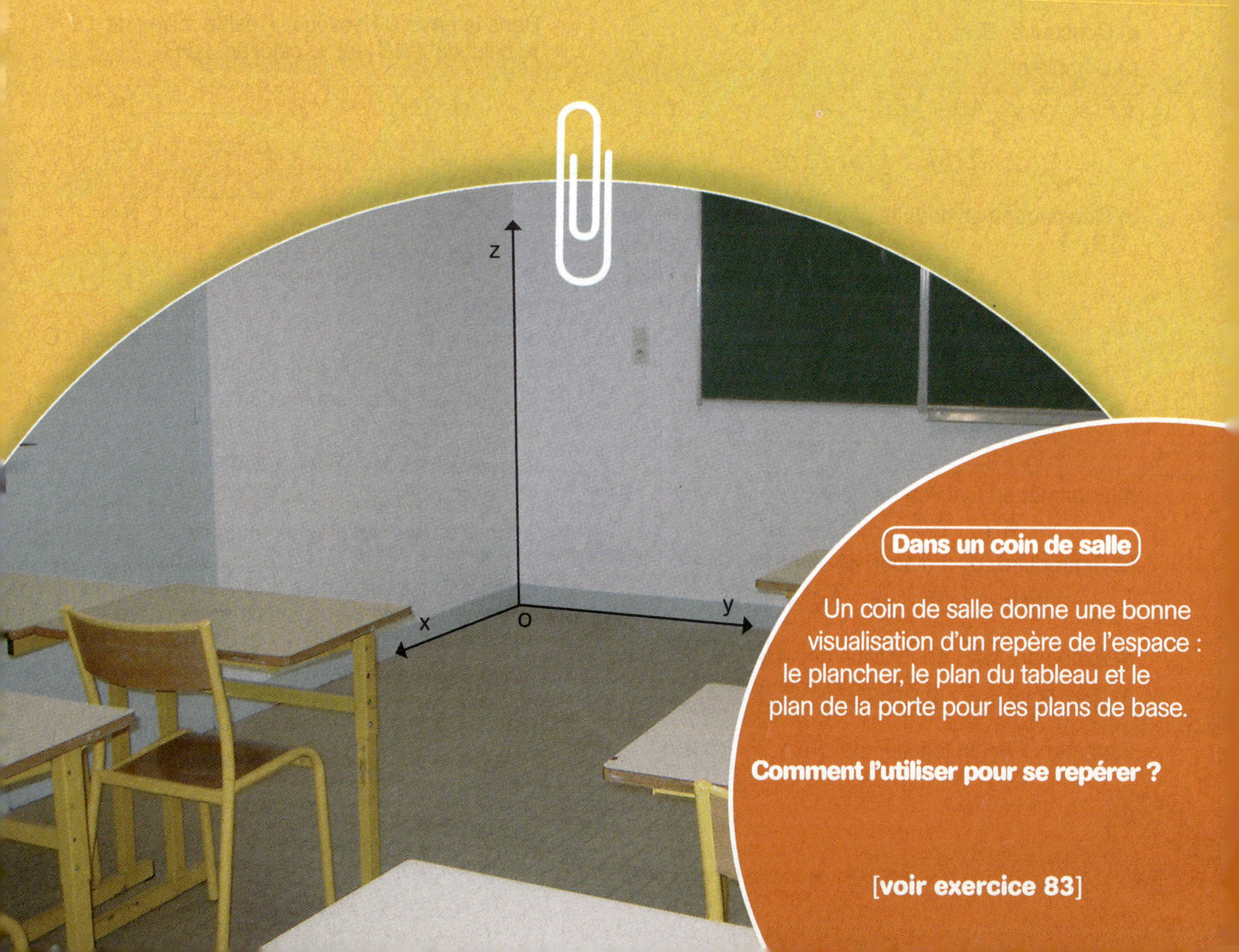

Dans un coin de salle

Un coin de salle donne une bonne visualisation d'un repère de l'espace : le plancher, le plan du tableau et le plan de la porte pour les plans de base.

Comment l'utiliser pour se repérer ?

[voir exercice 83]

MISE EN ROUTE

Tests préliminaires

A. Vecteurs et points

$ABCD$ est un rectangle.

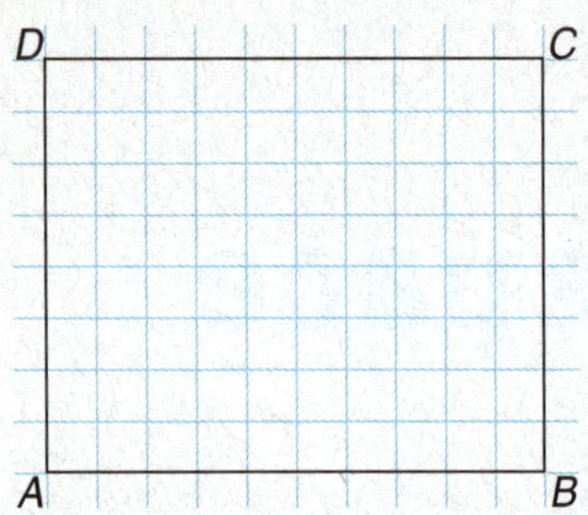

1° Soit M et N les points tels que :

$$\overrightarrow{AM} = \frac{2}{5}\overrightarrow{AB} + \frac{1}{2}\overrightarrow{BC}$$

$$\overrightarrow{AN} = \overrightarrow{AC} + \frac{1}{5}\overrightarrow{BA}$$

a) Construire les points M et N.

b) Justifier chaque ligne de calcul : relation de Chasles, définition de M ou N, règle de calcul.

$$\overrightarrow{AN} = \overrightarrow{AC} + \frac{1}{5}\overrightarrow{BA}$$

$$= \overrightarrow{AB} + \overrightarrow{BC} + \frac{1}{5}\overrightarrow{BA}$$

$$= \frac{4}{5}\overrightarrow{AB} + \overrightarrow{BC} = 2\left(\frac{2}{5}\overrightarrow{AB} + \frac{1}{2}\overrightarrow{BC}\right)$$

$$= 2\overrightarrow{AM}.$$

c) Que peut-on en déduire pour M, N et A ?

2° Soit E et F tels que :

$$\overrightarrow{AE} = \frac{1}{2}\overrightarrow{BA} \quad \text{et} \quad \overrightarrow{AF} = \frac{4}{3}\overrightarrow{BC} - \frac{1}{2}\overrightarrow{AC}.$$

a) Construire E et F.

b) Compléter :

$$\overrightarrow{EF} = \dots = \frac{1}{2}\overrightarrow{AB} + \frac{4}{3}\overrightarrow{BC} - \frac{1}{2}\overrightarrow{AC}$$

$$= \frac{1}{2}(\dots) - \frac{4}{3}\overrightarrow{CB} = \frac{1}{2}\overrightarrow{CB} - \frac{4}{3}\overrightarrow{CB} = \dots$$

c) Que peut-on en déduire pour les droites (EF) et (CB) ?

[Voir page de calcul, p. 263]

B. Vecteurs colinéaires

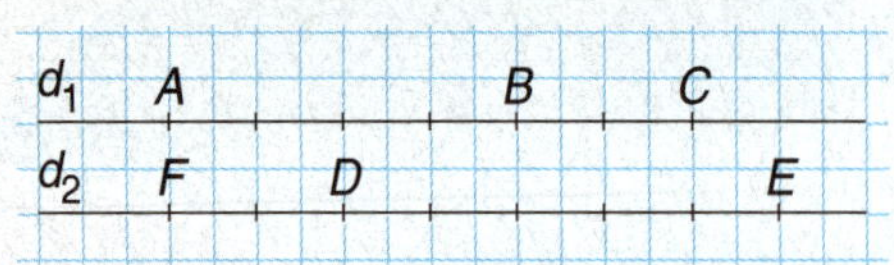

a) Exprimer en fonction de $\overrightarrow{BC}$:

$\overrightarrow{AB}$, $\overrightarrow{ED}$, $\overrightarrow{CA}$ et $\overrightarrow{EF}$.

b) Reproduire d_1 ; placer M et N tels que :

$$\overrightarrow{BM} = \frac{1}{3}\overrightarrow{CB} \quad \text{et} \quad \overrightarrow{AN} = \frac{3}{4}\overrightarrow{BA}.$$

c) Exprimer $\overrightarrow{MN}$ en fonction de $\overrightarrow{AB}$.

d) Soit P tel que $4\overrightarrow{PE} + 3\overrightarrow{PF} = \vec{0}$.

Exprimer $\overrightarrow{FP}$ en fonction de $\overrightarrow{FE}$.

C. Coordonnées dans le plan

Soit quatre points A, B, C et D dans un repère du plan.

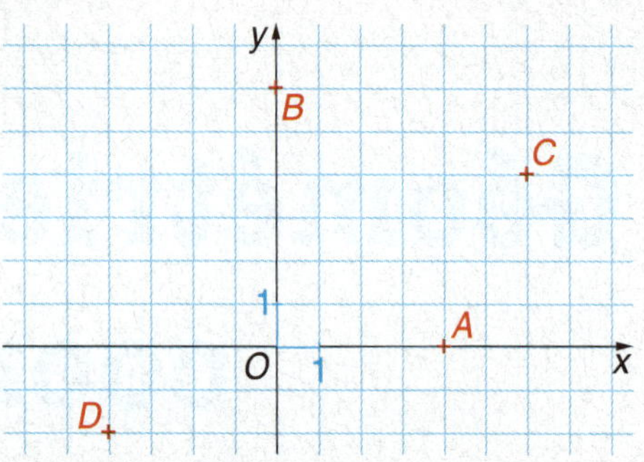

a) Lire les coordonnées de A, B, C et D.

b) Par le calcul, déterminer les coordonnées des vecteurs $\overrightarrow{AC}$ et $\overrightarrow{BD}$. Que peut-on en déduire pour les droites (AC) et (BD) ?

c) Déterminer les coordonnées du milieu de $[DB]$.

d) Soit $M(x\,;\,y)$ tel que $4\overrightarrow{AM} = 3\overrightarrow{AB}$.
Déterminer les coordonnées de M.

e) Déterminer les coordonnées de N tel que :

$$\overrightarrow{CN} = \frac{1}{3}\overrightarrow{AB} - \frac{1}{2}\overrightarrow{AC}.$$

[Voir techniques de base, p. 262]

D. Droites de l'espace

Dans le pavé ci-dessous, I est le milieu de $[GH]$, K celui de $[EB]$ et L celui de $[OB]$.

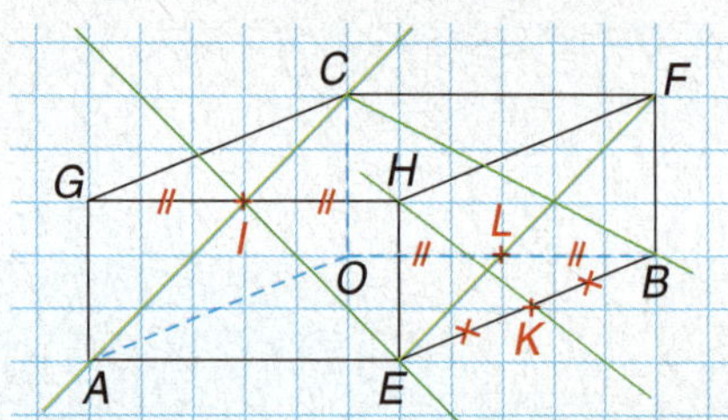

Vrai ou faux ?

a) $(IC) // (LE)$;

b) (AI) passe par C ;

c) (HK) est incluse dans le plan (EBF) ;

d) (HK) et (FL) sont sécantes ;

e) $(LK) // (CH)$;

f) $(IF) // (AK)$;

g) (OB) et (AK) sont sécantes.

E. Définir un plan de l'espace

Donner **toutes** les bonnes réponses.

a) trois points définissent toujours un plan ;

b) deux droites sécantes définissent un plan ;

c) une droite et un point extérieur à cette droite définissent un plan ;

d) deux droites strictement parallèles définissent un plan ;

e) trois points en triangle définissent un plan.

[Voir techniques de base, p. 262]

MISE EN ROUTE

Activités préparatoires

1. Repérage dans l'espace

Soit O , I , J et K les points de l'espace tels que les triangles OIJ , OJK et OKI soient des triangles **rectangles isocèles**.

On note $\vec{i} = \overrightarrow{OI}$, $\vec{j} = \overrightarrow{OJ}$ et $\vec{k} = \overrightarrow{OK}$; on obtient ainsi le repère $(O ; \vec{i}, \vec{j}, \vec{k})$, repère **orthonormal** de l'espace.

On considère le pavé ci-dessous.

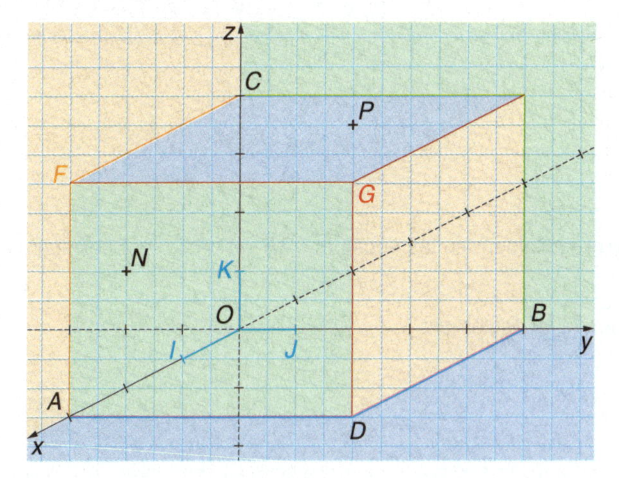

On a $\overrightarrow{OA} = 3\vec{i}$, $\overrightarrow{OB} = 5\vec{j}$ et $\overrightarrow{OC} = 4\vec{k}$.

Soit $\overrightarrow{OG} = 3\vec{i} + 5\vec{j} + 4\vec{k}$, on peut lire :

3 est **l'abscisse** de G ,
5 est **l'ordonnée** de G
et 4 est **la cote** de G :
$G(3 ; 5 ; 4)$ dans le repère $(O ; \vec{i}, \vec{j}, \vec{k})$.

1° a) Lire les coordonnées du point D dans le plan du « plancher » (xOy) .

b) Lire les coordonnées du point E dans le plan du « fond » (yOz) .

c) Lire les coordonnées du point F dans le plan de « côté » (xOz) .

2° Le point N est un point de l'espace, mais sa place sur la figure ne donne pas sa position réelle dans l'espace.

Lire ses coordonnées suivant sa position :

a) N est un point du plan (xOz) ;

b) N est un point du plan (FAD) ;

c) N est un point du plan (yOz) .

3° Le point P est un point de l'espace.

Lire ses coordonnées suivant sa position.

a) $P \in (yOz)$;

b) $P \in (xOz)$;

c) P est un point de la droite (GD) ;

d) $P \in (FCE)$.

4° Reproduire le repère en respectant le tracé de l'axe (Ox) .

a) Placer $H(1 ; 4 ; 3)$: pour cela, à partir de O , construire le vecteur $1\vec{i}$, puis « au bout » $4\vec{j}$, puis « au bout » $3\vec{k}$.

b) Placer les points $L(2 ; 5 ; 2)$, $M(-1 ; 3 ; -2)$ et $R(1 ; -2 ; 4)$.

2. Distance dans un cube

Le cube $ABCDA'B'C'D'$ ci-contre a pour arête 4.

On considère les points I , J et K tels que :

$$\overrightarrow{CI} = \frac{1}{2}\overrightarrow{CD} , \quad \overrightarrow{BJ} = \frac{1}{4}\overrightarrow{BB'} \quad \text{et} \quad \overrightarrow{A'K} = \frac{1}{4}\overrightarrow{A'D'} .$$

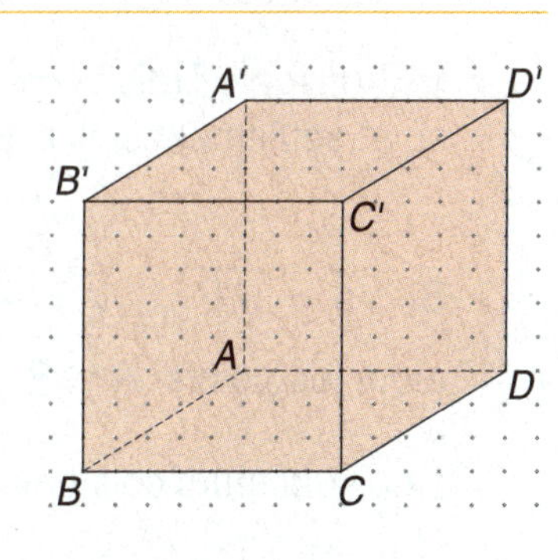

1° Reproduire ce cube, en cm, et placer les points I , J et K .

2° a) Dessiner le triangle BCI en vraie grandeur (unité 1 cm).
Calculer la distance BI .

b) Dessiner le triangle IBJ en vraie grandeur. Calculer la distance IJ .

c) De même, calculer les distances JK et KI .
Comparer ces trois distances IJ , JK et KI .

3° On considère le repère orthonormal $(O ; \vec{i}, \vec{j}, \vec{k})$ tel que :

$$O \text{ est en } A , \quad \overrightarrow{AB} = 4\vec{i} \quad \overrightarrow{AD} = 4\vec{j} \quad \text{et} \quad \overrightarrow{AA'} = 4\vec{k} .$$

a) Calculer les coordonnées des points I , J et K , et des vecteurs $\overrightarrow{IJ}$, $\overrightarrow{JK}$ et $\overrightarrow{KI}$.

b) On note $(X ; Y ; Z)$ les coordonnées du vecteur $\overrightarrow{IJ}$. Calculer $\sqrt{X^2 + Y^2 + Z^2}$. Que retrouve-t-on ?

COURS

1. Vecteurs de l'espace

Les définitions et opérations sur les vecteurs du plan se généralisent dans l'espace.

On a ainsi l'égalité de vecteurs : $\overrightarrow{AB} = \overrightarrow{CD} \Leftrightarrow ABCD$ est un parallélogramme ; la **relation de Chasles** pour tous points A, B et C, $\overrightarrow{AB} + \overrightarrow{BC} = \overrightarrow{AC}$ et la multiplication d'un vecteur par un réel k : $k\overrightarrow{AB} = \overrightarrow{AM}$.

Pour plus de facilité, on énoncera les définitions et les théorèmes pour des vecteurs **non nuls**.

Vecteurs colinéaires

définition : Deux vecteurs $\vec{u}$ et $\vec{v}$ sont **colinéaires** si, et seulement si, il existe un réel k tel que l'un est le produit de l'autre par k.
Par exemple : $\vec{v} = k\vec{u}$.

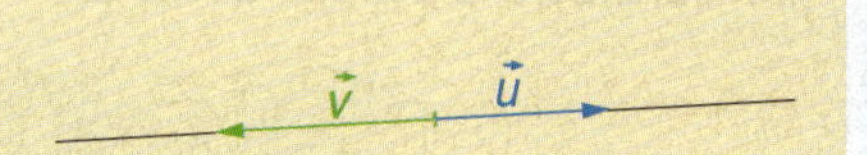

Conséquences

Alignement : Trois points A, B et C sont **alignés** si, et seulement si, les vecteurs $\overrightarrow{AB}$ et $\overrightarrow{AC}$ sont colinéaires, c'est-à-dire il existe un réel k tel que $\overrightarrow{AC} = k\overrightarrow{AB}$.

Parallélisme : Les droites (AB) et (CD) sont **parallèles** si, et seulement si, les vecteurs $\overrightarrow{AB}$ et $\overrightarrow{CD}$ sont colinéaires.

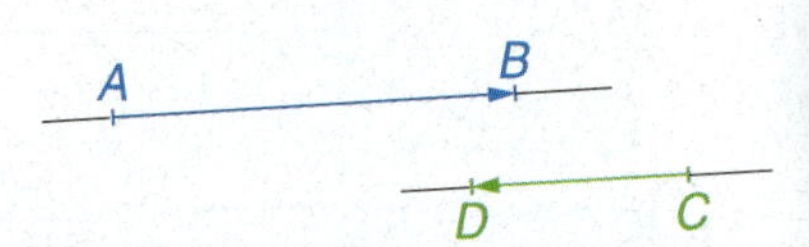

Les points A, B, C et D sont alors dans le même plan.

Exemple :

Dans le parallélépipède ci-contre :

$\overrightarrow{EM} = \overrightarrow{AD}$, $\overrightarrow{AB} + \overrightarrow{AC} = \overrightarrow{AE}$ et $\overrightarrow{AE} + \overrightarrow{EM} = \overrightarrow{AM}$;

d'où $\overrightarrow{AB} + \overrightarrow{AC} + \overrightarrow{AD} = \overrightarrow{AM}$.

Si $\overrightarrow{BP} = \frac{2}{3}\overrightarrow{AC}$, alors les vecteurs $\overrightarrow{BP}$ et $\overrightarrow{AC}$ sont colinéaires ;

et, comme $\overrightarrow{AC} = \overrightarrow{BE}$, les points B, E et P sont alignés.

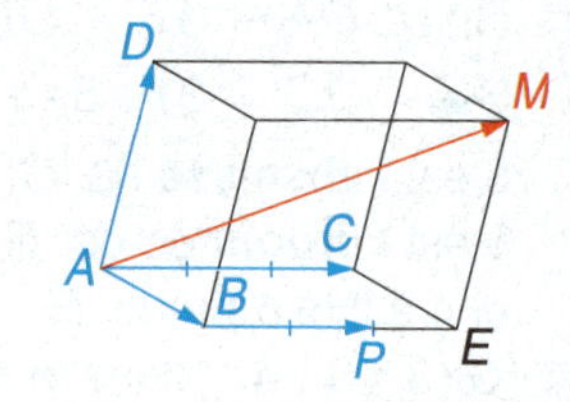

Vecteurs coplanaires

définition : Trois vecteurs $\vec{u}$, $\vec{v}$, et $\vec{w}$ sont coplanaires si, et seulement si, il existe deux réels α et β tels que :

$$\vec{w} = \alpha\vec{u} + \beta\vec{v}.$$

Si $\vec{u} = \overrightarrow{AB}$, $\vec{v} = \overrightarrow{AC}$ et $\vec{w} = \overrightarrow{AD}$,

alors les points A, B, C et D sont dans le même plan.

Deux vecteurs colinéaires sont coplanaires.

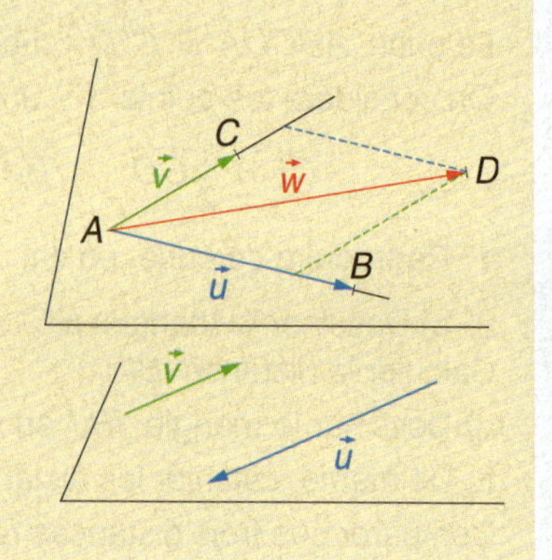

Conséquence

Pour démontrer qu'un point D appartient à un plan $\mathcal{P}$ défini par trois points non alignés A, B et C, on montre que le vecteur $\overrightarrow{AD}$ est coplanaire aux vecteurs $\overrightarrow{AB}$ et $\overrightarrow{AC}$; c'est-à-dire qu'il existe deux réels α et β tels que $\overrightarrow{AD} = \alpha\overrightarrow{AB} + \beta\overrightarrow{AC}$.

Démontrer que deux vecteurs sont colinéaires

Méthode

Pour démontrer que deux vecteurs sont colinéaires, on cherche s'il existe un réel k tel que $\vec{v} = k\vec{u}$.

Ici, on part du vecteur $\overrightarrow{KL}$, car les points K et L sont définis par des relations vectorielles :

- on utilise la relation de Chasles pour « briser » $\overrightarrow{KL}$ et faire intervenir le point A en utilisant $\overrightarrow{AK}$ et $\overrightarrow{AL}$ définissant K et L ;
- on utilise les règles de calcul pour faire apparaître $\overrightarrow{BD}$.

[Voir exercices 23 et 24]

Soit $ABCD$ un tétraèdre, et K et L les points tels que :

$$\overrightarrow{AK} = \frac{1}{3}\overrightarrow{AB} + \frac{1}{2}\overrightarrow{AC} \quad \text{et} \quad \overrightarrow{AL} = \frac{1}{2}\overrightarrow{AC} + \frac{1}{3}\overrightarrow{AD} .$$

Démontrer que les droites (KL) et (BD) sont parallèles.

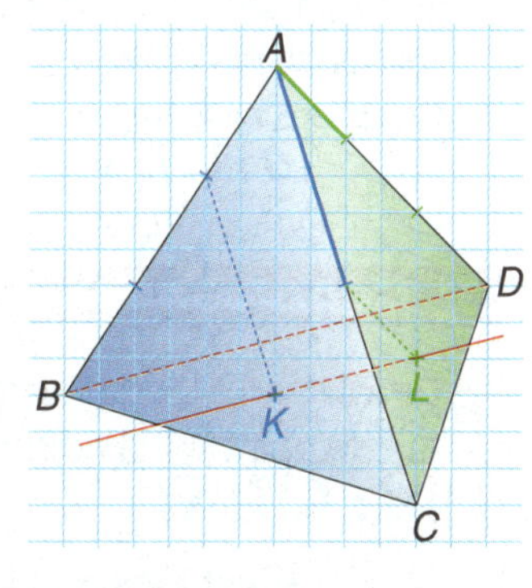

On montre que $\overrightarrow{KL}$ est colinéaire à $\overrightarrow{BD}$.

$$\overrightarrow{KL} = \overrightarrow{KA} + \overrightarrow{AL} = -\overrightarrow{AK} + \overrightarrow{AL}$$

$$= -\left(\frac{1}{3}\overrightarrow{AB} + \frac{1}{2}\overrightarrow{AC}\right) + \frac{1}{2}\overrightarrow{AC} + \frac{1}{3}\overrightarrow{AD}$$

$$= -\frac{1}{3}\overrightarrow{AB} - \frac{1}{2}\overrightarrow{AC} + \frac{1}{2}\overrightarrow{AC} + \frac{1}{3}\overrightarrow{AD}$$

$$= \frac{1}{3}\overrightarrow{BA} + \frac{1}{3}\overrightarrow{AD}$$

$$= \frac{1}{3}(\overrightarrow{BA} + \overrightarrow{AD}) = \frac{1}{3}\overrightarrow{BD} .$$

Les vecteurs $\overrightarrow{KL}$ et $\overrightarrow{BD}$ sont colinéaires, donc les droites (KL) et (BD) sont parallèles.

Démontrer que quatre points sont coplanaires

Méthode

Pour démontrer que quatre points sont coplanaires :

- Si $\overrightarrow{AB}$ et $\overrightarrow{CD}$ sont colinéaires, alors les points A , B , C et D sont coplanaires.
- Si on trouve deux réels α et β tels que :

$$\overrightarrow{AE} = \alpha\overrightarrow{AB} + \beta\overrightarrow{AC} ,$$

alors $\overrightarrow{AE}$ est coplanaire aux vecteurs $\overrightarrow{AB}$ et $\overrightarrow{AC}$; donc E est un point du plan (ABC) .

Remarque :

si une droite est incluse dans un plan (ABC) , tout point de la droite est coplanaire à A , B et C .

[Voir exercices 25 et 26]

Dans le tétraèdre précédent, M est le point tel que $\overrightarrow{AM} = \frac{3}{4}\overrightarrow{AC}$.

À quelle face appartient K ? À quelle face appartient L ?

Montrer que les points B , K , M , L et D sont coplanaires.

D'après la définition de M , M est un point de la droite (AC) .

Comme $\overrightarrow{AK} = \frac{1}{3}\overrightarrow{AB} + \frac{1}{2}\overrightarrow{AC}$, alors le vecteur $\overrightarrow{AK}$ est coplanaire à $\overrightarrow{AB}$ et $\overrightarrow{AC}$; donc K est un point de la face ABC .

Comme $\overrightarrow{AL} = \frac{1}{2}\overrightarrow{AC} + \frac{1}{3}\overrightarrow{AD}$, alors $\overrightarrow{AL}$ est coplanaire à $\overrightarrow{AC}$ et $\overrightarrow{AD}$; donc L est un point de la face ACD .

Or les vecteurs $\overrightarrow{KL}$ et $\overrightarrow{BD}$ sont colinéaires, donc les points K , L , B et D sont coplanaires.

$$\overrightarrow{BM} = \overrightarrow{BA} + \overrightarrow{AM} = -\overrightarrow{AB} + \frac{3}{4}\overrightarrow{AC} .$$

Or $\overrightarrow{BK} = \overrightarrow{BA} + \overrightarrow{AK} = -\overrightarrow{AB} + \frac{1}{3}\overrightarrow{AB} + \frac{1}{2}\overrightarrow{AC} = -\frac{2}{3}\overrightarrow{AB} + \frac{1}{2}\overrightarrow{AC}$

$$= \frac{2}{3}\left(-\overrightarrow{AB} + \frac{3}{4}\overrightarrow{AC}\right) = \frac{2}{3}\overrightarrow{BM} .$$

Donc $\overrightarrow{BK}$ et $\overrightarrow{BM}$ sont colinéaires : M est un point de (BK) .

Ainsi M est aussi coplanaire aux points B , K , L , et D .

2. Dans un repère de l'espace

• Dans un cube, les points O, I, J et K définissent un repère **orthonormal** de l'espace lorsque les triangles IOJ, JOK et KOI sont rectangles isocèles.
On obtient le repère :
$(O\,;\vec{i},\vec{j},\vec{k})$.

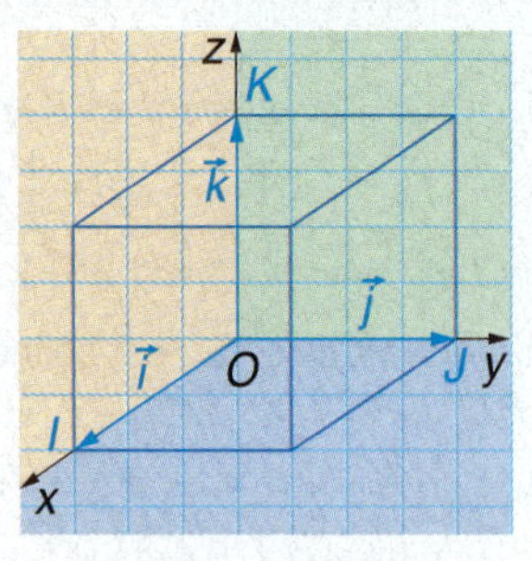

• Un tétraèdre $ABCD$ définit un repère quelconque :
$(A\,;\overrightarrow{AB},\overrightarrow{AC},\overrightarrow{AD})$.

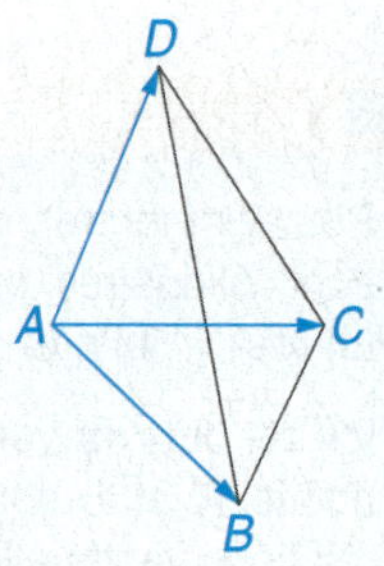

Coordonnées d'un point de l'espace

définition : L'égalité vectorielle $\overrightarrow{OM} = x\vec{i}+y\vec{j}+z\vec{k}$ signifie que le point M a pour coordonnées $(x\,;y\,;z)$ dans le repère $(O\,;\vec{i},\vec{j},\vec{k})$:

x est l'abscisse, y est l'ordonnée, z est la **cote**.

Le triplet $(x\,;y\,;z)$ est aussi les coordonnées de $\overrightarrow{OM}$.

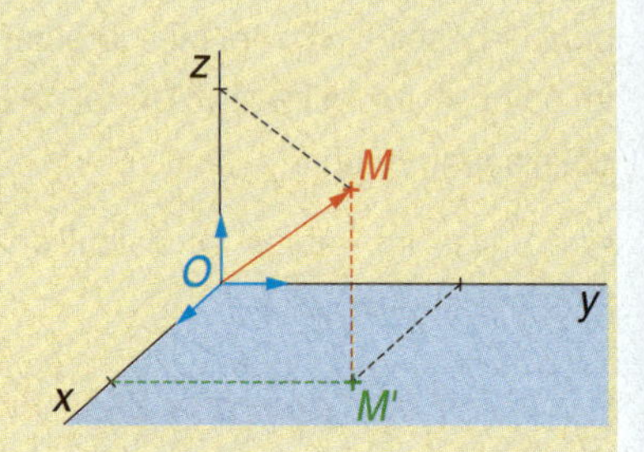

On admet que la décomposition d'un vecteur dans l'espace suivant un repère $(O\,;\vec{i},\vec{j},\vec{k})$ est unique.
On obtient alors les mêmes propriétés de calcul que dans le plan.

Calculs sur les coordonnées

propriétés :

• Deux vecteurs sont égaux si, et seulement si, leurs coordonnées respectives sont égales.

• Soit deux points $A(x_A\,;y_A\,;z_A)$ et $B(x_B\,;y_B\,;z_B)$ de l'espace,
alors le vecteur $\overrightarrow{AB}$ a pour coordonnées $(x_B-x_A\,;y_B-y_A\,;z_B-z_A)$,
et milieu I du segment $[AB]$ a pour coordonnées les moyennes des coordonnées A et B :

$$I\left(\frac{x_A+x_B}{2}\,;\frac{y_A+y_B}{2}\,;\frac{z_A+z_B}{2}\right).$$

Conséquence : Toute égalité vectorielle se traduit par trois égalités : une sur chacune coordonnée.
Toute égalité vectorielle se traduit par trois égalités : une sur chacune coordonnée.

Exemple : Soit les points $A(3\,;1\,;5)$ et $B(0\,;5\,;4)$ dans le repère $(O\,;\vec{i},\vec{j},\vec{k})$.

• Alors $\overrightarrow{AB}\,(0-3\,;5-1\,;4-5) = \overrightarrow{AB}\,(-3\,;4\,;-1)$.

• Le point I, milieu du segment $[AB]$, a pour coordonnées :
$I\left(\frac{3+0}{2}\,;\frac{1+5}{2}\,;\frac{5+4}{2}\right)$, c'est-à-dire $I\left(\frac{3}{2}\,;3\,;\frac{9}{2}\right)$.

• On cherche l'abscisse et l'ordonnée du point M, de cote 3, tel que M est un point de la droite (AB) :
$M(x\,;y\,;3)\in(AB)$
$\Leftrightarrow$ il existe un réel k tel que $\overrightarrow{AM} = k\overrightarrow{AB}$

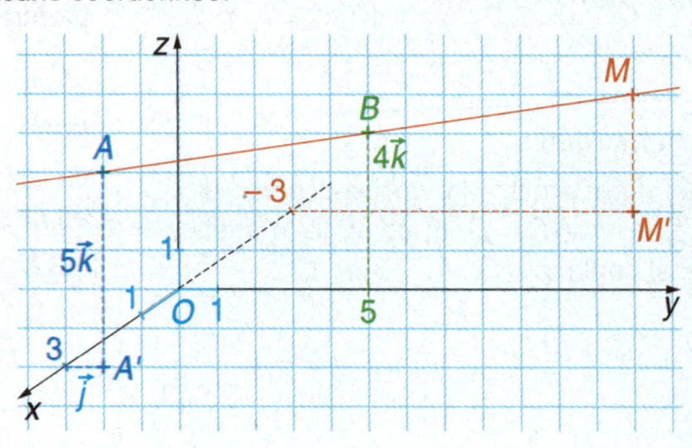

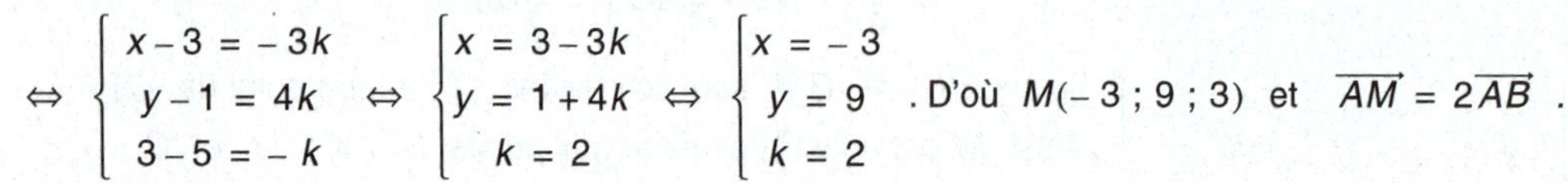

$$\Leftrightarrow \begin{cases} x-3=-3k \\ y-1=4k \\ 3-5=-k \end{cases} \Leftrightarrow \begin{cases} x=3-3k \\ y=1+4k \\ k=2 \end{cases} \Leftrightarrow \begin{cases} x=-3 \\ y=9 \\ k=2 \end{cases}$$. D'où $M(-3\,;9\,;3)$ et $\overrightarrow{AM} = 2\overrightarrow{AB}$.

Placer un point ou lire ses coordonnées

Méthode

• Pour placer un point $A(a\,;b\,;c)$ dans un repère $(O\,;\vec{i},\vec{j},\vec{k})$, on construit, à partir de l'origine :
$\overrightarrow{OA_1} = a\vec{i}$ sur (Ox) ;
$\overrightarrow{A_1A_2} = b\vec{j}$ parallèlement à (Oy) ;
$\overrightarrow{A_2A} = c\vec{k}$ parallèlement à (Oz).

• Pour lire les coordonnées d'un point M de cote c connue, on construit $\overrightarrow{MM'} = -c\vec{k}$ pour « descendre » sur le plan (xOy).
De M', la parallèle à (Oy) coupe (Ox) en M_1.

[Voir exercices 38 à 41]

Dans un repère, comme ci-contre, placer les points :
$A(4\,;9\,;5)$, $B(-3\,;-4\,;2)$, $C(6\,;1\,;7)$.
Lire les coordonnées de M sachant que $z_M = 6$.

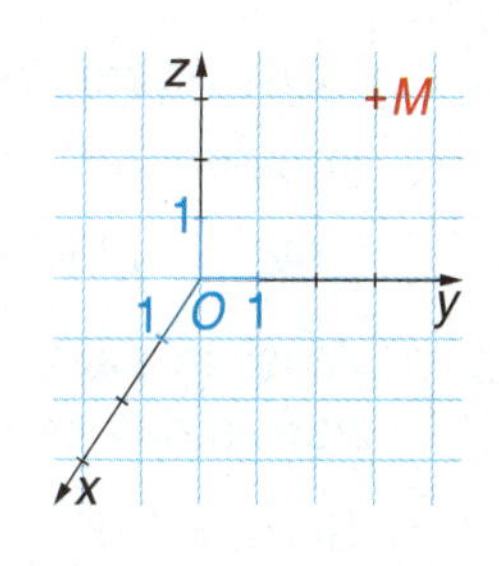

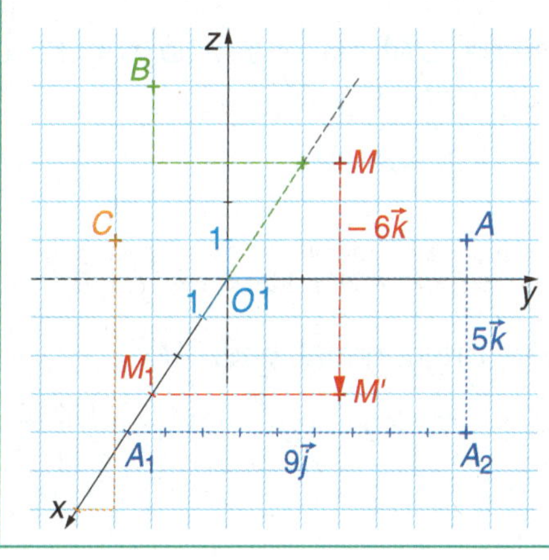

M_1 est à la graduation 3 sur (Ox) ;
de M_1 à M', on se déplace de $5\vec{j}$;
de M' à M, on monte de $6\vec{k}$.
On lit : $M(3\,;5\,;6)$.

Calculer sur les coordonnées

Méthode

• Si les **coordonnées** de deux vecteurs sont **proportionnelles**, alors les vecteurs sont **colinéaires** ;

• Si on trouve α et β tels que :
$$\overrightarrow{AM} = \alpha\overrightarrow{AB} + \beta\overrightarrow{AC},$$
alors les vecteurs sont coplanaires.

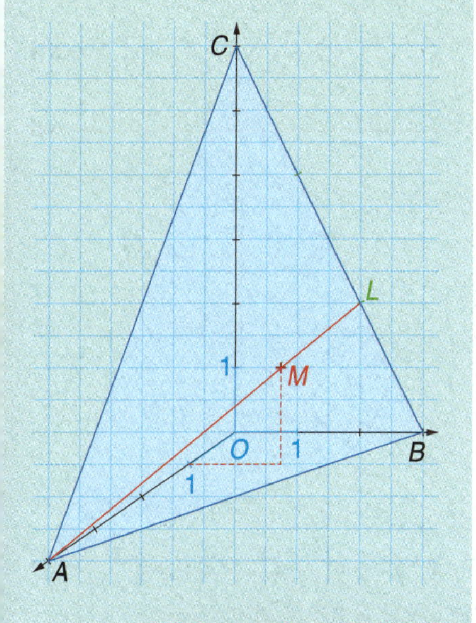

[Voir exercices 42 à 47]

Placer les points $A(4\,;0\,;0)$, $B(0\,;3\,;0)$, $C(0\,;0\,;6)$ et $M(1\,;1{,}5\,;1{,}5)$, ainsi que le point L tel que $3\overrightarrow{BL} = \overrightarrow{BC}$.
Montrer que les vecteurs $\overrightarrow{AM}$ et $\overrightarrow{AL}$ sont colinéaires.
Montrer que le vecteur $\overrightarrow{AM}$ est coplanaire à $\overrightarrow{AB}$ et à $\overrightarrow{AC}$.

• Pour placer L, on peut chercher ses coordonnées $(x_L\,;y_L\,;z_L)$.

$$3\overrightarrow{BL} = \overrightarrow{BC} \Leftrightarrow \begin{cases} 3(x_L - 0) = 0 \\ 3(y_L - 3) = 0 - 3 \\ 3(z_L - 0) = 6 - 0 \end{cases} \Leftrightarrow \begin{cases} x_L = 0 \\ 3y_L = 6 \\ 3z_L = 6 \end{cases} \Leftrightarrow \begin{cases} x_L = 0 \\ y_L = 2 \\ z_L = 2 \end{cases}$$

• On calcule, de tête, les coordonnées de $\overrightarrow{AM}$ et $\overrightarrow{AL}$:
$$\overrightarrow{AM}(-3\,;1{,}5\,;1{,}5) \text{ et } \overrightarrow{AL}(-4\,;2\,;2).$$
Les coordonnées sont proportionnelles et $\overrightarrow{AM} = \frac{3}{4}\overrightarrow{AL}$, donc les vecteurs $\overrightarrow{AM}$ et $\overrightarrow{AL}$ sont colinéaires, et A, L et M sont alignés.

• On cherche α et β tels que $\overrightarrow{AM} = \alpha\,\overrightarrow{AB} + \beta\,\overrightarrow{AC}$.
On a $\overrightarrow{AM}(-3\,;1{,}5\,;1{,}5)$, $\overrightarrow{AB}(-4\,;3\,;0)$ et $\overrightarrow{AC}(-4\,;0\,;6)$.
L'égalité vectorielle se traduit en un **système** :

$$\overrightarrow{AM} = \alpha\overrightarrow{AB} + \beta\overrightarrow{AC} \Leftrightarrow \begin{cases} -3 = -4\alpha - 4\beta \\ 1{,}5 = 3\alpha + 0\beta \\ 1{,}5 = 0\alpha + 6\beta \end{cases} \Leftrightarrow \begin{cases} \alpha = \dfrac{1{,}5}{3} = \dfrac{1}{2} \\ \beta = \dfrac{1{,}5}{6} = \dfrac{1}{4} \\ -4\times\dfrac{1}{2} - 4\times\dfrac{1}{4} = -3 \end{cases}$$

D'où $\alpha = \frac{1}{2}$ et $\beta = \frac{1}{4}$, et la **3e égalité est vérifiée**.

Ainsi $\overrightarrow{AM} = \frac{1}{2}\overrightarrow{AB} + \frac{1}{4}\overrightarrow{AC}$.

Les points A, B, C et M sont coplanaires.

Remarque : tous les points sont dans le plan (ABC).

3. Distance et orthogonalité

Dans un repère orthonormal $(O ; \vec{i}, \vec{j}, \vec{k})$, on considère un vecteur $\vec{u}(X ; Y ; Z)$ représenté par $\overrightarrow{OM}$. Alors :

$OM^2 = OH^2 + HM^2 = OK^2 + KH^2 + HM^2 = X^2 + Y^2 + Z^2$.

Ainsi le carré de la distance OM est égal à la somme des carrés des coordonnées du vecteur $\overrightarrow{OM}$.

Si $\vec{u} = \overrightarrow{AB}$, on obtient la distance AB.

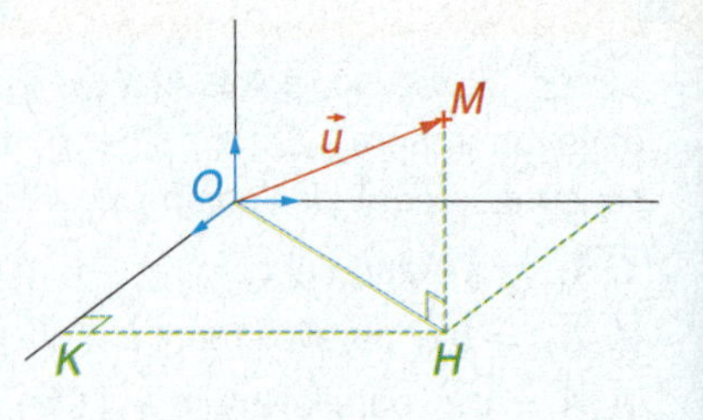

Distance entre deux points de l'espace

théorème : Dans un repère orthonormal, pour $A(x_A ; y_A ; z_A)$ et $B(x_B ; y_B ; z_B)$:

$$AB^2 = (x_B - x_A)^2 + (y_B - y_A)^2 + (z_B - z_A)^2 .$$

Exemple :

Soit $A(1 ; 3 ; 3)$, $B(2 ; 0 ; 1)$ et $C(4 ; 3 ; 0)$.

Alors $\overrightarrow{AB}(1 ; -3 ; -2)$ et $\overrightarrow{BC}(2 ; 3 ; -1)$.

D'où $AB^2 = 1^2 + (-3)^2 + (-2)^2 = 1 + 9 + 4 = 14$

$BC^2 = 2^2 + 3^2 + (-1)^2 = 4 + 9 + 1 = 14$ $\Big\}$ $AB^2 = BC^2$.

Ainsi $AB = BC$.

On en conclut que le triangle ABC est isocèle en B.

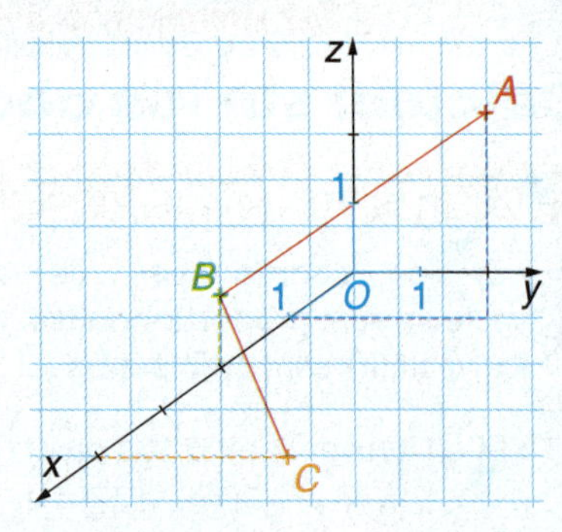

Par définition, deux vecteurs $\vec{u} = \overrightarrow{AB}$ et $\vec{v} = \overrightarrow{AC}$ sont orthogonaux si, et seulement si, le triangle ABC est rectangle en A.

Relation d'orthogonalité dans l'espace

théorème : Dans un repère orthonormal, deux vecteurs $\vec{u}(X ; Y ; Z)$ et $\vec{v}(X' ; Y' ; Z')$ sont **orthogonaux** si, et seulement si, $XX' + YY' + ZZ' = 0$.

Démonstration : Soit $M(X ; Y ; Z)$ et $M'(X' ; Y' ; Z')$ tels que :

$$\vec{u} = \overrightarrow{OM} \text{ et } \vec{v} = \overrightarrow{OM'}.$$

$\vec{u}$ et $\vec{v}$ sont orthogonaux si, et seulement si, le triangle OMM' est rectangle en O. Or :

$$OM^2 = X^2 + Y^2 + Z^2$$
$$OM'^2 = X'^2 + Y'^2 + Z'^2$$
$$OM^2 + OM'^2 = X^2 + Y^2 + Z^2 + X'^2 + Y'^2 + Z'^2$$

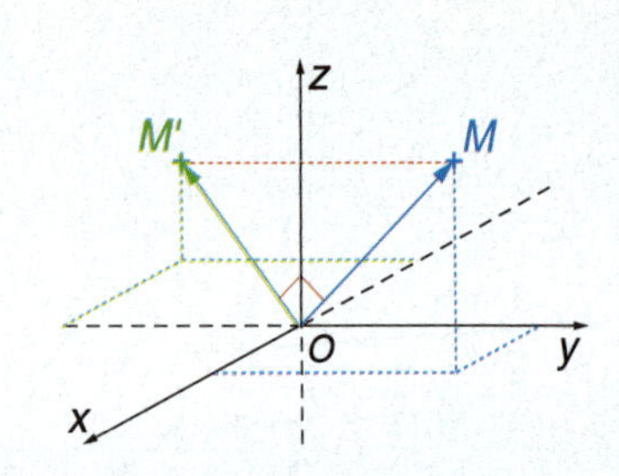

De plus :

$$M'M^2 = (X - X')^2 + (Y - Y')^2 + (Z - Z')^2 = X^2 - 2XX' + X'^2 + Y^2 - 2YY' + Y'^2 + Z^2 - 2ZZ' + Z'^2 .$$

Donc $OM^2 + OM'^2 = M'M^2 \Leftrightarrow -2XX' - 2YY' - 2ZZ' = 0 \Leftrightarrow XX' + YY' + ZZ' = 0$.

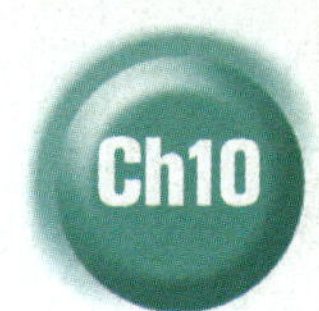

Déterminer la nature d'un triangle de l'espace

Méthode

Dans un repère **orthonormal** de l'espace, pour montrer que :

- un triangle ABC est isocèle en A : on calcule AB^2 et AC^2 et on vérifie que $AB^2 = AC^2$;
- ABC est rectangle en A : on calcule $\overrightarrow{AB}\,(X\,;\,Y\,;\,Z)$ et $\overrightarrow{AC}\,(X'\,;\,Y'\,;\,Z')$, puis on calcule $XX' + YY' + ZZ'$ et on doit trouver 0.

[Voir exercices 63 et 64]

Dans un repère orthonormal de l'espace, on considère :

$A(2\,;\,3\,;\,5)$, $B(4\,;\,4\,;\,3)$ et $C(0\,;\,5\,;\,4)$.

Démontrer que le triangle ABC est rectangle isocèle.

- On calcule $\overrightarrow{AB}\,(2\,;\,1\,;\,-2)$ et $\overrightarrow{AC}\,(-2\,;\,2\,;\,-1)$.

$$\left.\begin{array}{l} AB^2 = (2)^2+(1)^2+(-2)^2 = 4+1+4 = 9 \\ AC^2 = (-2)^2+(2)^2+(-1)^2 = 4+4+1 = 9 \end{array}\right\} \quad AB^2 = AC^2 ,$$

donc le triangle ABC est isocèle en A .

- On calcule $XX' + YY' + ZZ'$:

$$\begin{aligned} XX' + YY' + ZZ' &= (2)\times(-2)+(1)\times(2)+(-2)\times(-1) \\ &= -4+2+2 = 0 \;; \end{aligned}$$

donc les vecteurs $\overrightarrow{AB}$ et $\overrightarrow{AC}$ sont orthogonaux, ce qui signifie que le triangle ABC est rectangle en A .

Utiliser l'orthogonalité d'une droite et d'un plan

Méthode

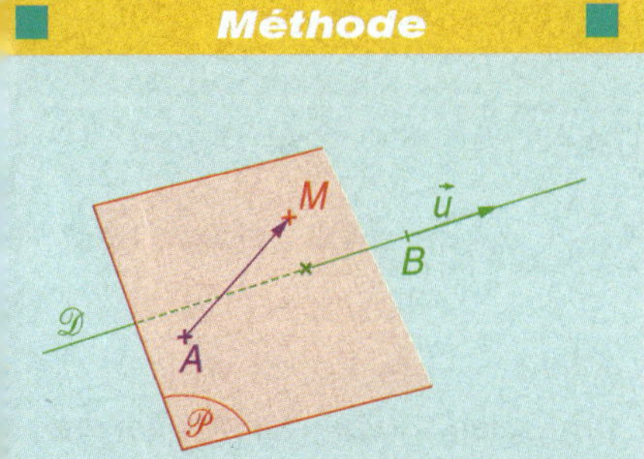

Le plan $\mathscr{P}$, passant par A , est perpendiculaire à la droite $\mathscr{D}$ de vecteur directeur $\vec{u}$:

il est composé de tous les points M tels que $\overrightarrow{AM}$ et $\vec{u}$ sont orthogonaux.

En appliquant la relation d'orthogonalité, on obtient une relation entre les coordonnées x , y et z du point M quelconque de $\mathscr{P}$.

[Voir exercices 65 à 67]

Soit $A(1\,;\,2\,;\,2)$ dans un repère orthonormal de l'espace, $\vec{u}\,(2\,;\,5\,;\,3)$ et $B(2\,;\,4\,;\,5)$.

On considère la droite $\mathscr{D}$ passant par B de vecteur directeur $\vec{u}$, et le plan $\mathscr{P}$ passant par A et perpendiculaire à $\mathscr{D}$. Soit $M(x\,;\,y\,;\,z)$ un point quelconque de $\mathscr{P}$.

Déterminer une relation entre les coordonnées $(x\,;\,y\,;\,z)$.

$M(x\,;\,y\,;\,z)$ est un point quelconque de $\mathscr{P}$, passant par A :

$$M \in \mathscr{P} \;\Leftrightarrow\; \overrightarrow{AM} \perp \vec{u} \;\Leftrightarrow\; XX' + YY' + ZZ' = 0 \;;$$

or $\overrightarrow{AM}\,(x-1\,;\,y-2\,;\,z-2)$ et $\vec{u}\,(2\,;\,5\,;\,3)$.

$$\begin{aligned} XX' + YY' + ZZ' = 0 &\;\Leftrightarrow\; 2(x-1)+5(y-2)+3(z-2) = 0 \\ &\;\Leftrightarrow\; \mathbf{2x+5y+3z = 18} \;. \end{aligned}$$

Représentation à l'aide de GEOSPACE

Les objets créés sur le logiciel :

```
A point de coordonnées (1,2,2) dans le repère Rxyz
u (2,5,3) (repère Rxyz)
B point de coordonnées (2,4,5) dans le repère Rxyz
D droite passant par B et de vecteur directeur u
P plan passant par A et perpendiculaire à la droite D
E point d'intersection de la droite ox et du plan P
F point d'intersection de la droite oy et du plan P
G point d'intersection de la droite oz et du plan P
T polygone convexe de sommets EFG
```

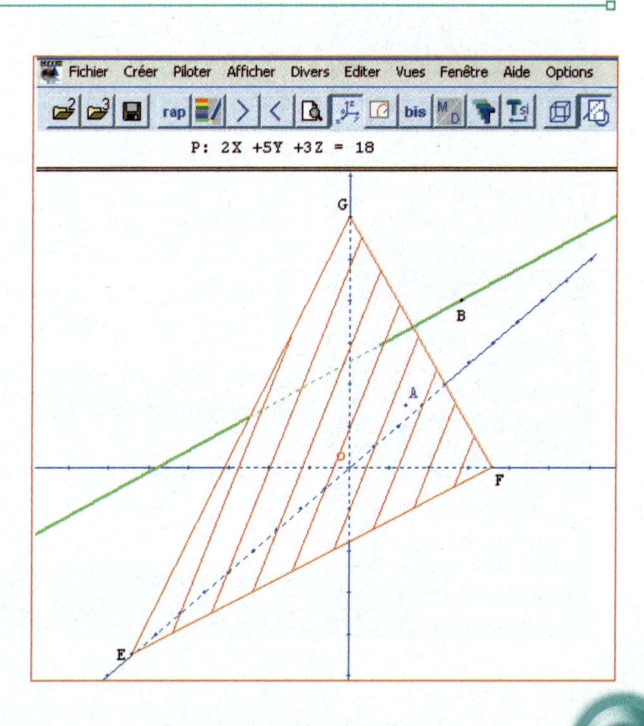

FAIRE LE POINT

REPÈRE DE L'ESPACE

• $(O\,;\vec{i}\,,\vec{j}\,,\vec{k})$ est un repère orthonormal lorsque :

$$\vec{i}=\overrightarrow{OI}\ ,\quad \vec{j}=\overrightarrow{OJ}\quad \text{et}\quad \vec{k}=\overrightarrow{OK}$$

tels que les triangles IOJ, JOK et OKI sont rectangles isocèles.

• Dans un repère quelconque :

$$\overrightarrow{OM}=x\vec{i}+y\vec{j}+z\vec{k}$$

$\Leftrightarrow$ $M(x\,;y\,;z)$ dans le repère $(O\,;\vec{i}\,,\vec{j}\,,\vec{k})$.

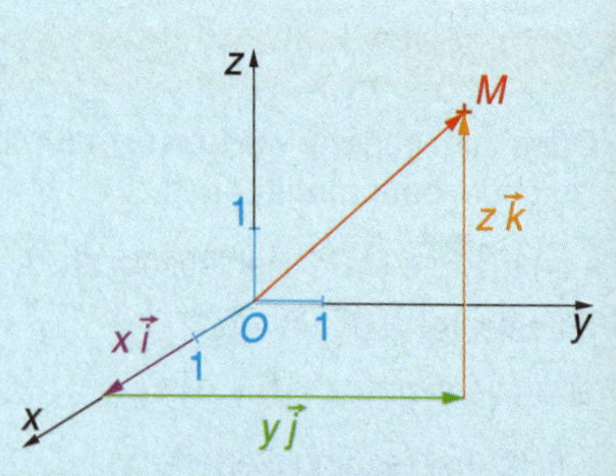

Savoir	Comment faire ?
montrer que deux vecteurs sont colinéaires	• On prouve qu'il existe un réel k tel que $\vec{v}=k\vec{u}$. • On vérifie que les coordonnées des vecteurs sont proportionnelles.
montrer que trois points définissent un plan	On montre que les vecteurs $\overrightarrow{AB}$ et $\overrightarrow{AC}$ ne sont pas colinéaires, c'est-à-dire que leurs coordonnées ne sont pas proportionnelles.
montrer que deux droites sont parallèles	Si $\overrightarrow{AB}$ et $\overrightarrow{CD}$ sont colinéaires, alors les droites (AB) et (CD) sont parallèles.
montrer que quatre points A, B, C et D sont coplanaires	• Si $\overrightarrow{AB}$ et $\overrightarrow{CD}$ sont colinéaires, alors les points A, B, C et D sont coplanaires. • S'il existe deux réels α et β tels que $\overrightarrow{AD}=\alpha\overrightarrow{AB}+\beta\overrightarrow{AC}$, alors D est un point du plan (ABC).
lire les coordonnées d'un point M dans un repère $(O\,;\vec{i}\,,\vec{j}\,,\vec{k})$	On doit connaître l'une des coordonnées du point : • si on connaît l'abscisse a, on projette M sur le plan (yOz) en M_1 tel que $\overrightarrow{MM_1}=-a\vec{i}$ et on lit les coordonnées de M_1 ; • si on connaît l'ordonnée b, on projette M sur le plan (xOz) en M_2 tel que $\overrightarrow{MM_2}=-b\vec{j}$ et on lit les coordonnées de M_2 ; • si on connaît la cote c, on projette M sur le plan (xOy) en M' tel que $\overrightarrow{MM'}=-c\vec{k}$ et on lit les coordonnées de M'.
calculer les coordonnées d'un vecteur $\overrightarrow{AB}$, du milieu I de $[AB]$	le vecteur $\overrightarrow{AB}\,(x_B-x_A\,;y_B-y_A\,;z_B-z_A)$, le milieu de $[AB]$ $\left(\dfrac{x_B+x_A}{2}\,;\dfrac{y_B+y_A}{2}\,;\dfrac{z_B+z_A}{2}\right)$.
calculer une distance AB	Uniquement dans un repère orthonormal : $AB^2=(x_B-x_A)^2+(y_B-y_A)^2+(z_B-z_A)^2$.
montrer qu'un triangle est isocèle	Dans un repère orthonormal, on calcule les carrés de deux côtés AB et AC et on prouve que $AB^2=AC^2$.
montrer que deux vecteurs sont orthogonaux	Dans un repère orthonormal : $\vec{u}(X\,;Y\,;Z)$ et $\vec{v}(X'\,;Y'\,;Z')$ $\vec{u}\perp\vec{v}\ \Leftrightarrow\ XX'+YY'+ZZ'=0$.
montrer qu'un triangle est rectangle	Dans un repère orthonormal : ABC est un rectangle en A $\Leftrightarrow$ $\overrightarrow{AB}\perp\overrightarrow{AC}$.

COORDONNÉES ET POINTS COPLANAIRES À L'AIDE DE GEOSPACE

On se propose de vérifier divers calculs sur des coordonnées de points grâce au logiciel.
Dans un repère orthonormal $(O\,;\vec{i}\,,\vec{j}\,,\vec{k})$, on considère les points $A(4\,;3\,;-2)$, $B(1\,;5\,;2)$ et $C(2\,;-3\,;4)$.

A : Travail à la main

1° Placer les points dans un repère. Montrer que les points A, B et C définissent un plan.
2° Soit E le point d'intersection de la droite (AB) avec le plan de base (xOy).
a) Que peut-on en déduire pour la cote de E ?
b) Montrer que chercher les coordonnées de E revient à chercher k tel que $\overrightarrow{AE} = k\,\overrightarrow{AB}$.
Traduire cette égalité vectorielle en un système et déterminer les coordonnées de E.
3° Soit F le point d'intersection de la droite (AB) avec le plan de base (yOz).
En procédant comme pour le point E, déterminer les coordonnées de F.
4° Soit $D(2\,;8\,;-1)$. Placer le point D. Démontrer qu'il existe deux réels α et β tels que $\overrightarrow{AD} = \alpha\overrightarrow{AB} + \beta\overrightarrow{AC}$. Que peut-on en déduire pour le point D ?
Les droites (AB) et (CD) sont-elles perpendiculaires ?

B : Travail avec Geospace

1° a) Créer les points A, B et C :
Créer / Point / Point repéré / Dans l'espace.

Point repéré dans l'espace
Abscisse: 4
Ordonnée: 3
Cote: -2
Nom du point: A
E R

b) Faire apparaître le repère et choisir la vue :
Vue standard avec oyz de face (F7) — Projection oblique / Paramètres de projection
en abscisse -0.5 et **en ordonnée** -0.7.
c) Créer l'affichage de l'équation du plan (ABC) : le logiciel indique si le plan n'existe pas.
Créer / Affichage / Équation d'un plan :
Nom du plan : ABC **Nombre de décimales:** 2.
Lire l'équation donnée par le logiciel.

2° Créer le point E et afficher ses coordonnées par :
Créer / Point / Intersection droite-plan
attention : l'origine est ***o*** en minuscule.

Nom de la droite: AB
Nom du plan: xoy
Point d'intersection: E

Créer / Affichage / Coordonnées d'un point.
Quelle est la cote du point E ? Vérifier les coordonnées calculées en **A.2°**.
3° Créer, de même, le point F intersection de (AB) avec le plan yoz. Afficher et lire ses coordonnées.
4° a) Créer le point $D(2\,;8\,;-1)$.
b) Pour vérifier les résultats en **A.4°** :
créer le vecteur $\vec{u} = \overrightarrow{AB} - \frac{1}{2}\overrightarrow{AC}$,
et le point D' translaté de A par la translation de vecteur $\vec{u}$: il doit être confondu avec D :
Créer / Vecteur / Expression vectorielle
Créer / Point / Point image par /
Translation (vecteur) utiliser ce bouton.

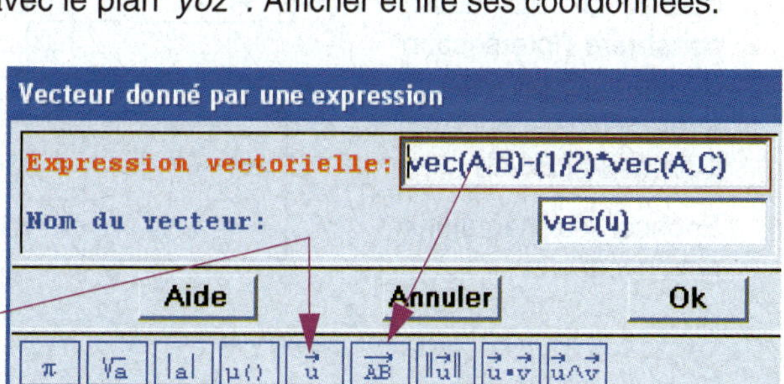

Visualiser les points du plan (ABC) :
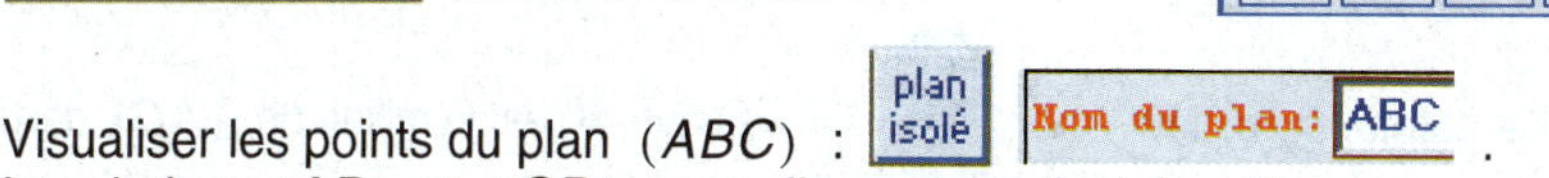

Les droites (AB) et (CD) sont-elles perpendiculaires ?
Pour revenir à la vue précédente, clic sur plan isolé, puis VUE <<<.
b) Créer la droite d passant par C et perpendiculaire à (AB) : passe-t-elle par D ?

TECHNIQUES DE BASE : ESPACE

Plan de l'espace

Trois points A , B et C non alignés définissent un plan (ABC) .	Une droite d et un point A extérieur à d définissent un plan.
Deux droites sécantes d et δ en I définissent un plan. 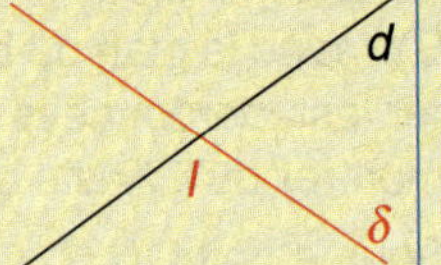	Deux droites strictement parallèles définissent un plan. 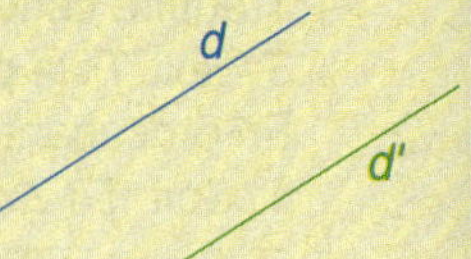

Parallélisme et orthogonalité

Théorème d'incidence

Si deux plans sont parallèles, tout plan qui coupe l'un coupe l'autre et les droites d'intersection sont parallèles.

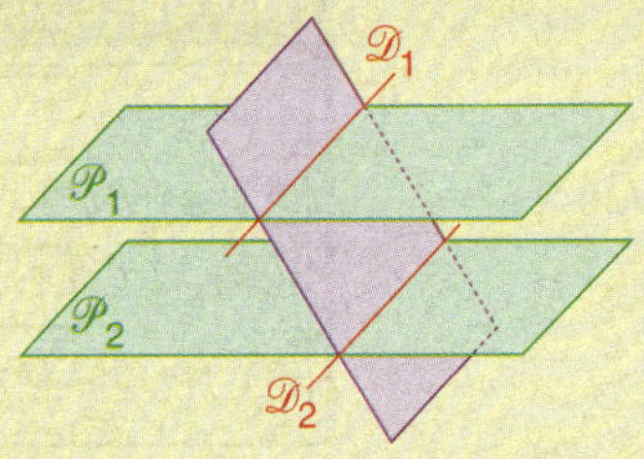

Théorème du toit

Si deux plans sécants contiennent chacun une droite et si ces deux droites sont parallèles, alors la droite d'intersection des deux plans est parallèle à ces droites.

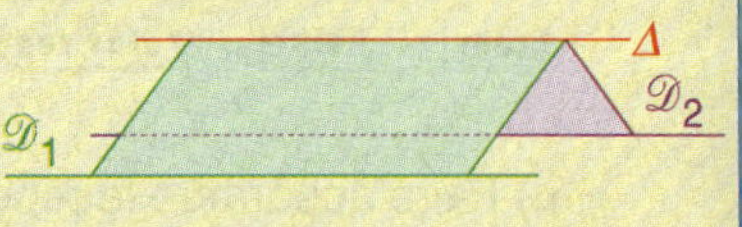

Définition de l'orthogonalité

Une droite Δ sécante en A à un plan $\mathscr{P}$ est perpendiculaire à ce plan lorsqu'elle est perpendiculaire à toutes les droites du plan passant par A .

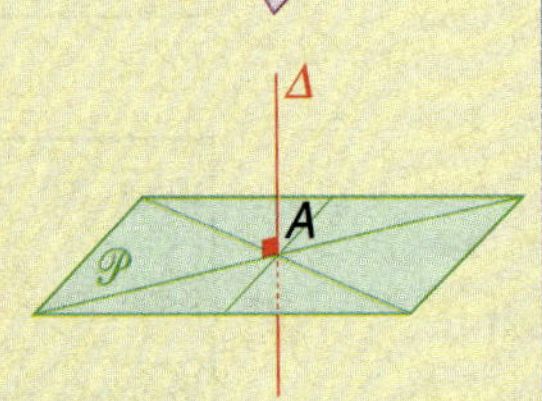

Théorème de la porte

Si une droite Δ est perpendiculaire en A à deux droites sécantes d'un plan $\mathscr{P}$, alors elle est perpendiculaire à ce plan.

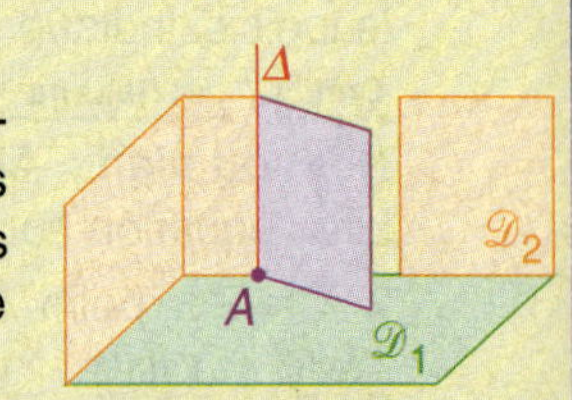

1 Dans le pavé ci-contre, à reproduire, construire l'intersection du plan (BLK) :
avec (DCG) ,
puis avec (BCG) .

Énoncer les théorèmes employés.

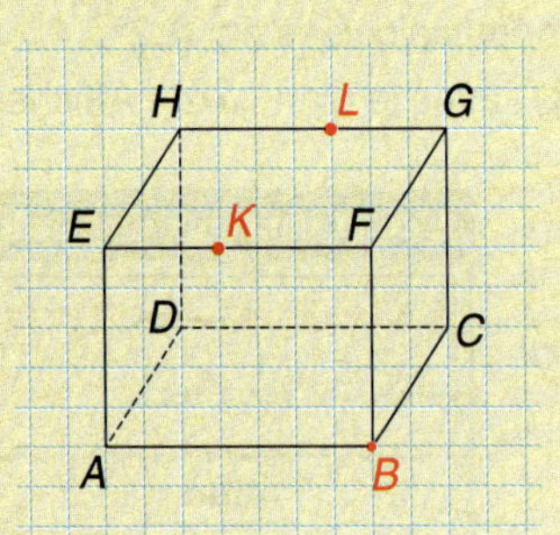

2 Dans ce même pavé, placer les points I , milieu de $[AB]$, et J , milieu de $[DC]$.

Quelle est la nature du triangle EIJ ?

Construire la trace du plan (EIJ) sur le pavé et donner la nature de la trace. Expliquer.

3 Dans le coin de cube, à reproduire, on a :

OAB , OBC et OCA triangles rectangles isocèles.

De plus (MK) // (NL) et I point de $[AB]$.

Construire l'intersection des plans (KMI) et (LNI) .

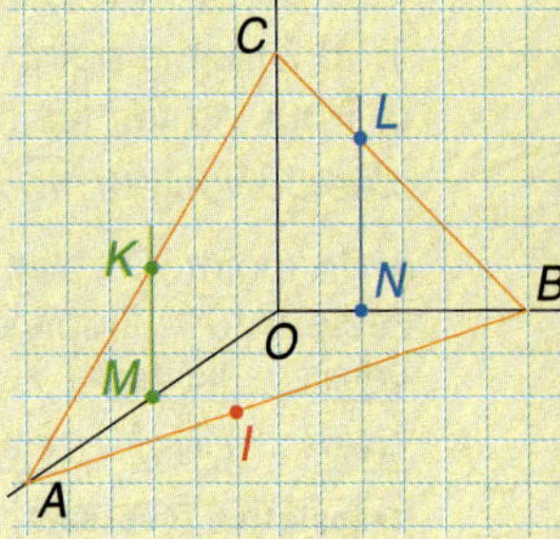

4 On sait que K est le milieu de $[AC]$ dans la figure ci-dessus.

Quelle est la nature du triangle KOB ?

Construire la trace du plan $\mathscr{P}$ parallèle à (OAB) passant par K sur les faces de ce cube, et donner la nature de la trace.

LA PAGE DE CALCUL

1. Calcul vectoriel dans le plan

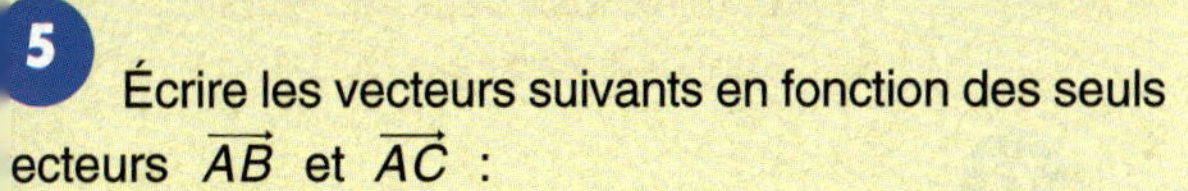

5 Écrire les vecteurs suivants en fonction des seuls ecteurs $\overrightarrow{AB}$ et $\overrightarrow{AC}$:

$\vec{u} = 2\overrightarrow{AB} - \frac{1}{3}\overrightarrow{AC} + \overrightarrow{BC}$, $\vec{v} = \overrightarrow{AB} + 3\overrightarrow{CA} - 2\overrightarrow{BC}$,

et $\vec{w} = \frac{2}{5}(\overrightarrow{AB} - 5\overrightarrow{BC}) + 3\overrightarrow{CA}$.

6 On sait que $2\overrightarrow{AM} + \overrightarrow{BM} = \vec{0}$.

:xprimer $\overrightarrow{AM}$ en fonction de $\overrightarrow{AB}$.

)ue peut-on en déduire pour le point M ?

7 On sait que $\overrightarrow{AM} - 3\overrightarrow{BM} + \overrightarrow{CM} = \overrightarrow{AB}$.

:xprimer $\overrightarrow{AM}$ en fonction de $\overrightarrow{AB}$ et $\overrightarrow{AC}$.

8 ABC est un triangle.

;onstruire les points E et F tels que :

$$\overrightarrow{AE} = \frac{1}{2}\overrightarrow{BA} \quad \text{et} \quad \overrightarrow{AF} = \frac{4}{3}\overrightarrow{BC} - \frac{1}{2}\overrightarrow{AC} .$$

:xprimer $\overrightarrow{EF}$ en fonction de $\overrightarrow{BC}$.

)n écrira $\overrightarrow{EF} = \overrightarrow{EA} + \overrightarrow{AF}$.

)ue peut-on en déduire pour (EF) et (BC) ?

9 Dans un triangle ABC , on considère les points , J et K tels que :

$$\overrightarrow{BI} = \frac{3}{2}\overrightarrow{BC} , \quad \overrightarrow{CJ} = \frac{1}{3}\overrightarrow{CA} \quad \text{et} \quad \overrightarrow{AK} = \frac{2}{5}\overrightarrow{AB} .$$

° Construire les points I , J et K .

° a) Exprimer $\overrightarrow{IK}$ et $\overrightarrow{JK}$ en fonction de $\overrightarrow{AB}$ et $\overrightarrow{AC}$.

) En déduire que les points I , J et K sont alignés.

10 ABC étant le triangle :-contre, soit :

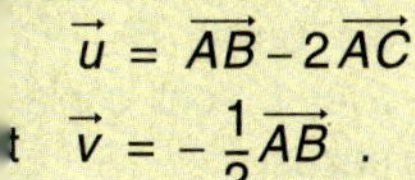

$\vec{u} = \overrightarrow{AB} - 2\overrightarrow{AC}$

t $\vec{v} = -\frac{1}{2}\overrightarrow{AB}$.

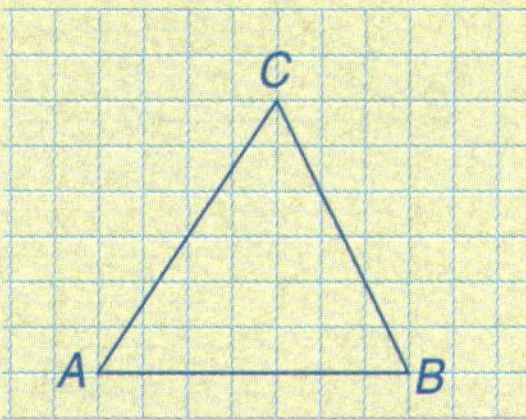

° Construire le point P défini par :

$$2\overrightarrow{AP} + \overrightarrow{BP} - 2\overrightarrow{CP} = \vec{0} .$$

n exprimera $\overrightarrow{AP}$ en fonction de $\overrightarrow{AB}$ et $\overrightarrow{AC}$.

° Construire le point R translaté de C par la transla- on de vecteur $\vec{v}$.

° Démontrer que les points A , R et P sont alignés.

2. Calcul sur les coordonnées dans le plan

11 Dans le plan muni du repère $(O ; \vec{i}, \vec{j})$, on a les points $A(2 ; 1)$, $B(1 ; 2)$, $C(-2 ; -1)$ et $D(-1 ; -2)$.

Démontrer que $ABCD$ est un parallélogramme.

12 On considère les points du plan $A(3 ; -1)$, $B(-5 ; 3)$, $C(2 ; -3)$ et $D(6 ; 2)$.

1° Déterminer les coordonnées du milieu de $[AB]$.

2° Déterminer les coordonnées de E tel que $ABCE$ est un parallélogramme.

3° On cherche $M(x ; y)$ tel que $\overrightarrow{AM} = 2\overrightarrow{AC} - \overrightarrow{CB}$.

a) Exprimer cette égalité vectorielle en un système suivant les abscisses et les ordonnées.

b) En déduire les coordonnées de M .

13 Soit $A(2 ; 5)$ et $B(-1 ; 7)$.

Déterminer le réel k et l'abscisse x de $M(x ; 1)$ tel que $\overrightarrow{AM} = k\overrightarrow{AB}$.

14 Soit $A(-3 ; 1)$, $B(2 ; -1)$ et $M(7 ; y)$.

Déterminer y afin que $\overrightarrow{AM}$ soit colinéaire à $\overrightarrow{AB}$.

3. Orthogonalité

15 **Rappel** : deux vecteurs $\vec{u}(X ; Y)$ et $\vec{v}(X' ; Y')$ sont orthogonaux si, et seulement si $XX' + YY' = 0$.

Vérifier que les vecteurs $\vec{u}$ et $\vec{v}$ sont orthogonaux :

a) $\vec{u}\left(-\frac{3}{2} ; \frac{1}{4}\right)$ et $\vec{v}\left(\frac{5}{2} ; 15\right)$;

b) $\vec{u}\left(\frac{21}{8} ; -\frac{2}{3}\right)$ et $\vec{v}\left(\frac{4}{7} ; \frac{9}{4}\right)$.

16 Déterminer le réel m tel que $\vec{u}(5m ; 2m + 3)$ et $\vec{v}(-4 ; 3)$ sont orthogonaux.

17 Démontrer que $(AB) \perp (AC)$ sachant que : $A(5 ; 2)$, $B(8 ; 3)$ et $C(4 ; 5)$.

18 Déterminer m tel que $\vec{u}$ et $\vec{v}$ sont orthogonaux :

a) $\vec{u}\begin{pmatrix} m \\ 3 \end{pmatrix}$ et $\vec{v}\begin{pmatrix} 1 \\ m-4 \end{pmatrix}$; b) $\vec{u}\begin{pmatrix} 2m-1 \\ m \end{pmatrix}$ et $\vec{v}\begin{pmatrix} m+2 \\ -3 \end{pmatrix}$.

1. Vecteurs de l'espace

1. Questions rapides

19 Dans le tétraèdre $ABCD$, I est le milieu de $[DB]$, K le milieu de $[BC]$, L le milieu de $[CD]$ et G le centre de gravité du triangle ABD.

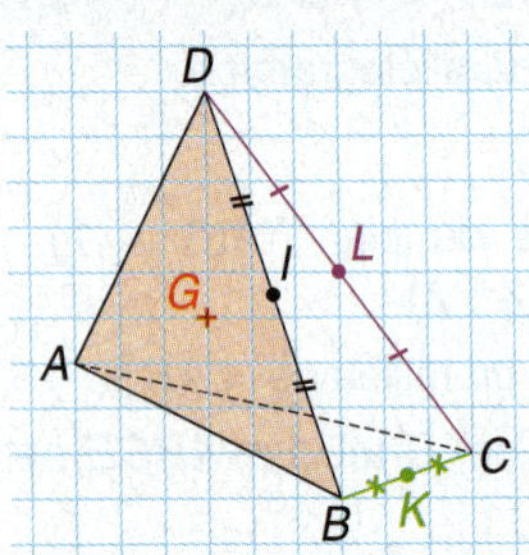

Vrai ou Faux ? Justifier la réponse.

a) A, G et I sont alignés ;

b) (IC) et (BG) sont sécantes ;

c) (DC) et (BG) sont parallèles ;

d) $\overrightarrow{DC}$ et $\overrightarrow{IK}$ sont colinéaires ;

e) (IC) et (DK) sont sécantes ;

f) $\overrightarrow{AG}$ et $\overrightarrow{LI}$ sont colinéaires.

20 Dans le cube ci-dessous :
$\overrightarrow{FI} = \overrightarrow{KB}$, $LB = BK$ et $M \in (OC)$.

Vrai ou Faux ? Justifier la réponse.

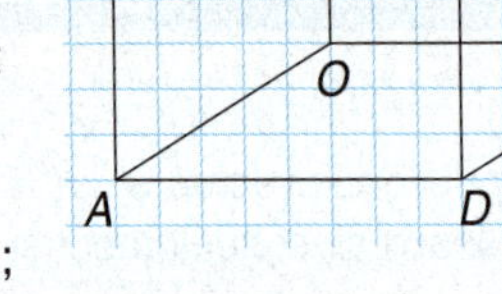

a) (DI) et (CF) sont sécantes ;

b) $\overrightarrow{IC} = \overrightarrow{BK} + \overrightarrow{DB}$
$= \overrightarrow{DK}$;

c) $\overrightarrow{LK}$ et $\overrightarrow{AG}$ sont colinéaires ;

d) (ID) et (AG) sont sécantes en M ;

e) M, O, K et E sont coplanaires ;

f) (KL) et (EC) sont sécantes ;

g) $\overrightarrow{DK} = \overrightarrow{DB} + \frac{3}{8}\overrightarrow{DA}$;

h) (DK) et (GE) sont sécantes.

21 A, B et C sont trois points non alignés.
Exprimer $\overrightarrow{AM}$ en fonction de $\overrightarrow{AB}$ et $\overrightarrow{AC}$.

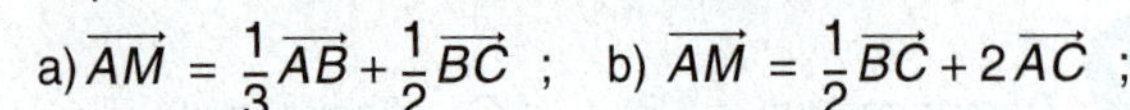

a) $\overrightarrow{AM} = \frac{1}{3}\overrightarrow{AB} + \frac{1}{2}\overrightarrow{BC}$; b) $\overrightarrow{AM} = \frac{1}{2}\overrightarrow{BC} + 2\overrightarrow{AC}$;

c) $\overrightarrow{BM} = \overrightarrow{AC}$; d) $\overrightarrow{AM} + \overrightarrow{BM} = \overrightarrow{AC}$.

22 Même exercice.

a) $\overrightarrow{BM} = 2\overrightarrow{AB} - 3\overrightarrow{BC}$; b) $\overrightarrow{AM} + \overrightarrow{BM} + \overrightarrow{CM} = \overrightarrow{AC}$;

c) $\overrightarrow{AM} + \overrightarrow{BM} = 2\overrightarrow{BC}$; d) $2\overrightarrow{BM} + \overrightarrow{CM} = \overrightarrow{AB}$.

2. Applications directes

[Démontrer que deux vecteurs sont colinéaires, p. 253]

23 Soit $ABCD$ le tétraèdre ci-dessous à reproduire sur grands carreaux.

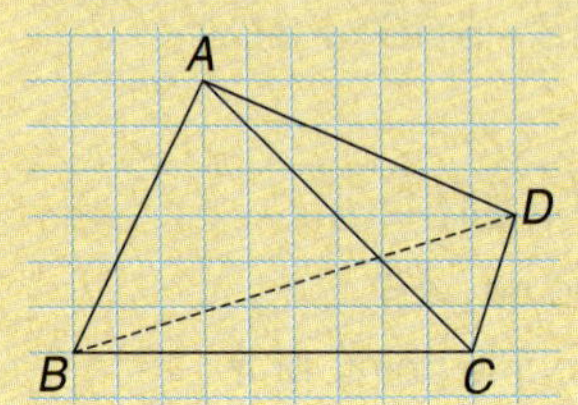

1° Construire les points E et F tels que :
$\overrightarrow{AE} = \frac{1}{2}\overrightarrow{AC}$ et $\overrightarrow{BF} = \frac{2}{3}\overrightarrow{BA} + \frac{1}{3}\overrightarrow{AC}$.

2° Démontrer que les points B, E et F sont alignés.

24 Soit $ABCD$ un tétraèdre et les points G, E et F tels que :
$\overrightarrow{AG} = \frac{3}{2}\overrightarrow{AB}$, $\overrightarrow{CE} = \frac{1}{2}\overrightarrow{AC}$ et $\overrightarrow{CD} = \frac{2}{3}\overrightarrow{EF}$.

1° Construire les points G, E et F.

2° a) Montrer que (BC) et (EG) sont parallèles.

b) Montrer que F est un point de (AF).

c) Montrer que $\overrightarrow{GF}$ et $\overrightarrow{BD}$ sont colinéaires.

[Démontrer que quatre points sont coplanaires, p. 253]

25 Dans le pavé ci-dessous, I est le milieu de $[EH]$, J le milieu de $[EF]$; K et L sont définis par :
$\overrightarrow{DK} = \frac{1}{4}\overrightarrow{DA}$ et $\overrightarrow{AL} = \frac{3}{4}\overrightarrow{AB}$.

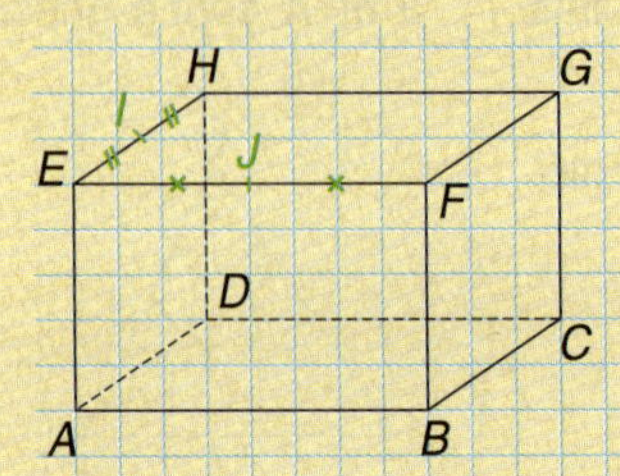

a) Reproduire le pavé et placer les points K et L.

b) Démontrer que les points B, F, J et L sont coplanaires.

c) Démontrer que les points I, J, L et K sont coplanaires.

26 Dans un tétraèdre $ABCD$, on considère les points E et F tels que :
$\overrightarrow{AE} = \frac{2}{3}\overrightarrow{AD}$ et $\overrightarrow{BF} = \overrightarrow{BC} + \frac{1}{2}\overrightarrow{CE}$.

Faire une figure et placer E et F.
Exprimer $\overrightarrow{AF}$ en fonction de $\overrightarrow{AC}$ et $\overrightarrow{AD}$.
Que peut-on en déduire pour les points A, C, D, E et F ?

3. Points et vecteurs

27 Soit $ABCD$ un tétraèdre, I le milieu du segment $AB]$ et J le milieu de $[CD]$.
ontrer que $\overrightarrow{AD} + \overrightarrow{BC} = 2\overrightarrow{IJ}$.
aire une figure et utiliser le milieu K de $[BD]$.

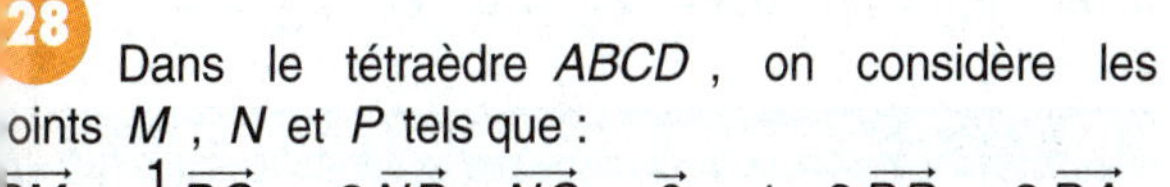

28 Dans le tétraèdre $ABCD$, on considère les oints M, N et P tels que :
$\overrightarrow{3M} = \frac{1}{3}\overrightarrow{BC}$, $2\overrightarrow{ND} + \overrightarrow{NC} = \vec{0}$ et $3\overrightarrow{DP} = 2\overrightarrow{DA}$.

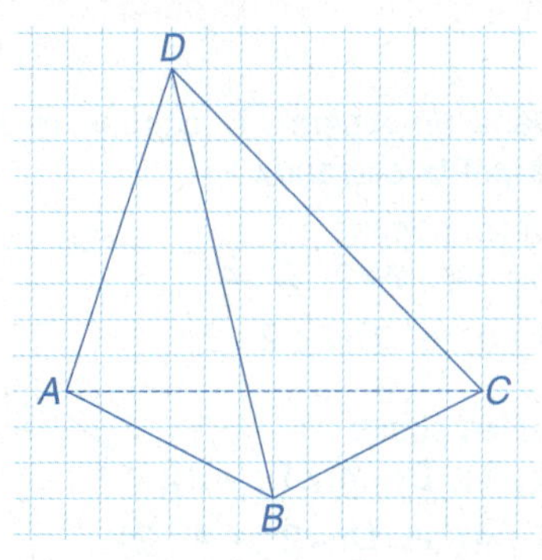

° a) Exprimer $\overrightarrow{CN}$ en fonction de $\overrightarrow{CD}$.
) Faire la figure et placer les points M, N et P.
° Montrer que les droites (MN) et (BD) sont paral- les.
° Tracer l'intersection de la droite (NP) avec la droite $AC)$.
n déduire la trace du plan (MNP) sur le tétraèdre.

29 Dans ce prisme droit, à base triangulaire, I est le milieu de $[BC]$ et J le milieu de $[EF]$.

Démontrer que les vecteurs $\overrightarrow{EA}$, $\overrightarrow{AI}$ et $\overrightarrow{JC}$ sont coplanaires.

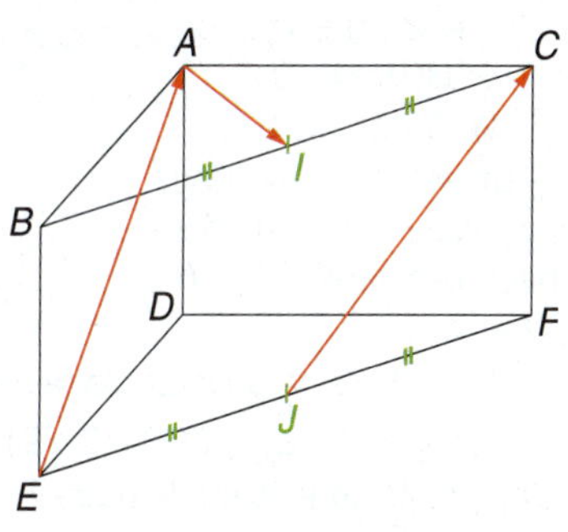

30 Reprendre le pavé $ABCDEFGH$ de l'exercice 25.
On considère les points M, N et P tels que :
① $\overrightarrow{AN} = \overrightarrow{AB} + \frac{1}{2}\overrightarrow{AD} + \frac{1}{2}\overrightarrow{AE}$;
② $\overrightarrow{EM} = \frac{2}{3}\overrightarrow{EH}$ et ③ $\overrightarrow{BP} = \overrightarrow{AB} + \frac{1}{3}\overrightarrow{AD}$.

a) Expliquer chaque étape du calcul vectoriel : relation de Chasles, propriétés vectorielles, définition vectorielle ①, ② ou ③..., pavé...

$$\overrightarrow{MN} = \overrightarrow{ME} + \overrightarrow{EA} + \overrightarrow{AN}$$
$$= -\frac{2}{3}\overrightarrow{EH} + \overrightarrow{EA} + \overrightarrow{AB} + \frac{1}{2}\overrightarrow{AD} + \frac{1}{2}\overrightarrow{AE}$$
$$= -\frac{2}{3}\overrightarrow{AD} - \overrightarrow{AE} + \overrightarrow{AB} + \frac{1}{2}\overrightarrow{AD} + \frac{1}{2}\overrightarrow{AE}$$
$$= \left(-\frac{2}{3} + \frac{1}{2}\right)\overrightarrow{AD} + \overrightarrow{AB} + \left(\frac{1}{2} - 1\right)\overrightarrow{AE}$$
$$= \overrightarrow{AB} - \frac{1}{6}\overrightarrow{AD} - \frac{1}{2}\overrightarrow{AE}.$$

b) Exprimer, de même, $\overrightarrow{NP}$ en fonction de $\overrightarrow{AB}$, $\overrightarrow{AD}$ et $\overrightarrow{AE}$.
c) Que peut-on en déduire pour les points M, N et P ?

2. Dans un repère de l'espace

1. Questions rapides

31 Soit $ABCD$ n tétraèdre.
est le milieu de $[BC]$, est le milieu de $[AB]$: K est le milieu de $[AD]$.
ans le repère A ; $\overrightarrow{AB}$, $\overrightarrow{AC}$, $\overrightarrow{AD}$), lire s coordonnées des points :
C, D, I, J et K.

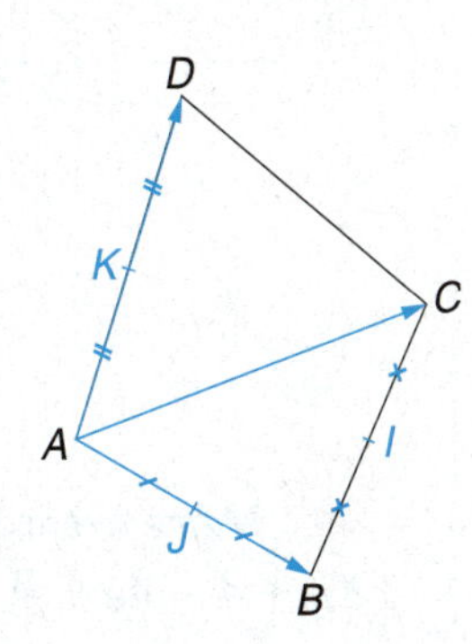

32 Dans le cube ci-contre, utiliser le quadrillage pour donner les coordonnées des points suivants dans le repère $(O ; \overrightarrow{OA}, \overrightarrow{OB}, \overrightarrow{OC})$:
L, K, M, N, P ; S, R, T.

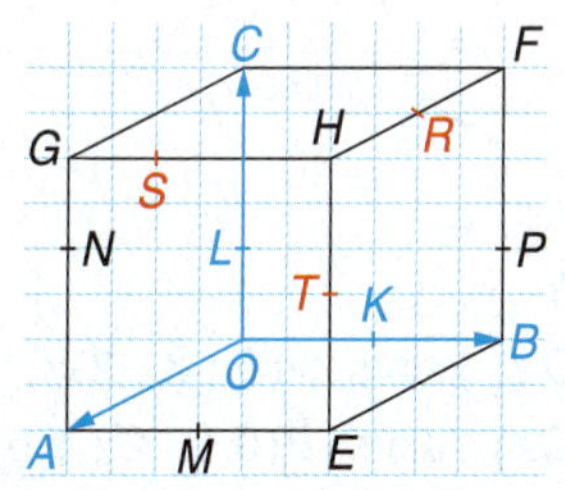

33 Dans le pavé ci-dessous, on munit l'espace d'un repère $(O\,;\vec{i}\,,\vec{j}\,,\vec{k})$ tel que :

$A(2\,;0\,;0)$,
$B(0\,;4\,;0)$
et $C(0\,;0\,;2)$.

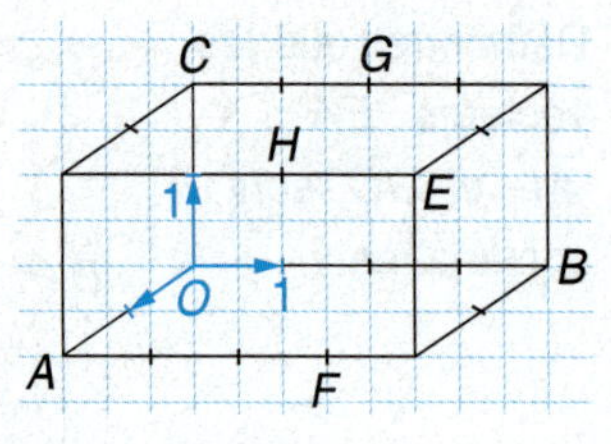

a) Utiliser le quadrillage pour donner les coordonnées des points E , F , G et H .

b) Reproduire ce pavé et placer les points :

$M(1\,;4\,;2)$, $N(0\,;3\,;2)$ et $P(2\,;1\,;2)$.

Ces points sont-ils sur le pavé ?

34 **Vrai ou Faux** ? Justifier.

L'espace est muni d'un repère $(O\,;\vec{i}\,,\vec{j}\,,\vec{k})$.

Les axes de ce repère sont (Ox) , (Oy) et (Oz) .

$A(x_A\,;y_A\,;z_A)$ est un point.

1° Tout point de (Ox) a une abscisse nulle.

2° Tout point du plan (yOz) a une abscisse nulle.

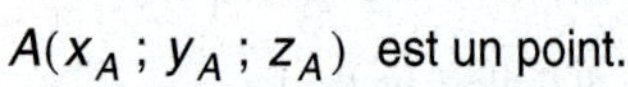

3° Tout point A du plan (xOz) est tel que $y_A = 0$.

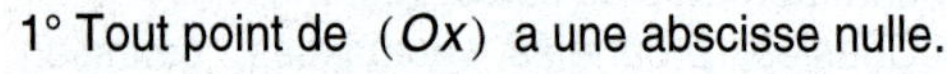

4° $A(x_A\,;y_A\,;z_A) \in (Oz) \Leftrightarrow z_A = 0$.

5° Si $x_A = 0$, alors $A \in (yOz)$.

6° Si $x_A = 0$ et $z_A = 0$, alors $A \in (Oy)$.

35 **Vrai ou Faux** ? Justifier.

Soit $A(2\,;5\,;-2)$, $B(-2\,;1\,;0)$, $C(1\,;3\,;2)$ et $D(-3\,;-1\,;4)$.

1° Le milieu de $[AB]$ a pour coordonnées $(0\,;3\,;-1)$;

2° $\overrightarrow{BC}(-1\,;4\,;2)$; 3° $\overrightarrow{CD}(-4\,;-4\,;2)$;

4° Le milieu de $[AD]$ est celui de $[BC]$;

5° $\overrightarrow{AB} = \overrightarrow{CD}$.

36 On considère les points A , B et C placés dans cette figure, à reproduire exactement.

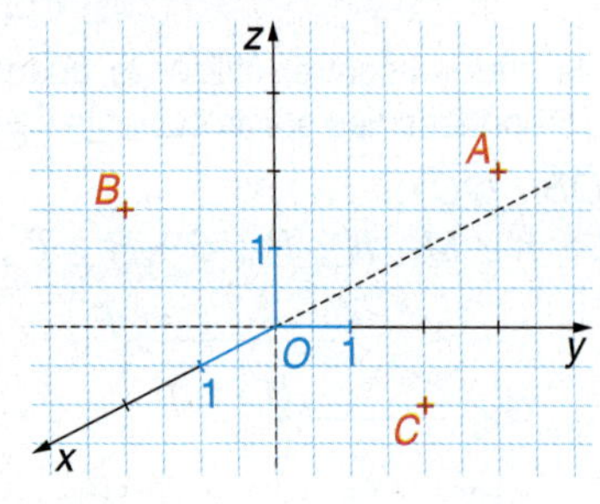

Vrai ou Faux ?

1° Si $A \in (yOz)$, alors $A(0\,;3\,;2)$;

2° Si $B \in (yOz)$, alors $B(0\,;-2\,;1{,}5)$;

3° Si $C \in (xOy)$, alors $C(2\,;4\,;0)$;

4° Si $A \in (xOz)$, alors $A(-3\,;0\,;0{,}5)$;

5° Si $C \in (yOz)$, alors $C(0\,;2\,;-1)$;

6° Si $B \in (xOz)$, alors $B(2\,;0\,;2{,}5)$.

37 Reproduire la figure de l'**exercice 36**.

Vrai ou Faux ? Laisser les traits de construction.

1° Si $y_A = 2$, alors $x_A = -1$ et $z_A = 2$;

2° Si $z_A = 3$, alors $y_A = 5$ et $x_A = 2$;

3° Si $x_B = 1$, alors $z_B = 2$ et $y_B = 0$;

4° Si $z_B = 3$, alors $x_B = 3$ et $y_B = -1$;

5° Si $z_C = -2$, alors $x_C = -2$ et $y_C = 0$;

6° Si $y_C = 2$, alors $x_C = 0$ et $z_C = -1$.

2. Applications directes

[Placer un point ou lire les coordonnées, p. 255]

38 Dans un repère ① comme ci-contre, sur **papier à petits carreaux** :

a) Placer les points :
$M(0\,;6\,;1)$, $N(2\,;0\,;4)$, $P(1\,;4\,;0)$ et $R(2\,;2\,;2)$.

b) Placer les points :
$A(2\,;5\,;1)$, $B(-4\,;1\,;-3)$, $C(3\,;1\,;4)$ et $D(-2\,;-4\,;2)$.

39 Dans le repère ② ci-dessous, **à reproduire** sur feuille à petits carreaux, lire les coordonnées manquantes des points.

On laissera les traits de construction ayant permis la lecture.

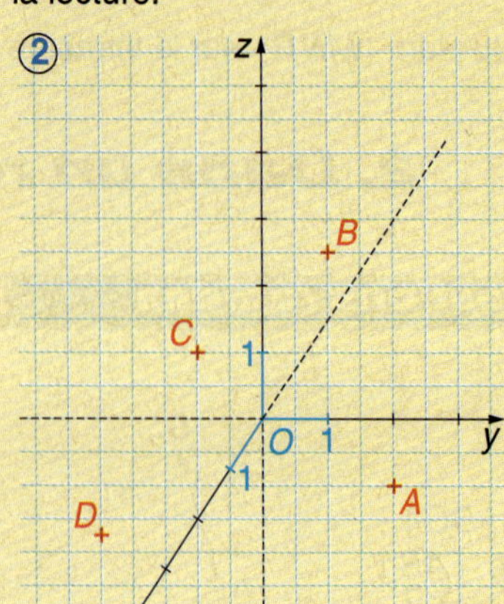

Sachant que :
$z_A = 2$;
$y_B = 2$;
$x_C = 4$;
$x_D = 1$.

40 Même exercice et mêmes points, avec :
$x_A = 2$, $y_B = 3$, $z_C = -0{,}5$, $z_D = -4$.

41 Dans le repère ③ ci-dessous, l'unité graphique sur chaque axe est 1 cm.
Bien respecter la pente $\frac{2}{3}$ de l'axe (Ox) .

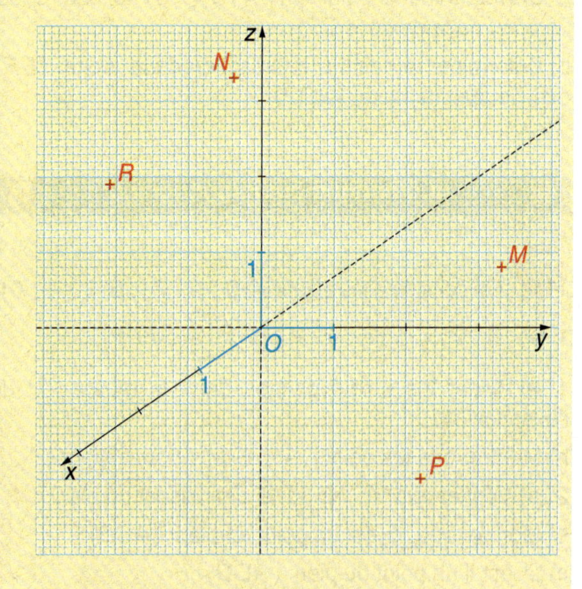

1° Reproduire exactement ce repère.
Placer les points $A(4 ; 5 ; 3)$, $B(2 ; -1 ; 5)$, $C(1 ; -2 ; 4)$ et $D(-2 ; 1 ; -3)$.

2° Lire les coordonnées manquantes des points placés, sachant que :
$y_M = 5$; $z_N = 5$; $x_P = 1$; $y_R = -1$.
On admet que les coordonnées sont entières.

[Calculer sur les coordonnées, p. 255]

42 On considère les points :
$A(6 ; 0 ; 0)$, $B(0 ; 5 ; 0)$ et $C(0 ; 0 ; 5)$.

1° Placer les points A , B et C dans un repère ① (voir exercice **38**).

2° a) Déterminer les coordonnées de L défini par $2\overrightarrow{BL} + 3\overrightarrow{CL} = \vec{0}$. Placer L .

b) Soit $M(3 ; 1 ; 1{,}5)$.
Montrer que A , M et L sont colinéaires.

43 Soit les mêmes points qu'à l'exercice **42**.
Soit $N(3 ; 2 ; 0{,}5)$.
Démontrer que $\overrightarrow{AN}$ est coplanaire à $\overrightarrow{AB}$ et $\overrightarrow{AC}$. Que peut-on en déduire pour le point N ?

44 Soit $A(3 ; 4 ; 0)$, $B(0 ; 3 ; 5)$ et $C(2 ; 0 ; 4)$.

1° Placer ces points dans un repère ① (voir exercice **38**).

2° Déterminer les coordonnées des vecteurs $\overrightarrow{AB}$ et $\overrightarrow{AC}$.
En déduire que ces trois points définissent un plan.

3° a) Déterminer les coordonnées du milieu M de $[BC]$.

b) Déterminer les coordonnées de L tel que :
$$\overrightarrow{AL} = \frac{3}{2}\overrightarrow{AM} .$$

45 Mêmes points qu'à l'exercice **44**.

1° Déterminer les coordonnées de $N(5 ; y_N ; z_N)$ tel que $\overrightarrow{AN}$ et $\overrightarrow{AC}$ sont colinéaires.

2° Déterminer les coordonnées de $L(x_L ; 2 ; z_L)$ tel que L est un point de (AB) .

46 Soit $A(1 ; 0 ; 3)$, $B(3 ; 5 ; 0)$ et $C(0 ; 4 ; 1)$.

1° Dans un repère ③ (voir exercice **41**), placer les points A , B et C .

2° Montrer que A , B et C définissent un plan.

3° Déterminer les coordonnées de M défini par :
$$\overrightarrow{CM} = \overrightarrow{AB} - \frac{1}{2}\overrightarrow{AC} .$$

47 Soit les mêmes points qu'à l'exercice **46**.
Démontrer que les vecteurs $\overrightarrow{AB}$, $\overrightarrow{AC}$ et $\overrightarrow{OD}$ sont coplanaires, sachant que $D(-3 ; 6 ; 4)$.
Les points A , B , C et D sont-ils coplanaires ?

3. Calculs et alignement

48 Soit $A(0 ; 1 ; 2)$, $B(-1 ; 2 ; 1)$ et $C(3 ; 2 ; 0)$ dans un repère $(O ; \vec{i}, \vec{j}, \vec{k})$ de l'espace.

1° Calculer les coordonnées de $\overrightarrow{AB}$, $\overrightarrow{AC}$ et $\overrightarrow{BC}$.

2° Calculer les coordonnées de $\vec{u} = \frac{1}{2}\overrightarrow{AB} + \overrightarrow{AC}$, $\vec{v} = \overrightarrow{AB} - \overrightarrow{AC}$ et $\vec{w} = \overrightarrow{AB} - 3\overrightarrow{BC} + \overrightarrow{AC}$.

3° a) Calculer les coordonnées des milieux I , J et K respectivement de $[AB]$, $[BC]$ et $[CA]$.

b) Comparer $\overrightarrow{IJ}$ et $\overrightarrow{AC}$.

49 Reprendre l'exercice **48** avec les points :
$A(2\,;3\,;7)$, $B(1\,;3\,;0)$ et $C(4\,;-1\,;2)$.

50 Soit $\vec{u}(2\,;3\,;-5)$, $\vec{v}\left(-\frac{1}{3}\,;-\frac{1}{2}\,;\frac{5}{6}\right)$ et $\vec{w}(-4\,;-6\,;-10)$.

a) $\vec{u}$ et $\vec{v}$ sont-ils colinéaires ?
b) De même pour $\vec{u}$ et $\vec{w}$.
c) De même pour $\vec{v}$ et $\vec{w}$.

51 Soit $A(1\,;4\,;5)$, $B(2\,;3\,;6)$ et $C(1\,;-2\,;7)$.
Placer ces points dans un repère de l'espace.
Les points A, B et C sont-ils alignés ?
Le démontrer par les coordonnées.

52 On considère la droite (AB) passant par $A(2\,;3\,;1)$ et $B(3\,;5\,;2)$.
Placer ces points dans un repère ② (voir exercice **39**).

1° Déterminer le point $L(x_L\,;y_L\,;0)$ tel que $\overrightarrow{AL}$ est colinéaire à $\overrightarrow{AB}$. Où se trouve ce point L ?

2° Soit $C(0\,;3\,;2)$. Placer C.
a) Montrer que A, B et C définissent un plan.
b) Déterminer le point D tel que $\overrightarrow{AB} = \overrightarrow{CD}$.
Que peut-on en déduire pour le quadrilatère $ALCD$.

3° Déterminer le point $M(2\,;y_M\,;4)$ tel que $\overrightarrow{AM}$, $\overrightarrow{AB}$ et $\overrightarrow{AL}$ sont coplanaires.

53 On donne deux points de l'espace $A(2\,;1\,;1)$ et $B(4\,;3\,;-1)$.
a) Placer ces deux points dans un repère $(O\,;\vec{i},\vec{j},\vec{k})$.
On placera au fur à mesure les points obtenus.
b) Déterminer les coordonnées du point E, intersection de la droite (AB) avec le plan (xOz), c'est-à-dire :
$$E = (AB) \cap (xOy).$$
c) Déterminer le point F de (AB) de cote nulle.
d) Déterminer le point G tel que $G = (AB) \cap (yOz)$.

54 Soit $A(2\,;2\,;3)$ et $B(4\,;6\,;5)$.
Déterminer les coordonnées des points E, F et G, intersections de la droite (AB) avec respectivement les plans de base (xOz), (xOy) et (yOz).

55 Soit $E(1\,;-1\,;6)$ et $F(3\,;5\,;4)$.
Placer ces points dans un repère de l'espace.

1°) a) Soit $A(2\,;0\,;3)$.
Les points A, E et F définissent-ils un plan ?
b) Soit $B(4\,;8\,;3)$.
Les points B, E et F définissent-ils un plan ?
2° a) Déterminer le point $G(x_G\,;y_G\,;3)$ tel que G est un point de la droite (EF).
b) Déterminer le point L intersection de la droite (EF) avec le plan de base (xOz).

4. Points coplanaires

56 On considère les points $A(0\,;0\,;2)$, $B(3\,;0\,;0)$, $C(0\,;3\,;2)$, $D(3\,;6\,;0)$ et $E\left(\frac{3}{2}\,;3\,;1\right)$.

1° a) Placer les points donnés dans le repère ① de l'exercice **38**.
b) Montrer que les points A, E et D sont alignés.
2° a) Vérifier que A, C et B définissent un plan.
b) Montrer que E est un point du plan (ACB).
c) D est-il un point du plan (ACB) ?
3° a) Montrer que (BD) est parallèle à (Oy).
b) En déduire la position relative du plan (ABC) et de la droite (Oy).

57 Dans un repère $(O\,;\vec{i},\vec{j},\vec{k})$ de l'espace, on considère les points : $A(0\,;0\,;4)$, $B(0\,;-5\,;0)$, $C(3\,;0\,;0)$ et $D(6\,;10\,;4)$.
1° a) Placer les points A, B, C et D dans le repère.
b) Montrer que ces points sont coplanaires.
2° a) Soit $I(2\,;0\,;z)$ avec z réel.
Déterminer z pour que les points B, I et D soient alignés.
b) Vérifier que, pour z trouvé en a), le point I est aussi sur la droite (AC).

58 Dans un repère $(O\,;\vec{i},\vec{j},\vec{k})$ de l'espace, on considère les points :
$A(2\,;3\,;-1)$, $B(4\,;3\,;3)$ et $D(6\,;3\,;7)$.
1° Déterminer les coordonnées du point E tel que :
$$\overrightarrow{OE} = \overrightarrow{AB}.$$
2° Déterminer les coordonnées du point F tel que :
A soit le milieu de $[BF]$.
3° a) Montrer que les points O, A, B et D sont coplanaires.
b) En déduire que les points O, E, D et F sont aussi coplanaires.

59 On considère les points de l'espace :

$A(2 ; 0 ; 0)$, $B(0 ; 0 ; 3)$, $C(0{,}5 ; 1{,}5 ; 1{,}5)$ et $D(0{,}5 ; 0{,}5 ; 2)$.

° Montrer que les points A , B , C et D sont oplanaires.

2° Déterminer les coordonnées du point H , intersection du plan (yOz) avec la droite (AC) .

3° Déterminer les coordonnées du point K , intersection du plan (xOy) avec la droite (BC) .

4° Placer les points H et K et en déduire les traces du plan (ABC) sur les plans de base.

3. Distance et orthogonalité

1. Questions rapides

60 **Vrai ou Faux** ? Justifier.

$O ; \vec{i}, \vec{j}, \vec{k})$ est un repère orthonormal de l'espace, et n a $A(x_A ; y_A ; z_A)$, $B(x_B ; y_B ; z_B)$ et $C(x_C ; y_C ; z_C)$.

° Si I est le milieu de $[AB]$, alors $AI^2 = \frac{1}{2}AB^2$.

° Si $AB^2 + BC^2 = AC^2$, alors ABC est un triangle ectangle en B .

° Pour tous points A , B et C , $AB + BC = AC$.

° Si $IB^2 = IC^2$, alors I est le milieu de $[BC]$.

61 **Q.C.M.** : indiquer la seule bonne réponse pour haque question.

° Si $\overrightarrow{AB}$ et $\overrightarrow{AC}$ sont colinéaires et $\overrightarrow{AD}$ orthogonal $\overrightarrow{AB}$, alors :

a) $\overrightarrow{AD}$ est colinéaire à $\overrightarrow{AC}$

b) $\overrightarrow{AD}$ est orthogonal à $\overrightarrow{AC}$

c) $ABCD$ est un rectangle

° $\overrightarrow{AB}$ et $\overrightarrow{AC}$ ne sont pas colinéaires.

i $\overrightarrow{AD}$ est orthogonal à $\overrightarrow{AB}$ et à $\overrightarrow{AC}$, alors :

a) $\overrightarrow{AD}$ est coplanaire à $\overrightarrow{AB}$ et $\overrightarrow{AC}$

b) La droite (AD) est perpendiculaire au plan (ABC)

c) La droite (AC) est perpendiculaire au plan (ABD)

62 Dans chacun des cas suivants, dire si les vecteurs $\vec{u}$ et $\vec{v}$ sont orthogonaux :

) $\vec{u}(2 ; 3 ; -4)$ et $\vec{v}(4 ; 5 ; 1)$;

) $\vec{u}(4 ; -1 ; 0)$ et $\vec{v}(2 ; 8 ; 3)$;

) $\vec{u}(1 ; -2 ; 3)$ et $\vec{v}(-1 ; 1 ; 1)$.

2. Applications directes

[Déterminer la nature d'un triangle de l'espace, p. 257]

63 Dans un repère orthonormal de l'espace, on considère les points :

$A(1 ; 0 ; -1)$, $B(2 ; 3 ; -2)$ et $C(4 ; 1 ; 0)$.

a) Le triangle ABC est-il isocèle ?

b) Soit $D(x ; 1 ; 2x)$.

Déterminer le réel x pour que le triangle ABD soit rectangle en A .

64 Dans un repère orthonormal de l'espace, on considère les points :

$A(1 ; 4 ; 1)$, $B(3 ; 7 ; 3)$ et $C(-3 ; 10 ; -4)$.

Montrer que le triangle ABC est rectangle en A .

[Utiliser l'orthogonalité d'une droite et d'un plan, p. 257]

65 Soit $A(2 ; -1 ; 2)$ et $\vec{u}(1 ; 4 ; 2)$.

Placer le point A dans un repère orthonormal de l'espace (voir exercice **41**).

1° Tracer la droite $\mathscr{D}$ passant par A , de vecteur directeur $\vec{u}$: on placera le point B tel que $\overrightarrow{AB} = \vec{u}$.

2° Soit $M(x ; y ; z)$ un point quelconque du plan $\mathscr{P}$ passant par A et perpendiculaire à la droite $\mathscr{D}$.

Écrire la relation d'orthogonalité entre $\overrightarrow{AM}$ et $\vec{u}$.

En déduire la relation entre x , y et z coordonnées d'un point P .

66 Soit $A(1\,;2\,;2)$, $B(4\,;5\,;3)$ et $C(4\,;0\,;3)$.

1° Placer les points A , B et C dans un repère orthonormal de l'espace.

Calculer les coordonnées du vecteur $\overrightarrow{AB}$.

2° On considère le plan $\mathcal{P}$ passant par C et perpendiculaire à la droite (AB) .

$M(x\,;y\,;z)$ un point quelconque de $\mathcal{P}$.

Déterminer une relation entre les coordonnées x , y et z .

67 Soit $A(0\,;0\,;1)$, $B(0\,;-3\,;0)$, $C\left(\frac{3}{2}\,;0\,;0\right)$ et $D(2\,;-1\,;3)$ quatre points dans un repère orthonormal de l'espace d'unité 1 cm.

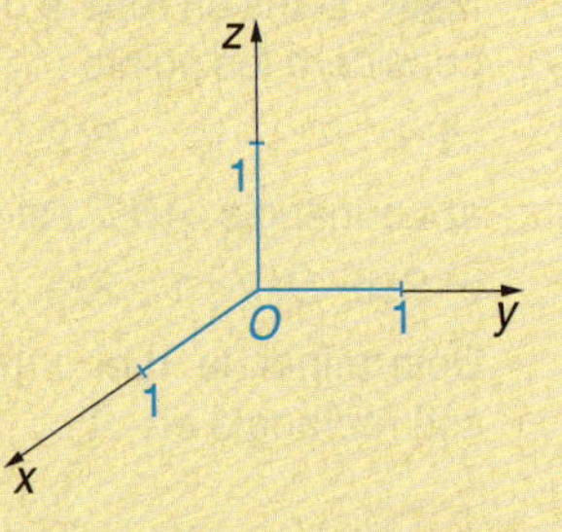

1° a) Calculer $\overrightarrow{AB}$ et $\overrightarrow{AC}$.

En déduire que les points A , B et C définissent un plan.

b) Montrer que $\overrightarrow{OD}$ est orthogonal à $\overrightarrow{AB}$ et à $\overrightarrow{AC}$.

Que peut-on en déduire pour la droite (OD) par rapport au plan (ABC) ?

2° Soit $M(x\,;y\,;z)$ un point quelconque du plan (ABC) .

a) Écrire la relation d'orthogonalité des vecteurs $\overrightarrow{AM}$ et $\overrightarrow{OD}$.

b) En déduire une relation entre x , y et z .

c) Vérifier que les points B et C vérifient cette relation.

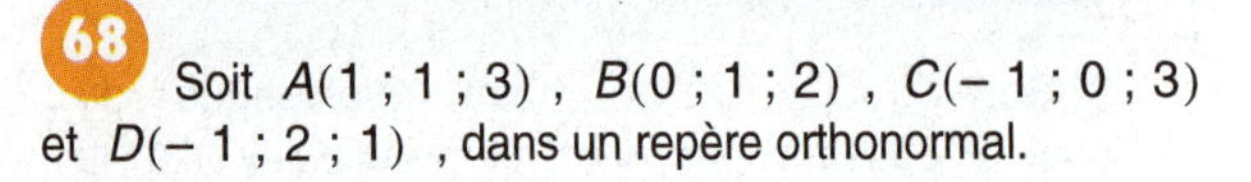

3. Orthogonalité dans l'espace

68 Soit $A(1\,;1\,;3)$, $B(0\,;1\,;2)$, $C(-1\,;0\,;3)$ et $D(-1\,;2\,;1)$, dans un repère orthonormal.

a) Montrer que A , B et C définissent un plan.

b) Montrer que ABC est un triangle rectangle en B .

c) Montrer que la droite (OD) est perpendiculaire au plan (ABC) .

69 Dans le cube ci-dessous, on considère les points I et J définis par :

$$\overrightarrow{OI} = \frac{1}{3}\overrightarrow{OC}\ ;\ \overrightarrow{BJ} = \frac{1}{3}\overrightarrow{BC} \quad \text{et} \quad K(0\,;3\,;4)\ .$$

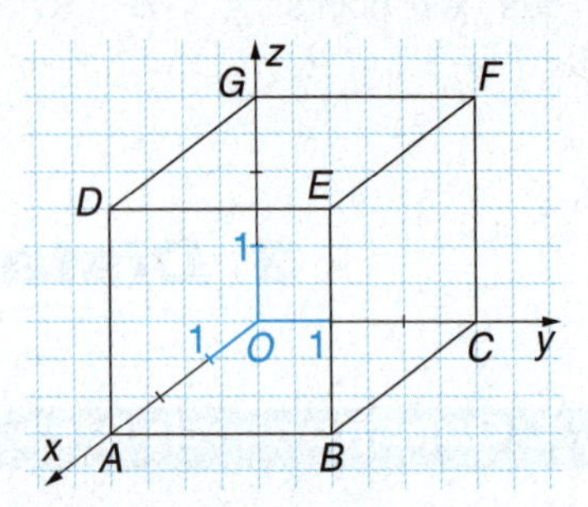

1° Lire ou déterminer les coordonnées des points A , D G , I et J .

2° Les droites (GI) et (IJ) sont-elles perpendiculaires

3° Calculer IJ , DJ et DI .

Le triangle DIJ est-il isocèle ?

4° Montrer que la droite (AK) est perpendiculaire a plan (DIJ) .

70 Dans un repère orthonormal de l'espace, o considère les points :

$$A(2\,;1\,;0)\ ,\quad B(3\,;0\,;1)\quad \text{et}\quad C(0\,;3\,;4)\ .$$

Faire une figure.

a) Déterminer les coordonnées de M milieu de $[BC]$

Calculer BC .

b) Déterminer les coordonnées du point D , tel que :

$$\overrightarrow{AD} = 2\,\overrightarrow{AB} + \overrightarrow{AC}\ .$$

Que peut-on dire des points A , B , C et D ?

c) Vérifier que le triangle ABC est rectangle.

d) Déterminer le point $R(x\,;3\,;x+1)$ tel que $\overrightarrow{AR}$ e $\overrightarrow{AB}$ sont orthogonaux.

71 Soit $A(3\,;4\,;1)$ et $C(0\,;8\,;4)$ dans un repèr orthonormal de l'espace, et $\vec{u}\,(0\,;1\,;2)$.

1° a) Placer les points A et C .

Construire le point B tel que $\overrightarrow{AB} = 2\vec{u}$.

b) Déterminer les coordonnées de B .

2° a) Démontrer que les points A , B et C définisse un plan.

b) Démontrer que le triangle ABC est rectangle en B

3° Soit $M(x\,;y\,;z)$ un point du plan passant par B e perpendiculaire à la droite (AB) .

Déterminer une relation entre x , y et z .

Vérifier que le point C satisfait cette relation.

4. Exercices de synthèse

72 On considère un pavé de l'espace.

On connaît les coordonnées de quelques points dans le repère $(O\,;\vec{i}\,,\vec{j}\,,\vec{k})$:

$A(3\,;0\,;0)$, $B(0\,;9\,;0)$ et $C(0\,;0\,;7)$.

Lire les coordonnées des points selon leur position :

a) M dans le plan (EAG) ;

b) N dans le plan (EBF) ;

c) K sur la droite (GH) ;

d) L dans le plan (AEB) ;

e) M dans le plan (EBF) ; f) N sur la droite (CH) .

73 **Partie A : Analyse d'un énoncé**

Lire entièrement l'énoncé ci-dessous, sans répondre aux questions.

Dans un tétraèdre $ABCD$ les points K , L et M sont définis par :

$\overrightarrow{AK} = \frac{1}{4}\overrightarrow{AD}$, $\overrightarrow{AL} = \frac{1}{12}\overrightarrow{AB} + \frac{1}{6}\overrightarrow{AC}$ et $\overrightarrow{BM} = \frac{2}{3}\overrightarrow{BC}$.

1° a) Placer les points K , L et M .

b) Montrer que les points A , L et M sont alignés.

2° Montrer que les droites (LK) et (MD) sont parallèles.

En déduire que les points A , L , M , D et K sont coplanaires.

3° a) Montrer que le point N défini par :

$$\overrightarrow{BN} = \frac{1}{3}\overrightarrow{BC} + \frac{1}{2}\overrightarrow{BD}$$

est un point du plan (AMD) .

b) Déterminer les réels α et β tels que :

$$\overrightarrow{AN} = \alpha\overrightarrow{AM} + \beta\overrightarrow{AD} .$$

Partie B : Répondre aux questions suivantes

a) Faire la figure avec soin.

b) D'après l'égalité définissant L où se situe le point L ?

c) Que faut-il faire pour répondre à la question 1° a) ?

d) Que faut-il faire pour répondre à la question 2 ?

Pourquoi et comment peut-on en déduire que les points sont coplanaires ?

e) Que signifie l'égalité définissant le point N ?

Comment montrer que N est un point du plan (AMD) ?

f) Pourquoi peut-on trouver les réels α et β ?

Que signifie cette égalité ?

74 Reprendre l'énoncé donné dans la partie A de l'exercice **73** et répondre aux questions posées.

75 Dans un repère $(O\,;\vec{i}\,,\vec{j}\,,\vec{k})$ de l'espace, on considère les points :

$A(2\,;0\,;1{,}5)$; $B(2\,;3\,;0)$;

$C(-2\,;6\,;1{,}5)$; $D(6\,;3\,;-3)$; $E(4\,;0\,;0)$.

1° Placer les points donnés dans un repère.

Montrer que les droites (BD) et (AE) sont parallèles.

2° Soit I le point d'intersection de la droite (BD) avec le plan de base (yOz) .

a) Déterminer les coordonnées du point I .

b) Montrer que I est aussi sur la droite (AC) .

Préciser la position de I sur le segment $[AC]$.

3° G est le point d'intersection de la droite (EB) avec le plan (yOz) et F est le point d'intersection de la droite (AE) avec le plan (yOz) .

a) Déterminer les coordonnées de G et F .

Vérifier que I est le milieu de $[FG]$.

b) Montrer que la droite (AB) est parallèle à (FG) .

4° a) Préciser tous les points de la figure qui sont dans le plan (ABC) .

b) Justifier que les droites (AC) et (DG) sont sécantes.

c) Construire les traces du plan (ABC) sur les plans de base.

76 Dans un repère $(O\,;\vec{i}\,,\vec{j}\,,\vec{k})$ de l'espace, on considère les points :

$A(-3\,;4\,;6)$, $B(2\,;3\,;1)$, $C(1\,;3\,;3)$ et $D(6\,;2\,;-2)$.

1° Calculer les coordonnées des vecteurs $\overrightarrow{AB}$, $\overrightarrow{AC}$ et $\overrightarrow{CD}$.

2° a) Les vecteurs $\overrightarrow{AB}$ et $\overrightarrow{AC}$ sont-ils colinéaires ?

b) Justifier que les droites (AB) et (CD) sont parallèles.

3° On considère l'équation :

$$(E)\ 2x + 5y + z = 20$$

et le point $F(1\,;1\,;1)$.

a) Vérifier que les coordonnées des points A , B , C et D vérifient cette équation.

b) Déterminer les coordonnées du point S tel que A , B et S soient alignés et $x_S = 7$.

c) Déterminer les coordonnées du point P vérifiant l'équation (E) et tel que O , F et P soient alignés.

77 Dans un repère $(O\,;\vec{i}\,,\vec{j}\,,\vec{k})$ de l'espace, on considère les points :

$A(2\,;0\,;3)$, $B(3\,;4\,;5)$ et $C(3\,;8\,;0)$.

1° Faire une figure.

a) Montrer que A , B et C ne sont pas alignés.

b) Déterminer les coordonnées du point I milieu du segment $[BC]$.

2° Déterminer les coordonnées des points K , L et M intersections de la droite (AB) avec chacun des plans de base (xOy) , (yOz) et (zOx) .

3° Soit $D\left(2\,;2\,;\frac{1}{2}\right)$.

a) Placer ce point.

Montrer que $ABID$ est un parallélogramme.

b) Montrer que les segments $[AC]$ et $[DI]$ ont le même milieu.

78 **Vrai ou Faux ?** Justifier.

Les points A , B et C sont donnés dans un repère orthonormal de l'espace.

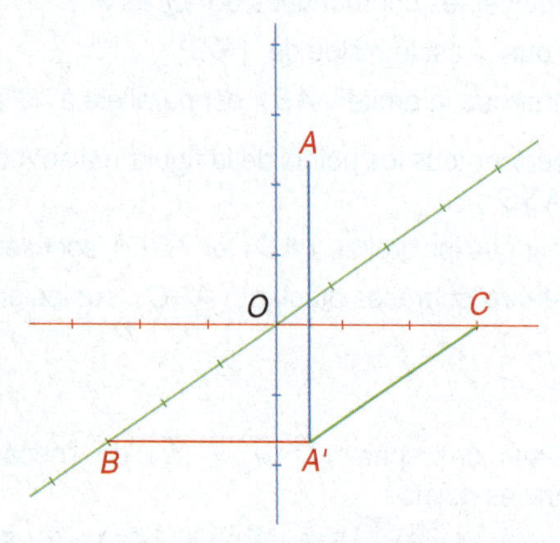

1° Le triangle OBC est isocèle rectangle.

2° Les coordonnées du point A sont $(3\,;3\,;3)$.

3° Le vecteur $\overrightarrow{AB}$ est un vecteur du plan (xOz) .

4° Les vecteurs $\overrightarrow{BC}$ et $\overrightarrow{AA'}$ sont orthogonaux.

5° La droite (OA') est orthogonale au plan (ABC) .

79 On considère quatre points de l'espace :

$A(0\,;0\,;3)$, $B(5\,;0\,;4)$, $C(5\,;5\,;1)$ et $D(1\,;1\,;2)$.

1° Montrer que les points A , B , C et D sont coplanaires.

2° Déterminer les coordonnées du point d'intersection H de la droite (BD) avec le plan (xOy) , puis les coordonnées du point d'intersection K de la droite (AD) avec le plan (xOy) .

3° Construire les traces du plan (ABD) sur les plans de base.

4° Construire le point d'intersection de la droite (BC) avec le plan (xOy) , puis celui de la droite (BD) avec le plan (zOy) .

80 **Vrai ou Faux ?** Justifier.

Dans le repère orthonormal $(O\,;\vec{i}\,,\vec{j}\,,\vec{k})$, on considère les points :

$E(0\,;3\,;0)$, $F(4\,;0\,;0)$, $G(0\,;0\,;4)$, $K(2\,;0\,;2)$ et $J(3\,;3\,;-3)$.

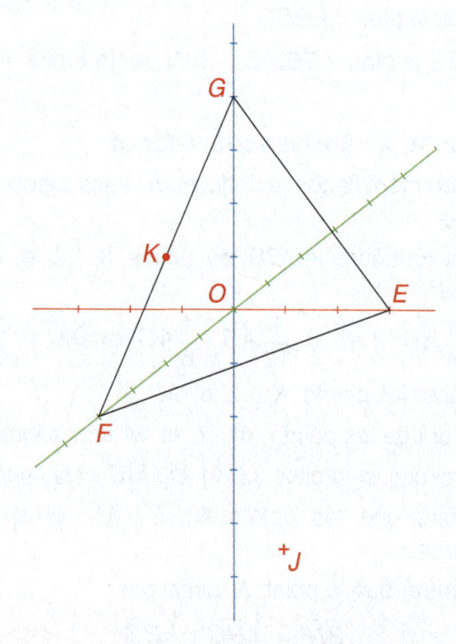

1° Les droites (EK) et (OG) sont sécantes.

2° Les vecteurs $\overrightarrow{GK}$ et $\overrightarrow{GF}$ sont colinéaires.

3° Le triangle EFG est équilatéral.

4° Le triangle EGK est rectangle.

5° K est le milieu de $[GF]$.

6° Les points E , F , G et J sont coplanaires.

7° On trace la droite Δ , parallèle à (EK) et passant J .

a) La droite Δ est incluse dans le plan (EFG) .

b) Les droites Δ et (OG) sont sécantes.

c) Les droites Δ et (GF) sont perpendiculaires.

81 Représentation en 3D

Jn joueur joue avec un palet : il lui faut atteindre les carrés de la diagonale l'un damier 6×6 .

Le tableau ci-contre donne pour chaque carré du damier le nombre de fois où il a été atteint par ce joueur.

	A	B	C	D	E	F	G
1		1	2	3	4	5	6
2	1	3	2				
3	2	1	7	3			
4	3		2	7	3		
5	4		1	5	6	4	
6	5			1	2	6	3
7	6					2	5

A. Travail sur papier

On considère un repère de l'espace $(O\,;\vec{i}\,,\vec{j}\,,\vec{k})$.

À chaque zone du damier, on associe un point

$M(x\,;y\,;z)$,

où x est le n° de la ligne, y celui de la colonne et z le nombre de fois où la zone est atteinte.

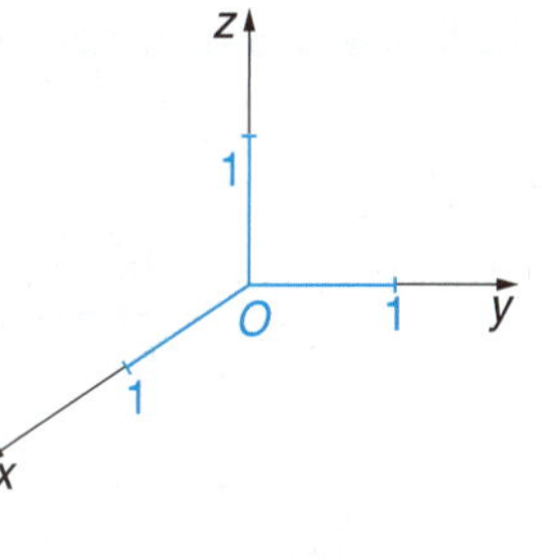

a) Construire les points associés à chaque zone et visualiser la cote par un segment reliant $M(x\,;y\,;z)$ à $M'(x\,;y\,;0)$.

b) Déterminer le pourcentage de coups n'ayant pas atteint un carré de la diagonale.

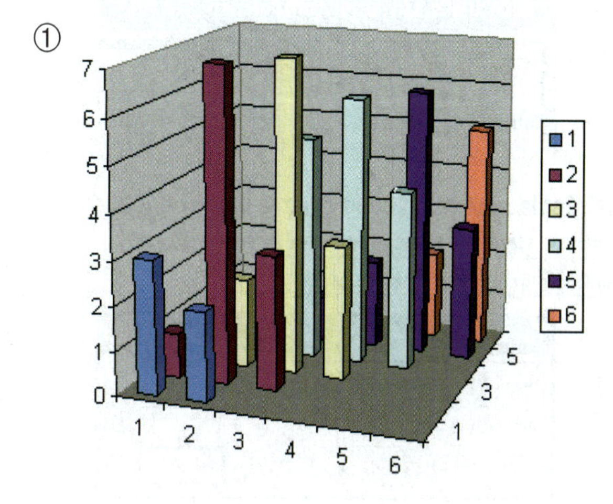

B. Travail sur tableur

1° a) Entrer les valeurs dans une feuille de calcul.

Sélectionner les cellules de A1 à G7 ;

cliquer puis et Terminer .

On obtient le graphique ① : la visualisation est faite dans un pavé que l'on va améliorer.

b) Cliquer sur l'axe de série (à droite), puis l'onglet Échelle et cocher en **ordre inversé**.

Par clic droit sur la zone graphique, sélectionner **Vue 3D**... et valider l'écran ci-dessous par Ok .

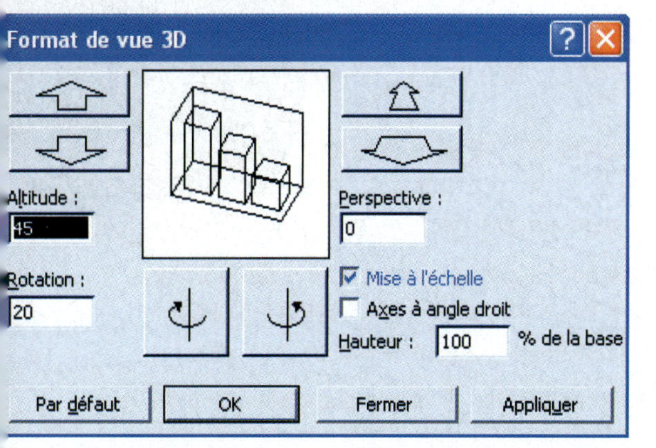

Par clic droit sur les diverses parties du graphique, on peut obtenir la représentation ②.

c) Où se situe l'origine dans cette représentation ?

Est-ce celle obtenue par le travail sur papier ?

Comparer les graphiques.

Pourquoi cette représentation s'appelle-t-elle un histogramme ?

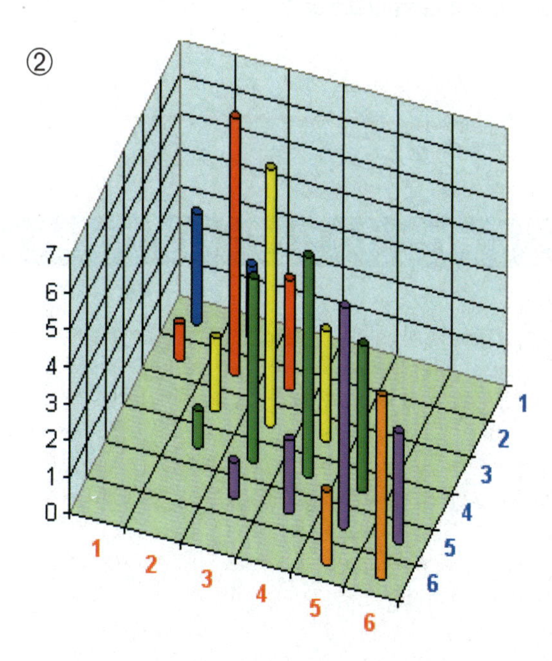

Visualisation de la section d'un cube par un plan mobile

1° Charger la figure prédéfinie obtenue par le chemin ci-dessous :

Geoplan-Geospace - [C:\Program Files\Geoplan-Geospace\Exemples\Espace\BasesEspace\CUBE2.G3W]

2° a) Créer les points libres I, J et K respectivement sur les demi-droites $[DA)$, $[DC)$ et $[DH)$:

Créer / Point / Point libre / Sur une demi droite.

De même pour J et K.

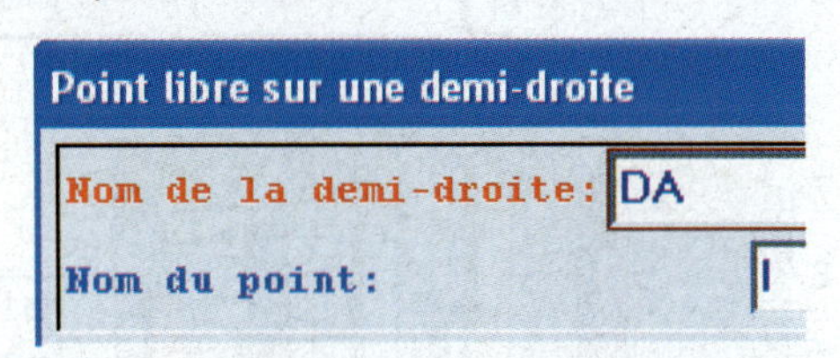

b) Créer la section du cube avec le plan (IJK) :

Créer / Ligne / Polygone convexe / Section d'un polyèdre par un plan.

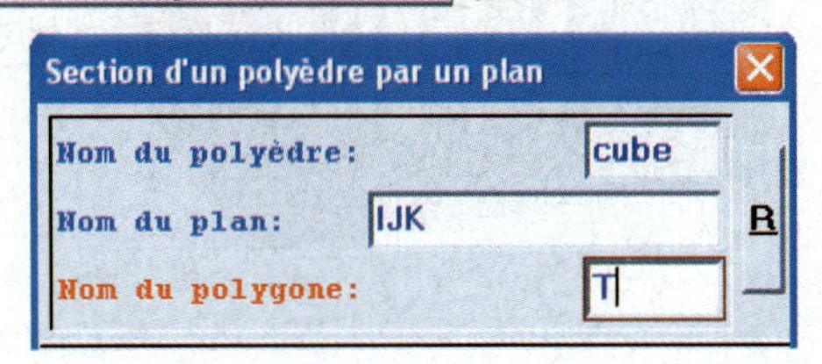

Faire apparaître le triangle IJK à l'aide de .

3° a) Par le bouton gauche de la souris, déplacer le point J. Que devient la section lorsque J est à l'extérieur du cube ?

A-t-on des côtés parallèles ?

b) De même si on déplace I et J à l'extérieur du cube.

c) Déplacer I, J et K à l'extérieur du cube : que devient la section ?

4° Trouver où placer les points I, J et K afin que la section soit un hexagone régulier.

Le justifier par un raisonnement géométrique.

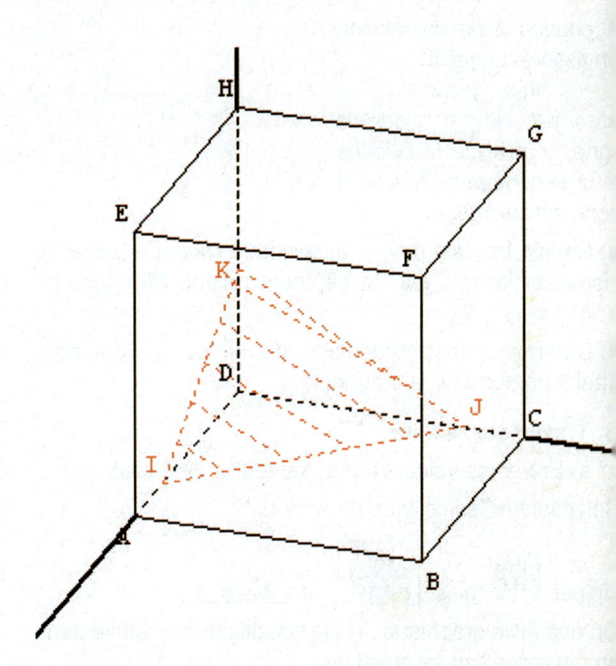

Dans un coin de salle

83 Dans la salle, Sylvie a imaginé un repère de l'espace : l'origine est le coin à l'intersection du mur où se trouve la porte, du mur du tableau et du plancher.

Elle dessine un point P sur le tableau à 2 m de hauteur par rapport au plancher et 3 m par rapport au mur de la porte.

Christine place un appareil A à 5 m du mur du tableau, 4 m du mur de la porte et 1 m de hauteur.

Edwige tient une bille B à 7 m du mur du tableau, 1 m du mur de la porte et 2 m du plancher.

a) Les points P, A et B sont-ils alignés ?

Si non, dans un plan ?

b) Où placer l'appareil A' sur le mur de la porte pour que les points A', P et B soient alignés ?

Est-ce possible physiquement dans cette salle?

c) Où placer la bille F sur le plancher à 5 m du mur du tableau pour que l'appareil en A voit P et F suivant un angle droit, c'est-à-dire $\widehat{PAF}$ est un angle droit ?

11

Calcul matriciel

1. Notion de matrice
2. Addition et multiplication par un réel
3. Multiplication par une matrice colonne
4. Produit de deux matrices

En conseil de classe

Le bac blanc d'une classe de 27 élèves de Terminale ES comporte sept matières et leurs coefficients .

Comment obtenir la moyenne de la classe en un seul calcul ?

[voir exercice 114]

MISE EN ROUTE

Tests préliminaires

A. Lecture de tableaux

1° Temps de loisirs en 1999 par jour, des personnes de 15 ans ou plus en France (Source Insee).

	homme	femme
télévision	2h12	2h02
lecture	0h25	0h25
promenade	0h22	0h18
sport	0h12	0h05

a) Quel nombre se trouve à l'intersection de la troisième ligne et de la deuxième colonne ?

Que représente ce nombre ?

b) Que représente la première colonne du tableau ? La troisième ligne du tableau ?

2° Les notes des contrôles de **3** élèves ont été inscrites sur une feuille de tableur.

	A	B	C	D
1	13	16	11	8
2	7	9	15	12
3	17	10	14	18

a) Combien de contrôles ont eu lieu ?

b) Que représente la ligne 1 ?

c) Quelle est la note de l'élève 2 au contrôle C ?

d) Que représente le nombre 14 ?

e) Que représente la plage A1 : D2 ?

3° Nombre moyen d'élèves par enseignant dans plusieurs pays (Source Insee 2000).

	Grèce	Suède	Japon	France
premier degré	13,4	12,8	20,9	19,8
second degré	10,7	14,1	15,2	12,5

a) Que représente la troisième colonne du tableau ?

b) Que représente le nombre 12,5 du tableau ?

c) Dans quel pays le nombre moyen d'élèves par enseignant, dans le primaire, est-il le plus faible ?

d) Peut-on calculer le nombre moyen d'élèves sur ces quatre pays ?

B. Calculs à l'aide de tableaux

1° Voici les notes de trois élèves en 1re ES :

Français	SES	Math	LV1
15	12	16	13
10	8	15	10
10	13	8	13

Le tableau ci-contre donne les coefficients de chacune des matières.

Déterminer le nombre de points total obtenu par chaque élève.

Français	4
SES	7
Math	7
LV1	3

2° Les prix, en euros, des livraisons à domicile de documents et marchandises en France par le service Chronopost sont donnés par le tableau suivant :

	Chrono classic	Chrono premium
2 kg	31,87	42,40
5 kg	38,21	48,74
10 kg	48,68	59,20
15 kg	59,20	69,73

a) Marie veut expédier 3 paquets de 2 kg et 1 paquet de10 kg en chrono classic, combien devra-t-elle payer ?

b) Un service « sur mesure » de livraison à domicile contre paiement et retour en express du règlement ajoute 16,74 € par paquet.

Une entreprise envoie 2 paquets de 5 kg, un paquet de 10 kg et un autre de 15 kg en chrono premium.

Quel budget doit-elle prévoir sans ce service ?

Combien doit-elle prévoir si elle choisit l'option « retour express de paiement » ?

[Voir chapitre 5, page 116]

C. Coordonnées de vecteurs

Dans le repère $(O\,;\vec{i}\,,\vec{j}\,)$, on a :

$$\vec{u} = 5\vec{i} + 3\vec{j} \quad \text{et} \quad \vec{v} = \vec{i} + 2\vec{j}\,.$$

a) Écrire « en colonnes » les coordonnées des vecteurs $2\vec{u}$, $-3\vec{v}$ et $2\vec{u} - 3\vec{v}$.

b) Soit $A(0\,;5)$, $B(-3\,;2)$ et $C(1\,;1)$.

Quelles sont les coordonnées du point M tel que :

$$\overrightarrow{OM} = \overrightarrow{AB} + \overrightarrow{AC}\ ?$$

[Voir chapitre 10, page 263]

D. Systèmes

Résoudre chacun des systèmes suivants :

a) $\begin{cases} 4x + 5y = 3 \\ 12x + 15y = 10 \end{cases}$

b) $\begin{cases} x + 4y = 10 \\ 3x + 5y = 16 \end{cases}$

c) $\begin{cases} x - 3y = 2 \\ -3x + 9y = 6 \end{cases}$

d) $\begin{cases} x + y + z = 6 \\ y + z = 4 \\ z = 2 \end{cases}$

[Voir chapitre 3, page 65]

Activités préparatoires

1. Lecture d'un tableau de nombres

On lance deux dés équilibrés, un **dé tétraédrique bleu** dont les faces sont numérotées de 1 à 4 et un **dé cubique vert** dont les faces sont numérotées de 1 à 6.

Le résultat d'un lancer est un couple $(i\,;\,j)$, avec i entier de 1 à 4 et j entier de 1 à 6.

On s'intéresse à la somme des nombres apparus.

S	1	2	3	4	5	6
1	2	3	4	5	6	7
2	3	4	5	6	7	8
3	4	5	6	7	8	9
4	5	6	7	8	9	10

1° Si 3 apparaît sur le premier dé, donner la ligne des sommes possibles.

2° Si 5 apparaît sur le deuxième dé, donner la colonne des sommes possibles.

3° Donner tous les couples correspondants à la somme 5, puis à la somme 9.

2. Opérations sur des tableaux de nombres

1° Somme de deux tableaux

Le tableau ① contient les notes de 4 élèves lors de 3 devoirs.

Les élèves terminent la correction chez eux et gagnent de 0 à 2 points supplémentaires.

Les gains de points des quatre élèves sont donnés par le tableau ②.

①	D1	D2	D3
Sarah	12	15	8
Navid	10	12	13
Nina	16	18	17
Louis	8	15	9

②	D1	D2	D3
Sarah	1	0	2
Navid	2	1	0
Nina	1	0	2
Louis	2	2	2

a) Calculer les notes finales obtenues par les élèves.

b) Le devoir D2 est un devoir bilan, son coefficient est 2.

Calculer le total des points obtenus par chaque élève.

c) Le professeur décide d'attribuer des coefficients différents à chaque devoir.

Les coefficients des trois devoirs sont donnés par le tableau ci-contre.

Calculer le total obtenu par chaque élève, puis la moyenne de chacun.

D1	1
D2	4
D3	2

2° Décomposition d'un tableau de nombres

Un carré magique est un tableau carré dans lequel la somme des lignes, des colonnes ou des diagonales est la même. Montrer que le tableau ci-contre est un carré magique.

2	− 1	2
1	1	1
0	3	0

a) Montrer que ce tableau peut s'écrire sous la forme de la somme des trois tableaux :

1	1	1
1	1	1
1	1	1

1	− 1	0
− 1	0	1
0	1	− 1

0	− 1	1
1	0	− 1
− 1	1	0

b) Construire un autre carré magique en multipliant le premier tableau par 2, le deuxième par 3 et le dernier par 4 et en ajoutant les trois tableaux obtenus.

3° Produit sur deux tableaux

Le premier tableau donne les prix, en euros, de trois shampooings avec ou sans remise de fidélité.

	Nutri	Color	Milky
prix unitaire	6	7	9
prix avec remise	5	5	8

Le deuxième indique les quantités achetées par deux clientes A et B.

quantités	Nutri	Color	Milky
A	3	1	2
B	2	1	2

Calculer le prix total payé par chaque cliente selon qu'elle bénéficie ou non de la remise.

1. Notion de matrice

Matrice A

définition : Une matrice A de **dimension** ou d'ordre $n \times p$ est un tableau de nombres comportant n **lignes** et p **colonnes**.

Ces nombres sont appelés coefficients ou **éléments** de la matrice.

Le coefficient situé à l'intersection de la i^e **ligne** et la j^e **colonne** est noté a_{ij} (i : numéro de la ligne ; j : numéro de la colonne)

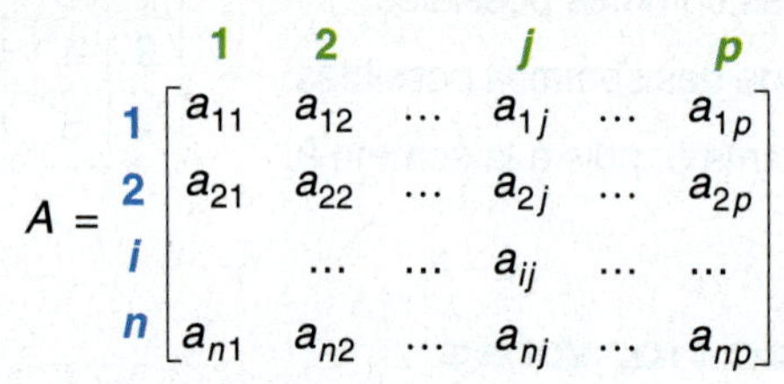

$$A = \begin{bmatrix} a_{11} & a_{12} & \dots & a_{1j} & \dots & a_{1p} \\ a_{21} & a_{22} & \dots & a_{2j} & \dots & a_{2p} \\ & \dots & \dots & a_{ij} & \dots & \dots \\ a_{n1} & a_{n2} & \dots & a_{nj} & \dots & a_{np} \end{bmatrix}$$

Exemple : $A = \begin{bmatrix} 4 & 7 & 12 \\ 2 & 9 & 0 \end{bmatrix}$ est une matrice de dimension 2×3.

7 est l'élément situé à la 1e ligne et la 2e colonne $a_{12} = 7$,
0 est l'élément situé à la 2e ligne et la 3e colonne $a_{23} = 0$.

Cas particuliers

- Une matrice formée d'une seule ligne et de p colonnes est une **matrice ligne** ou **vecteur ligne**. Ainsi $A = [\,2\ 5\ 7\ 9\,]$ est une matrice de dimension 1×4.
- Une matrice formée de n lignes et d'une seule colonne est une **matrice colonne** ou **vecteur colonne**.

Ainsi $B = \begin{bmatrix} 0{,}75 \\ 1{,}22 \\ 8{,}7 \end{bmatrix}$ est une matrice de dimension 3×1.

- Une matrice ayant le même nombre n de lignes et de colonnes est **une matrice carrée d'ordre n**.
- Une matrice **carrée d'ordre n** où seuls des éléments de la diagonale **ne sont pas nuls** est une matrice carrée **diagonale**.

Si, de plus, tous les éléments a_{ii} sont égaux à 1, c'est la matrice unité d'ordre n ; ainsi $I_3 = \begin{bmatrix} 1 & 0 & 0 \\ 0 & 1 & 0 \\ 0 & 0 & 1 \end{bmatrix}$ est la **matrice unité** d'ordre 3.

Transposée A^T

définition : La matrice transposée de A est obtenue en échangeant les lignes et les colonnes : les p colonnes de A sont les p lignes de la transposée A^T et les n lignes de A sont les n colonnes de la transposée A^T.

Exemple : Si $A = \begin{bmatrix} 4 & 7 & 12 \\ 2 & 9 & 0 \end{bmatrix}$ est de dimension 2×3, alors $A^T = \begin{bmatrix} 4 & 2 \\ 7 & 9 \\ 12 & 0 \end{bmatrix}$ est de dimension 3×2.

Égalité de deux matrices

Deux matrices A et B sont égales lorsqu'elles ont **même dimension** et que les éléments situés à la même place sont égaux.

Exemple : $A = \begin{bmatrix} 4a & b-1 & 2 \\ 4 & 1 & 0 \end{bmatrix}$ et $B = \begin{bmatrix} 16 & 2 & 2 \\ 4 & 1 & 0 \end{bmatrix}$. $A = B$ signifie que $\begin{cases} 4a = 16 \\ b-1 = 2 \end{cases} \Leftrightarrow \begin{cases} a = 4 \\ b = 3 \end{cases}$.

APPLICATIONS

Lire une matrice

Méthode

L'**ordre** d'une matrice correspond aux dimensions du tableau formé par la matrice :

nombre de lignes × nombre de colonnes

On désigne la place d'un élément de la matrice en donnant en premier **le rang de la ligne**,

puis **le rang de la colonne**.

On lit une matrice ligne par ligne.

On peut numéroter les lignes et les colonnes pour mieux se repérer :

$$\begin{array}{c|cccccc} & 1 & 2 & 3 & 4 & 5 & 6 \\ \hline 1 & 12 & 10 & 14 & 16 & 18 & 17 \\ 2 & 10 & 13 & 14 & 14 & 15 & 15 \\ 3 & 18 & 19 & 13 & 12 & 13 & 16 \end{array}$$

[Voir exercices 13 à 17]

Lors d'un examen, on a relevé les notes de langues vivantes LV1, LV2, LV3 pour plusieurs élèves. Ces notes ont été placées dans la matrice M :

$$M = \begin{bmatrix} 12 & 10 & 14 & 16 & 18 & 17 \\ 10 & 13 & 14 & 14 & 15 & 15 \\ 18 & 19 & 13 & 12 & 13 & 16 \end{bmatrix}$$

Donner l'ordre de cette matrice. Combien d'élèves ont passé ces épreuves ?

Que représente la première ligne de la matrice ?

Quelle est la note obtenue en LV1 par l'élève 3 ?

Donner la valeur des éléments a_{11} , a_{23} , a_{33} , a_{36} .

La matrice M contient **3 lignes** et **6 colonnes** : M est d'ordre 3×6.

L'examen comporte 3 langues vivantes qui correspondent donc au nombre de lignes de M . Le nombre d'élèves est alors le nombre de colonnes : 6 élèves ont passé l'examen.

La première ligne de la matrice correspond aux notes obtenues par tous les élèves en LV1.

La note obtenue en LV1 par l'élève n° 3 est l'élément de la matrice de la 1re ligne et de la 3e colonne $a_{13} = 14$.

De même, $a_{11} = 12$; $a_{23} = 14$; $a_{33} = 13$ et $a_{36} = 16$.

Créer une matrice sur une calculatrice

Méthode

Sur T.I., entrer la matrice A :

(MATRIX) **EDIT 1:[A]** (ENTER) .

Entrer l'ordre de la matrice :

2 (▶) **3** (ENTER) .

Entrer chaque élément et valider :

2 (ENTER) **1** (ENTER) etc. (QUIT) .

Rappeler une matrice à l'écran :

(MATRIX) **NAMES 1:[A]** (ENTER) .

Transposer une matrice :

[A] (MATRIX) **MATH 2:ᵀ** (ENTER) .

Sur Casio 35 +, entrer B :

(MENU) (MAT) (EXE) ,

Mat B (▶) **2** (▶) **4** (EXE) .

Entrer chaque élément et valider :

3 (EXE) 8 (EXE) etc. (MENU) (RUN) .

Rappeler la matrice B :

(OPTN) **MAT Mat** (B) (EXE) .

Transposer une matrice :

(OPTN) **MAT Trn Mat** (B) (EXE) .

[Voir exercices 18 et 19]

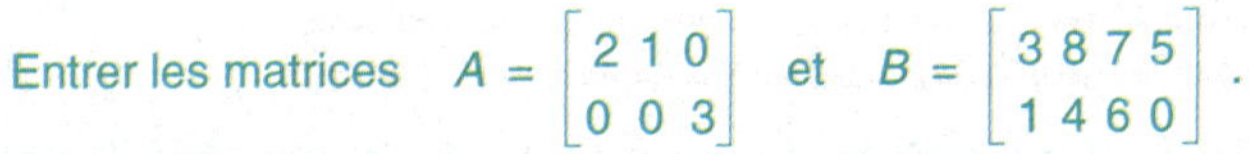

Entrer les matrices $A = \begin{bmatrix} 2 & 1 & 0 \\ 0 & 0 & 3 \end{bmatrix}$ et $B = \begin{bmatrix} 3 & 8 & 7 & 5 \\ 1 & 4 & 6 & 0 \end{bmatrix}$.

Afficher les termes a_{12} et b_{12} . Transposer la matrice A et la matrice B .

Sur T.I.

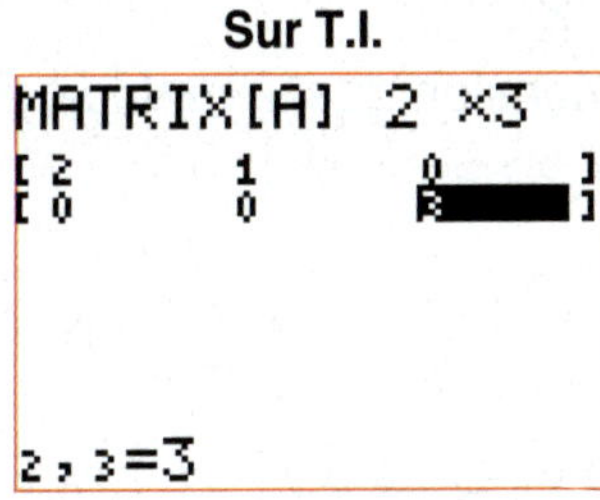

Rappeler A à l'écran :

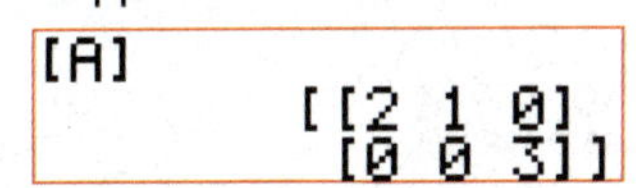

Le terme a_{12} est :

```
[A](1,2)
                1
```

La transposée de A :

```
[A]ᵀ
        [[2 0]
         [1 0]
         [0 3]]
```

Sur Casio 35 +

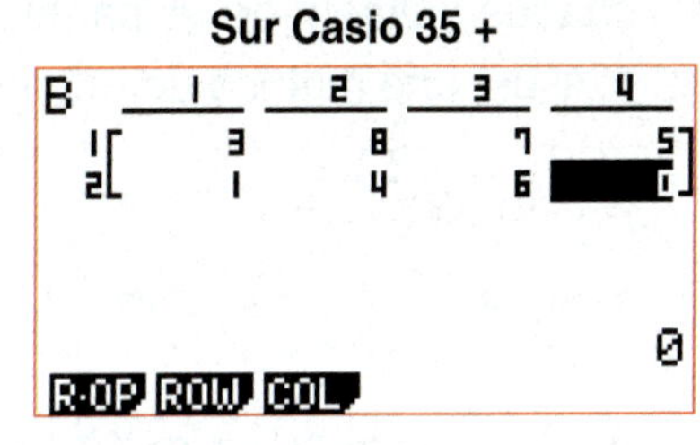

Rappeler B à l'écran :

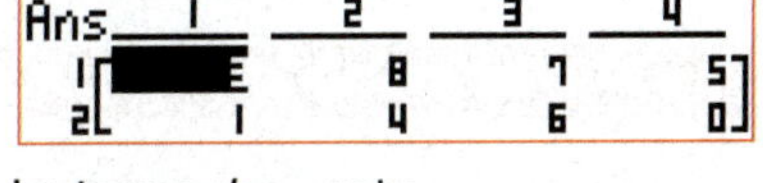

Le terme b_{12} est :

```
Mat B[1,2]
                8
```

La transposée de B :

Trn Mat B

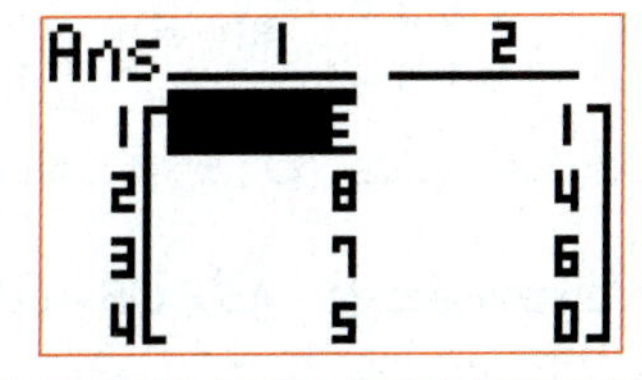

2. Addition et multiplication par un réel

Addition

définition : **La somme** de deux matrices A et B de **même dimension**, notée $A+B$, est la matrice obtenue en ajoutant les éléments de A et ceux de B situés à la même place.

$A+B$ est une matrice de même dimension que A et B.

Exemples :

a) $\begin{bmatrix} 1 & 5 & 8 & 7 & 4 & 5 \end{bmatrix} + \begin{bmatrix} 4 & 3 & 1 & 1 & 2 & 2 \end{bmatrix} = \begin{bmatrix} 5 & 8 & 9 & 8 & 6 & 7 \end{bmatrix}$.

b) $A = \begin{bmatrix} 1 & 5 \\ 6 & 8 \end{bmatrix}$ et $B = \begin{bmatrix} 2 & 4 \\ 3 & -1 \end{bmatrix}$, alors $A+B = \begin{bmatrix} 1+2 & 5+4 \\ 6+3 & 8-1 \end{bmatrix}$ c'est-à-dire $A+B = \begin{bmatrix} 3 & 9 \\ 9 & 7 \end{bmatrix}$.

c) Dans le repère $(O\,;\vec{i},\vec{j})$, on a $A(-1\,;5)$ et $B(5\,;3)$.

On peut calculer les coordonnées du point D tel que $\overrightarrow{OD} = \overrightarrow{OA} + \overrightarrow{OB}$.

$\overrightarrow{OA}\begin{bmatrix} -1 \\ 5 \end{bmatrix}$ et $\overrightarrow{OB}\begin{bmatrix} 5 \\ 3 \end{bmatrix}$, alors $\overrightarrow{OD}\begin{bmatrix} (-1)+5 \\ 5+3 \end{bmatrix}$; ainsi $\overrightarrow{OD}\begin{bmatrix} 4 \\ 8 \end{bmatrix}$.

Propriétés :

Pour toute matrice A, soit O la matrice de même dimension dont tous les éléments sont nuls :

$$A+O = O+A = A.$$

Si A, B et C sont trois matrices de même dimension, alors :

$$A+B = B+A \quad \text{et} \quad A+(B+C) = (A+B)+C.$$

Multiplication par un nombre réel

définition : **Le produit** d'une matrice A par un réel k est la matrice kA obtenue en multipliant chaque élément de A par le réel k.

kA est une matrice de même dimension que la matrice A.

Exemples :

a) Si $A = \begin{bmatrix} 1 & 3 & 3 \\ 2 & 4 & 7 \end{bmatrix}$, alors $3A = \begin{bmatrix} 3\times1 & 3\times3 & 3\times3 \\ 3\times2 & 3\times4 & 3\times7 \end{bmatrix}$; ainsi $3A = \begin{bmatrix} 3 & 9 & 9 \\ 6 & 12 & 21 \end{bmatrix}$.

b) $a\begin{bmatrix} 1 & 0 \\ 0 & 0 \end{bmatrix} + b\begin{bmatrix} 0 & 1 \\ 0 & 0 \end{bmatrix} + c\begin{bmatrix} 0 & 0 \\ 1 & 0 \end{bmatrix} + d\begin{bmatrix} 0 & 0 \\ 0 & 1 \end{bmatrix} = \begin{bmatrix} a & b \\ c & d \end{bmatrix}$.

Différence de deux matrices

définitions : On appelle **matrice opposée** de la matrice A, la matrice $(-1)A$, notée $-A$.

La différence de deux matrices A et B de **même dimension**, notée $A-B$, est la matrice $A+(-1)B$.

Exemples :

a) $A = \begin{bmatrix} 1 & 5 & 3 & 4 \\ 2 & 1 & 0 & 4 \end{bmatrix}$ et $B = \begin{bmatrix} 3 & 1 & 0 & 2 \\ 0 & 1 & 1 & 4 \end{bmatrix}$. $A-B = \begin{bmatrix} 1-3 & 5-1 & 3-0 & 4-2 \\ 2-0 & 1-1 & 0-1 & 4-4 \end{bmatrix} = \begin{bmatrix} -2 & 4 & 3 & 2 \\ 2 & 0 & -1 & 0 \end{bmatrix}$.

b) Dans le repère $(O\,;\vec{i},\vec{j})$, on a $A(-1\,;5)$ et $B(5\,;3)$.

Les coordonnées de $\overrightarrow{AB} = \overrightarrow{OB} - \overrightarrow{OA}$ sont $\overrightarrow{OA}\begin{bmatrix} -1 \\ 5 \end{bmatrix}$ et $\overrightarrow{OB}\begin{bmatrix} 5 \\ 3 \end{bmatrix}$, alors $\overrightarrow{AB}\begin{bmatrix} 5-(-1) \\ 3-5 \end{bmatrix}$; d'où $\overrightarrow{AB}\begin{bmatrix} 6 \\ -2 \end{bmatrix}$.

Traduire par une somme de deux matrices

Méthode

Avant d'effectuer **la somme** de deux matrices, vérifier que les matrices sont de même dimension, puis ajouter les éléments de A avec ceux de B situés à la même place.

La représentation sous forme de matrices permet des calculs rapides et une lecture simple des résultats.

Avec la calculatrice :

• **Sur T.I. :**

Entrer les deux matrices, puis QUIT :

MATRIX **NAMES 1:[A]** ENTER

+ MATRIX **NAMES 2:[B]** ENTER .

• **Sur Casio 35 + :**

Entrer les deux matrices, puis

OPTN **MAT Mat** A + **Mat** B EXE .

[Voir exercices 31 et 32]

Une société de vente par internet propose quatre sortes de vêtements de sport : maillots, shorts, chaussures et survêtements.

Elle propose 6 tailles dans chaque modèle.

Les prix HT, en euros, sont donnés par la matrice A :

$$A = \begin{bmatrix} 10 & 10 & 11 & 11 & 12 & 12 \\ 6 & 6 & 7 & 8 & 8 & 9 \\ 60 & 60 & 60 & 60 & 60 & 65 \\ 70 & 70 & 70 & 80 & 80 & 80 \end{bmatrix}.$$

Pour chaque article acheté, la société propose une casquette à 2 € si le prix de l'article est inférieur à 20 €, à 1€ si le prix de l'article est supérieur à 20 €, et la casquette est gratuite si le prix de l'article est supérieur ou égal à 70 €.

Écrire la matrice B donnant le prix d'une casquette pour chaque article.

Écrire la matrice dont chaque terme est le prix total du lot formé d'un article et une casquette.

Vérifier le résultat à la calculatrice.

$$B = \begin{bmatrix} 2 & 2 & 2 & 2 & 2 & 2 \\ 2 & 2 & 2 & 2 & 2 & 2 \\ 1 & 1 & 1 & 1 & 1 & 1 \\ 0 & 0 & 0 & 0 & 0 & 0 \end{bmatrix}, \text{ donc } A + B = \begin{bmatrix} 12 & 12 & 13 & 13 & 14 & 14 \\ 8 & 8 & 9 & 10 & 10 & 11 \\ 61 & 61 & 61 & 61 & 61 & 66 \\ 70 & 70 & 70 & 80 & 80 & 80 \end{bmatrix}.$$

```
[A]+[B]
[[12 12 13 13 1…
 [8  8  9  10 1…
 [61 61 61 61 6…
 [70 70 70 80 8…
```

déplacer à l'aide de ▶ .

Traduire par le produit d'un réel par une matrice

Méthode

Le **produit d'un nombre réel par une matrice** s'obtient en multipliant chaque élément de la matrice par ce nombre.

Si tous les éléments d'une matrice sont multiples du même nombre, on peut mettre ce nombre « en facteur » devant la matrice.

Avec la calculatrice :

• **Sur T.I. :**

Entrer la matrice, puis QUIT .

1.196 × MATRIX **NAMES 1:[A]** ENTER .

• **Sur Casio 35 + :**

1.196 × OPTN **MAT Mat** A EXE .

[Voir exercices 33 à 35]

Déterminer la matrice C représentant les prix TTC de tous les articles au taux de TVA de 19,6 % (voir p. 11).

Quel est le prix TTC du lot « un short taille 5 et une casquette » ?

Les prix HT affichés pour un lot de shorts avec casquette sont donnés par $\begin{bmatrix} 35 & 35 & 40 & 45 & 45 & 50 \end{bmatrix}$.

Combien de shorts contient ce lot et à quel prix est alors proposée la casquette ?

$C = 1{,}196\,(A + B)$.

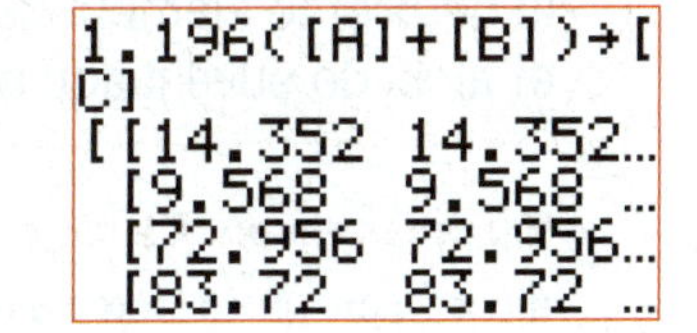
```
1.196([A]+[B])→[
C]
[[14.352 14.352…
 [9.568  9.568 …
 [72.956 72.956…
 [83.72  83.72 …
```

Le prix du lot « un short taille 5 et une casquette » est donné par l'élément c_{25} de la matrice C, soit 11,96 €.

```
[C](2,5)
              11.96
```

Comme $\begin{bmatrix} 35 & 35 & 40 & 45 & 45 & 50 \end{bmatrix} = 5\begin{bmatrix} 7 & 7 & 8 & 9 & 9 & 10 \end{bmatrix}$, alors ce lot contient 5 shorts.

De plus $\begin{bmatrix} 7 & 7 & 8 & 9 & 9 & 10 \end{bmatrix} - \begin{bmatrix} 6 & 6 & 7 & 8 & 8 & 9 \end{bmatrix} = \begin{bmatrix} 1 & 1 & 1 & 1 & 1 & 1 \end{bmatrix}$.

Chaque casquette est donc proposée au prix de 1€.

3. Multiplication par une matrice colonne

Multiplication d'une matrice ligne par une matrice colonne

A étant une **matrice ligne** de dimension $1 \times p$ et B une **matrice colonne** de dimension $p \times 1$, **le produit** $\boldsymbol{A \cdot B}$ de ces deux matrices est :

$$\begin{bmatrix} a_1 & a_2 & \dots & a_i & \dots & a_p \end{bmatrix} \cdot \begin{bmatrix} b_1 \\ b_2 \\ \dots \\ b_i \\ \dots \\ b_p \end{bmatrix} = \begin{bmatrix} a_1 b_1 + a_2 b_2 + \dots + a_p b_p \end{bmatrix}$$

Le produit $A \cdot B$ est la matrice de dimension 1×1 n'ayant qu'un seul élément : $\begin{bmatrix} \sum_{i=1}^{p} a_i \times b_i \end{bmatrix}$.

Remarque : La matrice ligne et la matrice colonne ont le même nombre d'éléments.

Le produit s'obtient en multipliant le premier élément de A par le premier élément de B, le deuxième élément de A par le deuxième élément de B... et ainsi de suite jusqu'au dernier élément de A par le dernier élément de B, puis en **ajoutant** tous ces produits.

Ce principe est le **principe de base de la multiplication matricielle :** « ligne par colonne ».

Exemple : Un fleuriste vend un premier type de bouquet qui se compose de 4 roses, 5 tulipes et 3 branches de marguerite. Une rose coûte 2 €, 1 tulipe 1,5 € et 1 branche de marguerites 1 €.

Le prix d'un bouquet est : $4 \times 2 + 5 \times 1{,}50 + 3 \times 1 = 18{,}50$ €.

Ce calcul s'écrit aussi : $\begin{bmatrix} 4 & 5 & 3 \end{bmatrix} \cdot \begin{bmatrix} 2 \\ 1{,}5 \\ 1 \end{bmatrix} = \begin{bmatrix} 4 \times 2 + 5 \times 1{,}5 + 3 \times 1 \end{bmatrix} = \begin{bmatrix} 18{,}50 \end{bmatrix}$.

On a multiplié la matrice ligne des quantités $\begin{bmatrix} 4 & 5 & 3 \end{bmatrix}$ par la matrice colonne des prix $\begin{bmatrix} 2 \\ 1{,}5 \\ 1 \end{bmatrix}$.

Multiplication d'une matrice par une matrice colonne

A est une matrice de dimension $n \times p$ et B une matrice colonne de dimension $p \times 1$.

Le produit $A \cdot B$ de ces deux matrices est la matrice colonne de dimension $n \times 1$ obtenue en appliquant le principe de base :

le premier élément de AB est le produit de la première ligne de A par la matrice colonne B ;

le deuxième élément de AB est le produit de la deuxième ligne de A par la matrice colonne B, et ainsi de suite jusqu'au n-ième élément du produit AB.

Remarque sur les dimensions :

$n \times p$ par $p \times 1$ donne une matrice de dimension $n \times 1$, c'est-à-dire une matrice colonne.

Exemple : Le fleuriste vend un deuxième type de bouquet qui se compose de 6 roses, 4 tulipes et 3 branches de marguerite.

Le prix de chaque type de bouquet peut se calculer par : $\begin{bmatrix} 4 & 5 & 3 \\ 6 & 4 & 3 \end{bmatrix} \cdot \begin{bmatrix} 2 \\ 1{,}5 \\ 1 \end{bmatrix} = \begin{bmatrix} 18{,}50 \\ 33 \end{bmatrix}$.

Le nombre de colonnes de la matrice des quantités doit être égal au nombre de lignes de la matrice des prix.

Calculer des produits par une matrice colonne

Méthode

Pour calculer le produit d'une matrice par une matrice colonne, ne pas oublier de vérifier que le nombre de colonnes de la matrice de gauche est égal au nombre de lignes de la matrice colonne de droite.

Lorsque le produit d'une matrice par une matrice colonne existe, le résultat est une matrice colonne.

Lorsque l'on multiplie la matrice unité d'ordre n par une matrice ayant n lignes, on ne change pas la matrice.

[Voir exercices 52 et 53]

Préciser si les produits suivants existent ; si oui, les calculer.

a) $\begin{bmatrix} 1 & 1 \end{bmatrix} \begin{bmatrix} 0 \\ 1 \end{bmatrix}$; b) $\begin{bmatrix} 2 & -1 \\ 0 & 0 \end{bmatrix} \begin{bmatrix} 1 \\ 2 \end{bmatrix}$; c) $\begin{bmatrix} 1 & 4 \\ 2 & 5 \\ 3 & 6 \end{bmatrix} \begin{bmatrix} -1 \\ -2 \\ -3 \end{bmatrix}$; d) $\begin{bmatrix} 1 & 0 \\ 0 & 1 \end{bmatrix} \begin{bmatrix} 8 \\ 9 \end{bmatrix}$.

a) La matrice de gauche a 2 colonnes et la matrice de droite a 2 lignes, donc le produit existe :

$$\begin{bmatrix} 1 & 1 \end{bmatrix} \begin{bmatrix} 0 \\ 1 \end{bmatrix} = \begin{bmatrix} 1 \times 0 + 1 \times 1 \end{bmatrix} = \begin{bmatrix} 1 \end{bmatrix}.$$

b) La matrice de gauche a 2 colonnes et celle de droite a 2 lignes, donc le produit existe :

$$\begin{bmatrix} 2 & -1 \\ 0 & 0 \end{bmatrix} \begin{bmatrix} 1 \\ 2 \end{bmatrix} = \begin{bmatrix} 2 \times 1 + (-1) \times 2 \\ 0 \times 1 \ + \ 0 \times 2 \end{bmatrix} = \begin{bmatrix} 0 \\ 0 \end{bmatrix}.$$

c) La matrice de gauche a 2 colonnes et celle de droite a 3 lignes, donc le produit n'existe pas.

d) La matrice de gauche a 2 colonnes et celle de droite a 2 lignes, donc le produit existe :

$$\begin{bmatrix} 1 & 0 \\ 0 & 1 \end{bmatrix} \begin{bmatrix} 8 \\ 9 \end{bmatrix} = \begin{bmatrix} 8 \\ 9 \end{bmatrix}.$$

Appliquer à la gestion

Méthode

Pour déterminer des prix de vente en utilisant le calcul matriciel, penser au produit :

$$Q \cdot P = V,$$

où Q est la matrice des quantités, P est la matrice des prix unitaires, et V est la matrice des prix.

Bien réfléchir aux dimensions des matrices que l'on utilise.

Pour un taux de TVA de 19,6 %, on rappelle que l'on multiplie les prix HT par 1,196 pour obtenir les prix TTC. (Revoir p. 11)

[Voir exercices 54 et 55]

Une petite entreprise commercialise **3** produits P_1, P_2 et P_3.

À la fin d'une période de **4** semaines, les quantités vendues par semaine sont données par la matrice des quantités Q suivante, de dimension 4×3 :

$$Q = \begin{bmatrix} 45 & 120 & 10 \\ 50 & 90 & 15 \\ 32 & 132 & 12 \\ 40 & 98 & 9 \end{bmatrix}.$$

Durant la période de quatre semaines, le prix unitaire hors taxe du produit P_1 est de 2 €, pour le produit P_2 de 1 € et pour le produit P_3 de 3 €.

Écrire la matrice colonne P des prix unitaires, puis déterminer la matrice V des prix de vente hors taxe pour ces quatre semaines.

Calculer le montant TTC que l'entreprise a encaissé pour la vente du produit P_2 durant la période étudiée, avec un taux de TVA de 19,6 % sur ces produits.

$$P = \begin{bmatrix} 2 \\ 3 \\ 1 \end{bmatrix} \quad \text{et} \quad V = QP = \begin{bmatrix} 45 & 120 & 10 \\ 50 & 90 & 15 \\ 32 & 132 & 12 \\ 40 & 98 & 9 \end{bmatrix} \begin{bmatrix} 2 \\ 3 \\ 1 \end{bmatrix} = \begin{bmatrix} 460 \\ 385 \\ 472 \\ 383 \end{bmatrix}.$$

La matrice des prix de vente TTC est $1{,}196\,P = \begin{bmatrix} 2{,}392 \\ 3{,}588 \\ 1{,}196 \end{bmatrix}$.

La quantité de produit P_2 vendue durant les quatre semaines est :

$$120 + 90 + 132 + 98 = 440.$$

Donc, le montant cherché est $3{,}588 \times 440 = 1255{,}8$ €.

4. Produit de deux matrices

Multiplication de deux matrices

A étant une matrice de dimension $n \times p$ et B une matrice de dimension $p \times m$, le **produit** $A \cdot B$ de ces deux matrices est une matrice C de dimension $n \times m$.

Chaque élément de la matrice C s'obtient en appliquant le **principe de base de la multiplication matricielle** : c_{ij} est le produit de la **i^e ligne de A** par la **j^e colonne de B**.

$$c_{ij} = a_{i1}b_{1j} + a_{i2}b_{2j} + \ldots + a_{ip}b_{pj} = \sum_{k=1}^{k=p} a_{ik} \times b_{kj}.$$

Remarque : $n \times p$ par $p \times m$ donne une matrice de dimension $n \times m$.

Exemple : Le fleuriste propose trois autres types de bouquets B_1, B_2 et B_3 qui se composent de tulipes blanches T_1 et de tulipes oranges T_2.

• La composition de chaque bouquet est donnée par le tableau :
Ainsi, un bouquet B_1 est constitué de 7 tulipes blanches et de 3 tulipes oranges.

	T_1	T_2
B_1	7	3
B_2	5	5
B_3	3	7

que l'on associe à la matrice des quantités : $Q = \begin{bmatrix} 7 & 3 \\ 5 & 5 \\ 3 & 7 \end{bmatrix}$.

• Le fleuriste achète les fleurs chez quatre grossistes G_1, G_2, G_3 et G_4.
Le tableau des prix unitaires, en euros, des tulipes chez chaque grossiste est :

	G_1	G_2	G_3	G_4
T_1	0,4	0,5	0,2	0,3
T_2	0,3	0,2	0,5	0,4

d'où la matrice des prix unitaires : $P = \begin{bmatrix} 0{,}4 & 0{,}5 & 0{,}2 & 0{,}3 \\ 0{,}3 & 0{,}2 & 0{,}5 & 0{,}4 \end{bmatrix}$.

• La matrice des prix de revient pour chaque bouquet chez chaque grossiste est :

$$R = \begin{bmatrix} 7\times0{,}4+3\times0{,}3 & 7\times0{,}5+3\times0{,}2 & 7\times0{,}2+3\times0{,}5 & 7\times0{,}3+3\times0{,}4 \\ 5\times0{,}4+5\times0{,}3 & 5\times0{,}5+5\times0{,}2 & 5\times0{,}2+5\times0{,}5 & 5\times0{,}3+5\times0{,}4 \\ 3\times0{,}4+7\times0{,}3 & 3\times0{,}5+7\times0{,}2 & 3\times0{,}2+7\times0{,}5 & 3\times0{,}3+7\times0{,}4 \end{bmatrix} = \begin{bmatrix} 3{,}7 & 4{,}1 & 2{,}9 & 3{,}3 \\ 3{,}5 & 3{,}5 & 3{,}5 & 3{,}5 \\ 3{,}3 & 2{,}9 & 4{,}1 & 3{,}7 \end{bmatrix}.$$

La première colonne est celle des prix de revient des bouquets chez le grossiste G_1, la deuxième colonne chez le grossiste G_2 etc. On peut ainsi traduire en calcul matriciel :

$$R = \begin{bmatrix} 7 & 3 \\ 5 & 5 \\ 3 & 7 \end{bmatrix} \begin{bmatrix} 0{,}4 & 0{,}5 & 0{,}2 & 0{,}3 \\ 0{,}3 & 0{,}2 & 0{,}5 & 0{,}4 \end{bmatrix} = \begin{bmatrix} 3{,}7 & 4{,}1 & 2{,}9 & 3{,}3 \\ 3{,}5 & 3{,}5 & 3{,}5 & 3{,}5 \\ 3{,}3 & 2{,}9 & 4{,}1 & 3{,}7 \end{bmatrix}.$$

La matrice R des prix de revient est donc le produit des matrices Q et P, c'est-à-dire $R = QP$.

Remarque : Le produit d'une matrice 3×2 par une matrice 2×4 donne une matrice 3×4.

Écriture matricielle d'un système 2 × 2

Soit a, b, c et d quatre réels non tous nuls, et e et f deux réels. Le système d'inconnues x et y :
$\begin{cases} ax + by = e \\ cx + dy = f \end{cases}$ se traduit matriciellement par $AX = B$ où $A = \begin{bmatrix} a & b \\ c & d \end{bmatrix}$, $X = \begin{bmatrix} x \\ y \end{bmatrix}$ et $B = \begin{bmatrix} e \\ f \end{bmatrix}$.

Exemple : Le système $\begin{cases} x + 3y = 1 \\ -x + 5y = 7 \end{cases}$ se traduit matriciellement par $\begin{bmatrix} 1 & 3 \\ -1 & 5 \end{bmatrix} \begin{bmatrix} x \\ y \end{bmatrix} = \begin{bmatrix} 1 \\ 7 \end{bmatrix}$, soit $AX = B$.

A est la matrice des coefficients des inconnues et B la matrice des seconds membres.
Par analogie, avec la résolution d'une équation du type $ax = b \Leftrightarrow x = a^{-1} \times b$, si a^{-1} existe,
si la matrice inverse de A notée A^{-1} **existe**, alors $A^{-1}A = I$, où I est la matrice identité d'ordre 2 ;
et on obtient $A^{-1}AX = A^{-1}B \Leftrightarrow X = A^{-1}B$.

Effectuer des produits de matrices

Méthode

Pour calculer le produit de deux matrices, ne pas oublier de vérifier que le nombre de colonnes de la matrice de gauche est égal au nombre de lignes de la matrice de droite.

Avant d'effectuer le produit, prévoir la dimension du résultat.

Pour calculer un produit matriciel à la calculatrice :

Entrer les matrices (voir page 279).

```
MATRIX[A] 3 ×2
[ 2    4 ]
[ 6    7 ]
[ 1    0 ]
```

```
MATRIX[B] 2 ×3
[ 1    0    2 ]
[ 0    3    1 ]
```

Effectuer les produits :

[A] (×) [B] et [B] (×) [A]

```
[A]*[B]
        [[2 12 8 ]
         [6 21 19]
         [1 0  2 ]]
[B]*[A]
           [[4  4 ]
            [19 21]]
```

Attention le produit matriciel n'est pas commutatif :

$$AB \neq BA \; .$$

[Voir exercices 68 à 74]

Préciser si les produits suivants existent ; si oui les calculer.

a) $\begin{bmatrix} 1 & 1 \\ -1 & -1 \end{bmatrix} \begin{bmatrix} 2 & -2 & 4 \\ -2 & 2 & -4 \end{bmatrix}$; b) $\begin{bmatrix} 1 & 0 & 0 \\ 0 & 1 & 0 \end{bmatrix} \begin{bmatrix} 1 & 4 & 7 \\ 2 & 5 & 8 \\ 3 & 6 & 9 \end{bmatrix}$;

c) $\begin{bmatrix} 1 & 4 \\ 2 & 5 \\ 3 & 6 \end{bmatrix} \begin{bmatrix} 1 & 0 & 0 \\ 0 & 1 & 0 \end{bmatrix}$; d) $\begin{bmatrix} 1 & 0 \\ 1 & 0 \\ 1 & 0 \end{bmatrix} \begin{bmatrix} 1 & 0 \\ 1 & 0 \\ 1 & 0 \end{bmatrix}$; e) $\begin{bmatrix} 1 & 1 & 1 \\ 0 & 0 & 0 \end{bmatrix} \begin{bmatrix} 1 & 0 \\ 1 & 0 \\ 1 & 0 \end{bmatrix}$.

a) La matrice de gauche a 2 colonnes et celle de droite a 2 lignes, donc le produit existe et :

$$\begin{bmatrix} 1 & 1 \\ -1 & -1 \end{bmatrix} \begin{bmatrix} 2 & -2 & 4 \\ -2 & 2 & -4 \end{bmatrix} = \begin{bmatrix} 0 & 0 & 0 \\ 0 & 0 & 0 \end{bmatrix} .$$

Remarque : aucune des matrices n'est nulle, mais le produit est une matrice nulle.

b) La matrice de gauche a 3 colonnes et celle de droite a 3 lignes, donc le produit existe ; les dimensions sont 2×3 et 3×3 :

$$\begin{bmatrix} 1 & 0 & 0 \\ 0 & 1 & 0 \end{bmatrix} \begin{bmatrix} 1 & 4 & 7 \\ 2 & 5 & 8 \\ 3 & 6 & 9 \end{bmatrix} = \begin{bmatrix} 1 & 4 & 7 \\ 2 & 5 & 8 \end{bmatrix} .$$

c) La matrice de gauche a 2 colonnes et celle de droite a 2 lignes, donc le produit existe et :

$$\begin{bmatrix} 1 & 4 \\ 2 & 5 \\ 3 & 6 \end{bmatrix} \begin{bmatrix} 1 & 0 & 0 \\ 0 & 1 & 0 \end{bmatrix} = \begin{bmatrix} 1 & 4 & 0 \\ 2 & 5 & 0 \\ 3 & 6 & 0 \end{bmatrix} .$$

d) La matrice de gauche a 2 colonnes et celle de droite a 3 lignes, donc le produit n'existe pas.

e) Les matrices ont pour dimensions 2×3 et 3×2 , donc le produit existe :

$$\begin{bmatrix} 1 & 1 & 1 \\ 0 & 0 & 0 \end{bmatrix} \begin{bmatrix} 1 & 0 \\ 1 & 0 \\ 1 & 0 \end{bmatrix} = \begin{bmatrix} 3 & 0 \\ 0 & 0 \end{bmatrix} .$$

Déterminer, quand elle existe, l'inverse d'une matrice

Méthode

Seules les matrices carrées peuvent avoir une matrice inverse.

Sur Casio 35+ :

```
Mat A-1
Ma    ERROR
```

Pour avoir l'écriture fractionnaire de chaque élément :

Sur T.I. : utiliser ►Frac

Sur Casio 35+ : se placer sur l'élément de la matrice , l'écriture en fraction s'affiche en bas de l'écran.

[Voir exercices 75 et 76]

En utilisant la calculatrice, déterminer, quand elle existe, la matrice inverse des matrices suivantes :

$$A = \begin{bmatrix} 1 & -2 & 3 \\ 3 & 1 & -3 \\ 5 & -3 & 3 \end{bmatrix} \quad \text{et} \quad B = \begin{bmatrix} 1 & 2 & 3 \\ 1 & 0 & 2 \\ 2 & -1 & 1 \end{bmatrix} .$$

Sur T.I., entrer A , puis effectuer :

[A] (x^{-1}) (ENTER)

L'inverse de A n'existe pas.

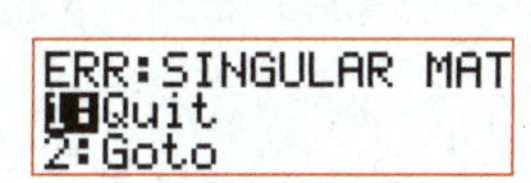

Entrer B , puis effectuer : l'inverse de B existe.

T.I. :

```
[B]-1►Frac
[[2/5   -1  4/5 ]
 [3/5   -1  1/5 ]
 [-1/5  1   -2/5]]
```

Casio :

```
Ans    1      2      3
 1 [  0.4    -1    0.8 ]
 2 [  0.6    -1    0.2 ]
 3 [ -0.2     1   -0.4 ]
```

MATRICE

Une matrice de dimension $n \times p$ est l'écriture schématisée d'un tableau ayant *n* **lignes** et *p* **colonnes**.

L'élément a_{ij} est situé à l'intersection de la ligne *i* et de la colonne *j* :

$$\begin{bmatrix} a_{11} & & a_{1p} \\ & a_{ij} & \\ a_{n1} & & a_{np} \end{bmatrix}$$

(ligne *i*, colonne *j*)

PRINCIPE DE BASE DE LA MULTIPLICATION MATRICIELLE

Le produit d'une **matrice ligne** *A* de dimensions $1 \times p$ par un **vecteur colonne** *B* de dimension $p \times 1$ est la matrice à **un seul élément** obtenue en multipliant le premier élément de *A* par le premier de *B* auquel on ajoute le produit du deuxième élément de *A* et du deuxième élément de *B*… le produit du dernier élément de *A* et du dernier élément de *B* .

$$\begin{bmatrix} a_1 & a_2 & \dots & a_p \end{bmatrix} \begin{bmatrix} b_1 \\ b_2 \\ \vdots \\ b_p \end{bmatrix} = \begin{bmatrix} a_1 b_1 + a_2 b_2 + \dots + a_p b_p \end{bmatrix} .$$

Savoir	Comment faire ?
Écrire la transposée d'une matrice	La matrice A^T , transposée de *A* , est obtenue en échangeant les lignes et les colonnes. $A = \begin{bmatrix} \dots\dots \\ \\ \dots\dots \end{bmatrix}$ $A^T = \begin{bmatrix} . & . \\ . & . \\ . & . \\ . & . \end{bmatrix}$. Si la dimension de *A* est $n \times p$, la dimension de A^T est $p \times n$.
Effectuer la somme de deux matrices *A* et *B*	Les deux matrices doivent avoir **la même dimension** $n \times p$. $A + B$ est obtenue en ajoutant les éléments de *A* aux éléments de *B* situés à la même place.
Effectuer le produit de deux matrices *A* et *B*	On vérifie la compatibilité des dimensions des deux matrices : *A* de dimension $n \times p$ (*p* colonnes) et *B* de dimension $p \times m$ (*p* lignes). Le produit *A B* est la matrice *C* de dimension $n \times m$ telle que : l'élément c_{ij} est la somme des produits des éléments de la ligne *i* de *A* par les éléments de la colonne *j* de *B* , suivant le principe de base de la multiplication des matrices.
Modéliser une situation concrète par un calcul matriciel	Avant d'effectuer tout calcul, il faut faire attention à la signification de l'opération ; en particulier, le produit d'une ligne par une colonne doit avoir un sens ! Il est parfois nécessaire d'utiliser la matrice transposée.
Résoudre un système de *n* équations à *n* inconnues	On écrit le système donné sous forme matricielle $A X = B$, où *X* est la matrice colonne des inconnues *x* , *y* et *z* , *A* est la matrice carrée des coefficients des inconnues, et *B* est la matrice colonne des seconds membres. À l'aide de la calculatrice, on détermine si la matrice inverse A^{-1} existe ; si elle existe, alors on calcule à la calculatrice $X = A^{-1}B$.

OPÉRATIONS SUR LES MATRICES À L'AIDE D'UN TABLEUR

Une entreprise propose sur un site internet une vente de bouquets de fleurs de sept types :

	bouquet 1	bouquet 2	bouquet 3	bouquet 4	bouquet 5	bouquet 6	bouquet 7
roses	5	3		10	10		15
mimosas	2		2	1	3	3	
orchidées	3	5			3	10	
freesias	1	1	2			3	
chardons	1		1	2			
eucalyptus		2		1	2	2	
asparagus	2	2	2	3	3	4	4

A : Produit de matrices

L'entreprise doit satisfaire une commande de 20 bouquets de chaque type : on se propose de chercher le nombre de fleurs de chaque sorte à prévoir.

Le problème revient à calculer le produit de la matrice carrée A d'ordre 7 correspondant au tableau par la matrice colonne B correspondant au nombre de bouquets de chaque type.

a) Dans les cellules de A1 à G7, entrer les éléments de la matrice A .
Compléter les cellules vides par des zéros. Écrire la matrice B en colonne H.

b) Sélectionner les cellules de I1 à I7 et dans la barre de formule, écrire la formule ci-contre.

Valider en appuyant en même temps les touches de clavier :
Ctrl Maj Entrée .

Des accolades apparaissent alors autour de la formule.

MOYENNE ▾ ✕ ✓ fx =PRODUITMAT(A1:G7;H1:H7)

	A	B	C	D	E	F	G	H	I
1	5	3	0	10	10	0	15	20	;H1:H7)
2	2	0	2	1	3	3	0	20	
3	3	5	0	0	3	10	0	20	
4	1	1	2	0	0	3	0	20	
5	1	0	1	2	0	0	0	20	
6	0	2	0	1	2	2	0	20	
7	2	2	2	3	3	4	4	20	

La matrice obtenue correspond au nombre total de fleurs de chaque sorte à prévoir. Conclure.

B : Résolution d'un système linéaire 7×7

L'entreprise avait un stock de 764 roses, 190 branches de mimosas, 282 freesias, 120 chardons, 90 orchidées, 112 branches d'eucalyptus, 345 branches d'asparagus. On désire savoir si elle a utilisé entièrement son stock et dans ce cas, combien de bouquets de chaque type elle a alors réalisés.

Le problème revient à résoudre un système de 7 équations à 7 inconnues équivalent à :
$A\,X = C$, où C représente le stock de l'entreprise.
Si la matrice A^{-1} existe, alors l'équation matricielle a une solution : $A\,X = C \Leftrightarrow X = A^{-1}\,C$.

a) Sélectionner les cellules de A9 à G15 et écrire dans la barre de formule l'inverse de A :
= INVERSEMAT (A1 : G7) , puis valider par les touches Ctrl Maj Entrée .

La matrice A^{-1} existe-t-elle ? Le système a-t-il une solution ?

b) Dans les cellules de K1 à K7, écrire les éléments de la matrice C.
Sélectionner les cellules de L1 à L7 et écrire dans la barre de formule le produit $A^{-1}C$:
= PRODUITMAT (A9 : G15 ; K1 : K7) et valider par Ctrl Maj Entrée .

Combien de bouquets de chaque type l'entreprise a-t-elle composés ?

c) Il faut 20 bouquets de chaque sorte.

Calculer le nombre de fleurs supplémentaires à prévoir pour honorer la commande. Pour cela, sélectionner les cellules de N1 à N7 et écrire la formule = I1 : I7 – K1 : K7 et valider par Ctrl Maj Entrée .

LA PAGE DE CALCUL

1. Résolution de systèmes

1 Résoudre les systèmes 2×2 .

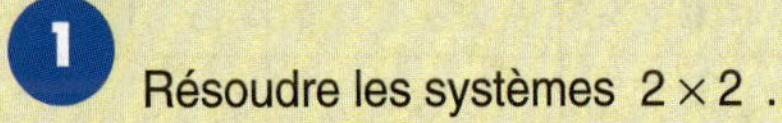

a) $\begin{cases} 2x + 5y = 7 \\ 4x - 3y = 1 \end{cases}$ b) $\begin{cases} x + 3y = 7 \\ 4x - 5y = 1 \end{cases}$

c) $\begin{cases} 4x - y = 5 \\ 28x - 7y = 7 \end{cases}$ d) $\begin{cases} 2x + 7y = 3x - 5 \\ 3x - 7y = 5x + 2 \end{cases}$

2 Résoudre les systèmes 3×3 (voir p. 73).

a) $\begin{cases} -x + 2y - z = 0 \\ x - y + 3z = 8 \\ 2x + 5y - z = 9 \end{cases}$ b) $\begin{cases} x + y + z = 2x + 7 \\ 2x + 5z = 6y + 10 \\ y + z + 15 = 5z \end{cases}$

3 Résoudre les systèmes suivants :

a) $\begin{cases} x + y = 5 \\ 4x - 3y = 10 - 7y \end{cases}$ b) $\begin{cases} x + y + z = 5 \\ x - y + z = 8 \end{cases}$

4 Résoudre et interpréter géométriquement les systèmes suivants :

a) $\begin{cases} 5x + 8y - 13 = x \\ 2x + 5y - 27 = y \end{cases}$ b) $\begin{cases} 5x - 7y = 15 \\ \frac{25}{3}x - \frac{35}{3}y = 25 \end{cases}$

2. Calculs à partir de tableaux

5 Pour bien préparer sa semaine de devoirs sur table, Jeanne planifie la durée de ses révisions de la façon suivante :

	Anglais	Math	SES	Hist-Geo
mercredi	30 min	1 h 30	45 min	30 min
jeudi	0	30 min	30 min	30 min
vendredi	30 min	30 min	30 min	1 h 30
samedi	1 h	1 h	1 h	1 h

a) Pour chaque jour, calculer la durée des révisions de Jeanne, puis la durée totale de ses révisions.

b) Quelles matières ont bénéficié du temps de révision le plus long ? le plus court ?

c) Jeanne modifie son planning du samedi, car elle souhaite consacrer le même temps de révision à chaque matière sur la semaine .

Quel doit être son planning du samedi pour chaque matière ?

On indiquera le temps minimal .

6 Pour fabriquer deux articles A_1 et A_2, on utilise deu machines M_1 et M_2.

Chaque article passe dans les deux machines selon l répartition horaire donnée par le tableau suivant :

	A_1	A_2
M_1	2	4
M_2	1	3

Pour fabriquer un lot d'articles, la durée d'utilisation de machines est de 112 h pour M_1 et de 79 h pour M_2.

Calculer le nombre d'articles A_1 et A_2 fabriqués .

3. Coordonnées

7 On considère les points A , B et C dans u repère orthonormal $(O\,;\vec{i}\,,\vec{j}\,)$.

Préciser, en justifiant, si les points sont alignés.

1° $A(1\,;2)$, $B(2\,;3)$ et $C(3\,;4)$.

2° $A\left(-2\,;\frac{1}{2}\right)$, $B\left(\frac{1}{2}\,;-2\right)$ et $C\left(-\frac{1}{4}\,;-\frac{6}{5}\right)$.

3° $A\left(\frac{7}{3}\,;-1\right)$, $B(4\,;0)$ et $C\left(\frac{26}{9}\,;-\frac{2}{3}\right)$.

8 Dans le repère orthonormal $(O\,;\vec{i}\,,\vec{j}\,,\vec{k})$, c considère les points :

$A(6\,;0\,;0)$, $B(0\,;6\,;0)$ et $C\left(\frac{3}{2}\,;3\,;3\right)$.

Répondre aux questions en écrivant les coordonnée « en colonne ».

a) Déterminer les cordonnées des points E et F défin par :

$$\overrightarrow{AE} = -\frac{2}{3}\overrightarrow{AB} + \overrightarrow{AC} \quad \text{et} \quad \overrightarrow{AF} = \overrightarrow{AB} + \frac{3}{7}\overrightarrow{AC} .$$

b) Soit le point $D(1\,;2\,;6)$.

Déterminer deux réels a et b tels :

$$\overrightarrow{AD} = a\overrightarrow{AB} + b\overrightarrow{AC} .$$

4. Sans la calculatrice

9 Calculer les produits $\alpha p + \beta q + \gamma r$, avec :

a) $\alpha = 0{,}5$ $\beta = 3$ $\gamma = -0{,}6$
et $p = 1{,}4$ $q = 3{,}2$ $r = 5{,}2$.

b) $\alpha = 10$ $\beta = 4{,}2$ $\gamma = 0{,}2$
et $p = -0{,}7$ $q = -6{,}5$ $r = 0{,}1$.

c) $\alpha = 1{,}2$ $\beta = 0{,}4$ $\gamma = -0{,}25$
et $p = 0{,}01$ $q = 2{,}5$ $r = 4$.

1. Notion de matrice

1. Questions rapides

Vrai ou Faux ? Justifier la réponse.

a) Un vecteur colonne peut être de dimension 1×3 .

b) Un vecteur ligne d'ordre 6 est une matrice d'ordre 2×3 .

c) Une matrice de dimension 1×8 est un vecteur ligne.

d) Si une matrice A a 7 lignes et 4 colonnes, alors A est une matrice d'ordre 4×7 .

e) Une matrice de dimension 5×5 est une matrice carrée.

f) Si $a_{3\,6}$ est l'élément en bas à droite de la matrice A , alors A contient 36 éléments.

g) $a_{5\,4}$ est l'élément situé à l'intersection de la 5e ligne et de la 4e colonne.

Vrai ou Faux ? Justifier la réponse.

On a $A = \begin{bmatrix} 1 & 4 & 7 & 8 & 3 & 8 & 9 \\ 3 & 7 & 9 & 4 & 3 & 8 & 5 \\ 4 & 0 & 0 & 5 & 1 & 8 & 5 \end{bmatrix}$.

a) La dimension de A est 7×3 .

b) $a_{14} = 8$.

c) $a_{43} = 5$.

d) La dimension de la matrice transposée A^T est 7×3 .

e) Le terme de A^T situé à l'intersection de la 3e ligne et de la 1re colonne est 0.

f) La première ligne de A^T est $\begin{bmatrix} 4 & 3 & 1 \end{bmatrix}$.

Vrai ou Faux ? Justifier la réponse.

On a $A = \begin{bmatrix} 1 & 0 & 5 \\ 0 & 2 & 3 \\ 5 & 3 & 0 \end{bmatrix}$.

a) A est une matrice carrée.

b) $a_{21} = a_{12}$.

c) La première ligne de la transposée A^T est $\begin{bmatrix} 5 & 3 & 0 \end{bmatrix}$.

d) $A^T = A$.

2. Applications directes

[Lire une matrice, p. 279]

On considère la matrice :

$$A = \begin{bmatrix} 1 & -6 & 8 & 4 \\ 0 & 7 & 3 & 11 \\ 22 & 17 & 0{,}1 & 8 \end{bmatrix}.$$

a) Donner la dimension de A .

b) Donner la valeur de chacun des éléments de A suivants :

$$a_{14}\ ,\ a_{23}\ ,\ a_{33}\ ,\ a_{32}\ .$$

c) Écrire la matrice transposée A^T de A et donner sa dimension.

14 Mêmes questions pour :

$$A = \begin{bmatrix} 0 & 6 & 8 & 24 \\ -1 & 4 & 7 & 10 \\ 6 & 0 & 5 & 11 \\ 9 & 8 & 0 & 5 \end{bmatrix}.$$

15 On a $A = \begin{bmatrix} 5 & \dots & 7 \\ \dots & 7 & \dots \\ 4 & \dots & 8 \end{bmatrix}$.

De plus $a_{12} = 0$; $a_{21} = 0$; $a_{23} = 6$ et $a_{32} = 6$.

a) Recopier et compléter l'écriture de A .

b) Écrire la matrice transposée A^T .

Quel est l'ordre de A^T ?

c) A-t-on $A^T = A$?

16 Soit la matrice $A = \begin{bmatrix} 5 & \dots & 7 \\ \dots & 9 & \dots \\ 8 & \dots & 0 \\ 7 & 1 & 3 \end{bmatrix}$.

a) Compléter l'écriture de A de dimension 4×3 , avec :

$$a_{32} = 5\ ;\ a_{23} = -4\ ;\ a_{21} = 8\ ;\ a_{12} = 11.$$

b) Écrire la transformée A^T et donner sa dimension.

17 Soit la matrice $A = \begin{bmatrix} 0 & 7 & \dots & 8 & 9 \\ 5 & 4 & \dots & 3 & 11 \\ \dots & \dots & \dots & 5 & 22 \end{bmatrix}$.

a) Compléter l'écriture de A de dimension 3×5 , avec :

$$a_{32} = 5\ ;\ a_{23} = -1\ ;\ a_{33} = 6\ ;$$
$$a_{13} = 6 \text{ et } a_{31} = 8\ .$$

b) Écrire A^T et donner sa dimension.

[Créer une matrice à la calculatrice, p. 279]

18 Entrer les matrices suivantes dans la calculatrice et déterminer leurs matrices transposées.

$$A=\begin{bmatrix}3 & 7 & 18 & 9 & 10 & 12\\ 3 & 6 & 12 & 15 & 14 & 11\end{bmatrix} ; \quad B=\begin{bmatrix}4 & 6 & 8\\ 6 & 5 & 2\\ 8 & 2 & 7\end{bmatrix} ;$$

$$C=\begin{bmatrix}3 & 0 & 0\\ 0 & 7 & 0\\ 0 & 0 & 5\end{bmatrix} ; \quad D=\begin{bmatrix}5{,}5 & 9{,}8\\ 3{,}2 & 5{,}4\\ 1{,}8 & 9{,}3\end{bmatrix} .$$

19 Les calculatrices T.I. ont l'instruction **randM** qui permet de créer une matrice aléatoire :

MATRIX **MATH 6:randM(** ENTER **3** , **4**)

crée une matrice de dimension 3×4 dont les éléments sont des entiers relatifs choisis aléatoirement entre – 9 et 9.

```
randM(3,4)
  [[0 3  6   -9]
   [7 -7 -5  -3]
   [7 2  4   2 ]]
```

1° Créer une matrice aléatoire ayant 3 colonnes et 5 lignes. Quelle est la valeur de a_{23} ? a_{51} ?

2° a) On a obtenu la matrice suivante en utilisant la fonction randM.

```
randM(2,4)
  [[6  4 7  -5]
   [-2 4 -6 6 ]]
```

Quelle dimension avait-on choisi ?

b) Créer une matrice aléatoire A d'ordre 3×4, puis déterminer sa transposée A^T.

3. Égalité matricielle

20 Soit $A=\begin{bmatrix}6 & \dots & 7 & 8\\ 6 & 8 & 0 & 9\end{bmatrix}$ et $B=\begin{bmatrix}\dots & 5 & \dots & \dots\\ 6 & 8 & \dots & \dots\end{bmatrix}$.

Quelle est la valeur de a_{13} de A ? de a_{24} ?

Compléter les matrices A et B pour que $A = B$.

21 Pour chaque matrice, déterminer le réel a, s'il existe, pour que la matrice soit égale à la matrice unité d'ordre 2.

a) $\begin{bmatrix}a^2 & a^2-1\\ 2a+2 & a^2\end{bmatrix}$; b) $\begin{bmatrix}a^2-3 & a-2\\ 3a-6 & a-1\end{bmatrix}$.

22 Même exercice.

a) $\begin{bmatrix}2a-a^2 & 3a^2-3\\ 2a-2 & a^2\end{bmatrix}$; b) $\begin{bmatrix}a^2-1 & a^2+a\\ a^2+a & a^2-1\end{bmatrix}$.

23 Peut-on trouver deux réels x et y pour que la matrice soit égale à sa transposée ?

a) $\begin{bmatrix}2 & 5 & x\\ 6 & 0 & 2\\ y & 2 & 3\end{bmatrix}$; b) $\begin{bmatrix}2 & y & -2\\ 6 & 5 & 4\\ x & y & -4\end{bmatrix}$; c) $\begin{bmatrix}x & y\\ y^2 & x\end{bmatrix}$

4. Traduction en écriture matricielle

24 1° On veut inscrire les commandes de quatre clients codés C_1, C_2, C_3 et C_4 pour cinq articles codés A_1, A_2, A_3, A_4 et A_5 dans une matrice de dimension 4×5.

Où inscrire la commande du client C_3 pour l'article A_4 ?

2° Même question si on inscrit les commandes dans une matrice B de dimension 5×4.

25 1° On veut inscrire les prix unitaires HT, en euros de 10 jouets codés J_1, J_2, ... suivant huit fabricants codés F_1, F_2, ... dans une matrice de dimension 10×8.

Où inscrire le prix du jouet J_5 du fabricant F_3 ? et celui du jouet J_3 pour le fabricant F_5 ?

2° Même question si on inscrit les prix dans une matrice B de dimension 8×10.

26 Dans une menuiserie on utilise des matières premières M_1, M_2, M_3 et M_4 pour fabriquer quatre types de chaises C_1, C_2, C_3 et C_4.

$$A=\begin{bmatrix}23 & 20 & 18 & 17\\ 20 & 17 & 15 & 21\\ 19 & 18 & 14 & 12\\ 18 & 17 & 11 & 10\end{bmatrix}$$

Dans la matrice A donnée l'élément a_{ij} est le coût HT, en euros, de matière première M nécessaire pour une chaise C_j.

1° Donner le coût en matière première M_3 d'une chaise C_2 ? en matière première M_2 d'une chaise C_3 ?

2° Écrire la matrice transposée A^T de A.

Que représente l'élément inscrit à l'intersection de la troisième ligne et de la première colonne de A^T ? à l'intersection de la première ligne et de la troisième colonne de A^T ?

27 On donne l'état des stocks concernant cinq produits de beauté B_1, B_2, B_3, B_4 et B_5 sur cinq points de vente P_1, P_2, P_3, P_4 et P_5 par la matrice :

$$A = \begin{bmatrix} 70 & 35 & 80 & 68 & 45 \\ 30 & 27 & 28 & 26 & 32 \\ 15 & 16 & 20 & 18 & 24 \\ 14 & 27 & 12 & 22 & 18 \\ 27 & 24 & 30 & 20 & 16 \end{bmatrix}$$

L'élément a_{ij} de A désigne le nombre de produit B_i en stock sur le point de vente P_j.

1° Quel est le nombre de produit B_4 en stock sur le point de vente P_3 ? de produits B_3 en stock sur le point de vente P_4 ?

2° Écrire la matrice transposée A^T de A.
Décrire ce que représente l'élément de A^T situé à l'intersection de la *i*-ième ligne et de la *j*-ième colonne de A^T.

28 Durant le premier trimestre de l'année scolaire, le club de photo a acheté 60 rouleaux de pellicules dont 10 chez Fax, 20 chez Dux et 30 chez Axe, ainsi que 16 pochettes de papier dont 3 chez Fax, 5 chez Dux et 8 chez Axe.

1° Présenter ces informations sous forme de matrice.

2° a) Au second trimestre, le club a acheté 60 rouleaux de pellicules dont 15 chez Fax, 15 chez Dux et 30 chez Axe, et 20 pochettes de papier dont 5 chez Fax, 5 chez Dux et 10 chez Axe.
Représenter ces informations dans une matrice.
b) Au troisième trimestre, le club doit réduire chacun de ses achats de 60 % par rapport au trimestre précédent.

Écrire la nouvelle matrice des achats.
c) Donner la matrice des achats des deux premiers trimestres, puis écrire la matrice des achats de l'année.

2. Addition et multiplication par un réel

1. Questions rapides

29 **VRAI OU FAUX ?** Justifier la réponse.

a) Si $A = \begin{bmatrix} 1 & 5 \end{bmatrix}$ et $B = \begin{bmatrix} 2 \\ 4 \end{bmatrix}$, alors $A + B = \begin{bmatrix} 3 & 9 \end{bmatrix}$.

b) Si $A = \begin{bmatrix} 1 \\ 5 \end{bmatrix}$ et $B = \begin{bmatrix} 2 \\ 4 \end{bmatrix}$, alors $A + B = \begin{bmatrix} 1 & 2 \\ 5 & 4 \end{bmatrix}$.

c) Si $A = \begin{bmatrix} 1 & 2 & 3 \end{bmatrix}$ et $B = \begin{bmatrix} 3 & 2 & 1 \end{bmatrix}$,
alors $A + B = 4\begin{bmatrix} 1 & 1 & 1 \end{bmatrix}$.

d) Si $A = \begin{bmatrix} 1 & 2 \end{bmatrix}$ et $B = \begin{bmatrix} -1 & -2 \end{bmatrix}$,
alors A + B est le réel 0.

e) Si $A = \begin{bmatrix} 5 & 8 \\ 9 & 7 \end{bmatrix}$, alors $A = \begin{bmatrix} 5 & 0 \\ 0 & 7 \end{bmatrix} + \begin{bmatrix} 0 & 8 \\ 9 & 0 \end{bmatrix}$.

30 **VRAI OU FAUX ?** Justifier la réponse.

1° Si $A = \begin{bmatrix} 6 & 7 \\ 2 & 1 \\ 0 & 4 \end{bmatrix}$ et $B = \begin{bmatrix} 6 \\ 7 \\ 0 \end{bmatrix}$, alors on peut calculer :

a) $A - B$; b) $2A$; c) $-3B$; d) $2A - 3B$.

2° Si $a\begin{bmatrix} 6 & 7 \\ 2 & 1 \\ 0 & 4 \end{bmatrix} + b\begin{bmatrix} 1 & 0 \\ 0 & 1 \\ 0 & -1 \end{bmatrix} = \begin{bmatrix} 10 & 14 \\ 4 & 0 \\ 0 & 10 \end{bmatrix}$, alors $a = 2$ et $b = -2$.

2. Applications directes

[Traduire par une somme de deux matrices, p. 281]

31 Sur quatre de ses points de vente, un gestionnaire d'une chaîne de magasins suit les quantités vendues de cinq articles de confection : une série de pulls, une de jupes courtes, une de jupes longues, une de pantalons, une de vestes.

On donne le dernier état des stocks (S), les livraisons (L) et les ventes (V) qui ont suivi cet état par les matrices :

$$S = \begin{bmatrix} 3 & 1 & 1 & 1 & 1 \\ 0 & 2 & 1 & 0 & 2 \\ 5 & 5 & 5 & 5 & 5 \\ 3 & 3 & 5 & 10 & 0 \end{bmatrix}, \quad L = \begin{bmatrix} 20 & 10 & 10 & 20 & 10 \\ 10 & 5 & 5 & 10 & 5 \\ 25 & 15 & 15 & 25 & 15 \\ 30 & 10 & 10 & 30 & 5 \end{bmatrix}$$

$$\text{et} \quad V = \begin{bmatrix} 18 & 9 & 5 & 15 & 5 \\ 8 & 4 & 3 & 10 & 3 \\ 20 & 10 & 10 & 20 & 8 \\ 25 & 5 & 5 & 25 & 3 \end{bmatrix}.$$

Donner la matrice des stocks après ces livraisons et ventes.

32 Un gestionnaire de distributeurs de friandises a noté l'état des stocks, en début de journée, dans cinq distributeurs pour les barres chocolatées, les barres de nougats, les paquets d'amandes et les paquets de raisins secs (matrice A) ; puis les livraisons de la journée (matrice B) et l'état des stocks en fin de journée (matrice C).

$$A = \begin{bmatrix} 20 & 15 & 10 & 8 \\ 15 & 10 & 8 & 7 \\ 18 & 11 & 7 & 5 \\ 10 & 9 & 9 & 4 \\ 8 & 7 & 8 & 9 \end{bmatrix}, \quad B = \begin{bmatrix} 12 & 12 & 10 & 10 \\ 12 & 12 & 10 & 10 \\ 12 & 12 & 10 & 10 \\ 12 & 12 & 10 & 10 \\ 12 & 12 & 10 & 10 \end{bmatrix}$$

$$\text{et} \quad C = \begin{bmatrix} 23 & 19 & 15 & 14 \\ 20 & 12 & 12 & 14 \\ 22 & 8 & 6 & 13 \\ 12 & 5 & 12 & 14 \\ 10 & 4 & 10 & 16 \end{bmatrix}.$$

Calculer la matrice des ventes de la journée.

Quelle est la vente la plus importante ?

[Traduire par le produit d'un réel par une matrice, p. 281]

33 Pour la saison des soldes, le gestionnaire de l'exercice 32 partage son stock en deux parties, dont on donne les valeurs respectives, en euros, point de vente par point de vente, article par article.

$$P_1 = \begin{bmatrix} 50 & 25 & 30 & 150 & 300 \\ 20 & 30 & 30 & 0 & 200 \\ 100 & 150 & 150 & 250 & 600 \\ 80 & 100 & 150 & 300 & 100 \end{bmatrix},$$

$$P_2 = \begin{bmatrix} 50 & 25 & 30 & 150 & 300 \\ 20 & 35 & 30 & 0 & 200 \\ 100 & 100 & 150 & 250 & 600 \\ 80 & 100 & 150 & 450 & 100 \end{bmatrix}.$$

Il applique un rabais de 40 % sur les deux parties, puis, pour la seconde partie, il accorde plus tard une remise supplémentaire de 20 %.

Quelle opération, exprimée à l'aide de P_1 et P_2, donnera le montant estimé des ventes ?

Faire cette opération.

Quel sera le montant estimé des ventes de pantalons pour le point de vente ③ ?

34 Le gestionnaire précédent applique un rabais de 40 % sur les deux parties, mais simule une autre possibilité de soldes sur la seconde partie de son stock : 50 % de remise supplémentaire uniquement sur les vestes.

Donner le montant estimé des ventes.

Peut-on l'obtenir à l'aide d'opérations entre les matrices P_1 et P_2 ?

35 Pour chaque mois du premier trimestre de l'année 2006, on donne l'évolution des prix HT, en euros, de deux portables A et B par la matrice :

$$P = \begin{bmatrix} 80 & 70 \\ 100 & 90 \\ 120 & 100 \end{bmatrix}.$$

1° Quel est le prix HT du portable B en mars 2006 ?

2° La TVA sur ces produits est de 19,6 %.
Donner la matrice des prix TTC.

3. Calcul de somme matricielle

36 On donne $A = \begin{bmatrix} 2 & 5 \\ 3 & -1 \end{bmatrix}$ et $B = \begin{bmatrix} 7 & 2 \\ -1 & -3 \end{bmatrix}$.

Calculer $A + B$, $A - B$, $3A$, $4B$, $3A - 4B$.

37 Même exercice avec :

$$A = \begin{bmatrix} 2 & 5 \\ 5 & -6 \\ 1 & 0 \end{bmatrix} \quad \text{et} \quad B = \begin{bmatrix} 2 & 4 \\ 7 & 1 \\ -3 & 2 \end{bmatrix}.$$

38 Calculer les sommes suivantes, lorsque c'est possible. Lorsque c'est impossible, dire pourquoi.

a) $\begin{bmatrix} 0,1 & 1 \\ -0,8 & 8 \end{bmatrix} + \begin{bmatrix} 1 \\ -3 \end{bmatrix}$; b) $\begin{bmatrix} 0,1 \\ -0,9 \end{bmatrix} + \begin{bmatrix} -0,01 \\ 0,09 \end{bmatrix}$;

c) $\begin{bmatrix} 1 & 1 \end{bmatrix} + \begin{bmatrix} 1 & 3 \end{bmatrix}$; d) $\begin{bmatrix} 0 & 12 \end{bmatrix} + \begin{bmatrix} 3 & -1 \end{bmatrix}$;

e) $\begin{bmatrix} 1 & 6 & 8 \\ -0,2 & -0,6 & 1,1 \end{bmatrix} + \begin{bmatrix} 1 & 0 \\ 0 & 1 \end{bmatrix}$;

f) $\begin{bmatrix} 1 & 6 & 8 \\ -0,2 & -0,6 & 1,1 \end{bmatrix} + \begin{bmatrix} -0,9 & 0,2 & -0,4 \\ 1 & 2 & 0,9 \end{bmatrix}$.

39 Calculer $A-B$; $(A-B)-C$; $A-(B-C)$.

a) $A = \begin{bmatrix} 2 & 5 \\ 6 & 4 \\ 2 & 1 \end{bmatrix}$, $B = \begin{bmatrix} 5 & 7 \\ 8 & 3 \\ 9 & 0 \end{bmatrix}$ et $C = \begin{bmatrix} 1 & 1 \\ 1 & 1 \\ 1 & 1 \end{bmatrix}$.

40 Calculer $A-B$; $(A-B)-C$; $A-(B-C)$.

a) $A = \begin{bmatrix} -3 & -2 \\ -2 & 1 \\ -7 & 1 \end{bmatrix}$, $B = \begin{bmatrix} 3 & 2 \\ 2 & -1 \\ 7 & -1 \end{bmatrix}$ et $C = \begin{bmatrix} 1 & 1 \\ 1 & 1 \\ 1 & 1 \end{bmatrix}$.

b) $A = \begin{bmatrix} 1 & 2 & 3 \end{bmatrix}$, $B = \begin{bmatrix} 0 & 1 & 0 \end{bmatrix}$ et $C = \begin{bmatrix} 0 & 0 & 0 \end{bmatrix}$.

41 Soit I_3 la matrice unité d'ordre 3.

Pour chaque matrice A , calculer :

$$A-I_3 \ , \ A-2I_3 \ , \ A+5I_3 \ , \ A-\frac{3}{2}I_3 \ .$$

a) $A = \begin{bmatrix} 1 & 3 & 5 \\ 4 & 5 & 9 \\ 5 & 1 & 1 \end{bmatrix}$, b) $A = \begin{bmatrix} 3 & 0 & 0 \\ 0 & 8 & 0 \\ 0 & 0 & 1 \end{bmatrix}$,

c) $A = \begin{bmatrix} -1 & 0 & 6 \\ 4 & -2 & 0 \\ 0 & 6 & -5 \end{bmatrix}$, d) $A = \begin{bmatrix} 0 & 0 & 3 \\ 0 & 5 & 0 \\ 3 & 0 & 0 \end{bmatrix}$.

42 On donne $A = \begin{bmatrix} x & 5 \\ 0 & 2x \end{bmatrix}$ et $B = \begin{bmatrix} y & 7 \\ -1 & 3y \end{bmatrix}$.

1° Trouver x et y pour que $A+B = \begin{bmatrix} 4 & 12 \\ -1 & 17 \end{bmatrix}$.

2° Trouver x et y pour que :

$$2A-4B = \begin{bmatrix} -5 & -18 \\ 4 & -16 \end{bmatrix} .$$

43 Déterminer le réel x , tel que :

$$x\begin{bmatrix} 4 & 1 \\ 2 & 5 \end{bmatrix} + \begin{bmatrix} 2 & 8 \\ 3 & 1 \end{bmatrix} = \begin{bmatrix} 1 & \frac{31}{4} \\ \frac{5}{2} & -\frac{1}{4} \end{bmatrix} .$$

44 Même exercice.

$$\begin{bmatrix} -x & 3 \\ -2 & x \end{bmatrix} = \begin{bmatrix} 2x & 4 \\ x & 2 \end{bmatrix} + \begin{bmatrix} 3 & -x \\ x & -3 \end{bmatrix}$$

45 Dire, dans chaque cas, si les opérations proposées ont une signification :

$$2A \ ; \ 0{,}9A \ ; \ A+B \ ; \ A-B \ .$$

a) $a = \begin{bmatrix} 17 & 50 & 160 \end{bmatrix}$, $B = \begin{bmatrix} 18 & 55 & 170 \end{bmatrix}$ sont deux vecteurs lignes dont les éléments sont l'âge en années, le poids en kg et la taille en cm de Rachel et Laurence.

b) $A = \begin{bmatrix} 2 \\ 6 \\ 8 \end{bmatrix}$ et $B = \begin{bmatrix} 1{,}5 \\ 2{,}9 \\ 4{,}1 \end{bmatrix}$

sont deux vecteurs colonnes dont les éléments sont :

- pour A , les quantités achetées par M. Xavier de trois produits alimentaires ;
- pour B , les prix unitaires TTC, en euros, de ces mêmes produits.

4. Calculs de coordonnées

46 Dans le repère $(O\,;\vec{\imath},\vec{\jmath})$, on considère :

$$\vec{u}(2\,;7) \text{ et } \vec{v}(-2\,;1) .$$

Calculer les coordonnées des vecteurs en utilisant des matrices colonnes :

a) $\vec{u}+\vec{v}$; b) $\vec{u}-\vec{v}$; c) $2\vec{u}-3\vec{v}$; d) $\vec{u}+\frac{3}{2}\vec{v}$.

47 Dans le repère $(O\,;\vec{\imath},\vec{\jmath})$, soit :

$$A\left(\frac{2}{5}\,;\frac{1}{3}\right) , \ B\left(\frac{1}{5}\,;\frac{2}{3}\right) \text{ et } C\left(\frac{3}{5}\,;1\right) .$$

Traduire ces coordonnées en matrice colonne $[A]$, $[B]$ et $[C]$.

Calculer les coordonnées des vecteurs suivants, en indiquant le calcul matriciel effectué à la calculatrice, uniquement avec $[A]$, $[B]$ et $[C]$.

a) $\overrightarrow{AB}$; b) $\overrightarrow{AB}+\overrightarrow{AC}$; c) $\overrightarrow{AC}+\overrightarrow{BC}$;

d) $2\,\overrightarrow{AC}+\frac{1}{2}\,\overrightarrow{BC}$; e) $\overrightarrow{AB}-\frac{1}{4}\,\overrightarrow{AC}$.

48 Dans le repère $(O\,;\vec{\imath},\vec{\jmath})$, soit :

$$A(3\,;2) \ , \ B(4\,;1) \text{ et } C(-1\,;0) .$$

a) Calculer les coordonnées des vecteurs :
$\overrightarrow{AM} = 3\,\overrightarrow{AB}+\overrightarrow{AC}$ et $\overrightarrow{BP} = \overrightarrow{BC}-2\,\overrightarrow{AB}$.

b) En déduire les coordonnées des points M et P .

49 Soit $E\left(\frac{1}{3}\,;-3\,;\frac{5}{8}\right)$, $F\left(2\,;-\frac{3}{4}\,;\frac{1}{8}\right)$ et $G\left(\frac{5}{3}\,;2\,;-\frac{3}{8}\right)$ dans un repère $(O\,;\vec{\imath},\vec{\jmath},\vec{k})$.

À l'aide de la calculatrice, déterminer les coordonnées (en fraction) du point D , tel que :

$$\overrightarrow{ED} = -6\overrightarrow{EF}+\frac{4}{3}\overrightarrow{GF} .$$

3. Multiplication par une matrice colonne

1. Questions rapides

50 **Vrai ou Faux ?** Justifier la réponse.

1° Les produits suivants n'existent pas :

a) $\begin{bmatrix}1 & 1 & 1\end{bmatrix}\begin{bmatrix}1\\1\end{bmatrix}$; b) $\begin{bmatrix}1 & 1 & 1\\1 & 1 & 1\end{bmatrix}\begin{bmatrix}1\\1\end{bmatrix}$;

c) $\begin{bmatrix}1 & 1\\1 & 1\end{bmatrix}\begin{bmatrix}1\\1\end{bmatrix}$ d) $\begin{bmatrix}1 & 1\\1 & 1\\1 & 1\end{bmatrix}\begin{bmatrix}1\\1\end{bmatrix}$.

2° Le produit d'une matrice 2×5 par une matrice colonne existe, si la matrice colonne a : a) 2 lignes ; b) 5 lignes.

3° Les égalités suivantes sont vraies :

a) $\begin{bmatrix}1 & 1\end{bmatrix}\begin{bmatrix}1\\1\end{bmatrix} = \begin{bmatrix}2\end{bmatrix}$; b) $\begin{bmatrix}-2 & 1 & -1\\3 & 5 & 4\end{bmatrix}\begin{bmatrix}4\\-2\\0\end{bmatrix} = \begin{bmatrix}-10\\2\end{bmatrix}$.

51 **Vrai ou Faux ?** Justifier la réponse.

Soit A une matrice et C une matrice colonne.

a) Si le produit AC existe, alors c'est une matrice colonne.

b) Le produit AC existe, si le nombre de lignes de A est égal au nombre de lignes de C.

c) Si le produit AC existe, alors le nombre de lignes de AC est égal au nombre de lignes de A.

d) Si A est aussi une matrice colonne, le produit AC existe toujours.

2. Applications directes

[Calculer des produits par une matrice colonne, p. 283]

52 Lorsque le produit existe, l'effectuer **sans calculatrice**.

a) $\begin{bmatrix}2 & 4 & -0,5\end{bmatrix} \times \begin{bmatrix}1\\0\\-3\end{bmatrix}$; b) $\begin{bmatrix}2 & 4 & -0,5\\5 & 1 & 0,1\end{bmatrix} \times \begin{bmatrix}1\\-3\end{bmatrix}$.

53 Même exercice.

a) $\begin{bmatrix}1 & 4\\2 & 5\\3 & 6\end{bmatrix} \times \begin{bmatrix}-1\\-3\\-4\end{bmatrix}$; b) $\begin{bmatrix}-5 & 6 & 4\\1 & 2 & -1\\0 & 4 & 5\end{bmatrix} \times \begin{bmatrix}4\\1\\5\end{bmatrix}$.

[Appliquer à la gestion, p. 283]

54 Dans chaque cas, la multiplication $A \times B$ a-t-elle une signification et laquelle ?

a) $A = \begin{bmatrix}5 & 3\\4 & 8\end{bmatrix}$

• La première ligne de A désigne les quantités de jus d'orange achetés par Félix et Zoé ;

• la seconde ligne désigne les quantités de jus de pomme.

$B = \begin{bmatrix}2\\1,5\end{bmatrix}$

B désigne les prix unitaires TTC, en euros, du jus d'orange et du jus de pomme.

b) $A = \begin{bmatrix}1,5 & 1,7\\1,8 & 1,75\end{bmatrix}$

• la première ligne de A désigne les prix unitaires, en euros, d'une crêpe et d'une gaufre chez SLOW ;

• la seconde ligne désigne les prix chez FAST.

$B = \begin{bmatrix}30\\50\end{bmatrix}$

B désigne les quantités de crêpes et de gaufres à commander.

55 Un catalogue de vente par correspondance propose des lots de linge de maison.

La parure « enfants » contient une taie, un drap housse et une housse de couette.

La parure « toucher soyeux » contient deux taies, un drap housse et une housse de couette.

La parure « prix minis » contient deux taies, deux draps housse et une housse de couette.

1° Présenter toutes ces données dans un tableau à double entrée, puis sous forme de matrice en indiquant la signification d'un élément.

2° a) On note x, y et z le nombre de parures de chaque sorte, vendues par jour.

Exprimer les nombres de taies, de draps et de housses de couette vendus à l'aide de x, y et z.

b) Le prix d'une parure « enfants » est 70 €, celui d'une parure « toucher soyeux » est 99 € et celui d'une parure « prix minis » est 42 €.

Traduire par une matrice colonne ; indiquer la signification d'un élément.

c) La recette totale de la journée pour ces trois lots est 4 869 €. Traduire ce résultat par une relation entre x, y et z.

À quelle opération sur les matrices correspond-il ?

3. Matrice ligne ou colonne

56 Calculer la matrice $B = A \cdot X$ avec :

$$X = \begin{bmatrix} x \\ y \end{bmatrix} \quad \text{et} \quad A = \begin{bmatrix} 1 & 7 \\ 6 & 3 \\ 3 & 1 \end{bmatrix}.$$

57 Calculer la matrice $B = A \cdot X$ avec :

$$X = \begin{bmatrix} x \\ y \\ z \end{bmatrix} \quad \text{et} \quad A = \begin{bmatrix} 0 & 1 & 1 \\ 2 & 6 & 0 \\ 5 & 2 & 1 \\ 2 & 0 & 2 \end{bmatrix}.$$

58 Dans une chaîne de restauration rapide, on sert chaque jour :

800 hamburgers, 600 cheeseburgers et 1 000 cafés.

Les prix unitaires PU de revient et de vente sont donnés, en euros, par le tableau :

	hamburger	cheeseburger	café
PU de revient	0,8	0,6	0,4
PU de vente	1,8	1,6	1,1

1° Écrire les quantités dans un vecteur ligne Q, les PU de revient dans un vecteur colonne R, les PU de vente dans un vecteur colonne V.

2° a) Calculer le coût total à l'aide du produit d'un vecteur ligne par un vecteur colonne.

b) Même question pour la recette totale.

c) En déduire le bénéfice total.

Exprimer ce résultat en utilisant les noms Q, V et R des matrices et les opérations matricielles.

3° a) Écrire les bénéfices unitaires dans un vecteur colonne.

Exprimer ce résultat en utilisant les noms V et R des matrices.

b) En déduire, à l'aide du produit d'un vecteur ligne par un vecteur colonne, le bénéfice total. Exprimer ce résultat en utilisant les noms Q, V et R des matrices.

4° Écrire l'égalité correspondant aux deux calculs du bénéfice total.

Exprimer cette égalité à l'aide de Q, V et R.

59 David étudie les prix des pains au chocolat et des croissants dans trois boulangeries.

Il constate que les prix des pains au chocolat sont supérieurs ou égaux à ceux des croissants.

Les prix, en euros, sont donnés par la matrice :

$$A = \begin{bmatrix} 0{,}85 & 0{,}78 & 0{,}85 \\ 0{,}8 & 0{,}78 & 0{,}83 \end{bmatrix}.$$

Il achète x pains au chocolat et y croissants.

On note $X = \begin{bmatrix} x \\ y \end{bmatrix}$ la matrice des quantités achetées.

1° À l'aide d'un calcul matriciel, déterminer la dépense de David dans chacun des magasins.

2° David doit acheter 2 pains au chocolat et 1 croissant. Comparer les prix payés par David suivant la boulangerie qu'il choisit.

60 Dans le repère $(O\,;\vec{i},\vec{j},\vec{k})$, on a :

$\vec{u}(3\,;6\,;6)$ et $\vec{v}(-4\,;1\,;1)$.

On considère les matrices :

$$U = [3\,;6\,;6] \quad \text{et} \quad V = \begin{bmatrix} -4 \\ 1 \\ 1 \end{bmatrix}.$$

Calculer le produit $U\,V$.

Interpréter géométriquement ce calcul, ainsi que le résultat.

61 Soit $A(1\,;3\,;6)$, $B(-1\,;3\,;0)$ et $C(10\,;3\,;3)$ trois points de l'espace.

a) Calculer les coordonnées de $\overrightarrow{AB}$, $\overrightarrow{AC}$ et $\overrightarrow{BC}$.

b) On définit les matrices $U = [-2 \quad 0 \quad -6]$,

$$V = \begin{bmatrix} 9 \\ 0 \\ -3 \end{bmatrix} \quad \text{et} \quad W = \begin{bmatrix} 11 \\ 0 \\ 3 \end{bmatrix}.$$

Calculer les produits $U\,V$ et $U\,W$, et en déduire la nature du triangle ABC.

62 Dans le repère $(O\,;\vec{i},\vec{j},\vec{k})$, soit :

$$A\left(\frac{1}{2}\,;\frac{3}{5}\,;\frac{5}{7}\right),\quad B\left(\frac{1}{5}\,;\frac{3}{4}\,;0\right) \quad \text{et} \quad C\left(\frac{11}{14}\,;\frac{29}{15}\,;\frac{5}{7}\right).$$

a) À l'aide de la calculatrice, déterminer les coordonnées des vecteurs $\overrightarrow{AB}$, $\overrightarrow{AC}$.

b) On pose $U = \begin{bmatrix} -\frac{7}{10} & \frac{3}{20} & -\frac{5}{7} \end{bmatrix}$ et $V = \begin{bmatrix} \frac{2}{7} \\ \frac{4}{3} \\ 0 \end{bmatrix}$.

Calculer le produit $U\,V$.

Interpréter géométriquement ce calcul, ainsi que le résultat.

4. Produit de deux matrices

1. Questions rapides

63 **Vrai ou Faux ?** Justifier la réponse.

a) Si A est une matrice de dimension $n \times 3$ alors B doit être de dimension $3 \times p$ pour que le produit $A\,B$ existe.

b) Si A et B sont des matrices carrées de même ordre, le produit $A\,B$ existe toujours.

c) $A\,B = B\,A$ si, et seulement si, A et B sont deux matrices carrées de même ordre.

d) Le produit d'une matrice 2×5 par une matrice 2×4 a pour dimension 5×4.

64 **Q.C.M.** Trouver *toutes* les bonnes réponses.

1° $A = \begin{bmatrix} 1 & 0 & 1 \\ 2 & 3 & 0 \end{bmatrix}$, $B = \begin{bmatrix} 2 & 1 \\ 3 & 0 \\ 4 & 2 \end{bmatrix}$ et $C = A\,B$.

ⓐ C est une matrice de dimension 2×3
ⓑ $c_{12} = 3$ ⓒ $c_{21} = 3$ ⓓ $c_{22} = 2$

2° $A = \begin{bmatrix} 1 & 5 \end{bmatrix}$, $B = \begin{bmatrix} 2 & 0 & 1 & 2 \\ 3 & 1 & 0 & 1 \end{bmatrix}$ et $C = A\,B$.

ⓐ C a pour dimension 1×4
ⓑ $c_{13} = 1$ ⓒ $c_{21} = 5$ ⓓ $c_{13} = 6$

3° $A = \begin{bmatrix} 1 & 0 & a \end{bmatrix}$, $B = \begin{bmatrix} 1 & 0 \\ 2 & 1 \\ 1 & 3 \end{bmatrix}$ et $A\,B = C$.

On sait que $C = \begin{bmatrix} 0 & -3 \end{bmatrix}$.

ⓐ $c_{12} = 3a$ ⓑ $c_{11} = a$ ⓒ $3a + 3 = 0$ ⓓ $a = 1$

4° $B = \begin{bmatrix} 1 & 0 & 4 \\ 0 & 1 & 2 \\ 0 & 8 & 1 \end{bmatrix}$, $C = \begin{bmatrix} 1 & 8 & 5 \\ 0 & 1 & 2 \end{bmatrix}$ et A est la matrice telle que $A\,B = C$. Alors $A =$:

ⓐ $\begin{bmatrix} 1 & 0 & 1 \end{bmatrix}$ ⓑ $\begin{bmatrix} 1 \\ 0 \\ 1 \end{bmatrix}$ ⓒ $\begin{bmatrix} 1 & 0 \\ 0 & 1 \\ 1 & 0 \end{bmatrix}$ ⓓ $\begin{bmatrix} 1 & 0 & 1 \\ 0 & 1 & 0 \end{bmatrix}$

Pour les **exercices 65 à 67**, calculer A^2 et A^3.

65 $A = \begin{bmatrix} \frac{\sqrt{2}}{2} & 1 \\ \frac{1}{2} & -\frac{\sqrt{2}}{2} \end{bmatrix}$.

66 a) $A = \begin{bmatrix} a & -b \\ b & a \end{bmatrix}$; b) $A = \begin{bmatrix} 1 & a \\ 0 & 1 \end{bmatrix}$;

c) $A = \begin{bmatrix} a & 1-a \\ 1-b & b \end{bmatrix}$.

67 $A = \begin{bmatrix} 0 & 1 & -\frac{\sqrt{3}}{2} \\ -1 & 0 & \frac{1}{2} \\ -\frac{\sqrt{3}}{2} & \frac{1}{2} & 0 \end{bmatrix}$. Calculer A^2 et A^3.

2. Applications directes

[Effectuer des produits de matrices, p. 285]

68 Effectuer sans calculatrice les produits suivants, lorsque c'est possible.

Lorsque c'est impossible, dire pourquoi.

a) $\begin{bmatrix} 2 & 5 \\ 3 & 6 \\ 4 & 7 \end{bmatrix} \times \begin{bmatrix} 2 & 5 \\ 4 & 6 \end{bmatrix}$; b) $\begin{bmatrix} 2 & 5 \\ 4 & 6 \end{bmatrix} \times \begin{bmatrix} 2 & 5 \\ 3 & 6 \\ 4 & 7 \end{bmatrix}$;

c) $\begin{bmatrix} -1 & 4 & 5 \end{bmatrix} \times \begin{bmatrix} 0 & -1 & 6 \\ 2 & 4 & -2 \\ 3 & 5 & 3 \end{bmatrix}$;

d) $\begin{bmatrix} 1 & -1 \\ 2 & 0 \\ 3 & 5 \end{bmatrix} \times \begin{bmatrix} 2 & 5 \\ 3 & 6 \\ 4 & 1 \end{bmatrix}$.

69 Même exercice.

a) $\begin{bmatrix} 2 & 5 & 0 \\ 3 & 6 & 3 \\ 4 & 1 & 2 \end{bmatrix} \times \begin{bmatrix} 1 & -1 \\ 2 & 0 \\ 3 & 5 \end{bmatrix}$;

b) $\begin{bmatrix} 1 & 0 & 5 \\ 2 & -1 & 6 \\ 3 & 4 & 7 \end{bmatrix} \times \begin{bmatrix} 2 & 7 & 8 \\ 0 & 2 & 3 \\ 4 & 5 & 6 \end{bmatrix}$.

70 Calculer, puis comparer $A \times B$ et $B \times A$.

a) $A = \begin{bmatrix} -1 & 8 \\ 2 & 11 \end{bmatrix}$ et $B = \begin{bmatrix} 4 & 2 \\ -5 & 8 \end{bmatrix}$;

b) $A = \begin{bmatrix} 4 & 8 \\ 1 & 2 \end{bmatrix}$ et $B = \begin{bmatrix} 3 & 9 \\ 1 & 1 \end{bmatrix}$;

c) $A = \begin{bmatrix} 2 & 1 \\ 1 & 1 \end{bmatrix}$ et $B = \begin{bmatrix} 5 & 2 \\ 2 & 3 \end{bmatrix}$.

71 Calculer le produit $A \times B \times C$.

a) $A = \begin{bmatrix} 1 & 3 \\ 2 & -4 \end{bmatrix}$, $B = \begin{bmatrix} -5 & 6 \\ 7 & 8 \end{bmatrix}$ et $C = \begin{bmatrix} -1 & 5 \\ 3 & 2 \end{bmatrix}$;

b) $A = \begin{bmatrix} 2 & 5 \\ 3 & 7 \end{bmatrix}$, $B = \begin{bmatrix} 5 & 2 \\ -1 & 3 \end{bmatrix}$ et $C = \begin{bmatrix} 1 & 2 \\ 0 & 3 \end{bmatrix}$.

72 Entrer les matrices ci-dessous en $[A]$ et en $[B]$.

```
[A]
   [[1  -7 2 ]
    [5  9  0 ]
    [-8 4  -2]
    [3  5  -7]]
```

```
[B]
 [[-7 7  -8 -3]
  [-2 4  -9 8 ]
  [-6 -5 -8 8 ]]
```

On veut calculer la matrice C, produit des deux matrices, quelle instruction doit on taper sur la calculatrice ?
Lire c_{12}, c_{33} et c_{23}.

73 À l'aide de la calculatrice, calculer les produits $(A\ B)\ C$ et $A\ (B\ C)$ et comparer les résultats :

$A = \begin{bmatrix} 1 & 6 & 7 \\ 12 & 5 & 11 \\ 7 & 9 & 8 \\ 3 & 7 & 9 \end{bmatrix}$, $B = \begin{bmatrix} 4 & 5 & 8 & 9 & 3 \\ 9 & 8 & 7 & 9 & 6 \\ 12 & 10 & 5 & 8 & 9 \end{bmatrix}$,

$C = \begin{bmatrix} 8 & 9 \\ 9 & 9 \\ 7 & 9 \\ 9 & 8 \\ 7 & 9 \end{bmatrix}$.

74 Utiliser la fonction **randM** pour obtenir la matrice $[D]$ de dimension 6×7 et la matrice $[E]$ de dimension 8×6. (Voir exercice 19.)
Déterminer la matrice produit F.
Quelle est la dimension de F et lire f_{35}.

[Déterminer, quand elle existe, l'inverse d'une matrice, p. 285]

75 Pour chaque matrice, donner sa matrice inverse, si elle existe, en écriture fractionnaire.

a) $\begin{bmatrix} 2 & -1 \\ 3 & 1 \end{bmatrix}$; b) $\begin{bmatrix} 0 & 2 \\ 1 & 3 \end{bmatrix}$; c) $\begin{bmatrix} -4 & 0 \\ 0 & 1 \end{bmatrix}$.

76 Même exercice.

a) $\begin{bmatrix} 2 & -1 & 0 \\ 1 & 3 & 1 \\ 2 & 0 & 1 \end{bmatrix}$; b) $\begin{bmatrix} -2 & 0 & 1 \\ 0 & 2 & 0 \\ -1 & 0 & 2 \end{bmatrix}$;

c) $\begin{bmatrix} 2 & 1 & 0 & 3 \\ 1 & 0 & 2 & -1 \\ 0 & 2 & 3 & -2 \\ 1 & 1 & -2 & 4 \end{bmatrix}$.

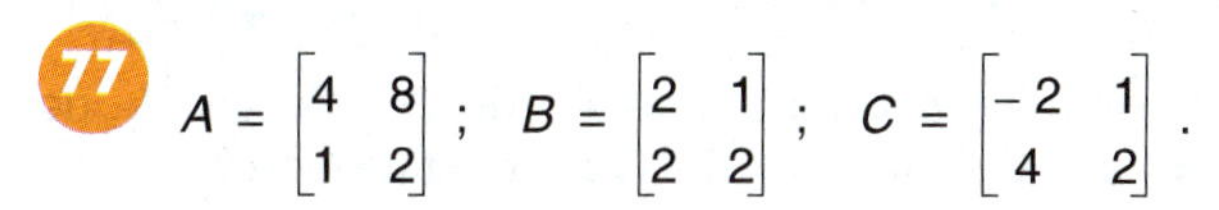

3. Calcul de produits sans calculatrice

77 $A = \begin{bmatrix} 4 & 8 \\ 1 & 2 \end{bmatrix}$; $B = \begin{bmatrix} 2 & 1 \\ 2 & 2 \end{bmatrix}$; $C = \begin{bmatrix} -2 & 1 \\ 4 & 2 \end{bmatrix}$.

Calculer $A \times B$ et $A \times C$.

Quelle particularité remarque-t-on ?

78 Calculer et comparer :

$A \times (B + C)$ et $A \times B + A \times C$.

a) $A = \begin{bmatrix} 2 & 4 \\ 3 & 5 \end{bmatrix}$; $B = \begin{bmatrix} -1 & 7 \\ 2 & 8 \end{bmatrix}$ et $C = \begin{bmatrix} 0 & 4 \\ 1 & 7 \end{bmatrix}$.

b) $A = \begin{bmatrix} 2 & 2 & -2 \\ 3 & 1 & 3 \\ -1 & 1 & 3 \end{bmatrix}$; $B = \begin{bmatrix} 1 & 0 & 1 \\ 0 & 4 & 2 \\ -1 & 2 & 3 \end{bmatrix}$

et $C = \begin{bmatrix} -1 & 1 & 1 \\ 0 & -4 & 2 \\ 5 & 3 & 2 \end{bmatrix}$.

79 Calculer à la main A^2 et A^3 pour chacune des matrices suivantes :

a) $A = \begin{bmatrix} -3 & 6 \\ 2 & -4 \end{bmatrix}$; b) $A = \begin{bmatrix} 4 & 0 & 0 \\ 0 & 3 & 0 \\ 0 & 0 & 2 \end{bmatrix}$;

c) $A = \begin{bmatrix} 2 & 1 & 1 \\ 1 & 2 & 1 \\ 1 & 1 & 2 \end{bmatrix}$; d) $A = \begin{bmatrix} 0 & 1 & 0 \\ 0 & 0 & 1 \\ 0 & 0 & 0 \end{bmatrix}$; e) $\begin{bmatrix} \sqrt{2} & 1 \\ -1 & \sqrt{2} \end{bmatrix}$.

4. À l'aide de la calculatrice

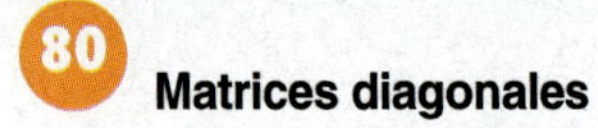

80 **Matrices diagonales**

1° Soit $A = \begin{bmatrix} 1 & 0 \\ 0 & 4 \end{bmatrix}$ et $B = \begin{bmatrix} 3 & 0 \\ 0 & 2 \end{bmatrix}$.

Calculer à la main :

$A \times B$, $B \times A$, A^2 , A^3 , B^2 , B^3 .

2° Mêmes questions, avec :

$A = \begin{bmatrix} a & 0 \\ 0 & b \end{bmatrix}$ et $B = \begin{bmatrix} c & 0 \\ 0 & d \end{bmatrix}$.

81 On a :

$A = \begin{bmatrix} 1 & 5 & -3 & 2 \\ 3 & -2 & -1 & -2 \end{bmatrix}$ et $B = \begin{bmatrix} 2 & 6 \\ 3 & -1 \\ 4 & 5 \\ -2 & 7 \end{bmatrix}$.

Donner les dimensions de A , de B , de $A \times B$, de $B \times A$. Calculer $A \times B$. Que constate-t-on ?
B est-elle la matrice inverse de A ?

82 Soit $A = \begin{bmatrix} 3 & 2 & 0 \\ -2 & 0 & 1 \\ 0 & -4 & -3 \end{bmatrix}$. Calculer A^2 , puis A^3 .

En déduire les éléments de A^n pour tout entier naturel n .

83 Soit $A = \begin{bmatrix} 1 & 1 & 1 \\ 1 & 1 & 1 \\ 1 & 1 & 1 \end{bmatrix}$. Calculer A^2 , A^3 , A^4 .

En déduire les éléments de A^n pour tout entier naturel n .

84 Soit $J = \begin{bmatrix} 1 & 1 & 1 \\ 0 & 1 & 1 \\ 0 & 0 & 1 \end{bmatrix}$ et I_3 la matrice unité.

Calculer $J - I_3$, puis $(J - I_3)^2$ et $(J - I_3)^3$.

85 **Matrices triangulaires inférieures.**

1° On a $A = \begin{bmatrix} 0 & 0 & 0 \\ 4 & 0 & 0 \\ 10 & 5 & 0 \end{bmatrix}$. Calculer A^2 et A^3 .

2° Mêmes questions avec $A = \begin{bmatrix} 0 & 0 & 0 \\ a & 0 & 0 \\ b & c & 0 \end{bmatrix}$.

86 On a $A = \begin{bmatrix} 1 & 0 \\ 2 & 3 \end{bmatrix}$ et $B = \begin{bmatrix} -1 & 2 \\ 1 & 0 \end{bmatrix}$.

Calculer A^2 , B^2 , $A + B$, $(A + B)^2$,

$A^2 + 2 \times (A \times B) + B^2$.

87 À l'aide de la calculatrice, donner la matrice inverse A^{-1} . Calculer $A \times A^{-1}$ et $A^{-1} \times A$.

a) $A = \begin{bmatrix} 2 & -3 & 1 \\ 1 & -1 & 3 \\ 3 & 1 & -1 \end{bmatrix}$; b) $A = \begin{bmatrix} 2 & 1 & 1 \\ 1 & 2 & 1 \\ 1 & 1 & 2 \end{bmatrix}$.

5. Applications concrètes

88 **La mise en boîte**

$A = \begin{bmatrix} 5 & 15 \\ 10 & 25 \end{bmatrix}$

- la 1re ligne donne le nombre de dragées blanches respectivement dans une petite boîte et une grande boîte ;
- la 2de ligne donne le nombre de dragées roses.

$B = \begin{bmatrix} 4 & 2 \\ 10 & 4 \end{bmatrix}$

- la 1re ligne donne le nombre de petites boîtes et de grandes boîtes dans un colis type 1 ;
- la 2de ligne dans un colis type 2.

Parmi les produits suivants, lesquels ont une signification :
$A \times B$, $B \times A$, $A \times B^T$, $B^T \times A$, $A^T \times B$, $B \times A^T$?
Les calculer et interpréter.

89 Une entreprise doit équiper ses locaux en bureaux, fauteuils, chaises, étagères et armoires.

Elle relève les prix en euros de chaque article dans deux grandes surfaces d'ameublement AKI et BAT.
Elle veut équiper quatre salles de travail.

	bureau	fauteuil	chaise	étagère	armoire
AKI	191	152	78	243	95
BAT	467	123	95	156	124
salle 1	2	4	4	3	2
salle 2	3	5	8	4	2
salle 3	5	10	12	4	4
salle 4	1	3	4	2	1

Entrer dans la calculatrice la matrice des prix et la matrice des quantités.

Calculer le coût d'aménagement de chacune des salles pour chacun des magasins.

90 Dans une entreprise, le secrétariat, la comptabilité et les ateliers ont estimé leurs besoins pour le trimestre en crayons, stylos, surligneurs :

	secrétariat	comptabilité	atelier
crayons à papier	100	200	500
stylos à billes	200	300	300
surligneurs	100	180	120

Les prix HT par unité, en euros, proposés par trois fournisseurs sont les suivants :

	JLG	ABC	VK
crayons à papier	0,25	0,28	0,3
stylos à billes	0,12	0,11	0,11
surligneurs	0,5	0,45	0,42

Chaque service est responsable de sa commande.

a) À l'aide du produit de deux matrices convenablement choisies, présenter les dépenses estimées de chacun des services suivant le fournisseur qu'il aura choisi.

b) Quel sera le choix le plus économique pour le secrétariat ? pour les ateliers ?

Les trois services ont-ils intérêt à faire une commande commune ? chez quel fournisseur ?

91 Lucile, Maud et Nicole ont relevé leurs consommations, pendant le week-end, de trois desserts.

On a les indications suivantes pour 100 g de chaque dessert et leurs consommations :

	dessert soja	dessert lacté non sucré	dessert fruit
valeurs énergétiques	89 kc	87 kc	93 kc
protéines	3,9 g	3,6 g	0,5 g
glucides	12,6 g	4,2 g	22 g
lipides	2,6 g	6 g	0,2 g
Lucile	200 g	300 g	250 g
Maud	300 g	150 g	300 g
Nicole	250 g	250 g	250 g

À l'aide du produit de deux matrices, présenter les consommations respectives de Lucile, Maud et Nicole en valeur énergétique, protéines, glucides et lipides.

Quelle est celle qui a consommé le plus de glucides ? Le moins de lipides ?

92 Les résultats à un examen de quatre élèves 1, 2, 3 et 4 sont donnés par la matrice A, où la ligne i donne les notes sur 20 de l'élève i en Économie, Maths, Histoire-Géo et Français.

La matrice B donne trois simulations possibles des quatre coefficients de ces matières.

$$A = \begin{bmatrix} 11 & 10 & 9 & 9 \\ 10 & 11 & 7 & 9 \\ 8 & 16 & 5 & 11 \\ 12 & 6 & 12 & 6 \end{bmatrix} \quad \text{et} \quad B = \begin{bmatrix} 7 & 5 & 4 \\ 4 & 4 & 7 \\ 4 & 5 & 4 \\ 5 & 6 & 5 \end{bmatrix}.$$

Effectuer le produit $A \times B$.

Quelle est la signification de chacun des éléments de $A \times B$?

Quel est l'élève pour qui le choix des coefficients sera décisif ?

6. Matrices et systèmes

93 Définir pour chaque système la matrice A et le vecteur colonne B tels que le système donné soit équivalent à l'égalité matricielle $A \times X = B$. Ne pas résoudre.

a) $\begin{cases} -5x + 3y = 2 \\ -x + y = 5 \end{cases}$ b) $\begin{cases} 2{,}23x - 5{,}5y = 12 \\ 0{,}2x + y = 7 \end{cases}$

c) $\begin{cases} 3x - y + 2z = 7 \\ 5x + y - z = 8 \\ -x + 3y + 7z = -22 \end{cases}$ d) $\begin{cases} 3x - z = 15 \\ y + 7z = 12 \\ x + y = 25 \end{cases}$

e) $\begin{cases} x + y + z = -5 \\ -y + z = 2 \end{cases}$ f) $\begin{cases} 3x + 6y = x + z + 31 \\ 7y + 2z = x - y + 27 \end{cases}$

94 Soit la matrice $A = \begin{bmatrix} 3 & -10 \\ -2 & 8 \end{bmatrix}$.

1° À l'aide de la calculatrice, donner la matrice inverse A^{-1} (mettre les coefficients sous forme fractionnaire).

2° En déduire la résolution des systèmes suivants :

a) $\begin{cases} 3x - 10y = 4 \\ -2x + 8y = 7 \end{cases}$ b) $\begin{cases} 3x - 10y = 1{,}5 \\ -2x + 8y = -0{,}4 \end{cases}$

c) $\begin{cases} 3x - 10y = 15 \\ -2x + 8y = -5 \end{cases}$ d) $\begin{cases} 3x - 10y = 1{,}25 \\ 2x - 8y = 0{,}5 \end{cases}$

95 On a $A = \begin{bmatrix} 3 & -10 & -1 \\ -2 & 8 & 2 \\ 2 & -4 & -2 \end{bmatrix}$.

1° À l'aide de la calculatrice, donner la matrice inverse A^{-1} (coefficients sous forme fractionnaire).

2° En déduire la résolution des systèmes suivants :

a) $\begin{cases} 3x - 10y - z = 4 \\ -2x + 8y + 2z = 7 \\ 2x - 4y - 2z = 5 \end{cases}$ b) $\begin{cases} 3x - 10y - z = 5 \\ -2x + 8y + 2z = 9 \\ 2x - 4y - 2z = 11 \end{cases}$

96 On a $A = \begin{bmatrix} 3 & -10 & -1 & 0 \\ -2 & 8 & 2 & 1 \\ 2 & -4 & -2 & 2 \\ 1 & 0 & 1 & -2 \end{bmatrix}$.

1° À l'aide de la calculatrice, donner la matrice inverse A^{-1} (coefficients sous forme fractionnaire).

2° En déduire la résolution des systèmes suivants :

a) $\begin{cases} 3x - 10y - z = 4 \\ -2x + 8y + 2z + t = 7 \\ 2x - 4y - 2z + 2t = 5 \\ x + z + 2t = 8 \end{cases}$ b) $A \times \begin{bmatrix} x \\ y \\ z \\ t \end{bmatrix} = \begin{bmatrix} 5 \\ 9 \\ 11 \\ 3 \end{bmatrix}$

97 Soit la matrice $a = \begin{bmatrix} 4 & 1 \\ 3 & 0 \end{bmatrix}$.

Montrer que A vérifie l'égalité $A\,(4I_2 - A) = -3I_2$.
En déduire que A admet une matrice inverse A^{-1} et déterminer A^{-1} par le calcul.

98 Soit la matrice $A = \begin{bmatrix} 1 & 3 \\ 1 & -1 \end{bmatrix}$.

Montrer que A vérifie $A^2 = 4I_2$.
En déduire que A admet une matrice inverse A^{-1} et déterminer A^{-1}.

5. Exercices de synthèse

99 **Q.C.M.** Trouver *toutes* les bonnes réponses.
Pour tout cet exercice, on donne :

$$A = \begin{bmatrix} 2 & 6 \\ 3 & 9 \end{bmatrix},\quad B = \begin{bmatrix} 2 \\ 3 \end{bmatrix},\quad C = \begin{bmatrix} 6 \\ 9 \end{bmatrix},$$

$$D = \begin{bmatrix} 1 & 2 & 3 \\ 2 & 0 & 1 \end{bmatrix} \text{ et } E = \begin{bmatrix} 3 & 1 \\ 0 & 2 \\ 5 & 0 \end{bmatrix}.$$

1° 3 est égal au coefficient :
ⓐ a_{12} ⓑ b_{22} ⓒ d_{31} ⓓ e_{11}

2° L'ordre d'une des matrices est :
ⓐ 3×2 ⓑ 2×1 ⓒ 2×2 ⓓ 6

3° Les transposées des matrices données sont :
ⓐ $A^T = \begin{bmatrix} 2 & 6 \\ 3 & 9 \end{bmatrix}$ ⓑ $B^T = \begin{bmatrix} 3 & 2 \end{bmatrix}$ ⓒ $C^T = \begin{bmatrix} 6 & 9 \end{bmatrix}$

ⓓ $D^T = \begin{bmatrix} 1 & 2 \\ 2 & 0 \\ 3 & 1 \end{bmatrix}$ ⓔ $E^T = \begin{bmatrix} 3 & 0 & 5 \\ 0 & 2 & 1 \end{bmatrix}$

4° On peut calculer les matrices suivantes :
ⓐ $A + B$ ⓑ $B + C$ ⓒ $A + D$ ⓓ $D + E$

5° On a :
ⓐ $B + C = A$ ⓑ $A = \begin{bmatrix} 2 & 0 \\ 3 & 0 \end{bmatrix} + \begin{bmatrix} 0 & 6 \\ 0 & 9 \end{bmatrix}$
ⓒ $A + B + C = 2A$ ⓓ $B + C = 4B$

6° On peut calculer :
ⓐ $A\,B$ ⓑ $B\,C$ ⓒ $C\,A$ ⓓ $C\,D$
ⓔ $D\,E$ ⓕ $E\,D$ ⓖ $(D\,E)\,(A\,B)$

7° ⓐ $A^2 = \begin{bmatrix} 22 & 66 \\ 33 & 99 \end{bmatrix}$ ⓑ $D^2 = \begin{bmatrix} 1 & 4 & 9 \\ 4 & 0 & 1 \end{bmatrix}$

ⓒ On ne peut pas calculer D^2
ⓓ $(B + C)^2 = B^2 + 2\,B\,C + C^2$

8° Soit $X = \begin{bmatrix} x \\ y \end{bmatrix}$. Le système $\begin{cases} 2x + 6y = 2 \\ 3x + 9y = 3 \end{cases}$
est équivalent à :

ⓐ $X\,A = B$ ⓑ $A^T X = B$
ⓒ $A\,X = B$ ⓓ $X A^T = B$

9° Le système écrit sous forme matricielle :

$$\begin{bmatrix} 2 & 3 \\ 6 & 9 \end{bmatrix} \begin{bmatrix} x \\ y \end{bmatrix} = \begin{bmatrix} 2 \\ 3 \end{bmatrix}:$$

ⓐ est $\begin{cases} 2x + 6y = 2 \\ 3x + 9y = 3 \end{cases}$ ⓑ a une seule solution
ⓒ a une infinité de solutions ⓓ n'a pas de solution

10° La matrice inverse de A :

ⓐ est $\begin{bmatrix} -2 & -6 \\ -3 & -9 \end{bmatrix}$ ⓑ est $\begin{bmatrix} \frac{1}{2} & \frac{1}{6} \\ \frac{1}{3} & \frac{1}{9} \end{bmatrix}$

ⓒ Pour déterminer A^{-1}, on résout le système : $\begin{cases} 2x + 6y = 2 \\ 3x + 9y = 3 \end{cases}$

ⓓ La calculatrice ne donne aucune réponse pour A^{-1}

100 La matrice ci-contre présente le nombre d'entrées, la même semaine, dans quatre cinémas d'une ville : le Rex, l'As, le Select et le Nec.
Ils présentent les mêmes films : Shrek, Les choristes, Le retour du Roi.

$$\begin{bmatrix} 120 & 250 & 110 \\ 280 & 300 & 100 \\ 350 & 240 & 160 \\ 400 & 260 & 90 \end{bmatrix}$$

1° a) Quel est la dimension de cette matrice A ?

b) D'après le texte, rédiger une signification concrète au nombre 100.

c) Donner la valeur des éléments a_{13} et a_{32}.

d) Quel est le nombre d'entrées pour le film Shrek dans le cinéma le Select ?

2° La semaine suivante, tous les cinémas ont vu une augmentation de 20 % du nombre d'entrées pour chacun des films.

Donner la matrice B des entrées en semaine 2, en indiquant l'opération à faire.

3° La troisième semaine, le nombre d'entrées pour Le retour du Roi a chuté de 60 % par rapport à la première semaine, et celui pour Les choristes a augmenté de 40 % par rapport à la première semaine ; pour Shrek, le nombre d'entrées est resté celui de la semaine 2.

a) Donner la matrice C des entrées en semaine 3.

On indiquera par une phrase les opérations à faire sur les lignes ou les colonnes.

b) Calculer la matrice du total des entrées sur les trois semaines.

Donner le nombre total d'entrées pour Le retour du Roi dans le cinéma l'As.

101 Une entreprise de confection fabrique des chemisiers, des pantalons, des jupes et des vestes.

Pour cela, elle soutraite à quatre ateliers de capacités différentes travaillant aussi pour d'autres entreprises.

En une journée chaque atelier peut livrer :

- A : 50 chemisiers, 40 pantalons, 40 jupes et 20 vestes ;
- B : 60 chemisiers, 50 pantalons, 40 jupes et 25 vestes ;
- C : 30 chemisiers, 20 pantalons, 20 jupes et 10 vestes ;
- D : 20 chemisiers, 15 pantalons, 10 jupes et 5 vestes :

1° Si en un mois, l'atelier A travaille 15 jours pour l'entreprise, B travaille 10 jours, C travaille 5 jours et D travaille 7 jours, combien de chemisiers, de pantalons, de jupes et de vestes seront livrés à l'entreprise ?

2° Combien de journées de travail l'entreprise devra-t-elle demander aux ateliers A, B, C et D pour honorer une commande de 1 750 chemisiers, 1 410 pantalons, 1 300 jupes et 690 vestes ?

On utilisera le calcul matriciel et la calculatrice.

102 Dans une usine de métallurgie, on s'intéresse à la fabrication de pièces mécaniques toutes semblables.

Cette usine possède cinq ateliers A, B, C, D et E, et dans chacun de ces ateliers, la production est faite à l'aide de 4 types de machine, plus ou moins vieilles, si bien que la production ne se fait ni au même rythme, ni au même coût.

Le premier tableau donne les paramètres de fabrication par machine (le temps, le nombre de pièces et le coût) et le second donne le nombre de machines de chaque type dans les ateliers.

machine	temps (en min)	nombre de pièces	coût (en €)
①	10	120	10
②	7	100	15
③	6	80	12
④	8	110	11

machine	nombre par atelier				
	A	*B*	*C*	*D*	*E*
①	3	0	2	0	0
②	0	4	2	0	0
③	0	0	0	4	0
④	1	0	0	1	5

Exemple de lecture : en 10 min, la machine ① fabrique 120 pièces pour un coût total de 10 €.

1° À l'aide du produit de deux matrices, donner le tableau des paramètres de fabrication de chaque **atelier**.

Quel sera le nombre de pièces fabriquées par l'atelier C en 34 min de fonctionnement de ses 4 machines ? et pour quel coût ?

2° Quel sera le coût total sur les cinq ateliers ?

Quel nombre de pièces au total pourront être fabriquées ?

Quel sera le temps total de fonctionnement des 22 machines ?

103 Xavier, Yvon et Zoé veulent s'équiper en matériel informatique soit dans le magasin Infor, soit dans le magasin Matos.

Leurs besoins et les prix unitaires H.T., en euros, sont donnés ci-dessous.

	Xavier	Yvon	Zoé
disquette	10	20	15
CD	15	5	10
DVD	3	5	10

	prix Infor	prix Matos
disquette	0,50	0,55
CD	0,75	0,72
DVD	15,24	13,72

Pour chaque question, on nommera par une lettre chaque matrice intervenant, en précisant ce qu'elle représente.

1° a) Donner la matrice représentant les dépenses H.T. respectives de Xavier, Yvon et Zoé, suivant qu'ils achètent à Infor ou à Matos.

b) Sur les vitrines de chaque magasin, on affiche 30 % de remise sur tous les produits.

La TVA sur ces produits étant de 19,6 %, déterminer la matrice les dépenses TTC respectives de Xavier, Yvon et Zoé suivant qu'ils achètent à Infor ou à Matos.

2° Finalement, Xavier, Yvon et Zoé se sont équipés dans un autre magasin, Puce, et ont dépensé respectivement 52,5 €, 75 € et 138,75 €.

a) Établir le système à résoudre pour trouver le prix unitaire TTC de chaque type d'articles.

b) Résoudre le système en utilisant les matrices et la calculatrice et conclure.

c) En déduire la matrice colonne donnant les prix unitaires HT de chaque article chez Puce, et conclure.

104 Matrice inverse d'une matrice carrée d'ordre 2

I_2 étant la matrice unité d'ordre 2, on se propose de rechercher si, pour toute matrice A, il existe une matrice B telle que : $AB = I_2$ et $BA = I_2$.

1° Vérification

a) Soit $A = \begin{bmatrix} 4 & 2 \\ 1 & 0 \end{bmatrix}$ et $B = \begin{bmatrix} 0 & 1 \\ 0{,}5 & -2 \end{bmatrix}$.

Calculer à la main les produits AB et BA.

b) Dans la calculatrice, entrer la matrice $A = \begin{bmatrix} 3 & -1 \\ 2 & 0 \end{bmatrix}$, puis calculer A^{-1}, voir page 285.

Calculer à la main le produit AA^{-1} et le produit $A^{-1}A$. Conclure.

c) De même pour la matrice $C = \begin{bmatrix} 2 & 3 \\ 4 & 6 \end{bmatrix}$.

2° Sur un exemple

Soit $A = \begin{bmatrix} 3 & -1 \\ 2 & 0 \end{bmatrix}$. On pose $B = \begin{bmatrix} x & y \\ z & t \end{bmatrix}$,

où x, y, z, et t sont des réels.

a) Traduire l'égalité $AB = I_2$ par un système 2×2 et résoudre ce système à la main.

b) Comparer la matrice B obtenue à A^{-1} obtenue par la calculatrice. Conclure.

c) Traduire l'égalité $CB = I_2$ par un système et résoudre ce système à la main.

3° Étude théorique

Soit $A = \begin{bmatrix} a & b \\ c & d \end{bmatrix}$ et $J = \begin{bmatrix} a+d & 0 \\ 0 & a+d \end{bmatrix}$.

On cherche la matrice b telle que $AB = I_2$.

a) Montrer que $A(A-J) = (bc-ad)\,I_2$.

b) En déduire que la matrice B existe si, et seulement si, $ad \neq bc$.

Faire le lien avec la condition d'existence d'une solution à un système $\begin{cases} ax+by = e \\ cx+dy = f \end{cases}$.

c) Déterminer B et vérifier que $BA = I_2$.

> **Soit** $A = \begin{bmatrix} a & b \\ c & d \end{bmatrix}$.
>
> **Si $ad \neq bc$, la matrice inverse de A existe.**

105 Résolutions de systèmes 2×2

1° Le système $\begin{cases} x-2y = 1 \\ 3x-4y = 5 \end{cases}$

se traduit par une équation matricielle $AX = B$.

a) Résoudre ce système à la main.

b) Montrer que $AX = B \Leftrightarrow X = A^{-1}B$.

Résoudre le système à la calculatrice.

2° Résoudre les systèmes suivants :

a) $\begin{cases} 5x+10y = 15 \\ 6x+2y = 5 \end{cases}$ b) $\begin{cases} 52x+24y = 750 \\ 38x+21y = 564 \end{cases}$

c) $\begin{cases} \frac{8}{9}x - \frac{11}{8}y = \frac{1}{4} \\ \frac{4}{7}x - \frac{5}{8}y = \frac{1}{3} \end{cases}$ d) $\begin{cases} \frac{5}{3}x + 14y = \frac{8}{3} \\ \frac{9}{2}x + \frac{7}{5}y = -2 \end{cases}$

3° Dans une industrie on utilise deux produits A et B en quantités x et y, en kg.

À l'aide de ces deux produits on fabrique deux mélanges M1 et M2 : on fabrique 410 kg de mélange M1 à l'aide de 4/5 de quantité x de produit A et 3/8 de la quantité y de produit B, et 400 kg de mélange M2 avec ce qui reste de produits A et B.

Déterminer les quantités de produits A et B.

106 Résolution de systèmes

Résoudre à la main les systèmes donnés et les vérifier à la calculatrice.

a) $\begin{cases} 2x+3y+z = 4 \\ -x+2y+z = -1 \\ 3x-y-z = 4 \end{cases}$ b) $\begin{cases} 3x-5y+z = 2 \\ 12x+y-z = 5 \\ x+2y+z = 14 \end{cases}$ c) $\begin{cases} x+y-t = 0 \\ 2y+z+2t = 0 \\ x+y+z-t = 2 \end{cases}$ d) $\begin{cases} 2a+b+c = 10 \\ 3a-b+c = 5 \\ 4a+2b-c = 5 \end{cases}$

107

Chercher s'il existe, une parabole d'équation :

$$y = ax^2 + bx + c,$$

passant par les trois points :

$A(5\,;\,102{,}5)$, $B(10\,;\,190)$ et $C(20\,;\,440)$.

108

À l'aide de la calculatrice, déterminer les réels a, b, c et d tels que la courbe d'équation $y = ax^3 + bx^2 + cx + d$ passe par les points :

$A(-5\,;\,192)$, $B(10\,;\,222)$, $C(20\,;\,242)$ et $D(30\,;\,-438)$.

109 Abonnements

Un opérateur téléphonique propose des abonnements à internet de type W1 et W2 , des abonnements SMS de type S1 , S2 et S3 dépendants du nombre de SMS envoyés et des abonnements communications C1 et C2 .

Sept entreprises ont signé un contrat chez cet opérateur pour équiper leurs employés, et ont fait les choix ci-contre pour les abonnements.

Interpréter le tableau en système, le résoudre à la calculatrice et donner le coût unitaire de chaque abonnement.

	E1	E2	E3	E4	E5	E6	E7
W1	3	6	2	1	23	2	9
W2	5	10	15	2	10	3	5
S1	1	4	7	1	14	1	3
S2	5	6	4	1	10	0	10
S3	2	8	6	1	9	4	1
C1	4	15	15	0	18	3	12
C2	4	3	0	2	15	2	2
coût total	518	1198	1194	152	1924	342	864

110 Chaîne de Markov

Une marque a une clientèle fidèle avec un produit A. Elle a lancé sur le marché un nouveau produit B.

Après quelques mois de vente, une enquête auprès de sa clientèle détermine que chaque mois :

- 20 % des acheteurs du produit A abandonne A pour choisir le produit B ;
- 10 % des consommateurs du produit B sont déçus et reviennent au produit A.

On étudie une population fixe de 24 000 consommateurs de cette marque, répartis le mois de l'enquête en 15 000 personnes consommant le produit A et 9 000 consommant le produit B.

On note a_n et b_n les nombres de consommateurs de A et de B au bout de n mois : $a_0 = 15\,000$ et $b_0 = 9\,000$.
On a toujours $a_n + b_n = 24\,000$. On veut évaluer l'évolution du comportement des consommateurs à long terme.

A : Travail avec calculatrice

a) Montrer que $\begin{bmatrix} a_1 & b_1 \end{bmatrix} = \begin{bmatrix} a_0 & b_0 \end{bmatrix} \begin{bmatrix} 0{,}8 & 0{,}2 \\ 0{,}1 & 0{,}9 \end{bmatrix}$.

On note M cette matrice carrée.

b) Exprimer $\begin{bmatrix} a_2 & b_2 \end{bmatrix}$ en fonction de $\begin{bmatrix} a_0 & b_0 \end{bmatrix}$ et de M .

c) Calculer à la calculatrice les puissances successives de M et la répartition des consommateurs correspondante, jusqu'à $n = 20$.

d) Quelle semble être la répartition à long terme des consommateurs entre les deux produits ?

B : Travail sur tableur

1° a) Entrer les éléments de la matrice M dans la plage A2 : B3.

Entrer les valeurs de a_0 et b_0 dans la plage D2 : E2.

b) Pour déterminer le produit $\begin{bmatrix} a_0 & b_0 \end{bmatrix} M$, sélectionner la plage D4 : E4.

Donner la formule à écrire dans la barre de formule.

Ne pas oublier de valider en appuyant sur les touches Ctrl Maj Entrée du clavier.

2° a) Numéroter les mois en entrant en colonne C les valeurs de n , « sauter » une cellule entre chaque valeur de n : pour cela, sélectionner les cellules C2 : C5 , saisir la poignée de recopie et tirer vers le bas jusqu'à la ligne 71.

b) Calculer la matrice M^2 dans la plage A4 : B5 par la formule ci-dessous et la répartition des consommateurs au bout de deux mois dans la plage D6 : E6 .

PRODUITMAT ▾ ✗ ✓ fx =PRODUITMAT($A$2:$B$3;A2:B3)

	A	B	C	D	E
1	M		n	an	bn
2	0,8	0,2	0	15000	9000
3	0,1	0,9			
4	=PRODUITM/	0,34	1	12900	11100
5	0,17	0,83			

c) Calculer les matrices M^n jusqu'à $n = 30$, en copiant et tirant les cellules A4 : B5 , ainsi que la répartition correspondante des consommateurs en colonnes D et E.

Réduire le nombre de décimales des colonnes D et E.

d) Répondre à la question d) du travail avec la calculatrice.

C : Travail théorique

L'état stable pour le marché de ces deux produits vérifie :

$$[x \; y] \, M = [x \; y] \quad \text{et} \quad x + y = 24\,000 \; .$$

Résoudre le système correspondant et retrouver les valeurs observées.

111 Population sur deux îles

On imagine deux îles voisines isolées du reste du monde qui n'ont d'échanges de population qu'entre elles.

On suppose que, d'une année sur l'autre, l'île AZUR conserve 80 % de sa population et accueille 20 % des habitants de l'île BEAUTÉ (mariages, par exemple). On suppose aussi la stabilité de cet échange pendant un certain nombre d'années et, sur chaque île, le solde naissance-décès est nul.

1° Quel pourcentage de ses habitants l'île BEAUTÉ conserve-t-elle ?
Quel pourcentage des habitants de l'île AZUR accueille-t-elle ?

2° On note $p_n = \begin{bmatrix} a_n & b_n \end{bmatrix}$ la matrice ligne :

• a_n désigne la population de l'île AZUR au début de l'année $2000 + n$;

• b_n désigne la population de l'île BEAUTÉ au début de l'année $2000 + n$.

a) Exprimer a_1 et b_1 en fonction de a_0 et b_0 .

b) En déduire la matrice A telle que :

$$p_1 = p_0 A .$$

c) Exprimer a_2 et b_2 en fonction de a_1 et b_1 .

En déduire que $p_2 = p_1 A$.

Puis exprimer, à l'aide de A , la matrice B telle que :

$$p_2 = p_0 B$$

d) Exprimer a_{n+1} et b_{n+1} en fonction de a_n et b_n .

En déduire que $p_{n+1} = p_n A$.
A est dite **matrice de transition.**

Exprimer, à l'aide de A , les matrices C , E et F telles que :

$$p_3 = p_0 C \; , \quad p_5 = p_0 E \quad \text{et} \quad p_{25} = p_0 F \; .$$

Application à la calculatrice

3° Au début de l'année 2000, AZUR a 2 000 habitants et BEAUTÉ a 1 000 habitants.

a) Donner p_0 et calculer p_1 .

b) Estimer les populations respectives de AZUR et BEAUTÉ au début de 2005 et au début de 2025 ?

c) Et en 2050 ? Les hypothèses de départ risquent fort de ne plus être valables !

4° Reprendre les questions 3° a) b) c), avec les hypothèses suivantes sur a_0 et b_0 :

a) $a_0 = 1\,800$ et $b_0 = 1\,200$;

b) $a_0 = 1\,500$ et $b_0 = 1\,500$.

Que constate-t-on ?

112 Circuits de distribution

On suppose que trois circuits de distribution de films se partagent exclusivement les salles de cinéma françaises : circuit ACTION (A) , circuit BOULEVARD (B) et circuit CINÉ-CLUB (C) .

On suppose que, d'un mois sur l'autre, pendant au moins un an :

• A conserve 80 % de son implantation, mais en perd 10 % au profit de B et 10 % au profit de C ;

• B conserve 70 % de son implantation, mais en perd 20 % au profit de A et 10 % au profit de C ;

• C conserve 60 % de son implantation, mais en perd 30 % au profit de A et 10 % au profit de B .

On suppose, de plus, que le parc des salles reste stable durant cette période.

On note $p_n = \begin{bmatrix} a_n & b_n & c_n \end{bmatrix}$ la matrice ligne.

• a_n désigne le pourcentage des salles, où A est implanté à la fin du n-ième mois de cette étude ;

• b_n le pourcentage des salles, où B est implanté ;

• c_n le pourcentage des salles, où C est implanté.

1° Exprimer a_1 à l'aide de a_0 , b_0 et c_0 .
Même question pour b_1 et c_1 .

En déduire la matrice de transition M telle que :

$$p_1 = p_0 M .$$

2° Exprimer a_2 , b_2 et c_2 à l'aide de a_1 , b_1 et c_1 .

En déduire que $p_2 = p_1 M$.

Exprimer, à l'aide de M , la matrice T telle que :

$$p_2 = p_0 T .$$

3° Exprimer à l'aide de la matrice de transition M , la matrice U telle que :

$$p_3 = p_0 U ,$$

puis les matrices V et W telles que :

$$p_6 = p_0 V \quad \text{et} \quad p_{12} = p_0 W .$$

Applications

4° Au bout de trois mois, depuis le départ, quelle sera la part de l'implantation que C aura conservé ?

Combien en aura-t-il perdu au profit de A ? au profit de B ?

Quelle sera la part que C aura acquise de l'implantation de A ? de l'implantation de B ?

5° Au départ de l'étude, les parts d'implantation sont respectivement de 20 % pour A, 50 % pour B et 30 % pour C.

Que sont-elles devenues :

au bout de 3 mois ? de 6 mois ? d'un an ?

(Arrondir les pourcentages à deux chiffres après la virgule.)

Matrice de LÉONTIEF (1906-1999, prix Nobel d'économie, en 1973)

On envisage un pays fictif, sans échange extérieur, dont l'économie très simplifiée se décompose en trois branches : l'agriculture, l'industrie et les transports.

Une partie de la production de chaque branche ne sert pas directement à **la consommation finale**, mais intervient dans la production d'autres services ce que l'on nomme **les consommations intermédiaires**.

Le tableau suivant donne les consommations intermédiaires, en unité monétaire, des différentes branches :

	consommations intermédiaires				consommation finale
	consommation de l'agriculture	consommation de l'industrie	consommation des transports	Total C	C_F
production de l'agriculture	400	450	150		
production de l'industrie	500	900	210		
production des transports	100	810	210		

1° a) Donner la signification de chaque nombre du tableau. Recopier le tableau précédent.

Compléter la colonne total des consommations intermédiaires notée. On note la matrice C_F.

b) Les productions totales de chaque branche sont données par la matrice colonne $P = \begin{bmatrix} 2\,000 \\ 3\,000 \\ 1\,500 \end{bmatrix}$.

Compléter la colonne des consommations finales C_F.

2° On définit la matrice A des **coefficients techniques** par ses éléments obtenus par quotient :

$$a_{ij} = \frac{\text{consommation intermédiaire de la branche } i \text{ par la branche } j}{\text{production de la branche } j},$$

ainsi, $a_{12} = \dfrac{450}{3\,000}$.

a) Déterminer la matrice A et vérifier que $A\ P = C$.

b) Exprimer par une égalité de matrices la relation :

Production = « consommations intermédiaires » + « consommations finales ».

c) Montrer que $C_F = (I_3 - A)\ P$, où I_3 est la matrice unité d'ordre 3.

La matrice $\boldsymbol{I_3 - A}$ est la **matrice de Léontief** notée **L**. Déterminer **L**.

3° On admet que la matrice A reste la même lorsque les consommations ou productions varient.

On fait l'hypothèse que la production agricole diminue de 8 %.

a) Dans ce cas calculer les consommations finales qui pourront êtres satisfaites.

b) Peut-on avoir un vecteur de production

$P = \begin{bmatrix} 1\,800 \\ 3\,500 \\ 1\,200 \end{bmatrix}$. Justifier la réponse.

c) Calculer les productions nécessaires dans chaque branche pour avoir un vecteur de consommation finale :

$$C_F = \begin{bmatrix} 955 \\ 1\,600 \\ 299 \end{bmatrix}.$$

En conseil de classe

114 Le tableau suivant, enregistré sur une feuille d'Excel, fournit les notes par matière d'un bac blanc de la classe de Terminale ES.

Il n'est pas tenu compte des enseignements de spécialité.

	A	B	C	D	E	F	G	H
1		Philosophie	Anglais	Langue V2	Histoire-Géo	S. E. S.	Maths	EPS
2	Ymène	11,5	8,8	10,7	13,3	11,3	12,3	15
3	Agathe	7	9	9,1	8,3	7	7,8	11,7
4	Floriane	9	12,3	14,3	11	13	9,3	10
5	Adrien	7	13,5	12,2	8,5	8	10	17,2
6	Yoann	6,5	8,8	9,3	8	6,5	7,9	14,5
7	Amir	8	9,8	8,4	8,7	6,5	7,6	12,7
8	Laura	6,5	5,8	8	8,3	9,5	5,2	10
9	Violaine	7,5	6,8	7,7	9,3	8,5	8,6	12,5
10	Julia	8,5	10,8	12,3	10,7	8	6,7	13,6
11	Naima	9	10	13,2	11	11	9,5	14,3
12	Souad	7,5	7,5	8,2	6,5	8,5	10,2	14
13	Chloe	7,5	13,3	15,4	11,8	9,5	8,7	12
14	Miran	5,5	7,5	6,8	8,3	6	5,3	14,2
15	Stephane	7,5	7,5	10	8,8	7,5	7,8	12,7
16	Marine	10,5	10	11,6	10,8	9	12,3	17
17	Aurelia	7,5	5,8	10,9	11,8	8,5	13	9,5
18	Mélissa	16,5	11,5	16,1	14,5	12,5	14,8	14,5
19	Vanessa	9,5	9,3	16,2	9,3	10	11,3	14,5
20	Julie	6,5	9,3	10,7	10,8	8,5	10	8,6
21	Charazad	8,5	10	8,2	7,5	8	5,8	8,6
22	Mailis	13,5	11,3	13,9	11,3	11,5	9,3	14,5
23	Oulimata	13,5	13	11	14,3	12,5	10,5	16
24	Morgane	15	13	14,8	11,8	14	14,1	9,5
25	Carole	14,5	10	9,7	11,8	9,5	11,3	9,8
26	Mylene	9	7	8,2	10	10,5	11,4	9,5
27	Alice	7,5	14,5	12,1	7,9	8,5	11,3	8,5
28	Tuan	10	8,5	10,4	8,9	8,5	11	14,5

J	K
coefficient	
Philosophie	4
Anglais	3
Langue V2	3
Histoire-Géo	5
S. E. S.	7
Mathématiques	5
EPS	2
Total	29

Les coefficients de chaque matière sont donnés par la matrice colonne ci-contre.

On désire connaître la moyenne de chaque élève au bac blanc.

Le problème revient à effectuer le produit d'une matrice A ayant 27 lignes et 7 colonnes, par une matrice colonne C comportant 7 lignes.

1° Quelle opération sur les matrices faut-il faire pour obtenir la moyenne de chaque élève à ce bac blanc ?

2° Copier – Coller les prénoms des élèves de A2:A28 en colonne M.

M	N
Ymène	=
Agathe	
Floriane	

3° Sélectionner les cellules N2:N28 , puis en cellule N2 taper la formule :

N2 ▾ *fx* {=PRODUITMAT(B2:H28;K2:K8)/29}

Calculer la moyenne générale de la classe : N30 ▾ *fx* =SOMME(N3:N28)/27

12

Équations cartésiennes dans l'espace

Promenade en Bourgogne

Une promenade dans la campagne bourguignonne, de la plaine de Foineresse à la colline de Chantillon .

Comment peut-on savoir en regardant la carte si l'on monte où si l'on descend ?

[voir exercice 68]

MISE EN ROUTE

Tests préliminaires

A. Lectures dans l'espace

On considère le pavé ci-dessous dans un repère orthonormal de l'espace $(O\,;\vec{i}\,,\vec{j}\,,\vec{k})$.

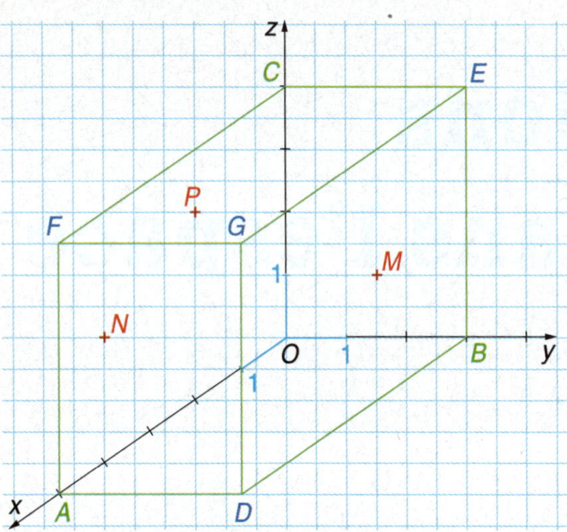

1° a) Lire les coordonnées de A , B et C .

b) Donner la ou (les) coordonnée(s) nulle(s) d'un point de l'axe (Ox) .

c) De même, **caractériser** un point de l'axe (Oy) ; de l'axe (Oz) .

2° a) Lire les coordonnées des points E , F et G .

b) À quel plan de base appartient le point D ? le point E ? le point F ?

c) Comment peut-on caractériser un point du plan de base (xOy) ? (yOz) ? (zOx) ?

3° Lire les coordonnées de M si :

a) $M \in (yOz)$; **b)** $M \in (DBE)$; **c)** $M \in (OA)$.

4° Lire les coordonnées de N si :

a) $N \in (xOz)$; **b)** $N \in (EG)$; **c)** $N \in (OB)$.

5° Lire les coordonnées de P si :

a) $P \in (xOz)$; **b)** $P \in (yOz)$; **c)** $P \in (FGE)$.

(Voir chapitre 10, p. 256)

B. Vecteurs colinéaires et coplanaires

Soit $\vec{u}\left(-2\,;\dfrac{4}{3}\,;2\right)$, $\vec{v}\,(1\,;-3\,;-2)$,

$\vec{w}\,(-5\,;1\,;4)$ et $\vec{t}\,(3\,;-2\,;-3)$.

1° $\vec{u}$ et $\vec{t}$ sont-ils colinéaires ?

2° a) Montrer que $\vec{u}$, $\vec{v}$ et $\vec{w}$ sont coplanaires.

On cherchera α et β tels que :

$$\vec{w} = \alpha\vec{u} + \beta\vec{v} \quad .$$

b) $\vec{v}$, $\vec{w}$ et $\vec{t}$ sont-ils coplanaires ?

(Voir chapitre 10, p. 257)

C. Points dans un plan

L'espace est muni d'un repère $(O\,;\vec{i}\,,\vec{j}\,,\vec{k})$ orthonormal. On connaît les points :

$A(0\,;4\,;1)$, $B(2\,;3\,;0)$ et $C(0\,;-2\,;4)$.

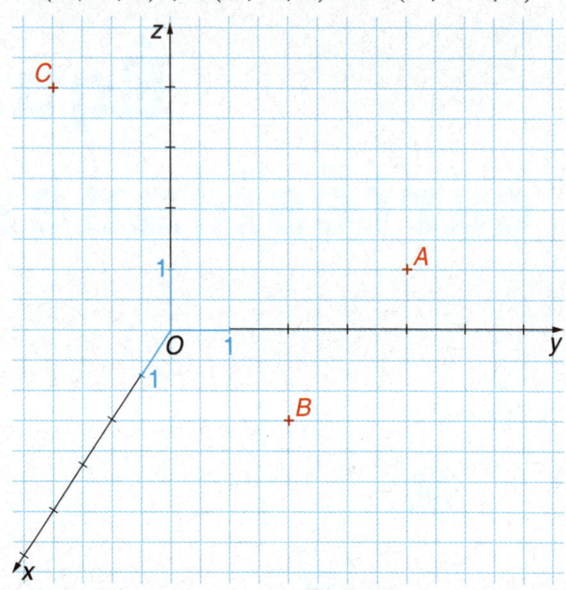

Reproduire la figure et la compléter au fur et à mesure.

1° a) Démontrer que A , B et C définissent un plan.

b) Justifier que $(AC) \subset (yOz)$.

Soit $E = (AC) \cap (Oy)$ et $F = (AC) \cap (Oz)$.

Déterminer les coordonnées de E et F .

2° a) Déterminer les coordonnées du point K tel que B est le milieu de $[AK]$.

b) Soit $G = (Ox) \cap (ABC)$.

Déterminer les coordonnées de G en cherchant les réels α et β tels que :

$$\overrightarrow{AG} = \alpha\overrightarrow{AB} + \beta\overrightarrow{AC} \quad .$$

3° En utilisant les points trouvés, construire la section du plan (ABC) avec les plans de base du repère.

(Voir page de calcul, p. 318)

D. Vecteurs orthogonaux

On reprend le pavé du test A . Le reproduire.

a) Tracer la droite $\mathcal{D}$ passant par O de vecteur directeur $\vec{u}\,(3\,;5\,;0)$.

Montrer que $\mathcal{D} \perp (EAB)$.

b) Tracer la droite Δ passant par O de vecteur directeur $\vec{v}\,(0\,;4\,;3)$.

Montrer que $\Delta \perp (DBC)$.

c) Tracer la droite d passant par O de vecteur directeur $\vec{w}\,(4\,;0\,;5)$.

Montrer que $d \perp (DAC)$.

(Voir chapitre 10, p. 258)

Activités préparatoires

1. Droites et plans particuliers

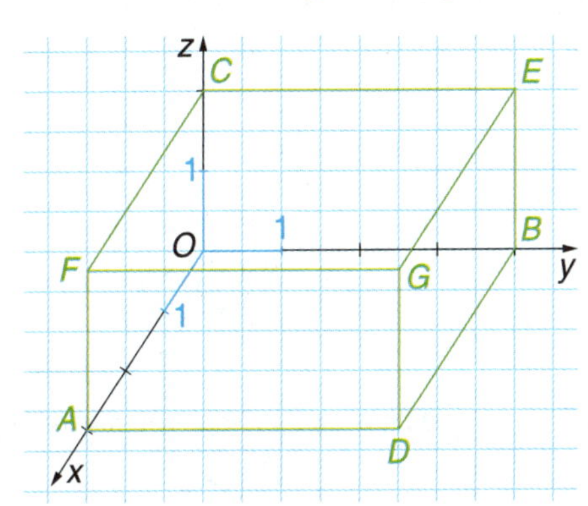

L'espace est muni d'un repère $(O\,;\vec{i}\,,\vec{j}\,,\vec{k}\,)$.
Le pavé ci-contre est vu « en fil de fer ».

1° Dans chaque cas, indiquer où se situe un point $M(x\,;\,y\,;\,z)$ tel que :
a) $x = 0$; b) $y = 0$; c) $z = 0$; d) $x = 3$; e) $y = 4$; f) $z = 2$.

2° Même question avec :

a) $\begin{cases} x = 3 \\ y = 0 \end{cases}$ b) $\begin{cases} y = 4 \\ z = 0 \end{cases}$ c) $\begin{cases} z = 2 \\ x = 0 \end{cases}$

d) $\begin{cases} y = 4 \\ z = 2 \end{cases}$ e) $\begin{cases} x = 3 \\ y = 4 \end{cases}$ f) $\begin{cases} x = 3 \\ z = 2 \end{cases}$.

2. Droite et plan perpendiculaires

On considère $A(4\,;\,1\,;\,3)$, $\vec{u}\,(1\,;\,4\,;\,2)$ et $\mathcal{D}$ la droite passant par A et de vecteur directeur $\vec{u}$, dans un repère **orthonormal**.

Soit $\mathcal{P}$ le plan passant par A et perpendiculaire à la droite $\mathcal{D}$.

1° Soit $M(x\,;\,y\,;\,z)$ un point quelconque du plan $\mathcal{P}$.

Que dire des vecteurs $\overrightarrow{AM}$ et $\vec{u}$?

En déduire une relation entre les coordonnées x, y et z du point M du plan $\mathcal{P}$.

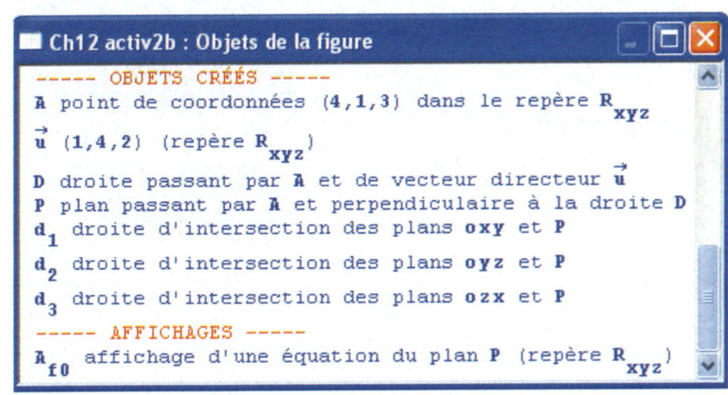

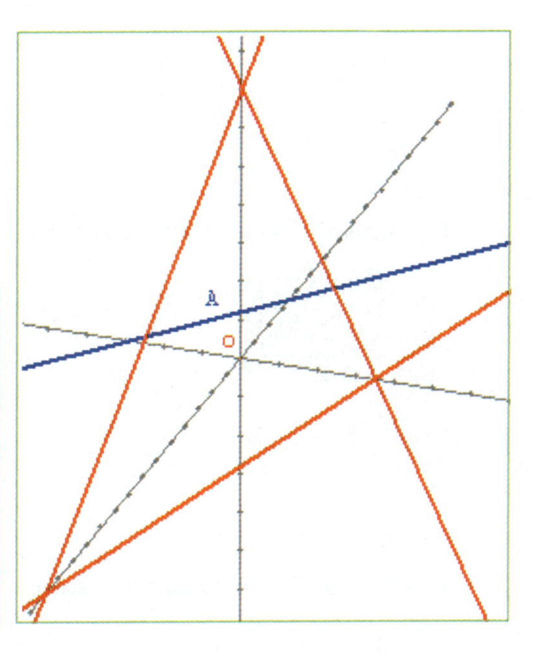

2° **Vérification sous GEOSPACE**

a) Créer les objets ci-dessus et créer l'affichage d'une équation du plan $\mathcal{P}$.

b) Modifier le vecteur $\vec{u}\,(3\,;\,2\,;\,2)$. Que devient l'équation de $\mathcal{P}$?

3. Coût total pour deux produits

Une entreprise fabrique deux produits A et B : x kg de A et y kg de B par jour.

Les coûts fixes journaliers sont de 300 € pour la totalité de la production.

Le coût unitaire variable est de 1,5 € par kg de produit A et 2 € par kg de produit B.

1° a) Exprimer le coût total z en fonction de x et y.

b) Calculer le coût total de 200 kg de A et 100 kg de B fabriqués.

2° a) Si le coût total est de 1 300 €, exprimer la quantité y en fonction de la quantité x.
La représenter dans un repère orthonormal du plan : unité 1 cm pour 100 kg.

b) De même pour $z \in \{400\,;\,600\,;\,800\,;\,1\,000\,;\,1\,200\}$.

COURS

1. Équations de plans particuliers

Soit $(O\,;\vec{\imath},\vec{\jmath},\vec{k})$ un repère de l'espace. Les équations suivantes s'obtiennent de manière évidente, par simple lecture.

Plans de base

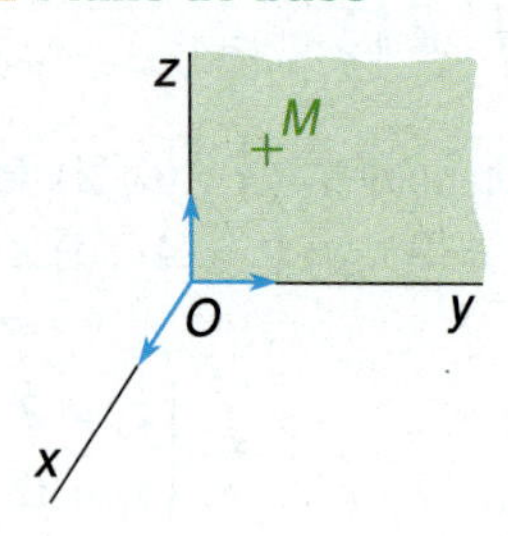

Le plan (yOz) a pour équation : $x = 0$.

$M \in (yOz) \Leftrightarrow x_M = 0$.

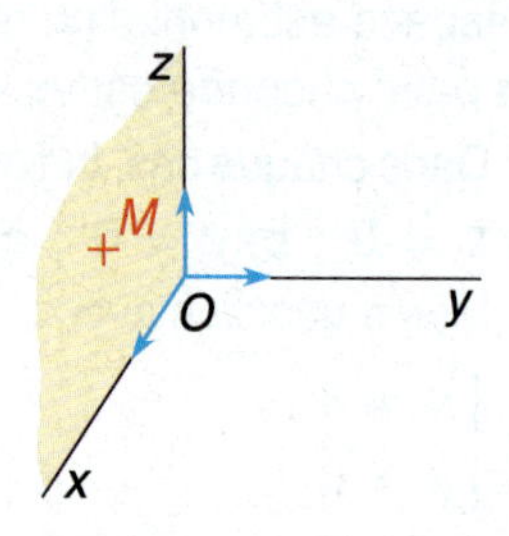

Le plan (xOz) a pour équation : $y = 0$.

$M \in (xOz) \Leftrightarrow y_M = 0$.

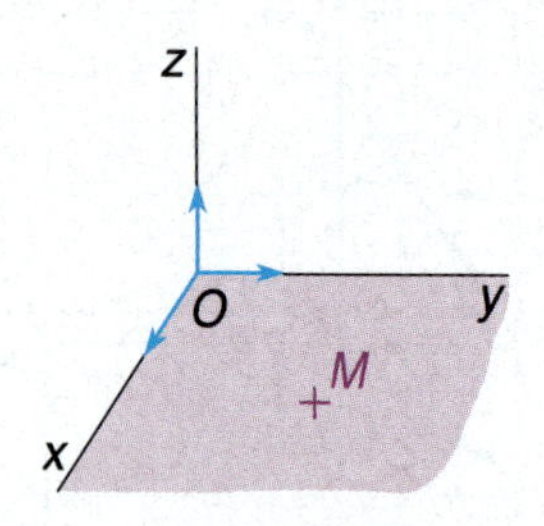

Le plan (xOy) a pour équation : $z = 0$.

$M \in (xOy) \Leftrightarrow z_M = 0$.

Axes du repère

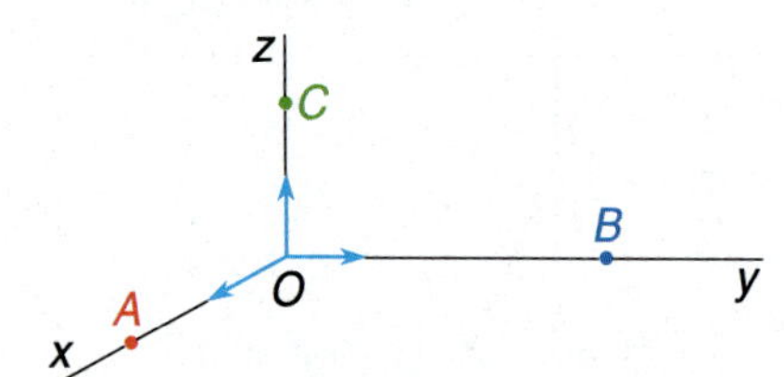

$A \in (Ox) \Leftrightarrow \begin{cases} y_A = 0 \\ z_A = 0 \end{cases}$ $B \in (Oy) \Leftrightarrow \begin{cases} x_B = 0 \\ z_B = 0 \end{cases}$

$C \in (Oz) \Leftrightarrow \begin{cases} x_C = 0 \\ y_C = 0 \end{cases}$

Plans parallèles à un plan de base

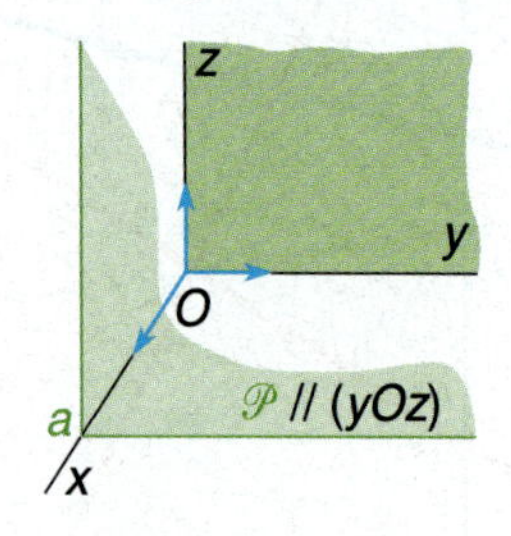

$\mathcal{P} \,//\, (yOz) \Leftrightarrow x = a$

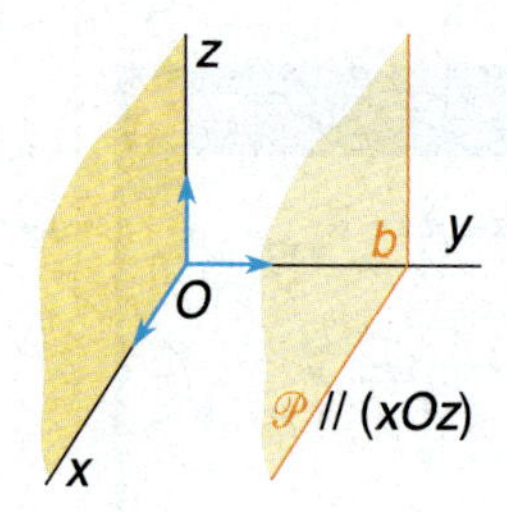

$\mathcal{P} \,//\, (xOz) \Leftrightarrow y = b$

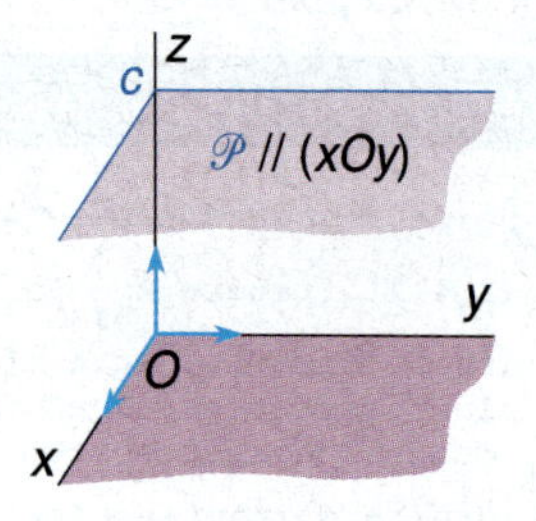

$\mathcal{P} \,//\, (xOy) \Leftrightarrow z = c$

Plans parallèles à un axe du repère

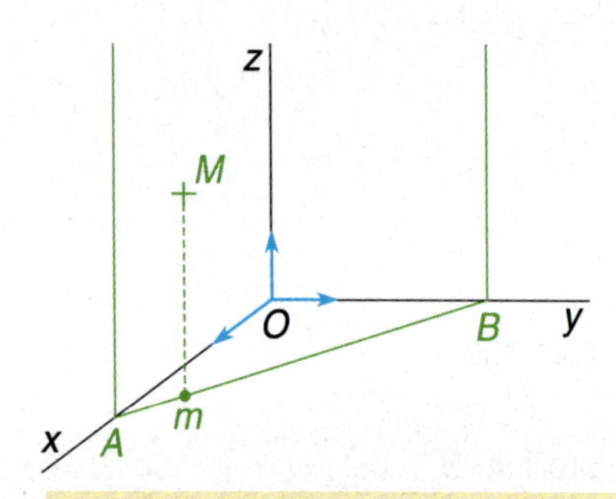

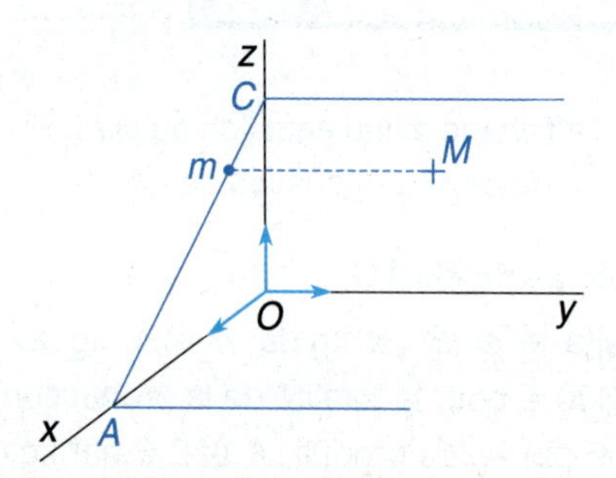

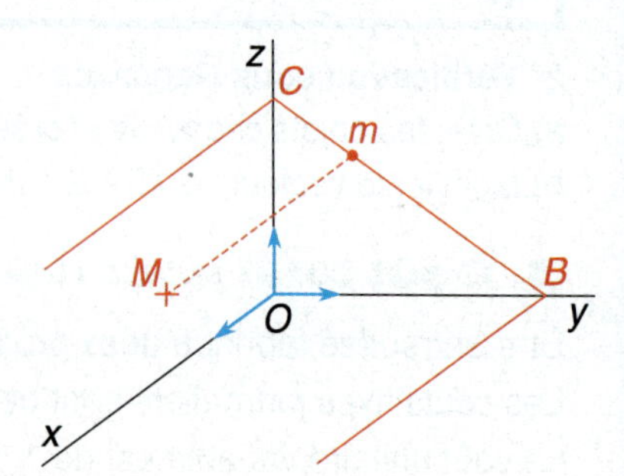

$\mathcal{P} \,//\, (Oz)$	$\mathcal{P} \,//\, (Oy)$	$\mathcal{P} \,//\, (Ox)$
$M \in \mathcal{P} \Leftrightarrow ax + by = d$	$M \in \mathcal{P} \Leftrightarrow ax + cz = d$	$M \in \mathcal{P} \Leftrightarrow by + cz = d$
z quelconque.	y quelconque.	x quelconque.

$ax + by = d$ est une équation de (AB) dans le plan (xOy).

$ax + cz = d$ est une équation de (AC) dans le plan (xOz).

$by + cz = d$ est une équation de (BC) dans le plan (yOz).

Déterminer l'équation d'un plan particulier

Méthode

• Pour un plan parallèle à l'un des plans de base, son équation ne laisse apparaître qu'une variable, les deux autres sont quelconques.

$\mathcal{P}$ passant par $A(x_A\,;y_A\,;z_A)$:

$\mathcal{P}$ // (yOz) a pour équation $x = x_A$;

$\mathcal{P}$ // (xOz) a pour équation $y = y_A$;

$\mathcal{P}$ // (xOy) a pour équation $z = z_A$;

• Pour un plan parallèle à l'un des axes, son équation laisse apparaître deux variables :

$\mathcal{P}$ // (Ox) : $by + cz = d$;

$\mathcal{P}$ // (Oy) : $ax + cz = d$;

$\mathcal{P}$ // (Oz) : $ax + by = d$.

[Voir exercices 13 à 15]

Soit $A(3\,;1\,;2)$, $B(0\,;4\,;1)$ et $C(0\,;0\,;3)$ des points dans un repère $(O\,;\vec{i},\vec{j},\vec{k})$ de l'espace.

On considère le plan $\mathcal{P}_1$ passant par A et parallèle au plan (yOz) et le plan $\mathcal{P}_2$ parallèle à (Ox) et passant par B et C .

Déterminer les équations des plans $\mathcal{P}_1$ et $\mathcal{P}_2$.

• Soit $M(x\,;y\,;z)$ un point quelconque du plan $\mathcal{P}_1$.
$\mathcal{P}_1$ est parallèle à (yOz) , donc y et z sont quelconques.
Comme $A(3\,;1\,;2) \in \mathcal{P}_1$, alors l'équation de $\mathcal{P}_1$ est $x = 3$.

• Soit $M(x\,;y\,;z)$ un point quelconque de $\mathcal{P}_2$.
$\mathcal{P}_2$ est parallèle à (Ox) , donc x est quelconque et l'équation de $\mathcal{P}_2$ est de la forme $by + cz = d$.

Dans le plan (yOz) , la droite (BC) a pour équation :

$$z = \frac{-2}{4}y + 3 \Leftrightarrow z = -\frac{1}{2}y + 3$$
$$\Leftrightarrow y + 2z = 6 .$$

Ainsi l'équation du plan $\mathcal{P}_2$ est :
$$y + 2z = 6 .$$

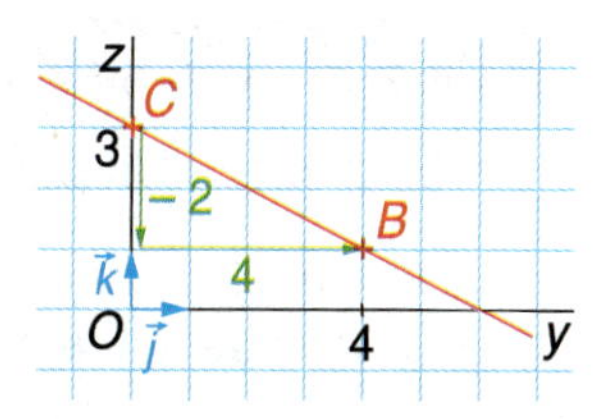

Représenter un plan d'équation « incomplète »

Méthode

Pour représenter un plan, on représente la section de ce plan sur les plans de base du repère.

La forme de l'équation donne la position du plan par rapport au repère :

– si la variable x n'apparaît pas, alors $\mathcal{P}$ // (Ox) ;

– si la variable y n'apparaît pas, alors $\mathcal{P}$ // (Oy) ;

– si la variable z n'apparaît pas, alors $\mathcal{P}$ // (Oz) .

On cherche alors les coordonnées des points d'intersection du plan avec chaque axe du repère.

Remarque : un point appartient à un plan si, et seulement si, ses coordonnées vérifient l'équation du plan.

[Voir exercices 16 à 18]

On considère les plans $\mathcal{P}_1$ d'équation $3x + 2z = 12$ et $\mathcal{P}_2$ d'équation $y = 5$. Représenter ces plans dans un repère de l'espace.

• $\mathcal{P}_1$ d'équation $3x + 2z = 12$ est parallèle à (Oy) , car y est quelconque.

$\mathcal{P}_1$ coupe les axes (Ox) et (Oz) en A et B :

$$A = (Ox) \cap \mathcal{P}_1 \Leftrightarrow \begin{cases} A \in (Ox) \Leftrightarrow y_A = 0 \text{ et } z_A = 0 \\ A \in \mathcal{P}_1 \Leftrightarrow 3x_A + 2z_A = 12 \Rightarrow 3x_A = 12 \\ \qquad \Leftrightarrow x_A = 4 . \end{cases}$$

D'où $\mathcal{P}_1$ coupe l'axe (Ox) en $A(4\,;0\,;0)$.

$$B = (Oz) \cap \mathcal{P}_1 \Leftrightarrow \begin{cases} B \in (Oz) \Leftrightarrow x_B = 0 \text{ et } y_B = 0 \\ B \in \mathcal{P}_1 \Leftrightarrow 3x_B + 2z_B = 12 \Rightarrow 2z_B = 12 \\ \qquad \Leftrightarrow z_B = 6 . \end{cases}$$

D'où $\mathcal{P}_1$ coupe l'axe (Oz) en $B(0\,;0\,;6)$.

On place A et B , on trace $[AB]$ et les parallèles à (Oy) passant par A et B .

• $\mathcal{P}_2$ d'équation $y = 5$ est parallèle au plan (xOz) .

$\mathcal{P}_2$ coupe (Oy) en C tel que : $x_c = 0$; $z_c = 0$ et $y_c = 5$.

On place $C(0\,;5\,;0)$ et on trace la parallèle à (Ox) passant par C et la parallèle à (Oz) passant par C .

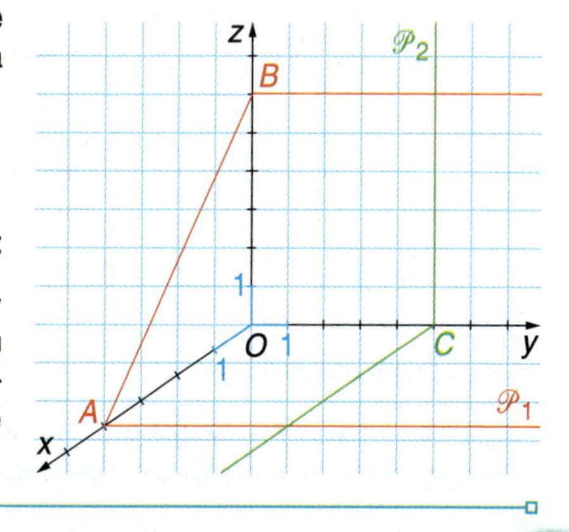

2. Équation générale d'un plan

Vecteur normal à un plan

définition : Dans un repère **orthonormal** de l'espace, un vecteur $\vec{n}$ non nul est un **vecteur normal** à un plan $\mathcal{P}$ lorsqu'une droite $\mathcal{D}$ de vecteur directeur $\vec{n}$ est perpendiculaire au plan $\mathcal{P}$.

Conséquence :

Soit $\mathcal{D}$ une droite de vecteur directeur $\vec{n}$ et $\mathcal{P}$ le plan passant par A et perpendiculaire à la droite $\mathcal{D}$.

$M(x\,;\,y\,;\,z)$ est un point quelconque du plan $\mathcal{P}$ si, et seulement si, le vecteur $\overrightarrow{AM}$ est orthogonal au vecteur $\vec{n}$; on utilise alors la relation d'orthogonalité sur les coordonnées.

$$M \in \mathcal{P} \quad \Leftrightarrow \quad \vec{n} \perp \overrightarrow{AM} \quad \Leftrightarrow \quad XX' + YY' + ZZ' = 0 \ .$$

Équations d'un plan

théorème : Un plan de l'espace a pour équation cartésienne (*) $ax + by + cz = d$.

théorème admis : Toute équation de la forme $ax + by + cz = d$, où l'un des réels a , b ou c n'est pas nul, est l'équation cartésienne d'un plan de l'espace dans un repère quelconque.

Démonstration : Soit $\mathcal{P}$ un plan de vecteur normal $\vec{n}\ (a\,;\,b\,;\,c)$ et passant par $A(x_A\,;\,y_A\,;\,z_A)$ dans un repère orthonormal de l'espace. $\vec{n}$ est non nul, donc au moins une des coordonnées a , b ou c est non nulle.

$$M(x\,;\,y\,;\,z) \in \mathcal{P} \quad \Leftrightarrow \quad \vec{n}\,(a\,;\,b\,;\,c) \perp \overrightarrow{AM}(x - x_A\,;\,y - y_A\,;\,z - z_A)$$

$$\Leftrightarrow \quad a\,(x - x_A) + b\,(y - y_A) + c\,(z - z_A) = 0 \quad \Leftrightarrow \quad ax + by + cz = ax_A + by_A + cz_A \ .$$

En posant $ax_A + by_A + cz_A = d$, on obtient $ax + by + cz = d$.

Cette équation n'est pas unique : en multipliant par un réel $k \neq 0$, on obtient une autre équation du plan, équivalente.

On admet que cette équation peut s'établir dans un repère quelconque de l'espace. [voir exercice 39]

Plans parallèles et équations cartésiennes d'une droite

théorème : Deux plans $\mathcal{P}$ et $\mathcal{P}'$ sont parallèles si, et seulement si, leurs coefficients en x , en y et en z sont proportionnels : il existe k tel que $a' = ka$, $b' = kb$ et $c' = kc$.

conséquence : Deux plans non parallèles sont sécants en une droite ; une droite de l'espace est donc déterminée par **deux** équations cartésiennes $\begin{cases} ax + by + cz = d \\ a'x + b'y + c'z = d' \end{cases}$.

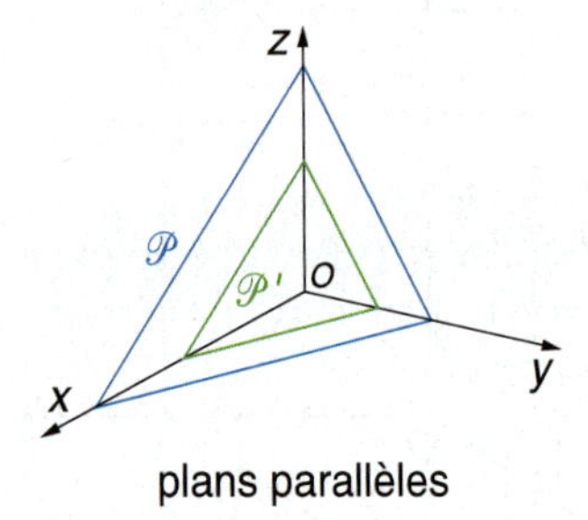

plans parallèles

Démonstration : Dire que les coefficients en x , y et z sont proportionnels signifie que les vecteurs normaux aux plans sont colinéaires : ainsi les plans sont perpendiculaires à la même droite, ils sont donc parallèles.

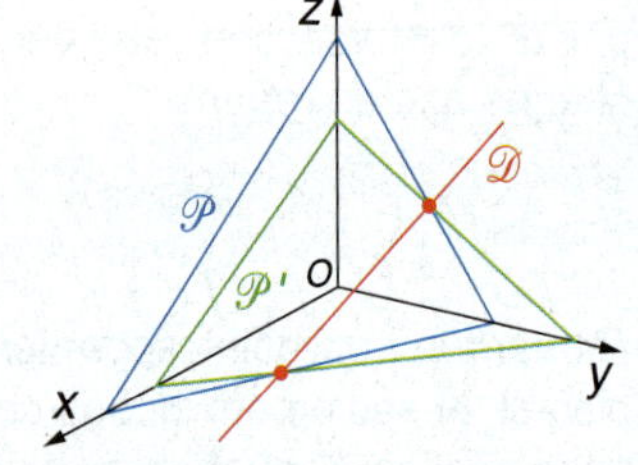

plans sécants selon une droite $\mathcal{D}$

(*) Cartésien indique que les variables x , y et z interviennent avec des coefficients.
C'est une invention du mathématicien et philosophe René DESCARTES, publiée en 1637.

Déterminer l'équation générale d'un plan

Méthode

Trois points **non alignés** A, B et C définissent un plan $\mathcal{P}$ d'équation de la forme :

$$ax + by + cz = d \ .$$

Or, un point appartient à un plan si, et seulement si, ses coordonnées vérifient l'équation du plan.

En écrivant que chaque point appartient au plan, on obtient un système de trois équations d'inconnues a, b et c que l'on résout en choisissant une valeur de d.

On écrit l'équation sous une forme « agréable ».

[Voir exercices 26 à 30]

Soit $A(0\ ;1\ ;2)$, $B(1\ ;3\ ;0)$ et $C(0\ ;0\ ;5)$ dans un repère de l'espace.

Montrer que ces trois points définissent un plan $\mathcal{P}$ et déterminer une équation de $\mathcal{P}$ à coefficients entiers.

$\overrightarrow{AB}(1\ ;2\ ;-2)$ et $\overrightarrow{AC}(0\ ;-1\ ;3)$ ne sont pas colinéaires ; donc les points A, B et C définissent un plan $\mathcal{P}$ d'équation :

$$ax + by + cz = d \ .$$

$$\left.\begin{array}{l} A(0\ ;1\ ;2) \in \mathcal{P} \Leftrightarrow ax_A + by_A + cz_A = d \Leftrightarrow b + 2c = d \\ B(1\ ;3\ ;0) \in \mathcal{P} \Leftrightarrow ax_B + by_B + cz_B = d \Leftrightarrow a + 3b = d \\ C(0\ ;0\ ;5) \in \mathcal{P} \Leftrightarrow ax_C + by_C + cz_C = d \Leftrightarrow 5c = d \end{array}\right\}$$

On résout ce système **en choisissant une valeur de d** qui rend les calculs faciles. Ici, si $d = 5$, alors $5c = 5 \Leftrightarrow c = 1$.

$$\begin{cases} c = 1 \\ b + 2c = 5 \\ a + 3b = 5 \end{cases} \Leftrightarrow \begin{cases} c = 1 \\ b = 5 - 2c = 5 - 2 = 3 \\ a = 5 - 3b = 5 - 9 = -4 \end{cases} \Leftrightarrow \begin{cases} a = -4 \\ b = 3 \\ c = 1 \end{cases} .$$

Le plan $\mathcal{P}$ a donc pour équation $\mathbf{-4x + 3y + z = 5}$.

Interpréter un système 3 x 3 ayant une solution

Méthode

Une équation à trois inconnues x, y et z est celle d'un plan $\mathcal{P}$.

Donc un système 3×3 correspond aux équations de trois plans $\mathcal{P}_1$, $\mathcal{P}_2$ et $\mathcal{P}_3$.

Dire qu'un système a une solution signifie que les trois plans sont sécants en un point S dont les coordonnées sont le triplet solution de ce système.

Un tel système, quand les coefficients sont simples, peut se résoudre « à la main » : voir chapitre 3, p. 73.

Sinon on utilise une équation matricielle :

$$A \cdot X = B \Leftrightarrow X = A^{-1} \cdot B \ ,$$

voir chapitre 11, p. 284.

[Voir exercices 31 à 33]

Résoudre et interpréter le système $\begin{cases} x + 2y + z = 6 \\ 3x + y + z = 6 \\ x + y + 2z = 5 \end{cases}$

On isole z de la 1re équation et on remplace dans les 2 autres :

$$\begin{cases} z = 6 - x - 2y \\ 3x + y + 6 - x - 2y = 6 \\ x + y + 12 - 2x - 4y = 5 \end{cases} \Leftrightarrow \begin{cases} z = 6 - x - 2y \\ 2x - y = 0 \\ -x - 3y = -7 \end{cases}$$

On garde le 1er on réduit les équations et on isole y .

$$\begin{cases} z = 6 - x - 2y \\ y = 2x \\ x + 6x = 7 \end{cases} \Leftrightarrow \begin{cases} x = 1 \\ y = 2 \times 1 = 2 \\ z = 6 - 1 - 2 \times 2 = 1 \end{cases}$$

La solution est le **triplet (1 ; 2 ; 1)** .

Les trois plans $\mathcal{P}_1$, $\mathcal{P}_2$ et $\mathcal{P}_3$ d'équations respectives :

$$x + 2y + z = 6 \ , \quad 3x + y + z = 6 \quad \text{et} \quad x + y + 2z = 5$$

ne sont pas parallèles et sont sécants en un point $S(1\ ;2\ ;1)$.

Figure obtenue à l'aide de GEOSPACE.

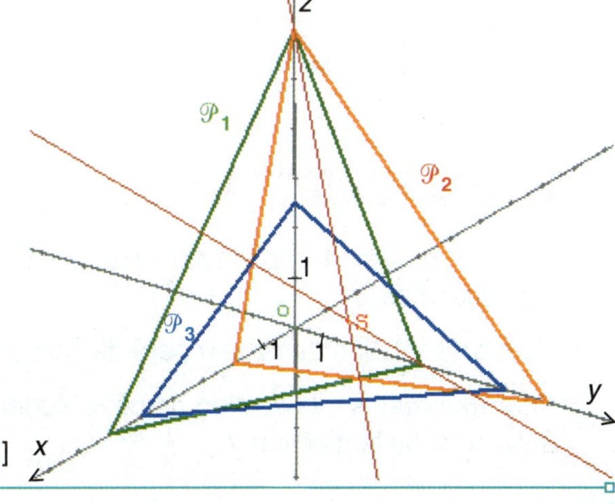

[Voir exercice 66.]

3. Courbes de niveau

■ ***Exemples en économie :*** Il est fréquent d'étudier une grandeur liées à deux variables.

- Un coût total de production en fonction des quantités x d'un produit A et des quantités y d'un produit B :

$$C(x\,;\,y) = 2x + 3y + 20 \quad \text{ou} \quad C(x\,;\,y) = 0{,}5x^2 + 2x + y^2 + 400\ ;$$

- Un bénéfice réalisé par la vente de x lots A et de y lots B :

$$B(x\,;\,y) = 5x + 3y \quad \text{ou} \quad B(x\,;\,y) = 12x + 30y - 150\ ;$$

- Un coût marginal de fabrication dépendant des quantités x et y de deux produits :

$$C_m(x\,;\,y) = 2x^2 - 16x + y^2 - 10y + 60\ ;$$

- Une production dépendant du capital investi K et du nombre d'ouvriers L affectés à cette production ; ce sont des fonctions de Cobb – Douglas, économistes américains du milieu du XXe siècle :

$$P(K\,;\,L) = 4K\sqrt{L} \quad \text{ou} \quad P(K\,;\,L) = 100\sqrt{KL}\ ;$$

- Un indice dépendant de deux biens en quantités x et y :

$$U(x\,;\,y) = \frac{x^2}{4} + 5y \quad \text{ou} \quad U(x\,;\,y) = x\,(100 - y)\ ;$$

- Une recette fonction d'une quantité q et d'un prix p :

$$R(q\,;\,p) = (q-2)\,(1{,}1p - 1) \quad \text{ou} \quad R(q\,;\,p) = 1{,}2q\,(0{,}9p + 1)\ .$$

On retrouve aussi ce type de fonctions lors de problèmes de programmation linéaire (voir chapitre 3).

Pour toutes ces fonctions, on peut définir les variables x et y, liées au problème posé, chacune dans un intervalle. On remarque que, pour toute valeur de x et toute valeur de y, on obtient une valeur notée $z = f(x\,;\,y)$.

L'ensemble des points $M(x\,;\,y\,;\,z)$ de l'espace, tels que $z = f(x\,;\,y)$, est une **surface** représentant la fonction f.

Afin de représenter cette surface, on trace les sections de cette surface par des plans parallèles au plan de base (xOy), plans d'équation $z = k$.

La projection de ces sections sur le plan (xOy) donne une série de courbes : c'est ce que l'on obtient sur une carte IGN présentant les courbes des points de même altitude, voir p. 307.

■ ***Exemple :*** Soit la fonction de coût total :

$$C(x\,;\,y) = 0{,}5x^2 + 2x + y^2 + 400\ ;$$

sa représentation à l'aide d'EXCEL est la surface ci-contre pour $x \in [\,5\,;\,17\,]$ et $y \in [\,1\,;\,11\,]$.

Cette surface est vue dans un pavé.

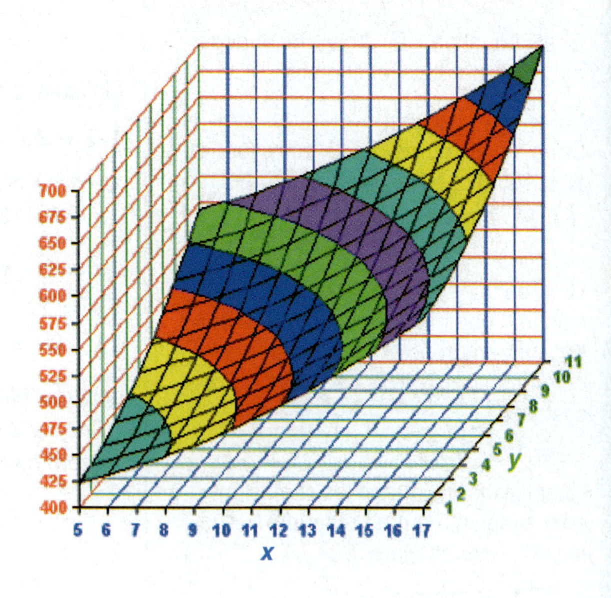

■ **Courbe de niveau**

définition : Soit f une fonction à deux variables x et y, x définie sur l'intervalle I et y définie sur l'intervalle J.

Sa représentation dans un repère de l'espace est une **surface** d'équation $z = f(x\,;\,y)$.

Pour tout réel k, la section de cette surface par le plan d'équation $z = k$ est la **courbe de niveau k** de la fonction f.

Représenter des courbes de niveau dans le plan (xOy)

Méthode

Pour une fonction de deux variables donnée par $z = f(x\,;\,y)$:

si on fixe un niveau $z = k$, on peut exprimer y en fonction de x : on obtient alors une fonction à une variable que l'on peut représenter dans le plan (xOy).

Pour plusieurs niveaux k, on obtient un faisceau de courbes dans le plan (xOy), projections des intersections de la surface avec les plans horizontaux d'équation $z = k$.

Pour la représentation, on peut utiliser une liste de la calculatrice :

mettre en liste 1 les valeurs des niveaux que l'on veut obtenir :

```
{10,20,30,40,50,
60,70,80}→L1
{10 20 30 40 50…
```

et écrire y en fonction de x et de L1.

```
Plot1 Plot2 Plot3
\Y1■L1/5-X²/20
```

[Voir exercices 51 et 52]

Un indice d'utilité pour deux biens en quantités x et y est donné par :

$$U(x\,;\,y) = \frac{x^2}{4} + 5y \text{ , pour } x \in [\,0\,;\,12\,] \text{ et } y \in [\,0\,;\,10\,] \text{ , en kg.}$$

Calculer l'indice d'utilité $U(12\,;\,10)$.

Pour un indice d'utilité de 40, exprimer y en fonction de x.

Indiquer la nature de la courbe représentative de cette fonction.

Représenter les courbes de niveau k, pour k variant de 10 à 80 par pas de 10.

• $U(12\,;\,10) = \frac{12^2}{4} + 5 \times 10 = 36 + 50 = 86$.

Par somme de fonctions croissantes, $x \mapsto \frac{x^2}{4}$ sur $[\,0\,;\,12\,]$ et $y \mapsto 5y$ sur $[\,0\,;\,10\,]$, on peut en déduire que $U(x\,;\,y) \leqslant U(12\,;\,10)$.

L'indice d'utilité ne dépasse donc pas les 86 !

• Pour $z = 40$, on obtient $\frac{x^2}{4} + 5y = 40 \Leftrightarrow y = 8 - \frac{x^2}{4}$;

la courbe est une parabole tournée vers le bas de sommet $S(0\,;\,8)$.

• D'une façon générale :

$$y = \frac{k}{5} - \frac{x^2}{20}.$$

$k = 40$

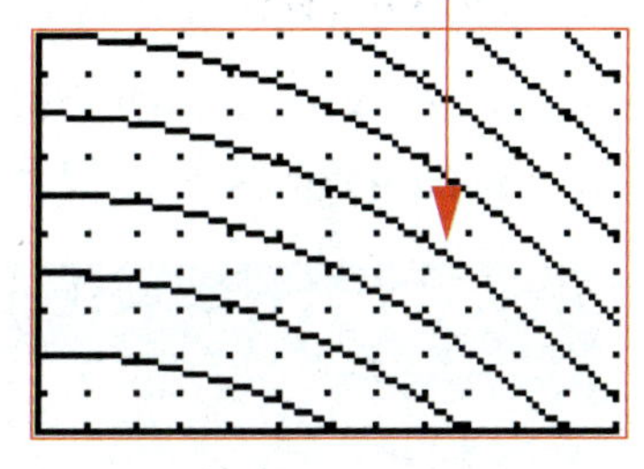

Pour k variant de 10 à 80 par pas de 10, on obtient le faisceau de courbes ci-contre.

Lire sur une surface et des courbes de niveau

Méthode

Sous EXCEL, une surface est inscrite dans un pavé.

Pour lire les coordonnées d'un point sur une surface, bien repérer le quadrillage du plancher (xOy) et les graduations de l'axe (Ox), ici en avant, et de l'axe (Oy) sur le côté droit.

Ne pas hésiter à réécrire les graduations des abscisses et des ordonnées sur les bords du plafond.

Les courbes de niveau se lisent en regardant l'axe vertical (Oz).

Sous EXCEL, pour chaque graduation de l'axe (Oz) correspond une frontière entre deux zones en couleur.

[Voir exercices 53 et 54]

La surface d'équation $z = \frac{x^2}{4} + 5y$ est représentée sous EXCEL.

Lire les coordonnées des points A, B, C et D placés (valeurs approchées).

Lire l'abscisse et l'ordonnée du point E et calculer sa cote.

$A(9\,;\,8\,;\,60)$

$B(9\,;\,4\,;\,40)$

$C(10\,;\,1\,;\,30)$

$D(0\,;\,4\,;\,20)$

$E(4\,;\,6\,;\,z_E)$

et $z_E = \frac{4^2}{4} + 5 \times 6 = 34$.

D'où :

$E(4\,;\,6\,;\,34)$.

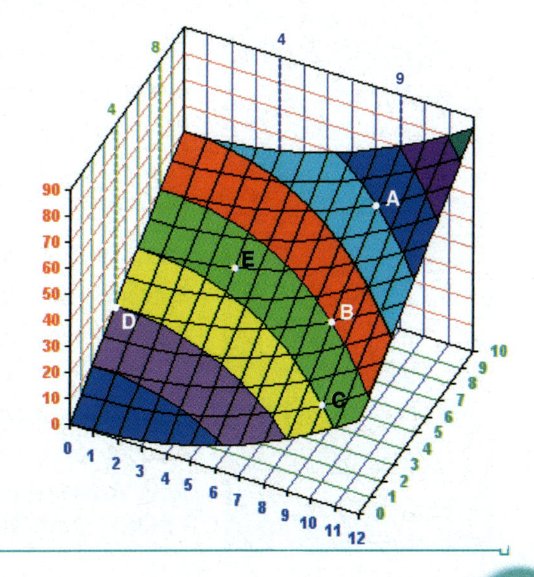

FAIRE LE POINT

PLANS PARTICULIERS

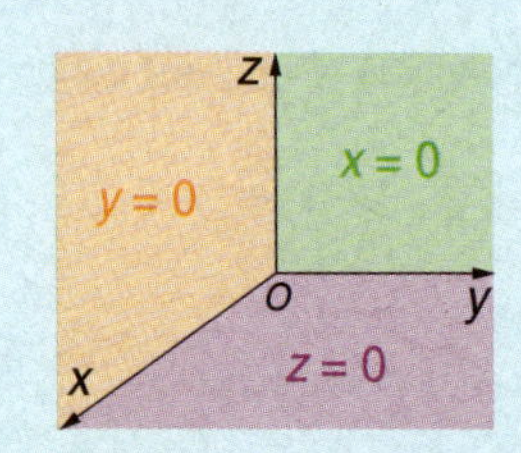

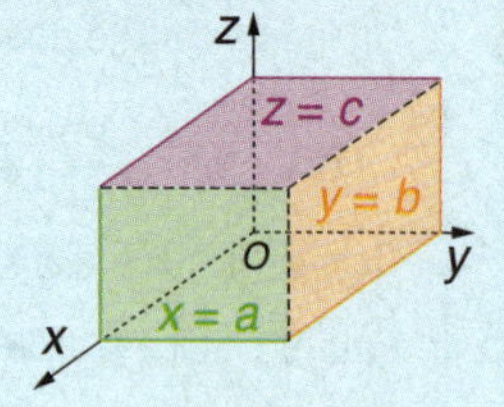

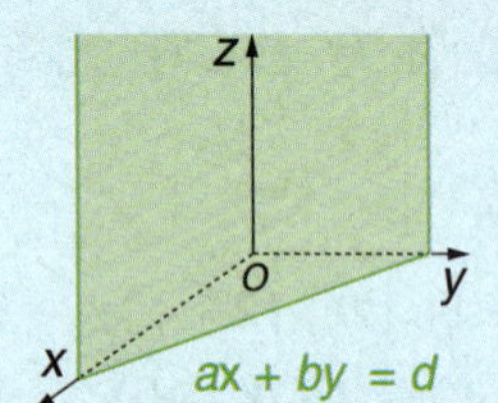

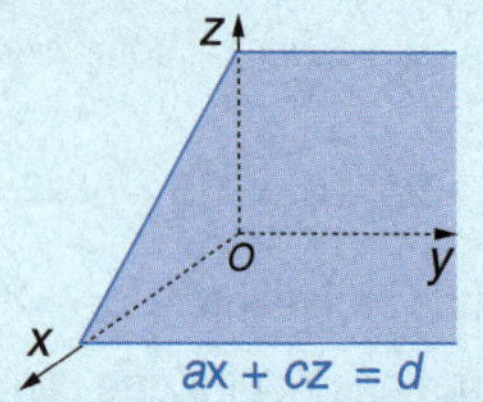

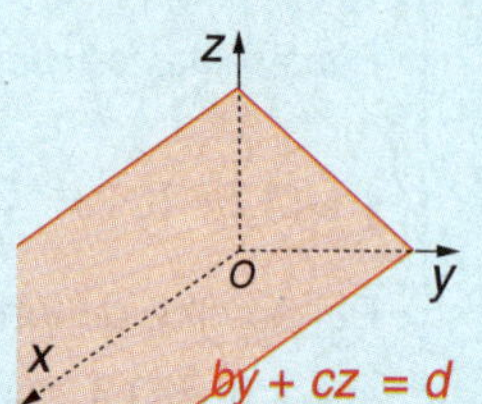

PLAN : ÉQUATION GÉNÉRALE

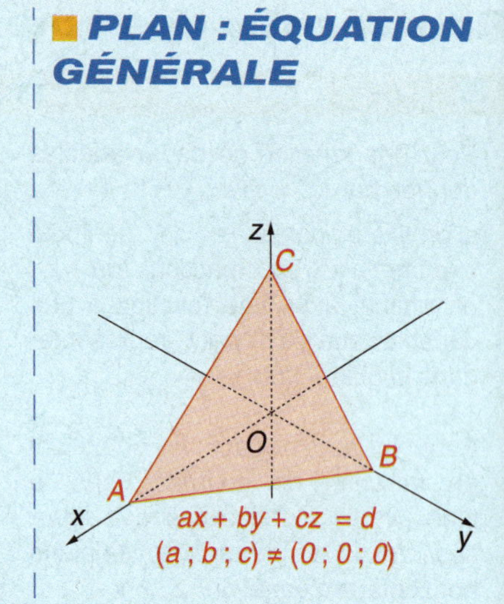

ORTHOGONALITÉ ET VECTEUR NORMAL

Dans un **repère orthonormal** de l'espace, si $\vec{n}\,(a\,;\,b\,;\,c)$ est un **vecteur normal** d'un plan $\mathcal{P}$ passant par A : $M \in \mathcal{P} \Leftrightarrow \vec{n}$ et $\overrightarrow{AM}$ sont orthogonaux.

Savoir	Comment faire ?
Déterminer une équation d'un plan parallèle à un axe	Son équation laisse apparaître deux variables qui « complètent » celle de l'axe. Ainsi, un plan $\mathcal{P}$ parallèle à l'axe (Oy) a son équation de la forme : $ax + cz = d$.
Déterminer une équation d'un plan $\mathcal{P}$ passant par A et perpendiculaire à une droite $\mathcal{D}$ donnée	Connaissant un vecteur $\vec{n}$, vecteur directeur de la droite $\mathcal{D}$, dans un repère orthonormal de l'espace : $M \in \mathcal{P} \Leftrightarrow \vec{n} \perp \overrightarrow{AM}$ et on écrit la relation d'orthogonalité.
Représenter un plan $\mathcal{P}$ d'équation donnée $ax + by + cz = d$	On recherche les points d'intersection du plan avec les axes du repère : $A(x_A\,;\,0\,;\,0)$; $B(0\,;\,y_B\,;\,0)$; $C(0\,;\,0\,;\,z_C)$ vérifient l'équation du plan et appartiennent respectivement aux axes (Ox) , (Oy) et (Oz) . La représentation du plan est donnée par le triangle ABC .
Déterminer une équation d'un plan passant par trois points	• Par le calcul des coordonnées de deux vecteurs, on vérifie que les trois points ne sont pas alignés. • On écrit que chaque point vérifie l'équation du plan $ax + by + cz = d$. • On obtient un système d'inconnues a , b et c que l'on résout en choisissant une valeur « facile » pour d .
Interpréter un système d'équations 3×3	Un système de 3 équations à 3 inconnues (3×3) correspond à l'intersection de 3 plans. Suivant la position de ces plans, le système a (ou non) une solution. Or deux plans sécants le sont suivant une droite : une droite de l'espace est déterminée par la donnée de deux équations.
Lire sur une surface	Une fonction à deux variables est représentée dans l'espace par une surface d'équation $z = f(x\,;\,y)$. Pour visualiser cette surface, on la coupe par des plans parallèles au plan de base (xOy) : on obtient les courbes de niveau k .

■ COURBES D'ISOBÉNÉFICE À L'AIDE D'EXCEL

Un organisme de vente commercialise deux biens A et B. La fonction de bénéfice total pour une quantité x de produit A et une quantité y de produit B est donnée, en k€, par :

$$f(x\,;\,y) = -x^2 + 14x - 2y^2 + 16y$$, pour x variant de 0 à 8 tonnes et y de 0 à 6 tonnes.

A : Travail sur papier et calculatrice

1° Calculer $f(4\,;\,3)$, $f(6\,;\,4)$, $f(3\,;\,5)$, $f(7\,;\,1)$ et $f(7\,;\,4)$.

2° a) Si on vend 4 tonnes de produit A , exprimer le bénéfice en fonction de y .
Quelle est la nature de la fonction $g : y \longmapsto f(4\,;\,y)$ et de sa courbe représentative ?
Pour quelle quantité b cette fonction est-elle maximale ?
b) Si on vend b tonnes de produit B , déterminer la fonction $h : x \longmapsto f(x\,;\,b)$.
En quelle valeur a est-elle maximale ? Calculer $m = f(a\,;\,b)$.

3° Dans la liste 1 de la calculatrice, entrer les entiers de 0 à 6, puis entrer la fonction :

$$\mathrm{Y1} = -\mathrm{X}^2 + 14\mathrm{X} - 2\ \mathrm{L1}^2 + 16\ \mathrm{L1}\ ,$$

et visualiser les courbes de niveau dans la fenêtre $\mathrm{X} \in [\,0\,;\,8\,]$ et $\mathrm{Y} \in [\,0\,;\,6\,]$.

B : Création de la surface sous EXCEL

1° Créer le tableau ci-contre :
les x de 0 à 8 en **colonne A** et les y de 0 à 6 en **ligne 1**.

En cellule B2, taper la formule :

SOMME fx =-1*$A2^2+14*$A2-2*B1^2+16*B1

	A	B	C	D	E	F	G	H	I	J	K	L	M	N
1		0	0,5	1	1,5	2	2,5	3	3,5	4	4,5	5	5,5	6
2	0	=-1*	7,5	14	20	24	28	30	32	32	32	30	28	24
3	0,5	6,8	14	21	26	31	34	37	38	39	38	37	34	31

⚠ au symbole **$** pour bloquer la **colonne A** ou la **ligne 1** et écrire – 1*$A2^2 pour $-x^2$.
Sélectionner la cellule B2 et, par la poignée de recopie, tirer jusqu'en N2.
Sélectionner les cellules de B2 à N2 et tirer jusqu'à la ligne 18.

2° Créer la surface : sélectionner tout le tableau, des cellules A1 à N18 ,

puis

cocher **colonne** .

On obtient un graphique comme ci-contre que l'on peut améliorer par clic droit sur les différentes parties du graphique : en particulier on change la couleur des zones par clic droit sur le petit carré de légende.

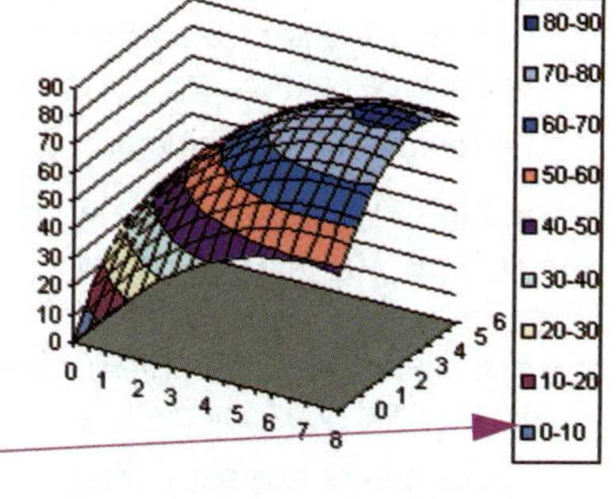

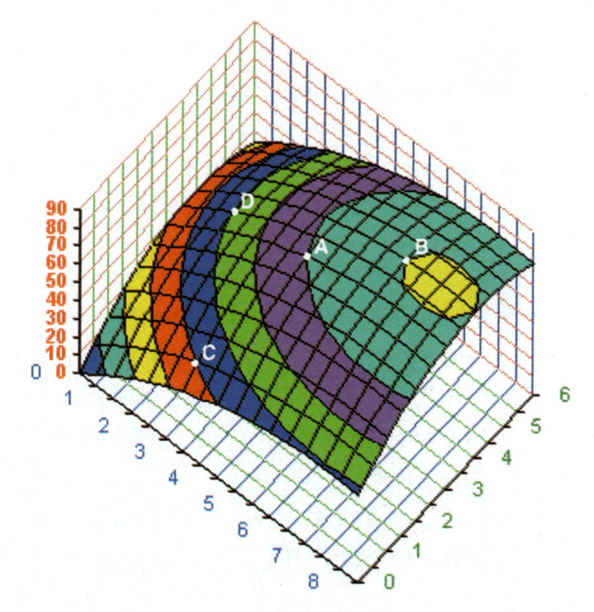

Cliquer sur la zone de traçage, puis clic droit et **Vue3D...** et valider l'écran ci-dessous par **OK** .

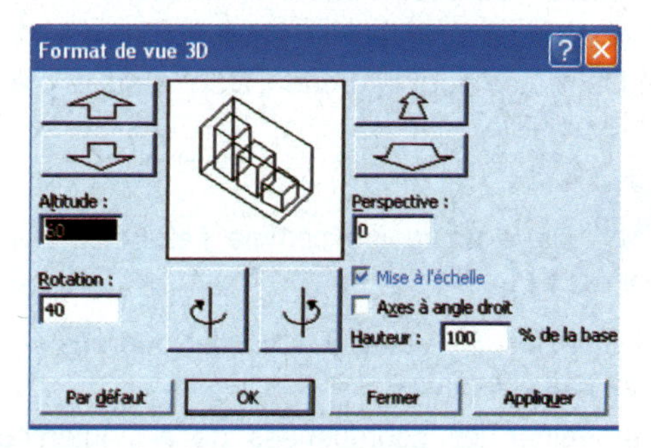

3° Lire les points A , B , C et D .
Retrouver sur cette surface le point $S(a\,;\,b\,;\,m)$ trouvé en **A. 2°**.
Par quels plans faut-il couper la surface pour retrouver les courbes de niveau obtenues à la calculatrice ?

EXERCICES

PAGE DE CALCUL

1. Point dans l'espace

1 On considère les points et le pavé ci-contre dans un repère de l'espace.

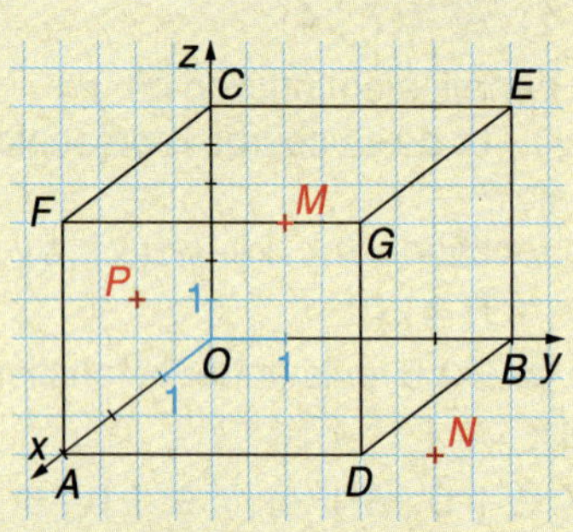

1° Lire les coordonnées des points D, E, F et G.

2° Lire les coordonnées de M suivant sa position :
a) si $M \in (FG)$; b) si $M \in (yOz)$.

3° Lire les coordonnées de N :
a) si $N \in (xOy)$; b) si $N \in (DBE)$.

4° Lire les coordonnées de P :
a) si $P \in (FAD)$; b) si $P \in (xOz)$.

2 On considère un repère comme ci-contre. (Bien repérer la position de l'axe (Ox).)

Le reproduire exactement.

a) Placer les points $A(2\,;3\,;0)$, $B(0\,;5\,;0)$ et $C(0\,;1\,;4)$.

b) Construire la droite (AB) ; justifier qu'elle coupe (Ox) en un point que l'on note L.

c) Construire la droite (BC).

Justifier qu'elle coupe (Oy) en K.

d) Établir l'équation réduite de la droite (AB) dans le plan (xOy) et en déduire les coordonnées de L.

e) De même pour la droite (BC) dans le plan (yOz) et le point K.

3 Dans un repère comme **l'exercice 1**, placer les points $E(1\,;0\,;3)$, $F(3\,;0\,;7)$ et $C(0\,;3\,;3)$.

1° Calculer $\overrightarrow{EF}$ et $\overrightarrow{EG}$; vérifier que ces vecteurs ne sont pas colinéaires.

Déterminer les coordonnées de N, intersection des droites (EF) et (Oz).

2° Déterminer les coordonnées de M tel que :

$$\overrightarrow{EM} = -\frac{1}{2}\overrightarrow{EF} + 2\overrightarrow{EG}.$$

Placer M.

2. Orthogonalité

4 Le plan est muni d'un repère **orthonormal**.

On considère les points :

$A(1\,;0\,;5)$, $B(4\,;3\,;2)$ et $C(0\,;1\,;5)$.

a) Justifier que ABC est un triangle rectangle en A.

b) Déterminer le point M du plan (xOy) tel que :

$$\overrightarrow{AM} \perp \overrightarrow{AB} \quad \text{et} \quad \overrightarrow{AM} \perp \overrightarrow{AC}.$$

M est-il un point du plan (ABC) ?

5 Dans un repère comme celui de **l'exercice 2**, placer les points $A(3\,;5\,;0)$, $B(0\,;3\,;0)$ et $C(4\,;0\,;5)$.

a) Construire la droite $\mathscr{D}$ parallèle à la droite (AB) et passant par C.

Justifier que $\mathscr{D}\,/\!/\,(xOy)$.

b) Soit $M(x\,;y\,;z)$.

Quelle relation lie les coordonnées de M pour que M soit un point du plan $\mathscr{P}$ passant par C et perpendiculaire à $\mathscr{D}$?

3. Systèmes

6 Résoudre à la main les systèmes suivants (isoler l'inconnue en rouge).

a) $\begin{cases} 2x + y + 3z = 5 \\ x + 2y + z = 4 \\ 3x + 3y + z = 9 \end{cases}$ b) $\begin{cases} x + 3y + z = 5 \\ 2x - y - z = 1 \\ 3x + y + z = 4 \end{cases}$

7 Résoudre à l'aide d'une équation matricielle.

a) $\begin{cases} 3x + y + z = 2 \\ 6x + 2y + 3z = 3 \\ 3x + 2y + 3z = 2 \end{cases}$ b) $\begin{cases} 10x + 53y = 1\,233 \\ 23x + 65z = 536 \\ 40y + 62z = 1\,088 \end{cases}$

8 À la main, résoudre les systèmes suivants.

a) $\begin{cases} x + 2y + z = 0 \\ x + 2y + 3z = 1 \\ 2x + 4y + z = 5 \end{cases}$ b) $\begin{cases} 2x + y + z = 5 \\ 2x + 2y + z = 1 \\ 4x + y + 2z = 7 \end{cases}$

c) $\begin{cases} x + y + z = 5 \\ x + 2y + z = 7 \\ 2x + 3y + 2z = 12 \end{cases}$ d) $\begin{cases} x + z = 2 \\ y + z = 4 \\ x + y + 2z = 3 \end{cases}$

1. Plans particuliers

1. Questions rapides

9 **Q.C.M.** Donner **toutes** les bonnes réponses.

1° Le plan (xOy) a pour équation(s) :

(a) $x=0$ et $y=0$ (b) $x=0$ (c) $y=0$ (d) $z=0$

2° La droite des cotes a pour équation(s) :

(a) $x=0$ (b) $y=0$ (c) $z=0$ (d) $x=0$ et $y=0$

3° La droite (Oy) a pour équation(s) :

(a) $x=0$ (b) $y=0$ (c) $z=0$ (d) $x=0$ et $z=0$

4° Un plan parallèle à l'axe des abscisses a pour équation :

(a) $y=b$ (b) $x=a$ (c) $by+cz=d$ (d) $ax+cz=d$

10 Pour chacune des équations, indiquer si le plan est parallèle à un axe du repère ou à un plan de base :

1° a) $2x+5y=10$; b) $x=-2$;
c) $4y+2z=16$; d) $y=3$.

2° a) $-4x+3y=12$; b) $z+2x=0$;
c) $y-2z=2(1-z)$; d) $\frac{x}{3}+\frac{z}{2}=1$.

11 Dans le pavé ci-contre, donner les équations des plans :

(FAD)
(EBD)
(ECF)
et (COB) .

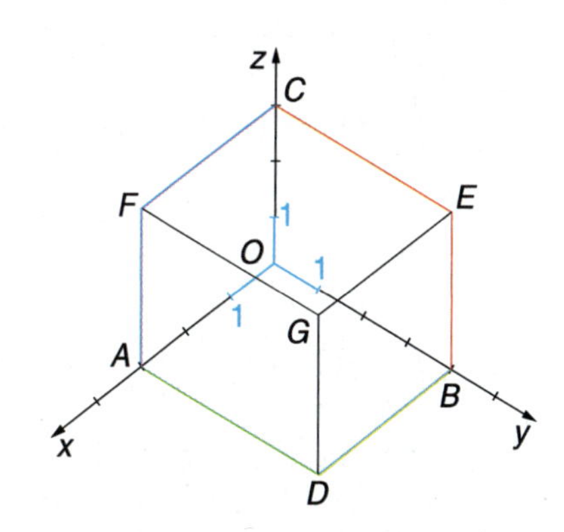

12 Soit A , B et C trois points situés dans les plans de base d'un repère de l'espace.

Donner les équations des plans :

a) $\mathcal{P}_1$ parallèle à (xOz) et passant par A ;

b) $\mathcal{P}_2$ parallèle à (yOz) et passant par C ;

c) $\mathcal{P}_3$ parallèle à (xOy) et passant par B .

2. Applications directes

[Déterminer l'équation d'un plan particulier, p. 311]

13 Soit $A(2\,;4\,;0)$, $B(6\,;2\,;0)$ et $C(2\,;0\,;5)$.

a) Déterminer les équations du plan $\mathcal{P}_1$ parallèle à (xOy) et passant par C et du plan $\mathcal{P}_2$ parallèle à (yOz) et passant par A .

b) Justifier que A et B sont dans le même plan de base.

Déterminer alors l'équation réduite de la droite (AB) dans ce plan.

En déduire une équation du plan $\mathcal{P}$ parallèle à (Oz) passant par A et B .

14 Soit $E(3\,;0\,;0)$, $F(0\,;4\,;0)$ et $G(0\,;0\,;2)$.

Déterminer les équations des plans :

$\mathcal{P}_1$ parallèle à (Oz) et passant par E et F ;
$\mathcal{P}_2$ parallèle à (Ox) et passant par F et G ;
$\mathcal{P}_3$ parallèle à (Oy) et passant par E et G .

15 Soit $M(0\,;3\,;4)$, $N(3\,;0\,;2)$ et $L(0\,;0\,;4)$. À quel plan de base appartiennent les points N et L ?

Dans ce plan, déterminer l'équation réduite de la droite (LN) .

En déduire une équation du plan $\mathcal{P}$ parallèle à (Oy) et passant par L et N .

Justifier que M est un point du plan $\mathcal{P}$.

[Représenter un plan d'équation incomplète, p. 311]

16 Dans un même repère, représenter les plans : $\mathcal{P}_1$ d'équation $z=3$; $\mathcal{P}_2$ d'équation $x=4$; $\mathcal{P}_3$ d'équation $2x+3z=6$.

17 Dans le même repère, représenter les plans :

$\mathcal{P}_1$ d'équation $5y+3z=15$;
$\mathcal{P}_2$ d'équation $x=2$
et $\mathcal{P}_3$ d'équation $3x+4y=12$.

18 Dans un repère de l'espace, représenter les plans d'équations données :

$\mathcal{P}_1$: $2x+3y=30$; $\mathcal{P}_2$: $x+5y=10$;
$\mathcal{P}_3$: $3y+4z=24$.

2. Équation générale d'un plan

1. Questions rapides

19 **Vrai ou Faux ?** Justifier la réponse.

Soit $\mathcal{P}$ le plan d'équation $3x + 5y + z = 15$ et les points $A(1\,;\,2\,;\,2)$, $B(0\,;\,2\,;\,5)$, $C(4\,;\,0\,;\,3)$ et $D(3\,;\,5\,;\,1)$ dans un repère orthonormal de l'espace.

1° Le point A appartient au plan $\mathcal{P}$.

2° La droite $\mathcal{D}$ de vecteur directeur $\overrightarrow{OD}$ est perpendiculaire au plan $\mathcal{P}$.

3° Le plan $\mathcal{P}$ contient la droite (BC).

4° Le plan $\mathcal{P}$ est perpendiculaire à la droite (AB).

20 **Vrai ou Faux ?** Justifier la réponse.

Soit $A(2\,;\,0\,;\,1)$, $B(3\,;\,2\,;\,0)$, $C(0\,;\,2\,;\,1)$ et $D(4\,;\,4\,;\,-1)$ dans un repère orthonormal de l'espace.

1° Les points A, B et D définissent un plan.

2° Les points B, C et D définissent un plan.

3° $\vec{u}(1\,;\,1\,;\,3)$ est orthogonal à $\overrightarrow{BC}$ et à $\overrightarrow{BD}$.

4° $\vec{v}(2\,;\,1\,;\,4)$ est orthogonal à $\overrightarrow{AB}$ et à $\overrightarrow{AD}$.

5° La droite $\mathcal{D}$ passant par A de vecteur directeur $\vec{v}(2\,;\,1\,;\,4)$ est perpendiculaire à (AB).

21 **Vrai ou Faux ?** Justifier la réponse.

Soit $\mathcal{P}_1$ d'équation $5x + 3y + 6z = 30$, $\mathcal{P}_2$ d'équation $2y - z = 6$, $A(3\,;\,4\,;\,2)$ et $B(0\,;\,6\,;\,2)$ dans un repère orthonormal de l'espace.

1° Le vecteur $\vec{n}(6\,;\,3\,;\,5)$ est normal au plan $\mathcal{P}_1$.

2° Le vecteur $\vec{u}(5\,;\,2\,;\,-1)$ est normal au plan $\mathcal{P}_2$.

3° L'équation $\frac{x}{6} + \frac{y}{10} + \frac{z}{5} = 1$ est une autre équation du plan $\mathcal{P}_1$.

4° $y = 3 + 0{,}5z$ est une autre équation du plan $\mathcal{P}_2$.

5° Les plans $\mathcal{P}_1$ et $\mathcal{P}_2$ sont perpendiculaires.

6° $A \in \mathcal{P}_1$. 7° $A \in \mathcal{P}_2$. 8° $B \in \mathcal{P}_1$.

22 **Vrai ou Faux ?** Justifier la réponse.

1° Les plans $\mathcal{P}_1$ d'équation $2x + y - z = 5$ et $\mathcal{P}_2$ d'équation $-x + \frac{y}{2} + \frac{z}{2} = 7$ sont parallèles.

2° Les plans $\mathcal{P}_1$ d'équation $3x + 2y = 4$ et $\mathcal{P}_2$ d'équation $6x + 4z = 8$ sont sécants.

3° Les plans $\mathcal{P}_1$ d'équation $0{,}2x + 1{,}4y - 0{,}8z = 1$ et $\mathcal{P}_2$ d'équation $x + 7y - 4z = 5$ sont sécants.

23 Soit $\vec{n}(2\,;\,3\,;\,-1)$ et $A(1\,;\,2\,;\,5)$ dans un repère orthonormal. Déterminer une équation du plan $\mathcal{P}$ passant par A, de vecteur normal $\vec{n}$.

24 Soit $\mathcal{P}$ le plan d'équation $2x + y + 3z = 6$.

a) Déterminer les coordonnées du point A, intersection du plan $\mathcal{P}$ avec l'axe (Ox).

b) De même, déterminer les coordonnées des points B et C, intersections de $\mathcal{P}$ avec les axes (Oy) et (Oz).

c) Dans un repère de l'espace, placer A, B et C. Tracer les segments $[AB]$, $[AC]$ et $[BC]$: on obtient la représentation du plan $\mathcal{P}$.

25 Même exercice avec le plan $\mathcal{P}$ d'équation :
$$4x + 6y + 12z = 24.$$

2. Applications directes

[Déterminer l'équation générale d'un plan, p. 313]

26 On considère les points $A(5\,;\,0\,;\,0)$, $B(0\,;\,7\,;\,0)$ et $C(0\,;\,0\,;\,3)$ dans un repère quelconque de l'espace.

Déterminer une équation du plan (ABC).

27 Même exercice pour les plans (ABC) et (EFG).

a) $A(4\,;\,0\,;\,0)$, $B(0\,;\,-2\,;\,0)$ et $C(0\,;\,0\,;\,6)$;

b) $E(-1\,;\,0\,;\,0)$, $F(0\,;\,6\,;\,0)$ et $G(0\,;\,0\,;\,-3)$.

28 Soit $A(2\,;\,0\,;\,3)$, $B(1\,;\,2\,;\,3)$ et $C(0\,;\,2\,;\,4)$.

Vérifier que A, B et C définissent un plan.

Déterminer l'équation du plan (ABC) telle que $d = 10$.

29 Montrer que les points $R(0\,;\,3\,;\,1)$, $S(2\,;\,0\,;\,1)$ et $T(0\,;\,0\,;\,4)$ définissent un plan, dont on déterminera une équation.

30 Vérifier que les points $A(-1\,;\,2\,;\,1)$, $B(2\,;\,1\,;\,-1)$ et $C(1\,;\,-1\,;\,2)$ ne sont pas alignés et déterminer une équation du plan (ABC).

Si le repère est orthonormal, donner alors un vecteur normal au plan (ABC).

[Interpréter un système 3 × 3 ayant une solution, p. 313]

31 Résoudre et interpréter les systèmes :

a) $\begin{cases} x+y+z=6 \\ 2x+y+z=8 \\ x+4y+z=9 \end{cases}$ b) $\begin{cases} x-3y+z=4 \\ 4x+y-3z=1 \\ x+2y+2z=13 \end{cases}$

32 On considère les plans $\mathcal{P}_1$, $\mathcal{P}_2$ et $\mathcal{P}_3$ d'équations respectives :

$x+y+z=4$, $3y+z=6$ et $3x+2y=6$.

1° a) Représenter ces trois plans par leurs traces sur les plans de base d'un repère comme ci-contre.

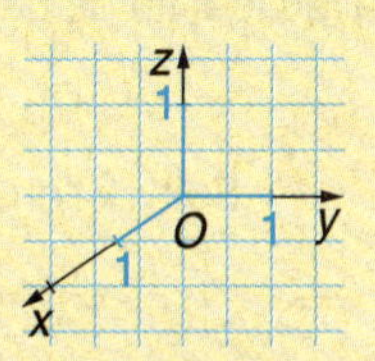

b) Construire la droite $\mathcal{D}$ intersection des plans $\mathcal{P}_1$ et $\mathcal{P}_2$: on utilisera les traces des plans $\mathcal{P}_1$ et $\mathcal{P}_2$ sur le plan de base (yOz) et celles sur le plan de base (xOy) .

c) Construire la droite $\mathcal{D}'$, intersection des plans $\mathcal{P}_1$ et $\mathcal{P}_3$.

d) En déduire le point S , intersection des trois plans.

2° Résoudre algébriquement et conclure $\begin{cases} x+y+z=4 \\ 3y+z=6 \\ 3x+2y=6 \end{cases}$.

33 a) Résoudre le système $\begin{cases} x+3y+2z=8 \\ 2x+y+4z=11 \\ x+2y+4z=8 \end{cases}$

b) On pose $A=\begin{bmatrix} 1 & 3 & 2 \\ 2 & 1 & 4 \\ 1 & 2 & 4 \end{bmatrix}$, $X=\begin{bmatrix} x \\ y \\ z \end{bmatrix}$ et $B=\begin{bmatrix} 8 \\ 11 \\ 8 \end{bmatrix}$.

Établir l'équation matricielle correspondant au système et la résoudre.

On donnera l'écriture de la matrice inverse de A avec tous les éléments en fraction.

3. Plans de l'espace

34 On se propose de vérifier sur un exemple que, dans un repère quelconque, un plan a une équation de la forme $ax+by+cz=d$.

Soit $A(3\,;0\,;0)$, $B(0\,;1\,;0)$ et $C(0\,;3\,;1)$.

1° Vérifier que A , B et C définissent un plan.

2° On rappelle que M est coplanaire aux points A , B et C si, et seulement si, il existe deux réels α et β tels que :

$$\overrightarrow{AM}=\alpha\overrightarrow{AB}+\beta\overrightarrow{AC} .$$

a) Exprimer cette égalité vectorielle en un système sur les coordonnées.

b) En déduire β en fonction de z , puis α en fonction de y et z .

c) En déduire une relation entre x , y et z ne dépendant ni de α , ni de β sous la forme $ax+by+cz=d$.

35 Même raisonnement que dans l'exercice 34 pour les points :

$A(3\,;0\,;0)$, $B(0\,;4\,;0)$ et $C(1\,;0\,;4)$.

36 On se propose de chercher l'équation d'un plan $ax+by+cz=d$ défini par trois points, à l'aide du calcul matriciel.

Soit, $A(2\,;3\,;0)$, $B(0\,;2\,;4)$ et $C(3\,;0\,;1)$.

1° Écrire que chaque point A , B et C ont leurs coordonnées qui vérifient l'équation du plan.

On obtient un système d'inconnues a , b et c .

2° On pose $X=\begin{bmatrix} a \\ b \\ c \end{bmatrix}$ et $D=\begin{bmatrix} 1 \\ 1 \\ 1 \end{bmatrix}$ avec $d=1$.

a) Écrire la matrice A telle que le système précédent se traduit par l'égalité matricielle $A\cdot X=D$.

b) Résoudre cette équation à la calculatrice et donner les coefficients a , b et c .

c) Écrire l'équation du plan (ABC) sous une forme « agréable » : coefficients tous entiers.

37 Même raisonnement pour le plan $\mathcal{P}$ défini par :

$A(-1\,;2\,;4)$, $B(2\,;1\,;-1)$ et $C(3\,;1\,;2)$.

38 Déterminer une équation du plan passant par :

$E(5\,;1\,;2)$, $F(1\,;6\,;0)$ et $G(4\,;2\,;1)$.

39 Soit $\mathcal{P}$ le plan d'équation :

$$15x+20y+12z=60 .$$

a) Déterminer les coordonnées des points :

$A=\mathcal{P}\cap(Ox)$, $B=\mathcal{P}\cap(Oy)$ et $C=\mathcal{P}\cap(Oz)$.

b) En déduire la représentation du plan $\mathcal{P}$ dans un repère de l'espace.

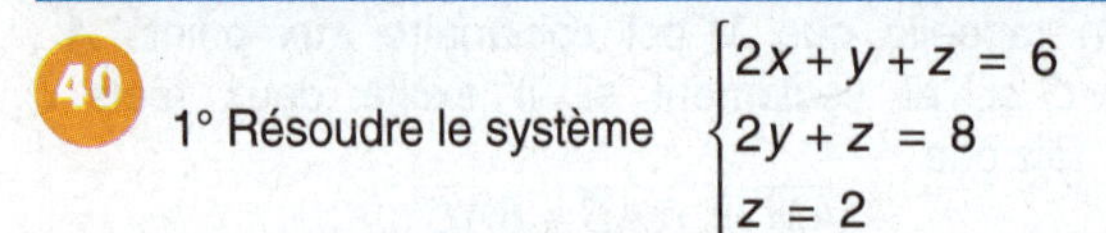

4. Systèmes

40 1° Résoudre le système $\begin{cases} 2x+y+z=6 \\ 2y+z=8 \\ z=2 \end{cases}$

2° En donner une interprétation graphique par la représentation de trois plans : $\mathcal{P}_1$ d'équation $2x+y+z=6$, $\mathcal{P}_2$ d'équation $2y+z=8$ et $\mathcal{P}_3$ d'équation $z=2$.

41 1° a) Représenter les trois plans d'équations respectives : $6x+3y+2z=24$,

$x+2y+2z=12$ et $4x+3y+9z=36$.

b) Résoudre par un calcul matriciel le système formé par ces trois équations.

c) Placer sur le graphique la solution de ce système.

2° Même exercice, avec pour 1re équation :

$$x+y+z=5.$$

42 1° Représenter les plans :

$\mathcal{P}_1$ d'équation $x+2y+z=4$,

$\mathcal{P}_2$ d'équation $2x+4y+2z=12$

et $\mathcal{P}_3$ d'équation $4x+2y+z=8$.

Regarder les traces de ces plans dans le plan (yOz), puis dans le plan (xOy) et dans le plan (xOz).

2° Le système $\begin{cases} x+2y+z=4 \\ 2x+4y+2z=12 \\ 4x+2y+z=8 \end{cases}$ a-t-il une solution ?

43 Résoudre les systèmes suivants et interpréter géométriquement les résultats :

a) $\begin{cases} x+2y+z=5 \\ 2x+4y+2z=7 \\ 5x-y+z=8 \end{cases}$ b) $\begin{cases} 2x+y-z=10 \\ x-y+2z=4 \\ -x+y-2z=8 \end{cases}$

c) $\begin{cases} x+2y+z=5 \\ 2x+4y+2z=10 \\ 10x+20y+10z=50 \end{cases}$ d) $\begin{cases} x+y=3 \\ y+z=6 \\ 2x+2y=6 \end{cases}$

5. Droites de l'espace

44 1° Soit $\mathcal{D}$ la droite passant par $A(2\ ;\ 1\ ;\ 3)$ et de vecteur directeur $\vec{u}(4\ ;\ 2\ ;\ -1)$.

Soit M un point quelconque de la droite $\mathcal{D}$.

a) Justifier que les coordonnées de M vérifient :

$$\begin{cases} x-2=4\alpha \\ y-1=2\alpha \\ z-3=-\alpha \end{cases} \quad \alpha \text{ étant un réel.}$$

b) En déduire deux équations définissant la droite $\mathcal{D}$:

$$x+4z=14 \quad \text{et} \quad y+2z=7.$$

2° En appliquant le même raisonnement, déterminer deux équations définissant la droite Δ passant par $B(0\ ;\ 3\ ;\ 2)$ de vecteur directeur $\vec{v}(-1\ ;\ 1\ ;\ 3)$.

45 On considère les plans $\mathcal{P}_1$ d'équation $x+y+z=2$ et le plan $\mathcal{P}_2$ d'équation $x-y+2z=1$

1° Montrer que $A(3\ ;\ 0\ ;\ -1)$ et $B(0\ ;\ 1\ ;\ 1)$ sont deux points communs aux plans $\mathcal{P}_1$ et $\mathcal{P}_2$.

En déduire les équations caractérisant la droite (AB).

2° Déterminer le point C intersection de la droite (AB) avec le plan de base (xOy).

46 Soit Δ l'ensemble des points M tels que :

$$\begin{cases} x+y-z=2 \\ -x+y+2z=2 \end{cases}.$$

1 ° a) Vérifier que Δ est une droite.

b) Parmi les points suivants, indiquer ceux qui appartiennent à Δ : $A(6\ ;\ 0\ ;\ 4)$, $B(1\ ;\ -1\ ;\ 0)$, $C(3\ ;\ 1\ ;\ 2)$ et $D(-1\ ;\ 2\ ;\ 1)$.

En déduire un vecteur directeur $\vec{u}$ de Δ.

2 ° a) Déterminer le point E de Δ d'abscisse 1 et le point F de cote -1.

b) Déterminer les points d'intersection de la droite Δ avec chacun des plans de base.

47 Soit les plans $\mathcal{P}_1$ d'équation $x-3y+2z=3$

$\mathcal{P}_2$ d'équation $2x-y+z=9$

et $\mathcal{P}_3$ d'équation $x+2y-z=6$.

1° a) Vérifier que $A(4\ ;\ 3\ ;\ 4)$ et $B(5\ ;\ 0\ ;\ -1)$ appartiennent aux trois plans.

b) Les plans $\mathcal{P}_1$, $\mathcal{P}_2$, $\mathcal{P}_3$ sont-ils parallèles ? parallèles à une même droite ?

2° a) Résoudre algébriquement le système :

$\begin{cases} x-3y+2z=3 \\ 2x-y+z=9 \\ x+2y-z=6 \end{cases}$ • en isolant x de la 1re. • en isolant z de la 2e.

b) En déduire deux équations cartésiennes définissant la droite (AB) de la forme $\begin{cases} ax+by=d \\ b'y+cz=d' \end{cases}$.

3. Courbes de niveau

1. Questions rapides

48 On coupe trois solides « en tranches » de même épaisseur : un cône, une demi-sphère et un demi-ballon de rugby, puis on reconstitue les solides.

ⓐ 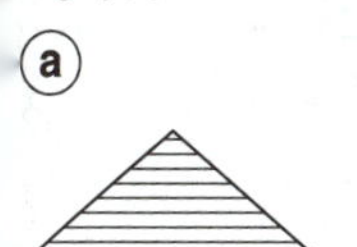

ⓑ 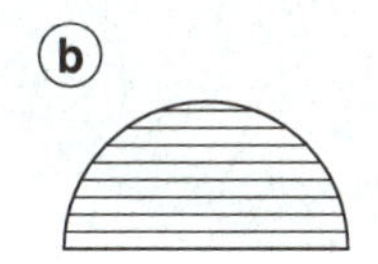

ⓒ 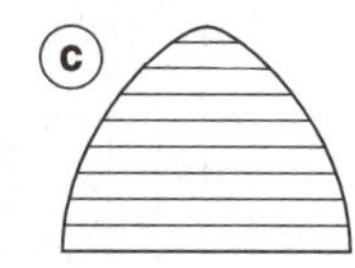

Ces coupes sont vues par un observateur placé au-dessus. Attribuer à chaque dessin ci-dessous le solide correspondant.

① 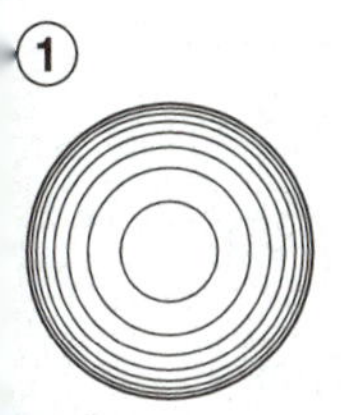

② 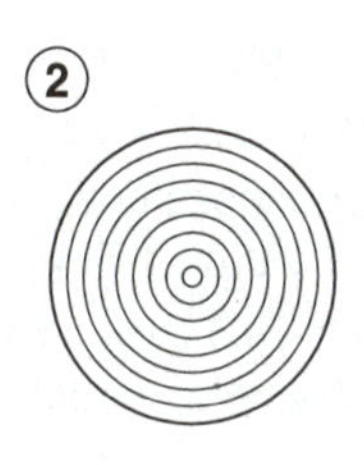

③ 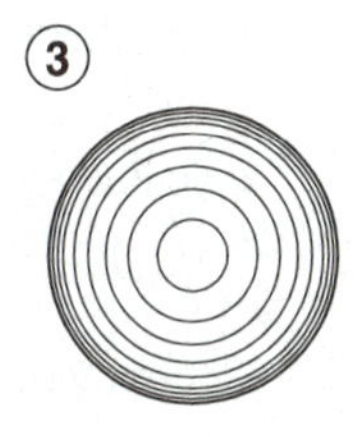

49 Dans chaque situation, on s'intéresse aux courbes de niveau obtenues lors de « coupes » imaginaires par des plans horizontaux, équidistants :

a) une montagne des Alpes ; b) une sphère ;

c) un cône ; d) une petite colline de la Beauce ;

e) une vallée en V ; f) la tour Eiffel.

Dans chaque cas, indiquer si les courbes de niveau sont : de plus en plus **rapprochées** l'une de l'autre ; de plus en plus **éloignées** l'une de l'autre ou **équidistantes**.

50 **Vrai ou Faux ?** Corriger si la réponse est fausse.

La surface $\mathcal{S}$ ci-dessous a pour équation :

$z = (x+1)(5-y)$, pour $x \in [0 ; 10]$ et $y \in [0 ; 8]$.

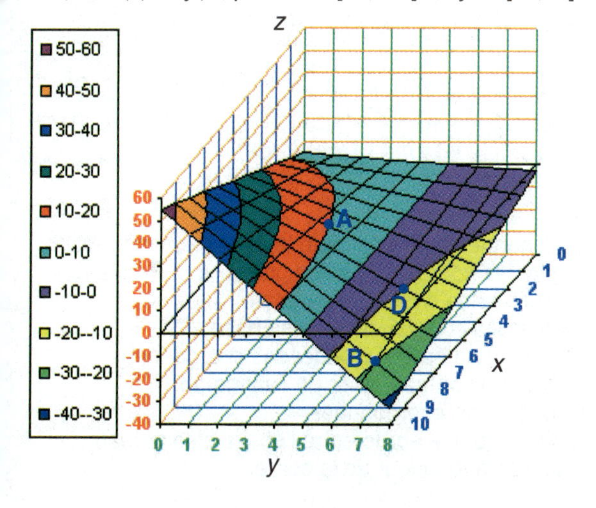

1° La courbe de niveau $z = 0$ est une droite.

2° $A(4 ; 3 ; 10)$. 3° $B(9 ; 8 ; -20)$.

4° $C(3 ; 2 ; z_c)$ est dans la zone bleu clair.

5° La courbe de niveau $z = 30$ est la frontière entre les zones orange et bleu foncé.

6° D a une cote négative.

2. Applications directes

[Représenter des courbes de niveau dans le plan (xOy), p. 315]

51 La fonction de recette est donnée en fonction du prix x , en €, et de la quantité y , en kg :

$$R(x ; y) = 1{,}1x\,(y-2) ,$$

pour $x \in [1 ; 5]$ et $y \in [2 ; 8]$.

1° a) Calculer la recette pour une quantité de 4 kg et un prix de 3 €.

b) Calculer $R(2{,}5 ; 6)$, $R(2 ; 4)$ et $R(4 ; 4{,}5)$.

2° a) Pour une recette de 15 €, exprimer y en fonction de x . Indiquer la nature de la fonction obtenue et son sens de variation sur $[1 ; 5]$.

b) De même pour une recette k quelconque.

3° Représenter les courbes de niveau k , pour k variant de 5 à 20 par pas de 10, pour $x \in [1 ; 5]$ et $y \in [2 ; 8]$.

52 Un coût total de production de deux biens A et B en quantités x et y est donné par :

$$C(x ; y) = 0{,}5x^2 + 5y + 20 ,$$

pour $x \in [0 ; 10]$ et $y \in [0 ; 8]$.

Les quantités sont en tonnes et le coût en k€.

1° a) Calculer le coût total de production de 4 tonnes de produit A et 7 tonnes de produit B .

b) Calculer $C(5 ; 3{,}5)$, $C(9 ; 2)$ et $C(5 ; 7{,}5)$.

2° a) Pour un coût total de 60 k€, exprimer la quantité y en fonction de la quantité x .

Indiquer la nature de la fonction obtenue et son sens de variation sur $[0 ; 10]$.

b) Faire de même pour un coût total k quelconque.

3° Représenter les courbes de niveau k , pour k variant de 30 à 80 par pas de 10, pour $x \in [0 ; 10]$ et $y \in [0 ; 8]$.

[Lire sur une surface et des courbes de niveau, p. 315]

53 Une fonction de recette est donnée par :

$$z = 0{,}75x\ (y-2)\ ,$$

pour $x \in [\,0\,;10\,]$ et $y \in [\,2\,;8\,]$.

Cette fonction est représentée par la surface ci-dessous.

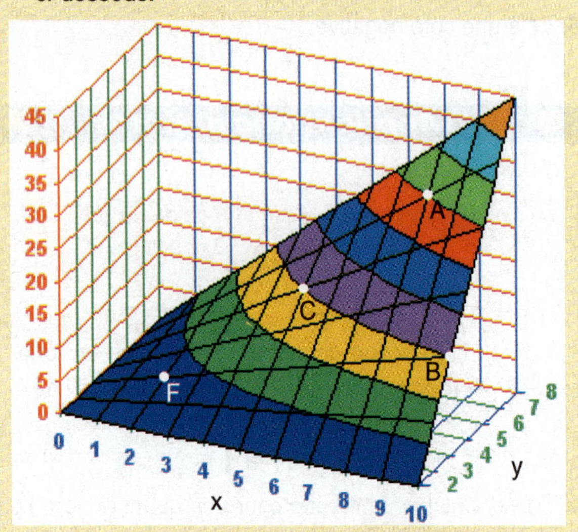

Les courbes de niveau k variant de 5 à 40 sont projetées ci-dessous dans le plan (xOy) .

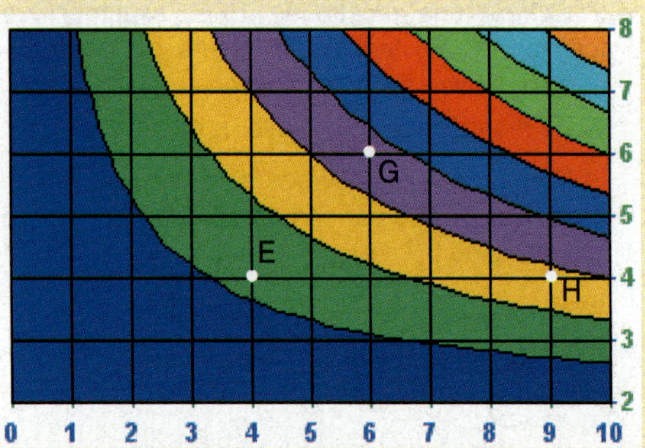

1° Lire les coordonnées des points A , B et C .

2° a) Lire l'abscisse et l'ordonnée du point E et calculer sa cote.

b) Faire de même pour les points F , G et H .

54 Un coût de stockage de deux biens en quantités x et y , en kg, est donné par la surface ci-après.

1° Pour quelles quantités x et y ce coût est-il défini ?

2° Lire les coordonnées des points A , B et C .

3°a) Quelle est la courbe de niveau, frontière entre les zones verte et jaune pale ?

b) Quelles courbes de niveau limitent la zone rose ?

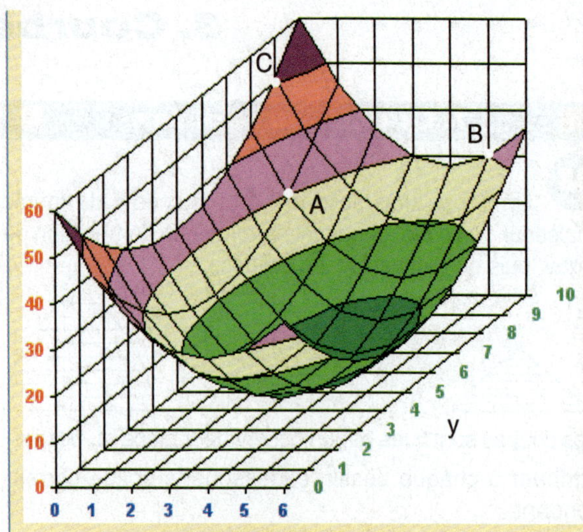

4° Sachant que l'équation de cette surface est :

$$z = 2x^2 - 16x + y^2 - 10y + 6\ ,$$

calculer les coordonnées des points :

$E(3\,;5\,;z_E)$, $F(x_F\,;3\,;25)$ et $G(3\,;y_G\,;14)$.

(Il peut y avoir plusieurs points possibles.)

3. Sur une carte

55 Sur cette carte, 1 cm représente 100 m.

Les courbes de niveau donnent l'altitude ou la profondeur de ce littoral marin.

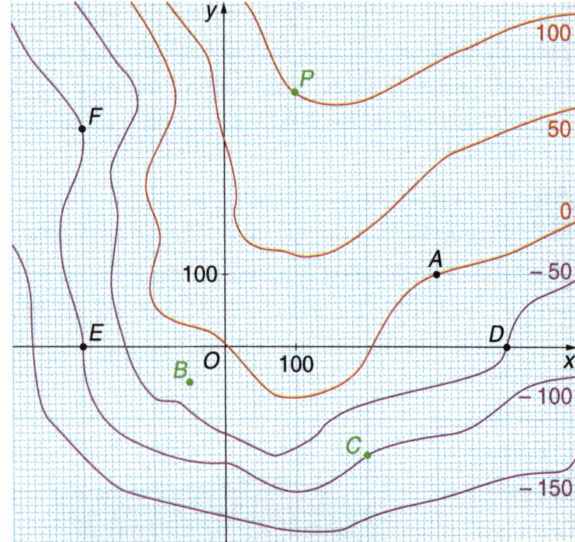

Sur chaque courbe est noté le niveau, en mètres.

1° Lire les coordonnées des points A , F et D .

2° a) P est la position d'un phare.

Donner les coordonnées de sa base.

b) E est une épave. Donner ses coordonnées.

c) B est un bateau et C un catamaran.

Donner leurs coordonnées.

3° On tend une corde entre l'épave et le bateau.

Calculer la longueur de la corde.

4. Exercices de synthèse

1. Dans un repère

56 Dans un repère orthonormal de l'espace, on considère les points :

$A(2\,;3\,;1)$, $B(3\,;5\,;2)$ et $C(0\,;3\,;2)$.

a) Déterminer le point L intersection de la droite (AB) avec le plan de base (xOy) .

b) Démontrer que A , B et C définissent un plan.

c) Soit $M(2\,;y_M\,;4)$.

Déterminer les coordonnées de M pour que les points A , B , C et M soient coplanaires.

d) Déterminer le point $R(x\,;x-1\,;1-x)$ tel que les vecteurs $\overrightarrow{AR}$ et $\overrightarrow{AB}$ sont orthogonaux.

e) Soit $\mathscr{D}$ la droite passant par le point B , de vecteur directeur $\vec{u}(-2\,;3\,;-4)$.

Déterminer une équation du plan $\mathscr{P}$ perpendiculaire à la droite $\mathscr{D}$ et passant par A .

57 Soit Q le plan d'équation $3x+2y+3z=18$ et $\mathscr{L}$ le plan passant par les points :

$A(0\,;4\,;0)$, $B(2\,;0\,;4)$ et $C(2\,;1\,;2)$.

1° Déterminer une équation cartésienne du plan Q .

2° a) Représenter les plans $\mathscr{P}$ et Q par leurs traces sur les plans de base.

b) Construire l'intersection $\mathscr{D}$ du plan $\mathscr{P}$ avec Q .

c) Expliquer pourquoi la droite $\mathscr{D}$ et les traces de $\mathscr{P}$ et Q sur le plan (xOy) sont concourantes.

58 Le plan $\mathscr{P}$ est parallèle au plan (xOy) et passe par le point $A(1\,;-1\,;2)$.

Le plan Q est parallèle à la droite (Oy) et passe par les points $B(2\,;0\,;2)$ et $C(4\,;-2\,;1)$.

1° Déterminer pour chacun des plans $\mathscr{P}$ et Q une équation cartésienne.

2° Représenter ces plans par leurs traces sur les plans de base.

3° Construire l'intersection de $\mathscr{P}$ avec Q .

59 Soit $\mathscr{P}$ le plan parallèle à (Oz) passant par les points $A(3\,;0\,;0)$ et $B(0\,;4\,;0)$, et le plan Q passant par les points $E(6\,;0\,;0)$, $F(3\,;0\,;1)$ et $G(3\,;4\,;-1)$.

1° Déterminer une équation cartésienne de $\mathscr{P}$, puis une équation cartésienne de Q .

2° a) Représenter les plans $\mathscr{P}$ et Q .

b) Construire l'intersection $\mathscr{D}$ de $\mathscr{P}$ avec Q .

c) Expliquer pourquoi la droite $\mathscr{D}$ et les traces de $\mathscr{P}$ et Q sur le plan (yOz) sont concourantes.

2. Problèmes concrets

60 Un examen sportif comporte trois épreuves, notées avec coefficient :

natation, course à pied, vélo.

Quatre amis ont tous obtenu un score de 60 points au total avec les notes ci-dessous.

épreuve	natation	course	vélo
note	x	y	z
Alex	0	10	15
Benoît	10	10	10
Carl	8	8	14
Damien	11	11	8

On représente l'examen de chaque candidat par un point $M(x\,;y\,;z)$, où x , y et z sont les notes obtenues sans coefficient.

Ainsi $A(0\,;10\,;15)$ représente l'examen d'Alex.

On voudrait, entre autres, retrouver les coefficients appliqués aux épreuves.

1° a) Montrer que les points B , C et D sont alignés et justifier que les coordonnées de ces trois points vérifient l'équation $x+y+z=30$.

b) Déterminer les réels a , b et c tels que $ax+by+cz=d$ soit une équation du plan (ABC) .

En déduire les coefficients des épreuves, si la somme des coefficients est 6.

2° Éric a obtenu $x=11$, $y=6$ et $z=13$.

a) Quel est son score total ? Le point E le représentant est-il un point du plan (ABC) ?

b) Justifier que $x+y+z=30$ est l'équation du plan (BDE) .

3° a) Quel est l'ensemble Q des points vérifiant $\frac{x}{6}+\frac{y}{2}+\frac{z}{3}=15$? En donner une interprétation concrète.

b) Représenter les plans (ABC) , (BDE) et Q .

Quelle est l'intersection des plans (ABC) et (BDE) ?

61 Dans un club de fabrication de bijoux, on utilise des miroirs, des perles et des paillettes pour fabriquer des décorations de broche.

Ces éléments sont vendus au poids : 2 € les 100 g de miroirs, 1€ les 100 g de perles ou de paillettes.

On note x la quantité de miroirs, y celle de perles et z celle de paillettes, en centaines de grammes.

Chaque achat est représenté par un point $M(x\ ;\ y\ ;\ z)$ dans un repère de l'espace.

Sophie achète pour 8 € la décoration.

1° a) Exprimer un achat de Sophie par une équation d'inconnues x , y et z .

b) Justifier que cette équation est celle d'un plan $\mathcal{P}$.

Donner une signification concrète à chaque point d'intersection de ce plan avec les axes du repère.

Représenter ce plan $\mathcal{P}$.

2° Salima achète exactement pour 10 € de décoration.

Exprimer l'achat de Salima en fonction des quantités x , y et z achetées.

Donner la nature de l'ensemble Q représentant les achats possibles. Préciser la position de cet ensemble par rapport au plan $\mathcal{P}$.

3° Pour un type de broche, les quantités respectives de chaque élément de la décoration vérifient la relation :

$$2x + 2y + z = 10\ .$$

a) Dans le même repère que précédemment, représenter le plan $\mathcal{R}$ correspondant.

b) Soit $\mathcal{D}$ l'intersection de $\mathcal{P}$ et $\mathcal{R}$.

Construire géométriquement la droite $\mathcal{D}$.

Donner les équations définissant cette droite.

Déterminer par le calcul les coordonnées des points d'intersection de $\mathcal{D}$ avec chaque plan de base.

Retrouver géométriquement ces points.

62 Trois fabricants sont spécialisés dans les composants pour calculatrice. Chacun propose par jour :

- Xénor : 40 claviers et 60 affichages ;
- Yvor : 30 claviers et 30 boîtiers ;
- Zenor : 20 claviers, 60 affichages et 60 boîtiers.

On note $M(x\ ;\ y\ ;\ z)$ une commande passée de x jours de fabrication chez Xénor, y chez Yvor et z chez Zenor.

1° L'entreprise Eloi fait une commande $(30\ ;\ 20\ ;\ 10)$. En donner une interprétation concrète, ainsi que le nombre total de boîtiers, d'affichages et de claviers qu'elle va recevoir au terme de sa commande.

2° Trois entreprises font les commandes :

$A(0\ ;\ 40\ ;\ 0)$, $B(10\ ;\ 0\ ;\ 40)$ et $C(10\ ;\ 20\ ;\ 10)$.

a) Démontrer que ces trois points définissent un plan dont on déterminera une équation.

b) Justifier que pour ces trois commandes, les trois entreprises vont recevoir 1 200 claviers.

3° Une entreprise doit fabriquer 1 200 calculatrices.

Pour chacune d'elles, elle a besoin d'un clavier, d'un affichage et d'un boîtier.

a) Exprimer le nombre de claviers, d'affichages et de boîters en fonction des nombres x , y et z de jours de fabrication chez chacun des fabricants.

b) Représenter par trois plans le système :

$$\begin{cases} 40x + 30y + 20z = 1\ 200 \\ 60x + 60z = 1\ 200 \\ 30y + 60z = 1\ 200 \end{cases}$$

c) Résoudre ce système algébriquement, puis placer le point solution sur le graphique.

En donner une interprétation concrète.

63 1° Soit le système $\begin{cases} x + y + z = 60 \\ 2x + 3y + z = 100 \\ 3x + 3y + 2z = 150 \end{cases}$.

a) Résoudre *à la main* ce système.

b) Dans un repère de l'espace d'unité 1 cm pour 10 sur chaque axe, représenter les plans $\mathcal{P}_1$, $\mathcal{P}_2$ et $\mathcal{P}_3$ dont les équations correspondent aux équations du système.

À l'aide d'intersection de deux droites, représenter la solution.

2° Un centre de formation pour adultes propose trois formations dans les métiers du bois :

ébénisterie, marqueterie et menuiserie.

Par semaine, et par adulte, la formation en marqueterie demande 30 h de cours et 200 € de frais divers ; la formation en ébénisterie demande 30 h de cours et 300 € de frais divers et la formation en menuiserie demande 20 h de cours et 100 € de frais divers.

Les frais divers se montent à 10 000 € par semaine pour l'ensemble des adultes en formation.

Le coût d'une heure de cours par adulte est de 22 €, et le coût total des cours est de 33 000 € par semaine.

Il y a au total 60 adultes en formation des métiers du bois.

a) Établir *avec soin* le système d'équations.

b) Faire le lien avec le système résolu précédemment et en déduire le nombre d'adultes dans chacune des formations.

64 Au début du XXe siècle, les économistes américains COBB et DOUGLAS ont modéliser la production en fonction du capital K investi et du travail L affecté à cette production.

Exemple : $P = \sqrt{KL}$, $P = K\sqrt{L}$ ou $P = LK\sqrt{K}$.

Pour plus de commodité, on utilisera la variable muette x pour le capital, en k€, et y pour le nombre d'ouvriers affectés à la production z , en tonnes.

On considère une fonction de production donnée par :

$f(x\ ;\ y) = \sqrt{xy}$, pour $x \in [\,0\ ;\ 12\,]$ et $y \in [\,0\ ;\ 10\,]$.

Cette fonction est représentée par la surface ci-dessous et les courbes de niveau projetées sur le plan (xOy).

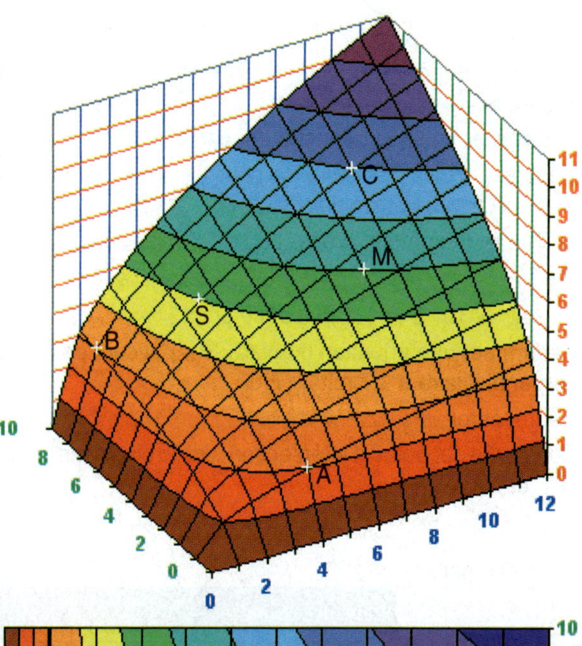

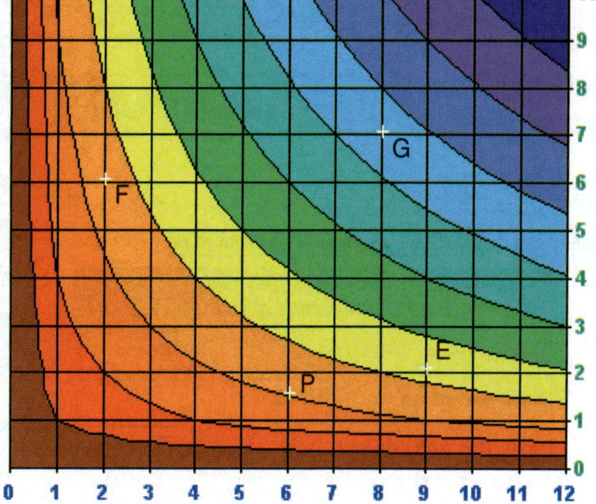

1° Par lectures graphiques sur la surface :

a) Donner le niveau de production de la courbe frontière entre la zone orange et la zone jaune.

b) Lire les coordonnées des points A, B et C.

c) Donner au moins deux couples $(x\,;\,y)$ donnant la même production de 6 tonnes.

2° En utilisant la fonction :

a) Calculer la cote manquante des points E, F et G.

b) Déterminer la coordonnée manquante de chaque point M, S et P, points situés sur des courbes de niveau.

3° Le contremaître veut obtenir une production de 8 tonnes.

a) D'après la surface, peut-il produire avec un investissement de 6 000 € ?

b) Peut-il affecter 5 ouvriers à cette production ?

Lire des nombres maximum et minimum d'ouvriers nécessaires pour satisfaire cette production de 8 tonnes.

4° a) La production est de 4 tonnes.

Exprimer le nombre d'ouvriers y affectés en fonction du capital investi x. Quelle est la nature de cette fonction et son sens de variation ?

b) Le contremaître décide d'affecter 6 ouvriers à cette production. Justifier que le capital s'écrit $x = \frac{1}{6}z^2$.

Quelle est la nature de cette fonction et son sens de variation.

65 Une surface est donnée par la courbe ci-dessous pour $x \in [-4\,;8]$ et $y \in [-3\,;\,4]$, le maillage en x est toutes les unités et celui en y est tous les 0,5.

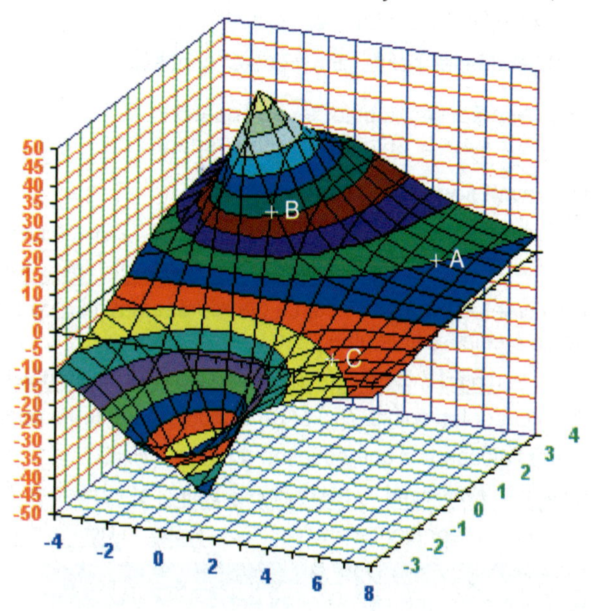

1° a) Donner le niveau représenté par la droite séparant les zones rouge et bleue.

b) Deviner les abscisses et ordonnées du point le plus haut et du point le plus bas de la surface.

c) Lire les coordonnées de A, B et C, en supposant que abscisse et ordonnée sont entières ; on donnera des valeurs arrondies à 5 près des cotes.

2° La surface a pour équation $z = \dfrac{100y}{x^2 + y^2 + 1}$.

a) Si $y = 0$, calculer z.
En donner une interprétation graphique.

b) Si $y = 1$, montrer que $z = \dfrac{100}{x^2 + 2}$.

Étudier le sens de variation de cette fonction et retrouver les coordonnées du point le plus haut de la surface.

c) Si $x = 2$, exprimer z en fonction de y, soit g cette fonction définie sur $[-3\,;4]$ par $z = g(y)$.

En calculant sa dérivée, étudier le sens de variation de la fonction g. Calculer ses extremums.

66 Plans et système : représentation sous GEOSPACE

A. Travail à faire sur papier, sans calculatrice

Soit trois points de l'espace $E(6\ ;0\ ;0)$, $F(4\ ;0\ ;4)$ et $G(1\ ;4\ ;4)$.

1° a) Vérifier que ces trois points définissent un plan $\mathscr{P}_1$.

b) Déterminer une équation du plan $\mathscr{P}$ ayant ses coefficients entiers.

c) Dans un repère de l'espace, représenter ce plan $\mathscr{P}_1$: on déterminera les points B et C , intersections du plan $\mathscr{P}_1$ avec les axes (Oy) et (Oz) .

Justifier que les points E , F et C sont alignés.

2° a) Représenter le plan $\mathscr{P}_2$ d'équation $3x+6y+4z = 36$ dans le même repère.

b) Soit L le point du plan (xOz) commun aux plans $\mathscr{P}_1$ et $\mathscr{P}_2$.

Déterminer ses coordonnées. Placer L .

c) Faire de même pour le point J du plan (xOy) commun aux plans $\mathscr{P}_1$ et $\mathscr{P}_2$.

d) Que représente la droite (LJ) pour les plans $\mathscr{P}_1$ et $\mathscr{P}_2$?

3° Soit $H(0\ ;2\ ;4)$. Placer ce point.

Déterminer une équation du plan $\mathscr{P}_3$ passant par G et perpendiculaire à la droite (HG) .

Représenter $\mathscr{P}_3$.

Construire le point d'intersection des trois plans $\mathscr{P}_1$, $\mathscr{P}_2$ et $\mathscr{P}_3$.

B. Travail sous GEOSPACE

1° Créer les points $X(200\ ;0\ ;0)$, $Y(0\ ;200\ ;0)$ et $Z(0\ ;0\ ;200)$ par :

Créer / Point / Point repéré / Dans l'espace

Puis créer le polyèdre « coin » ; la représentation d'un plan $\mathscr{P}$ sera la section de ce « coin » par le plan $\mathscr{P}$:

Créer / Solide / Polyèdre convexe / Défini par ses sommets

Polyèdre convexe
Liste des sommets (max 40):
OXYZ
Nom du polyèdre: coin

2° a) Créer les points E , F et G connus par leurs coordonnées.

Créer l'affichage d'une équation du plan (EFG) :

Créer / Affichage / Équation d'un plan , et vérifier avec le calcul fait sur papier.

b) Créer la représentation de $\mathscr{P}_1$: Créer / Ligne / Polygone convexe / Section d'un polyèdre par un plan

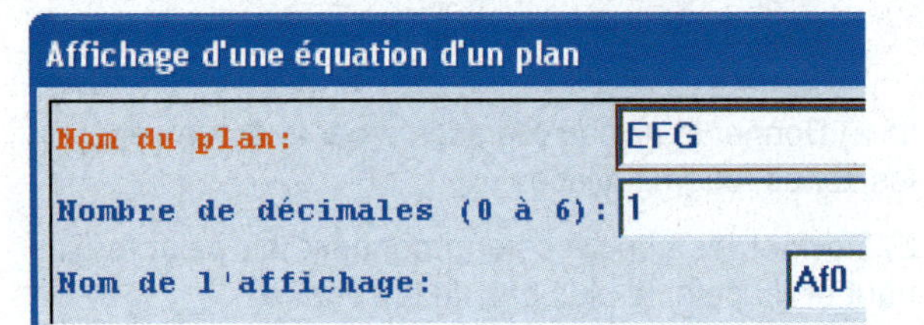

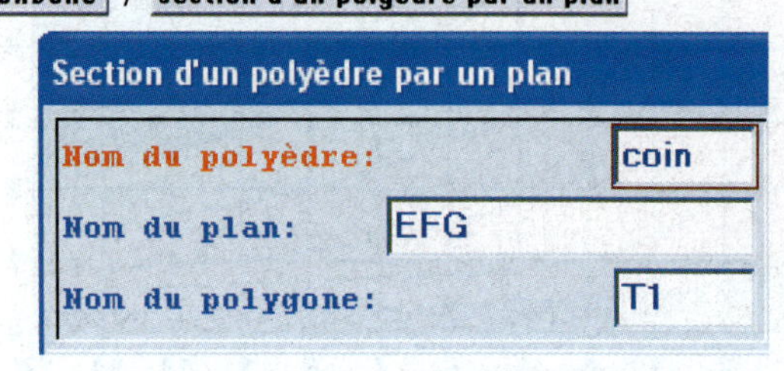

c) Créer le plan $\mathscr{P}_2$ et sa représentation $T2$:

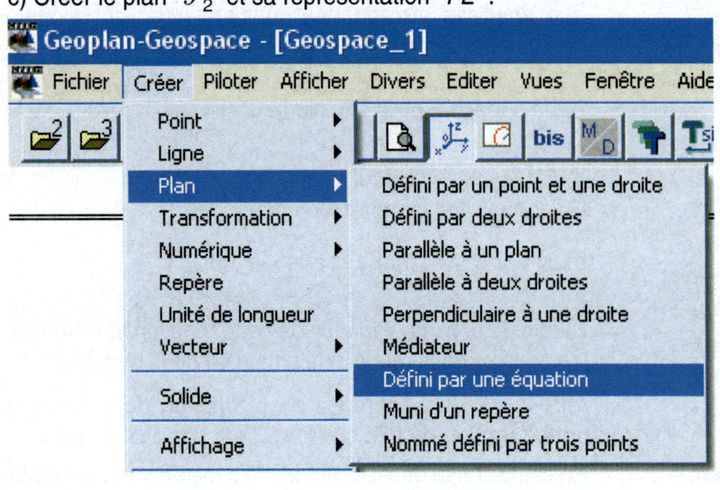

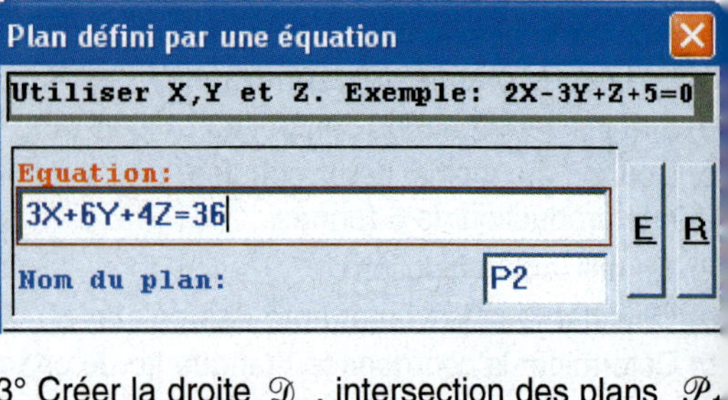

3° Créer la droite $\mathscr{D}$, intersection des plans $\mathscr{P}_1$ et $\mathscr{P}_2$, puis les points L et J , intersections de la droite $\mathscr{D}$ avec le plan (xOz) et le plan (xOy) .

Afficher les coordonnées des points L et J et vérifier les calculs faits sur papier.

Les objets à créer sous GEOSPACE

P_2 plan d'équation **3X+6Y+4Z=36** dans le repère R_{xyz}
T_2 section du polyèdre c_{oin} par le plan P_2
d droite d'intersection des plans **EGF** et P_2
L point d'intersection de la droite **d** et du plan **ozx**
J point d'intersection de la droite **d** et du plan **oxy**
----- AFFICHAGES -----
A_{f0} affichage d'une équation du plan **EFG** (repère R_{xyz}) (1 déc
A_{f1} affichage des coordonnées du point **L** (repère R_{xyz}) (2 déc
A_{f2} affichage des coordonnées du point **J** (repère R_{xyz}) (2 déc

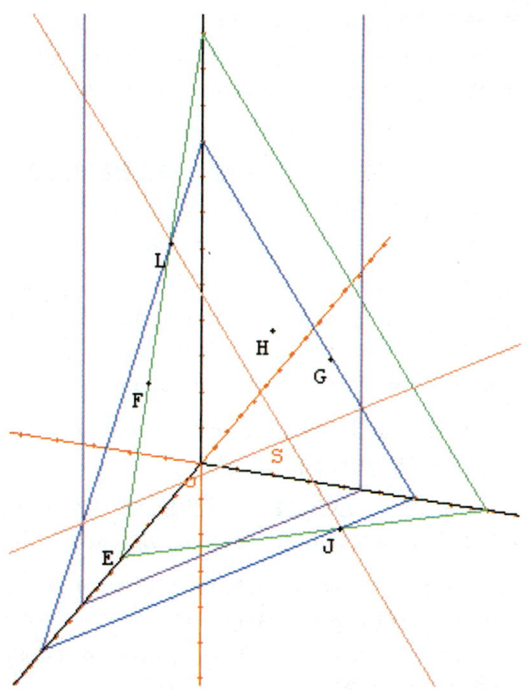

4° a) Créer le point H, le plan $\mathscr{P}_3$ passant par G et perpendiculaire à la droite (GH), puis la section T3 du polyèdre « coin » par le plan $\mathscr{P}_3$.

Afficher une équation du plan $\mathscr{P}_3$ et vérifier le calcul fait à la main.

b) Créer la droite $\mathscr{D}'$, intersection des plans $\mathscr{P}_2$ et $\mathscr{P}_3$, et le point S intersection des droites $\mathscr{D}$ et $\mathscr{D}'$.

c) Afficher les coordonnées du point S.

Résoudre le système formé par les équations des trois plans $\mathscr{P}_1$, $\mathscr{P}_2$ et $\mathscr{P}_3$. Vérifier.

67 Programmation linéaire

Neila décore des tableaux avec des coquillages pour les vendre lors d'un marché de Noël. Elle vend deux types de tableaux.

Pour chaque tableau de type ❶, elle colle deux grands coquillages et un autre de taille plus petite, et sur ceux de type ❷, elle colle un gros coquillage et trois autres plus petits.

Neila ne peut pas fabriquer plus de 14 tableaux au total et elle possède 24 gros coquillages et 36 petits.

Un tableau de type ❶ est vendu 3 euros et un tableau de type ❷ est vendu 2 euros.

Neila souhaite connaître le nombre de tableaux de chaque type qu'elle doit décorer pour que sa recette, lors du marché de Noël, soit maximale. Soit x et y les nombres de tableaux de type ❶ et ❷, entiers naturels.

A. Travail sur papier

1° Écrire le système d'inéquations représentant les contraintes imposées à Neila. Représenter ce système.

2° Soit z la recette réalisée par Neila lors du marché de Noël ; montrer que $3x + 2y = z$.

Représenter la recette lorsqu'elle est de 30 €.

Existe-t-il des points du polygone des contraintes où la recette peut être plus grande que 30 € ?

B. Travail sur GEOSPACE

1° Représentation du prisme des contraintes

a) **Créer** / **Plan** / **Défini par une équation**, créer les plans :
$\mathscr{P}_1$ d'équation $X + Y = 14$,
$\mathscr{P}_2$ d'équation $2X + Y = 24$ et $\mathscr{P}_3$ d'équation $X + 3Y = 36$.

b) Créer les droites $\mathscr{D}_1$, $\mathscr{D}_2$ et $\mathscr{D}_3$, intersections des plans $\mathscr{P}_1$, $\mathscr{P}_2$ et $\mathscr{P}_3$ avec le plan (xOy).

Nommer R, le point d'intersection de (Ox) et $\mathscr{D}_2$, A' celui de $\mathscr{D}_2$ et $\mathscr{D}_1$, B' celui de $\mathscr{D}_1$ et $\mathscr{D}_3$, puis T celui de $\mathscr{D}_3$ et (Oy).

D_1 droite d'intersection des plans **oxy** et P_1
D_2 droite d'intersection des plans **oxy** et P_2
D_3 droite d'intersection des plans **oxy** et P_3
A' point d'intersection des droites D_2 et D_1
B' point d'intersection des droites D_1 et D_3
R point d'intersection des droites **ox** et D_2
T point d'intersection des droites **oy** et D_3

c) Créer le polygone P, de sommets $ORA'B'T$.

Hachurer ce polygone en utilisant le bouton de style, puis le motif.

d) Construire le prisme des contraintes, en créant les droites perpendiculaires au plan (xOy) et passant par R, A', B' et T. Nommer d_1, d_2, d_3 et d_4 ces droites.

2° Représentation d'une recette

a) Une recette de m euros est représentée par une droite, intersection de deux plans. Donner deux équations simples définissant la recette. Lorsque m varie, quelle est la position des différentes droites obtenues ?

b) Représentation de la droite de recette :

Créer / **Numérique** / **Variable entière libre dans un intervalle** **Bornes:** 0 100 **Nom de la variable:** m .

Créer le point $M(0\ ;\ 0\ ;\ m)$. Créer le plan G' d'équation $Z = m$.

Créer les points C , A , B et E intersections du plan G' avec les droites d_1 , d_2 , d_3 et d_4 délimitant le prisme.

Créer le polygone convexe P' de sommets $MCABE$ et hachurer ce polygone.

Ce polygone représente l'intersection du prisme avec le plan G' d'équation $Z = m$.

Créer le plan G d'équation $3X + 2Y = Z$ et créer la droite d , intersection des plans G et G' .

Cette droite d est la droite de recette.

3° Trace de la droite de recette suivant la valeur de la recette m

a) Afficher la valeur de m par :

Créer / **Affichage** / **Variable numérique déjà définie** .

Piloter la variable m au clavier à l'aide des flèches.

b) Construire la trace de la droite d lorsque m varie :

Créer / **Commande** / **Trace** , et valider l'écran ci-contre :

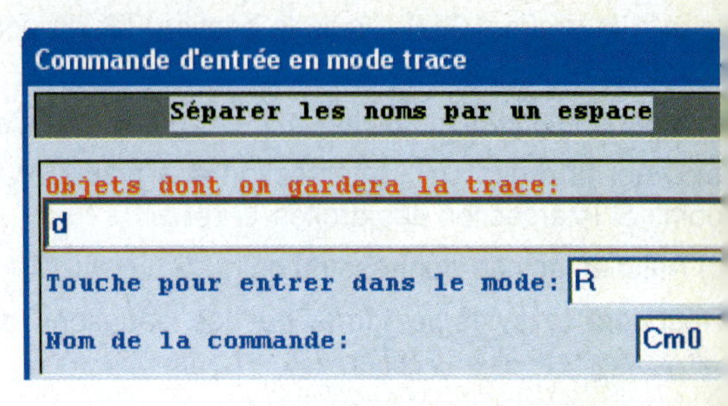

Appuyer sur la touche R du clavier, et déplacer la droite d à l'aide des flèches haut bas du clavier.

Quel plan voit-on apparaître ainsi ?

En restant dans le mode Trace, choisir une autre vue de la figure qui permet de mettre en évidence le déplacement de la droite d sur le polygone des contraintes dans le plan (xOy) .

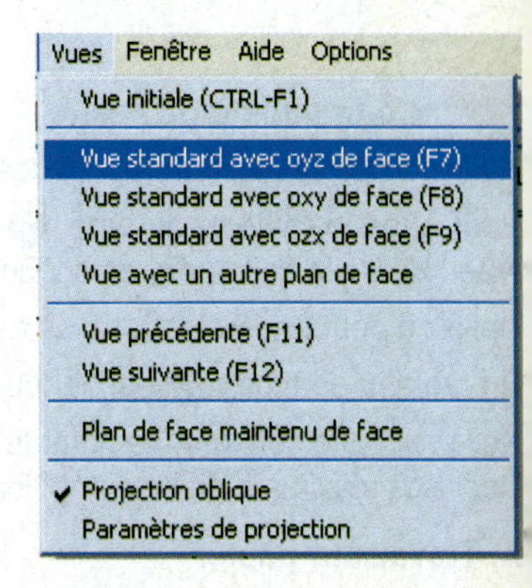

4° Discussion

a) Neila peut-elle obtenir une recette égale à 15 euros ? 30 euros ? 35 euros ?

b) Quelle est la recette maximale que peut espérer obtenir Neila ?

Par quel point du polygone $MCABE$ passe alors la droite d des recettes ?

Quelles sont les coordonnées de ce point ? Afficher ses coordonnées par :

Créer / **Affichage** / **Coordonnées d'un point**

Promenade en Bourgogne

68 Sur la carte IGN, au 1/50 000 (p. 307), les plans de coupe sont équidistants de 10 m, et 1 cm représente 500 m.

Le sommet du Mont Julliard est l'origine des distances en longitude et latitude (abscisse et ordonnée) : $B(0\ ;\ 0\ ;\ 488)$.

1° Lire les coordonnées des points A , C et D .

2° a) Mesurer AB sur la carte et donner la distance correspondante, en mètres.

En déduire AB^2 , puis, en utilisant les coordonnées de A et B , calculer AB^2 en tenant compte de la cote. A-t-on beaucoup d'écart ?

Carte IGN, série bleue, 2925E

b) Si A et B étaient deux points en montagne avec un dénivelé de 200 m, quelle serait la distance réelle sur le terrain ?

3° Pour chaque promenade en ligne droite sur la carte p. 307, indiquer si la montée ou la descente est accélérée, ralentie ou régulière : a) de A à B ; b) de B à C ; c) de C à D .

13

Fonctions affines par morceaux

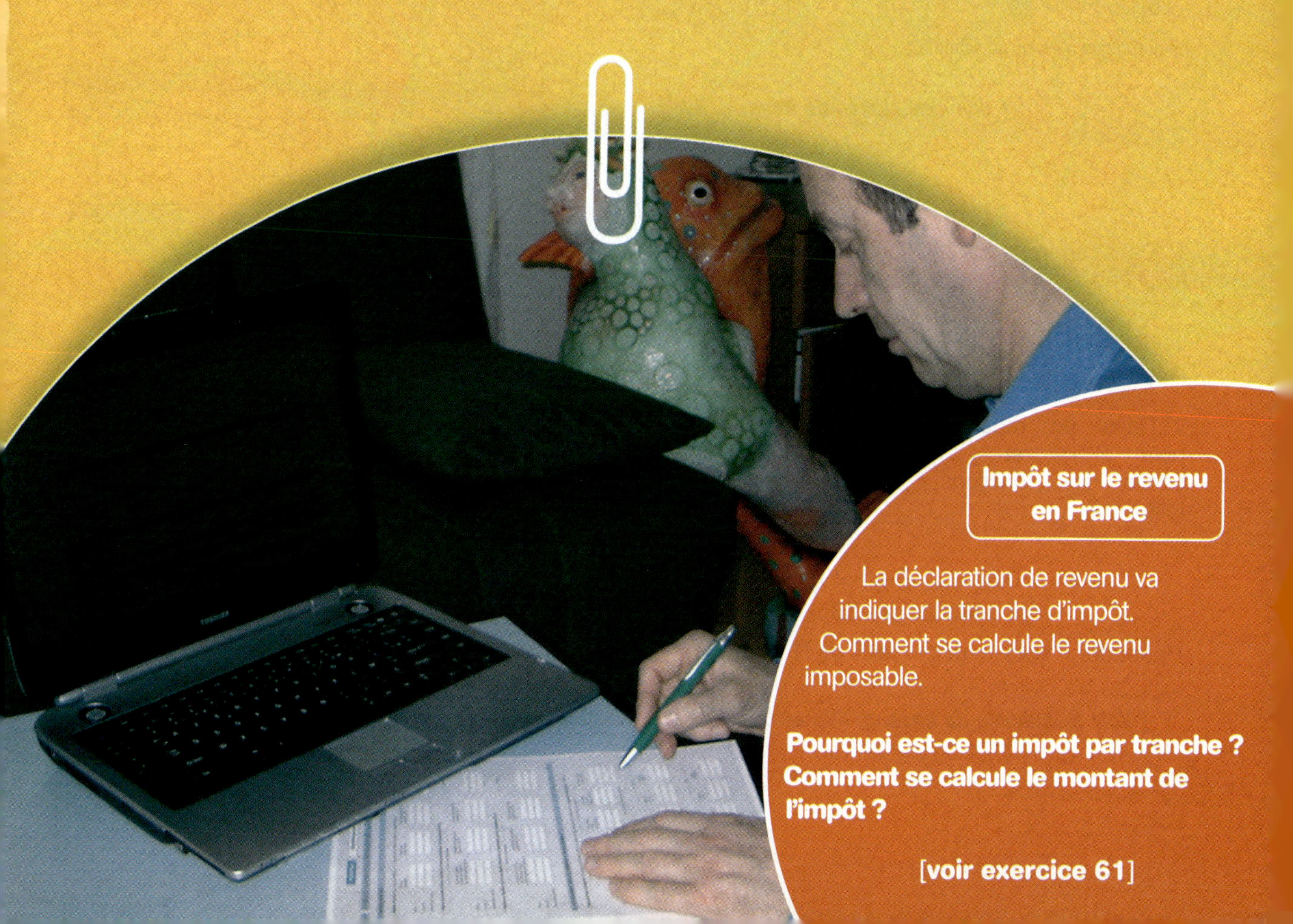

Impôt sur le revenu en France

La déclaration de revenu va indiquer la tranche d'impôt. Comment se calcule le revenu imposable.

Pourquoi est-ce un impôt par tranche ? Comment se calcule le montant de l'impôt ?

[voir exercice 61]

MISE EN ROUTE

Tests préliminaires

A. Fonctions affines

1° Soit la fonction $f : \mapsto ax + b$, où a et b sont réels, telle que :

$$f(3) = 15 \quad \text{et} \quad f(10) = 19{,}2 .$$

Déterminer la fonction f .

En déduire $f(0)$ et $f(20)$.

2° f est une fonction affine telle que :

$$f(-2) = \frac{40}{7} \quad \text{et} \quad f(11) = 2 .$$

Déterminer les coefficients a et b en fraction.

Résoudre $f(x) = 0$.

3° Le nombre d'étudiants est passé de 1,717 millions en 1990 à 2,255 millions en 2003.

On suppose que cette évolution est celle d'une fonction affine f , où x est le nombre d'années écoulées depuis 1990.

Déterminer cette fonction affine : on déterminera a à 10^{-4} près.

4° Déterminer la fonction d'offre :

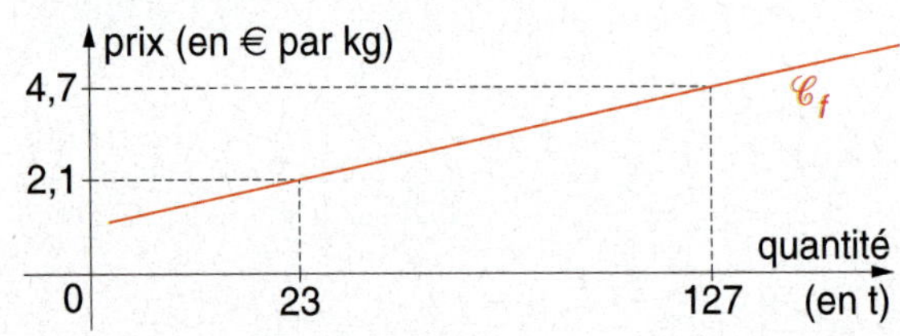

Le graphique n'est qu'un schéma.

(Voir techniques de base, p. XVI)

B. Représentation d'une fonction affine

1° Dans un repère orthonormal, représenter les fonctions f , g et h telle que : $f(x) = -3x + 2$,

$$g(x) = -\frac{4}{3}x + 2 \quad \text{et} \quad h(x) = \frac{4}{3}x - \frac{20}{3}$$

Résoudre $f(x) = g(x)$ et $f(x) = h(x)$.

2° Dans un repère orthogonal pour $x \geqslant 0$ et $y \geqslant 0$, représenter les fonctions f , g et h telles que :

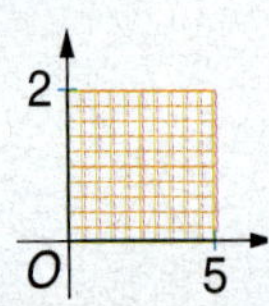

$$f(x) = 0{,}2x \quad , \quad g(x) = 0{,}4x - 3 \quad \text{et} \quad h(x) = x - 18 .$$

Résoudre $f(x) = g(x)$ et $g(x) = h(x)$.

(Voir techniques de base, p. XVII et chapitre 3)

C. Valeur absolue

Rappel : La fonction **valeur absolue** $x \mapsto |x|$ est définie sur $\mathbb{R}$ par :

si $x \geqslant 0$, $|x| = x$

si $x \leqslant 0$, $|x| = -x$

1° Calculer :

a) $|4-10| + 2\,|6-2| - |7-3|$;

b) $\left|\frac{1}{3} - \frac{1}{2}\right| + \left|\frac{1}{5} - \frac{1}{3}\right| + \left|\frac{1}{2} - \frac{1}{5}\right|$.

2° Quelles sont les expressions égales pour tout réel x ?

$|x-2|$; $|2-x|$; $|x|+2$; $|x|-2$; $|-x|+2$.

3° a) Représenter les fonctions f et g définies sur $\mathbb{R}$ par :

$$f(x) = |x| \quad \text{et} \quad g(x) = |x-3| .$$

b) Donner graphiquement les solutions de l'équation $f(x) = g(x)$.

(Voir techniques de base, p. XVII)

D. Segments de droite

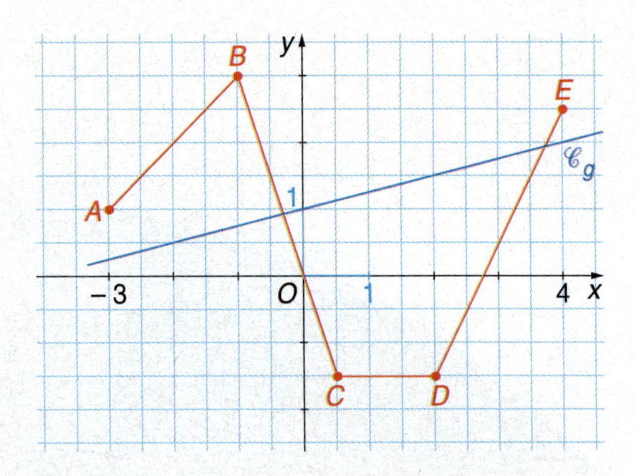

Cette ligne brisée est la représentation d'une fonction f .

a) Dresser le tableau des variations de f .

b) Sur chaque intervalle où la fonction garde le même sens de variation, déterminer $f(x)$ en fonction de x .

c) Résoudre graphiquement $f(x) = -x$.

d) D'après le graphique, combien a-t-on de solutions à l'équation $f(x) = \frac{1}{4}x + 1$? Les déterminer de manière exacte.

Activités préparatoires

1. Fonction partie entière

Les calculatrices et tableur proposent des fonctions qui, à tout réel X associe un entier.

Sur T.I. **Sur Casio 35 +**

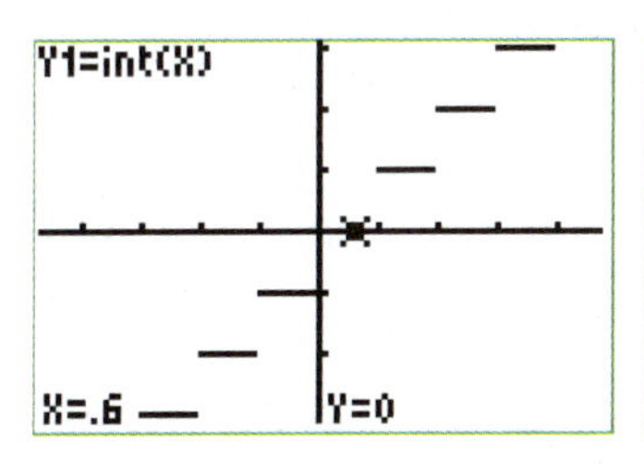

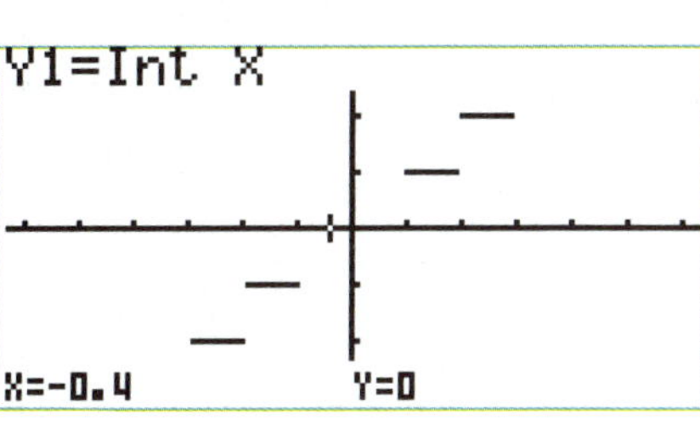

Y2=iPart(X)
X=-.5
Y=0

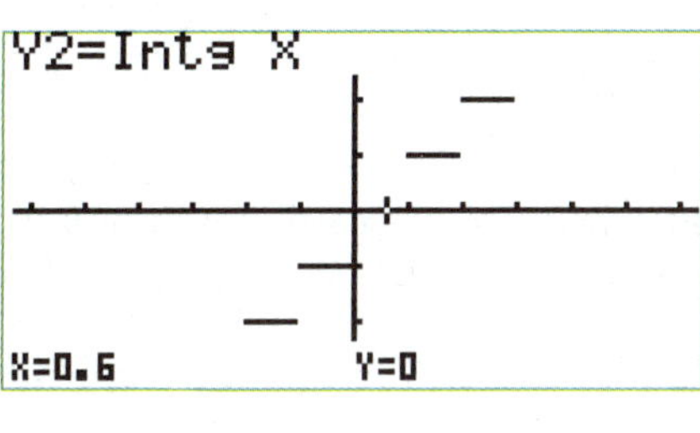

ENT ▾ ✕ ✓ fx =ENT(C10)

	A	B	C	D
1	X ≤ 0	ENT(X)	X ≥ 0	ENT(X)
2	-3	-3	0	0
3	-2,8	-3	0,2	0
4	-2,6	-3	0,4	0
5	-2,4	-3	0,6	0
6	-2,2	-3	0,8	0
7	-2	-2	1	1
8	-1,8	-2	1,2	1
9	-1,6	-2	1,4	1
10	-1,4	-2	1,6	=ENT(C1
11	-1,2	-2	1,8	1
12	-1	-1	2	2
13	-0,8	-1	2,2	2
14	-0,6	-1	2,4	2
15	-0,4	-1	2,6	2
16	-0,2	-1	2,8	2
17	0	0	3	3

On note E la fonction **partie entière** obtenue avec **ENT(** du tableur.

Faire le lien avec les fonctions des calculatrices, et en donner une définition.

2. Données sur tableur et série chronologique

On connaît quelques données partielles et on veut reconstituer une série chronologique.

Le tableau et le graphique présentent le nombre de captures de poissons, en millions de tonnes par an, pour la Chine et le Japon.

	A	B	C	D	E	F	G	H	I
1	année	1987	1990	1995	1996	1997	1998	2000	2002
2	rang	-3	0	5	6	7	8	10	12
3	Chine	5,38	6,65	12,56	14,22	15,72	17,23	16,99	16,55
4	Japon	11,12	9,55	5,97	5,96	5,88	5,26	4,99	4,44

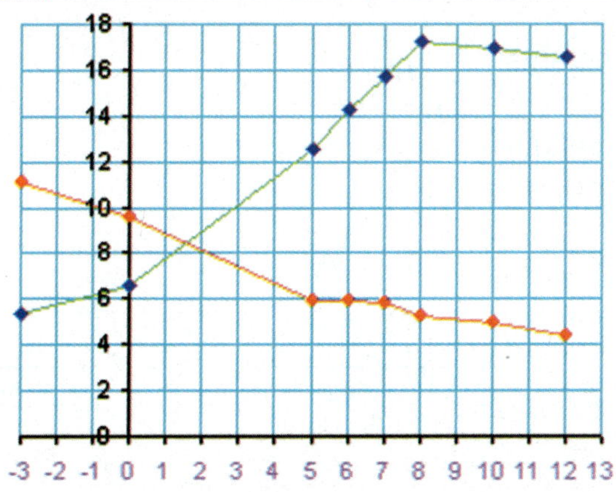

1° a) Entre 1990 et 1995, c'est-à-dire $x \in [0 ; 5]$, on assimile les captures pour le Japon à une fonction affine f.

Exprimer $f(x)$ en fonction de x et calculer $f(1)$, $f(2)$, $f(3)$ et $f(4)$ à 0,01 près.

On présentera les résultats dans un tableau comme une série chronologique.

b) De même entre 1987 et 1990 pour :

$$x = -2 \text{ puis } x = -1.$$

c) Justifier que, pour 1999, le nombre de captures est la moyenne des captures en 1998 et 2000, si on a une fonction affine entre ces deux années.

De même pour 2001.

d) En déduire la série chronologique complète de 1987 à 2002.

2° a) Calculer la moyenne des captures connues par le tableau de données.

b) Calculer la moyenne des captures dans la série reconstituée.

c) Comparer ces valeurs. Quelle est celle qui représente le mieux les captures moyennes par an ?

1. Fonctions affines par morceaux

Reconnaissance

Une fonction f représentée par des **segments de droites** est une fonction affine dite par intervalles, ou « par morceaux ».

Exemples :

• Impôts sur le revenu par tranche (en k€)

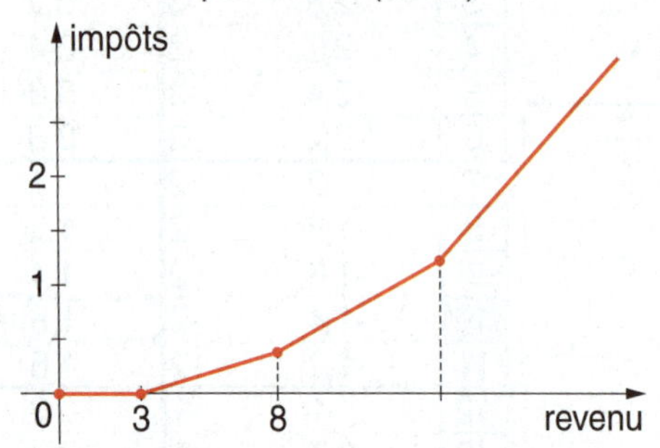

Fonction **continue** sur $[0 ; +\infty[$.

• Coût total de fabrication avec investissements ponctuels (en k€)

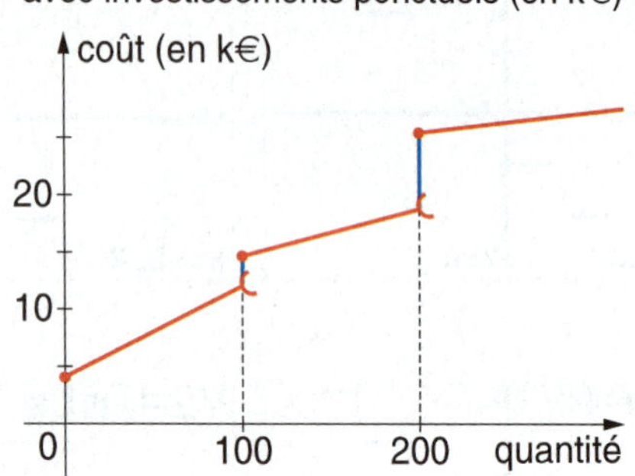

Courbe avec **sauts** en 100 et en 200.

À chaque segment correspond une fonction affine $x \mapsto ax + b$, de coefficient directeur a.

Cas particuliers :

• fonction avec valeur absolue : $x \mapsto |ax + b|$

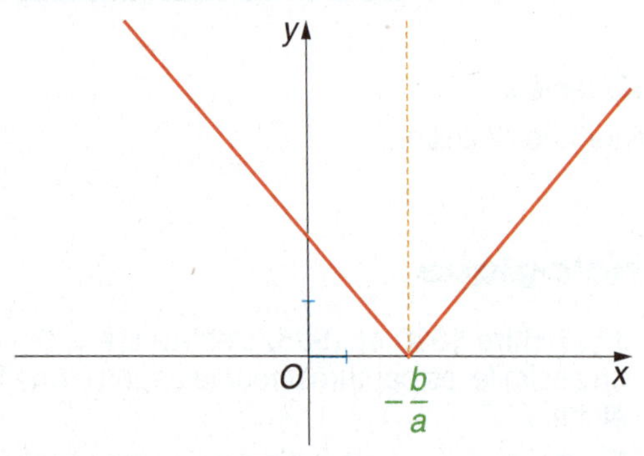

Si $ax + b \geqslant 0$, alors $f(x) = ax + b$.

Si $ax + b \leqslant 0$, alors $f(x) = -(ax + b)$.

• fonction **partie entière** : $x \mapsto E(x)$

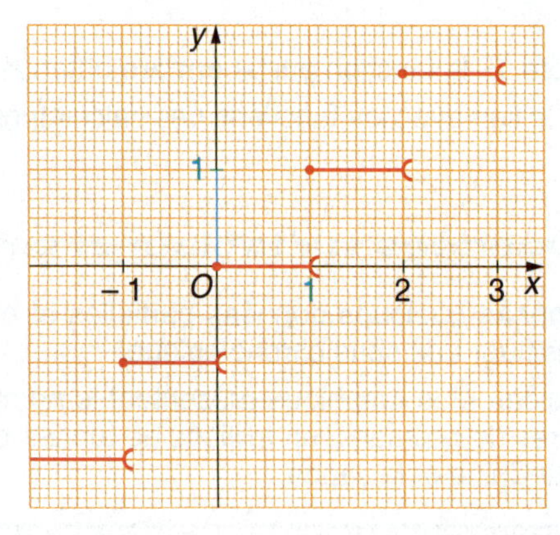

Pour tout réel x de $[z ; z+1[$, avec $z \in \mathbb{Z}$, $E(x) = z$.

Interpolation linéaire

principe : Une grandeur est connue à deux instants x_A et x_B.

Pour en connaître une valeur approchée à un instant intermédiaire x_C, on suppose que l'**accroissement moyen** reste **constant** entre x_A et x_B.

Accroissement moyen entre les deux instants :

$$a = \frac{\Delta y}{\Delta x} = \frac{y_B - y_A}{x_B - x_A}.$$

Valeur par interpolation linéaire à l'instant x_C :

$$y_C = a(x_C - x_A) + y_A.$$

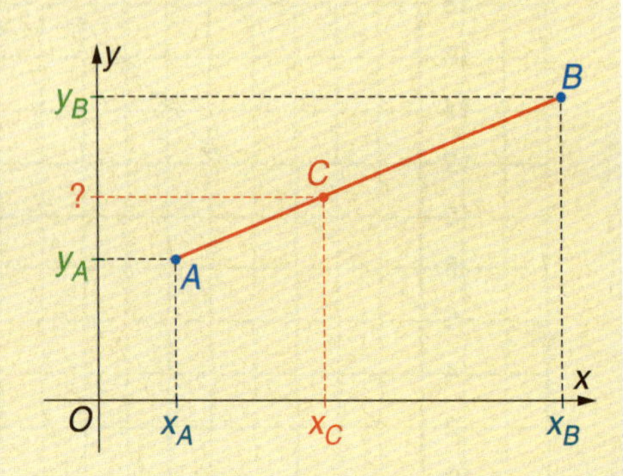

Représenter une fonction affine par morceaux

Méthode

Si une fonction f est définie à partir de fonctions affines f_1 , f_2 ... suivant les intervalles $[\,x_0\,;\,x_1\,[$, $[\,x_1\,;\,x_2\,[$ ... sa courbe est composée de segments de droites.

La courbe est raccordée en x_1 , et ainsi la fonction est **continue en x_1** , lorsque :

$$\boldsymbol{f_1(x_1) = f_2(x_1)} \ .$$

Si $f_1(x_1) \neq f_2(x_1)$, alors la courbe présente un saut, et la fonction n'est pas continue en x_1 .

[Voir exercices 5 à 8]

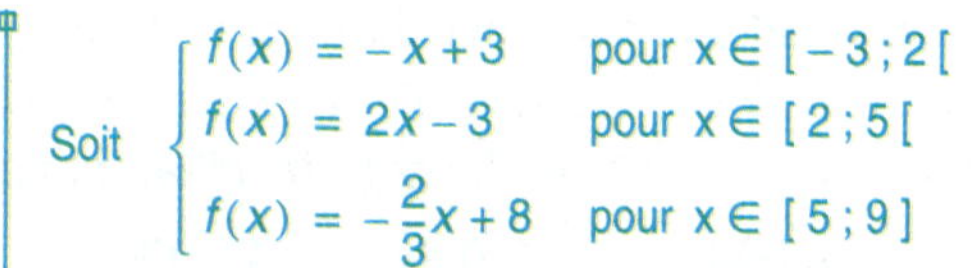

Soit $\begin{cases} f(x) = -x+3 & \text{pour } x \in [-3\,;2[\\ f(x) = 2x-3 & \text{pour } x \in [2\,;5[\\ f(x) = -\dfrac{2}{3}x+8 & \text{pour } x \in [5\,;9] \end{cases}$

f est définie par morceaux : construire sa représentation.

La courbe obtenue est-elle raccordée en 2 et en 5 ?

- Sur $[-3\,;2[$:

$f_1(x) = -x+3$

x	-3	2
$f_1(x)$	6	1

On obtient le segment $[AB[$.

- Sur $[2\,;5[$:

$f_2(x) = 2x-3$,

et on obtient le segment $[BC[$.

- Sur $[5\,;9]$:

$f_3(x) = -\dfrac{2}{3}x+8$ et on obtient le segment $[DE]$.

Comme $f_1(2) = f_2(2) = 1$, il y a raccordement en 2.

Comme $f_2(5) \neq f_3(5)$, il n'y a pas continuité en 5 : la courbe présente un saut.

Effectuer un calcul par interpolation linéaire

Méthode

Les données connues sont partielles : on assimile donc l'évolution des données à une croissance linéaire entre deux instants connus.

Comme $1973 \in [\,1970\,;\,1980\,]$, on imagine un segment de droite sur cet intervalle pour représenter le coût.

On applique alors le principe de l'interpolation linéaire.

Remarque : si les valeurs sont fonction d'une date, il est inutile de développer :

$$f(x) = a\,(x - x_A) + y_A \ .$$

[Voir exercices 9 à 13]

On connaît le coût d'une communication téléphonique de 3 min entre New York et Londres.

Par interpolation linéaire, calculer le coût en 1973.

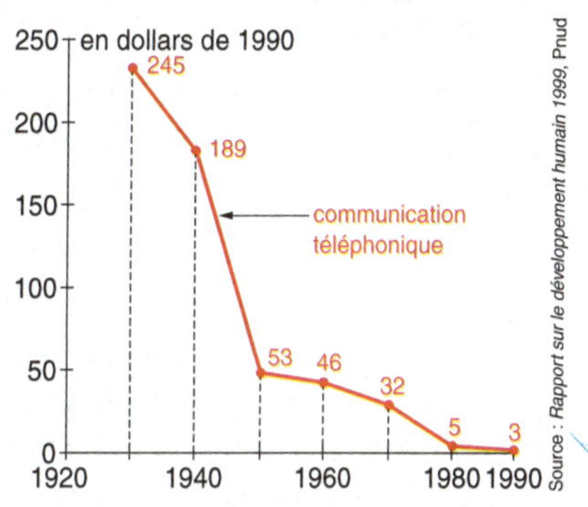

On peut schématiser la recherche dans un tableau :

x	1970	1973	1980
y	**32**	?	**5**

L'accroissement moyen entre 1970 et 1980 est :

$$a = \frac{\Delta y}{\Delta x} = \frac{f(1980) - f(1970)}{1980 - 1970} = \frac{5-32}{10} = -2{,}7 \ .$$

La fonction affine représentée par le segment est :

$$f(x) = a\,(x - 1970) + 35 = -\ 2{,}7\,(x - 1970) + 35 \ .$$

D'où sa valeur en 1973 :

$$f(1973) = -\ 2{,}7\,(1973 - 1970) + 35 = -2{,}7 \times 3 + 32 = 23{,}9 \ .$$

Ainsi, on peut penser qu'en 1973, le coût de la communication était d'environ 24 \$.

CALCUL DU MONTANT DE L'IMPÔT SUR LE REVENU À L'AIDE D'UN TABLEUR

En France, le revenu d'un ménage est soumis à un impôt « par tranches ».
Pour expliquer la méthode, on considère un barème simplifié pour un célibataire.
Chaque tranche de revenu est soumis à un taux d'imposition différent appliqué à la tranche :

tranche de revenu	0 à 6 000	6 000 à 13 000	13 000 à 22 000	22 000 à 36 000	36 000 à 58 000	58 000 à 72 000	72 000 et plus
taux marginal	0	7	19	28	37	42	48

A : Travail sur papier

Exemple, pour un revenu imposable de 45 000 €, dans la tranche 36 000 – 58 000 :

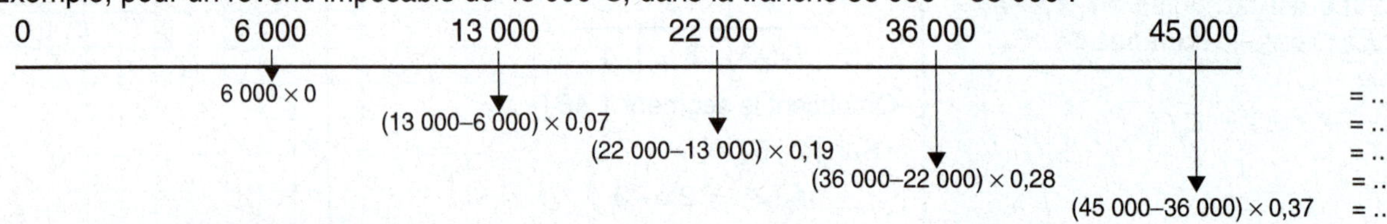

Pour obtenir l'impôt sur le revenu, on calcule la somme des impôts de chaque tranche.

a) Recopier et compléter ce calcul pour un revenu de 45 000 €.

Calculer le pourcentage que représente l'impôt par rapport au revenu imposable : ce pourcentage est le taux réel d'imposition.

b) Recommencer le calcul pour des revenus imposables de 22 000 €, 32 200 € et 120 000 €.

B : Travail avec tableur

1° Préparer la feuille de calcul ci-contre.

Vérifier le montant de l'impôt pour un revenu imposable de 22 000 €.

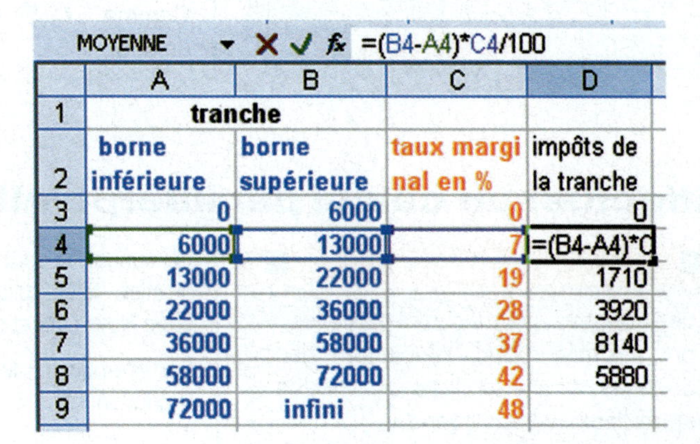

MOYENNE ▾ ✗ ✓ fx =(B4-A4)*C4/100

	A	B	C	D
1	tranche			
2	borne inférieure	borne supérieure	taux margi nal en %	impôts de la tranche
3	0	6000	0	0
4	6000	13000	7	=(B4-A4)*C
5	13000	22000	19	1710
6	22000	36000	28	3920
7	36000	58000	37	8140
8	58000	72000	42	5880
9	72000	infini	48	

2° a) Écrire les formules en colonne F.

E	F
	Revenu Imposable
	32200
	0
	=D4
	=D5
	=(F2-A6)*C6/100
total	=SOMME(F3:F9)
T R I	=F11/F2*100

Vérifier le montant de l'impôt pour un revenu imposable de 32 200 € et donner le taux réel d'imposition.

b) Écrire 120 000 dans la cellule F2 et réactualiser les formules en F.

Vérifier le montant de l'impôt pour :

RI = 120 000.

3° On veut représenter le montant de l'impôt en fonction du revenu.

a) Entrer le Revenu Imposable, en k€, de H2 = 0 à H9 = 100, pour les bornes des tranches.

b) Créer le montant de l'impôt à chaque borne :

I2 = 0 , I3 = 0 , I4 = 490 …

Vérifier que l'impôt pour 100 k€ est :

I9 = I8 + (H9 – H8) × C9 × 10 .

c) Sélectionner les cellules de H2 à I9

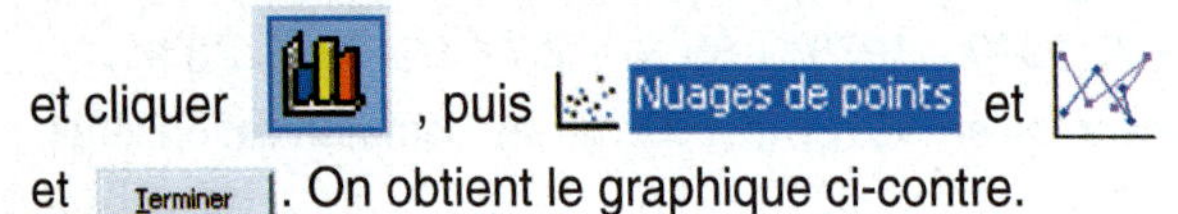

et cliquer [icône], puis Nuages de points et [icône] et Terminer. On obtient le graphique ci-contre.

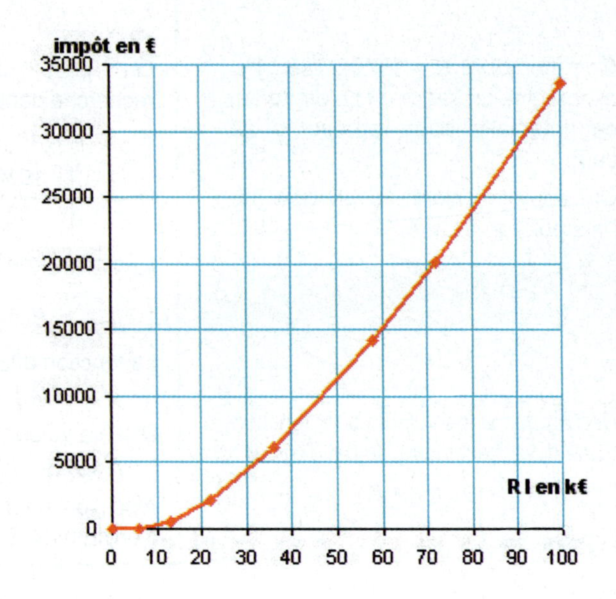

1. Fonctions affines par morceaux

1. Questions rapides

1 **Vrai ou Faux ?** Justifier la réponse.

1° La fonction f définie sur $\mathbb{R}$ par $f(x) = |2x-3|$ est une fonction affine par morceaux.

2° Soit f définie par :

$$\begin{cases} f(x) = 5x - 3 & \text{sur }]-\infty ; 2] \\ f(x) = -x + 9 & \text{sur }]2 ; +\infty[\end{cases}$$

La fonction f est continue en 2.

3° Soit $f(x) = |x+2| + |x-3|$, pour $x \in \mathbb{R}$.
Alors, pour $x \in [-2 ; 3]$, $f(x) = 5$.

4° Soit f définie par :

$$\begin{cases} f(x) = -x & \text{sur }]-\infty ; -1[. \\ f(x) = 5x - 4 & \text{sur } [-1 ; +\infty[. \end{cases}$$

La fonction f est continue en -1.

2 **Vrai ou Faux ?** Justifier la réponse.

1° a) $E(2,7) = 2$; b) $E(-3,4) = -3$;
c) $E(1-\sqrt{2}) = 0$; d) $E(\sqrt{3}-2) = -1$.

2° Sur **T.I.** : int(X) correspond à la fonction partie entière E .
Sur **Casio 35 +** : Intg X correspond à la fonction E .

3 **Q.C.M.** Le graphique ci-dessous présente la consommation de certaines denrées alimentaires en France, par personne et par an.

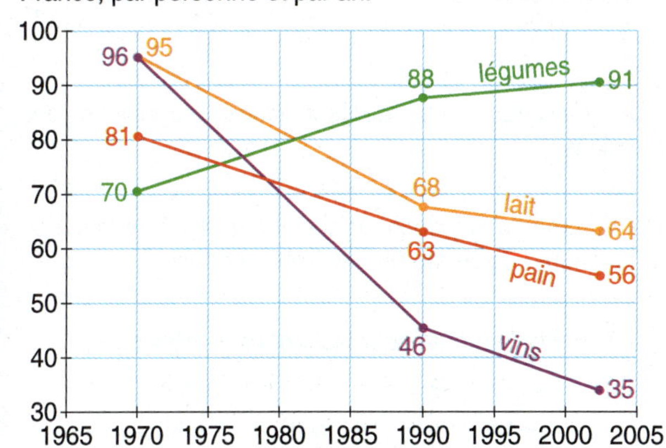

Par interpolation linéaire, indiquer la seule bonne réponse pour chaque question.

1° Consommation de lait en 1980 :
(a) 82 L (b) 85 L (c) 80 L

2° Consommation de pain en 2000 :
(a) 60 kg (b) 57 kg (c) 56 kg

3° Consommation de vins courants en 1980 :
(a) 70 L (b) 68 L (c) 71 L

4° Augmentation de la consommation de légumes frais par an, entre 1970 et 1990 :
(a) 0,9 kg (b) 1,8 kg (c) 0,09 kg

4 **Vrai ou Faux ?** Justifier la réponse.

Soit f la fonction représentée ci-contre.

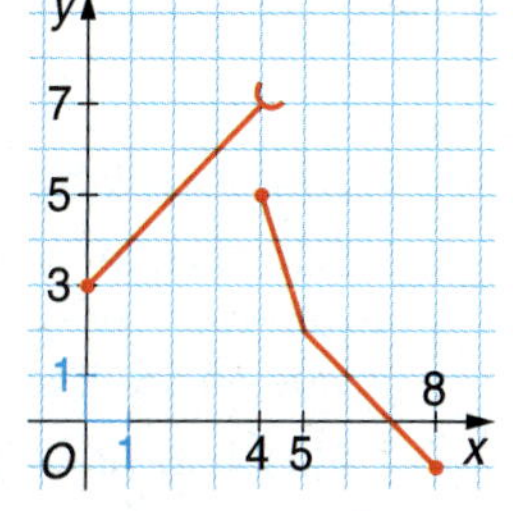

1° f n'est pas définie en 4.

2° $\mathscr{D}_f = [0 ; 8]$.

3° $f(x) = -x + 7$ sur $[5 ; 8]$.

4° $f(x) = x + 3$ sur $[0 ; 4]$.

5° $f(x) = -\frac{1}{3}(x-5) + 2$ sur $[4 ; 5]$.

2. Applications directes

[Représenter une fonction affine par morceaux, p. 335]

5 Représenter la fonction f définie par :

$$\begin{cases} f(x) = x - 3 & \text{sur }]-\infty ; 1] \\ f(x) = \frac{x}{2} & \text{sur }]1 ; 4[\\ f(x) = -x + 6 & \text{sur } [4 ; +\infty[. \end{cases}$$

La fonction f est-elle continue en 1 et en 4 ?

6 Soit f la fonction telle que :

$x \in$	$[0 ; 3[$	$[3 ; 7[$	$[7 ; 10]$
$f(x) =$	$\frac{2}{3}x - 3$	$\frac{5}{4}x - \frac{19}{4}$	$\frac{61 - 7x}{3}$

Construire la représentation de f .
La courbe est-elle raccordée en 3 et en 7 ?

7 La fonction f est donnée par :

$$\begin{cases} f(x) = -2 & \text{sur }]-\infty ; -5[\\ f(x) = 2x + 8 & \text{sur } [-5 ; -1] \\ f(x) = -\frac{5}{2}x + \frac{1}{2} & \text{sur }]-1 ; 1[\\ f(x) = x & \text{sur } [1 ; +\infty[\end{cases}$$

1° Représenter cette fonction pour :
$x \in [-7 ; 6]$.

Cette fonction est-elle continue sur cet intervalle ?

2° À l'aide du graphique, résoudre :
a) $f(x) = 0$; b) $f(x) = 4$; c) $f(x) = -x + 2$.

8 On considère la fonction f représentée par la ligne brisée $ABCDEF$ ci-dessous :

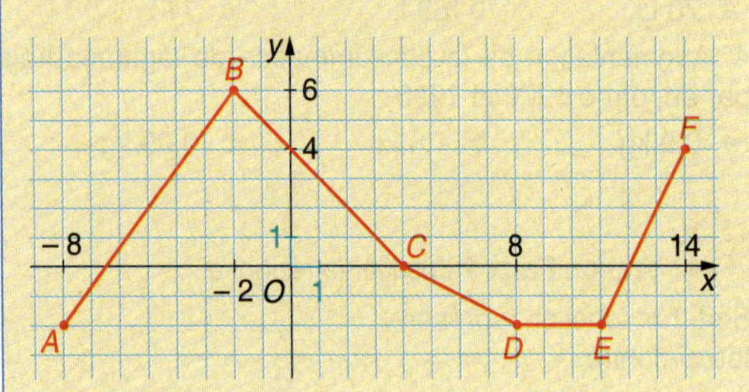

1° Dresser le tableau des variations de f.

2° Sur chaque intervalle, déterminer rapidement l'expression $f(x)$. On utilisera une lecture graphique du coefficient directeur.

3° Résoudre graphiquement :

a) $f(x) = 2$; b) $f(x) \leqslant 2$.

[Effectuer un calcul par interpolation linéaire, p. 335]

9 Le nombre de retraités en France est passé de 10,1 millions en 1992 à 12,25 millions en 2001.

Par interpolation linéaire, calculer le nombre de retraités en 1998, à 0,05 million près.

10 Entre 1990 et 2001, les soins hospitaliers sont passés de 37,2 milliards d'euros à 57,3 milliards d'euros en France.

Par interpolation linéaire, calculer le montant des soins hospitaliers en 1997 à 0,1 milliard près.

Comparer à la valeur exacte 342,8 milliards de F.

11 Pour une offre de 43 kg, le prix au kg est de 12 € et pour une offre de 58 kg, le prix au kg est de 13,5 €.

Par interpolation linéaire, déterminer le prix unitaire pour 50 kg à 0,1 € près.

12 Pour un prix de 4 € par kg, la quantité demandée est de 58 tonnes et pour un prix de 4,5 € par kg, la quantité demandée est de 36 tonnes.

a) Par interpolation linéaire, déterminer la quantité demandée pour un prix de 4,2 € par kg à 0,1 tonne près.

b) Si ce prix est le prix d'équilibre, calculer le chiffre d'affaires engendré par la vente de la quantité demandée au prix d'équilibre.

13 Consommation de sucre en kg par personne en France.

année	1970	1990	2002
sucre	20,41	10,02	6,79

1° Par interpolation linéaire, déterminer la consommation de sucre tous les 5 ans de 1970 à 1990, à 0,01 kg près.

2° Faire de même de 1990 à 2000.

3° Représenter la fonction affine par morceaux associée.

3. À partir de graphiques

14 Déterminer l'expression $f(x)$, de la fonction affine par morceaux f, représentée ci-dessous pour chaque segment qui compose sa représentation.

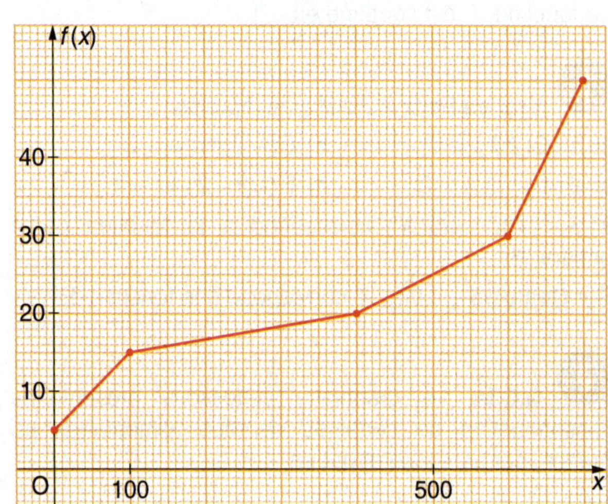

15 Construire les représentations graphiques des fonctions :

$u : x \mapsto |x-3|$, $v : x \mapsto |x-1|$ et $w : x \mapsto |x|$.

Par somme de fonctions, en déduire la représentation de la fonction f, somme de ces trois fonctions.

16 Faire de même pour les fonctions telles que :

$$u(x) = |x-2| \ ; \ v(x) = |x+3| \ ;$$
$$w(x) = |x| \ \text{et} \ t(x) = |x+1| \ .$$

Trouver sur quel intervalle la fonction f est constante.

17 Soit la fonction f définie sur $\mathbb{R}$ par :

$$f(x) = |x+4| + |x+1| + |x-1| + 2\,|x+3| \ .$$

Donner une représentation de cette fonction.

En quelle valeur cette fonction admet-elle un minimum ?

18 Soit f la fonction affine par morceaux définie sur $\mathbb{R}$ et représentée ci-dessous.

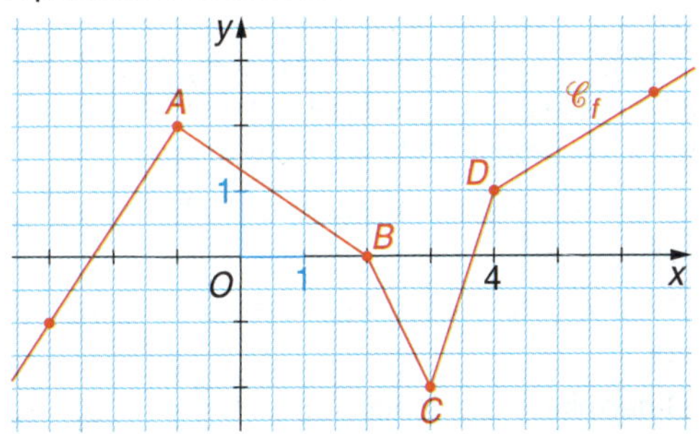

1° a) Reproduire cette courbe dans un repère orthonormal (1 cm ou 1 grand carreau).

Dresser le tableau des variations de f .

b) Construire la courbe représentative de la fonction g définie sur $\mathbb{R}$ par :

$$g(x) = f(x+1)+2 \ .$$

Donner son tableau des variations.

Justifier que $g(x) \geqslant 0$ sur $[-2\,;+\infty[$.

2° Construire la courbe représentative de la fonction $|f|$.

Expliquer la construction.

3° Déterminer l'expression $f(x)$ pour chaque intervalle.

19 Le graphique ci-dessous présente la quantité $Q(t)$ de matières, en tonnes, stockée pour la fabrication d'un mélange, en fonction du temps t en heures.

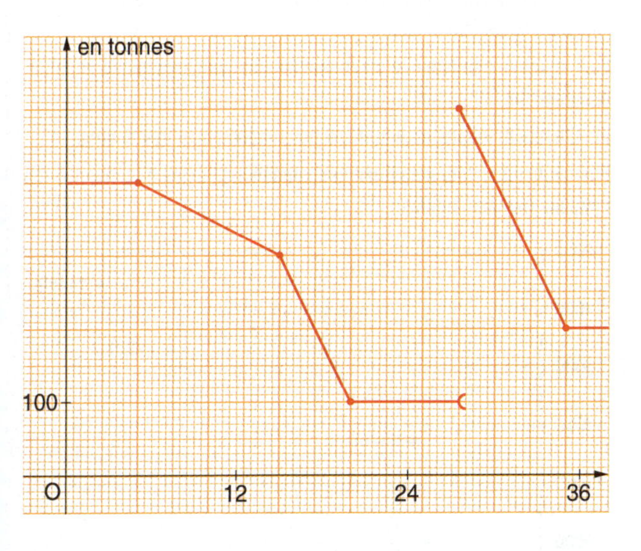

1° Donner une interprétation concrète des segments horizontaux, ainsi qu'au saut en $t = 27{,}5$.

2° Déterminer la quantité $Q(t)$ en fonction de t , suivant les intervalles de t .

4. Interpolation linéaire

20 Entre 1970 et 2000, le nombre d'exploitations agricoles en France est passé de 1 585 milliers à 664 milliers, pour une surface agricole utilisée (S.A.U.) de 29 500 ha à 27 800 ha.

1° a) Calculer l'accroissement annuel moyen du nombre d'exploitations.

b) Par interpolation linéaire, déterminer le nombre d'exploitations tous les 5 ans : en 1975, 1980, 1985, 1990 et 1995.

c) Pour 1995, on connaît le chiffre réel : 735 milliers.

L'interpolation donne-t-elle un chiffre plus haut ?

d) Si la baisse se poursuit, quel sera le nombre d'exploitations en 2005 ?

Vérifier dans le T.E.F. au CDI, ou sur le site de l'Insee.

2° Calculer, de même, la S.A.U. tous les 5 ans de 1975 à 1995.

21 Les produits T.I.C. (technologies de l'information et de la communication) sont de plus en plus consommés en France. **Indice de volume des produits T.I.C. :**

a	1990	1995	1997	2000	2003
y	78,5	100	114,1	207,7	272,5

1° Placer les points correspondants dans un repère orthogonal et les joindre par segment.

On considère x le rang de l'année à partir de 1990 où $x = 0$, et f la fonction affine par morceaux représentée par les segments.

2° Déterminer $f(x)$ pour $x \in [0\,;5]$, $[5\,;7]$, $[7\,;10]$ et $[10\,;13]$.

3° En utilisant les tableaux de valeurs de la calculatrice, donner la valeur de l'indice chaque année, à 0,1 près, et reconstituer la série chronologique de cet indice.

22 Dans les pays adhérents à l'U.E. en 2004, on fait l'hypothèse d'une croissance linéaire de la population.

	Hongrie	Chypre	Pologne
population en 2004 (en millions)	10,032	0,816	38,623
accroissement par an (en milliers)	– 21	6,4	– 11,7

Pour chacun de ces pays, exprimer la population en fonction de l'année x , en prenant $x = 0$ en 2004.

Déterminer la population que l'on peut prévoir pour chacun de ces pays en 2010.

2. Exercices de synthèse

23 Le salaire d'un vendeur est composé d'un salaire fixe de 1 000 € et d'une commission de 5 % du montant x des ventes réalisées, jusqu'à 5 000 € de ventes (exclu). La commission passe à 6 % à partir de 5 000 €.

On note $f(x)$ le salaire en fonction de x.

1° Calculer les salaires pour 4 000 € de ventes, puis 7 500 €.

2° a) La fonction f est-elle continue ?

b) Déterminer son expression suivant les valeurs de x.

24 **Évolution d'une production**

« De 1960 à 1975, la production a augmenté, passant de 12 t à 16 t, avec une production de 13 t en 1965.

Ensuite, cette production a eu une légère baisse pour atteindre 15 t en 1980. Les conditions climatiques ont fait chuter la production à 11 t seulement en 1982.

Mais une bonne reprise a permis une hausse rapide et, en 1990, la production est revenue à 16 t, 13 t étant atteintes dès 1985. Depuis 1990, l'augmentation est régulièrement d'une demi-tonne par an. »

On suppose que la production p est une fonction affine par morceaux du temps.

a) Construire la courbe de cette fonction.

b) Par interpolation linéaire, déterminer la production en 1987, puis en 2000.

c) Déterminer les années où la production est restée inférieure à 12 tonnes.

25 **Coût total**

Le coût total, pour une quantité entre 0 et 800 kg (800 exclu), est composé d'un coût fixe de 5 000 € et d'un coût variable de 12 € par kg.

À partir de 800 kg, le coût variable augmente de 10 %.

Chaque kilogramme produit est vendu au prix de 20 €.

À partir de 900 kg, une remise de 100 € est accordée quel que soit le nombre de kilogrammes vendus.

1° Exprimer le coût total $C(q)$ en fonction de q.

La fonction C est-elle continue ?

2° Exprimer la recette totale $R(q)$ en fonction de q.

La fonction R est-elle continue ?

3° a) Représenter ces deux fonctions sur le même graphique, pour $q \in [0\,;1\,200]$.

b) Quelle plage de production assure un bénéfice ?

26 Dans une entreprise, deux catégories A et B de personnel reçoivent un salaire mensuel en fonction du nombre x de produits fabriqués par mois.

Salaire de A : fixe de 1 100 € et 0,012 € par produit fabriqué.

Salaire de B : fixe de 1 000 € et 0,02 € par produit fabriqué.

1° a) Déterminer les fonctions f et g correspondant à ces salaires mensuels.

b) Déterminer à partir de quelle quantité de produit le salaire de B devient-il supérieur ou égal à celui de A.

c) Représenter ces fonctions dans un même repère orthogonal.

En ordonnée, on représentera seulement les salaires supérieurs à 1 000 €.

2° Le fixe du salaire de B est augmenté de 50 €.

D'après le graphique précédent, lire la production pour laquelle le salaire de B est égal au salaire de A.

Vérifier par le calcul, et déterminer le salaire commun.

3° Reprendre la question 2° dans le cas où la partie variable du salaire de A passe à 0,015 € par produit fabriqué.

27 Le graphique suivant donne le niveau de vie médian par an des individus en France en euros 2001, corrigé de l'inflation (hors érosion monétaire).

1° Par interpolation linéaire, calculer le niveau de vie médian tous les 5 ans.

Sur quelle période le niveau de vie médian a-t-il le plus augmenté ?

2° Calculer alors le seuil de pauvreté tous les 5 ans.

Par définition, **le seuil de pauvreté** est égal à la moitié du niveau de vie médian.

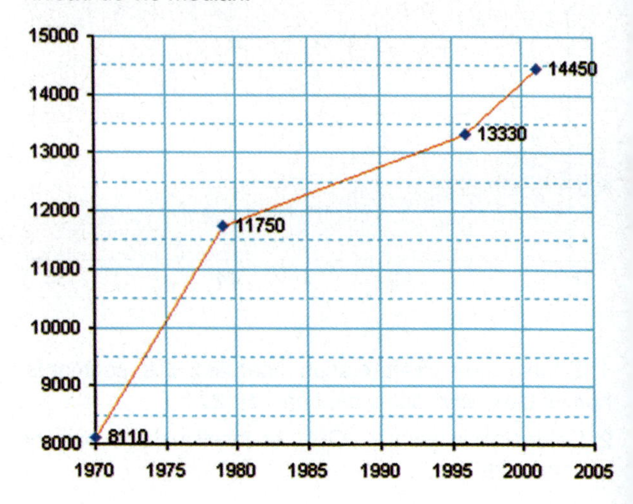

28 Effet d'une intervention sur les coûts

Le graphique ci-dessous présente le coût total de fabrication de boîtiers pour ordinateur.

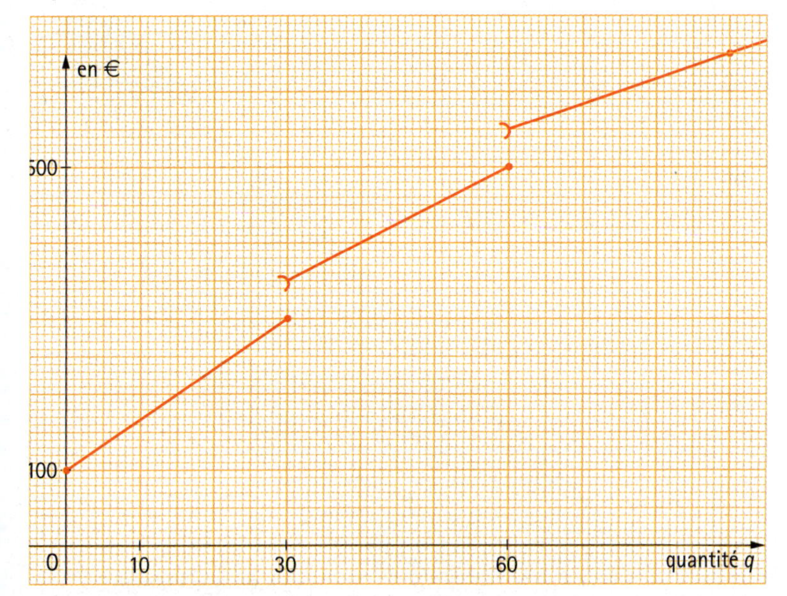

Les coûts fixes correspondent au prix de la machine qui permet la fabrication.

Cette machine nécessite une intervention technique à certaines phases de la production ce qui augmente les coûts.

On admet que la fonction de coût total CT est une fonction affine par morceaux.

1° Pour chaque plage de production, déterminer la fonction de coût total CT, en fonction de la quantité q.

2° a) D'après ce graphique, indiquer, pour chaque plage de production, l'accroissement de coût dû à une unité supplémentaire produite (on parle de coût marginal C_m).

b) Après chaque intervention technique, ce coût marginal augmente-t-il ?

3° a) Rappeler comment se lit le coût moyen. Justifier qu'il existe deux quantités où le coût moyen est de 10 €.

b) Après chaque intervention, le coût moyen augmente-t-il ?

Par lecture graphique, indiquer le sens de variation du coût moyen.

29 Loyer et frais de gestion

Pour la gestion d'un appartement mis en location, un agent immobilier applique le tarif suivant :
- 12 % du loyer jusqu'à 200 € inclus ;
- 10 % pour la tranche] 200 € ; 300 €] ;
- 6 % pour la tranche] 300 € ; 600 €] ;
- 3 % pour la partie supérieure à 600 €.

1° Calculer le montant des frais mensuels de gestion pour un loyer de 800 € par mois.
En déduire le taux moyen appliqué par cet agent pour la gestion de cette location de 800 €.

2° a) Déterminer la fonction affine par intervalles correspondant à ces frais de gestion (on notera x le montant du loyer).

b) Représenter cette fonction dans un repère orthogonal (1 en abscisse pour 100 € et 1 en ordonnée pour 10 €).

c) Lire graphiquement le montant des frais pour un loyer de 240 € ; de 400 € et de 1 000 €.

Courbe de Lorenz

La courbe de Lorenz, page suivante, rend compte de la concentration de la superficie agricole utilisée suivant la taille des exploitations en 1979.

Ainsi, 60,7 % des exploitations agricoles les plus petites utilise 18,5 % de la superficie agricole.

	A	B	C	D	E	F	G
1	**Répartition des exploitations agricoles selon la taille**						
2	**en 1979**	**Nombre**	part en %	0	0	part en %	**SAU**
3	Moins de 5 ha	357	28,3	28,3	2,3	2,3	677
4	5 à moins de 20 ha	410	32,5	60,7	18,5	16,2	4 778
5	20 à moins de 50 ha	347	27,5	88,2	55,7	37,2	10 962
6	50 à moins de 100 ha	114	9,0	97,2	81,7	26,0	7 683
7	100 à moins de 200 ha	29	2,3	99,5	94,6	12,9	3 798
8	200 ha et plus	6	0,5	100,0	100,0	5,4	1 598
9	**Ensemble**	**1 263**		nb cumul	SAU cumul		**29 496**

Cette courbe est obtenue à l'aide des colonnes D et E du tableau, donnant :
en abscisse le pourcentage cumulé des effectifs des exploitations en partant des plus petites, et en ordonnée le pourcentage cumulé de S.A.U. correspondante.

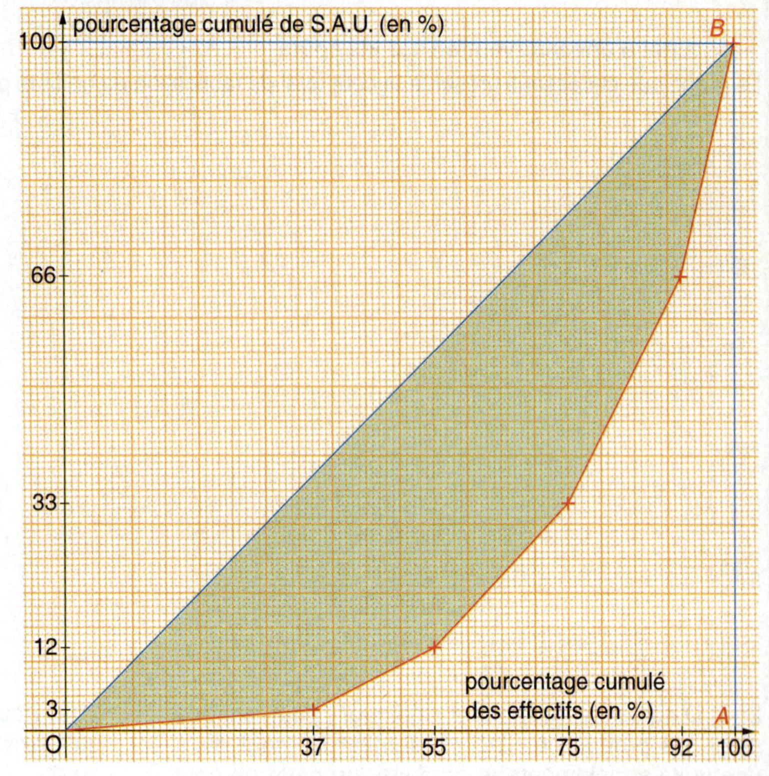

1° a) À l'aide de ces valeurs, déterminer par interpolation linéaire le pourcentage des exploitations les plus petites qui utilisent 50 % de la superficie agricole.

b) Déterminer le pourcentage de la superficie agricole utilisée par 50 % des exploitations agricoles les plus petites.

2° **Calculs sur tableur**

En C3 = B3 / $B$9 * 100 , tirer cette formule jusqu'en C8.

En D3 = C3 et écrire D4 = D3 + C4 , tirer cette formule jusqu'en D8.

De même pour les colonnes F, puis E.

Sélectionner les cellules de D2 à E2 et tracer le nuage de points (voir page logiciel, p. 336).

On obtient alors la courbe de Lorenz.

3° Reprendre les calculs et la courbe de Lorenz pour la répartition en 2000 ci-contre.

La courbe obtenue est-elle au-dessus ou en dessous de la courbe de Lorenz de 1979 ?

2000	Nombre	SAU
Moins de 5 ha	193	362
5 à moins de 20 ha	132	1 464
20 à moins de 50 ha	138	4 666
50 à moins de 100 ha	122	8 662
100 à moins de 200 ha	64	8 655
200 ha et plus	15	4 047
Ensemble	**664**	**27 856**

L'impôt sur le revenu en France

	A	B	C
1	tranche		
2	borne inférieure	borne supérieure	taux marginal en %
3	0	6501	0
4	6501	12786	6,83
5	12786	22506	19,14
6	22506	36441	28,26
7	36441	59294	37,38
8	59294	73121	42,62
9	73121	infini	48,09

Reprendre le TD effectué à la page logiciel, p. 336, à l'aide d'un tableur avec le barème ci-contre sur les revenus 2004.

Un salarié, dont le revenu est R , a droit à deux abattements de 10 % et 20 %, si son revenu est inférieur à 126 480 €.

Le revenu après abattements est le revenu imposable.

a) Calculer le revenu imposable, puis le montant de l'impôt pour un célibataire déclarant 25 000 € de revenu.

b) Faire de même pour un célibataire déclarant 12 500 €.

c) Quel revenu faut-il déclarer pour ne pas payer d'impôt ?

d) Une personne seule ayant le revenu médian de 14 450 € paye-t-il un impôt ? Si oui, combien ?

14

Techniques de base

A - Calcul algébrique

1. Développement
2. Factorisations de base
3. Expressions rationnelles
4. Puissances
5. Calculs numériques

B - Méthodologie

1. Analyser les verbes d'un énoncé
2. Lire les symboles
3. Règles sur les égalités
4. Règles sur les inégalités
5. Équations de base
6. VRAI OU FAUX ?

C - Lectures graphiques

1. Courbe d'une fonction et conventions graphiques
2. Sens de variation d'une fonction
3. Résolution graphique d'une équation
4. Résolution graphique d'une inéquation

D - Fonctions affines et droites

1. Fonction affine
2. Lien avec les droites
3. Valeur absolue

E - Signe d'expression

1. Signe d'une fonction par lecture graphique
2. Signe d'expressions particulières
3. Règles des signes
4. Signe d'un produit
5. Signe d'un quotient

F - Traitements des données

1. Proportionnalité
2. Moyenne arithmétique

Calcul algébrique

1. Développement

- On distribue en prenant le « signe + ou – » avec le nombre qui le suit :
- Il y a toujours trois termes quand on développe un carré : n'oubliez pas le **double produit** :

$$(A-B)(C-D) = A\times C - A\times D - B\times C + B\times D$$
$$(A+B)^2 = A^2 + 2AB + B^2$$
$$(A-B)^2 = A^2 - 2AB + B^2$$

Un signe « – » devant une parenthèse

il faut changer tous les signes.

$$-(A+B-C) = -A-B+C$$

Un signe « – » devant un trait de fraction

c'est comme un signe « – » devant une parenthèse au numérateur.

$$-\frac{N}{D} = \frac{-(N)}{D}\text{ , mais }\frac{-N}{-D} = \frac{N}{D}$$

1 Développer, réduire et ordonner chacune des expressions suivantes :

$A(x) = (x-1)(-x+2)+(2x+1)^2$;

$B(x) = (x-3)^2 - 4x(x-1)$;

$C(x) = (2x+5)^2 - (5x+2)(5x-2) - (1-x)(3+x)$;

$D(x) = (x-3)^2 - 3x\,(x-2)+2x^2$;

$E(x) = 5x\,(x-1)-(2x-1)^2$.

2 Réduire au même dénominateur et développer le numérateur (choisir le plus petit dénominateur commun) :

$A(x) = \frac{3x-1}{2} - \frac{2x-3}{4} + x - 1$;

$B(x) = x\,(x-3) - \frac{x^2-x+2}{3} - 3\,(2x)$;

$C(x) = -2x\,(1-x) - \frac{2x^2-1}{4} + \frac{x+2}{2}$.

2. Factorisations de base

Mettre x en facteur, lorsque les deux termes de la somme comportent x : $ax^2+bx = x\,(ax+b)$.

Factoriser une différence de deux carrés

- $A^2 - B^2 = (A+B)(A-B)$: « le 1er + le 2e, facteur de, le 1er – le 2e ».
- Si on a une expression à **deux** termes, avec un seul signe moins et deux carrés, alors :

$4x^2 - 9 = (2x+3)(2x-3)$; $-x^2+16 = 16-x^2 = (4+x)(4-x)$.

($4x^2$: carré de $2x$; 9 : carré de 3 ; $16 = 4^2$; x^2)

- $(x-3)^2 - (2x-1)^2 = (x-3+2x-1)(x-3-2x+1) = (3x-4)(-x-2)$.

Ici $A = x-3$ et $B = 2x-1$.

- $4(x-1)^2 - 5 = (2x-2+\sqrt{5})(2x-2-\sqrt{5})$. Ici $A = 2(x-1) = 2x-2$ et $B = \sqrt{5}$.

Remarque : Si $A \geqslant 0$, alors $A = (\sqrt{A})^2$ et ainsi $5 = (\sqrt{5})^2$.

3 Factoriser les expressions suivantes, si cela est possible

a) $4x^2+9x$; b) $-x^2+4$; c) x^2-49 ;

d) $-4x^2+1$; e) $25x-4x^2$; f) x^2+1 ;

g) $-9x^2-1$; h) $3x^2-4$; i) x^2-2x .

4 Si l'expression est une différence de deux carrés, la factoriser, sinon, la laisser telle quelle.

a) $(x+1)^2+4$; b) $(5x-7)^2-(x+4)^2$;

c) $4(x-3)^2-9$; d) $-(3x-1)^2+25$;

e) $9(x+1)^2+25$; f) $-(x-3)^2+4(x+1)^2$.

3. Expressions rationnelles

• On appelle **valeur interdite** une valeur qui annule le dénominateur.
Pour les trouver, on résout l'équation : « dénominateur » = 0.

Exemple : soit $E(x) = \frac{3x}{x+2} + x - \frac{1}{4x}$

$x+2=0 \Leftrightarrow x=-2$ et $4x=0 \Leftrightarrow x=0$
donc les **valeurs interdites** de E sont **-2 et 0**.

Expression rationnelle sous forme d'un quotient

Pour cela, il faut **réduire au même dénominateur :**

• on cherche les valeurs interdites de chaque quotient, et on cherche le dénominateur commun DC le plus petit,
• par multiplication, on réduit chaque quotient à ce dénominateur commun,
• on ajoute les numérateurs et on réduit la somme au numérateur.

Exemple : $A(x) = \frac{2}{x-1} + \frac{3x-1}{2x} - \frac{x^2+2}{x^2-x}$.

On cherche les **valeurs interdites** :
• $x-1=0 \Leftrightarrow x=1$. • $2x=0 \Leftrightarrow x=0$. • $x^2-x=0 \Leftrightarrow x(x-1)=0 \Leftrightarrow x=0$ ou $x=1$.
Les seules valeurs interdites sont **0** et **1** : il y a un lien, le DC n'est pas le produit de tous les dénominateurs.

$$\text{DC} = (x-1)\times 2x = 2x\,(x-1).$$

$$A(x) = \frac{2(2x)+(3x-1)(x-1)-2(x^2+2)}{2x\,(x-1)}$$ (mettre tout de suite sous un seul trait de fraction)

$$= \frac{4x+3x^2-3x-x+1-2x^2-4}{2x\,(x-1)} = \frac{x^2-3}{2x\,(x-1)}.$$

5 Pour chaque expression, trouver les valeurs interdites et chercher une forme quotient. Penser au « – » devant une fraction.

$A(x) = 3x-1-\frac{x+1}{x+2}$; $B(x) = 2x-\frac{4}{1+x}$;

$C(x) = x-1-\frac{x-2}{2x}$; $D(x) = 3+\frac{4}{1-x}$.

6 Même exercice.

$A(x) = \frac{1}{x}+\frac{3}{x+1}$; $B(x) = \frac{2}{x-1}-\frac{1}{2x}$;

$C(x) = \frac{1}{x^2}+\frac{3}{4x}$; $D(x) = \frac{4}{3x}-\frac{1}{x^2}$.

7 Même exercice.

$A(x) = \frac{x+3}{x}+\frac{9}{x^2-3x}$;

$B(x) = \frac{2}{x-2}-\frac{x^2+1}{2x-4}$; $C(x) = \frac{4}{x}-\frac{x-1}{2x^2}+1$.

8 Même exercice.

$A(x) = \frac{2x+1}{x-2}-\frac{x^2-3}{x^2-2x}+\frac{3}{x}$;

$B(x) = \frac{x}{4x-1}+\frac{2}{x}-\frac{8x+7}{4x^2-x}$.

Une expression rationnelle se simplifie seulement lorsque le même facteur apparaît au numérateur et au dénominateur ; on applique $\frac{A\times N}{A\times D} = \frac{N}{D}$.

Exemple : $E(x) = \frac{x^2+4x}{x^2-16} = \frac{x(x+4)}{(x+4)(x-4)} = \frac{x}{x-4}$ **on simplifie par $(x+4)$** ;

les valeurs interdites de E sont -4 et 4, **même pour sa forme simplifiée**.

9 Pour chaque expression, donner les valeurs interdites et simplifier.

$A(x) = \frac{4-x^2}{4x-8}$; $B(x) = \frac{8-2x}{x^2-4x}$;

$C(x) = \frac{6x-2}{2x}$; $D(x) = \frac{(x-3)^2-1}{(x-3)(x-2)}$;

$E(x) = \frac{8x-\sqrt{24}}{-0{,}2x}$; $F(x) = \frac{(4x-1)(4x-3)}{4-(4x-1)^2}$.

Calcul algébrique

Transformer un quotient simple en une somme, on applique $\dfrac{A+B}{D} = \dfrac{A}{D} + \dfrac{B}{D}$.

Exemple : $f(x) = \dfrac{3x^2 - 4x + 10}{2x} = \dfrac{3x^2}{2x} - \dfrac{4x}{2x} + \dfrac{10}{2x} = \dfrac{3}{2}x - 2 + \dfrac{5}{x}$, avec 0 pour valeur interdite.

Diviser un produit par un nombre, on divise un seul des facteurs par ce nombre :

$$\frac{A \times C}{D} = \frac{A}{D} \times C \quad \text{ou} \quad \frac{A \times C}{D} = A \times \frac{C}{D} .$$

Exemple : $g(x) = \dfrac{4x\ (x^2+2)}{8} = \dfrac{4x}{8}\ (x^2+2) = \dfrac{x}{2}\ (x^2+2) = x\left(\dfrac{x^2+2}{2}\right) = x\left(\dfrac{x^2}{2}+1\right)$.

10 Transformer en une somme :

a) $\dfrac{8-\sqrt{24}}{4}$; b) $\dfrac{-x^2+6x-8}{4x}$;

c) $\dfrac{0{,}1-\sqrt{8}}{-0{,}02}$; d) $\dfrac{4x^2-1}{x^2}$.

11 Rendre l'écriture plus simple :

a) $\dfrac{-9x\ (x^2+4)}{6}$; b) $\dfrac{(4-x)(3-6x)}{12}$;

c) $\dfrac{4x^2\ (x-4)}{8}$; d) $\dfrac{(9x+6)(x-4)}{12}$.

4. Puissances et chiffres significatifs

Quelques règles de base, $a \neq 0$: $a^0 = 1$ et $a^1 = a$; on peut écrire $\dfrac{1}{a} = a^{-1}$ et $\dfrac{1}{a^n} = a^{-n}$;

$a^n \times a^p = a^{n+p}$, car il y a au total $n+p$ facteurs égaux à a , et $(a \times b)^n = a^n \times b^n$.

Les puissances de 10 usuelles : 10^3 : mille, 10^6 : un million, 10^9 : un milliard.

Diviser par 10, c'est multiplier par 0,1 et diviser par 0,1 c'est multiplier par 10 !

Exemples : $2{,}5 \times 10^3 + 35\,000 \times 0{,}8 = 2\,500 + 35 \times 8 \times 100$

$= 2\,500 + 28\,000 = 30\,500$;

$(-0{,}2)^2 \times 10 - 4 \times 0{,}03 \times \dfrac{1}{0{,}04} = 0{,}04 \times 10 - 3 = -2{,}6$.

```
2.5*10^3+35000*0
.8
           30500
(-0.2)²*10-4*0.0
3*1/0.04
            -2.6
```

Un résultat est arrondi à **3 chiffres significatifs** lorsque l'on garde les trois premiers chiffres (autres que 0) et on complète par des zéros ou des puissances de 10.

Exemples : $47{,}64 \times 10^2 - 533{,}8 \times (1+0{,}12)^3 \approx 3\,985{,}95 \approx$ **3 99**0 ;

$\dfrac{4{,}53}{1{,}23 \times 5\,620} \approx 6{,}55 \times 10^{-4}$.

```
47.64*10²-553.8*
(1+0.12)^3
      3985.950874
4.53/1.23/5620
  6.553250586E-4
```

12 1° Les calculs effectués sont-ils corrects ?

a) $3^2 \times 5^2 = 15^2$; b) $2^3 \times 5^2 = 10^5$;

c) $2^2 + 2^4 = 2^6$; d) $3^1 \times 3^0 = 3$;

e) $(4+1)^3 = 4^3 + 1^3$; f) $(4-5)^5 = 1$.

2° Simplifier, sans effectuer :

a) $3^6 \times 3^{-2}$; b) $\left(a^{-3}\right)^2$; c) $(5x)^2$;

d) $\left(2 \times 10^{-3}\right)^3$; e) $5^{n+1} - 5^n$; f) $(2^3 \times 3^{-1})^2$;

g) $\dfrac{1}{9} \times 3^n$; h) $\dfrac{2^n}{2^{n+1}}$; i) $\dfrac{3^4 \times 3}{3^{-2}}$.

13 1° Effectuer sans calculatrice :

a) $\dfrac{-0{,}5}{2 \times 0{,}01}$; b) $\dfrac{1{,}43}{2 \times 0{,}1}$; c) $\dfrac{0{,}24}{2 \times 0{,}002}$;

d) $\dfrac{3 \times 10^6 - 5 \times 10^5}{0{,}25}$; e) $\dfrac{2 \times 0{,}03 - 7{,}6 \times 0{,}1}{0{,}35 \times 2}$.

2° Calculer à la calculatrice et donner le résultat arrondi à 3 chiffres significatifs :

a) $2{,}03^3 \times 0{,}97^2$; b) $(1-0{,}02)^5 \times 42\,000$;

c) $\dfrac{53 \times 1{,}3^2}{0{,}21 \times 2{,}4^3} - \dfrac{100}{9}$; d) $\dfrac{1-1{,}07^{10}}{1-1{,}07} \times 53 \times 1{,}07^6$.

5. Calculs numériques

Le principe de substitution :

si x est égal à un nombre, là où il y a x , on remplace x par ce nombre.

C'est le principe pour calculer l'image d'un nombre par une fonction.

Exemple : Soit $f(x) = -x+2-\frac{3}{x+4}$; $f(-1) = -(-1)+2-\frac{3}{-1+4} = 1+2-\frac{3}{3} = 1+2-1 = 2$

et $f(h-4) = -(h-4)+2-\frac{3}{h-4+4} = -h+6-\frac{3}{h}$.

Le rôle des exposants

Toujours penser qu'un exposant porte sur ce qui le précède :

$-x^2$ signifie que le carré porte seulement sur x , après on prendra l'opposé ; ainsi $-3^2 = -9$;

$(-x)^2$ signifie que le carré porte sur le contenu de la parenthèse ; ainsi $(-3)^2 = 9$.

Écrire un calcul en ligne sur une calculatrice

Respecter les ordres de priorité, faire attention aux parenthèses et rétablir les multiplications, les divisions et les parenthèses implicites d'un quotient ou d'une racine carrée :

$\frac{N}{D} = (N)/(D)$; $\sqrt{A+B} = \sqrt{\ }(A+B)$.

Exemple : $1\,030 \times \frac{1+0,04}{2,5\times 64} - \frac{1-1,04^5}{1-1,04} \approx 1,28$.

```
1030*(1+0.04)/(2
.5*64)-(1-1.04^5
)/(1-1.04)
       1.27867744
```

⚠ Ne pas confondre :

l'opposé : touche (−) la soustraction : touche − et l'inverse : touche x^{-1}

14 Calcul numérique, sans calculatrice.

1° Soit $f(x) = -x^2+\frac{6}{x}$.

Calculer $f(3)$; $f(-2)$; $f(-1)$.

2° Soit $f(x) = 2x^2-x+3$.

Calculer $f(1)$; $f(-2)$; $f(-3)$.

3° Soit $f(x) = \frac{4-x}{1-x^2}$.

Calculer $f(0)$; $f(2)$; $f(-2)$.

4° Soit $f(x) = \frac{x-5}{1-2x}$.

a) Calculer $f(0)$; $f(1)$; $f(-1)$.

b) Exprimer en fonction de h : $f(1+h)$, $f(2-h)$.

15 Dans chaque écriture, indiquer le nombre ou le calcul sur lequel porte le carré.

a) $2x-x^2$; b) $3x+2(-x)^2$; c) $x-5^2$;

d) $\frac{-5^2}{3-x}$; e) $\frac{(4-x)^2}{-x^2+1}$; f) $\frac{1-3^2}{(3-1)^2}-\left(\frac{1}{2}\right)^2$.

16 Pour chaque expression, donner l'écriture en ligne pour la calculatrice, calculer à la main pour obtenir la valeur exacte et à la calculatrice pour obtenir une valeur arrondie à 10^{-2} près :

1° $A = 2^3-5\sqrt{4+5}-3^2+\sqrt{2^2-1}$;

$B = 5-3\times\frac{2-\sqrt{4+1}}{1-2^2}$.

2° $A = -(2\times 5)^3+50-\frac{2^4}{\sqrt{10-6}}$;

$B = 10-2\times\frac{17-5}{(3\times 2)^2}-\sqrt{25-9}$;

$C = -3^2+\left(\frac{1}{2}-1+\frac{1}{4}\right)\div\left(\frac{-3}{4}+1\right)^2$.

17 Pour chaque calcul, indiquer de quelle manière on écrit pour faire le calcul à la main, puis calculer :

```
-5²+3/2*5+2^3-1/
2
```

```
(-5²+3)/(2*5)+2^
(3-1)/2
```

```
(-5²+3/2)*(5+2^3
)-1/2
```

```
(-5)²+3/2*(5+2^3
-1)/2
```

Méthodologie

1. Analyser les verbes d'un énoncé

Dans le calcul numérique, l'algèbre et l'analyse

Effectuer, calculer : on demande d'utiliser les règles du calcul numérique, et de trouver un résultat numérique (écrit avec des chiffres).

Réduire, distribuer, simplifier : on demande d'utiliser les règles du calcul algébrique (addition, multiplication sur une addition, règles sur les produits, les puissances, les fractions).

Vérifier une égalité : on part de la forme où il y a un calcul à faire, et on doit retrouver l'autre forme.

Exprimer... en fonction de □ : on demande d'utiliser les règles de calcul (numérique, algébrique, vectoriel) pour donner le résultat écrit à l'aide de chiffres et du symbole □ .

Comparer : on compare, en général, des nombres (numériques ou algébriques) ; on demande s'ils sont égaux, ou opposés, ou si l'un est plus grand que l'autre.

Résoudre algébriquement une équation ou une inéquation : on cherche toutes les solutions, de manière exacte, en utilisant les règles du calcul, et on donne en conclusion l'ensemble solution (ou ensemble des solutions) : $S = \dots$.

18 Analyser les verbes à l'infinitif de cet énoncé.

Soit $P = (x-3)(2-x)$.

Développer, réduire et ordonner P .

Calculer P pour $x = -1$, puis pour $x = 0$.

Résoudre l'équation $P = 0$.

19 Même exercice.

Soit $Q = -x^2 + 2x + 3$.

Vérifier que $Q = (x+1)(3-x)$.

Simplifier l'écriture $Q - 2(x+1)$.

Effectuer $-(-2)^2 + 2(-2) + 3$:

puis comparer le résultat avec $(-2+1)(-2-3)$.

Dans un contexte graphique ou concret

Lire, donner, citer : on demande le résultat obtenu par lecture directe, sans justification supplémentaire.

Trouver, écrire, traduire : le reste de la phrase indique ce qui est demandé ainsi que la forme du résultat recherché.

Représenter : on demande, en général, de transcrire une notion abstraite en un graphique : par exemple représenter une fonction, un vecteur, l'évolution d'un phénomène, une série statistique… .

Tracer, placer : dessiner une notion graphique ; par exemple : tracer une droite, la courbe représentative d'une fonction, un polygone, un triangle, ..., placer des points.

Construire : dessiner à l'aide d'outils soit à support technique (règle, compas, ...), soit à support de raisonnement (par transformation, ...), en **expliquant** ce qui a été fait.

Résoudre graphiquement une équation ou inéquation ; on demande de chercher toutes les solutions, de manière approchée, par la lecture de courbes représentant des fonctions.

20 Dans un groupe d'amis, 75 % sont internautes et 40 % des internautes ont le même opérateur, soit 6 amis.

Représenter la situation par un diagramme.

Donner la part des internautes en fraction.

Si N est le nombre total du groupe d'amis, écrire l'équation traduisant la situation.

21 Le tarif pour l'envoi de SMS est de 0,3 € par SMS, auquel s'ajoute un forfait de 10 €.

Exprimer le prix $P(x)$ à payer en fonction du nombre x de SMS envoyés.

Représenter ce prix pour un nombre de SMS de 0 à 50.

Résoudre graphiquement $P(x) > 20$.

Dans un cadre plus général

Déterminer : c'est trouver, à l'aide d'un raisonnement, en partant des données du problème (ce que l'on sait) et en appliquant les règles, les formules, les théorèmes..., en utilisant aussi les résultats établis aux questions précédentes.

Justifier, argumenter, commenter : on demande des explications aux résultats avancés. (Une réponse, sans justification, par « oui ou non », « vrai ou faux », ..., n'est pas le type de réponse que l'on attend d'un élève de lycée.)

Étudier : obtenir des propriétés suivant des conditions : signe d'expression suivant les valeurs de x, sens de variation suivant l'intervalle... souvent, on conclut dans un tableau.

Montrer, démontrer que : le résultat demandé est énoncé clairement ; il faut donc le retrouver par un raisonnement construit, rédigé, faisant intervenir les données, les règles, les formules, les théorèmes..., c'est-à-dire tout le cours et les connaissances.

En déduire que : on demande d'utiliser impérativement le résultat établi à la question précédente ; la réponse est souvent directe, mais il faut parfois faire encore un raisonnement supplémentaire pour obtenir le résultat cherché.

Conjecturer : ce verbe indique un problème ouvert : à l'élève de découvrir, d'imaginer, d'émettre des hypothèses... de **deviner** !

Conclure : il faut souvent revenir au début de l'énoncé et relire le but ou l'objectif qui avait été fixé, et expliquer en langage clair que l'on a atteint cet objectif.

22 Soit $f(x) = 2x^2 - 4x + 1$, sur $[1 ; +\infty[$.

À l'aide de la calculatrice, conjecturer le sens de variation de la fonction f sur $[1 ; +\infty[$.

Déterminer m tel que $f(x) = 2(x-1)^2 + m$.

Montrer que, pour tous réels $1 \leqslant x_1 \leqslant x_2$, alors $f(x_1) \leqslant f(x_2)$.

En déduire le sens de variation de f sur $[1 ; +\infty[$.

23 Soit $f(x) = \dfrac{x-3}{1-x}$, pour $x \neq 1$.

Vérifier que $f(x) = -1 - \dfrac{2}{1-x}$.

Étudier le signe de $f(x)$ suivant les valeurs de x.

Justifier que sur $]1 ; +\infty[$, on a $f(x) > -1$.

2. Lire les symboles

Ensembles de nombres

$\mathbb{N}$: ensemble des entiers naturels $\{0 ; 1 ; 2 ; 3 ; 4 ; ...\}$.

$\mathbb{Z}$: ensemble des entiers relatifs $\{...-3 ; -2 ; -1 ; 0 ; 1 ; 2 ; 3 ; ...\}$.

$\mathbb{R} =]-\infty + \infty[$: ensemble des réels.

$\mathbb{R}^* = \mathbb{R} \setminus \{0\}$: tous les réels sauf 0.

$\mathbb{R}_+^* =]0 ; +\infty[$: intervalle des réels strictement positifs.

$\mathbb{R}_-^* =]-\infty ; 0[$: intervalle des réels strictement négatifs.

$\varnothing$: ensemble vide, ne contenant aucun réel.

Écriture avec deux nombres

- $[-3 ; 5]$ tous les réels de -3 à 5 compris.

−3 5

$\{-3 ; 5\}$ ensemble ne contenant que -3 et 5.

- $]-3 ; 5[$ tous les réels de -3 à 5 exclus.

−3 5

$(-3 ; 5)$ coordonnées d'un point du plan.

Symboles et exemples

$\in$: appartient à $3 \in [-3 ; 5[$.

$\subset$: est inclus dans $[1 ; 2] \subset]0 ; +\infty[$.

$\cap$: intersection $[0 ; 2[\cap [1 ; 5] = [1 ; 2[$.

$\cup$: réunion $[0 ; 2[\cup [1 ; 5] = [0 ; 5]$.

Symboles logiques

$=$: est égal à.

$\Rightarrow$: implique ; donc ; alors.

$\Leftrightarrow$: **si**, et **seulement si** ; équivaut à ; signifie que.

3. Règles sur les égalités

Calculs et transformations d'écritures

Lorsque l'on transforme une expression donnée en effectuant des calculs, en utilisant un développement, une factorisation..., on peut écrire une suite de « = » entre deux écritures.

Exemple :

$E(x) = (3x-2)(2-x)+(x-2)^2 = 6x-3x^2-4+2x+x^2-4x+4 = -2x^2+4x = x(-2x+4)$.

Dans une formule, on peut remplacer une variable par un nombre ou une expression donnée : c'est **le principe de substitution**. On peut alors effectuer les calculs sur une ligne.

Exemple : Soit $-x^2+2x-3$; sachant que $x = 1+h$, alors :

$$-x^2+2x-3 = -(1+h)^2+2(1+h)-3 = -1-2h-h^2+2+2h-3 = -h^2-2 .$$

24 Développer :

a) $(2x-1)^2+(x+3)(3-2x)-3x(x+2)$;

b) $\left(1-\frac{1}{3}\right)\left(2+\frac{1}{3}\right)+\left(\frac{2}{3}-1\right)\left(2-\frac{4}{3}\right)$;

c) $6\left(5-\frac{1}{2}+\frac{1}{3}\right)+\left(\frac{1}{2}+1\right)\left(3-\frac{1}{3}\right)$.

25 1° Soit l'expression $f(x) = -2x^2-3x+1$.

a) Calculer $f(x)$ pour $x = 1$, puis pour $x = -3$.

b) Remplacer x par $2-h$.

c) Remplacer x par $1-\sqrt{2}$.

Mêmes questions pour l'expression :

$g(x) = -x^2+x-4$.

Égalités équivalentes

Une égalité est composée de deux membres : **1er membre = 2nd membre.**

Toute opération effectuée sur un des membres doit s'effectuer sur l'autre membre pour obtenir une égalité équivalente :

- on peut **ajouter ou retrancher** le même nombre à chaque membre.

Exemple : $2x+5 = -x+3$ en ajoutant x , équivaut à $2x+5+x = -x+3+x$
et $3x+5 = 3$ en retranchant 5, équivaut à $3x+5-5 = 3-5$, c'est-à-dire $3x = -2$.

- on peut **multiplier ou diviser** chaque membre par le même nombre non nul.

Exemple : $3x = -2$ en divisant par 3 équivaut à $\frac{3x}{3} = \frac{-2}{3}$, c'est-à-dire $x = -\frac{2}{3}$.

- on peut **prendre l'opposé** de chaque membre, ce qui revient à multiplier par – 1.

Exemple : $-5x-2 = x$ en prenant l'opposé équivaut à $5x+2 = -x$: on **change tous les signes**.

- on peut ajouter ou retrancher **membre à membre** deux égalités, mais on perd des informations, donc il n'y a plus d'équivalence.

Exemple : si $3x+2y = 5$ et $5x-2y = 1$, alors $3x+2y+5x-2y = 5+1$, soit $8x = 6$.

26 a) Soit l'égalité $3x+2 = -4x-5$.

Appliquer successivement :

ajouter $4x$, retrancher 2, diviser par 7.

b) Soit l'égalité $\frac{x-3}{2} = x+2$.

Appliquer successivement :

multiplier par 2, retrancher $2x$, ajouter 3, prendre l'opposé.

27 a) Soit les égalités $5x+4y = 2$ et $3x-y = 1$.

Multiplier la seconde par 4, puis ajouter membre à membre les égalités obtenues.

b) Soit les égalités :

$\frac{3-x}{5} - 2y = 1$ et $6y-2x = 4$.

Multiplier la première par 5 et diviser la seconde par 2, puis retrancher membre à membre les égalités obtenues.

4. Règles sur les inégalités

Inégalités équivalentes

Toute opération effectuée sur un des membres d'une inégalité doit s'effectuer sur l'autre membre pour obtenir une inégalité équivalente.

- **Ajouter ou retrancher** le même nombre à chaque membre d'une inégalité : l'inégalité garde le même sens :
- **Multiplier ou diviser** chaque membre par le même **nombre strictement positif** : l'inégalité ne change pas de sens ;
- **Multiplier ou diviser** chaque membre, par le même **nombre strictement négatif**, alors l'inégalité **change de sens**.

Exemple : $3x - 4 < 5x - 1$ on ajoute 4 et on retranche $5x$, le sens ne change pas

équivaut à $3x - 5x < 1 + 4$ on réduit chaque membre

c'est-à-dire $-2x < 5$ x est multiplié par – 2, donc on divise par – 2, mais l'inégalité change de sens

équivaut à $x > -\frac{5}{2}$

Remarque : lorsque l'on prend l'**opposé** d'une inégalité, on **change tous les signes** :

$-x < 3$ équivaut à $x > -3$; $-4x - 1 \geqslant 0$ équivaut à $4x + 1 \leqslant 0$.

28 a) Soit l'inégalité $3x - 4 < x + 3$.

Appliquer successivement :

enlever x , ajouter 4, diviser par 2.

b) Soit l'inégalité $x - 3 > 9 + 5x$.

Retrancher $5x$, ajouter 3, diviser par – 4.

c) Soit l'inégalité $2(x + 3) - 1 > 4x + 5$.

Réduire le premier membre, retrancher $4x$, retrancher 5, diviser par – 2.

29 a) Soit l'inégalité $\frac{x+3}{3} \leqslant x - \frac{1}{2}$.

Appliquer successivement :

multiplier par 6, retrancher $6x$, retrancher 4, prendre l'opposé, diviser par 4.

b) Soit l'inégalité $-\frac{4}{3}x + 2 > 0$.

Retrancher 2, puis multiplier par $-\frac{3}{4}$.

Somme d'inégalités

- On peut **ajouter membre à membre** deux inégalités de même sens, on obtient une nouvelle inégalité de même sens, mais plus d'équivalence.

Exemples : • Si $a^2 < b^2$
et $a + 2 < b + 2$
alors $a^2 + a + 2 < b^2 + b + 2$

• Si $-3 \geqslant -5$
et $x + 3 \geqslant 2x + 6$
alors $x \geqslant 2x + 1$

- On **peut multiplier membre à membre** deux inégalités de même sens sur des **nombres positifs**, on obtient une nouvelle inégalité de même sens, mais plus d'équivalence.

Exemples : • Si $2x \geqslant 0{,}5$
et $x^2 + 1 \geqslant 4$
alors $2x(x^2 + 1) \geqslant 2$

• Si $0 < x < 5$
et $2 < x^2 + 2 < 27$
alors $0 < x\,(x^2 + 2) < 135$

Il faut bien vérifier que tous les termes sont positifs.

30 Soit $x \in [-1\,;5]$.

En déduire un encadrement de $-x + 2$.

Déterminer un encadrement de x^2 .

En conclure un encadrement de $x^2 - x + 2$.

31 Soit $x \in [1\,;3]$.

Déterminer un encadrement de $x^2 - 1$.

Vérifier que $x + 2$ et $x^2 - 1$ sont positifs.

En conclure un encadrement de $(x + 2)(x^2 - 1)$.

5. Équations de base

Équation $ax + b = 0$

On **soustrait** b à chaque membre $ax = -b$:

• si $a \neq 0$, on **divise par** a chaque membre $x = \frac{-b}{a}$: on obtient une solution.

Remarque : Diviser par une fraction, c'est multiplier par son inverse.

Exemple : $\frac{2}{3}x - \frac{4}{5} = 0 \Leftrightarrow \frac{2}{3}x = \frac{4}{5} \Leftrightarrow x = \frac{4}{5} \times \frac{3}{2} = \frac{2 \times 3}{5} = \frac{6}{5}$

on divise par $\frac{2}{3}$ donc $\times \frac{3}{2}$ et on simplifie tout de suite par 2

⚠ L'équation $ax = 0$ possède comme unique solution $x = 0$, car $\frac{0}{a} = 0$.

Exemples : $2x = 0 \Leftrightarrow x = 0$; $-\frac{x}{4} = 0 \Leftrightarrow x = 0$; $\frac{5}{9}x = 0 \Leftrightarrow x = 0$.

32 Résoudre de tête ; donner la solution simplifiée

a) $-x - 4 = 0$; b) $6x + 3 = 0$; c) $-3x = 0$;

d) $\frac{-x+3}{5} = 0$; e) $-\frac{x}{4} + \frac{3}{4} = 0$; f) $\frac{x}{5} - \frac{1}{15} = 0$.

33 Même exercice

a) $-\frac{5}{2}x = 0$; b) $\frac{3x-1}{2} = 0$; c) $4 - x = 0$;

d) $-\frac{3}{2}x + \frac{9}{2} = 0$; e) $-5 - 2x = 0$; f) $\frac{3}{4}x = 0$.

Produit nul

Un produit de facteurs **est nul** si, et seulement si, l'un **au moins** des facteurs est nul :

$$(A) \times (B) = 0 \Leftrightarrow A = 0 \text{ ou } B = 0.$$

Exemples : • $x^2 - 5x = 0 \Leftrightarrow x(x-5) = 0 \Leftrightarrow x = 0$ ou $x = 5$;

• $x^2 - 9 = 0 \Leftrightarrow (x+3)(x-3) = 0 \Leftrightarrow x = -3$ ou $x = 3$.

Remarque : l'équation $x^2 = a$, avec $a > 0$, a deux solutions : $x = -\sqrt{a}$ ou $x = \sqrt{a}$.

34 Résoudre :

1° a) $4x(2x-1) = 0$; b) $(5x-3)(1-x) = 0$;

c) $(5x+3)(x-3) = 0$; d) $(-x-2)(x+1)^2 = 0$.

2° a) $\frac{3x}{4}(x+3)\left(2x - \frac{1}{3}\right) = 0$;

b) $(x-3)^2\left(\frac{5}{3}x + \frac{1}{6}\right) = 0$.

35 Résoudre :

1° a) $-4x^2 + x = 0$; b) $x^2 - 1 = 0$;

c) $\frac{5}{2}x = x^2$; d) $-4x^2 + 1 = 0$.

2° a) $\frac{x^2}{4} - \frac{1}{9} = 0$; b) $\frac{4}{3}x\left(x^2 - 9x\right) = 0$.

Quotient nul

Un quotient **est nul** si, et seulement si, le **numérateur est nul** et le **dénominateur différent de zéro** :

$$\frac{N}{D} = 0 \Leftrightarrow N = 0 \text{ et } D \neq 0.$$

Exemple : $\frac{4x - x^2}{x-3} = 0 \Leftrightarrow 4x - x^2 = 0 \Leftrightarrow x(4-x) = 0 \Leftrightarrow x = 0$ ou $x = 4$.

La valeur interdite est 3, car $x - 3 = 0 \Leftrightarrow x = 3$. 0 et 4 sont solutions, car non interdites.

36 Résoudre les équations suivantes :

1° a) $\frac{4x-3}{x-1} = 0$; b) $\frac{x^2-2x}{2+x} = 0$.

2° a) $\frac{(x-3)^2-25}{x-8}$; b) $\frac{-x^2+(2x-1)^2}{2x-1} = 0$.

37 Résoudre les équations suivantes :

1° a) $\frac{3}{x+1} = 4$; b) $\frac{x+2}{2x-3} = 1$; c) $\frac{x^2-9}{3x} = 0$.

2° a) $\frac{2}{x-1} = \frac{3}{2}$; b) $\frac{2-x}{x+4} = 2$; c) $\frac{x+2}{-2x} = \frac{5}{4}$.

6. VRAI OU FAUX

Implication et équivalence

En Algèbre, comme en Géométrie, une *implication* est une phase mathématique indiquant que :
une **donnée** ❶ entraîne (ou *implique*) une **conclusion** ❷ ou encore : Si ❶ **est vraie, alors** ❷ **est vraie**.

Exemples : Si ❶ $A \times B = 0$, alors ❷ $A = 0$ ou $B = 0$.

Si ❶ $x = 5$, alors ❷ $x^2 = 25$.

Notation $\Rightarrow$: $A \times B = 0 \Rightarrow A = 0$ ou $B = 0$; $x = 5 \Rightarrow x^2 = 25$.

Dans certains cas, l'implication ❷ $\Rightarrow$ ❶ (la réciproque) est également vraie : on dit alors que les propriétés ❶ et ❷ sont **équivalentes** et on note : ❶ $\Leftrightarrow$ ❷ .

38 Dans chaque cas, indiquer si le sens du raisonnement proposé dans la rédaction traduit bien la question posée.

1° « Montrer que la fonction f est croissante sur $[1 ; +\infty[$ ».

On écrit : si f est croissante sur $[1 ; +\infty[$, alors pour tous réels $1 \leqslant x_1 \leqslant x_2$, $f(x_1) \leqslant f(x_2)$.

2° « Montrer que, pour tout réel x positif, $A(x) = 2x + 1$ est strictement positif ». On écrit : si $x \in [0 ; +\infty[$, alors $2x \geqslant 0 \Rightarrow 2x + 1 \geqslant 1 > 0$, donc $A(x)$ est strictement positif.

3° « Résoudre l'équation $x^2 = 4x$ ». On écrit :

si $x = 4$, alors $4^2 = 4 \times 4$, donc $S = \{4\}$.

4° « Montrer que la droite $\mathscr{D}$ d'équation $y = -x + 4$ passe par $A(1 ; 3)$ ». On écrit : si les coordonnées de A vérifient l'équation de $\mathscr{D}$, alors $\mathscr{D}$ passe par A .

39 Même exercice.

1° « Montrer que le point $A(1 ; 2)$ est un point de la courbe $\mathscr{C}_f$ ».

On écrit : si $f(1) = 2$, alors $A \in \mathscr{C}_f$.

2° « Vérifier que la droite $\mathscr{D}$ d'équation $y = \dfrac{2x}{3}$ coupe l'axe des abscisses à l'origine ».

On écrit : si $x = 0$, alors $\dfrac{2x}{3} = 0$, donc $\mathscr{D}$ passe par l'origine O.

3° « Montrer que les vecteurs $\overrightarrow{AB}$ et $\overrightarrow{AC}$ sont colinéaires ». On écrit :
si les vecteurs sont colinéaires, alors il existe un réel k tel que $\overrightarrow{AC} = k\overrightarrow{AB}$.

4° « Résoudre le système $\begin{cases} 2x + 3y = 10 \\ x - y = 0 \end{cases}$ »

On écrit : si $x = 2$ et $y = 2$, le système est vérifié, donc le couple $(2 ; 2)$ est la solution.

Le rôle du contre exemple

Soit une phrase donnée.

• Si on pense qu'elle est **vraie** : pour le prouver, on doit être capable de la **justifier** à l'aide d'une règle, d'un calcul, d'une définition, d'un théorème...

• Si on pense qu'elle est **fausse** : pour le prouver, il suffit de trouver un **contre-exemple**, c'est-à-dire un exemple qui remplit les conditions indiquées dans la phrase, mais pas la conclusion.

Exemples : « Si $x = 4$, alors $x(x-4) = 0$. » Cette phrase est vraie, d'après la règle du produit nul.
« Pour tout réel x , $-x$ est un nombre négatif. » Cette phrase est fausse ; *contre-exemple* : pour $x = -2$, on a $-(-2) = 2$; donc, dans ce cas $-x$ est positif.

40 Les phrases suivantes sont fausses.
Pour chacune d'elles, trouver un contre-exemple.

a) Tous les réels ont une racine carrée.

b) Tous les réels ont un inverse.

c) Si $x < 1$, alors $x^2 < 1$.

41 Même exercice.

a) a étant un nombre positif, $\sqrt{a^2 + 1} = a + 1$.

b) a et b étant deux réels, $a^2 + b^2$ n'est jamais nul.

c) x étant un réel compris entre -2 et 2, alors son inverse est compris entre $-\dfrac{1}{2}$ et $\dfrac{1}{2}$

d) Si $(x+3)(-x-1) = 0$, alors $x = -1$.

42 Démontrer si chaque phrase est vraie ou fausse.

a) x étant un réel, si $x \leqslant 5$, alors $x^2 \leqslant 25$.

b) Le carré d'un nombre strictement positif est toujours plus grand que ce nombre.

43 Même exercice.

a) L'inverse de la somme de deux nombres non nuls est égal à la somme des inverses de ces nombres.

b) Quel que soit l'entier naturel n , si n est divisible par 3, alors il est divisible par 6.

c) Si n est un entier naturel, alors c'est un nombre rationnel.

Lectures graphiques

1. Courbe d'une fonction et conventions graphiques

Courbe représentative d'une fonction

Soit f une fonction qui, à x réel de l'ensemble de définition $\mathcal{D}$, associe $f(x)$.

définition : Dans un repère du plan, la courbe représentative de la fonction f est l'ensemble des points $M(x\ ;\ y)$ tels que :
- l' **abscisse** x décrit **l'ensemble de définition** $\mathcal{D}$;
- l' **ordonnée** y est l'image de x par f :

$$x \in \mathcal{D} \quad \text{et} \quad y = f(x).$$

$M(x\ ;\ y) \in \mathscr{C}_f \quad \Leftrightarrow \quad$ ses coordonnées vérifient l'équation de la courbe $\mathscr{C}_f : y = f(x)$.

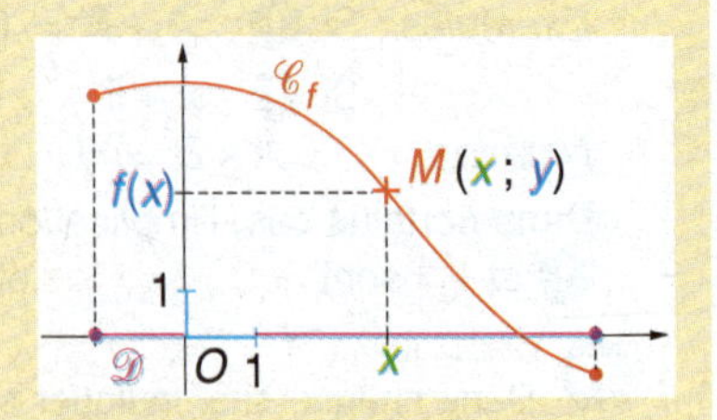

Conventions graphiques utilisées dans ce manuel

Lorsqu'un point A sur la courbe est connu avec précision : A est noté par une croix. 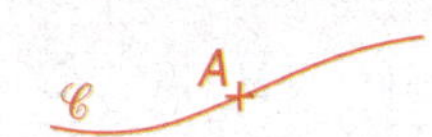	Lorsqu'un point A est l'extrémité de la courbe : A est noté par un gros point. 	Lorsqu'un point A à l'extrémité n'appartient pas à la courbe : A est noté par une « encoche ». 
Une courbe est donnée dans une fenêtre : s'il n'y a pas d'extrémités, la courbe garde la même allure quand on la prolonge. 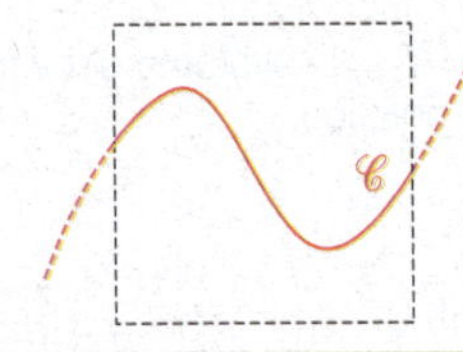	Une droite verticale en pointillés signifie que si on prolonge la courbe, elle ne coupe pas cette droite : 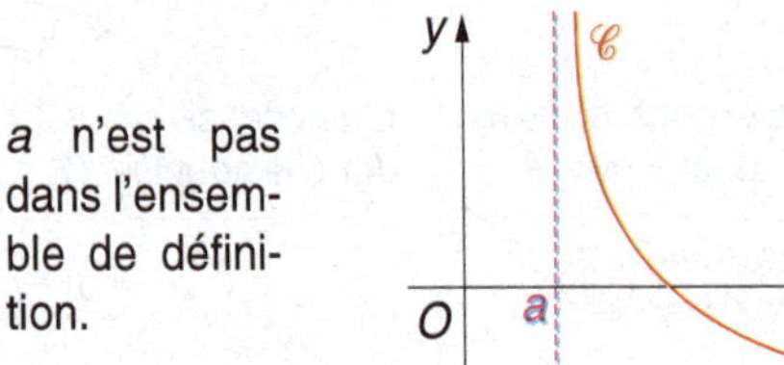	Une droite horizontale en pointillés signifie que si on prolonge la courbe, elle ne coupe pas cette droite. 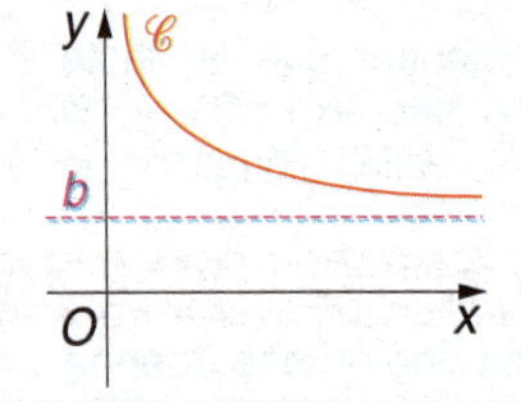

Lire l'ensemble de définition

Pour lire l'ensemble de définition d'une fonction connue par sa courbe $\mathscr{C}_f$, on lit l'ensemble des abscisses des points comme si on « aplatissait » la courbe sur l'axe des abscisses.

Exemple : Soit f la fonction représentée ci-contre.
La courbe ne coupe pas la droite verticale d'équation $x = -3$, cela signifie que -3 est valeur interdite.
La courbe commence au point $A(-7\ ;\ 1)$, mais ne s'arrête pas vers la droite.
Donc l'ensemble de définition est :

$$[-7\ ;\ -3[\ \cup\ ]-3\ ;\ +\infty[.$$

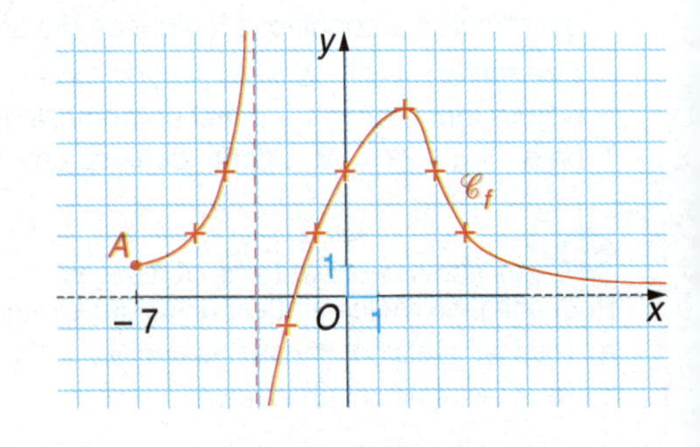

44 Lire l'ensemble de définition.

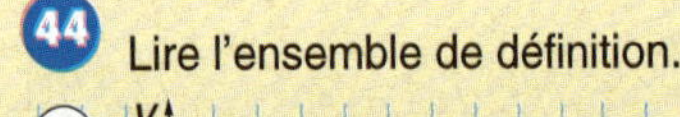
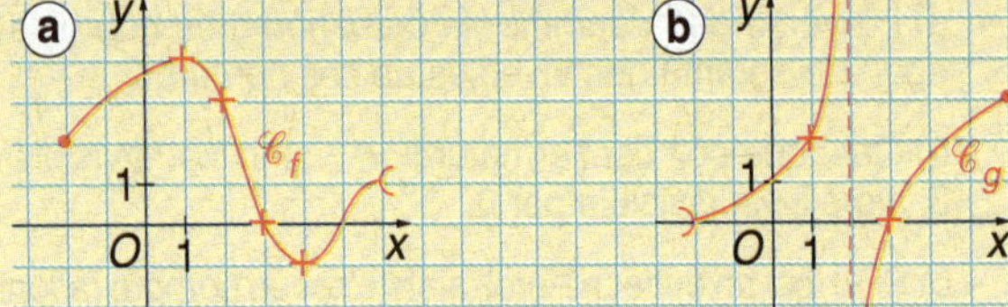

45 Lire l'ensemble de définition.

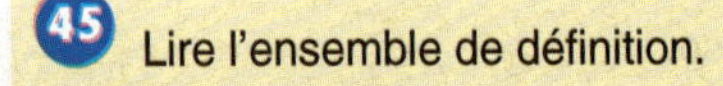
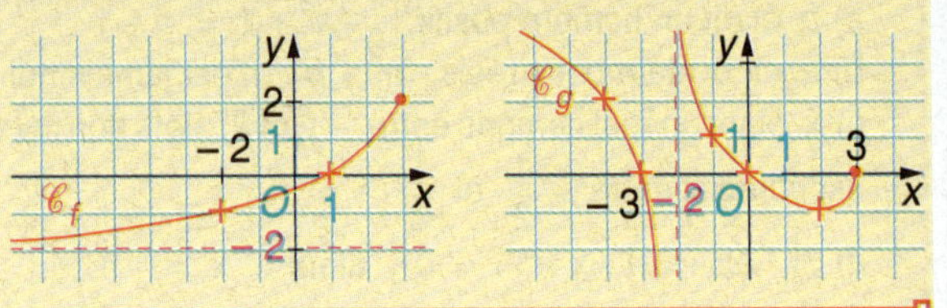

2. Sens de variation d'une fonction

Fonction croissante sur I

Lorsque les réels de l'intervalle I et leurs images par f sont rangés dans le même ordre :

$x_1 \leqslant x_2$

$f(x_1) \leqslant f(x_2)$ **f croissante : conserve l'ordre**

Fonction décroissante sur I

Lorsque les réels de l'intervalle I et leurs images par f sont rangés dans l'**ordre contraire** :

$x_1 \leqslant x_2$

$f(x_1) \geqslant f(x_2)$ **f décroissante : change l'ordre**

Si les inégalités sont strictes, la fonction est strictement croissante ou décroissante.

Graphiquement la courbe **monte** — Graphiquement la courbe **descend**

Exemple : Sur le graphique de l'exemple page XII : sur $[-7 ; -3[$, la courbe monte, donc la fonction f est croissante sur $[-7 ; -3[$;
sur $]-3 ; 2]$, la courbe descend, donc la fonction f est décroissante sur $]-3 ; 2]$;
et sur $[2 ; +\infty[$, la courbe monte, donc la fonction f est croissante sur $[2 ; +\infty[$.

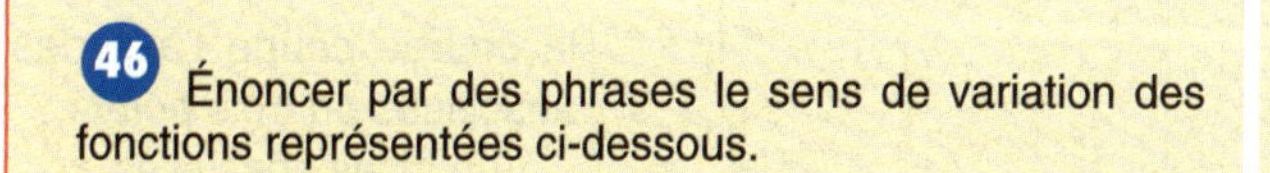

46 Énoncer par des phrases le sens de variation des fonctions représentées ci-dessous.

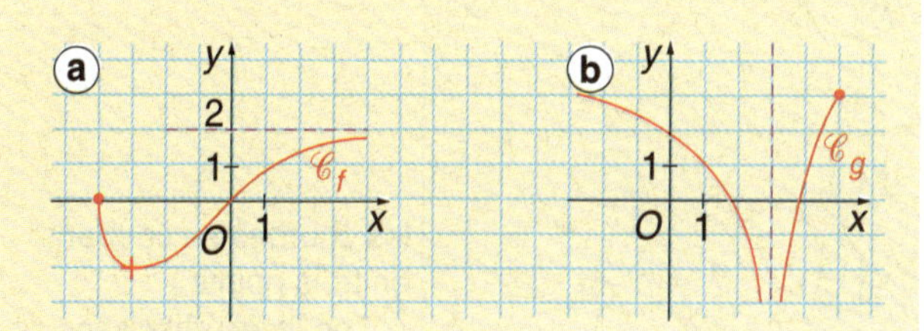

47 Même exercice.

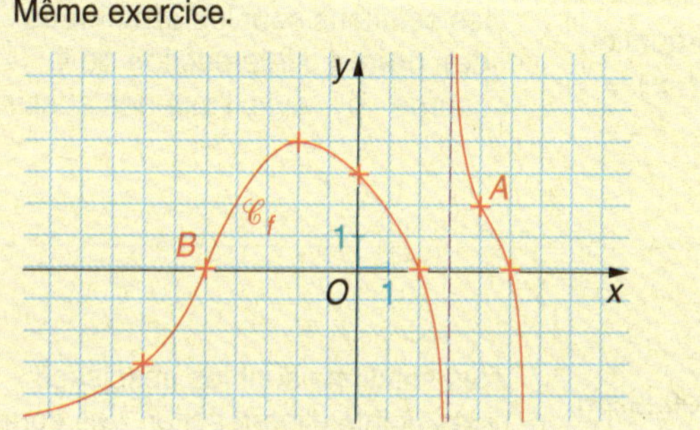

Tableau des variations

On résume les variations d'une fonction dans un tableau :

- sur la première ligne, les abscisses et l'ensemble de définition ;
- sur la seconde, une flèche montante si la fonction est croissante, une flèche descendante si la fonction est décroissante ;
- on note au bout des flèches les ordonnées connues ;

quand il y a une **valeur interdite**, on la note par une **double barre**.

Exemple : graphique de la page XII.

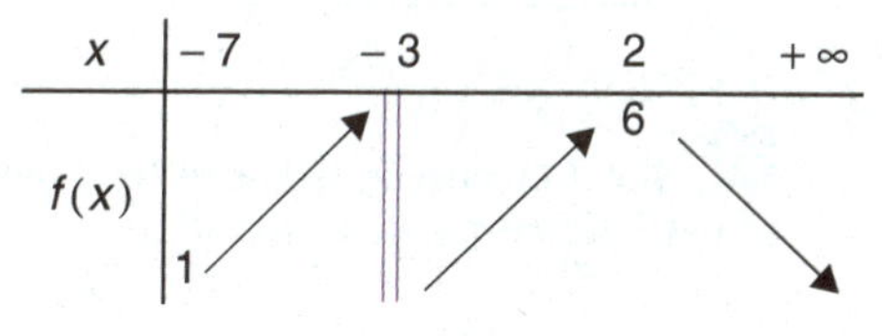

x	-7		-3		2		$+\infty$
$f(x)$	1	↗	‖	↗	6	↘	

48 Dresser les tableaux des variations des fonctions des exercices 46 et 47.

49 Dresser le tableau de variation de f.

Sa courbe $\mathscr{C}$ est en trois parties :

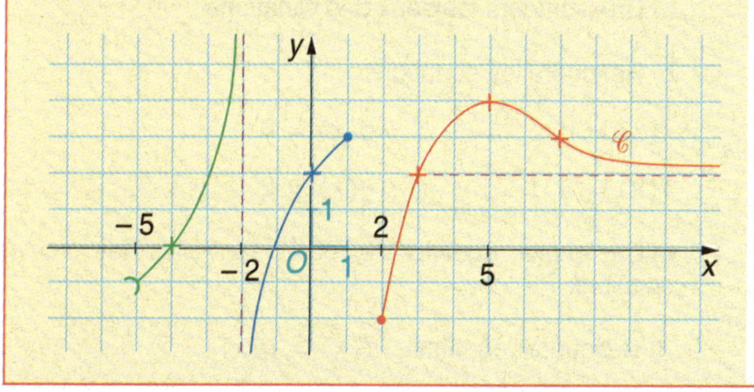

50 **Vrai ou faux ?** Justifier la réponse.

La fonction f est représentée ci-dessous.

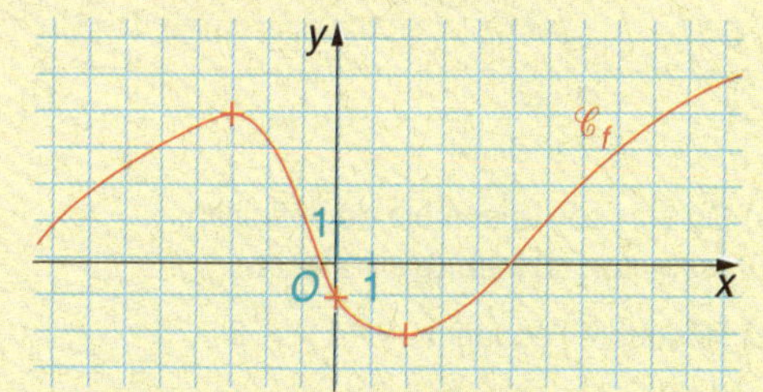

a) Sur l'intervalle $[-3 ; 2]$, la fonction f est décroissante.

b) Pour tous réels x_1 et x_2 de l'intervalle $[-5 ; 3]$ tels que $x_1 \leqslant x_2$, alors $f(x_1) \geqslant f(x_2)$.

c) Pour tout réel x tel que $x \geqslant 2$, alors $f(x) \geqslant -2$.

d) Si $-3 < x_1 \leqslant x_2 < 2$, alors $f(x_1) \geqslant f(x_2)$.

3. Résolution graphique d'une équation

Dans une équation où $f(x)$ apparaît, l'inconnue est x et $f(x)$ est l'image de x par une fonction.
Or, sur la courbe $\mathscr{C}_f$ de la fonction, x est sur l'axe des abscisses et $f(x)$ se lit sur l'axe des ordonnées.
Donc la lecture des solutions se fait sur l'axe des abscisses.

équation $f(x) = k$	les solutions sont les abscisses des points de la courbe $\mathscr{C}_f$ dont l'ordonnée est le nombre k		la droite horizontale d'équation $y = k$ coupe la courbe en deux points : on lit les abscisses de ces points : $S = \{x_1 ; x_2\}$.
équation $f(x) = 0$	les solutions sont les **abscisses des points** d'intersection de la courbe $\mathscr{C}_f$ avec l'axe des abscisses		la courbe coupe l'axe des abscisses en trois points : on lit les abscisses : $S = \{x_1 ; x_2 ; x_3\}$.
équation $f(x) = g(x)$	les solutions sont les abscisses des points d'intersection des courbes $\mathscr{C}_f$ et $\mathscr{C}_g$		les courbes se coupent en trois points : on lit les abscisses : $S = \{x_1 ; x_2 ; x_3\}$.

51 Soit f la fonction représentée ci-dessous, en deux parties par la courbe $\mathscr{C}$.

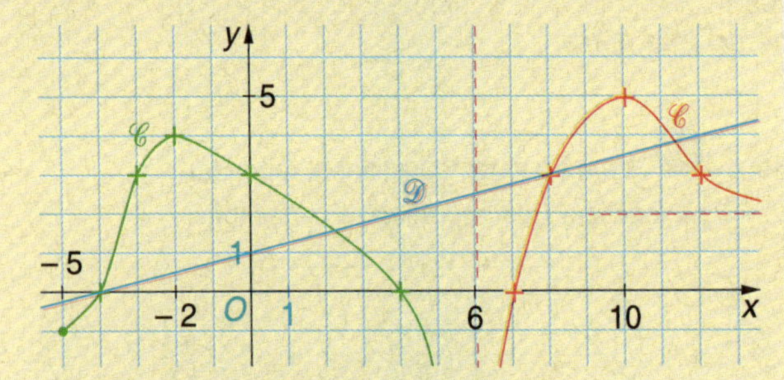

a) Donner son ensemble de définition.
Dresser son tableau des variations.

b) Résoudre l'équation $f(x) = 3$.

c) Donner les abscisses des points d'intersection de la courbe $\mathscr{C}$ avec l'axe des abscisses.

À quelle équation correspond ces valeurs ?

d) $\mathscr{D}$ est la représentation affine d'une fonction g .
Quel est le **nombre** de solutions de l'équation $f(x) = g(x)$?

52 Soit f et g deux fonctions représentées ci-dessous par les courbes $\mathscr{C}_f$ et $\mathscr{C}_g$.

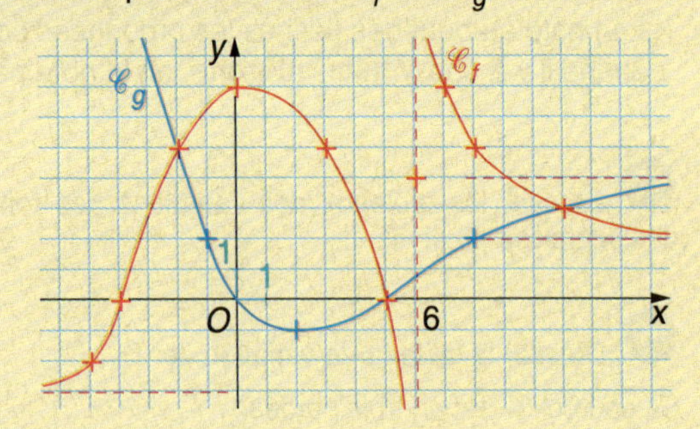

a) Dresser leurs tableaux des variations.

b) Résoudre les équations :

$f(x) = 0$; $g(x) = 0$;

$f(x) = 5$; $g(x) = 2$.

c) De quelle équation 0 et 7 sont-elles les seules solutions ?

d) Résoudre l'équation $f(x) = g(x)$.

4. Résolution graphique d'une inéquation

Comme pour les équations, la lecture se fait sur l'axe des abscisses en regardant la partie de la courbe $\mathscr{C}_f$ qui remplit les conditions. On « aplatit » la partie qui convient sur l'axe des abscisses. En général les solutions sont données avec des intervalles.

inéquation $f(x) > k$	les solutions sont les **abscisses des points** de la courbe $\mathscr{C}_f$ dont l'ordonnée est le nombre k		une partie de la courbe $\mathscr{C}_f$ est située au-dessus de la droite horizontale d'équation $y = k$: $S =]\,x_1\,;\,x_2\,[$
inéquation $f(x) > 0$	les solutions sont les **abscisses des points** de la courbe $\mathscr{C}_f$ situés au-dessus de l'axe des abscisses		deux parties de la courbe $\mathscr{C}_f$ sont situées au-dessus de l'axe des abscisses : $S =]\,x_1\,;\,x_2\,[\, \cup \,]\,x_3\,;\,b\,]$
inéquation $f(x) > g(x)$	les solutions sont les abscisses des points de la courbe $\mathscr{C}_f$ situés au-dessus de la courbe $\mathscr{C}_g$		deux parties de la courbe $\mathscr{C}_f$ sont situées au-dessus de la courbe $\mathscr{C}_g$: $S = [\,0\,;\,x_1\,[\, \cup \,]\,x_2\,;\,x_3\,[$

Remarque : On résout de la même façon les inéquations avec $\geqslant$ (au-dessus ou sur) ou avec $<$ (en dessous) ou avec $\leqslant$ (en dessous ou sur).

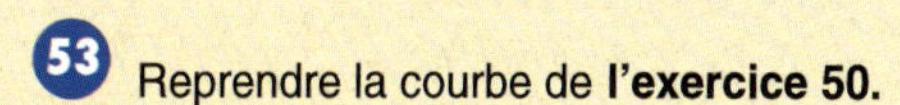

53 Reprendre la courbe de **l'exercice 50.**

a) Résoudre l'inéquation $f(x) \geqslant 3$.

b) Résoudre l'inéquation $f(x) > 0$.

c) Donner les abscisses des points de la courbe $\mathscr{C}_f$ situés en dessous de l'axe des abscisses.

De quelle inéquation ces valeurs sont-elles solutions ?

54 Reprendre la courbe de **l'exercice 51**.

a) Résoudre l'inéquation $f(x) \geqslant 5$.

b) Résoudre l'inéquation $g(x) \geqslant 0$.

c) Résoudre l'inéquation $g(x) < 2$.

d) Donner les abscisses des points de la courbe $\mathscr{C}_f$ situés au-dessus ou sur l'axe des abscisses.

De quelle inéquation ces valeurs sont-elles solutions ?

e) Résoudre l'inéquation $f(x) \geqslant g(x)$.

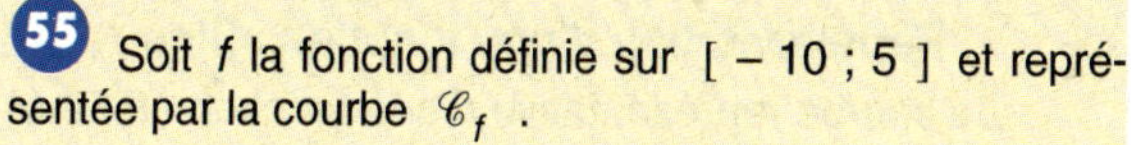

55 Soit f la fonction définie sur $[-10\,;\,5]$ et représentée par la courbe $\mathscr{C}_f$.

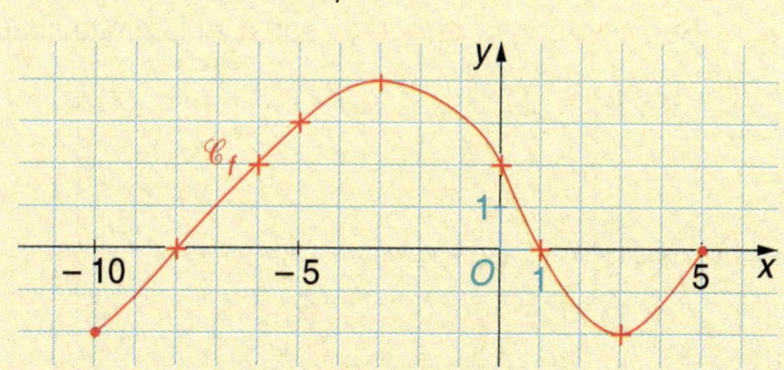

a) Dresser son tableau des variations.

b) Lire les coordonnées des points où la courbe $\mathscr{C}$ traverse l'axe des abscisses.

c) Résoudre l'inéquation $f(x) > 0$.

d) Résoudre l'inéquation $f(x) < 2$.

e) En déduire les solutions de la double inéquation $0 < f(x) < 2$.

Fonctions affines et droites

1. Fonction affine

Définition

Une fonction affine est une fonction définie sur $\mathbb{R}$ par $f(x) = ax + b$, où a et b sont des réels.
a est le coefficient d'accroissement de la fonction affine.

Théorème de caractérisation

Une fonction est affine si, et seulement si, l'accroissement Δy de l'image est proportionnel à l'accroissement Δx de la variable est constant :

$$a = \frac{\Delta y}{\Delta x} = \frac{f(x_2) - f(x_1)}{x_2 - x_1} \quad \text{pour tous} \quad x_1 \neq x_2 .$$

Détermination d'une fonction affine

Lorsque l'on connaît deux réels x_1 et x_2 et leurs images $f(x_1)$ et $f(x_2)$ par une fonction affine, alors on calcule le coefficient d'accroissement $a = \frac{f(x_2) - f(x_1)}{x_2 - x_1}$, puis on applique $f(x) = a \times (x - x_1) + f(x_1)$.

Exemple : Soit une fonction affine telle que $f(3) = 12$ et $f(1) = 6$;
alors $a = \frac{f(3) - f(1)}{3 - 1} = \frac{12 - 6}{2} = \frac{6}{2} = 3$, ainsi $f(x) = 3\ (x - 1) + 6 = 3x - 3 + 6 = 3x + 3$.

56 Dans chaque cas, déterminer la fonction affine donnée par deux valeurs :

a) $f(-2) = 1$ et $f(6) = 5$;

b) $f(702) = 237$ et $f(-297) = -96$;

c) $f(-4) = 5{,}6$ et $f(-62) = 52$;

d) $f(5/2) = -5/2$ et $f(-9/4) = 23/6$.

57 Dans chaque situation, a-t-on une fonction affine ? Si oui, la déterminer.

a) La consommation de café de Sophie augmente chaque année de 12 kg ; elle est de 25 kg en $x = 0$.

b) Le prix de l'abonnement diminue de 3 % par an. Il est de 100 € au début, en $x = 0$.

Sens de variation d'une fonction affine

- Si le coefficient a est positif, la fonction affine est croissante sur $\mathbb{R}$.
- Si le coefficient a est négatif, la fonction affine est décroissante sur $\mathbb{R}$.
- Si $a = 0$, la fonction affine est une fonction constante sur $\mathbb{R}$.

Représentation d'une fonction affine

La courbe représentative d'une fonction affine est une droite d'équation $y = ax + b$.
Son **coefficient directeur** est a et la droite coupe l'axe des **ordonnées** en $P(0\ ;\ b)$.

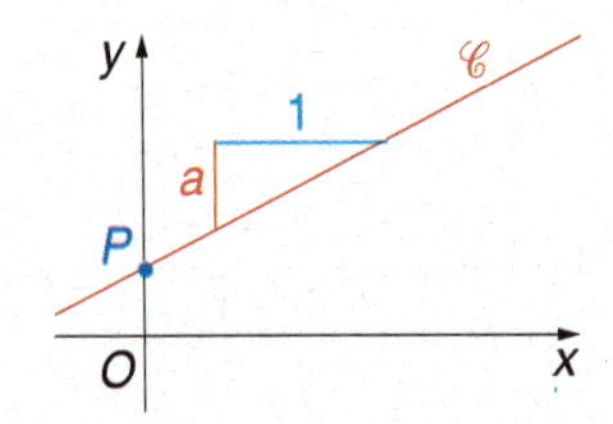

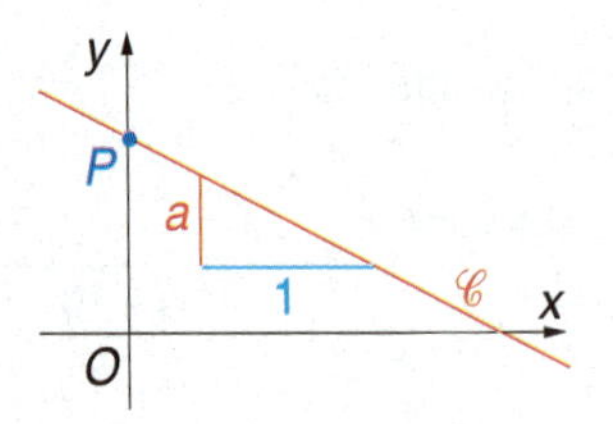

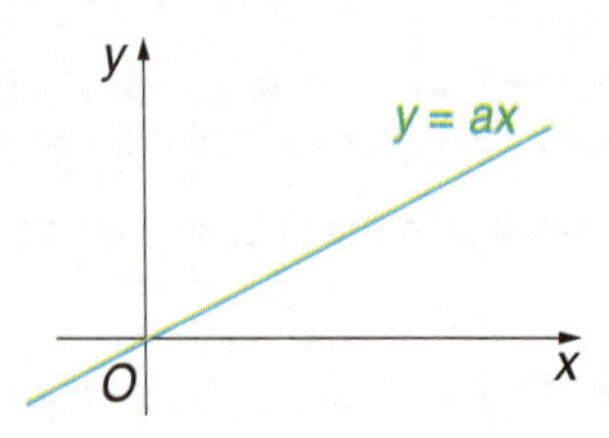

Si $f(x) = ax$, alors $b = 0$, la fonction est **linéaire** et la droite **passe par l'origine**.

58 Représenter chaque fonction affine et préciser son sens de variation.

1° a) $f(x) = 3x - 5$; b) $g(x) = -x + 2$;
c) $h(x) = x$; d) $k(x) = -2x + 5$.

2° a) $f(x) = x - 6$; b) $g(x) = -x + 6$;
c) $h(x) = -x$; d) $k(x) = 3 - x$.

59 Même exercice.
On utilisera la calculatrice pour trouver deux points simples de la droite représentant la fonction.

1° a) $f(x) = \frac{3}{5}x - \frac{12}{5}$; b) $g(x) = -\frac{4}{7}x + \frac{3}{7}$.

2° a) $f(x) = -\frac{x}{4} + 2$; b) $g(x) = \frac{3}{4}x$.

2. Lien avec les droites

■ **La courbe représentative** d'une fonction affine est une droite d'équation $y = ax + b$.
Une droite non verticale est la courbe d'une fonction affine : $x \mapsto ax + b$.

■ **Pour lire l'équation réduite d'une droite :**

• si l'ordonnée à l'origine b est facile à lire :

$$a = \frac{\Delta y}{\Delta x} \quad \text{et ainsi} \quad y = ax + b .$$

• si non, on lit le **coefficient directeur a** ,
on repère un point A simple de la droite et on applique :

$$y = a\,(x - x_A) + y_A .$$

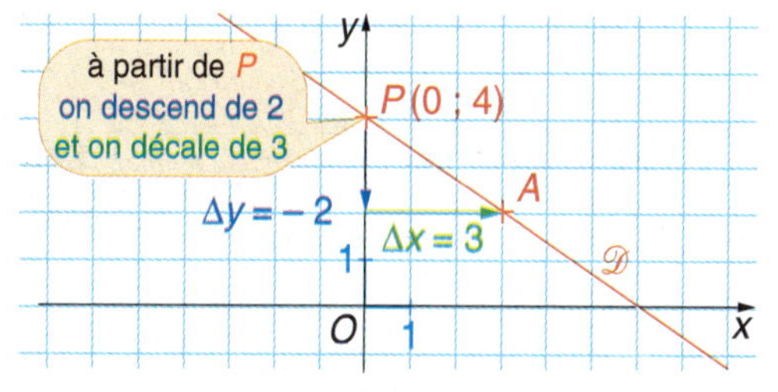

■ **Deux droites sont parallèles** si, et seulement si, leurs coefficients directeurs sont égaux.

60 Pour chaque droite, indiquer si elle représente une fonction affine, et lire son équation réduite.

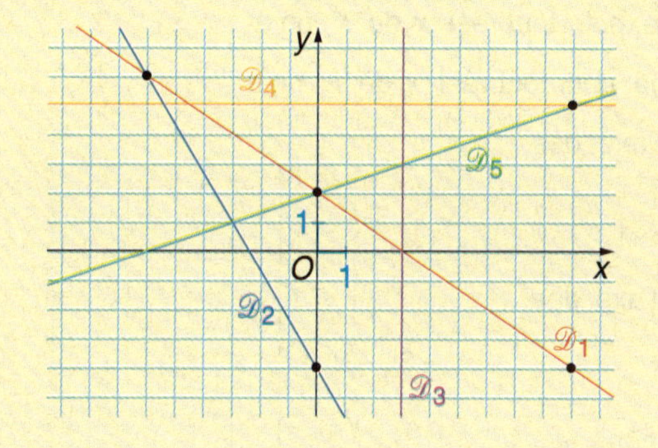

61 Même exercice : attention aux unités !

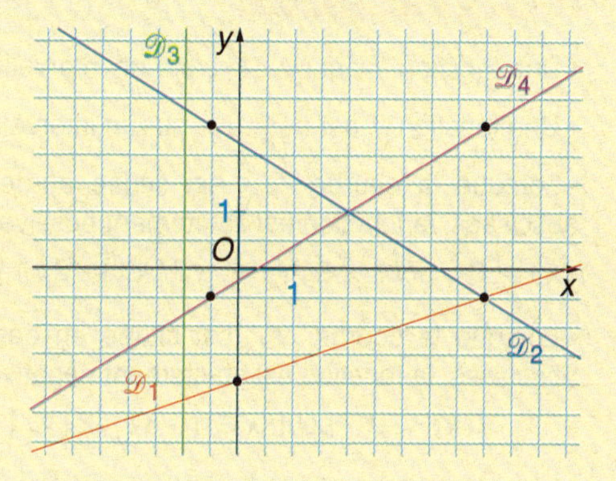

3. Fonction valeur absolue

■ **Définition** : Pour tout réel x , la valeur absolue de x est la distance de x à la valeur zéro.

Ainsi, si x est positif, $|x| = x$;

et si x est négatif, $|x| = -x$.

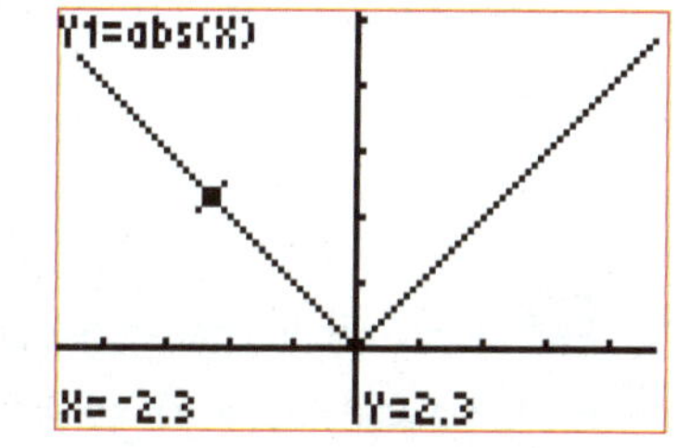

On obtient la valeur absolue par **abs(** :

• sur T.I. : MATH **NUM 1:abs(**

• sur Casio : OPTN 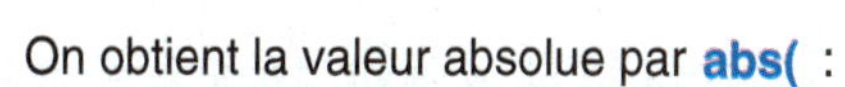

■ **Distance entre deux réels :** C'est la valeur absolue de leur différence $|a - b|$.

Exemple : les distances de 10 aux valeurs 12 ; 7 ; 16 ; 8 ; 3 ; 15 sont les écarts entre ces valeurs et 10, c'est-à-dire 2 ; 3 ; 6 ; 2 ; 7 ; 5.

62 À l'aide de la calculatrice, représenter les fonctions définies sur $\mathbb{R}$ par :

$f(x) = |x| + 1$; $g(x) = |x - 2|$;

$h(x) = |x + 1|$; $k(x) = |x| - 2$.

63 Pour chaque série de nombres, calculer les distances de chaque nombre à m :

a) $m = 5$ et la série $12 , 5 , -4 , 7 , 0 , -1 , 6$;

b) $m = -2$ et la série $7 , 10 , 3 , -8 , 5 , -4 , 0$.

1. Signe d'une fonction

Liens entre cadre fonctionnel, cadre graphique et cadre numérique

Par exemple, soit f une fonction définie sur un ensemble $\mathscr{D}$ donnée par $f(x) = x^2 + 3x - 3$ et $\mathscr{C}_f$ sa courbe représentative dans un repère du plan.

Attention : $f \neq \mathscr{C}_f \neq f(x)$.

Cadre fonctionnel : fonction f	Cadre graphique : courbe $\mathscr{C}_f$	Cadre numérique : réel $f(x)$
variable x image $f(x)$ $x \mapsto f(x)$	abscisse x ordonnée $f(x)$ point $M(x\,;\,f(x))$ sur la courbe $\mathscr{C}_f$	pour calculer une image, on remplace x par un réel de $\mathscr{D}$ dans l'écriture $f(x)$
$f(x) = x^2 + 3x - 3$ est l'expression de la fonction f	$y = x^2 + 3x - 3$ est l'équation de la courbe $\mathscr{C}_f$	$f(x) = x^2 + 3x - 3$ est la formule pour calculer $f(x)$

Signe de f(x)

- Une fonction f est **positive** sur un intervalle I lorsque, pour tout réel x de I, on a $f(x) \geqslant 0$.
- Une fonction f est **négative** sur un intervalle I lorsque, pour tout réel x de I, on a $f(x) \leqslant 0$.

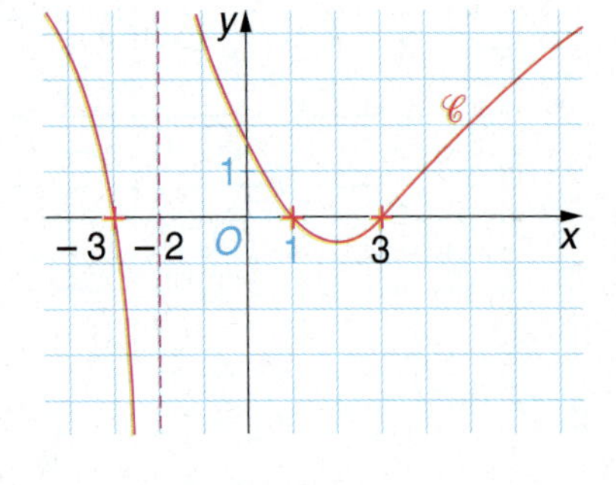

- Lorsque la courbe $\mathscr{C}_f$ est située au-dessus de l'axe des abscisses, la fonction est strictement positive :

$f(x) > 0$ pour $x \in\ ]-\infty\,;-3[\,\cup\,]-2\,;1[\,\cup\,]3\,;+\infty[$.

- Lorsque la courbe $\mathscr{C}_f$ est située en dessous de l'axe des abscisses, la fonction est strictement négative :

$f(x) < 0$ pour $x \in\ ]-3\,;-2[\,\cup\,]1\,;3[$.

- Là où la courbe traverse l'axe des abscisses, la fonction s'annule :

$f(x) = 0$ pour $x = -3$ ou $x = 1$ ou $x = 3$.

On peut alors donner le tableau de signes :

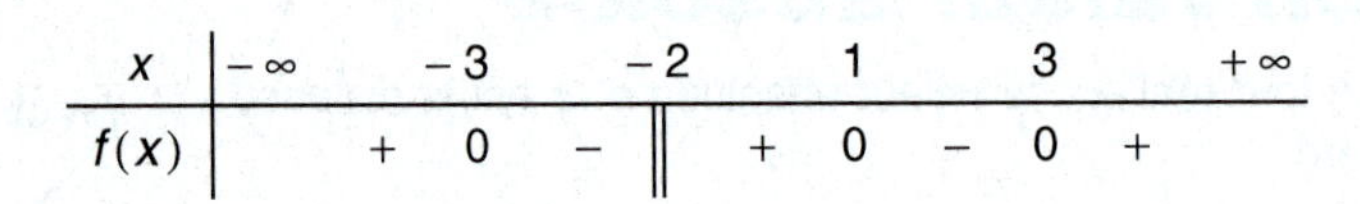

x	$-\infty$		-3		-2		1		3		$+\infty$
$f(x)$		$+$	0	$-$	‖	$+$	0	$-$	0	$+$	

64 Soit f connue par sa courbe ci-dessous.

Étudier le signe de $f(x)$ suivant les valeurs de x . On donnera un tableau.

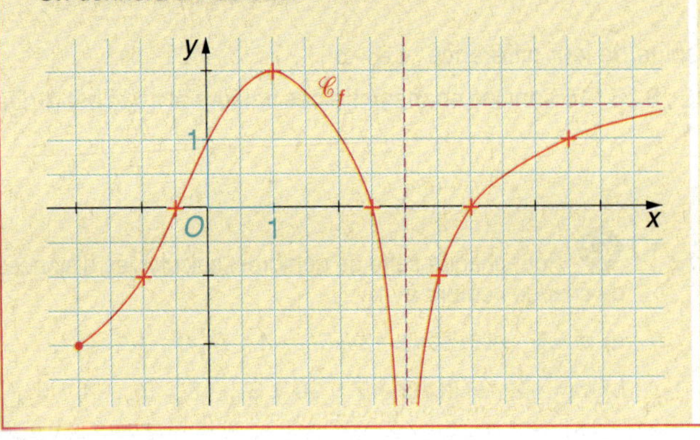

65 Les fonctions f et g sont données ci-dessous. Étudier leur signe.

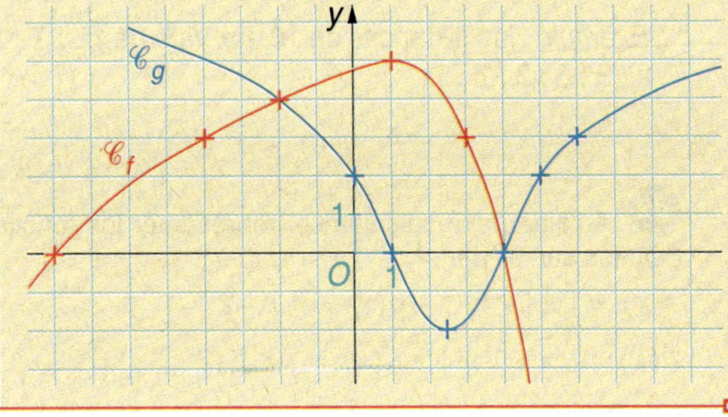

2. Étude de signe

Signe de $ax+b$

On étudie la position de la droite d'équation $y = ax + b$ par rapport à l'axe des abscisses.

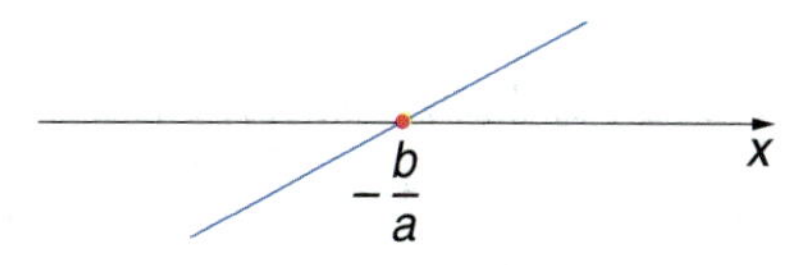

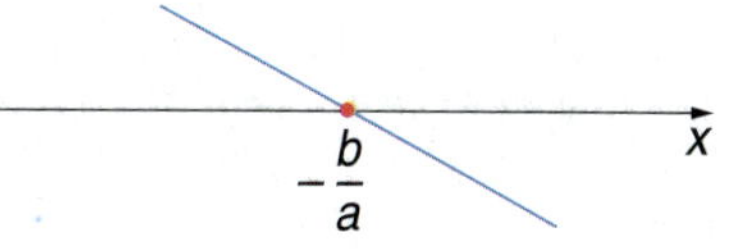

Exemples : Soit $2x+6$ qui s'annule en $x = -3$

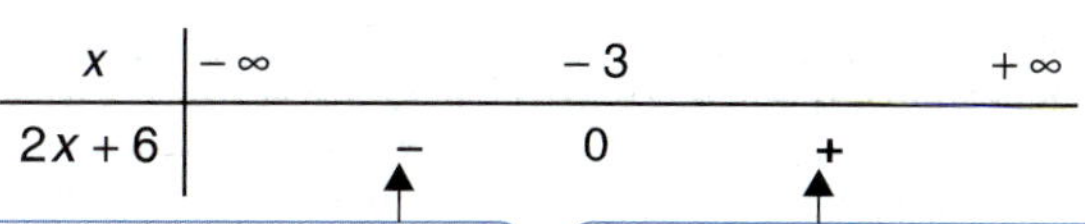

x	$-\infty$		-3		$+\infty$
$2x+6$		$-$	0	$+$	

avant -3, la droite est en dessous de l'axe des abscisses, donc $2x+6$ est négatif

après -3, la droite est au-dessus de l'axe des abscisses, donc $2x+6$ est positif

Soit $-3x+4$ qui s'annule en $x = 4/3$

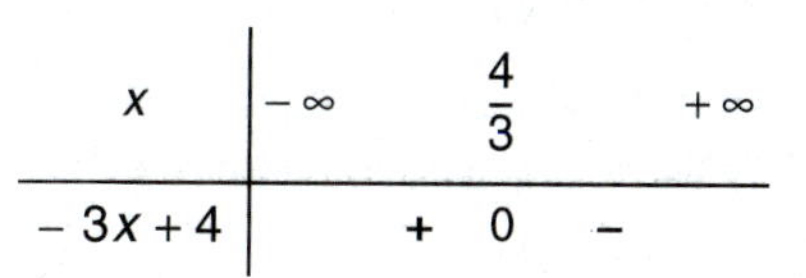

x	$-\infty$		$\frac{4}{3}$		$+\infty$
$-3x+4$		$+$	0	$-$	

Signe d'un carré : un carré est toujours positif ou nul.

$(\quad)^2 \geqslant 0$.

La somme d'un carré et d'un nombre positif NP est toujours strictement positive $(\quad)^2 + \text{NP} > 0$.

Exemples :

Pour $(1-x)^2$

et x^2+1

x	$-\infty$		1		$+\infty$
$(1-x)^2$		$+$	0	$+$	

x	$-\infty$		$+\infty$
x^2+1		$+$	

66 Étudier le signe des expressions, en traçant la droite correspondante :

a) $5x-25$; b) $-x+4$; c) $-6x-18$;

d) $x+2$; e) $\frac{x-3}{2}$; f) $-\frac{4}{5}x+\frac{2}{15}$.

67 Étudier le signe des expressions suivantes :

a) $(x-3)^2$; b) $4x^2+1$; c) $(4x^2-x)^2$;

d) $-x^2-1$; e) $(-1-x)^2$; f) $9x^2+25$.

Règles des signes

La somme de deux nombres positifs est positive, la somme de deux nombres négatifs est négative.

Exemples : $(x+3)^2+4$ est une somme de deux nombres positifs, donc elle est positive.

x^2 est positif, donc $-x^2$ est négatif : ainsi $-x^2-9$ est une somme de deux nombres négatifs, donc elle est négative.

Le produit de deux nombres positifs est positif, le produit de deux nombres négatifs est positif, mais le produit de deux nombres de signes contraires est négatif :

$$(-A)\times(-B) = A\times B \ ; \ -(A\times B) = (-A)\times B = A\times(-B) \ .$$

De même pour le quotient : $\frac{-N}{-D} = \frac{N}{D}$; $-\frac{N}{D} = \frac{-(N)}{D} = \frac{N}{-(D)}$.

Exemples : Si $x \geqslant 0$, c'est-à-dire x positif (ou nul), alors $-3x$ est négatif ;

si $x \leqslant 0$, alors $-5x$ est positif.

68 Sachant que x est négatif, donner le signe de :

a) $3x$; b) $-5x$; c) $-(x)^2$; d) $-x^2-4$; e) x^2+1 .

69 Sachant que $x > 4$, donner le signe de :

a) $x-4$; b) $-2x+8$; c) $-3x\,(x-4)$.

70 Écrire sans signe $-$ au dénominateur :

a) $\frac{3x-2}{-3}$; b) $\frac{x-1}{-x-3}$; c) $\frac{2x-1}{-2x}-\frac{x+1}{-2}$;

d) $\frac{(x+4)(1-x)}{-3x}$; e) $\frac{3x\,(-x+2)}{-x-2}$.

Signe d'expression

Signe d'un produit

Lorsque l'on a un produit de facteurs, on dresse un tableau :

- en première ligne toutes les valeurs qui annulent le produit, placées dans l'ordre croissant des valeurs ;
- une ligne pour étudier le signe de chaque facteur, sans oublier le 0 ;
- en dernière ligne, on conclut le signe du produit en appliquant la règle des signes, sans oublier les 0.

Exemple : soit $P(x) = -2x(4-x)(x+2)$.
On applique le produit nul :
$-2x = 0 \Leftrightarrow x = 0$; $4-x = 0 \Leftrightarrow x = 4$
$x+2 = 0 \Leftrightarrow x = -2$.

x	$-\infty$		-2		0		4		$+\infty$
$-2x$		$+$		$+$	0	$-$		$-$	
$4-x$		$+$		$+$		$+$	0	$-$	
$x+2$		$-$	0	$+$		$+$		$+$	
$P(x)$		$-$	0	$+$	0	$-$	0	$+$	

71 Étudier le signe des produits :

$A(x) = \frac{4x}{3}(x+1)(3-x)$;

$B(x) = \left(-\frac{x}{2}+1\right)(4x+3)$;

$C(x) = (-3x+6)(x^2+1)$;

$D(x) = -5x(x-1)^2$.

72 Écrire sous la forme d'un produit de facteurs tous factorisés et étudier le signe :

$A(x) = \frac{4x^2}{5} - 2x$; $B(x) = 9 - x^2$;

$C(x) = 25x^2 - 5x$; $D(x) = x^3 + 4x$;

$E(x) = (x^2-2x)(x+3)^2$;

$F(x) = (x^2-4x+4)(x^2+1)$.

Signe d'un quotient

Lorsque l'on a un quotient de facteurs, on dresse un tableau :

- en première ligne toutes les valeurs qui annulent le numérateur ou le dénominateur, placées dans l'ordre croissant des valeurs,
- une ligne pour étudier le signe de chaque facteur, sans oublier le 0,
- en dernière ligne, on conclut le signe du quotient en appliquant la règle des signes, sans oublier les zéros aux valeurs annulant le numérateur et la double barre à la **valeur interdite**.

Soit $Q(x) = \frac{4x^2+x}{-x+3} = \frac{x(4x+1)}{-x+3}$.
$x(4x+1) = 0 \Leftrightarrow x = 0$ ou $x = -1/4$
$-x+3 = 0 \Leftrightarrow x = 3$, valeur interdite.

x	$-\infty$		$-\frac{1}{4}$		0		3		$+\infty$
x		$-$		$-$	0	$+$		$+$	
$4x+1$		$-$	0	$+$		$+$		$+$	
$-x+3$		$+$		$+$		$+$	0	$-$	
$Q(x)$		$+$	0	$-$	0	$+$	‖	$-$	

73 Étudier le signe des quotients suivants :

1° $A(x) = \frac{4x-3}{3-2x}$; $B(x) = \frac{x+3}{3x}$;

$C(x) = \frac{1-x}{x}$.

2° $A(x) = \frac{2x-3}{2x+3}$; $B(x) = \frac{x(4-x)}{3+x}$.

$C(x) = \frac{(-2x+1)(x-1)}{2-x}$; $D(x) = \frac{4x^2-4x}{2x+1}$.

74 Écrire sous la forme d'un quotient et étudier le signe :

$A(x) = \frac{2x+3}{x} + \frac{9}{x-6}$; $B(x) = \frac{1}{x} - \frac{4}{3} - \frac{x-2}{3x}$;

$C(x) = \frac{2}{x+1} - \frac{x-2}{x-1}$; $D(x) = \frac{x-2}{4} + \frac{x+1}{2x} - \frac{x^2+1}{x}$;

$E(x) = \frac{2x-1}{2x+1} - \frac{5}{2x^2+x} + \frac{1}{2x}$.

1. Proportionnalité

Listes proportionnelles

Deux listes de valeurs mises dans un tableau sont proportionnelles si on passe de l'une à l'autre en multipliant par un nombre k :

Exemple :

L1	− 0,5	1,4	3,2	12	15,5
L2	− 2	5,6	12,8	48	62

Si on multiplie tous les nombres de la première liste par 4, on obtient la deuxième liste : donc ces deux listes sont proportionnelles : $L2 = 4 \times L1$.

75 Les listes suivantes sont-elles proportionnelles ?

a)

L1	4,36	12	− 5,7
L2	5,45	15	− 7,125

b)

L1	$\frac{3}{2}$	$\frac{4}{5}$	$\frac{1}{2}$	0,6
L2	5	$\frac{8}{3}$	$\frac{5}{3}$	2

76 Trouver le nombre manquant pour que les listes L1 et L2 soient proportionnelles :

a)

L1	− 2	5	8
L2	2,4	?	− 9,6

b)

L1	0,05	$\frac{3}{4}$	10^{-2}
L2	?	18 000	240

Quatrième proportionnelle

Quatre nombres non nuls a , b , c et d sont en proportion si, et seulement si, $\frac{a}{b} = \frac{c}{d}$.

En multipliant par le produit $b \times d$, on obtient $a \times d = b \times c$. On parle de « produit en croix ».

a	c
b	d

Dans ce tableau, si on cherche l'un des nombres, on multiplie les nombres de la **diagonale connue** et on divise par le **nombre restant**.

Exemple :

25	?
12	4,2

, alors la quatrième proportionnelle est $\frac{25 \times 4,2}{12} = 8,75$.

77 Retrouver la quatrième proportionnelle pour :

a)

− 18	− 4
?	$\frac{2}{3}$

b)

$\frac{5}{4}$	100
0,3	?

78 Déterminer x dans chaque cas :

a) $\frac{x}{5} = \frac{12}{37}$; b) $\frac{4}{x} = \frac{5}{3}$;

c) $-\frac{3}{2} = \frac{x}{5}$; d) $\frac{23}{4} = \frac{69}{x+2}$.

Lien avec les fonctions linéaires

Si deux listes L1 et L2 sont proportionnelles, alors par définition il existe un réel k tel que $L2 = k \times L1$.

On peut considérer la liste L1 comme une liste d'abscisses et L2 comme la liste des images par la fonction $f : x \longmapsto k\,x$.

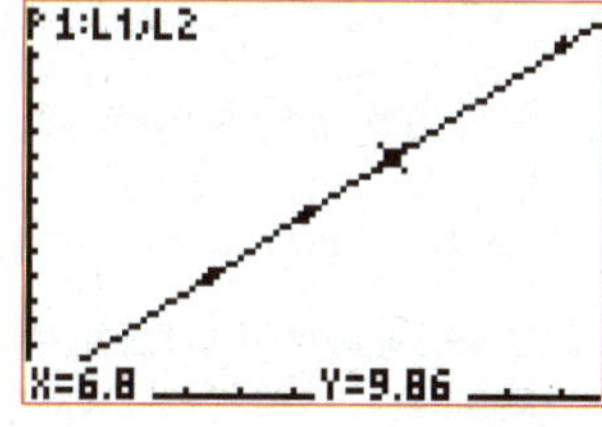

Exemple :

L1	3,4	5,2	6,8	10
L2	4,93	7,54	9,86	14,5

$L2 = 1,45 \times L1$.

Les points sont alignés sur la droite d'équation $y = 1,45x$.

79 Vérifier que les listes sont proportionnelles et déterminer la fonction linéaire associée.

L1	5,3	6,2	7	9	12
L2	31,8	37,2	42	54	72

80 Même exercice. Déterminer les nombres manquant.

a)

L1	− 3	2,1	− 4,5	?	− 2
L2	3,9	?	5,85	− 14,43	2,6

b)

L1	12	5	17	− 2	?
L2	?	7,5	25,5	?	10,5

2. Moyenne

définition : La moyenne $\bar{x}$ d'une série de valeurs est la somme de toutes les valeurs divisée par l'effectif total.

$$\bar{x} = \frac{x_1 + x_2 + \ldots + x_n}{N}.$$

Si les valeurs sont regroupées en tableau d'effectifs, la **moyenne pondérée** est :

x_1	x_2	…	x_i	…	x_p
n_1	n_2	…	n_i	…	n_p

$$\bar{x} = \frac{n_1 \times x_1 + n_2 \times x_2 + \ldots + n_i \times x_i + \ldots + n_p \times x_p}{n_1 + n_2 + \ldots + n_i + \ldots + n_p}.$$

Exemple : Dans une ville, on étudie le nombre de filles dans les familles de 4 enfants.

nb de filles	0	1	2	3	4
nb de familles	240	750	1 425	840	185

Le nombre moyen de filles par famille est :

$$\bar{x} = \frac{240 \times 0 + 750 \times 1 + 1\,425 \times 2 + 840 \times 3 + 185 \times 4}{240 + 750 + 1\,425 + 840 + 185}$$

$\approx 1{,}99$. Presque 2 filles en moyenne.

81 Calculer la moyenne de cette série :

12	12	15	12	6	6	9	15	14	16
13	10	8	12	11	15	13	5	15	10
15	7	13	7	11	14	10	12	6	8
8	10	13	8	12	8	14	6	16	13

82 Une étude porte sur les familles d'une commune et le nombre d'enfants par famille (enfants de moins de 25 ans et à charge).

Calculer le nombre moyen d'enfants par famille.

nb d'enfants	0	1	2	3	4	5
nb de familles	136	77	64	28	12	3

Propriétés de la moyenne

À l'aide de moyennes de sous-groupes

Si la série est séparée en deux sous groupes d'effectifs M et P et si on connaît les moyennes $\bar{y}$ et $\bar{z}$ de ces sous-groupes, alors la moyenne $\bar{x}$ de la série totale est :

$$\bar{x} = \frac{M \times \bar{y} + P \times \bar{z}}{M + P}.$$

Exemple : Dans une ville, deux lycées présentent 290 et 470 élèves au Bac. Les taux de réussite au Bac sont de 83 % et 75 %. Le taux moyen de réussite au Bac pour cette ville est : $\frac{290 \times 0{,}83 + 470 \times 0{,}75}{290 + 470} \approx 0{,}7805$, soit un taux moyen de 78 %.

Linéarité de la moyenne

Si on multiplie toutes les valeurs de la série par le nombre a , alors la moyenne est multipliée par a ;
si on augmente du même nombre b toutes les valeurs de la série, alors la moyenne est augmentée de b ;
ainsi, si $y_i = ax_i + b$, alors $\bar{y} = a\bar{x} + b$.

83 En une semaine, 14 des 15 magasins d'une galerie marchande ont fait un chiffre d'affaires moyen de 37 400 euros par magasin.
La même semaine, le 15e magasin a fait un chiffre d'affaires de 80 900 euros.

Quel est le chiffre d'affaires moyen des 15 magasins de la galerie ?

84 Elvira a 9,8 en faisant la moyenne des 4 contrôles du trimestre.
Mais le professeur s'est aperçu qu'il a fait une erreur dans la correction du dernier contrôle : elle a obtenu 15 et non 11.

Calculer sa nouvelle moyenne.

85 Maud veut calculer rapidement sa moyenne ; ses notes sont :
10 12 14 7,5 13 9,5 11 et 15 .
Maud enlève 10 à chaque note ; elle calcule la moyenne $\bar{y}$ des nombres obtenus, puis rajoute 10 pour obtenir sa moyenne.

a) Effectuer le calcul de Maud.

b) Calculer, de même, la moyenne de Valentin :
9 8,5 16 7,5 12 10,5
et celle de Justine : 11,5 14 17 12,5 6 8 7 .

86 En utilisant la linéarité, calculer la moyenne des nombres suivants, sans calculatrice :
$x_1 = 5{,}687\,189$, $x_2 = 5{,}687\,370$, $x_3 = 5{,}687\,127$,
$x_4 = 5{,}687\,433$, $x_5 = 5{,}687\,156$, $x_6 = 5{,}687\,238$.

CORRIGÉS

1 - Pourcentages et évolutions

Tests préliminaires

A. a)

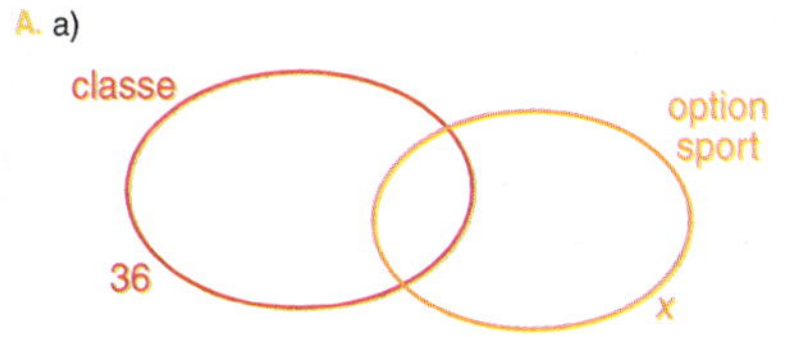

15 élèves de la classe en option sport représentent 30 % de l'effectif total x de l'option sport :

$$15 = 0{,}3x \quad \Leftrightarrow \quad x = \frac{15}{0{,}3} = 50 \ .$$

b) m : nombre d'élèves en option math.

$\frac{m}{36} = 0{,}25$, donc $m = 0{,}25 \times 36 = 9$.

Part des filles en option math : $\frac{6}{9} \approx 66{,}7$ % .

c) e : nombre d'élèves en option SES.

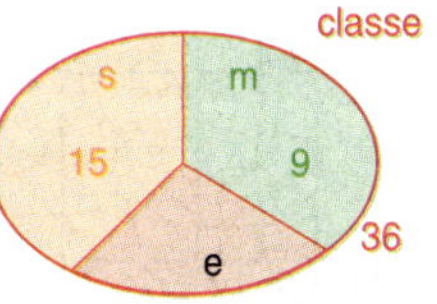

s : nombre d'élèves en option sport.

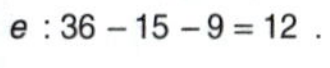

e : $36 - 15 - 9 = 12$.

B. a) $\frac{a}{b} = \frac{c}{20} \quad \Leftrightarrow \quad a = \frac{bc}{20} \quad \Leftrightarrow \quad a = \frac{12 \times 5}{20}$;

d'où $a = 3$.

b) $b = \frac{20a}{c} = \frac{20 \times 10}{9} = \frac{200}{9}$.

c) $c = \frac{20a}{b} = \frac{20 \times 5}{100} = \frac{100}{100} = 1$.

C. a) • $A(x) \times 80 = 100 \quad \Leftrightarrow \quad A(x) = \frac{100}{80}$

$\Leftrightarrow \quad A(x) = \frac{5}{4}$.

Or $A(x) = 1 + x$; $1 + x = \frac{5}{4} \quad \Leftrightarrow \quad x = \frac{5}{4} - 1$

$\Leftrightarrow \quad x = \frac{1}{4}$; $\mathcal{S} = \left\{\frac{1}{4}\right\}$.

• $105 \times C(x) \leqslant 96{,}6$; or $105 > 0$;

donc $C(x) \leqslant \frac{96{,}6}{105} \quad \Leftrightarrow \quad C(x) \leqslant 0{,}92$.

Or $C(x) = 1 - 2x$; ainsi :

$1 - 2x \leqslant 0{,}92 \quad \Leftrightarrow \quad 2x \geqslant 0{,}08$

$\Leftrightarrow \quad x \geqslant 0{,}04$; $\mathcal{S} = [\,0{,}04\,;\,+\infty\,[$.

b) $A(x) \times B(x) = (1 + x)(1 - x) = 1 - x^2$.

$A(x) \times B(x) = 0{,}99 \quad \Leftrightarrow \quad 1 - x^2 = 0{,}99$

$\Leftrightarrow \quad x^2 = 0{,}01 \quad \Leftrightarrow \quad x = 0{,}1$ ou $x = -0{,}1$;

$\mathcal{S} = \{-0{,}1\,;\,0{,}1\}$.

c) $\frac{1 + x}{1 - x} = \frac{3}{2}$: valeur interdite $x = 1$.

Pour tout $x \neq 1$, on obtient :

$2(1 + x) = 3(1 - x) \quad \Leftrightarrow \quad 5x = 1 \quad \Leftrightarrow \quad x = \frac{1}{5}$;

$\mathcal{S} = \left\{\frac{1}{5}\right\}$.

D. a) $I_{n/1989} = \frac{\text{valeur de l'année } n}{\text{valeur de l'année 1989}} \times 100$.

France :

$I_{2001/1989} = \frac{187}{121} \times 100 \approx 154{,}5$.

USA :

$I_{2001/1989} = \frac{1\,487}{1\,133} \times 100 \approx 131{,}2$.

L'indice de fréquentation du cinéma en France en 2001, base 100 en 1989, est supérieur à celui des USA.

b) France :

$I_{2002/1995} = \frac{185}{130} \approx 142{,}3$.

USA :

$I_{2002/1995} = \frac{1\,639}{1\,220} \approx 134{,}7$.

L'indice de fréquentation du cinéma en France en 2002, base 100 en 1995, est supérieur à celui des USA.

Le pourcentage d'augmentation entre 1995 et 2002 est obtenu par le calcul $I_{2002/1995} - 100$.

En France :

$$I_{2002/1995} - 100 = 42{,}3 \ .$$

Augmentation de 42,3 %.

USA :

$$I_{2002/1995} - 100 = 34{,}7 \ .$$

Augmentation de 34,7 %.

E. a) Sum(L4) = 15 791 .

Ce nombre représente le nombre d'enfants, en milliers, en 1999.

b) Sum(L2) = 13 176 .

Ce nombre représente le nombre de familles en 1975.

c) Les nombres de la liste L5 sont les parts des familles ayant 0, 1, 2, 3 ou 4 enfants, en 1975, exprimées en nombres décimaux.

d) Les nombres de la liste L6 représentent les pourcentages d'évolution du nombre de familles de chaque type entre 1975 et 1999.

L1	L2	L3
0	4876	7492
1	3333	3617
2	2665	3255
3	1293	1268
4	1009	465

L1 ={0,1,2,3,4}

L4	L5	L6
0	.37007	53.651
3617	.25296	8.5209
6510	.20226	22.139
3804	.09813	⁻1.933
1860	.07658	⁻53.91

L6 =(L3−L2)/L2*1...

La page de calcul

1 a) $\frac{b}{23} = \frac{100}{3{,}5} \quad \Leftrightarrow \quad b \approx 657{,}1$.

b) $\frac{c}{645} = \frac{-2{,}5}{450} \quad \Leftrightarrow \quad c \approx -3{,}6$.

c) $\frac{d}{58{,}5} = \frac{12}{100} \quad \Leftrightarrow \quad d \approx 7{,}0$.

2 Soit I la part des employés de l'industrie, S celle des employés des services et A celle des employés de l'agriculture.

$I = 3A$ et $S = 4A$; donc $I + S + A = 8A = 1$.

$A = \frac{1}{8} = 12{,}5$ % ; $S = \frac{4}{8} = 50$ % ;

$I = \frac{3}{8} = 37{,}5$ % .

3 $I = 5A$ et $S = 3I$; donc $S = 15A$

et $A + I + S = 1$.

$A = \frac{1}{21} \approx 4{,}8$ % ; $I = \frac{5}{21} \approx 23{,}8$ % ; $S = \frac{5}{7} \approx 71{,}4$ % .

4 x_A : nombre d'emplois de l'agriculture ;

x_I : nombre d'emplois de l'industrie ;

x_S : nombre d'emplois des services.

$x_A = 0{,}19 \times 14{,}250 \approx 2{,}7$ millions.

$x_I = 0{,}31 \times 14{,}250 \approx 44{,}2$ millions.

$x_S = 14{,}250(1 - 0{,}19 - 0{,}31) \approx 7{,}1$ millions.

5 Soit c le nombre de célibataires,

d Le nombre de divorcés,

f Le nombre de femmes et h le nombre d'hommes.

$f = 0{,}52 \times 48{,}068 = 24{,}99536$ millions ≈ 25 millions.

$h = 23{,}07264 \approx 23$ millions.

$c = 0{,}378 \times 23{,}07264 = 8{,}72$ millions.

$d = 0{,}057 \times 23{,}07264 = 1{,}32$ millions.

6 Soit f la part des forêts, r celle des routes et s celle des sols batis.

$f = \frac{151\,311}{547\,936}$; $r = \frac{17\,092}{547\,936}$; $s = \frac{10\,930}{547\,936}$.

D'où $f \approx 27{,}6$ % ; $r \approx 3{,}12$ % ; $s \approx 1{,}99$ % .

7 a) En Colombie 33 % de la population a moins de 15 ans, soit **le tiers** de la population, contre 25 % en Océanie, soit **le quart** et 51 % en Ouganda, soit **la moitié**.

b) En 1968, 2 967 milliers de familles ont un seul enfant sur les 12,063 millions de familles, soit presque **le quart**.

c) En 1995, sur 515 000 décès maternels dans le monde, 273 000 arrivent en Afrique, soit plus de **la moitié**, contre 490 en Amérique du Nord, soit moins de **un millième**.

d) Entre 1990 et 2001, le coût du nettoyage des rues est passé de 693 millions d'euros à 1 029 millions d'euros, soit une augmentation de presque **la moitié**.

8 a) Une personne de 65 ans et plus pour **5** jeunes... donc **un pour 9 jeunes**.

b) Augmentation d'environ **4 000** milliers, ou **7 %** .

c) Soit plus de **2 h** de moins ou une baisse de **35 %** .

9 Sum (L3) = 84,35 .

Sum (L4) / sum (L1) $\approx 0{,}93$.

L2	L3	L4
.5	12.5	6
.6	14.6	8.4
.75	16.75	12
1	19	18
1.5	21.5	30

L4 =L1*L2

10 Écrans de calculatrice :

L1	L2	L3
100	57	2.35
112	55	2.52
117.5	53	2.78
121	50	3.1
132.9	48	2.65
145	45	2.48

L2 ={57,55,53,50...

L4	L5	L6
200	100	35
212	96.491	52
217.5	92.982	78
221	87.719	110
232.9	84.211	65
245	78.947	48

L5 =L2−L2(1)*100

Exercices

11 1° ⓑ 34 % ; 2° ⓒ 5 % ; 3° ⓐ 108.

12 1° ⓐ 8,4 % ; 2° ⓑ 30 %.

13 1° F. Il existe des Anglais blonds. 2° V.

3° F. Soit x le nombre d'hommes de 25 à 39 ans et y celui des hommes de 30 à 44 ans.

Le nombre d'hommes qui habitent chez leurs parents est $0{,}291x + 0{,}076y$.

Le pourcentage des hommes de 25 à 44 ans habitant chez leurs parents est donné par $\frac{0{,}291x + 0{,}076y}{x + y}$.

15 Le nombre d'élèves demi-pensionnaires est 243.

17 La part, en pourcentage, des garçons parmi les élèves de seconde est 44,7 %.

La part, en pourcentage, des élèves de seconde parmi les garçons est 37,8 %.

23 a) $\times 1{,}18$; b) $\times 0{,}95$; c) $\times 0{,}935$;

d) $\times 1{,}40$; e) $\times 2{,}5$; f) $\times 0{,}762$;

g) $\times 0{,}05$; h) $\times 5$.

24 1° ⓑ ; 2° ⓑ et ⓒ ; 3° ⓐ et ⓑ.

25 a) 4 % ; b) 40 % ; c) 0,4 % ;

d) – 5 % ; e) – 41 % ; f) – 91 % ;

g) 5,7 % ; h) 115 % ; j) 400 %.

27 La taxation d'une C3 est de 130 %, son prix est de 25 300 €.

La taxation d'une BMW est de 300 % ; son prix est $p' = 43\,000 \times 4$, c'est-à-dire $p' = 172\,000$ € .

Le prix avant importation d'un véhicule de 31 000 € en Iran, taxé à 170 % est 11 481 €.

33 La TVA sur les fournitures est :

$$0{,}196 \times 2\,045 = 400{,}82 \text{ €} \ .$$

Le prix TTC des fournitures est :

$$2\,045 \times 1{,}196 = 2\,445{,}82 \text{ €} \ .$$

Le prix HT de la main d'œuvre est :

$$\frac{1\,400}{1{,}055} \approx 1\,327 \text{ €} \ .$$

La TVA sur la main d'œuvre est :

$$1\,327 \times 0{,}055 = 72{,}985 \text{ €} \approx 72{,}99 \text{ €} \ .$$

Le montant de la TVA de la facture est :

$400{,}82 + 72{,}985$, c'est-à-dire 473,81 €.

Le montant total de la facture prix TTC est :

$2\,445{,}82 + 1\,400$, soit 3 845,82 €.

44 1° ⓒ est plus petite qu'au départ ;
2° ⓒ plus de 20 % ; 3° ⓑ 0,72 ; 4° ⓒ plus de 24 %.

45 a) F : La valeur a diminué de :

$$1-1{,}02\times0{,}97 = 0{,}0106 = 1{,}06\ \%\ .$$

b) F : Le coefficient multiplicateur est :

$$CM_1 = 0{,}92\times0{,}93 = 0{,}8556\ ,$$

alors qu'après une diminution de 15 %, $CM_2 = 0{,}85$.

c) F : $CM = 1{,}5\times0{,}5 = 0{,}75$, ce qui correspond à une baisse de 25 %.

d) $CM = 0{,}5\times2 = 1$.

47 1° Calcul du coefficient multiplicateur pour les quatre trimestres :

$$CM_{global} = 2{,}86\times1{,}73\times1{,}125\times1{,}125\approx6{,}262\ .$$

Le taux d'inflation global en 1994 est de 526,2 %.

2° Une inflation de 42 % par mois pendant un trimestre correspond à une inflation totale de :

$$(1{,}42)^3-1\approx1{,}86\ \text{, soit 186 \%.}$$

Une inflation de 20 % par mois pendant le deuxième trimestre correspond à une inflation totale de :

$$(1{,}20)^3-1\approx0{,}728\ \text{, c'est-à-dire 73 \% environ.}$$

2 - Généralités sur les fonctions numériques

Tests préliminaires

A. Techniques de base, p XVIII.

1° $\mathscr{D}_1 : a = 3$; $\mathscr{D}_2 : a = -3$; $\mathscr{D}_3 : a = -\frac{4}{3}$.

$\mathscr{D}_4 : a = -\frac{1}{3}$; $\mathscr{D}_5 : a = -\frac{3}{4}$; $\mathscr{D}_6 : a = \frac{3}{4}$;

$\mathscr{D}_5 : a = 0$, car la droite est horizontale.

2° a) $\mathscr{D}_4$; b) $\mathscr{D}_6$; c) $\mathscr{D}_5$; d) $\mathscr{D}_2$.

3° $\mathscr{D}_1 : y = 3x-1$.

4° $a = \frac{\Delta y}{\Delta x} = \frac{5-2}{2-3} = -3$.

D'où $y = -3(x-3)+2 \Leftrightarrow y = -3x+11$.

Techniques de base, p XVI.

B. a) $a = \frac{8+4}{5-2} = 4$;

d'où $f(x) = 4(x-2)-4 = 4x-12$.

b) Image de 0 : on calcule $f(0) = -12$.

Antécédent de 0 : on résout $f(x) = 0$

$\Leftrightarrow 4x-12 = 0 \Leftrightarrow x = 3$.

C. 1° a) $f(0) = 5$; $f(5) = -2$.

b) Les antécédents de 3 par f sont – 7, – 1 et 3.

c) L'image de $[0\,;5]$ est $[-2\,;6]$.

2°

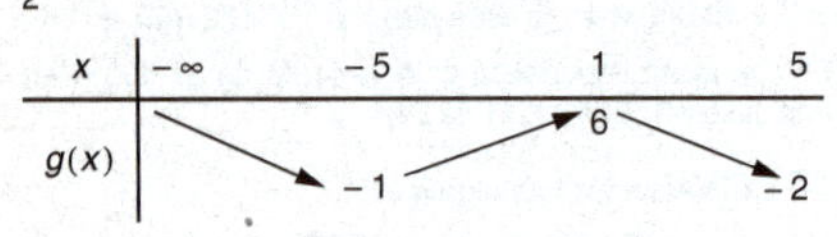

3° Techniques de base, p. XIV.

a) $S = \{-7\,;-1\,;3\}$; b) $S = \{5\}$;

c) $S =]-\infty\,;-6]\cup[-3\,;4]$;

d) $S = [-7\,;-1]\cup[3\,;5]$.

4° On trace la droite d'équation $y = x$. Elle coupe la courbe $\mathscr{C}$ au point d'abscisse 3. $\mathscr{S} = \{3\}$.

D. 1° $y_1 = -x^2-\frac{3}{2}-x$; $y_2 = -\frac{x^2-3}{2-x}$;

$y_3 = \frac{-x^2-3}{2-x}$; $y_4 = (-x)^2-\frac{3}{2-x}$.

Aucune expression égale à une autre.

2°

$x=-2$	$-\frac{7}{2}$	$-\frac{1}{4}$	$-\frac{7}{4}$	$\frac{13}{4}$
$x=1$	$-\frac{7}{2}$	2	– 4	– 2

3° $A(x) = (x\,\hat{}\,3-8)/(x+2)$;

$B(x) = -3x+2-1/(-x+2)$;

$C(x) = 2x\surd\,(x^2+4)$.

La page de calcul

1 $f(0) = 0$; $f(-2) = -6$; $f(3) = -6$;

$f\left(\frac{1}{2}\right) = \frac{1}{4}$; $f(-1) = -2$.

2 $f(-1) = 9$; $f(0) = 3$; $f(1) = 1$; $f\left(\frac{1}{2}\right) = \frac{3}{2}$.

3 $f(1) = 0$; $f(0) = -1$; $f(-1) = -1$;

$f(-2) = \frac{-3}{5}$; $f(2) = \frac{1}{5}$.

4 $f(0) = \frac{1}{4}$; $f(1) = 0$; $f(-1) = 0$;

$f(-2) = -\frac{3}{2}$; $f(-3) = -8$.

Pour les exercices 5, 6 et 7 : techniques de base, p. XVII.

5 1° $\mathscr{D}_1 : y = -x+4$; $\mathscr{D}_2 : y = \frac{2}{5}x-2$;

$\mathscr{D}_3 : y = \frac{1}{2}x+1$; $\mathscr{D}_4 : y = \frac{7}{2}x-2$.

2° $\mathscr{D}_1 : y = \frac{1}{2}x+1$; $\mathscr{D}_2 : y = -\frac{4}{3}x-1$;

$\mathscr{D}_3 : y = -x+2$; $\mathscr{D}_4 : y = -\frac{1}{5}x+\frac{3}{2}$;

$\mathscr{D}_5 : y = 2{,}5$.

6 Techniques de base, p XVI.

a) $f(x) = -1\,(x-2)+1 = -x+3$;

b) $f(x) = -\frac{5}{2}\,(x+4)+1 = -\frac{5}{2}x-9$;

c) $f(x) = -\frac{3}{2}\,(x-4)+1 = -\frac{3}{2}x+7$;

d) $f(x) = 2\,(x+2)+5 = 2x+9$.

7 Attention aux unités !

$\frac{\text{un carreau en } y}{\text{4 carreaux en } x}$ donne $\frac{2}{2} = 1$.

$\mathscr{D}_1 : f(x) = x+4$; $\mathscr{D}_2 : f(x) = -5x+10$;

$\mathscr{D}_3 : f(x) = -8(x-4)+0 = -8x+32$;

$\mathscr{D}_4 : f(x) = \frac{20}{3}\,(x+3)+0 = \frac{20}{3}x+20$;

$\mathscr{D}_5 : f(x) = \frac{4}{3}\,x+10$; $\mathscr{D}_6 : f(x) = 6$.

Pour les exercices 8 et 9 : techniques de base X et XVIX.

8 1° $-\frac{3}{2}$; 0 ; 2 ; $-\frac{1}{7}$; – 1 ; 8 .

2° 1 ; 0 ; – 2 ; $\frac{1}{2}$; $-\frac{25}{3}$.

3° $-\frac{1}{4}$; $-\frac{1}{6}$; $\frac{1}{2}$; $\frac{2}{9}$; 0 ; $\frac{1}{14}$.

9 1° a)

x		1/5	
$5x-1$	–	0	+

b)

x		3/2	
$-2x+3$	+	0	–

c)

x		– 1/3	
$-6x-2$	+	0	–

d)

x		0	
$-3x$	+	0	–

2° a)

x		– 1	
$x+1$	–	0	+

b)

x		– 3	
$-\frac{x}{3}-1$	+	0	–

d)

x		3/2	
$\frac{2}{5}x-\frac{3}{5}$	–	0	+

3° a)

x		– 2/3	
$-x-\frac{2}{3}$	+	0	–

b)

x		0	
$-\frac{5}{6}x$	+	0	–

10

X	Y1
-2	-26
-1	-11
0	-2
1	1
2	-2
3	-11
4	-26

Y1 = -3(X-1)²+1

X	Y1
-2	2
-1	2.5
0	4
1	ERROR
2	-2
3	-.5
4	0

Y1 = -3/(X-1)+1

X	Y2
-2	1
-1	-2
0	-3.243
1	-4.196
2	-5
3	-5.708
4	-6.348

Y2 = -3√(X+2)+1

12

X	Y1
-2	-1.167
-1	-1.833
0	ERROR
1	.83333
2	.16667
3	-.0556
4	-.1667

Y1 = 4/(3X)-1/2

X	Y2
-2	.6
-1	.5
0	.33333
1	0
2	-1
3	ERROR
4	3

Y2 = (-X+1)/(3-X)

X	Y3
-2	5.5
-1	3
0	1.75
1	1
2	.5
3	.14286
4	-.125

Y3 = (-2X+7)/(X+4)

X	Y4
-2	.86667
-1	2.4
0	ERROR
1	ERROR
2	1.8
3	.53333
4	.23333

Y4 = -2/(5X)+4/(X...

Exercices

13 Techniques de base, p XI.

a) Faux, $-2 < -1$ mais $(-2)^2 > (-1)^2$.

b) Faux, $\frac{1}{2} > \frac{1}{4}$. c) Vrai.

d) Faux, $(-2)^2 = 4$. e) Faux, $(-1)^2+1 = 2$.

f) Faux, aucun nombre n'a pour carré – 1.

g) Vrai, c'est 0.

14 a) Faux, $-\frac{1}{2} < 4$, mais $-2 < \frac{1}{4}$.

b) Faux, il faut préciser l'intervalle.

c) Vrai, $\frac{1}{-a} = -\frac{1}{a}$, avec $a\neq0$.

d) Vrai, $\frac{1}{x} = a \Leftrightarrow x = \frac{1}{a}$, avec $a\neq0$.

e) Vrai.

15 1° ⓒ 2° ⓑ 3° ⓓ 4° ⓐ et ⓒ 5° ⓑ

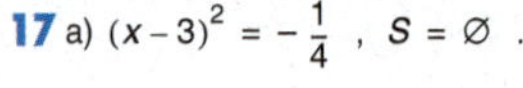

17 a) $(x-3)^2 = -\frac{1}{4}$, $S = \varnothing$.

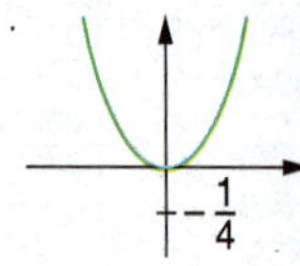

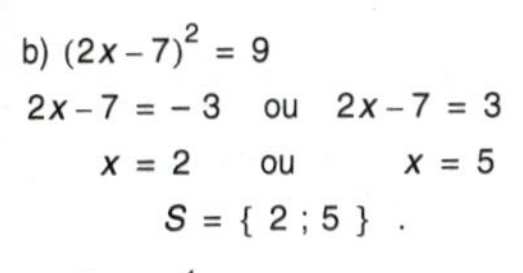

b) $(2x-7)^2 = 9$

$2x-7 = -3$ ou $2x-7 = 3$

$x = 2$ ou $x = 5$

$S = \{2 ; 5\}$.

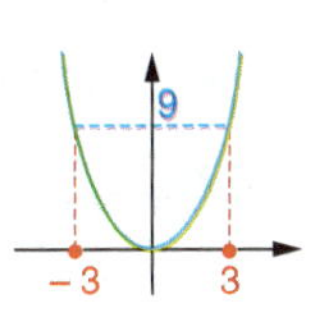

c) $x^2 = -\frac{1}{9}$ $S = \varnothing$.

d) $(x+3)^2 = 4$.

$x+3 = -2$ ou $x+3 = 2$

$x = -5$ ou $x = -1$

$S = \{-5 ; -1\}$.

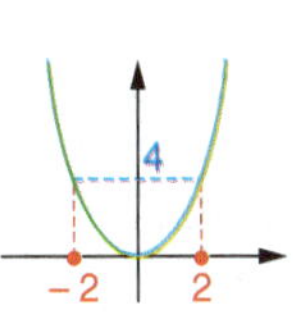

19 $-5 \leq x \leq 5$

$-2 \leq x+3 \leq 8$

D'où :

$(x+3)^2 \in [0 ; 64]$.

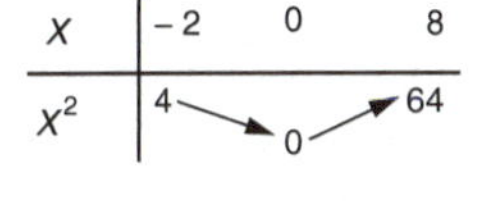

X	−2	0	8
X^2	4 ↘	0	↗ 64

28 1° ⓒ 2° ⓐ 3° ⓑ

29 1° ⓐ 2° ⓑ 3° ⓐ

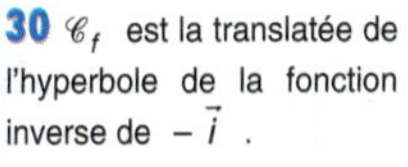

30 $\mathscr{C}_f$ est la translatée de l'hyperbole de la fonction inverse de $-\vec{i}$.

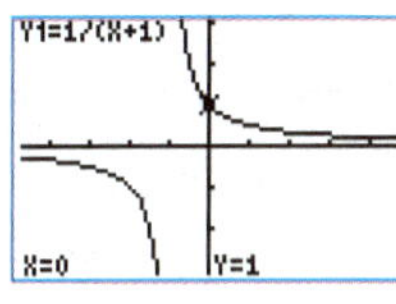

33 $u(x) = x^2$, $\beta = 2$: $u(x) = x^2$, $\alpha = -3$:

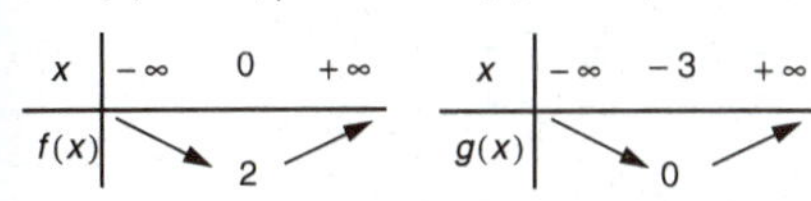

x	$-\infty$	0	$+\infty$
$f(x)$	↘	2	↗

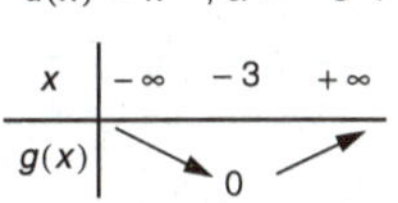

x	$-\infty$	−3	$+\infty$
$g(x)$	↘	0	↗

36 Pour f : $u(x) = \sqrt{x}$ et $\alpha = 4$, $\beta = -2$.

Translation :

$4\vec{i} - 2\vec{j}$.

x	4	$+\infty$
$f(x)$	−2 ↗	

Pour g : $u(x) = x^2$ et $\alpha = -3$, $\beta = 2$.

Translation :

$-3\vec{i} + 2\vec{j}$.

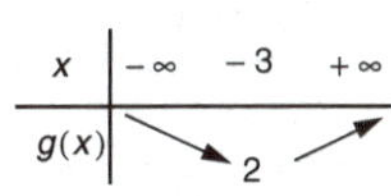

x	$-\infty$	−3	$+\infty$
$g(x)$	↘	2	↗

Pour h : $u(x) = \frac{1}{x}$ et $\alpha = 2$, $\beta = 1$.

Translation :

$2\vec{i} + \vec{j}$.

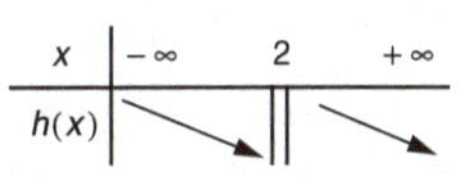

x	$-\infty$	2	$+\infty$
$h(x)$	↘	‖	↘

40 $f_1(x) = (x-3)^2 - 2$; $f_2(x) = \frac{1}{x-1} + 2$.

45 1° ⓒ 2° ⓐ et ⓑ 3° ⓐ et ⓑ

46 a) V, $x \mapsto -x$ est décroissante sur $\mathbb{R}$.

b) V. c) V, $x \mapsto -x^2$. d) F, (voir p. XVII).

47 Il y a plusieurs bonnes réponses : ⓒ , ⓓ et ⓔ .

Voir techniques de base, p. XVII.

49 a) $f(x) = (1{,}2x)^2 = 1{,}44x^2$.

Fonction croissante sur $[0 ; +\infty[$.

$f(x) = 36 \Leftrightarrow x^2 = 25 \Leftrightarrow x = -5$ ou $x = 5$.

Mais x est le côté d'un carré, donc $x = 5$.

b) $h(x) = (0{,}9x)^2 = 0{,}81x^2$.

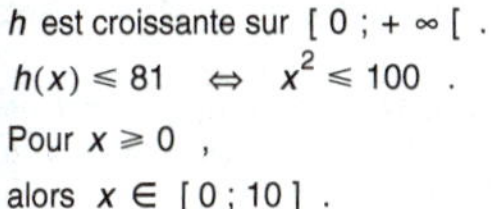

h est croissante sur $[0 ; +\infty[$.

$h(x) \leq 81 \Leftrightarrow x^2 \leq 100$.

Pour $x \geq 0$,

alors $x \in [0 ; 10]$.

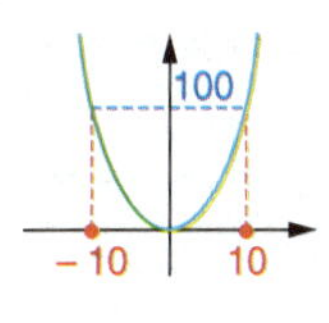

54 a) $\mathscr{D} = \mathbb{R}\{1\}$. Vérifier : voir p. VI.

b) $\mathscr{C}_f$ est une hyperbole, translatée de l'hyperbole d'équation $y = \frac{-1}{x}$ par la translation $\vec{i} + 2\vec{j}$.

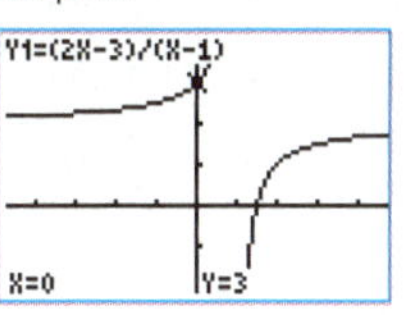

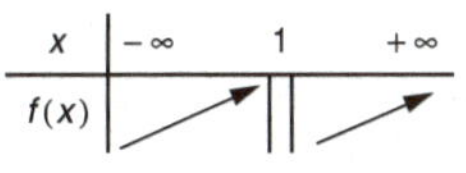

x	$-\infty$	1	$+\infty$
$f(x)$	↗	‖	↗

60 1° ⓐ 2° ⓐ et ⓒ

61 a) u : $x \mapsto x^2$ croissante sur $[0 ; +\infty[$.

v : $x \mapsto 2x-10$ croissante sur $[0 ; +\infty[$.

Par somme de fonctions croissantes, f est croissante sur $[0 ; +\infty[$.

b) u : $x \mapsto \frac{1}{x}$ et v : $x \mapsto -\frac{x}{4}+1$ sont décroissantes sur $]0 ; +\infty[$.

Donc par somme, g est décroissante sur $]0 ; +\infty[$.

c) u : $x \mapsto \sqrt{x}$ et v : $x \mapsto 4x-25$ sont croissantes sur $[0 ; +\infty[$.

Donc par somme, la fonction h est croissante sur $[0 ; +\infty[$.

69 ⓐ , ⓒ , ⓓ et ⓔ .

70 1° a) Vrai, $x \xrightarrow{u} x^2 \xrightarrow{v} 2x^2 - 1 = f(x)$.

b) Faux.

2° a) Faux.

b) Vrai, $x \xrightarrow{v} x-1 \xrightarrow{u} (x-1)^2 = f(x)$.

71 a) F. b) V. c) F.

72 a) $f(x) = -(x^2+4)+3 = -x^2-1$;

b) $f(x) = 2(-\sqrt{x}) - 1 = -2\sqrt{x} - 1$;

c) $f(x) = \sqrt{1-x} - 3$; d) $f(x) = \frac{2}{x-2} - 1$.

73 • $x \xrightarrow{u} 2x-8 \xrightarrow{\sqrt{\ }} \sqrt{2x-8} = f(x)$;

$u(x) = 2x-8$ et $v(x) = \sqrt{x}$.

• $x \xrightarrow{u} \sqrt{x}-1 \xrightarrow{\text{carré}} (\sqrt{x}-1)^2 = g(x)$;

$u(x) = \sqrt{x}-1$ et $v(x) = x^2$.

• $x \xrightarrow{u} 5x-1 \xrightarrow{\text{inverse}} \frac{1}{5x-1} = h(x)$.

$u(x) = 5x-1$ et $v(x) = \frac{1}{x}$.

75 $x \xrightarrow{u} x-2 \xrightarrow{\text{inverse}} \frac{1}{x-2} \xrightarrow{v} \frac{2}{x-2}+4 = f(x)$.

$u(x) = x-2$ et $v(x) = 2x+4$.

$x \xrightarrow{u} x^2+4 \xrightarrow{\text{inverse}} \frac{1}{x^2+4} \xrightarrow{v} \frac{-2}{x^2+4}+3 = g(x)$.

$v(x) = -2x+3$.

77

x		−3	
$3-x$	+	0	−

$f(x) : x \longmapsto 3-x \longmapsto \sqrt{3-x}$.

Sur $]-\infty ; 3]$, la fonction u : $x \longmapsto 3-x$ est décroissante et $u(x) \geq 0$.

Or sur $[0 ; +\infty[$, la fonction racine carrée est **croissante**, donc la fonction f a le même sens de variation que la fonction u .

Ainsi f est décroissante sur $]-\infty ; 3]$.

3 - Droites et systèmes linéaires

Tests préliminaires

A. Techniques de base, p. XVIII.

1° $\mathscr{D}_1 : y = -\frac{2}{3}x+4$; $\mathscr{D}_2 : y = \frac{2}{3}x+4$;

$\mathscr{D}_3 : y = 4(x-4) \Leftrightarrow y = 4x-16$;

$\mathscr{D}_4 : y = -\frac{6}{5}(x+6) \Leftrightarrow y = -\frac{6}{5}x - \frac{36}{5}$;

$\mathscr{D}_5 : y = \frac{2}{5}(x+1)-6 \Leftrightarrow y = \frac{2}{5}x - \frac{28}{5}$;

$\mathscr{D}_6 : y = -4$.

2°

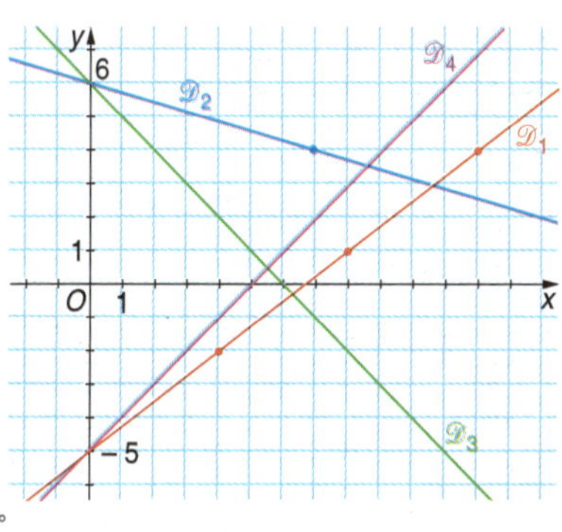

3°

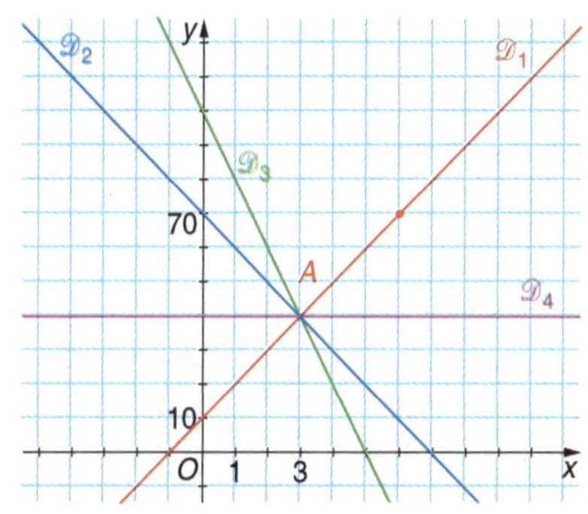

Ces droites sont concourantes en $A(3 ; 40)$.

B. Techniques de base, p. X et IX.

1° a) $x = 2$; b) $x = -4$; c) $x = 0$;

d) $x = -4$; e) $x = \frac{10}{9}$; f) $x = 0$;

g) $x = -\frac{2}{5}$; h) $x = -\frac{3}{4}$; i) $x = 9$.

2° a) $]\frac{1}{5} ; +\infty[$; b) $]0 ; +\infty[$; c) $]-\infty ; 1]$;

d) $[\frac{1}{6} ; +\infty[$; e) $]-\infty ; -2[$; f) $]\frac{1}{4} ; +\infty[$;

g) $[-\frac{2}{5} ; +\infty[$; h) $]-\infty ; 0]$.

C. 1°. a) $y = -\frac{3}{4}x+3$; b) $y = \frac{2}{5}x-4$;

c) $y = -\frac{100}{3}x+50$; d) $y = \frac{1}{4}x-\frac{5}{4}$;

e) $y = \frac{2}{3}x+3$; f) $y = -\frac{1}{200}x+\frac{3}{8}$;

g) $y = \frac{1}{15}x-\frac{70}{3}$.

2° a) $y \leq -\frac{1}{3}x+10$; b) $y > \frac{1}{2}x+25$;

c) $y \geq \frac{3}{4}x+3$; d) $y \leq -\frac{1}{45}x+\frac{10}{3}$;

e) $y < \frac{5}{6}x-\frac{13}{3}$.

D. a) $0{,}6x \geq 135$;

b) $x+y \geq 12$ et $\frac{15x+17y}{x+y} \leq 16{,}5$.

c) $450x+360y \leq 10^6$ et $x+y \leq 58$.

La page de calcul

1 $\mathscr{D}_1 : y = -\frac{3}{4}x$; $\mathscr{D}_2 : y = x$; $\mathscr{D}_3 : x = 10$; $\mathscr{D}_4 : y = \frac{1}{2}x - 5$; $\mathscr{D}_5 : y = 2$; $\mathscr{D}_6 : y = -x + 5$; $\mathscr{D}_7 : y = -\frac{1}{4}x + 5$.

2 $\mathscr{D}_1 : y = -\frac{1}{5}x + 4$; $\mathscr{D}_2 : y = -\frac{1}{15}x + 2$; $\mathscr{D}_3 : y = \frac{1}{5}x - 2$; $\mathscr{D}_4 : x = 30$.

3 $\mathscr{D}_1 : y = -10x + 100$; $\mathscr{D}_2 : y = 10x$; $\mathscr{D}_3 : y = -\frac{100}{3}x + 100$; $\mathscr{D}_4 : x = 3$.

4 $\mathscr{D}_1 : y = \frac{2}{3}x$; $\mathscr{D}_2 : y = -2x + 4$; $\mathscr{D}_3 : y = -4x + 12$; $\mathscr{D}_4 : x = 3$.

5 $\mathscr{D}_1 : y = \frac{1}{2}x$; $\mathscr{D}_2 : y = 2x + 60$; $\mathscr{D}_3 : y = -\frac{1}{3}x + \frac{40}{3}$; $\mathscr{D}_4 : x = 30$.

6 a) $x = \frac{3}{20}$; b) $x = -3$; c) $x = -\frac{9}{20}$; d) $x = \frac{7}{2}$; e) $x = -2$; f) $x = 0$.

7 a) $x = -\frac{1}{4}$; b) $x = -\frac{1}{8}$; c) $x = 12$; d) $x = \frac{4}{3}$; e) $x = 0$; f) $x = -2$.

8 a) $]-\infty ; -\frac{5}{3}]$; b) $]-\infty ; \frac{4}{3}]$; c) $]-\infty ; \frac{7}{4}]$; d) $]-\infty ; -6]$; e) $]-\infty ; 0]$; f) $]-\infty ; 0]$.

9 a) $]-\frac{2}{9} ; +\infty[$; b) $]3 ; +\infty[$; c) $]-\infty ; \frac{1}{12}[$; d) $]-\infty ; \frac{3}{16}[$; e) $]-\infty ; 0[$; f) $]-\infty ; 2[$.

10 a) $y = -2$; b) $y = \frac{4}{3}x - \frac{10}{3}$; c) $y = 4x - 10$; d) $y = \frac{4}{3}x$.

11 Techniques de base, p. III et p. IV.
a) $y = -2x + \frac{1}{2}$; b) $y = \frac{9}{2}x + \frac{21}{2}$; c) $y = -15x - 6$; d) $y = \frac{4}{5}x + \frac{24}{5}$.

12 a) $y = \frac{3}{5}x - \frac{41}{5}$; b) $y = \frac{7}{8}x + \frac{1}{16}$; c) $y = 4x + 6$; d) $y = -\frac{10}{7}x - \frac{13}{7}$.

13 a) $y = -\frac{1}{25}x + \frac{24}{5}$; b) $y = 100x + 200$; c) $y = \frac{5}{3}x + \frac{20}{3}$; d) $y = -\frac{3}{25}x + 4$.

14 a) $y \geqslant \frac{1}{2}x + 1$; b) $y > 2x + 4$; c) $y > \frac{4}{3}x - 2$; d) $y > -\frac{1}{5}x - \frac{3}{5}$; e) $y \leqslant \frac{3}{2}x - 6$; f) $y \leqslant \frac{6}{7}x + 30$.

15 Techniques de base, p IX.
a) $y < \frac{20}{3}x - 5$; b) $y > -\frac{1}{3}x + \frac{1}{3}$; c) $y > -\frac{1}{5}x + 3$; d) $y < \frac{2}{7}x - \frac{14}{125}$; e) $y \leqslant \frac{6}{5}x - \frac{17}{5}$; f) $y \geqslant \frac{5}{3}x - 50$.

Exercices

16 1° ⓐ et ⓒ ; 2° ⓑ ; 3° ⓒ .

17 a) Infinité de solutions ; b) Pas de solution ; c) Une solution ; d) Pas de solution.

18 a) Le couple $(-2 ; 4)$, intersection de d_4 et d_3 .
b) Le couple $(2 ; 0)$, $d_2 \cap d_4$.
c) Le couple $(-2 ; -2)$, $d_1 \cap d_2$.
d) Le couple $(-2 ; -2)$, $d_1 \cap d_2$.

19 a) Le couple $(3 ; -1)$; b) $(3 ; -1)$; c) $(1 ; -2)$; d) $(1 ; -2)$.

25 a) $(50 ; 30)$; b) $\left(200 ; \frac{1}{2}\right)$.

29 On résout $\begin{cases} a + b + c = 3 \\ a - b + c = -3 \\ 4a + 2b + c = 9 \end{cases}$,
d'où $f(x) = x^2 + 3x - 1$.

39 a) $(0 ; 1 ; 2)$; b) $(-1 ; 1 ; -2)$.

41 a) $(10 ; 15 ; 20)$; b) $(1 ; -1 ; 1)$.

50 1° ⓑ ; 2° ⓒ .

51 a) $\begin{cases} y \leqslant 2 \\ y \leqslant x + 3 \\ y \leqslant -\frac{5}{2}x + 5 \end{cases}$ b) $\begin{cases} y \geqslant 1 \\ y \geqslant \frac{2}{3}x \\ y \leqslant -x + 5 \end{cases}$

52 1° $\begin{cases} y = -\frac{1}{2}x + 8 \\ y = -x + 9 \end{cases}$, donc c).

2° $\begin{cases} x \geqslant 0 \\ y \geqslant 0 \\ x + 2y \leqslant 16 \\ x + y \leqslant 9 \\ 2x + y \leqslant 14 \end{cases}$

53 a) $\mathscr{D}_1 : y = -\frac{2}{5}x + \frac{1}{5}$

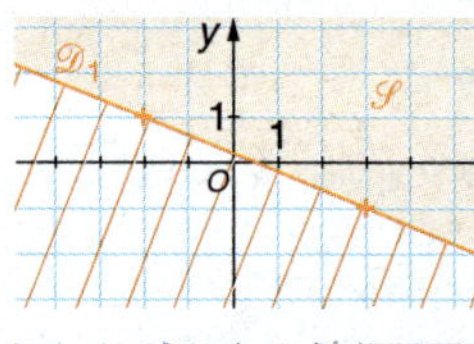

b) $\mathscr{D}_2 : y = \frac{3}{2}x - 2$

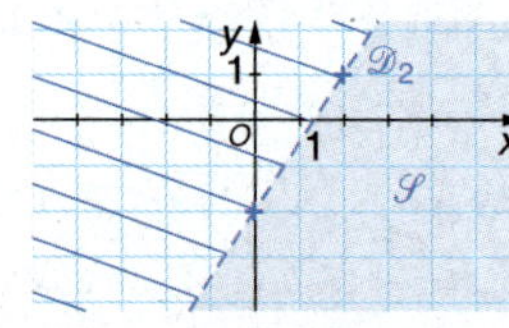

c) $\mathscr{D}_3 : y = x$

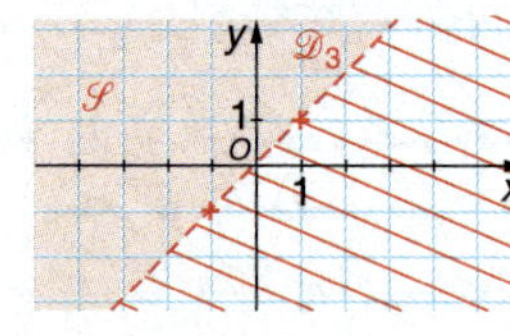

56 a) $\mathscr{D}_1 : x + 4 = 0$; $\mathscr{D}_2 : x + 3y = 0$; $\mathscr{D}_3 : 2x - y = 0$.

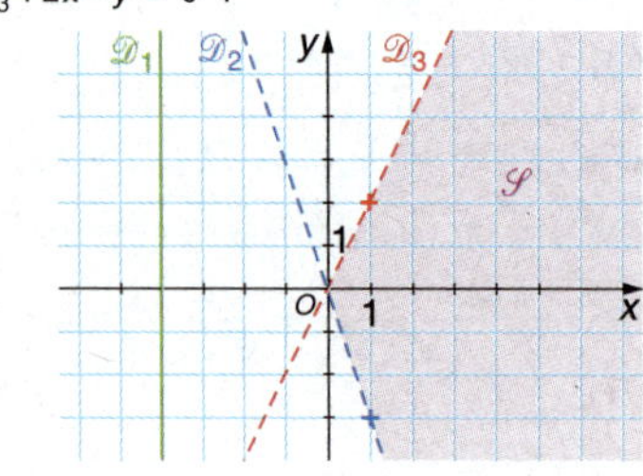

b) $\mathscr{D}_1 : x = 3$; $\mathscr{D}_2 : y = 3$; $\mathscr{D}_3 : 3x - 5y = 0$.

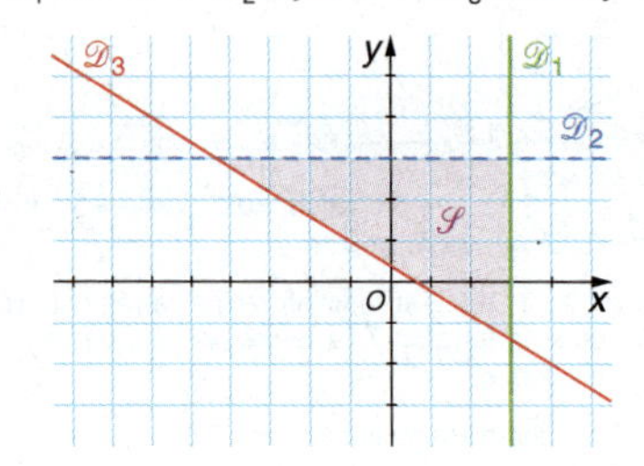

4 - Second degré et parabole

Tests préliminaires

A. Techniques de base, p. II.

1° a) $(2t-1)^2 - (2t+1)(t-3) - 2t^2$
$= 4t^2 - 4t + 1 - (2t^2 - 6t + t - 3) - 2t^2$
$= -4t + 6t - t + 1 + 3 = t + 4$.

b) $5x(3x-5) - (4x-3)^2$
$= 15x^2 - 25x - (16x^2 - 24x + 9)$
$= -x^2 - x - 9$.

c) $(-x+1)(2x-3) + 2(x-3)^2$
$= -2x^2 + 3x + 2x - 3 + 2(x^2 - 6x + 9)$
$= -2x^2 + 5x - 3 + 2x^2 - 12x + 18 = -7x + 15$.

2° a) $(x-2)^2 - (2x-1)^2$
$= (x - 2 + 2x - 1)(x - 2 - 2x + 1)$
$= (3x-3)(-x-1)$.

b) $(2-5x)^2 - (4x-3)^2$
$= (2 - 5x + 4x - 3)(2 - 5x - 4x + 3)$
$= (-x-1)(-9x+5)$.

Comme $(-a)(-b) = ab$, on peut écrire : $(x+1)(9x-5)$.

c) $4(x-1)^2 - 9 = (2x - 2 + 3)(2x - 2 - 3)$
$= (2x+1)(2x-5)$.

d) $(x-2)^2 - 5 = (x - 2 + \sqrt{5})(x - 2 - \sqrt{5})$.

e) $\frac{1}{2}(x+3)^2 - \frac{25}{2} = \frac{(x+3+5)(x+3-5)}{2}$
$= \frac{(x+8)(x-2)}{2}$.

f) $-2(x-5)^2 + 1 = 1 - \left[\sqrt{2}(x-5)\right]^2$
$= (1 + x\sqrt{2} - 5\sqrt{2})(1 - x\sqrt{2} + 5\sqrt{2})$

B. 1° Voir p. II a) $x(4x+1)$; b) $x(x-4)$; c) non factorisable ; d) $(2x+3)(2x-3)$; e) $1 - 4x^2 = (1+2x)(1-2x)$; f) non factorisable ; g) $x(x+1)$; h) $4 - x^2 = (2+x)(2-x)$.

2° Voir p. XVIX.
a) strictement positif ; b) négatif ou nul en 0 ;
c) positif ou nul en 2 ; d) négatif ou nul en 1 ;
e) strictement négatif ; f) strictement positif ;
g) strictement négatif ; h) positif ou nul en – 5 ;
i) strictement positif.

C. 1° $\mathscr{C}_f$ se déduit de $\mathscr{P}$ par :
a) translation de $-4\vec{j}$; b) translation de $3\vec{i}$;
c) symétrie par rapport à l'axe des abscisses ;
d) translation de $9\vec{j}$; e) translation de $-\vec{i} - 2\vec{j}$;
f) translation de $3\vec{i} + 4\vec{j}$.

2° $\mathscr{C}_1 : y = x^2 + 1$; $\mathscr{C}_2 : y = (x+3)^2$; $\mathscr{C}_3 : y = (x-4)^2 - 1$; $\mathscr{C}_4 : y = x^2 - 3$.

D. 1°

x	$-\infty$	2	$+\infty$
$f(x)$	↗	4	↘

la fonction f est croissante sur $]-\infty ; 2]$ et décroissante sur $[2 ; +\infty[$.

2°

x	$-\infty$		-2		6		$+\infty$
$f(x)$		−	0	+	0	−	

3° a) Par lecture, le coefficient directeur de $\mathscr{D}$ est $\frac{-3}{2}$ (voir p. XVII).
$A \in (2 ; 4) \in \mathscr{D}$, d'où $y = \frac{-3}{2}(x-2) + 4$
$\Leftrightarrow \quad y = -\frac{3}{2}x + 7$.

b) Les solutions de l'équation $f(x) = g(x)$ sont les abscisses des points d'intersection de $\mathscr{C}$ et $\mathscr{D}$; donc $\mathscr{S} = \{2 ; 8\}$.

c) Les solutions de l'inéquation $f(x) \geqslant g(x)$ sont les abscisses des points de la courbe $\mathscr{C}$ situés au dessus ou sur $\mathscr{D}$; donc $\mathscr{S} = [2 ; 8]$.

CORRIGÉS

La page de calcul

1 $A(x) = 2x^2 - 4x - 12$; $B(x) = 9x^2 - x + 1$;
$C(x) = -2x^2 - x + 5$;
$D(x) = -56x^3 + 149x^2 - 120x + 27$.

2 a) $-3t^2 + 4t - 5$; b) $4t^2 + 6t + 5$;
c) $-3t^2 + 2t - 12$.

3 a) $q^3 + 2q^2 + 11q - 6$; b) $12q^3 - 48q^2 + 66q - 31$;
c) $3q^3 - 5q^2 + q - 3$.

4 a) $-2x^2 + 34x + 43$;
b) $-2x^3 - 37x^2 - 60x - 9$;
c) $x^3 + 1$;
d) $-15x^2 + 14x + 2$.

5 a) $x(-x+7)$; b) $(\sqrt{3}x+1)(\sqrt{3}x-1)$;
c) $(5+2x)(5-2x)$; d) $(2x-3)^2$;
e) $x(3-4x)$; f) non factorisable.

6 a) $(10x+1)(10x-1)$; b) $x(-x+1)$;
c) $(x+1)^2$; d) non factorisable ;
e) $(x+3)(x-3)$; f) $-(2x-1)^2$.

7 $D(x) = x(4x-1)$; $E(x)$ non factorisable ;
$F(x) = (1+2x)(1-2x)$;
$G(x) = (1+\sqrt{3}x)(1-\sqrt{3}x)$;
$H(x) = (1+x)(1-x)$;
$K(x) = (x+3)(3x-4)$;
$L(x) = (5-x)(1-3x)$.

8 a) $x(x-3)(x-6)$; b) $(2-x)(4+x)$.
c) $(x+4)^2(1+4x)$; d) $(x-1)(3-x)$;
e) $(8-7x)(-3x-4)$; f) $x(x-5)^2$.

9 1° a) $\dfrac{(3x+2)^2}{36}$.
b) 0 est la valeur interdite et $4x$ est le dénominateur commun. On obtient $\dfrac{11-5x}{4x}$.
c) Les valeurs interdites sont 1 et -1 et $(x-1)(x+1)$ est le dénominateur commun.
$$\frac{2}{x-1} + \frac{1}{x+1} + 1 = \frac{2(x+1)+(x-1)+(x-1)(x+1)}{(x-1)(x+1)} = \frac{x(x+3)}{(x-1)(x+1)} .$$
d) -2 est la valeur interdite :
$$\frac{x^2-6}{x+2} = \frac{(x+\sqrt{6})(x-\sqrt{6})}{x+2} .$$
2° a) Les valeurs interdites sont -1 et 0 ; $\dfrac{(1+2x)(1-2x)}{x(x+1)}$.
b) -2 est la valeur interdite ; $\dfrac{(2x+7)(2x+1)}{(x+2)^2}$.
c) 1 est la valeur interdite ; $\dfrac{(x+1)(x-3)}{4(x-1)^2}$.
d) -5 est la valeur interdite ; $\dfrac{(x+8)(-x-2)}{x+5}$.

10 a) Les valeurs interdites sont 0 et -2 ; $\dfrac{3q+10}{q(q+2)}$.
b) -1 est la valeur interdite ; $\dfrac{(q+3)(q-1)}{(q+1)^2}$.
c) 1 est la valeur interdite ; $\dfrac{(q+2)(q-2)}{q-1}$.
d) Les valeurs interdites sont 3 et 0 ; $\dfrac{t^2+3}{t(t-3)}$.

11 a) Valeur interdite : 1 ; on obtient :
$$\frac{2t+t-t^2}{1-t} = \frac{t(3-t)}{1-t} .$$
b) Valeur interdite : 1 ; on obtient :
$$\frac{3-(t-1)}{(t-1)^2} = \frac{4-t}{(t-1)^2} .$$
c) Valeur interdite : 2 ; on obtient :
$$\frac{(5t-1)(2-t)+2}{2-t} = \frac{t(11-5t)}{2-t} .$$
d) Valeur interdite : $\dfrac{1}{5}$; on obtient :
$$\frac{1-(5t-1)^2}{(5t-1)^2} = \frac{5t(2-5t)}{(5t-1)^2} .$$
e) Valeurs interdites : 0 et -1 ; on obtient :
$$\frac{(x-2)(x+1)-3x-2-x(x-1)}{x(x+1)} = \frac{-3x-4}{x(x+1)} .$$
f) Valeurs interdites : -3 et 2 ; on obtient :
$$\frac{2(x+3)-(x-2)-(x-2)(x+3)}{(x-2)(x+3)} = \frac{14-x^2}{(x-2)(x+3)} = \frac{(\sqrt{14}+x)(\sqrt{14}-x)}{(x-2)(x+3)} .$$

Exercices

12 a) On développe les deux expressions et on trouve x^2+2x-3 . Voir **vérifier** page VI.
b) $2x^2-2x-12$. c) $-\dfrac{1}{2}x^2 - x + 4$.

13 Voir page XI.
1° Faux : développer. 2° Vrai : développer.
3° Faux : pas de factorisation. 4° Vrai.

14 ⓐ car $a = 2 > 0$; ⓒ car $\dfrac{-b}{2a} = \dfrac{1}{4}$.

15 a) F. $f(0) = 2$ et $\mathscr{C}$ passe par $(0\,;3)$.
b) V. c) V. car $\mathscr{C}$ coupe l'axe des abscisses.
d) V. car le sommet a pour abscisse 2.

16 1° $\dfrac{-b}{2a} = \dfrac{4}{2} = 2$ et $P(2) = 4-8+3 = -1$;
d'où $P(x) = (x-2)^2 - 1$.
2° $\dfrac{-b}{2a} = \dfrac{3}{2}$, $P\left(\dfrac{3}{2}\right) = \dfrac{5}{4}$ et $a = -1$;
d'où $P(x) = -\left(x - \dfrac{3}{2}\right)^2 + \dfrac{5}{4}$.
3° $P(x) = 3\left(x + \dfrac{5}{6}\right)^2 - \dfrac{145}{12}$.

18 1° $a = -2 < 0$: parabole tournée vers le bas $\dfrac{-b}{2a} = \dfrac{-4}{-4} = 1$;
d'où le tableau des variations, avec $f(1) = 1$:

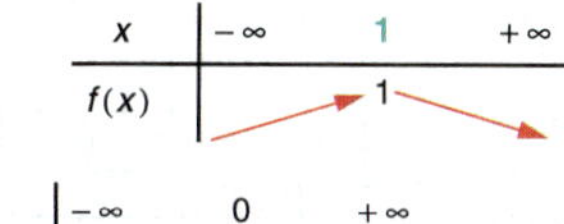

x	$-\infty$	1	$+\infty$
$f(x)$	↗	1	↘

2°

x	$-\infty$	0	$+\infty$
$f(x)$	↘	0	↗

32 Voir p. X.
a) ; b) ; e) ; f) ; g) ; i).

33 $A(x)$; $C(x)$; $D(x)$.
Pour $B(x)$ et $F(x)$, il faut calculer Δ .

34 $A(x)$; $B(x)$; $C(x)$; $D(x)$; $F(x)$.

35 Pas de racine pour $A(x)$ et $E(x)$.
Deux racines pour les autres.

36 Rappel de calcul : voir p. V.
a) $\Delta = -7$: pas de racine.
b) $\Delta = 4 = 2^2$: deux racines.
c) $\Delta = 8 = (2\sqrt{2})^2$: deux racines.
d) $\Delta = \dfrac{5}{4}$: deux racines.

37 a) Si $\Delta > 0$ et $a < 0$ alors on a l'allure :

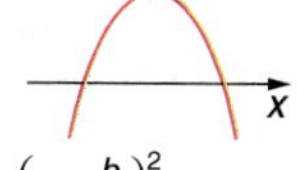

Donc vrai.
b) Faux si $a < 0$ car $P(x) = a\left(x + \dfrac{b}{2a}\right)^2$.
c) Vrai, car il n'y a pas de racine ; donc $\Delta < 0$.
d) Faux : il manque le facteur a .

38 a) Vrai :
b) Faux :
c) Vrai :
Comme $\Delta < 0$, il n'y a pas de solution, donc la parabole est située entièrement du même côté de l'axe des abscisses ; or $P(2) = -4$, donc une image est négative, donc $P(x)$ est toujours strictement négatif.
d) Vrai

39 $\mathscr{C}_1$ représente D ; $\mathscr{C}_2$ représente F ;
$\mathscr{C}_3$ représente B ; $\mathscr{C}_4$ représente A .

42 1° $\Delta = 4 > 0$; il y a deux racines :
$$x_1 = \frac{-b-\sqrt{\Delta}}{2a} = 3 \quad \text{et} \quad x_2 = \frac{-b+\sqrt{\Delta}}{2a} = 1 .$$
Comme $a = -1 < 0$, on obtient l'allure ci-contre.
D'où :

x	$-\infty$		1		3		$+\infty$
$A(x)$		$-$	0	$+$	0	$-$	

2° $\Delta = -8 < 0$
$a = 2 > 0$.
D'où :

x	$-\infty$		$+\infty$
$B(x)$		$+$	

3° $\Delta = \dfrac{25}{4} = \left(\dfrac{5}{2}\right)^2 > 0$; il y a deux racines :
$$x_1 = -4 \ \text{et} \ x_2 = -1 .$$
$a = \dfrac{1}{2} > 0$

D'où :

x	$-\infty$		-4		-1		$+\infty$
$C(x)$		$+$	0	$-$	0	$+$	

50 $\Delta = 16$; deux racines :
$$x_1 = 800 \quad \text{et} \quad x_2 = 1\,200 .$$
$$S = \{800\,;1\,200\} .$$

5 - Statistique et traitement des données

Tests préliminaires

A. a) Qualitatif ;
b) quantitatif discret si on donne l'âge en entier ;
c) quantitatif discret ;
d) quantitatif continu ; e) qualitatif.

B. a) Diagramme circulaire ; b) diagramme en bâtons ; c) graphique polaire.

C. 1° Moyenne de G_1 : $\bar{y} = 11$.

Comme la moyenne de G_2 est 12, la classe a pour moyenne :

$$\frac{15 \times 11 + 15 \times 12}{30} = \frac{11+12}{2} = 11{,}5 \ .$$

2° a) Par la propriété de linéarité, la moyenne de G_1 augmente de 2 points $\overline{y'} = 11 + 2 = 13$.

D'où $\overline{x'} = \dfrac{13+12}{2} = 12{,}5$.

b) S'il y a 17 élèves en G_3 , la moyenne de la classe est :

$$\frac{15 \times 13 + 17 \times 12}{15+17} \approx 12{,}47 \ .$$

D. a) $\dfrac{4\,100}{11} \approx 372{,}7$;

b) $\dfrac{N}{2} = 5{,}5$; la 6ᵉ valeur vaut 300, donc $Me = 300$.

c) Moyenne : $\dfrac{4\,100 + 800}{11} \approx 445$. La médiane est inchangée.

d) Moyenne : $\dfrac{4\,100 + 100}{11} \approx 381{,}8$. La 6ᵉ vaut 400, donc $Me = 400$.

e) On supprime une valeur 100, il y a 10 valeurs ; la 5ᵉ vaut 300, la 6ᵉ vaut 400 ; donc $Me = 350$.

E. 1° a) Même moyenne : 25 ans.

b) 23 ans et 64 ans.

2° Écart : voir p. XVII.

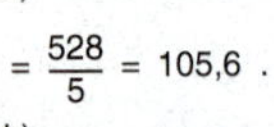

a) $\dfrac{2(16-25)^2 + (18-25)^2 + (36-25)^2 + (39-25)^2}{5}$

$= \dfrac{528}{5} = 105{,}6$.

b)

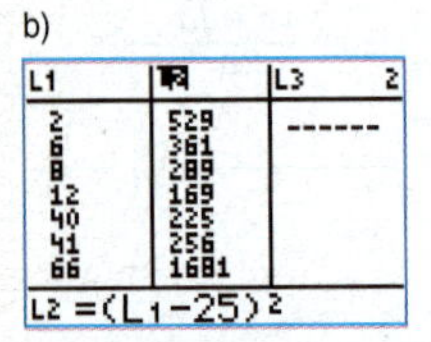

La page de calcul

1 3 chiffres significatifs : voir p. IV.

1990 : 43,0 %

1995 : 46,2 %

2002 : 48,6 %

2003 : 48,0 %

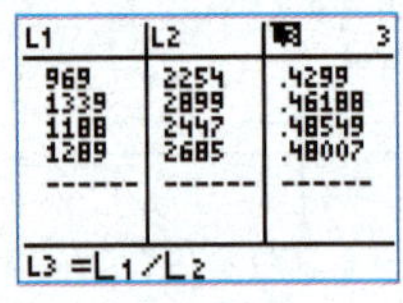

Évolution : $CM = \dfrac{2\,685}{2\,254} \approx 1{,}191$ soit une hausse de 19,1 %.

2 $\bar{x} = 9{,}83$. Voir p. XXII.

3 a) Saisir les notes en liste 1 ; $\bar{x} \approx 10{,}63$.

b)

4	7	8	9	10
0,167	0,067	0,1	0,1	0,167

11	14	15	16	19
0,033	0,1	0,1	0,1	0,067

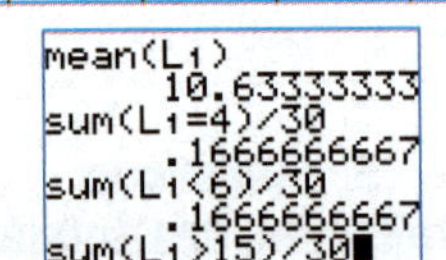

c) 16,7 % et 16,7 %.

4 Étendue : $100 - 12 = 88$, soit 8 800 €.

Salaire moyen, en utilisant le centre des classes :

$0{,}50 \times 13{,}5 + 0{,}35 \times 18{,}5 + 0{,}10 \times 28{,}5 + 0{,}05 \times 67{,}5$
$= 19{,}45$, soit 1 945 €.

5 Médiane : 10.

Valeurs dans [8 ; 14] : $\dfrac{14}{24} \approx 0{,}583 = 58{,}3\ \%$.

6 L1 et L2 ont même moyenne 113 et même médiane 113, mais l'étendue de L1 est 216 et celle de L2 est 24.

Pour L1 sans 6 et 222, la moyenne est $\approx 112{,}7$, la médiane inchangée.

7 L2 peut modéliser des CM et prod (L2) un CM_{global} . Revoir le chapitre 1.

$(P-1) \times 100$ est le taux d'évolution global, en %.

prod(par : LIST MATH 6: prod(

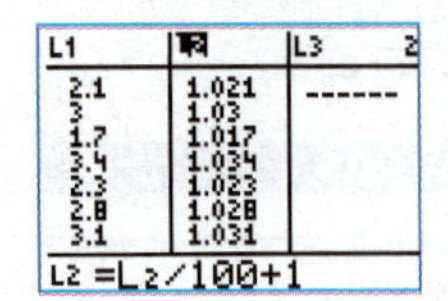

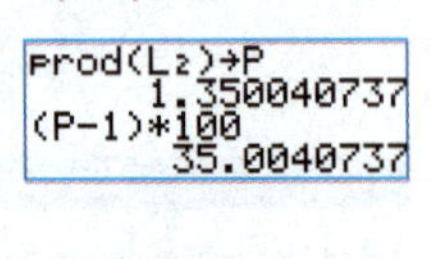

8 sum (L4) = 2 459 et S/sum (L2) ≈ 8,94 .

Exercices

9 a) F ; b) V ; c) V ; d) F.

10 Stocks : b), d) et e). Flux : a) et c).

13 1° $\bar{x} = \dfrac{915}{45} \approx 20{,}3$ kg et $Me = 20$ kg .

On a $\bar{x} > Me$.

2° $\overline{x'} = \dfrac{915 - 34 + 25}{45} = \dfrac{906}{45} \approx 20{,}13$ kg .

19 a) F : c'est 5. b) F : c'est la 25ᵉ valeur.

c) V. d) F : c'est le 59ᵉ. e) F : il peut y avoir 20, 21, 22 ou 23 termes.

20 a) V. b) F : il est multiplié par 2. c) V. d) F.

21 a) F. b) F. c) V si un quart des valeurs est égal à la valeur minimum et un quart à la valeur maximum.

d) V. e) F : 80 %. f) F. g) V.

23 $Me = 36$; $Q1 = 22$ et $Q2 = 45$.

31 Plus de 75 % des valeurs de L2 sont inférieures au premier quartile de L1.

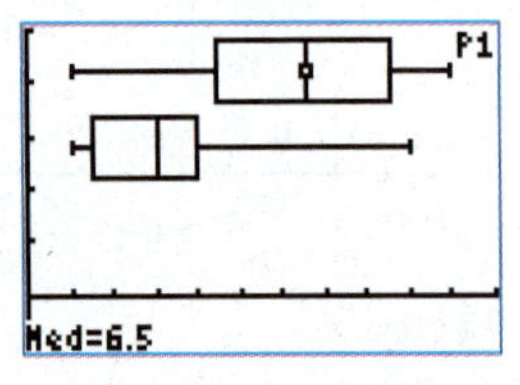

39 a) V. b) F. c) V. d) V.

40 ⓒ 7,5 .

43 a) $\bar{x} \approx 14\,600$ et $s \approx 4\,922$.

b) $\dfrac{4\,922}{14\,600} \approx 0{,}337$, soit 33,7 %.

```
1-Var Stats
x̄=14597.16667
Σx=175166
Σx²=2847640286
Sx=5140.861174
σx=4921.999845
↓n=12
```

50 1° ⓑ . 2° ⓒ . 3° ⓑ . 4° ⓑ .

51 a) F. b) F : la raison n'est pas bonne. c) V. d) V.

52 a) F seulement si le caractère est continu.

b) V. c) F : les bases peuvent être différentes.

53

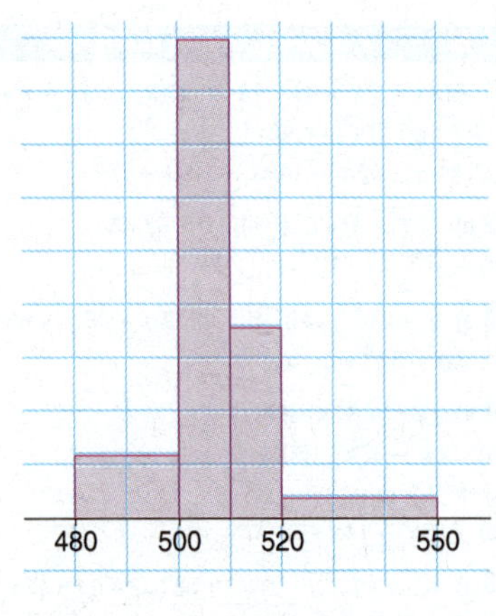

Classe modale :
[500 ; 510 [, car la hauteur est la plus grande.

Classe médiane :
[500 ; 510 [, car elle contient les 40ᵉ et 41ᵉ boîtes.

63 1° F. 2° F : il y en a 8 de moins.

3° V. 4° F : elles augmentent de 10.

64 1° Représentation :

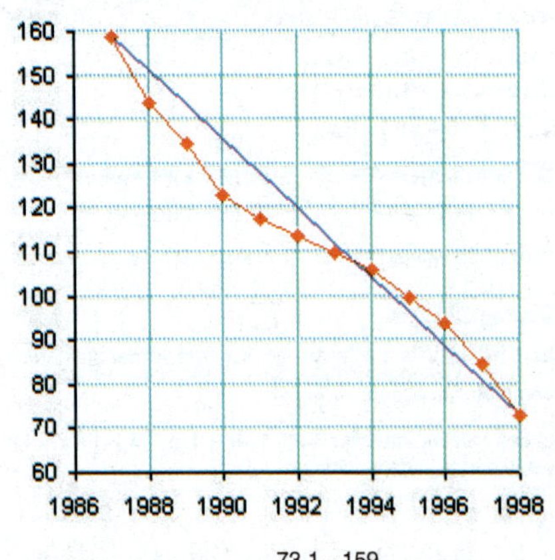

2° Coefficient directeur : $\dfrac{73{,}1 - 159}{1998 - 1987} \approx -7{,}8$.

Soit une diminution de 7,8 points d'indice par an, en moyenne.

Voir : accroissement moyen.

6 - Nombre dérivé

Tests préliminaires

A. Techniques de base, p. XVII.

$\mathscr{D}_1 : m = \dfrac{1}{4}$; $\mathscr{D}_2 : m = 4$; $\mathscr{D}_3 : m = 1$;

$\mathscr{D}_4 : m = 0$; $\mathscr{D}_5 : m = -\dfrac{2}{3}$; $\mathscr{D}_6 : m = -\dfrac{1}{2}$.

B. Techniques de base, p. XVI.

a) (AB) : $y = x - 2$; (AC) : $y = 2x - 5$;

(AD) : $y = 3x - 8$.

b) $f(3+h) = (3+h)^2 - 2(3+h) - 2 = h^2 + 4h + 1$,

donc :

$$m = \frac{h^2 + 4h + 1 - 1}{3 + h - 3} = \frac{h^2 + 4h}{h} = h + 4 \ .$$

c) Si $h = 0{,}0001$ alors $m \approx 4{,}00$.

L'équation réduite de (AM) est :

$$y = 4(x-3) + 1 \iff y = 4x - 11 \ .$$

C. Techniques de base, p. V.

1° a) $f(1+h) = (1+h)^2 - 3(1+h) + 4 = h^2 - h + 2$; $f(1) = 2$.

b) $\dfrac{f(1+h)-f(1)}{h} = \dfrac{h^2-h}{h} = \dfrac{h(h-1)}{h} = h - 1$.

2° a) $f(2+h) = (2+h)^3 - (2+h) = h^3 + 5h^2 + 8h + 4$; $f(2) = 4$.

b) $\dfrac{f(2+h)-f(2)}{h} = \dfrac{h^3+5h^2+8h}{h} = h^2 + 5h + 8$.

3° a) $f(h-1) = \dfrac{3}{h-1+2} = \dfrac{3}{h+1}$; $f(-1) = \dfrac{3}{1} = 3$.

b) $\dfrac{f(h-1)-f(-1)}{h} = \left(\dfrac{3}{h+1} - 3\right) \times \dfrac{1}{h}$

$= \dfrac{3-3h-3}{h(h+1)} = \dfrac{-3h}{h(h+1)} = \dfrac{-3}{h+1}$.

D. a) $x \mapsto x^2 - 4$ est croissante sur $]0 ; +\infty[$,

et $x \mapsto -\dfrac{1}{x}$, opposée de la fonction inverse, est croissante sur $]0 ; +\infty[$.

Par somme, f est croissante sur $]0 ; +\infty[$.

b) $x \mapsto -\dfrac{x}{2} + 1$, affine décroissante sur $]0 ; +\infty[$,

et $x \mapsto \dfrac{2}{x}$, inverse décroissante sur $]0 ; +\infty[$.

Par somme, f est décroissante sur $]0 ; +\infty[$.

c) $x \mapsto \dfrac{x}{3}$, fonction affine croissante sur $]3 ; +\infty[$,

et $x \mapsto \dfrac{1}{x-3}$ est une fonction inverse, décroissante sur $]3 ; +\infty[$; donc par somme on peut conclure.

d) Fonction trinôme

$a = -1 < 0$

Donc f est décroissante sur $[3 ; +\infty[$.

x	$-\infty$	3	$+\infty$
$f(x)$	↗	2	↘

E. Techniques de base, p. XII ; XIII et XVII.

a)

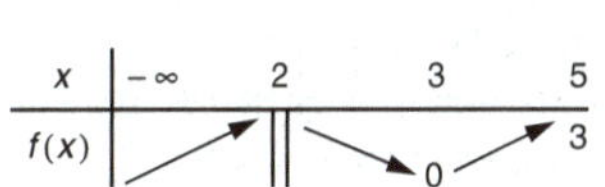

x	$-\infty$	2	3	5
$f(x)$	↗	‖ ↘	0 ↗	3

b) $f(4) = 2$; $f(1) = 0$; $f(0) = -2$.

c) Attention aux unités ! $m = 1$ et $y = x - 2$.

F. Techniques de base, p. XVIII ; XIX et XX.

1°

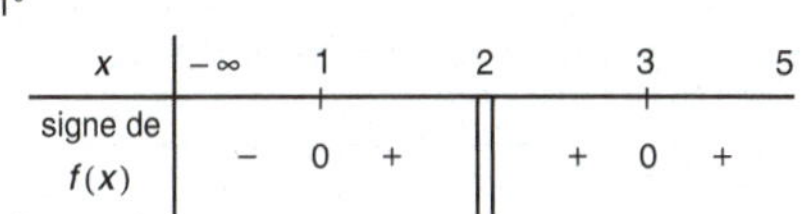

x	$-\infty$		1		2		3		5
signe de $f(x)$		$-$	0	$+$	‖	$+$	0	$+$	

2° $A(x) = -x^2 + 4$

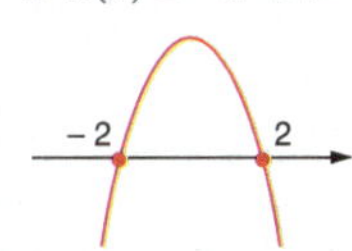

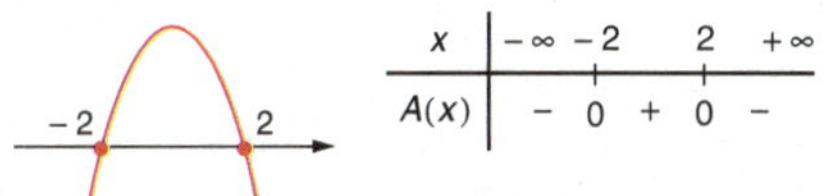

x	$-\infty$		-2		2		$+\infty$
$A(x)$		$-$	0	$+$	0	$-$	

$B(x) = (x-4)^2$

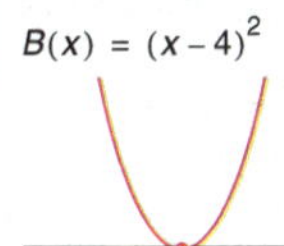

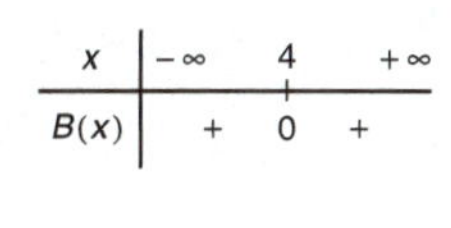

x	$-\infty$		4		$+\infty$
$B(x)$		$+$	0	$+$	

$C(x) = x^2 - 4x = x(x-4)$

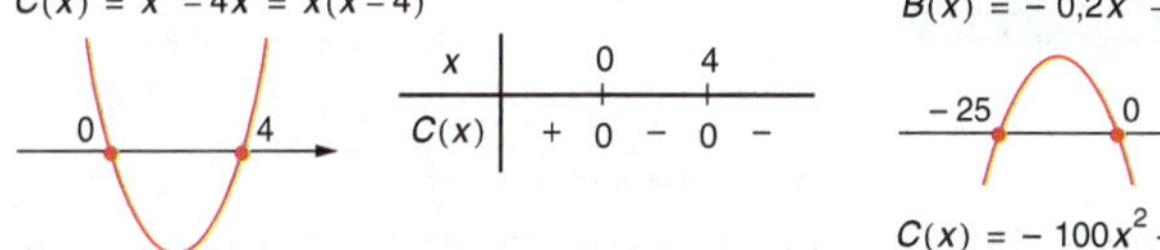

x		0		4	
$C(x)$	$+$	0	$-$	0	$-$

La page de calcul

Techniques de base, p II.

1 $A(x) = x^2 + 2x - 4$; $B(x) = -2x^2 + 15x$;

$C(x) = x^3 - 6x^2 + 9x - 4$.

On utilise $(x-1)^3 = (x-1)^2(x-1)$.

Techniques de base, p III.

2 VI : 0 et -1 : $A(x) = \dfrac{-2x-3}{x(x+1)}$;

VI : -2 : $B(x) = \dfrac{-x}{2(x+2)}$; VI : 0 et -2 : $C(x) = \dfrac{x^2+9}{x(x+2)}$.

3 1° a) $f(2+h) = (2+h)^2 - 3(2+h) + 2 = h^2 + h$;

b) $f(3+h) = h^2 - 9h + 20$; c) $f(1-h) = h^2 + h$.

2° a) $f(1+h) = \dfrac{h-2}{1+h}$; b) $f(-2+h) = \dfrac{-5+h}{-2+h}$;

c) $f(3+h) = \dfrac{3}{3+h}$.

4 a) $f(2+h) - f(2) = \dfrac{-3(2+h)}{1+h} + 6 = \dfrac{3h}{1+h}$;

b) $f(-2+h) - f(-2) = \dfrac{-h}{h-3}$; c) $\dfrac{f(h)-f(0)}{h} = \dfrac{-3}{h-1}$;

d) $\dfrac{f(3+h)-f(3)}{h} = \dfrac{3}{2(2+h)}$.

Techniques de bases, p XIX.

5 $A(x) = -x^2 + 1$,

x		-1		1	
$A(x)$	$-$	0	$+$	0	$-$

$B(x) = (x-3)^2 + 1$, Pour tout réel x , $D(x) > 0$.

$C(x) = -x^2 + 3x = x(-x+3)$, $a = -1 < 0$.

x		0		3	
$C(x)$	$-$	0	$+$	0	$-$

$D(x) = -(x+1)^2 - 2$, toujours $B(x) < 0$.

6 $A(x) = x^2 + 3x - 4$, $\Delta = 9 - 4(-4) = 25$, $\Delta > 0$, le trinôme a deux racines 1 et -4 et $a > 0$:

x		-4		1	
$A(x)$	$+$	0	$-$	0	$+$

$B(x) = 2x^2 - x - 3$, $\Delta = 25 > 0$,

x		-1		$\frac{3}{2}$	
$B(x)$	$+$	0	$-$	0	$+$

$C(x) = -x^2 + x + 2$, $\Delta = 1 - 4(-1) \times 2 = 9$, $\Delta > 0$ deux racines -1 et 2 et $a = -1 < 0$.

x		-1		2	
$C(x)$	$+$	0	$-$	0	$+$

$D(x) = -3x^2 + 4x + 5$, $\Delta = 16 - 4 \times (-3) \times 5 = 76$, $\Delta > 0$ deux racines :

$x_1 = \dfrac{2+\sqrt{19}}{3}$ et $x_2 = \dfrac{2-\sqrt{19}}{3}$,

et $a = -3 < 0$.

x		x_1		x_2	
$D(x)$	$-$	0	$+$	0	$-$

7 $A(x) = 4x^2 - 3x + 5$: $\Delta = 9 - 80$; donc $\Delta < 0$ et $a > 0$:

$B(x) = -0{,}2x^2 - 5x = -x(0{,}2x + 5)$ et $a < 0$:

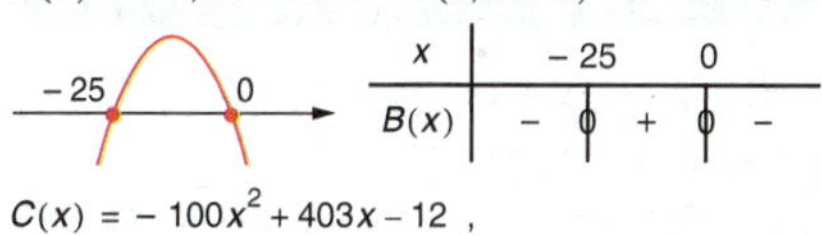

x		-25		0	
$B(x)$	$-$	0	$+$	0	$-$

$C(x) = -100x^2 + 403x - 12$,

$x_1 = 4$ et $x_2 = \dfrac{3}{100}$; $a = -100 < 0$.

x		3/100		4	
$C(x)$	$-$	0	$+$	0	$-$

Techniques de base, p XX.

8 $A(x) = \dfrac{1-4x}{x}$.

x		0		$\frac{1}{4}$	
$A(x)$	$-$	‖	$+$	0	$-$

$B(x) = \dfrac{-4}{x+2} + 1 = \dfrac{x-2}{x+2}$.

x		-2		2	
$B(x)$	$+$	‖	$-$	0	$+$

$C(x) = \dfrac{9-x^2}{x^2} = \dfrac{(3-x)(3+x)}{x^2}$.

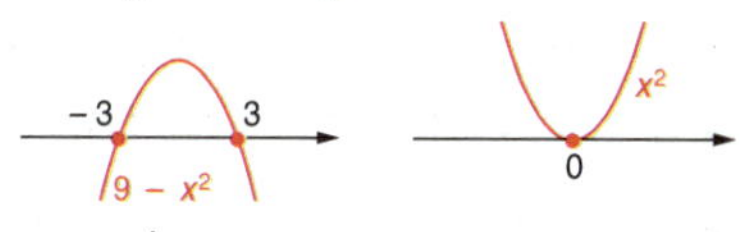

x		-3		0		3	
$9-x^2$	$-$	0	$+$		$+$	0	$-$
x^2	$+$		$+$	0	$+$		$+$
$C(x)$	$-$	0	$+$	‖	$+$	0	$-$

$D(x) = \dfrac{-1+4(x+1)^2}{(x+1)^2}$,

x		$-\frac{3}{2}$		-1		$-\frac{1}{2}$	
$4(x+1)^2-1$	$+$	0	$-$		$-$	0	$+$
$(x+1)^2$	$+$		$+$	0	$+$		$+$
$D(x)$	$+$	0	$-$	‖	$-$	0	$+$

Techniques de base, p XVII.

9 (AE) : $m = \dfrac{1}{2}$; (BC) : $m = -\dfrac{3}{2}$;

T_A : $m = \dfrac{1}{4}$; T_B : $m = 0$;

T_C : $m = 0$; T_D : $m = 2$.

10

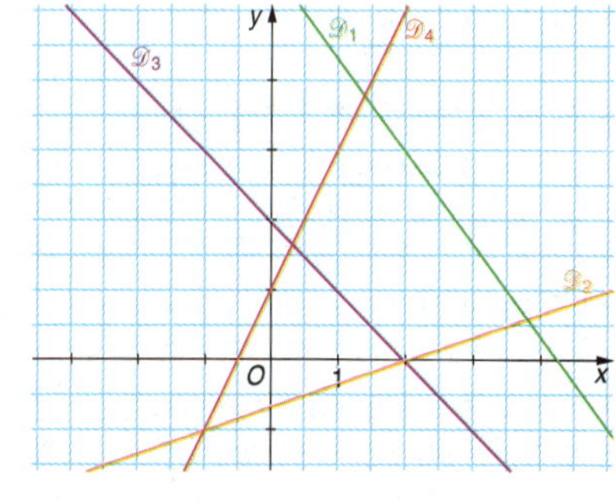

11

1°

x	$-\infty$	-1		2	$+\infty$
$f(x)$	↗	5	↘	1	↗

2° a) $f(x) \leqslant -2x$. $\mathscr{C}_f$ coupe la droite $\mathscr{D}$ d'équation $y = -2x$ en $D(-2 ; 4)$: $S =]-\infty ; -2]$.

b) $f(x) = \dfrac{x+3}{2}$. La droite d'équation $y = \dfrac{x+3}{2}$ est la droite (EA) : $S = \{-3 ; 1 ; 3\}$.

12 1° Tableau des variations de f et g :

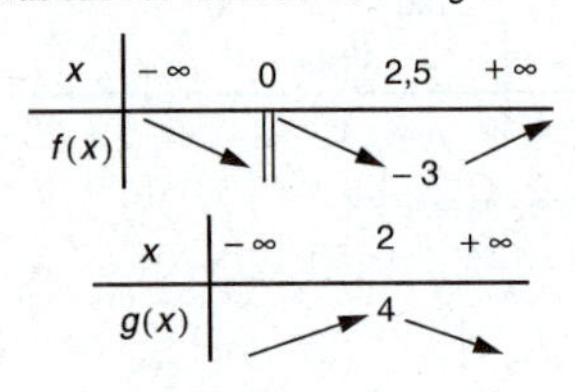

2° a) $S = \{-1 ; 0,5 ; 4\}$.

b) $S = [-2 ; 0[\cup [0,5 ; 4,5]$.

c) $S =]-1,5 ; 6,5[$.

3° a) Tableau de signe de $f(x)$ et $g(x)$:

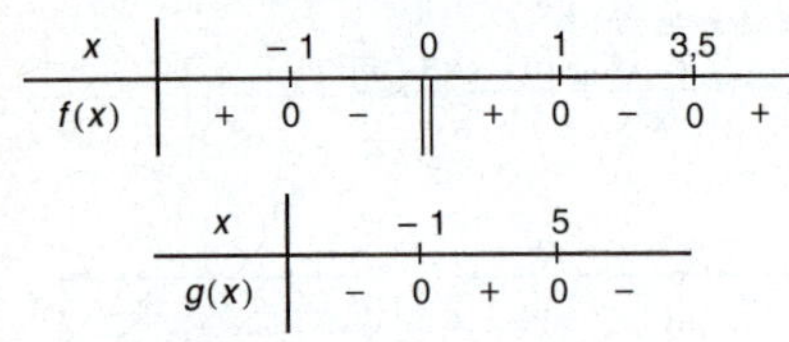

b) $f(x) - g(x)$ est positif lorsque la courbe $\mathscr{C}_f$ est au-dessus ou sur la courbe $\mathscr{C}_g$.

x		-1		0		$0,5$		4	
$f(x)-g(x)$	$+$	0	$-$	‖	$+$	0	$-$	0	$+$

Exercices

13 **Q.C.M.** 1° ⓐ ; 2° ⓒ ; 3° ⓑ.

14 1° F, de 1980 à 1998, la pente de la sécante est moins forte qu'entre 1990 et 1998.

2° V, les segments sont presque parallèles.

3° V, sur $[1995 ; 1998]$ la pente est la plus forte.

15 5 310 intermittents de plus par an.

125 940 à prévoir en 2007.

20 a) $\lim\limits_{x \to 0} f(x) = f(0) = 0$.

b) $Q(h) = \dfrac{h^2 - h}{h} = \dfrac{h(h-1)}{h} = h - 1$;

$\lim\limits_{h \to 0} Q(h) = -1$.

25 **Q.C.M.** 1° ⓑ ; 2° ⓐ et ⓒ ; 3° ⓑ ;
4° pas de bonne réponse.

26 1° $\lim\limits_{h \to 0} \dfrac{f(2+h) - f(2)}{h} = \lim\limits_{h \to 0} (-h-3)$
$= -3 = f'(2)$.

$\dfrac{f(-1+h) - f(-1)}{h} = \dfrac{-h^2 + 3h}{h} = -h + 3$;

donc $f'(-1) = 3$.

2° $f'(-1) = 1$.

31 1° $f(2) = 5$; $f(0) = 2$; $f(4) = 3$;
$f'(4) = -1$; $f'(-2) = 0$; $f'(0) = \dfrac{5}{2}$.

2° $T_E : y = -3(x+5) + 4 \Leftrightarrow y = -3x - 11$;

$T_D : y = 0$; $T_A : y = \dfrac{5}{2}x + 2$; $T_B : y = 5$;

$T_C : y = -\dfrac{3}{2}(x-4) + 3 \Leftrightarrow y = -\dfrac{3}{2}x + 9$.

35 1° V, définition. 2° V, cours.

3° F, voir exemple ⓑ page 145.

4° F, les mots fonction et dérivée sont à intervertir.

5° F, pour être constante, la fonction doit avoir sa dérivée nulle sur tout un intervalle, pas seulement en une valeur.

36 **Q.C.M.** 1° ⓑ ; 2° ⓐ, ⓑ et ⓒ ; 3° ⓑ et ⓒ.

38 $\mathscr{C}_3$.

44 a) $f'(x) = n \cdot x^{n-1}$. Pour $n = 7$, $f'(x) = 7x^6$.

b) $f(x) = x^{-2} = \dfrac{1}{x^2}$;

$f'(x) = \dfrac{-2}{x^3} = -2x^{-3} = -2x^{-2-1} = nx^{n-1}$.

On peut écrire, pour $n \in \mathbb{Z}$:

$$f(x) = x^n \text{ et } f'(x) = n \cdot x^{n-1} .$$

45 $\dfrac{f(x+h) - f(x)}{h} = \dfrac{\sqrt{x+h} - \sqrt{x}}{h}$

$= \dfrac{(\sqrt{x+h} - \sqrt{x})(\sqrt{x+h} + \sqrt{x})}{h(\sqrt{x+h} + \sqrt{x})} = \dfrac{x+h-x}{h(\sqrt{x+h} + \sqrt{x})}$

$= \dfrac{\cancel{h}}{\cancel{h}(\sqrt{x+h} + \sqrt{x})} = \dfrac{1}{\sqrt{x+h} + \sqrt{x}}$.

Pour tout $x > 0$,

$\lim\limits_{h \to 0} \dfrac{1}{\sqrt{x+h} + \sqrt{x}} = \dfrac{1}{\sqrt{x} + \sqrt{x}} = \dfrac{1}{2\sqrt{x}}$.

Mais en $x = 0$, ce quotient n'existe pas.

46 1° a) $(u+v)'(2) = u'(2) + v'(2) = -1 + 1 = 0$;

b) $(u+v)'(3) = u'(3) + v'(3) = 0 + 4 = 4$.

$(u+v)'(-1) = \dfrac{2}{3}$.

2° $(3v)'(2) = 3\,v'(2) = 3$.

$\left(-\dfrac{1}{2}u\right)'(3) = -\dfrac{1}{2}u'(3) = 0$.

47 **Q.C.M.** 1° ⓐ avec $k = \dfrac{1}{2}$; 2° ⓑ ; 3° ⓐ ;
4° ⓒ puis ⓐ pour le numérateur u' .

48 $f'(x) = 2x + 2$; $g'(x) = -2x + 1$;

$h'(x) = \dfrac{3}{2}x - 5$; $k'(x) = -x^3 + 2x^2$.

51 1° $f'(x) = 3x^2 - 3 = 3(x^2 - 1)$. $a = 3 > 0$

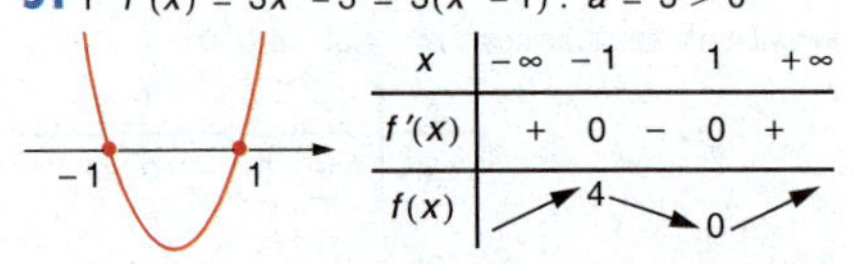

Sur $]-\infty ; -1]$ et sur $[1 ; +\infty[$, la dérivée est positive, donc la fonction est croissante.

Sur $[-1 ; 1]$, la dérivée est négative, donc la fonction est décroissante.

$f(-1) = 4$, maximum sur $]-\infty ; 1]$,
et $f(1) = 0$, minimum sur $[-1 ; +\infty[$.

2° $g'(x) = -3x(x-4)$.

x	$-\infty$		0		4		$+\infty$
$g'(x)$		$-$	0	$+$	0	$-$	
$g(x)$		↘	-8	↗	24	↘	

58 $f'(x) = \dfrac{6x^2 - 1}{x^2}$; $g'(x) = \dfrac{-x^2 - 4}{4x^2}$.

$h'(t) = 3 - \dfrac{3}{2t^2}$; $k'(x) = \dfrac{3}{x^2} - 1$.

7 - Application de la dérivation

Tests préliminaires

A. a) rand + 0,5 $\in [0,5 ; 1,5[$;

b) 2 × rand $\in [0 ; 2[$;

c) 6 × rand $\in [0 ; 6[$; d) rand + rand $\in [0 ; 2[$.

B. a) 0 . b) 0 ou 1 . c) 0 ou 1 .
d) 0 ; 1 ; 2 ; 3 ; 4 ; 5 ou 6. e) − 1 ou 1.

C. a) Un chiffre pair : 0 , 2 , 4 , 6 ou 8 simule PILE et un impair simule FACE. On compte le nombre de chiffres pairs.

Il y a 34 PILE pour 36 FACE, d'où une fréquence de PILE :
$\dfrac{34}{70} \approx 0,4857$.

b) On ne tient pas compte des chiffres 0 ; 7 ; 8 et 9 .

Il reste 38 chiffres, dont 3 chiffres 6 : $\dfrac{3}{38} \approx 0,0789$.

D. Simulation 1 : b , c ou f .

2 : d et i. 3 : aucune. 4 : a. 5 : e.

E. Tableau à deux entrées.

a)	A	B	C	D	total
football	150	125	105	120	500
handball	50	70	35	45	200
total	200	195	140	165	700

b) Tableau des fréquences, à 3 chiffres significatifs.

	A	B	C	D
f	0,214	0,179	0,15	0,171
h	0,071	0,1	0,05	0,064

c) Il y a 500 joueurs de football au total.

pour $A : \dfrac{150}{500} = 0,3$.

	A	B	C	D
f	0,3	0,25	0,21	0,24

La page de calcul

1 Dans un mot, la place des lettres a son importance :
- BB , BO , BS , OB , SB .
- SS , SO , SB , OS , BS .
- BB , BO , BS , OB , SB , SS , SO , OS .
- BS , SB .

2
- 8 cartes « cœur », 4 dames.
- 11 cartes dames ou cœur.
- Une seule carte dame et cœur.

3 $0,2 + 0,15 - 0,05 = 0,3$.

Donc 30 % des vases ont un ou deux défauts.

Ainsi 70 % des vases n'ont aucun défaut.

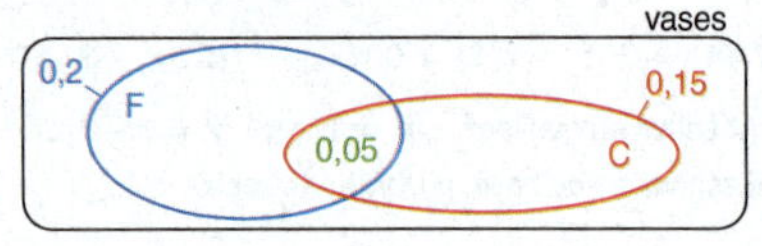

4 Comme 3 % n'aiment aucune activité, 97 % veulent voir un film ou aller à la piscine.

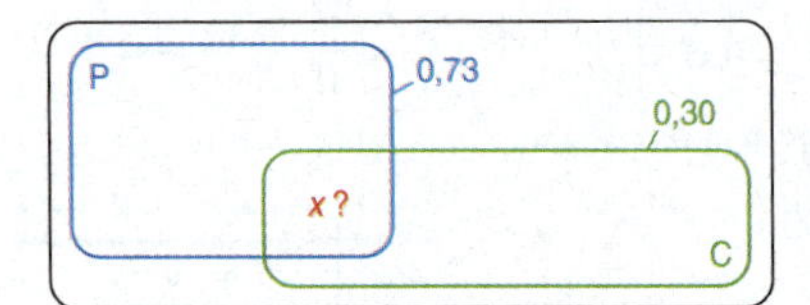

$0,97 = 0,73 + 0,30 - x \Leftrightarrow x = 0,06$.

Donc 6 % des amis veulent voir un film et aller à la piscine

5

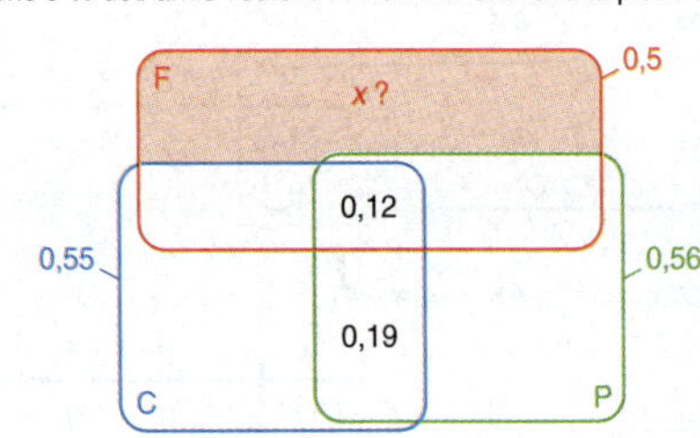

$0,55 - (0,12 + 0,19) + 0,56 + x = 1 \Leftrightarrow x = 0,2$.

20 % des amis ne choisissent que le fast food.

6 Pair ou multiple de 3 : 2 , 4 , 6 ou 3 .

La fréquence est de 0,81.

7 a) Population active des 16-24 ans :

$$0{,}088 \times 3\,856\,765 \approx 339\,395 \;;$$

des 25-54 ans : 10 423 088 ; des 55 ans et plus : 975 791.

b) Part des jeunes de 16 à 24 ans parmi la population active totale :

$$\frac{339\,395}{\text{total des actifs}} \approx 0{,}0289 \;,$$

soit 2,9 % de jeunes dans la population active.

8 a) $\dfrac{120 - \frac{1}{9} \times 360}{360} = \dfrac{80}{360} = \dfrac{2}{9}$.

b) $\dfrac{80}{0{,}55 \times 360} \approx 0{,}404$, soit 40,4 %.

9

	{1 ; 5} 1	{2 ; 6} 2	{3 ; 7} 3	{4 ; 8} 4
effectif	9	14	17	12

fréquence du 3 : $\dfrac{17}{52} \approx 0{,}327$.

10 22 familles de 4 enfants ; on laisse le 0 1 de la fin du tableau.

nbre de filles	0	1	2	3	4
nbre de familles	4	2	10	5	1

Nombre moyen :

$$\frac{4 \times 0 + 2 \times 1 + 10 \times 2 + 5 \times 3 + 1 \times 4}{22} \approx 1{,}864 \;;$$

soit 1,86 filles par famille.

Exercices

11 a) F. b) V. c) V. d) F. e) F, cette somme est toujours de 1.

12 a) V. b) V. c) F, la somme ne donne pas 1.

13 a) F. b) F, 200 fois n'est pas suffisant.

c) F, la probabilité est toujours de $\dfrac{1}{6}$.

16 a) Non, car pour 10 000 expériences le jaune est plus fréquent.

b) Non, $2 \times 3\,700 \neq 5\,000$. c) Oui.

18 $p = \dfrac{1}{12}$.

22 1° a) V, car inutile de différentier les deux juges.

b) F, AB et BA ne donnent pas les mêmes issues.

2° a) F, on peut avoir VV DD RR. b) V. c) V.

23 a) F, il faut différentier PF et FP. b) F. c) V.

24 a) F. A et B sont identiques.

b) V. il y a encore d'autres issues qui réalisent C.

c) V. d) F.

30 a) E = {FFF ; FFP ; FPF ; FPP ; PFF ; FPP ; PPF ; PPP} .

b) G_2 = {FPF ; FPP} et $\overline{G_2}$: « obtenir PILE pour la 1er fois au 1er lancer ou au 3e ».

c) Aucune issue.

35 a) F. b) V. c) V.

36 1° a) V. b) F. c) V. 2 ° a) V. b) V. c) V.

3° a) F. b) V. c) V. car $\overline{A} \cap \overline{B}$ est le contraire de $A \cup B$.

4° a) V, car $\overline{A} \cup \overline{B}$ est le contraire de $A \cap B$ et $P(A \cap B) = 0$.

b) F, car $\overline{A} \cap \overline{B}$ est le contraire de $A \cup B$, donc $P(\overline{A} \cap \overline{B}) = 0{,}2$.

c) F, pas forcément.

37 1° $P(\text{« roi de cœur »}) = \dfrac{1}{32}$.

$P(\text{« carte habillée »}) = \dfrac{12}{32} = \dfrac{3}{8}$.

$P(\text{« 9 ou 7 »}) = \dfrac{8}{32} = \dfrac{1}{4}$.

2° $\dfrac{1}{8}$; $\dfrac{3}{8}$; $\dfrac{2}{8}$.

38 1° a) F. b) V. c) V.

2°

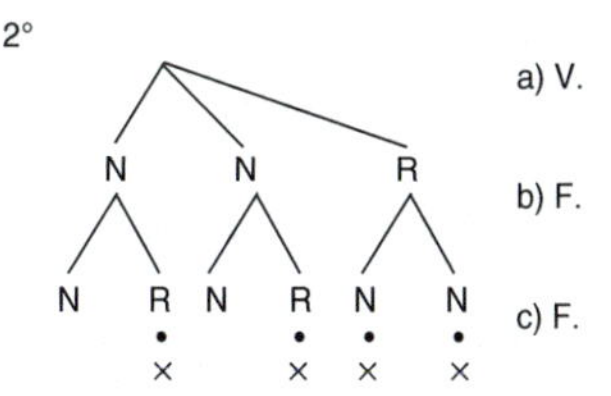

a) V.

b) F.

c) F.

40 1°

10	5	2
1/6	1/2	1/3

2°

	10	5	2
10	20	15	12
5	15	10	7
2	12	7	4

20	15	12	10	7	4
1/36	1/6	1/9	1/4	1/3	1/9

44 $P(E) = 0{,}29$. $P(F) = 0{,}14$.

$P(G) = 0{,}05$. $P(H) = 0{,}09$.

$P(I) = 0{,}71$.

8 - Suites arithmétiques et géométries

Tests préliminaires

A. 1° (b) ; 2° (c) ; 3° (c) ; 4° (b) ; 5° (a) .

B. 1° a) Variation absolue en L3 = L2 – L1 .

b) Variation relative en L4 =(L2 – L1)/L1 * 100 .

L1	L2	L3
2.7	2.95	.25
2.95	3.2	.25
3.2	3.45	.25
3.45	3.7	.25
3.7	3.95	.25

L3 =L2–L1

L2	L3	L4
2.95	.25	9.2593
3.2	.25	8.4746
3.45	.25	7.8125
3.7	.25	7.2464
3.95	.25	6.7568

L4 =L3/L1*100

2° Variation absolue constante et variation relative décroissante.

C. 1° $CM_{global} = 1{,}10 \times 1{,}15 \times 1{,}20 = 1{,}518$, soit 51,8 %.

2° $CM_{global} = 0{,}90 \times 0{,}92 \times 0{,}96 = 0{,}79488$, soit une baisse de ≈ 20,5 % .

3° $CM_{global} = 1{,}05^3 \approx 1{,}158$, soit 15,8 %.

4° $CM_{global} = 0{,}98^{10} \approx 0{,}817$, soit une baisse de ≈ 18, 3 % et non 20 %.

D. 1°

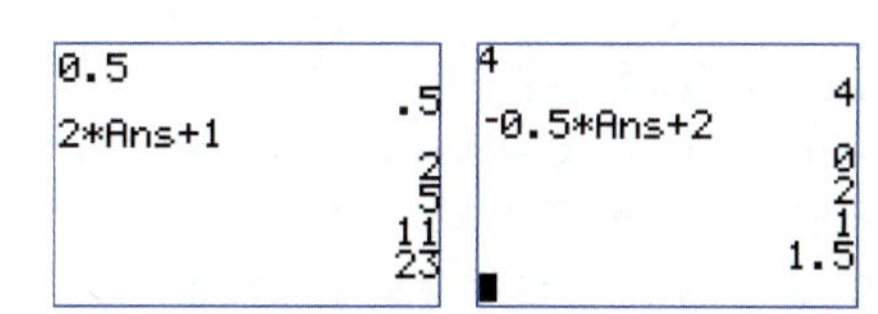

E. a) Liste des nombres impairs de 1 à $2 \times 19 + 1 = 39$.

b) Liste des nombres impairs de 1 à 39.

c) Liste des images par $f : x \mapsto 1 + \dfrac{1}{x}$ des nombres entiers de 1 à 10.

F. a) $x \mapsto 2x - 3$ est croissante sur $]\,0\,;+\infty\,[$; donc $f(n) < f(n+1)$.

b) décroissante sur $]\,0\,;+\infty\,[$; donc $f(n) > f(n+1)$.

c) décroissante sur $]\,0\,;+\infty\,[$; donc $f(n) > f(n+1)$.

d) croissante sur $]\,0\,;+\infty\,[$; donc $f(n) < f(n+1)$.

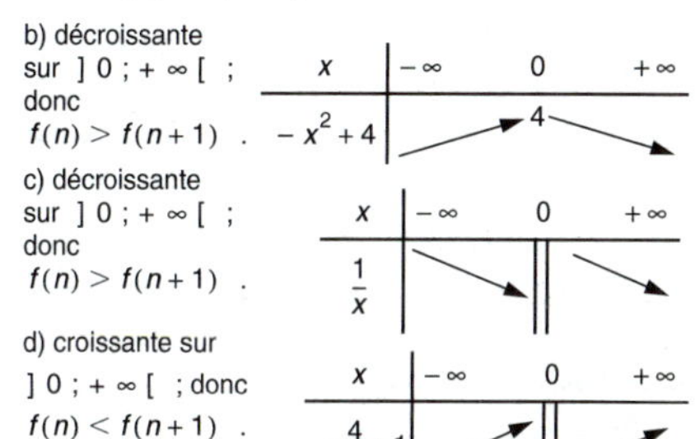

La page de calcul

1 a) 6×2^n ; b) $2\,000 \times 10^n$; c) $1 \times \left(\dfrac{2}{3}\right)^n$;

d) $1 \times \left(\dfrac{3}{2}\right)^n$; e) 12×2^n ; f) 10×6^n ; g) 3×4^n .

2 a) – 1,344 ; b) 129,7 ; c) 14,17 ; d) 131,2 ; e) 2 084 .

3 a) $1 - 0{,}7^5 \approx 0{,}832$ et $0{,}3^5 \approx 0{,}02$,

donc $0{,}3^5 < 1 - 0{,}7^5$;

b) $(1 - 0{,}98)^4 = 0{,}02^4$;

c) $4{,}2^3 - 1{,}1^3 \approx 72{,}76$ et $3{,}1^3 \approx 29{,}79$,

donc $4{,}2^3 - 1{,}1^3 > 3{,}1^3$;

d) $100 \times 1{,}02^5 \approx 110{,}4$ et $102^5 \approx 1{,}1 \times 10^{10}$,

donc $102^5 > 100 \times 1{,}02^5$;

e) 6^3 ; f) $2 \times 2{,}02^5$.

4 a) $n^2 + 1$; b) $(-2n+1)n = -2n^2 + n$;

c) $-n^2 - 3n + 1$; d) $n^3 + 2n^2 + n + 2$;

e) $\dfrac{-2n-1}{n+2}$; f) $\dfrac{-n^2-2n}{n-1}$.

5 a) $f(n+1) = n^2 - n - 1$; $f(2n) = 4n^2 - 6n + 1$;

$f(2n-1) = 4n^2 - 10n + 5$.

b) $f(n+1) = n^2 + 6n + 9$; $f(2n) = 4n^2 + 8n + 4$;

$f(2n-1) = 4n^2 + 4n + 1$.

c) $f(n+1) = \dfrac{1}{n+3}$; $f(2n) = \dfrac{1}{2n+2}$; $\dfrac{1}{2n+1}$.

d) $f(n+1) = \dfrac{-n^2-2n-1}{n+2}$; $f(2n) = \dfrac{-4n^2}{2n+1}$;

$f(2n-1) = \dfrac{-4n^2+4n-1}{2n}$.

e) $\dfrac{3n+2}{n+2}$; $\dfrac{6n-1}{2n+1}$; $\dfrac{3n-2}{n}$.

f) $\dfrac{2n^2+2n+2}{n+1}$; $\dfrac{2n^2-n+1}{n}$; $\dfrac{4n^2-6n+4}{2n-1}$.

6 Voir techniques de base, p. III.

a) $\dfrac{-1}{(n+2)(n+1)}$; b) $\dfrac{-n-1}{n(n+1)} = \dfrac{-1}{n}$;

c) $\dfrac{-n^2+n+1}{n+1}$; d) $\dfrac{2}{4n^2-1}$.

7 Voir techniques de base, p. XVIX.

a) Si $n \geqslant 1$, $n > 0$, alors $3n^2 + 2n + 1$ est positif.

b) Si $n \geqslant 1$, n est positif, alors $-n^2 - 4n$ est négatif.

c) Si $n \geqslant 1$, alors $-4n + 3$ est négatif et $(n+1)(n+2)$ est positif, donc $\dfrac{-4n+3}{(n+1)(n+2)}$ est positif.

d) si $n \geqslant 1$, alors $n^2 \geqslant 1$, donc $n^2 - 1$ est positif et $(n+2)(n+3)$ est positif ; donc $\dfrac{n^2-1}{(n+2)(n+3)}$ est positif.

e)

n	0		5		$+\infty$
$\dfrac{n-5}{n^2+n}$	‖	$-$		$+$	

f) $-x^2+2x-4$ et $(\Delta = -12 < 0)$ ⟶

donc $-n^2+2n-4$ est négatif et si $n \geqslant 1$, $(2n+1)(2n+3)$ est positif, donc $\dfrac{-n^2+2n-4}{(2n+1)(2n+3)}$ est négatif ;

g) $\dfrac{5n^2-6n+4}{4n^2+4n}$ est positif.

8 a) 1,05 ; b) 0,98 ; c) 1,234 ; d) $\dfrac{1}{3}$; e) 1,1.

9 a) 1,039 ; b) 1,0125 ; c) 0,955 ; d) 0,947.

10 a) $1{,}03^4 \approx 1{,}1255$, soit hausse 12,55 %.
b) $0{,}98^5$, baisse de 9,61 %.
c) $1{,}10^3 \times 0{,}95^6 \approx 0{,}9784$, soit baisse 2, 16 %.
d) $0{,}96^2 \times 1{,}02^5 \approx 1{,}0175$, soit hausse 1,75 %.
e) $1{,}0595^{12} \approx 2{,}0008$, hausse de 100 %.
f) 2,0299, hausse de 103 %.
g) 2,0328, hausse de 103 %.

Exercices

11 1° ⓑ ; 2° ⓑ ; 3° ⓐ.

12 1° a) F, $u_0 = -2$; b) F, l'indice est un entier naturel ; c) V, $u_3 = 10$.
2° a) F. b) F. c) F, $v_1 = 7$; $v_2 = -0{,}4$; $v_3 = 1{,}08\ ...$; d) F, $v_3 = 1$;

13 1° ⓐ ; 2° ⓑ ; 3° ⓒ.

14 1° F, Voir l'exemple du cours p. 200.
2° F, il suffit de calculer quelques termes. 3° V.

15 a) 17 ; 23 ; 29 : on ajoute 6.
b) 3 ; $\dfrac{7}{2}$; 4 : on ajoute $\dfrac{1}{2}$.
c) 4,9 ; 5,8 ; 6,7 : on ajoute 0,9.
d) 1 ; 2 ; 4 : on multiplie par 2.
e) 0,05 ; $\dfrac{1}{60}$; $\dfrac{1}{180}$: on divise par 3.

17

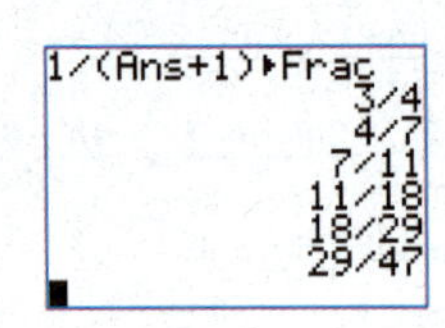

22 a) $u_{n+1} - u_n = \dfrac{-3}{(n+3)(n+2)}$, négatif.
Donc (u_n) est décroissante.
b) $u_{n+1} - u_n = \dfrac{-4}{(n+2)(n+1)}$, négatif.
Donc (u_n) est décroissante.

27 a) $x \mapsto \dfrac{2}{3}(x-1)$ est une fonction affine croissante sur $\mathbb{R}$.
$u_0 = 2$ et $u_1 = \dfrac{1}{3}$, donc $u_0 > u_1$.
Par application de la fonction f croissante et par itération, alors pour tout entier n, $u_n > u_{n+1}$.
Donc (u_n) est décroissante.
b) $x \mapsto x^2 + 1$ fonction croissante sur $[0 ; +\infty[$ et les images $f(x)$ sont aussi dans $[0 ; +\infty[$.
$u_0 = 0$ et $u_1 = 1$, donc $u_0 < u_1$.
Par application de la fonction f croissante et par itération, pour tout entier n, $u_n > 0$ et $u_n < u_{n+1}$.
La suite (u_n) est donc croissante.

42 Suites arithmétiques :
d) $a = -2$ et $u_0 = 0$; e) $a = 2$ et $u_0 = 5$.

43 Suites arithmétiques :
a) $a = 2$ et $u_0 = -3$; b) $a = -\dfrac{1}{2}$ et $u_0 = 0$;
c) $a = \dfrac{1}{3}$ et $u_0 = \dfrac{1}{3}$; e) $a = -1$ et $u_0 = \dfrac{3}{4}$;
f) $a = 1$ et $u_0 = -1$.

44 a) $u_n = -2n + 100$; b) $u_n = 0{,}5n - 10$;
c) $u_n = -0{,}01n + 4$; d) $u_n = \dfrac{1}{3}n$.

45 1° ⓑ ; 2° ⓒ ; 3° ⓑ ; 4° ⓐ.

46 a) $u_n = u_0 + na$ et $u_p = u_0 + pa$;
donc $u_n - u_p = na - pa = (n-p)a$.
b) $u_7 - u_3 = (7-3)a$ et $u_n - u_3 = (n-3)a$.
D'où le système $\begin{cases} 4a = 12 \\ (n-3)a = 21 \end{cases} \Leftrightarrow \begin{cases} a = 3 \\ n = 10 \end{cases}$

47 $a = -5$ et $n = 5$.

49 On note u_n le montant de la boîte de Mélonee n mois après le 1er janvier et v_n le montant de la tirelire.
$u_0 = 1\,000$ et $v_0 = 500$.
Mélonee retire 50 € chaque mois de la boîte :
$$u_{n+1} = u_n - 50.$$
Elle met 20 € dans la tirelire : $v_{n+1} = v_n + 20$.
Donc (u_n) est arithmétique de raison -50 et (v_n) est arithmétique de raison 20 :
$$u_n = u_0 - 50n = 1\,000 - 50n$$
$$\text{et } v_n = v_0 + 20n = 500 + 20n.$$
On cherche n tel que $v_n > u_n$
$\Leftrightarrow$ $500 + 20n > 1\,000 - 50n$ $\Leftrightarrow$ $n > \dfrac{50}{7}$.
Or $\dfrac{50}{7} \approx 7{,}14$. Au bout de 8 mois le montant de la tirelire devient supérieur à celui réservé aux transports.

52 $S = 37\,800$. $T = 42\,500$.

64 a) $3 \times 1{,}03^n$; b) $100 \times 0{,}98^{n-1}$; c) 4×2^n ;
d) 10^{n-1} ; e) $1\,000 \times \left(\dfrac{3}{2}\right)^n$; f) $27 \times \left(\dfrac{1}{3}\right)^{n-1}$.

65 a) $u_n = 100 \times 0{,}9^n$, décroissante.
$u_2 = 81$ et $u_5 \approx 59{,}05$.
Voir page V pour les chiffres significatifs.
b) $u_n = 4\,300 \times 1{,}05^n$, croissante.
$u_2 \approx 4\,740$ et $u_5 \approx 5\,488$.
c) $u_n = 0{,}25 \times 2^n$, croissante. $u_2 = 1$ et $u_5 = 8$.
d) $u_n = 100 \times 2{,}25^{n-1}$, croissante.
$u_2 = 225$ et $u_5 \approx 2\,562$.

66 a) $u_n = 20\,000 \times \mathbf{1{,}10}^n$; $u_{10} \approx 51\,874$.
b) $u_n = 100 \times \mathbf{1{,}03}^n$; $u_{10} \approx 134{,}4$.
c) $u_n = 12\,400 \times \mathbf{0{,}75}^n$; $u_{10} \approx 700$.
d) $u_n = 62{,}3 \times \mathbf{1{,}015}^n$; $u_{10} \approx 72{,}3$ en millions.

67 Suites géométriques :
a) Forme $u_0 \times b^n$, avec $b = 2$ et $u_0 = -3$.
b) Forme $u_0 \times b^n$, avec $b = 0{,}2$ et $u_0 = 3$.
e) $u_n = \left(\dfrac{5}{0{,}1}\right)^n = 1 \times 50^n$, avec $b = 50$ et $u_0 = 1$.
f) $u_n = 3 \times 3^n$, avec $b = 3$ et $u_0 = 3$.
c) et d) sont arithmétiques.

71 $I_{n+1} = I_n + 0{,}015\, I_n = 1{,}015\, I_n$:
suite géométrique de raison 1,015.
D'où $I_n = I_0 \times 1{,}015^n$, avec $I_0 = 100$.
Ainsi $I_{12} \approx 119{,}6$.

83 1° F, c'est une suite arithmétique.
2° V. 3° F, c'est une suite arithmétique.
4° F, la raison est 1,1.

84 1° V.
2° F, $C_n = C_0 \times 1{,}025^n$, car $\text{CM} = 1 + 0{,}025$.
3° V, $1\,000 \times 1{,}06^3 \times 1{,}05^2$.
4° V, $2\,500 \times 1{,}05^5 \times (1 + 4 \times 0{,}06) \approx 3\,956{,}50$.

87 $u_n = 350 + 60n$ et $v_n = 200 \times 1{,}2^n$.
Pour $n = 8$, le 2e dépasse le 1er placement.

9 - Limites et comportement asymptotique

Tests préliminaires

A. • $f(10^6) \approx 2 \times 10^6$: grand nombre positif.
$f(-10^6) \approx -2 \times 10^6$: grand nombre négatif.
• $g(10^6) \approx -10^6$: grand nombre négatif.
$g(-10^6) \approx 10^6$: grand nombre positif.
• $h(10^6) \approx 4 \times 10^{-6}$: proche de zéro.
$h(-10^6) \approx -4 \times 10^{-6}$: proche de zéro.
• $k(10^6) \approx -2 \times 10^{17}$: grand nombre négatif.
$k(-10^6) \approx 2 \times 10^{17}$: grand nombre positif.

B. 1° a) $y_M = \dfrac{1}{x}$: proche de 0, positive.
b) grande, positive.
c) proche de 0, négative.
d) grande, négative.
2° $h : x \mapsto \dfrac{2}{x}$. Par translation de vecteur $-\vec{i} + 3\vec{j}$.
3° $\mathscr{C}$ est la translatée de $\mathscr{C}_f$ par la translation $3\vec{i} - \vec{j}$;
donc $g(x) = \dfrac{1}{x-3} - 1$.

C. Voir le verbe « vérifier », page VI.
1° a) $-2 - \dfrac{1}{1-x} = \dfrac{-2+2x-1}{1-x} = \dfrac{2x-3}{1-x} = f(x)$.
b) $-x + 3 + \dfrac{4}{x-2} = \dfrac{-x^2+2x+3x-6+4}{x-2} = g(x)$.
c) Réduire au même dénominateur et retrouver $h(x)$.
2° On part de :
$$ax + b + \frac{c}{x-2} = \frac{ax^2 + bx - 2ax - 2b + c}{x-2}.$$
On identifie avec le numérateur de $\dfrac{-x^2+3x+2}{x-2}$.
$$\begin{cases} a = -1 \\ b - 2a = 3 \\ -2b + c = 2 \end{cases} \Leftrightarrow \begin{cases} a = -1 \\ b = 1 \\ c = 4 \end{cases}$$
D'où $f(x) = -x + 1 + \dfrac{4}{x-2}$ sur $\mathbb{R} \setminus \{2\}$.

D. 1°

x	$-\infty$	-1	4	$+\infty$
$f(x)$	↘	-4 ↗	‖	↗

2° a) Non, la courbe ne traverse pas la droite verticale d'équation $x = 4$: c'est comme un « mur ».
b) Non, sur $]-\infty ; 0]$ la courbe ne traverse pas la droite horizontale d'équation $y = 6$: c'est un « plafond », elle reste en dessous.

c) Sur $]4\,;+\infty[$, la courbe $\mathscr{C}$ reste en dessous de la droite horizontale d'équation $y = 4$.

3° T est la tangente à $\mathscr{C}_f$ au point d'abscisse 6, de coefficient directeur $\frac{5}{2}$:

$$y = \frac{5}{2}(x-6)+0 \quad \Leftrightarrow \quad y = \frac{5}{2}x-15 \ .$$

La page de calcul

1 Proches de zéro : 0,00001 ; -10^{-6} ; $\dfrac{1}{10^6}$; $\dfrac{1}{2\times10^7+1}$; $\dfrac{-3}{5\times10^8-2}$.

Grands nombres positifs : 10^6 ; $(10^4)^2-5$.

Grands nombres négatifs : -2×10^7 ; $2-9\times10^8$.

2 Proches de zéro : $10^{-9}+3\times10^{-6}$; $\dfrac{1}{10^7-1}+\dfrac{4}{2\times10^8+3\times10^{-4}}$.

Grands nombres positifs : $10^7+\dfrac{1}{10^7}$; $2\times10^7+5\times10^9$.

Grand nombre négatif : $-2\times10^8+4\times10^{-7}$.

3 a) $\approx 250\,000$, grand nombre positif.

b) $\approx 2{,}33\times10^{-8}\approx 0$. c) $\approx 2{,}25\times10^{-13}\approx 0$.

d) $\approx 30\,000$, grand nombre positif.

e) $\approx 4{,}98\times10^{-4}\approx 0$. f) $\approx \dfrac{2}{5}$.

4 • $f(2+10^{-4})\approx 29\,996$; $f(2-10^{-4})\approx -30\,004$; $f(2-10^{-7})\approx -3\times10^7$; $f(10^4)\approx -2\times10^4$; $f(10^6)\approx -2\times10^6$; $f(-10^6)\approx 2\times10^6$ …

Se souvenir que l'écriture E7 signifie $\times10^7$ et E–6 signifie $\times10^{-6}$.

• $g(2-10^{-7})\approx -5\times10^6$; $g(10\,000)\approx -10^{-4}$; $g(10^6)\approx -10^{-6}$; $g(-10^6)\approx 10^{-6}$.

5 • $f(2+10^{-7})\approx 10^7$; $f(2-10^{-7})\approx -10^7$; $f(10^6)\approx -2\times10^6$; $f(-10^6)\approx 2\times10^6$.

• $g(2+10^{-7})\approx -8\times10^7$; $g(2-10^{-7})\approx 8\times10^7$; $g(1\,000)\approx -4\times10^{-7}$; $g(10^6)\approx -4\times10^{-11}$; $g(-10^6)\approx -4\times10^{-11}$.

6 a) On trouve $f(x) = 2x-1+\dfrac{1}{x+1}$.

b) $f'(x) = \dfrac{2x^2+4x+1}{(x+1)^2}$ ou $f'(x) = 2-\dfrac{1}{(x+1)^2}$.

7 a) On trouve $f(x) = -3x+2-\dfrac{1}{x-3}$.

b) $f'(x) = -3+\dfrac{1}{(x-3)^2}$.

8 a) x^2+2x-3 : $\Delta = 16 > 0$, il y a deux racines -3 et 1.

x		-3		$-3/5$		1	
$5x+3$	$-$		$-$	0	$+$		$+$
x^2+2x-3	$+$	0	$-$		$-$	0	$+$
$f(x)$	$-$	‖	$+$	0	$-$	‖	$+$

b) On réduit au même dénominateur (voir page VI).

c) La dérivée de $\dfrac{k}{u}$ est $\dfrac{-ku'}{(u)^2}$.

$$f'(x) = \frac{-2}{(x-1)^2}+\frac{-3}{(x+3)^2} \ .$$

C'est la somme de deux réels négatifs, donc la dérivée est négative et la fonction f est décroissante sur $]-\infty\,;-3[$, sur $]-3\,;1[$ et sur $]1\,;+\infty[$.

9 a) $f(x) = \dfrac{1}{x-1}-\dfrac{4}{x+1}$.

b) $\dfrac{-3(x^2-1)-2x(-3x+5)}{(x^2-1)^2} = \dfrac{3x^2-10x+3}{(x^2-1)^2}$.

10 1° $f'(x) = \dfrac{6x-6}{2} = 3x-3$, forme $\dfrac{u}{k}$ on garde le dénominateur et on dérive le numérateur.

2° $\dfrac{-3}{(x+1)^2}-\dfrac{-4\times(-1)}{(2-x)^2} = \dfrac{-3}{(x+1)^2}-\dfrac{4}{(2-x)^2}$.

3° $f'(x) = -1-\dfrac{-4\times1}{(x+2)^2} = -1+\dfrac{4}{(x+2)^2}$.

4° $f'(x) = \dfrac{1}{3}+\dfrac{-3\times1}{(x+3)^2} = \dfrac{1}{3}-\dfrac{3}{(x+3)^2}$.

Exercices

11 a) F : $+\infty$; b) F : 0 ; c) F : $-\infty$; d) F : 1 ; e) F : $-\infty$; f) F : n'a pas de sens.

12 $\lim\limits_{x\to+\infty} f(x) = -\infty$; $\lim\limits_{x\to-\infty} f(x) = 0$;

$\lim\limits_{\substack{x\to3\\x>3}} f(x) = +\infty$; $\lim\limits_{\substack{x\to3\\x<3}} f(x) = -\infty$.

13 1° $\lim\limits_{x\to+\infty} f(x) = 0$. 2° $\lim\limits_{\substack{x\to3\\x>3}} f(x) = -\infty$.

3° $\lim\limits_{x\to0} f(x) = +\infty$. 4° $\lim\limits_{x\to-\infty} f(x) = -2$.

15

x	$-\infty$	3	$+\infty$
$f(x)$	2 ↘	-2	↗ $+\infty$

x	$-\infty$	1	$+\infty$
$g(x)$	-3 ↗	3	↘ 0

19

X	Y1	Y2
1E9	5	-7E-10
-1E6	5	7.5E-7
-1E9	5	8E-10
-.499	-3995	-624.9
-.5	-4E6	-6.2E5
-.501	4005	625.12
-.5	4E6	625000

X=-1/2-10^-6

$\lim\limits_{x\to+\infty} f(x) = 5$, $\lim\limits_{x\to-\infty} f(x) = 5$,

$\lim\limits_{\substack{x\to-0,5\\x>-0,5}} f(x) = +\infty$, $\lim\limits_{\substack{x\to-0,5\\x<-0,5}} f(x) = -\infty$.

$\lim\limits_{x\to+\infty} g(x) = 0$, $\lim\limits_{x\to-\infty} g(x) = 0$,

$\lim\limits_{\substack{x\to-0,5\\x>-0,5}} g(x) = +\infty$, $\lim\limits_{\substack{x\to-0,5\\x<-0,5}} g(x) = +\infty$.

21 1°

x	$-\infty$	-1	$+\infty$
$f(x)$	$+\infty$ ↘	2	↗ 3

x	$-\infty$	2	$+\infty$
$g(x)$	0 ↘	-4	↗ $+\infty$

2° a) $+\infty$; b) $-\infty$; c) 7 ; d) $+\infty$; e) 0 ; f) $-\infty$.

3° a) $+\infty$; b) $-\infty$; c) 1 ; d) on ne peut conclure par produit ; e) $-\infty$; f) 0.

22 a) $+\infty$; b) on ne peut conclure par somme ; c) $+\infty$; d) on ne peut conclure par produit ; e) $+\infty$; f) on ne peut conclure ; g) 0.

23 1° (b), voir les applications.

2° (a) ; 3° (a) ; 4° (b).

24 $f(x)$ avec (d) ; $g(x)$ avec (b) ; $h(x)$ avec (c) ; $k(x)$ avec (d) ; $\ell(x)$ avec (c) ; $m(x)$ avec (a).

25 1° a) $\left.\begin{array}{l}x^2\to+\infty\\5x-7\to+\infty\end{array}\right\}$ par somme :

$$\lim_{x\to-\infty}(x^2+5x-7) = +\infty \ .$$

b) Si $x\to-\infty$, alors $\left.\begin{array}{l}x^3\to-\infty\\2x\to-\infty\end{array}\right\}$ par somme :

$$\lim_{x\to-\infty}(x^3+2x) = -\infty \ .$$

c) $-\infty$. d) $-\infty$.

2° a) Si $x\to+\infty$, alors $\left.\begin{array}{l}2x+1\to+\infty\\-\frac{1}{x}\to0\end{array}\right\}$ par somme :

$$\lim_{x\to+\infty}\left(2x+1-\frac{1}{x}\right) = +\infty \ .$$

b) Si $x\to0$, avec $x>0$,

alors $\left.\begin{array}{l}x^2-4\to-4\\\frac{1}{x}\to+\infty\end{array}\right\}$, $\lim\limits_{\substack{x\to0\\x>0}}\left(x^2-4+\frac{1}{x}\right) = +\infty$.

c) $-\infty$. d) $-\infty$.

28 a) $\mathscr{D}_f = \mathbb{R}$; $\lim\limits_{x\to+\infty} f(x) = -1$ et $\lim\limits_{x\to-\infty} f(x) = -1$.

b) $\mathscr{D}_f = \mathbb{R}$; $\lim\limits_{x\to+\infty} f(x) = 0$; $\lim\limits_{x\to-\infty} f(x) = 0$.

c) $\mathscr{D}_f = \mathbb{R}\setminus\{2\}$; $\lim\limits_{x\to+\infty} f(x) = -\infty$ et $\lim\limits_{x\to-\infty} f(x) = +\infty$

34 a) $\mathscr{D}_f = \mathbb{R}\setminus\{2\} =]-\infty\,;2[\,\cup\,]2\,;+\infty[$.

$\lim\limits_{x\to-\infty} f(x) = 3$; $\lim\limits_{\substack{x\to2\\x<2}} f(x) = +\infty$;

$\lim\limits_{\substack{x\to2\\x>2}} f(x) = -\infty$; $\lim\limits_{x\to+\infty} f(x) = 5$.

Asymptotes horizontales d'équations :
$y = 3$ en $-\infty$ et $y = 5$ en $+\infty$.

Asymptote verticale d'équation $x = 2$.

b) $\mathscr{D}_f =]-\infty\,;-2[\,\cup\,]-2\,;2[\,\cup\,]2\,;+\infty[$.

$\lim\limits_{x\to-\infty} f(x) = +\infty$; $\lim\limits_{\substack{x\to-2\\x<-2}} f(x) = -\infty$;

$\lim\limits_{\substack{x\to-2\\x>-2}} f(x) = -\infty$; $\lim\limits_{\substack{x\to2\\x<2}} f(x) = +\infty$;

$\lim\limits_{\substack{x\to2\\x>2}} f(x) = +\infty$; $\lim\limits_{x\to+\infty} f(x) = 0$.

Asymptote horizontale : $y = 0$ en $+\infty$ et en $-\infty$.

Asymptotes verticales d'équations $x = -2$ et $x = 2$.

38 a) $f(x) = -2+\dfrac{9}{x+4}$.

b) $\mathscr{C}_f$ se déduit de $\mathscr{C}_h$ d'équation $y = \dfrac{9}{x}$ par la translation $-4\vec{i}-2\vec{j}$.

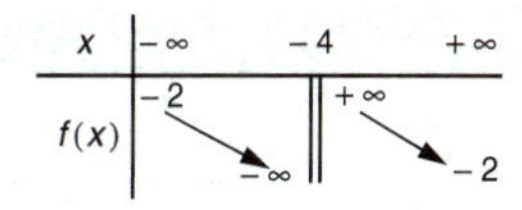

x	$-\infty$	-4	$+\infty$
$f(x)$	-2 ↘ $-\infty$	‖	$+\infty$ ↘ -2

c) Asymptote verticale d'équation $x = -4$.

Asymptote horizontale d'équation :
$y = -2$ en $+\infty$ et en $-\infty$.

42 a) $f(x)-(x-2) = \dfrac{-6}{x^2}$, de limite 0 en $+\infty$ et en $-\infty$.

b) $f(x)-(x-2) = \dfrac{-6}{x^2}$ strictement négatif sur $]-\infty\,;0[$ et sur $]0\,;+\infty[$. La courbe $\mathscr{C}$ est en dessous de $\mathscr{D}$.

CORRIGÉS

47 1° $f(x) = \dfrac{9}{2(x-3)} + \dfrac{9}{2(x+3)}$.

2° a) $\lim\limits_{x \to +\infty} f(x) = \lim\limits_{x \to +\infty} \dfrac{9}{x} = 0$;

$\lim\limits_{\substack{x \to 3 \\ x > 3}} f(x) = +\infty$.

b) Asymptote horizontale d'équation $y = 0$ en $+\infty$.
Asymptote verticale d'équation $x = 3$.

10 - Géométrie dans l'espace

Tests préliminaires

A. 1° a) N est sur $[DC]$ et M au milieu de $[AN]$.

b) Définition de N ; relation de Chasles ; règles de calcul ; définition de M .

c) $\overrightarrow{AN}$ et $\overrightarrow{AM}$ sont colinéaires, donc les points A , M et N sont alignés et M est le milieu de $[AN]$.

2° b) $\overrightarrow{EF} = \overrightarrow{EA} + \overrightarrow{AF} = \ldots = \frac{1}{2}(\overrightarrow{AB} - \overrightarrow{AC}) - \frac{4}{3}\overrightarrow{CB}$

$= \ldots = -\frac{5}{6}\overrightarrow{CB}$.

c) $\overrightarrow{EF}$ et $\overrightarrow{CB}$ sont colinéaires, donc (EF) et (CB) sont parallèles.

B. a) $\overrightarrow{AB} = 2\overrightarrow{BC}$; $\overrightarrow{ED} = -2{,}5\overrightarrow{BC}$;

$\overrightarrow{CA} = -3\overrightarrow{BC}$; $\overrightarrow{EF} = -3{,}5\overrightarrow{BC}$.

c) $\overrightarrow{MN} = \overrightarrow{MB} + \overrightarrow{BA} + \overrightarrow{AN} = \frac{1}{3}\overrightarrow{BC} - \overrightarrow{AB} - \frac{3}{4}\overrightarrow{AB}$

$= \left(\frac{1}{6} - 1 - \frac{3}{4}\right)\overrightarrow{AB} = -\frac{19}{12}\overrightarrow{AB}$.

d) $4\overrightarrow{PE} + 3\overrightarrow{PF} = \vec{0} \Leftrightarrow 7\overrightarrow{PF} + 4\overrightarrow{FE} = \vec{0}$

$\Leftrightarrow \overrightarrow{FP} = \frac{4}{7}\overrightarrow{FE}$.

C. a) $A(4\,;0)$, $B(0\,;6)$, $C(6\,;4)$ et $D(-4\,;-2)$.

b) $\overrightarrow{AC}\,(2\,;4)$ et $\overrightarrow{BD}\,(-4\,;-8)$; ainsi :

$\overrightarrow{BD} = -2\overrightarrow{AC}$;

Donc les vecteurs $\overrightarrow{BD}$ et $\overrightarrow{AC}$ sont colinéaires et les droites (AC) et (BD) sont parallèles.

c) $I(-2\,;2)$. d) $4\overrightarrow{AM} = 3\overrightarrow{AB}$: $M(1\,;4{,}5)$.

e) $N\left(\frac{11}{3}\,;4\right)$.

D. a) V. b) F. c) V. d) F, car (HK) et (FL) ne sont pas coplanaires.

e) V, $\overrightarrow{CH} = 2\overrightarrow{LK}$. f) F. g) V, dans le plan (OAB).

E. b) ; c) ; d) et e).

Techniques de base dans l'espace

1 Dans un pavé, on trace $[KB]$, $[KL]$, puis la parallèle à $[KB]$ passant par L , d'après le théorème d'incidence.

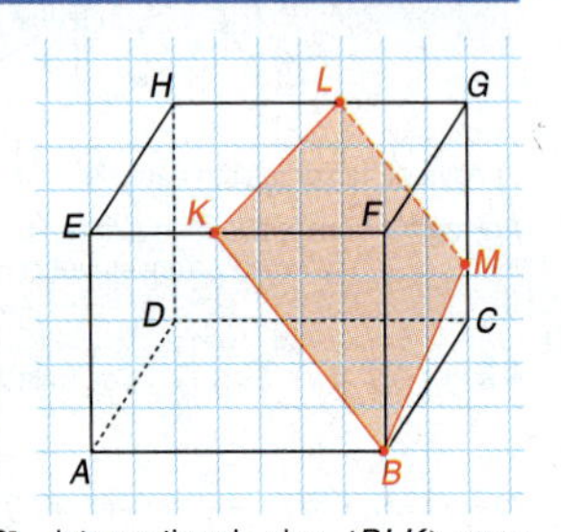

On obtient le point M intersection de cette droite avec l'arête $[CG]$, puis on trace $[MB]$, intersection du plan (BLK) avec le plan (BCG) .

2 Le triangle EIJ est rectangle en I : en effet, I et J , milieux de deux côtés opposés d'un rectangle, déterminent la droite (IJ) parallèle à (AD) et à (BC) .

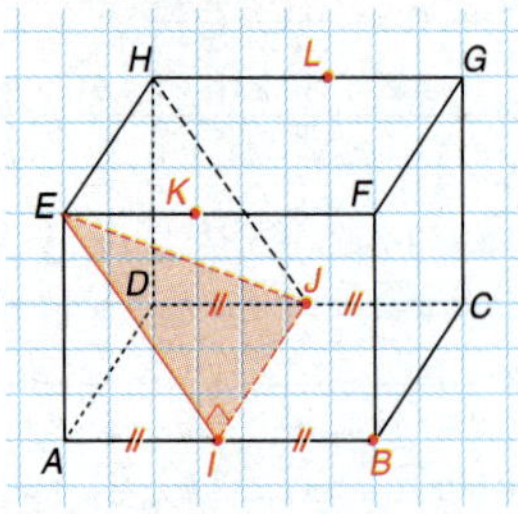

Comme (AD) est perpendiculaire au plan (ABE) , (IJ) aussi, donc (IJ) est perpendiculaire à toutes les droites du plan (ABE) passant par I , en particulier à (EI) .

La trace du plan (EIJ) sur le pavé est le rectangle $EIJH$; d'après le théorème d'incidence, le plan (EIJ) coupe le plan (DCH) suivant la parallèle à (EI) passant par J .

3 Dans le coin de cube, d'après le théorème du toit, les droites (KM) et (NL) étant parallèles, l'intersection des deux plans (KMI) et (LNI) qui les contiennent respectivement est parallèle à ces droites.

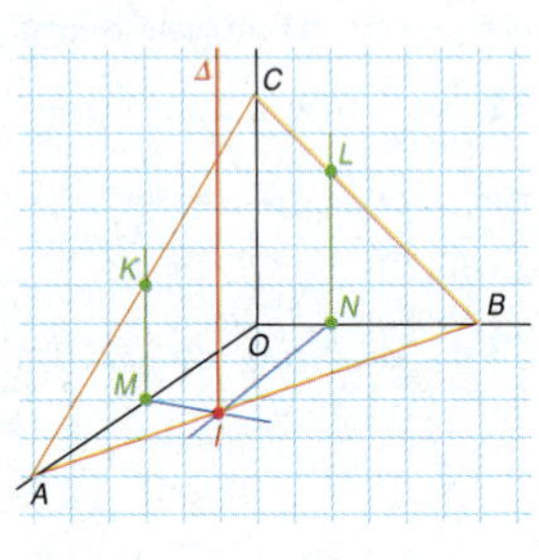

Donc on trace la parallèle à (KM) passant par I .

4 Le triangle KOB est rectangle en O , car (OB) est perpendiculaire au plan (AOC) , en particulier à la droite (OK) de ce plan.

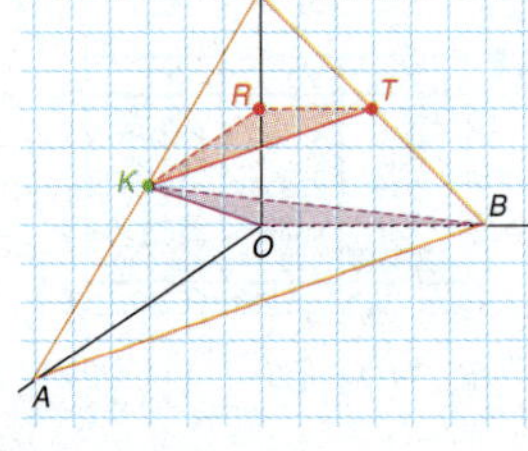

La trace du plan $\mathcal{P}$ est un triangle isocèle rectangle : on utilise trois fois le théorème d'incidence.

On montre que R est le milieu de $[OC]$ et T celui de $[CB]$, et le triangle KRT est de même forme que le triangle OAB .

Page de calcul

5 $\vec{u} = \overrightarrow{AB} + \frac{2}{3}\overrightarrow{AC}$, $\vec{v} = 3\overrightarrow{AB} - 5\overrightarrow{AC}$,

$\vec{w} = \frac{12}{5}\overrightarrow{AB} - 5\overrightarrow{AC}$.

6 $\overrightarrow{AM} = \frac{1}{3}\overrightarrow{AB}$, M est un point de $[AB]$.

7 $\overrightarrow{AM} = 2\overrightarrow{AB} - \overrightarrow{AC}$.

8 $\overrightarrow{EF} = \overrightarrow{EA} + \overrightarrow{AF} = \frac{1}{2}\overrightarrow{AB} + \frac{4}{3}\overrightarrow{BC} - \frac{1}{2}\overrightarrow{AC}$

$= \frac{4}{3}\overrightarrow{BC} - \frac{1}{2}\overrightarrow{BC} = \frac{5}{6}\overrightarrow{BC}$.

(EF) est donc parallèle à (BC) .

9 1° Figure ci-contre.

2° a) $\overrightarrow{IK} = \frac{9}{10}\overrightarrow{AB} - \frac{3}{2}\overrightarrow{AC}$;

$\overrightarrow{JK} = \frac{2}{5}\overrightarrow{AB} - \frac{2}{3}\overrightarrow{AC}$.

b) $\overrightarrow{IK} = \frac{9}{4}\overrightarrow{JK}$.

Donc I , J et K sont alignés.

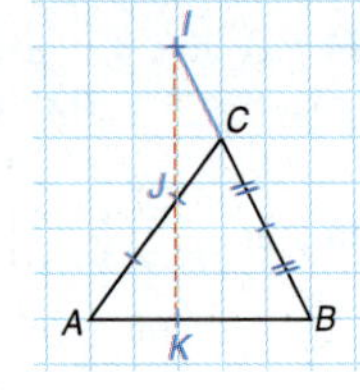

10 1° $2\overrightarrow{AP} + \overrightarrow{BA} + \overrightarrow{AP} - 2\overrightarrow{CA} - 2\overrightarrow{AP} = \vec{0}$.

$\Leftrightarrow \overrightarrow{AP} = \overrightarrow{AB} - 2\overrightarrow{AC}$. Ainsi $\overrightarrow{AP} = \vec{u}$.

2° $\overrightarrow{CR} = \vec{v}$.

3° $\overrightarrow{AR} = \overrightarrow{AC} + \overrightarrow{CR} = -\frac{1}{2}\overrightarrow{AB} + \overrightarrow{AC} = -\frac{1}{2}\overrightarrow{AP}$.

Donc, A , R et P sont alignés.

11 $\overrightarrow{AB}\,(-1\,;1)$ et $\overrightarrow{DC}\,(-1\,;1)$.

Donc $\overrightarrow{AB} = \overrightarrow{DC} \Leftrightarrow ABCD$ est un parallélogramme.

12 1° $(-1\,;1)$. 2° On cherche E tel que $\overrightarrow{AE} = \overrightarrow{BC}$; on obtient $E\,(10\,;-7)$.

3° a)
$\overrightarrow{AM} = 2\overrightarrow{AC} - \overrightarrow{CB} \Leftrightarrow \begin{cases} x_M - 3 = 2(-1) - (-7) \\ y_M + 1 = 2(-2) - (6) \end{cases}$

b) $M\,(8\,;-11)$.

13 $\overrightarrow{AM} = k\overrightarrow{AB} \Leftrightarrow \begin{cases} x_M - 2 = -3k \\ y_M - 5 = 2k \end{cases}$ Or $y_M = 1$.

D'où $k = -2$ et $x_M = 8$. D'où $E\,(8\,;1)$.

14 On cherche M tel que, il existe k tel que : $\overrightarrow{AM} = k\overrightarrow{AB}$.

$k = 2$ et $y = -3$. D'où $M\,(7\,;-3)$.

15 a) $\left(-\frac{3}{2}\right) \times \frac{5}{2} + \frac{1}{4} \times 15 = -\frac{15}{4} + \frac{15}{4} = 0$.

b) $\frac{21}{8} \times \frac{4}{7} + \left(-\frac{2}{3}\right)\frac{9}{4} = \frac{3}{2} - \frac{3}{2} = 0$.

16 On cherche m tel que :

$-4 \times 5m + 3(2m+3) = 0 \Leftrightarrow m = \frac{9}{14}$.

D'où $\vec{u}\left(\frac{45}{14}\,;\frac{30}{7}\right)$.

17 $\overrightarrow{AB}(3\,;1)$ et $\overrightarrow{AC}(-1\,;3)$.

Comme $3 \times (-1) + 1 \times 3 = 0$, alors $\overrightarrow{AB}$ est orthogonal à $\overrightarrow{AC}$; donc $(AB) \perp (AC)$.

18 a) $\vec{u} \perp \vec{v} \Leftrightarrow m + 3(m-4) = 0 \Leftrightarrow m = 3$.

D'où $\vec{u}\,(3\,;3)$ et $\vec{v}\,(1\,;-1)$.

b) $\vec{u} \perp \vec{v} \Leftrightarrow (2m-1)(m+2) + 3m = 0$

$\Leftrightarrow 2m^2 - 2 = 0$

$\Leftrightarrow m = -1$ ou $m = 1$.

D'où $\vec{u}\,(-3\,;-1)$ et $\vec{v}\,(1\,;-3)$,

ou bien $\vec{u}\,(1\,;1)$ et $\vec{v}\,(3\,;-3)$.

Exercices

19 a) V, G est centre de gravité de ABD .

b) F. c) F. d) V, théorème des milieux dans BCD .

e) V. f) F.

20 a) F. b) V. c) V. d) F, $M \notin (ADG)$. e) V. f) V, dans le plan (OBC) . g) V, car $\overrightarrow{BK} = \frac{3}{8}\overrightarrow{DA}$. h) F.

21 a) $\overrightarrow{AM} = -\frac{1}{6}\overrightarrow{AB} + \frac{1}{2}\overrightarrow{AC}$; b) $\overrightarrow{AM} = -\frac{1}{2}\overrightarrow{AB} + \frac{5}{2}\overrightarrow{AC}$;

c) $\overrightarrow{AM} = \overrightarrow{AB} + \overrightarrow{AC}$; d) $\overrightarrow{AM} = \frac{1}{2}\overrightarrow{AB} + \frac{1}{2}\overrightarrow{AC}$

22 a) $6\overrightarrow{AB} - 3\overrightarrow{AC}$; b) $\frac{1}{3}\overrightarrow{AB} + \frac{2}{3}\overrightarrow{AC}$;

c) $-\frac{1}{2}\overrightarrow{AB} + \overrightarrow{AC}$; d) $\overrightarrow{AB} + \frac{1}{3}\overrightarrow{AC}$.

23

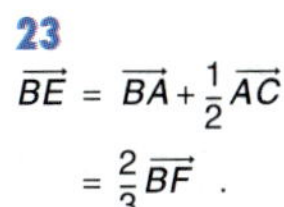

$\overrightarrow{BE} = \overrightarrow{BA} + \frac{1}{2}\overrightarrow{AC}$

$= \frac{2}{3}\overrightarrow{BF}$.

Donc B , E et F sont alignés.

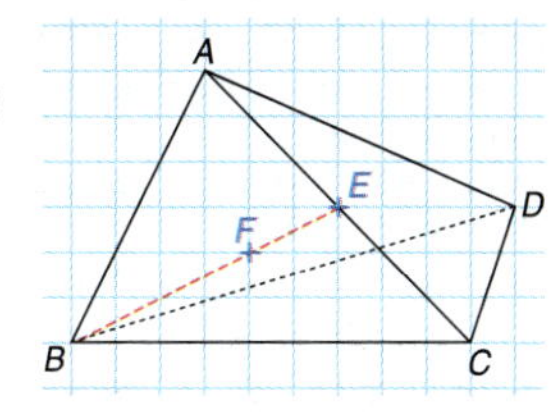

31 $C(0\,;1\,;0)$; $D(0\,;0\,;1)$; $I\left(\frac{1}{2}\,;\frac{1}{2}\,;0\right)$; $J\left(\frac{1}{2}\,;0\,;0\right)$; $K\left(0\,;0\,;\frac{1}{2}\right)$.

32 $L\left(0\,;0\,;\frac{1}{3}\right)$; $K\left(0\,;\frac{1}{2}\,;0\right)$; $M\left(1\,;\frac{1}{2}\,;0\right)$; $N\left(1\,;0\,;\frac{2}{3}\right)$; $P\left(0\,;1\,;\frac{1}{3}\right)$; $S\left(1\,;\frac{1}{3}\,;1\right)$; $R\left(\frac{1}{2}\,;1\,;1\right)$; $T\left(1\,;1\,;\frac{1}{2}\right)$.

33 a) $E(2\,;4\,;2)$; $F(2\,;3\,;0)$; $G(0\,;2\,;2)$; $H(2\,;2{,}5\,;2)$.

b)

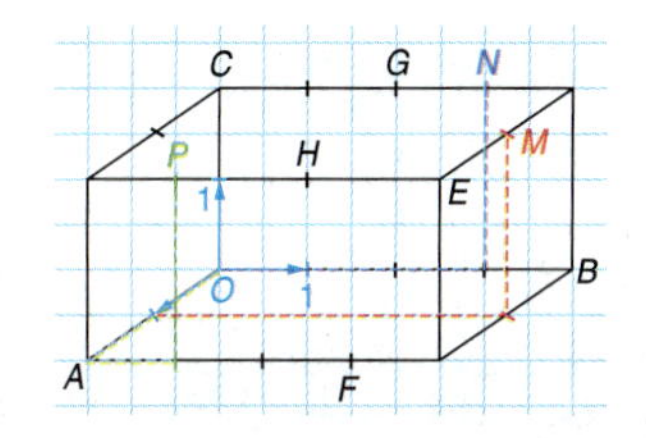

34 1° F. 2° V. 3° V. 4° F. 5° V. 6° V.

35 1° V. 2° F, $\overrightarrow{BC}(3\,;2\,;2)$. 3° V.
4° V : on calcule les coordonnées des milieux. 5° V.

36 Tout est vrai : vérifier les lectures.

37 1° F, $A(-1\,;2\,;3{,}5)$. 2° V. 3° F, $B(1\,;-1\,;2)$.
4° F, $B(3\,;1\,;3)$. 5° V. 6° V.

39 $A(4\,;4\,;2)$; $B(2\,;2\,;4)$; $C(4\,;1\,;4)$; $D(1\,;-2\,;-1)$.

45 1° $N(5\,;12\,;-8)$; on cherche N et k tels que : $\overrightarrow{AN} = k\overrightarrow{AC}$.

2° $L \in (AB)$ $\Leftrightarrow$ il existe k tel que $\overrightarrow{AL} = k\overrightarrow{AB}$.

$\Leftrightarrow \begin{cases} x_L - 3 = k(0-3) \\ y_L - 4 = k(3-4) \\ z_L - 0 = k(5-0) \end{cases} \Leftrightarrow \begin{cases} x_L = -3k+3 = -3 \\ k = 2 \\ z_L = 5k = 10 \end{cases}$

ainsi $L(-3\,;2\,;10)$.

60 1° F. 2° V. 3° F. 4° F, IBC est isocèle.

61 1° (b) ; 2° (b).

62 a) $2\times4+3\times5+(-4)\times1 \neq 0$, donc $\vec{u}$ et $\vec{v}$ ne sont pas orthogonaux.

b) $4\times2+(-1)\times3+0\times3 = 0$, donc $\vec{u} \perp \vec{v}$.

c) $1\times(-1)+(-2)\times1+3\times1 = 0$, donc $\vec{u} \perp \vec{v}$.

63 a) $AB^2 = 11$ et $AC^2 = 11$; ABC est isocèle.

b) ABD rectangle en $A \Leftrightarrow \overrightarrow{AB} \perp \overrightarrow{AD} \Leftrightarrow x = 1$.
D'où $D(1\,;1\,;2)$.

65 1° $B(3\,;3\,;4)$. 2° $x+4y+2z = 2$.

11 - Calcul matriciel

Tests préliminaires

A. 1° a) $a_{32} = 0$ h 18 temps de promenade, par femme et par jour.

b) Répartition, en h, du temps de loisirs des hommes en 1re colonne.

Promenade en 3e ligne

2° a) 4 contrôles. b) Notes de l'élève 1.

c) 15. d) Note de l'élève 3 au contrôle C.

e) Notes des élèves 1 et 2.

3° a) Nombre moyen d'élèves par enseignant au Japon.

b) 12,5 élèves par enseignant en France dans le second degré (collège et lycée).

c) Suède.

d) Non : il faudrait connaître le nombre d'enseignants.

B. 1° 1e : 295 ; 2e : 231 ; 3e : 226.

2° a) $3\times31{,}87+48{,}68 = 144{,}29$ € en chrono classic.

b) 226,41 € en chrono premium.

On ajoute $4\times16{,}74$ € , soit 293,37 €.

C. a) $\begin{pmatrix}10\\6\end{pmatrix}$, $\begin{pmatrix}-3\\-6\end{pmatrix}$ et $\begin{pmatrix}7\\0\end{pmatrix}$.

b) $\overrightarrow{OM} = \overrightarrow{AB}+\overrightarrow{AC} \Leftrightarrow \begin{cases} x = -3+1 \\ y = -3-4 \end{cases} \Leftrightarrow \begin{cases} x = -2 \\ y = -7 \end{cases}$

Soit $M(-2\,;-7)$.

D. a) pas de solution.

b) $\begin{cases} x = 10-4y \\ 30-12y+5y = 16 \end{cases} \Leftrightarrow \begin{cases} y = 2 \\ x = 2 \end{cases}$.

c) pas de solution.

d) une solution $(2\,;2\,;2)$.

La page de calcul

1 a) $(1\,;1)$; b) $\left(\frac{38}{17}\,;\frac{27}{17}\right)$;

c) pas de solution ; d) $\left(1\,;-\frac{4}{7}\right)$.

2 a) $(1\,;2\,;3)$. b) $(-2\,;1\,;4)$.

3 a) Pas de solution. b) Une infinité de solutions : tous les triplets $\left(x\,;-\frac{3}{2}\,;-x+\frac{13}{2}\right)$, $x \in \mathbb{R}$.

4 a) $\begin{cases} 4x+8y = 13 \\ 2x+4y = 27 \end{cases}$ pas de solution : droites strictement parallèles.

b) $\begin{cases} 5x-7y = 15 \\ 5x-7y = 15 \end{cases}$ Une infinité de solutions, coordonnées des points de la droite $\mathcal{D}$ d'équation $5x-7y = 15$.

5 a) M : 3 h 15 min ; J : 1 h 30 min ; V : 3 h ; S : 4 h.
Total : 11 h 45 min.

b) Le plus long : Math et Hist-géo. Le plus court : Anglais.

c) Au minimum, elle consacre 2 h 30 à chaque matière sur la semaine.

Pour le samedi, Anglais : 1 h 30 ; Math : 0 h ; SES : 0 h 45 ; Hist-géo : 0 h.

6 Soit x le nombre d'articles A_1 et y le nombre d'articles A_2 , entiers naturels.

$\begin{cases} 2x+4y = 112 & \text{pour l'utilisation de } M_1 \\ x+3y = 79 & \text{pour l'utilisation de } M_2 \end{cases}$.

On obtient $x = 10$ et $y = 23$.

7 1° $\overrightarrow{AB}(1\,;1)$ et $\overrightarrow{AC}(2\,;2)$, les coordonnées sont proportionnelles ; donc les points A , B et C sont alignés.

2° $\overrightarrow{AB}\left(\frac{5}{2}\,;-\frac{5}{2}\right)$ et $\overrightarrow{AC}\left(\frac{7}{4}\,;-\frac{17}{10}\right)$, les coordonnées ne sont pas proportionnelles ; donc les points ne sont pas alignés.

3° $3\overrightarrow{AC} = \overrightarrow{AB}$; donc A , B et C sont alignés.

8 a) $E\left(-\frac{5}{2}\,;7\,;3\right)$ $F\left(-\frac{27}{14}\,;\frac{51}{7}\,;\frac{9}{7}\right)$.

b) $\overrightarrow{AD} = a\overrightarrow{AB}+b\overrightarrow{AC}$

$\Leftrightarrow \begin{cases} -5 = -6a-4{,}5b \\ 2 = 6a+3b \\ 6 = 3b \end{cases} \Leftrightarrow \begin{cases} b = 2 \\ a = -\frac{2}{3} \end{cases}$

et la 1re équation est vérifiée. D'où $\overrightarrow{AD} = -\frac{2}{3}\overrightarrow{AB}+2\overrightarrow{AC}$.

9 a) 7,18 ; b) – 34,28 ; c) 0,012.
N'utiliser la calculatrice que pour vérifier.

Exercices

10 a) F. b) F. c) V. d) F, ordre 7×4 .
e) V. f) F, 18 éléments. g) V.

11 a) F, 3×7 . b) V. c) F, $a_{34} = 5$.
d) V. e) F, c'est 9. f) F.

12 a) V. b) V. c) F. d) V : car la matrice est symétrique par rapport à sa diagonale.

15 a) $A = \begin{bmatrix} 5 & 0 & 7 \\ 0 & 7 & 6 \\ 4 & 6 & 8 \end{bmatrix}$. b) $A^T = \begin{bmatrix} 5 & 0 & 4 \\ 0 & 7 & 6 \\ 7 & 6 & 8 \end{bmatrix}$. c) Non.

26 1° $a_{32} = 18$; $a_{23} = 15$.

2° $A^T = \begin{bmatrix} 23 & 20 & 19 & 18 \\ 20 & 17 & 18 & 17 \\ 18 & 15 & 14 & 11 \\ 17 & 21 & 12 & 10 \end{bmatrix}$

$a^T_{31} = 18$: coût en matière première M_1 d'une chaise C_3 .

$a^T_{13} = 19$: coût en matière première M_3 d'une chaise C_1 .

29 a) F : n'existe pas. b) F. c) V.
d) F, $[0 \;\; 0] \neq 0$. e) V.

30 1° On peut calculer $2A$ et $-3B$.
2° V, faire le calcul.

33 1° 100 €. 2° $\begin{bmatrix} 95{,}68 & 83{,}72 \\ 119{,}6 & 107{,}64 \\ 143{,}52 & 119{,}6 \end{bmatrix}$

42 1° $x = -5$ et $y = 9$. 2° $x = \frac{1}{2}$ et $y = \frac{3}{2}$.

50 1° a) Non ; b) Non ; c) Oui ; d) Oui.
2° b). 3° a) V. b) V.

51 a) V. b) F. c) V. d) F.

53 Prendre l'habitude d'effectuer à la main quand les nombres sont simples.

a) N'existe pas. b) $\begin{bmatrix} 6 \\ 1 \\ 29 \end{bmatrix}$.

56 $B = \begin{bmatrix} x+7y \\ 6x+3y \\ 3x+y \end{bmatrix}$.

63 a) V. b) V. c) F. d) F : n'existe pas.

64 1° (b) (d) ; 2° (a) (b) ; 3° (a) (c) ; 4° (d).

65 $A^2 = \begin{bmatrix} \frac{\sqrt{2}}{2} & 1 \\ \frac{1}{2} & -\frac{\sqrt{2}}{2} \end{bmatrix}\begin{bmatrix} \frac{\sqrt{2}}{2} & 1 \\ \frac{1}{2} & -\frac{\sqrt{2}}{2} \end{bmatrix} = \begin{bmatrix} 1 & 0 \\ 0 & 1 \end{bmatrix}$

$A^3 = A^2 \times A = \begin{bmatrix} 1 & 0 \\ 0 & 1 \end{bmatrix}\begin{bmatrix} \frac{\sqrt{2}}{2} & 1 \\ \frac{1}{2} & -\frac{\sqrt{2}}{2} \end{bmatrix} = A$.

70 On doit trouver des résultats différents.

a) $A \times B = \begin{bmatrix} -44 & 62 \\ -43 & 92 \end{bmatrix}$ et $B \times A = \begin{bmatrix} 0 & 54 \\ 21 & 48 \end{bmatrix}$.

76 a) $\begin{bmatrix} 3/5 & 1/5 & -1/5 \\ 1/5 & 2/5 & -2/5 \\ -6/5 & -2/5 & 7/5 \end{bmatrix}$

b) $\begin{bmatrix} -2/3 & 0 & 1/3 \\ 0 & 1/2 & 0 \\ -1/3 & 0 & 2/3 \end{bmatrix}$ c) A^{-1} n'existe pas.

88 $A \times B$ n'a pas de signification car on est amené à multiplier 15 (nombre de dragées blanches dans une grande boîte) par 10 (nombre de petites boîtes dans un colis de type 2) !

$B \times A$ non plus, car on est amené à multiplier 2 (nombre de grandes boîtes dans un colis de type 1) par 10 (nombre de dragées roses dans une petite boîte) !

$A \times B^T$ a une signification :

$$\begin{bmatrix} 5 & 15 \\ 10 & 25 \end{bmatrix} \times \begin{bmatrix} 4 & 10 \\ 2 & 4 \end{bmatrix} = \begin{bmatrix} 50 & 110 \\ 90 & 200 \end{bmatrix}$$

La première ligne donne le nombre de dragées blanches respectivement dans un colis de type 1 et dans un colis de type 2.

La deuxième ligne donne la répartition des dragées roses.

$B^T \times A$ n'a pas de signification car on est amené à ajouter les dragées blanches du colis 1 avec les roses du colis 2 !

$A^T \times B$ non plus, pour les mêmes raisons.

$B \times A^T$ a une signification :

$$\begin{bmatrix} 4 & 2 \\ 10 & 4 \end{bmatrix} \times \begin{bmatrix} 5 & 10 \\ 15 & 25 \end{bmatrix} = \begin{bmatrix} 50 & 90 \\ 110 & 200 \end{bmatrix}$$

La première ligne donne les nombres respectifs de dragées blanches et de dragées roses dans un colis de type 1, la deuxième ligne dans un colis de type 2.

95 1° $A^{-1} = \begin{bmatrix} 1/2 & 1 & 3/4 \\ 0 & 1/4 & 1/4 \\ 1/2 & 1/2 & -1/4 \end{bmatrix}$

2° a) $\left(\frac{51}{4} ; 3 ; \frac{17}{4}\right)$; b) $\left(\frac{79}{4} ; 5 ; \frac{17}{4}\right)$.

12 - Géométrie dans l'espace

Tests préliminaires

A. 1° a) $A(5 ; 0 ; 0)$, $B(0 ; 3 ; 0)$, et $C(0 ; 0 ; 4)$.

b) $H \in (Ox) \Leftrightarrow y_H = 0$ et $z_H = 0$.

c) $H \in (Oz) \Leftrightarrow x_H = 0$ et $y_H = 0$.

2° a) $E(0 ; 3 ; 4)$, $F(5 ; 0 ; 4)$ et $G(5 ; 3 ; 4)$.

b) $D \in (xOy)$. $E \in (yOz)$. $F \in (xOz)$.

c) $H \in (xOy) \Leftrightarrow z_H = 0$.

$H \in (yOz) \Leftrightarrow x_H = 0$.

$H \in (zOx) \Leftrightarrow y_H = 0$.

3° a) $M(0 ; 1{,}5 ; 1)$. b) $M(2 ; 3 ; 2)$ on trace la parallèle à (EB) passant par M qui coupe (DB) en M'.

c) $M(-2 ; 0 ; 0)$.

4° a) $N(4 ; 0 ; 2)$. b) $N(8 ; 3 ; 4)$. c) $N(0 ; -3 ; 0)$.

5° a) $P(2 ; 0 ; 3)$. b) $P(0 ; -1{,}5 ; 2)$. c) $P(4 ; 1{,}5 ; 4)$.

B. 1° $3\vec{u} = -2\vec{t}$, donc $\vec{u}$ et $\vec{t}$ sont colinéaires.

2° a) $\vec{u}$, $\vec{v}$ et $\vec{w}$ sont coplanaires $\Leftrightarrow$ il existe α et β tels que $\vec{w} = \alpha\vec{u} + \beta\vec{v}$. On trouve $\alpha = 3$ et $\beta = 1$.

D'où $\vec{w} = 3\vec{u} + \vec{v}$ et les vecteurs sont coplanaires.

b) Comme $\vec{t}$ est colinéaire à $\vec{u}$, alors $\vec{v}$, $\vec{w}$ et $\vec{t}$ sont aussi coplanaires.

C. 1° a) $\overrightarrow{AB}(2 ; -1 ; -1)$ et $\overrightarrow{AC}(0 ; -6 ; 3)$ n'ont pas leurs coordonnées proportionnelles, donc les points A, B et C définissent un plan.

b) $X_{\overrightarrow{AC}} = 0$, donc $\overrightarrow{AC}$ est coplanaire à $\vec{j}$ et $\vec{k}$; ainsi $(AC) \subset (yOz)$.

$$E = (AC) \cap (Oy) \Leftrightarrow \begin{cases} E \in (AC) \\ x_E = 0 \text{ et } z_E = 0 \end{cases}$$

$\Leftrightarrow$ il existe k tel que $\overrightarrow{AE} = k\overrightarrow{AC}$

avec $\overrightarrow{AE}(0 ; y_E - 4 ; -1)$.

$$\text{D'où } \begin{cases} y_E - 4 = -6k \\ -1 = 3k \end{cases} \Leftrightarrow \begin{cases} k = -\frac{1}{3} \\ y_E = 6 \end{cases}.$$

Ainsi $E(0 ; 6 ; 0)$.

$F = (AC) \cap (Oz)$, on obtient $F(0 ; 0 ; 3)$.

2° a) $\overrightarrow{BK} = \overrightarrow{AB}$; d'où $K(4 ; 2 ; -1)$.

b) $G = (Ox) \cap (ABC) \Leftrightarrow$

$$\begin{cases} y_G = 0 \text{ et } z_G = 0 \\ \text{il existe } \alpha \text{ et } \beta \text{ tels que } \overrightarrow{AG} = \alpha\overrightarrow{AB} + \beta\overrightarrow{AC} \end{cases}$$

On obtient $G(4 ; 0 ; 0)$.

3° La section du plan (ABC) avec les plans de base est le triangle EFG.

D. a) $\mathscr{D}$ passe par O et par $K(3 ; 5 ; 0)$: $\mathscr{D}$ est incluse dans (xOy).

Si $\mathscr{D} \perp (AB)$ et $\mathscr{D} \perp (EB)$, alors $\mathscr{D} \perp (EAB)$.

Or pour $\vec{u}$ et $\overrightarrow{AB}$: $3 \times (-5) + 5 \times (3) + 0 \times 0 = 0$, donc $\vec{u} \perp \overrightarrow{AB}$, donc $\mathscr{D} \perp (AB)$.

Pour $\vec{u}$ et $\overrightarrow{EB}(0 ; 0 ; -4)$: $\vec{u} \perp \overrightarrow{EB}$, donc $\mathscr{D} \perp (EB)$.

b) Δ passe par O et par $L(0 ; 4 ; 3)$. $\vec{v}(0 ; 4 ; 3)$ et $\overrightarrow{BC}(0 ; -3 ; 4)$: $0 \times 0 + 4 \times (-3) + 3 \times 4 = 0$, donc $\vec{v} \perp \overrightarrow{BC}$, donc $\Delta \perp (BC)$.

$\vec{v}(0 ; 4 ; 3)$ et $\overrightarrow{DB}(-5 ; 0 ; 0)$ sont orthogonaux, donc $\Delta \perp (DB)$. Ainsi $\Delta \perp (DBC)$.

c) d passe par O et par $R(4 ; 0 ; 5)$.

$\vec{w}(4 ; 0 ; 5)$ et $\overrightarrow{AC}(-5 ; 0 ; 4)$ sont orthogonaux, donc $d \perp (AC)$ et $\vec{w}$ et $\overrightarrow{AD}(0 ; 3 ; 0)$ sont orthogonaux, donc $d \perp (AD)$. Ainsi $d \perp (ADC)$.

La page de calcul

1 1° $D(3 ; 4 ; 0)$, $E(0 ; 4 ; 6)$, $F(3 ; 0 ; 6)$ et $G(3 ; 4 ; 6)$.

2° a) $M(3 ; 3 ; 6)$; b) $M(0 ; 1 ; 3)$.

3° a) $N(3 ; 5 ; 0)$; b) $N(1{,}5 ; 4 ; -1{,}5)$.

4° a) $P(3 ; 1 ; 4)$; b) $P(1{,}5 ; 0 ; 2{,}5)$.

2

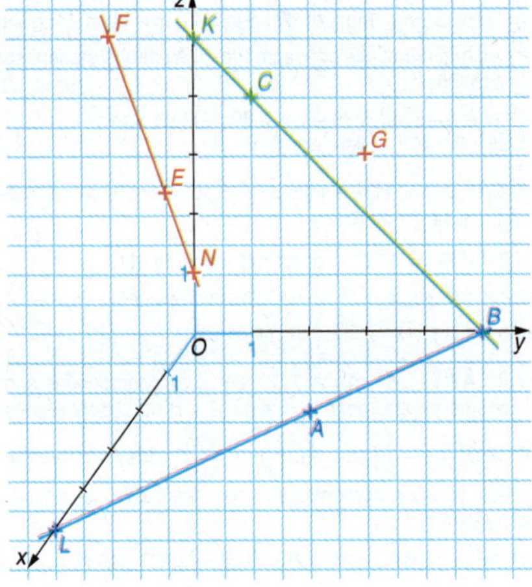

b) $\overrightarrow{AB}(-2 ; 2 ; 0)$, donc $(AB) \subset (xOy)$.

(AB) et (Ox) sont coplanaires et sécantes en L.

c) $\overrightarrow{BC}(0 ; -4 ; 4)$, donc $(BC) \subset (yOz)$, (BC) et (Oz) sont coplanaires et sécantes en K.

d) Équation de (AB) dans (xOy) $y = -x + 5$.

D'où $L(5 ; 0 ; 0)$.

e) Dans (yOz), (BC) a pour équation : $z = -y + 5$.

D'où $K(0 ; 0 ; 5)$.

3 1° $\overrightarrow{EF}(2 ; 0 ; 4)$ et $\overrightarrow{EG}(-1 ; 3 ; 0)$ non colinéaires.

$N = (EF) \cap (Oz)$: $x_N = 0$, $y_N = 0$ et $\overrightarrow{EN} = k\overrightarrow{EF}$.

D'où $N(0 ; 0 ; 1)$ et $\overrightarrow{EN} = -\frac{1}{2}\overrightarrow{EF}$.

2° $M(-2 ; 6 ; 5)$.

4 a) $\overrightarrow{AB}(3 ; 3 ; -3)$ et $\overrightarrow{AC}(-1 ; 1 ; 0)$ tels que :

$$3 \times (-1) + 3 \times (1) + (-3) \times 0 = 0.$$

Donc $\overrightarrow{AB} \perp \overrightarrow{AC} \Rightarrow ABC$ rectangle en A.

b) $\overrightarrow{AM}(x-1 ; y ; -5) \perp \overrightarrow{AB}(3 ; 3 ; -3)$

$\Leftrightarrow 3(x-1) + 3y - 3(-5) = 0 \Leftrightarrow x + y + 4 = 0$.

$\overrightarrow{AM} \perp \overrightarrow{AC} \Leftrightarrow -x + y + 1 = 0$.

D'où le système $\begin{cases} x + y + 4 = 0 \\ -x + y + 1 = 0 \end{cases}$ qui a pour solution :

$x = -\frac{3}{2}$ et $y = -\frac{5}{2}$.

Ainsi $M\left(-\frac{3}{2} ; -\frac{5}{2} ; 0\right)$.

M n'est pas un point de (ABC) ; on ne peut trouver α et β tels que : $\overrightarrow{AM} = \alpha\overrightarrow{AB} + \beta\overrightarrow{AC}$.

5 a) $\overrightarrow{AB}(-3 ; -2 ; 0)$, donc $(AB) \,//\, (xOy)$.

Or $\mathscr{D} \,//\, (AB)$, donc $\mathscr{D} \,//\, (xOy)$.

b) $M \in \mathscr{P} \Leftrightarrow \overrightarrow{AB} \perp \overrightarrow{CM}$

$\Leftrightarrow -3(x-4) + (-2)y + 0(z-5) = 0$

$\Leftrightarrow -3x - 2y + 12 = 0 \Leftrightarrow 3x + 2y = 12$.

6 a) $(2 ; 1 ; 0)$. b) $\left(1 ; \frac{3}{2} ; -\frac{1}{2}\right)$.

7 a) $\left(\frac{1}{3} ; 2 ; -1\right)$. b) $(12 ; 21 ; 4)$.

8 a) pas de solution. b) pas de solution.

c) une infinité de solutions : $(3 - z ; 2 ; z)$, $z \in \mathbb{R}$.

d) pas de solution.

Exercices

9 1° d. 2° d. 3° d. 4° c.

10 1° a) $//\,(Oz)$. b) $//\,(yOz)$. c) $//\,(Ox)$. d) $//\,(xOz)$.

2° a) $//\,(Oz)$. b) $//\,(Oy)$. c) $//\,(xOz)$. d) $//\,(Oy)$.

11 (FAD) : $x = 3$. (EBD) : $y = 4$.

(ECF) : $z = 3$. (COB) : $x = 0$.

12 a) $y = 4$. b) $x = 4$. c) $z = 3$.

14 $\mathscr{P}_1 : y = -\frac{4}{3}x + 4 \Leftrightarrow 4x + 3y = 12$.

$\mathscr{P}_2 : z = -\frac{1}{2}y + 2 \Leftrightarrow y + 2z = 4$.

$\mathscr{P}_3 : z = -\frac{2}{3}x + 2 \Leftrightarrow 2x + 3z = 6$.

19 1° V. 2° V. 3° V, car B et C vérifient l'équation de $\mathscr{P}$. 4° F, $(AB) \subset \mathscr{P}$.

20 1° F, $\overrightarrow{AB} = \overrightarrow{BD}$. 2° V.

3° V. $\vec{u} \perp \overrightarrow{BC}$ et $\vec{u} \perp \overrightarrow{BD}$. 4° V. 5° V.

21 1° F, c'est $\vec{n}(5 ; 3 ; 6)$. 2° F. 3° V. on divise par 30. 4° V. 5° V, car $\vec{n}(5 ; 3 ; 6)$ et $\vec{u}(0 ; 2 ; -1)$ sont orthogonaux. 6° F. 7° V. 8° V.

22 1° F. 2° V. 3° F, ils sont confondus.

23 $2x+3y-z=3$.

24 a) $A(3\,;0\,;0)$;
b) $B(0\,;6\,;0)$ et $C(0\,;0\,;2)$.
c) À faire.

26 $21x+15y+35z=105$.

30 $x+y+z=2$ et $\vec{n}(1\,;1\,;1)$.

33 Les plans sont sécants au point $S(4\,;1\,;1/2)$.

$$A^{-1}=\begin{bmatrix}2/5 & 4/5 & -1\\ 2/5 & -1/5 & 0\\ -3/10 & -1/10 & 1/2\end{bmatrix}$$

48 ⓐ et ② ; ⓑ et ① ; ⓒ et ③ .

49 Rapprochées : a) et f). Éloignées : b) et d). Équidistantes : c) et e).

50 1° V. 2° V. 3° F, $B(9\,;7\,;-20)$.
4° F. 5° F, $z=40$. 6° V.

53 1° $A(8\,;6\,;30)$, $B(10\,;4\,;15)$ et $C(5\,;5\,;15)$.
2° a) $z_E=0{,}75\times4\ (4-2)=6$. D'où $E(4\,;4\,;6)$.
b) $F(2\,;4\,;3)$, $G(6\,;6\,;18)$ et $H\left(9\,;4\,;\frac{27}{2}\right)$.

13 - Fonctions affines par morceaux

Tests préliminaires

A. 1° $a=\frac{f(10)-f(3)}{10-3}=\frac{19{,}2-15}{7}=0{,}6$.

D'où $f(x)=0{,}6\,(x-3)+15+0{,}6x+13{,}2$.
$f(0)=13{,}2$ et $f(20)=25{,}2$.

2° $a=-\frac{2}{7}$ et $f(x)=-\frac{2}{7}x+\frac{36}{7}$.

$f(x)=0 \Leftrightarrow -\frac{2}{7}x+\frac{36}{7}=0 \Leftrightarrow x=\frac{36}{2}=18$.

3° $a=\frac{2{,}255-1{,}717}{2003-1990}=0{,}0414$;
soit 41,4 mille par an.
$f(x)=0{,}0414x+1{,}717$.

4° $a=\frac{4{,}7-2{,}1}{127-23}=0{,}025$.
$f(x)=0{,}025(x-23)+2{,}1=0{,}025x+1{,}525$.

B. 1° $f(x)=g(x)$
$\Leftrightarrow x=0$

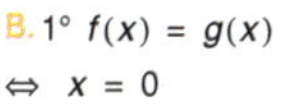

$f(x)=h(x)$
$\Leftrightarrow x=2$.

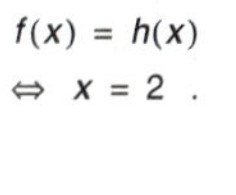

2°
$f(x)=g(x)$
$\Leftrightarrow x=15$.
$g(x)=h(x)$
$\Leftrightarrow x=25$.

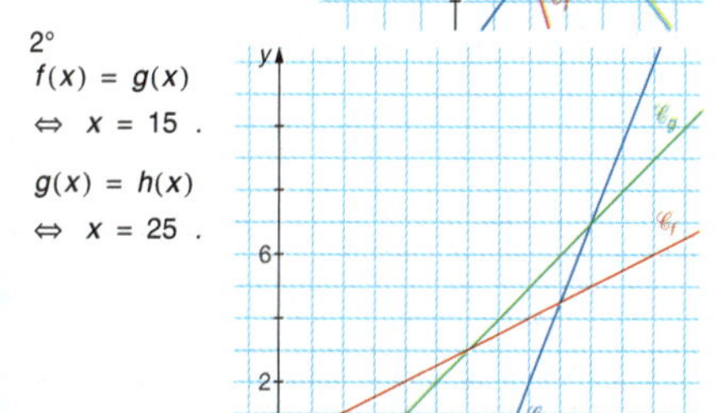

C. 1° a) On calcule en premier « dans les barres » ;
a) $|-6|+2\,|4|-|4|=6+8-4=10$;
b) $\left|-\frac{1}{6}\right|+\left|\frac{-2}{15}\right|+\left|\frac{3}{10}\right|=\frac{5+4+9}{30}=\frac{3}{5}$.
2° $|x-2|=|2-x|$ et $|x|+2=|-x|+2$.
3° $f(x)=g(x)$
$\Leftrightarrow x=1{,}5$.

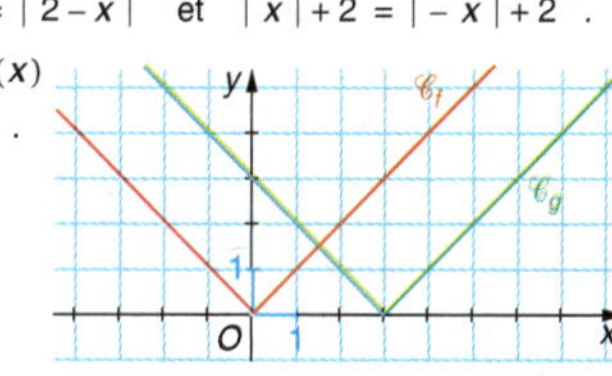

D. a)

x	-3	1	$0{,}5$	2	4
$f(x)$	1 ↗	3 ↘	$-1{,}5$ →	$-1{,}5$ ↗	$2{,}5$

b) Sur $[-3\,;-1]$, $f(x)=1(x+3)+1=x+4$.
Sur $[-1\,;0{,}5]$, $f(x)=-3x$.
Sur $[0{,}5\,;2]$, $f(x)=-1{,}5$.
Sur $[2\,;4]$, $f(x)=2(x-4)+2{,}5=2x-5{,}5$.

c) On trace la droite $\mathcal{D}$ d'équation $y=-x$, diagonale descendante passant par l'origine. Elle coupe la courbe $\mathcal{C}$ en trois points. Les solutions sont les abscisses des points d'intersection de $\mathcal{C}$ et $\mathcal{D}$: $S=\{-2\,;0\,;1{,}8\}$.

d) Deux solutions, l'une dans $[-1\,;0{,}5]$ et l'autre dans $[2\,;4]$.
Sur $[-1\,;0{,}5]$ $-3x=\frac{1}{4}x+1 \Leftrightarrow x=-\frac{4}{13}$.
Sur $[2\,;4]$ $2x-5{,}5=\frac{1}{4}x+1 \Leftrightarrow x=\frac{26}{7}$.

Exercices

1 1° V. 2° V. 3° V, car sur $[-2\,;3]$:
$|x+2|=x+2$ et $|x-3|=-x+3$,
donc $f(x)=x+2-x+3=5$.
4° F, $-(-1)\neq5(-1)-4$.

2 1° a) V. b) F. c) F. d) V. 2° V.

3 1° ⓐ 2° ⓑ 3° ⓒ 4° ⓐ

6 Chercher des points à coordonnées entières ou les coordonnées des extrémités.

10 $a=\frac{57{,}3-37{,}2}{2001-1990}=\frac{20{,}1}{11}\approx1{,}827$, soit une augmentation d'environ 1,827 milliard par an.

En 1997 : $y=\frac{20{,}1}{11}(1997-1990)+37{,}2\approx49{,}99\approx50$.

50 milliards d'euros $\approx50\times6{,}55957\approx328$ milliards de F. inférieur à la valeur réelle.

14 - Techniques de base

Calcul algébrique

1 $A(x)=3x^2+7x-1$; $B(x)=-3x^2-2x+9$;
$C(x)=-20x^2+x+26$; $D(x)=9$;
$E(x)=x^2-x-1$.

2 $A(x)=\frac{2(3x-1)-2\ x-3\ +4(x-1)}{4}=\frac{8x-3}{4}$;

$B(x)=\frac{3x(x-3)-\ x^2-x+2\ -9(2x)}{3}$

$C(x)=\frac{-8x(1-x)-\ 2x^2-1+2(x+2)}{4}$

3 a) $x(4x+9)$; b) $4-x^2=(2+x)(2-x)$;
c) $(x+7)(x-7)$; d) $1-4x^2=(1+2x)(1-2x)$;
e) $x(25-4x)$; f) Non factorisable ;
g) Non factorisable ; h) $(x\sqrt{3}+2)(x\sqrt{3}-2)$;
i) $x(x-2)$.

4 a) Non ; b) $(6x-3)(4x-11)$;
c) $(2x-3)(2x-9)$; d) $(4+3x)(6-3x)$;
e) Non ; f) $(3x-1)(x+5)$.

5 $A(x)=3x-1-\frac{x+1}{x+2}$; VI : -2.

$A(x)=\frac{3x^2+6x-x-2-x-1}{x+2}=\frac{3x^2+4x-3}{x+2}$.

$B(x)=2x-\frac{4}{1-x}=\frac{-2x^2+2x-4}{1-x}$; VI : 1.

$C(x)=\frac{2x^2-3x+2}{2x}$; VI : 0.

$D(x)=\frac{-3x+7}{1-x}$; VI : 1.

6 $A(x)=\frac{x+1+3x}{x(x+1)}=\frac{4x+1}{x(x+1)}$; VI : 0 et -1.
Ne jamais développer le dénominateur.

$B(x)=\frac{4}{2x(x-1)}$; VI : 0 et 1.

$C(x)=\frac{4+3x}{4x^2}$; VI : 0 . $D(x)=\frac{4x-3}{3x^2}$; VI : 0 .

7 $A(x)=\frac{(x+3)(x-3)+9}{x(x-3)}=\frac{x^2}{x(x-3)}$; VI : 0 et 3.

$B(x)=\frac{4-x^2-1}{2(x-2)}=\frac{3-x^2}{2(x-2)}$; VI : 0 et 2.

$C(x)=\frac{8x-x+1+2x^2}{2x^2}=\frac{2x^2+7x+1}{2x^2}$; VI : 0 .

8 • Pour $A(x)$, DC $=x(x-2)$; VI : 0 et 2 .

$A(x)=\frac{2x^2+2-x^2+3+3x-6}{x(x-2)}=\frac{x^2+3x-1}{x(x-2)}$.

• Pour $B(x)$, DC $=x(4x-1)$; VI : 0 et $\frac{1}{4}$.

$B(x)=\frac{x^2+8x-2-8x-7}{x(4x-1)}=\frac{x^2-9}{x(4x-1)}$.

9 $A(x)=\frac{(2+x)(2-x)}{4(x-2)}=\frac{-(2+x)}{4}$; VI : 2 .

$B(x)=\frac{2(4-x)}{x(x-4)}=\frac{-2}{x}$; VI : 0 et 4 .

$C(x)=\frac{2(3x-1)}{2x}=\frac{3x-1}{x}$; VI : 0 .

$D(x)=\frac{(x-2)(x-4)}{(x-3)(x-2)}=\frac{x-4}{x-3}$; VI : 3 et 2 .

$E(x)=\frac{2(4x-\sqrt{6})}{-0{,}2x}=\frac{-40x+10\sqrt{6}}{x}$; VI : 0 .

$F(x)=\frac{-(4x-1)}{4x+1}$ VI : $-\frac{1}{4}$; $\frac{3}{4}$.

10 a) $2-\frac{\sqrt{6}}{2}$; b) $-\frac{x}{4}+\frac{3}{2}x-2$;
c) $\frac{-50(0{,}1-2\sqrt{2})}{-50(-0{,}02)}=-5+100\sqrt{2}$; d) $4-\frac{1}{x^2}$.

11 a) $-3x\left(\frac{x}{2}+2\right)$; b) $\left(2-\frac{x}{2}\right)\left(\frac{1}{2}-x\right)$;
c) $x^2\left(\frac{x}{2}-2\right)$; d) $(3x+2)\left(\frac{x}{4}-1\right)$.

12 1° a) Oui ; b) Non ; c) Non ;
d) Oui ; e) Non ; f) Non.
2° a) 3^4 ; b) $a^{-6}=\frac{1}{a^6}$; c) $25x^2$;
d) $2^3\times10^{-9}$; e) $5^n(5-1)=4\times5^n$; f) $\frac{2^6}{3^2}$;
g) 3^{n-2} ; h) $\frac{1}{2}$; i) 3^7 .

13 1° a) $\frac{-0{,}5\times100}{2}=-25$; b) $\frac{14{,}3}{2}=7{,}15$;
c) $\frac{240}{2\times2}=60$; d) $\frac{10^5(30-5)}{0{,}25}=10^7$; e) -1 .
2° a) 7,87 ; b) 38 000 ;
c) 19,7 ; d) 1 100.

```
(1-1.07^10)/(1-1
.07)*53*1.07^6
          1098.942429
```

```
2.03^3*.97²
          7.871030264
(1-.02)^5*42000
          37964.67347
(53*1.3²)/(.21*2
.4^3)-100/9
          19.74275243
```

CORRIGÉS

14 1° $f(3) = -7$; $f(-2) = -7$; $f(-1) = -7$.

2° $f(1) = 4$; $f(-2) = 13$; $f(-3) = 24$.

3° $f(0) = 4$; $f(2) = -\frac{2}{3}$; $f(-2) = -2$.

4° a) $f(0) = -5$; $f(1) = 4$; $f(-1) = -2$.

b) $f(1+h) = \frac{h-4}{-1-2h} = \frac{4-h}{1+2h}$;

$f(2-h) = \frac{-3-h}{2h-3}$.

15 a) sur x ; b) sur $(-x)$; c) sur 5 ;

d) sur 5 ; e) sur $(4-x)$ et sur x ;

f) sur 3 , sur $(3-1)$ et sur $\left(\frac{1}{2}\right)$.

16 1°

$A = 8 - 5\times 3 - 9 + \sqrt{3}$

$= \sqrt{3} - 16$.

$B = 7 - \sqrt{5}$

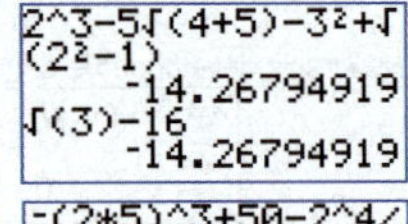


```
5-3*(2-√(4+1))/(1-2²)
                4.763932023
7-√(5)
                4.763932023
```

```
-(2*5)^3+50-2^4/√(10-6)
                       -958
10-2*(17-5)/(3*2)²-√(25-9)
                5.333333333
```

```
-3²+(1/2-1+1/4)/(-3/4+1)²
                        -13
```

17 a) $-25 + \frac{15}{2} + 8 - 1 = -\frac{21}{2}$;

b) $\frac{-5^2+3}{2\times 5} + \frac{2^{3-1}}{2} = \frac{-11}{5} + 2 = -\frac{1}{5}$;

c) $\left(-5^2 + \frac{3}{2}\right)(5+2^3) - \frac{1}{2} = \frac{-47}{2}\times 13 - \frac{1}{2} = -306$;

d) $(-5)^2 + \frac{3}{2}\times\frac{5+2^3-1}{2} = 34$.

Méthodologie

18 et **19** bien relire la signification des verbes, en particulier « **Vérifier** ».

20. $0{,}4\times\frac{3}{4}\times N = 6 \Leftrightarrow N = 20$.

21 $P(x) = 0{,}3x + 10$, pour $x \in [0 ; 50]$.

La représentation est une droite passant par $(0 ; 10)$ et $(50 ; 25)$. $P(x) > 20$ pour $x > 33$ environ.

22 D'après le tableau des valeurs, la fonction f semble croissante :

X	Y1
1	-1
2	1
3	7
4	17
5	31
6	49
7	71
Y1=2X²-4X+1	

$2(x-1)^2 + m$

$= 2x^2 - 4x - 2 + m$

d'où $m = 3$.

Si $1 \leqslant x_1 \leqslant x_2$

$0 \leqslant x_1 - 1 \leqslant x_2 - 1$

$0 \leqslant (x_1-1)^2 \leqslant (x_2-1)^2$

$0 \leqslant 2(x_1-1)^2 \leqslant 2(x_2-1)^2$

$3 \leqslant f(x_1) \leqslant f(x_2)$

Donc on a démontré que f est croissante sur $[1 ; +\infty[$.

23 Pour vérifier, on part de $-1 - \frac{2}{1-x}$ et on réduit au même dénominateur : $f(x)$.

x		1		3	
$x-3$	$-$		$-$	0	$-$
$1-x$	$+$	0	$-$		$-$
$f(x)$	$-$	‖	$+$	0	$+$

$f(x) + 1 = -1 - \frac{2}{1-x} + 1 = \frac{-2}{1-x} = \frac{2}{x-1}$.

Donc sur $]1 ; +\infty[$, $x - 1 > 0$ alors $f(x) > -1$.

24 a) $-x^2 - 13x + 10$.

b) $\left(\frac{2}{3}\right)\left(\frac{7}{3}\right) + \left(\frac{-1}{3}\right)\left(\frac{2}{3}\right) = \frac{14}{9} - \frac{2}{9} = \frac{12}{9} = \frac{4}{3}$:

on effectue d'abord dans les parenthèses.

c) $6\left(\frac{29}{6}\right) + \left(\frac{3}{2}\right)\left(\frac{8}{3}\right) = 29 + 4 = 33$.

25 1° a) $f(1) = 0$; $f(-3) = 28$.

b) $f(2-h) = 2h^2 - 5h + 9$.

c) $f(1-\sqrt{2}) = 4 - \sqrt{2}$.

26 a) $3x + 2 = -4x - 5$) $-4x$

$7x + 2 = -5$) -2

$7x = -7$) $\div 7$

$x = -1$

b) $x = -7$

27 a) $\begin{cases} 5x + 4y = 2 \\ 12x - 4y = 4 \end{cases}$

(+) $-17x = 6$

28 a) $x < \frac{7}{2}$. b) $x < -3$.

c) $2x + 6 - 1 > 4x + 5$) $-4x$

$-2x + 5 > 5$) -5

$-2x > 0$) $\div(-2)$

$x < 0$

29 a) $x \geqslant \frac{7}{4}$; b) $x < \frac{3}{2}$.

30 $-1 \leqslant x \leqslant 5$) opposé

$1 \geqslant -x \geqslant -5$) $+2$

$3 \geqslant -x + 2 \geqslant -3$

$x^2 \in [0 ; 9]$

$\begin{cases} -3 \leqslant -x + 2 \leqslant 3 \\ 0 \leqslant x^2 \leqslant 9 \end{cases}$

D'où $-3 \leqslant x^2 - x + 2 \leqslant 12$

31 $1 \leqslant x \leqslant 3 \Rightarrow 1 \leqslant x^2 \leqslant 9 \Rightarrow 0 \leqslant x^2 - 1 \leqslant 8$, donc $x^2 - 1$ positif et $3 \leqslant x + 2 \leqslant 5$, donc $x + 2$ positif.

D'où $0 \leqslant (x+2)(x^2-1) \leqslant 40$.

32 a) -4 ; b) $-\frac{1}{2}$; c) 0 ; d) 3 ; e) 3 ; f) $\frac{1}{3}$.

33 a) 0 ; b) $\frac{1}{3}$; c) 4 ; d) 3 ; e) $-\frac{5}{2}$; f) 0 .

34 1° a) $x = 0$ ou $x = \frac{1}{2}$; b) $x = \frac{3}{5}$ ou $x = 1$;

c) $x = -\frac{3}{5}$ ou $x = 3$; d) $x = -2$ ou $x = -1$;

2° a) $x = 0$ ou $x = -3$ ou $x = \frac{1}{6}$;

b) $x = 3$ ou $x = -\frac{1}{10}$.

35 1° a) $x(-4x+1) = 0 \Leftrightarrow x = 0$ ou $x = \frac{1}{4}$;

b) $(x+1)(x-1) = 0 \Leftrightarrow x = -1$ ou $x = 1$;

c) $x\left(\frac{5}{2} - x\right) = 0 \Leftrightarrow x = 0$ ou $x = \frac{5}{2}$;

d) $x^2 = \frac{1}{4} \Leftrightarrow x = -\frac{1}{2}$ ou $x = \frac{1}{2}$.

2° a) $x^2 = \frac{4}{9} \Leftrightarrow x = -\frac{2}{3}$ ou $x = \frac{2}{3}$;

b) $x = 0$ ou $x = 9$.

36 1° a) VI : 1 ; $4x - 3 = 0 \Leftrightarrow x = \frac{3}{4}$.

b) VI : -2 ; $x(x-2) = 0 \Leftrightarrow x = 0$ ou $x = 2$.

2° a) VI : 8 ; $(x+2)(x-8) = 0 \Leftrightarrow x = -2$ ou ~~$x = 8$~~ . 8 ne convient pas, car c'est une valeur interdite.

b) VI $= \frac{1}{2}$; $(3x-1)(x-1) = 0 \Leftrightarrow x = \frac{1}{3}$ ou $x = 1$.

37 1° a) VI : -1 ; $\frac{-4x-1}{x+1} = 0 \Leftrightarrow x = -\frac{1}{4}$.

b) VI : $\frac{3}{2}$; $-x + 5 = 0 \Leftrightarrow x = 5$.

c) VI : 0 ; $x^2 = 9 \Leftrightarrow x = -3$ ou $x = 3$.

2° a) VI : 1 ; $\frac{-3x+7}{2(x-1)} = 0 \Leftrightarrow x = \frac{7}{3}$.

b) VI : -4 ; $-3x - 6 = 0 \Leftrightarrow x = -2$.

c) VI : 0 ; $\frac{2x + 4 + 5x}{-4x} = 0 \Leftrightarrow x = -\frac{4}{7}$.

38 1° Non, il faut inverser les propositions. 2° Bien. 3° Non, on obtient une solution, pas l'ensemble ! 4° Bien.

39 1° Bien. 2° Revoir la signification de « Vérifier ». Bien. 3° Non, « s'il existe un réel k ... » 4° Le couple est bien **une** solution, mais on n'a pas **résolu** le système, encore faut-il prouver qu'il n'y a qu'une solution.

40 a) -4 n'a pas de racine carrée. b) 0 n'a pas d'inverse. c) Pour $x = -2$, on a bien $x < 1$; mais comme $x^2 = 4$, on a $4 > 1$.

41 a) Pour $a = 2$, $\sqrt{a^2+1} = \sqrt{4+1} = \sqrt{5} \neq 2 + 1$.

b) Si $a = 0$ et $b = 0$, alors $a^2 + b^2 = 0$.

c) 0 est compris entre -2 et 2, et 0 n'a pas d'inverse ; mais aussi $\frac{1}{5} \in]-2 ; 2[$; mais son inverse 5 n'est pas compris entre $-\frac{1}{2}$ et $\frac{1}{2}$.

d) Si $x = -3$, on a aussi 0.

42 a) Faux : pour $x = -6$, on a bien $-6 \leqslant 5$; mais $x^2 = 36$ et $36 > 25$.

b) Faux : pour $x = 0{,}5$, on a bien $0{,}5 > 0$; mais $0{,}5^2 = 0{,}25$ et $0{,}25 < 0{,}5$.

43 a) Faux : $\frac{1}{2+3} = \frac{1}{5} \neq \frac{1}{2} + \frac{1}{3} = \frac{5}{6}$.

b) Faux.

c) Vrai, car $n = \frac{n}{1}$ rationnel.

Lectures graphiques

44 a) $\mathcal{D} = [-2 ; 6[$; b) $\mathcal{D} =]-2 ; 2[\cup]2 ; 6]$.

45 $\mathcal{D}_f =]-\infty ; 3]$; $\mathcal{D}_g =]-\infty ; -2[\cup]-2 ; 3]$.

46 a) Sur $[-4 ; -3]$ la fonction f est décroissante.

Sur $[-3 ; +\infty[$ la fonction f est croissante.

47 Sur $]-\infty ; -2]$ la fonction est croissante.

sur $[-2 ; 3[$ et sur $]3 ; +\infty[$ elle est décroissante.

48

x	-4		-3		$+\infty$
$f(x)$	0	↘	-2	↗	

x	$-\infty$		3		5
$g(x)$		↘	‖	↗	3

49

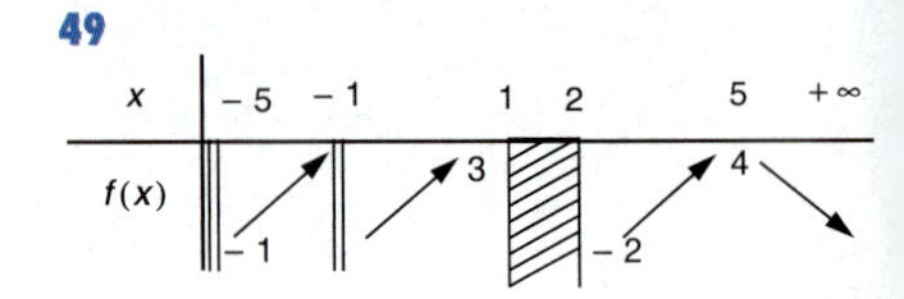

50 a) V ; b) F ; c) V ; d) V .

51 a)

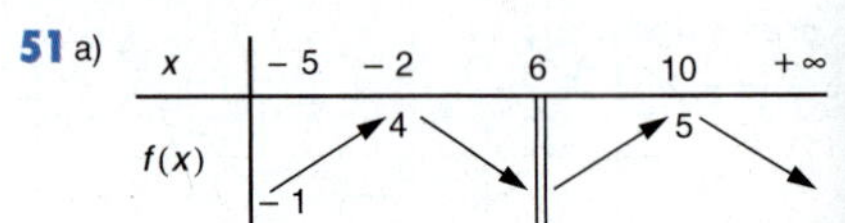

b) $S = \{-3 ; 0 ; 8 ; 12\}$. c) $x = -4$ ou $x = 4$ ou $x = 7$, solution de $f(x) = 0$.

d) $\mathcal{D}$ coupe $\mathscr{C}$ en 4 points, donc il y a 4 solutions.

52 b) $\{-4 ; 5\}$; $\{0 ; 5\}$; $\{-2 ; 3 ; 8\}$; $\{-1 ; 8\}$. c) $f(x) = 7$. d) $\{-2 ; 5 ; 11\}$.

53 a) $[-3 ; 0] \cup [8 ; 12]$. b) $]-4 ; 4[\cup]7 ; +\infty[$.

54 a) $]-1 ; 8[$; b) $x \in [-4 ; 5] \cup]6 ; +\infty[$: $f(x) \geqslant 0$;

55 a)

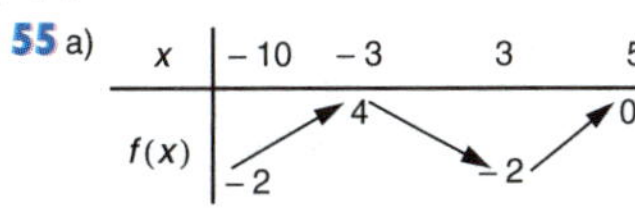

b) $A(-8 ; 0)$, $B(1 ; 0)$ et $C(5 ; 0)$;

c) $S =]-8 ; 1[$; d) $S = [-10 ; -6[\cup]0 ; 5]$.

Fonctions affines et droites

56 a) $f(x) = \frac{1}{2}(x+2)+1 = \frac{1}{2}x+2$.

b) $f(x) = \frac{1}{3}(x-702)+237 = \frac{1}{3}x+3$.

c) $f(x) = -0{,}8x+2{,}4$. d) $f(x) = -\frac{4}{3}x+\frac{5}{6}$.

57 a) Fonction affine : $a = 12$; $f(x) = 12x+25$.

b) Non affine : CM = 0,97 .

58 1° f et h croissantes ;

g et k décroissantes

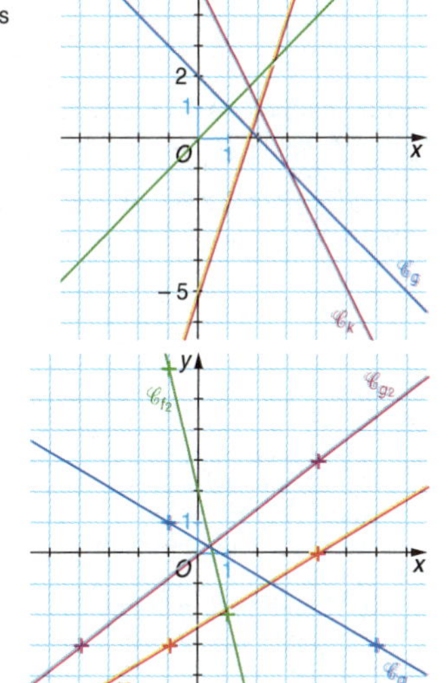

59

60 Seule $\mathscr{D}_3$ ne représente pas une fonction affine.

$\mathscr{D}_1$: $y = -\frac{2}{3}x+2$; $\mathscr{D}_2$: $y = -\frac{5}{3}x-4$;

$\mathscr{D}_3$: $x = 3$; $\mathscr{D}_4$: $y = 5$; $\mathscr{D}_5$: $y = \frac{1}{3}x+2$.

61 $\mathscr{D}_3$: non la représentation d'une fonction affine.

$\mathscr{D}_1$: $y = \frac{1}{3}x-2$;

$\mathscr{D}_2$: $y = -\frac{3}{5}(x-2)+1 \Leftrightarrow y = -\frac{3}{5}x+\frac{11}{5}$;

$\mathscr{D}_3$: $x = -1$; $\mathscr{D}_4$: $y = \frac{3}{5}x-\frac{1}{5}$.

62

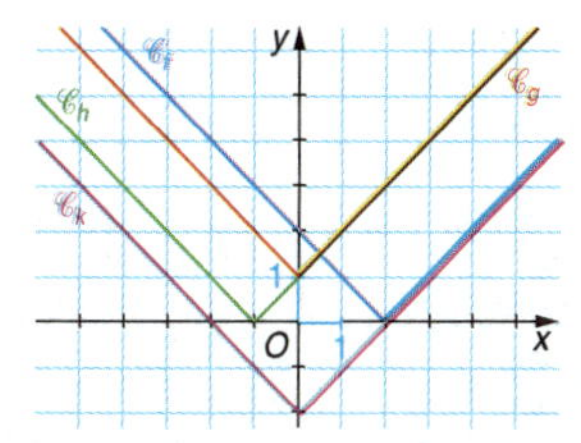

63 1° 7 ; 0 ; 9 ; 2 ; 5 ; 6 ; 1 .

2° 9 ; 12 ; 5 ; 6 ; 7 ; 2 ; 2 .

Signe d'expression

64

x	– 2 – 0,5 2,5 3 4 + ∞
$f(x)$	– 0 + 0 – ‖ – 0 +

65

x	– 8 4
$f(x)$	– 0 + 0 –

x	1 4 11
$g(x)$	+ 0 – 0 +

66

a)

x	5
$5x-25$	– 0 +

c)

x	– 3
$-6x-18$	+ 0 –

e)

x	3
$\frac{x-3}{2}$	– 0 +

f)

x	1/6
$-\frac{4}{5}x+\frac{2}{15}$	+ 0 –

67 a) $(x-3)^2 \geqslant 0$, nul en 3. b) $4x^2+1 > 0$, toujours.

c) $(4x^2-x)^2 \geqslant 0$, nul en 0 et $\frac{1}{4}$. d) $-x^2+1 < 0$, toujours.

e) $(-1-x)^2 \geqslant 0$, nul en – 1. f) $9x^2+25 > 0$, toujours.

68 On a $x \leqslant 0$, donc :

a) $3x$ est négatif ; b) $-5x$ est positif ;

c) $-(x)^2$ est négatif ; d) $-x^2-4$ est négatif ;

e) x^2+1 est positif.

69 On a $x > 4$, alors $x-4 > 0$.

a) $x-4$ positif ; b) $-2x+8 = -2(x-4)$ négatif ;

c) $-3x$ est négatif, $x-4$ positif : $-3x(x-4)$ négatif.

70 a) $\frac{-3x+2}{3}$; b) $\frac{-x+1}{x+3}$; c) $\frac{x^2-x+1}{2x}$;

d) $\frac{(x+4)(x-1)}{3x}$; e) $\frac{3x(-2+x)}{x+2}$.

71

x	– 1 0 3
$A(x)$	+ 0 – 0 + 0 –

x	– 3/4 2
$B(x)$	– 0 + 0 –

72 $A(x) = x\left(\frac{4}{5}x-2\right)$

x	0 5/2
$A(x)$	+ 0 – 0 +

$D(x) = x(x^2+4)$

x	0
$D(x)$	– 0 +

$E(x) = x(x-2)(x+3)^2$

x	– 3 0 2
$E(x)$	+ 0 + 0 – 0 +

$F(x) = (x-2)^2(x^2+1)$ toujours positif ou nul en 2.

73 1°

x	3/2 3/4
$A(x)$	– ‖ + 0 –

x	– 3 0
$B(x)$	+ 0 – ‖ +

x	0 1
$C(x)$	– ‖ + 0 –

2°

x	– 3/2 3/2
$A(x)$	+ ‖ – 0 +

x	– 3 0 4
$B(x)$	+ ‖ – 0 + 0 –

x	1/2 1 2
$C(x)$	– 0 + 0 – ‖ +

$D(x) = \frac{x(4x-4)}{2x+1}$.

x	– 1/2 0 1
$D(x)$	– ‖ + 0 – 0 +

74 • $A(x) = \frac{2x^2-18}{x(x-6)} = \frac{2(x+3)(x-3)}{x(x-6)}$.

x	– 3 0 3 6
$A(x)$	+ 0 – ‖ + 0 – ‖ +

• $B(x) = \frac{3-4x}{3x}$

x	0 3/4
$B(x)$	– ‖ + 0 –

• $C(x) = \frac{-x^2+3x}{(x+1)(x-1)} = \frac{x(-x+3)}{(x+1)(x-1)}$

x	– 1 0 1 3
$C(x)$	– ‖ + 0 – ‖ + 0 –

• $D(x) = \frac{x^2+2}{4x}$

x	0
$D(x)$	– ‖ +

• $E(x) = \frac{4x^2-9}{2x(2x+1)} = \frac{(2x+3)(2x-3)}{2x(2x+1)}$.

x	– 3/2 – 1/2 0 3/2
$E(x)$	+ 0 – ‖ + ‖ – 0 +

Traitement des données

75 a) $\frac{15}{12} = 1{,}25 = \frac{5{,}45}{4{,}36} = \frac{-7{,}125}{-5{,}7}$: L2 = 1,25 × L1 .

b) Oui, L2 = $\frac{10}{3}$ × L1 .

76 a) $\frac{5 \times 2{,}4}{-2} = -6$; b) $\frac{0{,}05 \times 18\,000}{0{,}75} = 1\,200$.

77 a) $x = 3$; b) $x = 24$.

78 a) $x = \frac{12 \times 5}{37} = \frac{60}{37}$; b) $x = \frac{4 \times 3}{5} = \frac{12}{5}$;

c) $x = \frac{-3 \times 5}{2} = \frac{-15}{2}$; d) $x+2 = \frac{4 \times 69}{23}$. $x = 10$.

79 $y = 6x$.

80 a) $y = -1{,}3x$; $-1{,}3 \times 2 = -2{,}73$;

$\frac{-14{,}43}{-1{,}3} = 11{,}1$. b) $y = 2{,}5x$; $1{,}5 \times 12 = 6$;

$1{,}5 \times (-2) = -3$; $\frac{10{,}5}{1{,}5} = 7$.

81 Entrer les valeurs en list 1 de la calculatrice et demander : mean(L1) . $\bar{x} = 11$.

82 $\frac{0 \times 136 + 1 \times 77 + \ldots + 5 \times 3}{136 + 77 + \ldots + 3} = 1{,}1$;

soit 1,1 enfant par famille.

83 $\bar{x} = \frac{14 \times 37\,500 + 80\,900}{15} = 40\,300$.

84 $\frac{4 \times 9{,}8 + (15-11)}{4} = 10{,}8$.

85 a) $0+2+4-2{,}5+3-0{,}5+1+5 = 12$.

D'où $10+\frac{12}{8} = 11{,}5$ de moyenne pour Maud.

b) $-1-1{,}5+6-2{,}5+2+0{,}5 = 3{,}5$ pour 6 notes.

Valentin : $10+\frac{3{,}5}{6} \approx 10{,}58$. c) Justine : 10,86 .

86 On entre 189 ; 370 ; 127 ; 433 ; 156 et 238 ;

de moyenne $\bar{y} = \frac{1\,513}{6} \approx 252$. $\bar{x} \approx 5{,}687252$.

INDEX

INDEX

Calculatrices

Touche en jaune : appuyer avant sur SHIFT. Touche en rouge : appuyer avant sur ALPHA.

Instruction écrite en bleu : ce qui est à l'écran de la calculatrice, à sélectionner par les touches  ou  ... .

Fonctions

Expression

Soit $f(x) = -\frac{1}{4}x^2 + x + 3$.

  et sur la ligne Y1= taper :

Courbe

DRAW pour obtenir la courbe à l'*écran graphique*.

- **Changements de fenêtre**

donne la courbe dans la fenêtre de base.

Pour $X \in [-3{,}5 ; 7{,}5]$ et $Y \in [-3 ; 6]$, avec graduations en X tous les 0,5, choisir la fenêtre ci-contre, valider chaque ligne par EXE, puis EXE DRAW.

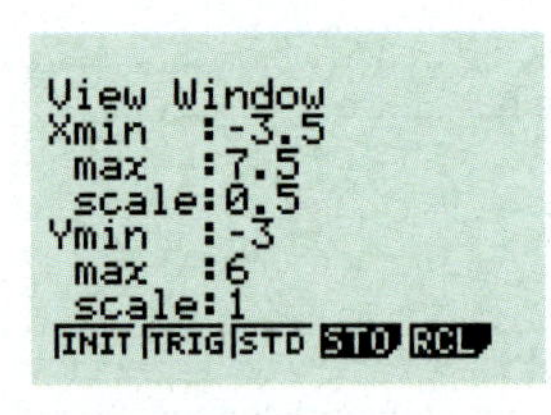

Tableau de valeurs

  TABL pour obtenir le *tableau de valeurs*.

- **Changement des extremums de X et du pas**

Pour la variable X allant de 0 à 3 de 0,1 en 0,1 :

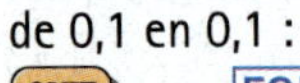  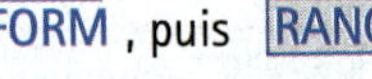

QUIT ou FORM, puis RANG

et valider l'écran ci-contre, puis EXE TABL

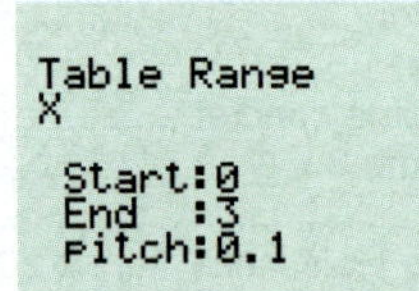

Calcul d'images

Soit $g(x) = 4 - f(x)$ et $h(x) = \frac{f(x)}{g(x) + 1}$.

Revenir à l'éditeur de fonctions.

Sur la ligne Y2= , taper : 4 − Y 1 EXE *

et sur la ligne Y3= , taper :

* Pour obtenir Y, taper : VARS ▷ GRPH Y

Particularités

Quand il y a plusieurs fonctions SEL sélectionne la fonction en inversé et la rend inactive (ou active).

⚠ Si la formule est longue, elle apparaît incomplète.

G↔T passe de l'éditeur de fonctions à l'*écran graphique* et l'inverse.

TRACE ▶ ◀ pour se déplacer sur la courbe. Le déplacement est de 0,1 en 0,1 dans la fenêtre de base.

La formule (incomplète) apparaît à l'écran graphique.

ZOOM pour zoomer

et ▷ ORIG pour revenir au départ.

▼ ▲ pour descendre ou remonter dans le tableau exclusivement entre les valeurs extrêmes de X.

▶ pour passer à la colonne Y et visualiser plus de chiffres significatifs.

ROW DEL efface la ligne.

INS recopie la ligne et permet d'insérer une autre valeur de X.

⚠ Dans l'*écran de calcul* :
Y1 (3) ne correspond pas à $f(3)$, mais donne le produit de Y1 par 3.
Pour calculer $f(3)$, taper :

puis Y 1 EXE

Imprimé en Italie par Vincenzo Bona - Torino
Dépôt légal : 55122-04/2005
edition n° 01 - Collection n° 66 13/5386/1